Wendehorst

Baustoffkunde

26. überarbeitete Auflage 2004
Begründet von Dipl.-Ing. R. Wendehorst

Herausgeber:
Prof. D. Vollenschaar, VDI

Vincentz Network Hannover

Bibliografische Information der Deutschen Bibliothek

Die Deutsche Bibliothek verzeichnet diese
Publikation in der Deutschen Nationalbibliografie;
detaillierte bibliografische Daten sind im Internet über
http://dnb.ddb.de abrufbar.

Wendehorst, Reinhard:
Baustoffkunde/Wendehorst. Begr. von R. Wendehorst
26. überarbeitete Auflage/vollst. neu bearbeitet von D. Vollenschaar

Druck: Primedia Th. Schäfer GmbH, Hannover

ISBN 3-87870-778-9

Vorwort zur 26. Auflage

*„Ein guter Konstrukteur muss mit den Eigenschaften des Werkstoffes
so vertraut sein, dass er unmittelbar ein Gefühl dafür hat,
wie es dem Werkstoff unter den betriebsmäßigen Beanspruchungen zumute ist."*

Max Eyth

Die Einführung der neuen europäischen Normengeneration nach der nunmehr vollzogenen Öffnung des europäischen Binnenmarktes sowie die Weiterentwicklung auf dem internationalen Baustoffmarkt machte eine Neuausgabe des „Wendehorst – Baustoffkunde" erforderlich. Die nun vorliegende 26. Auflage des Buches ist daher in wesentlichen Teilen einer umfassenden Neubearbeitung unterzogen und inhaltlich dem neuesten Stand der Technik angepasst worden. Der rasche Wandel in der Technologie der Herstellung, die stürmische Entwicklung neuer Stoffe und Stoffkombinationen, vor allem aber die täglich sich ändernden Umweltbelastungen erfordern von jedem Bauschaffenden, ob Student oder bereits in der Praxis stehender Ingenieur, mehr denn je die Vertiefung des Wissens um die baustoffkundlichen Grundlagen.

Das sehr breite Spektrum der Werkstoffe mit ihren differenzierter werdenden Eigenschaften und Verarbeitungstechniken sowie deren enger werdenden Anwendungsgrenzen verlangen Einblicke in das Wesen der Werkstoffe. Werkstofftechnik erfordert interdisziplinäres Ingenieurwissen und hat für alle modernen Industrien strategische Bedeutung.

Das Wissen um die Zusammenhänge zwischen den Baustoffeigenschaften und dem Baustoffverhalten in der Konstruktion sind unabdingbare Voraussetzung für werkstoffgerechtes Bauen, für Dauerhaftigkeit und Wirtschaftlichkeit eines Bauwerks.

Fehlerhafte oder falsch eingesetzte Baustoffe gefährden in hohem Maße den Bestand eines Bauwerks. Basis jeder Baukonstruktion ist daher die Kenntnis der Baustoffe, die zur Anwendung kommen. Um Misserfolge zu verhüten, ist es notwendig, über die technologischen, physikalischen und chemischen Eigenschaften des Baustoffs informiert zu sein.

Ziel dieses Buches ist es, die wissenschaftlichen Erkenntnisse über die Eigenschaften der Baustoffe in Bezug auf ihre praktische Anwendung zu betrachten. Im Anschluss an die systematischen Darlegungen der einzelnen Baustoffkennwerte sowie von Begriffen und Grundlagen statistischer Betrachtungsweisen und Berechnungsverfahren werden die wichtigsten Baustoffe abschnittsweise behandelt.

Bei einer Vielzahl neuartiger Baustoffe und Bauweisen reichen die früher zur Beurteilung verwendeten konventionellen Kenngrößen allein nicht mehr aus, sondern es sind zunehmend Kenntnisse aus den Bereichen Wärmetechnik, Feuchtigkeitsschutz, Akustik und so weiter erforderlich. In immer stärker werdendem Maße rücken auch die Problemkreise der Beeinflussung der Umwelt, der Umweltverträglichkeit, zum Recycling und damit verbundenen Kenntnissen zum ökologischen Rückbau von Bauwerken, sowie Aussagen zur toxikologisch/ökologischen Bewertung von Baustoffen ins Blickfeld.

Chemische und physikalische Grundlagen sowie die mehr konstruktiven Abschnitte wurden zugunsten der baustoffkundlichen Behandlung stark gekürzt. Für diese Baufragen muss auf Spezialliteratur verwiesen werden.

Hinweise auf die wichtigsten Normen und einschlägige Literatur am Ende jedes Kapitels sollen eine Ergänzung und Vertiefung des Stoffes dieses Buches ermöglichen. Die Auflistung stellt nur eine Auswahl aus der großen Anzahl guter Bücher über dieses Fachgebiet dar.

Neben der Anpassung an die neuen europäischen DIN EN-Normen wurden viele kleine Änderungen im Hinblick auf eine noch bessere Verständlichkeit des Werkes eingearbeitet. Verschiedene wertvolle Hinweise verdanke ich auch meinen Studenten.

Der Herausgeber dankt allen Lesern, die in ihren Zuschriften Verbesserungen des Buches anregten und die soweit wie möglich berücksichtigt wurden.

Wie bereits bei den früheren Auflagen dieses Lehrbuches hat auch dieses Mal wieder eine Reihe von Fachleuten aus den jeweiligen Gebieten an der Zusammenstellung des Manuskriptes mitgewirkt. Den Bearbeitern sei an dieser Stelle nochmals herzlich gedankt.

Kapitel 6 „Glas"
Verfasser: Prof. Dr.-Ing. Helmut F.O. Müller,
Universität Dortmund
Kapitel 9 „Holz und Holzwerkstoffe"
Verfasser: Prof. Dr. U. Gerhardt,
Fachhochschule Hildesheim/Holzminden/Göttingen
Kapitel 10 „Kunststoffe"
Verfasser: Dipl.-Ing. W.Hasemann,
Institut für das Bauen mit Kunststoffen e.V., Darmstadt
Vollständig neu bearbeitet von: Prof. Dr. K.P. Großkurth,
Technische Universität Braunschweig
Kapitel 11 „Oberflächenschutz"
Verfasser: Prof. Dr.-Ing. Heinz Klopfer, ZDI, Universität Dortmund
Vollständig neu bearbeitet von: Dr. R. Engelfried,
Universität Dortmund
Kapitel 12 „Dämmstoffe"
Verfasser: Prof. G. Simon,
Fachhochschule Hildesheim/Holzminden/Göttingen

Folgende Fachverbände und Firmen haben durch die Bereitstellung von Unterlagen und Bildmaterial bei der Erstellung des Manuskriptes geholfen:
- Bundesverband der Kalksandstein-Industrie e.V., Hannover
- Bundesverband der Deutschen Ziegelindustrie e.V., Bonn
- Arbeitsgemeinschaft der Bitumen-Industrie e.V., Hamburg
- Bundesverband der Gips- und Gipsbauplattenindustrie e.V., Darmstadt
- Bundesverband der Deutschen Zementindustrie, Bauberatung Zement, Hannover
- Betonverlag GmbH, Düsseldorf
- Firma Readymix Beton AG, Ratingen
- ZEM-Labor, Beckum
- Firma Desowag Bayer AG
- Deutsche Bauchemie e.V., Frankfurt am Main
- Bundesfachausschuss Farbe und Sachwertschutz e.V., Frankfurt am Main
- Hauptverband Farbe Gestaltung Bautenschutz, Frankfurt am Main

Bei allen Institutionen möchte ich mich herzlich bedanken.

Mein besonderer Dank gilt Frau A. Sperling von Sperling Info Design GmbH für das Layout bei der Gestaltung des Buches sowie Herrn K. Geissler vom Vincentz Verlag für die gute Zusammenarbeit.

Braunschweig, Mai 2004
D. Vollenschaar VDI
Herausgeber

Kapitelübersicht

Kapitel 1: Allgemeine Baustoffeigenschaften

1 Allgemeine Baustoffeigenschaften

1.1 Gliederung der Baustoffe

Ihrem Wesen nach ist die Lehre von den Baustoffen überwiegend eine empirische, d. h. auf Erfahrungen begründete Wissenschaft. Baustoffe und Bauweisen sind meist voneinander abhängig und haben besonders in unserem Jahrhundert durch die Entwicklung völlig neuartiger Baustoffe starke Wandlungen erfahren. Durch die umfangreiche Verwendung neuer Baustoffe und Baustoffkombinationen ist das Gebiet so vielschichtig und unübersichtlich geworden, dass der Bauausführende hinsichtlich seiner Kenntnisse oft überfordert ist. Diesem Umstand, der zwangsläufig bei der Bauausführung zu Fehlern und nachfolgenden Bauschäden führen wird, kann man dadurch begegnen, dass man den wissenschaftlichen Zusammenhängen bei den einzelnen Baustoffen mehr Beachtung schenkt, ohne deren Kenntnis heutzutage eine sichere Beurteilung der Baustoffe für die vielfältigen Bauaufgaben unter Berücksichtigung der möglichen späteren Einwirkungen nicht mehr möglich ist.

Eine systematische Gliederung der Vielzahl der Baustoffe kann unter Umständen bereits gewisse Entscheidungshilfen bei der optimalen Baustoffauswahl für bestimmte Bauaufgaben geben.

1.1.1 Einteilung nach der stofflichen Zusammensetzung

Hinsichtlich des stofflichen Aufbaus kann man unterscheiden nach:

anorganischen Baustoffen		organischen Baustoffen
mineralische	metallische	
Natursteine, Keramische Baustoffe, Glas, Mörtel, Beton u.a.	Gußeisen, Stahl, Aluminium, Kupfer, u.a.	Holz u. Holzwerkstoffe, Bitumen u. Teerpeche, Kunststoffe

Neben den homogenen Einkomponenten-Baustoffen wie z. B. Glas, natives Holz, Ziegel, Reinmetalle, handelt es sich bei den meisten modernen Baustoffen um heterogene Mehrkomponenten-Baustoffe, Materialkombinationen, die eine eindeutige Zuordnung nach den obigen Kriterien nicht immer möglich macht; z. B.: Stahlbeton, glasfaserverstärkte Kunststoffe, Asphalt, mineralisch gebundene Holzwolleleichtbauplatten, kunststoffbeschichtete Fassadenbleche, Kunstharzmörtel, und ähnliches.

Die Eigenschaften dieser Baustoffe werden bestimmt durch ein oft recht komplexes Wechselspiel zwischen den Eigenschaften der Reinkomponenten sowie deren Mengenverhältnis.

1.1.2   Einteilung nach dem strukturellen Aufbau

Kristalline Baustoffe

Die kristallinen Stoffe sind dadurch gekennzeichnet, dass ihre kleinsten Bausteine gesetzmäßig in Raumgittern angeordnet sind. Ihre physikalischen Eigenschaften sind von der Richtung abhängig, d. h. *anisotrop*. Ein kristalliner Festkörper besteht entweder aus einem einzigen Kristall (Einkristall) oder aus einer großen Zahl unregelmäßig angeordneter und zusammengefügter kleiner Kristalle (polykristalliner Festkörper). Die polykristallinen Feststoffe verhalten sich wegen der völlig unregelmäßigen Anordnung der kleinen Kristalle jedoch im allgemeinen *isotrop*.

Kristalline Baustoffe, wie z. B. die meisten mineralischen Baustoffe und die grobkristallinen Metalle sind spröde und besitzen eine größere Wärmeleitfähigkeit.

Amorphe Baustoffe

Amorphe (gestaltlose) Stoffe, zu denen von den festen Stoffen nur recht wenige gehören (rasch erstarrte Schmelzen wie Glas, einige Ergussgesteine, die meisten Kunststoffe), besitzen eine regellose statistische Verteilung der kleinsten Bausteine. Sie sind niemals von ebenen Flächen begrenzt aber auch niemals körnig oder faserig, sondern durch ihre ganze Masse hindurch vollkommen gleichmäßig beschaffen. Die physikalischen Eigenschaften sind von der Richtung unabhängig, d. h. *isotrop*. Feste amorphe Stoffe können als unterkühlte Schmelzen betrachtet werden, die im Laufe der Zeit bisweilen von selbst oder durch Erwärmung in den kristallinen Zustand übergehen. Sie sind gegenüber kristallinen Stoffen zäher und besitzen eine geringere Wärmeleitfähigkeit.

Micellare Baustoffe

Faserige Baustoffe, z. B. Holz, sind gekennzeichnet durch fadenförmige Makromoleküle, die im allgemeinen stark ungeordnet und ineinander verschlungen vorliegen. Nur in kleinen Bereichen können sich diese Fadenmoleküle regelmäßig anordnen (*teilkristalline Bereiche*); solche Anhäufungen von Makromolekülen, die über Nebenvalenzen zusammengehalten werden, bezeichnet man als *„Micellen"*. Derartige Baustoffe besitzen eine hohe Zugfestigkeit und sind *anisotrop*, d. h. die Eigenschaften sind je nach Faserrichtung verschieden.

1.2 Baustoffkennwerte und deren Prüfung

Für eine Beschreibung der jeweils notwendigen baupraktischen Anforderungen und Eigenschaften der Baustoffe ist eine Festlegung von sogenannten Baustoffkennwerten erforderlich. Da die durch vereinbarte Prüfverfahren (z. B. DIN-Normen) ermittelten Kennwerte häufig vom Prüfverfahren beeinflusst werden, sind die Prüfbedingungen in allen Einzelheiten festgelegt. Erstrebenswert wäre es, wenn sich jede Baustoffeigenschaft durch einen oder auch mehrere Kennwerte quantitativ darstellen ließe. Dieses ist bei einigen Eigenschaften der Fall, andere wiederum können nur qualitativ beschrieben werden.

Im folgenden soll ein kurzer Überblick über die wichtigsten Begriffe und die Bedeutung der verschiedenen Eigenschaften der geformten, festen Baustoffe gegeben werden. Daneben gibt es für die noch ungeformten Baustoffe spezielle Eigenschaften und Prüfverfahren (z. B. spezifische Oberfläche und Erstarren von Bindemitteln, Kornzusammensetzung des Zuschlags, Viskosität von Bitumen oder Kunstharzen, Geschmeidigkeit von Frischbeton und Mörtel, und anderes mehr), die bei den entsprechenden Baustoffen behandelt werden.

Durch die Systematisierung der Baustoffkennwerte können die bezüglich der baupraktischen Anforderungen zusammengehörigen Größen zu Gruppen zusammengefasst werden. Die Eigenschaften lassen sich unterscheiden in:

○ **physikalische Eigenschaften:**
   Dichte, Verhalten gegenüber Feuchtigkeit, Frostbeständigkeit, Volumenänderungen, Wärmeleitfähigkeit, akustisches und optisches Verhalten. Die physikalischen Eigenschaften sind Stoffkenngrößen, die unabhängig vom Prüfverfahren sind.

○ **mechanische Eigenschaften:**
   Festigkeiten, Härte, Verschleißwiderstand, elastische und plastische Formänderungen

○ **chemische Eigenschaften:**
   Beständigkeit gegen chemische Einwirkungen, Feuer, Korrosionsbeständigkeit, Alterung.

1.2.1 Masse, Kraft, Dichte, Porosität

Masse

Die physikalische Größe Masse m stellt eine wichtige Grundeigenschaft aller Körper dar, die sich als Trägheit gegenüber der Änderung eines Bewegungszustandes und auch als Anziehung zu anderen Körpern zeigt (Definition siehe DIN 1305). Die Masse eines Stoffes ist ein vom Ort der Messung und der Temperatur unabhängiges Maß für den Materiegehalt jedes beliebigen Körpers und seiner Trägheit proportional. Die Basiseinheit für die Masse ist das Kilogramm [kg]. Die Masse ist maßgebend für das Eigengewicht der aus den Baustoffen hergestellten Konstruktionen.

Kraft

Eine Grundeigenschaft der Materie besteht darin, dass zwei materielle Körper stets eine Anziehung aufeinander ausüben. Befindet sich eine Masse in einem Beschleunigungsfeld, so übt sie auf eine Unterlage oder auf jemanden, der sie bewegen will, eine Kraft F aus.

Dieses wird durch die Grundgleichung der Dynamik ausgedrückt:

$$F = m \cdot a \qquad [N] \qquad a = \text{Beschleunigung} \left[\frac{m}{s^2} \right]$$

Im Beschleunigungsfeld der Erde bezeichnet man diese Anziehung als Schwerkraft oder Gewichtskraft. Die Gewichtskraft ist keine für einen Körper charakteristische Eigenschaft, sondern sie ist wegen der Ortsabhängigkeit der Erdbeschleunigung ebenfalls ortsabhängig. Die aus der Grundgleichung abgeleitete Einheit für die Kraft ist das Newton [N]. 1 N ist gleich der Kraft, die einem Körper mit der Masse 1 kg die Beschleunigung 1 m/s^2 erteilt.

Last

Das Wort Last wird in der Technik mit unterschiedlichen Bedeutungen verwendet. Gem. DIN 1080 wird im Bauwesen die Benennung Last für Kräfte verwendet, die von außen auf ein System einwirken, aber keine Reaktionskräfte sind (z.B. der Begriff Eigenlast statt Gewichtskraft nach DIN 1305). Die Einheit ist das Newton [N]. Die Benennung „Last" ist nicht im Sinne von Masse zu verwenden; das gilt auch für zusammengesetzte Wörter mit der Silbe „Last".

Wenn Missverständnisse zu befürchten sind, soll das Wort Last vermieden werden.

Dichte

Die Dichte ρ ist die Masse bezogen auf das Volumen des Stoffes; sie wird in der Einheit [kg/dm^3] oder [g/cm^3] angegeben:

$$\rho = \frac{m}{V} \qquad \left[\frac{kg}{dm^3} \right]$$

Abhängig davon, ob man die Poren und Zwischenräume zum Volumen rechnet oder nicht, definiert man folgende unterschiedliche Dichtebegriffe:

○ Feststoffdichte (Reindichte)
○ Rohdichte
○ Schüttdichte

Feststoffdichte ρ ist die Masse eines Stoffes, bezogen auf sein hohlraumfreies Volumen.

Der Feststoff wird auch Gerüststoff genannt.

Rohdichte ρ_R errechnet sich aus der Masse eines Stoffes bezogen auf sein Volumen einschließlich der sogenannten Eigenporen. Die Rohdichte von Baustoffen ist ein wichtiger Richtwert für die Beurteilung von deren Wärmeleitfähigkeit, Festigkeit, Wasserdurchlässigkeit und so weiter.

Bei Baustoffen, die besonders geformte Hohlräume enthalten, z. B. Lochziegeln, unterscheidet man zwischen *Steinrohdichte* (bezogen auf das Volumen des gesamten Probekörpers einschließlich der besonders geformten Hohlräume) und der *Stoff-* oder *Scherbenrohdichte* (bezogen auf das Volumen ohne diese Hohlräume).

Schüttdichte ρ_S ist das Verhältnis zwischen der Masse eines körnigen Stoffes und seinem in einem bestimmten Schütt-

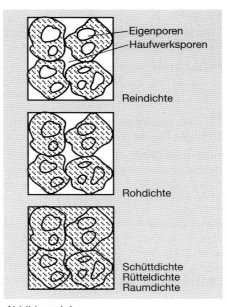

Abbildung 1.1
Schematische Darstellung der Volumenanteile für die Dichtebestimmungen

vorgang eingenommenen Volumen einschließlich aller Korneigenporen und Zwischenräume zwischen den Körnern (sogenannte Haufwerksporen). Sie bestimmt den Transport- und Lagerraum für Schüttgüter. Wird das lose geschüttete Material in das Gefäß bzw. die Form eingerüttelt, so spricht man von der *Rütteldichte*, wird das körnige Gemisch noch zusätzlich verdichtet, so spricht man von der *Raumdichte*.

Wiederaufgenommen in die Normung wurde die insbesondere im Bauwesen, in der Bodenmechanik und im Grundbau verwendete

Wichte, der Quotient aus der Gewichtskraft G und dem Volumen einer Stoffportion V, angegeben in kN/m³:

$$\gamma = \frac{G}{V} = \rho \cdot g \left[\frac{kN}{m^3} \right]$$

Statt der örtlichen Fallbeschleunigung g wird häufig die Normal-Fallbeschleunigung eingesetzt.

Porosität

Fast alle mineralischen Baustoffe sind porige Baustoffe. Die Eigenschaften und die Verwendung vieler Baustoffe werden durch den Gehalt an Poren beeinflusst.

Mit Zunahme der Porosität   fällt: steigt:

- ○ Festigkeit   ○ Verformbarkeit
- ○ Wasserdichtigkeit   ○ Verschleiß
- ○ Wärmeleitfähigkeit

Mit den Kenngrößen Dichte ρ, Rohdichte ρ_R und Schüttdichte ρ_S lassen sich der Dichtigkeitsgrad d und die Porosität p bestimmen.

Unter dem Dichtigkeitsgrad d versteht man den volumenmäßigen Anteil, der von einer dichten, porenfreien Masse ausgefüllt wird:

$$d = \frac{\rho_R}{\rho} \quad (d \leq 1)$$

Aus dieser Beziehung ergibt sich der Undichtigkeitsgrad u:

$$u = 1 - d = 1 - \frac{\rho_R}{\rho} = \frac{\rho - \rho_R}{\rho}$$

und daraus der Gesamthohlraum oder die Gesamtporosität p in Vol.-% zu:

$$p = (1 - \frac{\rho_R}{\rho}) \cdot 100 \quad [\text{Vol.-\%}]$$

p entspricht dabei der **wahren Porosität**, im Gegensatz zu der durch normale Wasserlagerung festgestellten scheinbaren Porosität (s. Abschnitt 1.2.2.2).

Bei körnigen, losen Baustoffen ist vor allem die **Haufwerksporosität**, der Zwischenraum zwischen den Körnern eines Kornhaufwerkes von Interesse. Dieser errechnet sich aus der Schüttdichte und der Rohdichte:

$$p_H = (1 - \frac{\rho_S}{\rho_R}) \cdot 100 \quad [\text{Vol.-\%}]$$

Neben der Größe der Porosität ist auch die Größe der Poren sowie die Art und Verteilung der Poren von maßgebender Bedeutung.

Man unterscheidet zwischen offenen und geschlossenen Poren; als offene Poren bezeichnet man zusammenhängende Kapillarporen oder weite Gefüge- und Haufwerksporen, unter geschlossenen Poren versteht man z. B. Zellporen.

1.2.2   Feuchtigkeitstechnische Eigenschaften

1.2.2.1   *Wassergehalt*

Bei jedem porigen Baustoff stellt sich in Abhängigkeit von Temperatur und/oder Luftfeuchtigkeit eine bestimmte Ausgleichsfeuchte ein, die sogenannte Gleichgewichtsfeuchte. Viele Baustoffeigenschaften werden merklich durch den Wassergehalt beeinflusst.

Der Feuchtegehalt (Wassergehalt) von Baustoffen h läßt sich aus der Feuchtmasse m_h und der Trockenmasse m_d ermitteln:

$$h = \frac{m_h - m_d}{m_d} \cdot 100 \quad [\text{M.-\%}] \; {}^{1})$$

Eine Änderung des Wassergehaltes ist zumeist mit Formänderungen verbunden. Dabei bezeichnet man die Volumenverringerung bzw. Verkürzung des Baustoffes infolge Wasserabgabe als *Schwinden*, die Volumenzunahme bzw. Verlängerung als *Quellen*.

1.2.2.2   *Wassertransport in Baustoffen*

Wasseraufnahme

Bei Baustoffen, die allseitig mit Wasser in Berührung kommen oder auf andere Weise völlig durchfeuchtet werden können, ist die Aufnahmefähigkeit von Wasser wichtig (z. B. zur Beurteilung der Frostbeständigkeit).

Als Wasseraufnahme bei Atmosphärendruck bezeichnet man die Differenz zwischen der Masse $m_{w,a}$ der bis zur Sättigung wassergelagerten Probe und ihrer Trockenmasse m_d. Bezogen auf die trockene Masse bzw. auf das Volumen errechnet sich der massenbezogene Wasseraufnahmegrad zu:

$$A_d = \frac{m_s - m_d}{m_d} \cdot 100$$

Da bei dieser Prüfung sich nicht alle Poren in dem Baustoff mit Wasser füllen, bezeichnet man diesen so ermittelten Kennwert auch als *„scheinbare Porosität"*. Zur Bestimmung der *„tatsächlichen Porosität"* (diese ist z. B. für die Wärmeleitung eines Baustoffes maßgebend) werden die trockenen Proben einer Vakuumbehandlung unterzogen und anschließend dann einer Wasseraufnahme unter einem Druck von 150 bar ausgesetzt. Den Quotienten aus Wasseraufnahme bei Normaldruck zu Wasseraufnahme bei 150 bar bezeichnet man als *„Sättigungsbeiwert"*. Je kleiner der Sättigungsbeiwert ist, umso weniger ist der Porenraum eines Baustoffes bei normaler Wassereinwirkung tatsächlich mit Wasser gefüllt.

---

[1]) Bei den zu verwendenden Formelzeichen gibt es zwischen den einzelnen Normen widersprechende Angaben. Die in diesem Buch verwendeten Formelzeichen basieren auf der DIN 1304, Teil 1, Ausgabe März 1994 „Allgemeine Formelzeichen" und der DIN 1080, Ausgabe März 1980 „Begriffe, Formelzeichen und Einheiten im Bauwesen". Sofern in Prüfnormen oder speziellen Baustoffnormen andere Bezeichnungen angeführt sind, werden an den entsprechenden Stellen diese Formelzeichen verwendet.

Kapillare Wasseraufnahme

Die Ermittlung der kapillaren Wasseraufnahme erfolgt durch Wasseraufsaugen an lotrechten, vierseitig abgedichteten Baustoffproben. Es ist von Bedeutung, wenn Baustoffe jeweils nur an einer Fläche mit Wasser in Berührung kommen. Das Wasseraufsaugen ist besonders groß, bei Baustoffen mit hoher kapillarer Porosität. Die Prüfung der kapillaren Steighöhe von Steinen ist normenmäßig noch nicht festgelegt worden. Form, Größe und Art des Porensystems üben auf die Durchfeuchtung der Baustoffe einen großen Einfluss aus. Das Wasser steigt in kegeligen Hohlräumen und Poren stark an, wenn diese sich in Richtung des Wasservordringens verengen; es steigt dagegen wesentlich weniger an, wenn sie sich in Richtung des Wasservordringens erweitern.

Dasselbe gilt auch für Baustoffe, bei denen feinporige und grobporige Schichten aneinandergelagert sind. Hier dringt stets das Wasser von den grobporigen in die feinporigen Schichten ein und nie umgekehrt.

Wasserabgabe

Da während der Durchfeuchtung eines Baustoffes eine Minderung der Frostbeständigkeit wie auch seiner Wärmedämmfähigkeit, außerdem geringe Festigkeitsverluste eintreten, sollte ein Baustoff das aufgenommene Wasser möglichst schnell wieder abgeben können.

Die Angabe der Wasserabgabe w_a erfolgt in kg, die Wasserabgabefähigkeit bzw. der Grad der Wasserabgabe wird als w_m in M.-% bzw. als w_v in Vol.-% bezogen auf die Masse bzw. das Volumen der völlig trockenen Probe angegeben. Zur Bestimmung der Wasserabgabe wird die unter Atmosphärendruck wassergesättigte Probe über einem Trocknungsmittel in einem Exsikkator bei etwa 20 °C bis zur Gewichtskonstanz getrocknet.

Bei der Wasserabgabe von Baustoffen muss oft damit gerechnet werden, dass die Materialien nicht über den gesamten Querschnitt gleichmäßig austrocknen, sondern in vielen Fällen an der Oberfläche bereits trocken sind, während der Feuchtigkeitsgehalt im Inneren noch sehr hoch ist.

Wasseraufnahme aus der Luft

Durch die Wechselwirkung mit der Atmosphäre erfolgt bei porösen Baustoffen eine Sorption von Wassermolekülen. Die Wasseranlagerung kann dabei an der Oberfläche oder auch im Inneren der Materialien erfolgen. Während mineralische Stoffe das Wasser nur an den äußeren oder inneren Oberflächen adsorbieren, können andere Stoffe, wie z. B. einige Kunststoffe, die Wassermoleküle in ihre Struktur selbst aufnehmen und dabei aufquellen. Die Zusammenhänge zwischen dem Wassergehalt des Materials und der relativen Luftfeuchte werden durch sogenannte Sorptionsisothermen ausgedrückt, deren Form und Art für ein bestimmtes Material charakteristisch sind und die Rückschlüsse auf seinen inneren Aufbau und sein Verhalten gegenüber Wasser ermöglichen.

1.2.2.3   Wasserundurchlässigkeit

Wasserdichte Baustoffe sind dann erforderlich, wenn unter einem bestimmten Druck durch Bauteile kein Wasser hindurchgehen soll. Wasseraufnahme und Wasserdurchlässigkeit für einen Baustoff dürfen jedoch nicht gleichgesetzt werden. Während beispielsweise grobporige Baustoffe kaum Wasser aufsaugen, Druckwasser aber relativ leicht durchtreten lassen, wirken feinporige Baustoffe zwar kapillar saugend, setzen aber dem Druckwasser einen hohen Durchdringungswiderstand entgegen. Das Verhalten der verschiedenen Baustoffe hängt aber nicht nur von ihrem Dichtigkeitsgrad und Porensystem sowie ihrer Dicke ab, sondern auch von der Höhe und Dauer des aufgebrachten Wasserdrucks. Je nach Art des Baustoffes wird die Wasserundurchlässigkeit speziell festgelegt. Ein Probekörper gilt dann als wasserundurchlässig bzw. wasserdicht, wenn auf der dem Druckwasser gegenüberliegenden Seite nach einer festgelegten Prüfzeit kein Wasser austritt oder wenn die Wassereindringtiefe einen bestimmten Wert nicht überschreitet.

1.2.2.4   Wasserdampfdiffusion

Bei vielen Baukonstruktionen, insbesondere im Wohnungsbau, Industriebau und landwirtschaftlichen Bauten, kommt der Wasserdampfdiffusion besondere Bedeutung zu. Bei unterschiedlichem Dampfdruck, d. h. unterschiedlicher relativer Luftfeuchte, auf beiden Seiten eines Baustoffes wandert der Wasserdampf infolge des Druckunterschiedes in Richtung des Dampfdruckgefälles. Diesen Diffusionsvorgängen setzen die Baustoffe einen unterschiedlichen Widerstand entgegen, der insbesondere vom Porensystem abhängt. Als Kennwert für die Wasserdampfdurchlässigkeit verwendet man die Wasserdampfdiffusionswiderstandszahl μ. Die dimensionslose Größe μ gibt an, um wieviel der Diffusionswiderstand des Materials größer ist als der einer ruhenden Luftschicht gleicher Dicke bei gleicher Temperatur.

Diffusionswiderstandszahlen sind oft stark abhängig von den Feuchtigkeitsbedingungen. Demzufolge ist zu unterscheiden zwischen Diffusionswiderstandszahlen $\mu_{0/50}$, bei trockenen Bedingungen (relative Luftfeuchte 0 bis 50 %), $\mu_{0/85}$ (relative Luftfeuchte 0 bis 85 %) und Diffusionswiderstandszahlen $\mu_{50/93}$, bei erhöhter Feuchtigkeit. Die Werte $\mu_{50/93}$ sind praxisgerechter; DIN EN ISO 12 572.

Bei Wandbaustoffen ist es üblich und zweckmäßiger, die wasserdampfdiffusionsäquivalente Luftschichtdicke (früher Diffusionswiderstand) $\mu \cdot d$ anzugeben, das Produkt aus Diffusionswiderstandszahl μ und der Schichtdicke d. Die wasserdampfdiffusionsäquivalente Luftschichtdicke ist eine dimensionsbehaftete Größe und wird in Meter [m] gemessen.

1.2.3 Mechanische Eigenschaften

Das Tragverhalten und die Standsicherheit von Baukonstruktionen werden in erster Linie von den mechanischen Eigenschaften der Baustoffe bestimmt. Die wichtigsten mechanischen Eigenschaften sind die Festigkeit und die Verformbarkeit, von denen wiederum das Bruchverhalten abhängig ist.

Ein Körper behält seinen Zusammenhalt, solange die zwischen seinen kleinsten Bausteinen (Ionen, Molekülen oder anderen) bestehende Kohäsion nicht von einer äußeren Kraft überwunden wird. Wenn aber die auf einen Baustein wirkende Kraft größer wird als dessen Kohäsion zu seinen Nachbarteilchen, bricht der Körper. Der durch die Kohäsion bedingte Widerstand gegen eine Zerstörung ist seine Festigkeit; ein Maß für sie ist die Größe der Spannung, bei der ein Bruch erfolgt.

Aus diesem Grunde ist für eine Bemessung von Bauteilen die Kenntnis der Spannungen wichtig, bei denen Baustoffe ihre Belastbarkeit verlieren, sei es durch zu große Verformungen (Bauteilversagen durch unzulässige Verformungen) oder einen Bruch (Bauteilversagen durch Bruch). Die vom Bauteil ertragbare Höchstspannung wird allgemein als Festigkeit bezeichnet. Das Verhältnis zwischen der durch die Belastung im Werkstoff entstehenden Spannung und der maximal ertragbaren Spannung (Festigkeit) ist die Sicherheit.

Auf das Ergebnis dieser Festigkeitsprüfung haben viele Faktoren Einfluss:

Art der Beanspruchung (Zug, Druck, Torsion, Biegung, etc.), Dauer der Einwirkung, Beanspruchungsverlauf (zügig, ruhend, wechselnd, schlagartig) und Belastungsgeschwindigkeit, Gestalt und Größe der Probekörper. Die Festigkeit ist also keine physikalisch eindeutig definierbare Größe, sondern von den Prüfbedingungen abhängig. Um dieser Tatsache Rechnung zu tragen und verschiedene Prüfergebnisse miteinander vergleichen zu können, werden in den jeweiligen Baustoffprüfnormen die Prüfbedingungen genau vorgeschrieben.

1.2.3.1 Festigkeits- und Verformungskennwerte bei statischer Belastung

1.2.3.1.1 Spannungs-Verformungs-Linie

Jede mechanische Beanspruchung eines Baustoffes führt auch zu einer Verformung. Die zur Verformung eines Körpers erforderliche, auf die Flächeneinheit bezogene Kraft, bezeichnet man als Spannung. Wirkt diese Kraft senkrecht zur Bezugsfläche, so bezeichnet man sie als Normalspannung σ, wirkt sie parallel (tangential) zur Bezugsfläche bezeichnet man sie als Schubspannung τ. Wird die Belastung auf die Ausgangsfläche bezogen so erhält man die *Nennspannung*, bezieht man die Verformungskraft dagegen auf die tatsächliche Fläche so erhält man die *wahre Spannung*. Während die Nennspannung das Verhalten der Konstruktion charakterisiert, ist die wahre Spannung Merkmal für das reine Werkstoffverhalten.

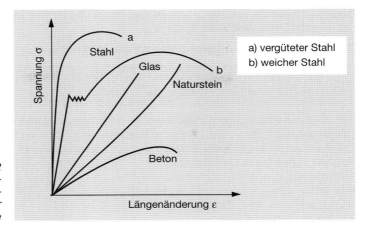

*Abbildung 1.2
Spannungs-
Verformungs-
Diagramme einiger
Baustoffe*

Die Ermittlung dieser Formänderungen erfolgt anhand von sogenannten Spannungs-Verformungs-Diagrammen, die sich für die verschiedenen Beanspruchungen aufstellen lassen. Der Verlauf der Spannungs-Verformungs-Linien ist charakteristisch für das Formänderungsverhalten des Baustoffes. Man unterscheidet danach zwischen rein elastischen und plastischen Formänderungen. Nimmt das Bauteil nach Entlastung seine alte Form wieder an, war die Verformung elastisch, bleiben dagegen nach der Entlastung Formänderungen zurück, so nennt man die Verformung plastisch oder bleibend.

Die *Abbildung 1.2* zeigt den typischen Verlauf der Spannungs-Verformungs-Linien einiger Baustoffe (dargestellt ist die Nennspannung).

Bei einer großen Zahl von Baustoffen geht der zunächst lineare Kurvenverlauf, der den überwiegend elastischen Beanspruchungsbereich kennzeichnet, in eine gekrümmte Linie über, die von einem zunehmenden Anteil plastischer Verformungen gekennzeichnet ist.

Der lineare Anstieg der Spannungs-Verformungs-Kurve kennzeichnet eine Proportionalität zwischen Spannung und elastischer Verformung; in diesem Bereich gilt das Hooke'sche Gesetz. Der Proportionalitätsfaktor zwischen Normalspannung σ (Kraftwirkung rechtwinklig zur Bezugsfläche) und Verformung ε wird als statischer *Elastizitätsmodul E*, der zwischen Schubspannung τ (Kraftwirkung parallel zur Bezugsfläche) und Schiebung γ als *Schubmodul G* (auch Gleitmodul) bezeichnet.

$$E = \frac{\sigma}{\varepsilon} \left[\frac{N}{mm^2} \right] \qquad \text{bzw.} \qquad G = \frac{\tau}{\gamma} \left[\frac{N}{mm^2} \right] \text{ }^{1)}$$

[1] Werden ε und γ in % angegeben ist der Wert mit dem Faktor 100 zu multiplizieren.

Der E-Modul ist die virtuelle (= scheinbare) Spannung für eine Dehnung von 100 %; er hat also die Dimension einer Spannung.

Den Reziprokwert von E bezeichnet man als *Dehnzahl* α.

> Es gilt: *Je kleiner der E-Modul*, d. h. je flacher die Steigung der Hooke'schen Geraden ist, *desto biegsamer ist der Werkstoff*.

Bei Zugbeanspruchungen insbesondere metallischer Baustoffe spielt neben der Längsdehnung ε_l auch die Querschnittsabnahme ε_q eine wichtige Rolle. Diese als *Querkontraktion* bezeichnete Erscheinung wird gekennzeichnet durch die sogenannte *Poisson-Zahl* μ (auch Querdehnzahl):

$$\mu = \frac{\varepsilon_q}{\varepsilon_l}$$

1.2.3.1.2   Zugversuch

Für die Dimensionierung von Bauteilen sind die Festigkeitswerte des Zugversuchs von besonderer Bedeutung. Als Festigkeitskennwerte unterscheidet man:

○ Streckgrenze
○ Dehngrenze
○ Zugfestigkeit

Abbildung 1.3
Spannungs-Dehnungs-Diagramm

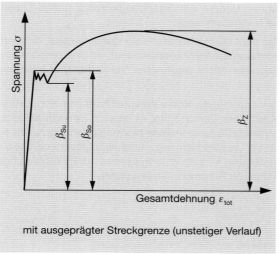

mit ausgeprägter Streckgrenze (unstetiger Verlauf)

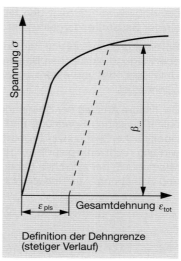

Definition der Dehngrenze (stetiger Verlauf)

Die Bestimmung erfolgt über den Zugversuch, bei dem der Probekörper bis zum Zerreißen zügig beansprucht wird. Obwohl sich während des Versuchsablaufs ständig der Probenquerschnitt verändert, werden im Spannungs-Dehnungs-Diagramm alle Kräfte auf den Ausgangsquerschnitt bezogen, also die Nennspannung dargestellt.

Je nach Werkstoff kann im Spannungs-Dehnungs-Diagramm der Übergang vom elastischen in den plastischen Bereich stetig oder unstetig sein. Bei stetigem Übergang werden Dehngrenzen, bei unstetigem Übergang wird die Streckgrenze bestimmt.

Dehngrenzen sind Spannungen bei einer bestimmten nichtproportionalen Dehnung ε_{pls}. Zur Kennzeichnung der Dehngrenze wird das Kurzzeichen β durch die Angabe der nichtproportionalen Dehnung in % näher gekennzeichnet. Üblicherweise werden die 0,01-Dehngrenze $\beta_{0,01}$, die auch als technische Elastizitätsgrenze bezeichnet wird, und die 0,2-Dehngrenze $\beta_{0,2}$ bestimmt

Nach Überschreiten des elastischen Formänderungsbereiches tritt bei einigen Werkstoffen trotz gleichbleibender (oder sogar abfallender) Spannung eine ausgeprägte bleibende Verformung, ein sogenanntes *Fließen* ein; erkennbar an einer Unstetigkeit im Spannungs-Dehnungs-Diagramm. Die Spannung, bei der bei zunehmender Verlängerung der Probe die Zugkraft erstmalig konstant bleibt oder abfällt bezeichnet man als *Streckgrenze* β_S. Tritt ein merklicher Abfall der Zugkraft auf, so ist zwischen der oberen Streckgrenze β_{So} und unteren Streckgrenze β_{Su} zu unterscheiden.

Die *Zugfestigkeit* ist besonders bei metallischen Baustoffen (z. B. Baustahl, Betonstahl, Spannstahl), Holz und Kunststoffen von Wichtigkeit.

Die Zugfestigkeit β_z ist die Spannung (Nennspannung), die sich aus der Höchstzugkraft F_{max} bezogen auf den Anfangsquerschnitt S_0 ergibt:

$$\beta_z = \frac{F_{max}}{S_0} \quad \left[\frac{N}{mm^2}\right]$$

Die Bestimmung der Zugfestigkeit an spröden, heterogenen und wenig dehnbaren Stoffen, wie z. B. Mörtel, Beton, bereitet versuchstechnische Schwierigkeiten, vor allem durch die Art der Einspannung sowie der Forderung nach zentrischer Krafteinleitung in die Probe.

Deshalb wählt man bei derartigen Baustoffen zur Abschätzung der Zugfestigkeit oft indirekte Prüfverfahren, wie z. B. den Biege- oder den Spaltzugversuch.

1.2.3.1.3 Biegeversuch

Der Biegeversuch hat für zähe Werkstoffe praktisch keine Bedeutung, da sich das Biegeverhalten homogener zäher Werkstoffe hinreichend genau aus den Kennwerten des Zugversuchs abschätzen läßt, zumal sich zähe Werkstoffe über die Streckgrenze hinaus weiterbiegen lassen, ohne dass der Bruch eintritt. Als technologisches Prüfverfahren wird in diesen Fällen der sogenannte Faltversuch durchgeführt.

Mehr Bedeutung hat der Biegeversuch für spröde Baustoffe, wie z. B. Gusseisen, Mörtel oder Beton. Bei diesen Baustoffen, bei denen die Zugfestigkeit kleiner ist als die Druckfestigkeit, erfolgt der Bruch durch ein Versagen in der Zugzone; statt der Biegefestigkeit spricht man hier von der *Biegezugfestigkeit*. Bei Werkstoffen mit größerer Zug- als Druckfestigkeit, z. B. Holz, tritt erstes Versagen in der Druckzone auf.

Die Biegezugfestigkeit β_{BZ} ist die am Balken auf zwei Stützen bis zum Bruch erreichte Höchstbiegespannung und errechnet sich nach der Formel:

$$\beta_{BZ} = \frac{\text{max. Biegemoment}}{\text{Widerstandsmoment}} \quad \left[\frac{N}{mm^2}\right]$$

Die Probebalken können entweder mit einer mittigen Einzellast oder mit zwei gleich großen Lasten in den Drittelpunkten beansprucht werden (siehe *Abbildung 1.4*).

Für die Biegezugfestigkeit gilt im Falle einer mittigen Einzellast

$$\beta_{BZ} = \frac{3 \cdot F_{max} \cdot l}{2 \cdot b \cdot h^2} \quad \left[\frac{N}{mm^2}\right]$$

zweier Einzellasten in den Drittelpunkten

$$\beta_{BZ} = \frac{F_{max} \cdot l}{b \cdot h^2} \quad \left[\frac{N}{mm^2}\right]$$

Abbildung 1.4
Versuchsanordnung für die Biegeprüfung

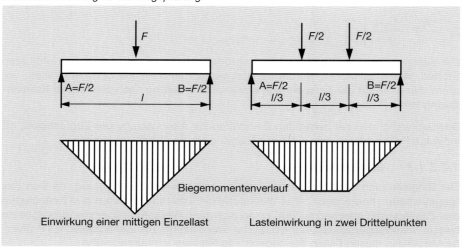

Bei einer Einzellast tritt der Bruch unabhängig von den üblichen Festigkeitsschwankungen innerhalb der Probekörper nur in der Mitte des Probekörpers an der Stelle des Maximalmomentes auf.

Bei der Lasteinwirkung in zwei Drittelpunkten sind die Spannungen im mittleren Drittel des Probebalkens gleich groß, in diesem Bereich wird sich der Bruch einstellen. Die auf diese Weise ermittelte Biegezugfestigkeit ist zwar um ca. 30 % geringer als bei einer Einzellast, aber statistisch genauer und besser reproduzierbar.

1.2.3.1.4 Spaltzugversuch

Als gutes Verfahren zur Abschätzung der Zugfestigkeit an heterogenen Baustoffen, wie z. B. Mörtel, Beton oder dergleichen hat sich die Spaltzugprüfung erwiesen. Die Probekörper werden über zwei gegenüberliegende parallele Lastverteilungsstreifen bis zum Spaltbruch belastet (siehe *Abbildung 1.5*). Bei dieser Versuchsanordnung entstehen im Inneren des Probekörpers Spaltzugspannungen. Der Hauptteil des Probekörpers wird dabei jedoch auf Zug beansprucht und die Größe der wirksamen Zugspannungen bleibt über den gesamten Querschnitt nahezu konstant (siehe Abbildung 1.6).

Derartige Spaltzugspannungen treten in der Praxis z. B. beim Einschlagen von Nägeln in Holz, beim Einleiten von Vorspannkräften im Spannbeton und dergleichen auf.

Abbildung 1.5
Versuchsanordnung für die Spaltzugprüfung

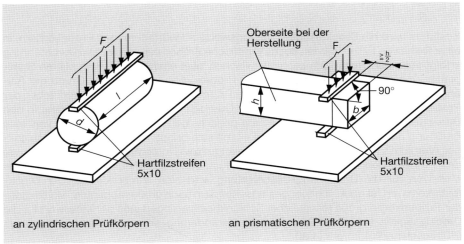

an zylindrischen Prüfkörpern   an prismatischen Prüfkörpern

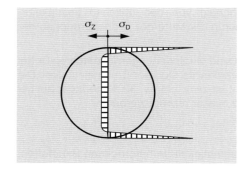

Abbildung 1.6
Spannungszustand
bei der Spaltzugprüfung

Für die Spaltzugfestigkeit gilt die Beziehung:

$$\beta_{SZ} = \frac{2 \cdot F_{max}}{\pi \cdot d \cdot l} \quad \left[\frac{N}{mm^2}\right] \qquad \text{bzw.} \qquad \beta_{SZ} = \frac{2 \cdot F_{max}}{\pi \cdot b \cdot h} \quad \left[\frac{N}{mm^2}\right]$$

1.2.3.1.5 Druckversuch

Die Druckfestigkeit ist bei einer großen Zahl von Baumaterialien, die im Bauwerk auf Druck beansprucht werden (Natursteine, Keramische Stoffe, Ziegel, Beton, usw.) eine äußerst wichtige Kenngröße. Unter Druckfestigkeit versteht man die bei einer zügigen, einachsigen Druckbeanspruchung ertragbare Höchstkraft F_{max} bezogen auf den Ausgangsquerschnitt S_0.

$$\beta_D = \frac{F_{max}}{S_0} \quad \left[\frac{N}{mm^2}\right]$$

Bestimmt wird die Druckfestigkeit vorzugsweise an würfelförmigen Probekörpern, in einer Reihe von Fällen werden auch zylindrische Proben verwendet. Die Durchführung erfolgt auf einer Druckprüfmaschine zwischen zwei ebenen und völlig planen Stahlplatten, die ohne Zwischenlage auf dem Probekörper aufliegen. Auf Grund der Reibung zwischen den steifen Prüfplatten der Prüfmaschine und den Auflagerflächen der Proben ergibt sich eine Behinderung der Querdehnung. Das führt zumindest in den Bereichen der Auflagerflächen zu einem dreiachsigen Spannungszustand, was eine Erhöhung der tatsächlichen Belastbarkeit mit sich bringt. Mit zunehmender Schlankheit (Verhältnis Probekörperhöhe : Kantenlänge bzw. Durchmesser des Probekörpers) des Probekörpers verringert sich der Einfluss der Querdehnungsbehinderung, der Messwert für die Druckfestigkeitsbelastung wird also immer kleiner. Der Druckfestigkeitswert ist aber nicht nur gestalts- sondern auch größenabhängig. Mit steigender Probenkörpergröße (bei gleicher Schlankheit) verringert sich der Messwert für die Druckfestigkeit ebenfalls (Grund ist die Veränderung des Steifigkeitsverhältnisses Prüfmaschine/Prüfkörper [4.3])

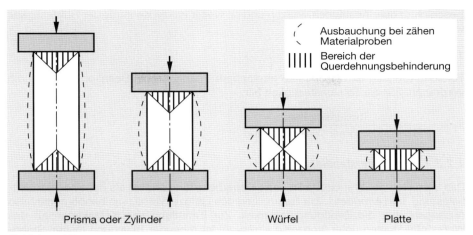

Abbildung 1.7
Wirkung der Querdehnungsbehinderung bei verschiedenen Prüfkörperformen

Die *Abbildung 1.7* zeigt schematisch die Wirkung der Querdehnungsbehinderung bei verschiedenen Probekörperformen.

Das Ergebnis einer Druckfestigkeitsprüfung bei porösen Baustoffen hängt neben der Größe und Gestalt des Probekörpers auch in starkem Maße von seinem Feuchtigkeitsgehalt ab. Mit steigendem Austrocknungsgrad wird die Belastbarkeit größer.

1.2.3.1.6 Scherversuch

Scherspannungen treten z. B. bei Schraub- und Nietverbindungen, bei Schweiß- und Klebverbindungen, bei Nägeln und Bolzen, bei Leimverbindungen im Holzbau sowie bei unterschiedlicher Formänderung bei Verbundwerkstoffen auf.

Die Scherfestigkeit ist jene größte Widerstandsfähigkeit, die ein Material einer äußeren Schubbeanspruchung entgegensetzt. Es gilt die Beziehung:

$$\beta_a = \frac{F_{max}}{S} \quad \left[\frac{N}{mm^2}\right] \qquad S = \text{Scherfläche}$$

Man unterscheidet zwischen einem Abscheren in einer Ebene und dem Abscheren zwischen zwei Ebenen.

1.2.3.1.7 Haftfestigkeit

Die Haftfestigkeit entspricht der höchsten senkrecht zur Haftfläche erzielbaren Spannung zwischen zwei miteinander verklebten oder verleimten Materialien. Vor allem bei

Beschichtungen, Anstrichen, Putzen und so weiter ist die Kenntnis der Haftfestigkeit wichtig.

1.2.3.1.8   Torsionsfestigkeit

Torsionsfestigkeit ist die höchste erreichbare Spannung bei Beanspruchung durch Verdrehen. Für die Torsionsfestigkeit gilt:

$$\beta_T = \frac{\text{max. Torsionsmoment}}{\text{Widerstandsmoment gegen Torsion}}$$

1.2.3.1.9   Dauerstandfestigkeit

Das Verhalten der Werkstoffe ist unter Dauerbelastung anders als bei einer Kurzzeitbelastung: sie „ermüden". Zur Beurteilung des Langzeitverhaltens benötigt man also Aussagen über die Ermüdungsfestigkeit. Zur Ermittlung von Kennwerten für das Werkstoffverhalten unter langzeitig einwirkender ruhender Belastung dienen Standversuche (DIN EN 10291).

Abbildung 1.8
Spannungs- und Formänderungen bei statischer Dauerbelastung

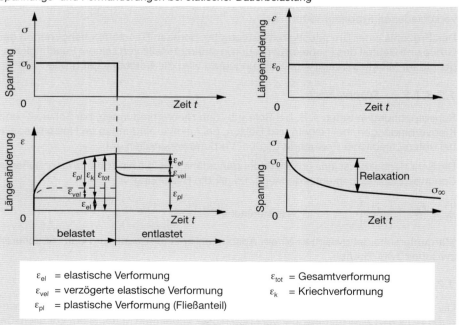

ε_{el} = elastische Verformung

ε_{vel} = verzögerte elastische Verformung

ε_{pl} = plastische Verformung (Fließanteil)

ε_{tot} = Gesamtverformung

ε_{k} = Kriechverformung

Die im Verlauf einer statischen Langzeitbelastung auftretenden Zustandsänderungen sind Spannungsrelaxation (Entspannung) und Zeitstandverformung (Kriechen).

Daher gibt es für Standversuche zwei Möglichkeiten:

○ Relaxationsversuch
○ Zeitstandversuch

Relaxationsversuch

In diesem sogenannten Entspannungsversuch wird die Abnahme der Kraft bei konstanter Verformung ermittelt. Die Spannung klingt im Laufe der Belastungszeit langsam ab und nähert sich asymptotisch einem Grenzwert σ_∞.

Zeitstandversuch

Bei diesem Versuch wird die Prüfkraft konstant gehalten und die Zunahme der Verformung gemessen. Die Formänderungen bezeichnet man als „Kriechen".

Bei metallischen Werkstoffen wird überwiegend der Zeitstandversuch mit Zugbeanspruchung durchgeführt, während bei Kunststoffen Relaxationsversuche von größerer Bedeutung sind.

Die Dauerstandfestigkeit σ_∞ [N/mm^2] ist die höchste Spannung, die ein Werkstoff bei unendlich langer Belastungszeit gerade noch ohne Bruch ertragen kann.

Im allgemeinen hat sich gezeigt, dass die Kriechverformungen ε_k in einem bestimmten Verhältnis zu den sofort auftretenden elastischen Verformungen ε_{el} stehen. Dies hat zur Definition der Kriechzahl φ geführt:

$$\varphi = \frac{\varepsilon_k}{\varepsilon_{el}}$$

1.2.3.2 Festigkeits- und Verformungskennwerte bei dynamischer Belastung

1.2.3.2.1 Dauerfestigkeit

Der zeitliche Ablauf dynamischer Beanspruchungen wird entsprechend *Abbildung 1.9* gekennzeichnet.

Für die Ermittlung der Dauerschwingfestigkeit (auch als Dauerfestigkeit bezeichnet) sind nach DIN 50 100 folgende Kennwerte maßgebend:

Die Mittelspannung σ_m als arithmetisches Mittel aus dem Höchstwert der Spannung (Oberspannung σ_o) und dem kleinsten Spannungswert (Unterspannung σ_u). Die halbe Differenz zwischen Ober- und Unterspannung ist der Spannungsausschlag (Amplitude) σ_a, der doppelte Wert entspricht der Schwingbreite.

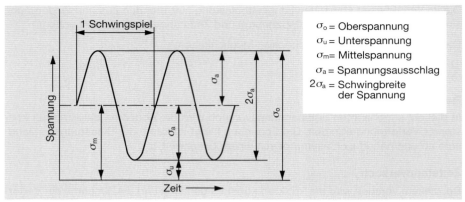

Abbildung 1.9
Spannungs-Zeit-Schaubild bei der Dauerschwingbeanspruchung

Die Dauerfestigkeit wird im allgemeinen nach dem Wöhlerverfahren ermittelt. Dabei wird eine Serie völlig gleicher Materialproben Schwingbeanspruchungen mit unterschiedlichem Spannungsausschlag bei gleicher Mittelspannung jeweils bis zum Bruch geprüft. Trägt man den Spannungsausschlag σ_a als Funktion der Lastwechsel graphisch auf ($\sigma_a = f(N)$), so erhält man die sogenannte **Wöhlerkurve**.

Die Spannungsamplitude σ_A, die praktisch unendlich lange ertragen wird, bildet zusammen mit der Mittelspannung die Dauerschwingfestigkeit σ_D:

$$\sigma_D = \sigma_m \pm \sigma_A \quad \left[\frac{N}{mm^2}\right]$$

Spannungsamplituden, die zu einer kürzeren Lebensdauer führen, werden als *Zeitfestigkeit (Zeitschwingfestigkeit)* unter Angabe der Lebensdauer bezeichnet, z. B. $\sigma_{B(10^4)}$.

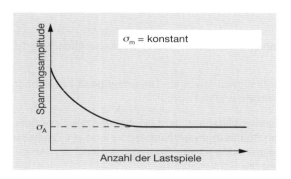

                                            Abbildung 1.10
                                            Wöhlerkurve

1.2.3.3 Härte und Verschleißwiderstand

Unter Härte versteht man den Widerstand, den ein Körper dem Eindringen eines anderen, härteren Körpers entgegensetzt. Zur Bestimmung verwendet man je nach Art und Struktur eines Stoffes verschiedene Prüfverfahren bzw. Härtebegriffe.

Die Härte kann nach folgenden grundsätzlichen Möglichkeiten ermittelt werden:

○ Ritzen der Oberfläche
○ Eindringen eines Prüfkörpers unter statischer Belastung
○ Eindringen eines Prüfkörpers unter stoßartiger Belastung
○ Rückprall infolge des elastischen Verhaltens des Prüfstücks

Die Ergebnisse der einzelnen Härteprüfmethoden und damit die erhaltenen Härtekennwerte sind untereinander nicht vergleichbar.

Zur Kennzeichnung der Härte bei Gesteinen verwendet man die Mohssche Ritzhärte oder die Rosiwallhärte gegen Schleifbeanspruchung.

Beim Ritzhärteverfahren nach Mohs wird der Härtegrad eines Materials durch Ritzen mit 10 Leitmineralien unterschiedlicher Härte festgestellt, wobei die Härteskala so festgelegt wurde, dass jedes Mineral höherer Härte die weicheren zu ritzen vermag (siehe *Tabelle 1.1*).

Mineral	Mohshärte
Talkum	1
Gips	2
Kalkspat	3
Flußspat	4
Apatit	5
Feldspat	6
Quarz	7
Topas	8
Korund	9
Diamant	10

Tabelle 1.1
Ritzhärte nach Mohs

Für die Härteprüfung von Metallen ist diese Härteskala zu grob. Deshalb prüft man bei Metallen die Härte nach der Eindringmethode. Eindringkörper einer bestimmten Form werden mit einer ruhenden, stoßfrei aufgebrachten Kraft in die Probenoberfläche eingedrückt. Je nach Art des Eindringkörpers unterscheidet man zwischen Prüfverfahren nach Brinell (Eindringkörper: Hartmetallkugel), Vickers (Eindringkörper: Diamantpyramide) und Rockwell (Eindringkörper: Diamantkegel mit abgerundeter Spitze, Stahl- oder Hartmetallkugel). Die Brinell- und Vickershärte errechnet sich aus Prüfkraft (multipliziert mit dem Korrekturfaktor 0,102) und bleibender Eindruckfläche (mm^2), die Rockwellhärte wird aus der Eindrucktiefe bestimmt.

Die dynamischen Verfahren arbeiten entweder nach dem Kugeleindringverfahren (Prinzip Brinell) oder nach dem Rückprallverfahren (Prinzip der elastischen Rückfederung). Der Vorteil gegenüber den statischen Verfahren ist, dass die Prüfgeräte Handgeräte sind, die Härtemessungen an fertigen Konstruktionen erlauben.

Obgleich diese Prüfmethoden ursprünglich für Metalle entwickelt wurden, lassen sie sich auch für Härteuntersuchungen bei porösen Baustoffen recht gut einsetzen. Anwendungen bei Beton (Prüfung mit dem Kugelschlaghammer oder Rückprallhammer), Estrichen, Fußbodenbelägen und so weiter ermöglichen gewisse Rückschlüsse auf die Homogenität, Festigkeit und das Abriebverhalten an der Oberfläche.

Unter Verschleiß versteht man die unerwünschten Veränderungen an der Oberfläche von Baustoffen durch Massen- oder Volumenverlust infolge mechanischer Beanspruchung, wie z. B. Schleifen oder Rollen. Zur Ermittlung des Abriebwiderstandes gibt es keine einheitlichen Prüfverfahren. Bei Naturstein und anorganischen Baustoffen ermittelt man den Verschleiß häufig nach dem Schleifscheibenverfahren nach Böhme (DIN 52 108).

1.2.3.4   Kennwerte des Bruchverhaltens

Je nach Bruchverhalten unterscheidet man zwischen zähen und spröden Baustoffen. Erstere zeigen vor dem Bruch deutliche plastische Formänderungen, bei letzteren erfolgt der Bruch plötzlich ohne deutliche Verformung.

Kennwerte für das Bruchverhalten können ebenfalls aus dem Spannungs-Verformungs-Diagramm entnommen werden (*Abbildung 1.11*).

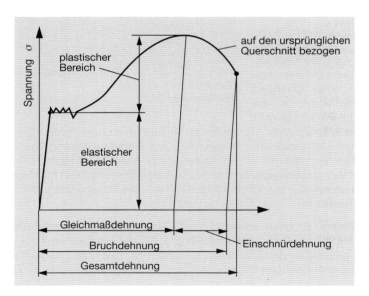

Abbildung 1.11
Spannungs-
Dehnungs-
Diagramm:
Definition der
Verformungs-
kennwerte

Als Verformungskennwerte werden im allgemeinen verwendet:

Bruchdehnung, Gleichmaßdehnung, Einschnürung

Die *Bruchdehnung* δ_u ist die auf die Ausgangslänge bezogene bleibende (also plastische) Längenänderung nach dem Bruch. Sie wird in % angegeben:

$$\delta_u = \frac{\Delta l_r}{l_0} \cdot 100 \quad [\%]$$

Da die Bruchdehnung abhängig ist vom Verhältnis Probenlänge zu Probendurchmesser wird zur Kennzeichnung der Messlänge ein Index angefügt; z. B.:

δ_5 bei kurzen Proportionalstäben $(l_0 = 5 \cdot d_0)$

δ_{10} bei langen Proportionalstäben $(l_0 = 10 \cdot d_0)$

Die Bruchdehnung setzt sich zusammen aus der von der Probenlänge unabhängigen Gleichmaßdehnung und der Einschnürdehnung. Die *Gleichmaßdehnung* δ_g ist die auf die Anfangsmesslänge l_0 bezogene nichtproportionale (d. h. plastische) Verlängerung Δl_{pls} bei Beanspruchung der Probe durch die Höchstkraft F_{max}. Sie wird in % angegeben:

$$\delta_g = \frac{\Delta l_{pls}}{l_0} \cdot 100 \quad [\%]$$

Bis zur Höchstkraft ist die Dehnung gleichmäßig über die Länge der Zugprobe verteilt, bei weiterer Belastung beginnt die Probe sich an irgendeiner Stelle einzuschnüren. Die weitere Dehnung vollzieht sich dann nur noch im Einschnürbereich, in dem dann auch der spätere Bruch eintritt. (Diese Einschnürung hat zur Folge, dass die auf den Anfangsquerschnitt bezogene Nennspannung nach Überschreiten der maximalen Belastung wieder absinkt.)

Ein weiterer Kennwert für die Verformbarkeit eines Werkstoffes ist die *Brucheinschnürung Z* (Einschnürung nach dem Bruch). Sie ist definiert als die auf den Anfangsquerschnitt S_0 bezogene größte bleibende Querschnittsänderung $\Delta+S$. Sie ist von der Probenlänge unabhängig und wird ebenfalls in % angegeben.

$$Z = \frac{\Delta S}{S_0} \cdot 100 \quad [\%]$$

Als Kriterium für die Neigung eines Werkstoffes zum Sprödbruch wird ferner die bei schlagartiger Beanspruchung verbrauchte Schlagarbeit ermittelt.

Mit Schlagfestigkeit bezeichnet man aber auch den in einem Fallwerk ermittelten Zertrümmerungsgrad körniger Stoffe bei festgelegter Schlagarbeit.

1.2.4   Beständigkeit

Baustoffe sind den verschiedensten äußeren Einflüssen, wie z. B. Frost, Witterung, Feuer usw. ausgesetzt. Kennwerte über die Beständigkeit gegen diese Einwirkungen sind zur Beurteilung der Gebrauchsfähigkeit der Baustoffe von großer Wichtigkeit.

1.2.4.1   Raumbeständigkeit

Bei verschiedenen porösen Baustoffen, wie z. B. keramischen Materialien, Mörtel, Beton usw., ist die Gewährleistung der Raumbeständigkeit (Volumenkonstanz) ein wichtiger Faktor. Falls Baustoffe nicht ausreichend raumbeständig sind, besteht die Gefahr der Rissbildung, von Absprengungen oder völliger Zerstörung des Bauteils. Die entsprechenden Normen schreiben daher je nach Baustoff besondere Raumbeständigkeitsprüfungen vor.

1.2.4.2   Frostbeständigkeit

Allgemein bezeichnet man als Frostbeständigkeit die Eigenschaft eines Baustoffes, im durchfeuchteten Zustand wiederholte Frostbeanspruchungen ohne Zerstörung oder Schäden zu überstehen. Der Angriff durch Frost entsteht durch die Ausdehnung des Wassers in den wassergefüllten Poren beim Gefrieren.

Die Beurteilung der Frostbeständigkeit erfolgt mittels Temperaturwechselprüfung. Je nach Art des Baustoffs werden eine Anzahl von Frost-Tau-Wechseln unter bestimmten Temperaturbedingungen an wassergesättigten Proben durchgeführt. Nach Beendigung der Frost-Tauwechselprüfung wird dann der Grad der Schädigung der Prüfkörper als Maß für die Frostbeständigkeit herangezogen. Mit Hilfe dieser Versuche ist aber nur eine qualitative Aussage über das Verhalten der Baustoffe bei Frosteinwirkung möglich.

Bei Baustoffen, die gleichzeitig der Einwirkung von Taumitteln, z. B. Salzstreuung auf Straßen, ausgesetzt sind, ist eine zusätzliche Überprüfung der Tausalz-Beständigkeit erforderlich.

1.2.4.3   Witterungsbeständigkeit

Unter Witterungsbeständigkeit versteht man das Verhalten der Baustoffe bei Verwendung im Freien unter gegebenen klimatischen Verhältnissen. Wegen der Vielschichtigkeit der Beanspruchungen, (Feuchtigkeit, chemischer Angriff durch aggressive Wässer, Frost, höhere Temperaturen, usw.) ist die Erfassung dieser Eigenschaft durch eine genormte Prüfvorschrift kaum möglich. Etwaige Prüfungen müssen daher immer im Einzelfall mit den auf die Baustoffe einwirkenden Klimafaktoren abgestimmt werden.

Vor allem bei transparenten und organischen Baustoffen ist in diesem Zusammenhang stets auch die sogenannte UV-Beständigkeit eine wichtige Kenngröße.

Baustoffklasse	Brandverhalten	Baustoffe
A A 1 A 2	} nicht brennbar	mineralische u. metallische Baustoffe mineralische Baustoffe mit wenig organischen Stoffen
B B 1 B 2 B 3	brennbar schwer entflammbar normal entflammbar leicht entflammbar	} organische Baustoffe

Tabelle 1.2
Baustoffklassen
nach DIN 4102,
Teil 1

1.2.4.4 Korrosionsbeständigkeit

Durch die Korrosionsbeständigkeit wird meist der von der Oberfläche eines Materials ausgehende Widerstand beschrieben, den dieses chemischen oder elektrochemischen Angriffen entgegensetzt. Bei mineralischen Baustoffen hängt der Korrosionswiderstand unter anderem von der Dichtigkeit ab, bei metallischen Werkstoffen vor allem von ihrem elektrochemischen Potential. In vielen Fällen empfiehlt sich ein dauerhafter Schutz der Baustoffe durch entsprechende Überzüge oder Beschichtungen.

1.2.4.5 Feuerbeständigkeit

Das Brandverhalten der Baustoffe ist sehr vielschichtig; neben der Entzündbarkeit, der Brandweiterleitung und der Wärmeentwicklung ist auch von großer Bedeutung, ob die Baustoffe bei Feuereinwirkung Rauch und/oder toxische Brandgase entwickeln. Die einzelnen Probleme lassen sich experimentell nur schwer voneinander trennen.

Eine Klassifizierung der Baustoffe hinsichtlich ihres Brandverhaltens gibt die DIN 4102, Teil 1, (*Tabelle 1.2*) sowohl für den Einzelbaustoff als auch erforderlichenfalls in Verbindung mit anderen Baustoffen. Maßgebend für die Beurteilung ist bei Baustoffkombinationen jeweils das ungünstigere der beiden Ergebnisse.

1.2.5. Thermische Eigenschaften

1.2.5.1 Wärmedehnung

Bei Temperaturerhöhung dehnen sich alle Stoffe aus und nehmen einen größeren Rauminhalt ein. Diese temperaturbedingten Formänderungen lassen sich durch den thermischen Ausdehnungskoeffizienten beschreiben. Für Baustoffe wird als Maß im allgemeinen der lineare Ausdehnungskoeffizient α benutzt. Der thermische Ausdehnungskoeffizient ist definitionsgemäß die auf ein Kelvin bezogene Längenänderung eines Probekörpers. Der Volumenausdehnungskoeffizient γ ist entsprechend die Volumenvergrößerung bei der Temperaturdifferenz von 1 K. Für isotrope Körper gilt $\gamma = 3\,\alpha$. Die Dimension der Ausdehnungskoeffizienten ist [K^{-1}].

1.2.5.2 Wärmeleitfähigkeit

Die Wärmeleitfähigkeit ausgedrückt durch die Wärmeleitzahl λ [W/(m · K)] gibt an, welche Wärmemenge von der einen Seite eines Körpers von 1 m² Fläche und 1 m Dicke bei einem Temperaturunterschied von 1 K in einer Stunde zur anderen Seite hindurchfließt.

Diese Stoffkenngröße hängt vor allem von der Porosität und dem Feuchtigkeitsgehalt der Baustoffe ab. Bei feinen, gleichmäßig verteilten Poren erfolgt eine schlechtere Wärmeleitung als bei wenigen und großen Hohlräumen, in denen durch Luftkonvektion ein Wärmeaustausch eher möglich ist. Da die Rohdichte eines porösen und trockenen Stoffes mit abnehmendem Porengehalt ansteigt, ergibt sich eine Zunahme der Wärmeleitfähigkeit mit steigender Rohdichte.

Ein erhöhter Feuchtigkeitsgehalt in einem porösen Baustoff bewirkt starkes Ansteigen der Wärmeleitfähigkeit, weil Wasser eine ca. 20mal größere Wärmeleitfähigkeit besitzt als ruhende Luft.

Dividiert durch die Dicke s eines Baustoffes in der Einheit m erhält man den Wärmedurchlaßkoeffizienten Λ [W/(m² · K)]; der Reziprokwert davon ist der Wärmedurchlaßwiderstand.

1.2.5.3 Wärmeübergang

Die Wärmeübergangszahl α [W/(m² · K)] beschreibt jene Wärmemenge, die pro Zeiteinheit von einer 1 m² großen Wandoberfläche mit der umgebenden Luft ausgetauscht wird, wenn die Temperaturdifferenz zwischen Wandoberfläche und Luft 1 K beträgt. Der Reziprokwert $1/\alpha$ [m² · k/w] wird als Wärmeübergangswiderstand bezeichnet. Beeinflusst wird diese Kenngröße durch die Bewegung der Luft und vom Zustand der Wandoberfläche (Rauigkeit, Farbe, Material).

Aus den Wärmeübergangszahlen und der Wärmeleitung errechnet sich der Wärmedurchgang durch Bauteile. Er wird gekennzeichnet durch den Wärmedurchgangskoeffizienten k bzw. durch dessen Reziprokwert, den Wärmedurchgangswiderstand $1/k$.

$$\frac{1}{k} = \frac{1}{\alpha_i} + \frac{1}{\Lambda} + \frac{1}{\alpha_a} \quad \left[\frac{K \cdot m^2}{W}\right] \quad \frac{1}{\alpha_i} = \text{Wärmeübergangswiderstand innen}$$

$$\frac{1}{\alpha_a} = \text{Wärmeübergangswiderstand außen}$$

1.2.5.4 Wärmespeicherung

Als Wärmespeicherungsvermögen S bezeichnet man die Eigenschaft eines Baustoffes beim Erwärmen Wärmemengen zu speichern. Das Speicherungsvermögen errechnet sich aus der spezifischen Wärmekapazität c [J/(kg · K)] und der Rohdichte ρ des Stoffes:

$$S = c \cdot \rho \quad \left[\frac{J}{m^3 \cdot K} \right]$$

Die spezifische Wärme c ist die Wärmemenge in J, die erforderlich ist, um 1 kg eines Stoffes um 1 K zu erwärmen.

1.2.5.5 Wärmeeindringzahl

Als Maß für die Geschwindigkeit einer Wärmeübertragung bei Berührung verwendet man die Wärmeeindringzahl b. Sie hängt wie die Wärmespeicherung von der Rohdichte und der Wärmekapazität ab, darüber hinaus aber auch vom Wärmeleitvermögen des Baustoffes und errechnet sich aus diesen Werten nach der Formel:

$$b = \sqrt{\lambda \cdot c \cdot \rho} \quad \left[\frac{W \cdot \sqrt{s}}{m^2 \cdot K} \right]$$

Die Wärmeeindringzahl ist vor allem bei Fußböden eine wichtige Kenngröße. Je größer die Wärmeeindringzahl b ist, umso kälter fühlt sich die Baustoffoberfläche bei der Berührung an, d. h. umso schneller wird die Wärme entzogen.

1.2.6 Akustische Eigenschaften und Schallschutz

Der Luftschall entsteht durch Überlagerung eines Luftdruckes auf den vorhandenen Luftdruck. Das menschliche Ohr nimmt die Druckänderung wahr, dies wird als „Schall" bezeichnet. Die Anzahl der Druckänderungen pro Sekunde (Frequenz) bestimmen die Tonhöhe.

Der menschliche Hörbereich ist altersabhängig und reicht etwa von 16 Hz bis 16 000 Hz. In der Kindheit kann der Hörbereich nach oben bis ca. 20 kHz betragen, nimmt aber nach der Jugendzeit ab und sinkt im Alter bis ca. 12 kHz. Nicht alle Frequenzen werden gleich laut wahrgenommen. Für extrem niedrige und extrem hohe Frequenzen ist das menschliche Ohr weniger stark empfindlich.

Die Schallstärke wird durch die Größe der Druckschwankungen direkt bestimmt, als Messgröße für die Schallstärke dient der Schallpegel L als 20facher Zehnerlogarithmus des Verhältnisses des effektiven Schalldruckes p gegenüber einem gerade noch wahrnehmbaren Bezugsschalldruck bei 1000 Hz von $p_0 = 2 \cdot 10^{-5}$ N/m^2.

$$L = 20 \ \log \ \frac{p}{p_0} \quad \text{[db]} \quad \text{(Dezibel)}$$

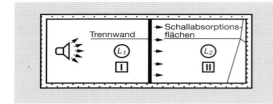

Abbildung 1.12
Bestimmung der
Luftschalldämmung
von Wänden [1.5]

Die Ausbreitung des Schalls kann durch Luftdruckänderungen in der Luft (Luftschall) und/oder in Feststoffen (Körperschall) stattfinden. Durch Anstöße von Festmaterial untereinander, wie besonders beim Begehen eines Fußbodens, entsteht der Trittschall, der von Festkörpern (hier Bauteilen) als Luftschall abgestrahlt wird.

Man unterscheidet beim Schall:

Sinuston: reiner Ton, der technisch erzeugt wird,
Ton: Ton mit möglichem Mitschwingen eines Obertons 1 Oktave höher
          z. B. Instrument, Singstimme,
Klang: Kombination mehrerer Töne die „wohl"-klingen,
Geräusch: Mischung vieler Töne die disharmonisch und ohne Klang sind,
Lärm: Geräusche oder Töne hoher Lautstärke, die stören.

Der Luftschallschutz wird in DIN 4109 geregelt. Luftschallschutz ist aktiv und passiv zu betreiben. Für die Trennebenen von Wohnungen, von Büros, Schulen, Instituten, Krankenhäusern usw. wird der Luftschallschutz für Decken und Wände gefordert.

Befindet sich in einem Raum (1) eine Schallquelle, die einen Schallpegel L_1 erzeugt, so ergibt sich in einem Nachbarraum (2), der durch eine Wand oder ein Türelement getrennt ist, ein verminderter Schallpegel L_2.

Das Schalldämmmaß R ergibt sich aus der Gleichung:

$$R = L_1 - L_2 + 10 \log \left(\frac{S}{A} \right) \text{ [db]}$$

darin sind:

L_1, L_2 die Schallpegelwerte im Raum (I) und Raum (II)
S = Prüffläche der Trennwand
A = äquivalente Schallabsorptionsfläche
Für alle relevanten Aufgaben sind in der Norm DIN 4109 Mindestschalldämmwerte vorgeschrieben.

Für die Messung des Trittschalls verwendet man ein „Normhammerwerk", das einen bekannten Normtrittschallpegel L_N erzeugt. Wird bei der Messung im Empfangsraum ein gewisser Schallpegel überschritten, müssen Verbesserungsmaßnahmen getroffen werden.

Für alle Messungen im Schallschutz werden die Messdaten in einzelnen Frequenz-bereichen bestimmt und in einer Sollkurve bzw. einer Norm-Trittschallpegelkurve eingetragen. Daraus ergibt sich die Berechnung des Mittelungspegels. Es kann aber auch festgestellt werden, ob in bestimmten Frequenzbereichen Verbesserungsbedarf besteht.

Zwei Konstruktionsarten führen zur Verbesserung des Luftschallschutzes:

○ Mit zunehmendem Flächengewicht verbessern sich die Dämmwerte
○ Durch Zweischaligkeit einer Konstruktion kann auch bei leichteren Bauteilen eine Dämmwirkung herbeigeführt werden

Beim Trittschallschutz spielt die Mehrschaligkeit des Aufbaus mit Einlage eines dyna-misch steifen Dämmstoffs eine Rolle, aber auch die Auflage weicher Schichten im Gehbereich ist vorteilhaft.

Unter Schallabsorption versteht man die Fähigkeit der Baustoffe, auftreffende Schall-energie im Baustoff in andere Energiearten umzuwandeln und nur Teile der auftreffen-den Schallenergie zu reflektieren. Frequenzabhängig müssen die Stoffe und die damit gefertigten Konstruktionen verschieden sein.

Die Schallabsorption ist verantwortlich für die „Hörsamkeit" eines Raumes, d.h. durch Schallabsorption wird der „Echoeffekt" verringert und auf Werte von unter 0,5 s bis ca. 3,5 s – je nach Anforderung – gesenkt.

1.3 Statistische Methoden zur Beurteilung von Baustoffkennwerten

Eine Beurteilung der Baustoffe hinsichtlich ihrer Eignung oder ihrer Qualität wird anhand von Messdaten durchgeführt, indem man sie mit von den Normen festgeleg-ten Grenzwerten vergleicht. Innerhalb jeder Produktionsmenge treten aber Qualitäts-unterschiede auf, die nicht auf Messungenauigkeiten beim Prüfen zurückzuführen sind, sondern auf einer rein zufälligen Überlagerung verschiedener – die Qualität beeinflussender – Faktoren beruhen. Das Ergebnis ist deshalb eine Zufallsgröße innerhalb zweier Grenzwerte, deren Abstand von der Sicherheit in der Beherrschung der einzelnen Herstellungsprozesse bestimmt wird. Die Tatsache, dass alle Baustoff-eigenschaften mit Streuungen behaftet sind, muss in Kauf genommen werden, man wird aber bemüht sein, die Streuungen möglichst klein oder zumindest konstant zu halten. Die Konstanz von Eigenschaften ist somit ein wesentliches Qualitätsmerkmal. Gelingt es in einem Produktionsprozess, die Eigenschaften eines Produktes konstant zu halten, so spricht man von Qualitätsbeherrschung.

1.3.1 Allgemeine statistische Verfahren

Die verschiedenen Erscheinungen zugrundeliegenden Gesetzmäßigkeiten lassen sich sehr oft nur nach umfangreichen Versuchen und Beobachtungen erkennen. Werden die zu untersuchenden Vorgänge nur wenigen Beobachtungen unterzogen, so entsteht oft der Eindruck eines zufälligen Verhaltens mit keinen sichtbaren Gesetzmäßigkeiten. Erst nach einer Vielzahl von Versuchen lassen sich feste Beziehungen ableiten. Im gesamten Bereich der Ingenieurwissenschaften steht man dabei vor dem Problem, dass die für eine zuverlässige Aussage erforderliche Anzahl zu ermittelnder Daten entweder zu zeitaufwendig, zu kostspielig oder aus sachlichen Gründen (z. B. bei zerstörender Prüfung von fertigen Bauteilen) unmöglich ist. Man begnügt sich daher im allgemeinen mit der Erfassung nur relativ weniger Daten auf der Basis von zufälligen Stichproben.

Die Anwendung mathematisch-statistischer Methoden auf die Ergebnisse einer Stichprobenuntersuchung bietet nun die Möglichkeit, mit einer bestimmten Wahrscheinlichkeit eine ausreichende Beurteilung der Baustoffe bzw. der Baustoffkennwerte vorzunehmen. Dies gilt insbesondere bezüglich der Gewährleistung möglichst gleichmäßiger Baustoffeigenschaften und im Hinblick auf die bei der Produktion naturgemäß auftretenden Streuungen.

Diese Vorgehensweise, die als Grundmodell der Statistik bezeichnet wird, soll anhand der *Abbildung 1.13* erläutert werden.

Als *Grundgesamtheit* bezeichnet man die Gesamtmenge aller Ereignisse oder Elemente, die einer statistischen Betrachtung zugrunde liegen. Bei der Anwendung statistischer Verfahren ist es charakteristisch, dass man aus der Untersuchung einer beschränkten Anzahl von Messwerten Informationen über die Grundgesamtheit einer Eigenschaft (z. B. Festigkeit) erhält.

Wird eine Anzahl von n Beobachtungen einer bestimmten Eigenschaft vorgenommen, so erhält man die Größen $x_1, x_2, x_3, ...x_i, ...x_n$, mit i = 1...n. Diese Teilmenge, die aus einer Grundgesamtheit zufällig entnommen wird, bildet die sogenannte Stichprobe und die

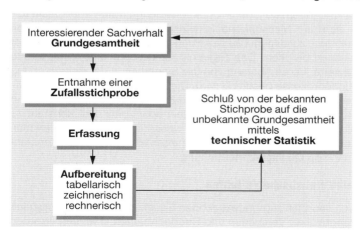

Abbildung 1.13
Grundmodell der
technischen Statistik
[1.1]

Anzahl der in einer Stichprobe vereinigten Werte heißt *Umfang der Stichprobe*. Mit der Zufallsauswahl wird sichergestellt, dass die Stichprobe repräsentativ ist, diese also die Verhältnisse in der Grundgesamtheit hinreichend gut wiederspiegelt. Eine Stichprobe nennt man groß oder klein, je nachdem ob ihr Umfang mehr oder weniger als 25 Werte enthält. Die Beziehung

$$R = x_{max} - x_{min} = x_n - x_1$$

bezeichnet man als *Spannweite R* einer Stichprobe. Teilt man die Spannweite in gleiche Intervalle oder Klassen der Anzahl *k*, so erhält man die Klassenbreite mit

$$\frac{R}{k} = \frac{x_{max} - x_{min}}{k} = \frac{x_n - x_1}{k}$$

Als Faustregel für die Anzahl der zu wählenden Klassen zwischen dem kleinsten und größten Betrachtungswert gilt:

Anzahl der Klassen $k = \sqrt{\text{Anzahl der Beobachtungen}}$

Die Klassenbreite sollte so groß gewählt werden, dass keine leeren Klassen im Bereich der Messwerte auftreten. In der Praxis wählt man im allgemeinen $5 < k < 25$. Durch eine günstige Klasseneinteilung erreicht man oft rechnerische Vorteile.

Bei einer Versuchsdurchführung kann eine bestimmte Eigenschaft, z. B. der Messwert einer bestimmten Festigkeit, mehrmals unter gleichbleibenden Bedingungen auftreten. Die Zahl, die angibt, wie oft dieser Wert bei Messungen auftritt, heißt *Häufigkeit* (= absolute Häufigkeit).

Als Häufigkeitsverteilung bezeichnet man diejenige Funktion, die angibt, mit welcher Häufigkeit eine zufallsbedingte Veränderliche in einem bestimmten Intervall liegt, also wie oft ein bestimmter Beobachtungswert vorkommt.

Zeichnet man ein Koordinatensystem in der Form, dass auf der Abszissenachse die Beobachtungswerte und auf der Ordinate die zugehörigen Häufigkeiten liegen, so

Abbildung 1.14
Verschiedene Arten von Häufigkeitsverteilungen

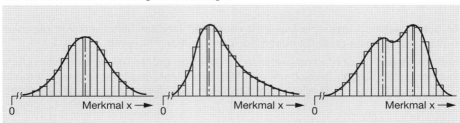

erhält man eine sogenannte Häufigkeitsverteilung. Je nach der Form dieser Verteilung unterscheidet man verschiedene Arten von Häufigkeitsverteilungen (*Abbildung 1.14*).

Die im Bauwesen wichtigste mathematische Funktion, durch die Häufigkeitsverteilungen vor Messwerten in vielen Fällen gut wiedergegeben werden können, ist die sogenannte Normalverteilung (Gaußsche Glockenkurve). *Abbildung 1.15* zeigt eine derartige Häufigkeitsverteilung von Betonwürfeldruckfestigkeiten, wie sie im Rahmen einer Güteprüfung erhalten wurde.

Das schrittweise Aufsummieren der Häufigkeiten, beginnend von der ersten Klasse, ergibt die Häufigkeitssumme, auch „*Summenhäufigkeit*" genannt.

Aus den Einzelwerten $x_1 .. x_i ... x_n$ lassen sich folgende statistische Kennwerte ermitteln:

Mittelwert
(arithmetisches Mittel)
$$\bar{x} = \frac{1}{n} \sum_{i=1}^{n} x_i$$

Varianz
$$s^2 = \frac{1}{n-1} \sum_{i=1}^{n} (x_i - \bar{x})^2$$

Standardabweichung
$$s = \sqrt{s^2}$$

Durch den Mittelwert $\bar{x}$ und die Standardabweichung s wird die Form der Gaußschen Glockenkurve bestimmt. Die Standardabweichung ist durch den Abstand zwischen dem Mittelwert $\bar{x}$ und den Werten an den Wendepunkten der Gaußschen Glockenkurve charakterisiert und stellt ein Maß für die Streuung der Einzelwerte dar, d. h. für die mittlere Abweichung der Einzelwerte vom Mittelwert.

Zu Vergleichszwecken wird vielfach der aus der Standardabweichung s und dem arithmetischen Mittel $\bar{x}$ gebildete Variationskoeffizient v als relatives Streumaß benutzt:

$$v = \frac{s}{\bar{x}} \quad \text{bzw.} \quad v = \frac{s}{\bar{x}} \cdot 100 \quad [\%]$$

Er berücksichtigt, dass eine kleine Streuung bei kleinem Mittelwert von gleichem Gewicht ist wie eine große Streuung bei einem großen Mittelwert.

Kennzeichnend für eine Normalverteilung ist, dass der größte Teil der möglichen Werte in einem relativ engen Bereich um den Mittelwert liegt, und zwar liegen im Intervall $-2\,\sigma^{[1]} \leq x \leq 2\,\sigma$ ca. 95 % aller möglichen Werte. Auf dieser Tatsache beruht die bei

---

[1] Standardabweichung der Grundgesamtheit

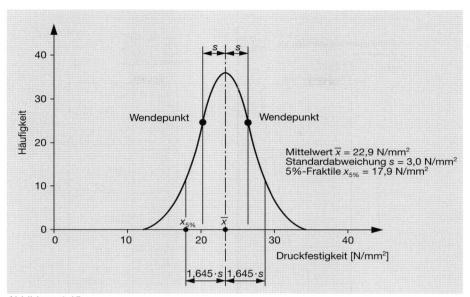

Abbildung 1.15
Gaußsche Glockenkurve mit Bestimmung von Mittelwert, Standardabweichung und der 5 %-Fraktile

statistischen Verfahren übliche *„Aussagewahrscheinlichkeit"* oder *„Aussage-sicherheit"*. Entsprechend der Aussage *„95 % der Messwerte liegen im Intervall ± 2 σ"* kann man auch bestimmte Grenzen angeben, unter denen ein bestimmter Prozentsatz der Verteilungsfläche liegt: diese Werte nennt man **Fraktilen**.

In *Abbildung 1.15* ist neben dem Mittelwert $\bar{x}$ und der Standardabweichung s auch die im Bauwesen sehr wichtige sogenannte 5 %-Fraktile eingetragen. Die Fraktile, auch Sicherheitsgrenze genannt, gibt jenen Wert an, der nur von einer begrenzten Anzahl von Einzelwerten unterschritten werden darf. Die 5 %-Fraktile errechnet sich gemäß der Beziehung:

5 %-Fraktile = $\bar{x} - 1{,}645 \cdot s$

Bei der Normalverteilung wird die 5 %-Fraktile von 5 % aller Werte unterschritten und von 95 % überschritten; d. h. 90 % der Werte liegen im Bereich ± 1,645 · s um den Mittelwert $\bar{x}$.

Für die Normalverteilung können die Näherungswerte der statistischen Kenngrößen $\bar{x}$ und s auch grafisch im sogenannten „Wahrscheinlichkeitspapier" ermittelt werden. Die Ordinatenskala des Wahrscheinlichkeitspapiers ist so verzerrt, dass die Kurve der Verteilungsfunktion einer Normalverteilung sich als Gerade abbildet. Man braucht

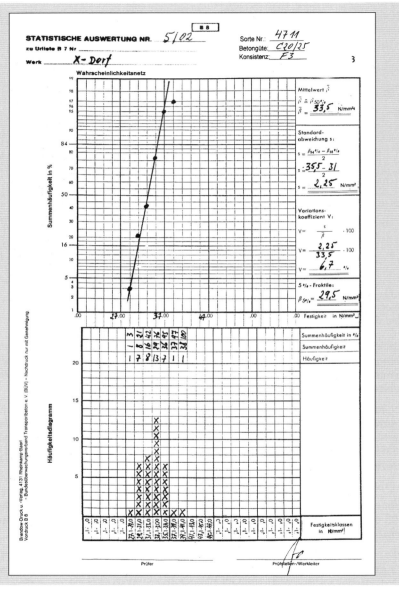

Abbildung 1.16 [1.8]

dann nur einige willkürlich herausgegriffene relative Summenhäufigkeiten einer Normalverteilung als Punkte über dem rechten Eckpunkt des betreffenden Klassenintervalls ins Wahrscheinlichkeitspapier einzutragen, anschließend eine Ausgleichsgerade durch diese Punkte zu legen und alle weiteren gewünschten Ergebnisse abzulesen.

Abbildung 1.16 zeigt ein Beispiel für den Gebrauch des Wahrscheinlichkeitsnetzes bei der Auswertung der Ergebnisse einer Betondruckfestigkeitsprüfung. Auf einer Urliste werden die Klassenwerte durch Ankreuzen in den mit Häufigkeitsdiagramm bezeichneten Teil eingetragen. Über dem Säulendiagramm wird die zu den einzelnen Festigkeitsklassen gehörende Summe der Messwerte (Häufigkeit) eingetragen. Aus der Häufigkeit jeder Klasse wird dann die Summenhäufigkeit errechnet und in Prozenten ausgedrückt. Die Prozentzahlen werden in das darüberliegende Wahrscheinlichkeitsnetz übertragen und eine Ausgleichsgerade gebildet. Liegen die Punkte relativ gut auf einer Geraden, dann liegen die Stichprobenwerte normalverteilt (das läßt im allgemeinen den Schluss zu, dass auch die Grundgesamtheit normalverteilt ist). Der Schnittpunkt der Geraden mit der 50 %-Linie entspricht dem Mittelwert: die 5 %-Fraktile liegt am Schnittpunkt mit der 5 %-Linie. Die Standardabweichung erhält man aus der Differenz zwischen den Schnittpunkten der Ausgleichsgeraden bei 50 % und 16 % Summenhäufigkeit.

Das vorliegende Verfahren ist nur bei einer Probenzahl ab n = 30 verwendbar. Liegt die Anzahl der Messwerte n zwischen 10 und 30, sind gewisse Korrekturen notwendig.

1.4 Fachliteratur

1.4.1 Normen, Richtlinien

DIN 1048	Prüfverfahren für Beton; Teil 1 bis 5
DIN 1080	Begriffe, Formelzeichen und Einheiten im Bauingenieurwesen; Teil 1 bis 9
DIN 1301	Einheiten, Einheitennamen, Einheitenzeichen; Teil 1 bis 3
DIN 1304	Allgemeine Formelzeichen, Teil 1
DIN 1305	Masse, Wägewert, Kraft, Gewichtskraft, Gewicht, Last: Begriffe
DIN 1306	Dichte; Begriffe
DIN 1313	Physikalische Größen und Gleichungen: Begriffe, Schreibweisen
DIN 1341	Wärmeübertragung: Grundbegriffe, Einheiten
DIN 1342	Viskosität Newtonscher Flüssigkeiten und Technik; Teil 1 bis 2
DIN 1345	Thermodynamik; Grundlagen
DIN 4102	Brandverhalten von Baustoffen und Bauteilen; Teil 1 bis 16
DIN 4108	Wärmeschutz im Hochbau; Teil 1 bis 7
DIN 4109	Schallschutz im Hochbau; Teil 1, Bbl. 1 bis 3
DIN 4172	Maßordnung im Hochbau

DIN 18 230	Baulicher Brandschutz im Industriebau; Teil 1 bis 2
DIN 50 035	Begriffe auf dem Gebiet der Alterung von Materialien; Grundbegriffe
DIN 50 100	Werkstoffprüfung; Dauerschwingversuch; Begriffe, Zeichen, Durchführung, Auswertung
DIN 50 125	Prüfung metallischer Werkstoffe – Zugproben
DIN 52 108	Verschleißprüfung mit der Schleifscheibe nach Böhme
DIN 52 612	Wärmeschutztechnische Prüfungen Bestimmung der Wärmeleitfähigkeit mit dem Plattengerät
DIN 53 012	Viskosimetrie – Kapillarviskosimetrie newtonscher Flüssigkeiten – Fehlerquellen und Korrektionen
DIN 53 015	Viskosimetrie – Messung der Viskosität mit dem Kugelfallviskosimeter nach Höppler
DIN 53 108	Viskosimetrie; Messung der dynamischen Viskosität newtonscher Flüssigkeiten mit dem Rotationsviskosimeter, Grundlagen
DIN 53 804	Statistische Auswertungen, Teil 1 bis 4, Teil 13
DIN 55 303	Statistische Auswertung von Daten; Teil 2 und 5
DIN EN 1925	Prüfverfahren von Naturstein – Bestimmung des Wasseraufnahmkoeffizienten infolge Kapillarwirkung
DIN EN 10 002	Metallische Werkstoffe: Zugversuch
DIN EN 101	Keramische Fliesen und Platten; Bestimmung der Ritzhärte der Oberfläche nach Mohs
DIN EN 13 755	Prüfverfahren für Naturstein – Bestimmung der Wasseraufnahme unter atmosphärischem Druck
DIN EN ISO	12572 Wärme- und feuchtetechnisches Verhalten von Baustoffen und Bauprodukten – Bestimmung der Wasserdampfdurchlässigkeit
ISO 204	Metallische Werkstoffe – Nichtunterbrochener Zeitstandversuch unter einachsiger Zugbeanspruchung

1.4.2　　Bücher und Veröffentlichungen

[1.1]　　*B. John:*
Statistische Verfahren und technische Meßreihen. C. Hanser Verlag, München-Wien, 1979

[1.2]　　*W. Benning:*
Statistik in Geodäsie, Geoinformation und Bauwesen. H. Wichmann Verlag, Heidelberg, 2002

[1.3]　　*H. Treiber, F. Heywang:*
Physik für Fachhochschulen und technische Berufe, Verlag Handwerk und Technik, Hamburg 2001

[1.4]　　*H. Klopfer:*
Wassertransport durch Diffusion in Feststoffen, Bauverlag, Wiesbaden, 1973

[1.5]   *F. Kohlrausch:*
        Praktische Physik, Band 1 und 2. Teubner Verlag, Stuttgart, 1996

[1.6]   *G.C.O. Lohmeyer:*
        Praktische Bauphysik, Teubner Verlag, Stuttgart, 2002

[1.7]   *K. Bosch:*
        Elementare Einführung in die angewandte Statistik,
        Viewegverlag, Braunschweig, 2002

[1.8]   *U. Krengel:*
        Einführung in die Wahrscheinlichkeitstheorie und Statistik,
        Viewegverlag, Braunschweig, 2003

[1.9]   *R. Rüsch, R. Sell, R. Rackwitz:*
        Statistische Analyse der Betonfestigkeit, Deutscher Ausschuss für Stahlbeton.
        H. 206, Berlin 1961

[1.10] *K. Wesche:*
        Baustoffe für tragende Bauteile; Band 1 Eigenschaften, Meßtechnik, Statistik,
        Bauverlag GmbH Wiesbaden, 1996

[1.11] *Vordruck:*
        Firma Readymix Transportbeton GmbH, RatingenBauverlag GmbH
        Wiesbaden, 1977

Kapitel 2: Baumetalle

2 Baumetalle

Wegen ihrer ausgezeichneten mechanischen Eigenschaften, ihrer guten Form- und Bearbeitbarkeit, sowie der Möglichkeit, sie durch Legieren weitgehend den jeweiligen Anforderungen anzupassen, bilden Metalle eine der wichtigsten Baustoffgruppen.

Metalle kommen in der Natur nur selten in gediegener Form vor (Edelmetalle), sondern meistens in chemisch gebundener Form in Erzen, die auf dem Wege des Bergbaus unter Tage oder sogar im Tagebau gewonnen werden. Die in Betracht kommenden Erze der wichtigsten Gebrauchsmetalle sind meist Oxide oder Sulfide, gelegentlich Carbonate oder Silicate. Vielfach sind sie vermengt mit anderen Metallen oder Gangart. Es ist die Aufgabe der Erzverhüttung, aus den vorliegenden Verbindungen die gewünschten Metalle frei zu machen. Hierzu müssen sie aus ihren Verbindungen reduziert werden. Da sie meist starke Verunreinigungen enthalten, ist vor dem eigentlichen Reduktionsprozess im allgemeinen eine Erzaufbereitung erforderlich.

Die Erzaufbereitung umfasst alle Verfahren, durch die Erze angereichert oder teilweise reduziert werden, kurz in eine Form und Größe gebracht werden, die für die Weiterverarbeitung günstig ist. Die Anreicherungs- und Verhüttungsverfahren setzen bestimmte Korngrößen voraus, so dass größere Brocken zerkleinert und kleinere Kornfraktionen abgesiebt werden müssen. Feinerze müssen zum Verhütten im Schachtofen „stückig" gemacht werden, damit ein Durchströmen von Gasen möglich ist. Dieses Stückigmachen erfolgt heute meistens in sogenannten Sinteranlagen, bei denen das Feingut bei Temperaturen zwischen 900 – 1400 °C zu porösen, gasdurchlässigen Stücken gesintert wird, die sich dann gut verhütten lassen.

Aus den aufbereiteten Erzen werden die Metalle meist durch Reduktion ihrer Oxide gewonnen. Es gibt eine große Zahl von Reduktionsverfahren, die zum Teil auf örtliche Gegebenheiten, wie besondere Erzsorten oder Energiequellen abgestimmt sind.

2.1 Eisen und Stahl

In allen erdenklichen Situationen unseres täglichen Lebens ist Stahl im Spiel. Kein anders Material präsentiert sich mit so unterschiedlichen und variantenreichen Eigenschaften wie Stahl. Dazu kommt, dass sich Stahl durch ein anerkannt gutes Preis/Leistungsverhältnis bei Herstellung und Verarbeitung auszeichnet. Vorbildlich ist seine Umweltfreundlichkeit, denn Stahl ist so recycling-freudig wie wohl kein anderer Werkstoff und lässt sich ohne Qualitätsverlust wieder in hochwertige Stähle rückverwandeln, so dass unsere knappen Ressourcen geschont werden. Mit weit über 2000 Werkstoffsorten in verschiedenen Güten auf dem gegenwärtigen Markt – von denen die Meisten in den letzten 10 Jahren neu- oder weiterentwickelt wurden – zeigt er sich als das innovationsfreudigste Spitzentechnologie-Material überhaupt.

Durch die technischen Herausforderungen der modernen Zeit gewinnt Stahl als Baumaterial zunehmend an Aktualität. Vielversprechende neue Werkstoffentwicklungen sind, z.b. superplastische Stähle, gekennzeichnet durch ein sehr feines Gefüge mit Korndurchmessern von nur einigen Hundert Nanometern (10^{-9} m), wodurch optimale Formbarkeit erreicht wird. Eine weitere völlig neue Werkstoffklasse sind die Metallschäume – ursprünglich für Aluminiumwerkstoffe entwickelt –. Stahlschäume können zudem hervorragend Energie vernichten, etwa die Aufprallenergie bei einem Auffahrunfall.

Im heutigen Bauwesen sind Stahl und Eisen nicht mehr wegzudenken, manche Bauaufgaben konnten überhaupt erst gelöst werden, seit es den Baustoff Stahl gibt: Brücken mit gewaltigen Spannweiten, stützenlos überspannte riesige Hallenräume, kühne Wasserbauanlagen, Bürohochhäuser in Stahlskelettbauweise, Anlagen der Energieerzeugung, verfahrenstechnische Einrichtungen der Großchemie, schwerstbelastete Industriebauten, usw.

Neben diesen mehr außergewöhnlichen Bauvorhaben möchte man aber auch im allgemeinen Bauwesen nicht auf Stahl verzichten, und zwar für die Funktionen des Tragens ebenso wie für die mannigfachen Aufgaben des Ausbaus.

Bei Stahlskelettbauten und Stahlbindern, bei Stahlträgerdecken, bei Stahlstützen und -unterzügen z. B. ist der Stahl häufig alleiniges Tragelement; bei entsprechenden Bauteilen aus Stahlbeton ist der Stahl ein wesentlicher Teil des Tragkörpers.

Über diese Anwendungen des Stahls als Baustoff im engeren Sinne hinaus bestehen natürlich noch viele andere Verwendungsmöglichkeiten von Bauelementen und -teilen aus Stahl im Hausbau, wie Stahltüren und -fenster, Fassadenelemente, Dachdeckungen, Zargen, Treppen, Geländer, Gitter, Führungs- und Ankerschienen, Rohrleitungen, Sanitärinstallation, Heizkessel und Heizkörper, Müllboxen, Schlösser, Schlüssel, Briefkästen, Baubeschläge, Leitplanken, usw. nicht zu vergessen auch die Kantenschutzschienen und Putzträger aus Streckmetall, Rippenstreckmetall oder Drahtgeweben.

Eisen wird in chemisch reiner Form als Fe im Bauwesen wegen seiner geringen Festigkeit praktisch nicht verwendet. Das technisch verwertbare Eisen, das uns in mancherlei Form begegnet besteht zwar vorwiegend aus Fe, enthält aber Beimengungen (Legierungsstoffe) metallischer oder nichtmetallischer Art in mehr oder weniger großen Mengen, die je nach Art und Anteil seine Verarbeitung und Eigenschaften beeinflussen und diesen Werkstoff zum wichtigsten und meistverwendeten metallischen Werkstoff unserer Zeit werden ließen.

Durch die zusätzlichen Bestandteile wie auch durch die verschiedenartigsten Wärmebehandlungsverfahren, durch die Kaltverfestigung genauso wie durch die überaus vielseitige Bildsamkeit durch Walzen, Schmieden, Pressen, Ziehen und Drükken, – neuerdings auch die Verformung durch Elektromagnetismus oder Detonationen – können dem Werkstoff Eigenschaften verliehen werden, die eine gezielte Anpassung an jeden nur denkbaren Verwendungszweck ermöglichen. Nicht zuletzt sind es zwei Faktoren, die dem Stahl bei vielen Anwendungen seinen Vorrang sichern: die Schweißbarkeit und der relativ hohe Elastizitätsmodul ($\approx 2 \cdot 10^5$ N/mm^2), was sich besonders bei stoßartigen Belastungen auswirkt. (Aufnahme der Stoßenergie bereits hauptsächlich vor Einsetzen der plastischen Verformung!)

Die für das Bauwesen wichtigsten Stahlerzeugnisse sind:

Formstahl	Trägerprofile ≥ 80 mm Höhe
	I-Profile schmal
	mittelbreit (*Europaträger*)
	breit (*früher Breitflanschträger*)
	U-Profil
Stabstahl	Trägerprofile ≤ 80 mm Höhe
	verschiedenster Querschnitte wie:
	I-,T-, Z-, L-, U-, Rund-, Vierkant-, Halbrund-, Sechskant-,
	Flach-, Breitflachstahl
	Rundprofil < 5 mm = Draht
Bleche	Grob- > 4,75 mm (Riffel-, Warzen-, usw.)
	Mittel- 3,0 – 4,75 mm
	Fein- 0,5 – 3,0 mm (Schwarz-, Zieh-, Stanz-, usw.)
	Feinst- < 0,5 mm kaltgewalzt
Rohre	nahtlos gezogene
	geschweißte: längs- oder spiralgeschweißt
Spezialprofile	Spundwand-, Schienen-, Kantenschutz-, Bandstahl; Fenster- und Tür-, Wellbleche, gelochte Bleche, Trapezbleche und Fassadenelemente, Quadrat- und Rechteck-Hohlprofile, Draht- und Drahtgeflechte, Drahtseile, Ketten, Nägel, Niete, Schrauben, Befestigungsschellen, Dachrinnen und Rinnenhalter, usw.

2.1.1 Herstellung von Roheisen

2.1.1.1 Rohstoffe

Im allgemeinen werden Erze verarbeitet, die einen Gehalt von 30 – 65 M.-% Fe enthalten.

Die für die Eisengewinnung wichtigsten Erzarten sind:

Magneteisenstein (*Magnetit*)	Fe_3O_4	60-70 M.-% Fe
Roteisenstein (*Hämatit*)	Fe_2O_3	30-50 M.-% Fe
Brauneisenstein (*Limonit*)	$Fe_2O_3 \cdot x\ H_2O$	20-25 M.-% Fe
Spateisenstein (*Siderit*)	$FeCO_3$	30-40 M.-% Fe
Manganerze (*z. B. Pyrolusit*)		ca. 20 M.-% Fe

2.1.1.2 Hochofenprozess

Die Reduktion aus den verschiedenen Eisenerzsorten erfolgt fast ausschließlich im Hochofenprozess.

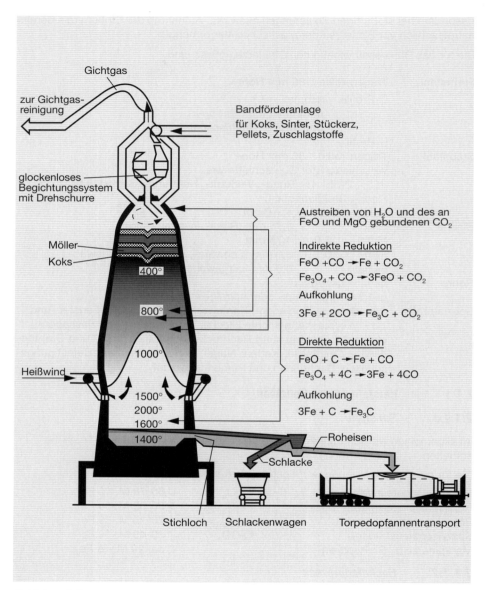

Abbildung 2.1
Schematische Darstellung der Vorgänge im Hochofen

Die heute weltweit in der eisenschaffenden Industrie verwendeten Hochöfen sind Schachtöfen, in denen aus den aufbereiteten Erzen im *Reduktionsverfahren im Gegenstromprinzip* das Roheisen erschmolzen wird. Der Hochofen besteht im Prinzip aus zwei mit den breiten Enden zusammenstoßenden Kegelstümpfen aus dickem Stahlblech, die innen mit feuerfesten Steinen ausgekleidet sind. Der untere Kegel (Rast) sitzt auf einem zylindrischen Teil (Gestell) auf, der seinerseits auf einer aus feuerfestem Material bestehenden Unterlage (Bodenstein) ruht. Die Außenwand von Rast und Gestell wird mit Wasser gekühlt.

Die größten Hochöfen der Welt haben ein Volumen bis zu 5000 m^3 und eine Tagesleistung bis zu 10 000 t Roheisen.

Der Hochofen wird von oben, über die sogenannte *Gicht*, im Wechsel, aber kontinuierlich mit druckfestem Koks und Möller (Erz + Zuschläge) beschickt. In zunehmenden Maße ist man bemüht, den teuren Koks durch andere Brennstoffe zu ersetzen, z.B. durch Öl, neuerdings durch Altkunststoffe.

Je nach Gangart des Erzes muss der entsprechende Zuschlag gewählt werden, der mit den unerwünschten Beimengungen eine leicht schmelzbare Schlacke bilden soll. Zur Förderung des Verbrennungsvorganges wird in den unteren Teil des Hochofens vorgewärmte Luft (700 – 1300 °C), sogenannter Wind, mit einem Überdruck von bis zu 4 bar eingeblasen.

Chemische Vorgänge im Hochofen

An den Eintrittsstellen des vorerhitzten Windes in den Ofen (Formebene) wird zunächst der glühende Koks zu CO oxidiert. (Wegen C-Überschuss und hoher Temperatur nicht zu CO_2!). Das entstehende CO-Gas steigt auf und reduziert nun in der folgenden Erzschicht das Eisenoxid, wobei es selbst wieder zu CO_2 oxidiert wird.

Der durch das CO eingeleitete Reduktionsvorgang wird als *indirekte Reduktion* bezeichnet.

In der darüberliegenden Koksschicht erfolgt erneute Umwandlung in CO, in der folgenden Erzschicht wieder Reduktion des Eisenoxids. So erfolgt steter Wechsel, bis etwa in halber Schachthöhe des Ofens die Temperatur soweit abgesunken ist, dass das CO nicht mehr zur Reduktion des Eisenoxids wirksam werden kann (Reduktion = endotherme Reaktion). In diesen weniger heißen Schichten (500 – 900 °C) zerfällt das Kohlenmonoxid teilweise unter Bildung von CO_2 und feinst verteiltem, elementarem Kohlenstoff.

Dieser feinstverteilte Kohlenstoff ist einerseits in der Lage im unteren, sehr heißen Bereich des Hochofens (Kohlungszone, Temperatur > 1000 °C) ebenfalls Eisenoxid unmittelbar zu reduzieren (*direkte Reduktion*) andererseits löst er sich im Eisen auf (Kohlungszone).

Für den Erschmelzungsvorgang ist diese sogenannte *Aufkohlung* des Eisens besonders wichtig, da aufgekohltes Eisen im Vergleich zu reinem Eisen einen erheblich
niedrigeren Schmelzpunkt (1100 – 1200 °C) hat und sich dadurch im Gestell flüssig
sammeln kann.

Auf Grund der verschiedenen spezifischen Gewichte von Schlacke (2,6 g/cm³) und
flüssigem Roheisen (7,8 g/cm³) ist eine Trennung der beiden Komponenten möglich;
nach Beendigung der Reduktion werden das flüssige Roheisen und die Schlacke je
nach Ofengröße alle 45 – 90 min abgestochen.

2.1.1.3   Hochofenprodukte

Gichtgas

Als gasförmiges Produkt entweicht aus dem Hochofen über die sogenannte *Gicht* das
Gichtgas. Dieses Abgas enthält ca. 25 – 30 Vol.-% Kohlenmonoxid und wird als
Energieträger heute ausschließlich im Werk eingesetzt; es dient z. B. zum Aufheizen
der Winderhitzer und für den Antrieb von Gebläsekraftmaschinen.

Hochofenschlacke

Die Schlackenschmelze, ein vorwiegend aus Ca-Silicaten und Ca-Aluminaten beste-
hendes Produkt, das mit 1400 – 1500 °C flüssig aus dem Hochofen abgezogen wird,
fällt als Nebenerzeugnis an und stellt ein für die Bauwirtschaft sehr begehrtes Material
dar, das durch vielfältige Verwendungsmöglichkeiten ausgezeichnet ist (*Tabelle 2.1*).

Tabelle 2.1
Verwertungsmöglichkeiten der Hochofenschlacke

Art der Gewinnung	Struktur	Schlackenart	Verwendung
langsam erkaltet durch Kippen auf Halden	kristallin	Stück-schlacke	Schotter, Splitt, Brechsand für Straßenbaustoffe, Gleis- u. Wasser-baustoffe, Betonzuschlag
schnell abgekühlt durch Abschrecken mit Wasserüberschuss	glasig (Granulat)	Hüttensand	Bindemittel (Hüttenzemente), Hüttensteine, Hüttensand für Mörtel
schnelles, schäumendes Erkalten bei Berührung mit Wasser	porig	Hüttenbims	Hüttenbimskörnungen als Zuschlag für Leichtbeton, Leichtbetonsteine, Hohldielen und Hohlblocksteine, Hüttenbims und Schaumschlacke für Dämmstoffe
Zerstäuben bzw. ver-blasen durch Dampf- oder Gasstrom	faserig	Hüttenwolle	Dämmstoffe für Dämmplatten und -matten, lose Hüttenwolle

Roheisen

Das Hauptprodukt des Hochofens ist das Roheisen.

Das anfallende Roheisen weist einen hohen Gehalt an Fremdelementen auf – vor allem einen höheren Kohlenstoffgehalt (2,5 – 5 M.-%) sowie wechselnde Mengen an Mn, Si, P und S – die bei der Weiterverarbeitung auf die gewünschten Werte reduziert werden müssen. Roheisen verträgt nämlich wegen dieser Verunreinigungen keine mechanische Formgebung und kann wegen seiner Sprödigkeit nicht zu Werkstücken verarbeitet werden.

Ca. 90 % des Roheisens gehen in die Stahlerzeugung, der Rest wird zu Gusseisen verarbeitet.

Je nach dem Aussehen des Bruchgefüges unterscheidet man *graues* und *weißes* Roheisen.

Bei langsamer Abkühlung eines Si-reichen Roheisens scheidet sich der gelöste Kohlenstoff als Graphit aus; dieses graue Roheisen wird wegen seiner dünnflüssigen Beschaffenheit vorzugsweise zu Gussprodukten verarbeitet.

Bei raschem Abkühlen (insbesondere eines Si-ärmeren, Mn-reichen Roheisens) bleibt der Kohlenstoff als Eisencarbid (Fe_3C – Zementit) gebunden; es entsteht ein hartes, sprödes Roheisen mit *silbrig heller (weißer) Bruchfläche*, welches in erster Linie zur Herstellung von Stahl und Temperguss (schmiedbares Eisen) verarbeitet wird.

Die Unterscheidung in graues und weißes Roheisen (bzw. früher auch üblich in basisch erschmolzenes Thomas- oder sauer erschmolzenes Stahlroheisen) ist nicht mehr üblich; heute unterscheidet man nach dem Verwendungszweck in Gießerei- oder Stahlroheisen.

2.1.2 Gusseisen

Das Roheisen wird mit Koks im Kupol-, Flammen- oder Tiegelofen umgeschmolzen, wobei je nach Erfordernis eine „Veränderung" der Materialeigenschaften durch Schrottzusatz erfolgen kann.

Eisen-Kohlenstoff-Legierungen mit einem Kohlenstoffgehalt ≥ 2,06 M.-%, die im Normalfall nicht für eine Warmformgebung (Walzen, Schmieden) geeignet sind (Ausnahme: Temperguss), sondern deren endgültige Form durch Gießen oder eventuell spanabhebendes Arbeiten erreicht wird, werden unter dem allgemeinen Oberbegriff *Gusseisen* zusammengefasst. Neben Kohlenstoff enthält Gusseisen noch andere Elemente, z. B. Silicium mit erheblich hohen Anteilen und eventuell andere Legierungsbestandteile. Nach dem Fertigungsverfahren unterscheidet man zwischen Gusseisen erster und zweiter Schmelzung. Gusseisen erster Schmelzung wird unmittelbar vom Hochofen aus, ohne dass es zwischenzeitlich wieder erstarrt ist, zum Teil unter Einschaltung eines Mischers in Form gegossen. Gusseisen zweiter Schmelzung gewinnt man durch Wiederaufschmelzen von zu Masseln vergossenem Roheisen, von Schrott, Gussbruch und entsprechenden Legierungszusätzen.

Gusseisen wird nach dem Vergießen im allgemeinen keiner weiteren Wärmebehandlung unterworfen. Es hat eine hohe Druckfestigkeit (500 – 1100 N/mm^2) jedoch eine geringere Zugfestigkeit als Stahl (100 – 400 N/mm^2). Die Bruchdehnung ist sehr gering; der Werkstoff ist spröde, plastisch nicht verformbar. Es ist ausgezeichnet durch eine leichte Schmelzbarkeit und gute Gießbarkeit, ist ferner – wegen der Si-haltigen Gusshaut – korrosionsbeständiger als Stahl.

Je nach Abkühlungsgeschwindigkeit scheidet sich – wie beim Roheisen – der Kohlenstoff in unterschiedlicher Form aus und man unterscheidet danach zwischen grauem und weißem Gusseisen. Enthält die Bruchfläche grau- und weißgefleckte Bereiche, spricht man von meliertem Gusseisen. Da die Eigenschaften des Gusseisens in erster Linie durch die Menge und Form der Graphitausscheidungen beeinflusst werden, unterscheidet man danach die verschiedenen Gusseisensorten.

2.1.2.1   Gusseisen mit Lamellengraphit – GJL   (DIN EN 1561)

Da der Kohlenstoff überwiegend als Graphit ausgeschieden wird, entsteht ein graues Bruchgefüge, daher die alte, heute nicht mehr zu verwendende Bezeichnung „*Grauguss*".

Der Graphit bildet sich lamellenförmig aus und unterbricht den metallischen Zusammenhang der Grundmasse. Da Graphit praktisch keine Zugfestigkeit aufweist, können an den Stellen, wo in das Gefüge Graphitadern eingelagert sind, keine Zug- und Schubspannungen übertragen werden, wohl aber Druckspannungen. Die Graphitlamellen verringern nicht nur die tragfähigen Querschnitte, sondern üben außerdem Kerbwirkungen aus; infolgedessen entstehen im Material Spannungsspitzen, die für die geringe Zugfestigkeit des Gusseisens mit Lamellengraphit verantwortlich sind.

Durch Legieren kann man die Eigenschaften von Gusseisen mit Lamellengraphit verbessern und für bestimmte Bedarfsfälle gezielt variieren.

Nach der DIN unterscheidet man 6 Festigkeitsklassen mit Zugfestigkeiten von 100 N/mm^2 bis 350 N/mm^2.

Der Werkstoff muss entweder durch das Werkstoffkurzzeichen oder durch die Werkstoffnummer bezeichnet werden (siehe *Kap. 2.1.2.4*)

GJL hat infolge seines billigen Preises und seiner verschiedenen guten mechanischen, physikalischen und chemischen Eigenschaften ein ausgedehntes Anwendungsgebiet gefunden.

Folgende Eigenschaften sind zu erwähnen:

O gute Gießbarkeit
O gutes Formfüllungsvermögen (da gut dünnflüssig!)
O große Verschleißfestigkeit
O gute Säurebeständigkeit und
O hohe Dämpfungsfähigkeit (4,3 mal besser als Stahl! – daher gut geeignet für Maschinen aller Art, Kurbelwellen, Brückenlager, usw.).

Gusseisen mit Lamellengraphit ist jedoch sehr spröde, d.h. stoßempfindlich, und plastisch schlecht verformbar. GJL hat eine viel geringere Bruchdehnung als Stahl, mit Meißel und Feile ist es jedoch bearbeitbar, Schmied- und Schweißbarkeit sind schlecht!

Mit ausreichendem C-Gehalt ist GJL zwar bedingt härtbar, neigt aber zum Auftreten von Rissen! Bei 500 bis 600 °C lässt sich GJL spannungsfrei glühen.

Anwendungsgebiete: Heizkörper, Baumaschinen- und KFZ-Teile, Zylinder und Kolben, Abwasserrohre, Kanalroste, *Brückenbaulager,* Druckrohre und *Tübbinge* (= Zylindersegmente) im Schacht-, Stollen- und Tunnelbau.

2.1.2.2 Gusseisen mit Kugelgraphit – GJS (DIN EN 1563)

Durch spezielle Schmelzverfahren, insbesondere Mg- oder Cer-Zusätze von wenigen hundertstel M.-% wird Gusseisen mit Kugelgraphit (Sphäroguss[1]) hergestellt (bekannt erst seit 1948). GJS zeichnet sich bei einem C-Gehalt von ca. 3,7 M.-% durch feindispers-kugelige Graphiteinlagerungen aus, deren Kerbwirkung wesentlich geringer als die der Lamellen ist, so dass GJS gegenüber GJL höhere Zugfestigkeiten (400 – 800 N/mm^2) besitzt und verformungsfähiger ist (duktiles Gusseisen).

Durch eine thermische Nachbehandlung lässt sich die Zähigkeit auf Kosten der Zugfestigkeit verbessern und man erhält stahlähnliche Eigenschaften; das Produkt ist jedoch wegen der Wärmebehandlung ca. 2 – 3 mal teurer.

GJS ist gut zerspanbar, besitzt außerdem einen höheren Korrosionswiderstand und größeren Verschleißwiderstand als GJL und ist – unter Beachtung des großen C-Gehaltes, d. h. thermische Vor- und Nachbehandlung – schweißbar. Die Dämpfungsfähigkeit für Schwingungen ist jedoch nur etwa halb so groß wie bei GJL.

Nach DIN EN 1563 unterscheidet man 8 Festigkeitsklassen mit Zugfestigkeiten von 350 N/mm^2 bis 900 N/mm^2 (Kennzeichnung siehe *Kapitel 2.1.2.4).*

Bevorzugte Anwendungsgebiete sind dort, wo ein Gusserzeugnis zwar wünschenswert erscheint, aber besondere Anforderungen an die elastische Verformbarkeit ge-

---

[1]) gesetzlich geschützter Handelsname

stellt werden müssen, z. B. Armaturen, Gesenke, Turbinenschaufeln, Zahnräder, Düker, Kurbelwellen, (kalt biegbare) Rohre, Holzbearbeitungswerkzeuge, usw.

2.1.2.3   Temperguss – GJM (DIN EN 1562)

Durch ein besonderes, mehrtägiges nachträgliches Glühverfahren (*Tempern!*) bei 800 – 1000 °C eines graphitfrei (weiß) erstarrten Rohgusses, der auf Grund des als Fe_3C gebundenen Kohlenstoffs hart, spröde und nicht bearbeitbar ist, erhält man ein Gusseisen mit stahlähnlichen Eigenschaften. Durch das Tempern zerfallen die Carbide unter Abscheiden von sogenannter Temperkohle, kugelige Gebilde, die gleich-förmig im Grundgefüge verteilt sind. Temperguss besitzt einen C-Gehalt von 2,3 – 3,4 M.-%.

Je nach der Glühbehandlung des zunächst „weiß" gegossenen Gusseisens unterscheidet man weißen und schwarzen Temperguss; die Bezeichnungen wurden nach dem Aussehen des Bruchgefüges des fertig getemperten Gusses vorgenommen.

GJMW   weißer Temperguss:
Randentkohlung durch Glühen in oxidierenden Mitteln (z. B. Fe_3O_4); *niedriger S- und Si-Gehalt, höherer Mn-Gehalt ergibt schweißbaren Temperguss.*

GJMB   schwarzer Temperguss:
nicht entkohlend geglüht (z. B. in Sandpackung), das Fe_3C zerfällt bei den hohen Temperaturen in Fe + C, wobei letzterer als sogenannte Temperkohle ausgeschieden wird und dadurch das Bruchgefüge dunkel färbt. *Zulegieren von B oder Bi führt zu flockiger C-Ausscheidung. Zulegieren von Mg zu kugelförmiger Temperkohle.*

Beim Temperguss nützt man den gießtechnischen Vorteil des dünnflüssigen, und damit gut formfüllenden, hochgekohlten Eisen-Kohlenstoff-Werkstoffes aus und verwandelt das Gefüge erst hinterher durch Glühen in einen relativ duktilen und konstruktiv wertvollen Werkstoff.

Temperguss hat eine verhältnismäßig hohe Zähigkeit und ist schlagunempfindlich, auch bei tiefen Temperaturen; seine Eigenschaften sind in gewissen Grenzen durch Warmbehandlungen noch zu verbessern.

Die DIN EN unterscheidet beim weißen Temperguss 5 Sorten (Zugfestigkeiten von 350 N/mm² bis 550 N/mm²) und beim schwarzen Temperguss 9 Sorten (Zugfestigkeiten von 300 N/mm² bis 800 N/mm²) (Kennzeichnung siehe *Kapitel 2.1.2.4*).

Angewendet wird GJM vorwiegend für kleinere Gussteile, wie z. B. Maschinenbauelemente, Beschläge, Schlüssel, Fittings (Rohrverbindungsstücke), usw.

Sphäroguss (GJS) und Temperguss (GJM) weisen gegenüber Gusseisen mit Lamellengraphit (GJL) eine verbesserte Verformungseigenschaft sowie beschränkte Schmied- und Schweißbarkeit auf, was insbesondere auf die Ausbildung des Graphits zurückzuführen ist. Beide Gusseisensorten vereinigen in gewissem Maße die Eigenschaften des GJL mit denen des Stahlgusses (sie bilden gewissermaßen eine Brücke zum Stahlguss). Wegen der teureren Herstellung verdrängt GJS in zunehmendem Maße den GJM.

2.1.2.4 Bezeichnungssystem für Gusseisen (DIN EN 1560)

Gusseisenwerkstoffe jeder Klasse können entweder durch Werkstoffkurzzeichen oder durch Werkstoffnummern bezeichnet werden.

Werkstoffkurzzeichen

Die Kurzzeichen werden aus Kennbuchstaben und -ziffern gebildet und bestehen aus höchstens 6 Positionen, die ohne Zwischenraum aneinander zu reihen sind. An die Vorsilbe EN- in der Pos. 1 schließt sich das Symbol GJ für Gusseisen an (Pos. 2); es folgt in der Pos. 3 ein Buchstabe für die Graphitstruktur: L = lamellar, S = kugelig, M = Temperkohle, u.a. in der Pos. 4 wird, falls erforderlich, die Mikro- oder Makrostruktur durch Kennbuchstaben gekennzeichnet, z. B. W = entkohlend geglüht, B = nicht entkohlend geglüht, T = vergütet, Q = abgeschreckt, u.a. Die Pos. 5, die durch einen Bindestrich von der vorhergehenden Position zu trennen ist, dient zur Klassifizierung des Werkstoffes entweder durch mechanische Eigenschaften oder durch die chemische Zusammensetzung.

Allgemein wird hier die Zugfestigkeit in N/mm^2 angegeben und – falls gefordert, z.B. beim Gusseisen mit Kugelgraphit – mit einem Bindestrich die Mindest-Dehnung in % angehängt. Ein Zusatzbuchstabe kennzeichnet die Herstellungsmethode für das Probestück: S = getrennt gegossenes, U = angegossenes, C = einem Gussstück entnommenes Probestück.

Bei der Klassifizierung nach der chemischen Zusammensetzung folgen auf ein X die chemische Symbole der wesentlichen Legierungselemente in der Reihenfolge fallenden Gehaltes und darauf die auf ganze Zahl gerundeten Prozentgehalte der einzelnen Elemente, die untereinander durch Bindestriche zu trennen sind.

Die Pos. 6 enthält dann ggf. Buchstabenzeichen für zusätzlich Anforderungen, wie z.B. für die Schweißeignung (W), wärmebehandelt (H), u.a., die durch einen Bindestrich abzutrennen sind:

Beispiele: *EN-GJL-150C;   EN-GJS-350-22U;   EN-GJMW-450-7S-W*
oder EN-GJL-XNiMn13-7

Wenn Gusseisen z.B. auf Verschleiß beansprucht werden soll, wird anstelle der Zugfestigkeit die Angabe der mittleren Härte (Brinell- [HB], Vickers- [HV] oder Rockwell-Härte [HR]) als kennzeichnende Eigenschaft bevorzugt:

Beispiel: *EN-GJL-HB155;   EN-GJS-HV350*

Werkstoffnummern

Die Werkstoffnummer besteht aus 9 Positionen aus Buchstaben und Ziffernangaben:

Position	1	2	3	4	5	6	7	8	9
Zeichen	E	N	–	J	L	n	n	n	n

L = Großbuchstabe; n = arabische Ziffer

Pos. 5:	Kennzeichnung der Graphitstruktur wie beim Werkstoffkurzzeichen
Pos. 6:	Hauptmerkmal ... 1 Zugfestigkeit
	2 Härte
	3 chemische Zusammensetzung
Pos. 7 und 8:	Zählnummern
Pos. 9:	gibt Aufschluss über besondere Anforderungen

2.1.3   Stahl

Roheisen ist wegen seines hohen C-Gehaltes und der anderen Beimengungen spröde, in der Regel nicht schweiß- und nicht schmiedbar. Es muss daher „gereinigt" werden, d. h. die verschiedenen Begleitelemente müssen durch Oxydation entfernt und das Material sodann gegebenenfalls mit Legierungselementen versetzt werden, um als Stahl in den verschiedenen Anwendungsgebieten eingesetzt werden zu können. Durch Nachbehandlungsverfahren können wesentliche Eigenschaften gezielt weiter verbessert werden. Diese Werkstoffe sind zähfest, kalt und warm plastisch verformbar (schmiedbar), zum Teil härtbar und meist schweißbar.

Als Stahl werden gemäß DIN EN 10 020 Eisenwerkstoffe bezeichnet, deren Massenanteil an Eisen größer ist als der jedes anderen Elementes und die im allgemeinen für eine Warmformgebung geeignet sind. Mit Ausnahme einiger chromreicher Sorten enthält er höchstens 2 M.-% Kohlenstoff, was ihn von Gusseisen unterscheidet.

2.1.3.1   Stahlherstellung

Bei den Verfahren zur Herstellung von Stahl unterscheidet man grundsätzlich zwei verschiedene Verfahrensweisen:

○ die sogenannten Konverterverfahren
○ die sogenannten Herdofenverfahren

Bei beiden Verfahren werden durch sogenanntes *Frischen* die unerwünschten, im Roheisen gelösten Begleiter herausoxydiert bzw. deren Konzentration auf das gewünschte Maß herabgesetzt.

Der Hauptunterschied zwischen den beiden Verfahrensweisen ist der, dass die Konverterverfahren ohne zusätzliche Energiezufuhr arbeiten, während die Herdofenverfahren eine zusätzliche Energiezufuhr durch Brenngasflammen oder elektrische

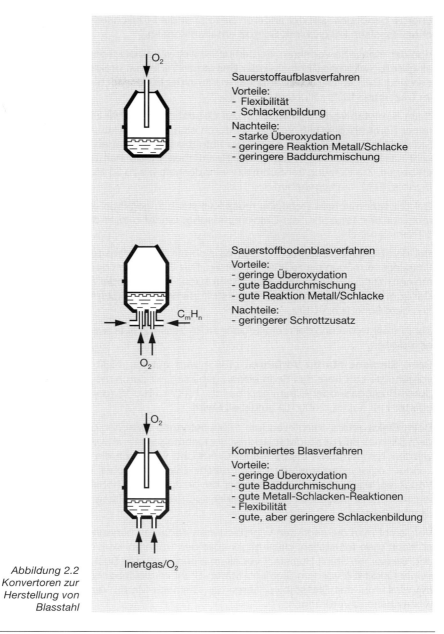

Sauerstoffaufblasverfahren

Vorteile:
- Flexibilität
- Schlackenbildung

Nachteile:
- starke Überoxydation
- geringere Reaktion Metall/Schlacke
- geringere Baddurchmischung

Sauerstoffbodenblasverfahren

Vorteile:
- geringe Überoxydation
- gute Baddurchmischung
- gute Reaktion Metall/Schlacke

Nachteile:
- geringerer Schrottzusatz

Kombiniertes Blasverfahren

Vorteile:
- geringe Überoxydation
- gute Baddurchmischung
- gute Metall-Schlacken-Reaktionen
- Flexibilität
- gute, aber geringere Schlackenbildung

Abbildung 2.2
Konvertoren zur
Herstellung von
Blasstahl

Energie benötigen, auf der anderen Seite aber die Möglichkeit bieten, dass sie auch ohne Roheisen lediglich mit Schrott arbeiten können.

Von den Konverterverfahren werden heute weltweit überwiegend Blasstahlverfahren eingesetzt, während Thomas- oder Bessemer-Verfahren praktisch ganz verschwunden sind. Bei den Herdofenverfahren wurde in der EG der letzte Siemens-Martin-Ofen im Dezember 1993 stillgelegt.

Beim **Blasstahlverfahren** wird der zur Oxydation benötigte Sauerstoff in technisch reiner Form (99,5 – 99,8 Vol.-% O_2) durch eine wassergekühlte Lanze auf flüssiges Stahlroheisen von oben mit ca. 16 bar aufgeblasen (LD-Verfahren, 1950). Wegen der sehr stark exothermen Natur dieser Reaktionen würde sich die Schmelze zu stark aufheizen. Zur Kühlung der Schmelze wird deshalb bis zu 35 M.-% Schrott oder auch Erz (bis 10 M.-%) zugegeben.

Bei phosphorreichem Roheisen muss Kalkstaub zugegeben werden (LDAC-Verfahren), der den Phosphor als Calciumphosphat bindet und in die Schlacke überführt („Thomasmehl").

Bei den *Herdofenverfahren* handelt es sich um flache, ausgemauerte Wannen mit Fassungsvermögen bis zu 900 t Roheisen. Das Beschicken der Öfen erfolgt im allgemeinen mit flüssigem Roheisen und Schrott (ca. 75 M.-%) oder auch mit Schrott allein. Der zum Frischen erforderliche Sauerstoff stammt bei diesen Verfahren vorwiegend aus dem Schrott bzw. Erz.

Zur Aufrechterhaltung der metallurgischen Prozesse ist eine zusätzliche Energiezufuhr erforderlich.

Beim **Siemens-Martin-Verfahren** (1865) wird auf ca. 1300 °C in Regeneratoren vorgeheizte Luft über das Schmelzbad geblasen, wodurch die Schmelze (unterstützt durch Brenngas- oder Ölflammen) auf ca. 1700 – 1800 °C (bei Einsatz O_2 – angereicherter Luft auf ca. 2000 °C) aufgeheizt wird.

Beim **Elektrostahl-Verfahren** (um 1900) liefert ein zwischen Graphitelektroden und dem Schmelzbad gezündeter elektrischer Lichtbogen die notwendige Energie. Hierbei werden Temperaturen bis ca. 3800 °C erreicht, was auch die Zugabe hochschmelzender Legierungselemente möglich macht. Durch die hohen Energiekosten ist das Verfahren relativ teuer und wird daher bevorzugt nur für höherwertige Stähle sowie legierte Stähle eingesetzt. Es dient aber auch zur Herstellung von Stahlformguss in Stahlgießereien.

Vergleicht man die nach den verschiedenen Verfahren hergestellten Stahlqualitäten, so kann man feststellen, dass gegenüber den früheren Konverterstählen (Thomas- und Bessemer-Stahl) Blasstahl vor allem einen niedrigen Stickstoffgehalt hat und in seiner Qualität etwa dem Siemens-Martin-Stahl vergleichbar ist. Auch außerhalb der EG wird wohl das Blasstahlverfahren das Siemens-Martin-Verfahren in der Zukunft weitestgehend verdrängen.

2.1.3.2 Nachbehandlung von Stahl

Der nach dem Frischen im Konverter oder Herdofen vorliegende Rohstahl entspricht nicht mehr den heutigen erhöhten Qualitätsanforderungen. Deshalb schließt sich an den Frischprozess eine Nachbehandlung in nachgeschalteten, besser geeigneten Aggregaten an (*Sekundärmetallurgie*). Ein wesentlicher Teil dieser metallurgischen Arbeiten wird heute durch Prozesse erfüllt, die in der Gießpfanne durchgeführt werden, in die der Rohstahl aus dem Stahlerzeugungsaggregat „abgestochen" wird. Durch die Einführung der pfannenmetallurgischen Verfahren wird eine Reihe von Verbesserungen erzielt.

Zu den Verfahren der Sekundärmetallurgie zählen unter anderem:
- Desoxydation
- Entgasung

Desoxydation

Nach dem Frischen enthält das Stahlbad immer eine unerwünschte Menge an gelöstem Sauerstoff, der die technologischen Eigenschaften des Stahls nachteilig beeinflusst (Versprödung) und daher weitgehend entfernt werden muss (Desoxydation).

Anderenfalls setzt beim Abkühlen der Schmelze eine Gasentwicklung ein und die noch nicht erstarrte Kernzone gerät in eine wallende Bewegung, der Stahl erstarrt also „unruhig".

Ursache ist hauptsächlich die Reaktion des gelösten Sauerstoffs mit dem bei der Erstarrung in der Restschmelze angereicherten Kohlenstoff unter Verdoppelung seines Volumens zu CO-Gasblasen, die nach oben steigend Schmelze mitreißen und so zum „Kochen" führen.

Die Eisenbegleiter C, P, S sowie weitere Fremdelemente werden durch diese Schmelzbadbewegung in den Kern des Blockes abgedrängt und reichern sich nun in den zuletzt erstarrenden Kristallen an: „**Seigern**". Der Stahl wird also *inhomogen im Aufbau*, worunter insbesondere auch die Schweißbarkeit leidet; auch neigt ein solcher Stahl sehr stark zum *Altern*.

Bei Stahl, der im Strang vergossen werden soll, sowie bei hochwertigeren Stählen können Seigerungen, Alterungsanfälligkeit, schlechtere Schweißbarkeit u.a. nicht in Kauf genommen werden. Durch Zusetzen von Desoxydationsmitteln (wie z.B. Si, Al, Ca oder Mn; diese Elemente haben eine größere Affinität zum Sauerstoff als C) vor dem Vergießen, kommt es nicht zur CO-Bildung, wodurch die Gasentwicklung stark unterbunden wird (beruhigen). Der Stahl erstarrt dann ruhig und die Zusammensetzung im Kern und in der Randzone bleibt ziemlich gleichartig; *homogenerer Querschnitt*.

Nach dem Grad der Desoxydation unterscheidet man zwischen unberuhigtem, halbberuhigtem, beruhigtem und besonders beruhigtem Stahl. Die Wahl richtet sich nach dem Verwendungszweck.

Unberuhigt vergossene Stähle haben eine weiche Randzone und einen Kern mit geringerer Zähigkeit, aber höherer Festigkeit. Auf Grund der weichen Randzone lassen sie sich besonders gut kalt umformen. Außerdem ist die relativ saubere Randschicht bei einer Oberflächenbeschichtung vorteilhaft.

Anwendung des unberuhigten Stahls:

Teile, an deren Oberfläche bei Verarbeitung und Gebrauch hohe Anforderungen gestellt werden und deren Kerneigenschaften von geringerer Bedeutung sind: z.B. Feinbleche, Bandstahl, Draht, einfache Hochbaustähle, usw.

Anwendung des beruhigten Stahls:

Beruhigt vergossene Stähle werden für solche Zwecke verwendet, wo es auf hohe Gleichmäßigkeit des Gefüges und der Festigkeit ankommt; z.B.: Teile, die stark tiefgezogen oder zerspant werden sollen; höher und besonders **dynamisch beanspruchte Teile**; die meisten Stähle im Maschinenbau (sogenannte *„Qualitätsstähle"*) sind stets beruhigt.

Anwendung des besonders beruhigten Stahls:

Bei noch höheren Anforderungen, wie z. B. bei Qualitäts- und vor allem Edelstählen, muss auch der letzte Rest Sauerstoff gebunden sein. In diesem Fall setzt man dem Stahl außer Si Stoffe wie Ti, V, und andere zu, die ein noch größeres Bindungsbestreben zu Sauerstoff haben.

Bei diesen besonders beruhigten Stählen erfolgt durch Desoxydation mit Al zusätzlich eine Bindung eventuell vorhandenen gelösten Stickstoffs zu Aluminiumnitrid [AlN]; der Stahl wird dadurch feinkörniger („Feinkornstahl") und alterungsbeständiger.

Vakuumbehandlung

Durch die verschiedenen Verfahrensgruppen der Vakuumbehandlung kann der Gasgehalt des Stahles herabgesetzt werden.

Zusätzlich zur Entgasung werden weitere metallurgische Reaktionen im Vakuum durchgeführt (z.B. Homogenisierung, Feinentkohlung, Legieren, ...), wodurch Stahl mit verbessertem Reinheitsgrad, gleichmäßigerem Gefüge und verringerter Rissanfälligkeit entsteht.

2.1.3.3   Vergießen von Stahl

Der gefrischte und nachbehandelte Stahl erhält durch das Vergießen im Hüttenwerk seine erste feste Form. Bis vor einigen Jahren war es üblich, den Stahl „portionsweise" in Dauerformen (Kokillen) im Standguss zu *Blöcken* oder *Brammen* zu vergießen.

Für Stahl, der durch Walzen zu sogenanntem Halbzeug weiterverarbeitet werden soll, wird heute überwiegend der Strangguss in unten offenen, wassergekühlten Kokillen aus Cu durchgeführt; unterhalb der Kokille wird der äußerlich erstarrte Strang fortlaufend abgezogen und mit Schweißbrennanlagen auf Länge geschnitten; es entstehen sogenannte *Knüppel* (quadratisch, rund) oder *Vorbrammen* (rechteckig).

Da diese eine geringere Dicke aufweisen, erfordern sie weniger Walzarbeit. Die neueste Entwicklung zielt darauf, noch dünnere Querschnitte beim Stranggruss herzustellen (Dünnbandgießen; Banddicken von nur 1 mm). Gegenüber dem konventionellen Stranggießen mit anschließendem Warmwalzen werden bis zu 85 % der benötigten Energie eingespart und die Abgasemissionen um mehr als 70 % verringert.

Im Bereich der Weiterverarbeitung durch Schmieden wird der Blockguss weiter in Anwendung bleiben.

2.1.4   Aufbau und Zustandsformen von Stahl

Alle Metalle sind im festen Zustand kristallinisch aufgebaut, d. h. sie bestehen aus einem Konglomerat kleinster kristalliner Körper mit unregelmäßig ausgebildeten Grenzflächen, die durch gegenseitige Behinderung des Kristallwachstums in der abkühlenden Schmelze entstanden sind. Die unregelmäßig begrenzten Kristallbrocken heißen Kristallite oder Körner. Die Gesamtheit des kristallinen Haufwerks, die räumliche Zuordnung der Körner, ihre Größe und Form wird unter dem Oberbegriff Gefüge zusammengefasst.

Viele Metalle können in verschiedenen Gittertypen (= Modifikationen, bezeichnet mit griechischen Buchstaben) kristallisieren, wobei jedes dieser Gitter in einem bestimmten Temperaturbereich auftritt. Der Übergang von einer Modifikation zur anderen bedeutet, dass innerhalb der festen kristallinen Substanz bei einer bestimmten Temperatur eine gegenseitige Verschiebung der Kristallbausteine, eine Umkristallisation, stattfindet. Da die neue Modifikation einen anderen atomaren Bauplan aufweist, ändern sich dabei zugleich die physikalischen Eigenschaften des Stoffes. Die mechanischen Eigenschaften der Metalle sind daher eng mit ihrem kristallinen Aufbau verknüpft.

Reines Eisen hat eine kubische, d. h. würfelförmige, Grundstruktur, wobei je nach Temperaturbereich kubisch-raumzentrierte (krz) oder kubisch-flächenzentrierte (kfz) Kristallgittertypen vorliegen (*Abbildung 2.3*)

Bei Raumtemperatur weist reines Eisen ein krz Gitter auf (α-Eisen), das bei Erwärmung auf 911 °C sich in ein kfz Gitter umwandelt (γ-Eisen). Dieses ist bis zu einer Temperatur von 1392 °C beständig, wo es wieder in ein krz Gitter (δ-Eisen) umgewandelt wird, das bis zur Schmelztemperatur von 1536 °C beständig ist.

Der **wichtigste Vorgang** in den Kristallumwandlungen des Eisens (wie fast aller anderen Gebrauchsmetalle) ist die γ/α **-Umwandlung**:

Das α-Gitter ist kleiner als das γ-Gitter!

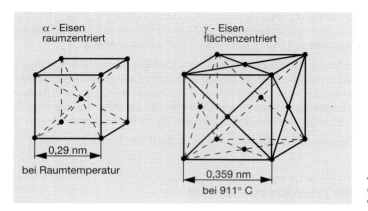

α - Eisen
raumzentriert

γ - Eisen
flächenzentriert

0,29 nm
bei Raumtemperatur

0,359 nm
bei 911° C

Abbildung 2.3
Raumgitterformen
des Eisens

Dieses hat für die Kohlenstoff-Löslichkeit eine ungeheuer wichtige Bedeutung. Das Lösungsvermögen hängt nämlich von der Gitterform und damit von der Temperatur ab. So vermag das flächenzentrierte γ-Eisen Kohlenstoff weit besser zu lösen, als das raumzentrierte α-Eisen, dessen **Löslichkeit für C praktisch = 0 ist!**

Reines Eisen hat wegen seiner geringen Festigkeit und Härte als technischer Werkstoff keine Bedeutung. Für technische Zwecke wird Eisen stets legiert, wodurch sich die Umwandlungspunkte verschieben, gleichzeitig werden die chemischen, physikalischen und technologischen Eigenschaften verändert. Wirksamstes und technisch wichtigstes Legierungselement ist der Kohlenstoff. Er beeinflusst bereits in kleinen Mengen die Stahleigenschaften ganz erheblich.

Wegen des entscheidenden Einflusses des C-Gehaltes gibt das Eisen-Kohlenstoff-Zustandsschaubild den wertvollsten Einblick in die Eigenschaften der Eisenwerkstoffe. Dieses „Diagramm" dient vor allem dem Verständnis der bei der Wärmebehandlung des Stahls ablaufenden Vorgänge. Gerade der in der Praxis tätige Ingenieur kann dem Schaubild wertvolle Angaben entnehmen, da die im Schaubild angegebenen Linienzüge Beginn und Ende von inneren Kristall-Umwandlungen angeben, die in ihrer Auswirkung naturgemäß die Eigenschaften der Stoffe beeinflussen müssen.

Eisen-Kohlenstoff-Diagramm

Die Erstarrung aus der homogenen Schmelze kann auf zwei Arten erfolgen, nämlich:

○ „stabil", d. h. nicht mehr veränderbar, wobei der Kohlenstoff als Graphit im Gefüge vorhanden ist

○ „metastabil", das Gefüge enthält nur die beiden Komponenten Fe und Fe_3C, aber keinen freien Kohlenstoff. Durch gewisse Maßnahmen, z. B. langzeitiges Glühen, ist das System aber noch veränderbar; das Eisencarbid kann dadurch zum Zerfall gebracht werden, so dass sich elementarer Kohlenstoff ausscheidet.

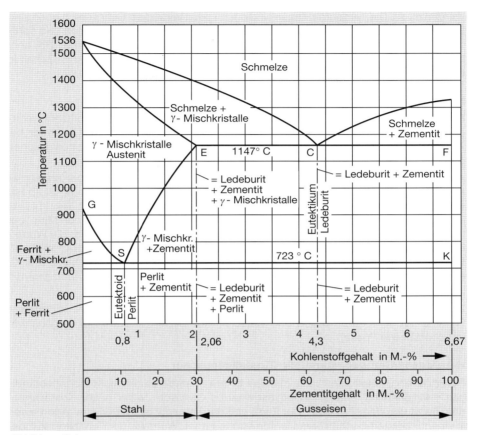

Abbildung 2.4
Vereinfachtes Eisen-Kohlenstoff-Zustandsdiagramm

Die Werkstoffe Stahl und Stahlguss bestehen ausschließlich aus Gefügebestandteilen des metastabilen Systems, der Werkstoff Gusseisen sowie der Temperguss aus solchen beider Systeme. Die *Abbildung 2.4* zeigt wegen der besseren Übersicht nur das metastabile System in einer vereinfachten Darstellungsweise.

Da Stähle durch den Kohlenstoffgehalt, nicht über den Fe_3C-Gehalt, gekennzeichnet werden, wählt man auch im metastabilen Fe_3C-Diagramm als Konzentrationsangabe auf der Abszisse den Kohlenstoffgehalt. Im stabilen Diagramm tritt gegenüber dem metastabilen keine grundsätzliche Änderung ein, nur das anstelle von Zementit (Fe_3C) jetzt für die Reinkomponente rechts im Diagramm die Bezeichnung Graphit verwendet werden muss. Die Temperaturlagen sind nur minimal verändert. Sehr verschieden sind jedoch das Gefügeaussehen sowie die Eigenschaften, da statt des harten und sprö-den Zementits der weiche Graphit in charakteristischen Formen auftritt. Bei sehr langsamer Abkühlung aus der Schmelze treten je nach Temperatur und C-Gehalt in einer Fe-C-Legierung folgende Kristallarten oder Gefügebestandteile auf:

Homogene Gefügebestandteile (Mischkristalle)

Ferrit: Unter der Gleichgewichtslinie GSK liegen krz a-Mischkristalle mit sehr gerin-gem Lösungsvermögen für C vor. Das maximale Lösevermögen für C beträgt bei 723 °C 0,02 M.-%; es nimmt mit fallender Temperatur ab. Ihre Eigenschaften gleichen denen des reinen Eisens.

Austenit: ist ein γ–Mischkristall, der im unlegierten Fe-C-System und bei langsamer Abkühlung nur bei Temperaturen über der Phasengrenzlinie GSE beständig ist. Er hat ein kfz Gitter, ist relativ weich, zäh, gut verformbar sowie verschleißfest. Bei 1147 °C kann Austenit maximal 2,06 M.-% C lösen; C wird im kfz Gitter in der Mitte der flächenzentrierten Gitterstruktur eingebaut. Im krz Gitter des α-Gitters ist die Würfel-mitte durch ein Fe-Atom besetzt, daher die sehr geringe Löslichkeit für C im Ferrit. Beim Abkühlen unter die Temperatur von 1147 °C sinkt die Lösungsfähigkeit für C, eventuell zuviel vorhandener Kohlenstoff scheidet sich als Fe_3C (*Sekundärzementit*) längs der Linie ES aus dem Mischkristall aus.

Zementit: ist der metallographische Name für das als Gefügebestandteil auftretende Fe_3C. Er ist sehr hart, spröde und weist ein kompliziertes Gitter auf (*sogenannte intermetallische Phase*).

Heterogene Gefügebestandteile (Kristallgemische)

Perlit: ist ein „eutektoides", aus dem bei tieferen Temperaturen nicht mehr beständi-gen γ-Mischkristall entstandenes, mittelhartes Gemisch zweier neuer Kristallarten, dem Ferrit und dem Zementit. Der Ferrit und der Zementit ist im Perlit im allgemeinen in einer charakteristischen Lamellenform angeordnet. Während der Perlitbildung müs-sen im festen Zustand Kohlenstoff und Eisen durch Diffusion transportiert werden. Es ist verständlich, dass dieser Vorgang sehr *unterkühlungsanfällig* ist, d. h. durch höhere Abkühlgeschwindigkeiten wird der Massentransport erheblich beeinträchtigt und man kann unter Umständen den eutektoiden Zerfall des Austenits zum Perlit ganz oder teilweise unterdrücken. Die auf diese Weise zu erzielenden verschiedensten Über-gangsstufen und die sich daraus ergebenden Eigenschaftsänderungen spielen bei technischen Fe-C-Legierungen eine große Rolle (siehe unter Kapitel 2.1.5.2.2).

Ledeburit: ist das Eutektikum des metastabilen Systems $Fe-Fe_3C$ mit 4,3 M.-% C. Es entsteht unmittelbar aus der Schmelze bei 1147 °C (Phasengrenze ECF) als feines Gemenge von γ-Mischkristallen und Zementit-Kristallen (*Primärzementit*). Alle hier ausgeschiedenen γ-Mischkristalle besitzen zunächst einen Kohlenstoffgehalt von 2,06 M.-%. Mit sinkender Temperatur nimmt nun aber die Löslichkeit von Kohlenstoff

– wie bekannt – bis auf letztlich 0,8 M.-% C bei 723 °C ab; bei dieser Temperatur erfolgt dann der eutektoide Zerfall zu Perlit. Nach Umwandlung der γ-Mischkristalle zu Perlit besteht der auch bei Raumtemperatur so genannte Ledeburit phasenmäßig aus α-Mischkristallen und Fe_3C, gefügemäßig aus einem feinen Gemenge von Fe_3C-Kristallen und Perlitbereichen. Solche Legierungen werden als Gusseisen bezeichnet, weil sie nicht mehr schmiedbar (warm verformbar) sind.

Als Gleichgewichts-Schaubild und Zweistoffsystem hat das Fe-C-Diagramm nur Gültigkeit für den Grenzfall unendlich langsamer Temperaturveränderungen und für reine Eisen-Kohlenstoff-Legierungen. Bei den technisch genutzten Eisenwerkstoffen haben wir es aber in der Regel mit Mehrstoffsystemen zu tun und die technischen Wärmebehandlungen laufen mit endlichen Erwärmungs- und Abkühlgeschwindigkeiten ab, so dass eine exakte Beschreibung anhand des Eisen-Kohlenstoff-Diagramms nicht möglich ist. Diese beiden Voraussetzungen schränken seine Anwendbarkeit auf die Praxis also stark ein. Die Kenntnis dieses Diagramms ist aber die Voraussetzung zum Verständnis der Wirkung der verschiedensten Wärmebehandlungen.

Die meisten Stahl- und Gusslegierungen bestehen also nach langsamer Abkühlung bei Raumtemperatur aus Ferrit und Zementit, wenn man berücksichtigt, dass Perlit aus Ferrit und Zementit und Ledeburit aus Perlit und Zementit bestehen. Die Werkstoffeigenschaften werden also maßgeblich durch die Eigenschaften und die charakteristische Anordnung von Ferrit und Zementit bestimmt. Ferrit ist sehr weich (ca. 60 HV) und hervorragend verformbar (Bruchdehnung A $\approx$ 50 %, Einschnürung Z $\approx$ 80 %), Zementit extrem hart (ca. 1.100 HV) und spröde. Mit zunehmendem Zementitgehalt nimmt daher die Zugfestigkeit zu und das Verformungsvermögen ab.

2.1.4.1 Einfluss von Fremdelementen auf das Gefüge

Das Gefüge des Stahls und damit seine mechanischen Eigenschaften werden durch den Gehalt an Fremdelementen beeinflusst. Bei den Fremdelementen unterscheidet man zwischen Stahlbegleitern, die zumeist als unerwünschte Nebenbestandteile bei der Verhüttung und Verarbeitung in den Stahl gelangen, und den eigentlichen Legierungselementen, die dem Stahl bewusst zur Erzielung bestimmter Eigenschaften zugesetzt werden.

Unlegierter Stahl

Als unlegiert wird ein Stahl bezeichnet, der außer 0,06 bis 2,06 M.-% C nur noch sehr geringe Mengen an Fremdelementen (vorwiegend die Eisenbegleiter Mn, Si, P, S, O, N und H) enthält.

Die Höhe der Anteile an Begleitelementen sowie vor allem die Art ihrer Verteilung in der Gefügematrix des Stahls (homogene Verteilung oder örtlich konzentriert) bei sonst gleicher chemischer Zusammensetzung können zu sehr unterschiedlichen Stahleigenschaften führen. Im allgemeinen verschlechtern sie schon in kleinen Mengen die

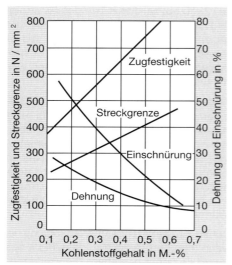

Abbildung 2.5
Festigkeits- und Verformungs- eigenschaften
eines naturharten Stahls in Abhängigkeit des
Kohlenstoffgehaltes

Gebrauchseigenschaften; für bessere Stahlqualitäten sind deshalb ihre Maximalmengen begrenzt (siehe DIN EN 10 020).

Kohlenstoff beeinflusst bereits in kleinen Mengen die Stahleigenschaften ganz erheblich. Mit steigendem C-Gehalt wächst der Perlitanteil im Gefüge untereutektoider Stähle bzw. der Anteil an Zementit in der perlitischen Grundmasse übereutektoider Stähle. Damit steigen Härte, Streckgrenze, Zug- und Verschleißfestigkeit – Bruchdehnung und Brucheinschnürung sowie Kerbschlagarbeit nehmen ab. Für die unlegierten Stähle zeigt die *Abbildung 2.5* diesen Zusammenhang.

Ein Stahl mit 0,1 M.-% C ist weich, zäh, leicht zu bearbeiten, während bereits 0,6 M.-% C-Gehalt den Stahl hart, wenig verformbar und schlecht bearbeitbar machen. Die Schmelztemperatur sinkt ebenfalls mit steigendem C-Gehalt, Schmied- und Schweißbarkeit verschlechtern sich.

Ab einem C-Gehalt von 0,3 M.-% wird Stahl durch Abschrecken technisch härtbar.

Unlegierte Stähle mit einem C-Gehalt < 0,6 M.-% sind sogenannte **unlegierte Baustähle**. Stähle mit C-Gehalten von 0,3 bis 1,6 M.-% bezeichnet man als **Werkzeugstähle**.

Legierter Stahl

An keinem anderen Werkstoff lassen sich die Gebrauchseigenschaften durch Legieren, d. h. gezielte Zugabe bestimmter Elemente, in einem so breiten Umfang und in einem solchen Ausmaß verändern wie beim Stahl. Die legierten Stähle enthalten praktisch außer Eisen und Kohlenstoff mehrere Legierungsstoffe, wodurch sich komplizierte Legierungssysteme mit komplexen Eigenschaften ergeben. Da sich die Eigenschaften mit zugegebener Menge eines Legierungselements nicht gleichmäßig ändern, zum andern sich auch die Wirkungen verschiedener, gleichzeitig vorhandener Elemente nicht einfach addieren, ist die zahlenmäßige Voraussage über die Eigenschaftsveränderungen niemals möglich.

Aus praktischer Erwägung werden die legierten Stähle unterteilt in:
○ niedriglegierte Stähle – Summe der Legierungselemente < 5 M.-%
○ legierte Stähle – Legierungsgehalt > 5 M.-%

Die Zugabe der Legierungselemente verändert systematisch das Gleichgewicht zwischen Eisen und Kohlenstoff, d. h. die Gleichgewichtslinien im Fe-C-Diagramm werden verschoben; insbesondere der Temperaturpunkt für die γ/α-Umwandlung. Grob lassen sich zwei Gruppen von Legierungselementen unterscheiden:

Elemente, die das Austenitgebiet erweitern

Elemente wie z.B. Ni, Co, Mn, N verschieben die γ/α-Umwandlungstemperatur zu tieferen Temperaturen, d. h. der Temperaturbereich, in dem der Austenit stabil ist, wird erweitert. Bei ausreichend hohen Gehalten kann die Umwandlungstemperatur bis tief unter die Raumtemperatur gesenkt werden; die Stähle liegen dann im gesamten Gebrauchstemperaturbereich bis zur Schmelztemperatur im Gefügezustand des γ-Mischkristalls vor. Man nennt diese Stähle „**austenitische Stähle**". Ihre besonderen Eigenschaften sind: nicht magnetisierbar, niedrige Streckgrenze bei hoher Festigkeit, große Zähigkeit, gut verformbar, hohe Verfestigung durch Kaltverformung, hochwarmfest, hoher Temperaturausdehnungskoeffizient, nicht abschreckhärtbar, im allgemeinen besserer Korrosionswiderstand.

Elemente, die das Ferritgebiet erweitern

Elemente wie z.B. Cr, Al, Ti, Ta, Si, Mo, V, W schnüren das Gebiet des Austenits stark ein. Sie erhöhen die γ/α-Umwandlungstemperatur. Dadurch wird mit steigenden Gehalten an diesen Elementen der Bereich, in dem der Austenit beständig ist, immer kleiner, bis ab bestimmten Gehalten überhaupt keine Umwandlung bei der Erwärmung mehr erfolgt. Der Stahl liegt also im gesamten Gebrauchstemperaturbereich im Gefügezustand des Ferrits vor: „**ferritischer Stahl**". Seine besonderen Eigenschaften sind: warmfest, besondere magnetische Eigenschaften, nicht abschreckhärtbar, neigt zur Bildung von grobem Korn.

Weitere Wirkungen der Elemente

Eine der wichtigsten Wirkungen der Legierungselemente ist die Verringerung der Diffusionsgeschwindigkeit des Kohlenstoffs im α- und γ-Eisen, d. h. die kritische Abkühlungsgeschwindigkeit wird herabgesetzt (siehe Kapitel Härten).

Elemente, die eine hohe Affinität zu C haben, vor allem Mn, Cr, Mo, W, Ta, V, Nb, Ti, können bei Anwesenheit von ausreichend C sehr beständige Carbide bilden. Stähle mit den genannten Zusatzelementen besitzen auf Grund der Carbide eine hohe Härte und Verschleißfestigkeit, sowie eine erhöhte Warm- und Kriechfestigkeit. Daher wichtig für warmfeste Stähle, die bei hohen Temperaturen eingesetzt werden, sogenannte „dauerstandfeste Stähle". Die Kaltverformbarkeit derartiger Stähle ist allerdings geringer.

2.1.5 Weiterverarbeitung von Stahl

2.1.5.1 Umformung

2.1.5.1.1 Einfluss der Verformung auf das Gefüge

Bei der plastischen Formgebung wird gleichzeitig mit der äußeren Form auch das Gefüge und die Struktur in erheblichem Maße verändert. Je nach Umformtemperatur wird zwischen Warm- und Kaltverformung unterschieden. Die Grenze zwischen beiden ist nicht durch die Begriffe „warm" und „kalt" im üblichen Sinne, sondern durch die Rekristallisationstemperatur (siehe Wärmebehandlung) gegeben. Dadurch ergeben sich zwischen Warm- und Kaltverformung grundsätzliche Unterschiede.

Bei der Verformung im niedrigen Temperaturbereich wird die Rückbildung der elastischen Verformung der einzelnen deformierten Kristallite im polykristallinen Haufwerk stark behindert, so dass nach der Verformung das ideale Raumgitter nicht mehr besteht; es bleiben örtliche Verzerrungen zurück. Diese bei dem Verformungsprozess entstandenen Gitterfehler bewirken eine **Verfestigung** des Metalls bei gleichzeitiger Abnahme des Verformungsvermögens; der Werkstoff wird spröder, härter. Bei weitergehender Verformung wird der Verformungswiderstand schließlich so groß, dass seine gewaltsame Überwindung zum Bruch des Werkstückes führt. Deshalb kann man mit dieser Verformung nur relativ geringe Verformungsgrade erreichen.

Man bezeichnet diesen Vorgang als sogenannte Kaltverfestigung; besser wäre es, von einer **Verformung unterhalb der Rekristallisationstemperatur** zu sprechen. Ein Stahl, dessen Festigkeit auf diese Weise erhöht wurde, wird DIN-gerecht mit dem Kennbuchstaben k gekennzeichnet.

Kaltformgebungsverfahren haben den Vorteil, dass keine Oxydation oder Verzunderung auftritt und so die Oberflächen blank bleiben. Es können Teile hoher Maßgenauigkeit hergestellt werden, wobei kleine, durch Warmformgebung nicht erreichbare Abmessungen mit hoher Festigkeit (z.B. Oberflächenhärtung) möglich sind. Beim Einsatz solcher Produkte ist unbedingt die erhöhte Korrosionsempfindlichkeit zu berücksichtigen, weil die bei der Verformung eingebrachten Eigenspannungen bei Korrosion zu plötzlicher Rissbildung führen können.

Durch eine Umformung bei erhöhten Temperaturen, **Verformung** deutlich **oberhalb der Rekristallisationstemperatur**, setzt während oder kurz nach der Verformung eine Kornneubildung, Rekristallisation, ein, wodurch die Gitterfehler durch atomare Platzwechselvorgänge abgebaut werden. Auf diese Weise wird erreicht, dass die Formänderungsfestigkeit, das ist die auf den jeweils vorhandenen Querschnitt bezogene Kraft, bei zunehmendem Verformungsgrad nicht mehr ansteigt und das rekristallisierte Gefüge immer wieder volle Verformungsfähigkeit hat; es können daher mit relativ geringem Kraftaufwand große Verformungsgrade erzielt werden. Das Gefüge wird während der Verformung feinkörniger.

Die Festigkeit des Werkstoffes resultiert nur aus seiner chemischen Zusammensetzung; man bezeichnet ihn als *naturhart*, DIN-Kennzeichen: U. Nachteil bei dieser Verformungsart ist die schlechtere Oberflächenbeschaffenheit.

2.1.5.1.2 Technische Formgebungsverfahren

2.1.5.1.2.1 Gießen

Stahlguss (GS) ist nach DIN jeder in Formen gegossene Stahl, der im Gegensatz zum Kokillenguss keine nachträgliche Warmverformung mehr, sondern nur noch eine span-gebende Bearbeitung erfährt. Er kommt zur Anwendung, wenn die dem Gießen eigenen Vorteile der Formgebung genutzt werden sollen, die Festigkeitseigenschaften von Temperguss, Gusseisen mit Lamellen- oder Kugelgraphit aber nicht ausreichen. Da sich beim Vergießen keine Gasblasen bilden dürfen, muss Stahlguss stets beruhigt vergossen werden. Da die Zähigkeit nach dem Gießen gering ist, wird Stahlguss stets geglüht oder vergütet; dies auch nach dem Bearbeiten oder Schweißen. Danach sind die Eigenschaften grundsätzlich die gleichen wie bei Walzstahl. Dieser Gusswerkstoff ist korrosionsbeständig, warmfest und kaltzäh sowie auf Grund des C-Gehaltes von < 2,06 M.-% schweißgeeignet. Anwendungsbereiche für Stahlguss: Brückenlager und vor allem Maschinenbauteile.

2.1.5.1.2.2 Walzen

Walzen ist Formgebung durch zwei gegenläufig rotierende, glatte oder profilierte Zylinder (*Walzen*). Das Aggregat, in dem die Zylinder eingebaut sind heißt Walzgerüst oder Walzstuhl. Die ganze Walzeinrichtung wird im allgemeinen als Walzstraße bezeichnet; deren Hauptbestandteile sind die Walzgerüste, mit den Walzen und die Rollgänge, auf denen das Walzstück zu den Walzgerüsten bewegt wird. Beim Walzen wird durch die Druckverformung zwischen den Walzen der Werkstoff vorwiegend in Walzrichtung gestreckt. Warmwalzen dient im allgemeinen dazu, den Querschnitt des Gussblockes oder der -bramme bzw.der Knüppel oder der Vorbrammen vom Strangguss bis nahe an die Dimensionen des endgültigen Werkstücks zu reduzieren. Der Werkstoff rekristallisiert überwiegend zwischen den Walzgerüsten. Kaltwalzen wird zur Fertigstellung verwendet.

Nach der Art des Walzgutes unterscheidet man:

Block/Brammen-Walzwerk

In diesem Aggregat wird der im Tiefofen auf Walztemperatur von ca. 1200 °C aufgeheizte Gussblock oder die -bramme **warm** zu sogenanntem Halbzeug (Vorbrammen, -blöcke, Knüppel) heruntergewalzt. Dieses Walzwerk arbeitet meist reversierend.

Flacherzeugnisse

Grobblech-Walzwerk

Hier wird ein Teil des im Brammenwalzwerk hergestellten Halbzeugs bzw. die Vorbrammen aus dem Strangguss **warm** weiter zu schweren Blechen (Grobbleche > 5mm, Mittelbleche < 5 mm bis 3 mm) ausgewalzt.

Feinblech-Walzwerk

Hier werden breite dünne Bänder (< 3 mm bis 0,2 mm und dünner) **kalt** gewalzt.

Langerzeugnisse

Kaliber-Walzwerk (Profilwalzwerk)

Hier werden zwischen profilierten (kalibrierten) Walzen vor allem Formstähle (Trägerprofile ≥ 80 mm) und Stabstähle (Profile < 80 mm) ausgehend vom Rechteckquerschnitt über eine Anzahl Übergangsformen allmählich in das gewünschte Profil **warm** ausgewalzt.

Draht-Straße

Ähnlich wie bei den Kaliberwalzwerken wird hier der Draht (= rundes Kaliber) **warm** heruntergewalzt bis auf 5 mm $\varnothing$. Bei gerippten Drähten werden die Rippen zum Schluss durch Spezialwalzen aufgewalzt. (Herstellung von naturharten Beton- und Spannstählen).

Rohr-Walzwerke

Geschweißte Rohre werden aus Blechstreifen durch schräg angestellte Walzen **warm** überwalzt und anschließend an den spiralförmig verlaufenden Stößen verschweißt. Bei längs geschweißten Rohren werden Blechtafeln im allgemeinen kalt gebogen und am Stoß sodann (stumpf oder überlappt) verschweißt.

Nahtlose Rohre werden in zwei Schritten (Verfahren Mannesmann) durch Schrägwalzen über einen Dorn zunächst **warm** gewalzt zu sog. „Rohrluppen", kurze, relativ dickwandige Rohrstücke. Diese werden dann im sogenannten _„Pilgerschrittwalzwerk"_ oder durch Ziehen auf den endgültigen Querschnitt gebracht.

2.1.5.1.2.3 Ziehen

Hier handelt es sich in der Regel um eine Kaltverformung. Stangen-, Draht- und Rohrziehen sind Formgebungsverfahren, bei denen das Material durch ein sogenanntes „Ziehhol" gezogen wird, dessen Öffnung die Größe und Form des gewünschten Querschnitts hat. (Herstellung von kaltverfestigtem Beton- und Spannstahl: BSt 500 M für Baustahlmatten, gezogener Spannstahl.)

2.1.5.1.2.4 Pressen, Drücken

Pressen bzw. **Drücken** (insbesondere in der NE-Industrie angewendet) dient zur Herstellung komplizierter Stabstahl-Profile oder auch Hohl-Profile (z. B. Rohre und anderes) durch eine **Warm**- oder **Kaltverformung**. Wie beim Ziehen wird auch hier der Werkstoff durch ein Werkzeug gepresst, dessen Öffnung die Form des gewünschten

Profils hat. Durch den länger und langsamer einwirkenden Druck gegenüber dem Schmieden wird beim Pressen ein weitergehendes Fließen erreicht.

2.1.5.1.2.5 Schmieden

ist eine Formgebung durch kurze, schlagartig wirkende Stöße. Schmieden wird **kalt** oder **warm** ausgeführt. Unterschieden wird zwischen dem Freiformen (Kunst-, Hufschmied auf dem Amboss) und dem Gesenkschmieden, wo das Material in eine Hohlform (= Gesenk) hineingeschmiedet wird (ähnlich dem Plastillin in Knetformen).

2.1.5.1.2.6 Recken

ist eine Formgebung im **kalten** Zustand und dient unter anderem zur Herstellung von sogenanntem *Noreck-Betonstahl*.

2.1.5.1.2.7 Verdrillen

Formgebung im **kalten** Zustand zur Herstellung von sogenanntem Rippentorstahl. Ein warmgewalzter, gerippter Rundstahl wird auf einer Tordiermaschine verdrillt (Verdrillgrad $8 \cdot d - 14 \cdot d$).

2.1.5.2 Wärmebehandlung des Stahls

Durch Temperaturbehandlung des Stahls lassen sich Werkstoffeigenschaften erzielen, die auf anderem Wege nicht erreichbar sind.

Jede Wärmebehandlung besteht aus Erwärmen, Halten und Abkühlen. Maßgebend für die Auswirkung und Benennung der Behandlung sind Temperatur und Dauer des Haltens sowie die Geschwindigkeit des Abkühlens.

Man unterscheidet danach drei Wärmebehandlungsverfahren für Stahl:

○ Glühen (langsames Abkühlen z. B. an Luft)
○ Härten (rasches Abkühlen z. B. in Wasser oder Öl)
○ Vergüten (Härten, Wiedererwärmen und langsames Abkühlen)

Die meisten Wärmebehandlungen werden nach Abschluss der wesentlichen Umformvorgänge des Stahls durchgeführt.

Neben den separat durchgeführten Wärmebehandlungen gewinnen die in Verbindung mit dem Umformverfahren durchgeführten kontrollierten Abkühlungen eine zunehmende Bedeutung, da die zusätzlichen Anwärmvorgänge entfallen.

Die thermomechanische Behandlung ist ein Warmumformverfahren, bei dem sowohl Temperatur als auch Umformung in ihrem zeitlichen Ablauf gesteuert werden, um einen bestimmten Werkstoffzustand – und somit bestimmte Werkstoffeigenschaften – einzustellen (z.B. Tempcore®-Stahl).

2.1.5.2.1   Glühen

Glühen wird durchgeführt um:
- Inhomogenitäten des Gusses (z. B. Seigerungen) zu beseitigen
- Guss-, Verformungs- oder Wärmespannungen abzubauen
- Form und/oder Verteilung von Kristalliten zu ändern.

Je nach angestrebtem Zweck ist die Glühtemperatur verschieden hoch zu wählen. Bei hohen Glühtemperaturen können Oberflächen stark *„verzundern"* oder auch Veränderungen der chemischen Zusammensetzung durch Einwirkung der Glühatmosphäre erleiden (*Randentkohlung*); um das zu vermeiden, Glühen unter Schutzgas.

Die wichtigsten Glühbehandlungen sind:
- Diffusionsglühen
- Glühen zum Abbau von Spannungen
- Glühen zwecks Änderung der Kornform

Diffusionsglühen

Dadurch können Konzentrationsunterschiede im Gefüge – z. B. *Seigerungen* – ganz oder wenigstens zum größten Teil ausgeglichen werden.

Glühen zum Abbau von Spannungen

Durch den Glühprozess sollen innere Spannungen (Eigenspannungen) abgebaut werden, die durch Kaltverformen, ungleichmäßiges Abkühlen oder durch Schweißen entstanden sind. Im Grenzfall kann es durch kombinierte Zeit- und Temperatureinwirkung (Temperatur allerdings deutlich unterhalb der Perlitlinie; übliche Temperatur 550 – 650 °C) *bis zum Verschwinden der inneren Spannungen* führen. Das Material wurde dann **„spannungsfrei geglüht"**.

Nach Überschreitung einer bestimmten Temperatur entsteht ein neuer Effekt, nämlich die *Bildung eines neuen Gefüges aus neuen Kristalliten*, der als **Rekristallisation** bezeichnet wird.

Das rekristallisierte Gefüge besitzt keine inneren Spannungen mehr und ist deshalb ebenso weich wie das Ursprungsgefüge. Rekristallisation ist zeit- und temperaturabhängig. Bei allen Metallen muss ein gewisser Mindestverformungsgrad sowie eine bestimmte Mindesttemperatur überschritten werden, um die Rekristallisation einzuleiten. Diejenige Temperatur, bei der die Bildung neuer Körner beginnt, heißt **„Rekristallisationsschwelle"**. Grundsätzlich hängt sie vom Werkstoff ab; näherungsweise kann man sie aus der Schmelztemperatur des Metalls (angegeben in K) nach der Formel

$$T_{\text{Rekr.}} \approx 0{,}4 \cdot T_{\text{s}}$$

abschätzen. Sie beträgt z. B. bei: Ni ca. 600 °C; Fe ca. 450 °C; Al ca. 150 °C; Zn, Cd, Sn etwa Raumtemperatur, Pb –33° C; für unlegierten Stahl 500 bis 600 °C, für legierten und hochlegierten Stahl 600 bis 800 °C. Ein zunehmender Verformungsgrad lässt die Rekristallisationsschwelle absinken.

Man erkennt, dass die in der Praxis oft verwendeten Bezeichnungen „*Kaltverformung, Kaltverfestigung*, und so weiter" irreführend sind, wenn man den Begriff kalt und warm auf Raumtemperatur bezieht. Entscheidend für das entstehende Gefüge und seine Festigkeitseigenschaften ist, ob *die plastische Verformung bzw. „Glühen" usw. unterhalb oder oberhalb der betreffenden Rekristallisationstemperatur stattfindet.* Je höher die Rekristallisationstemperatur gewählt wird, desto kürzer ist die zur vollkommenen Rekristallisation erforderliche Zeit.

Glühen zwecks Änderung der Kornform

Bei jedem umwandlungsfähigen Stahl kann man durch nochmaliges Erhitzen bis in das Temperaturgebiet des homogenen Austenits (20 – 40 K > GSK-Linie) und anschließende Abkühlung an ruhender Luft eine Rückverwandlung zu einem feinen, gleichmäßigen, von der Vorbehandlung unabhängigem Gefüge von α-Kristallen erreichen. Diese Glühbehandlung bezeichnet man als **Normalglühen** oder Normalisieren. In diesem „*Normalzustand*" besitzt der Stahl immer wieder die ihm eigenen reproduzierbaren Kennwerte für Zugfestigkeit, Streckgrenze, Bruchdehnung, Kerbschlagarbeit, usw.

Davon zu unterscheiden ist das sogenannte **Weichglühen**, bei dem die streifige (lamellare) Form des Zementit im Perlit (siehe oberes Kapitel 2.1.4) in *körnigen Zementit* umgeformt werden soll. Der Stahl wird dadurch weicher und erhält beste Verarbeitbarkeit bei spanloser Umformung (Kaltverformung) sowie bessere spanabhebende Verarbeitbarkeit. Weichglühen lässt sich am einfachsten als mehrstündiges Glühen direkt unterhalb der Perlitlinie (723 °C) oder – bei C > 0,8 M.-% – pendelnd um die Perlitlinie (*„Pendelglühen*") mit anschließendem langsamen Abkühlen durchführen.

2.1.5.2.2 Härten

Durch Härten kann man die Naturhärte des normal abgekühlten Stahls erhöhen. Vor allem Werkzeugstähle erhalten durch diese Behandlung ihre größere Härte und Verschleißfestigkeit, allerdings auf Kosten der Zähigkeit und Kaltverformbarkeit.

Ausgangszustand für die Abschreckhärtung ist immer der Gefügezustand des γ-Mischkristalls, d. h. Temperaturen oberhalb der GSK-Linie im FeC-Diagramm. Durch erhöhte Abkühlgeschwindigkeit (*Abschrecken*) wird die normale Umwandlung Austenit zu Perlit unterdrückt, die Diffusion des Kohlenstoffs wird unterbunden. Um das Ausdiffundieren des Kohlenstoffs vollständig zu unterdrücken, muss jedoch mit einer Mindestabkühlgeschwindigkeit, der sogenannten kritischen Abkühlgeschwindigkeit, abgekühlt werden. Bei der schnellen Umstellung (*Umklappen*) auf das bei tieferen Temperaturen stabile α-Gitter verbleibt der Kohlenstoff dadurch im Gitter, dessen Aufnahmefähigkeit für C sehr klein ist, zwangsweise gelöst. Es entsteht daher nicht

Ferrit, sondern ein durch den Kohlenstoff verspanntes und verzerrtes Gitter, ein stark übersättigter α-Fe-C-Mischkristall. Als Folge dieser Spannungen entsteht ein nadeliges, sehr hartes Gefüge mit hoher Zugfestigkeit aber fast keiner Bruchdehnung, der sehr spröde *Martensit*. Die Härte des Martensits hängt vom C-Gehalt ab; ab ca. 0,2 bis 0,3 M.-% C-Gehalt wird der Härtungseffekt technisch nutzbar. Mit abnehmender Abkühlgeschwindigkeit vermag immer mehr Kohlenstoff auszudiffundieren, so dass immer mehr Perlit entsteht; Härte und Festigkeit nehmen dadurch ständig ab, die Verformungsfähigkeit nimmt zu. Je nach Abkühlgeschwindigkeit kann man also die verschiedensten Zwischenstufen zwischen Perlit und Martensit erzeugen.

Wegen der sehr hochliegenden kritischen Abkühlgeschwindigkeit können reine Kohlenstoffstähle nur bis ca. 10 mm Tiefe durchgehärtet werden. Durch Zusatz von Legierungselementen, die die Diffusion des C behindern, ist es aber möglich, auch mit langsamerer Abkühlung (Öl, Luft) eine vollständige Durchhärtung zu erreichen. So legierte Stähle sind aber schlechter schweißbar, weil sie auch bei langsamer Abkühlung nach dem Schweißen zur Aufhärtung neigen.

Unter den Begriffen *Aufkohlen* (Einsetzen oder Zementieren), *Nitrieren, Karbonitrieren,* versteht man Verfahren, die zur Oberflächenhärtung nicht härtbarer, da kohlenstoffarmer Stähle eingesetzt werden, indem man die Oberfläche künstlich mit Kohlenstoff oder Stickstoff anreichert. Bei ungenauer Prozessführung treten derartige Effekte ungewollt auf. Alle Verfahren sind nur unter werkmäßigen Bedingungen handhabbar.

2.1.5.2.3 Stahlvergütung

Der gehärtete, martensitische Stahl ist im allgemeinen für die meisten Verwendungszwecke zu spröde. Die verschiedenen Zwischenstufengefüge sind aber fertigungstechnisch nur sehr schwierig in dem gewünschten Maße zu steuern.

Hat man durch Abschrecken Martensitgefüge (*Zwangszustand, daher nicht stabil!*) hergestellt, so kann man durch anschließendes Erwärmen auf unterschiedlich hohe Temperaturen über verschieden lange Zeiten eine Reihe von Übergangsstufen erzielen.

Bei diesem sogenannten **Anlassen** erreicht man, dass ein Teil der Kohlenstoffatome aus ihrer Zwangslage im Gitter befreit wird (*ausdiffundieren*); dadurch kann der Härtungseffekt gemildert werden, d. h. man erreicht eine Verbesserung der Zähigkeitseigenschaften auf Kosten der Härte bei allerdings nur geringer Abnahme der Festigkeitswerte.

Diese Anlassgefüge – gekennzeichnet durch Angabe der Anlasstemperatur – sind feiner, zäher und vor allem sicherer einzustellen und werden daher dem Zwischenstufenabschrecken vorgezogen.

Vergüten ist der Gesamtvorgang, d. h. also Härten mit nachfolgendem Anlassen auf Temperaturen < A$_1$ (723 °C). [Anlasstemperatur allgemein 500 bis 600 °C, für Werkzeugstähle 100 bis 300 °C].

Kennzeichen aller vergüteten Stähle ist also, dass sie **trotz hoher Zugfestigkeit, Streckgrenze und Elastizitätsgrenze hohe Zähigkeitseigenschaften** aufweisen. Vergütungsstähle werden durch diese Wärmebehandlung mechanisch höher belastbar, dadurch können die Abmessungen der Bauteile bei gleicher Belastung verringert werden.

Bei Walzdrähten mit C-Gehalten > 0,4 M.-% wird vor dem Ziehen häufig eine besondere Art des Vergütens, das sogenannte „**Patentieren**" durchgeführt, wenn daraus z. B. dünne *Spannbetonstähle*, Seildrähte und ähnliches hergestellt werden sollen. Hierbei durchlaufen die Stahldrähte nach dem Glühen ein Blei- oder Salzbad von 500 – 550 °C. Ziel aller Patentierungsverfahren ist es, ein feinlamellares (streifiges) Perlitgefüge zu erzielen, das beim Ziehen gut verformbar ist und sich stark verfestigt (bis zu 3000 N/mm²!) aber trotzdem noch ausreichende Zähigkeit aufweist.

Kaltziehen und Patentieren werden mehrfach nacheinander angewandt. Ohne die zwischengeschaltete Wärmebehandlung wären die hohen Verformungsgrade beim Kaltziehen nicht erreichbar, da der Draht vorher durch Versprödung reißen würde.

2.1.5.2.4 Altern

Unter normalen Bedingungen ist auch bei Raumtemperatur eine in *längeren Zeiträumen auftretende Kristallumwandlung* – Rekristallisation – insbesondere kaltverformter, niedrig gekohlter Stähle möglich (z.B. allg. Baustähle), die zu einer **Versprödung** führt. Diese ungewollte, zeit-, temperatur- und beanspruchungsunabhängige Veränderung der Werkstoffeigenschaft, die also ohne äußeres Zutun abläuft, bezeichnet man mit **Alterung** (auch Aushärtung oder Auslagerung) des Werkstoffes. Hierbei sinken die plastische Verformbarkeit, Bruchdehnung und die Kerbschlagarbeit, während die Härte, Streckgrenze und die Zugfestigkeit ansteigen. Die nach einer geringen Kaltverformung eintretende Alterung wird als **Reckalterung** bezeichnet. Bei Stahl ist diese Erscheinung vor allem auf nicht abgebundene Stickstoffgehalte zurückzuführen, die Ausscheidungen im Ferrit bilden, wodurch Gleitvorgänge behindert werden und eine Abnahme der Zähigkeit bewirkt wird. Das natürliche Altern kann beschleunigt werden, indem man den Stahl einmal oder wiederholt auf eine Temperatur von 100 – 250 °C anwärmt und diese eine Zeitlang hält = **künstliches Altern**!

Patentierte und gezogene Spannbetondrähte wie auch *gezogene und gewalzte Drähte für Baustahlmatten* werden heute in großem Maße künstlich gealtert. Das Anlassen wirkt sich vor allem auf die $R_{P\,0,01}$- und die $R_{P\,0,2}$-Dehngrenzen (siehe Kap. 2.1.6.1) aus, die merklich erhöht werden.

Wärmebehandlung auf der Baustelle kann in begrenztem Umfang erforderlich werden. Derartige Maßnahmen sind dann von Fachleuten zu planen und auszuführen, Bauingenieure und Architekten sind mit diesen Aufgaben überfordert!

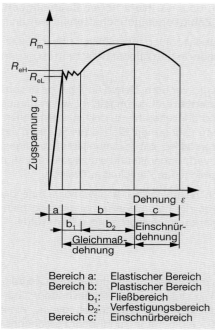

Bereich a: Elastischer Bereich
Bereich b: Plastischer Bereich
       b₁: Fließbereich
       b₂: Verfestigungsbereich
Bereich c: Einschnürbereich

Bereich a: Elastischer Bereich
Bereich b: Plastischer Bereich =
                Verfestigungsbereich
Bereich c: Einschnürbereich

Abbildung 2.6
Spannungs-Dehnungs-Diagramm eines
naturharten Stahls

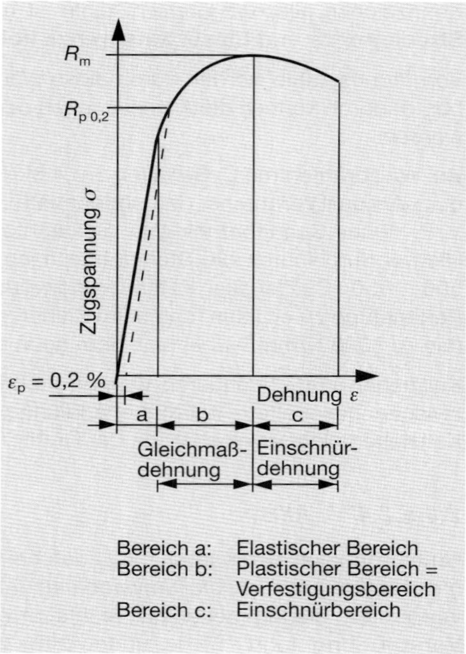

Abbildung 2.7
Spannungs-Dehnungs-Diagramm eines
kaltverformten Stahls

2.1.6   Mechanisch-Technologische Kennwerte und Prüfverfahren

Wegen der Sicherheit der Bauteile muss der Ingenieur, der einen Baustoff einsetzen will, die Spannungen kennen, unter denen der Werkstoff seine Widerstandsfähigkeit verliert, sei es, dass er dabei seinen intermolekularen Zusammenhalt verliert, d. h. zu Bruch geht, oder sich unzulässig verformt. Die mechanischen Kennwerte werden bevorzugt in Versuchen bestimmt, bei denen sich unter Belastung einachsige Spannungszustände im Werkstoff einstellen. Die auf diese Weise ermittelten Kennwerte gelten nur unter vereinfachenden Annahmen und nur unter Versuchs- oder Prüfbedingungen, die durch Übereinkunft, häufig durch Normen, festgelegt sind.

2.1.6.1   *Zugversuch*

Der statische Kurzzeit-Zugversuch dient zur Ermittlung des Werkstoffverhaltens bei einachsiger, gleichmäßig über den Querschnitt verteilter Zugbeanspruchung. Dazu wird eine Zugprobe zügig und stoßfrei gereckt, bis der Bruch eintritt.

Durch den Zugversuch (DIN EN 10 002) kann man unter anderem folgende Kennwerte (Die DIN EN 10 002 verwendet von der DIN 1304 bzw. DIN 1080 abweichende Formelzeichen für die Kennwerte.) zur Beurteilung des Werkstoffverhaltens ermitteln:

Zugfestigkeit, Streckgrenze, Proportionalitätsgrenze, Elastizitätsmodul oder die Dehnzahl, Bruchdehnung, Einschnürung oder Querschnittsverminderung.

Aus der Vielzahl der direkten oder abgeleiteten Messwerte geht hervor, dass der Zugversuch die wichtigste und grundlegende Werkstoffprüfung ist.

Form und Maße der Proben, deren Querschnitt kreisförmig, quadratisch, rechteckig oder ringförmig sein darf, hängen von der Form und den Maßen der zu untersuchenden metallischen Erzeugnisse ab.

Im allgemeinen werden sog. proportionale Proben eingesetzt, bei denen das Verhältnis von Anfangsmesslänge L_0 zum Ausgangsquerschnitt S_0 durch die Gleichung

$$L_0 = 5,65 \cdot \sqrt{S_0}$$

ausgedrückt wird. Die Anfangsmesslänge darf nicht kleiner als 20 mm sein. Für Betonstahl nach DIN 488 sind abweichend von der DIN EN 10 002 unbearbeitete Proben mit einer freien Einspannlänge von etwa $15 \cdot d_S$ zu verwenden.

Die *Abbildungen 2.6 und 2.7* zeigen das Spannungs-Dehnungs-Diagramm für einen naturharten bzw. einen kaltgereckten Stahl.

Aus dem Zusammenhang zwischen Spannung und Dehnung im elastischen Bereich lässt sich der Elastizitätsmodul bestimmen.

Für alle Bau- und Betonstähle gilt:

$$E = 2,0 \cdot 10^5 \quad \text{bis} \quad 2,2 \cdot 10^5 \quad \left[\frac{N}{mm^2} \right]$$

Rechenwert:

$$E = 2,1 \cdot 10^5 \quad \left[\frac{N}{mm^2} \right]$$

Der elastische Bereich hört bei der Proportionalitätsgrenze auf. Aus messtechnischen Gründen verzichtet man auf die Bestimmung der Proportionalitätsgrenze und ermittelt stattdessen die **0,01-Dehngrenze**, $R_{P\,0,01}$. Diese 0,01-Dehngrenze wird als die einer bleibenden Dehnung von 0,01 % zugeordnete Spannung definiert:

$$R_{P\,0,01} = \frac{F_{0,01}}{S_0} \quad \left[\frac{N}{mm^2} \right]$$

Die bei dieser Spannung auftretende bleibende Verformung ist vernachlässigbar klein, sie wird deshalb oft auch als *technische Elastizitätsgrenze* bezeichnet.

Ab einer bestimmten Spannung beginnt der Stahl sich ohne Zunahme der Zugkraft stark plastisch zu verformen. Während naturharte Stähle durch einen deutlichen Fließbereich gekennzeichnet sind, zu erkennen an der Unstetigkeit im Diagramm, zeigen die meisten anderen Stähle, z. B. kaltverformter, tordierter Stahl, hochfeste Baustähle und Spannstähle, kein ausgeprägtes Fließen. Die Spannung, die den Beginn des plastischen Fließens kennzeichnet, wird als **Streckgrenze**, R_{eH} (obere Streckgrenze) bzw. als R_{eL} (untere Streckgrenze) bezeichnet und definiert als:

$$R_e = \frac{F_e}{S_0} \quad \left[\frac{N}{mm^2}\right]$$

Für konstruktive Zwecke ist nun dieser Punkt weit wichtiger als die maximale Belastbarkeit, da die Gebrauchsfähigkeit eines Bauteils nicht nur von seiner Festigkeit (*Tragfähigkeit*) abhängt, sondern in weit größerem Maße von seinen Verformungen unter Belastung. Bei stark verformbaren Baustoffen (wie z. B. Stahl) geht die Sicherheitsbetrachtung anstelle von der Festigkeit von dieser Verformungsgrenze aus.

Für Stähle, bei denen dieser elasto-plastische Übergang nicht eindeutig zu erkennen ist, muss deshalb eine der Streckgrenze äquivalente Spannung festgelegt werden. Man hat die einer bleibenden Dehnung von 0,2 % zugeordnete Spannung gewählt, die man entsprechend als **0,2-Dehngrenze** definiert:

$$R_{P\,0,2} = \frac{F_{0,2}}{S_0} \quad \left[\frac{N}{mm^2}\right]$$

Die Streckgrenze bzw. die ihr äquivalente 0,2-Dehngrenze ist für die Höhe der zulässigen Stahlbeanspruchung im Bauwerk maßgebend. Es gilt:

$$\beta_{zul.} = \frac{R_{eH}}{\gamma} \quad \left[\frac{N}{mm^2}\right] \qquad bzw. \qquad \beta_{zul.} = \frac{R_{P\,0,2}}{\gamma} \quad \left[\frac{N}{mm^2}\right] \qquad \gamma = Sicherheitsbeiwert$$

Nach Überschreiten dieses Grenzwertes erreicht man im Spannungs-Dehnungs-Diagramm bei der Höchstkraft die Zugfestigkeit. Die **Zugfestigkeit** wird als die auf den Anfangsquerschnitt bezogene maximal auftretende Zugkraft definiert:

$$R_m = \frac{F_m}{S_0} \quad \left[\frac{N}{mm^2}\right]$$

Der scheinbare Spannungsabfall nach dem Überschreiten von R_m ist effektiv nicht vorhanden, sondern dadurch bedingt, dass die der jeweiligen Belastung zugeordnete Spannung unter der Annahme des gleichbleibenden Ausgangsquerschnitts der Probe berechnet wird, die sogenannte *Nennspannung*. Durch die plastische Verformung kommt es aber zu einer Querschnittsverringerung: bis zur Zugfestigkeit gleichmäßig über die Länge der Zugprobe verteilt, bei weiterer Belastung erfolgt eine starke

Einschnürung, die dann zum Bruch führt. Auf den tatsächlichen Querschnitt bezogen, kommt es zu einer weiteren Spannungserhöhung, *wahre Spannung* (– – –), bis zum Bruch (siehe *Abbildung 2.8*).

Neben den Festigkeitskennwerten sind auch die Verformungskennwerte von großer Bedeutung für die Beurteilung der konstruktiven Eignung des Werkstoffes. Die Verformungskenngrößen – die Bruchdehnung, die Gleichmaßdehnung und die Brucheinschnürung – charakterisieren die *Zähigkeit*.

Besitzt ein Werkstoff eine zu geringe plastische Verformungsfähigkeit, ist er also zu spröde, besteht erhöhte Rissgefahr beim Auftreten von Spannungsspitzen. Je zäher ein Werkstoff ist, desto sicherer werden Mikrorisse in kleinsten Bereichen vermieden, aus denen sich größere Schäden entwickeln können.

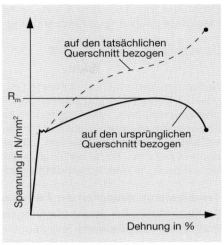

Abbildung 2.8
Spannungs-Dehnungs-Diagramm von naturhartem Stahl
Nennspannung – wahre Spannung

Die **Bruchdehnung** – sie kennzeichnet die Verlängerung der Probe nach dem Bruch, d. h. die plastische Verformung –

$$A = \frac{L_u - L_0}{L_0} \cdot 100 \quad [\%] \qquad L_u = \text{Messlänge nach dem Bruch}$$

setzt sich zusammen aus A_g *(nichtproportionale Dehnung bei Höchstkraft F_m) der sog. Gleichmaßdehnung* und *der Einschnürdehnung.* Nach Überschreiten der Höchstkraft wird die Probe praktisch nur noch im Einschnürbereich überproportional gedehnt. Da die Dehnung als die auf die Anfangslänge L_0 bezogene Längenzunahme definiert ist, sind die Messwerte für ε und A stark von der Stablänge abhängig.

Weicht die Probenlänge vom international festgelegten Wert

$$L_0 = 5,65 \cdot \sqrt{S_0}$$

ab, so ist das Formelzeichen A durch einen entsprechenden Index zu ergänzen:

◯ bei proportionalen Proben durch den Proportionalitätsfaktor, z. B. $A_{11,3}$
◯ bei nichtproportionalen Proben durch die Anfangsmesslänge, z. B. $A_{80\,mm}$.

Bei langen Stäben wird $A \approx A_g$.

Neben der Bruchdehnung A wird als Kenngröße für die Zähigkeit auch die von der Messlänge unabhängige **Einschnürung** Z des Bruchquerschnitts in % herangezogen.

Es ist dann: $Z = \dfrac{S_0 - S_U}{S_0} \cdot 100$ [%] S_U = kleinster Probenquerschnitt nach dem Bruch

Neben den Verformungskennwerten ist auch das Verhältnis zwischen Streckgrenze oder 0,2-Dehngrenze und Zugfestigkeit R_{eH}/R_m bzw. $R_{P0,2}/R_m$, das sogenannte **Streckgrenzenverhältnis**, ein Anhaltswert für die Verformbarkeit des Werkstoffes. Das Streckgrenzenverhältnis gibt den Nutzungsgrad des Werkstoffes an. So bedeutet z.B. ein Streckgrenzenverhältnis von 0,6 (allg. Baustahl), dass für die Belastbarkeit des Bauteils nur max. 60 % der Zugfestigkeit zur Verfügung stehen, wobei dieser Wert jedoch noch um den Sicherheitsbeiwert abzumindern ist.

Temperaturabhängigkeit der Festigkeits- und Verformungskennwerte

E-Modul, Streckgrenze und Zugfestigkeit der normalen Kohlenstoffstähle *sinken* bei Erwärmung – insbesondere über 200 °C – gegenüber den Werten bei Raumtemperatur ab; gleichzeitig nimmt die Verformbarkeit zu. Daher ist ein Schutz von Stahl- und Stahlbetonkonstruktionen gegen Erwärmung (z. B. durch Brände) besonders wichtig.

2.1.6.2   *Biege- und Faltversuche*

Der reine Biegeversuch zur Ermittlung von Werkstoffkennwerten hat nur in wenigen Fällen Bedeutung, z. B. für Gusseisen. Bei Betonstahl nach DIN 488 werden zum Nachweis eines ausreichenden Verformungsvermögens neben der Ermittlung der Bruchdehnung im Zugversuch für Stabstähle der Rückbiegeversuch und für Betonstahlmatten zur Prüfung der Widerstand-Punktschweißung ein Faltversuch (*Kaltbiegeversuch*) nach DIN 50 111 durchgeführt.

2.1.6.3   *Kerbschlagbiegeversuch*

Der nach DIN EN 10 045 genormte Kerbschlagbiegeversuch dient zur Feststellung der Verformungsarbeit durch Schlagbeanspruchung einer gekerbten Probe. Zur Vermeidung unangekündigter (*verformungsarmer*) Brüche, also zur *Sicherheit der Tragwerke*, auch oder gerade bei ungünstigen Bedingungen (schlagartige Beanspruchung, mehrachsiger Spannungszustand, wie er in kompliziert geformten Profilbauteilen und im Grund von Kerben gegeben ist, niedrige Temperatur), ist unbedingt eine ausreichende Verformbarkeit der Stähle erforderlich! Von besonderer Bedeutung zur Beurteilung dieses Werkstoffverhaltens ist der Kerbschlagbiegeversuch. Bei dieser Prüfung wird ein gekerbtes Probestück (V-kerb oder U-kerb) schlagartig auf Biegung beansprucht und durchgebrochen. Die für den Durchschlag *verbrauchte* Schlagarbeit K [J] (Kerbschlagarbeit KV oder KU) ist **ein Maß für die Sprödbruchempfindlichkeit** des Stahls und stellt eine wichtige Beurteilungsmöglichkeit der Schweißeignung dar. Ist K

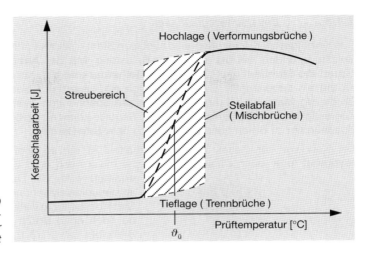

Abbildung 2.9
Temperatur-
abhängigkeit der
Kerbschlagarbeit

niedrig, so neigt der Stahl zum Sprödbruch, liegt *K* hoch, so verformt sich der Werkstoff plastisch, bevor er bricht.

Kerbschlagversuche ergeben keine zahlenmäßigen Werte, die in Festigkeitsrechnungen eingesetzt werden können. Sie eignen sich aber sehr gut für die Überwachung der Güte und Gleichmäßigkeit von Wärmebehandlungen und zur Kontrolle von Schweißnähten, da eventuell aufgetretene Versprödungseffekte deutlich zum Ausdruck kommen, während sie sonst leicht unentdeckt bleiben. Sie sind also eine Art Sicherheitskontrolle.

Durch Ermittlung von *K* als f (ϑ) lässt sich eine sehr gute Aussage über die Sprödbruchanfälligkeit eines Werkstoffes machen. Das entscheidende Kriterium ist die Temperatur, bei der der Übergang von einem vorherrschenden Verformungsbruch (hohe Schlagarbeit) in einen überwiegend verformungsarmen Bruch (Sprödbruch = niedrige Schlagarbeit) stattfindet, die sogenannte **Übergangstemperatur** $\vartheta_{\ddot{U}}$ (siehe *Abbildung 2.9*). Je tiefer die Übergangstemperatur liegt, umso größer ist der Bereich der Betriebstemperaturen, in denen der gefährliche Sprödbruch unwahrscheinlich ist. Die Neigung zum Sprödbruch wird durch niedrige Temperaturen verstärkt, desgleichen durch grobkörnige Gefügestrukturen, hohe Verformungsgeschwindigkeit und durch dreiachsige Spannungszustände, wie sie im Bereich von Kerben auftreten können.

2.1.6.4 Ermüdungsfestigkeit

Man unterscheidet Dauerschwingfestigkeit und Dauerstandfestigkeit.

2.1.6.4.1 Dauerschwingfestigkeit

Das Verhalten aller Baustoffe – also auch von Stahl – ist unter oftmals wiederkehrender Belastung anders als bei einmaliger Belastung. **Mit der Anzahl der Lastwechsel nimmt die Stahlfestigkeit (maximale Belastbarkeit) ab!** Das Material ermüdet und es tritt ein sogenannter *Ermüdungsbruch* ein. Derartige Belastungen können zum Bruch des Materials führen, auch wenn die Spannungen wesentlich kleiner als die Zugfestigkeit sind. Dynamisch belastete Bauteile können also bei deutlich geringeren Spannungen zu Bruch gehen als statisch belastete Bauteile.

Der Kennwert für dieses Werkstoffverhalten ist die sogenannte **Dauerschwingfestigkeit** (oder auch Dauerfestigkeit), die meist nach dem Verfahren von **Wöhler** ermittelt wird. Die Dauerschwingfestigkeit ist derjenige Spannungsausschlag, den der Stahl bei beliebig vielen Lastwechseln gerade noch ohne Bruch aushält; sie wird bei Stahl bei ca. $2 \cdot 10^6$ Lastwechseln erreicht, bei Leichtmetallen erst bei ca. 10^8 Lastwechseln. Die Dauerschwingfestigkeit von Stahl liegt etwa in derselben Höhe wie die zugehörige Streckgrenze.

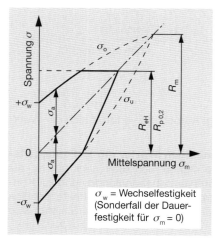

Eine Übersicht über das Verhalten bei verschiedenen Spannungen erhält man durch sogenannte Gebrauchsdiagramme (siehe *Abbildung 2.10*). Das bekannteste und am meisten angewendete ist dasjenige nach Smith, das eine Vielzahl von Wöhlerkurven zusammenfasst.

Abbildung 2.10
Dauerfestigkeitsschaubild
(Gebrauchsdiagramm) nach Smith

In diesem sogenannten **Gebrauchsdiagramm** werden jeweils die zugehörigen σ_0- und σ_u-Werte der Dauerfestigkeit, also der Spannungsausschlag σ_a, über σ_m aufgetragen. Das Gebrauchsdiagramm zeigt also die Abhängigkeit des ertragbaren Spannungsausschlags von der Vorspannung; es bildet die Grundlage für die Bestimmung der zulässigen Spannungen in dynamisch belasteten Bauteilen.

Einflüsse auf die Dauerfestigkeit

Von wesentlichem Einfluss auf die Dauerschwingfestigkeit ist die *Beschaffenheit der Oberfläche*; Oberflächenfehler, die durch Bearbeitung oder Korrosion entstanden sind, oder auch Kerben setzen die Dauerschwingfestigkeit herab. Das besonders Gefährliche an diesen Ermüdungserscheinungen ist, dass der Bruch auch bei zähem Stahl ohne Warnung durch eine vorangegangene sichtbare Verformung eintritt.

2.1.6.4.2 Dauerstandverhalten (Kriechen, Relaxation)

Bei vielen Werkstoffen ist die Festigkeit bei dauernder Beanspruchung ebenfalls kleiner als die Kurzzeitfestigkeit. Stähle, die bei hohen Temperaturen belastet werden, sowie insbesondere hochbelastete Spannstähle weisen ein deutliches Absinken der Festigkeitseigenschaften auf.

Unter der Einwirkung der Belastung setzen im Stahl Gleit- und Fließvorgänge ein, sodass die durch die aufgezwungene Anfangsdehnung entstandene Spannung trotz unverändert bleibender Formänderung ($\varepsilon_e + \varepsilon_r$ = const.) im Laufe der Zeit abklingt, d.h. die plastische Dehnung ε_r wächst auf Kosten der elastischen Dehnung ε_e. Da die Spannung nur der elastischen Dehnung proportional ist ($\sigma = E \cdot \varepsilon_e$), sinkt also die Spannung als Funktion der Zeit.

Zwar ist – insbesondere im Spannbetonbau – der Verlust der Spannkraft bei durch den umgebenden Beton konstant gehaltener Dehnung, d. h. das Relaxationsverhalten, eine wichtige Kenngröße zur Beurteilung des Langzeitverhaltens von Stahl, im Versuch einfacher zu realisieren ist aber die Ermittlung der Kriechgrenze.

Lässt man eine Last bzw. Spannung $\sigma < \sigma_{max}$ unverändert beliebig lange einwirken, so stellt man häufig fest – insbesondere bei hohen Spannungen –, dass die Dehnung weitergeht; *das Material fließt weiter, es kriecht!* Die plastische Dehnung bzw. Formänderung wird also zeitabhängig: ε = f (*t*).

Die Spannung, bei der überhaupt kein Kriechen mehr eintritt oder bei der das Kriechen nach einer Anfangsphase für immer zum Stillstand kommt, wird als **Dauerstandfestigkeit** σ_∞ bezeichnet. Das ist die größte Spannung, die der Stahl beliebig lange erträgt. Die Bestimmung dieses Kennwertes ist in der Praxis meist nicht möglich, da unendlich lange Prüfzeiten erforderlich wären.

Ein stark abgekürztes Verfahren ist die Ermittlung der **Zeitdehngrenzen** (früher Kriechgrenze) und der **Zeitstandfestigkeit** durch den Zeitstandversuch unter Zugbeanspruchung gemäß DIN 50 118. Hierbei wird der Werkstoff bei gleichbleibender Temperatur während des Versuchs mit konstanter Kraft beansprucht und die auftretende Verformung (Dehnung) in Abhängigkeit der Zeit gemessen.

Als Zeitstandfestigkeit wird die maximale Prüfspannung σ_o definiert, die nach einer bestimmten Beanspruchungsdauer *t* zum Bruch führt. Sie wird angegeben durch das Kurzzeichen R_m, dem als zweiter Index die Beanspruchungsdauer *t* in Stunden und als dritter Index die Prüftemperatur ϑ in °C angefügt sind, z.B. $R_{m100\ 000/550}$.

Als **Zeitdehngrenze** definiert man dann *die Spannung*, unter der
◯ nach bestimmter Zeit eine gewisse *konstante Kriechgeschwindigkeit* auftritt und
◯ nach einer gewissen Zeit ein *bestimmter plastischer Dehnungsgrenzwert nicht überschritten* wird.

Zur Kennzeichnung wird das Kurzzeichen R_p verwendet, dem als zweiter Index der Grenzwert der plastischen Dehnung ε_p in Prozent, als dritter Index die Beanspruchungsdauer t in Stunden und als vierter Index die Prüftemperatur ϑ in °C angefügt wird, z.B. $R_{p\,0,2/100/350}$.

Für Stahl, der in Spannbetonkonstruktionen nach DIN 4227 eingesetzt wird, ist die Zeitdehngrenze wie folgt definiert:

Zeitdehngrenze = die Spannung, bei der der Stahl in der Zeit von der 6. Minute nach Aufbringen der Last bis zur **1000. Stunde** eine **Zeitdehnung $\leq$ 3 % der bei zügiger Belastung auftretenden Dehnung erleidet** ($\sigma_{3/1000}$).

2.1.6.5   *Härteprüfungen*

Im allgemeinen versteht man unter Härte den *Widerstand*, den ein Körper dem *Eindringen* eines anderen, härteren Körpers *entgegensetzt*. Härteunterschiede sind als unterschiedliche plastische (= bleibende) Verformungen messbar. Da die *Härtevergleichszahlen* vom Prüfverfahren abhängig sind, ist im Prüfergebnis hinter der Härtezahl die Angabe des Kurzzeichens des Prüfverfahrens erforderlich.

Die wichtigsten Härteprüfungen sind:
Brinell-Verfahren   DIN EN ISO 6506 – Kurzzeichen HBW
Rockwell-Verfahren   DIN EN ISO 6508 – Kurzzeichen HR
Vickers-Verfahren   DIN EN ISO 6507 – Kurzzeichen HV
Vor dem Härtesymbol wird jeweils der Härtewert angegeben, hinter dem Symbol folgende Buchstaben oder Zahlen geben Hinweise auf die Prüfbedingungen.

DIN 50 150 (soll künftig ersetzt werden durch die DIN EN ISO 18 265) enthält eine empirisch gefundene Umwertungstabelle von Härtewerten untereinander, die mit verschiedenen Verfahren ermittelt wurden, sowie eine Umwertung zwischen Härtewerten und Zugfestigkeitswerten; eine *„Umrechnung"* ist *nicht möglich*.

Für unlegierten, naturharten Baustahl lassen sich aus der ermittelten Brinellhärte *näherungsweise Rückschlüsse* auf die Stahlgüte ziehen. Es besteht für diese Stähle die empirisch ermittelte Beziehung:

$R_m \approx 3,35 \cdot HB$ bzw. $R_m \approx 3,22 \cdot HV$

Die auf diese Weise ermittelte Zugfestigkeit ist stets mit dem Zusatz *„aus Brinellhärte bzw. Vickershärte durch Umwertung gemäß DIN EN ISO 18 265 ermittelt"* zu kennzeichnen. Sie gibt nur einen Anhaltswert, kann die Zerreißprobe niemals ersetzen!

2.1.7 Einteilung und Benennung der Stähle

2.1.7.1 Einteilung der Stähle

Nach der DIN EN 10 020 erfolgt die Einteilung der Stahlsorten
- nach ihrer chemischen Zusammensetzung
- nach Hauptgüteklassen aufgrund ihrer Haupteigenschafts- und -anwendungsmerkmale

Unterteilung nach der chemischen Zusammensetzung

Nach ihrer chemischen Zusammensetzung unterscheidet man die drei Klassen:
- unlegierte Stähle
- nichtrostende Stähle
- andere legierte Stähle

Für die Abgrenzung der unlegierten von den anderen legierten Stählen sind in der DIN EN 10 020 maßgebende Gehalte an Legierungselementen aufgeführt. Wird der Grenzwert von wenigstens einem Element erreicht oder überschritten, so gilt der Stahl als legiert.

Nichtrostende Stähle sind Stähle mit einem Gehalt von mindestens 10,5 M.-% Chrom und höchstens 1,2 M.-% Kohlenstoff.

Unterteilung nach Hauptgüteklassen

Nach den Anforderungen an ihre Gebrauchseigenschaften unterteilt man gemäß der Norm in folgende Hauptgüteklassen:
- unlegierte Stähle mit den Untergruppen unlegierte Qualitäts- und unlegierte Edelstähle
- nichtrostende Stähle
- andere legierte Stähle mit den Untergruppen legierte Qualitäts- und legierte Edelstähle

Die bisherigen Grundstähle sind mit den unlegierten Qualitätsstählen zusammengefasst.

Unlegierte Qualitätsstähle sind solche, für die im Allgemeinen festgelegte Anforderungen wie, z.B. an die Zähigkeit, Korngröße und/oder Umformbarkeit bestehen. Sie sind im allgemeinen gekennzeichnet durch eine bessere Oberflächenbeschaffenheit und geringere Sprödbruchempfindlichkeit.

Zu dieser Hauptgüteklasse gehören z.B. die allgemeinen Baustähle gemäß DIN EN 10 025.

Unlegierte Edelstähle sind Stahlsorten, die im Allgemeinen eine größere Reinheit als die Qualitätsstähle aufweisen und die meistens für eine Wärmebehandlung (*z. B. Vergütung, Oberflächenhärten*) bestimmt sind. Genaue Einstellung der chemischen Zusammensetzung und besondere Sorgfalt im Herstellungsprozess stellen verbesserte

Eigenschaften zwecks erhöhter Anforderungen sicher, wie z.B. Sprödbruchempfindlichkeit, Streckgrenze, Schweißbarkeit.

Zu dieser Hauptgüteklasse zählen unter anderem:
- Stähle mit Mindestwerten für $KV > 27$ J bei -50 °C
- für Vergütung oder Oberflächenhärtung bestimmte Stähle, an die hinsichtlich bestimmter Eigenschaften besondere Anforderungen gestellt werden
- Stähle, an die bestimmte Anforderungen hinsichtlich der maximal zulässigen P- und S-Gehalte gestellt werden (z.B. Walzdraht für hochfeste Federn, Reifenkorddraht)
- Spannstähle
- Kernreaktorstähle mit maximal zulässigen Gehalten an Cu, Co, V

Nichtrostende Stähle werden nach ihrem Nickelgehalt als Stähle mit weniger oder $\geq 2,5$ M.-% Nickel und weiterhin nach ihren Haupteigenschaften in korrosionsbeständig, hitzebeständig oder warmfest unterteilt.

Legierte Qualitätsstähle sind im Allgemeinen nicht für Wärmebehandlungen vorgesehen. Es bestehen grundsätzlich Anforderungen bezüglich, z.B. Zähigkeit, Korngröße, Umformbarkeit.

Zu dieser Gruppe gehören unter anderem:
- schweißgeeignete Feinkornbaustähle mit einer Mindeststreckgrenze < 380 N/mm^2
- legierte Stähle für Schienen, Spundbohlen, Grubenausbau
- legierte Stähle mit Kupfer als einzigem festgelegtem Legierungselement
- legierte Stähle für warm- oder kaltgewalzte Flacherzeugnisse für schwierige Kaltumformungen

Legierte Edelstähle sind Stahlsorten, außer nichtrostenden Stählen, die durch eine genaue Einstellung ihrer chemischen Zusammensetzung und besondere Herstell- und Prüfbedingungen verbesserte Eigenschaften aufweisen. Hierzu gehören z.B.:
- legierte Maschinenbaustähle
- legierte Stähle für Druckbehälter
- Wälzlagerstähle
- Werkzeugstähle
- Stähle mit besonderen physikalischen Eigenschaften wie kontrolliertem Ausdehnungskoeffizienten oder besonderem elektrischen Widerstand

2.1.7.2 Benennung der Stähle

Nach den Normvorschriften gibt es zwei Möglichkeiten zur Bezeichnung eines Werkstoffes
- die Kurzbenennung (Kurznamen)
- die Werkstoffnummer

2.1.7.2.1 Kurznamen gemäß DIN EN 10 027, Teil 1

Die Bildung der Kurznamen erfolgt durch Kennbuchstaben und Kennziffern, die in den Hauptsymbolen Hinweise auf wesentliche Merkmale, wie Hauptanwendungsgebiete, mechanische oder physikalische Eigenschaften oder die chemische Zusammensetzung geben. Nötigenfalls können durch Zusatzsymbole gemäß ECISS-Mitteilung IC 10 (z.Zt. als DIN V 17 006, Teil 100 vorliegend, sie soll künftig mit der DIN EN 10 027-1 zusammengefasst werden.) weitere zusätzliche Eigenschaften dargestellt werden, um den Stahl und Stahlerzeugnisse eindeutig zu kennzeichnen. Die *Tabelle 2.2* zeigt das Schema des Bezeichnungssystems.

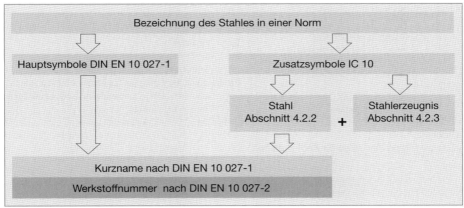

Tabelle 2.2
Aufbau des Bezeichnungssystems für Stähle

Für die Kurzbenennung werden die Stähle in die beiden Hauptgruppen

1: nach ihren mechanischen Eigenschaften oder nach dem Verwendungszweck benannte Stähle
2: nach ihrer chemischen Zusammensetzung benannte Stähle
eingeteilt.

Für Stahlguss ist den Hauptsymbolen im Kurznamen der Kennbuchstabe G voranzustellen.

Der Kurzname muss je nach Stahlgruppe folgende Hauptsymbole enthalten, gefolgt von einer Zahl für die kennzeichnende Eigenschaft.

Hauptgruppe 1:

Für Betonstahl gilt als Zusatzsymbol für die Gruppe 1: a = Duktilitätsklasse, falls erforderlich mit einer oder zwei nachfolgenden Kennziffern.

Zusatzsymbole für Stahl			
Gruppe 1			**Gruppe 2**

Kerbschlagarbeit in Joule			Prüftemperatur °C
27 J	**40 J**	**60 J**	
JR	KR	LR	+20
J0	K0	L0	0
J2	K2	L2	–20
J3	K3	L3	–30
J4	K4	L4	–40
J5	K5	L5	–50
J6	K6	L6	–60

Gruppe 1 (Forts.)

A = ausscheidungshärtend
M = thermomechanisch gewalzt
N = normalgeglüht oder normalisierend gewalzt
Q = vergütet
G = andere Merkmale, wenn erforderlich mit 1 oder 2 Ziffern

Gruppe 2

C = mit besonderer Kaltumformbarkeit
D = für Schmelztauchüberzüge
E = für Emaillierung
F = zum Schneiden
H = Hohlprofile
L = für tiefere Temperaturen
M = thermomechanisch gewalzt
N = normalgeglüht oder normalisierend gewalzt
O = Offshore
P = für Spundbohlen
Q = vergütet
S = für Schiffbau
T = für Rohre
W = wetterfest
an = chem. Symbole für vorgeschriebene zusätzl. Elemente, falls erforderlich mit einer einstelligen Zahl (= M.-% · 10)

Tabelle 2.3
Zusatzsymbole für Stähle für den Stahlbau

Für Spannstähle gelten in der Gruppe 1 folgende Zusatzsymbole:

C = kaltgezogener Draht
H = warmgeformte oder behandelte Stähle
Q = vergüteter Draht
S = Litze
G = andere Merkmale, wenn erforderlich mit 1 oder 2 nachfolgenden Ziffern

Hauptgruppe 2:

Für die Hauptgruppe 2 setzt sich der Kurzname in der nachstehend aufgeführten Reihenfolge aus folgenden Kennbuchstaben bzw. -zahlen zusammen:

Gruppe 2.1: unlegierte Stähle

Unlegierte Stähle werden mit dem Kennbuchstaben C mit folgender Kohlenstoffkennzahl bezeichnet:

Kohlenstoffkennzahl = mittlerer C-Gehalt x 100
Beispiel: C 35

Gruppe 2.2: niedrig legierte Stähle
(Gehalt der einzelnen Legierungselemente < 5 M.-%)
Die Kennzeichnung gliedert sich wie folgt:
1. Kohlenstoffkennzahl
2. chemische Symbole der für den Stahl charakteristischen Legierungselemente
3. Legierungskennzahlen für die zulegierten Elemente, getrennt durch Bindestriche.

Legierungskennzahl = mittlerer Gehalt des Legierungselementes x Faktor

Die Multiplikatoren für die einzelnen Elemente sind unterschiedlich:

Element	Faktor
Cr, Co, Mn, Ni, Si,W	4
Al, Be, Cu, Mo, Nb, Pb, Ta, Ti, V, Zr	10
Ce, N, P, S	100
B	1000

Beispiele: 37MnSi5; 13CrMo4-4; 30CrAlMo5-10

Gruppe 2.3: hochlegierte Stähle
(mindestens ein Legierungselement ≥ 5 M.-%)
Die Kennzeichnung gliedert sich wie folgt:
1. Kennbuchstabe X
2. Kohlenstoffkennzahl
3. chemische Symbole der für den Stahl charakteristischen Legierungselemente
4. mittlerer, auf die nächste ganze Zahl gerundeter Legierungsgehalt der zulegierten Elemente, getrennt durch Bindestriche.

Für alle Legierungsbestandteile gilt dann der Multiplikator 1, mit Ausnahme des Faktors für Kohlenstoff, der immer unverändert bleibt.

Beispiele: X10CrNi18-9; X10CrNiMo18-11-2

2.1.7.2.2   Werkstoffnummern

Neben den genormten Kurzbezeichnungen der DIN EN 10 027, Teil 1 kann das im Teil 2 aufgestellte Nummernsystem benutzt werden.

Die Werkstoffnummern sind fünfstellig; sie setzen sich zusammen aus:

```
                          x.  xx xx (xx)
      Werkstoffhauptgruppennr. _____|
      Stahlgruppennummer _____
      Zählnummer _____
```

Z.Zt. sind für die Zählnummern zwei Stellen vorgesehen. Falls es sich aufgrund einer zukünftigen Zunahme der Zahl der Stahlsorten als erforderlich erweisen sollte, ist eine Erweiterung der Zählnummern auf bis zu vier Stellen vorgesehen.

Für Stahl wurde die Werkstoffhauptgruppennummer 1 festgelegt.

Die Einteilung der Stahlgruppen steht im Einklang mit der Einteilung der Stähle nach DIN EN 10 020 (unlegierte – legierte Stähle; unlegierte Stähle – nichtrostende Stähle – andere legierte Stähle).

Die Stahlgruppennummern werden im wesentlichen nach der chemischen Zusammensetzung der Werkstoffe oder nach deren kennzeichnenden Eigenschaften gebildet.

Beispiele:
01 Allgemeine Baustähle mit R_m < 500 N/mm^2
43 nichtrostender Chrom-Nickelstahl: X10CrNi18-2
44 V4A-Stahl: X10CrNiMo 18–12–2

2.1.8   Stahlsorten für den Stahlbau

Bei den Stählen für den Stahlbau unterscheidet man im wesentlichen drei Gruppen, die sich durch ihre chemische Zusammensetzung unterscheiden:

○ warmgewalzte Erzeugnisse aus unlegierten Baustählen (DIN EN 10 025) und Feinkornstähle (DIN EN 10 113) mit normalem Korrosionsverhalten

○ wetterfeste Baustähle (DIN EN 10 155, DASt-RL 007), niedriglegierte Stahlsorten, die ohne Korrosionsschutz verwendet werden können, da sie durch Ausbildung einer Deckschicht den Korrosionsfortschritt stark verlangsamen

○ „Edelstahl Rostfrei" (Einzelzulassungen, DIN 17 440 und SEW 400), legierte Stähle mit erhöhter Korrosionsbeständigkeit gegen atmosphärische Korrosion, die durch Zulegieren von > 12 M.-% Chrom erreicht wird

Innerhalb der Gruppen erfolgt eine weitere Unterteilung nach Festigkeitseigenschaften, Verarbeitbarkeit und Schweißeignung.

2.1.8.1.   *Warmgewalzte Erzeugnisse aus unlegierten Baustählen gemäß DIN EN 10 025*
(früher Allgemeine Baustähle gem. DIN 17 100)

Bei den von dieser Norm erfassten allgemeinen Baustählen handelt es sich um unlegierte Stähle (ausgenommen der S 355), die im wesentlichen durch ihre Zugfestigkeit und Streckgrenze gekennzeichnet sind und z. B. im Hoch-, Tief-, Wasser- und Behälterbau, sowie im Fahrzeug- und Maschinenbau verwendet werden.

Die Stähle, die im warmgefertigten oder nach der Fertigung im normalgeglühten Zustand geliefert werden, sind für die Verwendung in geschweißten (siehe Schweißeignung), genieteten und geschraubten Bauteilen bestimmt. Sie sind – mit Ausnahme der Erzeugnisse im Lieferzustand N (hergestellt durch normalisierendes Walzen oder normalgeglüht) – **nicht** für eine Wärmebehandlung bestimmt.

Spannungsarmglühen ist zulässig. Erzeugnisse im Lieferzustand N können nach der Lieferung normalgeglüht und warm umgeformt werden.

Der Geltungsbereich der Norm umfasst z. B.:

Formstahl (einschließlich Breitflanschträger), Stabstahl, Walzdraht, Flachzeug (Band, Blech, Breitflachstahl), usw.

Diese Europäische Norm *gilt nicht* für Erzeugnisse mit Überzügen sowie nicht für Erzeugnisse aus Stählen für den allgemeinen Stahlbau, für die andere Euronormen bestehen oder Europäische Normen in Vorbereitung sind, z. B.:

○ schweißbare Feinkornbaustähle (DIN EN 10 113)
○ wetterfeste Baustähle (DIN EN 10 155)
○ Spannstähle (DIN EN 10 138[1])
○ Flacherzeugnisse aus Stählen mit hoher Streckgrenze für Kaltumformung (Breitflachstahl, Blech, Band) (DIN EN 10 149)
○ Hohlprofile (DIN EN 10 210-1, DIN EN 10 210-2)

Diese Norm enthält die in der *Tabelle 2.4* aufgeführten Stahlsorten, die nach den Gütegruppen JR, JO, J2, und K2 unterschieden werden; die Erzeugnisse der Gütegruppen J2 und K2 sind noch weiter unterteilt in J2G3 und J2G4 bzw. K2G3 und K2G4, deren Bedeutung in der *Tabelle 2.4* beschrieben ist.

Die einzelnen Gütegruppen unterscheiden sich voneinander in der Schweißeignung und in den Anforderungen an die Kerbschlagarbeit. Die Schweißeignung verbessert sich von der Gütegruppe JR bis zur Gütegruppe K2.

Für die Bezeichnung der Stahlsorten gelten die Festlegungen der DIN EN 10 027.

Sie wird in der genannten Reihenfolge wie folgt gebildet:

○ Nummer dieser Europäischen Norm
○ Kennbuchstabe S
○ Kennzahl für den festgelegten Mindestwert der Streckgrenze in N/mm^2
○ Kennzeichen für die Gütegruppe
○ gegebenenfalls weitere Buchstaben zur Kennzeichnung besonderer Eigenschaften

Beispiel: Stahl DIN EN 10 025 – S 355 JO

Die niederste Stahlsorte S 185 ist für Konstruktionen nicht geeignet, sie dient vornehmlich für untergeordnete Zwecke (z. B. Treppengeländer, Heizungsverkleidungen und ähnlichem). Die im Bauwesen hauptsächlich verwendeten Konstruktionsstähle sind S 235 und S 275 (unter Umständen noch S 355).

---

[1] z.Zt. als Entwurf

Stahlsorte Bezeichnung nach EN 10027-1 und ECISS IC 10	nach EN 10027-2	Frühere nationale Bezeichnung Kurzname	Desoxidations-art	Stahl-art[2]	Streckgrenze R_{eH} [N/mm²] min.[1] für Nenndicken [mm] ≤16	>16 ≤40	>40 ≤63	>63 ≤80	>80 ≤100	>100 ≤150	>150 ≤200	>200 ≤250	Zugfestigkeit R_m [N/mm²][1] für Nenndicken [mm] <3	≥3 ≤100	>100 ≤150	>150 ≤250
S185[3]	1.0035	St 33	freigestellt	BS	185	175							310 bis 540	290 bis 510	–	–
S235JR[3]	1.0037	St 37-2	freigestellt	BS	235	225	215	215	215	195	185	175	360 bis 510	340 bis 470	340 bis 470	320 bis 470
S235JRG1[3]	1.0036	USt 37-2	FU	BS												
S235JRG2	1.0038	RSt 37-2	FN	BS												
S235J0	1.0114	St 37-3 U	FN	QS												
S235J2G3	1.0116	St 37-3 N	FF	QS												
S235J2G4	1.0117	–	FF	QS												
S275JR	1.0044	St 44-2	FN	BS	275	265	255	245	235	225	215	205	430 bis 580	410 bis 560	400 bis 540	380 bis 540
S275J0	1.0143	St 44-3 U	FN	BS												
S275J2G3	1.0144	St 44-3 N	FF	QS												
S275J2G4	1.0145	–	FF	QS												
S355JR	1.0045	–	FN	BS	355	345	335	325	315	295	285	275	510 bis 680	490 bis 630	470 bis 630	450 bis 630
S355J0	1.0553	St 52-3 U	FN	QS												
S355J2G3	1.0570	St 52-3 N	FF	QS												
S355J2G4	1.0577	–	FF	QS												
S355K2G3	1.0595	–	FF	QS												
S355K2G4	1.0596	–	FF	QS												
E295[4]	1.0050	St 50-2	FN	BS	295	285	275	265	255	245	235	225	490 bis 660	470 bis 610	450 bis 610	440 bis 610
E335[4]	1.0060	St 60-2	FN	BS	335	325	315	305	295	275	265	255	590 bis 770	570 bis 710	550 bis 710	540 bis 710
E360[4]	1.0070	St 70-2	FN	BS	360	355	345	335	325	305	295	285	690 bis 900	670 bis 830	650 bis 830	640 bis 830

[1] Die Werte für den Zugversuch in der Tabelle gelten für Längsproben (l), bei Band, Blech und Breitflachstahl in Breiten ≥ 600 mm für Querproben (t).
[2] BS: Grundstahl; QS: Qualitätsstahl.
[3] Nur in Nenndicken ≤ 25 mm lieferbar
[4] Diese Stahlsorten kommen üblicherweise nicht für Profilerzeugnisse (I-, U-Winkel) in Betracht.

Tabelle 2.4
Sorteneinteilung und mechanische Eigenschaften der warmgewalzten Erzeugnisse aus unlegierten Baustählen (Auszug aus DIN EN 10 025)

Im z.Zt. vorliegenden Entwurf wird der Anwendungsbereich auf normalgeglühte/ normalisierend gewalzte und thermomechanisch gewalzte schweißgeeignete Feinkornbaustähle, Baustähle mit höherer Streckgrenze und wetterfeste Baustähle ausgedehnt.

Stähle, die nach dem Siemens-Martin-Verfahren hergestellt wurden, werden ausgeschlossen.

2.1.8.2 Feinkornbaustähle (DIN EN 10 113)

Diese hochfesten Baustähle sind grundsätzlich besonders beruhigt vergossene, sogenannte mikrolegierte Stähle, mit einem verhältnismäßig niedrigen C-Gehalt von ca. 0,2 M.-%, wodurch gute Schweißeignung erreicht wird. Sie sind gekennzeichnet durch eine geringere Sprödbruchanfälligkeit und besitzen eine sehr tiefe Übergangstemperatur. Die Stähle erreichen bei entsprechender Vergütung Mindeststreckgrenzen bis zu etwa 1000 N/mm^2 und Mindestzugfestigkeiten bis zu etwa 1200 N/mm^2; sie werden gekennzeichnet durch ihre Nennstreckgrenze in N/mm^2 mit vorangestelltem E.

Allgemein bauaufsichtlich zugelassen zunächst nur für vorwiegend ruhende Belastungen sind die Sorten St E 460 und St E 690.

Die in dieser DIN EN genormten Stähle werden künftig in die DIN EN 10 025 einbezogen.

2.1.8.3 Wetterfeste Stähle (DIN EN 10 155, DASt RL 007)

Grundlage der Beständigkeit gegen Witterungseinflüsse sind die geringen Legierungsgehalte von Cu, Cr, Ni und P. Entstehung, Bildungsdauer und Schutzwirkung der Deckschicht hängen weitgehend von den witterungs- und umgebungsbedingten Beanspruchungen ab. Die Oberflächen müssen dem natürlichen Witterungswechsel ausgesetzt sein. Unter bestimmten Bedingungen tritt keine Schutzschichtbildung ein, z. B. in unmittelbarer Meeresnähe, bei ununterbrochener Befeuchtung, bei Tausalzeinwirkung. Ein vollständiger Stillstand des Rostungsvorganges tritt jedoch nicht ein; die bei der Verwendung des wetterfesten Stahls im ungeschützten Zustand eintretende Abwitterung ist bei der konstruktiven Auslegung zu berücksichtigen (*Zuschläge zur Werkstoffdicke*).

Die Stähle entsprechen in ihren mechanischen Eigenschaften in jeder Beziehung den Baustählen nach DIN EN 10 025. Zur Kennzeichnung wird als Zusatzsymbol der Kennbuchstabe W hinter die Stahlbezeichnung gemäß DIN EN 10 027, Teil 1, gesetzt, z.B. S 235 J2W. Werksnamen der verschiedenen Hersteller: Allwesta, PATINAX, Resista, COR-TEN und andere.

Die in dieser DIN EN genormten Stähle werden künftig in die DIN EN 10 025 einbezogen.

2.1.8.4   Nichtrostende Stähle

Nach dem Normentwurf DIN EN 10 088-1 werden die nichtrostenden Stähle nach ihren wesentlichen Eigenschaften weiter unterteilt in korrosionsbeständige, hitzebeständige und warmfeste Stähle. Die technischen Leiferbedingen für die allgemeine Verwendung der korrosionsbeständigen Stähle im Bauwesen werden in Teil 2 und 3 der DIN EN 10 088 enthalten sein.

Nichtrostende Stähle („Edelstahl Rostfrei") haben im allgemeinen einen Kohlenstoffgehalt von höchstens 1,2 M.-% und einen Chromgehalt von mindestens 10,5 M.-%; dieser führt unter oxydierenden Bedingungen zu dichten, zähen, sehr dünnen Passivfilmen auf der Stahloberfläche, die sich nach mechanischen Oberflächenbeschädigungen sofort wieder neu bildet (*selbstheilend*). Eine metallisch saubere Oberfläche sowie das Vorhandensein von Luftsauerstoff ist Grundvoraussetzung für guten Korrosionswiderstand.

Im Vergleich zu den Baustählen gemäß DIN EN 10 025 weisen nichtrostende, austenitische Stähle bei gleicher Streckgrenze deutlich höhere Zugfestigkeit und Bruchdehnung auf. Die zulässigen Spannungen enthalten also noch zusätzliche Sicherheitsreserven.

Bei der Verwendung für Bauteile mit tragenden Funktionen ist die bauaufsichtliche Zulassung zugrunde zu legen; sie erstreckt sich zunächst nur auf die Verwendung in Bauteilen mit vorwiegend ruhender Belastung. Für das Bauwesen eignen sich vor allem die austenitischen Stähle: 1.4301, 1.4541, 1.4401, 1.4571, 1.4580. Für die Verwendung dieser Stähle für Verankerungs- und Verbindungsmittel im Massivbau (*Traganker und Abstandhalter*) werden Mo-haltige Stähle empfohlen. Weitere nichtrostende Stähle werden in DIN 17 440 (künftig ersetzt durch DIN EN 10 088-3) und SEW 400 erfasst.

2.1.9   Stahlsorten für den Massivbau

Man unterscheidet im Stahlbetonbau (DIN 1045) zwischen Betonstahl für schlaff bewerhte Konstruktionen und Spannstahl zur Bewehrung von Spannbetonkonstruktionen . Die Festigkeitseigenschaften beider Gruppen sind um eine Größenordnung unterschiedlich.

2.1.9.1   Betonstahl DIN 488

Betonstahl ist ein Stahl mit nahezu kreisförmigem Querschnitt zur Bewehrung von Beton. Er wird hergestellt als Betonstabstahl (S), Betonstahlmatte (M) oder als Bewehrungsdraht. Auf Grund der Stabform ergeben sich nur einachsige Spannungszustände. Die Herstellung von Betonstabstahl erfolgt durch

○ Warmwalzen, ohne Nachbehandlung (naturhart)
○ Warmwalzen und einer anschließenden Wärmebehandlung aus der Walzhitze
○ Kaltverformung

Naturharte Stähle erhalten ihre Eigenschaften durch die chemische Zusammensetzung, kaltverformte Stähle erhalten ihre endgültigen Eigenschaften durch eine an das Warmwalzen anschließende, im abgekühlten Zustand durchgeführte Verformung, z. B. durch Recken oder Verdrillen (*Tordieren*).

Die Betonstahlmatte ist eine werkmäßig vorgefertigte Bewehrung aus sich kreuzenden Stäben, die an den Kreuzungsstellen durch *Widerstandspunktschweißung* **scherfest** miteinander verbunden sind. Die Stäbe für Betonstahlmatten werden durch Kaltverformung (*Ziehen und/oder Kaltwalzen*) hergestellt.

Bewehrungsdraht ist ein glatter oder profilierter Betonstahl, der als Draht (in Ringen) hergestellt und vom Ring *werkmäßig* zu Bewehrungen weiterverarbeitet wird. Er wird durch Kaltverformung hergestellt und darf nur durch Herstellerwerke von geschweißten Betonstahlmatten ausgeliefert werden. Er ist unmittelbar vom Herstellwerk an den Verbraucher zu liefern.

Tabelle 2.5
Sorteneinteilung und Eigenschaften der Betonstähle (Auszug aus DIN 488)

	1		2	3	4	5
Betonstahlsorte	Kurzname		BSt 420 S	BSt 500 S	BSt 500 M [2]	
	Kurzzeichen [1]		III S	IV S	IV M	Wert
	Werkstoffnummer		1.0428	1.0438	1.0466	p
	Erzeugnisform		Betonstabstahl	Betonstabstahl	Betonstahlmatte [2]	%[3]
Anforderungen	Nenndurchmesser d_s	mm	6 bis 28	6 bis 28	4 bis 12 [4]	–
	Streckgrenze R_e bzw. 0,2%-Dehngrenze $R_{p0.2}$	N/mm²	420	500	500	5,0
	Zugfestigkeit R_m	N/mm²	500 [5]	550 [5]	550 [5]	5,0
	Bruchdehnung A_{10}	%	10	10	8	5,0
	Rückbiegeversuch mit Biegerollendurchmesser für Nenndurchmesser d_s mm	6 bis 12 14 und 16 20 bis 28	$5\,d_s$ $6\,d_s$ $8\,d_s$	$5\,d_s$ $6\,d_s$ $8\,d_s$	– – –	1,0 1,0 1,0
	Biegedorndurchmesser beim Faltversuch an der Schweißstelle		–	–	$6\,d_s$	5,0
	Schweißeignung für Verfahren [6]		E, MAG, GP, RA,RP	E, MAG, GP, RA, RP	E [7], MAG[7], RP	–

1) Für Zeichnungen und statische Berechnungen.

2) Mit den Einschränkungen nach Abschnitt 8.3 der DIN 488 gelten die in dieser Spalte festgelegten Anforderungen auch für Bewehrungsdraht.

3) p-Wert für eine statistische Wahrscheinlichkeit $W = 1 - a = 0{,}90$ (einseitig)   (siehe auch Abschnitt 5.2.2 DIN 488).

4) Für Betonstahlmatten mit Nenndurchmessern von 4,0 und 4,5 mm gelten die in Anwendungsnormen festgelegten einschränkenden Bestimmungen; die Dauerschwingfestigkeit braucht nicht nachgewiesen zu werden.

5) Für die Istwerte des Zugversuchs gilt, daß R_m min. $1{,}05 \cdot R_e$ (bzw. $R_{p0.2}$), beim Betonstahl BSt 500 M mit Streckgrenzenwerten über 550 N/mm² min. $1{,}03 \cdot R_e$ (bzw. $R_{p0.2}$) betragen muß.

6) Die Kennbuchstaben bedeuten E = Metall-Lichtbogenschweißen, MAG = Metall-Aktivgasschweißen, GP = Gaspreßschweißen, RA = Abbrennstumpfschweißen, RP = Widerstandspunktschweißen.

7) Der Nenndurchmesser der Mattenstäbe muß mindestens 6 mm beim Verfahren MAG und mindestens 8 mm beim Verfahren E betragen, wenn Stäbe und Matten untereinander oder mit Stabstählen ≤ 14 mm Nenndurchmesser verschweißt werden.

Die DIN 488 unterscheidet folgende Sorten (siehe *Tabelle 2.5*).

○ Die Betonstahlsorten BSt 420 S und BSt 500 S, die als gerippter *Betonstabstahl* geliefert werden
   Durch die auf der Oberfläche aufgewalzten Rippen wird der Verbund zwischen Stahl und Beton erheblich verbessert.
○ Die Betonstahlsorte BSt 500 M wird als geschweißte *Betonstahlmatte* ebenfalls aus gerippten Stäben geliefert
○ Die Betonstahlsorten BSt 500 G und BSt 500 P werden als glatter (G) oder profilierter (P) *Bewehrungsdraht* geliefert. Er darf nur zu Sonderzwecken eingesetzt werden, allgemeine Verwendung nach DIN 1045 ist nicht zulässig.

Wird der Betonstahl BSt 500 S bei der Verarbeitung nachträglich über 500 °C (Rotglut) angewärmt, so darf er nur mit einer rechnerischen Streckgrenze von R_{eH} = 220 N/mm^2 in Rechnung gestellt werden. Diese Einschränkung gilt *nicht* für die durch das zugelassene Schweißverfahren entstehende Wärme! (Siehe ergänzende Bestimmungen für die Anwendung von BSt 500 S des IfBt 1/85.)

Die Betonstahlsorte BSt 420 S wird in Deutschland schon seit vielen Jahren nicht mehr produziert; in der DINV ENV 10 080 (Juli 2001) ist sie nicht mehr aufgeführt, ebenso der glatte und profilierte Bewehrungsdraht BSt 500 G und BSt 500 P.

Bei den Betonstahlmatten unterscheidet man:

○ Lagermatten
   N-Matten – nicht statische Matten, für Schwindbewehrung von Estrichen
   Q-Matten – statische Matten mit gleichem Bewehrungsquerschnitt in Längs- und Querrichtung
   R-Matten – statische Matten für einachsige Bewehrung,
   Abstand der Längsstäbe 150 mm
   K-Matten – statische Matten für einachsige Bewehrung,
   Abstand der Längsstäbe 100 mm.
○ Listenmatten
○ Zeichnungsmatten
○ Q-, R-Matten
○ Doppelstabmatten
○ abgestufte Matten
○ LF-Matten
○ KF-Matten

Alle Betonstahlsorten dieser Norm sind zum Schweißen nach den in der *Tabelle 2.4* angegebenen Verfahren geeignet.

2.1.9.1.1 *Kennzeichnung der Erzeugnisse*

Die Betonstahlsorten unterscheiden sich voneinander durch die Oberflächengestalt (*Abbildung 2.11*) und/oder durch die Verarbeitungsform der Erzeugnisse.

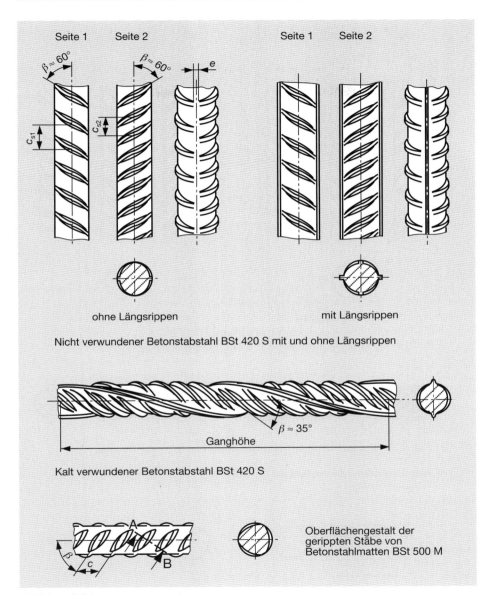

Abbildung 2.11
Kennzeichnung von Betonstählen gemäß DIN 488

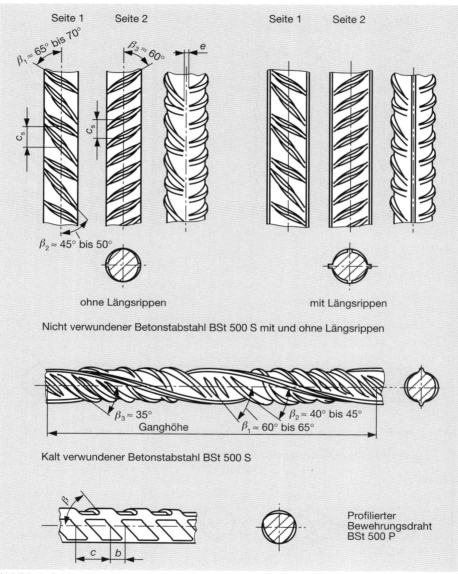

Abbildung 2.11
Fortsetzung

Betonstabstahl

m Betonstabstahl der Sorte BSt 420 S ist durch zwei einander gegenüberliegende Reihen paralleler Schrägrippen gekennzeichnet. Außer bei dem durch Kaltverwinden hergestellten Betonstabstahl weisen die Schrägrippen auf den beiden Umfangshälften unterschiedliche Abstände auf. Kaltverdrillter Stabstahl muss auch Längsrippen aufweisen, naturharter Stabstahl kann mit oder ohne Längsrippe hergestellt werden.

O Betonstabstahl der Sorte BSt 500 S ist durch zwei Reihen Schrägrippen gekenn-zeichnet, wobei eine Reihe zueinander parallele Schrägrippen und die andere Reihe zur Stabachse alternierend geneigte Schrägrippen aufweist.

Betonstahlmatte

Die Betonstahlmatten BSt 500 M sind durch ihre Verarbeitungsform und die Rippung ihrer Stäbe gekennzeichnet. Die Stäbe der Betonstahlmatten besitzen drei auf einem Umfangsteil von je $\approx d \cdot \pi/3$ angeordnete Reihen von Schrägrippen.

Bewehrungsdraht

Die einzelnen Ringe oder Bunde sind mit einem witterungsbeständigen Anhänger zu versehen, aus dem die Nummer des Herstellerwerkes und der Nenndurchmesser des Erzeugnisses erkennbar sind.

2.1.9.1.2   Kennzeichnung des Herstellerwerkes

Die Betonstähle müssen mit einem für jedes Herstellerwerk festgelegten Werk-kennzeichen versehen sein (*Abbildung 2.12*). Ein Verzeichnis der gültigen Werk-kennzeichen wird vom Institut für Bautechnik in Berlin geführt.

O **Betonstabstahl**

Land und Herstellerwerk sind jeweils durch eine bestimmte Anzahl von normalen Schrägrippen zwischen verbreiterten Schrägrippen zu kennzeichnen. Die Werkkenn-zeichen sollen sich auf dem Stab in Abständen von ~ 1 m wiederholen.

O **Betonstahlmatte**

Betonstahlmatten sind mit einem witterungsbeständigen Anhänger zu versehen, aus welchem die Nummer des Herstellerwerkes und die Mattenbezeichnung erkennbar sind. Zusätzlich sind die Stähle auf einer der drei Seiten durch Werkkennzeichen zu kennzeichnen, ähnlich wie bei den Stabstählen.

O **Bewehrungsdraht**

Profilierter Bewehrungsdraht BSt 500 P ist zusätzlich zu dem witterungsbeständigen Anhänger mit einem durch besonders ausgebildete Profilteile gekennzeichnetem Werkzeichen zu versehen.

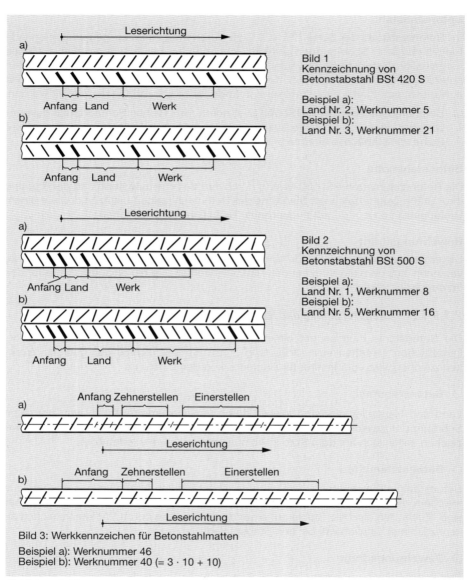

Bild 1
Kennzeichnung von
Betonstabstahl BSt 420 S

Beispiel a):
Land Nr. 2, Werknummer 5
Beispiel b):
Land Nr. 3, Werknummer 21

Bild 2
Kennzeichnung von
Betonstabstahl BSt 500 S

Beispiel a):
Land Nr. 1, Werknummer 8
Beispiel b):
Land Nr. 5, Werknummer 16

Bild 3: Werkkennzeichen für Betonstahlmatten

Beispiel a): Werknummer 46
Beispiel b): Werknummer 40 (= 3 · 10 + 10)

Abbildung 2.12
Schema für Werkkennzeichen gemäß DIN 488 (Beispiele)

Kategorie	R_m/R_e [–]	A_{gt} [‰]
Normale Duktilität (A)	≤ 1,05	25
Hohe Duktilität (B)	≥ 1,08	50

Tabelle 2.6
Duktilitätsgarantien
von Betonstahl nach
DIN 1045-1

Stähle ohne Kennzeichnung dürfen nicht verwendet werden.
(DIN 1045, Absch. 7.5.1)

Die geänderten Verfahren zur Schnittgrößenberechnung in der neuen DIN 1045-1 erfordern eine Klassifizierung des Betonstahls in die Duktilitätskategorien A (normale Duktilität) und B (hohe Duktilität), gekennzeichnet durch den Quotienten Zugfestigkeit/ Streckgrenze $[R_m/R_e]$ und die nichtproportionale Dehnung bei Höchstkraft $[A_g]$

Die als Ersatz der DIN 488 vorgesehene DIN EN 10 080, Teil 1-6, (z.Zt. als Entwurf vom Oktober 1999) berücksichtigt diese Forderung der DIN 1045 und erfasst nunmehr eine Auswahl von Stahlsorten, die als technische Klassen angeboten werden. Einige Eigenschaften sind in der *Tabelle 2.7* zusammengestellt.

Die Stahlsorte BSt 420 S wurde gestrichen, Anforderungen an die charakteristischen Werte der Zugfestigkeit und der Bruchdehnung werden entfallen. Die Sorte B 500 wurde in die Klassen A und B mit unterschiedlichen Anforderungen an die Gesamtdehnung bei Höchstkraft (A_{gt}) und das Verhältnis der Ist-Werte für die Zugfestigkeit und Streckgrenze (R_m/R_e) unterteilt, zusätzlich wurde die Sorte B450C mit erhöhten Duktilitätsanforderungen aufgenommen.

Neu aufgenommen werden in Teil 6 die Gitterträger, zwei- oder dreidimensionale Metallkonstruktionen bestehend aus einem Obergurt, einem oder mehreren Untergurten und durchgehenden oder unterbrochenen Diagonalen, die durch Schweißen oder mechanisch mit den Gurten verbunden sind.

Um einen verbesserten Korrosionsschutz für den einbetonierten Stahl sicherzustellen, wird seit einigen Jahren über den Einsatz von verzinktem Bewehrungsstahl diskutiert. Diese Stahlsorten sind noch nicht im Entwurf der DIN EN 10 080 erfasst; ihr Einsatz wird weiterhin über eine bauaufsichtliche Zulassung geregelt.

2.1.9.2   *Spannstähle*

Bei den im Spannbetonbau nach DIN 1045 verwendeten Stählen handelt es sich um hochgekohlte (0,6 – 0,9 M.-% C), unlegierte oder niedriglegierte Stähle mit hoher Zugfestigkeit und 0,01-Dehngrenze, mit unbedingter Sicherheit gegenüber einem Nachlassen der Vorspannung. Als Sicherheit gegen den gefährlichen Sprödbruch sind außerdem hohe Dauerfestigkeit (Ermüdungsfestigkeit) und große Zähigkeit (Bruchdehnung 6-8 %) unbedingt erforderlich. Der Bereich der Stähle für Spannbetonkonstruktionen ist z.Zt.ausschließlich durch bauaufsichtliche Zulassungen geregelt. (Es liegt ein Entwurf der DIN EN 10 138, Ausgabe Oktober 2000 vor.) Z. Zt. angeboten

Tabelle 2.7
Eigenschaften von Betonstählen nach DIN EN 10 080

Teil der Norm	prEN 10080-2			prEN 10080-3			prEN 10080-4		
Erzeugnisform	Ringe[1]	Ringe[1]	Ringe[1]	Stäbe	Ringe[1]	Ringe[1]	Stäbe	Ringe[1]	Ringe[1]
Oberflächengeometrie	Gerippt	Profiliert[2]	Glatt[2]	Gerippt	Gerippt	Gerippt	Gerippt	Gerippt	Gerippt
Duktilitätskategorie	A	A	A	B	B	B	C	C	C
Nenndurchmesser [mm]	5–16	4–16	4–16	6–40	6–16	6–16	6–40	6–16	6–16
Streckgrenze R_e [N/mm²]	500			500			450[3]		
Verhältnis R_m/R_e [-]	1,05[4]			1,08			≥1,15 ≤1,35		
Gesamtdehnung bei Höchstkraft A_{gt} [%]	2,5[5]	2,5[5]	-	5,0			7,5		
Dauerschwingfestigkeit $2\sigma_A$ [N/mm²]	150			150			150		
Eignung zum Biegen [-]	Rückbiegeversuch			Rückbiegeversuch					
Scherkraft geschweißter Verbindungen [N]	-			-			-		

Teil der Norm	prEN 10080-5			prEN 10080-6			
Erzeugnisform	Geschweißte Matten			Gitterträger			
Oberflächengeometrie	Gerippt			Gerippt		Profiliert	Glatt
Duktilitätskategorie	A	B	C	B	C	A	A
Nenndurchmesser [mm]	5–16	6–16	6–16	6–16	6–16	4–16	4–16
Streckgrenze R_e [N/mm²]	500	500	450[3]	500	450[3]	500	500
Verhältnis R_m/R_e [-]	1,05[4]	1,08	≥1,15 ≤1,35	1,08	≥1,15 ≤1,35	1,05[4]	1,05[4]
Gesamtdehnung bei Höchstkraft A_{gt} [%]	2,5[5]	5,0	7,5	5,0	7,5	2,5[5]	2,5[5]
Dauerschwingfestigkeit $2\sigma_A$ [N/mm²]	100			-			
Eignung zum Biegen [-]	Rückbiegeversuch an den Bestandteilen			-			
Scherkraft geschweißter Verbindungen [N]	0,3 · A · R_e[6]			0,25 · A · R_e[6]			

1 Die Eigenschaften gelten für abgewickelte Erzeugnisse
2 Für die Anwendung dieser Norm nur für die Verwendung in Gitterlagen
3 Verhältnis $R_{e,act}/R_{e,nom} \le 1{,}20$
4 $R_m/R_c = 1{,}03$ für d = 4,0 mm bis 5,5 mm
5 $A_{gt} = 2\%$ für d = 4,0 mm bis 5,5 mm
6 A: Nennquerschnitt des Drahtes

werden Spannstähle der Herstellungsarten: warmgewalzt, gereckt und angelassen; vergütet; kaltgezogen.

Rostige Stähle dürfen nicht geliefert werden – mit Ausnahme eines dünnen Rostfilms auf der Oberfläche, unter dem die Oberfläche beim Betrachten mit dem bloßen Auge glatt erscheinen muss.

Vergüteter Spannstahl wird wie auch der Draht mit gerippter Oberfläche künftig nicht mehr enthalten sein.

Die größte Sortenvielfalt besteht bei den kaltgezogenen Stählen, die in Durchmessern von 5 bis 18 mm, zum Teil zu Litzen verseilt, angeboten werden. Die Kennzeichnung der Stahlgüten erfolgt durch Angabe von Mindeststreckgrenze und Mindestzugfestigkeit jeweils in N/mm². Einen Überblick über das Spektrum der zur Zeit gebräuchlichen Spannstähle zeigt die *Tabelle 2.8*.

Der Normentwurf sieht für die künftige Bezeichnung die Verwendung der Kurznamen nach DIN EN 10 027-1 bzw. der Werkstoffnummern nach DIN EN 10 027-2 vor.

Die Kennzeichnung der einzeln, gebündelt oder in Ringen gelieferten Stähle erfolgt durch angehängte Blechmarken. *Vorsicht* bei den vielfach von der Industrie verwendeten phantasievollen Firmenbezeichnungen; sie sind keine eindeutige Sortenkennzeichnung!

Wegen der damit verbundenen Korrosionsgefahren ist bisher bei Stählen im Spannbetonbau das Aufbringen von Schutzschichten aus einem anderen Metall unzulässig.

Tabelle 2.8
Übersicht über gebräuchliche Spannstähle mit allgemeiner baufsichtlicher Zulassung

Gruppe	Stahlsorte[1]	Art der Herstellung	Form	Oberfläche	Nenn-durchm. [mm]	Verankerung (überwiegend)
Stabstähle	St 590/885	naturhart	rund	glatt oder	16–36	Gewinde und Mutter
	St 835/1030 St 1080/1330	naturhart, gereckt und angelassen		glatt mit Gewinde- rippen		
Drähte	St 1325/1470 St 1420/1570	gewalzt und vergütet	rund, oval oder rechteckig	glatt, gerippt od. profiliert	8–12,2	Klemm-, Reibungs-, Haft- verankerung
Drähte (Litzen)	St 1470/1670 St 1570/1770	kalt gezogen und vergütet	rund	glatt	3–12,2	aufgestauchte Köpfchen, Bündel

1) Die Benennung erfolgt durch Mindeststreckgrenze/Mindestzugfestigkeit jeweils in N/mm². Die zulässige Stahlzugspannung beträgt höchstens 75 % der Streckgrenze bzw. 55 % der Zugfestigkeit. Maßgebend ist der geringere Wert von beiden.

Zur Zeit liegt ein Entwurf der DIN EN 10 337 über „Spannstahldrähte und -litzen mit Überzug aus Zink und Zinklegierungen", Ausgabe November 2003, den entsprechenden Gremien zur Stellungnahme vor. Vor einer Verabschiedung besteht jedoch noch erheblicher Diskussionsbedarf, insbesondere über die Gefährdung durch kathodische Spannungsrisskorrosion (Wasserstoffversprödung).

2.2   NE-Metalle

Die normgerechte Kennzeichnung der Werkstoffe aus Nichteisenmetallen erfolgt analog der Kennzeichnung für Eisenwerkstoffe durch die Verwendung von Kurznamen entsprechend DIN 1700 nach dem Grundmetall durch dessen chemisches Elementsymbol und darauf folgend den chemischen Symbolen der Legierungselemente in der Reihenfolge ihres prozentualen Gehalts sowie hinter dem Buchstaben F eine Kennzahl für die Zugfestigkeit oder aber durch Werkstoffnummern gemäß der DIN 17 007.

Tabelle 2.9
Eigenschaften von NE-Metallen

		Aluminium	Kupfer	Blei	Zink
Dichte	g/cm^3	2,703[1] 2,699[2]	8,94	11,34	7,13
Schmelzpunkt	°C	660,2	1 083	327,4	419,4
Wärmeausdehnung · 10^{-6}	K^{-1}	23	16,8	29	33[5] 23[6]
Wärmeleitfähigkeit	W/(m · K)	222	394	35	113
spez. Widerstand · 10^{-3}	Ω mm^2/m	29	17	210	59
Zugfestigkeit	N/mm^2	90 – 120[1] 150 – 230[2]	160 – 200[1] 200 – 250[3] 400 – 490[4]	11 – 19	150[5] 220[6]
Streck- bzw. 0,2-Dehngrenze	N/mm^2	40 – 70[1] 80 – 110[2]	40 – 60[1] 100 – 150[3] 300 – 450[4]	5 – 8	160 – 220
E-Modul	kN/mm^2	72,2	120	16	94
Bruchdehnung	%	8 – 25[1] 2 – 8[2]	25 – 15[1] 50 – 30[3] 4-2[4]	50 – 70	25[5] 15[6]
Brinellhärte	–	24 – 32[1] 35 – 40[2]	45	4	40

[1] gegossen   [2] gewalzt   [3] geglüht   [4] kaltgezogen   [5] // zur Walzrichtung   [6] ⊥ zur Walzrichtung

Sofern es sich um Gusslegierungen handelt, werden sie im Kurznamen durch vorgestellte Buchstaben kenntlich gemacht: G = Sandguss, GK = Kokillenguss, GD = Druckguss.

Die wichtigsten technischen Kenngrößen für einige NE-Metalle sind in der *Tabelle 2.9* zusammengstellt.

2.2.1 Aluminium

Aluminium ist nach dem Stahl das am häufigsten verwendete Baumetall; es wird vor allem dort eingesetzt, wo die Gewichtsersparnis eine große Rolle spielt. Neuentwicklungen im Bausektor betreffen z.b. Fassadensysteme, die neben der Nutzung der Solarenergie auch zur Klimatisierung eingesetzt werden. Aluprofile erfüllen heute nicht nur alle Anforderungen an hoch-wärmegedämmte Fenster, Türen, Fassaden und Glasanbauten, mit ihnen lassen sich auch Brand- und Rauchschutzlösungen realisieren. Aluminium kommt in der Natur wegen seiner großen Affinität zum Sauerstoff nur in oxidischen Verbindungen vor, aus denen es mittels Elektrolyse gewonnen wird. Wegen der hohen Herstellungskosten wird in zunehmendem Maße sogenanntes Sekundär-Aluminium aus Schrott und sonstigen aluminiumhaltigen Reststoffen hergestellt. Aluminium ist durch eine ausgezeichnete Korrosionsbeständigkeit gekennzeichnet. Diese wertvolle Eigenschaft ist auf das rasche Bilden eines natürlichen Oxidfilms bei Sauerstoffeinwirkung zurückzuführen; wird die Deckschicht beschädigt, so erfolgt sofort durch Oxydation eine *selbsttätige Ausheilung*. Dieser zwar sehr dünne (ca. 0,01 µm), aber fest haftende Film schützt das darunter liegende Metall gegen den weiteren Angriff. Gegenüber Wasser und Luft ist Aluminium beständig, hingegen wird es von den meisten nichtoxydierenden Säuren und vor allem Basen angegriffen. Im Bauwesen müssen daher Aluminiumteile für Profile oder Beschläge durch geeignete Maßnahmen (Folie oder ähnliches) geschützt werden, solange noch Putz- oder Fugenarbeiten mit Kalk- oder Zementmörtel oder Beton ausgeführt werden. Auch bei Berührung mit Holz sollte eine entsprechende Absperrung erfolgen, da Holzinhaltsstoffe (Säuren) oder Holzschutzmittel aggressiv und zerstörend wirken können.

Der geringe Elastizitätsmodul des Aluminiums und der Aluminiumlegierungen muss beim Bau von Tragwerken durch entsprechend biegesteiferes Konstruieren im Vergleich zu Konstruktionen aus Stahl unbedingt berücksichtigt werden. Ein relativ neues Verfahren zur Erhöhung der Steifigkeit ist das Aufkleben kohlenstofffaserverstärkter Kunststoffe auf Al-Profile.

Ähnliches gilt für die thermische Ausdehnung, da der lineare Ausdehnungskoeffizient α ca. doppelt so groß ist wie der des Stahls.

2.2.1.1 Aluminiumerzeugnisse

Wegen der geringen Festigkeit und der niedrigen 0,2-Dehngrenze wird reines Aluminium im Bauwesen nur sehr selten verwendet. Die Festigkeitseigenschaften werden durch Hinzulegieren kleiner Mengen von Cu, Si, Mg, Zn, Mn, Ni, Fe und mancher weiterer Elemente wesentlich verbessert, so dass eine Verwendung im Bauwesen möglich wird. Je nach Legierungsmetall kann aber unter Umständen eine Verschlechterung des Korrosionswiderstandes eintreten.

Bei den Aluminiumlegierungen unterscheidet man nach der Art der Weiterverarbeitung zwischen Knet- und Gusslegierungen.

Die Knetlegierungen werden durch Walzen, Strangpressen, Ziehen zu Halbzeug weiterverarbeitet, die Gusslegierungen durch Sand-, Kokillen- oder Druckguss zu Werkstücken geformt. Innerhalb dieser Gruppen unterscheidet man noch zwischen naturharten Legierungen, aushärtbaren und nicht aushärtbaren Legierungen. Die Aushärtung der Aluminiumlegierungen besteht aus drei Stufen: Glühen, Abschrecken, Altern. Anders als beim Stahl setzt die Härtezunahme erst ein, wenn der abgeschreckte Werkstoff eine Zeitlang lagert; vom Kalthärten spricht man bei Auslagerung bei Raumtemperatur, die Warmaushärtung erfolgt bei ca. 150 °C. Die Aushärtung kann beliebig oft wiederholt werden.

Im Baugewerbe werden häufig Halbzeuge verwendet, die aus Aluminiumwerkstoffen bestehen und mit anderen Metallen, z. B. mit Kupfer oder Nickel, plattiert sind. Umgekehrt wird Aluminium als Plattiermaterial anderen Metallen aufgetragen. Durch diese Verbundwerkstoffe verbindet man die meist höhere Festigkeit des Kernmaterials mit schützenden und/oder dekorativen Eigenschaften des Überzugs.

Tabelle 2.10
Kennwerte von Aluminium-Knetlegierungen

Werkstoff	Zustand	Zugfestigk. [N/mm²]	0,2-Dehngr. [N/mm²]	Bruch- dehnung [%]	Brinell- härte
EN AW-Al99,5	weich	70	20	30	18
	kaltverfestigt	130	100	4	33
EN AW-AlMn1	weich	100	40	20	25
	kaltverfestigt	160	130	4	40
EN AW-AlMg3	weich	180	80	15	45
	kaltverfestigt	260	180	3	75
EN AW-AlSi1MgMn	weich	110	50	15	35
	ausgehärtet	320	260	8	95
EN AW-AlCu4Mg1	weich	180	60	12	55
	ausgehärtet	440	290	10	110
EN AW-AlZn5Mg3Cu	ausgehärtet	440	350	8	120
EN AW-AlZn5,5MgCu	ausgehärtet	520	440	6	140
E 295		550	295	18	162

In der *Tabelle 2.10* sind einige Kennwerte der wichtigsten Aluminium-Knet-legierungsgruppen zusammengestellt; als Vergleich ist auch der Baustahl E 295 mit aufgenommen.

Aluminium und Aluminiumlegierungen in Form von Halbzeug sind in der DIN EN 573, Teil 1 bis 5 genormt.

Die wichtigsten Aluminiumerzeugnisse für das Baugewerbe sind:

❍ Für Dachdeckungen und Wandpaneele, Rinnen, Rohre, Fenster und -bänke werden Band, profiliertes Band und Blech aus EN AW-Al99,5, EN AW-AlMn1, EN AW-AlMg(1) , EN AW-AlMg3, meist ohne Oberflächenbehandlung, verwendet.

❍ Die normale Legierung für Profile aller Art, die in der Innenarchitektur fast immer anodisiert eingesetzt werden, ist EN AW-AlMgSi. In Sonderfällen wird auch EN AW-AlMg 3 oder EN AW-AlSi1MgMn verwendet.

❍ Dekorativ zu anodisierendes Blech besteht meist aus EN AW-Al 99,5 oder EN AW-AlMg 3.

❍ Sowohl für Profile als auch für Blech soll Eloxalqualität dann eingesetzt werden, wenn man an das Aussehen Ansprüche stellt.

❍ Für Bleche und Profile im Industrie- und Seeklima ist EN AW-AlMg 4,5 Mn sowie, als Verbindungsmittel, EN AW-AlMg 5 besonders gut geeignet; es ist korrosionsbeständig, hat gute Festigkeitseigenschaften, ist allerdings weniger gut schweiß- und lötbar.

❍ Die für den Ingenieurbau wichtigsten Konstruktionslegierungen sind: EN AW-AlSi1MgMn, die in ihrer Festigkeit sowie ihrer zulässigen Beanspruchung etwa dem S 235 entspricht, und die Legierung EN AW-AlZn4,5Mg1.

Die verschiedenen Firmen haben sich für ihre Fabrikate Markenbezeichnungen, die zum Teil weltberühmt geworden sind, schützen lassen (z. B. Duralumin®, Anticorodal®, Peraluman®, und andere). So kommt es, dass für manche Legierungen viele verschiedene Namen existieren. Deshalb sollte man bei der Benennung von Aluminiumwerkstoffen unbedingt Wert auf die Verwendung der DIN-gerechten Kurzbezeichnungen oder der Werkstoffnummern legen, um Verwechslungen auszuschließen.

2.2.1.2 Formgebung und Bearbeitung

Aluminium und seine Legierungen können spanabhebend, spanlos und verbindend be- und verarbeitet sowie oberflächenbehandelt und beschichtet werden.

2.2.1.2.1 Spanabhebende Formgebung

Aluminium und seine Legierungen lassen sich spanabhebend wesentlich leichter als Stahl, Kupfer-Zink- und Kupfer-Zinn-Legierungen bearbeiten. Zum *Sägen* und *Fräsen* werden eine größere Zahnteilung als für Stahl und eine gute Ausrundung des Zahngrundes verlangt, damit sich die Zähne nicht mit Spänen zusetzen. Zum *Bohren* werden Spiralbohrer mit einem Spitzenwinkel von 140° und einem Drallwinkel von 40 bis 45° eingesetzt. Die Späne des Aluminiums bilden keine Brandgefahr wie beim Magnesium.

2.2.1.2.2 Spanlose Formgebung

Aluminium zeigt in den Zuständen gegossen, kaltverformt, warmverformt oder ausgehärtet unterschiedliche Eigenschaften. Die niedrigsten Festigkeitswerte weist Guss auf. Sie können durch Walzen, Strecken, Pressen, Ziehen, Schmieden und Stauchen erhöht werden.

Warmverformung

Die Festigkeit der Aluminiumwerkstoffe nimmt mit steigender Temperatur ab; im Vergleich zum Stahl stärker und bereits ab 100 °C. Die gute plastische Verformbarkeit der Aluminiumwerkstoffe in der Wärme erlaubt, statisch und konstruktiv günstige Profile im Strangpressverfahren mit geringem Energieaufwand herzustellen. Damit kann durch größere Trägheitsmomente der niedrige Elastizitätsmodul ausgeglichen werden. Gusslegierungen verformen sich schwerer als Knetlegierungen. Als oberste Temperaturgrenze für ein Warmverformen gilt der Schmelzpunkt des niedrigst schmelzenden Legierungspartners.

Kaltverformung

Grundsätzlich gilt: je weicher der Werkstoff ist, desto besser lässt er sich verformen, desto geringer ist aber auch die Endfestigkeit. Die Ausgangsfestigkeit im Anlieferzustand muss also so gewählt werden, dass die vorgesehene Bearbeitung eben noch durchführbar ist.

2.2.1.2.3 Wärmebehandlung

Die durch Kaltverformen oder Aushärten entstandene Zunahme der Festigkeit kann durch eine Wärmebehandlung rückgängig gemacht werden. Weichglühen wird dann erforderlich, wenn ein Werkstoff, dessen Kaltverformungsvermögen erschöpft ist, noch weiter verformt werden muss. Dieses Glühen erfolgt, je nach Zusammensetzung der Legierung, zwischen 300 und 450 °C. Eine Glühbehandlung erweicht die aushärtbaren Werkstoffe nicht endgültig. Ein Erhöhen der Festigkeit ist nur durch weiteres Kaltverformen möglich. Bei aushärtbaren Legierungen lässt sich die Ausgangsfestigkeit durch erneutes Aushärten zurückgewinnen.

2.2.1.2.4 Verbindungsarbeiten

Schweißen

Bezüglich der Schweißeignung gelten für Aluminium die gleichen Bedingungen wie bei Stahl. Es sind aber einige Punkte zu beachten:

Trotz des niedrigeren Schmelzpunktes gegenüber Stahl benötigen Aluminiumwerkstoffe wegen der etwa drei- bis vierfach höheren Wärmeleitfähigkeit in etwa dieselbe Schmelzwärme wie der Stahl (unter Umständen vor dem Schweißen Vorwärmen). Durch den hoch liegenden Schmelzpunkt der auf der Aluminiumoberfläche fest haftenden Oxidhaut, die beim Aufschmelzen des Grundwerkstoffes festigkeitsmindernde, filmartige Einschlüsse bilden würde, muss beim Gasschweißen ein Flussmittel aufgetragen, beim Metall-Lichtbogenschweißen mit ummantelten Elektroden gearbeitet werden oder aber unter Schutzgas geschweißt werden, bei dem die Oxidhaut durch thermische Dissoziation beseitigt wird (Reinigungswirkung des elektrischen Lichtbogens). Schutzgasschweißverfahren haben das Gas- und das Metall-Lichtbogenschweißen heute weitgehend verdrängt. Da die Warmfestigkeit der Aluminiumwerkstoffe gering ist, dürfen die vorgewärmten Teile zwischen Vorwärmen und Abkühlen nach dem Schweißen nicht bewegt werden. Bei Schweißarbeiten an ausgehärteten Legierungen ist der beträchtliche Festigkeitsabfall neben der Schweißnaht in der Wärmeeinflusszone zu beachten, der allerdings bei der kaltaushärtbaren AlZnMg-Legierung wieder rückgängig gemacht wird. Bei Aluminium und seinen Legierungen besteht Gefahr der Bildung von Heißrissen.

Kleben

Zum Kleben sind Schmelzkleber, Lösemittelkleber und Reaktionskleber anwendbar. Die metallisch saubere Klebefläche muss unmittelbar nach dieser Vorbehandlung verklebt werden, damit ein erneutes Oxydieren nicht möglich wird. Der Kleber wird durch Streichen, Spachteln, Spritzen, Walzen, Tauchen oder als Folie aufgebracht. Das Härten erfolgt mit oder ohne Druck bei Raumtemperatur oder Wärme. Reaktionskleber stehen auch als Zweikomponentenprodukte zur Verfügung. Sie werden erst kurz vor dem Anwenden vermischt. Klebverbundene Bauteile sollen möglichst so konstruiert sein, dass sie nur auf Schub und Druck beansprucht werden, Biegebeanspruchung ist zu vermeiden.

Löten

Bei sehr geringer Materialdicke, zum Verbinden von Teilen unterschiedlicher Dicke, zum Verbinden von ausgehärteten Teilen, zum Verbinden von Aluminium mit anderen Metallen und dann, wenn ein Verziehen der Teile beim Schweißen zu befürchten ist, wird Löten vorgezogen. Sonst hat Schweißen Vorrang. Hartgelötet wird zwischen 450 und 600 °C. Die verwendeten Hartlote bestehen überwiegend aus Aluminium. Die Lötverbindungen sind von hoher Festigkeit und hoch korrosionsbeständig. Reinaluminium und niedriglegierte Werkstoffe sind gut, höherlegierte Werkstoffe nur bedingt hartlötbar. Es müssen Flussmittel verwendet werden.

Nieten, Schrauben

Nieten ist eine zuverlässige Methode zum Verbinden mechanisch höher beanspruchter Bauteile. Nietverbindungen werden besonders bei hochfesten und ausgehärteten Legierungen verwendet, bei denen Löten und Schweißen durch die entstehenden hohen Temperaturen die Festigkeit mindern. Im Gegensatz zum Stahlniet, der warm eingeschlagen wird, nietet man Aluminium kalt. Beim Aluminiumniet wird die Kraft dadurch übertragen, dass der Niet die Bohrung voll ausfüllt und die Nietkraft durch Lochlaibungsdruck und Scherkraft übertragen wird. Beim Stahlniet erfolgt die Kraftübertragung durch Klemmreibung. Für Schraubverbindungen werden Aluminiumlegierungen eingesetzt, die in ihren Festigkeitseigenschaften Stahlschrauben entsprechen. Auch die Verwendung von nichtrostenden Stahlschrauben ist möglich; in diesem Fall sind jedoch sichere Maßnahmen gegen Kontaktkorrosion zu treffen.

2.2.1.3   Oberflächenbehandlung

Zur Verbesserung des Korrosionswiderstandes kann die natürliche Oxidschicht der Aluminiumwerkstoffe durch verschiedenste Verfahren künstlich verstärkt werden. Während durch chemische Oxidation die natürliche Schutzschicht auf 1 bis 2 µm verstärkt wird, ist ein Verstärken durch elektrolytische anodische Oxydation (**Eloxieren**) auf ein Vielfaches (bis 25 µm) möglich. Die anodische Oxydation führt zu Schichten, die gleichzeitig ein guter Haftgrund für organische Überzüge sind. Beim Anwenden spezieller Badlösungen werden Schichten mit besonders hoher Härte gebildet. Alle diese Schichten lassen sich mit Farbstoffen und Metallsalzlösungen einfärben; auch das Einlagern lichtempfindlicher Substanzen ist möglich. Beispiele sind Fensterrahmen, Wandpaneele und Teile für die Innenarchitektur in Bronze-, Messing-, Neusilber-, Gold- und Schwarztönen oder auch Modefarben, sowie Aluminiumbleche für die Schilderfabrikation.

Beim **Beizen** in sauren oder alkalischen Lösungen werden von der Aluminiumoberfläche Schmutz, Fett, Öl und vor allem das natürliche Oxid entfernt. Beizlösungen werden durch Tauchen, Fluten, Sprühen und Spritzen angewendet oder durch Aufstreichen, wenn die Beizlösung pastös eingedickt ist. Pasten haben auf der Baustelle Bedeutung, weil sie keine Anlagen benötigen und auch auf großflächigen Teilen genutzt werden können. Gebeiztes Aluminium ist weiß bis silberfarben; durch entsprechende Zusammensetzung der Beizlösung kann man die Oberfläche matt bis blank beizen. Bei Cu- und Si-haltigen Legierungen werden die Stücke schwarz gefärbt.

Chromatiert wird in Lösungen aus CrO_3 unter Zusatz von Säuren. **Phosphatiert** durch Einsatz von Phosphorsalzlösungen unter Zusatz von Fluoriden. Die enstehenden hauchdünnen Chromat- oder Phosphatfilme sind gute Haftvermittler für organische Schichten und Anstriche. Chromatierte Oberflächen haben messinggelbe, bläuliche oder grünliche Eigenfärbungen, Phosphatschichten sind schwach grünlich, auf Cu-haltigen Legierungen bräunlich.

Anstreichen und **Lackieren** ist ein für das Baufach wichtiges Beschichtungs-verfahren. Da neben dem Schutz gegen Korrosion oft auch noch dekorative Effekte gewünscht werden, sind folgende Punkte zu beachten: Universalanstrichmittel für Aluminium gibt es nicht. Die Wahl richtet sich nach den gewünschten dekorativen und schützenden Aufgaben sowie nach dem Gebrauchszweck und der damit zu erwarten-den Beanspruchung. Durch die dem Aluminium eigene glatte und dichte Oxidhaut ist eine Vorbehandlung (z. B. Beizen, Chromatieren, Phosphatieren oder ähnliches) und Grundierung notwendig. Grundierungen auf Zinkchromatbasis sind anwendbar, wir-ken schützend, haftvermittelnd und decken gut; als Deckanstriche sind alle kupfer-und bleifreien Produkte anwendbar.

2.2.2 Kupfer

Das Buntmetall Kupfer sowie die Kupferlegierung Bronze wurden als die ersten metal-lischen Werkstoffe von den Menschen genutzt. Kupfer findet sich in der Natur in geringen Mengen in metallisch gediegener Form, hauptsächlich jedoch chemisch gebunden. Seine Gewinnung erfolgt hüttentechnisch und naßmetallurgisch haupt-sächlich aus sulfidischen Erzen. Kupfer zählt zu den hochschmelzenden Schwerme-tallen und ist charakterisiert durch nur relativ geringe Festigkeit, eher weich, zäh, hohe Dehnung und Plastizität, gute Schmiedbarkeit, vielfach guten Korrosionswiderstand, gute Legierungsfähigkeit vor allem mit Sn, Zn und Ni, hohe elektrische- und Wärme-leitfähigkeit. Die Festigkeit lässt sich in hohem Maße durch Kaltreckung steigern. Bereits mäßig erhöhte Temperaturen bewirken aber bei allen Kupfersorten rasch eine Verringerung der Festigkeit.

Die ausgezeichnete Korrosionsbeständigkeit an feuchter Luft – auch gegenüber den normalerweise in Großstadt- und Industrieatmosphäre enthaltenen Schwefelverbin-dungen – ist auf die *Patina*-Bildung zurückzuführen. Die Patina ist eine witterungsbe-ständige, festhaftende, nicht giftige Schutzschicht aus komplexen Kupfersalzen, die sich auf Bauteilen aus Kupfer an der Atmosphäre bildet. Ihre chemische Zusammen-setzung ist auf Grund der verschiedenen atmosphärischen Bedingungen regional unterschiedlich. Sie ist als *selbstheilend* zu bezeichnen, da mechanisch bedingte Oberflächenbeschädigungen durch erneut einsetzende Patinabildung wieder abge-deckt werden.

Der Farbton der Patina (er hängt von der Art des Kupfersalzes und den Verunreinigun-gen der Atmosphäre ab) geht von rotbraun über dunkelbraun bis zu anthrazitgrau oder in grünliche Färbungen. Letztere werden häufig fälschlicher Weise als Grünspan an-gesprochen; Grünspan ist jedoch ein wasserlösliches Kupferacetat und zudem giftig.

Von großem Einfluss auf die Bildungsgeschwindigkeit der Patina-Schutzschicht sind die Zusammensetzung der Atmosphäre und vor allem die verschiedenen Feuchtigkeitsphasen. So ergeben sich für die vollständige Ausbildung der Schutzschicht etwa folgende Zeiten:

in Meeresluft	ca. 4 – 6 Jahre
in Großstadt- und Industrieatmosphäre	ca. 5 – 8 Jahre
in normaler Stadtatmosphäre	ca. 8 – 12 Jahre
in reiner Gebirgsluft	ca. 30 Jahre

In der Anfangszeit der Patinabildung ist mit Abschwemmungen gelöster Oxydationsprodukte von Bauteilen aus Kupfer zu rechnen, so dass Verfärbungen auf benachbarten Baustoffen auftreten können. Dieser Eigenheit ist also durch eine entsprechende Gestaltung der Bauteile Rechnung zu tragen.

Gegen die Einwirkung von gips-, kalk- und zementhaltigen Baustoffen, auch gegen Meerwasser, ist Kupfer resistent. Die wichtigsten technischen Kenngrößen für Kupfer sind in der *Tabelle 2.9* zusammengestellt.

2.2.2.1 Kupfererzeugnisse

Die DIN 1787 unterscheidet bei Kupfersorten, die in Form von Halbzeug geliefert werden, die sauerstoffhaltigen Sorten E-Cu58 und E-Cu57 sowie die sauerstofffreien Sorten in den Qualitäten OF-Cu, SE-Cu, SW-Cu und SF-Cu. Im Bauwesen werden vorzugsweise die Kupferqualitäten SW und SF eingesetzt, da sie sehr gut korrosionsbeständig sind. Bei diesen Qualitäten handelt es sich um durch Phosphor desoxydiertes Kupfer mit einem Kupfergehalt von mindestens 99,9 M.-%, die sich im Restphosphorgehalt geringfügig unterscheiden.

Kupfer ist im Baugewerbe der ideale Rohrwerkstoff für Kalt- und Warmwasserinstallationen, in Gasanlagen und Fußbodenheizungen; da Cu nicht in gleichem Maße zur Innenverkrustung neigt wie Stahl, können die Rohrdurchmesser geringer gewählt werden. Bei der Installation ist darauf zu achten, dass das Kupferrohr stets in Fließrichtung nach dem unedleren Rohrmaterial (Fe, Zn, oder ähnlichem) anzuordnen ist, da es sonst zu elektrochemischer Korrosion des unedleren Metalls kommt.

Die im Bauwesen zum Eindecken von Dächern, zum Herstellen von Dachrinnen und Fallrohren, sowie für Innenverkleidungen von Wänden und als Fassadenpaneele verwendeten Bleche und Bänder sind in der DIN EN 1172 genormt. Danach werden zwei Sorten unterschieden: Cu-DHP mit >99,90 M.-% Cu (Werkstoff-Nr.: CW024A) und CuZn0,5 mit >99,88 M.-% Cu (Werkstoff-Nr.: CW19C), letztere nur für Dachrinnen, Fallrohre und Zubehör.

Die Festigkeit von Kupfer lässt sich durch geringe Legierungszusätze erheblich steigern; je nach Legierungszusatz sind Festigkeiten bis 750 N/mm^2 und Härten bis zu 250 HB zu erzielen.

Der Werkstoff wird entweder durch ein Werkstoffkurzzeichen mit Angabe des Hauptlegierungszusatzes, allenfalls durch zwei Hauptlegierungselemente oder durch eine aus 6 Zeichen (Buchstaben und Ziffern) bestehende Werkstoffnummer bezeichnet, in der der letzte Buchstabe zur Bezeichnung der Werkstoffgruppe dient (z.b.: K = Kupfer-Zinn-Legierung, L oder M = Kupfer-Zink-Legierung).

Die Begriffe *Messing* bzw. *Bronze* sollten zur Kennzeichnung der Werkstoffe nicht mehr verwendet werden; lediglich aus historischen Gründen kann man für die reine CuZn-Legierung den Namen Messing, für die reine CuSn-Legierung den Namen Bronze zusätzlich verwenden. Man unterscheidet zwischen Kupfer-Guss- und Kupfer-Knet-Legierungen; letztere zur Herstellung von kalt und/oder warm verformbarem Halbzeug für Rohre, usw.

Im Baugewerbe werden neben reinem Kupfer vor allem Kupfer-Zink-Legierungen sowie Kupfer-Nickel-Zink-Legierungen (früher „Neusilber") verwendet. Kupfer-Legierungen mit dem Hauptlegierungselement Zn sind gekennzeichnet durch gute Gießbarkeit, gute Bearbeitbarkeit, Kalthärtbarkeit, gute Korrosionsbeständigkeit (verstärkt durch Zusatz von einigen M.-% Al, Ni, Sn, Mn, Fe oder Si); mit steigendem Zn-Gehalt nehmen Härte, Festigkeit, Aufhellung der Farbe zu, während Korrosionsbeständigkeit und elektrische Leitfähigkeit abnehmen. Legierungen mit > 50 M.-% Zn sind wegen zu großer Sprödigkeit technisch unbrauchbar.

Kupfer-Zink-Legierungen werden im Bauwesen für Armaturen aller Art, Beleuchtungskörper, Fassadenprofile und -verkleidungen, als Zierbleche, Fensterbeschläge, -gitter und -griffe, Fittings für Installationen, Handläufe für Geländer, Armaturen und Beschlagteile verwendet. Kupfer-Nickel-Zink-Legierungen wählt man überwiegend für den Innenausbau: Vitrinen, Kleiderablagen, Treppengeländer, Wandverkleidungen und alles, was der Innenarchitektur „das gewisse Etwas" verleiht.

Die im Bauwesen weniger verwendeten Kupfer-Zinn-Legierungen sind gekennzeichnet durch Zugfestigkeiten bis 305 N/mm², gute Korrosionsbeständigkeit, hohe Verschleißfestigkeit und gute Gleiteigenschaften; sie werden meist als Gusslegierungen verarbeitet und dienen zur Herstellung von Gas-, Wasser- und Dampfarmaturen und Ventilen, von Fittings, Türschildern usw.

2.2.2.2 Formgebung und Bearbeitung

Reinkupfer und Kupferlegierungen können durch Gießen, spanlose, spanabhebende und verbindende Verfahren geformt und verformt sowie dekorativ und funktionell oberflächenbehandelt und beschichtet werden. Das Galvanoformen hat im Baubereich nur Bedeutung beim Herstellen von Reliefplatten, Nachbilden antiker Elemente sowie im Bereich der Innenausstattung.

2.2.2.2.1 Spanabhebende Formgebung

Durch Drehen, Hobeln, Bohren, Fräsen, Sägen, Reiben, Räumen und Schleifen sind Reinkupfer schlecht, Kupferlegierungen gut bis sehr gut verform- und bearbeitbar.

Nicht legiertes Kupfer hat eine hohe Zähigkeit und große Dehnung. Diese Eigenschaften, verbunden mit der relativ niedrigen Festigkeit, führen zu einem schlechten Zerspanverhalten. Voraussetzung für gute, glatte Oberflächenqualitäten sind eine scharfe Werkzeugschneide, gute Spanabfuhr und ausreichendes Schmieren und Kühlen mit Schneidflüssigkeit (schwefelfrei, da sonst Verfärbungen auftreten, die zu Korrosion führen).

Als Werkzeuge werden Schnellstahl und Hartmetall sowie mit Hartmetall beschichtete Werkzeugstoffe verwendet; für besonders hohe Ansprüche auch Diamantwerkzeuge.

Kupfer-Zink-Legierungen sind gut, Kupfer-Nickel-Zink-Legierungen nur mäßig spanabhebend zu bearbeiten. Sie sollten deshalb nur im mehr oder weniger kaltverfestigten Zustand bearbeitet werden.

2.2.2.2.2 Spanlose Formgebung

Warmverformung

Kupfer hat eine hohe Plastizität und kann in einem weiten Temperaturbereich gewalzt, gepresst und geschmiedet werden. Vorzugsweise werden diese Arbeiten zwischen 800 und 900 °C und nicht über 1000 °C durchgeführt. Beim Verarbeiten > 1000 °C kann das Material durch Oxydation der Korngrenzen verbrennen, außerdem entstehen zu hohe Metallverluste durch Zunder.

Kupfer-Zink-Legierungen zeigen das beste Umformverhältnis bei Gehalten von 70 M.-% Cu. Unter 63 M.-% Cu nimmt die Umformbarkeit rasch ab. CuZn-Legierungen mit 56 M.-% Cu sind > 600 °C jedoch ausgezeichnet umformbar. CuNiZn-Legierungen zeigen ein sehr unterschiedliches Warmformverhalten. Die α-Legierungen sind begrenzt warmverformbar; sie werden überwiegend stranggepresst. $(\alpha+\beta)$-Legierungen lassen sich sehr gut warmumformen; die Warmformgebungstemperatur liegt zwischen 600 und 950 °C.

Kaltverformung

Kupfer ist sehr duktil. Deshalb kann es sehr gut durch Walzen, Ziehen, Prägen, Stauchen, Pressen und Drücken kalt umgeformt werden. Da Kupfer nur begrenzt spanabhebend bearbeitet werden kann, spielt die Kaltumformung durch Biegen, Formstanzen und Tiefziehen eine besondere Rolle. Durch Umformen bei Raumtemperatur (die Rekristallisationsschwelle liegt bei ca. +220 °C) kann die Festigkeit durch Kaltverformung bis auf 600 N/mm^2 gesteigert werden. Auch die Härte steigt an, während die Dehnung abnimmt. Obwohl der Umformbereich beim Kupfer meist größer als bei anderen Metallen ist, empfiehlt sich bei starken Querschnittsabnahmen das Zwischenglühen.

Die beste Umformbarkeit zeigt eine Kupfer-Zink-Legierung mit 70 M.-% Cu. Durch Kaltumformung werden einige Eigenschaften des Werkstoffes beeinflusst: die Abmessungen werden genauer, die Oberflächengüte besser und vor allem nehmen die Festigkeitswerte erheblich zu. Für die CuNiZn-Legierungen gilt in etwa das gleiche. Die bleifreien Legierungen lassen sich besonders gut drücken. Für die gesamte Werkstoffgruppe sind die gleichen Werkzeugarten einzusetzen.

2.2.2.2.3 Wärmebehandlung

Das Weichglühen des durch Kaltumformung verfestigten Kupfers, der CuZn- und der CuNiZn-Legierungen erfolgt innerhalb eines breiten Temperaturbereiches. Die Mindesttemperatur wird durch den Grad der Umformung und durch etwa vorhandene Begleitelemente bestimmt. Die Glühzeit spielt eine wesentliche Rolle.

Kupfer großer Reinheit geht bereits bei $< 100\ °C$ und langer Glühdauer in den weichen Zustand über. Kleine Verunreinigungen setzen die Rekristallisationsschwelle erheblich herauf, übliche Glühtemperaturen liegen daher zwischen 400 und 500 °C. Wird eine blanke Oberfläche gewünscht, dann erfolgt das Glühen in nicht oxidierender Atmosphäre. Art und Geschwindigkeit des Abkühlens sind beim Kupfer von untergeordneter Bedeutung. Das Abschrecken in Wasser nach dem oxidierenden Glühen ist praktisch, weil dadurch Schmutz und Zunder beseitigt und anschließendes Beizen und Reinigen erleichtert bis überflüssig werden. Außerdem kühlt der Werkstoff schnell ab, oxidiert nicht durch Luftsauerstoff und kann ohne Zeitverlust weiterverarbeitet werden.

Für CuZn-Legierungen liegt die Weichglühtemperatur bei 450 bis 600 °C. Zwischen 300 und 450 °C kann auf gezielte Härte geglüht werden. Zwecks Vermeidung von Spannungsrisskorrosion muss man den Werkstoff entspannen; dies erfolgt zwischen 250 und 300 °C. Für CuNiZn-Legierungen liegt der Temperaturbereich für rekristallisierende Zwischen- und Fertigglühbehandlungen zwischen 580 und 650 °C. Bei bleihaltigen Legierungen liegen die Glühtemperaturen zwischen 580 und 600 °C. Die erforderliche Weichglühtemperatur steigt mit dem Nickelgehalt der Legierung. Spannungsarm geglüht wird während 1 Stunde mit 250 bis 300 °C.

2.2.2.2.4 Verbindungsarbeiten

Schweißen

Schweißverfahren der üblichen Art sind bei Kupfer und seinen Legierungen zwar anwendbar, die gute Wärmeleitfähigkeit erschwert aber das Schweißen. Bei den CuZn-Legierungen ist ein Überhitzen zu vermeiden, weil sonst durch Ausdampfen von Zink Porenbildung im Werkstoff eintritt. CuNiZn-Legierungen lassen sich wegen ihrer geringen elektrischen Leitfähigkeit besonders gut Widerstandspunktschweißen. Bei sauerstoffhaltigem Kupfer besteht bei Einwirkung von Wasserstoff aus Schweißgasen die Gefahr der Wasserstoffkrankheit. Eindiffundierender, atomarer Wasserstoff setzt sich im Metallinneren mit dem Sauerstoff unter Bildung von Wasserdampf um, wodurch beträchtliche Drücke (bis zu 1000 bar) entstehen können. Das Kupfer verliert dadurch seine Festigkeit und Zähigkeit, es wird spröde und unbrauchbar. Da die Wasserstoffkrankheit nicht rückgängig gemacht werden kann, sind damit befallene Bauteile zu verwerfen. Für das Gasschmelzschweißen sind daher nur sauerstofffreie Kupferqualitäten geeignet; sie sind gekennzeichnet durch Vorsatz des Kennbuchstabens „S".

Löten

Zum Weichlöten von Kupfer kommen Zinn-Blei-Lote mit 50 bis 60 M.-% Sn in Frage. Für Lötungen an Trinkwasserleitungen und insgesamt Versorgungsanlagen des tierischen und menschlichen Bereichs müssen bleifreie Lotmetalle verwendet werden. Das Weichlöten der CuZn-Legierungen erfolgt mit antimonarmen Loten, das Weichlöten der CuNiZn-Legierungen mit Blei-Zinn-Loten. Beide Legierungsgruppen erfordern beim Löten Flussmitteleinsatz.

Zum Hartlöten von Kupfer werden Kupfer-Zink-Lote verwendet. Größere Bedeutung haben silberhaltige Hartlote bekommen. Sie erlauben das Arbeiten mit niedrigerer Temperatur, mindern die Gefahr der Grobkornbildung und gestatten höhere Lötgeschwindigkeiten. Weit verbreitet ist das flussmittelfreie Hartlöten von Kupfer mit phosphorhaltigen Loten. Für autogene Lötverfahren sind sauerstofffreie Kupfersorten vorzusehen (siehe oben: Wasserstoffkrankheit). Durch Hartlöten können die durch Kaltumformung erzielten höheren Festigkeitswerte verlorengehen. Cadmium enthaltende Lote werden für den Lebensmittel- und Trinkwasserbereich durch silberhaltige Lote ersetzt. CuZn-Legierungen werden mit silberhaltigen Loten hartgelötet, ebenso CuNiZn-Legierungen. Als Flussmittel sind die üblichen Cu- und CuZn-Schweißpulver geeignet.

Kleben

Kleben wird für Kupfer als wärmearmes Fügeverfahren angewendet. Klebschichten haben eine hohe Isolierwirkung. Auch die gängigen CuZn- und CuNiZn-Legierungen lassen sich durch Klebtechnik verbinden.

Nieten, Schrauben

Nieten ist für Kupfer, die CuZn- und die CuNiZn-Legierungen ein zuverlässiges Verbindungsverfahren. In der Regel werden die Niete kalt geschlagen = Hammernietung oder gequetscht = Quetsch- oder Pressnietung.

Schrauben ist das gegebene Verbindungsverfahren dann, wenn die Verbindung wieder lösbar sein soll. Schraubenwerkstoffe sind Kupfer, die niedriglegierten Werkstoffe CuTeP, CuSP und CuNi2Si sowie CuZn-Legierungen.

Falzen

Insbesondere bei großflächiger Verlegung von Kupferblechen bei Dachdeckungen wird wegen der großen Wärmedehnung die Falztechnik eingesetzt.

2.2.2.3 Oberflächenbehandlung

Die Oberflächenbehandlung des Kupfers, der CuZn- und der CuNiZn-Legierungen dient dem Ziel, die Oberfläche zu säubern, metallisch rein zu machen, ihr eine andere Farbe zu verleihen, sie funktionell zu verändern. Für das Baugewerbe sind die folgenden Möglichkeiten von Bedeutung.

Das **Beizen** erfolgt in kalter, mit Wasser 1 : 10 bis 1 : 20 verdünnter Schwefelsäure. Durch Erhöhen der Badtemperatur auf 30 bis 40 °C wird ein rascherer Beizangriff erzielt. Schwefelsäure löst nur die Oberflächenoxide ab, greift das Metall jedoch nicht an. Werden eine stärkere Abtragung und Glanz gewünscht, dann wird der Schwefelsäure Salpetersäure oder Kaliumdichromat in geringen Mengen zugegeben. Nach jedem Beizen wird gründlich mit Wasser gespült. Will man bei Fertigteilen noch reinere als durch Beizen erreichbare Oberflächen mit metallisch blankem Aussehen erzielen, dann wendet man das **Brennen** an. Glanzbrennen sind Lösungen aus einem Gemisch von Salpetersäure, Schwefelsäure und etwas Glanzruß und Kochsalz. Mit Ammoniumpersulfat kann Kupfer ebenfalls glänzend gebeizt werden, desgleichen CuZn-Legierungen. Diese Bäder sind in ihrer Anwendung handlicher, weil sie keine schädlichen Dämpfe freigeben. Die Badkonzentration beträgt etwa 85 bis 125 g Ammoniumpersulfat pro Liter, die Betriebstemperatur liegt bei 18 bis 35 °C.

Die Wasserstoffperoxid enthaltenden Beizen und Brennen für Kupfer und Kupferlegierungen entwickeln keine Stickoxide. Daher lösen sie immer mehr die Salpetersäure enthaltenden Lösungen ab.

Polieren wird oft irrtümlich als ein spanabhebendes Bearbeiten definiert. Diese Endbehandlung erfolgt auf Polierscheiben oder Polierwalzen mit festen oder flüssigen Poliermitteln. Man kann jede Bauform, auch großflächige Konstruktionen wie Fassadenpaneele und Türbekleidungen auf Hochglanz polieren. Auf der Baustelle setzt man über flexible Wellen angetriebene Polierscheiben ein. Die Poliermittel werden dann dem zu polierenden Werkstoff angepaßt.

Metallüberzüge übernehmen dekorative und schützende Aufgaben. Im Baugewerbe ist das Vernickeln, Verchromen und Überziehen mit Edelmetallen von Teilen des Sanitärbereiches üblich. Mit Brauchwasser in Kontakt kommende Leitungen, Boiler und Armaturen werden verzinnt.

Färbungen sind zum Teil Nachahmungen von dekorativen Korrosionserscheinungen und zum Teil Effekte, die dem neuen Bauteil das Aussehen eines antiken Altteiles verleihen. Kupfer und die Kupferwerkstoffe lassen sich chemisch in einer breiten Palette von Tönungen färben; Braun, Schwarz und Grün sind die häufigsten Farbgebungen. Obwohl das Erreichen und Einhalten eines bestimmten Farbeffektes Geschick und Erfahrung fordert, ist das Färben großer Montagen auf der Baustelle mit einfachen Mitteln möglich. Auch Reparaturfärben ist auf der Baustelle durchführbar. Wenn ein Auftraggeber für ein mit Kupfer neueingedecktes Dach gleich eine ansprechende Grünpatina verlangt, dann wird die Fläche mit einer Lösung besprüht, die für eine gleichmäßige Patinabildung in kurzer Zeit sorgt. Es werden aber auch patinierte Kupferbleche angeboten, so dass das Dach sofort „patiniert" ist.

Deckende **Lackierungen** werden für Kupfer und seine Legierungen so gut wie gar nicht verwendet, denn diese edlen Werkstoffe sollen mit ihren Eigenfärbungen zur Geltung kommen. Dagegen sind farblose Lackschichten dort angebracht, wo eine Verfärbungskorrosion verhindert werden soll. Hauptforderung an farblose Lacke sind, dass sie nicht vergilben und eine wasserklare Schicht bieten. Die Lackhaftung auf dem Werkstoff kann nur gut sein, wenn die Werkstoffoberfläche fett-, schmutz- und oxidfrei ist.

2.2.3   Zink

Zink ist eines der wichtigsten NE-Metalle; es ist das einzige NE-Metall, dessen Bedarf aus einheimischen Lagerstätten gedeckt werden kann. Es wird als Hütten- und Feinzink aus sulfidischen und oxidischen Erzen auf trockenem Wege durch Röstung und Reduktion, oder auf nassem Wege durch Elektrolyse gewonnen. Das für Verzinkungen und Zinkfarben verwendete sogenannte Umschmelzzink wird aus Zinkabfällen gewonnen und enthält mindestens 96 M.-% Zn. Nahezu die Hälfte des jährlichen Zinkverbrauchs wird für Verzinkungen eingesetzt, ca. 30 % des Verbrauchs entfallen auf die Blechproduktion, davon der größere Teil im Baugewerbe.

Die umfangreiche Anwendung von Zinkblech und -band im Bauwesen beruht auf der Fähigkeit des Zinks und der Zinklegierungen, an der Atmosphäre durch Bildung von Hydroxiden und basischen Carbonaten eine dichte und festhaftende Schutzschicht zu bilden. Ein Vergleich mit Stahl zeigt, dass Zink um ein Vielfaches korrosionsbeständiger ist. Das gleiche Verhalten zeigen auch Zinküberzüge auf anderen Werkstoffen. Allerdings ist mit der Deckschichtbildung kein völliger Reaktionsabschluss verbunden. Ein langsamer Deckschichtabbau und Nachbildung aus dem Grundmetall führen zu dessen Abzehrung. Dadurch heilt aber die Schutzschicht nach einer mechanischen Beschädigung auch selbsttätig wieder aus. Im pH-Wertbereich von 7 – 12,5 kann das Zink auf Grund entstehender stabiler Schutzschichten praktisch als beständig gelten. Sowohl stärker saure als auch basische Lösungen greifen Zink an; Calciumhydroxid greift jedoch wenig an, so dass die Verwendung von verzinktem Bewehrungsstahl im Stahlbetonbau möglich ist.

In destilliertem Wasser löst sich Zink mit einer Abtragung von ca. $2 \text{ g}/(\text{m}^2 \cdot \text{d})$ auf. Häufig werden auftretende Korrosionserscheinungen unter Blechabdeckungen festgestellt. Dort angesammeltes Schwitzwasser kann wegen der ungenügenden Belüftung keine schützende Deckschicht bilden. Ein Mangel an Kohlensäure verstärkt den Angriff. Zinkblech als Dachabdeckung über frischem Beton und Kalkmörtel wird kurzfristig zerstört, wenn Kohlensäure nicht hinzutreten kann. Von Dächern ablaufendes Regenwasser, das organische Stoffe (Auslaugungen aus Bitumenpappen oder -bahnen, Humussäuren, Holzimprägnierungen usw.) enthält, wirkt auf Zink zum Teil ebenfalls korrodierend (Zerstörung an den Auftropfstellen in Zinkdachrinnen). In trockenen Innenräumen verändert sich Zink nicht oder nur sehr langsam. Küchenluft, die oft Verbrennungsgase aus Feuerungsanlagen mitführt, sowie die durch Kochvorgänge entstehende Luftfeuchtigkeit führen zu Korrosion. Wasser hat in Abhängigkeit von seiner chemischen Zusammensetzung einen mehr oder weniger negativen Einfluss auf Zink. Gegenüber normalem Leitungswasser ist Zink beständig, weil Leitungswasser von Natur aus die Schutzschicht bildenden Verbindungen enthält. Ein Mangel an Kohlensäure verstärkt jedoch den Angriff; Warmwasser führt daher zu narbigem Korrosionsangriff im Temperaturbereich zwischen 70 und 85 °C. Grundsätzlich nimmt die Beständigkeit des Zinks in Wasser mit abnehmender Härte ab. Normales Trinkwasser greift Zink weniger an als Talsperren-, Küsten- und Gipswasser.

Reinzink wird von Wasserdampf wenig, legiertes Zink stark angegriffen. Im Seewasser bilden sich zunächst schützende Filme, die aber von den im Seewasser enthaltenen Chloridionen durchdrungen werden und schließlich zu partieller Korrosion führen. Gegen Seewasser kann Zink z. B. durch Chromatieren, Phosphatieren oder Lackieren geschützt werden. In den Tropen bildet sich durch starke Temperaturunterschiede im Tag-Nacht-Zyklus Schwitzwasser. Dieses ist in seiner Aggressivität dem destillierten Wasser gleichzusetzen; es korrodiert Zink stark. Daher sind Schutzmaßnahmen erforderlich.

2.2.3.1 Zinkerzeugnisse

Die Zinkerzeugnisse werden gemäß DIN EN 1179 „Primärzink" nach ihrem Zinkgehalt in die folgenden 5 Sorten unterteilt

- Z1: nominaler Zinkgehalt   99,995 M.-%
- Z2: nominaler Zinkgehalt   99,99   M.-%
- Z3: nominaler Zinkgehalt   99,95   M.-%
- Z4: nominaler Zinkgehalt   99,5   M.-%
- Z5: nominaler Zinkgehalt   98,5   M.-%

(Die frühere Hüttenzinksorte Zn 97,5 wurde nicht mehr aufgenommen).

Mit steigendem Zinkgehalt verbessert sich die chemische Beständigkeit, die Festigkeit nimmt etwas ab.

Das Baugewerbe benötigt Zink seit mehr als hundert Jahren für Dacheindeckungen, Dachrinnen, Fallrohre und Abdeckungen von Gesimsen. Seit Anfang der 60er Jahre wurde das früher übliche, paketgewalzte Zinkblech weitestgehend durch bandgewalztes Titanzink verdrängt. Durch fortschrittliche Fertigungsverfahren und Verwenden hochwertiger Ausgangsstoffe hat es zahlreiche gute Eigenschaften, durch die seine Anwendungsgebiete zunehmen.

Titanzink ist ein legiertes Zink und basiert auf elektrolytisch gewonnenem Feinzink Zn1. Gewalzte Flacherzeugnisse aus Titanzink zur Verwendung im Bauwesen als

Band, Blech oder Streifen sind in der DIN EN 988 genormt. Es enthält als Legierungs-bestandteile z. B. Titan, Kupfer und andere und weist folgende wichtige Merkmale auf: verbesserte Dauerstandfestigkeit, geringe Wärmedehnung, gleichmäßiger feinkörni-ger Gefügeaufbau, sehr gute Verarbeitbarkeit unabhängig von der Walzrichtung, ge-minderte Kaltsprödigkeit, erhöhte Rekristallisationsgrenze, d. h. Grobkornbildung erst bei Temperaturen > 300 °C, was bei Lötarbeiten entscheidend ist.

Titanzink steht außerdem zur Verfügung für fertige Bauelemente, Fensterzargen, Solarkollektoreindeckrahmen und in zahlreichen vorbereiteten Teilen, die auf der Baustelle lediglich zusammengefügt werden müssen.

Für Zink-Druckguss (DIN 1742) zur Herstellung kleinerer Maschinenteile und von Beschlägen sind aluminium- und kupferhaltige Legierungen von Bedeutung. Alumini-um und Kupfer erhöhen die Festigkeit. Oberhalb 100 °C sinken Festigkeit und Zähig-keit aber rasch ab. Bei der kupferhaltigen Legierung GD-ZnAl4Cu1 tritt durch natürli-che Alterung eine Längenzunahme auf; in Tropenklima kann innerhalb von 3 Monaten ein Längenwachstum um 0,08 % beobachtet werden.

Ein großer Teil des Z4 und Z5 (sog. Hüttenzink) wird als Überzugsmetall für den Korrosionsschutz, insbesondere von Stahl, eingesetzt. Trotz merklicher Abtragungs-rate der Zinkdeckschichten können die Bauteile langzeitig vor Korrosion geschützt werden. Maßgebend für die Lebensdauer ist die Dicke der aufgebrachten Zinkschicht sowie die Klimaeinflüsse; für eine 80 μm dicke Zinkschicht beträgt sie z. B. bei

- Landluft   ca. 24 – 80 Jahre
- normaler Stadtluft ca. 13 – 80 Jahre
- Seeluft   ca. 5 – 33 Jahre
- Industrieluft   ca. 4 – 21 Jahre

Der Abtrag der Zinkschicht wird stark vom SO_2-Gehalt der Luft beeinflusst.

Das Aufbringen der Zinkschichten kann nach unterschiedlichsten Verfahren erfolgen:

- Tauchen im Schmelzfluss, sogenannte *Feuerverzinkung*
- elektrolytische Verzinkung
- Spritzverzinkung
- Diffusionsverzinkung, sogenanntes *Sherardisieren*

Grundsätzlich besteht für die Wirksamkeit des Korrosionsschutzes kein Unterschied, doch gelten Schmelztauchüberzüge im allgemeinen als beständiger als die auf ande-rem Wege erzeugten Schutzschichten. Das Aussehen des Zinküberzuges – blumig glänzend oder mattgrau – spielt für die Qualität des Korrosionsschutzes praktisch keine Rolle. In Industrieatmosphäre scheinen sich graue Überzüge allerdings gering-fügig besser als glänzende zu verhalten.

2.2.3.2   Formgebung und Bearbeitung

Zink wird durch Walzen zu Blech und Band geformt, zu Profilen, Stabmaterial, Rohren und Draht durch Pressen. Die Halbzeuge sind spanabhebend und spanlos verformbar.

2.2.3.2.1   Spanabhebende Formgebung

Spanabhebende Bearbeitungsverfahren sind nur bei Zinkdruckguss üblich. Da das Baugewerbe Druckgussteile – wie z. B. Armaturen und Sanitärbedarf – einbaufertig geliefert bekommt, werden die spanabhebenden Verfahren nicht näher besprochen.

2.2.3.2.2   Spanlose Formgebung

Die spanlose Formgebung von Zinkhalbzeug weist gegenüber gleichen Bearbeitungen an anderen Metallen einige Unterschiede auf. Diese sind durch den atomaren Aufbau des Zinks bedingt. Wegen seiner hexagonalen Struktur ist es für die plastische Formgebung nicht besonders gut geeignet (Zink ist bei Raumtemperatur spröde), doch kommt dieser Mangel durch die niedrige Rekristallisationstemperatur (50 bis 80 °C, je nach Reinheitsgrad) für viele Verformungsarbeiten nicht zur Geltung; bei 100 bis 150 °C ist Zink weich. Bei der Umformung massiver Werkstücke erwärmt sich Zink leicht bis auf Temperaturen $> \vartheta_{Rekr.}$. Das ermöglicht außerordentlich hohe Umformungsgrade.

Beim *Kaltwalzen* bleiben Zugfestigkeit und Härte konstant, auch nimmt die Bruchdehnung nicht ab. Kaltverfestigung tritt wegen der niedrig liegenden Rekristallisationstemperatur nicht ein. Das *Warmwalzen* erfolgt bei 90 bis 160 °C; dadurch werden die mechanischen Eigenschaften auffallend verbessert. (Oberhalb 200 °C versprödet Zink.)

Die Biegefähigkeit von Zinkblech und -band hängt von der Walzrichtung ab. Rissfreie Biegungen sind mit senkrecht zur Walzrichtung liegenden Biegekanten möglich. Bei Blechtafeln liegt immer die lange Seite in Walzrichtung. Wegen der besseren Biegefähigkeit senkrecht zur Walzrichtung wird deshalb, z. B. beim Fertigen von Dachrinnen, die 1-m-Länge bevorzugt. Wenn die Biegekanten einen ausreichend großen Radius aufweisen – z. B. R $\geq$ 2 bis 3 mal Blechdicke bei Blech und Band bis etwa 2 mm – dann lassen sich Biegen, Abkanten und ähnliche Verformungen einwandfrei auch in der 2-m-Länge eines Normalbleches durchführen. Scharfkantige Biegungen sind an Blech mit < 0,5 mm Dicke ohne Rücksicht auf die Walzrichtung möglich. Bei Temperaturen unter +10 °C wird die Verformbarkeit schlechter; daher sollten an Frosttagen auf Baustellen möglichst keine verformenden Arbeiten durchgeführt werden. Sind sie dringend notwendig, dann werden die zu verformenden Bleche mit streichender Flamme auf Handtemperatur vorgewärmt. Die Biegefähigkeit des Zinks ist von der Reinheit des Materials mit abhängig.

Titanzink ist unabhängig von der Walzrichtung allen Bauformen anzupassen. Umformarbeiten am kalten Metall bei Temperaturen unter +5 °C erfordern ein Vorwärmen.

2.2.3.2.3 Wärmebehandlung

Wärmebehandlung wird nur bei Druckgussteilen erforderlich und hat daher für den Bausektor keine Bedeutung.

2.2.3.2.4 Verbindungsarbeiten

Halbzeug aus Zink und Zinklegierungen kann durch Schrauben, Nieten, Falzen, Schweißen, Löten und Kleben miteinander und mit anderen Werkstoffen verbunden werden.

Schweißen

Außer dem Lichtbogenschweißen sind alle Schweißverfahren anwendbar. Schweißen hat jedoch an Bedeutung verloren, weil die Weichlöttechnik so weit fortgeschritten ist, dass Schweißen keine technischen Vorteile mehr bietet. Probleme könnte jedoch die niedrige Siedetemperatur von 906 °C bringen (Verdampfung von Zn).

Löten

Löten von reinem Zink und -legierungen ist für das Baugewerbe das wichtigste Verfahren. Zink und Titanzinklegierungen werden nur mit den für CuZn-Legierungen üblichen Loten weichgelötet, weil damit optimale Spaltfüllung, gutes Benetzen und hohe Festigkeit erreicht werden.

Kleben

Kleben hat noch immer nicht die technische Bedeutung erlangt wie beim Aluminium. Klebverbindungen sind möglich, wenn die verwendeten Kleber bei niedrigen Temperaturen und mit geringem Druck aushärten. Das Aufkleben von Fensterbänken, Mauerabdeckungen, Wandanschlüssen und ähnlichen Bauteilen aus Titanzink hat sich jedoch inzwischen bewährt. Als Kleber wird eine weich-plastische Masse auf Bitumenbasis verwendet, die Gehalte an rasch verdunstenden Lösemitteln, Haftharzen, Haftvermittlern, UV-Absorbern, Antioxidantien und Füllstoffen enthält.

Nieten, Schrauben

Beim Verschrauben und Vernieten von Zink werden Schrauben und Niete aus Aluminium oder verzinktem Stahl verwendet.

Falzen

Wegen der hohen Wärmeausdehnung (die größte aller Metalle) ist bei großflächigen Elementen die gefalzte Verlegung vorzuziehen. Falzen wird am besten quer zur Walzrichtung durchgeführt, und zwar bei 80 bis 100 °C.

2.2.3.3   Oberflächenbehandlung

Gebürstet wird mit Fiberbürsten, nicht mit Stahl oder Metall, weil diese Kontakt-korrosion verursachen. Politur erhält man mit Tuchscheiben und Polierpaste. Dabei ist zu beachten, dass die Oberflächentemperatur des Zinks nicht zu hoch ansteigt; es entstehen leicht Anschmelzzonen mit nicht wieder zu beseitigenden Flecken. Zum Reinigen sind organische Lösemittel, Emulgatoren und schwach basische Lösungen anzuwenden.

Metallüberzüge werden bevorzugt galvanisch aufgebracht. Sie haben im Bauwesen jedoch nur für Beschläge und Sanitärteile Bedeutung, die fertig angeliefert werden.

Nichtmetallische Überzüge sind im Baufach die wichtigsten schützenden Schichten. Durch **Chromatieren** und **Phosphatieren** wird ein dünner Film erhalten; letzteres ist in Deutschland mehr verbreitet. Obwohl beide Filmtypen unterschiedlich aufgebaut sind, erfüllen sie gleiche Schutzaufgaben. Beide Beschichtungen können im Tauch-, Spritz- oder Streichverfahren hergestellt werden. Obwohl die recht dünnen Schichten für sich allein schon einen guten Schutz gegen Korrosion bieten, werden sie doch überwiegend als Haft- und Verankerungsgrund für nachfolgende organische Beschichtungen aus Lack und Kunststoff aufgebracht. Kombinationen aus Phosphat-schicht und Chromatfilm sind üblich, weil sie einen noch besseren Schutz als die einfachschichtigen Ausführungen bieten. Schichtfolgen aus Phosphatierung + Chromatierung + Lack/Kunststoff bieten das Optimum der Schutzwirkung.

Anstriche werden als System mit Grundier- und Deckanstrich aufgebracht. Die Grundierungen enthalten Chromate oder/und Phosphate, die beim Berühren mit der Zink-oberfläche einen Film erzeugen - mit ähnlichen Schutzeigenschaften wie beim Chromatieren oder Phosphatieren. Soll ein Anstrich ohne Haftgrundierung aufgebracht werden, empfiehlt sich zur Verbesserung der Haftfähigkeit eine vorausgehende 1–2-jährige Verwitterung der Zinkoberfläche. Bei geringer Beanspruchung wendet man lufttrocknende Lacke an. Größer ist das Gebiet der ofentrocknenden Lacksorten, obwohl hohe Temperaturen nachteilige Folgen für das Zink haben sollen. Während die deutsche Fachliteratur Temperaturen von nicht mehr als 120 °C nennt, liest man in ausländischen Berichten, dass auch Temperaturen > 120 °C zulässig sind. Neben den üblichen Lackauftrageverfahren können auch elektrostatische und elektrophoretische Verfahren sowie das Pulverbeschichten angewendet werden. Beim Beschichten mit Pulverlack muss die Aufschmelztemperatur dem wärmeempfindlichen Werkstoff Zink angepasst werden. Bei flachen Bauteilen erfolgt das Beschichten mit Flüssiglack durch Tauchen oder Aufwalzen. Gleiche Gesichtspunkte sind auch beim Beschichten feuerverzinkter Teile zu beachten (*Duplex-Systeme*). Der Oberflächenschutz eines durch Anstrich auf feuerverzinktem Stahl geschützten Bauteils währt weitaus länger (Faktor 1,5 – 2,5) als die bloße Summe der Schutzsystem-Lebensdauern der einzelnen Komponenten jeweils für sich (sogenannter synergetischer Effekt). Durch die Beschichtung mit zinkpigmentierten Anstrichen lassen sich partielle Unterbrechungen in der Zinkschicht reparieren oder gealterte Zinkschichten erneut aktivieren.

2.2.4   Blei

Das wichtigste Erz zur Gewinnung des Schwermetalls Blei ist der Bleiglanz [PbS], aus dem das Metall durch Reduktion gewonnen wird. Es hat eine bläulich-weiße Eigenfärbung und überzieht sich an der Luft rasch mit einem dünnen, mattblauen bis grauen Bleioxidfilm, der sehr fest haftet und das Metall gegen weitere Oxydation schützt.

Blei ist weich und geschmeidig und lässt sich ausgezeichnet durch Walzen, Ziehen, Pressen verformen; wegen der bei ca. −33 °C liegenden Rekristallisationsschwelle ist eine Verformung bei Raumtemperatur also eine sogenannte „Warmverformung", eine Verfestigung tritt nicht ein. Infolge der Anregung zur Rekristallisation tritt bereits bei geringer Verformung *Grobkornbildung* auf. Dies begünstigt das Entstehen von Dauerbrüchen an Kabelmänteln, Rohren und Bleiauskleidungen in Behältern. Bei gleichzeitigem Korrosionsangriff durch Fremdstrom (*z. B. Kabel parallel zu elektrischen Bahnen = galvanische Korrosion*) können Bleibewehrungen überraschend schnell brechen.

Die kritische Temperatur, bei der Kriechen eintritt, liegt weit unter der Raumtemperatur; Stillstand bei etwa −180 °C. Für Wasserleitungsrohre aus Blei wird eine Kriechgeschwindigkeit von 0,1 bis $1 \cdot 10^{-4}$ % als zulässig angesehen.

Für das Baugewerbe ist ganz besonders die Korrosionsbeständigkeit des Bleis wichtig, die diesem Baustoff in seinen vielfältigen Halbzeugformen weitgehende Anwendungsgebiete erschlossen hat. Die ausgezeichnete Korrosionsbeständigkeit beruht auf der raschen Bildung von Oberflächenfilmen, die, je nach dem Umgebungsmedium, unterschiedliche chemische Zusammensetzung haben. Wegen seines schützenden Oxidfilms ist Blei an der Atmosphäre sehr beständig. Die Korrosionsbeständigkeit wird durch Legierungselemente beeinflusst; Kupfer- oder Tellurzusätze von wenigen Zehntel M.-% verbessern die Korrosionsbeständigkeit. Nur wenigen Stoffen gegenüber verhält sich Blei nicht so günstig.

Von Trinkwasser wird Blei zwar angegriffen, bildet aber mit den darin enthalten den Härtebildern $Ca(HCO_3)_2$ und $CaSO_4$ schwerlösliche Bleicarbonate und -sulfate, die nach kurzer Zeit als festhaftende Schicht das Blei gegen weiteren Angriff des Wassers schützen. Wenn das Wasser jedoch weich ist (insbesondere bei c (Ca^{2+}+ Mg^{2+}) < 1,4 mmol/l und einen besonders hohen Gehalt an Sauerstoff und Kohlendioxid hat, wird das Blei unter Bildung leichtlöslicher *sehr giftiger* Bleisalze angegriffen. Da heutzutage die Tendenz dahin geht, vorwiegend weiche Wässer als Trink- und Brauchwasser einzuspeisen, ist die Installation von Bleirohrleitungen in Neuanlagen nicht mehr erlaubt.

Basisch reagierende Wässer greifen Blei an. Der Kontakt von Blei mit frischem Beton oder Kalkmörtel führt deshalb zur Korrosion des Metalls; um dieses zu vermeiden muss man Bleibauteile gegen die Einwirkung von feuchtem Beton und Kalkmörtel absperren, z. B. durch Ölpapier, bituminösen Anstrich, Asphalt oder durch Einschlämmen in Gips (Gips bildet auf der Metalloberfläche eine Schicht aus festhaftendem, praktisch unlöslichem Bleisulfat).

2.2.4.1 Bleierzeugnisse

Nach der DIN 1719 unterscheidet man zwischen:

○ Hüttenblei – 3 Sorten: mit 99,9; 99,94 und 99,97 M.-% Pb
○ Feinblei – 2 Sorten: mit 99,985 und 99,99 M.-% Pb

Bleiblech (DIN 59 610) in den gewalzten Sorten Hüttenblei sowie Feinblei ist mit Dicken zwischen 0,5 und 15 mm streifenförmig als Rollen oder in Tafeln auf dem Markt. Gewalzte Bleche aus Blei für das Bauwesen sind in der DIN EN 12 588 genormt. Sie werden zum Einfassen von Schornsteinen und Dachhauben benutzt, zum Auslegen von Dachkehlen, Brüstungen, Gesimsen und Fensterbänken, für Fassadenbekleidungen, wasserdichte Sperrschichten sowie insbesondere für Absperrungen im Säureschutzbau; auch als Zwischenlage zum Ausgleich von Unebenheiten im Fertigteilbau. Zur Absperrung gegen Feuchtigkeit wie auch als Dampfsperre können bitumenkaschierte und glasfaserverstärkte Bleifolien (0,1 bis 0,3 mm Dicke) eingesetzt werden; sie werden mit passierender Flamme verschweißt.

Durch Legieren lässt sich die Festigkeit von Blei erhöhen, jedoch leider nicht soweit, dass Blei für festigkeitsbeanspruchte Bauteile interessant würde. Zum Verbessern der Festigkeit enthalten fast alle Bleilegierungen Antimon; wird nur Antimon zulegiert, spricht man von *Hartblei*.

Für Entwässerungsanlagen können Bleirohre gemäß DIN 1263, bei Abwasserleitungen Geruchverschlüsse aus Blei gemäß DIN 1260 verwendet werden. Die Vorteile des Bleirohres sind seine einfache Ver- und Bearbeitbarkeit an der Baustelle, besonders die gute Biegefähigkeit. Korrosion und Verkrusten treten unter normalen Umständen nicht auf (siehe oben); Chlorid, Nitrat und Ammoniumsalze, die in üblichen Mengen im Gebrauchswasser enthalten sind, greifen Blei nicht an. *Für besondere Fälle kann man Zinnmantelrohre einsetzen, Bleirohre, in die innen ein mit dem äußeren Bleirohr fest verbundenes Zinnrohr mit 0,5 bis 1 mm Wanddicke eingearbeitet ist* (erkennbar an 4 außenliegenden Ziehstreifen). Bei Reparaturarbeiten können schadhafte Rohrteile an Ort und Stelle herausgeschnitten und durch neue Stücke, die man zwischenlötet, ersetzt werden.

Mit Hartblei- (PbSbAs-Legierungen) und Bleisparrohren erzielt man die mehrfache Drucksicherheit gegenüber Normalrohren mit dem Vorteil, dass man ohne Gefährdung der Drucksicherheit die bisher üblichen Wanddicken um etwa ein Drittel mindern kann. Dadurch beträgt das Stückgewicht nur fast die Hälfte.

Bleiwolle wird zum Dichten von Muffenverbindungen von Gas- und Wasserleitungen auf kaltem Wege anstelle von Gießblei verwendet. Sie wird aus reinstem Hüttenblei hergestellt und besteht aus vielen einzelnen geschnittenen Fäden, die in Zöpfen geliefert werden. Gegenüber einem Bedarf von 1,35 kg Gießblei zum Dichten von 100 mm NW sind nur 0,9 kg Bleiwolle erforderlich.

Bleiziegel und Bleibleche werden zum Schutze gegen radioaktive und Röntgenstrahlen sowie zum Schallschutz verwendet. Im Erdboden sowie im Meer verlegte Kabel werden durch Bleimäntel gegen Korrosion und Insektenfraß gesichert.

Bleirohre (sie dämpfen Wasserfließgeräusche), Geruchsverschlüsse sowie Bleibleche unterliegen der Güteüberwachung: Kennzeichnung mittels Prägestempel *„Saturn 1719"* oder Banderole.

2.2.4.2   Formgebung und Bearbeiten

Blei ist weich – auch die Hartbleisorten –, daher kann es auf der Baustelle leicht geschnitten, gebogen und gefalzt werden. Fügeverfahren sind Falzen, Kleben und überwiegend Hartlöten. Bei Lötarbeiten zum Verbinden von Mantelrohren darf nur mit 50 M.-%igem Kolophoniumzinn gearbeitet werden, um ein Verflüssigen der Zinninnenwandung zu vermeiden.

Beim Verstemmen von Muffendichtungen wird die Bleiwolle in mehreren Lagen auf die Hanfdichtung gestemmt; sobald der Klang beim Verstemmen metallisch wird, ist die Dichtung in Ordnung.

2.2.5   Magnesium

Magnesium ist das leichteste für Konstruktionszwecke einzusetzende Metall; es weist mittlere Festigkeitseigenschaften auf. Reines Magnesium wird wegen seiner chemischen und mechanischen Unbeständigkeit kaum verwendet, als Konstruktionswerkstoff wird Magnesium fast nur legiert (mit Al, Mn, Zn, Ce, und anderen) verwendet. Sein chemisches Verhalten ähnelt dem des Aluminiums. Es kommt, wie Aluminium, nur in Form von Verbindungen in der Natur vor. Magnesium ist ein silberweiß glänzendes Metall, das sich an der Luft aber sofort mit einem grauweißen Oxidfilm überzieht, der – anders als beim Aluminium – nur eine geringfügige Schutzwirkung aufweist. In aggressiver Atmosphäre, z. B. Seeluft, sind Magnesium und seine Legierungen nicht beständig. Die hohe chemische Reaktionsfähigkeit und seine große Affinität zum Sauerstoff machen Korrosionsschutzmaßnahmen sowie bei der Verarbeitung besondere Schutzmaßnahmen gegen Selbstentzündung erforderlich. Gegen Alkalien sind Magnesiumwerkstoffe jedoch beständig.

Der niedrige E-Modul des Magnesiums ist zwar günstig bei Stoß- und Schlagbeanspruchung, muss aber besonders bei Knickbeanspruchung durch ein größeres Trägheitsmoment konstruktiv berücksichtigt werden. Zu konzentrierte Kräfteeinleitungen müssen bei Magnesiumwerkstoffen vermieden werden. Kombinierte Montage-bauweise Stahl/Magnesium erfordert ein Berücksichtigen der unterschiedlichen Wärmeausdehnungskoeffizienten. Wegen der hohen Kerbempfindlichkeit (geringe Kerbzähigkeit) müssen scharfe Kerben und zu plötzliche Übergänge verschieden großer Werkstoffquerschnitte, insbesondere an hochbeanspruchten Werkstückteilen, vermieden werden, z. B. durch sorgfältiges Ausrunden.

Magnesium ist infolge seines negativen Potentials noch unedler als Aluminium und daher besonders korrosionsgefährdet. Die Verbindung von Magnesium-Legierungen mit anderen Metallen erfordert, um die Kontaktkorrosion zu verhindern, eine sorgfältige Isolierung, zumal das Magnesium keine wirksame Schutzschicht zu bilden vermag.

2.2.5.1 Magnesiumerzeugnisse

Mg-Knetlegierungen werden in DIN 1729 behandelt, Blockmetalle und Gussstücke aus Magnesiumlegierungen in DIN EN 1753. Werden an ein Bauteil nicht zu hohe mechanische Anforderungen gestellt, dann wird man für Konstruktionen bevorzugt Gussteile einsetzen, weil man sie spanabhebend gut bearbeiten kann. Magnesiumlegierungen sind nicht so gut gießbar wie Aluminiumlegierungen; ihr Formfüllungsvermögen ist geringer, und sie neigen mehr zur Bildung von Lunkern, die ein einwandfreies Verschweißen erschweren, oft sogar unterbinden. Abgesehen von einigen Sonderfällen haben Gussstücke im Bauwesen aber keine Bedeutung. Bauprofile werden aus Knetlegierungen gefertigt und stehen in allen im Baugewerbe erforderlichen Querschnittsformen, außerdem als Blech, Band und Rohr sowie als Draht zur Verfügung. Durch die Vielzahl der Pressprofile ist der Bauingenieur in der Lage, gewichtsparende Konstruktionen zu planen. Magnesium und -Legierungen finden im Bauwesen wegen ihres geringen Gewichts vor allem im Leichtbau Verwendung; ferner zur Herstellung von Heizkörperverkleidungen, Bau- und Möbelbeschlägen, und ähnlichem.

2.2.5.2 Formgebung und Bearbeitung

Magnesiumwerkstoffe können durch Gieß-, spanlose, spanabhebende und verbindende Verfahren geformt und verformt sowie oberflächenbehandelt und beschichtet werden. Wegen der großen chemischen Reaktionsfähigkeit von Magnesium sind bei der Bearbeitung ganz besondere Schutzmaßnahmen gegen Selbstentzündung beim Schmelzen und Gießen sowie bei der Zerspanung erforderlich.

2.2.5.2.1 Spanabhebende Formgebung

Magnesiumwerkstoffe sind mit allen üblichen Werkzeugsorten spanabhebend sehr gut zu bearbeiten. Hierbei müssen Späne und Schleifstaub ständig vom Arbeitsplatz entfernt werden, weil wegen der Reaktionsfreudigkeit des Magnesiums mit Luftsauerstoff Brandgefahr besteht. Falls Brände entstehen (z. B. durch Verwenden stumpfer Werkzeuge), sollen diese durch Abdecken mit Abdecksalzen, mit Gusseisenspänen oder trockenem Sand, **niemals mit Wasser** gelöscht werden. Bei einem Magnesiumgehalt von mehr als 30 mg je Liter Luft besteht Explosionsgefahr.

2.2.5.2.2 Spanlose Formgebung

Die Umformbarkeit von Magnesium sowie der Knetlegierungen ohne Anwärmen ist gering (Gefahr der Rissbildung, häufiges Zwischenglühen erforderlich), dagegen bereitet das Umformen oberhalb 200 °C keine Schwierigkeiten. Stranggepresste Halbzeuge sind die im Baugewerbe bevorzugt verwendeten Magnesiumteile.

2.2.5.2.3 Verbindungsarbeiten

Schweißen

Magnesiumlegierungen sind nicht so gut schweißbar wie Eisen oder Aluminium. Die große Affinität zu Sauerstoff und Stickstoff erfordert den Einsatz besonderer Flussmittel, die aber nach dem Schweißen wieder sorgfältig entfernt werden müssen. Warmrissbildung ist darauf zurückzuführen, dass die auftretenden Schweißspannungen größer sein können als die relativ geringe Warmfestigkeit des Magnesiumteils. Magnesiumwerkstoffe haben gegenüber Stahl eine wesentlich höhere spezifische Wärme und latente Schmelzwärme sowie eine erheblich größere Wärmeleitfähigkeit, die eine erhöhte Wärmezufuhr dann notwendig machen, wenn geschweißt werden soll. Ein gutes und gleichmäßiges Vorwärmen ist vor dem Schweißen notwendig. Zur Anwendung kommen vorwiegend elektrische Schutzgas-Schweißverfahren.

2.2.5.3 Oberflächenbehandlung

Die erhebliche Korrosionsanfälligkeit des Magnesiums und seiner Legierungen lässt sich durch Oberflächenbehandlungen weitgehend beheben. Je nach ihrem Verwendungszweck werden Magnesiumkonstruktionen dekorativ oder/und funktionell behandelt.

Beizen

Beizverfahren basieren überwiegend auf Chromatlösungen (BS-, BA- und BSA-Verfahren). Die Legierungen überziehen sich dabei mit einer festhaftenden, bronzeähnlich aussehenden oxidischen Schutzschicht, die für normale Beanspruchungen ausreichenden Korrosionsschutz sicherstellt. Die korrosionshemmende Wirkung kann erhöht werden, wenn die Behandlung des Magnesiumwerkstoffes in den Lösungen elektrolytisch erfolgt. Diese Technik wird vor allem im Ausland bevorzugt, wo man auf dem Gebiet der Magnesiumanwendung als Bauwerkstoff mehr Interesse zeigt und auch über größere Praxiserfahrungen verfügt als in Deutschland. Weitere ähnliche Verfahren erzeugen graue, grauschwarze bis tiefschwarze Schichten, deren korrosionshemmende Wirkung von der Magnesiumlegierung abhängt. Färbende Beizverfahren werden auch eingesetzt, wenn Bauteilen ein dekoratives Aussehen gegeben werden soll. Solche Behandlungen erzeugen braune, schwarze und andersfarbige Tönungen, ohne jedoch immer gleichzeitig besondere korrosionshemmende

Eigenschaften anzubieten. Das Weißbeizen wird eingesetzt, wenn Fertigteile eine gleichmäßig hell aussehende Oberfläche erhalten sollen.

Anodisieren

Analog dem Anodisierverfahren für Aluminium besteht auch für Magnesiumwerkstoffe die Möglichkeit, auf elektrolytischem Wege oxidische Deckschichten zu erzeugen. Von ihnen kann jedoch keinesfalls die gleiche Schutzwirkung erwartet werden, wie man sie vom Aluminium und den Eloxalverfahren her kennt. Die anodisch auf Magnesium erzeugte Oxidschicht (ELOMAG®, SEOMAG®) ist poröser. Durch diese ungünstige Porosität der Oxidfilme auf Magnesium haben angreifende Mittel leichter als beim Aluminium die Möglichkeit eines Vordringens zum Basiswerkstoff. Ein Versiegeln der Oxidschichten auf Magnesium ist also dann von besonders ausschlaggebender Bedeutung, wenn an einen ausreichenden Schutz gegen Korrosion gedacht wird. Außerdem haben die Oxidschichten auf Magnesium nicht die hohe Härte wie jene auf Aluminium, so dass auch die Abriebfestigkeit des Magnesiums nicht wesentlich verbessert wird. Als Vorbehandlung vor dem Beschichten mit Lack oder Kunststoff kommt den anodisch formierten Oxidschichten große Bedeutung zu, denn sie sind ein ausgezeichneter Haft- und Verankerungsgrund für den Beschichtungsstoff.

Fluoridschichten werden auf Magnesiumwerkstoffen durch elektrolytische Behandlung in nahezu gesättigtem Ammoniumfluorid erhalten.

Lackieren

Wenn Magnesiumoberflächen entfettet und mit einem Chromatfilm oder anodisch formierten Oxidfilm bedeckt sind, dann können sie ohne weiteres mit beliebigen Beschichtungsstoffen mit allen üblichen Auftragetechniken beaufschlagt werden. Mennige und Bleiweiß dürfen als Grundierung jedoch nicht mit Magnesium in Berührung kommen. Titanweiß und Zinkchromat sind üblich. Als Deckanstrich eignen sich alle gängigen Lacksorten.

2.2.6   Zinn

Zinn kommt in der Natur nur in Form von Verbindungen vor; das wichtigste Zinnerz ist der Zinnstein [SnO_2], aus dem das Metall durch reduzierendes Schmelzen gewonnen wird. Zinn ist ein silberweißes, an der Luft auch bei längerer Lagerung glänzend bleibendes Metall. Die Zugfestigkeit kann durch Zulegieren von Blei und Kupfer erhöht werden. Sie nimmt bei zunehmender Nutzungstemperatur ab und beträgt bei z. B. 180 °C nur noch 20 % des Ausgangswertes. Zinn hat eine unter Raumtemperatur liegende Rekristallisationstemperatur, so dass das weiche und geschmeidige Metall im kalten Zustand gut gehämmert, gepresst, gezogen und gewalzt werden kann. Während der Verformung tritt bereits Rekristallisation ein, so dass die Kaltverfestigung ausbleibt. Diese Tatsache erklärt auch die außerordentlich hohe Bruchdehnung des Werkstoffes. Warmformgebung ist nicht üblich, weil der Werkstoff bereits bei 200 °C brüchig und spröde wird und schließlich zerfällt. Eine unbedingt zu beachtende Empfindlichkeit besteht gegen Kälte, insbesondere bei längerer Unterkühlung. Unterhalb +13,2 °C wandelt sich Zinn von der tetragonalen in die kubische Struktur um, deren Dichte kleiner ist. Dadurch kommt es zu einem pulverförmigen Zerfall des Metalls („Zinnpest"). Durch Zulegieren von Sb und/oder Bi wird diese Kälteempfindlichkeit gemindert bis aufgehoben. Da Zinn nur wenig unedler als Wasserstoff ist, hat es bei Raumtemperatur eine sehr gute Beständigkeit gegen Luft, Wasser und auch gegen schwache Säuren und Basen. Da es außerdem ungiftig ist, eignet es sich sehr gut für den Korrosionsschutz von Geräten und Behältern für die Lebensmittelindustrie.

2.2.6.1   *Zinnerzeugnisse*

Wegen seiner Beständigkeit gegen weiches und säurehaltiges Wasser wird Zinn als Rohrwerkstoff für Leitungen verwendet. Als Blech dient es zum Auskleiden von Behältern [~ 50 % der Zinnerzeugung werden zum Verzinnen von Blech (Weißblech) verbraucht], als Folie zu Isolierzwecken und in Form von Lotmetall (siehe dort) zum Löten.

2.2.7   Lotmetalle

Zum Herstellen von Lötverbindungen werden Lote bzw. Lotmetalle verwendet. Ihre Zusammensetzung richtet sich nach der Lötaufgabe. Lötverbindungen werden durch Erwärmen der Lötstelle auf eine Temperatur gebracht, bei der das verbindende Metall, das Lot(metall), schmilzt, die zu verbindenden Werkstoffe jedoch im ursprünglichen starren Zustand bleiben. Nachdem das Lotmetall ebenfalls fest geworden ist, besteht eine innige Verbindung zwischen Basis- und Lotmetall. Die Kräfte der Lötverbindung werden durch die Kapillarwirkung feinster Zerklüftungen in der Werkstückoberfläche und auch durch molekulare Anziehungskräfte erklärt. An der Grenzfläche Basismetall/Lotmetall tritt Legierungsbildung ein. Diese wirkt festigkeitsfördernd auf die Lötverbindung. Die durch Löten zu verbindenden Flächen und das Lotmetall selbst müssen metallisch rein sein, um die genannten Erscheinungen und Kräfte wirksam werden zu lassen. Zum Entfernen von Oxidschichten und zum Vermeiden der Neuoxydation werden Flussmittel angewendet.

2.2.7.1   *Weichlote*

Lötzinn ist das wichtigste Weichlot. Es besteht aus Zinn und Blei. Die Anteile dieser beiden Legierungskomponenten bestimmen den Schmelzpunkt (*Abbildung 2.13*).

Lötzinn wird für Lötverbindungen mit z. B. Weißblech, CuZn-Legierungen, Zink, Blei, verzinktem und verbleitem Blech eingesetzt. Für das Löten von Teilen, die mit Lebensmitteln in Kontakt kommen, ist Lötzinn mit 90 M.-% Zinn notwendig. Lötzinn mit Gehalten von 40 bis 50 M.-% Zinn verläuft beim Erwärmen besonders leicht und gleichmäßig. Für Eisenwerkstoffe und Schwermetalle gibt es neben Zinnloten Zinklote mit bis zu 98 M.-% Zinkanteil, Bleilote mit bis zu 98,5 M.-% Bleianteil und Silber-Blei-

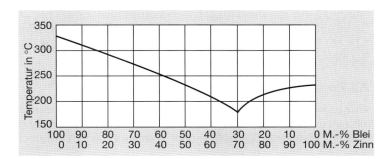

*Abbildung 2.13
Schmelzpunkte
von Blei-Zinn-
Legierungen*

Lote mit 97 M.-% Blei plus Silber, Calcium und Cadmium als Legierungselemente. Diese Lotmetalle werden auch Wischlot genannt. Weichlote werden in Draht-, Stangen-, Blättchen-, Folien-, Band- und Sonderformen geliefert. Sie enthalten auf Wunsch einen Flussmittelkern.

2.2.7.2   Hartlote

Hartlote, die als silberfreier Werkstoff auch Schlaglote genannt werden, sind Kupferlegierungen, die z. B. bei der Zusammensetzung mit 42 bis 54 M.-% Kupfer einen Schmelzpunkt zwischen 700 und 900 °C haben. Durch Zulegieren von Nickel kann dieses Schmelzintervall wesentlich erhöht werden, außerdem zeigen nickelhaltige Hartlötverbindungen höhere Festigkeiten und Warmfestigkeiten als nickelfreie. Hartlote werden beim Löten von Stahl, CuZn-Legierungen, CuSn-Legierungen und CuNiZn-Legierungen sowie weiterer Kupferwerkstoffe verwendet. Ihre Eigenschaften sollen weitgehend den zu verlötenden Werkstoffen angepasst werden. Es hat z. B. keinen Wert, eine besonders harte Lötverbindung an weichen Werkstoffen oder eine besonders weiche an harten Werkstoffen erzielen zu wollen.

2.2.7.3   Silberlote

Diese dienen dem Verlöten von Kupfer, CuSn-Legierungen und CuZn-Legierungen mit > 58 M.-% Kupfer. Durch den Silberanteil erzielt man niedrigen Schmelzpunkt und vermeidet dadurch ein Verspröden der Lötverbindung. Silberlote sind mit Silbergehalten bis 50 M.-% handelsüblich. Bevorzugte Lieferformen sind Streifen und Körner bzw. Granulat.

2.2.7.4   Sonderlote

Im Baugewerbe sind auch an Aluminiumkonstruktionen Lötverbindungen möglich. Die Aluminiumlote bestehen aus Aluminium, Zink, Zinn, Cadmium und Phosphor. Sie führen zu einer besonders korrosionsbeständigen Lötverbindung. Schnellote sind

Weichlote mit extrem niedrigen Schmelzpunkten von 60 bis 145 °C. Sie enthalten Cadmium und Wismut. Ein Beispiel für diese Lote ist das *Woods'sche Metall* mit 12,5 M.-% Zinn, 25 M.-% Blei, 12,5 M.-% Cadmium, 50 M.-% Wismut und einem Schmelzpunkt um 60 °C.

2.2.7.5   Lötverfahren

Allen Lötverfahren gemeinsam ist die Notwendigkeit, die Verbindungsstellen entweder mit einem Lötkolben, auf elektrischem Wege durch Widerstand oder Induktion, im offenen Feuer einer Gasflamme oder in einem Ofen vorzuwärmen.

2.2.7.5.1   Weichlöten

Da eine Lötverbindung gut haften und halten soll, müssen die zu verbindenden Oberflächen metallisch rein sein. Oxidschichten werden vor dem Löten mechanisch oder chemisch entfernt. Damit durch die beim Löten entstehende Hitze eine erneute Oxidbildung nicht erfolgen kann, wird mit Löthilfsmitteln, z. B. Lötwasser, gearbeitet. Lötzinn in Form von Hohldraht enthält als Kern ein gebrauchsfertiges Lötwasser, das pastös angemengt wurde und während des Lötvorgangs in einem dem Lötprozess genau angepassten und dosierten Mengenverhältnis mit dem Lotmetall auf die zu lötende Stelle fließt. Zum Weichlöten benutzt man Kupferkolben. Die klassische Form ist der Kolben mit dachförmiger Schrägung. Für Sonderaufgaben wird die Kolbenform dem zu lötenden Objekt angepasst. Das Erwärmen erfolgt durch Einlegen in ein Holzkohlefeuer, Einhängen in eine Gasflamme, elektrisches Beheizen oder durch direkte Wärmezufuhr mit gasgespeister Flamme in einer Vorrichtung, die aus Lötkolben und Heizquelle kombiniert ist. Die Arbeitsbahn des Lötkolbens muss sauber (= metallisch blank) sein. Beim Anwenden von Lötlampen wird die Lötstelle direkt durch die Flamme, also nicht durch einen Überträger wie beim Lötkolben, erwärmt. Unter gleichzeitigem Anwenden von Druckluft ist es möglich, das abgeschmolzene Lotmetall vor der Flamme herzutreiben. Dies ermöglicht ein rasches, sauberes und vor allem gleichmäßiges Arbeiten. Größere Flächen, z. B. Verbindungen von Rohrleitungen, werden durch Tauchen der Lötstelle in flüssiges Lotmetall behandelt. Diese Arbeitsweise ist besonders wirtschaftlich.

2.2.7.5.2   Hartlöten

Beim Hartlöten verwendet man Schweißpulver in Form von feinstem Glas- oder Quarzmehl bzw. Borax, das die Lötstelle mit einem Glasfluss, der Metalloxide löst, überzieht. Beim Hartlöten auf der Baustelle arbeitet man mit Geräten, die den Ausrüstungen beim Schweißen sehr ähnlich sind. Für das Baugewerbe hat das Induktionslöten Bedeutung für solche Teile erlangt, die durch ihre große Abmessung nicht vollständig vorgewärmt werden können oder dürfen, oder die sich beim vollständigen Erwärmen verziehen. Durch Anlegen von Wechselstrom mit hoher Frequenz erwärmen sich die Bauteile, falls erforderlich auch partiell gelenkt und begrenzt. Leichtmetelle werden bei 450 bis 600 °C gelötet. Wegen des niedrigen Schmelzpunktes von Aluminium muss das Erwärmen äußerst vorsichtig erfolgen.

2.3 Korrosion

2.3.1 Einführung

Von besonderem Interesse sind die Korrosion und der Korrosionsschutz von Stahl und metallischen Werkstoffen.

Laut DIN 50 900 – Korrosion der Metalle, Begriffe – Teil 1 wird der Begriff Korrosion definiert als:

> Reaktion eines metallischen Werkstoffs mit seiner Umgebung, die eine messbare Veränderung des Werkstoffes bewirkt und zu einer Beeinträchtigung der Funktion eines metallischen Bauteils oder eines ganzen Systems führen kann.

Der Umfang der Korrosionsschäden ist in den letzten Jahren in einem solchen Maße gestiegen, dass der dadurch entstandene volkswirtschaftliche Schaden beträchtlich ist. In vielen Fällen wurde bereits bei der Planung der Keim für erste Schäden durch die Wahl ungeeigneter und unverträglicher Werkstoffe sowie durch eine unvollkommene konstruktive Durchbildung gelegt.

Die zunehmende Bedeutung der Korrosion und des Korrosionsschutzes bringt es mit sich, dass den naturwissenschaftlichen Grundlagen der Korrosion und der Korrosionsschutzsysteme mehr Beachtung geschenkt werden muss.

Alle technisch verwendeten Metalle sind unter den auf der Erde herrschenden Bedingungen *thermodynamisch* gesehen *instabil*, d. h. sie sind bestrebt, stabilere chemische Verbindungen mit anderen Elementen einzugehen. In den meisten Fällen ist diese Reaktion elektrochemischer Natur, in einigen Fällen kann sie jedoch auch chemischer (nichtelektrochemischer) oder metallphysikalischer Natur sein.

2.3.2 Elektrochemische Grundlagen der Korrosion

Die DIN 50 900, Teil 2, definiert den Begriff elektrochemische Korrosion als:

> Korrosion, bei der elektrochemische Vorgänge stattfinden. Sie laufen ausschließlich in Gegenwart einer ionenleitenden Phase (im allgemeinen das Korrosionsmedium, Elektrolytlösung oder Salzschmelze, es kann sich aber auch um ionenleitende Korrosionsprodukte handeln) ab. Hierbei muss die Korrosion nicht unmittelbar durch einen elektrolytischen Metallabtrag bewirkt werden, sie kann auch durch Reaktion mit einem elektrolytisch erzeugten Zwischenprodukt (z. B. atomarem Wasserstoff) erfolgen.

Nach Auffassung des Verfassers werden für den Praktiker die theoretischen Grundlagen meist viel zu ausführlich und kompliziert dargestellt. Die Zusammenhänge werden deshalb hier nur sehr knapp und vereinfacht abgehandelt und auf eine ausführliche Darstellung der wissenschaftlichen elektrochemischen Grundlagen verzichtet (siehe hierzu entsprechende ausführliche Fachliteratur).

Bei der elektrochemischen Korrosion bilden sich elektrochemische Elemente aus, die im allgemeinen zur Zerstörung des unedleren Metalls führen.

Die als elektrochemische Korrosion bezeichneten Prozesse werden durch den gleichzeitigen Ablauf von **anodischen** und **kathodischen Teilprozessen** ermöglicht.

2.3.2.1   Anodische Teilreaktion

Als anodische Reaktion ist vor allem die Metallauflösung von Bedeutung:

$$Me \longrightarrow Me^{n+} + ne^-$$

Dieser Korrosionsvorgang ist sehr stark abhängig von der Stellung des Metalls in der elektrochemischen Spannungsreihe; je unedler das Metall ist, umso gefährdeter ist es im allgemeinen durch die anodische Auflösungsreaktion.

2.3.2.2   Kathodische Teilreaktion

Kathodischerseits kann es zu einer *Reduktion von* im Elektrolyten *gelöstem Sauerstoff* oder aber zur *Wasserstoffabscheidung* kommen.
Die Bruttoreaktion der **Sauerstoffreduktion in saurer Lösung** lautet:

$$O_2 + 4\ H_3O^+ + 4\ e^- \longrightarrow 6\ H_2O$$

während in **neutraler** oder **basischer Lösung** folgende Reaktion abläuft:

$$O_2 + 2\ H_2O + 4\ e^- \longrightarrow 4\ OH^-$$

Eine Korrosionsart, die durch den Sauerstoff bewirkt wird oder an der Sauerstoff zumindest maßgeblich beteiligt ist, bezeichnet man deshalb als eine elektrochemische **Korrosion vom Sauerstofftyp.** Durch Absenkung des Sauerstoffgehaltes lässt sich die Korrosionsrate senken. So sollte z.B. eine häufige Frischwasserzugabe bei Zentralheizungen (z.B. wegen Undichtigkeiten) vermieden werden, um eine hohe Sauerstoffkonzentration zu unterbinden.
Die **kathodische Wasserstoffabscheidung** verläuft nach folgender Reaktion:

$$2\ H_3O^+ + 2\ e^- \longrightarrow H_2 + 2\ H_2O$$

oder $$2\ H_2O + 2\ e^- \longrightarrow H_2 + 2\ OH^-$$

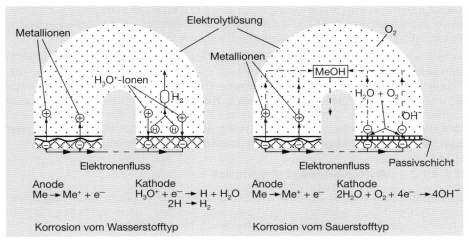

Abbildung 2.14
Elektrochemischer Korrosionsvorgang

Die Wasserzersetzung braucht bei der Korrosion des Eisens praktisch nicht berücksichtigt zu werden. Sie ist jedoch für die Beurteilung der Korrosion des Aluminiums und Zinks, die im allgemeinen in negativeren Potenzialbereichen ablaufen (siehe Spannungsreihe), von Wichtigkeit.

2.3.2.3   *Korrosionsvorgang – Gesamtreaktion*

Befindet sich ein Metall in einer wässrigen Elektrolytlösung, so laufen in jedem Flächenelement alle genannten Reaktionen gleichzeitig und unabhängig voneinander ab und überlagern sich dabei. Als anodische Reaktion tritt in allen Fällen nur die Metallauflösung auf. Wie weit die einzelnen kathodischen Reaktionen an dem Korrosionsvorgang teilhaben hängt einerseits von dem Potenzial des Metalls, andererseits von dem pH-Wert des Elektrolyten ab.

Für Eisen ist – abgesehen vom stark sauren Bereich – im allgemeinen die Geschwindigkeit der Sauerstoffreduktion für den Ablauf der Korrosion maßgebend.

2.3.3   Korrosionsarten und ihre Bedeutung im Bauwesen

2.3.3.1   *Korrosionsarten ohne mechanische Beanspruchung*

2.3.3.1.1   *Gleichmäßige Flächenkorrosion*

Man bezeichnet diese, bei Freilagerung an Luft bei normaler Umgebungstemperatur auftretenden Korrosionserscheinungen als *„atmosphärische Korrosion der Metalle"*;

sie zeigt sich in erster Linie in einer gleichmäßigen Oberflächenabtragung. Sie tritt auf, wenn das korrodierende Metall auf der gesamten Oberfläche das gleiche elektrische Potenzial hat, z. B. bei gleichmäßiger Berührung mit feuchter Luft.

Erfahrungsgemäß tritt bei allen technisch brauchbaren Metallen unter diesen Umständen jedoch kein großer Korrosionsfortschritt auf, wenn die umgebende Luft ausreichend trocken ist. Erst bei Überschreiten einer kritischen relativen Luftfeuchtigkeit von 60 – 70 % beginnt eine merkliche Korrosion. Neben der Luftfeuchte haben aber auch Luftverunreinigungen einen ganz erheblichen Einfluss auf das Korrosionsgeschehen und können den Korrosionsverlauf drastisch erhöhen. **Die Zusammensetzung der Luft beeinflusst daher ganz erheblich das Korrosionsgeschehen.**

2.3.3.1.2   *Muldenkorrosion/Lochkorrosion*

Es handelt sich hierbei um eine anodische Korrosion in einem lokal begrenzten Bereich. Der örtlich begrenzte Angriff bei meist geringer Flächenabtragung führt zu kraterförmigen Vertiefungen und fortschreitend zu Durchbrüchen.

Diese Form der Korrosion kann immer dann auftreten, wenn die Werkstoffoberfläche von einer **korrosionsschützenden Deckschicht** überzogen ist, die Fehlstellen aufweist und die **edler als das Grundmetall** ist, beispielsweise Zunderschichten, Passivschichten oder Fremdmetallüberzüge. Im allgemeinen steht dann einer verhältnismäßig großen Kathode eine sehr kleine Anodenfläche gegenüber und es führt hier zu einer bevorzugten Auflösung des Grundmetalls. Es entstehen damit in relativ kurzer Zeit sehr tiefe Kerben.

Abbildung 2.15
Schematische Darstellung der Chloridkorrosion beim Stahl

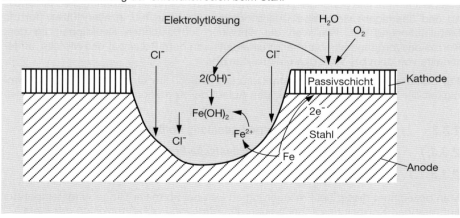

Ein Spezialfall der Lochkorrosion ist die sogenannte **Chlorid-Korrosion**, die bei einbetoniertem, passiviertem Stahl auftreten kann, wenn Chloride an die Stahloberfläche gelangen können. Cl^--Ionen sind in der Lage, die Passivität des Stahles auf kleinen Bereichen aufzuheben. Durch die Aufhebung der Passivierung an diesen Stellen erfolgt eine örtliche, punktweise Aktivierung der Oberfläche und es bildet sich ein Lokalelement mit sehr kleiner, punktförmiger Anode (*aktivierte Stelle*) und großflächiger Kathode (*passive Oberfläche*) aus. Die Anreicherung der Korrosionsprodukte in dem Grübchen führt darüber hinaus zu einer Verstärkung der Korrosionsgeschwindigkeit durch Erniedrigung des pH-Wertes des Elektrolyten. Die einmal gebildete Korrosionsnarbe bleibt deshalb beständig aktiv und vertieft sich immer weiter.

2.3.3.1.3 *Korrosion durch unterschiedliche Belüftung*

Große Bedeutung haben Korrosionsfälle, bei denen infolge eines unterschiedlichen Sauerstoffangebotes auf verschiedenen Gebieten der Metalloberfläche anodische und kathodische Bereiche gebildet werden; es kommt dann zu einer örtlich beschleunigten Korrosion durch Ausbildung eines Korrosionselementes, wobei die weniger belüfteten Bereiche beschleunigt abgetragen werden. Derartige Korrosionsfälle werden zusammenfassend als **Belüftungselemente** oder **Sauerstoff-Konzentrationselemente** bezeichnet.

Die Ausbildung eines solchen Korrosionselementes ist immer da möglich, wo Eisen in Berührung mit belüfteten Lösungen steht und sich Sauerstoff-Konzentrationsunterschiede ausbilden können; z. B. in Vertiefungen, Rissen, Spalten, Tropfen, usw.

In der Praxis sind diese Bedingungen besonders in engen Spaltflächen erfüllt. Derartige **Spaltkorrosion** tritt z. B. an konstruktiv bedingten Spalten, an Rissen in Anstrichen, Bitumen- oder Kunststoffüberzügen auf. Auch beim Auftreten von **Kondenswasser**-Tropfen kommt es zur Ausbildung solcher Belüftungselemente.

Eine besonders anschauliche Darstellung der Funktion eines Belüftungselementes bietet der Tropfenversuch (*Abbildung 2.16*). Die Fläche in Berührung mit dem Elektrolyten geringeren Sauerstoffgehal-

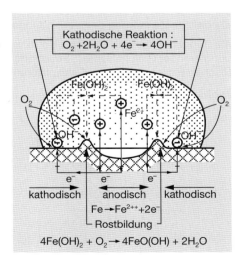

Abbildun 2.16
Schematische Darstellung der Rostbildung
auf Stahl unter einem Wassertropfen

Kathodische Reaktion :
$O_2 + 2H_2O + 4e^- \rightarrow 4OH^-$

$Fe(OH)_2$ $Fe(OH)_2$

O_2 Fe^{2+} O_2

OH^- OH^-

e^- e^- e^-

kathodisch | anodisch | kathodisch

$Fe \rightarrow Fe^{2++} + 2e^-$
Rostbildung

$4Fe(OH)_2 + O_2 \rightarrow 4FeO(OH) + 2H_2O$

tes wird zur Anode und wird aufgelöst (z. B. der Mittelbereich der Tropfengrundfläche); die kathodischen Flächen mit örtlich hoher Sauerstoffkonzentration bleiben geschützt (z. B. die Randbereiche des Tropfens).

2.3.3.1.4   Kontaktkorrosion (Galvanische Korrosion)

Die Erscheinungen der Kontakt- oder galvanischen Korrosion können überall dort auftreten, wo zwei Metalle oder auch verschiedene Legierungen eines Metalls mit unterschiedlichem Potenzial in leitender metallischer Verbindung bei gleichzeitiger Anwesenheit eines Elektrolyten stehen. Dabei kommt es zu einer beschleunigten Auflösung des Metalls der Anode, d. h. des nach der Spannungsreihe unedleren Metalls.

Besonders gefährdet bei dieser Korrosionsart ist der unmittelbar an die Kathode angrenzende Bereich der Anode (*Abbildung 2.17*); in diesem Bereich ist mit einer erhöhten Metallauflösung zu rechnen, vor allem dann, wenn die Anodenfläche im Verhältnis zur edleren Kathodenfläche relativ klein ist.

Aus diesen Zusammenhängen kann eine wichtige praktische Folgerung gezogen werden, nämlich, dass bei Mischbauweise – wenn sie denn nicht zu vermeiden ist – darauf geachtet werden muss, dass wichtige Funktionsteile nicht als kleine anodische Flächen vorliegen.

Eine Kontaktkorrosion kann durch eine Zwischenlage aus Isoliermaterial oder durch Isolieranstriche verhindert werden (*Abbildung 2.18*). Aber auch bei bester Isolierung sollte das Verbindungsmittel mindestens so edel wie das edlere der zu verbindenden Metalle sein. Sollte nämlich eine unvorhergesehene Kontaktkorrosion auftreten, so ist der Flächenabtrag auf einem der Bauteile für die Konstruktion nicht so gefährlich wie die örtliche Zerstörung des Verbindungsmittels.

Als Sonderfall der galvanischen Korrosion kann die Korrosion durch Einwirken vagabundierender Gleichströme (Streustrom) in der Nähe von Straßenbahnschienen, elektrischen Eisenbahnen und Galvanisieranstalten verstärkt werden.

Abbildung 2.17
Beispiel für Kontaktkorrosion

Abbildung 2.18
Beispiel der Isolierung einer Schraubverbindung

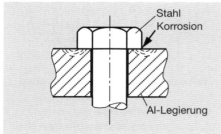

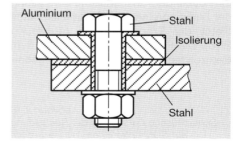

2.3.3.2 Korrosionsarten bei zusätzlicher mechanischer Beanspruchung

2.3.3.2.1 Spannungsrisskorrosion

Die Spannungsrisskorrosion, eine Korrosionsart, die insbesondere bei Spannstählen auftreten kann, ist ein Korrosionstyp, der besonders gefährlich ist, weil hierbei oft die sonst charakteristischen Korrosionsprodukte fehlen. Wie der Name schon andeutet, handelt es sich bei der Spannungsrisskorrosion um eine Rissbildung, die infolge gleichzeitiger Wirkung mechanischer Zugbelastung und eines Korrosionsangriffs auftritt.

Nach der DIN 50 900, Teil 1, Abschnitt 2.18, unterscheidet man zwischen der *interkristallinen* – bei der korngrenzennahe Bereiche bevorzugt korrodieren – und der *transkristallinen* Korrosion – die annähernd parallel zur Verformungsrichtung durch das Innere der Körner verläuft –.

Diese kristalline Korrosion ist in ihrem Auftreten viel unangenehmer als die Oberflächenkorrosion. Ihr Kennzeichen ist die **verformungsarme Trennung**; sie ist also viel schwerer erkennbar, meist erst dann, wenn bereits eine Zerstörung des Bauteils aufgetreten ist.

Bei der Spannungsrisskorrosion wird noch zwischen einer elektrolytischen (*anodischen*) und einer metallphysikalischen (*wasserstoffinduzierten*) Rissbildung unterschieden (laut DIN 50 900, Teil 1, Abschnitt 2.2.2).

2.3.3.2.1.1 Elektrolytische Spannungsrisskorrosion

Die Voraussetzungen für den Ablauf der elektrolytischen (anodischen) Spannungsrisskorrosion, die gleichzeitig erfüllt sein müssen, sind:

○ Vorliegen eines empfindlichen Werkstoffes, (z. B. CrNi-Stähle, usw.)
○ die Einwirkung eines Korrosionsmittels mit schwach oxydierender Wirkung und spezifisch wirksamen Ionen, (z. B. Cl^-, NO_3^-, CN^-, PO_4^{3-})
○ das gleichzeitige Vorhandensein von Spannungen (*Zugspannungen*), sei es durch äußere Belastung oder durch Eigenspannungen.

Erfahrungsgemäß tritt eine Schädigung nur an passivierten Stählen auf.

Die wichtigsten Methoden, um Spannungsrisskorrosion zu vermeiden/einzuschränken:

○ Vermeiden hoher Zugspannungen, insbesondere Bereiche mit Spannungsspitzen
○ Vermeidung bzw. Entfernung schädlicher Komponenten im umgebenden Medium
○ Fallweise kathodischer Schutz, Inhibitoren (für Betonstähle z. B. einwandfreie Umhüllung mit Beton) oder Beschichtungen.

2.3.3.2.1.2 Wasserstoffinduzierte Spannungsrisskorrosion

Während die anodische Spannungsrisskorrosion in der Rissbildungsphase den Vorgängen der Lochkorrosion ähnelt, ist die *kathodische Spannungsrisskorrosion* auf die Akkumulation von Wasserstoff im plastisch verformten Bereich vor der Rissspitze zurückzuführen.

Im Gegensatz zu allen vorher besprochenen Korrosionsmechanismen ist bei der wasserstoffinduzierten Korrosion die **kathodische** Reaktion, nämlich die Wasserstoffabscheidung, entscheidend für das Auftreten der Schäden. Eine Schädigung tritt bevorzugt unter Zugspannung auf und führt zu *ankündigungslosen spröden Brüchen* des Metalls.

Im Verlauf der Abscheidung des molekularen Wasserstoffs H_2 kann unter Umständen (bei Vorliegen von sogenannten Katalysatorgiften wie z. B. CN^-, S^{2-}) atomarer Wasserstoff in größerer Konzentration an der Elektrodenoberfläche auftreten. Dieser ist infolge seines geringen Atomradius bevorzugt befähigt, in das Elektrodenmetall einzudringen (einzudiffundieren). In allen Hohlräumen, Poren und Gitterfehlern bilden sich dann durch Rekombination H_2-Moleküle. Örtlich können hierdurch große Gasdrücke entstehen (bis $2 \cdot 10^5$ bar), die eine plastische Deformation des umgebenden Metalls zur Folge haben können (*Beizblasen*). Die wesentliche Wirkung des Wasserstoffs im Stahl ist die Versprödung, die unter Zugspannung zu verformungsarmen Brüchen führt.

Da die Rissbildung im Werkstoffgefüge unabhängig von der Herkunft des Wasserstoffs ist, können die Begriffe *kathodische Spannungsrisskorrosion* und **Wasserstoffversprödung** auch gleichgesetzt werden. Besonders kritische Bedingungen können immer dann auftreten, *wenn Stahl mit unedleren Metallen ein Lokalelement bildet.* Gemäß der Spannungsreihe kommen hier besonders die Metalle Zink und Aluminium in Frage.

2.3.4   Korrosionsschutzverfahren

Nach K. A. van Oeteren beginnt der Korrosionsschutz am Reißbrett. Das heißt, dass bereits bei der Planung durch entsprechende Baustoffauswahl (siehe Kapitel 2.1.8.3 und 2.1.8.4) und -kombination sowie durch konstruktive Maßnahmen der später einsetzende Angriff weitgehend berücksichtigt und eingeschränkt werden soll. Der Schutz vieler Objekte ließe sich dadurch mit wesentlich größerer Sicherheit und geringeren Kosten durchführen. Die Korrosionsschutzverfahren können in aktive und passive Verfahren unterteilt werden (*siehe Tabelle 2.11*).

2.3.4.1   Passivierung

Es lässt sich häufig beobachten, dass Metalle unter bestimmten Bedingungen durch Bildung von porenfreien Deckschichten gegenüber einem Korrosionsmedium resistent sind und eine Korrosionsrate nicht mehr nachweisbar ist. Diese Erscheinung, die

Korrosionsschutz		
aktiv: durch Planung	**aktiv:** durch Eingreifen in den Korrosionsvorgang	**passiv:** durch Fernhalten angreifender Stoffe von der Bauteiloberfläche
zweckmäßige Gestaltung der Konstruktion; zweckmäßige Auswahl der Werkstoffe	Entfernung/Beeinflußung angreifender Stoffe; Eingriff in den elektrochemischen Vorgang	künstliche Deck- und Schutzschichten; metallische und nichtmetallische Überzüge

Tabelle 2.11
Korrosionsschutzverfahren

man als Passivität bezeichnet, ist in der Technik von großer Bedeutung (z. B. Eloxal-Verfahren beim Aluminium).

Solche Passivschichten können z. B. durch den Einsatz von Inhibitoren erzeugt werden. Bei den Inhibitoren handelt es sich um Substanzen, die dem korrosionsaktiven Medium meist in geringer Konzentration zugesetzt werden und die in der Lage sind, durch physikalische Adsorption oder chemische Reaktion auf der Oberfläche des Werkstoffes festhaftende, porenfreie Schutzschichten zu bilden. Eine erfolgverspre-chende Anwendung setzt die genaue Kenntnis und Berücksichtigung der Wirkungs-weise des Inhibitors und des zu inhibierenden Vorgangs voraus, anderenfalls kann es unter Umständen sogar zu einer Korrosionsbeschleunigung kommen.

Der im Bauwesen wichtigste Inhibitor ist der Beton. Es ist bekannt, dass Stahleinlagen im Beton nicht rosten. Das ist in erster Linie auf die basische Reaktion des Zements zurückzuführen. Hierdurch wird der Stahl in einen inaktiven Zustand versetzt, in dem er nicht rostet. Einbetonieren, Einschlämmen oder Spritzen mit Zementleim und Zementmörtel von Stahlteilen beim Stahlskelettbau hat sich allgemein bewährt, wenn die aufgebrachte Schicht fest haftet und einwandfrei hergestellt wurde. Durch Carbonatisierung wird jedoch die Schutzwirkung abgebaut. Auf einen einmaligen Anstrich der Teile, zweckmäßig schon beim Lieferwerk, sollte deshalb nicht verzichtet werden. Diese Technik hat sich allgemein bewährt. So war z. B. ein nach 40 Jahren bei Umbauten der Berliner Hochbahn freigelegter Anstrich noch in gutem Zustand.

2.3.4.2 Kathodischer Korrosionsschutz

Dieser kathodische Korrosionsschutz wird vielfach bei Bauten angewendet, wo pas-siver Schutz nicht oder nur schwer zu kontrollieren und zu erneuern ist, wie z. B. bei im Erdreich verlegten Fernheizleitungen, Spundwände, Off-shore-Anlagen und der-gleichen. Für den kathodischen Korrosionsschutz kennt man verschiedene Aus-führungsmöglichkeiten (*siehe Abbildung 2.19*):

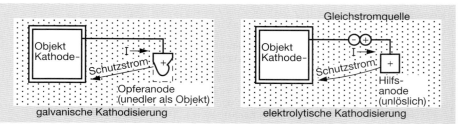

Abbildung 2.19
Schematische Darstellung der Verfahren des kathodischen Korrosionsschutzes (nach Brandenberger) [2.3]

○ Im einfachsten Fall stellt man eine elektrisch leitende Verbindung zwischen dem zu schützenden Objekt und einem gegenüber diesem unedleren Metall (Opferanode) (Potenzialdifferenz $\geq 0{,}5$ V) her. Durch die Bodenfeuchtigkeit entsteht ein elektrochemisches Element, bei dem das unedlere Metall zerstört wird. Für Stahlkonstruktionen verwendet man als Anodenmaterial Magnesium oder -legierungen, aber auch Zink oder Aluminium.

○ Eine andere Möglichkeit ergibt sich durch das Anlegen einer zusätzlichen elektrischen Spannung. Der Fremdstrom wird als Gleichstrom zwischen einer Schutzanode (Eisen-Silicium-Legierungen, Gusseisen, Graphit, usw.) und dem Objekt so angelegt, dass die zu schützende Konstruktion zur Kathode und auf diese Weise die Metallauflösung verhindert wird.

Neben dem *aktiven Korrosionsschutz* spielt im Stahlbau vor allem der *passive Korrosionsschutz* durch Aufbringen schützender Überzüge zum Fernhalten aggressiver, korrosiver Stoffe eine sehr große Rolle.

Der historisch herkömmlichste Korrosionsschutz großer Objekte durch Anstriche (Beschichtungen) wird im Kapitel 11.5.8 behandelt.

2.3.4.3   Metallische Überzüge

Ein häufig angewendetes Verfahren zum Fernhalten korrosionsaktiver Stoffe von der zu schützenden Oberfläche metallischer Bauteile besteht darin, die Oberfläche mit einem Fremdmetallüberzug aus einem weniger oder gar nicht korrosionsanfälligen Metall zu versehen. Diese Forderung lässt sich am einfachsten mit gegenüber dem Grundmetall edleren Metallen verwirklichen. Ein ausreichender Schutz ist jedoch nur zu erreichen, wenn keine Poren oder Verletzungen im Überzugsmetall vorliegen, sonst bildet sich ein Kontaktelement (Gefahr der Unterrostung). Überzugsmetalle, die unedler als das Grundmetall sind, können nur dann ausreichenden Schutz bieten, wenn die Auflösung dieses Metalls selbst kinetisch gehemmt ist, z. B. durch Bildung von dichten, gegen das Angriffsmedium beständigen Deckschichten. Zink ist das heute am meisten verwendete Metall für metallische Überzüge auf Stahl. Elektrochemisch ist es ein guter Schutz für Stahl, da es gegenüber diesem im allgemeinen ein negativeres Potenzial hat, d. h. unedler ist (bei Temperaturen > 63 °C erfolgt Potenzialumkehr, d. h. bei Heißwasser kein Schutz!). Bei sehr aggressiven Umweltbedingungen und großen mechanischen Angriffen wird Aluminium verwendet. Die Schichtdicke beträgt 50 bis 200 µm.

Das Aufbringen von metallischen Überzügen auf die zuvor sorgfältigst gereinigten Metalloberflächen kann nach verschiedenen Verfahren erfolgen:

○ elektrolytisch, z. B. galvanisch Vernickeln, Verchromen, usw.
○ durch Schmelztauchen, z. B. Feuerverzinkung
○ durch Aufspritzen, z. B. Spritzverzinkung
○ durch Plattieren, z. B. Aufwalzen dünner Metallfolien

Schmelztauchmetallüberzüge

Eine einfache Art, metallische Überzüge zu erzeugen, ist, das zu schützende Teil in ein Bad von flüssigem Zink, Zinn oder Aluminium zu tauchen. Für jedes der Verfahren sind die Oberflächen durch Beizen vorher gut zu säubern und jeweils besondere Maßnahmen bei der Durchführung zu beachten. Man kann mit dem Tauchschmelzverfahren gleichmäßige und gut wirkende Überzüge erreichen. Die entstehenden Überzüge sind gewöhnlich aus mehreren Schichten aufgebaut und entsprechen jeweils den Phasen der binären Systeme: Überzugsmetall – Grundmetall. Es findet am Grundwerkstoff eine Legierungsbildung statt. Schmelztauchüberzüge sind im allgemeinen beständiger als die auf anderem Wege erzeugten Schutzschichten.

Zinkschichten werden heute vielfach verwendet, um mit einem zusätzlichen Anstrich einen guten Korrosionsschutz zu erreichen (*Duplexsystem*), da der Oberflächenschutz weitaus langlebiger ist, als die bloße Summe der Schutzsystem-Lebensdauern der einzelnen Komponenten jeweils für sich (sogenannter synergetischer Effekt).

Galvanische (elektrolytische) Metallüberzüge

Galvanische Überzüge werden aufgebracht, um einen Werkstoff gegen korrodierende Einflüsse zu schützen oder das Aussehen zu verbessern. Für die Überzüge werden Zink, Zinn, Blei, Cadmium, Nickel, Chrom, Kupfer und andere Metalle (auch Edelmetalle und Legierungen) verwendet. Eine Voraussetzung für gute Schutzwirkung ist, dass die aufgebrachten Schutzüberzüge dicht sind und nicht verletzt werden. Da Chromschichten nicht völlig porenfrei sind, muss vorher, um z.B. eine Unterrostung zu verhindern, eine Nickel- oder Kupferschicht aufgebracht werden. Das Werkstück verhält sich dann korrosionstechnisch so, als ob es aus dem reinen Überzugsmetall bestände. Stärkeren Angriffen halten derartige Schichten jedoch nicht sicher und nicht dauernd stand.

Aufgespritzte Metallüberzüge

Unter Spritzmetallisierung versteht man die Bildung einer Schutzschicht durch Aufspritzen geschmolzener Metallteilchen auf den zu schützenden, durch Sandstrahlung gesäuberten und aufgerauten Gegenstand. Anders als beim Schmelztauchen findet jedoch keine Legierungsbildung mit dem Grundmetall statt, sondern nur eine physikalische Haftung. Das Metallspritzen erfolgt mit pistolenförmig ausgebildeten Apparaten, meist aus dem drahtförmigen, selten aus dem pulverförmigen oder flüssigen Zustand. Die Güte von Metallspritzschichten hängt weitgehend von deren Gefüge, Dicke, Zustand der Haftfläche, Spritzabstand und Pressluftdruck ab. Für das Metallspritzen eignen sich unter anderem Stahl, Aluminium, Zinn, Blei, Kupfer, Cadmium sowie deren Legierungen. Für den Korrosionsschutz großer Objekte wird meist Aluminium oder Zink eingesetzt. Es ist bei dem derzeitigen Stand der Kenntnisse nicht ohne weiteres möglich, ein bestimmtes Metall zu empfehlen, da immer noch allein die Praxis über die Schutzwirkung gültige Auskunft geben kann.

Plattieren

Das mechanische Plattieren hat gegenüber anderen Verfahren den Vorteil, dass die aufgetragenen Schichten vollkommen porenfrei sind. Zur Herstellung von Plattierungen sind im wesentlichen folgende Verfahren gebräuchlich:

- ○ *Gussplattierung.* Hierbei wird das Grundmetall mit dem Plattiermetall umgossen oder umgekehrt das Grundmetall in die mit dem Plattiermetall ausgekleidete Kokille gegossen (z. B. zur Herstellung von rostfrei plattiertem Feinblech.)
- ○ *Walzplattierung.* Hierbei wird das Plattiermaterial bei Schweißtemperatur auf das Grundmetall aufgewalzt.
- ○ *Kaltwalzverfahren.* Das Plattiermetall wird hier bei Raumtemperatur oder unterhalb der Schweißtemperatur aufgewalzt.
- ○ *Lötplattierung.* Die Verbindung erfolgt durch Zwischenlagen eines metallischen Bindemittels unter Wärme und Druck.

Das plattierte Metall ist ein vollkommen einheitlicher in sich geschlossener Verbundwerkstoff, der die guten Eigenschaften des Grundwerkstoffes mit der hohen Korrosionsbeständigkeit des Auflagewerkstoffes vereinigt. Als Grundmetall kommt nur solches in Betracht, das sich durch gute Schweißbarkeit auszeichnet. Die größte Verbreitung als Plattiermetalle haben Kupfer, Nickel und Aluminium gefunden, neuerdings auch Metalle oder Legierungen, die besonders große Korrosions- und Säurebeständigkeit aufweisen, wie z. B. „Edelstahl rostfrei". Die Plattierschichtdicken liegen im allgemeinen bei ca. 10 % der Gesamtdicke des Werkstoffes. Die Verformung kann nach den üblichen Verfahren ohne Schwierigkeiten ausgeführt werden. Die metallische Verbindung ist so gut, dass sich Plattierungen falzen, bördeln, abkanten, profilieren, drücken oder tiefziehen lassen. Da die Plattierung in der Regel nur an Halbfertigprodukten vorgenommen wird, die weiterverarbeitet werden, treten oft Schnittkanten auf, die durch andere geeignete Maßnahmen geschützt werden müssen.

Diffusionsverfahren

Beim sogenannten Diffusionsglühen wird die Randzone des Grundmetalls durch eindiffundierende Metallatome angereichert (Inchromieren mit Chrom, Alitieren mit Aluminium, Sherardisieren mit Zink), und auf diese Weise der Korrosionswiderstand erhöht.

2.3.4.4 Nichtmetallische anorganische Überzüge

Silicatüberzüge (Emaillierung)

Das Email als Oberflächenmaterial für Metalle ist schon lange bekannt. Die hohe Beständigkeit des Emails gegen aggressive Einflüsse macht es als Oberflächenschutz für Metalle sehr geeignet. Emailschichten weisen zwar eine hohe Lebensdauer, auf sind aber schlag- und stoßempfindlich. Gegen Säuren und Laugen sind Spezialemails in Anwendung. Chemisch gesehen handelt es sich bei Email um getrübte Gläser wechselnder Zusammensetzung. Das gebeizte Gut wird nacheinander mit mehreren Schichten von Emailpulver (Fritte) durch Tauchen oder Pudern überzogen und jede Schicht für sich bis zum Sintern gebrannt (800 bis 1100 °C). In England und Amerika werden Eisenbahnwagen und Häuser aus emaillierten Stahlblechen hergestellt. In Deutschland wird es in neuerer Zeit für Paneels viel eingesetzt. Weit verbreitet ist die Anwendung für Küchengeräte, Einrichtungen in der Nahrungsmittelindustrie und im Gärungsgewerbe.

2.3.4.5 Nichtmetallische organische Überzüge

2.3.4.5.1 Bituminöse Überzüge

Bitumen, Steinkohlenteerspezialpech, Asphalt werden im geschmolzenen Zustand mit Bürsten oder Spezialspritzgeräten aufgebracht, z. B. auf Stahlteile im Wasserbau, oder es werden gusseiserne Rohre in geschmolzenes Steinkohlenteerpech getaucht. Bei Stahlrohren wird durch ein Band aus Glasvlies, das durch geschmolzenes Bitumen gelaufen ist, eine bituminöse Schutzschicht (Rohrisolation) aufgebracht.

2.3.4.5.2 Kunststoffüberzüge

Kunststoffe finden für den Korrosionsschutz von Stahl steigende Anwendung. Nach der Verarbeitungstechnik ist zu unterscheiden zwischen Flammspritzen, Wirbelsintern, dem Auftrag von Dispersionen, Plastisolen, Organosolen und Kaschierungen. Die durch Flammspritzen und Wirbelsintern erhaltenen Überzüge dienen vorwiegend dem Schutz von Maschinenteilen, chemischen Apparaturen, zum Auskleiden von Behältern, Wannen, Gefäßen usw.

Für das Bauwesen haben an Bedeutung gewonnen:

Überzüge mit Kunststoffdispersionen

Derartige Überzüge treten häufig in Wettbewerb mit Anstrichen, Einbrenn-lackierungen, Folienauskleidungen, Emaillierung und anderen Schutzverfahren. Als Grundstoffe werden Kunststoffe in feiner Pulverform verwendet, die sich zu einer Dispersion aufschwemmen lassen. Sie dürfen jedoch dabei keinen klebenden oder leimartigen Charakter besitzen. Fast alle Thermoplaste können zu Dispersionen verarbeitet werden. Hierzu werden hauptsächlich Polyethylen, Polyvinylchlorid, ferner Polytetrafluorethylen und Polyamide herangezogen. Als Dispersionsflüssigkeit wird meist eine Kombination verschiedener Lösungsmittel benutzt. Auch bei diesem Verfahren ist eine fettfreie, metallisch reine Oberfläche Voraussetzung, die ein gewisses Aufrauhungsprofil zur Verbesserung der Haftung aufweisen muss. Das Auftragen der Dispersionen erfolgt meist mit Spritzpistole, bei kleineren Werkstücken auch durch Tauchen bzw. Fluten.

Die erforderliche Schichtdicke ist verschieden. Bei glatten Dünnblechen sind 40 bis 80 µm, bei Behälterauskleidungen 200 bis 250 µm erforderlich. Analog den Schutzanstrichen empfiehlt es sich, die Gesamtschichtdicke in mehrmaligem Auftrag (200 µm etwa in vier Schichten zu 50 µm) aufzubringen. Dadurch werden eine bessere Haftung erzielt und die Poren der einzelnen Schichten abgedeckt. Zum Glattschmelzen der einzelnen Dispersionsschichten werden die Teile in noch nassem Zustand (damit das Pulver nicht abfällt) in einen Umluft- oder Infrarottrocknungsofen gebracht. Die erforderliche Temperatur liegt z. B. für Polyethylendispersionen bei 110 bis 125 °C. Die Weiterverarbeitung der mit einer Kunststoffdispersionsschicht überzogenen Teile ist in gewissen Grenzen möglich (z. B. Falzungen bei Blechen). Kunststoffdispersions-überzüge sind ausreichend beständig gegen anorganische Säuren und Laugen, Wasser, wässrige Salzlösungen und organische Verbindungen, soweit sie nicht quellen. Anwendungsgebiete sind Schutz von Rohrleitungen, z. B. Luttenrohre für Gruben mit salzhaltigen Wässern, Emballagen, Kleinteile, usw.

Überzüge mit Plastisolen und Organosolen

Plastisole sind Kunstharz-Weichmacher-Gemische: die Kunstharzteilchen sind im Weichmacher dispergiert. Die ähnlich aufgebauten Organosole enthalten neben Kunstharz und Weichmacher noch Lösungsmittel. Bei Erwärmung sintern die Teilchen zu einem festen Film zusammen. Die zu schützenden Teile werden mit der pasten-ähnlichen bis flüssigen Masse im Tauch-, Spritz- oder Streichverfahren überzogen. Hierbei findet eine Gelierung statt, d. h. der Weichmacher oder das Lösungsmittel und die Kunstharzpartikel verschmelzen miteinander, wobei es sich nicht um eine chemische, sondern um eine chemisch-physikalische Reaktion, vergleichbar mit einer Quellung, handelt. Schutzschichten dieser Art eignen sich für Stahlteile, z. B. Handgriffe, Stahlbleche und feuerverzinkte Stahlbleche für Isolationen, Hallenverkleidungen, Dacheindeckungen.

Folienkaschierung

Eine weitere Möglichkeit ist das Kaschieren von Stahl, Aluminium usw. mit Kunststoffen aus z. B. Vinylharzpolymerisaten, Polyethylen und anderen. Die Kanten der Bleche, die ungeschützt sind, müssen durch Anstriche, Wachsüberzüge oder ähnliches geschützt werden. Kunststoffkaschierte Bleche können durch Tiefziehen, Bördeln, Stanzen, Schneiden Prägen usw. weiterverarbeitet werden, ohne Gefahr des Aufreißens der Beschichtung; Punktschweißen, Hart- und Weichlöten sind jedoch nur bedingt, Nieten- und Falznähte dagegen möglich. Die Temperaturbeständigkeit liegt je nach Verarbeitung und Art der Kaschierung zwischen 60 und 120 °C. Die Überzüge sind kratz-, verschleiß- und abriebfest. Die Beständigkeit gegen Wasser, verschiedene Chemikalien und allgemeine Korrosionsbelastung ist sehr gut. Die Kunststoffkaschierung wird für Röhren, Maschinengehäuse, Fassaden- und Dachelemente, Tanks, Wandbekleidungen usw. angewendet.

2.3.4.6 Chemische Oberflächenbehandlung

Phosphatieren und Chromatieren haben sich im Laufe der letzten 30 bis 40 Jahre zu sehr verbreiteten Verfahren der Oberflächenbehandlung von Stahl, Zink und Aluminium entwickelt. Durch die Phosphatierung und die Chromatierung entstehen dünne, festhaftende, feinkristalline Phosphat- und Chromatschichten, deren Korrosionsschutzwirkung allein zwar relativ gering ist und die deshalb in erster Linie als Unterlage bzw. Haftgrund für Lacke und Anstriche dienen und zum anderen die Gefahr der Unterrostung herabsetzen. Phosphat- und Chromatschichten finden unter anderem hauptsächlich Anwendung zum Schutz von Metallmöbeln, Autokarosserien, Stahlfenstern sowie bei feuerverzinkten Stahlteilen, zur Erhöhung der Haftung nachfolgender Anstriche und zur Vermeidung der Weißrostbildung.

Brünieren

Hierbei werden oxidische Überzüge durch Sudverfahren erzeugt. Durch Reaktion von Metallen mit Salzschmelzen (z. B. Soda-Salpeter), in wässrigen Salzlösungen (Natriumhydroxid) mit sauerstoffabgebenden Mitteln (Salpetersäure, Eisenchloridlösungen und andere) lassen sich viele Metalle mit dichten, festhaftenden Oxid- bzw. Salzschichten überziehen, die jedoch nur einen temporären Korrosionsschutz bieten. Die Überzüge werden meist mit Ölen und Fetten, seltener mit farblosen Anstrichstoffen nachbehandelt, wodurch die Korrosionsbeständigkeit erhöht wird. Der Schutzwert ist dann für viele Anforderungen ausreichend.

2.4   Fachliteratur

2.4.1   Normen, Richtlinien

DIN 488	Betonstahl; Teil 1 bis 6
DIN 1045	Beton- und Stahlbetonbau
DIN 1260	Geruchverschlüsse aus Blei
DIN 1263	Abflussrohre und -bogen aus Blei, für Entwässerungsanlagen
DIN 1624	Flachzeug aus Stahl
DIN 1629	Nahtlose Rohre aus unlegierten Stählen
DIN 1681	Stahlguss für allgemeine Verwendungszwecke
DIN 1694	Austenitisches Gusseisen
DIN 1700	Nichteisenmetalle: Systematik und Kurzzeichen
DIN 1718	Kupferlegierungen
DIN 1719	Blei
DIN 1729	Magnesiumknetlegierungen; Teil 1
DIN 1742	Zinn-Druckgusslegierungen -Druckgussstücke
DIN 1743	Feinzink-Gusslegierungen; Teil 2
DIN 1787	Kupfer, Halbzeug
DIN 1910	Schweißen; Teil 1 bis 12
DIN 4099	Schweißen von Betonstahl
DIN 4102	Brandverhalten von Baustoffen und Bauteilen; Teil 1 bis 18
DIN 4113	Aluminiumkonstruktionen unter vorwiegend ruhender Belastung
DIN 4227	Spannbeton; Teil 1, 2, 4
DIN 8505	Löten metallischer Werkstoffe; Teil 1 bis 3
DIN 8522	Fertigungsverfahren der Autogen-Technik
DIN 9712	Doppel-T-Profile aus Aluminium und Magnesium
DIN 9714	T-Profile aus Aluminium und Aluminium-Knetlegierungen
DIN 9715	Halbzeug aus Magnesium
DIN V 17 006, Teil 100	
	Bezeichnungssystem für Stähle, Zusatzsymbole für Kurznamen
DIN 17 007	Werkstoffnummern; NE-Metalle, Teil 4
DIN 17 111	Kohlenstoffarme unlegierte Stähle für Schrauben, Muttern und Niete
DIN 17 440	Nichtrostende Stähle
DIN 17 445	Nichtrostender Stahlguss
DIN 17 600	NE-Metalle; Begriffe
DIN 17 615	Präzisionsprofile aus AlMgSi0,5
DIN 17 640	Bleilegierungen; Teil 1 bis 3
DIN 18 331	VOB, Teil C; Beton- und Stahlbetonarbeiten

DIN 18 335	–; Stahlbauarbeiten
DIN 18 360	–; Metallbauarbeiten
DIN 18 364	–; Korrosionsschutzarbeiten an Stahl und an Aluminium
DIN 50 100	Dauerschwingversuch
DIN 50 103-3	Härteprüfung nach Rockwell; modifizierte Verfahren
DIN 50 111	Prüfung metallischer Werkstoffe; Technologischer Biegeversuch (Faltversuch)
DIN 50 118	Zeitstandversuch unter Zugbeanspruchung
DIN 50 133	Härteprüfung nach Vickers
DIN 50 900	Korrosion der Metalle; Teil 1 bis 3
DIN 50 902	Schichten für den Korrosionsschutz von Metallen; Begriffe, Verfahren und Oberflächenvorbereitung
DIN 50 960	Korrosionsschutz: Galvanische und chemische Überzüge; Teil 1 bis 2
DIN 53 281	Prüfung von Metallklebstoffen und Metallklebungen; Teil 1 bis 3
DIN 55 928	Korrosionsschutz von Stahlbauten durch Beschichtungen und Überzüge; Teil 1 bis 9
DIN 59 610	Bleche aus Blei
DIN EN 485	Aluminium und Aluminium-Legierungen; Bänder, Blech und Platten
DIN EN 515	Aluminium und Aluminium-Legierungen; Halbzeug, Bezeichnung der Werkstoffzustände
DIN EN 573	Aluminium und Aluminium-Legierungen; Teil 1 bis 4
DIN EN 988	Zink und Zinklegierungen; Anforderungen an gewalzte Flacherzeugnisse für das Bauwesen
DIN EN 1172	Kupfer und Kupferlegierungen; Bleche und Bänder für das Bauwesen
DIN EN 1173	Kupfer und Kupferlegierungen; Zustandsbezeichnungen
DIN EN 1179	Zink und Zinklegierungen; Primärzink
DIN EN 1412	Kupfer und Kupferlegierungen; Europäisches Werkstoffnummernsystem
DIN EN 1560	Bezeichnungssystem für Gusseisen
DIN EN 1561	Gusseisen mit Lamellengraphit
DIN EN 1562	Temperguss
DIN EN 1563	Gusseisen mit Kugelgraphit
DIN EN 610	Zinn und Zinnlegierungen
DIN 1707-100	Weichlote (z.Zt. als Entwurf)
DIN EN 10 002	Metallische Werkstoffe: Zugversuch
DIN EN 10 003	Metallische Werkstoffe; Härteprüfung nach Brinell
DIN EN 10 020	Begriffsbestimmungen für die Einteilung der Stähle
DIN EN 10 025	Warmgewalzte Erzeugnisse aus unlegierten Baustählen
DIN EN 10 027	Bezeichnungssysteme für Stähle; Teil 1 bis 2

DIN EN 10 083 Vergütungsstähle

DIN EN 10 045 Kerbschlagbiegeversuch nach Charpy

DIN EN 10 109 Metallische Werkstoffe; Härteprüfung; Rockwell-Verfahren

DIN EN 10 113 Warmgewalzte Erzeugnisse aus schweißgeeigneten Feinkornbaustählen

DIN EN 10 138 Spannstähle

DIN EN 10 210 Warmgefertigte Hohlprofile für den Stahlbau aus unlegierten Baustählen und aus Feinkornbaustählen; Teil 1 bis 2

Euronormen und Richtlinien

DASt-Ri. 007   Richtlinien für die Lieferung, Verarbeitung und Anwendung wetterfester Baustähle

DASt-Ri. 009   Empfehlungen zur Wahl der Stahlgütegruppen für geschweißte Stahlbauten

SEW 090-2   Hochfeste flüssigkeitsvergütete Feinkornstähle

SEW 400   Nichtrostende Walz- und Schmiedestähle

2.4.2   Bücher und Veröffentlichungen

[2.1]   *Dubbel:*
Taschenbuch für den Maschinenbau, 20. Auflage 2001, Springer, Berlin

[2.2]   *H.-J. Bargel, G. Schulze:*
Werkstoffkunde, 8. Auflage 2004, VDI-Verlag, Düsseldorf

[2.3]   *K. Wesche:*
Baustoffe für tragende Bauteile, Band 3 Stahl-Aluminium,
2. Auflage 1985 Bauverlag, Wiesbaden

[2.4]   *W. Domke:*
Werkstoffkunde und Werkstoffprüfung, 10. Auflage 1986,
Cornelsen Verlag, Düsseldorf

[2.5]   *Verein deutscher Eisenhüttenleute (Hrsg.):*
Stahlfibel 2002, Verlag Stahleisen mbH, Düsseldorf

[2.6]   *W. Schatt, H. Worch:*
Werkstoffwissenschaft, 2003, Wiley-VCH Verlag, Weinheim

[2.7}   *W. Weißbach:*
Werkstoffkunde und Werkstoffprüfung, 14. Auflage 2002, Vieweg Braunschweig

[2.8]   *W. Seidel:*
Werkstofftechnik, 5. Auflage 2001, C. Hanser Verlag GmbH & Co KG, München

[2.9]   *E. Greven, W. Magin:*
Werkstoffkunde, Werkstoffprüfung für technische Berufe,
13. Auflage 2000, Verlag Handwerk und Technik, Hamburg

[2.10]   *E. Hornbogen:*
Werkstoffe, 7. Auflage 2002, Springer, Berlin

[2.11]	*W. Hufnagel:* Aluminium - Werkstoffdatenblätter, 1991, Aluminium Verlag, Düsseldorf
[2.12]	*L. Scheer, H. Berns:* Was ist Stahl, 1980, Springer, Berlin-Heidelberg-New York.
[2.13]	*H.P. Stüwe:* Einführung in die Werkstoffkunde, BI-Hochschultaschenbücher, Band 476, 1978
[2.14]	Aluminium-Taschenbuch, Band 1: Grundlagen und Werkstoffe, 16. Auflage 2002, Aluminium-Verlag, Düsseldorf
[2.15]	*Deutsches Kupfer-Institut:* Kupfer, 2. Auflage 1982, DKI, Düsseldorf
[2.16]	*Deutsches Kupfer-Institut:* Kupfer und Kupferlegierungen im Bauwesen, Loseblattsammlung, DKI, Düsseldorf
[2.17]	*H.J. Johnen:* Zink-Taschenbuch, 2. Auflage 1981, Metall-Verlag, Heidelberg
[2.18]	*Zinkberatung:* Zink im Bauwesen, 1971, Zinkberatung e.V., Düsseldorf
[2.19]	*Zinkberatung:* Titanzink im Bauwesen, 2002/03, Zinkberatung e.V., Düsseldorf
[2.20]	*F. Blomensaht:* Titanzink im Bauwesen, 2. Auflage, 1991, Verlag Fraunhofer-Gesellschaft, Stuttgart
[2.21]	*F. Tödt:* Korrosion und Korrosionsschutz, 2. Auflage 1961, W. de Gruyter & Co., Berlin
[2.22]	*P.J. Gellings:* Korrosion und Korrosionsschutz von Metallen – Einführung, 1981, C. Hanser Verlag, München-Wien
[2.23]	*K.A. van Oeteren:* Korrosionsschutz, 1979/80, Bauverlag GmbH, Wiesbaden
[2.24]	*M. Merkel, K.H. Thomas:* Taschenbuch der Werkstoffe, 2003, C. Hanser Verlag GmbH & Co KG, München
[2.25]	*F. Dehn, G. König, G. Marzahn:* Konstruktionswerkstoffe im Bauwesen, 2003, Wiley-VCH Verlag, Weinheim
[2.26]	*D. Rußwurm, E. Fabritius:* Bewehren von Stahlbeton-Tragwerken nach DIN 1045-1, 2002, Institut für Stahlbetonbewehrung e.V., Düsseldorf
[2.27]	*D. Rußwurm:* Betonstähle für den Stahlbetonbau – Eigenschaften und Verwendung, 1993, Bauverlag GmbH, Wiesbaden

[2.28]	*Deutsches Kupfer-Institut:* Kupferschlüssel, 2003, Düsseldorf
[2.29]	*Deutsches Kupfer-Institut:* Kupfer im Hochbau, Düsseldorf
[2.30]	*Informationsstelle Edelstahl Rostfrei:* Merkblatt 821: Edelstahl Rostfrei – Eigenschaften, 3. Auflage 2003, Düsseldorf
[2.31]	*Informationsstelle Edelstahl Rostfrei:* Merkblatt 865: Edelstahl Rostfrei – Bleche für das Bauwesen, 1. Auflage 2000, Düsseldorf
[2.32]	*Informationsstelle Edelstahl Rostfrei:* Merkblatt 866: Nichtrostender Betonstahl, 1. Auflage 1995, Düsseldorf
[2.33]	*P. Gümpel:* Rostfreie Stähle, 3. Auflage, 2001, Expert-Verlag, Renningen

Kapitel 3: Natürliche Bausteine

3 Natürliche Bausteine

Als Natursteine bezeichnet man die durch geologische Vorgänge gebildeten natürlich gewachsenen Gesteine. Sie sind ein Gemenge aus Mineralien, deren Zusammenhalt durch direkte Verwachsung oder durch ein Bindemittel gewährleistet wird. Die Gesteine sind die bedeutendsten Rohstoffe der Bauindustrie und finden in vielfältiger Art und Weise je nach ihrer Beschaffenheit in unterschiedlichster Form Verwendung. Sie können als Findlinge, grobe Bruchsteine, als bearbeitete und maßgerechte Werksteine und als Zuschläge für die Mörtel- und Betonherstellung verwendet werden. Natürliche Bausteine sind solche Steine, die aus den in der Natur vorkommenden Gesteinen gewonnen werden. Damit die Natursteine als Bausteine verlegt und versetzt werden können, müssen diese dem Verwendungszweck entsprechend maschinell und handwerklich bearbeitet werden. Die so behandelten Werkstücke werden im Bauwesen als Naturwerkstein bezeichnet.

Die chemische Zusammensetzung – d. h. der Mineralbestand – und ihre geologische Entstehung bestimmen im wesentlichen die Eigenschaften und Verwendbarkeit der Natursteine.

3.1 Stoffliche Zusammensetzung

Die Bausteine der uns in der Natur begegnenden Gesteine sind die Mineralien, im physikalisch-chemischen Sinne einheitliche (homogene) Bestandteile mit bestimmten Eigenschaften. In den meisten Fällen sind diese kristallisiert, daneben gibt es nur wenige völlig amorphe Mineralien. Jedes Gestein setzt sich aus Körnern eines oder mehrerer Minerale zusammen, die nach Art und Menge den Charakter der Gesteine bestimmen.

Die wichtigsten gesteinsbildenden Minerale in Baugesteinen sind:
○ Feldspäte und Feldspatvertreter (ca. 55 – 60 M.-%)
○ Augite und Hornblenden (ca. 16 M.-%)
○ Quarz (ca. 12 M.-%)
○ Glimmer (ca. 4 M.-%)
Über 90 % der Masse der Erdkruste bestehen aus diesen Mineralien, also Silicaten. Ferner treten auf: Olivin, Kalkspat, Aragonit (ca. 1,5 M.-%), Dolomit, Gips, Anhydrid, Tonmineralien (ca. 1 – 1,5 M.-%) und andere.

Feldspatgruppe

Sie umfasst kieselsäurereiche Alkali-Aluminium-Verbindungen, kleine Kriställchen heller, rötlicher oder grüner Farbe; erkennbar an ebenen Kristallspaltflächen, i.a. leichtes Spaltvermögen, glasglänzend, wenig wetterbeständig, verwittern, wobei ihre Farben in stumpfes Grau übergehen. Verwitterungsrückstand = reiner Ton (Kaolin), Mohshärte 6 – 6,5.

Zahlreiche Arten unterscheidbar nach chemischen Bestandteilen und Kristallisations-
formen:

- ○ Kalifeldspat (Orthoklas): trübweiß, gelblich, hellgrün, aber auch rötlich bis tiefrot
- ○ Natronfeldspat (Albit): weiß, graublau, blaugrün; selten rötlich
- ○ Kalkfeldspat (Anorthit): trübe, bisweilen farblos, hell- bis dunkelgrau, dunkelgrün, nie rot oder gelb

Die 3 Feldspäte, die selten in reiner Form auftreten, sind untereinander im beliebigen
Verhältnis mischbar, aber nur Orthoklas und Albit = Alkalifeldspat sowie Albit und
Anorthit = Plagioklas.

- ○ Feldspatvertreter:
  - – Leucit: muscheliger Bruch, trüb-weiß bis grau, grünlich
  - – Nephelin: unvollkommen spaltbar, muschelig, Fettglanz ähnlich Quarz, trüb, weiß, gelblich, grünlich, auch rötlich bis kräftig rotbraun
  - – Labradorit: schillernde Farben
  - – Sanidin: farblos, als größere glasartige Kristalle im Trachyt vorkommend.

Augite, Hornblenden, Olivine, Pyroxene

Basische Silicate verschiedenster Zusammensetzung, dunkle (grünliche) Färbungen,
stets körniges Gefüge, zäh, ähnliche Eigenschaften wie Glimmer. Mohshärte 5 – 6,5

- ○ Augit und Hornblende:
  wetterbeständig, ziemlich beständig gegen Säuren und Laugen.
- ○ Olivin:
  nicht wetterbeständig, Salzsäure greift an, Umwandlung zu Serpentin,
  Talk und Asbest.

Im Diabas und als Einsprenglinge oft im Basalt vorkommend.

Quarzgruppe

Sie bestehen aus reiner oder annähernd reiner Kieselsäure $[SiO_2]$, bilden kleine bis
große Kristalle heller Farbe, immer durchscheinend bis durchsichtig, selten trüb,
glitzernd, glasglänzend, zum Teil durchsichtig oder durchscheinend. Erkennbar am
muscheligen Bruch, keine Spaltbarkeit: spröde, sehr wetterbeständig, säurefest (Ausnahme Flusssäure), daher überwiegend als Sand und Kiesel vorhanden. Technisch
wertvollstes Material. Mohshärte 7.

Bergkristall (durchsichtige, kristalline Form)
Abarten: Rosenquarz, Rauchquarz, Amethyst.
Kryptokristallin: Chalcedon; Abarten: Achat, Onyx
Amorph: Opal, Feuerstein (Flint)

Glimmergruppe

Wasserhaltige Alumino-Silicate mit Na, K, Mg, Li, Fe, Mn bilden tafelige, blättrige
Schichtkristalle von dunkler bis silberweißer Farbe, Perlmutterglanz, oft Metallglanz,

in Schichtebenen leicht spaltbar, gibt dem Gestein leicht schiefriges Gefüge, wenig wetterfest. Mohshärte 2 – 3.

Die beiden wichtigsten Glieder sind:
○ Kaliglimmer (Muskovit = Moskauer Glas!):
  hell-silbrig, durchscheinend, ziemlich säurebeständig.
  Ausgangsstoff zur Herstellung von Blähglimmer zur Wärmedämmung.
○ Magnesiaglimmer (Biotit):
  schwarzgrün-glänzend, nicht durchscheinend, nicht säurebeständig.

Kalkspatgruppe

reine oder annähernd reine Calciumcarbonate, heller bis weißlicher Farbe, durch Beimengungen häufig grau, bläulich, gelb, creme, rötlich sogar fast schwarz, leicht spaltend, schiefwinklige Spaltflächen, wetterfest aber nicht säurebeständig, nicht temperaturbeständig > 600 – 700 °C, Mohshärte 3 – 4.

Neben diesen Gruppen ist noch die Gruppe der **Tonminerale** (durch Verwitterung feldspatführender Gesteine entstanden) von Bedeutung, die infolge ihrer Blattstruktur leicht spaltbar sind, durch Wassereinlagerung zwischen den Schichten oft quellfähig (Kaolinit, Montmorillonit [Montmorillonit ist Hauptgemengteil der Bentonite]) von Natur aus hellfarbig, meist durch Verunreinigungen dunkel gefärbt.

3.2   Einteilung der Gesteine nach ihrer Entstehung

Die Gesteine stellen i.a. Gemenge verschiedenartiger Mineralien dar, teilweise bestehen sie auch nur aus einer Mineralart (z.B. Gipsstein, Kalkstein). Die Kombinationsmöglichkeiten der Mineralien und damit die chemische Zusammensetzung der Gesteine sind durch die physikochemischen und geologischen Bildungsbedingungen bestimmt. In jeder Epoche der Entstehung der Erde spielten sich ganz bestimmte Vorgänge ab, aufgrund derer sich typische Gesteinsarten bildeten. Das bedeutet, dass sich die Eigenschaften und Merkmale der Naturgesteine zumeist aus ihrer geologischen Entstehung herleiten lassen. Nach ihrer Entstehung unterteilt man die Gesteine in die drei Hauptgruppen Magmagesteine, Sedimentgesteine und metamorphe Gesteine.

Die Erdoberfläche wird zu etwa 75 M.-% von Sedimenten bedeckt und nur zu 25 M.-% von Magmagesteinen und metamorphen Gesteinen.

3.2.1   Magma- oder Erstarrungsgesteine

Sie sind aus glutflüssigem Magma (ursprüngliche Zusammensetzung entspricht etwa dem Gabbro) entstanden. Sie eignen sich gut zum Brechen und werden wegen ihrer guten mechanischen Eigenschaften – dicht (< 1 Vol.-% Poren), verschleißfest, wetterbeständig, druckfest (β = 160 bis 400 N/mm^2) – bevorzugt zur Herstellung hochwertiger Massen eingesetzt.

Bei den Magmagesteinen unterscheidet man Tiefengesteine und Ergussgesteine sowie Ganggesteine.

Tiefengesteine (Plutonite) kühlen relativ langsam ab. Sie sind gekennzeichnet durch ein vollkristallines, gewöhnlich grobkörniges, dichtes Gefüge. Sie besitzen gut polierbare Eigenschaften.

Ergussgesteine (Vulkanite) sind durch das Deckgebirge ausgepresst und dann relativ schnell erstarrt zu einer feinkristallinen bis scheinbar amorphen (oft glasigen) Grundmasse. Sie besitzen daher feinkörnige bis kaum erkennbare Strukturen. Viele Ergussgesteine enthalten enthalten in der feinkörnigen Grundmasse größere Mineralkörner (Einsprenglinge), die schon vor Erreichen der Erdoberfläche aus dem Magma auskristallisieren; dann liegt eine *porphyrische* Struktur vor. Charakteristisch ist die oft zu beobachtende Säulenbildung. Nicht selten sind sie mit mehr oder minder großen Poren durchsetzt.

Ganggesteine sind innerhalb der Erdkruste in Spalten und Gängen erstarrte Magmen. Sie sind ungleichförmig kristallisiert, enthalten des öfteren nur kristallisierte „Einsprenglinge".

Ergussgesteine sind der Verwitterung ausgesetzt. Auch bei gleichem Mineralbestand können daher die Gesteinseigenschaften der Ergussgesteine je nach Verwitterungsgrad sehr verschieden sein. International wird heutzutage nicht mehr zwischen alten und jungen Ergussgesteinen unterschieden und nur noch die Ausdrücke für den jungen Vulkanismus verwendet. Das Natursteingewerbe in Deutschland verwendet aber nach wie vor beide Ausdrucksformen.

3.2.2   Sedimentgesteine (Ablagerungsgesteine)

Sedimentgesteine entstehen aus oftmals schichtförmig abgelagerten, durch Verwitterung zerstörten und aufbereiteten Gesteinsmaterialien, die mit Hilfe des Wassers (Urströme, Gletscher) transportiert und als Geröll, Kies oder Sand wieder abgelagert werden. Durch zunehmende Verfestigung (Diagenese) unter Druck und Zutritt eines entsprechenden Binders bilden sich die Sedimentgesteine. Häufig finden sich in Schichtgesteinen Versteinerungen von Tier- und Pflanzenresten (Fossilien).

Klastische Sedimente (Trümmergesteine) bestehen aus mechanisch zertrümmerten, chemisch nicht oder nur wenig veränderten Teilen des Ausgangsgesteins.

Herrscht bei der Zerstörung des Urgesteins die chemische Zersetzung oder Umwandlung vor, so entstehen sogenannte **chemische Sedimente** oder Ausscheidungsgesteine. Sie entstehen nicht durch Absetzen bereits vorgeformter Gesteinspartikel, sondern aus Lösungen entweder als Niederschlag als Folge chemischer Reaktionen oder als Niederschlag infolge Übersättigung einer Lösung.

Organogene Sedimente entstehen als klastische oder chemische Anhäufungen bei starker Mitwirkung von Organismen; auf dem Festland besonders die Pflanzen (Kohlegesteine), im Meer die Tiere (Muscheln, Schnecken, Korallen).

3.2.3   Metamorphe Gesteine (Umwandlungsgesteine)

bilden sich durch nachträgliche Umwandlung von Erstarrungs- (Orthogesteine) oder Schichtgesteinen (Paragesteine) unter großem Druck und/oder hohen Temperaturen oder durch chemische Einflüsse, wodurch meistens ihr Gefüge, ihre Eigenschaften und Farbe verändert werden.

3.3   Bautechnisch wichtige Gesteinsmerkmale

Die Beurteilung der Brauchbarkeit eines Gesteins erfolgt durch Ermittlung bestimmter Kenngrößen und Vergleich dieser Werte mit den je nach Verwendungszweck an die Gesteinsbaustoffe zu stellenden Anforderungen.

Bei den Kenngrößen unterscheidet man zwischen den von den Versuchsbedingungen unabhängigen *physikalisch-petrographischen* Merkmalen und den von den Versuchsbedingungen abhängigen *technischen* Kennmerkmalen.

3.3.1   Physikalisch-petrographische Kenngrößen

3.3.1.1   Mineraldiagnose

Die wichtigste petrographische Kenngröße ist der Mineralbestand. Eine erste Ansprache kann der Bau- und Baustoffingenieur sowie der Architekt durch Bestimmung von sogenannten „äußerlichen Kennzeichen" wie Härte, Farbe und Struktur durchführen. Für genaue Mineralbestimmungen sind aufwendigere Laboruntersuchungen erforderlich.

Härte

In der Mineralogie dient als Maßstab für die Härte die Mohs´sche Härteskala.

In der *Tabelle 3.1* ist die Mohs´sche Härteskala zusammen mit Hilfsmitteln zur Härtebestimmung angegeben. Nach einiger Übung kann man auch allein aus der Intensität, mit der sich ein Mineral mit dem Taschenmesser ritzen lässt, auf die Mohs´sche Härte des Minerals schließen.

Farbe

Kieselsäurereiche Minerale sind meist hellfarbig, kieselsäurearme/eisenreiche silicatische Minerale dagegen meist dunkler gefärbt. Auch der Strich als Farbe des Mineralpulvers, das auf einer unglasierten Porzellantafel beim Darüberstreichen mit dem Mineral hängenbleibt, ist für jedes Mineral spezifisch. (Der Strich braucht der Mineralfarbe nicht gleich zu sein).

Kristallstruktur (Kristallform, Habitus)

Die Beurteilung der Kristallform ist im allgemeinen sehr schwierig und meist nur bei größeren Mineralkörnern möglich.

Mohs'sche Ritzhärte	Leit-mineral	Behelfsmäßige Feststellung			
		Finger-nagel	Kupfer-münze	Fenster-glas	Taschen-messer
1	Talk	ritzt	ritzt	ritzt	ritzt
2	Gips	ritzt	ritzt	ritzt	ritzt leicht
3	Kalkspat		ritzt	ritzt	ritzt leicht
4	Flußspat				ritzt schwer
5	Apatit				ritzt schwer
6	Feldspat	ritzt nicht	ritzt nicht		ritzt schwer
7	Quarz*)	ritzt nicht	ritzt nicht		ritzt
8	Topas		ritzt nicht	ritzt nicht	ritzt nicht
9	Korund			ritzt nicht	ritzt nicht
10	Diamant				

*) gibt mit Stahl Funken

Tabelle 3.1
Härteskala nach Mohs mit behelfsmäßiger Feststellung

3.3.1.2 Gefüge

Für das allgemeine Festigkeitsverhalten von mineralischen Baustoffen ist das Gefüge und die räumliche Anordnung der mineralischen Gemengteile von ganz wesentlicher Bedeutung. Im einzelnen unterscheidet man folgende Merkmale:

○ gleichmäßig körnig: grobes Korn mindert Festigkeit und Wetterbeständigkeit; Tendenz zu größerer Zähigkeit. Zackig oder lappig geformte Mineralien ergeben guten, solche mit ebenen oder gerundeten Oberflächen schlechten Kornverband

○ dicht oder felsitisch: Mineralien mit bloßem Auge nicht erkennbar, felsitische Gesteine sind vorwiegend spröde und ergeben glattwerdendes Pflaster

○ glasig: Mineralien auch mit dem Mikroskop nicht erkennbar

○ porphyrisch: größere Kristalle oder Einsprenglinge in feinkörniger Grundmasse

○ oolithisch: aus hirse- bis erbsengroßen Kügelchen zusammengesetzt (wie Fischrogen)

○ schiefrig: Mineralien in einer Richtung angeordnet

○ geschichtet: aus plattenförmigen Lagen zusammengesetzt

○ flaserig: wellenförmig ausgebildete Schichtflächen

○ blasig: von größeren, rundlichen Hohlräumen durchsetzt

○ porig: feine Hohlräume zwischen den Mineralien, von der Porosität hängen Wasseraufnahme, Luftdurchlässigkeit und Wärmeleitung ab

○ trümmerartig: verkittete, wenigstens haselnussgroße, angerundete oder kantige Gesteinstrümmer (wie Beton)

○ sandsteinartig: verkittete kleinere Gesteinstrümmer

○ schlammartig: verkittete staubförmige Gesteinstrümmer

○ lose: unverkittete Gesteinstrümmer

3.3.1.3   Chemische Analyse

Die chemische Analyse ist eine weitere petrographische Kenngröße. Die Bestimmung der chemischen Zusammensetzung gehört eigentlich nicht zu den äußerlichen Kennzeichen der Minerale. Es gibt aber einfache, auch außerhalb des Labors durchführbare Prüfmethoden, die Rückschlüsse auf die chemische Zusammensetzung der Minerale erlauben. In der geologischen Geländearbeit ist die Karbonatdiagnose mit verdünnter Salzsäure üblich:

○ Aufbrausen mit verdünnter Salzsäure: Kalkspat oder Aragonit [$CaCO_3$]
○ Aufbrausen erst mit warmer, verdünnter Salzsäure: Dolomit [$CaMg(CO_3)_2$]
○ Grünfärbung der Salzsäure beim Betropfen: Eisenspat [$FeCO_3$]

3.3.1.4   Dichte, Porosität

Physikalische Kenngrößen sind die Reindichte und die Rohdichte. Die aus ihnen errechnete Gesamtporosität lässt erkennen, wie sich der geprüfte Mineralstoff in den Bereich der zugehörigen Mineralstoffgruppe einordnet.

3.3.2   Technische Kenngrößen

Die wichtigsten mechanisch-technischen Kenngrößen sind die Festigkeiten, die Frostbeständigkeit und die Polierfähigkeit. Die thermisch-technischen Kennwerte betreffen mehr die Rohstoffe der Keramik- und der Glasindustrie, weniger den Bereich der Gesteinsbaustoffe.

3.3.2.1   Festigkeitsprüfung

Bautechnisch haben folgende Festigkeitsuntersuchungen Bedeutung:

Würfeldruckfestigkeit und Schlagfestigkeit, Biegezug-, Spaltzug- und Scherfestigkeit. Von Bedeutung ist bei diesen Versuchen auch das Aussehen des zertrümmerten Probematerials.

Biegezug-, Spaltzug- und Scherfestigkeit sind nur dann von Interesse, falls eine entsprechende Belastung im Bauteil zu erwarten ist.

Gesteinsgruppe	Reindichte [g/cm³]	Rohdichte [g/cm³]	Porosität [Vol.-%]	Wasser-aufnahme [M.-%]	Würfeldruck-festigkeit (trocken) [N/mm²]
Magmagesteine					
Granit, Syenit (T)[1]	2,62 – 2,85	2,60 – 2,80	0,4 – 1,5	0,2 – 0,5	160 – 240
Diorit, Gabbro (T)	2,85 – 3,05	2,80 – 3,00	0,5 – 1,2	0,2 – 0,4	170 – 300
Basalt, Melaphyr (E)[2]	3,00 – 3,15	2,95 – 3,00	0,2 – 0,9	0,1 – 0,3	250 – 400
Basaltlava (E)	3,00 – 3,15	2,20 – 2,35	20 – 25	4,0 – 10	80 – 150
Diabas (E)	2,85 – 2,95	2,80 – 2,90	0,3 – 1,1	0,1 – 0,4	180 – 250
Porphyre (E)	2,58 – 2,83	2,55 – 2,80	0,4 – 1,8	0,2 – 0,7	180 – 300
Sedimentgesteine					
Tonschiefer	2,82 – 2,90	2,70 – 2,80	1,6 – 2,5	0,5 – 0,6	60 – 170
Quarzit, Grauwacke	2,64 – 2,68	2,60 – 2,65	0,4 – 2,0	0,2 – 0,5	150 – 300
Sandsteine, quarzit.					120 – 200
sonstige Sandsteine	2,64 – 2,72	2,00 – 2,65	0,5 – 25	0,2 – 9,0	30 – 180
dichte Kalksteine	2,70 – 2,90	2,65 – 2,85	0,5 – 2,0	0,2 – 0,6	80 – 180
Dolomite					
sonstige Kalksteine	2,70 – 2,74	1,70 – 2,60	0,5 – 30	0,2 – 10	20 – 90
Travertin	2,69 – 2,72	2,40 – 2,50	5,0 – 12	2,0 – 5,0	20 – 60
Metamorphe Gesteine					
Gneise	2,67 – 3,05	2,65 – 3,00	0,4 – 2,0	0,1 – 0,6	160 – 280
Serpentinite	2,62 – 2,78	2,60 – 2,75	0,3 – 2,0	0,1 – 0,7	140 – 250

[1] (T) = Tiefengestein   [2] (E) = Ergussgestein

Tabelle 3.2
Richtwerte gesteinstechnischer Kenngrößen für die Bewertung von Natursteinen

Die Druckfestigkeit der Natursteine schwankt *(siehe Tabelle 3.2)*, auch bei gleichartiger Mineralführung und gleichem Bindemittel. Gesetzmäßige Beziehungen zwischen Rohdichte und Druckfestigkeit bestehen nicht. Im allgemeinen nimmt die Festigkeit mit Verschwinden der Bruchfeuchtigkeit zu, durch Wasseraufnahme erleidet sie eine erhebliche Einbuße.

3.3.2.2 *Wetter- und Frostbeständigkeit*

Ein Kennwert zur Beurteilung des Verhaltens gegen Witterungs- und Frosteinflüsse ist die Bestimmung der Wasseraufnahmefähigkeit. Zur Beurteilung der Widerstandsfähigkeit gegen Frost gibt es verschiedene Frost-Tauwechsel-Verfahren. Man unterwirft

dazu im Frostversuch eine wassergesättigte Probe nach vorgeschriebenen Versuchsbedingungen dem Gefrieren und Auftauen und registriert das Verhalten der Probe
nach jedem Frosttauwechsel (Absplitterungen, Zerstörung).

Die verschiedenen Verfahren und Methoden liefern einander zum Teil widersprechende Ergebnisse. Bei diesen Verfahren wird häufig auch außeracht gelassen, dass
Mineralstoffe ohne größere Schäden Frost-Tau-Wechsel-Beanspruchungen zwar
überstehen, in ihrem Gefüge jedoch so geschwächt werden können, dass ihre Widerstandsfähigkeit gegen mechanische Beanspruchung in unzulässigem Maße absinkt.
Starker Abfall der Druckfestigkeit bei wassergesättigten und ausgefrorenen Proben ist
ein Hinweis auf mangelnde Frost- und Wetterbeständigkeit.

3.3.2.3   *Verschleißwiderstand*

Als Maß für den Widerstand von Gesteinsmaterial gegen das Abschleifen, besonders
durch Verkehrsmittel, wird die Abriebfestigkeit im Trommelmühlenversuch oder der
Schleifverschleiß auf einer rotierenden, mit Schleifmittel bestreuten Schleifscheibe
(nach Böhme) bestimmt.

3.3.3   Prüfverfahren

Neben den in den Normvorschriften und technischen Richtlinien festgelegten Prüfvorschriften gibt es einige einfache Feldprüfungen, die dem Ingenieur eine grobe Beurteilung erlauben; dabei ist aber vor allem zu beachten, dass die Begutachtung der
Gesteine immer nur an frischen Bruchflächen des Gesteinsmaterials erfolgen sollte.
Zu einer ersten vorläufigen Beurteilung können die in *Tabelle 3.3* angegebenen Merkmale dienen.

3.4   Bautechnisch wichtige Gesteine und deren Verwendung

Im Steingewerbe werden vielfach irreführende Handelsnamen (= Sortenbezeich-
nungen) verwendet, die keinerlei Hinweis auf die Gesteinsart und technische Eignung
geben und dadurch z.T. zu einer völlig falschen Einstufung des Gesteins führen
können.

3.4.1   Erstarrungsgesteine

Da sich die einzelnen Bildungsbereiche der Gesteine deutlich durch den SiO_2-Gehalt
unterscheiden (mit zunehmender Tiefe nimmt der SiO_2-Gehalt zu) gliedert man die
Gesteine nach diesen Bereichen:

- ○ Saures Magma $\geq$ 70 M.-% SiO_2
- ○ Intermediäres Magma   um 60 M.-% SiO_2
- ○ Basisches Magma   um 50 M.-% SiO_2
- ○ Ultrabasisches Magma $\leq$ 40 M.-% SiO_2

gute Gesteine	Merkmale	minderwertige Gesteine
hell, klingend	Klang beim Anschlagen	dumpf, scheppernd
gleichmäßig, glatt, muschelig	Bruchfläche	uneben rauh, hakig, griffelig
fest	Festigkeit an Ecken u. Kanten	leicht abzuschlagen
schwer zu brechen schwer zerschlagbar	Zähigkeit	leicht zerschlagbar
nicht ritzbar	Härte	ritzbar
kompakt, massiv	Gefüge	rissig, brüchig, schiefrig aufspaltend, gestört
spiegelnd, glänzend	Mineralien	blind, stumpf, getrübt, ausdruckslos
kräftig, rein, dunkel	Farbe	matt, blaß, schmutzig
papierdünn bis fehlend	Verwitterungshaut	stark, dicke Schwarten und Schalen
gleichmäßig	Aufbau	stark wechselnd
rauh, hart, fest	Gefühl	seifig, fettig, weich
geruchlos	Geruch (nach Anhauchen)	tonig, erdig, süßlich
gering bis fehlend	Abrieb	groß, kreidig absondernd, staubend, absandend
gering bis fehlend, wasserabweisend	Wasseraufnahme	auffällig hoch, wasserannehmend
keilförmig, eckig, gedrungen	Kornform von Brechprodukten	plattig, spießig, tafelig, scherbig, splittrig, rund

Tabelle 3.3
Faustregeln zur Unterscheidung guter und minderwertiger Gesteine an Hand frisch angeschlagener Bruchflächen (nach Breyer)

3.4.1.1   Tiefengesteine

3.4.1.1.1   Granit

Es ist das bekannteste und häufigste Tiefengestein aus saurem Magma, bestehend aus Kalifeldspat, Quarz und Glimmer. Es kommt in allen Verwitterungsgraden vor und ist technisch deshalb sehr verschieden geeignet. Da beim Granit der Anteil des dunklen Magnesiaglimmers (Biotit) etwa 20 M.-% beträgt, bestimmen seine anderen Gemengteile – Quarz und Kalifeldspat – den allgemein hellen Farbton, welcher vom Weiß zum Gelb, vom gelblichen Grün oder Rot bis zum zarten Blau reicht. Die helleren Steine sind die spezifisch leichteren, die dunkleren die spezifisch schwereren.

○ Quarz bestimmt die Härte
○ Feldspat bestimmt die Farbe
○ Glimmer den Verwitterungsgrad (rostartige Flecken und Adern), größere Anteile können festigkeitsmindernd wirken.

Hoher Quarzgehalt, geringer Glimmeranteil und gleichmäßiges, grob- bis mittel-körniges Gefüge (selten ausgesprochen feinstkörnig) garantieren daher gute techno-logische Eigenschaften: sehr hart, schwer zu bearbeiten, gut schleif- und polierbar, wetterbeständig. Zerspringt bei Bränden durch Löschwasser und einseitige Erhitzung. Feinkörniger Granit („Pfeffer und Salz"-Struktur) ist im allgemeinen widerstandsfähiger als grobkörniger, dekorativer Granit.

Achtung! Sogenannter „*belgischer Granit*" ist ein Kohlenkalkstein bzw. bituminöser Kalkstein, „*schwarzer schwedischer Granit*" ein Syenit, „*Schweizer Spaltgranit*" ein Gneis.

3.4.1.1.2   Syenit

ist verhältnismäßig selten (saures Magmagestein). Seine Farbe ähnelt der des Granits, auf Grund des geringeren oder völlig fehlenden Quarz-Gehaltes – Hauptbestandteile sind der rote Kalifeldspat und die grünlich bis schwarze Hornblende – ist er aber etwas dunkler als Granit; Farbskala reicht von Graublau über Braunrot, Dunkelgrün bis zum Schwarz. Syenit ist weicher und zäher als Granit, körnig, leichter zu bearbeiten; wetterfest. Als Baustein ähnlich zu verwenden wie Granit, wichtiger norwegischer Dekorationsstein, sogenannter „schwedischer (schwarzer) Granit".

3.4.1.1.3   Diorit, Quarzdiorit

ein intermediäres Magmagestein, kieselsäurearm mit weißlich-glasklarem Kalknatron-feldspat (Plagioklas) und dunkler Hornblende; weist dunkelgrüne bis tiefschwarze Farbe auf (wegen Fehlen des Orthoklases nie rötlich). I.a. fehlt Quarz. Er kann jedoch in geringer Menge mit brauner, grauer oder gelblicher Farbe eingelagert sein (Quarz-diorit); grünlich, mittel- bis dunkelgrau, sogar bis schwarz. Ähnliche technologische Eigenschaften wie Granit, zäher, Struktur mittel- bis feinkörnig.

3.4.1.1.4   Gabbro (Norit)

ein basisches Magmagestein, besteht hauptsächlich aus kalkreichem Kalknatron-feldspat und dem zum Teil dunklen Augit (Quarz und Glimmer fehlt ganz). Frischer Gabbro ist tiefschwarz bis schwarz/weiß gesprenkelt, verwittert ein dunkel- bis oliv-grünes, auch grünlichgraues oder bräunlichgrünes, weißgeflecktes oder gesprenkel-tes (Forellenstein) Industriegestein. Er ist neben Granit das häufigste Tiefengestein. Diese Naturwerksteine haben hohe Festigkeit, Zähigkeit und lassen sich manuell schwer bearbeiten; weniger feuchtigkeitsbeständig als Syenit. Gegenüber anderen Tiefengesteinen meist grobkörniger.

Gabbro mit rhombischem Augit heißt **Norit**.

Verwendung finden alle Tiefengesteine z. B. für: Fundamente, Sockel, Pfeiler, Wider-lager, Unterlagssteine, Stützmauern, Stufen; poliert für Denkmäler, Säulen, Umrah-mungen. Im Straßenbau für Bordsteine, Pflastersteine, Schotter, Splitt.

3.4.1.2 Ergussgesteine

Bei der Einteilung der Ergussgesteine hält man sich heute an die Gliederung der Tiefengesteine. Die früher übliche Unterteilung in altvulkanische und jungvulkanische Gesteine, die im Natursteingewerbe z.T. noch verwendet wird, entspricht nicht mehr dem heutigen Erkenntnisstand. Weiteres typisches Unterscheidungsmerkmal ist die vom Gefüge der Tiefengesteine deutlich abweichende Struktur.

3.4.1.2.1 Kompakte, helle Ergussgesteine

Zu dieser Gruppe zählen fast alle sauren und einige intermediäre Gesteinsarten.

3.4.1.2.1.1 Rhyolit (Porphyr)

Der Feldspat tritt hier großtafelig-weiß aus der Grundmasse hervor; Hornblende und Glimmer sind selten zu sehen.

Glimmer ist nur selten kristallisiert. Rhyolit ist ein zähes, hartes, polierbares und wetterbeständiges gelb-rötliches bis violettgraues Gestein (seltener weißlich-grünlich); dunkle Töne sind auf glasartig erstarrte Anteile zurückzuführen. Infolge plattiger Absonderung lassen sich die Steine hervorragend spalten. Die an Einsprenglingen reichen, quarzhaltigen Rhyolite wurden früher als Quarzporphyr bezeichnet

3.4.1.2.1.2 Trachyt

Entspricht in der chemischen Zusammensetzung dem Syenit, quarzfrei (alte Bezeichnung Keratophyr). Trachyt (griechisch trachys – rau) besteht aus hellgrauer bis gelblich-brauner Grundmasse mit dunklen Einsprenglingen (porphyrisch). Infolge poriger Grundmasse gut mörtelanziehend, auch bei Abnutzung stets rau bleibend (Treppenstufen!), gut bearbeitbar, nicht polierbar. Die feinkörnigen bis dichten altvulkanischen Sorten werden weniger verwendet. Sehr helle Farbe deutet auf höheren Sandiningehalt (leicht verwitternde Feldspatart), dann nicht wetterbeständig (siehe Kölner Dom).

Andesit = dem Trachyt sehr ähnliches Gestein; Färbung sehr unterschiedlich von hell bis schwarz, meist grünlich; fast immer porig, selten polierfähig.

3.4.1.2.2 Kompakte, dunkle Ergussgesteine

3.4.1.2.2.1 Basalt

Es ist das wichtigste und häufigste jungvulkanische Ergussgestein Mitteleuropas, meist sehr quarzarm, besteht hauptsächlich aus Feldspat und Augit, daher dunkelgrau bis schwarz; sehr dicht, hart, splittrig-muscheliger Bruch. Kaum zu bearbeiten, sehr wetterfest – Einsprenglinge von z. B. Olivin mindern die Wetterfestigkeit –, stark wärmeleitend. Wird bei Abnutzung sehr glatt (wegen Rutschgefahr bei Kleinpflaster nicht mehr zugelassen)!

Einschlüsse von nicht wetterfesten Mineralbestandteilen (erkennbar an hellen, stern-förmigen Flecken: sogenannte *„Sonnenbrenner"*); Test durch kurzes Erhitzen mit verdünnter Salzsäure) führen aufgrund mineralischer Umwandlungen bestimmter Pro-dukte (z.B. Mineral Nephelin) unter Volumenzunahme zu Rissbildung und zu grus-artigem Zerfall.

3.4.1.2.2.2 Diabas, Melaphyr

Diabase sind den älteren gabbroiden Ergussmassen zugeordnet. Der Name Diabas wird heute nur noch verwendet für oberflächennah durch Verwitterung metamorph vergrünte Basalte (*„Grünstein"*). Deutsche Diabase sind grünlich, dem Diorit ähnlich, aber meist heller, grobkörnig, gut polierfähig; die Politur ist aber nicht wetterbestän-dig. Nordische Diabase sind dunkler, schwarz und weiß gefleckt. Für die Architektur sind besonders die dunkelgrünen, geflammten bis gesprenkelten, relativ SiO_2-armen Olivindiabase interessant. Viele Diabase brausen mit Salzsäure schwach auf.

Durch Verwitterung veränderte feinkörnige Basalte bezeichnet man als Melaphyr.

3.4.1.2.3 Lavagesteine

Basaltlava: in der basaltigen Ergussmasse eingeschlossene Gase bewirken mehr oder minder große, jedoch gleichmäßig verteilte Porosität dieses schwarzen, rötlichen oder blaugrauen Materials. (Hartbasaltlava etwa 11 Vol.-%, Weichbasaltlava etwa 20 – 25 Vol.-% Poren.)

Bimsstein ist ein veralteter Name für sehr schaumige Lava (aufgeschäumter Trachyt); meist sehr weich, nur für Verkleidungen.

Verwendung der Ergusssteine: Basalt zu Bordsteinen (Prellsteinen), zu Sockel- und Stützmauern, Grundmauern, Küstenschutz (wegen hohen Gewichts brandungs-sicher), Pflastersteine, Schotter, Splitt. Diabas auch für Architektur und Bildhauerar-beiten. Basaltlava, Rhyolit und Trachyt besonders für Treppenstufen und Fußboden-platten, da stets rau bleibend.

3.4.2   Sedimentgesteine

3.4.2.1   Klastische Sedimente

Zu den klastischen Sedimenten zählen die Lockergesteine (Geröll, Kies, Sand, Schluff, Ton) und die verfestigten Trümmergesteine; nur diese sollen hier als Bausteine behan-delt werden.

Die verfestigten klastischen Sedimente unterteilt man nach der Korngröße in:

○ Brockengesteine   Korndurchmesser   > 3 mm
○ Sandgesteine   Korndurchmesser   0,03 – 3 mm
○ Tongesteine   Korndurchmesser   < 0,03 mm

3.4.2.1.1   Konglomerate, Brekzien

Unter Druck und Zutritt eines Bindemittels verkittete grobe Gesteinstrümmer (beton-artig); bei abgeschliffenen oder gerundeten Gesteinstrümmern entstehen Konglome-rate, bei eckigem Gesteinsschutt Brekzien. Lücken zwischen den Gesteinstrümmern können in erheblichem Maße auftreten aber auch völlig ausgefüllt sein. Am festesten und wetterbeständigsten sind die mit kieseligem Bindemittel verfestigten Sedimente. Wegen ihrer lebhaften Struktur und Farbkontraste zwischen Bindemittel und den Gesteinstrümmern sind diese polierfähigen Steine bevorzugtes Baumaterial, z. B. als Bekleidungsmaterial in der Innenarchitektur.

3.4.2.1.2   Sandgesteine

Sandsteine

Sandsteine sind mehr oder weniger verfestigte, geschichtete, fein-, mittel- oder grob-körnige Sande, die überwiegend aus eckigen, kantengerundeten oder völlig gerunde-ten Quarzkörnern und einem zementierenden Bindemittel (tonig, kalkig oder kieselig) bestehen. Je feiner und gleichmäßiger das Korn, um so besser! Vom Bindemittel hängt in erster Linie die Festigkeit, Wasseraufnahmefähigkeit, Abnutzbarkeit und insgesamt die Wetterbeständigkeit der Sandsteine ab; i.a. sind Sandsteine nicht polierbar.

Toniges Bindemittel (zu erkennen nach Anhauchen des Gesteins): nur geringe Fe-stigkeit, wenig wetterfest, da Ton Wasser aufnimmt unter Umständen frost-empfindlich, leicht zu bearbeitende Gesteine, feuerbeständig. Minderwertigste Sandsteinart.

Kalkiges oder mergeliges Bindemittel (erkennbar durch Säureprobe): nicht feuer-fest, ungeeignet für Seewasserbauten, empfindlich gegen chemische Angriffe (Rauch-gase, siehe bayrische Dome), ziemlich weich.

Kieseliges Bindemittel: es sind die besten und festesten Sandsteine (Kiesel-sandsteine), sehr wetterbeständig und widerstandsfähig, wenn die Poren mit Binde-mittel verfüllt sind: frostsicher; nicht feuerbeständig. Sandsteine mit kieseligem Binde-mittel werden manchmal auch irreführend als **Quarzite** bezeichnet (Quarzite sind aber den metamorphen Gesteinen zuzuordnen).

Auch die Farbe der Sandsteine richtet sich vornehmlich nach dem Bindemittel: sie ist vorwiegend lichtgelb, auch weiß bis elfenbeinfarben, lokal in ganzen Revieren hell- bis dunkelrot; calcitverfestigte weisen hellgraue bis fast bläuliche Färbungen auf. Die weitverbreitete gelblich-bräunliche bis rötliche Färbung beruht auf wechselndem Ge-halt an Eisenverbindungen. Grüne Sandsteine weisen auf eine glaukonitische Verkittungsmasse (K-Mg-Fe-Al-Silicate + OH). Dunkle Sandsteine sind meist kohle-haltig. In vielen Sandsteinen treten Fossile auf, nach denen sie z.T. sogar benannt werden.

Schädliche Beimengungen:

Besonders hervortretende Feldspat-, Glimmer- (insbesondere bei schiefriger Schichtung), Brauneisen- und Schwefelkieseinschlüsse. Durch Verwittern z. B. der Glimmeranteile werden dann die Schichten auseinandergetrieben.

Nach Vorkommen, Fundgebiet, Verwendung, Farbe, Fossilgehalt, u.a.m. werden unterschieden: Buntsandstein, Mainsandstein, Elbsandstein, Obernkirchener Sandstein, Ruhrsandstein oder Kohlensandstein, Schilfsandstein, Stubensandstein, Burgsandstein, Rätsandstein, Liassandstein, Doggersandstein, Sollingplatten und andere.

Grauwacke

Grauwacke ist ein Sandstein, der z.T. auch grobe Gesteinstrümmer älterer Sedimentgesteine enthalten kann. Diese teils konglomeratisch-groben, teils feineren Sandsteine nehmen eine Mittelstellung zwischen Brekzien, Konglomeraten und Sandsteinen ein; sie weisen einen recht unterschiedlichen, unsortierten Mineralbestand auf. Meist von dunkelgrauer oder braunroter Farbe, mit hohem kieseligem Anteil im kalkigtonigen Bindemittel. Auf Grund ihrer starken Verfestigung erreichen sie hohe Druckfestigkeiten, sehr hart, wetterfest, feuerbeständig, kaum zu bearbeiten. Gut geeignet zur Herstellung von Pflaster, Schotter, Splitt, Bruchsteinmauerwerk.

3.4.2.1.3 *Tongesteine*

Tonschiefer

Aus tonhaltigen Sedimenten entstanden; neben Quarz, Feldspat und anderen Silicaten bestehen sie hauptsächlich aus Verwitterungsprodukten; ein Teil der Tonminerale kann bereits wieder zu Glimmer und Quarz umkristallisiert sein (deshalb auch oft den metamorphen Gesteinen zugeordnet); bei höherem Quarzgehalt hart, bei viel Glimmer „Seidenglanz". Tonschiefer ist dunkelgrau bis schwarz, je nach Beimengungen auch dunkelrot und grün; weist ein dichtes, ebenschiefriges Gefüge auf, ist leicht spaltbar, wasserdicht, wetter- und feuerbeständig, zug- und biegungsfest.

3.4.2.1.4 *Tuffe*

Tuffe sind lockere oder verfestigte vulkanische Aschen magmatischen Ursprungs, nach dem Auswurf verweht und sedimentiert. Sie weisen dementsprechend Merkmale der Sedimentgesteine auf. Das Gefüge der Tuffe ist klastisch, die Korngröße schwankt in weiten Grenzen, oft mittel- bis grobkörnig oder porphyrisch und dabei stark porös. Tuffe sind bergfeucht leicht bearbeitbar, später hart, polierbar, wetterbeständig. Färbung reicht von gelblich über grünlich, bräunlich bis rot. Verwendung für Verkleidungen.

Trass ist ein grauer, gelber oder brauner Trachyttuff, der oft schon im natürlichen Zustand hydraulische Eigenschaften hat. Trachyttuff ist feuerbeständig, meist sehr weich. Verwendung meist bei Verkleidungen.

3.4.2.2 Chemische Sedimente

3.4.2.2.1 Kalksteine

Entstehung durch Ablagerung aus kalkhaltigen Lösungen als dichter Massenkalk, auch mit tierischen und pflanzlichen Versteinerungen. Die im Meer sedimentierten Kalksteine sind meist dicht bis feinkörnig und von weißer bis hellgrauer Farbe. Eisenoxide färben den Kalkstein rot, organische Bestandteile schwarz. Kalkstein besteht chemisch aus $CaCO_3$, ist daher in unserem Klima meist nicht wetterbeständig, poröse Kalksteine sind aber i.a. ziemlich frostbeständig. Politur und Farbe verschwinden unter dem Einfluss des sauren Regens. Kalksteine sind nicht hitzebeständig (*Austreiben von CO_2*); daher nicht für Geschosstreppen und tragende Pfeiler geeignet.

Merkmale minderwertiger Kalksteine sind: erdiges Gefüge (Lupe!), matte Bruchfläche, schwärzliche oder bläuliche Färbung (ausgenommen Marmor und Kohlenkalk), Tongeruch beim Anhauchen, Erweichen nach Wasserlagerung.

Als *Kalksandstein* bezeichnet man einen Kalkstein mit zahlreichen Quarzsandkörnern.

Viele verschiedene Abarten:

Marmor: (griechisch marmarein = glänzen) Alle polierbaren, dichten und körnigen natürlichen Kalk- (und Dolomit-) gesteine in amorpher Form werden als Marmore bezeichnet. Sie weisen interessante Farben und Farbzeichnungen auf, die von Serpentin oder Glimmerlagen durchsetzt sein können; außerdem Beimengungen von Metalloxiden. Je nach Art dieser Beimengungen zeigen sie wechselnde Mischfarben von creme, elfenbeinfarbig über alle Farbkombinationen bis zum Schwarz (rein weiße Färbungen treten praktisch nicht auf). Die häufig in diesen Marmoren auftretenden glasartigen Adern sind durch Einwandern von Kalkspat im Laufe von Jahrmillionen wieder ausgeheilte tektonische (d.h. durch Erdbewegungen entstandene) Risse.

Jura-Marmor: ein dichter Kalkstein von gleichmäßiger, gelblicher bis blaugrauer Tönung; enthält viele Versteinerungen. Zur genauen Kennzeichnung von der Jura-Vereinigung für Deutschland festgelegte Materialbezeichnungen: Jura-Marmor blaugelbgemischt, ... gelb, ... blaugrau, ... blaugelb-gebändert, ... gelbgebändert, ... blaugebändert, Jura-Travertin.

Solnhofener Plattenkalke: Sedimentation von Kalkschlamm in vielen Schichten übereinander mit nachfolgender Verfestigung bildete plattige Ablagerungen unterschiedlicher Dicke (bis zu 30 cm) (sogenannte Flinze), leicht spaltbar – daher auch oft die **falsche** Bezeichnung „Solnhofener Schiefer". Der Solnhofener Stein ist im Durchschnitt gelblich getönt, seltener hell- oder dunkelblau gefärbt, meist nicht wetterbeständig. Platten oft mit Dendriten = kristalline, farnartige Ausscheidungen aus (Erz)Lösungen; braun: Eisenerz, schwarz: Manganerz – **keine versteinerten Pflanzen**!

Verwendung für Wand- und Bodenplatten, Treppenstufen (da ziemlich widerstandsfähig gegen Abnutzung), Fensterbänke, Abdeckplatten (bruchrau, halbgeschliffen, feingeschliffen, halbgeschliffen und poliert, feingeschliffen und poliert). Verlegung in Kalkmörtel zur Vermeidung von Verfärbungen durch Zement.

Onyxmarmor: entstand durch direktes Ausscheiden von feinkristallinem Kalkspat aus kalkhaltigem Süßwasser (heißen Quellen, unterirdischen Wasserläufen, Tropfstein). Es ist ein sehr farbenprächtiges hell/dunkel gebändertes Material, grün oder gelblich, stets stark durchscheinend. Verwendung nicht für tragende Bauteile, da Festigkeit relativ gering. In der Innenarchitektur nur für Dekorationsflächen.

Rogenstein: oolithischer Kalkstein heller bis rotbrauner Färbung, gut zu bearbeiten, wetterbeständig.

Travertin: Sammelbegriff für grobporige Kalksteine (Süßwasserkalke). Polierfähig (polierbare Travertine werden handelsüblich unter Marmor erfasst), sehr gut bearbeitbar, hellgelb bis dunkelbraun, meist gebändert, im allgemeinen wetterbeständig, feinporige Travertine sind frostempfindlicher,enthält oft Versteinerungen. Verwendung für Verkleidungen und als Bodenbelag.

3.4.2.2.2 Dolomit

Dolomit $[CaMg(CO_3)_2]$ ist äußerlich dem Juramarmor ähnlich, schwerer, größere Härte, nicht so farbenreich, meist graugelb-grau, allgemein mikrokristallin, zuckerkörnig oder sandsteinähnlich rau, (nicht wetterbeständiger als Kalkstein!).

Dolomit kommt häufig vermischt mit Kalkspat (Calcit) $[CaCO_3]$ als sogenannter „dolomitischer Kalkstein" vor.

3.4.2.2.3 Gipsstein

weißes bis graues, bisweilen auch bläulich oder rötlich gefärbtes dichtes, körniges, aber sehr weiches Gestein. Wird lediglich für Kunsthandwerk wegen seiner oft marmorartigen Färbung und guten Polierfähigkeit einiger Sorten verwendet (Alabaster).

3.4.2.3 Organogene Sedimente

3.4.2.3.1 Organogene Kalksteine

Muschelkalk und Korallenkalk (Riffkalke): aus Rückständen kalkschalenaufbauender Lebewesen; die Hohlräume zwischen den Schalenresten sind durch teilweise chemisch ausgefällte Kalkablagerungen, teils durch Kalkschlamm ausgefüllt, wodurch – oft verbunden mit nachträglichem Umkristallisieren – ein feinkristallines, kompaktes Gestein entstand, ohne dass die muschelartige Struktur verändert wurde.

Ist auffallend versteinerungsreich, enthält häufig auch tonige Partien. Technologische Eigenschaften ähneln denen der dichten Handelsmarmore. Trotz leicht porigen Aussehens äußerst festes, widerstandsfähiges Material, wetterbeständig.

Kreide Sediment mit starkem Anteil mikroskopisch kleiner Kalkalgen und tierischen Einzellern.

3.4.3   Metamorphe Gesteine

Diese Gesteine sind aus der Umwandlung von Erstarrungs- oder Eruptivgesteinen (meta-morphisch), sowie den Sedimentgesteinen (para-morphisch) unter höherem Druck und höherer Temperatur hervorgegangen. Tongesteine werden so zu Phylliten und weiter zu Glimmerschiefern, Sandsteine zu Quarziten und Quarzschiefern, Granite zu Gneisen, SiO_2-arme Magmatite zu Grünschiefern und Hornblendeschiefern, Kalksteine zu Marmor.

Durch die hohe Pressung kann es zu einer Änderung der Grobstruktur (Faltung, Schieferung) kommen. In der Regel zeichnen sich metamorphe Gesteine daher durch eine gute Spaltbarkeit infolge des Parallelgefüges aus; daher auch der Oberbegriff *„kristalline Schiefer"*. Kristalline Schiefer ähneln wegen ihrer kristallinen Beschaffenheit den Tiefengesteinen, zeichnen sich aber gegenüber diesen durch eine schiefrige und lagenförmige Anordnung der Mineralgemengteile aus. Durch einfaches Spalten lassen sich plattenförmige Baustoffe herstellen.

Je nach einwirkendem Druck und Temperatur unterscheidet man 3 Tiefenbereiche, in denen sich abhängig vom Ausgangsmaterial ganz charakteristische Mineralkombinationen gebildet haben. Die 3 Zonen sind:

1. Epizone   in geringerer Tiefe,   niedrigere Temperaturen
2. Mesozone   in mittlerer Tiefe,   mittlere Temperaturen
3. Katazone   in größerer Tiefe,   höhere Temperaturen

3.4.3.1   *Marmor (kristalliner Marmor)*

Ausgehend von Kalkstein entsteht in allen metamorphen Zonen „kristalliner" oder „echter" Marmor. „Echter" oder „edler" Marmor ist kantendurchscheinend kristallin, enthält keine Fossilien. Besteht aus miteinander verwachsenen Kalkspatkristallen [$CaCO_3$], die Kristallflächen glitzern bei Lichteinfall (*„zuckerkörnig"*); ohne Beimengungen reinweiß (*Carrara- und Laaser-Marmor, Bildhauermarmor!*), sonst auch rötliche, bläuliche und graue Verfärbungen, schwärzliche Fleckungen und Wölkungen. Relativ häufig sind grünliche Marmore, eine Färbung, die bei Kalksteinen (Handelsmarmoren) praktisch nicht vorkommt. Diese Marmore sind feinst- bis grobkörnig im Gefüge, weisen vielfach natürliche Strukturzeichnung infolge mineralisch verheilter tektonischer Risse auf. Besonders die feinkörnigen Materialien weisen gute Wetterbeständigkeit auf. Die technischen Eigenschaften ähneln jenen der dichten Sedimentmarmore.

3.4.3.2 Quarzite

Feinkristalline, aus Sandstein hervorgegangene Quarzmasse (> 80 M.-%). Färbungen wie bei Sandsteinen. Häufig eintretende deutliche Schieferung, z.T. Anreicherung von Glimmer in Schieferungsrichtung bewirkt gute Spaltbarkeit. Nicht oder wenig geschieferte Quarzite sind selten, werden wie Granit verwendet, sehr hart und sehr schwer zu bearbeiten, fast ohne Spaltbarkeit, abnutzungsfest, schlecht mörtelbindend. Verwendung: für Grundmauerwerk, Bodenbeläge, Treppen, Wandverkleidungen, Schottermaterial für Eisenbahn- und Straßenbau (*Blendgefahr durch weißen Staub!*).

3.4.3.3 Gneise

Die Gneise sind die am weitesten verbreiteten metamorphen Gesteine. Sie können aus jedem Magma der Tiefengesteine (Orthogneise) oder aus tonigen bis sandigen Sedimentgesteinen (Paragneise) entstehen. Aus den bereits kristallinen magmatischen Gesteinen entsteht ein wenig gerichtetes Gestein, bei den Paragesteinen liegt bereits im Ausgangsgestein meist eine deutliche Schichtung vor, sie werden durch die Metamorphose aber kristallin. Sie werden benannt nach dem Ausgangsgestein; granitische Gneise sind zahlreicher. Je nach Mineralienanteil weiß bis schwarz, Paragneise auch rötlich oder grünlich. Material kann wie Granite gesägt und poliert werden, bleiben bei Abnutzung aber rau, wetterfest; wegen der Schichtung fast immer – insbesondere bei den Paragneisen – leichter spaltbar. Sie bestehen aus > 50 M.-% Feldspat, Glimmer (bei Orthogneisen rel. viel) und Quarz, gleichen somit im Mineralbestand dem Granit. Daher erscheinen sie oft unter der Handelsbezeichnung „Granit". Verwendung für Treppenstufen, Boden- und Wandverkleidungen, Widerlager, Stützmauern, Randsteine.

3.4.3.4 Chloritschiefer, Talkschiefer

Aus magmatischem Urgestein mit weniger SiO_2-Gehalt entstehen bei der Metamorphose Grün- und Chloritschiefer. Es sind dunkle, bläulich bis grünlich gefärbte, fettglänzende, sehr weiche Gesteine, die licht- und wetterbeständig sind.

Liegt als Ausgangsgestein ein dolomitisches Tonsediment vor, entsteht durch Verwitterung u.a. Talk. Talkschiefer kann u.a. für Verkleidungen verwendet werden.

3.4.3.5 Phyllite

sind Übergangsgesteine von Tonschiefern zu Glimmerschiefern, die in der Epizone gebildet wurden. Sie bestehen aus sehr feinschuppigen stark geschieferten, dichten Gemengen von Quarz und Serizit (K-Al-Silicat); letzterer bewirkt den stumpfen grünlich bis bläulichen Seidenglanz dieser Materialien. Leicht spaltbar, weich, frost- und wetterbeständig, geringe Abriebfestigkeit, i.a. nicht polierfähig. Verwendung für Dachschiefer; Steine aus oberen Lagen („*Tagsteine*") sind meist stark angewittert, qualitativ schlechter.

3.4.3.6   Glimmerschiefer

besteht fast zur Hälfte aus Quarz, viel Glimmer (> 50 M.-%), etwas Feldspat. Farbe vom Silberweiß über alle Graustufen bis zum Schwarz, auch bräunlich oder grünlich. Flaseriges bis ebenschiefriges Gefüge. Wetterbeständig und hart, feuerbeständig. Beispiel: *Norwegischer Quarzschiefer* mit silbrigglänzender Bruchfläche. Verwendung zu Belagplatten.

3.4.3.7   Serpentinite

Serpentinite sind Gesteine, die sich vorwiegend aus ultrabasischen Magmagesteinen, die stark olivinhaltig sind, gebildet haben (z.b. aus Peridotit). Aus dem Olivin entsteht durch chemische Umwandlung Serpentin. Parallel dazu kommt es zu mechanischer Zerstörung und u.U. zur Bildung von konglomeratischen oder brekzienartigen Strukturen. Verfüllung der Zwischenräume durch Calcit oder Asbest. Sie haben relativ geringe Mineralhärte (Mohshärte 3: Weichgesteine – sind mit dem Messer schabbar). Sie sind wie die Handelsmarmore leicht bearbeitbar und auch polierfähig, feinkörnig bis dicht, feuerbeständig, wenig wetterbeständig, wenn mit Calcitadern durchzogen; schlangenhautartig grün-grau-marmoriert oder gefleckt, auch rot geflammt. Verwechslungsgefahr mit Marmor! Verwendung als Dekorationsgestein besonders in Innenräumen.

Serpentinhaltige Gesteine können an der Oberfläche Talk und ähnliche Minerale bilden → Rutschgefahr, bei Nässe glitschig.

Serpentinite sind florafeindlich und wasserabweisend, daher Verwendung als Schotter, Dachpappenabstreuung.

Ähnlich entstanden wie Serpentin ist **Talk** (Speckstein), ein weißliches, durch feinschuppige Struktur sich fettig anfühlendes Gestein; Mohshärte 1.

Asbest: Unbrennbare, säurebeständige Mineralfaser aus umgewandelter Hornblende oder aus sekundär umgewandeltem Serpentinmineral.

3.5   Zerstörung und Schutz

3.5.1   Ursachen für die Zerstörung

Insbesondere im Außenbereich verwendete Naturgesteine unterliegen den verschiedenartigsten Einflüssen, die nicht selten zur Zerstörung des Materials führen können. Die wichtigsten Ursachen sind hier stichwortartig aufgeführt.

○ *Bearbeitungsschäden* und *Sprengrisse:*
Selbst feinste Haarrisse, die beim steinmetzmäßigen Bearbeiten (Kröneln, Scharrieren) der Oberfläche nicht zu vermeiden sind, begünstigen die Zerstörung

○ *Witterungseinflüsse:*
Einseitige Erwärmung durch Sonnenbestrahlung (insbesondere dunkle Gesteine heizen sich sehr stark auf), Befeuchtung durch Regen und Schnee, Quell- und Schwindspannungen, sprengende Wirkung des Frostes, Winderosion

○ *Wasser*, besonders solches mit Gehalt an Kohlensäure (auch im Regenwasser) und anderen Gasen, und *Wasserdampf:*
Erweichung toniger und mergeliger Bindemittel, Auflösung und chemische Zersetzung

○ *Pflanzenwuchs* (Algen, Moose, Flechten, höhere Pflanzen):
Sprengwirkung von Wurzeln und keimendem Samen oder Sporen, Feuchthaltung, organische Säuren

○ *Ammoniak* (Mist, Jauche) und *Humusboden:*
Bildung von Mauersalpeter [$Ca(NO_3)_2$] bei kalkhaltigen Steinen

○ *Rauchgase:*
Sie enthalten Schwefeldioxid [SO_2] und Stickoxide [NO_x], die mit Luftfeuchtigkeit zu Säuren (schweflige und salpetrige Säure [H_2SO_3; HNO_2], Schwefel- und Salpetersäure [H_2SO_4; HNO_3]) reagieren. Zerstörende Wirkung auf kalkhaltige Gesteine, besonders in Groß- und Industriestädten, in Tunneln und an Brücken über Eisenbahngleisen

○ *Ruß, Flugasche* und *Flugstaub* aus industriellen Betrieben:
können zur Verkrustung der Oberfläche und chemischer Zersetzung führen. Alle Außenfassaden dunkeln zum anderen in Abhängigkeit von ihrer Oberflächenbeschaffenheit nach

○ *Hohe Temperaturen* (Brände):
Besonders Granit und ähnliche Gesteine, Kalksteine, Dolomit, kalkhaltige Sandsteine und Basalt werden zerstört

○ *Rostende Dübel* und *Klammern:*
Sprengwirkung durch Bildung von voluminösem Rost

○ *Ungeeignete Mörtel:*
Falsche Wahl des Fugen- und Mauermörtels kann zu Schäden führen. Kalk- und Sandsteine können wasseraufsaugend sein. Diese Steine dürfen nicht mit wasserundurchlässigem Zementmörtel verarbeitet werden, da sich über den Fugen Wassersäcke bilden und die Steine sich mit Wasser anreichern. Durch Wärmeschwankungen entstehen durch Verdunsten und Gefrieren des Wassers Spannungen, die das Steingefüge lockern oder absprengen können. Die harten Zementmörtel führen bei weichen Steinen häufig auch zu Kanten-

absprengungen. Eindringendes Zementwasser ruft auch hässliche Verfärbungen neben den Fugen hervor. Schädlich wirken ebenfalls manche Abbinde-beschleuniger und Frostschutzmittel, die dem Mörtel zugesetzt werden, sowie der Gehalt an eventuell vorhandenen löslichen Salzen, besonders Sulfate. Bei aufgehendem Mauerwerk von Hochbauten ist am besten ein nicht zu fetter Mörtel aus Kalkhydrat und mittelkörnigem Sand geeignet. Ausstreichen der Fugen mit Zementmörtel ist auch aus Schönheitsgründen abzulehnen. Bei dichtem, hartem Gestein ist selbstverständlich der dichte und harte Zementmörtel zu verwenden. Es werden dann Kalkauslaugungen und Streifenbildung vermieden.

3.5.2   Maßnahmen gegen die Zerstörung

○ *Schonende Behandlung:*
beim Gewinnen und Bearbeiten. Maschinelle Bearbeitung ist besser als Handarbeit

○ *Sorgfältige Auswahl der Gesteinsart:*
dem Verwendungszweck entsprechend. Friedhöfe (Grabsteine mit Jahreszahlen!) in der Umgebung des Bruchs und alte Gebäude in der Nähe des Bauortes beachten; Rauchgas-, Säure-, Hitze-, Frostbeständigkeit prüfen

○ *Lagerhaftes Bearbeiten* und *Versetzen:*
d. h. der Schichtung im Bruch entsprechend. Vom Bruchbesitzer verlangen, dass die Schichtung sofort nach dem Loslösen von der Bruchwand durch Farbanstrich bezeichnet wird

○ *Glatte Flächen:*
durch Schleifen und Polieren

○ *Trockenhalten:*
Hydrophobierung der Oberfläche mit Siliconharzen, Silanen, Sperrschichten aus neutralen Stoffen (Vorsicht: keine porenverschließenden Stoffe verwenden!), Abschrägungen, Wassernasen vermeiden, Zinkabdeckung. Für sichtbare Abdeckungen freistehender Natursteinmauern sind ortsübliche Baustoffe, wie Steinplatten, Biberschwänze oder Schiefer, zu verwenden. In offener Landschaft oder bei Gartenmauern empfiehlt sich eine Schicht Kalkmörtel mit beiderseitigem schwachem Gefälle, auf der eine Strohlehmpackung aufgetragen wird. Darüber kommen zwei Lagen Rasenplaggen mit versetzten Fugen; Mauergewächse siedeln sich von selbst an, können aber auch angesät werden

○ *Richtige Fugen:*
sie müssen dicht schließen und nicht an Stellen liegen, wo Gesimse und so weiter mit der lotrechten Fläche zusammenstoßen. Der Mörtel soll sie gleichmäßig füllen, aber nicht herausquellen

○ *Reinigen:*
von Flugstaub, Ruß, Asche und Pflanzenwuchs. Weiche Bürsten, Wasser und Kernseife oder Dampfstrahl, *keine Säuren verwenden!* Drahtbürsten und Sandstrahlgebläse erzeugen raue, schnell verschmutzende Flächen, zerstören die natürliche Schutzschicht und beseitigen die gute Wirkung der Steinmetzarbeit

○ *Anstriche:*
sind nur ein Notbehelf. Sie werden meist erst bei bereits angewittertem Gestein gebraucht. Porenschließende Stoffe sind nicht von Dauerwirkung (Gefahr des Rückstaus von Diffusionsfeuchtigkeit). Manche Gesteine zerfallen (*„ersticken"*) unter einer luftabschließenden Deckschicht. Vorherige Probeanstriche sind nötig

○ *Stoffverhüllende Putze:*
sollten, ebenso wie Ölfarbenanstriche, bei Natursteinen nicht angewendet werden

○ *Verzinken* oder *Verbleien:*
von Stahldübeln und -klammern oder Verwendung von „Edelstahl Rostfrei"

○ *Feuerhemmende Bekleidung:*
z. B. 1,5 cm dicker Putz auf Berohrung, bei nicht feuerbeständigen Steintreppen (Marmor, Granit, und so weiter) auf der Treppenunterseite.

3.6 Fachliteratur

3.6.1 Normen, Richtlinien

DIN 482	Straßenbordsteine aus Naturstein
DIN 1053-1	Mauerwerk; Berechnung und Ausführung; Abschnitt 12: Natursteinmauerwerk
DIN 4102	Brandverhalten von Bautoffen und Bauteilen; Teil 1-19
DIN 18 330	VOB, Teil C: Mauerarbeiten
DIN 18 332	VOB, Teil C: Naturwerksteinarbeiten
DIN 18 515	Außenwandbekleidungen - Teil 1: Angemörtelte Fliesen oder Platten; Grundsätze für Planung und Ausführung
DIN 18 516-1	Außenwandbekleidungen, hinterlüftet - Teil 1: Anforderungen, Prüfgrundsätze
DIN 18 516-3	Außenwandbekleidungen, hinterlüftet - Teil 3: Naturwerkstein; Anforderungen, Bemessung
DIN 52 100-2	Naturstein und Gesteinskörnungen; Gesteinskundliche Untersuchungen, Allgemeines und Übersicht
DIN 52 102	Prüfung von Naturstein und Gesteinskörnungen; Bestimmung von Dichte, Trockenrohdichte, Dichtigkeitsgrad und Gesamtporosität
DIN 52 104-1	Prüfung von Naturstein; Frost-Tau-Wechsel-Versuch; Verfahren A-Q
DIN 52 104-2	Prüfung von Naturstein; Frost-Tau-Wechsel-Versuch; Verfahren Z
DIN 52 106 E	*Prüfung von Gesteinskörnungen; Untersuchungsverfahren zur Beurteilung der Verwitterungsbeständigkeit*

DIN 52 108   Prüfung anorganischer nichtmetallischer Werkstoffe -
Verschleißprüfung mit der Schleifscheibe nach Böhme - Schleifscheiben-
Verfahren

DIN 52 113   Prüfung von Naturstein; Bestimmung des Sättigungswertes

DIN EN 101   Keramische Fliesen und Platten, Bestimmung der Ritzhärte der Oberfläche
nach Mohs

DIN EN 1341   Platten aus Naturstein für Außenbereiche - Anforderungen und Prüfverfahren

DIN EN 1342   Pflastersteine aus Naturstein für Außenbereiche - Anforderungen und
Prüfverfahren

DIN EN 1343   Bordsteine aus Naturstein für Außenbereiche - Anforderungen und Prüfverfahren

DIN EN 1925   Prüfverfahren von Naturstein - Bestimmung des Wasseraufnahmekoeffizienten
in folge Kapillarwirkung

DIN EN 1926   Prüfverfahren von Naturstein - Bestimmung der Druckfestigkeit

DIN EN 1936   Prüfung von Naturstein - Bestimmung der Reindichte, der Rohdichte, der
offenen Porosität und der Gesamtporosität

DIN EN *12 326-1 E*
Schiefer und andere Natursteinprodukte für Dachdeckungen und Außenwand-
bekleidungen
Teil 1: Produktspezifikationen

DIN EN 12 326-2
Schiefer und andere Natursteinprodukte für Dachdeckungen für überlappende
Verlegung und Außenwandbekleidungen
Teil 2: Prüfverfahren

DIN EN 12 326-2/A1
Schiefer und andere Natursteinprodukte für Dachdeckungen für überlappende
Verlegung und Außenwandbekleidungen
Teil 2: Prüfverfahren; Änderung A1

DIN EN 12 371 Prüfverfahren für Naturstein - Bestimmung des Frostwiderstandes

DIN EN 12 372 Prüfverfahren für Naturstein - Bestimmung der Biegefestigkeit unter
Mittellinienlast
Berichtigung 1

DIN EN 12 407 Prüfverfahren von Naturstein - Petrographische Prüfung

DIN EN 12 440 Naturstein - Kriterien für die Bezeichnung

DIN EN 12 524 Baustoffe und -produkte, Wärme- und feuchteschutztechnische Eigenschaften
Tabellierte Bemessungswerte

DIN EN 12 670 Naturstein - Terminologie

DIN EN 13 161 Prüfverfahren für Naturstein - Bestimmung der Biegefestigkeit unter Drittel-
linienlast
Berichtigung 1

DIN EN 13 373 Prüfverfahren für Naturstein - Bestimmung geometrischer Merkmale von
Gesteinen

DIN EN 13 755 Prüfverfahren für Naturstein - Bestimmung der Wasseraufnahme unter
Atmosphärendruck

DIN EN 13 919 Prüfverfahren für Naturstein - Bestimmung der Beständigkeit gegen Alterung durch SO_2 bei Feuchteeinwirkung

DIN EN *14 580 E*
Prüfverfahren für Naturstein - Bestimmung des statischen Elastizitätsmoduls

DIN EN 14 581 Prüfverfahren für Naturstein - Bestimmung des thermischen Ausdehnungskoeffizienten

DIN EN ISO 12 572
Wärme- und feuchtetechnisches Verhalten von Baustoffen und Bauprodukten-Bestimmung der Wasserdampfdurchlässigkeit

3.6.2 Bücher und Veröffentlichungen

[3.1] *O. Wagenbreth:*
Naturwissenschaftliches Grundwissen für Ingenieure des Bauwesens, Band 3: Technische Gesteinskunde, 1979, VEB Verlag für Bauwesen, Berlin

[3.2] *W. Schumann:*
Steine – Mineralien, 1972, BLV Verlagsgesellschaft München

[3.3] *R. Villwock:*
Industriegesteinskunde, 1966, Stein-Verlag, Offenbach

[3.4] "Naturstein – bewährter Baustoff".
Bundesverband Natursteinindustrie e.V., Bonn

[3.5] Bautechnische Informationen "Bauen mit Naturstein",
Informationsstelle Naturwerkstein, Würzburg

[3.6] *F. Müller:*
Internationale Natursteinkartei, 2. Auflage 1989, Ebner Verlag GmbH & Co KG, Ulm

[3.7] *F. Müller:*
Gesteinskunde, 6. Auflage, Ebner Verlag GmbH & Co KG, Ulm

[3.8] *Bruckner, Schneider:*
Naturbaustoffe, 1998, Werner Verlag, Düsseldorf

Kapitel 4: Gesteinskörnungen für Mörtel und Beton

4 Gesteinskörnungen für Mörtel und Beton

Bei Baukörpern großer Ausdehnungen verbietet sich im allgemeinen der Aufbau aus massiven Bauteilen, vielmehr muss ein solcher Baukörper aus Baumassen hergestellt werden, die erst im nachhinein, d. h. nachdem die Masse in ihre endgültige Form gebracht worden ist, zu einem monolithischen Bauteil werden, z. B. durch das Erhärten eines Bindemittels. Die zur Herstellung solcher Baumassen verwendeten Gesteine bezeichnet man in Anpassung an die europäische Normung künftig als Gesteinskörnungen, in Deutschland z.Zt. noch allgemein als Zuschläge (früher Zuschlagstoffe).

4.1 Allgemeines

Zuschläge sind ein Haufwerk von ungebrochenen und/oder gebrochenen Gesteinskörnern – in Sonderfällen auch Fasern –, die mit Bindemittel (und Wasser) vermischt zur Herstellung von Mörtel (Korngruppe bis 4 mm Ø) und Beton verwendet werden. Neben den Stoffmerkmalen der Gesteine – d. h. ihrem Mineralbestand – interessieren bei den Zuschlägen somit auch die *Kornmerkmale*.

Nach Herkommen und Verwendung lassen sich die Körnungen in **natürliche** und **künstliche** Zuschläge – vorwiegend mineralische, seltener organische Stoffe, wie z. B. Styropor – sowie in Zuschläge mit **dichtem** oder **porigem** Gefüge (Schwer-Normal-, Leichtzuschlag) einteilen.

Zu Zuschlägen aus natürlichem Gestein mit dichtem Gefüge rechnen gebrochene und ungebrochene Zuschläge aus Gruben (oft lehmhaltig), Seen und Flüssen (im Oberlauf: sandarm, wenig abgeschliffen; küstennah: sandreicher, abgerundet, glatt), also die natürlichen Lockergesteine wie Kies und Sand sowie die Gesteinskörnungen aus Steinbrüchen. Natürliche Zuschläge mit porigem Gefüge sind Bims, Tuffe, Schaumlava und ähnliches.

Bei den Lockergesteinen wird zur Körnungsbezeichnung häufig der Fundort (Moränekies, Leinekies, Rheinsand, usw.) sehr oft aber auch der hauptsächliche Verwendungszweck (Betonkies, Mauersand, usw.) mit angegeben.

Zu künstlich hergestelltem Zuschlag rechnen z. B. gebrochene und ungebrochene dichte kristalline Hochofenstückschlacke, Kesselschlacke, Flugaschen, ungemahlener Schlackensand, Ziegelsand, Ziegelsplitt sowie mit porigem Gefüge Blähton, Blähschiefer, Hütten- und Sinterbims.

Um Rohstoffressourcen zu schonen wird seit einiger Zeit in zunehmendem Maße versucht, Material, das bei Abbruch- und Umbauarbeiten anfällt und zu einem Korngemisch zerkleinert worden ist, als rezyklierte Gesteinskörnungen mit einer Kornrohdichte ≥ 1500 kg/m^3 gem. DIN 4226-100 wiederzuverwenden.

Ferner einige Zuschläge für Sonderzwecke:

○ für verschleißfeste Schichten, Hartstoffe wie z. B. Korund, Siliciumcarbid
○ extrem leichte Zuschläge für Wärmedämmung und Feuerschutz wie z. B. Vermiculite, Blähperlite, geschäumtes Polystyrol (EPS)
○ Zuschläge für den Strahlenschutz wie z. B. Baryt, Eisenerze, Blei- und Kupferschlacken
○ Zuschläge für feuerfesten Beton wie z. B. Schamotte
○ farbiger Zuschlag z. B. für Sichtbeton, Waschbeton, Betonwerkstein

4.2   Anforderungen

Der Zuschlag muss je nach Verwendungszweck und Aufgabe hinsichtlich Festigkeit, Frostbeständigkeit und Abnutzungswiderstand, Kornform, Reinheit und Kornzusammensetzung bestimmten Anforderungen genügen. Er darf unter Einwirkung von Wasser nicht erweichen oder sich zersetzen und darf keine Stoffe enthalten, die das Erhärten des Bindemittels hemmen, seine Festigkeit mindern oder die Stahleinlagen z. B. bei bewehrten Bauteilen angreifen, sowie allgemein die Gebrauchseigenschaften der Bauteile nicht nachteilig beeinflussen. Außerdem dürfen die Umweltbedingungen durch die Eigenschaften des Zuschlags nicht beeinträchtigt werden.

Die Regelanforderungen an Gesteinskörnungen und Mischungen daraus für die Verwendung in Beton und Mörtel sind in der DIN 4226 festgelegt und in Kategorien eingeteilt. Eingeschlossen sind Gesteinskörnungen für alle Betonarten, einschließlich Beton nach DIN 1045 und Beton zur Verwendung im Straßenbau und in anderen Verkehrsflächen und für die Verwendung in Betonfertigteilen und Betonwaren.

Durch die Einteilung in Kategorien, durch die eine feinere Abstufung ermöglicht wird, fällt die Unterteilung in Körnungen mit erhöhten bzw. verminderten Anforderungen weg.

Die Einhaltung der Anforderungen wird seitens des Herstellers durch eine werkseigene Produktionskontrolle sowie eine Fremdüberwachung sichergestellt. Bei Erteilung eines Zertifikats können auf den Lieferscheinen die in der *Abbildung 4.1* dargestellten Überwachungszeichen geführt werden.

Abbildung 4.1
Überwachungszeichen für Gesteinskörnungen nach DIN 4226

| Bundesüberwachungsverband Kies und Sand e. V. | Güteüberwachungsgemeinschaft Leichtbeton-Zuschlag e. V. | Güteüberwachung Recycling-Baustoffe |

4.2.1 Eigenschaften des Einzelkorns

4.2.1.1 Festigkeit

Bei natürlich entstandenen Kiesen und Sanden, sowie daraus durch Brechen herge-stelltem Zuschlag, kann man auf Grund der Beanspruchung während der Entstehung im allgemeinen eine für normale Beanspruchungen ausreichende Festigkeit voraus-setzen. Zuschläge aus gebrochenem Felsgestein müssen im durchfeuchteten Zu-stand eine Mindestdruckfestigkeit > 100 N/mm² aufweisen. Naturgestein hat im allge-meinen ausreichende Eigenfestigkeit – je nach Gesteinsart 100 – 400 N/mm². Einen orientierenden Hinweis auf ausreichende Festigkeit bekommt man durch Ritzen mit einem Messer oder durch einen leichten Hammerschlag (Zuschlagkorn auf eine feste Unterlage legen).

In Zweifelsfällen – wie im übrigen grundsätzlich bei künstlichen Zuschlägen – sowie bei der Herstellung von besonders hochfestem Beton ist eine Eignungsprüfung nach den entsprechenden Normvorschriften durchzuführen.

Ungeeignet sind im allgemeinen Gesteine im angewitterten oder tektonisch stark beanspruchten Zustand, Kalksteine mit Tongehalt (Mergelkalk), Tonschiefer, die grob-kristallinen Marmore, gipsführende Gesteine, glimmerreiche kristalline Schiefer und Gneise. Der Erhaltungszustand eines groben Zuschlags wird nach Augenschein, der eines Zuschlags mit kleinerem Durchmesser unter dem Mikroskop beurteilt.

Für ungebundene Kornhaufwerke wird die „Festigkeit" meist über Schlagzertrümme-rungswerte nach DIN EN 1097-2, für Straßenbaustoff und Gleisschotter nach DIN 52 115, Teil 2, ermittelt. Die Kategorien für die Höchstwerte des Widerstands gegen Schlagbeanspruchung sind in *Tabelle 4.1* aufgeführt.

Schlagzertrümmerungsversuche sind keine Festigkeitsprüfungen im strengen Sinn, da weder die wirkende Druckspannung (= Festigkeit) noch die Beanspruchungsgrenze des Stoffes erfasst wird. Der Schlagzertrümmerungswert ist neben der Gesteins-festigkeit in starkem Maße von der Kornform abhängig.

Schlagzertrümmerungswert [%]	Kategorie
≤18	SZ_{18}
≤ 22	SZ_{22}
≤ 26	SZ_{26}
≤ 32	SZ_{32}
Keine Anforderung	SZ_{NR} (Regelanforderung)

Tabelle 4.1
Kategorien für den
Schlagzertrümmerungswert

4.2.1.2 Frost- und Tausalzwiderstand

Die als frostbeständig zu bezeichnenden Gesteine müssen im durchfeuchteten Zustand mindestens eine Druckfestigkeit von b_D = 150 N/mm² aufweisen und die Wasseraufnahme darf 0,5 M.-% nicht überschreiten. Bei natürlich vorkommenden Kiesen und Sanden sind wegen der vorausgegangenen aussondernden Beanspruchung meist nur wenig frostanfällige Zuschlagkörner enthalten; bei Mürbkornanteilen >5 M.-% ist der Zuschlag meist nicht ausreichend frostbeständig. Bei natürlichen Gesteinskörnungen aus Steinbrüchen ist die Frostbeständigkeit im allgemeinen gegeben. Gefährdet sind Zuschläge, die rasch Wasser saugen (Prüfung durch Aufsetzen eines Wassertropfens auf das trockene Korn). Im Zweifelsfall – wie auch bei künstlichem und Leichtzuschlag – sind Frost-Tau-Wechselprüfungen nach DIN EN 1367-1, erforderlich. Sind Tausalzeinwirkungen zu erwarten, ist zusätzlich ein erhöhter Frost-Tausalz-Widerstand zu fordern [DIN EN 1367-2]. Je nach Masseverlust bei den Prüfungen wird der Zuschlag in die in den *Tabellen 4.2* und *4.3* angegebenen Kategorien unterteilt.

Frostwiderstand Masseverlust [%]	Kategorie F
≤ 1	F_1
≤ 2	F_2
≤ 4	F_4 Regelanforderung
Keine Anforderung	F_{NR}

Magnesiumsulfat-Wert Masseverlust [%]	Kategorie MS
≤ 18	MS_{18}
≤ 25	MS_{25}
≤ 35	MS_{35}
Keine Anforderung	MS_{NR} Regelanforderung

Tabelle 4.2
Kategorien für den Frostwiderstand

Tabelle 4.3
Kategorien für den Frost-Tausalz-Widerstand

4.2.1.3 Kornform, Kornoberfläche

Die Kornform – man unterscheidet gedrungenes, spießiges oder plattiges Korn – ist für die Eigenschaften des fertigen Korngemisches (Verdichtungswilligkeit, Bindemittelbedarf) von Bedeutung. Die Form der Einzelkörner soll nach Möglichkeit gedrungen sein. Längliche oder plattige Körner setzen der Verarbeitung einen größeren Widerstand entgegen, erfordern außerdem – wegen der größeren Oberfläche – mehr Bindemittel. Als gedrungen wird ein Korn bezeichnet, wenn das Verhältnis von Länge zu Dicke ≤ 3 : 1 ist. In der Regel genügt die Beurteilung nach Augenschein. In Zweifelsfällen erfolgt die Überprüfung eines Korngemisches auf den Gehalt an ungünstig geformten Körnern > 4 mm nach der DIN EN 933 Teil 3 (Bestimmung der Kornform und Plattigkeitskennzahl mittels Schlitzsieben) oder Teil 4 (Bestimmung der Kornform und Kornformkennzahl mit dem Kornform-Messschieber, *Abbildung 4.2*).

Neben der Grobgestalt eines Korns hat auch die **Oberflächenbeschaffenheit** des Zuschlags wesentlichen Einfluss auf die Verdichtungswilligkeit – und damit z. B. auf den Wasserbedarf eines Betons – sowie auf die Haftung zwischen Bindemittel und Korn. Glatte Oberflächen bewirken eine leichtere Verdichtbarkeit und erfordern einen geringeren Bindemittelanspruch (Zementleimanspruch); das gilt besonders für den Sandbereich. Splittrige und raue Körnungen erfordern zur Verdichtung einen höheren Sandanteil. Eine **raue Oberfläche verbessert aber die Haftung** und **wirkt sich günstig auf die Biegezugfestigkeit aus** (die Druckfestigkeit wird nur in geringem Maße beeinflusst). Die Oberflächenbeschaffenheit des Einzelkorns sollte deshalb mäßig rau sein.

Die von Natur aus gekörnten, geologischen Lockergesteine (Sand, Kies) zeichnen sich durch fehlende Kantenschärfe aus. Sie weisen im allgemeinen recht glatte und rund geschliffene Oberflächenformen auf. Man bezeichnet sie daher auch als „**Rundkorn**". Dagegen ist das aus Felsgestein gewonnene Korn durch eine raue und kantige Oberfläche gekennzeichnet; man spricht von sogenanntem „Voll-**Bruchkorn**" (Schotter, Splitt, Brechsand). Als **bruchflächig** gilt ein Korn, wenn mehr als 50 % seiner Oberfläche aus Bruchflächen besteht. Die Oberflächenbeschaffenheit wird gekennzeichnet durch den Fließkoeffizienten E_c nach DIN EN 933-6.

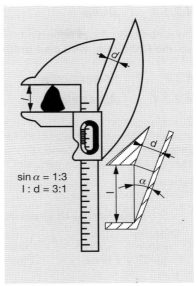

Abbildung 4.2
Kornform-Messschieber

Tabelle 4.4
Kategorien der Plattigkeitskennzahl

Plattigkeitskennzahl	Kategorie
≤ 15	FI_{15}
≤ 20	FI_{20}
≤ 35	FI_{35}
≤ 50	FI_{50} Regelanforderung
Keine Anforderung	FI_{NR}

Tabelle 4.5
Kategorien der Kornformkennzahl

Kornformkennzahl	Kategorie
≤ 15	SI_{15}
≤ 20	SI_{20}
≤ 40	SI_{40}
≤ 55	SI_{55} Regelanforderung
Keine Anforderung	SI_N

4.2.1.4 Dichte

Bei natürlichen Zuschlägen nimmt mit kleiner werdender Korngröße die Kornporigkeit ab, **die Rohdichte wird also größer mit abnehmendem Korndurchmesser.**

4.2.2 Korngemische

4.2.2.1 Allgemeines

Zuschlaggemische sind Kornhaufwerke, die im allgemeinen aus mehreren Kornklassen zusammengesetzt sind. Eine Kornklasse umfasst alle Körner mit Korngrößen zwischen zwei benachbarten Prüfkorngrößen ohne Über- und Unterkornanteile (siehe *Tabelle 4.6*); sie werden gerundet angegeben.

Tabelle 4.6
Prüfkorngrößen, Kornklassen

ungebrochene Mineralstoffe			gebrochene Mineralstoffe		
Prüfkorn-größen [mm]	Rund-werte [mm]	Korn-klassen [mm/mm]	Prüfkorn-größen [mm]	Rund-werte [mm]	Korn-klassen [mm/mm]
		0 / 0,063			0 / 0,063
0,063	0,063		0,063	0,063	
		0,063 / 0,125			0,063 / 0,09
0,125	0,125		0,09	0,09	
		0,125 / 0,25			0,09 / 0,25
0,25	0,25		0,25	0,25	
		0,25 / 0,5			0,25 / 0,7
0,5	0,5		0,71	0,7	
		0,5 / 1			
1,0	1				0,7 / 2
		1 / 2			
2,0	2		2,0	2	
		2 / 4			2 / 5
4,0	4		5,0	5	
		4 / 8			5 / 8
8,0	8		8,0	8	
					8 / 11
		8 / 16	11,2	11	
					11 / 16
16,0	16		16	16	
					16 / 22
		16 / 32	22,4	22	
					22 / 32
31,5	32		31,5	32	
					32 / 45
			45,0	45	
		32 / 63			45 / 56
			56,0	56	
					56 / 63
63,0	63		63,0	63	

Zuschlag mit Kleinstkorn [mm]	Größtkorn [mm]	zusätzliche Bezeichnung für ungebrochenen Zuschlag	gebrochenen[1) Zuschlag
–	0,25	Feinst- ⎫	Feinst- ⎫
–	1	Fein- ⎬ Sand	Fein- ⎬ Brech- sand
1	4	Grob- ⎭	Grob- ⎭
4	32	Kies	Splitt
32	63	Grobkies	Schotter

1) für gebrochene Zuschläge nach den „Technischen Lieferbedingungen für Mineralstoffe im Straßenbau (TL Min)" gelten andere Begrenzungen der Korngruppen

Tabelle 4.7 Zusätzliche Bezeichnungen des Zuschlags

Eine Lieferkörnung (Korngruppe, Körnungsklasse) ist ein Körnerkollektiv einschließlich etwaiger Über- und Unterkornanteile, deren maximal zulässige Anteile in den Normvorschriften festgelegt sind; die Bezeichnung erfolgt durch die Rundwerte der begrenzenden Prüfkorngrößen d/D (d = untere Siebgröße, D = obere Siebgröße) ohne Berücksichtigung der Über- und Unterkornanteile. Das Verhältnis d/D darf bei Korngruppen nicht kleiner als 1,4 sein. Der Prüfsiebsatz besteht bis 2 mm aus Drahtsiebböden und ab 4 mm aus Lochblechen mit Quadratlochung (DIN EN 933-2).

Neben der Korngruppenbezeichnung können Zuschläge noch durch eine zusätzliche Benennung nach der *Tabelle 4.7* und durch eine stoffliche oder Herkunftsbenennung ergänzt werden (z. B. Basaltsplitt, Rheinkies, usw.).

Für die Prüfung der Zuschläge auf stoffliche Beschaffenheit, abschlämmbare oder organische Bestandteile sowie der Kornzusammensetzung sind nach der DIN 933-1 bestimmte Mindest-Probemengen bereitzustellen (siehe *Tabelle 4.8*)

Die Probemenge, die aus zahlreichen Einzelentnahmen an verschiedenen Stellen des Zuschlagvorrats zusammengesetzt werden soll – teils am Böschungsfuß, an der Böschungsmitte und an der Böschungsspitze – muss mindestens das Vierfache der in der *Tabelle 4.8* angegebenen Menge betragen.

Korngröße D max [mm]	Masse der Messprobe min. [kg]	Anmerkung 1: Die minimale Masse der Messprobe von Gesteinskörnungen mit anderen Größen kann von den Massen nach Tabelle 4.8 interpoliert werden.
63	40	
32	10	**Anmerkung 2:** Wenn die Masse der Messprobe nicht mit Tabelle 4.8 übereinstimmt, entspricht die Bestim-
16	2,6	mung der Korngrößenverteilung nicht dieser Norm. Dies muss im Prüfbericht angegeben werden.
8	0,6	**Anmerkung 3:** Für Gesteinskörnungen mit einer
≤ 4	0,2	Korndichte < 2,00 Mg/m³ oder > 3,00 Mg/m³ (siehe DIN EN 1097-6) müssen die Massen der Messproben entsprechend dem Dichteverhältnis korrigiert werden, damit eine Messprobe etwa mit gleichem Volumen wie Proben für Gesteinskörnungen mit normaler Dichte hergestellt wird.

Tabelle 4.8 Masse der Messproben für Gesteinskörnungen

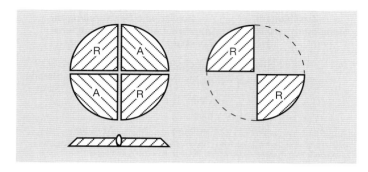

Abbildung 4.3
Probenteilung nach
DIN EN 932-2

Sofern ein Probenteiler nicht zur Verfügung steht, wird die Menge auf einer festen, sauberen Unterlage kreisförmig flach ausgebreitet. Das Haufwerk wird dann geviertelt. Zwei gegenüberliegende Kreisviertel (A) werden einschließlich der staubförmigen Bestandteile entfernt. Mit dem verbleibenden Rest (R) wird der gesamte Vorgang nach neuem Durchmischen und kreisförmigem Ausbreiten wiederholt, bis etwa die in der *Tabelle 4.8* angegebene Probemenge verbleibt (*Abbildung 4.3* Probenteilung nach DIN EN 932-2).

4.2.2.2 Schüttdichte

Die Schüttdichte dient (zur Umrechnung von Raum- in Massenteile sowie) zur Beurteilung des Porenraumes von Zuschlaggemischen im verdichteten Zustand, d. h. des Raums zwischen den Körnern, der mit Bindemittelleim ausgefüllt werden muss. Insbesondere bei sandreichen Korngemischen ist die Schüttdichte stark feuchtigkeitsabhängig (siehe *Abbildung 4.4*). Bei geringem Feuchtigkeitsgehalt bewirken die Adhäsionskräfte des zwischen den Körnern haftenden dünnen Feuchtigkeitsfilms eine Auflockerung des Schüttgutes, d. h. eine Abnahme des Schüttgewichtes je Raumeinheit (*Schüttdichte*). Bei höherem Feuchtigkeitsgehalt des Zuschlags steigt die Schüttdichte wieder an.

Weitere physikalische Anforderungen an Gesteinskörnungen für Mörtel und Beton, wie z.B. Polierresistenz, Abriebfestigkeit, Widerstand gegen Zertrümmerung, Verschleiß, werden in Deutschland i.a. nicht gefordert und sind nur in Sonderfällen bei besonderen mechanischen Beanspruchungen zu überprüfen.

4.2.2.3 Eigenfeuchtigkeit

Der Feuchtigkeitsgehalt eines Korngemisches wird immer auf die Trockenmasse des Gemisches bezogen. Feine Gesteinskörnungen können unter Umständen Feuchtigkeitsgehalte bis über 20 M.-% aufweisen. Die Feststellung der Oberflächenfeuchte – die sogenannte Kernfeuchte wird im allgemeinen nicht bestimmt – kann nach vier Verfahren erfolgen:

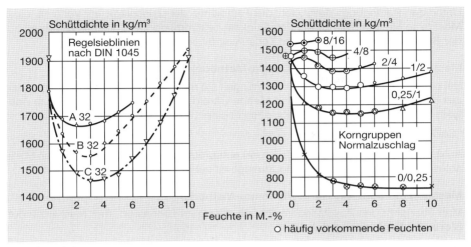

Abbildung 4.4
Veränderungen der Schüttdichte durch Feuchtigkeit
(nach Wesche) [4.3]

Darrprobe

Hierbei wird eine genau gewogene Materialprobe in einem flachen Gefäß unter ständigem Rühren bis zur Oberflächentrocknung erhitzt. Der Gewichtsunterschied gegenüber der Einwaage entspricht dem Feuchtigkeitsgehalt; **bezogen auf die Trockenmasse** ergibt sich die sogenannte Oberflächenfeuchte in M.-%. Wichtig beim Trocknen der Zuschläge ist ein langsames Erhitzen, um ein Austreiben des Porenwassers (Kernfeuchte) zu vermeiden. Der Anteil ist zwar bei Zuschlag mit dichtem Gefüge i.a. vernachlässigbar klein (im Mittel ~ 0,5 M.-%), kann aber bei bestimmten Gesteinen (z.B. Main-Kies) bis 2,2 M.-% betragen.

Thaulow-Verfahren

Dieses Verfahren nutzt das archimedische Prinzip aus. Danach erfährt ein in eine Flüssigkeit eintauchender Körper einen Auftrieb, der ebenso groß ist, wie das Gewicht der von ihm verdrängten Flüssigkeitsmenge; d. h.: ein Körper verliert scheinbar soviel an Gewicht, wie die von ihm verdrängte Flüssigkeitsmenge wiegt. Der Wassergehalt wird in der Weise bestimmt, dass man von der genau gleichen Masse trockenen wie feuchten Zuschlags das Unterwassergewicht ermittelt. Der Feuchtigkeitsgehalt f in M.-% errechnet sich dann nach:

$$f = 100 \cdot \left(1 - \frac{m^*_{g\,\text{feucht}}}{m^*_{g\,\text{trocken}}} \right) \quad [\text{M.-\%}] \qquad m^*_g = \text{Gewicht unter Wasser}$$

Unter der Bedingung, dass sich die Rohdichte der Zuschläge im Verlaufe einer Messreihe nicht ändert, ist die Feuchtigkeitsbestimmung nach diesem Verfahren auf der Baustelle mit relativ geringem Zeitaufwand auszuführen.

Messung mit dem CM-Gerät (Carbid-Methode)

Bei diesem Verfahren, das nur für Körnungen ≤ 4 mm geeignet ist, bestimmt man den aus der Reaktion einer konstanten Menge Carbid mit Wasser (Feuchtigkeit) zu Acetylen [C_2H_2] resultierenden Druckanstieg in einem Druckgefäß.

$$CaC_2 + 2\ H_2O \longrightarrow Ca(OH)_2 + C_2H_2$$

Aus beigegebenen Tabellen lässt sich der entsprechende Feuchtigkeitsgehalt in M.-% ablesen. Wegen der kleinen Prüfgutmenge ist sehr exaktes Arbeiten erforderlich.

Messung mit dem AM-Gerät (Abflamm-Methode)

Man übergießt das Zuschlaggemisch mit flüssigem Brennstoff, den man anzündet. **(Vorsicht: Explosionsgefahr!)**

Durch die freiwerdende Wärme wird das Oberflächenwasser verdunstet und durch Bestimmen des Gewichtsunterschiedes der feuchten und der trockenen Probe errechnet man den Feuchtigkeitsgehalt. Dieses Verfahren ist im Gegensatz zum CM-Gerät für alle Körnungsklassen geeignet.

4.2.2.4   *Schädliche Bestandteile (Reinheit)*

Als schädliche Bestandteile des Zuschlags gelten Stoffe, die das Erstarren oder Erhärten des Bindemittels des Mörtels bzw. Betons, seine Festigkeit, Dichtigkeit oder den Korrosionsschutz der Stahleinlagen beeinträchtigen oder die zu Absprengungen führen. So wirken z. B. als schädlich: ein zu hoher Gehalt an abschlämmbaren Bestandteilen, Stoffe organischen Ursprungs sowie erweichende, quellende oder treibende Bestandteile (z. B. Glimmer), erhärtungsstörende Substanzen (z. B. Zucker und -haltige Stoffe), bestimmte Schwefelverbindungen (z. B. Gips) oder korrosionsfördernde Stoffe (wie Chloride) und alkalilösliche Kieselsäure (Flint, Opal).

Die Verträglichkeit der Zuschläge ist bindemittelabhängig!

Der Zuschlag ist zunächst durch Augenschein nach äußeren Merkmalen (unter anderem auch nach Geruch, Gefühl, usw. (siehe *Tabelle 3.3*)) sowie hinsichtlich seiner Herkunft zu beurteilen. In Zweifelsfällen sind jedoch eingehende Untersuchungen erforderlich, z. B. auch Eignungsprüfungen.

4.2.2.4.1   *Abschlämmbare Bestandteile (Lehm, Ton, Gesteinsstaub)*

Der Einfluss toniger oder mehlfeiner Stoffe kann im allgemeinen auf Grund des Anteils < 0,063 mm Korngröße beurteilt werden. Abschlämmbare Bestandteile können vor allem dann schädlich wirken, wenn sie am Gesteinskorn fest haften und sich nicht leicht abreiben lassen, so dass eine Behinderung der Bindemittelhaftung am Korn eintritt. Auch das Vorhandensein toniger Knollen wirkt schädigend, da diese bei Wasseraufnahme quellen können.

Eine **einfache, oberflächliche Prüfung** auf lehmige und tonige Bestandteile besteht darin, dass man die Zuschläge in der Hand reibt und prüft, ob Feinstanteile zurückbleiben. Einen Anhaltswert für die Menge der abschlämmbaren Bestandteile in Korngruppen bis 4 mm Ø gibt der *Absetzversuch* (siehe *Abbildung 4.5*).

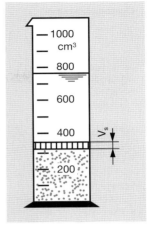

Durchführung Absetzversuch

Bei diesem Versuch wird lufttrockener Zuschlag (500 g) in einem Messzylinder mit Wasser mehrmals im Abstand von 20 Minuten kräftig durchgeschüttelt. Der Feinstkornanteil setzt sich als deutlich sichtbare Schicht auf den übrigen Zuschlägen ab und nach 1 Stunde kann das Volumen des Abschlämmbaren abgelesen werden.

Abbildung 4.5
Nachweis von
abschlämmbaren Stoffen
durch den Absetzversuch

Durch Multiplikation des so ermittelten Rauminhaltes mit 0,6 g/cm³ (Näherungswert für das Trockengewicht der Schlämmeschicht von natürlichen Zuschlägen) erhält man das Trockengewicht und kann daraus den prozentualen Anteil errechnen. Sollte die überstehende Flüssigkeit nach 1 Stunde noch nicht klar sein, so liest man nach 24 Stunden ab, muss dann das Volumen zur Umrechnung auf das Trockengewicht allerdings mit 0,9 g/cm³ multiplizieren.

Maßgebend zur Ermittlung des Gehaltes an Feinstanteilen ist jedoch der Auswaschversuch nach DIN EN 933-1. Mit diesem Versuch wird der Gehalt an abschlämmbaren Bestandteilen bis zur Korngröße 0,063 mm exakt ermittelt.

Durchführung Auswaschversuch

Das Prüfgut (Masse der Messprobe siehe *Tabelle 4.8*) wird vor der Durchführung des Versuches mindestens für 24 Stunden (bei feuchtem Material 4 Stunden) unter Wasser gelagert. Die wässrige Aufschlämmung wird dann 5 Minuten gut durchgerührt und auf einen Siebsatz mit den Sieben 8 mm – 1 mm – 0,063 mm gegeben. Der auf den Sieben zurückgehaltene Rückstand wird, beginnend beim 8 mm-Sieb mit einem Wasserstrahl gewaschen, bis das durch das 0,063 mm-Sieb durchtretende Wasser klar und frei von Feinstanteilen ist. Der getrocknete Rückstand auf allen Sieben ist prozentual zu ermitteln; Differenz zu 100 = Abschlämmbares.

Die für die Einstufung in die einzelnen Kategorien maximal zulässigen Anteile an Feinstkorn sind in der Tabelle 4.9 zusammengestellt.

Gesteinskörnung	Maximaler Siebdurchgang durch das 0,063 mm-Sieb [M.-%]	Kategorie f
Grobe Gesteins-körnung	1,0	$f_{1,0}$*
	1,5	$f_{1,5}$
	4	f_4
	Keine Anforderung	f_{NR}
Natürlich zusammen-gesetzte Gesteins-körnung 0/8	3	f_3*
	10	f_{10}
	16	f_{16}
	Keine Anforderung	f_{NR}
Korngemisch	2	f_2*
	11	f_{11}
	Keine Anforderung	f_{NR}
Feine Gesteins-körnung (Sand)	4	f_4*
	10	f_{10}
	16	f_{16}
	22	f_{22}
	Keine Anforderung	f_{NR}

* Regelanforderung

Tabelle 4.9
Höchstwerte des
Gehalts an Feinanteilen

4.2.2.4.2 Stoffe organischen Ursprungs

Fein verteilte geringe Anteile an Humusstoffen oder sonstige organische Verun-reinigungen können den Erhärtungsvorgang des Bindemittels verzögern oder verhin-dern. In körniger Form können sie Verfärbungen oder durch Quellen (Aufsaugen von Anmachwasser) Absprengungen hervorrufen.

Einen Hinweis auf fein verteilte humussäurehaltige Bestandteile gibt eine Voruntersu-chung mit 3 M.-%iger NaOH-Lösung, die auf die zu prüfenden Zuschläge gegeben wird, oder die Prüfung auf Fulvosäure mit Salzsäure nach DIN EN 1744-1. Nach gutem Durchschütteln wird nach 24 Stunden die Färbung der überstehenden Flüssigkeit beurteilt:

○ farblos bis hellgelb: höchstwahrscheinlich keine wesentlichen Mengen
   organischer Verunreinigungen;
○ tiefgelb, bräunlich, rötlich: **Vorsicht** geboten!
   Verwendung nur nach Eignungsprüfung.

Quellfähige Bestandteile (wie z. B. Holzreste, Torf, kohleartige Partikel) weisen meist eine geringere Dichte als der eigentliche Zuschlag auf und können z. B. durch Auf-schwimmen in spezifisch schwerer Flüssigkeit nachgewiesen werden. Bei Verdacht auf Verunreinigungen wie zuckerähnliche Stoffe oder lösliche Salze, die unter Umständen schon in sehr geringen Mengen die Erhärtung des Bindemittels beeinträchtigen können, sind mit den Zuschlägen vergleichende Prüfungen für die Erstarrungszeit und Druckfestigkeit durchzuführen. Verlängert sich die Erstarrungszeit von Mörtelprobekörpern um mehr als 120 min oder beträgt der Festigkeitsabfall mehr als 15 % gegenüber einwandfreiem Zuschlag, so sind schädliche Bestandteile in gefährlichen Konzentrationen zu vermuten.

4.2.2.4.3   Sonstige schädliche Bestandteile

Hierunter sind einmal bestimmte Schwefelverbindungen (siehe Sulfattreiben!) zu nennen, die vor allem dann schädlich sind, wenn sie im Feinbereich vorkommen und wasserlöslich sind. Auch korrosionsfördernde Stoffe, insbesondere Cl^- und NO_3^-, dürfen in schädlichen Konzentrationen nicht vorhanden sein. Die Überprüfung der Gehalte erfolgt nach der DIN EN 1744-1. Da alkaliempfindliche Zuschläge (Feuerstein, alkalilösliches SiO_2) mit den Alkalien im Zement unter Volumenvergrößerung reagieren können (siehe Alkalitreiben!), ist auch ihr Gehalt möglichst niedrig zu halten. Zur Überprüfung der Zuschläge auf diese Bestandteile ist eine Untersuchung in einem fachkundigen Institut erforderlich.

4.2.2.5   Korngrößenverteilung

In der DIN 4226 werden für die verschiedenen Gesteinskörnungen allgemeine Anforderungen an die Kornzusammensetzung vorgegeben (*Tabelle 4.10*). Die Unterteilung in Kategorien erfolgt durch die unterschiedliche Festlegung des minimalen Siebdurchgangs durch *D*.

Im allgemeinen sollte der Überkornanteil (Korndurchmesser < 2*D*) mindestens 1 M.-% betragen, um sicherzustellen, dass auch wirklich Körner mit dem Durchmesser *D* im Körnerkollektiv vorhanden sind.

Bei den weitgestuften groben Gesteinskörnungen (*D* > 11,2 mm und *D/d* > 2 oder *D* ≤ 11,2 mm und *D/d* > 4) muss zusätzlich der Siebdurchgang durch das mittlere Sieb 25 bis 70 M.-% betragen.

Soll die Grobheit oder Feinheit von feinen Gesteinskörnungen (Sand) zusätzlich beschrieben werden, kann dieses auf der Grundlage des Siebdurchgangs durch das 0,5-mm-Sieb (*Tabelle 4.11*) oder alternativ durch den Feinheitsmodul (*Tabelle 4.12*) erfolgen. Der Feinheitsmodul (FM) – er wird angewendet, um die Gleichmäßigkeit zu überprüfen – errechnet sich aus der Summe der Siebrückstände in M.-% auf den Sieben 4 mm bis 0,125 mm nach der Formel:

$$FM = \frac{\Sigma \ \{(> 4) + (> 2) + (>1) + (> 0,5) + (> 0,125)\}}{100}$$

Gesteins-körnung	Korngröße	Durchgang Massenanteil in Prozent					Kategorie
	[mm]	2D	1,4D ab	D c	d b	d/2 ab	G_D
Grob	D/d ≤ 2 oder D ≤ 11,2	100 100	98 – 100 98 – 100	85 – 99 80 – 99	0 – 20 0 – 20	0 – 5 0 – 5	G_{D85} G_{D80}
	D/d >2 und D >11,2	100	98 – 100	90 – 99	0 – 15	0 – 5	G_{D90}
Fein	D ≤4 und d = 0	100	95 – 100	85 – 99	–	–	G_{D85}
Natürlich zusammen-gesetzte Gesteins-körnung 0/8	D = 8 und d = 0	100	98 – 100	90 – 99	–	–	G_{D90}
Korn-gemisch	D ≤ 45 und d = 0	100 100	98 – 100 98 – 100	90 – 99 85 – 99	–	–	G_{D90} G_{D85}

a Wenn die aus $1,4D$ und $d/2$ errechneten Siebgrößen nicht mit der Reihe R 20 nach DIN ISO 565 übereinstimmen, ist stattdessen das nächstliegende Sieb der Reihe heranzuziehen.
b Für Beton mit Ausfallkörnung oder andere spezielle Verwendungszwecke können zusätzliche Anforderungen vereinbart werden.
c Der Siebdurchgang durch D darf unter Umständen auch mehr als 99 % Massenanteil betragen. In diesen Fällen muss der Lieferant die typische Kornzusammensetzung aufzeichnen und angeben, wobei die Siebgrößen D, d, $d/2$ und die zwischen d und D liegenden Siebe des Grundsiebsatzes plus Ergänzungs-siebsatz 1 oder des Grundsiebsatzes plus Ergänzungssiebsatz 2 enthalten sein müssen. Siebe, die nicht mindestens 1,4-mal größer sind als das nächst kleinere Sieb, können davon ausgenommen werden.

Tabelle 4.10
Allgemeine Anforderungen an die Kornzusammensetzung

Siebdurchgang Massenanteil in Prozent		
CP	MP	FP
5 – 45	30 – 70	55 – 100

Tabelle 4.11
Grobrauheit oder Feinheit auf der Grundlage des Siebdurchgangs durch das 0,5-mm-Sieb

Feinheitsmodul		
CF	MF	FF
4,0 – 2,4	2,8 – 1,5	2,1 – 0,6

Tabelle 4.12
Grobheit oder Feinheit auf der Grundlage des Feinheitsmoduls

Grenzwerte und Grenzabweichungen für die gebräuchlichsten Lieferkörnungen sind im Anhang der DIN 4226 informativ angegeben (Beispiele siehe *Tabellen 4.13, 4.14 und 4.15*)

Der Kornaufbau, die Kornzusammensetzung eines Zuschlaggemisches beeinflusst die Güte eines Mörtels bzw. Betons in erheblichem Maße und sie muss, wenn sie einmal vorgeschrieben ist unbedingt – d. h. unter allen Umständen – auf der Baustelle auch eingehalten werden.

Um möglichst geringen Bindemittelverbrauch, möglichst hohe Dichte (zugleich chemische Widerstandskraft) und Festigkeit eines Mörtels oder Betons zu erzielen, soll

○ die Kornzusammensetzung so gewählt werden, dass eine möglichst große Haufwerksdichtigkeit entsteht,
○ das Korngemisch eine möglichst kleine Oberfläche aufweisen, die mit Bindemittel umhüllt werden muss,
○ das Korngemisch einen gut verarbeitbaren und gut verdichtbaren Mörtel bzw. Beton ergeben.

Ist der Anteil der groben Zuschlagkörner zu groß, so ist der Bindemittelbedarf zwar geringer, die Verarbeitbarkeit und Verdichtungswilligkeit eines solchen Betons wird aber erschwert. Ein guter Zuschlag muss deshalb *gemischtkörnig* sein. Das Verhältnis der Korngrößen zueinander ist dann am günstigsten, wenn die kleineren Korngrößen in solcher Menge vorhanden sind, dass sie die Hohlräume zwischen den jeweils größeren Korngrößen gerade ausfüllen (*wenig Hohlraum, viel Masse!*).

Ob nun ein Zuschlaggemisch zu grobkörnig ist oder aber zuviel Feinkornanteil enthält, ob es also als unbrauchbar oder besonders gut geeignet zu beurteilen ist, kann man am Verlauf der Sieblinie beurteilen, indem man sie mit einer sogenannten Idealsieblinie vergleicht.

Tabelle 4.13
Übliche Lieferkörnungen

Spalte	1	2	3	4	5	6	7	8	9
Zeile	Gesteinskörnung	Korngruppe *d/D*							
1	Feine Gesteins-körnung (Sand)	0/1	0/2	0/4					
2	Grobe Gesteins-körnung	2/4	2/8	4/8	8/16	16/32			
3	*D/d* ≤ 2 oder *D* ≤ 11,2 mm	2/5	5/8	5/11	8/11	11/16	11/22	16/22	22/32
4	Grobe Gesteins-körnung	2/16	4/16	4/32	8/32				
5	*D/d* > 2 oder *D* >11,2 mm	5/16	5/22	5/32	8/22	11/32			
6	Korngemisch *D* ≤ 45 mm und *d* = 0	0/8	0/16	0/32					

Tabelle 4.14
Anforderungen an die Kornzusammensetzung von groben Gesteinskörnungen mit D/d ≤ 2 oder D≤ 11,2 mm

Grenzwerte (absolut) als Massenanteil in Prozent für den Siebdurchgang durch die Prüfsiebe

Spalte	1	2	3	4	5	6	7	8	9	10	11	12	13	14
			0,063	1	2	4	5,6	8	11,2	16	22,4	31,5	45	63
Zeile	Korngruppe	Kategorien G_D[1] / f[2]												
1	2/4	G_{D85} / $f_{1,0}$	1,0	0-5	0-20	85-99	98-100	100						
2	2/8	G_{D85} / $f_{1,0}$	1,0	0-5	0-20			85-99	98-100	100				
3	4/8	G_{D85} / $f_{1,0}$	1,0		0-5	0-20		85-99	98-100	100				
4	8/16	G_{D85} / $f_{1,0}$	1,0			0-5		0-20		85-99	98-100	100		
5	16/32	G_{D85} / $f_{1,0}$	1,0					0-5		0-20		85-99	98-100	100

1 siehe Tabelle 4.10   2 siehe Tabelle 4.9

Tabelle 4.15
Anforderungen an die Kornzusammensetzung von feinen Gesteinskörnungen

Grenzwerte (absolut) und Grenzabweichungen[1] als Massenanteil in Prozent für den Siebdurchgang durch die Prüfsiebe

Spalte	1	2	3	4	5	6	7	8	9	10	11	12
				0,063	0,250	1	1,4	2	2,8	4	5,6	8
Zeile	Korngruppe	Kategorie G_D[2]	f[3]									
1	0/1	G_{D85}	f_4	4		85-99	95-100	100				
					±25	±5						
2	0/2	G_{D85}	f_4	4				85-99	95-100	100		
					±25	±20		±5				
3	0/4	G_{D85}	f_4	4						85-99	95-100	100
					±20	±20		±20		±5		

1 Die Grenzabweichungen gelten für die vom Lieferanten angegebene typische Kornzusammensetzung; die Grenzwerte (absolut) sind einzuhalten.
2 siehe Tabelle 4.10
3 siehe Tabelle 4.9

4.2.2.5.1 Ermittlung einer Sieblinie

Zur Kennzeichnung und Beurteilung eines Kornhaufwerks teilt man ein Zuschlaggemisch mittels Siebung in Korngruppen auf und stellt diese mit Hilfe der Sieblinie grafisch dar.

Durchführung einer Siebung

Das bei (110±5) °C getrocknete Material – erforderliche Probemenge siehe *Tabelle 4.8* – wird durch den „großen Siebsatz" (Prüfkorngrößen: 125; 63; 31,5; 16; 8; 4; 2; 1; 0,5;

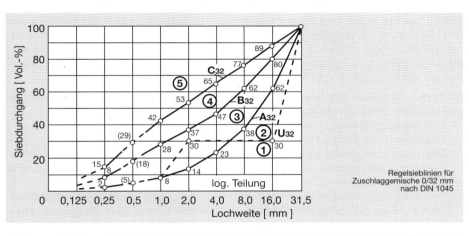

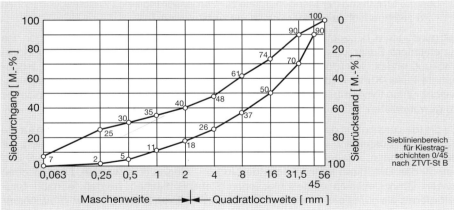

Abbildung 4.6
Siebliniendiagramme (Beispiele)

197

0,25; 0,125; 0,063 mm – bei Prüfverfahren, für die bestimmte Siebe benötigt werden, sind diese aus der R20-Reihe der ISO 565 auszuwählen –) gesiebt, der Rückstand auf den einzelnen Sieben gewogen und anschließend der prozentuale Anteil jedes Siebrückstandes bezogen auf die Gesamteinwaage errechnet. Unter Bildung der Differenz zu 100 werden dann die Siebdurchgänge in M.-% errechnet. Maßgebend ist das Mittel aus zwei Siebungen.

Sieblinienauftrag

Die Siebergebnisse werden anschließend in einem Sieblinienraster grafisch dargestellt (siehe *Abbildung 4.6)*. In diesen Diagrammen werden auf der Abszisse die Sieblochweiten in mm und auf der Ordinate die Siebdurchgänge in Massen-% (nach DIN 1045 in Vol.-%) aufgetragen. Wenn Korngruppen unterschiedlicher Gesteinsrohdichten verwendet werden (z. B. bei Leichtbeton, Straßenbeton oder ähnlichem) sind die Sieblinien nicht auf Massenanteile sondern auf Stoffraumanteil zu beziehen (*Angaben auf der Ordinate in Vol.-%*).

Nach dem angewandten Maßstab für die Sieblochweiten unterscheidet man drei verschiedene Siebliniendarstellungen:
- Siebliniendarstellung im gewöhnlichen, linearen Maßstab
- Siebliniendarstellung im logarithmischen Maßstab. Diese im allgemeinen benutzte Darstellungsart bietet den Vorteil, dass die zur Beurteilung eines Zuschlaggemisches besonders wichtigen Feinkornanteile deutlicher zu erkennen sind (Spreizung der Skala im niedrigen Bereich)
- Siebliniendarstellung im Wurzelmaßstab nach Rothfuchs. Bei dieser Darstellungsform wird der parabolische Verlauf der Fullerkurve zur Geraden (Diagonale). Hierdurch lässt sich auf recht einfache Weise eine Idealsieblinie selbst konstruieren und die Ermittlung der Mengenanteile zur Verbesserung eines Zuschlaggemisches wird zeichnerisch leicht möglich (siehe *Abbildung 4.7)*.

Bei günstiger, d. h. kugeliger Kornform der Einzelkörner wird, wie Untersuchungen des Amerikaners Fuller unter anderem ergeben haben, eine besonders dichte Kornpackung erzielt, wenn die Körnungskurve einer quadratischen Parabel folgt (sogenannte Fuller-Kurve = **Idealsieblinie**). Je mehr ein Zuschlag von der Kugelform abweicht, umso feiner muss er sein, um die Herstellung eines optimalen Korngemisches zu gewährleisten.

Da die Idealsieblinie in der Praxis nicht genau eingehalten werden kann, wurden für die Baupraxis – ausgehend von der Fullerkurve – Sieblinien-Flächenbereiche definiert, die durch sogenannte Regelsieblinien – nach DIN 1045 gekennzeichnet mit A, B, C und einem, das Größtkorn kennzeichnenden Index – eingegrenzt werden. Die zwischen diesen Grenzsieblinien eingeschlossenen Sieblinienflächen werden je nach Bauerfordernis als *günstiger* – zwischen den Grenzsieblinien A und B – bzw. *brauchbarer* Bereich – zwischen den Grenzsieblinien B und C – gekennzeichnet.

Für alle Fälle, wo man mit einer überschlägigen Festlegung auskommt, sei auf eine **Faustregel** hingewiesen, die aus der Fullerparabel abgeleitet ist. Bei einem Zuschlaggemisch mit dem Größtkorn D ergibt sich der erforderliche prozentuale Anteil A des Siebdurchgangs einer Korngruppe $0/d$ [mm] aus der Gleichung

$$A = 100 \cdot \sqrt{\frac{d}{D}} \quad [\text{M.-}\%]$$

Als allgemeine Regel gefasst besagt diese Gleichung: Bei einem Zuschlaggemisch sollte der Anteil bis zu 1/10 des Größtkorns rund 30 M.-% betragen, der Anteil bis zu 1/4 des Größtkorns sollte bei 50 M.-% liegen.

Neben den Korngemischen mit stetigem Sieblinienverlauf werden für besondere Fälle auch solche mit *unstetiger* Kornfolge verwendet, die als Sieblinien mit *Ausfallkörnung* bezeichnet werden. Diese Korngemische, bei denen das Mittelkorn (sogenanntes Sperrkorn) fehlt, sind in einigen Fällen für die Betonherstellung sehr gut geeignet (z. B. für Waschbeton, Straßenbeton). Günstig gewählte Ausfallkörnungen sind verdichtungswilliger und ergeben bei gleicher Verdichtungsarbeit eine dichtere Kornpackung und dadurch z. B. höhere Betondruckfestigkeiten. Die Kornfolge ist so zu wählen, dass sich das Grobkorn möglichst dicht aneinander lagert und das Feinkorn als Füllkorn (Schlupfkorn) lediglich die Hohlräume zwischen dem Grobkorn auszufüllen braucht. (*Schlupfkorn bei Betonherstellung:* $d_s = 0{,}14 \cdot D$). Der Unterschied zwischen grober und feiner Körnung muss jedoch groß genug sein. Nach der DIN 1045 können bei unstetigem Aufbau folgende Körnungen fehlen (Ausfallkörnungen):

bei U_8 : 1 bis 4 mm
bei U_{16} : 2 bis 8 mm
bei U_{32} : 2 bis 16 mm
bei U_{63} : 4 bis 32 mm

Der Anteil der erforderlichen Füll-Körnung beträgt – unabhängig vom Größtkorn – mindestens 30 M.-%.

4.2.2.5.2 Kennwerte der Sieblinien

Der für eine bestimmte Verarbeitungskonsistenz eines Mörtels oder Betons erforderliche Bindemittelbedarf richtet sich nach der spezifischen Oberfläche und der Packungsdichte des Zuschlaggemisches. Wie groß der Einfluss der Kornzusammensetzung auf den Bindemittel- und Wasserbedarf (den Leimbedarf) ist, kann man ersehen, wenn man einmal die Oberflächen der unterschiedlich feinen Zuschlaggemische miteinander vergleicht; die Oberflächen der Sieblinien A_{32} : B_{32} : C_{32} verhalten sich etwa wie 1 : 2,9 : 4,6.

Da die spezifische Oberfläche des Zuschlags nur mit beträchtlichem Aufwand zu messen ist, verwendet man in der Betontechnologie aus der Körnungsverteilung abgeleitete **Kenngrößen**: D-Summe, Körnungsziffer, F-Wert (Hummel), Feinheits-modul (Abrams). Mit Hilfe dieser Kenngrößen lassen sich auch Zuschlaggemische beurteilen, die von einer vorgegebenen Sieblinie abweichen. Zuschlaggemische mit gleichem Kennwert sind betontechnologisch etwa gleichwertig. Als einfache, zahlen-mäßige Kennwerte für die Kornzusammensetzung dienen die D-Summe und die Körnungsziffer (die unter anderem zur Herstellung von Korngemischen aus Einzel-fraktionen sowie insbesondere zur Abschätzung des Wasseranspruchs eines Zu-schlaggemisches herangezogen werden).

4.2.2.5.2.1 D-Summe (Durchgangsziffer, D-Wert)

Die D-Summe ist die Summe aller Durchgänge eines Zuschlaggemisches durch die einzelnen Prüfsiebe eines Siebsatzes; der Durchgang durch das 0,125 mm-Sieb bleibt jedoch unberücksichtigt. Das hat den Nachteil, dass der wichtige Einfluss des Feinstkorns durch diese zur Zeit verwendeten Kennwerte zu wenig berücksichtigt wird. Ganz all-gemein gilt: **je feinkörniger ein Zuschlaggemisch ist, um so größer ist dessen D-Summe.**

Beim Ermitteln der D-Summe ist aber zu beachten, dass der ermittelte Zahlenwert vom Umfang des Siebsatzes abhängig ist; aus diesem Grunde ist eine Index-Kennzeich-nung erforderlich (z. B. D_{63}). Der Durchgang durch **alle** Siebe (mit Ausnahme des 0,125 mm-Siebes) muss also addiert werden, selbst wenn das Zuschlaggemisch ein kleineres Größtkorn aufweist.

4.2.2.5.2.2 Körnungsziffer (k-Wert)

Der in der Betontechnologie gebräuchlichste Sieblinienkennwert ist die Körnungs-ziffer. Die Körnungsziffer k ergibt sich durch Addieren der gesamten Prozent-rückstände über den einzelnen Prüfsieben des Siebsatzes (außer dem 0,125 mm-Sieb!) und Division der Summe durch 100.

$$k = \frac{1}{100} \cdot \sum R_i \qquad R_i = \text{Siebrückstand [M.-\%]}$$

4.2.2.5.3   Sieblinienverbesserung

Da die natürlich vorkommenden Körnungen fast nie der idealen Kornverteilung ent-sprechen, muss man das angestrebte Korngemisch aus verschiedenen Liefer-körnungen mit irgendwie gearteten Sieblinien gezielt zusammenmischen.

Die Ermittlung der Anteile der einzelnen Lieferkörnungen kann dabei entweder durch Probieren, durch rechnerische oder zeichnerische Verfahren erfolgen. Von den unter-schiedlichsten Verfahren sollen hier nur stellvertretend für die rechnerischen Verfahren das Mischkreuzverfahren sowie die zeichnerische Lösung nach dem Rothfuchsver-fahren an je einem Beispiel erläutert werden.

4.2.2.5.3.1 Rechnerisches Verfahren

Das Prozentverhältnis der Einzelkornzugabe kann durch eine Rechnung mit zwei Unbekannten unmittelbar aus den Kennwerten der Ist- und Sollsieblinien ermittelt werden (siehe *Beispiel 4.3*). Durch Multiplikation dieser Werte mit den einzelnen Kornanteilen, ergeben sich die Kornanteile der angestrebten Sieblinie (siehe *Tabelle 4.18*).

Beispiel 4.1:
Ermittlung der D-Summe für die Regelsieblinie B_8 und B_{32} nach DIN 1045

Regel-sieblinie	Siebdurchgang in M.-% bei Sieblochweite [mm]										D_{32}	D_{63}
	0,125	0,25	0,5	1	2	4	8	16	32	63		
B_8	(4)	11	27	42	57	74	100	100	100	100	511	611
B_{32}	(5)	8	18	28	37	47	62	80	100	100	380	480

Tabelle 4.16
Ermittlung der D-Summe (zu Beispiel 4.1)

Beispiel 4.2:
Ermittlung der Körnungsziffer k der Regelsieblinie B_{32} nach DIN 1045

$$\text{Sieblinie } B_{32} \quad k = \frac{1}{100} \cdot (92 + 82 + 72 + 63 + 53 + 38 + 20) = 4,20$$

Beispiel 4.3:
Zusammensetzung eines Korngemisches 0/32
aus den Lieferkörnungen 0/4 und 4/32

	Siebdurchgang in M.-% bei Sieblochweite [mm]									
	0,125	0,25	0,5	1	2	4	8	16	32	63
Ist-Körnung 0/4	10	18	37	58	79	100	100	100	100	100
Ist-Körnung 4/32	0	0	2	3	5	12	45	91	100	100
Soll-Körnung 0/32 (Mitte A_{32}/B_{32})	2	5	15	20	30	40	50	70	100	100

Tabelle 4.17
Körnungsverteilung (zu Beispiel 4.3)

Fortsetzung ⇨

Fortsetzung Beispiel 4.3

Als k-Werte für die einzelnen Sieblinien errechnen sich:

$$k_{0/4} = 2{,}08; \qquad k_{4/32} = 5{,}42; \qquad k_{0/32} = 4{,}70$$

Rechnung:

$$\underset{\uparrow \atop k_1}{\frac{x}{100}} \cdot 2{,}08 \ + \ \underset{\uparrow \atop k_2}{\frac{y}{100}} \cdot \underset{\uparrow \atop k_S}{5{,}42} \ = \ 4{,}70$$

$$x + y = 100$$

aufgelöst nach x bzw. y ergibt sich:

$$0/4: \quad x = \frac{k_S - k_2}{k_1 - k_2} \cdot 100 \ = \ \frac{4{,}70 - 5{,}42}{2{,}08 - 5{,}42} \cdot 100 \ = \ 21{,}6 \quad [\text{M.-\%}]$$

$$4/32: \quad y = \frac{k_S - k_1}{k_2 - k_1} \cdot 100 \ = \ \frac{4{,}70 - 2{,}08}{5{,}42 - 2{,}08} \cdot 100 \ = \ 78{,}4 \quad [\text{M.-\%}]$$

Die gleichen Prozentwerte lassen sich mit Hilfe der Mischkreuzrechnung
sehr leicht ermitteln

$$0/4: \quad 2{,}08 \searrow \qquad \nearrow 0{,}72 \longrightarrow \frac{0{,}72}{3{,}34} \cdot 100 \ = \ 21{,}6 \quad [\text{M.-\%}]$$
$$4{,}70$$
$$4/32: \quad 5{,}42 \nearrow \qquad \searrow \underline{2{,}62} \longrightarrow \frac{2{,}62}{3{,}34} \cdot 100 \ = \ 78{,}4 \quad [\text{M.-\%}]$$
$$\Sigma \ 3{,}34$$

Durch Multiplikation dieser Werte mit den einzelnen Kornanteilen, ergeben sich die
Kornanteile der angestrebten Sieblinie (siehe *Tabelle 4.7*).

Korngruppe	Anteil	Siebdurchgang in M.-% bei Sieblochweite [mm]										
[mm]	[M.-%]	0,125	0,25	0,5	1	2	4	8	16	32	63	k
0/4	22	2	4	8	13	17	22	22	22	22	22	–
4/32	78	0	0	2	2	4	9	35	71	78	78	–
Summe (Ist-Sieblinie)	100	2	4	10	15	21	31	57	93	100	100	4,69[*)]

[*)] Differenz durch Abrundungen

Tabelle 4.18
Kontrolle der errechneten Sieblinie

Beispiel 4.4:
Zusammensetzung eines Korngemisches 0/16
aus den Lieferkörnungen 0/2, 2/8 und 8/16

	Siebdurchgang in M.-% bei Sieblochweite [mm]									
	0,125	0,25	0,5	1	2	4	8	16	32	63
Korngruppe 0/2	8	15	25	65	95	100	100	100	100	100
Korngruppe 2/8	0	0	0	5	10	45	85	100	100	100
Korngruppe 8/16	0	0	0	0	0	5	60	95	100	100
Soll-Sieblinie 0/16 (günstiger Bereich)	2	5	11	19	26	42	68	98	100	100
Teilsoll-Sieblinie 0/8	3	7	16	28	38	62	100	100	100	100

Tabelle 4.19
Körnungsverteilung (zu Beispiel 4.4)

Als k-Werte für die einzelnen Sieblinien errechnen sich:

$k_{0/2}$: = 2,00; $k_{2/8}$: = 4,55; $k_{8/16}$: = 5,40; $k_{0/16}$: = 4,31; $k_{0/8}$: = 3,49

Mit Hilfe der Mischkreuzrechnung ergibt sich folgender Rechengang:

$$8/16:\ 5,40 \quad\searrow\quad \nearrow\ 0,82 \longrightarrow \frac{0,82}{1,91}\cdot 100 = \mathbf{42,9} \quad [\%]$$

$$4,31$$

$$0/8:\ \ 3,49 \quad\nearrow\quad \searrow\ \underline{1,09} \longrightarrow \frac{1,09}{1,91}\cdot 100 = 57,1 \quad [\%]$$

$$\Sigma\ 1,91$$

$$2/8:\ \ 4,55 \quad\searrow\quad \nearrow\ 1,49 \longrightarrow \frac{1,49}{2,55}\cdot 100 = 58,4 \longrightarrow \cdot\,0,571 = \mathbf{33,4} \quad [\%]$$

$$3,49$$

$$0/2:\ \ 2,00 \quad\nearrow\quad \searrow\ \underline{1,06} \longrightarrow \frac{1,06}{2,55}\cdot 100 = 41,6 \longrightarrow \cdot\,0,571 = \mathbf{23,7} \quad [\%]$$

$$\Sigma\ 2,55$$

Auch für Zuschlaggemische, die aus mehr als zwei Korngruppen bestehen, können die prozentualen Anteile der Einzelkorngruppen aus den Sieblinienkennwerten errechnet werden (siehe *Beispiel 4.4*). Der Rechengang erfolgt so, dass man die Gesamt-Sollsieblinie zunächst rechnerisch in Teil-Sollsieblinien *(fiktive Soll-Sieblinien)* aufgliedert, indem man den Siebdurchgang des entsprechenden Größtkorns = 100 setzt. Die Lösung erfolgt dann in der Weise, dass man das angestrebte Korngemisch rein rechnerisch aus der gröbsten Korngruppe und der angenommenen feineren Körnung zusammensetzt. Diese wird dann ganz analog weiter aufgeteilt in die nächst kleineren Korngruppen, bis hin zur kleinsten, vorhandenen Lieferkörnung. Man führt also das Problem jeweils auf die Rechnung mit zwei Unbekannten zurück.

4.2.2.5.3.2   *Verfahren nach Rothfuchs*

Leichter lassen sich diese Probleme mit einem zeichnerischen Verfahren lösen *(Abbildung 4.7)*.

Die Sieblinien werden in ein Sieblinien-Diagramm im Wurzelmaßstab eingezeichnet.

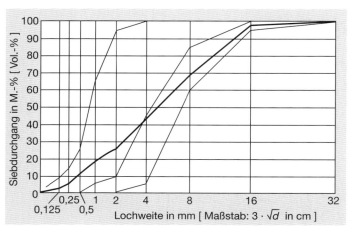

1. Schritt:
Die Sieblinien
werden im
Wurzelmaßstab
eingezeichnet

Abbildung 4.7
Zeichnerische Ermittlung der Zusammensetzung eines Korngemisches aus drei Korngruppen

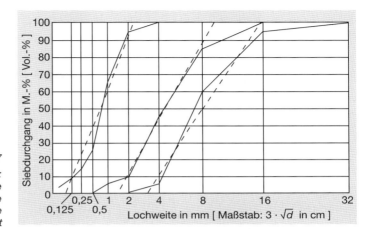

Abbildung 4.7

2. Schritt:
Jede Ist-Sieblinie
wird durch eine
ausgleichende
Gerade ersetzt

Dann werden die drei Ist-Sieblinien (——)
jeweils durch eine ausgleichende Gerade ersetzt (– – –).

Diese Linien werden möglichst so gelegt, dass die Flächenanteile zwischen Ist-
Sieblinie und Ausgleichsgeraden möglichst klein und die Flächensumme rechts der
Ist-Sieblinie möglichst gleich der Flächensumme links der Ist-Sieblinie ist.

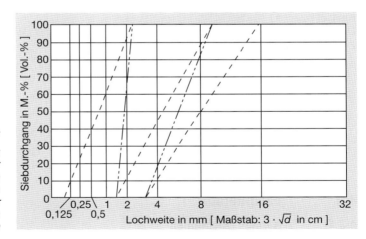

Abbildung 4.7

3. Schritt:
Die Endpunkte der
Ausgleichsgeraden
werden mit dem
Anfangspunkt der
jeweils folgenden
Geraden verbunden

Dann wird der Endpunkt der Ausgleichsgeraden mit dem Anfangspunkt der jeweils
folgenden Geraden verbunden.

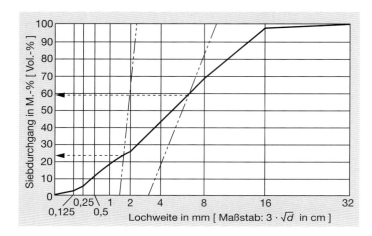

Abbildung 4.7

4. Schritt:
Die Schnittpunkte
der Verbindungslinien
mit der Soll-Sieblinie
ergeben die ent-
sprechenden Anteile
der Korngruppen

Die Schnittpunkte der Verbindungslinien
(- - — - - —) mit der Soll-Sieblinie (——)
ergeben auf der Ordinate die entsprechenden Anteile
der Korngruppen (------):

Sand 0/2: ≈ 23 M.-%
Kies 2/8: ≈ 36 M.-%
Kies 8/16: ≈ 41 M.-%
Die geringfügige Abweichung gegenüber den rechnerischen Werten ist auf die
Zeichenungenauigkeit zurückzuführen.

Angaben über Anforderungen und Prüfung von Zuschlägen sind enthalten in:
○ DIN 4226 Zuschlag für Beton
○ DIN 1045 Beton- und Stahlbetonbau
○ DIN 1053 Mauerwerk
○ DIN 18 550 Putz
○ ZTV-Beton der Deutschen Bundesbahn
○ TV, TL, Richtlinien und Merkblätter der FG für das Straßenwesen bzw.
Bundesministerium für Verkehr

4.3   Fachliteratur

4.3.1   Normen, Richtlinien

DIN 1045   Beton und Stahlbetonbau
DIN 1100   Hartstoffe für zementgebundene Hartstoffestriche
DIN 4226   Gesteinskörnungen für Beton und Mörtel; Teil 1-2, Teil 100

DIN 4301	Eisenhüttenschlacke und Metallhüttenschlacke für das Bauwesen
DIN 52 099	Prüfung von Gesteinskörnungen – Prüfung auf Reinheit
DIN 52 104	Prüfung von Naturstein; Frost-Tau-Wechsel-Versuch
DIN *52 106* E	*Prüfung von Gesteinskörnungen – Untersuchungsverfahren zur Beurteilung der Verwitterungsbeständigkeit*
DIN EN 932	Prüfverfahren für allgemeine Eigenschaften von Gesteinskörnungen
DIN EN 933	Prüfverfahren für geometrische Eigenschaften von Gesteinskörnungen; Teil 1 bis 10
DIN EN 1097	Prüfverfahren für mechanische und physikalische Eigenschaften von Gesteinskörnungen; Teil 1-10
DIN EN 1367	Prüfverfahren für thermische Eigenschaften und Verwitterungsbeständigkeit von Gesteinskörnungen; Teil 1-5
DIN EN 1926	Prüfung von Naturstein; Bestimmung der Druckfestigkeit
DIN EN *14 580* E	*Prüfverfahren für Naturstein – Bestimmung des statischen E-Moduls*
EN 1926	Prüfverfahren von Naturstein – Bestimmung der Druckfestigkeit
	„Technische Lieferbedingungen für Mineralstoffe im Straßenbau"; Hrsg. Forschungsgesellschaft für das Straßenwesen e.V., Köln
	„Technische Prüfvorschriften für Mineralstoffe im Straßenbau"; Hrsg. Forschungsgesellschaft für das Straßenwesen e.V., Köln

4.3.2 Bücher und Veröffentlichungen

[4.1] *J. Dahms:*
Normalzuschlag; Zement-Taschenbuch, Teil II: Zuschlag, 48. Ausgabe 1984, Bauverlag, Wiesbaden

[4.2] *Zement-Taschenbuch, Teil II-2.5:*
Gesteinskörnungen für Beton und Mörtel, 50. Ausgabe 2002, Bauverlag, Wiesbaden

[4.3] *K. Wesche:*
Baustoffe für tragende Bauteile, Band 2 Beton, 3. Auflage 1993, Bauverlag, Wiesbaden

[4.4] *K. Bastgen:*
Rechnerisches Verfahren zur Sieblinienverbesserung nach der Methode der kleinsten Quadrate, Betonwerk + Fertigteiltechnik, 1977, H. 5. Seite 266 – 269

[4.5] *K.-H. Rings:*
Ein grafisches Verfahren zur Bestimmung der optimalen Kornzusammensetzung, Betonwerk + Fertigteiltechnik, 1976, H. 11, Seite 551 – 554

[4.6] *G. Rothfuchs:*
Betonfibel, 5. Auflage, Band 1 1973, Bauverlag, Wiesbaden

Kapitel 5: Keramische Baustoffe

5 Keramische Baustoffe

Unter keramischen Erzeugnissen versteht man technische Produkte, welche aus einem weichen (plastischen) Stoff geformt und anschließend steinähnlich durch Glühen („Brennen") gehärtet worden sind. Gebrannter Ton ist der älteste, künstliche hergestellte Werkstoff, aus dem bereits vor 10 000 Jahren Gefäße gefertigt wurden.

Keramische Werkstoffe haben den natürlichen Bausteinen gegenüber bestimmte Vorzüge: sie sind gleichmäßiger im Gefüge und haben die für den jeweiligen Verwendungszweck erwünschten, durch die Rohstoffauswahl bedingten Eigenschaften in höherem Grade als die meisten Natursteine. Für viele Gegenden sind sie auch wirtschaftlicher, da sie in der Nähe des Bauortes hergestellt werden können. Weil der Rohstoff so leicht formbar ist, kann man ohne Schwierigkeiten die verschiedensten Formen herstellen.

5.1 Allgemeines

Ziegel und Tonwaren sind „gebrannte Erden" (Ton, Lehm), deren Festigkeit und Scherbendichte durch entsprechende Aufbereitung der Rohstoffe und durch verschieden hohe Brenntemperaturen bewirkt wird.

Nach der Aufbereitungsart unterscheidet man:

◯ **Grobkeramik:** verhältnismäßig grobe Aufbereitung entsprechender Rohstoffe; Inhomogenitäten sind am Bruch der gebrannten Masse erkennbar. Im allgemeinen dickwandigere Erzeugnisse (Baustoffe).

◯ **Feinkeramik:** besonders sorgfältige Aufbereitung hochwertiger Rohstoffe. Vorwiegend dünnwandigere Erzeugnisse (Geschirr).

5.1.1 Rohstoffe und Rohstoffeigenschaften

Rohstoff für die durch Glühen (Brennen) hergestellten technischen keramischen Produkte ist Ton, dessen Hauptbestandteil kristallwasserhaltige Aluminium-Silicat-Verbindungen sind, z. B. Kaolinit [$Al_2O_3 \cdot 2\ SiO_2 \cdot 2H_2O$], ein Verwitterungsprodukt von Feldspat mit Verunreinigungen von Quarz, Glimmer, Feldspatresten, Kalkspat, organischen Substanzen, Fe-Oxiden.

Reiner Ton – Kaolin – ist eine weiße Substanz und dient als Ausgangsmaterial für die Porzellanherstellung.

Die Rohstoffe haben eine gute Verformbarkeit durch Wasseranlagerung in den blättchenförmigen Grundbestandteilen (Silicatstruktur), was bei Austrocknung und beim Brennen andererseits ein Schwinden der Masse zur Folge hat. Rohstoffe mit viel Tonsubstanz (fette Tone) müssen deshalb im allgemeinen gemagert werden. Als Magerungsmittel bezeichnet man solche Bestandteile, die selbst nicht schwinden und somit die Formbeständigkeit erhöhen, wie z. B. Sande, Quarzmehl, Ziegelmehl,

Aschen oder organische Stoffe (Sägespäne oder ähnliches). Der Anteil an Magerungsstoffen darf nicht zu hoch sein, da sonst die Festigkeit und Formbarkeit abnimmt.

5.1.2   Herstellung der Ziegel- und Tonwaren

Bei der Zerkleinerung (in der Ziegelindustrie findet man häufig den sogenannten Kollergang) wird der Rohstoff gleichzeitig mit Wasser versetzt und das gemahlene und geknetete Material in Sumpfhäusern zwischengelagert, sogenanntes **Mauken** (faulen) um eine homogene, plastisch verformbare Masse zu erhalten.

Formgebung (Herstellen der Rohlinge)

Die Ausformung von Steinen, Drähnrohren oder Strangdachziegeln erfolgt heute meist durch kontinuierlich laufende Strangpressen, sogenannte Schneckenpressen. Das Abtrennen des Stranges erfolgt mechanisch durch einen Drahtschneider. Die Herstellung von Fliesen und Pressdachziegeln erfolgt auf automatischen Stempelpressen (Revolverpressen). Für oberflächenprofilierte Verblendsteine ist auch heute noch die Herstellung im Handstrich vereinzelt üblich. Bei der Herstellung der Rohlinge ist zu beachten, dass diese beim Trocknen und Brennen infolge der Schwindvorgänge ihr Volumen verringern, so dass die Maße der Formen entsprechend größer ausgelegt werden müssen, damit das Fertigprodukt den verlangten DIN-Maßen entspricht. Aus diesem Grunde erhält z. B. die DIN 105 auch größere Maßtoleranzen als die DIN 106 für mineralisch gebundene Kalksandsteine.

Trocknen der Rohlinge

Das zur Aufbereitung zugesetzte „Anmachwasser" muss den Rohlingen vor dem Brennprozess wieder entzogen werden (Kanaltrockner: Gegenstromwärmetauscher). Die neuere Entwicklung geht dahin, einmal dem Rohstoff bei der Aufbereitung weniger Wasser zuzusetzen sowie das Material schon bei der Aufbereitung zu heizen, d. h. härter und heiß zu verpressen. Dadurch kann die Trockenzeit unter Umständen auf wenige Stunden reduziert und der Wärmeaufwand für die Trocknung vermindert werden.

Brennen

Die vorgetrockneten Rohlinge vertragen noch keinen größeren Druck; sie müssen gebrannt, d. h. in hohe Temperaturen gebracht werden; Brenntemperatur zwischen 900 – 1200 °C. Brennzeit 15 – 70 Stunden. Beim Brennen verlieren sie mit ihrem chemisch gebundenen Wasser zugleich ihre Formbarkeit. Nach dem Brennen ist eine erneute Wasseranlagerung nicht mehr möglich; auch bei ständiger Wasserlagerung erweicht der entstandene Scherben nicht mehr.

Das Brennen erfolgt heute meist im Tunnelofen (ca. 100 m Länge, ca. 2,5 m Breite) mit ortsfester Feuerungszone etwa in Tunnelmitte. Das Brenngut läuft auf sich langsam vorwärts bewegenden Wagen mit feuerfesten Belägen durch die Vorwärm-, Brenn-

und Abkühlzone des Tunnelofens (programmgesteuert). Die Luft wird gegen die Fahrtrichtung der Tunnelwagen geblasen, erwärmt sich in der Feuerzone und heizt die Rohlinge auf. Das Kennzeichnende des Tunnelofens ist, dass das Brenngut durch das feststehende Feuer wandert.

Brenntemperatur und Stoffzusammensetzung bestimmen die Eigenschaften der keramischen Baustoffe wie Dichte, Porosität, Festigkeit und Wasseraufnahme. Bleibt man mit der Brenntemperatur unterhalb der Sintergrenze, entsteht ein fester Scherben, der durch das ausgetriebene Wasser Poren enthält. Da die Kristallstruktur erhalten bleibt, ist die Schrumpfung der Masse gering. Die Poren ermöglichen eine hohe Wasseraufnahme. Wird beim Brennen die Sintergrenze überschritten, verändert sich die Struktur, da einzelne Phasen beginnen aufzuschmelzen. Es entsteht eine glasartige Struktur, die nicht geschmolzene Kristalle und Poren einschließt. Die Wasseraufnahme dieses Scherbens ist gering.

Je nach der Beanspruchung des Produktes wird mit folgenden Brenntemperaturen gearbeitet:

- ○ Ziegelwaren   900 – 1100 °C
- ○ Steingut, Steinzeug, Klinker   1100 – 1300 °C
- ○ Porzellan   1300 – 1450 °C
- ○ feuerfeste Erzeugnisse   1300 – 1800 °C
- ○ Oxid-Keramik   1500 – 2100 °C
- ○ Sonderkeramik   bis 2500 °C

Um eine Farbnuancierung oder auch eine abdichtende Wirkung der Oberfläche – insbesondere bei Dachziegeln – zu erzielen, werden die Brennprodukte manchmal **engobiert**, d. h. mit einem keramischen Überzug versehen, einer mitgebrannten, farbigen Tonschlämme. Fliesen und Platten sowie Sanitärkeramik werden vielfach auch mit einer Glasur – manchmal farbig – versehen (Aufstreuen von Glaspulver und Nachbrennen bei niedrigeren Temperaturen: Glattbrand). Eine durchgehende Farbgebung des Brenngutes erhält man durch Zugabe geringer Mengen von Metalloxiden. Daneben gibt es auch Verfahren, bei denen durch Brennen im reduzierenden Feuer (Dämpfen) eine Buntfärbung erreicht wird.

Eisenverbindungen färben das Brennprodukt bräunlich bis rot, bei sehr hoher Brenntemperatur blau-schwarz; ein gleichzeitig geringer Kalkgehalt ergibt gelb gefärbte Erzeugnisse. Zusätze von Mangan ergeben schwarzbraune Färbungen, Graphit grau. Weiße und sehr helle Erzeugnisse erfordern eisenarmen Ton mit viel Tonsubstanz.

5.1.3   Einteilung nach der Scherbenbeschaffenheit

Die Verwendungseigenschaften der gebrannten Erzeugnisse werden weitgehend von der Güte des Scherbens bestimmt. Nach der Struktur des Scherbens und der Reinheit und Mahlfeinheit der Rohstoffe teilt man keramische Baustoffe ein:

5.2   Mauerziegel (DIN 105)

Unter Mauerziegeln erfasst die DIN 105 aus Ton, Lehm oder tonigen Massen gebrannte Produkte, die mit oder ohne Zusatz von Magerungsmitteln oder porenbildenden Stoffen hergestellt werden. Als ideale Zusammensetzung gilt ein Material mit 40 bis 80 M.-% Sand (> 80 M.-% keine Festigkeit!). Magerung mit organischen Stoffen – Sägespänen, Braunkohlengrus, Torfmull – ergibt nach dem Brand der Steine leichte „Porenziegel". Durch die Verbrennung der organischen Stoffe bleiben unter Umstän-

Tabelle 5.1
Einteilung tonkeramischer Werkstoffe

Tonkeramische Werkstoffe			
Irdengut (Tongut) poröser Scherben, unterhalb der Sintergrenze gebrannt	**Grobkeramische Erzeugnisse**	nicht weiß brennend	Ziegeleierzeugnisse wie: Mauer-, Decken-, Dachziegel, Tonrohre, Kabelschutzhauben
		weiß/hell brennend	Feuerfesterzeugnisse wie: Schamotte-, Silimanit-, Dinassteine
	Feinkeramische Erzeugnisse	nicht weiß brennend	Töpfererzeugnisse wie: Blumentöpfe, Majolika, Fayancen, Ofenkacheln
		weiß brennend	Steingut bzw. Halbporzellan wie: Wandfliesen, Waschtische, Spülbecken, Badewannen
Sinterzeug (Tonzeug) dichter Scherben, oberhalb der Sintergrenze gebrannt	**Grobkeramische Erzeugnisse**	nicht weiß brennend	Klinker, Riemchen, Spaltplatten, Bodenklinkerplatten, glasierte Steinzeugwaren
		weiß/hell brennend	techn. Porzellan
	Feinkeramische Erzeugnisse	nicht weiß brennend	Feinterrakotten, Steinzeugfliesen für Wand und Boden, Spülwannen, Viehtröge, chemische Geräte
		weiß brennend	Porzellan

den Aschensalze zurück, die bei Durchfeuchtung des Steines zu Ausblühungen neigen; deshalb derartige leichte Porenziegel nur im Trockenen verarbeiten. Porenziegel werden auch durch Beimengung von Styropor hergestellt. Bei dem Brennvorgang wird das Styropor zu > 99% ausgebrannt ohne Rückstände zu hinterlassen; dadurch ist die Gefahr von Ausblühungen gebannt.

Die Herstellung der Mauerziegel erfolgt entweder als Vollziegel oder als Lochziegel. Vollziegel sind ungelocht oder (zur Gewichtsersparnis) senkrecht zur Lagerfläche gelocht mit einem Lochanteil von maximal 15 % der Lagerfläche. Bei Lochziegeln unterscheidet man zwischen Hochlochziegeln, bei denen die Lochkanäle senkrecht zur Lagerfläche, und Langlochziegeln, bei denen die Lochkanäle parallel zur Lagerfläche angeordnet sind. Letztere werden nur als Leichtziegel hergestellt.

Die DIN 105 ist künftig unterteilt in 6 Teile:
Teil 1   Vollziegel und Hochlochziegel
         (einschließlich Vormauerziegel, Klinker und Mauertafelziegel)
Teil 2   Leichthochlochziegel
Teil 3   Hochfeste Ziegel und hochfeste Klinker
Teil 4   Keramikklinker
Teil 5   Leichtlanglochziegel und Leichtlangloch-Ziegelplatten
Teil 6   Planziegel

5.2.1 Eigenschaften von Mauerziegeln

Mauerziegel sind poröser als Bausteine aus Naturstein, dadurch haften Mörtel und Putz besser, die Wärmedämmung ist größer, und das Mauerwerk trocknet schneller aus.

5.2.1.1 Form und Maße der Mauerziegel

Ziegel müssen im allgemeinen die Gestalt eines von Rechtecken begrenzten Körpers haben. Die Stirnflächen von Ziegeln der Formate ≥ 8 DF dürfen mit Mörtel-

Format-Kurzzeichen	Nennmaße		
	Länge [mm]	Breite [mm]	Höhe [mm]
1 DF (Dünnformat)	240	115	52
NF (Normalformat)	240	115	71
2 DF	240	115	113
3 DF	240	175	113
4 DF	240	240	113
5 DF	240	300	113
6 DF	240	365	113
8 DF	240	240	238
10 DF	240	300	238
12 DF	240	365	238
15 DF	365	300	238
18 DF	365	365	238
16 DF	490	240	238
20 DF	490	300	238

Tabelle 5.2
Nennmaße von Ziegeln (Beispiele) und Kurzzeichen

taschen versehen werden. Zur besseren Putzhaftung sind an den Seitenflächen Rillen oder ähnliches zulässig. Die Ziegelformate leiten sich vom Dünnformat (DF) und von dem Normalformat (NF) ab. Die Abmessungen der Mauerziegel sind auf die Richtmaße der oktametrischen Maßordnung (DIN 4172) abgestimmt. Da im Mauerwerksbau die Dicke der Stoßfugen in der Regel 1 cm, die der Lagerfugen 1,2 cm beträgt, sind unter Berücksichtigung der Fugen für die Ziegel Vorzugsgrößen *(Tabelle 5.2)* solcherart festgelegt, dass ihre Nennmaße ein Vielfaches von 12,5 oder 6,25 cm betragen.

Bei Ziegeln, die ohne sichtbar vermörtelte Stoßfuge versetzt werden sollen (Vermörtelung nur der Mörteltaschen), soll das Nennmaß der Länge mindestens 5 mm größer sein. Die Ziegel müssen mindestens an einer Stoßfläche Mörteltaschen aufweisen.

5.2.1.2   *Rohdichte, Druckfestigkeit*

Die Klassifizierung der Mauersteine erfolgt nach der Rohdichte (Angabe des oberen Grenzwertes) und Druckfestigkeit (Einordnung nach dem kleinsten zugelassenen Einzelwert – Nennwert) *(Tabelle 5.3 und 5.4)*. Das Bezugsvolumen bei der Ermittlung der Rohdichte entspricht den äußeren Abmessungen des Ziegels einschließlich aller Hohlräume, d.h. einschließlich der Poren, Löcher, Grifflöcher und Mörteltaschen.

Die gebräuchlichste Festigkeitsklasse bei Ziegeln ist Klasse 12. Ziegel der niedrigen Rohdichteklassen werden im Hinblick auf eine bessere Wärmedämmung als Lochziegel hergestellt. Klinker müssen mindestens zur Festigkeitsklasse 28 gehören und eine Scherbenrohdichte von $\geq 1{,}9$ kg/dm^3 haben; für Leichtlochziegel sind Obergrenzen für die Scherbenrohdichte festgelegt.

Die Scherbenrohdichte ist die Masse des trockenen Ziegels bezogen auf das Volumen des Ziegels abzüglich der Hohlräume mit Ausnahme der Poren.

Die hohe Druckfestigkeit der Steine kann im Mauerwerk jedoch nie voll ausgenutzt werden, da die Druckfestigkeit des Mauerwerks nicht nur von den Festigkeiten der Steine und des Mörtels, sondern auch von deren Verformungsverhalten abhängt.

Tabelle 5.3
Ziegelrohdichten

DIN 105	Rohdichteklassen (Maximalwert der Rohdichte [kg/dm³])										
Teil 1	–	–	–	–	–	–	1,2	1,4	1,6	1,8	2,0	2,2
Teil 2	–	0,6	0,7	0,8	0,9	1,0	–	–	–	–	–	–
Teil 3	–	–	–	–	–	–	1,2	1,4	1,6	1,8	2,0	2,2
Teil 4	–	–	–	–	–	–	–	1,4	1,6	1,8	2,0	2,2
Teil 5	0,5	0,6	0,7	0,8	0,9	1,0	–	–	–	–	–	–
Teil 6	–	–	0,7	0,8	0,9	1,0	1,2	1,4	1,6	1,8	2,0	–

Festigkeitsklasse nach				Druckfestigkeit in N/mm^2		Farb-kennzeichnung
Teil 1	Teil 2 +Teil 6	Teil 3	Teil 5	Mittelwert	kleinster Einzelwert	
–	2	–	2	2,5	2,0	grün
4	4	–	4	5,0	4,0	blau
6	6	–	6	7,5	6,0	rot
8	8	–	–	10,0	8,0	Stempel schwarz
12	12	–	12	15,0	12,0	ohne
16	16	–	–	20,0	16,0	Stempel schwarz
20	20	–	–	25,0	20,0	gelb
28	28	–	–	35,0	28,0	braun
–	–	36	–	45,0	36,0	violett
–	–	48	–	60,0	48,0	2 schwarze Streifen
–	–	60	–	75,0	60,0	3 schwarze Streifen

Tabelle 5.4
Druckfestigkeitsklassen und Farbkennzeichnung

5.2.1.3   Bezeichnung und Kennzeichnung

Die vollständige Bezeichnung eines Ziegels erfolgt in der Reihenfolge DIN-Hauptnummer, Kurzzeichen der Ziegelart, Druckfestigkeitsklasse (nicht bei LLp), Rohdichteklasse und Format-Kurzzeichen bzw. Wandbreite (bei LLp Wanddicke und Zusatz s).

Zum Beispiel
○ Ziegel DIN 105 Mz 12 – 1,8 – 2 DF
  Vollziegel, Druckfestigkeitsklasse 12, Rohdichteklasse 1,8,
  Länge 240 mm, Breite 115 mm, Höhe 113 mm (2 DF)
○ Ziegel DIN 105 HLzA 12 – 1,2 – 2 DF
  Hochlochziegel mit Lochung A, Druckfestigkeitsklasse 12, Rohdichteklasse 1,2, Länge 240 mm, Breite 115 mm, Höhe 113 mm (2 DF)

Sämtliche Ziegel (außer Ziegel für sichtbar bleibendes Mauerwerk) sind mit einem Werkzeichen (Herstellerzeichen) sowie einer mindestens 20 mm breiten Farbkennzeichnung der Druckfestigkeitsklasse (siehe *Tabelle 5.4*) auf einer Längsseite zu kennzeichnen.

5.2.1.4   Frostbeständigkeit, Wasseraufnahmefähigkeit, Wasserdampfdurchlässigkeit, Wärmedämmung

Je nach Grad der Sinterung sind die Eigenschaften des gebrannten Ziegels unterschiedlich. So kennt man: **Hintermauerungs-, Vormauerungs- und Klinkerqualitäten.** Je stärker durchgesintert, um so weniger porös ist ein Ziegel, zugleich wird er fester und widerstandsfähiger gegen atmosphärische Einflüsse, umso höher ist seine Wärmeleitfähigkeit. Mauerziegel im engeren Sinn (*sogenannte Hintermauerziegel*) erfordern bei Außenmauerwerk einen Wetterschutz durch Putz oder frostbeständige Bekleidung, da sie nicht frostbeständig sein müssen. Bei allen Vormauerziegeln und bei Klinkern wird Frostbeständigkeit gefordert. Vormauerziegel weisen einen noch recht porösen Scherben, Klinker dagegen einen porenarmen, bis zur Sinterung gebrannten Scherben auf. Hieraus ergibt sich bei Vormauerziegeln und Klinkern ein voneinander abweichendes Feuchtigkeitsverhalten.

Brenngrad	Wasseraufnahme [M.-%]
Weichbrand	10 – 22
Mittelbrand	8 – 14
Hartbrand	6 – 8
angeklinkertes Material	ca. 8
Klinker	0 – 6

Tabelle 5.5
Wasseraufnahme in Abhängigkeit des Brenngrades

Je nach „*Brenngrad*" (vergleiche *Tabelle 5.5*) haben die Ziegel unterschiedliche Wasseraufnahmefähigkeit.

Die Kapillarleitfähigkeit ist bei niedrigem Ziegelbrand am größten. Durch das Kapillarsystem ist der Vormauerziegel in der Lage Feuchtigkeit aufzunehmen, zu speichern aber auch rasch wieder abzugeben. Dadurch trocknen Vormauerziegel auch sehr schnell und fast gleichmäßig auf die „praktische Gleichgewichtsfeuchte" zurück und es kommt nicht zu der bei anderen Baustoffen bekannten Kernfeuchte im Wandquerschnitt. Sie sind deshalb besonders geeignet zur Verwendung in Sicht- bzw. Verblendflächen von Außenwandkonstruktionen, die weitgehend atmungsfähig bleiben sollen.

Gefügedichte Klinker nehmen nur wenig Wasser auf, ihr Saugvermögen ist niedrig. Sie eignen sich deshalb vor allem zur Verwendung in Verblendschalen solcher Außenwände, bei denen die möglichst völlige Abweisung des Regenwassers bereits auf der äußeren Wandoberfläche beabsichtigt ist. Dazu bedarf es aber einer mängelfreien Vermauerung der Klinker, einer fachgerecht hergestellten Luftschicht, da die Klinker den unmittelbaren Durchtritt von Regenwasser über Anschlussfehler in der Vermauerung nicht durch Aufsaugen dieser Feuchtigkeit verhindern können. Der Feuchteausgleich über den Wandquerschnitt (Atmungsfähigkeit) erfolgt bei Außenwänden aus Klinkern weitgehend über das vermörtelte Fugensystem.

Trotz der Wasseraufnahme bis zu 22 M.-% gibt es aber keine „*zu wasserdurchlässigen Ziegel*", jedoch eine erhebliche Anzahl „*zu regendurchlässiger Wände*". Wenn Wasseraufnahmefähigkeit, Wandbautyp sowie Mauer- und Fugenmörtel einander angepasst sind, so lässt sich mit Ziegeln jeder Wasseraufnahmefähigkeit eine gute und trockene Wand herstellen. Bei Klinkern und Vormauerziegeln handelt es sich wegen ihrer unterschiedlichen Kapillarität nicht um bessere und schlechtere, sondern lediglich um anders geartete, sonst aber gleich gut geeignete Materialien für Verblendzwecke. Ausschlaggebend für den Erfolg bei Verwendung dieser Materialien ist nur, dass bei der Konstruktion und der Errichtung von Ziegelaußenwänden die feuchtigkeitstechnischen Eigenschaften des Mauerziegels unter allen Umständen sehr genau berücksichtigt und die Verarbeitungsweise dem jeweils unterschiedlichen Materialverhalten angepasst, d. h. materialgerecht eingestellt wird. Die Saugfähigkeit der Sichtflächen von Vormauerziegeln und Klinkern ist meistens niedriger als die der Lagerflächen. Die Ziegelsichtflächen besitzen neben der Brennhaut, die sie mit den (geschnittenen) Lagerflächen gemeinsam haben, eine Presshaut, welche ihre Kapillarität gegenüber jener der Lagerflächen weiter einschränkt. Vormauerziegel oder Klinker I. Wahl sollten so beschaffen sein, dass je eine Läufer- und Kopfseite frei von Rissen, Kantenbeschädigungen und Deformierungen ist, die die Verwendbarkeit in Sichtflächen von unverputzt bleibendem Mauerwerk beeinträchtigen würden.

Bei Klinkerverblendungen durch Risse oder mangelhafte Fugen eingedrungenes Wasser wird durch den sehr dicht gebrannten Klinkerscherben – insbesondere die gesinterte Oberfläche – nicht wieder nach außen durchgelassen und zieht durch das saugfähige Hintermauerwerk nach innen. Daraus erklärt sich, dass Mauerwerk mit Klinkerverblendung oft eher zur Durchfeuchtung neigt als reines Ziegelmauerwerk. Die Wasserdichtigkeit ist nur bei vollkommen risse- und porenfreier Oberfläche und vollkommener, am gleichmäßig dichten Bruch kenntlicher Durchsinterung gewährleistet. Kleinere kurze Haarrisse wirken sich nicht nachteilig auf den Feuchtehaushalt der Wand und die Wetterwiderstandsfähigkeit aus. Eine nachträgliche Dichtung schadhafter Oberflächen durch Anstriche mit hydrophobierender Wirkung hat meist keinen Erfolg (Durchschlagen bei starkem Regen, kein Zurücklassen zur Verdunstung). Zu beachten ist bei Klinkermauerwerk wegen des höheren Wasserdampf-Diffusionswiderstandes eine mögliche Wirkung als Dampfsperre; darum zweischaliges Mauerwerk (Luftzwischenschicht) zur Vermeidung von Kondensatbildung.

Ziegel haben den niedrigsten Dauerfeuchtegehalt aller Wandbaustoffe. Mit diesem natürlich bedingten Verhalten reguliert eine Ziegelwand zu jeder Jahreszeit die Luftfeuchtigkeit in Innenräumen. Da außerdem der Wasserdampfdiffusionswiderstand recht gering ist (μ = 5 bis 10, für Klinker μ = 50 bis 100!) schaffen Ziegel ein gesundes Wohnklima.

Die Wasseraufnahmefähigkeit der heutigen Ziegel beträgt bis zu 15 M.-% (Klinker max. 7 M.-%); dadurch haben sie eine gute Pufferwirkung zum Ausgleich von Raumfeuchteschwankungen. Außenwände von Wohnräumen sollten möglichst aus Mauerziegeln mit über 8 M.-% Wasseraufnahme hergestellt werden, wodurch ein vernünftiger Wasserhaushalt und eine entsprechende Wärmedämmung erreicht werden.

Die Wärmedämmung von Ziegelsteinen ist zwar kleiner als die von ausgesprochenen Wärmedämmstoffen (Rechenwerte in W/(m·K) für Mauerwerk aus: MZ $\approx$ 0,5 – 0,96; KMZ $\approx$ 0,81 – 1,2; LLZ $\approx$ 0,3 – 0,45), wegen ihres Wärmespeichervermögens bewirken schwere Ziegelwände aber eine vorbildliche Temperatur-Amplitudendämpfung.

5.2.2 Güteanforderungen

5.2.2.1 *Vollziegel und Hochlochziegel DIN 105, Teil 1*

Ziegelarten: sowie in der Norm festgelegte Kurzzeichen

○ **Vollziegel** (Mz)
sind ungelochte Ziegel, deren Querschnitt jedoch – zur Gewichtsersparnis – durch Lochanteile senkrecht zur Lagerfläche bis 15 % gemindert sein darf. Wo zur Handhabung erforderlich, d. h. bei größeren Steinformaten, können Grifflöcher angeordnet sein. (*Abbildung 5.1*)

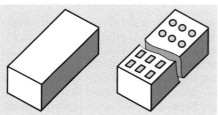

Abbildung 5.1
Vollziegel (Beispiele)

Abbildung 5.2
Hochlochziegel (Beispiele)

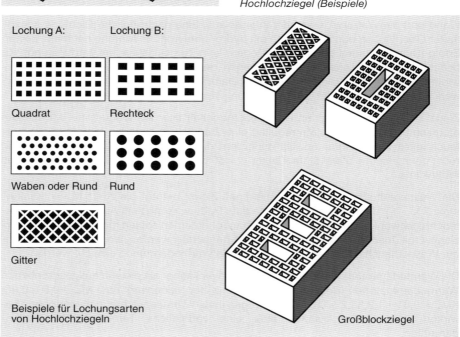

Lochung A:

Lochung B:

Quadrat

Rechteck

Waben oder Rund

Rund

Gitter

Beispiele für Lochungsarten
von Hochlochziegeln

Großblockziegel

○ **Hochlochziegel** (HLz)
sind senkrecht zur Lagerfläche gelocht (Lochanteil in der Lagerfläche 15 bis maximal 50 %). Die Löcher im Ziegel beschränken den Wärmedurchfluss (erhebliche Verlängerung der Wärmebrücke bei versetzten Löchern oder Gitterziegeln). Sie dürfen mit Lochung A, B oder C ausgeführt werden (*Abbildung 5.2*); Querschnittsform der Löcher beliebig. Die Löcher sind bis auf Lochung C durchgehend, letztere Ziegel haben 5-seitig geschlossene Flächen. Grifflöcher sind nur dort anzuordnen, wo sie zur Handhabung erforderlich sind. Die Anforderungen an Maße für Löcher und Stege sind in der *Tabelle 5.6* zusammengestellt.
Mit der Begrenzung der Lochquerschnitte wird erreicht, dass der Mauermörtel die Löcher nicht füllt. Er dringt aber etwas ein, dadurch wird eine gute Verzahnung und Haftung erzielt, was sich auf die Wandfestigkeit besonders günstig auswirkt. Für einige Hochlochziegel ist Mauerwerk ohne Stoßvermörtelung zugelassen. Die Ziegel erhalten eine Verzahnung und werden dann knirsch aneinander gesetzt. (*Einschränkung bei der statischen Berechnung!*)

○ **Mauertafelziegel** (HLzT)
Ziegel, die für die Erstellung von Mauertafeln nach DIN 1053, Teil 4, bestimmt sind. Sie haben eine besondere Form, so dass sich durchlaufende, senkrechte Kanäle ergeben (*Abbildung 5.3a und 5.3b*).

Tabelle 5.6
Mauerziegelarten, Löcher, Stege

Spalte	1	2	3	4		5	6
				Löcher			
Zeile	**Ziegelart**	**Kurz-zeichen**	**Gesamtloch-querschnitt in % der Lagerfläche[1]**	**Einzel-querschnitt [cm²]**	**Maße[3] [mm]**		**Stege[4]**
1	Vollziegel	Mz	≤ 15	≤ 6 etwaige Grifflöcher nach DIN 105 Abschnitt 3.3.2	$k \le 15$ $d \le 20$ $d' \le 18$		Mindestdicke der Außenwandungen 10 mm
2	Hochloch-ziegel A	HLzA	> 15	≤ 2.5 etwaige Grifflöcher nach DIN 105 Abschnitt 3.3.2	keine Vorschriften		Bei Vormauer-ziegeln und Klinker muss die Mindest-dicke der Außen-
3	Hochloch-ziegel B	HLzB	> 15	≤ 6 etwaige Grifflöcher nach DIN 105 Abschnitt 3.3.2	$k \le 15$ $d \le 20$ $d' \le 18$		wandungen an den Sichtseiten 20 mm betragen.
4	Hochloch-ziegel C[2]	HLzC	≤ 50	≤ 16	$k \le 25$ $d \le 45$ $d' \le 35$		

[1] Lagerfläche = Länge x Breite des Ziegels abzüglich etwaiger Mörteltaschen.
[2] 5-seitig geschlossen, Dicke der Abdeckung ≥ 5 mm.
[3] Kleinere Abmessung (bei Rechtecklöchern kleinere Kante k, bei Kreislöchern Ø d, bei Rhomben oder Ellipsen kleinerer Ø oder kleinere Kante d').
[4] Steigt bei Hochlochziegeln B der Lochanteil über 50% der Lagerfläche, so dürfen die durchschnittlichen Innenstegdicken 7 mm und einzelne abweichende Innenstegdicken 5 mm nicht unterschreiten.

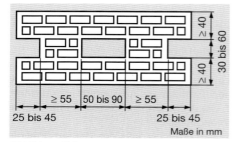

Abbildung 5.3a
Mauertafelziegel mit Aussparung an den Stoßflächen

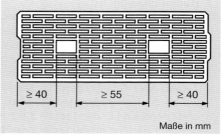

Abbildung 5.3b
Mauertafelziegel ohne Aussparung an den Stoßflächen

○ **Handformziegel, Formziegel** (−, −)
Ziegel mit unregelmäßiger Oberfläche, deren Gestalt von der prismatischen Form geringfügig abweichen darf.

○ **Vormauerziegel** (VMz, VHLz)
Bei diesen Ziegeln wird die Frostbeständigkeit durch eine Prüfung nachgewiesen. Sie dürfen unverputzt bleiben, können also auch außen als Sichtmauerwerk verarbeitet werden. Die Oberflächen dürfen strukturiert sein. (VMz) Vormauer-Vollziegel; (VHLz) Vormauer-Hochlochziegel.

○ **Klinker** (KMz, KHLz)
sind bis zur Sinterung gebrannte Ziegel; erkennbar an der glänzend gesinterten Oberfläche und daran, dass Wasserspritzer darauf mindestens 3 min stehen bleiben. Sie sind sehr dicht, druckfest und wenig saugend, daher widerstandsfähig gegen Witterungseinflüsse und Chemikalien. Sie müssen mindestens die Festigkeitsklasse 28 haben und eine Scherbenrohdichte von $\geq 1,9$ kg/dm^3 aufweisen. (Massenanteil der Wasseraufnahme < 7 M.-%). Frostbeständigkeit wird durch Prüfung nachgewiesen. Sie können als Sichtmauerwerk verarbeitet werden. Oberflächen dürfen strukturiert sein. (KMz) Vollklinker; (KHLz) Hochlochklinker.

5.2.2.2 Leichthochlochziegel DIN 105, Teil 2

Leichthochlochziegel (Lochung B) sind wegen ihrer gegenüber Ziegeln nach DIN 105, Teil 1, erhöhten Wärmedämmung besonders für die Herstellung von Außenwänden geeignet. Leichthochlochziegel haben eine Rohdichte von 0,51 bis 1,0 kg/dm^3. Sie werden unter verschiedenen Markenbezeichnungen angeboten, z. B. „POROTON, UNIPOR, PORI KLIMATON, THERMOPOR" usw. Erfüllen Leichthochlochziegel die zusätzliche Anforderung, dass sie eine in Abhängigkeit der Ziegelbreite festgelegte Lochreihenzahl aufweisen oder überschreiten sie eine bestimmte Scherbenrohdichte nicht (Werte zwischen 1,18 und 1,75 kg/dm^3) so gelten geringere Rechenwerte für die

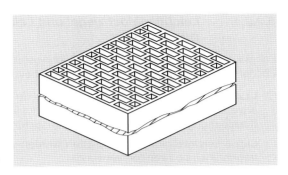

Abbildung 5.4
Leichthochlochziegel W

Wärmeleitfähigkeit; sie werden zusätzlich mit dem Buchstaben W gekennzeichnet (*siehe Abbildung 5.4*).

5.2.2.3 Hochfeste Ziegel und hochfeste Klinker DIN 105, Teil 3

Es handelt sich um Baustoffe für tragendes und nicht tragendes Mauerwerk; sie sind besonders geeignet zur Erstellung von hochbeanspruchten Außen- und Innenwänden. Sie werden als Voll- und Hochlochziegel (Gesamtlochanteil 15 – 35 % der Lagerfläche) bzw. Klinker hergestellt. Ziegel nach dieser Norm zeichnen sich durch besonders hohe Druckfestigkeit von mindestens 36 N/mm^2 aus; die Rohdichte muss mindestens der Rohdichteklasse 1,2 entsprechen. Ansonsten gilt DIN 105, Teil 1.

5.2.2.4 Keramikklinker DIN 105, Teil 4

sind Baustoffe für tragendes und nichttragendes Mauerwerk, die vorwiegend eingesetzt werden, wo eine besondere Widerstandsfähigkeit gegenüber aggressiven Stoffen und gegenüber mechanischen Oberflächenbeanspruchungen sowie Farb- und Lichtbeständigkeit gefordert wird.

Sie werden aus keramisch hochwertigen, dicht brennenden Tonen hergestellt, als Voll- oder Hochlochklinker (Gesamtlochanteil 15 – 35 % der Lagerfläche) mit einer rissefreien Läufer- oder Ansichtsfläche. Sie sind frostbeständig und haben eine Wasseraufnahme von maximal 6 M.-%. Keramikklinker müssen eine Scherbenrohdichte von $\geq 2{,}0$ kg/dm^3 sowie eine Druckfestigkeit von mindestens 60 N/mm^2 ($\hat{=}$ Druckfestigkeitsklasse 60) aufweisen.

Für die verschiedenen Keramikklinkerarten gelten folgende Kurzzeichen:
KK   Keramik-Vollklinker
KHK   Keramik-Hochlochklinker

5.2.2.5 Leichtlanglochziegel und Leichtlangloch-Ziegelplatten DIN 105, Teil 5

Langlochziegel sind parallel zur Lagerfläche gelochte Ziegel. Die Querschnittsform der Löcher ist beliebig, Rechtecklöcher sind zu bevorzugen.

○ **LLz** – Sie werden als Leichtlanglochziegel für tragendes und nichttragendes Mauerwerk hergestellt. Sie dürfen ganz oder nur in den Randzonen mit vermörtelbarer Kleinlochung oder mit Großlochung ausgeführt werden.

○ **LLp** – Leichtlangloch-Ziegelplatten werden vorwiegend zur Erstellung von nicht tragenden Innenwänden verwendet.

Ihre Rohdichte beträgt höchstens 1,0 kg/dm³; Rohdichteklassen 0,5 bis 1,0. Sie entsprechen den Druckfestigkeitsklassen 2 bis 12.

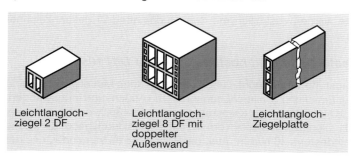

Leichtlangloch-ziegel 2 DF

Leichtlangloch-ziegel 8 DF mit doppelter Außenwand

Leichtlangloch-Ziegelplatte

Abbildung 5.5 Leichtlanglochziegel, Leichtlangloch-Ziegelplatte (Beispiele)

5.2.2.6 Planziegel V DIN 105, Teil 6

Für Mauerwerk in Dünnbettmörtel wurden Ziegel mit besonderer Maßhaltigkeit und geschliffener Lagerfläche entwickelt. Sie sind wegen der nur 1–3 mm dicken Lagerfuge in der Höhe um 11 mm größer. An den Stoßflächen können die Ziegel mit Mörteltaschen oder Nut und Feder versehen sein. Sie werden geliefert als Planvollziegel (PMz), Planhochlochziegel (PHLz), Vormauer-Planziegel (PVMz), Mauertafel-Planziegel (PHLzT), Planklinker (PKMz) und Planformziegel.

In den anderen Anforderungen entsprechen sie ansonsten den Mauerziegeln nach Teil 1 der DIN 105.

5.2.3 Verwendung im Mauerwerksbau

Bei Außenwandkonstruktionen stehen neben den statischen Anforderungen vor allem bauphysikalische Aspekte, insbesondere Schlagregen- und Wärmeschutz im Vordergrund. Ziegelmauerwerk kann einen ein- oder zweischaligen Aufbau aufweisen. Aufgrund erhöhter bauphysikalischer Anforderungen ist aber eine eindeutige Tendenz zu den zweischaligen Außenwänden erkennbar.

5.2.3.1 Einschaliges Mauerwerk

Einschaliges verputztes Ziegelmauerwerk (*Abbildung 5.6*)

Dieses besteht aus Hintermauerziegeln, die in regelrechtem Verband gemauert werden. Hierfür verwendet man meist großformatige Hochloch- oder Blockziegel, die nicht frostbeständig sein müssen. Der Feuchteschutz wird vom Außenputz oder anderen Wandbekleidungen übernommen, die das Eindringen des Regenwassers hemmen, ohne den Feuchtigkeitsaustausch zu unterbinden. Erfolgt der Witterungsschutz nur durch Putz, so soll die Wanddicke für Räume, die dem dauernden Aufenthalt von Menschen dienen, nach DIN 1053 $\geq$ 24 cm betragen. (Nach Empfehlung des Fachverbandes Ziegelindustrie $\geq$ 30 cm.)

Einschaliges Ziegel-Verblendmauerwerk (*Abbildung 5.7*)

Bleibt bei einschaligen Außenwänden das Mauerwerk an der Außenseite sichtbar, müssen die in den Sichtflächen liegenden Steine frostbeständig sein. Hier übernimmt der gesamte Wandquerschnitt alle Aufgaben wie Lastabtrag, Wärme- und Feuchteschutz. Bei einschaligem Verblendmauerwerk gehört die Verblendung zum tragenden Querschnitt. Für die zulässige Beanspruchung ist die im Querschnitt verwendete niedrigste Steinfestigkeitsklasse maßgebend.

Aus Gründen der Schlagregensicherheit muss jede Mauerschicht mindestens zwei Steinreihen gleicher Höhe aufweisen, zwischen denen eine durchgehende, schichtweise versetzte 2 cm dicke Längsfuge verläuft. Alle Fugen müssen vollfugig und haftschlüssig vermörtelt werden. Die Mindestwanddicke gemäß DIN 1053 beträgt 31 cm. Sie sollte jedoch nur bei geringer Wetterbeanspruchung und ausreichendem Wärmeschutz gewählt werden. Sonst soll die Wanddicke für Außenwände $\geq$ 37,5 cm sein.

Abbildung 5.6
Einschaliges verputztes Mauerwerk

Abbildung 5.7
Einschaliges Ziegel-Verblendmauerwerk

Abbildung 5.8
Zweischaliges Mauerwerk mit Luftschicht

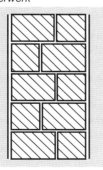

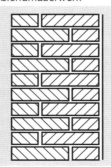

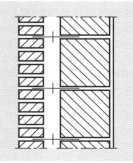

Dieses bisher als Sichtmauerwerk bezeichnete Mauerwerk ist bei richtiger Material-auswahl handwerklich einfach und funktionssicher ausführbar. Für einschaliges Zie-gel-Verblendmauerwerk haben sich insbesondere Vormauerziegel (Lochanteil < 15 %) mit guter Wasseraufnahmefähigkeit (> 7 M.-%), entsprechender kapillarer Leitfähig-keit und Austrocknung bewährt. Sie können bei Regenanfall im äußeren Wandbereich viel Feuchte festhalten, dadurch die Feuchtebelastung des Fugensystems verringern und einer Wanddurchfeuchtung wirksam entgegenwirken.

Wegen der schnelleren Austrocknung des Mauerwerkes durch die kapillare Leitfähig-keit von Ziegeln, aber auch um unterschiedliches Verformungsverhalten zu vermei-den, sollten die im Verband mit den Verblendziegeln vermauerten Steine des inneren Wandbereiches auch Ziegel nach DIN 105 sein.

5.2.3.2   *Zweischaliges Mauerwerk*

Nach dem Wandaufbau wird bei zweischaligen Außenwänden gemäß der DIN 1053 unterschieden zwischen Ziegel-Verblendmauerwerk:

O mit Luftschicht
O mit Luftschicht und Wärmedämmung
O mit Kerndämmung
O mit Putzschicht auf der Innenschale

Zum Vermauern der Verblendschale sind wegen der Verformungsfähigkeit nur die Mörtelgruppen II und IIa zugelassen.

Zweischaliges Mauerwerk mit Lufschicht (*Abbildung 5.8*)

Diese Außenwandbauart ist gekennzeichnet durch eine klare Trennung der Funktionen für Vorsatz und tragender Innenschale. Dieser Mauerwerkstyp mit durchgehender 60 – 150 mm dicken Luftschicht wird vorwiegend dort ausgeführt, wo die Außenschale hohen Witterungsbeanspruchungen durch Regen und Wind ausgesetzt ist (z. B. Küs-tengebiete). In Regionen mit hohem Schlagregenanfall bewährt, bietet sie nicht nur einen guten Wetterschutz, sondern bei vertretbarer Wanddicke in hohem Maße bau-physikalische Spitzenwerte und raumklimatische Vorteile. Der äußere Wettermantel bewahrt die tragende Innenschale vor Temperatur- und Feuchteschwankungen.

Die mindestens 90 mm dicke (in der Regel 115 mm dicke) Verblendschale kann aus Vormauerziegeln oder aus Klinkern bestehen; für die Innenschale, deren Dicke sich nach den statischen und wärmetechnischen Anforderungen richtet, sollten möglichst wasserspeicherungsfähige Ziegel verwendet werden, da diese die konstant anfallen-de innere Wohnfeuchtigkeit an die Luftschicht abgeben. Die Luftschicht darf nicht durch Mörtelbrücken unterbrochen werden (Abdecken beim Aufmauern) und muss an den Fußpunkten und am oberen Abschluss Lüftungsöffnungen aufweisen. Die beiden Mauerwerksschalen sind durch Drahtanker aus nichtrostendem Stahl mit 3 mm Durchmesser oder entsprechende andere bauaufsichtlich zugelassene Veranke-rungsarten zu verbinden. Der vertikale Abstand der Drahtanker, die in Form und

Maßen DIN 1053 entsprechen müssen, soll höchstens 500 mm, der horizontale Abstand höchstens 750 mm betragen.

Zweischaliges Mauerwerk mit Luftschicht und Wärmedämmung
(*Abbildung 5.9*)

Hier wird das Luftschichtmauerwerk durch Einbau einer Dämmschicht auf der Außenseite der Innenschale wärmeschutztech-nisch noch verbessert, wobei hinsichtlich der Schalenabstände und der verbleibenden Luftschichtdicke bestimmte Mindestmaße einzuhalten sind. Der lichte Abstand der Mauerwerksschalen darf 150 mm nicht überschreiten, die Luftschichtdicke von mindestens 40 mm darf nicht durch Unebenheiten der Wärmedämmschicht eingeengt werden.

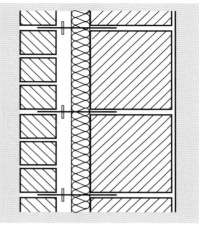

Abbildung 5.9
Zweischaliges Mauerwerk mit Luftschicht und Wärmedämmung

Zweischaliges Mauerwerk mit Kerndämmung (*Abbildung 5.10*)

Hierbei handelt es sich um eine Variante des Luftschichtmauerwerks zur Erhöhung des Wärmedurchlasswiderstandes der Wandbauteile. Der Hohlraum zwischen den Mauerwerksschalen kann voll bzw. fast voll bis auf Fingerspaltbreite verfüllt werden. Hier fehlt also der bei Luftschichtmauerwerk mit Zusatzdämmung wirksame durchlüftete Hohlraum, der sich hinsichtlich Feuchtegehalt und Austrocknung der Vorsatzschale sowie eventuell möglichen Wärmestaus und daraus resultierender Verformungs- und Rissgefahr positiv auswirkt. Aus bauphysikalischer Sicht ist diese Konstruktion nicht ganz unproblematisch. Diese Nachteile müssen durch eine entsprechende Materialauswahl und durch konstruktive Maßnahmen, z. B. Anordnung von Bewegungsfugen, berücksichtigt werden. Für die Außenschale sind keine glasierten Steine oder Steine bzw. Beschichtungen mit vergleichbar hoher Wasserdampf-Diffusionswiderstandszahl zulässig. Auf die vollfugige Vermauerung der Verblendschale und die sachgemäße Verfugung der Sichtflächen ist besonders zu achten.

Zweischaliges Mauerwerk mit Putzschicht auf der Innenschale (*Abbildung 5.11*)

Auf der Außenseite der Innenschale ist eine zusammenhängende Putzschicht aufzubringen, die den Übertritt der Feuchtigkeit in die tragende Wandkonstruktion verhindert. Davor ist so dicht, wie es das Vermauern erlaubt (Fingerspalt) die Außenschale (Verblendschale) vollfugig zu errichten. Wird eine verputzte Außenschale gewählt, so darf die vorgenannte innere Putzschicht entfallen. Der Putzauftrag anstelle des früher üblichen, oft mit erheblichen Mängeln ausgeführten Schalenvergusses soll die Schlagregenwiderstandsfähigkeit erhöhen.

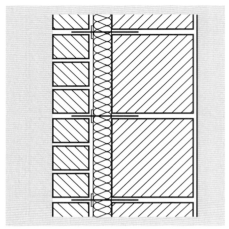

Abbildung 5.10
Zweischaliges Mauerwerk mit Kerndämmung

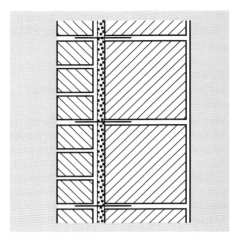

Abbildung 5.11
Zweischaliges Mauerwerk mit Putzschicht
auf der Innenschale

Gegen diese Ausführungsart werden Bedenken angemeldet [5.1]. Der arbeitstechnisch zwischen Verblendschale und geputzter Innenschale verbleibende schmale Hohlraum ist anfällig gegen das Entstehen von Mörtelbrücken aus dem Vermauern der Verblendschale. Die Wirkung der Aufsteckscheiben auf die Drahtanker wird zudem aufgehoben, da die Scheiben nicht berührungsfrei gesetzt werden können; die Drahtanker werden also der Feuchteübertragung in die Innenschale Vorschub leisten. Im Fußbereich sind auf jeden Fall Entwässerungsöffnungen unerlässlich.

5.2.4   Mauerwerksausblühungen

Verfärbungen des Mauerwerks durch Ausblühungen gehören zu den ärgerlichsten Baumängeln. Unter Ausblühungen versteht man die sichtbare Ablagerung von Stoffen, meist Salzen, auf der Oberfläche von Bauteilen. Die Ablagerungen kommen dadurch zustande, dass bleibend oder vorübergehend lösliche Substanzen in Wasser gelöst und mit der Feuchtigkeitswanderung an die Oberfläche transportiert werden, wo sie sich beim Verdunsten des Wassers abscheiden. Das Entstehen der sichtbaren Ausblühungen hat damit drei wesentliche Voraussetzungen:

○ die Anwesenheit von löslichen, ausblühfähigen Stoffen
○ die Anwesenheit von Feuchtigkeit und
○ die Porosität der Bauteile sowie witterungs- und konstruktionsbedingte Einflüsse, die Lösen und Transportieren der Salze erlauben.

Alle gebräuchlichen Baustoffe für den Mauerwerksbau, d. h. künstliche und natürliche Bausteine, Bindemittel, Zuschläge, usw. entstammen Naturvorkommen bzw. sind aus solchen hergestellt. Solche mineralischen Stoffe enthalten stets, je nach Art, Vorkommen, Lagerstätte, usw. kleine Beimengungen löslicher Verbindungen. Soweit die Baustoffe direkt, d. h. ohne Brennen oder einen anderen chemischen Umwandlungsprozess, zur Verarbeitung kommen, können die ursprünglich enthaltenen löslichen Verbindungen auch unmittelbaren Anlass zu Ausblühungen geben. Wesentlich anders liegen die Verhältnisse, wenn die Baustoffe vor ihrer Verarbeitung erst einen Brennprozess durchlaufen. Bei Ziegeln erfahren die eventuell im Rohmaterial vorhandenen löslichen Salze Umwandlungen. Sie werden während des Brandes ausgetrieben oder in un- bzw. schwerlösliche Verbindungen überführt. Richtig gebrannte Ziegel enthalten dementsprechend gewöhnlich nur noch Calciumsulfat und besitzen damit keine nennenswerte eigene Ausblühneigung. Die leichtlöslichen Alkalisulfate werden bei den meisten DIN-gerecht hergestellten Ziegeln soweit abgebaut, dass ihr Gehalt die Ausblühgrenze unterschreitet. Insgesamt spielen die Eigensalzanteile der Ziegel in der Palette der Ausblühungsursachen nur eine sehr geringe Rolle; die Hauptquelle der Ausblühsalze bei stärkeren Ausblühungen des Mauerwerks liegt also woanders. Aus diesen Gründen werden die Ausblühungen im Kapitel 7.2 Mörtel abgehandelt.

5.3 Deckenziegel

Deckenziegel mit Hohlräumen werden zur Ausführung nicht zu schwerer, schall-, wärme- und brandschutztechnisch günstiger Decken hergestellt. Das Konstruktionsprinzip der Ziegeldecken (siehe *Abbildung 5.12*) besteht darin, dass die in Reihen ausgelegten Deckenziegel im Verbund mit den Betonrippen die Biegedruckspannungen aufnehmen, während die Biegzugspannungen wie in Betonplatten den Stahleinlagen zugewiesen werden. Die Ziegel übernehmen zugleich die Funktion der Hohlraumbildung in statisch gering beanspruchten Bereichen der Decke, wodurch das Eigengewicht der Decken vermindert wird. Die Bewehrung liegt in den Rippen zwischen den Ziegeln bzw. in den Stoßfugenaussparungen.

Der Verbund der Stahleinlagen und der Ziegel erfolgt durch Mörtel bzw. Beton. Die Deckenziegel bilden mit ihren Unterseiten einen stofflich einheitlichen, ebenen Putzgrund, an dem der Mörtel gut haftet.

Bei den Deckenziegeln unterscheidet man:

○ Ziegel statisch mitwirkend gemäß DIN 4159
○ Ziegel statisch nicht mitwirkend gemäß DIN 4160
○ Tonhohlplatten (Hourdis) und Hohlziegel gemäß DIN 278

Deckenziegel statisch mitwirkend gemäß DIN 4159

Statisch mitwirkende Decken- und Wandziegel werden verwendet als:

○ Ziegel für Ziegeldeckendecken nach DIN 1045, Teil 100;
  DIN Kurzzeichen: ZDV und ZDT

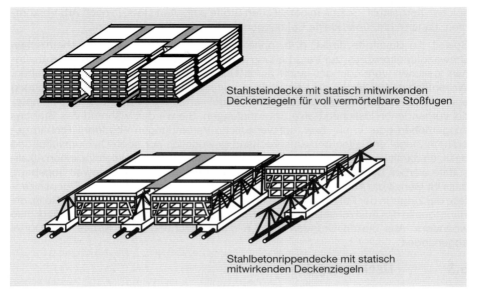

Stahlsteindecke mit statisch mitwirkenden Deckenziegeln für voll vermörtelbare Stoßfugen

Stahlbetonrippendecke mit statisch mitwirkenden Deckenziegeln

Abbildung 5.12
Konstruktionsprinzip der Ziegeldecken

○ Ziegel für Stahlbetonrippendecken mit Ortbetonrippen nach DIN 1045; DIN-Kurzzeichen: ZRV und ZRT
○ Zwischenbauteile für Stahlbetonrippendecken mit ganz oder teilweise vorgefertigten Rippen, DIN 1045; DIN-Kurzzeichen: ZZV und ZZT
○ Ziegel für Vergusstafeln nach DIN 1053, Teil 4; DIN-Kurzzeichen: ZVV und ZVT
  Außenwandziegel dürfen einen statisch nicht mitwirkenden Bereich an der Außenseite haben, der aus durchlaufenden Lochkanälen besteht.

Decken- und Wandziegel gibt es in zwei Ausführungsformen:

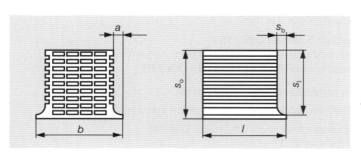

Abbildung 5.13
Deckenziegel für vollvermörtelbare Stoßfugen (Beispiel)

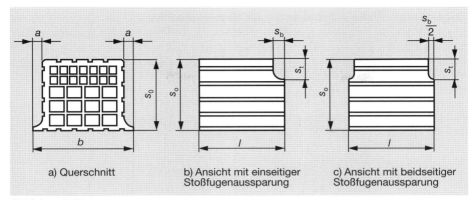

a) Querschnitt   b) Ansicht mit einseitiger Stoßfugenaussparung   c) Ansicht mit beidseitiger Stoßfugenaussparung

Abbildung 5.14
Deckenziegel für teilvermörtelbare Stoßfugen (Beispiel)

I   für **vollvermörtelbare Stoßfugen** (*Abbildung 5.13*).
DIN-Kurzzeichen: V
Vollvermörtelte Stoßfugen sind dann erforderlich, wenn die Deckenziegel zur Druckübertragung im Bereich negativer Momente herangezogen werden.

II   für **teilvermörtelbare Stoßfugen** (*Abbildung 5.14*).
DIN-Kurzzeichen: T
Bei diesen Ziegeln befinden sich die Fugenaussparungen und die Lochzone im oberen Bereich der Ziegel.

Die Stoßfugen werden mit Zementmörtel vermörtelt.

Form und Festigkeit sind abhängig von der Deckenart. Form und Anordnung der Lochung ist beliebig. Die Maße der Ziegel für voll vermörtelbare Stoßfugen für Ziegeldecken sind in der *Tabelle 5.7*, für Stahlbetonrippendecken in *Tabelle 5.8*, als Zwischenbauteile in *Tabelle 5.9* angegeben. Die Ziegel müssen an beiden Seitenflächen Rillen haben. Die Grundfläche der Ziegel muss möglichst rechtwinklig und eben sein.

Für die Ziegelrohdichte sind folgende Werte festgelegt: 0,60; 0,70; 0,80; 1,00; 1,20 und 1,40 kg/dm^3

Die Druckfestigkeitsklassen von Ziegeln für Ziegeldecken und Vergusstafeln sind in den *Tabellen 5.10* und *5.11* angegeben.

Die Ziegel dürfen keine die Festigkeit mindernden Risse oder Beschädigungen aufweisen; Frostbeständigkeit wird nicht gefordert.

Die Druckfestigkeit muss (auf jedem 30. Ziegel) durch Eindruck, dauerhaften Aufdruck oder durch folgende Farbmarkierung gekennzeichnet sein:

16,0 N/mm^2: ohne	22,5 N/mm^2: weiß	30,0 N/mm^2: grau	45,0 N/mm^2: violett

Breite	Länge	Dicke	Fußleiste	Stoßfugenaussparung Breite	Tiefe
b	l	s_o	a min.	s_b min.	s_t min.
250	166	90	25 (20[3])	40	80
	bis	115	25 (20[3])	40	105
	500	140	25 (20[3])	40	130
		165	25	40	155
		190	25	40	180
		215	25	40	205
		240	25	40	230
		265	25	50	255
		290	25	50	280
		315	25	50	305
		340	25	50	330
		365[3]	25	50	355

[1] für l > 333 mm nur bei Decken ohne Querbewehrung.
[2] Zwischengrößen sind zulässig ($s_1 = s_0 - 10$ mm).
[3] nur für Vergusstafeln

Maße in Millimeter

*Tabelle 5.7 a
Ziegelmaße für
vollvermörtelbare
Stoßfugen für
Ziegeldecken und
Vergusstafeln*

Breite	Länge	Dicke[1]	Fußleiste	Stoßfugenaussparung Breite	Tiefe	Dicke der Druckplatte
b	l	s_o	a min.	s_b min.	s_t min.	s_1 min.
250	166	115	25 (20[2])	40	45	50
	bis	140	25 (20[2])	40	50	55
	500	165	25	40	55	60
		190	25	40	60	65
		215	25	40	65	70
		240	25	40	70	75
		265	25	50	75	80
		290	25	50	80	85
		315	25	50	85	90
		340	25	50	90	95
		365[2]	25	50	90	95

[1] Zwischengrößen sind zulässig.
[2] nur für Vergusstafeln

Maße in Millimeter

*Tabelle 5.7 b
Ziegelmaße für
teilvermörtelbare
Stoßfugen für
Ziegeldecken und
Vergusstafeln*

Breite	Länge	Dicke[1]	Breite der Fußleiste		Stoßfugenaussparung		Dicke der Druckplatte
					Breite	Tiefe	
b	l	s_o	a		s_b min.	s_t min.	s_1 min.
			bei b = 250 und 333 min.	bei b = 500 und 625 min.			
250	166	115	25	35	40	45	50
333	bis	140	25	35	40	50	55
500	500	165	25	35	40	55	60
625		190	25	35	40	60	65
		215	30	40	40	65	70
		240	30	40	40	70	75
		265	30	40	50	75	80
		290	35	40	50	80	85
		315	35	40	50	85	90
		340	35	40	50	90	95

Anmerkung: Bei Ziegeln, die zur Druckübertragung im Bereich negativer Momente herangezogen werden, muss die Tiefe der Stoßfugenaussparung $s_t = s_0 - 10$ mm nach Tabelle 1 betragen.

Maße in Millimeter

[1] Zwischengrößen sind zulässig.

Tabelle 5.8
Maße der Ziegel für Stahlbetonrippendecken

Tabelle 5.9
Maße von Ziegeln als Zwischenbauteile

Vorzugswerte für Rippenachsabstände [1][2]	Länge	Dicke[1]	Auflagertiefe auf vorgefertigten Rippen	Stoßfugenaussparung		Dicke der Druckplatte
	l	s_o	c min.	Breite s_b min.	Tiefe s_t min.	s_1 min.
333	166	115	25	40	45	50
500	bis	140	25	40	50	55
625	500	165	25	40	55	60
750		190	25	40	60	65
		215	25	40	65	70
		240	25	40	70	75
		265	25	50	75	80
		290	25	50	80	85
		315	25	50	85	90
		340	25	50	90	95

[1] Die Breite eines Zwischenbauteils ergibt sich aus dem Rippenachsabstand unter Berücksichtigung der Ausbildung der ganz oder teilweise vorgefertigten Rippen.
[2] Zwischengrößen sind zulässig.

Maße in Millimeter

Druckfestig-keitsklasse	Druckfestigkeit [N/mm²]		Nennfestigkeit der Ziegelfestigkeitsklasse [N/mm²]
	kleinster Einzelwert	Mittel-wert	Neue Prüfkriterien f_k
16	16,0	20,0	16,0
18	18,0	22,5	18,0
20	20,0	25,0	20,0
24	24,0	30,0	24,0
28	28,0	35,0	28,0
30	30,0	37,5	30,0
36	36,0	45,0	36,0

Tabelle 5.10
Druckfestigkeit von Ziegeln für Ziegeldecken

Wenn die Ziegel im Herstellwerk zu Fertigteilen verarbeitet werden, kann auf die Kennzeichnung verzichtet werden.

Deckenziegel statisch nicht mitwirkend gemäß DIN 4160

Die Norm unterscheidet für 4 unterschiedliche Einsatzbereiche folgende Formen (*Abbildung 5.15*)

Form A: Ziegel für Stahlbetonrippendecken mit Ortbetonrippen

Form B: Zwischenbauteile für Stahlbetonrippendecken mit ganz oder teilweise vorgefertigten Rippen

Form C: Ziegel für Balkendecken mit Ortbetonrippen

Form D: Zwischenbauteile für Balkendecken mit ganz oder teilweise vorgefertigten Rippen.

Die Dicke der Wandungen und Stege sowie die Größe und Form der Löcher ist dem Hersteller überlassen. Frostbeständigkeit wird nicht gefordert. Bei Stahlbetonrippendecken dienen die eingebauten Deckenziegel nur als Schalkörper, sie wirken statisch nicht mit. Die Ziegelrohdichten sind festgelegt mit 0,60; 0,80; 0,90; 1,00 und 1,20 kg/dm³; wegen der Beanspruchung beim Einbau wird von Deckenziegeln und Zwischenbauteilen bei der Biegeprüfung mit einer mittigen Last unabhängig von ihrer Breite in Abhängigkeit von der Länge eine Bruchlast von $F = 12 \cdot L$ (F in N, L in mm) gefordert.

Druckfestig-keitsklasse	Druckfestigkeit [N/mm²]	
	Mittel-wert	kleinster Einzelwert
6	7,5	6
8	10,0	8
12	15,0	12
18	22,5	18
24	30,0	24
30	37,5	30
36	45,0	36

Tabelle 5.11
Druckfestigkeit von Ziegeln für Vergusstafeln

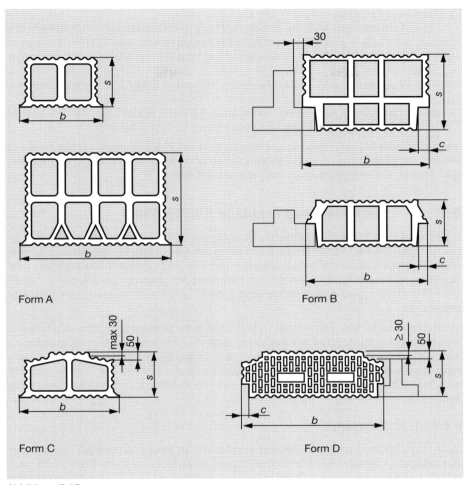

Abbildung 5.15
Formen von statisch nicht mitwirkenden Deckenziegeln

Tonhohlplatten (Hourdis) **und Hohlziegel** gemäß DIN 278

Tonhohlplatten und Hohlziegel sind dünnwandige Hohlkörper (Lochziegelplatten) die verwendet werden als:

○ Tonhohlplatten als lastabtragende Deckenbauteile zwischen Deckenträgern aus Stahl, Stahlbeton, Spannbeton oder Holz (HD)

○ Hohlziegel für vorgefertigte Wandtafeln
I für Verbundtafeln (HV), sie haben rechteckigen Querschnitt mit Profilierungen an den Außenseiten. Sie werden mit Rohdichten von 0,5; 1,0 und 1,2 kg/dm³ und Druckfestigkeiten in Richtung der Lochkanäle von 6,0 bis 38 N/mm² gefertigt.
II für Wandtafeln (HW), Rohdichten 0,8; 1,0 und 1,2 kg/dm³, Druckfestigkeiten 6,0 bis 18 N/mm².
○ als Langlochziegel für leichte Trennwände (HT), mit Rohdichten von 0,8 und 1,0 kg/dm³ und Druckfestigkeiten in Lochrichtung von ≥ 2,5 N/mm².

Tonhohlplatten müssen mindestens 12 M.-% Wasser aufnehmen; ein Nachweis für Frostbeständigkeit wird nur für Tonhohlplatten und Hohlziegel verlangt, die im Freien der direkten Feuchtigkeitseinwirkung ausgesetzt sind.

5.4 Dachziegel und Formteile (DIN EN 1304)

Dachziegel sind flächige keramische Bauteile zur überlappenden Verlegung auf geneigten Dachflächen sowie für die Bekleidung von Fassaden. Sie werden aus tonigen Massen – gegebenenfalls mit Zusätzen – geformt und gebrannt. Dachziegel unterscheiden sich nach Art der Herstellung, Form und Abmessung. Sie werden in natürlicher Brennfarbe (gelb-rot), durchgehend gefärbt, engobiert, glasiert oder gedämpft hergestellt.

Mindestens 50 % aller Dachziegel müssen mit einer unauslöschlichen und lesbaren Kennzeichnung mit Angabe von Hersteller und/oder Produkttyp, Herkunftsland sowie Jahr und Monat der Fabrikation versehen sein. In den Begleitdokumenten einer Lieferung muss außerdem die erreichte Anforderungsstufe 1 oder 2 der Wasserundurchlässigkeit und die bestandene Prüfung auf Frostwiderstandsfähigkeit bescheinigt sein.

5.4.1 Ziegelarten

Dachziegel werden nach der Art der Herstellung in **Pressdachziegel** und **Strangdachziegel** unterteilt. Pressdachziegel haben einen oder mehrere Kopf-, Fuß- und/oder Seitenfalze oder sind konisch geformt ohne Verfalzung (z. B. Mönch und Nonne); Strangdachziegel werden ohne oder mit Seitenverfalzung hergestellt. (Beispiele siehe *Abbildung 5.16 und 5.17*).

Die wichtigsten Dachziegelarten sind:

Dachziegel ohne Verfalzung

○ *Flachziegel (Biberschwanzziegel)*
flacher Pressdachziegel mit verschiedenem Schnitt am Schwanzende (oft Segmentschnitt)

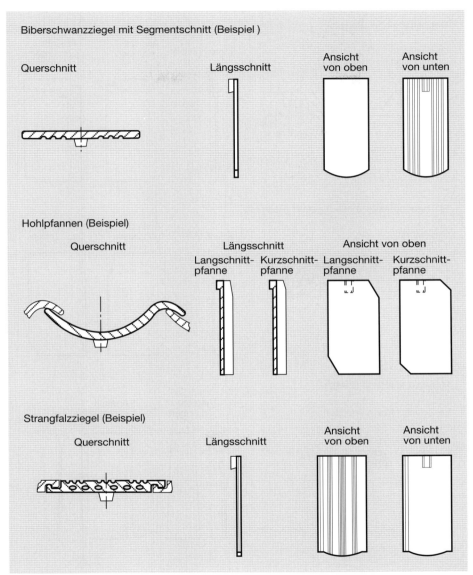

Abbildung 5.16
Strangdachziegel (Beispiele)

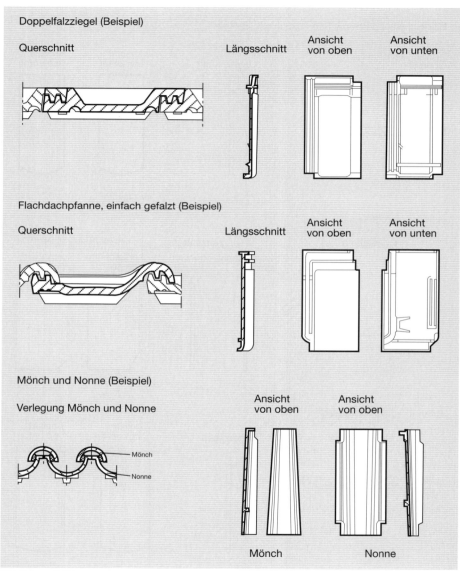

Doppelfalzziegel (Beispiel)

Querschnitt   Längsschnitt   Ansicht von oben   Ansicht von unten

Flachdachpfanne, einfach gefalzt (Beispiel)

Querschnitt   Längsschnitt   Ansicht von oben   Ansicht von unten

Mönch und Nonne (Beispiel)

Verlegung Mönch und Nonne   Ansicht von oben   Ansicht von oben

Mönch

Nonne

Mönch   Nonne

Abbildung 5.17
Preßdachziegel (Beispiele)

○ *Hohlpfanne*
wegen Wölbung auch S-Pfanne, Kurz- und Langschnittpfanne,
gewölbte Strangdachziegel
○ *Krempziegel*
plattenförmiger Pressdachziegel, mit einseitig (in Längsrichtung schräg bzw.
konisch verlaufender) übergreifender Krempe
○ *Mönch und Nonne (Klosterziegel)*
zwei konisch geformte Hohlziegel; der Nonnenziegel ist größer.
Die stark profilierten Dachflächen sind für raues Feuchtklima weniger geeignet.

Dachziegel mit Verfalzung

○ mit Seitenverfalzung
Strangfalzziegel
flache Strangdachziegel mit einem einfachen Seitenfalz;
bei der Deckung entsteht an der Seite eine nach oben gerichtete Deckfuge.
○ mit einfacher Seiten-, Kopf- und Fußverfalzung (Ringverfalzung)
Muldenfalzziegel
(Falzziegel) mit zwei Längsmulden und Mittelrippe in der Sichtfläche
(Decken im Verband)
Doppelfalzziegel
(Reformfalzziegel) wie Muldenfalzziegel flache Mulde auf der Oberseite,
ohne Mittelrippe
Falzpfanne
Sichtfläche aus gewölbter Mulde, jedoch Falze mit zur Seite gerichteter Deckfuge
○ mit mehrfacher Seiten-, Kopf- und Fußverfalzung
Flachdachpfanne
besonders wirksame, sorgfältig ausgebildete Falze mit zur Seite
gerichteter Deckfuge wie Falzpfanne, jedoch ebene Mittelfläche.

Im z.Zt. vorliegenden Entwurf der DIN EN 1304 sind zusätzlich noch sogenannte
Verschiebeziegel aufgenommen

○ Ziegel mit variabler Decklänge
bei denen das Design des Ziegels ein Spiel in der Decklänge ermöglicht
○ Ziegel mit variabler Deckbreite
seitenverfalzte Ziegel, bei denen die Form der Verfalzung ein Spiel in der Decklänge ermöglicht

Formziegel sind Ergänzungsziegel zum Erzielen einer geschlossenen funktionsfähi-
gen Dachfläche mit allen Anschlüssen, Übergängen und Abschlüssen. Diese Formziegel sind nicht genormt, sie werden vom Hersteller nach eigener Wahl ausgeführt. Es
handelt sich z. B. um: First- und Gratziegel mit Anfangs- und Endstück, Kehlziegel,
Windbordziegel, Ortgangziegel, First- und Wandanschlussziegel, Be- und Entlüf-
tungsziegel, Ziegel mit Durchlässen für Dunstrohr und Antenne, usw.

5.4.2   Anforderungen

Die Oberfläche soll rissfrei sein, Glasur oder Engobe müssen wetterfest und fest mit der Grundmasse verbunden (möglichst angesintert) sein; außerdem müssen sie denselben Ausdehnungskoeffizienten wie der Scherben haben, sonst entstehen Schwindrisse (Kapillarwirkung, Frostschäden). Dachziegel müssen wasserundurchlässig, wetter- und frostbeständig sein. Als wasserdicht gilt ein Ziegel, wenn bei Prüfung gem. DIN EN 539-1 bei Anforderungsstufe 1 der Wasserdurchtritt $\leq 0,5$ cm^3/(cm$^2 \cdot d$) ist. Ziegel der Anforderungsstufe 2 mit einem Wasserdurchtritt von $\leq 0,8$ cm^3/(cm$^2 \cdot d$) erfordern die Anordnung eines wasserdichten Unterdaches. Die Prüfung der Frostbeständigkeit erfolgt in Deutschland nach der DIN EN 359-2, Verfahren B. Dachziegel müssen beim Anschlagen hell klingen und möglichst frei von ausblüh-fähigen Salzen sein. Diese würden herausgelöst und dadurch den Ziegel durchlässig machen. Anforderungen hinsichtlich der Farbe sind vor der Lieferung zu vereinbaren! Bei manchen Dachziegeln kann es in der ersten Zeit nach der Verlegung durch vorübergehende Ausblühungen zur Ausbildung weißer, im allgemeinen sehr schwacher Schleier kommen. Sie haben keinerlei Auswirkungen auf die funktionellen Eigenschaften und verschwinden unter der Wirkung der atmosphärischen Niederschläge verschwinden recht schnell wieder. Farbnuancen in ein- und demselben Los sind zulässig, sofern typisch und absichtlich aus ästhetischen Gründen hervorgerufen.

Die Dachziegel dürfen keine Fabrikationsfehler, die das gute Zusammenfügen der Ziegel untereinander beeinträchtigen, noch Strukturfehler aufweisen, die dem Gesamteindruck der Dacheindeckung abträglich sind, wie z.B. Blasen, Krater, Absplitterungen Brüche, Sprünge oder Risse oder Verlust der Aufhängenase.

Dachziegel haben – bedingt durch verschiedene Modelle – unterschiedliche Abmessungen oder Deckmaße. Die DIN legt daher keine Abmessungen fest. Die kennzeichnenden Maße werden vom Hersteller angegeben – für verfalzte Ziegel Deckmaße, bei nicht verfalzten Ziegeln Breiten- und Längenmaße.

Die mechanische Festigkeit wird durch die Biegetragfähigkeit nach DIN EN 538 geprüft (siehe *Tabelle 5.12*).

Die Anforderungen gelten als erfüllt, wenn die Ziegel folgende Mindestlasten ohne zu Bruch zu gehen aushalten:

Ziegelart	Mindestlast [N]
Flachziegel (Biberschwanzziegel)	600
Falzziegel mit ebener Sichtfläche	900
Mönch- und Nonnenziegel	1.000
Alle übrigen Ziegel	1.200

Tabelle 5.12
Biegetragfähigkeit
von Dachziegeln

5.4.3 Anwendung

Die Verwendung bestimmter Dachziegelarten ist an eine Mindestdachneigung gebunden. Dazu ist zu beachten: örtliches Klima (Niederschlagsmengen), Lage von Dachfläche und Gebäude, Dachform und -konstruktion. Als Regeldachneigung (*Tabelle 5.13*) wird die untere Dachneigungsgrenze verstanden, bei der sich eine Dachdeckung in der Praxis als ausreichend regensicher erwiesen hat. Sturmsicherheit kann nicht verlangt werden.

Die Unterschreitung der Regeldachneigung um mehr als 16 % setzt die Anordnung zusätzlicher Maßnahmen voraus. Bei Unterschreitung um mehr als 6° muss ein Unterdach angeordnet werden und die Zustimmung des Ziegelwerkes eingeholt werden. Durch Anordnung einer Unterkonstruktion (Unterdach, Unterdeckung, Spannbahn, o.ä.) wird die Sicherheit gegen Flugschnee, Staub und Sturm erhöht.

Dachziegelart	Dachneigung
Flachdachpfannen	≥ 22°
Falzziegel	≥ 30°
Falzpfannen	
Reformpfannen	
Hohlpfannen	≥ 30°
Biberschwanzziegel	≥ 30°
Krempziegel	≥ 35°
Strangfalzziegel	
Mönch/Nonne	≥ 40°

Tabelle 5.13
Mindestdachneigungen bei
Ziegeleindeckung [5.1]

5.5 Fliesen und Platten

Keramische Fliesen und Platten sind dünnplattige Baustoffe für Bodenbeläge und Wandbekleidungen, die aus einer Mischung von Tonen, Kaolin, feingemahlenem Quarzsand, Farbstoffen und anderen mineralischen Rohstoffen mit einer Korngröße < 0,1 mm mit Wasser aufbereitet, unter hohem Druck ausgeformt und nach sorgfältigem Trocknen bei hohen Temperaturen gebrannt werden.

Die Produkte werden nach dem Herstellungsverfahren und der Wasseraufnahme des Scherbens in Gruppen eingeteilt (*siehe Tabelle 5.14*). Die Gruppen geben jedoch keine Hinweise auf den Verwendungszweck der Fliesen und Platten.

5.5.1 Stranggepresste Platten

Stranggepresste Platten werden hergestellt als Spaltplatten oder als einzeln gezogene Platten (Quarry tiles). Als Ergänzung werden diverse Spaltplatten-Formteile (Hohlkehlen, Kehlsockel, Schenkel, Formstücke für Schwimmbecken, etc.) hergestellt.

Keramische Spaltplatten sind witterungs- und korrosionsbeständige Bauteile von hoher Festigkeit für Wand- und Bodenbeläge insbesondere im Fassaden-, Schwimmbad- und Behälterbau. Die Ausgangsmischung wird in plastischem Zustand vorzugsweise zu Doppelplatten stranggepresst, getrocknet und gebrannt. Nach dem Brennen

Formgebung	Gruppe I $E \leq 3\%$	Gruppe II_a^1 $3\% < E \leq 6\%$	Gruppe II_b^1 $6\% < E \leq 10\%$	Gruppe III $E > 10\%$
A stranggepresste Fliesen und Platten	Gruppe AI	Gruppe AII_{a-1}^1 Gruppe AII_{a-2}^1	Gruppe AII_{b-1}^1 Gruppe AII_{b-2}^1	Gruppe AIII
B trockengepresste Fliesen und Platten	Gruppe BI_a $E \leq 0,5\%$ Gruppe BI_b $0,5\% < E \leq 3\%$	Gruppe BII_a	Gruppe BII_b	Gruppe $BIII^2$
C nach anderen Verfahren hergestellteFliesen und Platten	Gruppe CI^3	Gruppe CII_a^3	Gruppe CII_b^3	Gruppe $CIII^3$

[1] Gruppen AII_a und AII_b werden in zwei Teile (Teile 1 und 2) mit verschiedenen Produktanforderungen unterteilt

[2] Gruppe BIII trifft ausschließlich für glasierte Fliesen und Platten zu. Es gibt eine geringe Anzahl trockengepresster unglasierter Fliesen und Platten, die mit einer Wasseraufnahme über 10% hergestellt werden, für die diese Produktgruppe nicht zutrifft.

[3] Nach anderen Verfahren hergestellte Fliesen und Platten (C) werden in dieser europäischen Norm nicht behandelt.

Tabelle 5.14
Klassifizierung der keramischen Fliesen und Platten nach ihren Gruppen der Wasseraufnahme und ihrer Formgebung nach DIN EN 14 411

werden die Doppelplatten in Einzelplatten gespalten. Die sich ergebenden, in der Regel schwalbenschwanzförmigen Stege auf der Rückseite ermöglichen eine sichere Haftverbindung.

Spaltplatten werden in verschiedenen Abmessungen, Formen, Oberflächenge-staltungen und Farben unglasiert (UGL), teilglasiert und glasiert (GL) hergestellt. Der Scherben ist gesintert, hat aber eine etwas höhere Porosität als Steinzeug. Frost-beständigkeit wird generell nur für stranggepresste Platten der Gruppe A I gefordert, für die Gruppen A II a, A II b und A III muss diese im Bedarfsfall gesondert vereinbart werden. Platten der Gruppe A III sind generell nicht für Anwendungsbereiche be-stimmt, wo Frost auftreten kann. Spaltplatten müssen temperaturwechselbeständig, säure- und laugenbeständig sein (außer gegen Flusssäure); die Farben müssen licht-echt sein. Die Ansichtsfläche muss frei von Scherbenrissen, Glasurrissen (Haarrissen) und Blasen sein. Spaltplatten mit Glasuren, die zum Entstehen von Haarrissen neigen, sind vom Hersteller zu kennzeichnen.

Einzeln gezogene Platten erhalten ihre Form durch Abschneiden von einem einzeln gezogenen Strang. Sie werden vielfach nachgepresst.

5.5.2 Trocken gepresste Fliesen und Platten

Es handelt sich um feinkeramische Produkte, die aus pulverförmiger und feinkörniger Masse unter hohem Druck in Formen gepresst werden. Sie können glasiert, teilglasiert oder unglasiert sein, die Oberfläche der unglasierten Produkte kann glatt, geraut oder profiliert sein.

Fliesen und Platten mit niedriger Wasseraufnahme sind gekennzeichnet durch einen feinkörnigen, kristallinen, durchgesinterten Scherben mit höchstens 3 M.-% Wasseraufnahme, hoher Festigkeit, Frostbeständigkeit und chemischer Widerstandsfähigkeit. Vollkommen dicht gesinterte Fliesen weisen eine Wasseraufnahme $\leq$ 0,5 M.-% auf. Für unglasierte Fliesen und Platten mit heller Scherbenfarbe, die gewöhnlich auf der Basis weißer Rohstoffmassen hergestellt werden, beträgt die Wasseraufnahme in der Regel weniger als 1,5 M.-%.

Sie sind geeignet zur Herstellung von feuchtigkeitsbeständigen, wasserabweisenden und gegen mechanische und chemische Beanspruchungen widerstandsfähigen sowie witterungs- und frostbeständigen Belägen im Innen- und Außenbereich von Bauten und Behälterauskleidungen. Diese sogenannten *Steinzeugfliesen* (STZ) (unglasiert: STZ – UGL, glasiert: STZ – GL) werden entsprechend der DIN EN 87 der Gruppe B I zugeordnet.

Fliesen und Platten der Gruppen B II a und B II b sind geeignet für Wand- und Bodenbeläge im Innen- und Außenbereich von Bauten. Wird Frostbeständigkeit gefordert, muss diese gesondert vereinbart werden.

Fliesen und Platten mit hoher Wasseraufnahme sind gekennzeichnet durch einen feinkörnigen Scherben mit einer Wasseraufnahme von mehr als 10 M.-% (durch Brennen unterhalb der Sintergrenze enthält der Scherben ein Porenvolumen von bis zu 30 Vol.-%). Auf diesen, im ersten Brand (Biskuitbrand) hergestellten porösen Scherben, bei dem keine Sinterung erfolgt ist, wird eine Glasurmasse aufgetragen, die in einem zweiten Brand (Glattbrand) zum Schmelzen gebracht wird.

Glasierte feinkeramische Fliesen mit hoher Wasseraufnahme sind geeignet zur Herstellung von hygienischen, feuchtigkeitsbeständigen, widerstandsfähigen, leicht zu reinigenden und zu desinfizierenden Belägen. Da sie nicht frostbeständig sind, dürfen sie nur im Innenbereich von Bauten als Wand- oder Bodenbelag eingesetzt werden, in Bereichen, die keinen schweren mechanischen Belastungen ausgesetzt sind. Diese Fliesen bezeichnet man bei weißem oder leicht getöntem Scherben als *Steingutfliesen* (STG), bei farbigem Scherben als *Irdengutfliesen* (IG); sie sind entsprechend der DIN EN 87 der Gruppe B III zuzuordnen.

Bodenklinkerplatten nach DIN 18 158 werden als unglasierte Bodenbeläge im gewerblichen Bereich sowie im Wohnbereich für Balkon- und Terassenbeläge verwendet. Die Platten müssen abriebfest und frostwiderstandsfähig sein sowie eine Biegefestigkeit von $\geq$ 20 N/mm^2 aufweisen. Für besondere Einsatzfälle wird zusätzlich eine Druckfestigkeit von $\geq$ 150 N/mm^2 sowie gegebenenfalls Chemikalienbeständigkeit gefordert.

5.5.3   Anwendung und Verlegung von Fliesen und Platten

Bei waagerechten Flächen (Fußböden) spricht man von *Verlegen*, bei senkrechten Flächen (Wänden) von *Ansetzen*.

Als **Wandbelag** können alle Fliesenarten eingesetzt werden. Meistens wählt man Steingutfliesen mit Glasuren. Die Wandfliesen dürfen beim Versetzen weder zu nass noch zu trocken sein; sie enthalten die richtige Wassermenge, wenn sie mehrere Stunden ins Wasser gelegt und etwa 1 Stunde vor dem Ansetzen wieder zum Abtropfen herausgeholt werden. *Frostsichere Wandfliesen mit gesintertem Scherben dürfen nicht getaucht werden.*

Die Auswahl des **Bodenbelags** richtet sich nach der Beanspruchungsart (Wohnbereich oder gewerblicher Bereich). Bei höheren Beanspruchungen sind im allgemeinen nur Steinzeugfliesen oder Spaltplatten zu verwenden. Boden- oder Steinzeugfliesen sind so dicht gesintert, dass sie wenig Wasser aufnehmen; sie bestehen aus einem nicht mehr saugenden, feinkörnigen Scherben, können mit oder ohne Glasur verwendet werden; bei glasierten Fliesen Verschleißbeanspruchung beachten; durch neuentwickelte Hartglasuren mit einer Ritzhärte nach Mohs von 8 lassen sich erheblich höhere Verschleißfestigkeiten erreichen. Bei Verlegung in Arbeitsräumen, Barfußbereichen von Schwimmbadanlagen und Sportstätten Trittsicherheit beachten, gegebenenfalls Fliesen mit profilierter Oberfläche verwenden.

Ansetzen sowie Verlegen von Fliesen und Platten können sowohl in dem herkömmlichen Mörtelbett-(Dickbett-)verfahren, als auch in dem modernen Dünnbettverfahren erfolgen.

Dickbett-Verfahren

Beim Verlegen von Bodenfliesen muss der Untergrund fest sein und von Sand und sonstigen Mörtelresten gut gesäubert und angenässt werden. Bei stark saugendem Untergrund ist es erforderlich, einen Spritzbewurf aus Zementmörtel 1:3 aufzubringen. Die Verlegung erfolgt in einem plastischen Zementmörtel 1:5, dessen Dicke nicht größer als 20 mm sein soll. Die maximale Sandkorngröße soll 3 mm nicht überschreiten. Zum Ansetzen glasierter Fliesen darf kein Mörtel verwendet werden, in dem Sulfide enthalten sind, weil sonst sehr leicht hässliche Verfärbungen auftreten können (Glasur oft bleihaltig, Bildung von schwarzem Bleisulfid). Hochofenzement und Schlackensande sind deshalb nicht zu verwenden. Fugen mit Zementbrei ausfüllen. Nach dem Verlegen den Boden reinigen und mit Nadelholzsägemehl abreiben.

Dünnbett-Verfahren

Hydraulische Dünnbett-Mörtel bestehen aus Zement und Sand zu etwa gleichen Teilen und 1 bis 2 M.-% Kunststoffzusatz, der den frischen Mörtel geschmeidiger macht und vorzeitiges Austrocknen verhindert. Das Dünnbett hat nur eine Dicke von 2 bis 4 mm, so dass ein ebener Untergrund vorhanden sein muss sowie ebenflächige

Platten von gleichmäßiger Dicke. Die Art des Mörtels muss sich nach der Art des Untergrundes richten. Der Dünnbettmörtel wird mit einem Kammspachtel auf den Untergrund (Boden- oder Wandfläche) oder auf die Rückseite der Fliesen aufgetragen. Durch Anpressen, Anklopfen oder Zurechtschieben werden die Fliesen unter Druck mit dem Untergrund fest verbunden.

Neben den hydraulischen Mörteln haben sich in den letzten Jahren für die Dünnbett-methode mit mineralischen Stoffen gefüllte Kunstharze, sogenannte Reaktionsharz-Kleber, gut bewährt. Kleber auf der Basis Epoxidharz sind frost- und wasserbeständig, Kleber auf Polyurethanbasis sind elastischer, aber nicht in allen Fällen frost- und wasserbeständig. Auch Dispersionskleber können eingesetzt werden; da diese jedoch nicht frost- und wasserbeständig sind, ist ihr Einsatz nur im Innenbereich zulässig.

5.6 Sonstige keramische Erzeugnisse

5.6.1 Schornsteinziegel

Radialziegel für freistehende Schornsteine sind nach DIN 1057 genormt. Die jeweiligen für die verschiedenen Schornsteinhalbmesser geeigneten Formate werden in drei unterschiedlichen, durch entsprechende Kerbung gekennzeichneten Größen herge-stellt. Die Ziegel müssen frostbeständig sein. Sie werden als Vollziegel mit oder ohne Lochung mit einer Druckfestigkeit von $\geq 12\ \text{N/mm}^2$ und einer Rohdichte von $\geq 1,8\ \text{kg/dm}^3$ hergestellt. Ansonsten müssen sie die für Mauerziegel in DIN 105 festgelegten Eigenschaften aufweisen.

5.6.2 Kanalklinker

Kanalklinker (DIN 4051) werden bei der Herstellung von Abwasserschächten und -kanälen verwendet. Sie werden im allgemeinen ungelocht hergestellt (Lochung bis zu 10 % der Lagerfläche ist zugelassen). Kanalklinker werden in folgenden Formen hergestellt:

○ Kanalklinker Normalformat (NF K) – allseitig rechteckig
○ Kanalkeilklinker A für Kopfgewölbe
○ Kanalkeilklinker B für Sohlgewölbe
○ Kanalschachtklinker C

Durch die Verwendung der Keilklinker ist es auch möglich, eiförmige Profile ohne klaffende Fugen zu mauern.

Die Scherbenrohdichte der Kanalklinker muss $\geq 1,9\ \text{kg/dm}^3$, die Wasseraufnahme $\leq 6\ \text{M.-\%}$ und die Druckfestigkeit $\geq 45\ \text{N/mm}^2$ betragen. Sie müssen widerstandsfähig gegen Verschleiß, säure- und frostbeständig sein.

5.6.3   Riemchen

Riemchen oder Sparverblender (regional unterschiedliche Bezeichnung) sind Bezeichnungen für längs geteilte (gespaltene) Vormauerziegel und Klinker im Dünnformat
DF, seltener im Normalformat NF. Schon aus Gründen der Spaltbarkeit sind es in der
Regel Hochlochziegel bzw. -klinker. Es gibt aber auch geformte Riemchen (*Abbildung
5.18*).

Die Benennung Riemchen oder Sparverblender lässt nicht erkennen, dass es sich um
gebrannte Ziegeleierzeugnisse handelt, insbesondere nicht, ob es sich um Material
mit dichtem oder porösem Scherben handelt. Deshalb ist es zweckmäßiger von
Ziegelriemchen und **Klinkerriemchen** zu sprechen (für letztere hat sich auch der
Name Sparklinker eingebürgert).

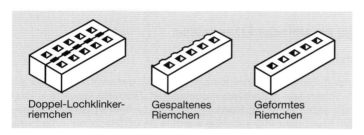

Doppel-Lochklinker-   Gespaltenes   Geformtes   *Abbildung 5.18*
riemchen   Riemchen   Riemchen   *Riemchen oder*
                                                            Sparverblender

In der Form unterscheiden sich Ziegel- und Klinkerriemchen von den keramischen
Spaltplatten durch eine größere Dicke, die im Regelfall bei ca. 5,5 cm (etwa die Hälfte
von 11,5 cm) liegt, während die Maximaldicke der Spaltplatten 3 cm beträgt.

Üblicherweise genügen Ziegel- und Klinkerriemchen den Güteanforderungen der
DIN 105-Mauerziegel. Es sind aber auch Riemchen auf dem Markt, die den Güteanforderungen der DIN 18 166 – Keramische Spaltplatten – entsprechen. Bei Auswahl
und Bestellung ist deshalb auf die Bezugsnorm hinzuweisen.

5.6.4   Dränrohre

sind runde Rohre (DIN 1180), unglasiert, ohne Muffen aus kalk- und mergelfreiem Ton
auf Strangpressen geformt. Mindestlängen 333 mm, Nennweiten von 40 bis 300 mm.
Verwendung für Entwässerung von Wiesen, Mooren und anderem.

5.6.5   Kabelschutzhauben

sind Halbrohre (DIN 279) mit hufeisenförmigem Querschnitt, die aus hochwertigem
Ton scharf gebrannt werden.

5.6.6 Drahtziegelgewebe

sind Drahtnetze (ca. 2 cm Maschenweite) mit aufgepressten kreuzförmigen, durch Brennen verfestigten Tonkörperchen. Im Handel als Pliesterstreifen, Bahnen von 5 m x 1 m und Geweberahmen. Putzträger für feuerbeständige Ummantelung von Holz und Stahl, Decken, Treppenuntersichten, Trennwänden usw.

5.6.7 Feuerbeständige Steine

haben einen höheren Schmelzpunkt als Mauerziegel und dienen deshalb zum Ausmauern von Feuerungen.

Schamottesteine

Aus feuerbeständigem Ton mit Zusatz von Schamottemehl, d. h. gemahlenem, gebranntem, gleichartigem Ton, bei hoher Temperatur gebrannt. Rost-, Ofen-, Futtersteine und Unterlagplatten für Wärmeröhren dienen zum Ausbau von Öfen und Herden. Die weichen, porigen Sorten sind feuerbeständiger, aber weniger säurebeständig als die festen, dichten. Hochfeuerbeständige Quarzschamottesteine enthalten außerdem Quarzmehl. Durch Erhöhung des Tonerdegehaltes [Al_2O_3] lässt sich die Erweichungstemperatur heraufsetzen. Tonerdereiche *Sillimanitsteine* erweichen erst bei 1850 °C. Die besonders SiO_2-reichen *Silica-* und *Dinassteine*, aus Quarzsand oder zerkleinertem Quarzsandstein mit Quarzmehl und wenig Ton gebrannt, beginnen > 1350 °C zu erweichen und > 1650 °C zu schmelzen; sie sind außerdem wegen des Kieselsäuregehaltes säurefest.

Magnesitsteine. Aus Magnesit [$MgCO_3$], der bei 1500 °C bis zur Sinterung gebrannt wird. Hochfeuerbeständig. Zum Ausfüttern von Schmelzöfen und dergleichen.

5.6.8 Steinzeugrohre, -formstücke

Die Herstellung aus Steinzeugtonen erfolgt in einem Brennprozess, der bis zur Sinterung geführt wird. Das Material zeichnet sich aus durch extreme Widerstandsfähigkeit gegen chemische Aggression, hohe Festigkeit und Dichtheit. Die durch Zugabe von Flussmitteln aufgebrachte Spat- oder Salzglasur ist eine Oberflächenvergütung, durch die die hydraulische Leistung und die Verschleißfestigkeit noch gesteigert werden.

Es werden hergestellt: Steinzeug für die Kanalisation gemäß DIN EN 295 und DIN 1230 (Rohre, Formstücke, Sohlschalen und Platten zum Auskleiden von Betonkanälen), Futtertröge, Rinnen und Schalen nach DIN 18 902 für die Landwirtschaft, kunstgewerbliche und Gebrauchsartikel (Krüge usw.).

Steinzeugrohre und Formstücke für die Kanalisation werden meist als Muffenrohre verwendet. Anstelle der Regelausführung (N = Normalwanddicke) und verstärkter Ausführung (V) sind in der neuen Norm Normallast- (N) und Hochlastreihe (H) mit den Tragfähigkeitsklassen leichte Klasse und Tragfähigkeitsklasse 95 bis 240 festgelegt. Die Nennweiten DN liegen zwischen 100 mm und 1000 mm und darüber. Abmessungen, Maße usw. sind in der DIN EN 295, Teil 1 und DIN 1230, Teil 1 genormt. Die Baulängen staffeln sich in Abhängigkeit von den Nennweiten.

Die Rohrleitungen müssen außer der Dichtheit eine ausreichende Elastizität aufweisen, um eine elastische (biegsame) Verlegung und Verformung im Gebrauch zu ermöglichen. Die Wasserdichtheit muss auch bei gleichzeitiger Einwirkung von Scherkräften in der Rohrverbindung sichergestellt sein. Zur Erhöhung der Sicherheit werden die Rohre deshalb werkseitig mit fest mit der Muffe verbundenen Dichtelementen aus Kunststoff hergestellt (lose Dichtelemente sollen nicht mehr verwendet werden); als Dichtungsmaterialien kommen Polyester, Polyether-Polyurethan und Hartpolyurethan sowie für Dichtmittel Elastomere zur Anwendung, die ausreichende chemische, Temperaturwechsel- und Alterungsbeständigkeit aufweisen müssen.

Rohre mit Steckmuffe K – ab DN 200 – (*Abbildung 5.19*) enthalten zwei Dichtelemente, die am Spitz-ende des Rohres und in der Muffe eingebaut werden. Das Dichtelement in der Muffe besteht aus starrem Ausgleichsmaterial (S), das am Spitzende aus elastischem Dicht- und Ausgleichsmaterial (E).

Für Rohre und Formstücke mit glatten Enden gemäß DIN 1230, Teil 6, werden zur Verbindung Steck- (ST) oder Spannkupplungen (SP) verwendet (*Abbildung 5.20*). Die Verbindung der Bauteile wird durch Zusammenstecken, bei den Spannkupplungen durch anschließendes Spannen hergestellt. Die hierbei entstehende Verformung (Verpressung) der Dichtprofile bewirkt die Dichtung.

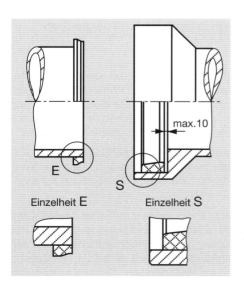

Abbildung 5.19
Steinzeugrohre mit Steckmuffe K

Abbildung 5.20
Steinzeugrohre mit glatten Enden
(Beispiel Steckkupplung)

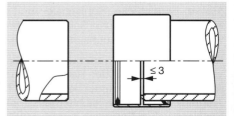

Für Rohre der Hausentwässerung (bis DN 200) wird die Steckmuffe (L) als Lippendichtung schon im Werk in die Muffe fest eingebaut.

Außer den Rohren sind in der DIN 1230 Formstücke und die zugehörigen Anschlussverbindungen genormt, wie z. B. Bögen mit 15°, 30°, 45° und 90°, Abzweigrohre mit 45° und 90°, Übergangsrohre und sonstige Teile.

5.6.9 Pflasterziegel

Bei den Pflasterziegeln nach dieser Norm handelt es sich um rechtwinklig und nicht rechtwinklig geformte Pflasterziegel, die als Bauprodukte vorwiegend in Außenbereichen angewendet werden, die aber auch in Innenbereichen verwendet werden können. Die ungebundene Verlegungsform (mit schmalen sandgefüllten Fugen auf einem Sandbett verlegt) bezieht sich auf den Fußgänger – und Fahrzeugverkehr, während sich die gebundene Verlegungsform (mit Zementmörtelfugen auf einem Zementmörtelbett verlegt, das sich selbst auf einem gebundenen Untergrund befindet) üblicherweise auf den Fußgängerverkehr beschränkt.

Pflasterziegel müssen so geformt sein, dass sie in einem sich wiederholenden Muster verlegt werden können; dazu sind gegebenenfalls speziell geformte Ergänzungsziegel erforderlich. An den Kanten dürfen sie mit einer Fase versehen sein. Sofern sie zum Verlegen im ungebundenen Sandbett vorgesehen sind, dürfen sie an den Seiten, die senkrecht in einer Pflasterfläche liegen, mit Abstandhaltern versehen sein.

Erfüllen die Ziegel zusätzliche Anforderungen an die Scherbenrohdichte ($\geq 2,0$ kg/dm³) und die Wasseraufnahme (≤ 6 M.-%) werden sie als Pflasterklinker gem. DIN 18 503 eingestuft.

5.7 Fachliteratur

5.7.1 Normen, Richtlinien

DIN 4051	Kanalklinker
DIN 4102	Brandverhalten von Baustoffen und Bauteilen; Teil 1 bis 5
DIN 4103	Leichte Trennwände
DIN 4108	Wärmeschutz im Hochbau; Teil 1 bis 5
DIN 4109	Schallschutz im Hochbau; Teil 1 und 2
DIN 4159	Ziegel für Decken und Wandtafeln, statisch mitwirkend
DIN 4160	–; statisch nicht mitwirkend
DIN 4172	Maßordnung im Bauwesen
DIN 18 156	Stoffe für keramische Bekleidungen im Dünnbettverfahren; Teil 1 bis 4
DIN 18 158	Bodenklinkerplatten
DIN 18 160	Feuerungsanlagen; Teil 1 bis 6
DIN 18 330	VOB, Teil C; Mauerarbeiten
DIN 18 338	VOB, Teil C; Dachdeckerarbeiten
DIN 18 503	Pflasterklinker
DIN 18 902	Steinzeugteile für den Stallbau; Schalen, Platten, Tröge
DIN 18 908	Fußböden für Stallanlagen, Spaltböden
	„Richtlinien für die Verwendung von Klinkern im Straßenbau"; Hrsg. Forschungsgesellschaft für das Straßenwesen e.V. Köln
DIN EN 295	Steinzeugrohre und Formstücke sowie Rohrverbindungen für Abwasserleitungen und -kanäle; Teil 1 bis 3
DIN EN 14 411	Keramische Fliesen und Platten – Begriffe, Klassifizierung, Gütemerkmale und Kennzeichnung

5.7.2   Bücher und Veröffentlichungen

[5.1]   Technische Informationsreihe: Ziegel-Bauberatung, Loseblattsammlung; Bundesverband der Deutschen Ziegelindustrie, Bonn;

[5.2]   Steinzeug-Informationen: Fachverband Steinzeugindustrie e.V., Köln

[5.3]   Informationen der Fliesenberatungsstelle e.V., Burgwedel

[5.4]   Ziegel-Bautaschenbuch, Krausskopf-Verlag, Wiesbaden

[5.5]   *M. Chandler:*
Keramische Werkstoffe, 1971, Deutsche Verlags-Anstalt, Stuttgart

[5.6]   *H. u. G. Heuschkel, K. Muche:*
ABC-Keramik, 1990, VEB Deutscher Verlag für Grundstoffindustrie, Leipzig

[5.7]   *H. Salmang, H. Scholze:*
Keramik. 2. Teil Keramische Werkstoffe 1983, Springer, Berlin

[5.8]   *F. Singer:*
Industrielle Keramik, Band 1 – 3, 1964-69, Springer Verlag, Berlin-Heidelberg-New York

[5.9]   *F. de Querrain:*
Technische Gesteinskunde. 2. Auflage 1967, Birkhäuserverlag, Basel-Stuttgart

[5.10]   *E. Hornbogen*
           Werkstoffe – Aufbau und Eigenschaften von Keramik-, Metall- Polymer- und
           Verbundwerkstoffen, 2002, Springer Verlag, Berlin-Heidelberg-New York

[5.11]   *H.-D. Tietz*
           Technische Keramik – Aufbau, Eigenschaften, Herstellung, Bearbeitung,
           Prüfung, 1994, Springer Verlag, Berlin-Heidelberg-New York

[5.12]   *H.-J. Irmschler, P. Schubert, W. Jäger*
           Mauerwerk-Kalender 2004, 2003, Verlag Ernst & Sohn, Berlin

[5.13]   *K.-J. Schneider, P. Schubert, R. Wormuth*
           Mauerwerksbau – Gestaltung, Baustoffe, Konstruktion, Berechnung,
           Ausführung, Umweltverträglichkeit, 1999, Werner Verlag, Düsseldorf

Kapitel 6: Glas

6 Glas

6.1 Grundlagen

6.1.1 Begriffsbestimmung

Physikalisch betrachtet ist Glas ein Sammelbegriff für Materialien, die ein Schmelzprodukt darstellen, das ohne Kristallisation abkühlt und erstarrt. Es besitzt eine amorphe Struktur, die der einer Flüssigkeit ähnelt; seine Zähigkeit bei normalen Umgebungstemperaturen ist aber so hoch, dass es sich wie ein fester Körper verhält. Die Packungsdichte der Stoffkomponenten des amorphen Systems ist deutlich kleiner als die vergleichbarer kristalliner Systeme, was sich z. B. in einer kleineren Rohdichte oder Wärmeleitfähigkeit zeigt. Durch gezielte Stoffzusammensetzung und Steuerung des Abkühlvorganges kann ein Kristallwachstum hervorgerufen werden, das als „Entglasung" bezeichnet wird, und das für die Herstellung von Glaskeramiken [1] erforderlich ist.

Aus **chemischer** Sicht wird der Begriff Glas auf anorganische Verbindungen eingegrenzt (Stoffe organischen Ursprungs, z. B. Kunststoffe wie Acryl oder Polycarbonat, sollten darum nicht als Glas bezeichnet werden). Hinsichtlich der chemischen Zusammensetzung handelt es sich bei nahezu allen Glasprodukten um Silicatglas (Hauptkomponente Siliciumdioxid SiO_2), das in die Untergruppen Kalknatronglas, Kieselglas, Borosilicatglas und Bleiglas untergliedert wird.

Im Bauwesen wird überwiegend **Kalknatronglas** verwendet, das nach DIN 1259 Teil 1 zur Gruppe des Alkalikalkglases gehört. Wesentlicher Bestandteil entsprechend *Tabelle 6.1:* Kieselsäure bzw. Siliciumdioxid SiO_2 (Rohstoff Quarzsand). Alkalianteil als Flussmittel zur Senkung der Schmelztemperatur durch Zugabe von Natriumoxid (Natron) als Na_2CO_3 (Soda) und von kleinen Mengen Natriumsulfats Na_2SO_4, das gleichzeitig als Läutermittel dient. Anteil von Calciumoxid (Kalk) durch Einbringen der Rohstoffe Kalk, Dolomit, Feldspat oder Nephelin-Syenit in das Gemenge zur Verbesserung der Glaseigenschaften. Der Eisenanteil als Verunreinigung der Rohstoffe bestimmt die Lichtdurchlässigkeit des Glases (grünliche oder bräunliche Farbtönung). Dem Glasgemenge werden je nach Anfall 25 M.-% bis 60 M.-% Scherben zugesetzt.

Tabelle 6.1
Floatglaszusammensetzung [2]

Glasgemengesatz		Glaszusammensetzung		
Quarzsand	720 kg	SiO_2	72,8	%
Sulfat	14 kg	Al_2O_3	0,7	%
Soda	220 kg	Fe_2O_3	0,07	%
Kalk	60 kg	Na_2O	13,8	%
Dolomit	170 kg	K_2O	0,2	%
Feldspat	24 kg	CaO	8,6	%
(oder die entsprechende		MgO	3,6	%
Menge Nephelin-Syenit)		SO_3	0,2	%

Kieselglas, auch als Quarzglas bezeichnet, besteht zu einem hohen Anteil aus SiO_2 und besitzt eine hohe Schmelztemperatur (1700 °C), eine hohe Temperaturwechsel- und Chemikalienbeständigkeit und ist UV-durchlässig. Es wird für besondere Aufgaben, wie z. B. Quarzlampen, eingesetzt. **Borosilicatglas** entsteht aus einem hohen SiO_2-Anteil sowie Beigabe von Bortrioxid und wird wegen seiner hohen Temperaturwechselbeständigkeit („feuerfestes" Glas) und chemischen Widerstandsfähigkeit insbesondere für Brandschutzglas und chemische Einrichtungen angewendet. **Bleiglas** besitzt einen besonders hohen Brechungsindex durch Beimengung von Bleioxid und findet unter anderem für optische Gläser und geschliffene Ziergläser Anwendung.

6.1.2 Glasfertigung

Die **Fertigung** beginnt mit dem Zusammenstellen der erforderlichen Rohstoffe zum Glassatz und dessen Vermischung zum Gemenge. Die Glasschmelze, ursprünglich in Tiegel- oder Hafenöfen durchgeführt, erfolgt heute vorwiegend in Wannenöfen, die ein größeres Fassungsvermögen haben und kontinuierlich über zwei bis vier Jahre betrieben werden. Die Schmelze findet in einem bestimmten Temperaturverlauf zwischen 1000 und 1600 °C in den Phasen der Rauschmelze, des Läuterns und des Abstehens statt.

Das Formen des Glases erfolgt in der Regel aus dem geschmolzenen Zustand in produktspezifischen Verfahren (siehe 6.2) und wird durch das Kühlen, d. h. eine kontrollierte Temperaturführung bis zum Erstarren, abgeschlossen. Folgende Temperaturen sind für die Glastechnologie von Bedeutung (siehe *Tabelle 6.2*):

Kenngröße	Kennwert	Einheit
Rohdichte	2,49	kg/dm^3
Druckfestigkeit	> 800	N/mm^2
Biegezugfestigkeit	30 bis 90	N/mm^2
Ritzhärtegrad (Mohs)	6 bis 7	–
Vickerthärte	$4,93 \pm 0,34$	kN/mm^2
Elastizitätsmodul	$7 \cdot 10^4$	N/mm^2
Wärmedehnkoeffizient (20–300°C)	8,4	$10^{-6}/K$
Wärmeleitfähigkeit	0,8	$W/(m \cdot K)$
Spezifische Wärmekapazität	0,23	$W \cdot h/(kg \cdot K)$
Lichtbrechung	1,518	–
Spektraler Transmissionsgrad		
– UV (280 nm bis 380 nm)	zum Teil	
– Licht (380 nm bis 780 nm)	ja	
– Nahes IR (780 nm bis 3000 nm)	ja	
– Fernes IR (3000 nm bis 30000 nm)	nein	
Transformationstemperatur	525 bis 545	°C
Erweichungstemperatur	710 bis 735	°C
Verarbeitungstemperatur	1015 bis 1045	°C

Tabelle 6.2
Eigenschaften von nichtporösem Kalknatronglas

○ Transformations- oder Einfrierungstemperatur: Übergang der Glasschmelze vom zähplastischen in den spröden Zustand
○ Erweichungstemperatur: Das Glas verformt sich durch Eigengewicht
○ Verarbeitungstemperatur: Erforderlich für das Formen aus dem geschmolzenen Zustand.

6.1.3 Glaseigenschaften

Die Vielzahl der im Bauwesen verwendeten Glaserzeugnisse aus Kalknatronglas hat eine Reihe von Eigenschaften gemein (siehe *Tabelle 6.2*). Glas ist porenfrei (Ausnahme Schaumglas) und dicht gegenüber Luft, Wasserdampf und flüssigem Wasser. Im Vergleich zu anderen mineralischen Baustoffen weist es hohe Festigkeiten auf. In der Praxis wird die Festigkeit von Glas allerdings durch Oberflächenfehler (Mikrorisse) herabgesetzt. Das Bruchverhalten ist spröde, d. h. ohne nennenswerte vorherige plastische Verformung.

Die Wärmeleitfähigkeit ist aufgrund der amorphen Struktur vergleichsweise klein, was in Verbindung mit der großen Wärmedehnung bei Temperaturwechsel zu inneren Spannungen in Glaselementen führen kann (Glaskeramik mit kristalliner Struktur zeichnet sich dagegen durch kleine Wärmedehnung und hohe Temperaturwechselbeständigkeit aus). Glas besitzt bei Raumtemperatur keine elektrische Leitfähigkeit. Mit zunehmender Temperatur sinkt der elektrische Widerstand, so dass z. B. bei Schmelztemperatur eine elektrische Leitfähigkeit besteht.

Charakteristisch für Glas ist dessen Durchlässigkeit für sichtbare und infrarote Sonnenstrahlung. Das ultraviolette Spektrum kann nur im lichtnahen Bereich durchdringen. Für diese Spektren stellt Glas im wahren Sinne des Wortes ein „Fenster" dar. Langwellige Infrarotbestrahlung (Wärmestrahlung von Körpern mit Umgebungstemperatur) wird nicht durchgelassen (siehe Flachglas 6.2). Bei planparallelen Oberflächen ist eine verzerrungsfreie Durchsicht möglich.

Glas ist weitestgehend chemikalienbeständig, wobei der Widerstand mit dem Siliciumgehalt wächst. Nur gegenüber Flusssäure und damit auch Fluaten ist es empfindlich, die entsprechend als Ätzmittel zum Mattieren der Oberfläche benutzt werden. Wäßrige Lösungen können bei intensiver Einwirkung Alkali (saure Lösungen) oder Siliciumoxid (basische Lösungen) von der Oberfläche her abtragen: Erscheinung irisierender Oberflächen und Erblindung des Glases. Entsprechend ist eine längerfristige Wassereinwirkung auf Glasoberflächen zu vermeiden (horizontale Lagerung oder Anordnung von Glasscheiben, kapillar wirksame Spalten zwischen Scheiben). Die Prüfung der Wasserbeständigkeit sowie der Säure- und Laugenbeständigkeit wird nach DIN ISO 719 an Glasgranulat vorgenommen.

Silicone verbinden sich kaum noch lösbar mit Glasoberflächen. Das wird einerseits für die Verklebung und Dichtung von Glas genutzt, andererseits ist Glas vor ungewolltem Kontakt mit siliconhaltigen Fassadenschutz- oder Dichtungsmitteln zu schützen.

6.1.4   Glasanwendung im Bauwesen

Glas ist aufgrund seiner technischen Eigenschaften sowie der industriellen Fertigungsmöglichkeiten in Verbindung mit den praktisch unbegrenzt und preisgünstig verfügbaren Rohstoffen ein Werkstoff mit vielseitigen und umfangreichen Anwendungsbereichen im Bauwesen. Die entsprechenden Glaserzeugnisse können nach ihrer Form und ihrem Gefüge in folgende Hauptgruppen eingeteilt werden:

○ **Flachglas** (ebene und gebogene Scheiben, nach DIN 1259 auch Profilglas). Anwendung für Ausfachung von Fenstern und Lichtöffnungen in Wänden, Dächern und Decken, Bekleidung von Wand- und Deckenflächen.

○ **Bauhohlglas** (kleinformatige, kompakte, dreidimensional geformte Erzeugnisse wie Glassteine, Betongläser, Glasdachziegel). Anwendung für Ausfachung von Lichtöffnungen in Wänden und Decken.

○ **Schaumglas** (gehört zur Gruppe des porösen Glases, die weiterhin offenporiges Glas und Glaskapillarmembranen umfasst [1]). Anwendung für Wärme- und Feuchteschutz von Bauteilen.

○ **Glasfasern** oder Faserglas (Isolierglasfasern und Textilfasern mit einem Durchmesser < 0,1 mm; Lichtleitfasern und optische Fasern können hier nicht behandelt werden). Anwendung für Wärme- und Schallschutz von Bauteilen mit Glasfaser-Dämmstoffen, für Verstärkung und Bewehrung von Baustoffen mit eingebetteten Fasern, Vliesen, Geweben sowie für Verkleidung von Wänden und Decken mit Glasfasertapeten.

Die einzelnen Glasgruppen werden nachfolgend hinsichtlich ihrer Fertigungsverfahren und resultierenden Erzeugnisse in der Reihenfolge nach DIN 8580 (Urformen, Umformen, Trennen, Fügen, Beschichten, Eigenschaftsändern) sowie ihrer Eigenschaften beschrieben.

6.2   Flachglas

6.2.1   Fertigung von Flachglas

6.2.1.1   Mundgeblasenes Flachglas

Das Mundblasverfahren, typisch für die handwerkliche Herstellung von Hohlglas, wurde früher auch für die Herstellung von Flachglas eingesetzt: Das im Hafenofen geschmolzene Glas wird zu zylindrischen Hohlkörpern geblasen, die mit der Glasschere aufgeschnitten und nach erneutem Erwärmen zur endgültigen flachen Form aufgebogen werden. Heute werden nach diesem Verfahren nur noch Antikgläser, Gläser für Butzenscheiben und farbige Spezialgläser hergestellt. Charakteristisch ist das vielseitige Farbsortiment, die mögliche Blasenbildung, eine schlierige Struktur sowie die Unebenheiten und Bearbeitungsspuren in der Oberfläche. Maximale Scheibengröße 60 cm x 90 cm bei einer mittleren Glasdicke von 3 mm.

6.2.1.2   Gussglas

Diese Gruppe von Glaserzeugnissen verdankt ihren Namen dem historischen Tischguss- und Tischwalzverfahren, bei dem die Glasschmelze auf einem feststehenden gusseisernen Tisch ausgegossen wurde, um dann von oben mit einer Walze bearbeitet zu werden. Während dieses handwerkliche Verfahren der Formgebung heute nur noch für Dallglas eingesetzt wird, findet das industrielle Maschinenwalzverfahren heute vielseitige Anwendung: Das Glas läuft als kontinuierliches Band aus der Schmelzwanne über Form- und Dekorwalzen, danach durch einen Kühlkanal, und wird abschließend in Einzelscheiben getrennt (siehe *Abbildung 6.1*).

Fertigungsbedingt weisen alle Gussglasarten nicht planparallele Oberflächen mit mehr oder weniger starker Oberflächenrauigkeit bzw. -struktur auf, die „feuerpoliert" (glattgewalzt), genörpelt oder gemustert (Ornamentglas) sein kann und entsprechend

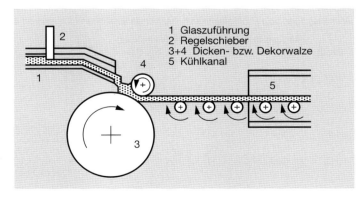

1 Glaszuführung
2 Regelschieber
3+4 Dicken- bzw. Dekorwalze
5 Kühlkanal

Abbildung 6.1
Gussglasherstellung
im Maschinen-
walzverfahren [4]

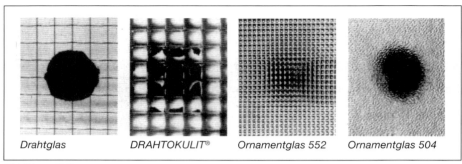

| Drahtglas | DRAHTOKULIT® | Ornamentglas 552 | Ornamentglas 504 |

Abbildung 6.2
Beispiele für Gussgläser mit Darstellung des Grads der Lichstreuung [5]

eine unterschiedliche Lichtstreuung bewirkt (keine verzerrungsfreie Durchsicht entsprechend *Abbildung 6.2*). Durch Einführen eines Drahtnetzes in den Walzprozess ist die Herstellung von splitterbindendem Drahtglas möglich. Durch besondere Formrollensätze können die Ränder des Glasbandes aufgebördelt werden, und es entsteht Profilglas mit C-förmigem Querschnitt (siehe *Tabelle 6.3*). Im einzelnen werden folgende Gussglasarten unterschieden:

Rohglas: Wird auch als Spiegelrohglas bezeichnet, da es früher das Ausgangsprodukt für die Spiegelherstellung war. Glattgewalzt oder einseitig gemustert (gehämmert, gerippt, feingerippt, gerautet). Dicken von 4 bis 10 mm.

Ornamentglas (DIN 1249 Teil 4): Ein- oder beidseitig gemustert mit großer Variationsvielfalt, z. B. Wellen, Rippen, Prismen, Kalotten, figürliche Motive, Antikglasimitation. Scheibendicken und maximale Scheibenabmessungen in mm: 4 – 1500 x 2100, 6 – 2520 x 4500, 8 – 2520 x 4500. Bezeichnung: Gussglas DIN 1249-O.

Tabelle 6.3
Abmessungen von Profilglas in mm bei handelsüblichen Längen von 4000 bis 7000

Profil	Stegbreite b ±2	Flanschhöhe h ±1	Glasdicke S_{Fl}, S_{St} ±0,2
A	232	41	6
B	232	60	7
C	262	41	6
D	262	60	7
E	331	41	6
F	331	60	7
G	498	41	6

Querschnitt eines Profils

Drahtglas (DIN 1249 Teil 4): Rohglas mit punktgeschweißter Drahtnetzeinlage, Maschenweite ca. 12,5 mm, Drahtdurchmesser 0,5 bis 0,6 mm. Scheibendicken und maximale Scheibenabmessungen in mm: 7 – 2520 x 4500, 9 – 2520 x 4500. Bezeichnung: Gussglas DIN 1249-D.

Drahtornamentglas (DIN 1249 Teil 4): Ornamentglas mit Drahtnetzeinlage (siehe Drahtglas). Scheibendicken und maximale Scheibenabmessungen in mm: 4 – 1500 x 2100, 6 – 2520 x 4500, 8 – 2520 x 4500. Bezeichnung: Gussglas DIN 1249-DO.

Gartenklarglas (DIN 11526): Gussglas mit genörpelter, lichtstreuender Oberfläche für Unterglaskulturen. Nicht zu verwechseln mit Gartenblankglas, das maschinengezogen ist. Scheibendicken 3 mm bis 5 mm.

Profilbauglas (DIN 1249 Teil 5): C-förmig profiliertes Glas, auch mit Drahteinlage (Drahtnetz oder Längsdrähte). Bezeichnung: Profilbauglas DIN 1249-PC. (Siehe auch *Tabelle 6.3*)

Farbiges Gussglas: Neben dem handwerklich hergestellten Dallglas, das in reichhaltiger Farbpalette angeboten wird, ist auch Ornament-, Draht- und Profilglas als farbig lichtdurchlässiges Glas lieferbar. Ungefärbtes Gussglas wird als „weiß" bezeichnet und ist nicht zu verwechseln mit weißgetöntem Gussglas. Neben lichtdurchlässigen eingefärbten Gussgläsern (opal) werden auch lichtundurchlässige oder schwach durchscheinende Gläser (opak) in unterschiedlichen Farbtönen und weißgetönt im Gießverfahren hergestellt.

6.2.1.3 Maschinengezogenes Glas

Die zu Beginn des 20. Jahrhunderts entwickelten Ziehverfahren (Fourcault-, Colburn- bzw. Libbey-Owens-, Pittsburgh-Verfahren) erwiesen sich den Walzverfahren bezüglich der Herstellung von Scheiben mit möglichst planparallelen Oberflächen bald überlegen (siehe *Abbildung 6.3*). Heute allerdings sind die maschinellen Ziehverfahren wieder überholt durch Floatverfahren, welche eine bessere Oberflächenqualität bei geringerem Aufwand ermöglichen. Sie werden heute in Industrieländern fast ausschließlich zur Herstellung von Dünngläsern (Scheibendicke 0,06 bis 1,5 mm, nicht für Bauzwecke) sowie von Fenster- und Gartenbau- bzw. Gartengläsern eingesetzt.

Fensterglas (DIN 1249 Teil 1): Bezeichnung auch als Tafel- oder Ziehglas. Plan und durchsichtig, gleichmäßig dick mit beiderseits feuerblanken Oberflächen, die nahezu eben sind. Bei Durchsicht sind Verzerrungen und Reflexionen erkennbar. Es besitzt nicht die Qualität von Spiegelglas, das heute vorwiegend für Fensterverglasungen eingesetzt wird. Bezeichnung: Fensterglas DIN 1249-F. Scheibendicken und maximale Scheibenabmessungen in mm: 3 – 4500 x 3180, 4 – 6000 x 3180, 5 – 6000 x 3180, 6 – 6000 x 3180, 8 – 7500 x 3180, 10 – 9000 x 3180, 12 – 9000 x 3180, 15 – 6000 x 3180, 19 – 4500 x 2820.

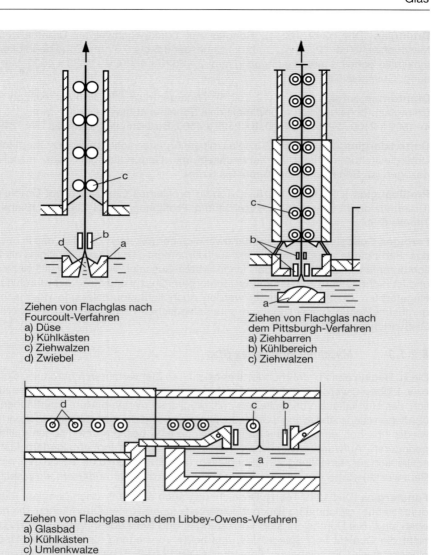

Ziehen von Flachglas nach
Fourcoult-Verfahren
a) Düse
b) Kühlkästen
c) Ziehwalzen
d) Zwiebel

Ziehen von Flachglas nach
dem Pittsburgh-Verfahren
a) Ziehbarren
b) Kühlbereich
c) Ziehwalzen

Ziehen von Flachglas nach dem Libbey-Owens-Verfahren
a) Glasbad
b) Kühlkästen
c) Umlenkwalze
d) Tragrollen im Zieh- und Kühlkanal

Abbildung 6.3
Verfahren für das Ziehen von Flachglas [1]

Gartenblankglas (DIN 11525): Entspricht dem Fensterglas, ist allerdings von minderer Qualität (Schlieren, Streifen, Blasen) und wird vorwiegend für Unterglaskulturen verwendet. Scheibendicken 3 mm und 4 mm.

Sonstige maschinengezogene Gläser: Fensterglas mit planeben geschliffenen Oberflächen (Spiegelglas) wird heute nur noch für spezielle Anwendungen, z. B. völlig farbstichfreies „weißes" Spiegelglas, verwendet. Maschinengezogene Antikglasimitationen werden als „Neuantikglas" bezeichnet. Milchglas, ein durchgefärbtes, milchfarbenes Glas mit glatter Oberfläche, wird ebenfalls gezogen. Desgleichen Milchüberfangglas oder farbiges Überfangglas, das aus einer klaren und einer eingetrübten bzw. gefärbten Schicht besteht. Die Schichten werden aus getrennten Wannen gezogen und hinter der Ziehdüse verschmolzen. Scheibendicken von 1,5 mm bis 7 mm.

Glasröhren, -kapillaren und -stäbe werden nach dem Vello- oder Abwärtszug-Verfahren hergestellt [19].

6.2.1.4   Floatglas

Das in den 50er Jahren entwickelte Floatverfahren (siehe *Abbildung 6.4*) dient der Herstellung von Spiegelgläsern mit verzerrungsfreier Durchsicht, die nach dem Formprozess des Floatens keiner weiteren Oberflächenbearbeitung bedürfen. Das Glas läuft aus der Läuterwanne durch eine Dosieröffnung (Überlaufkanal mit Schieber) auf das Floatbad aus geschmolzenem Zinn, wo es sich entsprechend Masse und Oberflächenspannung zu einer bestimmten Schichtdicke ausbreitet (siehe *Abbildung 6.5*). Die Glasdicke wird innerhalb der Bandbreite von 3 mm bis 19 mm durch den Glaszulauf sowie verstellbare seitliche Barrieren und bei dünneren Glasstärken durch eine aufgesetzte Walze gesteuert. Zur Vermeidung der Bildung von Zinnoxid findet der Floatprozess unter Schutzgas statt. Abschließend wird das Glasband von 600 °C auf 200 °C

Nenndicke	Zulässige Abweichung ±			Maximale Länge	Maximale Breite
	Dicke	Seitenlänge			
		bis 2000	über 2000		
3	0,2	2	3	4500	3180
4	0,2	2	3	6000	3180
5	0,2	2	3	6000	3180
6	0,2	2	3	6000	3180
8	0,2	2	3	7500	3180
10	0,3	3	4	9000	3180
12	0,3	3	4	9000	3180
15	0,5	5	6	6000	3180
19	1,0	5	6	4500	2820

Tabelle 6.4 Nenndicken, zulässige Abweichungen und maximale Scheibenabmessungen von Spiegelglas in mm

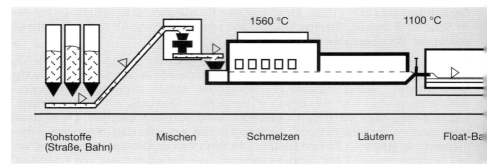

| 1560 °C | 1100 °C |

| Rohstoffe (Straße, Bahn) | Mischen | Schmelzen | Läutern | Float-Ba |

Abbildung 6.4
Schema der Glasherstellung im Floatverfahren [7]

gekühlt sowie geschnitten und gestapelt. Da die Produktionskapazität beim Floaten nicht durch das Formverfahren sondern durch das Schmelzverfahren bestimmt wird, können mit modernen Schmelzaggregaten in kontinuierlichem Dauerbetrieb über Jahre mehr als 600 t Rohglas pro Tag erzeugt werden.

Spiegelglas (DIN 1249 Teil 3): Verzerrungsfrei durchsichtiges Flachglas mit planparallelen Oberflächen. Ursprünglich konnte diese Qualität nur durch aufwändiges Schleifen und Polieren von maschinengewalztem oder -gezogenem Glas erreicht werden und blieb der Anwendung für Spiegel vorbehalten. Heute ist die Verwendung von Float-Spiegelglas für Fensterverglasungen üblich. Entsprechend stellt es auch das Basisprodukt für die meisten veredelten Gläser im Bauwesen dar. Spiegelglas wird hell und ungefärbt sowie in der Masse gefärbt angeboten. Bezeichnung: Spiegelglas DIN 1249-S.

Drahtspiegelglas: mit punktgeschweißtem Drahtnetz oder paralleler Drahtlage in der Mitte. Scheibendicke 7 mm.

Mattiertes Spiegelglas: Einseitig durch Ätzen oder Sandstrahlen aufgerautes, lichtstreuendes Glas. Scheibendicke 3 mm bis 8 mm.

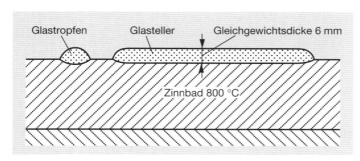

Abbildung 6.5
Schematische Darstellung des Ausbreitens des Glases auf dem Metallbad [4]

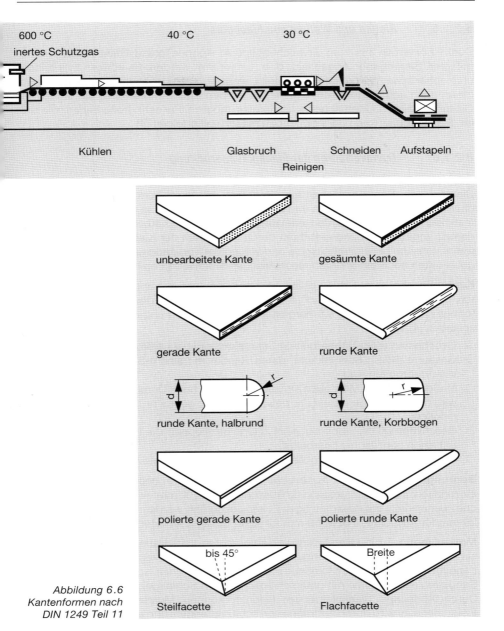

600 °C   40 °C   30 °C

inertes Schutzgas

Kühlen   Glasbruch   Schneiden   Aufstapeln

Reinigen

unbearbeitete Kante   gesäumte Kante

gerade Kante   runde Kante

runde Kante, halbrund   runde Kante, Korbbogen

polierte gerade Kante   polierte runde Kante

bis 45°   Breite

Steilfacette   Flachfacette

Abbildung 6.6
Kantenformen nach
DIN 1249 Teil 11

6.2.1.5   Biegen und Wölben von Flachglas

Durch Erwärmen bis zum Erweichungspunkt können plane Glasscheiben untergelegten Biegeformen angepasst, d. h. umgeformt werden. Es können zylindrische und sphärische Wölbungen hergestellt werden, solange bestimmte Scheibenabmessungen und Biegeradien eingehalten werden. Das Umformen ist für nahezu alle Glasarten, auch für Mehrscheibenisolierglas, möglich. Für sehr große Serien, wie z. B. im Fahrzeugbau, kann der Formenbau maschinell erfolgen [4].

6.2.1.6   Trennverfahren der Flachglasbearbeitung

Zuschnitt: Das Glasschneiden erfolgt durch Ritzen der Scheibenoberfläche mit einem Diamant oder Schneidrädchen aus Stahl bzw. Hartmetall und anschließendes Brechen. Qualität des Werkzeugs und Durchführungsart sind von Einfluss auf die Biegefestigkeit des Glases (Kantenverletzungen). Verbundsicherheitsglas wird beidseitig geritzt, angebrochen und erst dann durch Schneiden der Klebefolie vollständig getrennt. Einscheibensicherheitsglas darf wegen der vorhandenen Vorspannung weder geschnitten noch mit anderen mechanischen Trennverfahren bearbeitet werden.

Kantenbearbeitung: DIN 1249 Teil 11 unterscheidet Form und Ausführung der Kanten, die unter anderem von Einfluss auf die Biegefestigkeit des Glases sind. Kantenformen sind in *Abbildung 6.6* dargestellt. Bei der Ausführung der Kanten wird unterschieden [4]:

○ Geschnitten (KG): Unbearbeitete Schnittkante mit scharfkantigen Rändern
○ Gesäumt (KGS): Schnittkante, deren Ränder mit einem Schleifwerkzeug gefast bzw. gebrochen sind
○ Maßgeschliffen (KMG), auch als „justiert" bezeichnet: Durch Schleifen der Ränder wird die Scheibe genau auf das gewünschte Maß gebracht. Gesäumte Ränder sind möglich
○ Geschliffen (KGN), auch als „feinjustiert" bezeichnet: Die Kantenfläche ist durch Schleifen ganzflächig bearbeitet
○ Poliert (KPO): Durch Überpolieren verfeinerte geschliffene Kante.

Bohrungen, Ausschnitte, Ausbrüche: Es sind je Glasart bestimmte Randabstände einzuhalten; als Mindestabstand für Ausschnitte gilt 100 mm. Ausschnitte und Ausbrüche können nicht mit scharfkantigen Ecken ausgeführt werden; ein Mindestradius von 20 mm für Ausschnitte bzw. 10 mm für Ausbrüche ist erforderlich [4].

Mattierungen: Für die Herstellung von aufgerauten, lichtstreuenden Oberflächen, wie sie z. B. für Sichtschutz, gleichmäßige Lichtstreuung, Entspiegelung oder Dekoration benötigt werden, kommen folgende mechanische und chemische Verfahren in Frage: Sandstrahlen, Schleifen mit unterschiedlich feinem Schmirgel, Ätzen mit Flusssäure. Durch Abdecken blankbleibender Flächen können Muster hergestellt werden. Eisblumenglas wird durch Auftragen von schrumpfendem und abplatzendem Leim auf sandstrahlmattiertes Glas erzeugt. Bei mattierten Oberflächen sind Möglichkeiten der Verschmutzung (z. B. Fingerabdrücke) und Reinigungsaufwand zu berücksichtigen.

Reinigung: Am Bau erfolgt die Reinigung mit Wasser und handelsüblichen Reinigungsmitteln. Diese dürfen keine Siliconverbindungen enthalten, die haftende Spuren hinterlassen. Zur Entfettung können organische Lösungsmittel eingesetzt werden (nachträgliches Waschen mit Wasser erforderlich). Einzelne fest haftende Flecken lassen sich unter Umständen mit verdünnter Säure, einer Rasierklinge oder feinem Poliermittel entfernen.

Selbstreinigende Glasoberflächen werden durch dauerhafte, pyrolytisch aufgebrachte Beschichtungen realisiert. Durch Kombination hydrophiler Effekte (Oberflächenspannung verhindert Tröpfchenbildung) und photokatalytischer Effekte (Zersetzung von Verschmutzung durch Wasseraufnahme aus der Luftfeuchtigkeit oder durch UV-Einstrahlung) wird eine kontinuierliche Reinigung durch die Einwirkung von Strahlung, Luftfeuchtigkeit und Regen erzielt [19].

6.2.1.7 Fügeverfahren für Isolier- und Verbundglas sowie laminiertes Glas

Der Randverbund von Isolierglas aus zwei oder mehr Scheiben muss gegen Wasser, Wasserdampf, Luft und Spezialgasfüllungen dichten, angreifende Kräfte übertragen und Verformungen aus den Scheiben aufnehmen. Drei Prinzipien kommen zur Erfüllung dieser Aufgabe in Frage (siehe *Abbildung 6.7*):

Geschweißter Randverbund von Ganzglas-Isolierscheiben: Die zwei Glastafeln werden im Randbereich bis zum Schmelzpunkt erhitzt, abgekröpft und miteinander verschmolzen. Danach Füllen des Scheibenzwischenraumes mit trockener Luft und Verschließen der Spülbohrungen. Angebot von randverschweißtem Isolierglas mit 2 Scheiben Spiegelglas 3 mm oder 4 mm für Fensterverglasungen („GADO") oder mit 2 Scheiben Gartenblankglas 3 mm für den Gewächshausbau („SEDO"). Neben Standardabmessungen werden maßgeschneiderte Scheibengrößen bei einer Mindestabnahmemenge geliefert.

Gelöteter Randverbund („THERMOPANE"): Die zwei Glastafeln werden zunächst auf den Innenflächen des Randverbundbereiches im Galvanisierverfahren verkupfert und dann über einen Bleisteg verbunden, der mit den Kupferschichten verlötet wird. Danach Spülen des Scheibenzwischenraumes mit trockener Luft und Verlöten der Spülbohrungen.

Geklebter Randverbund: Verkleben der Glastafeln mit einem Abstandhalter aus Aluminium oder verzinktem Stahl. Bei einfacher Dichtung füllt die Verklebung den Hohlraum zwischen den Scheibenrändern und dem Abstandhalter (äußere Dichtung und Verklebung). Bei doppelter Dichtung wird eine zusätzliche Verklebung zwischen den Berührflächen von Glas und Abstandhalter vorgenommen (innere Dichtung). Als Klebstoff wird für die äußere Dichtung in der Regel Polysulfidpolymer (Thiokol) ver-

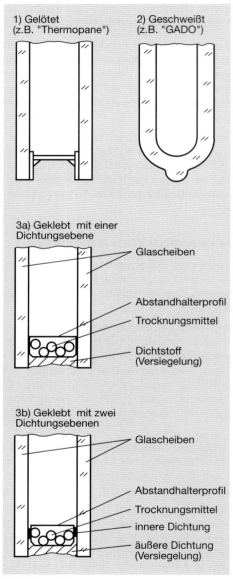

1) Gelötet (z.b. "Thermopane")

2) Geschweißt (z.b. "GADO")

3a) Geklebt mit einer Dichtungsebene

— Glascheiben

— Abstandhalterprofil

— Trocknungsmittel

— Dichtstoff (Versiegelung)

3b) Geklebt mit zwei Dichtungsebenen

— Glascheiben

— Abstandhalterprofil

— Trocknungsmittel

— innere Dichtung

— äußere Dichtung (Versiegelung)

Abbildung 6.7
Prinzipien des Randverbundes von Isolierglas [4]

wendet oder Polyurethan, Siliconkautschuk oder Butyl-Hot-Melt, während für die innere Dichtung vornehmlich Polyisobutylen, Kurzbezeichnung Butyl, eingesetzt wird. Die Kunstharzkleber sind nicht absolut dicht gegenüber Wasserdampf- und Gasdiffusion. Um eine Kondensatbildung zu vermeiden, ist der Metallsteg mit einem Trocknungsmittel gefüllt (Silicagel oder Zeolith-Granulat, auch Molekularsieb genannt).

Die Energieeinsparverordnung (EnEV) belohnt die Reduzierung von Wärmebrücken im Randverbund. Entsprechend thermisch optimierte Randverbund-Systeme verwenden dünnere Abstandhalter aus Edelstahl (its) statt Aluminium oder Abstandhalter aus Kunststoff mit kleinerer Wärmeleitfähigkeit (TPS, ThermoPlast Spacer) oder kombinierte Metall-Kunststoff-Abstandhalter (TIS, TGI).

Die Lebensdauer von randverklebten Isoliergläsern wird von den Herstellern mit ca. 25 Jahren angegeben. Wichtige Voraussetzung sind eine sorgfältige Ausführung und Kontrolle des Randverbundes (DIN 1286 Teil 1, DIN EN 1279-2 und -3, DIN 52293, DIN 52294, DIN 52344) sowie eine Begrenzung der Scheibendurchbiegung (maximal 2 mm in Scheibenmitte). Neben der Scheibengröße und -dicke ist hier auch der Scheibenabstand ausschlaggebend. Großer Scheibenabstand und unsymmetrische Scheibendicken (siehe Schallschutz) beeinflussen das Verformungsverhalten ungünstig.

Klebeverglasungssysteme („Structural Glazing"): Während die Verglasung, d. h., die Befestigung von Glasscheiben in Rahmen, normalerweise mit Glashalteleisten erfolgt, wird sie beim Structural Glazing durch das statisch wirksame Verkleben von Glas und rückwärtigem Metallrahmen mit Silicon vorgenommen. Dadurch wird außen ein flächenbündiger Stoß der Glasscheiben ohne sichtbaren Rahmen erzielt. In Deutschland wird zusätzlich eine mechanische Halterung vorgeschrieben, die von der Rückseite erfolgt. Bei Klebeverglasungen wirken zusätzliche Einflüsse auf den Randverbund von Isoliergläsern, da die Lasten der Außenscheibe einschließlich Winddruck oder -sog über den Randverbund auf die Halterung der Innenscheibe übertragen werden (Dimensionierung siehe *Abbildung 6.8*).

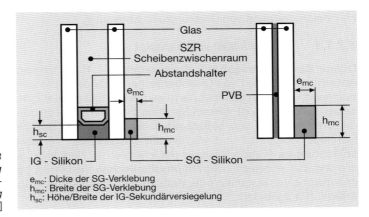

Abbildung 6.8
Dimensionierung
einer Structural-
Glazing-Verklebung
[19]

e_{mc}: Dicke der SG-Verklebung
h_{mc}: Breite der SG-Verklebung
h_{sc}: Höhe/Breite der IG-Sekundärversiegelung

Punktgehaltene Verglasungen sind eine konsequente Weiterentwicklung zu Ganzglasfassaden ohne jede lineare Halterung der Scheiben durch Rahmen. Ein- oder Zweischeibengläser werden am Rand oder im Scheibenfeld im Bereich einer Bohrung mit Punkthaltern aus Edelstahl befestigt. Inzwischen gibt es in Deutschland allgemein bauaufsichtliche Zulassungen für Punkthalter [19].

Verbundglas entsteht durch Fügen von zwei oder mehr Einzelscheiben über Stoffschluss zwischen den sich berührenden Oberflächen. Der Scheibenverbund darf die Lichttransmission nicht beeinträchtigen und muss die anwendungsspezifischen Anforderungen hinsichtlich Sicherheit, Schallschutz oder Brandschutz erfüllen.

Verbundsicherheitsglas VSG entsteht durch Verkleben von zwei bis sechs Einzelscheiben mit Polyvinylbutyral-Folie (PVB): Blasenfreies Verbinden im Walzverfahren und anschließend verzerrungsfrei durchsichtiges Verkleben im Autoklaven unter Druck und Wärme. Für besondere Anwendungen werden auch Polycarbonatplatten im Verbund eingesetzt.

Verbund-Schallschutzglas wird für besondere Anforderungen durch Verkleben von zwei Glasscheiben mit besonderen PVB-Folien, früher auch mit Acryl-Gießharz (PMMA) hergestellt. Bei Folienverbund erhält man gleichzeitig ein splitterbindendes Verbundsicherheitsglas (VSG). **Verbund-Brandschutzglas** schließt wasserhaltige Gelschichten oder Schichten aus Alkalisilicat (Wasserglas) ein.

Laminiertes Glas wird durch Aufkleben von dünnen Kunststoff-Folien auf Glasscheiben für Zwecke des Einfärbens, des Sonnen- und Blendschutzes sowie der Dekoration hergestellt. Diese Technologie wird zum Teil in Konkurrenz zu Beschichtungsverfahren eingesetzt. Besonderer Augenmerk ist auf die Dauerhaftigkeit des Laminats gegenüber äußeren Einflüssen zu richten. Laminierverfahren werden auch zum flächenhaften Verbund von Glasscheiben eingesetzt.

6.2.1.8 Beschichten von Flachglas

Dünne Beschichtungen mit Schichtstärken < 1 µm können das Reflexions- und Absorptionsverhalten von Glasoberflächen verändern. Sie werden für Aufgaben des Wärmeschutzes aus Edelmetallen (Gold, Silber und andere) oder halbleitenden Metalloxiden (z. B. Zinnoxid), für den Sonnenschutz aus Metallen oder Metalloxiden und für die Entspiegelung aus Metalloxiden hergestellt. Die Beschichtungen sind häufig mehrlagig aufgebaut und werden mit **chemischen Verfahren** bzw. **Sol-Gel-Beschichtungen** (Tauchverfahren mit chemischer Reduktion oder thermischer Zersetzung, d.h. Pyrolyse) oder mit **physikalischen Verfahren** bzw. **Vakuumverfahren** (thermische Verdampfung oder Kathodenzerstäubung bzw. Sputtern in „Magnetron-Anlagen") aufgebracht.

Emaillebeschichtungen mit deutlich größeren Schichtdicken werden für die farbige, teil- oder nichttransparente Oberflächengestaltung von Spiegelglas oder Rohglas eingesetzt. Die Emailleschicht entsteht durch Einbrennen von farbigem Glaspulver bei ca. 700 °C. Normalerweise wird die sichtbare äußere Glasoberfläche beschichtet. Bei Verwendung von Sonnenschutzglas in Fassadenbekleidungen, das farblich an eine Fensterverglasung angeglichen werden soll, wird rückseitig eine Emailleschicht aufgebracht. Auch Muster und Schriftzüge, die nicht flächendeckend sind, können im Emaillierverfahren aufgebracht werden (Siebdruck). Das Einbrennen der Emailleschicht führt automatisch zu einer Vorspannung des Glases (Einscheibensicherheitsglas).

6.2.1.9 Verbessern von Flachglaseigenschaften

Die **Kantenbearbeitung** beeinflusst die Biegefestigkeit von Flachglas, deren Rechenwert mit 30 N/mm^2 angesetzt wird. Fertigungsbedingte Verletzungen und Risse in Oberflächen und Schnittkanten reduzieren die Festigkeit, während ein Glätten der Kanten durch Schleifen bzw. Polieren, durch Abätzen oder durch Feuerpolieren (Verschmelzen von Kantenrissen) sie erhöht.

Das **thermische Vorspannen** erhöht sowohl die Biegefestigkeit (50 N/mm² bzw. 40 N/mm² statt 30 N/mm²) als auch die Temperaturwechselbeständigkeit (± 100 K statt ± 40 K). Ferner treten beim Bruch keine scharfkantigen Splitter, sondern kleinkörnige, stumpfe Krümel auf (Einscheibensicherheitsglas und Glas mit erhöhter Biegezugfestigkeit). Das Glas wird auf ca. 600 °C erwärmt und dann durch Anblasen mit kalter Luft zügig gekühlt. Der an der Glasoberfläche schneller als im Innern ablaufende Abkühl- und Schrumpfvorgang führt zu einer Druckspannung in den Außenbereichen (siehe *Abbildung 6.9*). Verfahrensbedingt können beim thermischen Vorspannen feine Oberflächenverformungen auftreten, die z. B. bei reflektierend beschichtetem Glas verzerrte Spiegelbilder hervorrufen. Beim Biegen sowie beim Emaillieren von Glas wird ohne Mehraufwand stets thermisch vorgespannt. Um mögliche Schäden durch Kantenverletzungen oder Nickel-Sulfid-Kristalle zu vermeiden sollte vor Einbau stets ein Heiß-Lagerungs-Test (Heat-Soak-Test) durchgeführt werden.

Das **chemische Vorspannen** stellt ein alternatives Verfahren dar, bei dem in den Oberflächenschichten des Glases Ionen gegen solche mit größerem Radius ausgetauscht werden, wodurch eine Druckspannung erzielt wird. Es entstehen Gläser mit 5- bis 6-facher Festigkeit, die für besondere Aufgaben (Flugzeugbau, Beleuchtungssektor) eingesetzt werden.

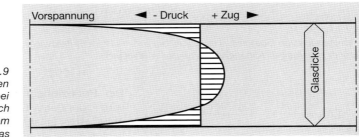

Abbildung 6.9
Aufbau der inneren
Spannung bei
thermisch
vorgespanntem
Flachglas

6.2.2   Strahlungsdurchlass von Flachglas

6.2.2.1   *Strahlungstechnische Kennwerte*

Fällt Strahlung auf Glas, so wird ein Teil reflektiert, ein Teil absorbiert (in Wärme gewandelt) und häufig ein Teil durchgelassen (transmittiert). Entsprechend werden die Kennwerte Reflexions-, Absorptions- und Transmissionsgrad benutzt, deren Summe stets 1 ist, und die in Abhängigkeit der Einflussgrößen spektrale Zusammensetzung der Strahlung (λ) und Winkel des Strahlungsein- und ausfalls (ε) definiert werden (siehe DIN 5036 Teil 1):

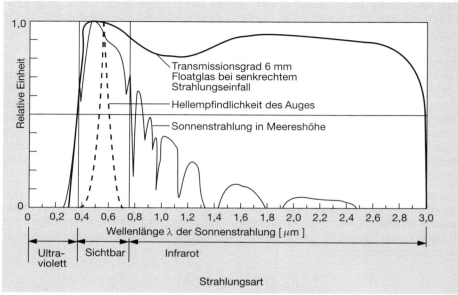

Abbildung 6.10
Transmission von Floatglas, 6 mm dick, bei senkrechtem Einfallswinkel und Intensität der Sonnenstrahlung in Abhängigkeit von der Wellenlänge

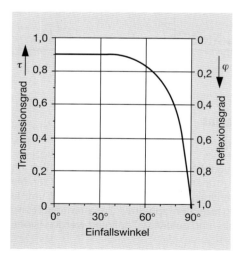

Der **Reflexionsgrad** (ρ) von Flachglas wird in der Regel für gerichtete Strahlung angegeben. Er ist abhängig vom Einfallswinkel (siehe *Abbildung 6.11*) und wird, wenn nicht anders definiert, für senkrechten Strahlungseinfall und entweder für das gesamte Sonnenspektrum (Energiereflexionsgrad) oder für Licht (Lichtreflexionsgrad) angegeben.

Abbildung 6.11
Lichttransmissions- und -reflexionsgrad von Klarglas in Abhängigkeit vom Einfallswinkel

Der **Absorptionsgrad** α gibt den in Wärme gewandelten Anteil der senkrecht auftreffenden Sonnenstrahlung (Energieabsorptionsgrad) an. Die Strahlungsabsorption ist abhängig von der Art und Dicke des Glases und führt zu seiner Erwärmung.

Der **Transmissionsgrad** τ wird in der Regel für senkrechten Strahlungseinfall und die Bereiche des gesamten Sonnenspektrums (Globalstrahlung nach C.I.E. 20, Energietransmissionsgrad) sowie des Lichtspektrums (0,38 bis 0,78 µm, Normlichtart D 65 nach DIN 5036, Lichttransmissionsgrad) und des Ultraviolettspektrums (0,28 bis 0,38 µm nach DIN 67507, UV-Transmissionsgrad) angegeben (siehe *Abbildung 6.10*). Glas ist für das gesamte Sonnenspektrum durchlässig, sowohl für den Bereich des Lichts als auch den der Wärme- bzw. Infrarotstrahlung. Das UV-Spektrum wird nur zu einem kleinen Teil durchgelassen (darum kein Bräunungseffekt hinter normalem Floatglas). Im Unterschied zum kurzwelligen Spektrum der Sonnenstrahlung (< 2,5 µm) wird das langwellige Spektrum der Infrarot- oder Wärmestrahlung von Körpern mit Umgebungstemperatur (2,5 bis 100 µm) von Glas nicht durchgelassen, sondern größtenteils absorbiert.

Der **Gesamtenergiedurchlassgrad** g (Berechnung nach DIN 67507 oder DIN EN 410) beschreibt den Energiedurchlass für Sonnenstrahlung im Spektrum von 0,32 bis 2,5 µm infolge Transmission und Wärmetransports absorbierter Strahlung (siehe *Abbildung 6.12*).

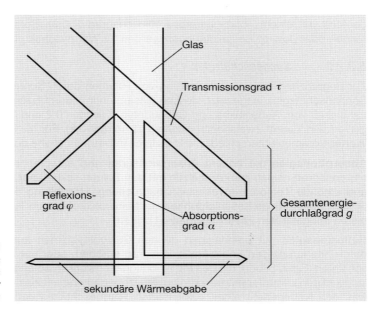

Glas

Transmissionsgrad τ

Reflexionsgrad φ

Absorptionsgrad α

Gesamtenergiedurchlaßgrad g

*Abbildung 6.12
Energiedurchlass
von Flachglas
infolge einfallender
Sonnenstrahlung*

sekundäre Wärmeabgabe

Der **Abminderungsfaktor** b, auch als „shading coefficient" bezeichnet, gibt nach VDI 2078 das Verhältnis aus g-Wert der jeweiligen Verglasung und g-Wert einer 3 mm dicken Glasscheibe ($g = 0,87$) an. Entsprechend ergibt sich ein konstanter Umrechnungsfaktor zwischen g- und b-Wert: b = $g/0,87$.

Der **Farbwiedergabe-Index** R_a nach DIN 6169 dient der Bewertung der Farbneutralität der Lichttransmission von Flachglas, insbesondere von beschichtetem Wärme- und Sonnenschutzglas: Klasseneinteilung für die Abweichung der spektralen Zusammensetzung des durchgelassenen Lichts (Lichtfarbe) gegenüber dem Tageslicht (Normlichtart D 65).

Während die **Durchsichtigkeit** von Glas eine gerichtete Transmission durch planparallele Scheibenoberflächen voraussetzt (Spiegelglas, Fensterglas, besondere Glassteine), wird für andere Anwendungen eine ungerichtete, streuende Lichttransmission benötigt (lichtstreuendes Flachglas, Hohlglas). DIN 5036 Teil gibt eine lichttechnische Klasseneinteilung für Materialien in Abhängigkeit von der Transmission, der Streuung und dem gerichteten Anteil. Nach [6] ist eine Einteilung von Gussglas nach dem Grad der Lichtstreuung und Durchsichtminderung in vier Klassen möglich (Beispiel siehe *Abbildung 6.2*).

Das **Emissionsvermögen** ε von Glas für langwellige Infrarot- oder Wärmestrahlung ist von Bedeutung für den Wärmetransport durch Glas (DIN EN 673). Während unbehandelte Oberflächen von Glas ein ε von 0,84 haben, kann durch dünne Beschichtungen mit Edelmetall oder Zinn- bzw. Indiumoxid ein ε von $\leq 0,1$ erreicht werden (gleichbedeutend mit einem hohen Infrarot-Reflexionsgrad $> 0,9$). Solche infrarotreflektierenden oder „low-e" Beschichtungen werden für Wärmeschutzglas eingesetzt [16].

6.2.2.2 Sonnenschutzglas

Zur Begrenzung der Wärmebelastung von Räumen durch Sonneneinstrahlung wird Sonnenschutzglas eingesetzt, dessen Gesamtenergiedurchlassgrad (g-Wert) in Abhängigkeit vom Außenklima und Gebäudetyp zwischen 0,8 und 0,2 liegen kann (der g-Wert von klarem Zweischeibenisolierglas beträgt 0,8). Für die Reduzierung des g-Wertes kommen unterschiedliche Prinzipien in Betracht (siehe auch *Abbildung 6.13*):

Absorptionsglas mit hohem Absorptionsgrad und entsprechend kleinem Transmissionsgrad neigen zum Aufheizen mit den Folgen sekundärer Wärmeübertragung und erhöhter Temperaturwechselbeanspruchung. Herstellung durch Einfärben des Glases, durch dünne Beschichtungen aus Metalloxid oder zum Teil auch durch Laminieren mit gefärbten Folien (Haltbarkeit prüfen).

Reflexionsglas mit mehrlagigen dünnen Schichtsystemen aus Metalloxiden, die durch Interferenz den Energiereflexionsgrad erhöhen, oder mit dünnen Edelmetallschichten (Gold, Silber), die den Reflexionsgrad sowohl im Solarspektrum als auch im langwelligen Infrarotspektrum erhöhen (gleichbedeutend mit kleinem Emissionsgrad), was den Nebeneffekt eines verbesserten Wärmeschutzes hat [k-Wert von Zwei-

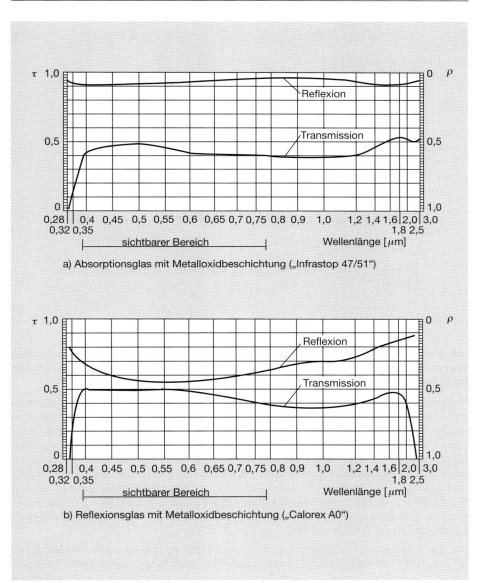

a) Absorptionsglas mit Metalloxidbeschichtung („Infrastop 47/51")

b) Reflexionsglas mit Metalloxidbeschichtung („Calorex A0")

Abbildung 6.13
Spektraler Transmissions- und Reflexionsgrad (Zwischenbereich zeigt Absorptionsgrad) von Zweischeiben-Isolierglas [2]

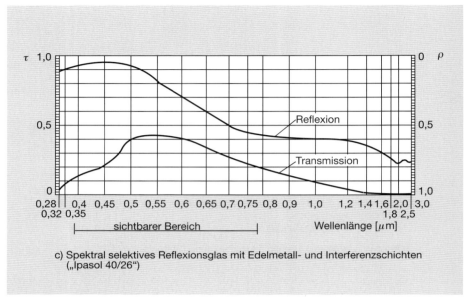

c) Spektral selektives Reflexionsglas mit Edelmetall- und Interferenzschichten („Ipasol 40/26")

Fortsetzung Abbildung 6.13

scheiben-Isolierglas $\leq 1,8$ statt $3,0$ W/(m$^2 \cdot$ K)]. Im Unterschied zu den Metalloxiden sind die Edelmetalle nicht witterungs- und reinigungsbeständig und müssen folglich im Scheibenzwischenraum des Isolierglases angeordnet werden.

Reflexionsglas bietet die Möglichkeit, bevorzugt das infrarote Sonnenspektrum zu reflektieren und Tageslicht durchzulassen (spektral selektive Reflexion), was lichttechnische Vorteile haben kann. Diese Eigenschaft wird durch das Kennwertpaar Lichttransmissionsgrad t_L und Gesamtenergiedurchlassgrad g, bzw. durch die Verhältniszahl $S = t_L/g$, die sogenannte **Selektivitätskennzahl**, charakterisiert (je größer S, desto besser die Selektivität). Während z. B. in *Abbildung 6.13* Glas a) $S = 47/51 = 0,92$ und Glas b) $S = 50/48 = 1,04$ aufweist, erreicht Glas c) die hohe Selektivität von $S = 40/26 = 1,54$. Maximale Selektivitätskennzahlen erreichen $67/34 = 2,0$. Durch selektives Sonnenschutzglas können unerwünschte Spiegeleffekte und Farbbeeinträchtigungen vermieden werden.

Bei der Auswahl von Sonnenschutzglas ist auf den **Farbwiedergabe-Index R_a** zu achten. DIN 6169 klassifiziert R_a-Indices von 100 bis 90 % als „sehr gute Farbwiedergabe", dieser Bereich weist aber für das menschliche Auge deutlich wahrnehmbare Farbabweichungen zum Tageslicht auf (99 % ist der bestmögliche Index von unbeschichtetem Floatglas).

Sonstige Möglichkeiten des Sonnenschutzes bietet mit Emaillefarben in Rastern bzw. Mustern **bedrucktes Glas**, dessen Durchsichtigkeit allerdings eingeschränkt ist. **Veränderbares Glas**, dessen strahlungstechnische Eigenschaften wandelbar sind, ist in der Entwicklung und teilweise auch schon erhältlich: Thermochrome Schichten ändern ihre Transmission in Abhängigkeit von der Temperatur, elektrochrome Schichten können durch Anlegen einer elektrischen Spannung von gerichteter Transmission auf diffuse Reflexion oder auf Absorption „geschaltet" werden. Auch photochrome Materialien sind bekannt, die ihre Transmission in Abhängigkeit von der Strahlungsintensität ändern (z. B. sich einfärbende Brillengläser).

Richtungsselektive Sonnenschutzgläser blenden die direkte Strahlung der Sonne aus, während sie die diffuse Strahlung des Himmels und der Umgebung für die natürliche Raumbeleuchtung und Aussicht durchlassen. Die technische Realisierung ist auf vielfältige Art möglich, wie z.B. durch Einbauten im Scheibenzwischenraum von Zweischeiben-Wärmeschutzglas (Prismenplatten, Laser-Cut-Panels, Spiegelraster) oder durch dünne Schichten mit holographisch-optischen Elementen (HOE) möglich [18].

6.2.2.3 Hochtransparentes Glas

Für Anwendungen wie Kollektorabdeckungen oder Wintergärten kann eine besonders hohe Energietransmission erwünscht sein, die durch zwei Prinzipien erreicht werden kann: **Eisenarmes Glas**, das als Gussglas und als Floatglas angeboten wird, besitzt einen reduzierten Absorptionsgrad, eine erhöhte UV-Durchlässigkeit (bis 280 nm statt 310 nm bei Normalglas) sowie Farbstichfreiheit (Eisengehalt bestimmt grünen Farbton). Für eine 4 mm dicke Scheibe beträgt der Energietransmissionsgrad 0,94 statt 0,86 bei normalem Eisengehalt.

Reflexionsarmes Glas weist im sichtbaren Spektrum einen Reflexionsgrad nahe 0 auf, während unbehandeltes Floatglas bei senkrechtem Einfallswinkel etwa 8 % reflektiert. Dieses Glas wird neben der Energiegewinnung vorzugsweise für Verglasungen von Schaufenstern, Vitrinen oder Bildabdeckungen verwendet, wo Lichtreflexe störend wirken. Herstellung durch Interferenzbeschichtungen, wobei für UV-empfindliche Exponate entspiegeltes Glas zusätzlich mit kleinem UV-Transmissionsgrad (0,26 statt 0,48 bei 8 mm Einfachglas) angeboten wird. Entspiegelung durch Oberflächenrauigkeit (Nörpelung, Seidenmattätzung, Auslaugeverfahren) findet kaum Anwendung im Bauwesen.

6.2.2.4 Lichtstreuendes, farbiges und winkelselektiv durchlässiges Glas

Für Aufgaben des Sichtschutzes, der gleichmäßigen Ausleuchtung sowie der Dekoration wird unter anderem in Fenstern und Türen, in Lichtdecken sowie in Leuchten Glas mit diffuser Transmission, d. h. **lichtstreuendes Glas** eingesetzt. Die wichtigsten lichtstreuenden Flachglaserzeugnisse sind:

Gussglas mit eingewalzten Unebenheiten der Oberfläche, wie Ornamentglas, Garten-klarglas, Profilbauglas. Dazu gehören auch Opakglas, ein weißes, meist in der Masse eingefärbtes undurchsichtiges, höchstens schwach durchscheinendes Gussglas. Seine Oberflächen sind feuerblank, seidenmatt, gehämmert oder gerastert. Opalglas ist ebenfalls ein Gussglas, welches durchscheinend bis durchsichtig, getrübt, milch-weiß oder farbig hergestellt wird. Beim Formen im Maschinenziehverfahren können zwei Glasschichten (eine klare und eine getrübte oder farbige) verschmolzen werden und es entsteht **Überfangflachglas**, z. B. Milchüberfangglas (Dicke 1,5 bis 7 mm). Durch Beschichten von Floatglas mit **eingebrannten Glasschichten** (Muster auch im Siebdruck) können verschiedene Grade der Transmission und Streuung erzielt werden (stets als ESG). Auch durch Laminieren von Floatglas mit **Kunststofffolien** kann eine ungerichtete Transmission erzielt werden. Durch Kombinieren von Flachglas mit licht-streuenden Stoffen (Waben-, Kapillar-, Schaum- oder Faserstruktur) entstehen **transluzente Verbund- oder Isolierglasprodukte.**

Durch chemische oder mechanische Trennverfahren werden **geätzte** oder **mattierte Oberflächen**, homogen oder gemustert, gefertigt. Berücksichtigung von Verschmut-zungs- und Reinigungsmöglichkeiten.

Winkelselektiv durchlässiges Glas grenzt die Durchsicht und die ungestörte Licht-transmission auf bestimmte Winkelbereiche ein. Durch einlaminierte Folien mit Mikro-strukturen wird die Lichttransmission für bestimmte Winkelbereiche gestreut („Lu-misty", weißes Erscheinungsbild) oder absorbiert (3M, schwarzes Erscheinungsbild).

Farbiges Glas entsteht durch in der Masse gefärbtes, durch farbig beschichtetes oder mit farbigen Folien gefügtes Verbundglas. Weitere Möglichkeiten einer Farbgestal-tung, die sich mit dem Lichteinfalls- oder dem Betrachtungswinkel verändert, sind dichroische Schichten mit Interferenzerscheinungen, die durch Sol-Gel-Beschichtun-gen hergestellt werden, oder holographisch-optische Elemente, die als Folien in Verbundglas eingebettet werden. Für besondere Nutzungen, wie z.B. Museen, werden **UV-filternde Gläser** eingesetzt, die mit Hilfe einlaminierter Folien das UV-Spektrum ausblenden.

Lichtundurchlässiges (opakes) **Glas**, das für Bekleidungen von Wänden und Decken eingesetzt wird, sollte in Außenbereichen nach DIN 18516 Teil 1 und nach der Fassadenrichtlinie des Landes Hessen eine erhöhte Temperaturwechselbeständigkeit und Festigkeit besitzen (ESG). Entsprechend empfiehlt sich emailliertes Glas, das in großer Farbpalette angeboten wird. Ist eine Abstimmung des Erscheinungsbildes mit beschichteten Fensterverglasungen gewünscht, so kommen Beschichtungs-kombinationen in Einfach-, Verbund- oder Isolierglas in Frage (siehe *Abbildung 6.14*).

6.2.2.5   Lichtlenkendes Glas

Lichtlenkendes Glas ändert für bestimmte Einfallswinkel die Richtung der Licht-transmission in einen begrenzten Ausfalls-Winkelbereich (Unterschied zum lichtstreu-

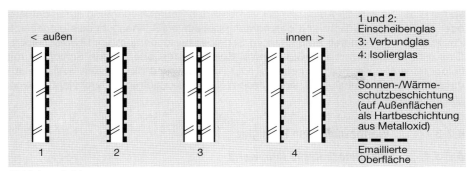

Abbildung 6.14
Typen beschichteter Fassadenplatten

Abbildung 6.15:
Beispiel für lichtlenkendes Glas: a) „Lumitop" mit Akrylprofilen im Scheibenzwischenraum für vertikale und Gussglas für horizontale Umlenkung; b) Verbundglas mit HOE

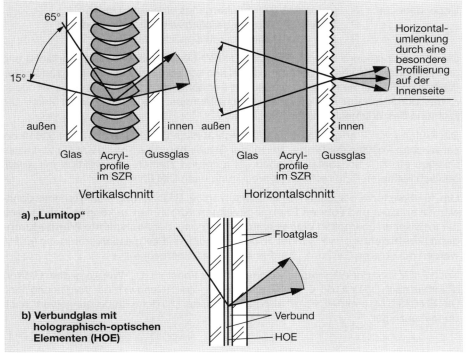

enden Glas). Es wird für Aufgaben der verbesserten Raumbeleuchtung durch diffuses oder direktes Sonnenlicht und des richtungsselektiven Sonnenschutzes eingesetzt. Zur Ausführung kommen Einbauten im Scheibenzwischenraum von Zweischeiben-Glas (Prismenplatten, Laser-Cut-Panels, Spiegelraster) oder dünne Schichten mit holographisch-optischen Elementen (HOE) [18]. Während die meisten Systeme undurchsichtig, d.h. transluzent, sind, lassen HOE eine ungetrübte Durchsicht zu (vergleiche *Abbildung 6.15*).

6.2.3 Wärmeschutz von Flachglas

6.2.3.1 Wärmetechnische Kennwerte

Der Wärmetransport durch Glas wird beschrieben durch den **Wärmedurchgangskoeffizienten U** nach DIN 4108 bzw. DIN EN 673 und DIN EN ISO 7345, den sogenannten U-Wert.

$$U = 1/(R_{si} + R + R_{se})$$

Dabei bedeutet: R_{si} [m² · K/W] Wärmeübergangswiderstand innen
R_{se} [m² · K/W] Wärmeübergangswiderstand außen
R [m² · K/W] Wärmedurchlasswiderstand

Die Wärmeübergangswiderstände (DIN EN ISO 6946) zwischen Glasoberfläche und angrenzender Luft werden bestimmt durch den konvektiven und strahlungsbedingten (langwellig IR) Wärmetransport, wobei letzterer abhängig ist vom Emissionsvermögen ε, das durch infrarot-reflektierende Beschichtungen verkleinert werden kann. Die Richtung des Wärmestroms ist zu beachten.

Die Prüfung von R erfolgt mit dem Plattengerät nach DIN 52612 bzw. DIN 52619 bei senkrechter Position der Probe. Weicht der Glaseinbau in der Praxis von der vertikalen Position ab, z.B. horizontaler Einbau, ist aufgrund stärkerer Konvektion mit einem deutlich kleineren R zu rechnen (Umrechnung nach DIN EN 673).

Um für Fensterverglasungen eine überschlägige Bilanzierung von Transmissionswärmeverlusten und **solaren Energiegewinnen** vornehmen zu können, wurde nach der inzwischen überholten Wärmeschutzverordnung der **äquivalente Wärmedurchgangskoeffizient $k_{eq, F}$** verwendet. In der jetzt gültigen Energiesparverordnung (EnEV) werden die solaren Gewinne über Fenster separat berechnet.

Nach EnEV wird der Wärmedurchgangswert des Fensters (U_W-Wert) aus dem U_f-Wert (Rahmen nach DIN V 4108-4, Tab. 7) und dem U_g-Wert (Nennwert der Verglasung nach DIN EN 673/674) ermittelt. Es gilt also nicht mehr der „amliche Bemessungswert" nach Bundesanzeiger.

Tabelle 6.2-1 Prinzipien des Wärmeschutzes von Flachglas mit typischen Kennwerten

Gliederung			Lösung		Maße	U-Wert	Kennwerte			Lite-ratur
Aufbau, Position außen/innen	Beschich-tung auf Position	Füllung SZR	Nr.	Abk.	mm	W/m²/K	Licht-trans-mission %	Farb-wiedergabe-Index %	g-Wert %	
Einscheibenglas	Keine	–	1	1G	6	5,7	89	99	85	[5]
	Zinnoxid auf 2	–	2	1Z	6	$3,6^{1)}$	75	98	70	[8]
Zweischeiben-glas	Keine	Luft	3	2G	5/12/5	3,0	82	97	76	[5]
	Zinnoxid auf 3	Luft	4	2Z	4/16/4	1,8	75	98	72	[8]
		Argon	5	2ZA	4/16/4	1,6	75	98	72	[8]
	Silber auf 3	Luft	6	2S	5/12/5	1,8	76	95	61	[5]
		Argon	7	2SA	5/12/5	1,5	76	95	61	[5]
		Krypton	8	2SK	5/12/5	1,1	76	95	61	[5]
		Xenon	9	2SX	5/8/5	0,9	76	97	58	[7]
Dreischeibenglas	Keine	Luft	10	3G	6/8,5/5/8,5/5	2,2	72	97	70	[5]
	Silber auf 2 u. 5	Krypton	11	3SK	4/8/4/8/4	0,7	66	94	48	[5]
		Xenon	12	3SX	5/8/5/8/5	0,4	64	96	42	[7]
Folienglas	Silber auf 3 u. 6	Luft	13	4FS	6/20/35/6	0,6	56		40	
Transparente Wärmedämmung	Keine	PC-Waben	14	TWDW	6/80/6	0,9	75		57	[17]
		Glasröhrchen	15	TWDR	6/80/6	1,1	68		67	[17]
		Aerogel	16	TWDA	4/30/4	0,45	50		45	[17]
Vakuumglas	Silber auf 3	$Vakuum^{2)}$	17	ZSV	4/2/4	0,47	76		63	

1) Rechenwert bei e = 0,2   2) Versuchsstadium, noch nicht am Markt

6.2.3.2 Prinzipien des Wärmeschutzes für Flachglas

Flachglaserzeugnissen mit verbessertem Wärmeschutz liegen folgende Prinzipien zugrunde (Übersicht mit Kennwerten siehe *Tabelle 6.5*):

Mehrscheibenisolierglas mit zwei oder drei Scheiben und wärmedämmenden Luftzwischenräumen, die durch den Randverbund luftdicht geschlossen sind. Die thermisch günstige Dicke des Scheibenzwischenraumes beträgt 20 bis 50 mm. Wegen der temperaturbedingten Volumenänderung der Luftzwischenräume und der resultierenden Belastung des Randverbundes durch Verformung der Scheiben werden in der Regel kleinere Abstände zwischen 8 und 20 mm gewählt. Um Gewicht einzusparen, werden in Einzelfällen statt der dritten mittleren Glasscheibe auch Kunststofffolien (z. B. Polyester) eingesetzt [19]. Der Randverbund bei Zwei- und Dreischeibenglas wurde thermisch verbessert (siehe 6.2.1.7 Randverbund).

Durch **Beschichten** von Flachglas **mit infrarot-reflektierenden dünnen Schichten** kann der Emissionsgrad gesenkt werden (von 0,84 auf 0,4 bis 0,1) und entsprechend der *k*-Wert verkleinert werden, ohne dass große Einbußen bei Licht- und Energietransmissionsgrad zu verzeichnen sind. Bei Einfachglas muss die Beschichtung kratzfest sein (Hartschichten aus Zinn- oder Indiumoxid). Bei Mehrscheibenisolierglas kann auch eine nicht kratzfeste dünne Beschichtung aus Edelmetall (z. B. Silber oder Gold) auf einer Innenfläche des Scheibenzwischenraumes aufgebracht werden.

Bei Einsatz von infrarot-reflektierenden Beschichtungen im Scheibenzwischenraum kann der *k*-Wert durch eine **Edelgasfüllung** statt einer Luftfüllung weiter reduziert werden (Argon oder noch besser Krypton). Da der Randverbund von Isolierglas in der Regel nicht absolut gasdicht ist, kann die *k*-Wert-Verbesserung durch Edelgasfüllung nicht für den amtlichen Wärmeschutznachweis angesetzt werden (siehe DIN 4108).

Konvektionshemmende Einlagen im Scheibenzwischenraum von Isolierglas führen zu einer *k*-Wert-Verbesserung, schränken allerdings die Durchsichtigkeit ein (lichtstreuendes Glas). Bei solchen Einlagen, die auch als **transparente Wärmedämmung (TWD)** bezeichnet werden und aus transparenten Kapillar-, Waben- oder Röhrchenstrukturen sowie mikroporösem Aerogel [17] bestehen können, ist eine Vergrößerung des Scheibenzwischenraumes wärmetechnisch sinnvoll (Lösungen mit 50 mm, in Einzelfällen bis zu 100 mm sind bekannt). Allerdings wird dann im Randverbund in der Regel eine Entspannungsöffnung zum Außenraum vorgesehen, um die temperaturbedingten Volumenänderungen der Luftfüllung zu begrenzen (zeitweise Kondensatbildung ist nicht ausgeschlossen).

Vakuumglas besteht aus Zweischeibenglas mit evakuiertem Scheibenzwischenraum (ca. 2 mm) und infrarotreflektierender Beschichtung auf Position 3. Um den äußeren atmosphärischen Druck aufnehmen zu können, sind punktförmige Abstandhalter in einem Raster von ca. 50 mm auf der Glasoberfläche Position 2 angeformt. Das Produkt befindet sich noch im Entwicklungs- und Erprobungsstadium.

Heizbares Glas wird für großflächige Fenster zur Vermeidung von Tauwasser und zur Behaglichkeitssteigerung (z. B. in Hallenbädern) während der kalten Jahreszeit eingesetzt. Elektrische Widerstandsheizung über Heizdrähte im Glas oder über infrarotreflektierende transparente Beschichtung.

6.2.4 Schallschutz von Flachglas

Die kennzeichnende Größe für den Luftschallschutz von Glas ist das **bewertete Schalldämm-Maß** R_w [dB] nach DIN 4109. Prüfnorm DIN 52210. Die in VDI-Richtlinie 2719 angeführten Schallschutzklassen und Schalldämmwerte beziehen sich immer auf das komplette Bauteil Fenster, bestehend aus Glas, Rahmen und Fugen.

Von wesentlichem Einfluss auf das bewertete Schalldämm-Maß ist das Flächengewicht des Glases, wie *Abbildung 6.16* zeigt. Bei **Einscheibenglas** erhöht sich R_w entsprechend mit zunehmender Scheibendicke. Durch Verkleben mehrerer Scheiben zu Verbundglas wird die Biegesteifigkeit reduziert und die Materialdämpfung sowie die Schalldämmung erhöht. Die Größenordnung dieser Verbesserung ist bei Einscheibenglas allerdings klein im Vergleich zu Mehrscheibenglas.

Die Schallübertragung im **Mehrscheibenisolierglas** findet über den Scheibenzwischenraum und den Randverbund statt. Maßnahmen zur Dämpfung der Übertragung durch den **Scheibenzwischenraum** sind:
○ Großes Scheibengewicht
○ Unterschiedliche Dicke der Einzelscheiben
○ Große Dicke des Scheibenzwischenraumes
○ Schwergasfüllung des Scheibenzwischenraumes.

Die Schallübertragung am Randverbund kann durch eine Körperschalldämpfung der Scheiben nach dem Verbundprinzip erreicht werden: Zwei Einzelscheiben

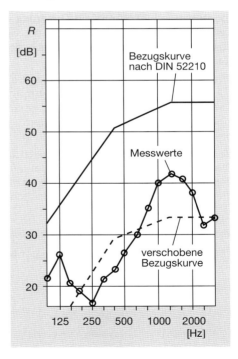

Abbildung 6.16
Luftschalldämmung eines
Zweischeiben-Isolierglases, 5/12/5 mm,
Flächengewicht 26 kg/m²,
bewertetes Luftschalldämm-Maß R_w = 30 dB

werden durch eine Kunststoff-Zwischenschicht (Folie, früher Gießharz) verbunden. Diese Dämpfung kann auch durch eine dünne Zwischenschicht aus Luft von etwa 0,5 mm Dicke erreicht werden.

Charakteristisch für Mehrscheibenisolierglas ist ein deutlicher Einbruch der Schalldämmung im unteren Frequenzbereich von 125 bis 250 Hz (siehe *Abbildung 6.16*). Zweischeibenglas weist in der Regel ein größeres Schalldämm-Maß auf als Dreischeibenglas mit vergleichbarem Flächengewicht. Gründe dafür sind einerseits die fast unveränderte Körperschallübertragung im Randverbund und andererseits die für Dreifachglas typische Verkleinerung der Scheibenabstände.

6.2.5   Festigkeit von Flachglas

Von den Festigkeitskenngrößen spielt die **Biegefestigkeit** bei Glas die größte Rolle, weil sie der Glasanwendung die engsten Grenzen setzt. Aufgrund der erforderlichen Zusatzstoffe, der amorphen Struktur sowie der unvermeidbaren Oberflächenverletzungen beim Schneiden und Verarbeiten erreicht Flachglas nur ein Tausendstel der theoretischen Biegefestigkeit von reinem Kieselglas: Praktisch gemessen werden stark streuende Werte von 30 bis 90 N/mm^2, wobei als Rechenwert **30 N/mm^2 für Floatglas** und **20 N/mm^2 für Gussglas** gelten. Die Prüfung erfolgt nach DIN 52303 Teil 1 bei zweiseitiger Auflagerung der Glasscheibe (Berücksichtigung von Randeinflüssen) oder nach DIN 52292 nach dem Doppelringverfahren (Ausschaltung der Kantenbeanspruchung).

Thermisch vorgespanntes **Einscheibensicherheitsglas (ESG)** erreicht Biegezugfestigkeiten von **120 bis 200 N/mm^2**, wobei 50 N/mm^2 als Rechenwert gelten. **Teilvorgespanntes Glas (TSG)**, das langsamer abgekühlt wird als ESG, hat eine zulässige Zugspannung von 40 N/mm^2. Für die Anwendung von ESG in Fassadenbekleidungen besagt die Fassadenrichtlinie des Landes Hessen (1985):

Verbundsicherheitsglas (VSG) besitzt keine erhöhte Biegefestigkeit. Die zulässige Biegespannung wird ermittelt, indem die zulässige Biegespannung der Glasart, aus der das VSG gefertigt ist, durch die Anzahl der zum Verbund gehörenden Glastafeln dividiert wird. Bei asymmetrischem Schichtaufbau sollte die Folie in der Zugzone

Tabelle 6.6
Rechenwerte der Biegefestigkeit von Einscheibensicherheitsglas

ESG–Scheibe:	Zulässige Spannung[1] [N/mm²] bei Güteüberwachung[2]:		
		Vorhanden	Nicht vorhanden
Nichtemailliert	Zug- und Druckseite	60	35
Emailliert	Druckseite	60	35
	Emaillierte Zugseite	35	18

[1] Prüfung nach DIN 52303, zweiseitige Auflagerung
[2] Güteüberwachung in der Produktion nach DIN 18200

Abbildung 6.17
Windlast-Diagramm zur Berechnung der Glasdicken von Isolierglaseinheiten nach
DIN 1055 nach der Bach'schen Plattenformel [10]

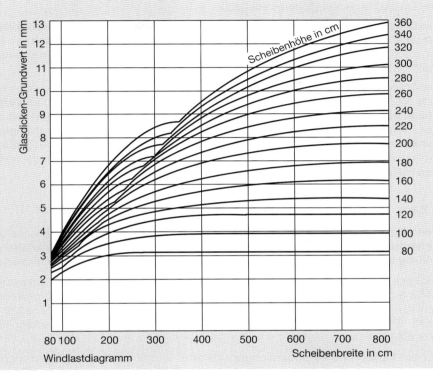

Windlastdiagramm

Verglasungshöhe über Gelände [m]	Normales Bauwerk (Beiwert c=1,2)		Turmartiges Bauwerk * (Beiwert c=1,6)	
	Windlast $w = q \cdot c$ [kN/m²]	Faktor	Windlast $w = q \cdot c$ [kN/m²]	Faktor
0 bis 8	0,60	1,0	0,80	1,16
8 bis 20	0,96	1,27	1,28	1,46
20 bis 100	1,32	1,48	1,76	1,72
über 100	1,56	1,61	2,08	1,87

*) Turmartiges Bauwerk: Gebäudeschmalseite kleiner als 1/5 der Gebäudehöhe

liegen (Spannungsabbau durch Relativbewegung). Bei **Drahtglas** wird die Biegefestigkeit durch die Drahteinlage gemindert (Wärmedehnung, Verletzungen an Schnittkanten): Rechenwert **20 N/mm²**. Bei ausmittiger Lage des Drahtnetzes sollte dieses in der Druckzone liegen (Scheibeneinbau).

Die **Druckfestigkeit** von Flachglas beträgt 880 bis 930 N/mm², die **Zugfestigkeit** mit **30 bis 90 N/mm²** etwa ein Zehntel der Druckfestigkeit. Das **Bruchverhalten** von Glas ist spröd, d. h. ohne nennenswerte plastische Verformung. Prüfung der Bruchstruktur nach DIN 52349.

Die **Glasdickenbemessung** erfolgt in Abhängigkeit von den auftretenden Lasten nach DIN 1055 Teil 4, dem Scheibenformat und der Scheibenauflage. Sie wird für **Verglasungsarbeiten** in DIN 18361 und für **Fensterwände** in DIN 18056 geregelt. Um Fensterwände handelt es sich bei Flächen von mehr als 9 m² und einer Seitenlänge von mindestens 200 cm. Vom Institut des Glaserhandwerks wurden technische Richtlinien [10] über die Glasdickenbemessung, auch für **Überkopfverglasungen**, herausgegeben (siehe *Abbildung 6.17*).

6.2.6 Sicherheit von Flachglas

Besonderen **Schutz vor Verletzungen** bei Glasbruch bieten einerseits Einscheibensicherheitsglas (ESG) durch die Bildung kleiner, stumpfkantiger Scherbenkrümel und andererseits Verbundsicherheitsglas (VSG) und Drahtglas durch eine Splitterbindung.

Die Festigkeit gegenüber **stoßartiger Belastung** durch Menschen oder Gegenstände ist für Glas in Brüstungen und Umwehrungen von Bedeutung und wird durch Pendelschlagversuche mit hartem und weichem Stoß nach DIN 52337 und DIN 52338 geprüft. Eine Prüfung der Ballwurfsicherheit von Glas für Sporthallen erfolgt nach DIN 18032.

Für den **Objekt und Personenschutz** wird eine Vielzahl von Sondergläsern angeboten. Schutz gegen mechanische Einwirkungen unterschiedlicher Art bietet VSG, zum Teil in Kombination mit Kunststoffschichten und ESG. Schutz vor Durchbruch wird vom Verband der Sachversicherer (VDS) nach drei Klassen EH 1, EH 2 und EH 3 gekennzeichnet. Schutz vor Angriff und Durchschuss wird in DIN 52290 in fünf Widerstandsklassen definiert. Für besondere Sicherheitsaufgaben (Alarm, Abhörsicherheit, Radarschutz und anderes) wird Spezialglas angeboten.

6.2.7 Temperaturbeständigkeit

Abhängig von der Wärmedehnung des Glases können schnelle Temperaturwechsel oder große Temperaturunterschiede in einer Glasscheibe zu Bruchspannungen führen. Dies gilt z. B. für Heizkörperanordnung dicht hinter Glas oder Teilverschattung stark absorbierenden Glases. Es gelten folgende Grenzwerte:

Flachglas, normal:	○ Kurzzeitiger Temperaturwechsel	± 40 K
Einscheibensicherheits-	○ Ganzflächige Dauertemperatur	200 °C
glas (ESG):	○ Temperaturunterschied	
	Scheibenmitte/-rand	150 K
	○ Kurzzeitiger Temperaturwechsel	± 100 K
Teilvorgespanntes Glas (TSG):	○ Temperaturwechselbeständigkeit	100 K

6.2.8 Brandschutz von Flachglas

Glas gehört zur **Baustoffklasse** A1 Nicht brennbar nach DIN 4102. Bezüglich der **Feuerwiderstandsklasse** ist nach DIN 4102 zwischen Bauteilen F und Sonderbauteilen Türen T und Verglasungen G zu unterscheiden.

Wird Glas in Bauteilen der **Klasse F** oder **T** eingesetzt, so muss es für den geforderten Zeitraum (z. B. F 60 = 60 Minuten) neben der Rauch- und Flammdichtigkeit auch die Wärmeübertragung begrenzen und den Pendelschlagversuch überstehen. Es gibt eine Reihe amtlich zugelassener F 60- und F 90-Verglasungen und entsprechend auch T-Verglasungen samt zugehöriger Einbaukonstruktionen. Aufbau nach unterschiedlichen Verbundprinzipien unter Verwendung von ESG und wärmedämmenden bzw. -wandelnden Zwischenschichten (siehe *Abbildung 6.18*).

Abbildung 6.18
Beispiele für Verglasungen der Feuerwiderstandsklasse F nach DIN 4102 [4]

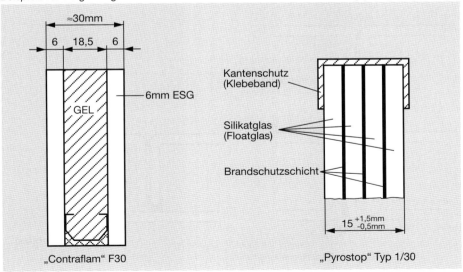

Glas in Sonderbauteilen der **Klasse G** muss im Unterschied zu F-Verglasungen nur die Rauch- und Flammdichtigkeit wahren, während die Forderungen nach begrenzter Wärmeübertragung und Stoßfestigkeit eingeschränkt sind. Entsprechend gibt es eine Vielzahl zugelassener G 30-, G 60- und G 90-Verglasungen samt Einbaukonstruktionen, die Drahtglas oder temperaturbeständiges Borosilicatglas verwenden.

6.2.9 Eigenschaften von Profilglas

Als Profilglas werden C-förmige Walzprofile bezeichnet, deren Oberfläche wie bei allen Gussglastypen (siehe auch 6.2.2) nicht plan und entsprechend lichtstreuend ist, d. h., die Durchsicht mehr oder weniger mindert. Splitterbindende Drahteinlagen sind möglich.

Die Elemente werden zur Verglasung von Bauteilöffnungen in ein- oder zweischaliger **Verlegeart** und zum Zweck des Schall- und Wärmeschutzes auch dreischalig verwendet. Die Stöße zwischen den horizontal oder vertikal versetzbaren Profilglaselementen werden mit einer Dichtungsmasse auf Siliconbasis gedichtet. Bei mehrschaliger Konstruktion kann die Körperschallübertragung über die Stege durch weichelastische Profile reduziert werden (siehe *Abbildung 6.19*).

Die wichtigsten **Eigenschaften** der Profilglastypen nach DIN 1249 Teil 5 sind in *Tabelle 6.7* zusammengestellt. Der k-Wert kann durch eine infrarotreflektierende Be-

Abbildung 6.19
Stoßausbildung von ein- und zweischaligem Profilglas

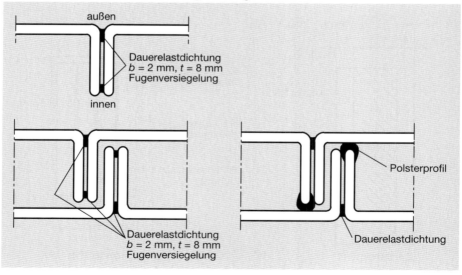

Verlegeart	Stoß mit Abpolsterung	Steghöhe (mm)	Elementbreite (mm)	Profiltyp nach DIN 1249	Lfd. Nr.	R_w (dB)	k [W/(m²K)]	τ (%)	Quelle
1	2	3	4	5	6	7	8	9	10
einschalig	nein	41+60	234–500	A bis G	1	ca. 27	5,7	89	[5]
zweischalig	nein	41	234–500	A,C,E,G	2	ca. 38	2,8	81	[5]
	nein	60	234–333	B,D,F	3	ca. 38	2,7	81	[5]
	ja	41	234–264	A,C	4	ca. 39	2,8	81	[5]
	ja	41	333–500	E,G	5	ca. 40	2,8	81	[5]
	ja	60	234–333	B,D,F	6	ca. 41	2,7	81	[5]
dreischalig (drei getrennte Rahmen)	nein	41+60	234–500	A bis G	7	ca. 54			[4]

Tabelle 6.7
Kennwerte von Profilglas nach [2]

schichtung bei zweischaliger Verlegeart auf 1,8 W/(m² · K) reduziert werden. Auch besondere Sonnenschutzbeschichtungen sind möglich. Das Flächengewicht von Profilglas beträgt je nach Typ für einschalige Verlegung 17,0 bis 25,6 kg/m².

6.2.10　Solarzellen, Leuchtdioden und Flüssigkristalle in Flachglas

Für die photovoltaische Stromerzeugung aus Sonnenstrahlung werden unterschiedliche Solarmodule angeboten, die aus einem Verbund von Flachglas und Silicium-Solarzellen bestehen. Der Verbund kann über Kunststoff-Folien oder Gießharze erfolgen (siehe 6.2.1.7 Verbundglas). Wegen der Aufheizung der Solarzellen wird Einscheibensicherheitsglas verwendet. Abhängig von Anordnung, Größe und Gefüge der Solarzellen (monokristallin, polykristallin oder amorph) können die Solarmodule opak oder teiltransparent sein. Sie werden als Einfach-Verbundscheiben oder als Zweischeiben-Isolierglas mit außenliegender Verbundscheibe hergestellt [15].

Um steuerbare Licht- und Farbeffekte im Glas zu generieren, werden **Leuchtdioden** punktförmig in Verbundglas eingesezt („power glass"). Die Stromversorgung erfolgt kabellos durch elektrisch leitende Beschichtungen im Glas. Andere Produkte verwenden **elektrolumineszente Schichten**, die bei Anlegen einer elektrischen Spannung in bestimmten Farben leuchten („Elight"). Durch Einlaminieren von **Flüssigkristallen** in Glas kann die Lichtdurchlässigkeit von klar durchsichtig auf lichtstreuend geschaltet werden („Privalight"). Andere Systeme ermöglichen die Schaltung einzelner Segmente, wodurch die Darstellung von Informationen in Display-Glasfassaden möglich wird [19].

6.3 Bauhohlglas

6.3.1 Glassteine

Glassteine oder Glasbausteine sind Hohlglaskörper, die aus zwei Teilen im Pressverfahren verschmolzen werden (Beispiel siehe *Abbildung 6.20*). Bei der Abkühlung bildet sich im Hohlraum ein Vakuum von ca. 76 %, welches den Wärmeschutz verbessert. Glassteine werden durch Vermauern mit unbewehrtem oder bewehrtem Zementmörtel zu transparenten und mehr oder weniger lichtstreuenden Bauteilen, die nach DIN 4242 keine Lasten aufnehmen dürfen, gefügt. Auch Trockenmontage mit Kunststoff-Formteilen, Bandstahlbewehrung und dauerelastischer Fugendichtung ist möglich. Für die Steintypen nach DIN 18175 wird in *Tabelle 6.8* das bewertete Schalldämm-Maß R_w für ein- und zweischalige Wandkonstruktionen aufgezeigt. Weiterhin gelten für Glassteine folgende **Kennwerte**:

○ Sicherheit: Je nach Ausführung sind Glassteinkonstruktionen durchwurf-, durchbruch- und durchschusshemmend; DIN 52290
○ Feuerwiderstandsklasse G 60 bei Ausführungen mit Steinen 190/190/80, G 120 bei zwei Glassteinwänden
○ Lichttransmissionsgrad nach DIN 67507: $\leq 0,75$ bei Klarglas (auch als weiß bezeichnet), $\leq 0,49$ bei bronzefarbenen Glassteinen
○ Lichtstreuende Steine unterschiedlicher Musterung sowie glatter Durchsichtstein
○ Wärmedurchgangskoeffizient in Abhängigkeit von Steinart und Verlegeart k = 2,8 bis 3,5 W/(m² · K). Für einen guten Wärmeschutz ist die Verwendung von Leichtmörtel nach Angaben des Glassteinherstellers möglich.

6.3.2 Betonglas

Betongläser nach DIN 4243 sind Glassteine, die in tragenden Betonteilen eingesetzt werden. Sie sind im Pressverfahren erzeugte Glaskörper, die in einem Stück (offene Körper) oder aus zwei durch Verschmelzen fest verbundenen Teilen (Hohlkörper) hergestellt werden. *Abbildung 6.21* zeigt mögliche Formen von Betongläsern. DIN 4243 gibt verbindliche Maße sowie Temperaturen für Abschreckversuch nach DIN 52321 für Betongläser an.

Betongläser dienen zur Herstellung von Glasstahlbeton nach DIN 1045, bei dem das Glas statisch beansprucht wird. Deshalb muss das Betonglas im umgebenden Beton ohne Trennung eingebettet sein. Anwendung in Wänden, Decken, Dächern, Lichtschachtabdeckungen und anderen Bauteilen, hergestellt als Ortbeton oder Betonfertigteile. Begehbare Bauteile aus Glasstahlbeton mit einer Verkehrslast von maximal 5,0 kN/m². Befahrbare Bauteile nur mit Betongläsern B und R 117 (Form C und D), die jedoch nicht als statisch mitwirkend angenommen werden dürfen. Räumliche Tragwerke nach DIN 1045 (Schalen und Faltwerke) nur mit zylindrischen, über die ganze Dicke reichenden Betongläsern: R 117 (Form D).

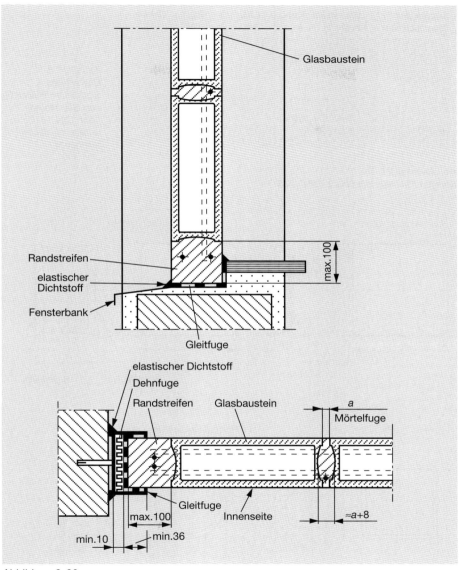

Abbildung 6.20
Einbaubeispiel für eine bewehrte Glasbaustein-Wand nach DIN 4242

Anzahl der Wandschalen	Glassteinformat Länge/H./B. (mm)	Lfd. Nr.	R_w (dB)	Quelle
1	2	3	4	5
1	190/190/80	1	40	[4]
	240/240/80	2	42	[4]
	240/115/80	3	45	[4]
	300/300/100	4	41	[4]
2	240/240/80	5	50	[4]

Tabelle 6.8
Bewertetes
Schalldämm-Maß R_w
von Glassteinen
nach DIN 18175 in
unterschiedlicher
Verlegeart

Abbildung 6.21
Formen für Betonglas nach DIN 4243

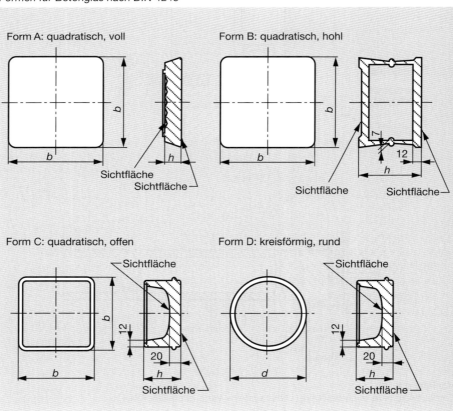

Form A: quadratisch, voll   Form B: quadratisch, hohl

Form C: quadratisch, offen   Form D: kreisförmig, rund

Die Betonrippen müssen bei einachsig gespannten Tragwerken mindestens 6 cm, bei zweiachsig gespannten mindestens 8 cm hoch und in der Höhe der Bewehrung mindestens 3 cm breit sein.

6.3.3 Glasdachstein

Für die Belichtung von Dachräumen werden gepresste Glasdachsteine in unterschiedlichen Formen angeboten, die wie Dachziegel oder Dachsteine verlegt werden.

6.4 Glasrohre, Glasprofile

Glasrohre und **-kapillaren** aus speziellem Borosilikatglas („Duran") sind wasser- und säurebeständig. Sie werden in Rohrdurchmessern von 3 mm bis 450 mm und in maximalen Längen von 2.000 mm bis 7.500 mm angeboten. Die Standardlänge beträgt 1.500 mm. Für die Beleuchtungstechnik und andere Anwendungen werden stabförmige **Glasprofile** in unterschiedlicher Form und Abmessung angeboten („Conturax"). Scharfe Kanten können aufgrund des Ziehverfahrens nicht hergestellt werden (Mindestradius 2,5 mm). Standardlängen sind 1.500 mm [19].

6.5 Schaumglas

Schaumglas nach DIN 18174 ist ein geschlossenzelliger Wärmedämmstoff für das Bauwesen. **Herstellung** aus silicatischem Glas besonderer Zusammensetzung, das zu Pulver zerkleinert und mit Kohlenstoff versetzt wird. Beim Erhitzen der Masse in Formen bildet sich CO und CO_2, das als Treibmittel wirkt. Langsames Abkühlen, Schneiden zu Platten. Die schwarze Farbe rührt von überschüssigem Kohlenstoff.

Die wichtigsten **Eigenschaften**:

- Rohdichte 100 bis 150 kg/m^3
- Wärmedurchgangskoeffizient k = 0,045 bis 0,060 W/(m · K) nach DIN 4108
- Druckfestigkeit für Anwendungstyp WDS mindestens 0,50 N/mm^2, für WDG mindestens 0,70 N/mm^2 nach DIN 18174
- Biegefestigkeit 0,45 bis 0,53 N/mm^2
- E-Modul 1000 bis 1200 N/mm^2
- Vorzugsmaße Plattengröße 300 mm x 450 mm bis 600 mm x 450 mm, Plattendicke 40 bis 130 mm
- Baustoffklasse A1 Nicht brennbar nach DIN 4102
- Anwendungstemperatur von −260 bis +430 °C
- Wärmedehnung 8,5 x 10^{-6}/K
- Wasser- und wasserdampfdicht
- Wasser- und chemikalienbeständig

6.6   Glasfasern

Herstellung durch Auslaufen des Glasschmelzflusses besonderer Zusammensetzung aus feinen Düsen und anschließendes Ziehen der Fasern auf den gewünschten Querschnitt (5 bis 30 μm). Weiterverarbeitung zu Textilfasern und Garnen oder zu kurzen Fasern für Mineralfaserdämmstoffe.

Spinnbare Glasfasern, auch als Textilglasfasern bezeichnet, werden in unendlicher Länge (Glasfilament) und in endlicher Länge (Glasstapelfasern) gefertigt und in Textilglasgarn mit oder ohne Drehung zusammengefasst. Weiterverarbeitung zu

○ Textilglasroving (Spinnfadenschnüre) nach DIN 61855, die z. B. als Einlage in glasfaserverstärkten Kunststoffen (GFK) eingesetzt werden
○ Textilglasgewebe und durch Binder verfestigte dünnschichtige Textilglasmatten nach DIN 61853/54, die als Einlagen für Kunststoff- und Bitumenbahnen sowie als nicht brennbare Gewebe, Dekorationsstoffe und Tapeten Anwendung finden
○ Textilglasvlies mit verfilzten Fasern für Einlagen in Dichtungsbahnen oder für Kaschierungen von Dämmstoffen, zum Teil mit organischem Bindemittel.

Die Glasfasern können mit umhüllenden anorganischen oder organischen „Schmälzen" oder „Schlichten" versehen werden, die Schutz- oder Haftfunktionen übernehmen. Für Betonbewehrungen werden z. B. alkaliunempfindliche Glasfasern (E-Glasfasern) aus Borosilicatglas eingesetzt. Die Zugfestigkeit von Glasfasern ist fertigungsbedingt deutlich größer als die von Glasstäben oder -scheiben: Bis 1,5 kN/mm^2.

Nichtspinnbare Glasfasern werden im Düsenblas- oder Schleuderverfahren als kurze Fasern in Wirrlage hergestellt. Ein kleiner Anteil (ca. 0,1 %) dieser Fasern hat Durchmesser < 1 μm und gibt Anlass zu Diskussionen unter gesundheitlichen Aspekten [11]. Weiterverarbeitung zu nicht brennbaren (A1) Dämmstoffen (Sammelbegriff Mineralische Faserdämmstoffe, da auch Steinfasern Verwendung finden), und Vliesen, zum Teil mit organischen Bindemitteln, welche zur Baustoffklasse A2 oder B1 führen können:

○ Lose Glaswolle, Zöpfe oder Matten, auch verstärkt mit Wellpappe oder Drahtgeflecht
○ Mineralfasermatten, auch kaschiert mit Bitumenpapier, Metallfolie oder Glasvlies. Rollenbreite 1,0 bis 1,2 m
○ Mineralfaserplatten mit Kunstharzbindung zu weichen bis steifen Platten, Kaschierungen wie bei Matten möglich
○ Glasvliese für Einlagen in Dichtungsbahnen und Dachbahnen.

Wärmeleitfähigkeit der Dämmstoffe 0,035 bis 0,050 W/(m · K) nach DIN 4108. Verwendung auch für Tritt- und Luftschalldämpfung.

6.7 Literatur

6.7.1 Normen, Richtlinien

DIN EN 410	Glas im Bauwesen, Bestimmung von lichttechnischen und strahlungs-physikalischen Kenngrößen von Verglasungen
DIN EN 673	Glas im Bauwesen, Bestimmung des Wärmedurchgangskoeffizienten (U-Wert) – Berechnungsverfahren (enthält Änderung A1:2000)
DIN EN 674	Glas im Bauwesen, Bestimmung des Wärmedurchgangskoeffizienten (U-Wert) – Verfahren mit dem Plattengerät
DIN 1045	Beton und Stahlbeton; Bemessung und Ausführung
DIN 1055	Lastannahmen für Bauten; Teil 1 – 6
DIN 1249	Flachglas im Bauwesen; Teil 1, 3, 4, 5
DIN 1259	Glas; Begriffe; Teil 1, 2
DIN EN 1279	Glas im Bauwesen – Mehrscheiben-Isolierglas, Teil 2 Typprüfung von luftgefülltem Mehrscheiben-Isolierglas, Teil 3 Typprüfung von gasgefülltem Mehrscheiben-Isolierglas; Gasverlustrate
DIN 1286	Mehrscheiben-Isolierglas; Teil 1, 2
DIN 4102	Brandverhalten von Baustoffen und Bauteilen; Teil 1 – 5
DIN 4108	Wärmeschutz im Hochbau; Teil 1 – 5, Teil 4A1 E
DIN 4109	Schallschutz im Hochbau
DIN 4242	Glasbaustein-Wände; Ausführung und Bemessung
DIN 4243	Betongläser; Ausführung und Bemessung
DIN 5036	Strahlungsphysikalische und lichttechnische Eigenschaften von Materialien; Teil 1, 3, 4
DIN 6169	Farbwiedergabe; Teil 1 – 8
DIN EN ISO 6946	Bauteile – Wärmedurchlasswiderstand und Wärmedurchgangskoeffizient – Berechnungsverfahren (ISO 6946:1996 + And. 1:2003) (enthält Änderung A1:2003)
DIN EN ISO 7345	Wärmeschutz – Physikalische Größen und Definitionen (ISO 7345:1987)
DIN 8580	Fertigungsverfahren; Einteilung
DIN 11 525	Gartenbauglas; Gartenblankglas
DIN 18 032	Sporthallen; Grundsätze für Planung und Bau; Teil 1 – 6
DIN 18 056	Fensterwände; Bemessung und Ausführung
DIN 18 174	Schaumglas als Dämmstoff für das Bauwesen
DIN 18 175	Glasbausteine; Anforderungen und Prüfung
DIN 18 361	VOB Verdingungsarten für Bauleistungen Teil C; Verglasungsarbeiten
DIN 18 516	Außenwandbekleidungen; Teil 1, 2E, 3, 4, 6E
DIN 52 210	Bauakustische Prüfungen; Teil 1 – 7
DIN 52 290	Angriffhemmende Verglasungen; Teil 1 – 5, Teil 3E

DIN 52 292	Prüfung von Glas und Glaskeramik; Teil 1, 2
DIN 52 293	Prüfung von Glas; Prüfung der Gasdichtheit; Teil 1, 2
DIN 52 294	Prüfung von Glas
DIN 52 303	Prüfung für Flachglas im Bauwesen; Biegefestigkeit; Teil 1, 2
DIN 52 321	Abschreckversuch für Hohlglaskörper insbesondere Glasbehältnisse
DIN 52 337	Prüfung für Flachglas im Bauwesen; Pendelschlagversuch
DIN 52 338	Prüfung für Flachglas im Bauwesen; Kugelschlagversuch für Verbundglas
DIN 52 344	Prüfung von Glas; Klimawechselprüfung an Mehrscheiben-Isolierglas
DIN 52 349	Prüfung von Glas; Bruchstruktur von Glas für bauliche Anlagen
DIN 52612	Wärmeschutztechnische Prüfungen - Bestimmung der Wärmeleitfähigkeit mit dem Plattengerät
DIN 52619	Wärmeschutztechnische Prüfungen - Bestimmung des Wärmedurchlasswiderstandes und Wärmeduchlasskoeffizienten von Fenstern
DIN 61 853	Textilglas; Textilglasmatten für die Kunststoffverstärkung; Teil 1, 2
DIN 61 854	Textilglas; Textilglasgewebe; Filamentgewebe und Rovinggewebe; Teil 1, 2
DIN 61 855	Textilglas; Textilglasrovings für die Kunststoffverstärkung; Teil 1, 2
DIN 67 507	Lichttransmissionsgrade; Strahlungstransmissionsgrade und Gesamtenergiedurchlassgrade von Verglasungen
DIN ISO 719	Wasserbeständigkeit von Glasgrieß bei 98 °C; Prüfverfahren und Klasseneinteilung
DIN ISO 720	Wasserbeständigkeit von Glasgrieß bei 121 °C; Prüfverfahren und Klasseneinteilung
VDI 2078 E	Berechnung der Kühllast klimatisierter Räume; VDI Kühllastnormen
VDI 2719	Schalldämmung von Fenstern und deren Zusatzeinrichtungen
C.I.E. 20	Empfehlungen für die Gesamtstrahlungsstärke und die spektrale Verteilung künstlicher Sonnenstrahlung für Prüfzwecke

Fassadenrichtlinien des Landes Hessen

WSchV	Verordnung über einen energiesparenden Wärmeschutz bei Gebäuden (Wärmeschutzverordnung), Entwurf für Novellierung vom 19.5.1993

6.7.2   Bücher und Veröffentlichungen

[6.1]   *Pfaender, H.-G.:*
       Schott-Glaslexikon, Moderne Verlags GmbH, München, 2. Auflage (1983/84).

[6.2]   *Fahrenkrog, H.-H.:*
       Glas am Bau, expert verlag, Grafenau (1982).

[6.3]   *Petzold, A., Marusch, H.:*
       Der Baustoff Glas, VEB Verlag für Bauwesen, Berlin (1973).

[6.4]   Bundesvrband des Deutschen Flachglashandels e.V. (Hrsg.):
       Glasfibel, Köln (1983).

[6.5]   *Balkow, D. u.a.:*
       Technischer Leitfaden Glas am Bau, Deutsche Verlags-Anstalt Stuttgart, VEGLA GmbH, Aachen (1986).

[6.6]   *Spiekermann, H.:*
          Gussglas im Hochbau, Verlag Karl Hofmann, Schorndorf (1966).

[6.7]   *Interpane (Hrsg.):*
          Gestalten mit Glas, Lauenförde (1985).

[6.8]   *Pilkington Flachglas AG:*
          Das Glas-Handbuch 1998

[6.9]   *Müller, H.:*
          Behaglichkeit in Fensternähe, HLH Bd. 38 (1987) Nr. 11, S. 515 – 519.

[6.10]   Institut des Glaserhandwerks für Verglasungstechnik und Fensterbau:
          Technische Richtlinien, Verlag Karl Hofmann, Schorndorf.

[6.11]   *Tiesler, H.:*
          Stand der Diskussion um die gesundheitlichen Aspekte künstlicher
          Mineralfasern, Glastechn. Ber. 57 (1984) Nr. 3, S. 57 – 66.

[6.12]   *Kühne, K.:*
          Werkstoff Glas, Akademie-Verlag, Berlin (1984).

[6.13]   *Jebsen-Marwedel, H.:*
          Glas in Kultur und Technik, Verlag Aumann KG, Selb (1976).

[6.14]   *Lohmeyer, S.:*
          Werkstoff Glas, expert verlag, Grafenau (1979).

[6.15]   GWU Solar- und Energiesparsysteme:
          Photovoltaik Handbuch, Ökobuch Verlag GmbH, Staufen (1990).

[6.16]   *Johnson, T.E.:*
          Low-e glazing design guide, Butterworth-Heinemann, Boston (1991)

[6.17]   *Kerschberger, A., W. Platzer, B. Weidlich:*
          TWD Transparente Wärmedämmung, Bauverlag Woiesbaden Berlin (1998).

[6.18]   *Müller, H.F.O., M. Kischkoweit-Lopin:*
          Architektur auf der Sonnenspur. Hrsg.: HEW AG, Hamburg (1997)

[6.19]   *Achilles, Braun, Seger, Stark, Volz:* Glasklar, Produkte und Technologien zum
          Einsatz von Glas in der Architektur. Deutsche Verlagsanstalt, München (2003)

Kapitel 7: Baustoffe mit mineralischen Bindemitteln

7 Baustoffe mit mineralischen Bindemitteln

7.1 Bindemittel

7.1.1 Magnesiabindemittel

7.1.1.1 Rohstoffe

Als Rohstoff zur Herstellung von Magnesiabinder dienen Magnesit [$MgCO_3$] und Dolomit [$CaMg(CO_3)_2$].

7.1.1.2 Herstellung

Die Herstellung des Bindemittels erfolgt durch sogenanntes „Brennen"; in der Technik wird das Brennen bei 800 – 900 °C vorgenommen:

○ Magnesit:

$$MgCO_3 \longrightarrow MgO + CO_2$$

○ Dolomit:

$$CaMg(CO_3)_2 \longrightarrow CaCO_3 + MgO + CO_2$$

Das bei diesen Temperaturen entstehende Magnesiumoxid, das mit Wasser reagieren kann, wird *kaustische Magnesia* genannt.

Bei Temperaturen > 1600 °C gebrannt erhält man aus Magnesit gesintertes Magnesiumoxid, ein nicht mehr mit Wasser reagierendes Produkt, das zur Herstellung hochfeuerfester Steine (*Magnesitsteine*) dient.

7.1.1.3 Erhärtung

Kaustische Magnesia erhärtet nur durch Zugabe von Salzlösungen 2-wertiger Metalle, z. B. Magnesiumsalzlösung, (diese Mischung bezeichnet man im allgemeinen als Magnesiabinder) unter Bildung komplex zusammengesetzter basischer Magnesium-salze (z. B. $Mg_2(OH)_3Cl \cdot 4\,H_2O$, oder ähnliches) in wenigen Stunden zu einer marmor-artigen polierfähigen Masse.

Das Erstarren des Magnesiabreies darf frühestens 40 min nach dem Anmachen beginnen, muss spätestens 5 h nach dem Anmachen beendet sein.

Wichtig ist das Einhalten eines bestimmten Mischungsverhältnisses (MV) von Magnesiumsalz zu Magnesiumoxid. Nach der DIN 18 560 (Estriche im Bauwesen) wird ein MV $MgCl_2$ (wasserfrei) : $MgO = 1 : 2,0$ bis $1 : 3,5$ nach Gewichtsteilen empfohlen; bei $MgCl_2$-überschuss neigt die erhärtete Mischung zur Durchfeuchtung, da Magne-siumchlorid hygroskopisch ist, bei zuviel MgO erhält man ein poröses Produkt mit geringerer Festigkeit. Bei Verwendung von $MgSO_4$-Lösung ist die Gefahr hygroskopi-scher Durchfeuchtung nicht gegeben, die erzielbaren Festigkeiten sind jedoch etwas geringer.

7.1.1.4　Eigenschaften und Verwendung

Bei Magnesiabinder hat man die Möglichkeit, verschiedenartigste Füllstoffe, insbesondere organischer Natur, in relativ großer Menge ohne wesentlichen Festigkeitsverlust zusetzen zu können.

Magnesia muss in einer Mörtelmischung mit Normholzspänen und $MgCl_2$-Lösung bei Prüfung am Mörtelprisma mindestens folgende Festigkeiten erreichen: *(siehe Tabelle 7.1)*

Altersstufe [d]	Biegezug- festigkeit [N/mm²]	Druck- festigkeit [N/mm²]
3	4,0	9,0
7	5,0	14,0
28	6,0	18,0

Tabelle 7.1
Festigkeitsanforderungen an Magnesiabinder gemäß DIN 273

Magnesiabinder neigt im allgemeinen zum Schwinden und Quellen bei Wechsel der Feuchtigkeit.

Kaustische Magnesia wird in erster Linie zur Herstellung von Estrichen gemäß DIN 18 560 verwendet.

Je nach verwendetem Füllstoff besitzen diese Estriche eine ganze Reihe günstiger Eigenschaften:
fußwarm, federnd, zäh, widerstandsfähig gegen Schlag und Stoß, trittschalldämmend, gleitsicher, nicht staubend, beständig gegen Benzin und Benzol.

Im feuchten Zustand sind diese Materialien jedoch elektrisch leitend und bei Verwendung von $MgCl_2$-Lösung stark korrosionsfördernd.

Über *Spannbeton* ist die Verwendung von Magnesiamörtel **nicht zulässig!**

Eine weitere Verwendung findet Magnesiabinder in der Herstellung von künstlichen Steinen und von Holzwolle-Leichtbauplatten (Bindemittel + Holzmehl oder -späne; z. B. Heraklith); zur Verminderung der Korrosionsgefahr wird anstelle von $MgCl_2$-Lösung eine $MgSO_4$-Lösung eingesetzt. Zur Befestigung sind stets verzinkte oder auf andere Art korrosionsgeschützte Nägel zu verwenden.

Die hohe Feuchtigkeitsempfindlichkeit, die Korrosionsgefährdung für Metallteile und das relativ hohe Schwinden und Quellen führen mehr und mehr zum Ersatz des Magnesiabinders durch andere Bindemittel.

Magnesia ist in der Regel wegen ihrer Feuchtigkeitsempfindlichkeit in Papiersäcken mit Bitumen- oder PE-Einlage zu 50 kg abzupacken; in Sonderfällen kann auch lose Lieferung vereinbart werden. Die Säcke müssen an beiden Seiten in schwarzer Farbe einen aufgedruckten Längsstreifen, bestehend aus der Aufeinanderfolge der Buchstaben M tragen, sowie zur Kennzeichnung des Alters den Aufdruck des Mahldatums.

7.1.2 Gipsbaustoffe

7.1.2.1 Baugipse DIN 1168

7.1.2.1.1 Rohstoffe

Als Hauptrohstoff für die Herstellung von Baugipsen dient der natürlich vorkommende Gipsstein [$CaSO_4 \cdot 2\,H_2O$].

Es gibt jedoch einige Fabrikationsanlagen, die mit sogenanntem *Chemiegips* als Rohmaterial arbeiten, der als Abfallprodukt bei diversen chemischen Prozessen anfällt; z. B. H_3PO_4-Produktion. Zunehmend versucht man auch den bei der Rauchgasentschwefelung in Steinkohlekraftwerken anfallenden *REA-Gips*, der technisch und hygienisch gleichwertig ist, in der Bauindustrie als Bindemittel unterzubringen.

7.1.2.1.2 Herstellung

Die einzelnen Baugipsarten werden durch je nach Brenntemperatur unterschiedlich starkes Austreiben des chemisch gebundenen Kristallwassers hergestellt.

Eine Übersicht über die einzelnen Hydratstufen des Calciumsulfats enthält die *Tabelle 7.2*.

Die verschiedenen Calciumsulfatphasen zeigen recht unterschiedliche Eigenschaften. Durch entsprechende Steuerung des Produktionsprozesses kann man die Eigenschaften der verschiedenen Baugipssorten (siehe unter *Stuckgips, Putzgips* usw.) durch den Anteil der beiden Halbhydratformen und den Anteil von kristallwasserfreiem $CaSO_4$, dem Anhydrit, bestimmen. Des weiteren können durch werkseitige Zugabe von sogenannten Stellmitteln die Eigenschaften der Brennprodukte noch weiter modifiziert werden.

Tabelle 7.2
Übersicht über die Hydratstufen des Calciumsulfats

Chemische Formel	Hydratstufe (Phase) Bezeichnung	Form	technische Entstehungstemperatur [°C]
$CaSO_4 \cdot 2\,H_2O$	Calciumsulfat-Dihydrat		
$CaSO_4 \cdot \frac{1}{2}\,H_2O$	Calciumsulfat-Halbhydrat	α	100
		β	125
$CaSO_4$	Anhydrit III	α	110
		β	290
$CaSO_4$	Anhydrit II		300–500[1]
$CaSO_4$	Anhydrit I		ca. 1200[1][2]

[1] Technisch ohne Bedeutung.
[2] Bei Temperaturen > 1200 °C bildet sich durch thermische Zersetzung von $CaSO_4$ in geringer Menge CaO und SO_3.

7.1.2.1.3   Erhärtung

Bei der Erhärtungsreaktion des Halbhydrats bzw. des Anhydrits mit dem Anmachwasser handelt es sich um die Umkehrung des Brennprozesses; d. h. das beim
Brennen ausgetriebene Wasser wird als Kristallwasser wieder in den Kristallverband
eingelagert. Unterschiedlich ist nur die Reaktionsgeschwindigkeit; während die Kristallwasseraufnahme des Halbhydrats relativ schnell vor sich geht, reagiert der Anhydrit – wegen der geringeren Löslichkeit – erheblich langsamer, erfordert zum Teil sogar
die Zugabe von Anregern.

Die innige Verfilzung der entstehenden, nadelförmigen Gipskriställchen führt alsbald
zum Erstarren (*plastische Konsistenz*) und schließlich zur Verfestigung und Erhärtung.

Der Aufbau des sperrigen Kristallgefüges führt zu einer Volumenvergrößerung von bis
zu 1 Vol.-%; das ist überall dort von Vorteil, wo Wert auf schwindrissfreie Verarbeitung
gelegt wird (Gipsputze, Gipsestriche, Einsetzen von Dübeln und ähnlichem, usw.).

Baugips **muss** beim Anmachen in das vorgelegte Wasser eingestreut werden, **nie**
umgekehrt Wasser zum Gips geben, damit alle Gipsteilchen gleichmäßig und vollständig vom Wasser umgeben werden.

Die Vorgänge des „Brennens", „Anmachens" und „Abbindens" von Gipsstein stellen
also einen geschlossenen Kreislauf dar; im Endzustand ist somit wieder das *Dihydrat*
vorhanden, jetzt allerdings in der gewünschten Formgebung.

Die Festigkeitseigenschaften der Gipsbaustoffe werden von der Kristallausbildung
und vor allem vom **Wasser-Gips-Verhältnis** beeinflusst.

Es gilt für Gipsmassen dieselbe Gesetzmäßigkeit wie für die erhärteten Zement-
massen: je höher der Wasser-Bindemittel-Wert, desto geringer die erreichbare Festigkeit!

Die Erhärtung ist praktisch mit der Kristallwasseraufnahme abgeschlossen (der Zeit-
punkt entspricht etwa dem Versteifungsende); der Gips hat dann ca. 40 % seiner
Endfestigkeit erreicht. Letztere wird nach vollständiger Trocknung erreicht. Längeres
Feuchthalten nach erfolgter Kristallwasseraufnahme ist deshalb nicht erforderlich.
Länger anhaltende Baufeuchtigkeit durch Gipsputze gibt es nicht!

Die Kristallisationsvorgänge lassen sich durch geeignete Zusätze beschleunigen bzw.
verzögern. Als Verzögerer wirken z. B. organische Säuren (am häufigsten eingesetzt
Wein-, Zitronen-, Äpfelsäure) und deren Salze, organische Kolloide (wie z. B. Leim),
ferner Zucker, Kalkmilch, Wasserglas. Stark beschleunigend wirken Reste bereits
abgebundenen Gipses (Vorsicht bei verunreinigten Geräten!).

7.1.2.1.4   Sorten und Verwendung

Laut DIN 1168, Blatt 1, bestehen Baugipse zu $\geq$ 50 M.-% aus den verschiedenen
Hydratationsstufen des Calciumsulfats.

Die Norm behandelt folgende Baugipssorten:

Stuckgips	Fertigputzgips	Ansetzgips
Putzgips	Haftputzgips	Fugengips
	Maschinenputzgips	Spachtelgips

7.1.2.1.4.1 Baugipse ohne werkseitig beigegebene Zusätze

Stuckgips besteht im wesentlichen aus β-Halbhydrat. Stuckgips ist reinweiß, versteift rasch (8 bis 25 min), ist wasserlöslich und nicht wetterbeständig. Stuckgips ist ca. 10 bis 15 min verarbeitungsfähig; bei längerer Bearbeitung besteht die Gefahr des sogenannten „Totreibens" (keine ausreichende Verfestigung).

Verwendung findet Stuckgips für Stuckarbeiten, als Zusatz zu Kalkputzmörtel sowie als Feinputz (d. h. ohne Sandzusatz), ferner zu Form- und Rabitzarbeiten sowie zur Herstellung von Gipsbaukörpern wie Gipsbauplatten, Deckenplatten usw..

Putzgips besteht überwiegend aus dem sogenannten Anhydrit III, der noch Reste von Kristallwasser enthält, sowie geringen Mengen von Anhydrit II (*Mehrphasengips*). Putzgips beginnt im allgemeinen früher zu versteifen als Stuckgips, bindet im ganzen aber doch langsamer, und damit gleichmäßiger ab. Er ist daher auch länger verarbeitungsfähig als Stuckgips – ca. 30 bis 60 min.

Verwendet wird er für reinen Gipsputz, Gipssandputz, Gipskalkputz, Kalkgipsputz, für Rabitzarbeiten und bisweilen zum groben Vorziehen von Stuckarbeiten.

7.1.2.1.4.2 Baugipse mit werkseitig beigegebenen Zusätzen

Baugipse mit werkseitig beigegebenen Zusätzen bestehen, gewichtsmäßig bezogen auf die bindefähigen Bestandteile, überwiegend aus Stuck- und/oder Putzgips, denen im Herstellwerk Stellmittel zum Erzielen bestimmter Eigenschaften zugesetzt sind. Füllstoffe (*Sand, Faserstoffe, Perlite oder ähnliches*) dürfen, je nach Baugipssorte, werkseitig zugesetzt sein.

Fertigputzgips versteift langsam und wird für das Herstellen von Innenputzen verwendet.

Haftputzgips enthält haftverbessernde Zusätze und wird vorzugsweise für das Herstellen einlagiger Innenputze verwendet, insbesondere auf glattem, wenig saugfähigem Untergrund.

Maschinenputzgips wird besonders für das Herstellen von Innenputzen unter Einsatz von Putzmaschinen verwendet; Stellmittel ermöglichen ein kontinuierliches maschinelles Verarbeiten, Füllstoffe dürfen zugesetzt sein.

Ansetzgips, Fugengips und Spachtelgips werden zum Ansetzen, Verbinden und Verspachteln von Gipskarton- und Gips-Bauplatten verwendet. Stellmittel bewirken langsames Versteifen, erhöhtes Wasserrückhaltevermögen und verbessern die Haftung.

7.1.2.1.4.3 Lieferung und Kennzeichnung

Geliefert werden die Baugipse vorwiegend in Säcken zu 40 bzw. 50 kg, oder lose in Silofahrzeugen. Bei Baugipsen mit werkseitig beigegebenen Zusätzen müssen neben der Kennzeichnung nach Abschnitt 3.1.2 der DIN 1168 auf den Rückseiten der Säcke, bei loser Lieferung auf dem Lieferschein, *Hinweise für die Verarbeitung* aufgedruckt werden!

7.1.2.1.5 Anforderungen

Die DIN-gerechten Baugipse müssen bestimmte Anforderungen hinsichtlich Kornfeinheit, Versteifungsbeginn, Biegezug- und Druckfestigkeit und Härte erfüllen. Die Anforderungen sind in der *Tabelle 7.3* zusammengestellt.

Die Überwachung erfolgt in der Regel durch Güteschutzgemeinschaften. Das Zeichen dieser Überwachung zeigt die *Abbildung 7.1*.

Baugipssorte	Kornfeinheit Rückstand auf Drahtsieb- boden nach DIN 4188 Blatt 1[1]			Versteifungs- beginn	Biegezug- festigkeit	Druck- festigkeit	Härte
	3,15 [M.-%]	1,25	0,2	[min]	[N/mm²]	[N/mm²]	[N/mm²]
Stuckgips	0	0	≤ 12	8 bis 25[2]	≥ 2,5	–	≥ 10
Putzgips	0	–	–	≥ 3	≥ 2,5	–	≥ 10
Fertigputzgips	0	–	–	≥ 25	≥ 1,0	≥ 2,5	–
Haftputzgips	0	–	–	≥ 25	≥ 1,0	≥ 2,5	–
Maschinenputzgips	0	–	–	≥ 25	≥ 1,0	≥ 2,5	–
Ansetzgips	0	–	–	≥ 25	≥ 2,5	≥ 6,0	–
Fugengips	0	0	≤ 1	≥ 25	≥ 1,5	≥ 3,0	–
Spachtelgips	0	0	≤ 2	≥ 15	≥ 1,0	≥ 2,5	–

[1] Ersetzt durch DIN EN 933
[2] Bei werksmäßiger Weiterverarbeitung, z.B. zu Gipsbauplatten, darf der Versteifungsbeginn früher eintreten.

Tabelle 7.3
Anforderungen an Baugipse

Abbildung 7.1
Gütezeichen der Güteschutz-Gemeinschaft für Gips-
und Gipsbauelemente e.V.

7.1.2.2 Anhydritbinder DIN 4208

7.1.2.2.1 Rohstoffe und Herstellung

Für die Herstellung von Anhydritbinder dienen

O natürlich vorkommender Anhydrit [$CaSO_4$] (NAT)
O der bei einem chemischen Arbeitsvorgang anfallende synthetische Anhydrit (SYN)

Anhydritbinder (AB) sind nach DIN 4208 nichthydraulische Bindemittel, die aus feingemahlenem Anhydrit ($\geq$ 85 M.-%) und Anregern [wie z. B. basische Stoffe wie Kalk, PZ (max. 7,0 M.-%) oder salzartige Stoffe wie Sulfate (max. 3,0 M.-%) oder Gemischen aus beidem (max. 5 M.-%)] in inniger Mischung – werkseitig! – bestehen.

7.1.2.2.2 Erhärtung

Anhydritbinder erhärten bei der Wasseraufnahme auf die gleiche Art wie die Baugipse nach DIN 1168. Die geringe Löslichkeit des Anhydrits macht die Zugabe von Anregern erforderlich, um eine Hydratation in bautechnisch vertretbarer Zeit zu ermöglichen. Das Erstarren der Anhydritbinder darf bei der Normprüfung frühestens 25 min nach dem Anmachen beginnen und muss spätestens 12 h nach dem Anmachen beendet sein.

Tabelle 7.4
Festigkeits-
anforderungen an
Anhydritbinder
gemäß DIN 4208

Festigkeits-klasse	Mindestfestigkeiten in N/mm² im Alter von			
	3 Tagen		28 Tagen	
	Biegezug-festigkeit	Druck-festigkeit	Biegezug-festigkeit	Druck-festigkeit
AB 5	0,5	2,0	1,2	5,0
AB 20	1,6	8,0	4,0	20,0

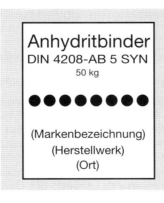

Anhydritbinder
DIN 4208-AB 5 SYN
50 kg

●●●●●●●●

(Markenbezeichnung)
(Herstellwerk)
(Ort)

Anhydritbinder
DIN 4208-AB 20 SYN
50 kg

●●●●●●
●●●●●●
●●●●●●

(Markenbezeichnung)
(Herstellwerk)
(Ort)

Abbildung 7.2
Beispiele für die
Sackbeschriftung
bei synthetischem
Anhydritbinder

Anhydritbinder besitzen eine sehr hohe Raumbeständigkeit (sie zeigen gegenüber Baugipsen nur sehr geringe Volumenzunahme bei der Erhärtung; Schwinden und Quellen betragen max. ±0,2 mm/m).

7.1.2.2.3   Sorten und Verwendung

Je nach Druckfestigkeit unterscheidet die DIN 4208 zwei Güteklassen (*Tabelle 7.4*). Die Bestimmung der Druckfestigkeit erfolgt wie bei der Zementprüfung an Mörtelprismen 4 cm x 4 cm x 16 cm, die mit einem Mischungsverhältnis Bindemittel : Sand = 1 : 3 hergestellt werden.

Die Güteklassen müssen bei Sacklieferung mit werkseitig bereits beigegebenem Anreger auf dem Sack durch aufgedruckte Punkt-Reihen gekennzeichnet sein. Siehe *Abbildung 7.2*.

Für die Herstellung von Estrichen kann auch gemahlener Anhydrit verwendet werden, dem erst auf der Baustelle ein geeigneter Anreger nach Verarbeitungsvorschrift zugegeben wird.

Die Verpackung **muss** dann auf der Vorderseite in deutlicher Schrift folgende Angaben tragen:

„Anhydrit SYN (oder NAT)
erfüllt nach der Verarbeitungsvorschrift mit einem Massenanteil von ...%
(Anreger) die Anforderungen der Festigkeitsklasse AB ... nach DIN 4208. "
Die Kennzeichnung der Festigkeitsklassen mit Punktreihen darf nicht angewendet werden!

Verwendung findet Anhydritbinder für Innenputzmörtel der Mörtelgruppe PVa (Anhydritmörtel) und P Vb (Anhydrit-Kalk-Mörtel) nach DIN 18 550, für Estriche (schwimmend) nach DIN 18 560 – allerdings nur AB 20!! Ferner für Wandbauplatten und Wandbausteine für Innenwände, für Deckenhohlkörper für Stahlbetonrippendecken.

Ein Vermischen von Anhydritbindern verschiedener Markenbezeichnungen untereinander ist nicht zulässig. Eine Zumischung von sulfatverträglichen Farbpigmenten ist werkseitig möglich.

7.1.2.3   Physikalische und chemische Eigenschaften von Gipsbaustoffen

7.1.2.3.1   Verhalten gegen Feuchtigkeit, Feuchtigkeitsaufnahme und -abgabe

Gips ist – wenn auch nur geringfügig mit ca. 2 g/l – in Wasser löslich. Aus diesem Grunde dürfen Gipsbaustoffe **in Räumen mit ständiger Einwirkung von Wasser** (*Hallenbäder, Duschräume und dergleichen*) **nicht verwendet** werden. Auch Regen, aufsteigende Feuchtigkeit oder Kondensfeuchtigkeit verursachen Schäden. Durch den ständigen Wechsel von Auflösung und wieder Auskristallisieren der gelösten Bestandteile entsteht ein beträchtlicher Kristallisationsdruck, der eine Gefügezerstörung bewirkt, die fälschlicherweise als *„Faulen"* des Gipses bezeichnet wird.

Gipsbaustoffe dürfen daher nur bei Bauteilen im Trockenen verwendet werden.

Gips ist jedoch nicht hygroskopisch!

Im Kristallgefüge des abgebundenen Gipses sind Hohlräume vorhanden: mikroporige Struktur (Raum des inzwischen ausdiffundierten überschüssigen Anmachwassers). Durch die mikroporige Struktur im Kristallgefüge des abgebundenen Gipses kann dieser Feuchtigkeit in Dampfform aufnehmen (*Adsorption*) und gibt sie bei sinkender Umgebungsfeuchte allmählich wieder ab. Das Kristallgefüge und somit die Festigkeit wird dadurch praktisch nicht verändert; das tritt erst dann ein, wenn Wasser in flüssiger Form ansteht und über einen längeren Zeitraum vorhanden bleibt, Kristalle also angelöst werden.

In Räumen, die nur kurzzeitig mit hoher Luftfeuchtigkeit beaufschlagt werden und danach bei niedriger Luftfeuchte ein ausdiffundieren der Feuchtigkeit aus dem Kristallgefüge wieder möglich ist (Feuchträume im Wohnungsbau, wie z.B. Küchen und Bäder) können Gipsprodukte also bedenkenlos eingesetzt werden.

Das Verhalten gegenüber Luftfeuchtigkeit (also Wasserdampfadsorptionsfähigkeit) zusammen mit der hohen Wasserdampfdurchlässigkeit von Gipsprodukten – die Wasserdampfdiffusionswiderstandszahlen für die wichtigsten Gipsprodukte liegen zwischen 2 und 10 – ergibt einen Werkstoff, der ein angenehmes Raumklima schafft und guten Feuchteausgleich sicherstellt, somit ideal für den Innenausbau geeignet ist.

7.1.2.3.2 Wärmedämmung

Die Wärmeleitzahl λ für reine Gipsbaustoffe liegt bei ca. 0,4 bis 0,7 W/(m · K). Es können somit reine Gipsbaukörper, Gipsputze oder Gipskartonplatten allein nicht als Wärmedämmstoff angesehen werden.

Eine häufig angewandte Möglichkeit ist jedoch die Kombination mit reinen Wärmedämmmaterialien zu sogenannten *„Verbundplatten"* oder *„Verbundbaustoffen"*, die dann eine hohe Wärmedämmung aufweisen.

7.1.2.3.3 Feuerschutz

Gipsbaustoffe (*-Platten, -Putze, -Verkleidungen und anderes*) haben eine gute feuerhemmende Wirkung. Grund ist der im abgebundenen Gips enthaltene Kristallwasseranteil von ca. 21 M.-%. Dieser wird im Brandfall ausgetrieben (siehe Brennen von Gips) und verdampft, wodurch dem Feuer Energie entzogen wird (endotherme Prozesse). Der in den Poren sich bildende Wasserdampfschleier sowie die entstehende mehlige, entwässerte Schicht sind schlechtere Wärmeleiter, so dass der Temperaturanstieg auf der Rückseite des beflammten Gipses nur ganz allmählich erfolgt.

Gemäß DIN 4102 werden Bauteile mit $\geq$ 15 mm dickem Gipsputz als feuerhemmend eingestuft.

7.1.2.3.4 Schädliche chemische Reaktionen

Gips bzw. Gipslösung ist chemisch neutral.

> Vermischung von **Gipsbaustoffen mit hydraulischen Bindemitteln** (Zement, hydraulische Kalke) **ist unbedingt zu vermeiden**, da es sonst zur *„Ettringit"*-Bildung und damit zum Treiben kommen kann (siehe Kapitel Zement!).

Aus demselben Grund ist das Aufbringen von Gipsputz auf frischem, noch feuchtem, zementgebundenem Untergrund zu unterlassen. Dagegen bestehen keine Bedenken, wenn der Untergrund trocken ist und ein nachträglicher Wasserzutritt nicht zu befürchten ist.

Bei Anwesenheit von Feuchtigkeit ist die stark korrosionsfördernde Wirkung der SO_4^{2-}-Ionen, insbesondere für Eisen, zu berücksichtigen; Verwendung von verzinkten oder anderweitig (Anstrich, Verlacken) korrosionsgeschützten Stahlteilen, falls diese mit frischem Gips in Berührung kommen.

7.1.3 Baukalke

Baukalk ist ein Sammelbegriff aller in der DIN EN 459 erfassten Baukalkerzeugnisse. Baukalke sind Bindemittel, deren analytische Hauptbestandteile die Oxide und Hydroxide des Calciums [CaO, $Ca(OH)_2$], Magnesiums [MgO, $Mg(OH)_2$], Siliciums [SiO_2], Aluminiums [Al_2O_3] und Eisens [Fe_2O_3] sind.

Obwohl die DIN EN 459 die Baukalke nicht mehr in die zwei Gruppen Luftkalke und hydraulisch erhärtende Kalke unterteilt, werden hier aus didaktischen Gründen die beiden Gruppen in zwei getrennten Abschnitten behandelt.

7.1.3.1 Luftkalke

Luftkalke sind Baukalke, die vorwiegend aus Calciumoxid oder -hydroxid bestehen und sich durch Carbonaterhärtung verfestigen. Sie erhärten nicht unter Wasser. Saure Wässer greifen durch Bildung leichtlöslicher Calciumverbindungen an.

7.1.3.1.1 Rohstoffe

Als Rohstoff zur Herstellung der Luftkalke dient der natürlich vorkommende **Kalkstein** [$CaCO_3$], daneben auch **Dolomit** [$CaMg(CO_3)_2$], speziell zur Herstellung von Dolomitkalk.

7.1.3.1.2 Herstellung

Brennen

Beim Erhitzen auf ca. 900 °C zersetzt sich Calciumcarbonat unter Bildung von Calciumoxid und Kohlendioxid:

$$CaCO_3 \xrightarrow{> 900\ °C} CaO + CO_2 ; \quad \Delta H = +178{,}8\ kJ^{1)}$$

Diese Reaktion dient zur Darstellung von gebranntem Kalk [CaO].

Löschen

Gebrannter Kalk [CaO] hat die Eigenschaft, mit Wasser unter starker Wärmeentwicklung und Bildung von Calciumhydroxid (*"gelöschter Kalk"*) zu reagieren:

$$CaO + H_2O \longrightarrow Ca(OH)_2 ; \quad \Delta H = -62{,}8\ kJ$$

Diese Reaktion verläuft unter beträchtlicher Volumenvergrößerung des Gesamtgefüges (*Achtung:* Gefahr des Treibens beim „Nachlöschen" in bereits erhärtetem Mörtel; beachten der Mindesteinsumpfdauer!).

Die stark exotherme Löschreaktion führt zu einer Erwärmung des Systems; es können dabei Temperaturen von $> 100\ °C$ auftreten, die zum Verspritzen des stark basischen Breis führen können (*Vorsicht:* Verätzungsgefahr!).

7.1.3.1.3 Erhärtung von Luftkalk

Ein Mörtel aus gelöschtem Kalk und Sand erhärtet durch Carbonatisierung nach folgenden Gleichungen:

$$CO_2 + H_2O \rightleftharpoons H_2CO_3$$

$$Ca(OH)_2 + H_2CO_3 \rightleftharpoons CaCO_3 + 2\ H_2O$$

Ohne Wasser, d. h. nur allein durch Aufnahme von CO_2 aus der Luft, ist eine Erhärtung nicht möglich; es muss sich immer erst Kohlensäure [H_2CO_3] bilden können.

Das neu gebildete Calciumcarbonat verkittet als feinkörnige, kristalline Masse Sand und Bausteine.

Das bei dieser „*Neutralisationsreaktion*" frei werdende Wasser wird als sogenannte *Neubaufeuchte* bezeichnet.

Auch beim Brennen, Anmachen und Erhärten des Luftkalks handelt es sich (wie bei den Gipsbaustoffen) um einen geschlossenen Kreislauf; am Ende des Erhärtungsprozesses liegt wieder Kalkstein vor, allerdings jetzt in der gewünschten Form.

Nachteilig wirken sich aus:
- ○ Wasserüberschuss im Mörtel
- ○ vorzeitiges Austrocknen
- ○ auch ein zu frühzeitig aufgebrachter diffusionsdichter Anstrich führt zum Erliegen des Carbonatisierungsvorganges

---

[1] ΔH = Reaktionsenthalpie

Begünstigung der Erhärtung:
○ Anreicherung des CO_2-Gehaltes der Luft
○ leichte, aber ständige Durchlüftung

7.1.3.1.4 Kalksorten

Weißkalk wird aus fast reinem $CaCO_3$ gebrannt. Er löscht sehr kräftig ab und ist sehr ergiebig.

Als Weißkalk gelten auch Muschelkalke und Carbidkalke, die nur als gelöschte Weißkalke geliefert werden.

Dolomitkalk wird aus Dolomit $[CaMg(CO_3)_2]$ gebrannt. Er ist nicht so ergiebig wie Weißkalk.

Die DIN EN 459 unterscheidet bei den Luftkalken folgende Handelsformen:

Ungelöschte Kalke, Kennbuchstabe Q:
○ **Stückkalk**: grobkörniger oder stückiger, gebrannter Kalk
○ **Feinkalk**: feingemahlener, gebrannter Kalk (ungelöscht!)

Beide Sorten sind vor dem Verarbeiten nach den Anweisungen des Lieferwerks zu löschen

Kalkhydrate, Kennbuchstabe S:
○ **Kalkhydrat**: fabrikmäßig mit Wasserdampf zu Pulver gelöschter Kalk (sogenanntes Trockenlöschen) mit einer Schüttdichte $\leq 0,5$ kg/dm^3
○ **Kalkteig**: gelöschte Kalke, die mit Wasser zu einer gewünschten Konsistenz vermischt sind (sogenanntes Nasslöschen)

Für Dolomitkalke führt die Norm auch halbgelöschte (S1)und vollständig gelöschte (S2) Produkte auf, die vorwiegend aus Calciumhydroxid und Magnesiumoxid bzw. aus Calciumhydroxid und Magnesiumhydroxid bestehen.

7.1.3.1.5 Verwendung

Baukalke sind die bewährten Bindemittel für Mauer- und Putzmörtel. Durch das günstige Verhältnis von Biegezug- zu Druckfestigkeit sind sie besonders dehnungsfähig und elastisch. Da sie als Feinkalke große Ergiebigkeit und als Hydrate ein niedriges Litergewicht haben und eine große Mörtelausbeute erlauben, sind sie besonders wirtschaftlich. Für die Verwendung der verschiedenen Kalkarten sind die Mörtelbestimmungen der DIN 1053 (Mauerwerk) und der DIN 18 550 (Putz) maßgebend. Weiß- und Dolomitkalk sind gemäß DIN 1053 die Bindemittel für die Mörtelgruppe I. Nach der DIN 18 550 werden sie der Mörtelgruppe P Ia zugeordnet. Da $CaCO_3$ von kohlensäurehaltigem Wasser sehr leicht angegriffen wird, sollte man von der Verwendung eines reinen Luftkalkmörtels für Außenputz absehen.

In Industriegegenden ist die Verwendung eines Mörtels auf Dolomitkalkbasis nicht unproblematisch, da sich mit dem SO_2 der Rauchgase leichlösliches $MgSO_4$ bildet, das Ursache für Ausblühungen und Putzschäden sein kann. Weiterhin werden Luftkalke verwendet für Dünnbeschichtungen (früher Anstriche) mit desinfizierender Wirkung (Kalktünche) und zum Herstellen von Kalksandsteinen und Kalkleichtbeton.

7.1.3.2 Hydraulische Kalke

Gemäß DIN EN 459 verfestigen sich hydraulische Kalke durch Zusammenwirken von Carbonaterhärtung und hydraulischer Erhärtung. Es sind Kalk-Bindemittel, die nach dem Anmachen mit Wasser und einer entsprechend langen Vorerhärtung an Luft auch unter Wasser weiter erhärten können. Sie enthalten mindestens 3 M.-% freien Kalk.

7.1.3.2.1 Natürliche hydraulische Kalke NHL

7.1.3.2.1.1 Rohstoffe

Gebrannte hydraulische Kalke werden aus mergelhaltigem Kalkstein bei Temperaturen ≤ 1250 °C gebrannt. Mergel sind Sedimentgesteine; man teilt die Mergel je nach dem Verhältnis, in dem Kalk und Ton in ihnen vorkommen, in "*Kalkmergel*" oder „*Tonmergel*" ein.

7.1.3.2.1.2 Herstellung

Brennen

Beim Brennen von mergeligem Kalkstein (im Schachtofen bei ca. 1200 °C) dissoziiert die carbonatische Komponente zu CaO und CO_2. Die Tonminerale spalten bei Temperaturen zwischen 500 °C und 900 °C das chemisch gebundene Wasser ab unter Bildung der wasserfreien Oxide SiO_2, Al_2O_3 und Fe_2O_3; diese Verbindungen bezeichnet man als sogenannte *Hydraulefaktoren*.

Zwischen dem CaO und diesen Hydraulefaktoren treten bereits im festen Zustand Reaktionen ein, die zur Bildung von sogenannten *Klinkermineralien* (Tricalciumaluminat, Dicalciumsilicat, Tetracalcium-aluminatferrit) führen, die unter anderem auch im Zement vorkommen. Neben diesen Klinkermineralien kommt im hydraulischen Kalk vor allem freier gebrannter Kalk [CaO] vor. Da beim Brennen der hydraulischen Kalke die Sinterungstemperatur nicht erreicht wird, bezeichnet man diese Kalke auch als ungesinterte hydraulische Bindemittel.

Löschen

Sämtliche Verbindungen der ungesinterten hydraulischen Bindemittel haben die Fähigkeit mit Wasser zu reagieren. Die Reaktionsgeschwindigkeit ist allerdings außerordentlich verschieden. Während das freie CaO sich schnell und stürmisch mit Wasser zu $Ca(OH)_2$ umsetzt (siehe Luftkalke), reagieren die Klinkerminerale relativ langsam und träge. Beim Löschprozess bleiben daher die Klinkerminerale erhalten; das schafft die Voraussetzung für die nach der Verarbeitung eintretende hydraulische Erhärtung.

7.1.3.2.1.3 Erhärtung

Hydraulische Kalke erhärten schneller als Luftkalke und erreichen höhere Festigkeiten. Die Beziehungen zwischen Gehalt an Hydraulefaktoren, Ergiebigkeit und Festigkeit zeigt die *Abbildung 7.3*.

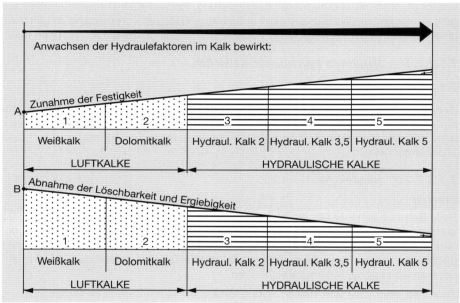

Abbildung 7.3
Schematische Darstellung der Kalkeigenschaften in Abhängigkeit von hydraulischen Zusätzen

Die Erhärtung hydraulischer Kalke verläuft in 2 Phasen, die sich überlagern; zu Beginn in der carbonatischen Erhärtung – wie bei den Luftkalken – und darauf folgend in der langsamer verlaufenden hydraulischen Erhärtung, die darin besteht, dass die Klinkerminerale mit Wasser reagieren und neue *Hydratphasen* bilden, die im Gegensatz zum Reaktionsprodukt bei den Luftkalken praktisch wasserunlöslich sind.

Diese neu gebildeten Hydratphasen bewirken durch eine feinkristalline Verfilzung und durch große Adhäsionskräfte der *gelartigen tobermoritähnlichen Phase* (besser allgemein als CSH-Phasen, siehe Zement, bezeichnet) die hydraulische Verfestigung.

Als Untergruppe zu diesen gebrannten Kalken führt die Norm noch Spezialprodukte an, die natürlichen hydraulischen Kalke mit zusätzlichem Material (NHL – Z), denen bis zu 20 M.-% geeignete puzzolanische oder hydraulische Stoffe zugegeben sind.

7.1.3.2.2 Hydraulische Kalke HL

7.1.3.2.2.1 Rohstoffe und Herstellung

Diese Kalke bestehen aus einer Mischung von Kalkhydrat [$Ca(OH)_2$] und geeigneten natürlichen oder künstlichen Puzzolanen oder hydraulischen Stoffen. In manchen Ländern werden diese Produkte als *„künstliche hydraulische Kalke"* bezeichnet.

Zu den *natürlichen Puzzolanen* zählen in erster Linie vulkanische Schlacken, sogenannte Tuffe. Feingemahlener Trachyttuff der Eifel und des Neuwieder Beckens wird als Trass (genormt gemäß DIN 51 043) bezeichnet. Trasskalk, ein fabrikfertiges Gemisch aus $Ca(OH)_2$ und Trass, weist hohe Anfangsfestigkeit auf und erreicht im Endzustand annähernd Zementfestigkeit, ist jedoch elastischer.

Aber auch bestimmte Verwitterungsprodukte kieseliger Gesteine oder Kieselskelette pflanzlicher oder tierischer Herkunft (*Kieselgur*) zählen zu den natürlichen Puzzolanen.

Künstliche Puzzolane sind unter anderem:
O Ziegelmehl (das gilt aber nur für das Mehl schwach gebrannter Ziegel)
O Flugasche von einigen Steinkohle- und Braunkohlekraftwerken

7.1.3.2.2.2 Erhärtung

Das hydraulische Erhärtungsvermögen der Puzzolane beruht auf dem Anteil sehr reaktionsfähiger, vorwiegend amorpher Kieselsäure [SiO_2]. Das zugemischte Calciumhydroxid reagiert mit der Kieselsäure und Wasser unter Bildung von Calciumsilicathydraten (CSH-Phasen, siehe Zement), die die hydraulische Erhärtung bewirken. Daneben spielt, wie auch bei den anderen, gebrannten hydraulischen Kalken, die Vorerhärtung durch CO_2-Aufnahme und Calciumcarbonatbildung eine wichtige Rolle.

7.1.3.2.3 Hydraulische Kalksorten und ihre Verwendung

Nach DIN EN 459 werden folgende hydraulische Kalksorten unterschieden: hydraulischer Kalk 2, hydraulischer Kalk 3,5, hydraulischer Kalk 5.

7.1.3.2.3.1 Hydraulischer Kalk 2

Beim hydraulischen Kalk 2 sind die hydraulischen Eigenschaften am geringsten ausgebildet. Sie erhärten *vorwiegend durch Carbonatisierung*.

Frühestens nach einer 7-tägigen Vorerhärtung an Luft sind sie unter Wasser recht gut beständig. Die Verwendung entspricht der des Weißkalkes für Mauer- und Putzmörtel in den Mörtelgruppen I bzw. P Ib.
Handelsformen sind der Feinkalk sowie das Kalkhydrat.

7.1.3.2.3.2   Hydraulischer Kalk 3,5

Hydraulische Kalke 3,5 enthalten einen größeren Anteil an Hydraulefaktoren als die hydraulischen Kalke 2; Löschfähigkeit und Ergiebigkeit sind geringer, Festigkeit und Wasserbeständigkeit hingegen größer. Sie verfestigen sich durch Zusammenwirken von Carbonat- und vorwiegend hydraulischer Erhärtung.

Eine Vorerhärtung an der Luft von längstens 5 Tagen zum Erreichen der Wasserbeständigkeit ist erforderlich.

Verwendung: Hydraulische Kalkmörtel 3,5 gehören beim Mauern zur Mörtelgruppe I; für Putzmörtel gemäß DIN 18 550 zur Mörtelgruppe P Ic.

7.1.3.2.3.3   Hydraulischer Kalk 5

Hydraulische Kalke 5 bestehen überwiegend aus Verbindungen, die hydraulisch erhärten. Eine 1 – 3-tägige Vorerhärtung an Luft ist aber erforderlich, bevor sie stärkerer Wassereinwirkung ausgesetzt werden können.

Verwendung: Mörtel aus hydraulischem Kalk 5 sind besonders fest; diese Kalkmörtel gehören gemäß DIN 1053 zur Mörtelgruppe II bzw. gemäß DIN 18 550 zur Mörtelgruppe P IIa.

Handelsformen: Hydraulische Kalke 3,5 und 5 werden **stets gelöscht** geliefert.

7.1.3.3   Güteanforderungen

Bei den Luftkalken werden die verschiedenen Baukalkarten nach ihrem Gehalt an (CaO + MgO)-Anteil, bei den hydraulischen Kalken ihrer Druckfestigkeit entsprechend der *Tabelle 7.5* klassifiziert. In den *Tabellen 7.5 und 7.6* sind die Anforderungen der DIN EN 459, Teil 1, zusammengestellt. Die Werte in den Tabellen sind Grenzwerte, die nicht über- bzw. unterschritten werden dürfen.

Weitere Eigenschaften – sie sind informativ im Anhang C der Norm aufgeführt – unterliegen entweder den Anforderungen von Ausführungsnormen zur Verwendung für Baukalk oder können Gegenstand von Anfragen der Anwender sein, die der Lieferant, sofern gefordert, anzugeben hat.

Diese zusätzlichen Eigenschaften sind:
a) Schüttdichte
Von der Norm empfohlene Werte.

○ CL 70, CL 80, CL 90	0,3	bis	0,6[1])	kg/dm^3
○ DL 80, DL 85	0,4	bis	0,6[1])	kg/dm^3
○ HL 2; NHL 2	0,4	bis	0,8[1])	kg/dm^3
○ HL 3,5; NHL 3,5	0,5	bis	0,9	kg/dm^3
○ HL 5; NHL 5	0,6	bis	1,0	kg/dm^3

---

[1]) Diese Werte beziehen sich auf gelöschte Produkte

Baukalkart	Kurz-bezeich-nung	Chemische Anforderungen Anteile in M.-%					Druckfestigkeit (R_C) in N/mm² nach	
		CaO + MgO	MgO	CO_2	SO_3	freier Kalk	7 Tagen	28 Tagen
Weißkalk 90	CL 90	≥ 90	$\leq 5^{1)}$	≤ 4	≤ 2	–	–	–
Weißkalk 80	CL 80	≥ 80	$\leq 5^{1)}$	≤ 7	≤ 2	–	–	–
Weißkalk 70	CL 70	≥ 70	≤ 5	≤ 12	≤ 2	–	–	–
Dolomitkalk 85	DL 85	≥ 85	≥ 30	≤ 7	≤ 2	–	–	–
Dolomitkalk 80	DL 80	≥ 80	> 5	≤ 7	≤ 2	–	–	–
Hydraulischer Kalk 2	HL 2	–	–	–	$\leq 3^{2)}$	≥ 8	–	2–7
Hydraulischer Kalk 3,5	HL 3,5	–	–	–	$\leq 3^{2)}$	≥ 6	–	3,5–10
Hydraulischer Kalk 5	HL 5	–	–	–	$\leq 3^{2)}$	≥ 3	≥ 2	5–15 $^{3)}$
natürlicher hydr. Kalk 2	NHL 2	–	–	–	$\leq 3^{2)}$	≥ 15	–	2–7
natürlicher hydr. Kalk	NHL 3,5	–	–	–	$\leq 3^{2)}$	≥ 9	–	3,5–10
natürlicher hydr.Kalk	NHL 5	–	–	–	$\leq 3^{2)}$	≥ 3	≥ 2	5–15 $^{1)}$

CL = calcium lime   DL = dolomitic lime   HL = hydraulic lime   NHL = natural hydraulic lime

Anmerkung: Die Werte gelten für alle Baukalkarten. Bei ungelöschten Kalken gelten diese Werte für das Endprodukt; bei allen anderen Kalkarten (Kalkhydrat, Kalkteig und hydraulische Kalke) gelten die Werte für das wasserfreie und kristallwasserfreie Produkt.

[1] Ein MgO-Anteil bis 7 M.-% ist zulässig, sofern die Prüfung auf Raumbeständigkeit nach DIN EN 459-2 bestanden wurde

[2] Ein SO_3-Anteil höher als 3 M.-% und 7 M.-% ist zulässig, wenn die Raumbeständigkeit nach 28 Tagen Wasserlagerung nach einem in DIN EN 459-2 angegebenen Prüfverfahren nachgewiesen wurde

[3] HL 5 und NHL 5 mit einer Schüttdichte von weniger als 0,90 kg/dm³ darf eine Festigkeit bis 20 N/mm² aufweisen.

Tabelle 7.5
Bezeichnungen und Anforderungen an Baukalke gemäß DIN EN 459, Teil 1

b) Feinheit (ungelöschter Kalk)
c) Reaktionsfähigkeit T_{max} und t_u (ungelöschter Kalk)
d) Wasseranspruch (Mörtelprüfung)
e) Wasserrückhaltevermögen (Mörtelprüfung)
f) Weißgehalt (Prüfung ist zwischen Hersteller und Abnehmer zu vereinbaren)

Begründungen für die Güteanforderungen

Da die Festigkeitsentwicklung bei den Luftkalken je nach äußeren Bedingungen in der Praxis unter Umständen recht lange Zeit dauern kann, – geschätzte Richtwerte für Weißkalk 0,4 bis 0,8 N/mm², für Dolomitkalk 1,0 bis 1,5 N/mm² – wurden nur für hydraulische und hochhydraulische Kalke Anforderungen an die **Festigkeit** nach 7 bzw. 28 Tagen gestellt. Um eine bessere Abgrenzung der Festigkeitsbereiche vom Baukalk über den hydraulischen Tragschichtbinder bis zum Zement zu erreichen, wurde die Druckfestigkeit bei den hochhydraulischen Kalken nach oben begrenzt. Zur

Tabelle 7.6: Physikalische Anforderungen an Kalkhydrat, Kalkteig, hydraulischen Kalk und Dolomitkalkhydrat[7]

Nr.	Baukalkart	Mahlfeinheit[6] nach EN 459-2:2001, 5.2 — Rückstand als Massenanteil in % — 0,09 mm	0,2 mm	Freies Wasser[1] nach EN 459-2:2001, 5.1.1 (%)	Raumbeständigkeit[2][4] — Für Baukalke außer Kalkteigen und Dolomitkalkhydraten[3] — Referenzverfahren nach EN 459-2:2001, 5.3.2.1 (mm)	Alternativverfahren nach EN 459-2:2001, 5.3.2.2 (mm)	Für Kalkteige und Dolomitkalkhydrate nach EN 459-2:2001, 5.3.3 (mm)	Mörtelprüfungen[5][6] — Eindringmaß nach EN 459-2:2001, 5.5 (mm)	Luftgehalt nach EN 459-2:2001, 5.7 (%)	Erstarrungszeiten — Erstarrungsbeginn nach EN 459-2:2001, 5.4 (h)	Erstarrungsende[8] nach EN 459-2:2001, 5.4 (h)
1	CL 90	≤ 7	≤ 2	≤ 2	≤ 2	≤ 20	–	> 10 und < 50	≤ 12	–	–
2	CL 80	≤ 7	≤ 2	≤ 2	≤ 2	≤ 20	–	> 10 und < 50	≤ 12	–	–
3	CL 70	≤ 7	≤ 2	≤ 2	≤ 2	≤ 20	–	> 10 und < 50	≤ 12	–	–
4	DL 85	≤ 7	≤ 2	≤ 2	–	–	bestanden	> 10 und < 50	≤ 12	–	–
5	DL 80	≤ 7	≤ 2	≤ 2	–	–	bestanden	> 10 und < 50	≤ 12	–	–
6	HL 2	≤ 15	≤ 5		≤ 2	≤ 20	–	> 10 und < 50	≤ 20	> 1	≤ 15
7	HL 3,5	≤ 15	≤ 5		≤ 2	≤ 20	–	> 10 und < 50	≤ 20	> 1	≤ 15
8	HL 5	≤ 15	≤ 5		≤ 2	≤ 20	–	> 10 und < 50	≤ 20	> 1	≤ 15
9	NHL 2	≤ 15	≤ 2		≤ 2	≤ 20	–	> 10 und < 50	≤ 20	> 1	≤ 15
10	NHL 3,5	≤ 15	≤ 2		≤ 2	≤ 20	–	> 10 und < 50	≤ 20	> 1	≤ 15
11	NHL 5	≤ 15	≤ 2		≤ 2	≤ 20	–	> 10 und < 50	≤ 20	> 1	≤ 15

1) Für Kalkteig beträgt der freie Wasseranteil ≤ 70% und ≥ 45%
2) Siehe EN 459-2:2001, 5.3
3) Bei hydraulischen Kalken und natürlichen hydraulischen Kalken mit einem SO_3-Anteil über 3% und bis 7% wird die Raumbeständigkeit zusätzlich nach EN 459-2:2001, 5.3.2.3 geprüft
4) Ferner müssen Weißkalkhydrat, Weißkalkteig und Dolomitkalkhydrat mit Körnern größer als 0,2 mm bei Prüfung nach EN 459-2:2001, 5.3.4 zusätzlich raumbeständig sein.
5) Bei Verwendung von Normmörtel nach EN 459-2:2001, 5.5.1
6) Nicht für Kalkteig.
7) Mahlfeinheit und freies Wasser gelten für Baukalk bei allen Anwendungen. Raumbeständigkeit, Eindringmaß, Luftgehalt und Erstarrungszeit gelten nur für Baukalk für Mauermörtel, Innenputz und Außenputz.
8) Gilt nicht für HL 2 und NHL 2.

Einhaltung dieses Grenzwertes ist gegebenenfalls die Zugabe fein aufgeteilter, inerter mineralischer Stoffe, wie z. B. Gesteinsmehl, zugelassen.

In der **chemischen Zusammensetzung** ist, um eine ausreichende Festigkeitsentwicklung sicherzustellen, der maximal zulässige Gehalt nicht bindefähiger Bestandteile, die an CO_2 gebunden sind, festgeschrieben. Der SO_3-Gehalt wurde begrenzt, um bei Mischungen mit Zement nicht einen zu hohen Gesamtschwefelgehalt zu erhalten, der unter Umständen zu Treiberscheinungen führen kann.

Um die **Raumbeständigkeit** sicherzustellen wurde für die Feinkalke eine Anforderung an die **Kornfeinheit** gestellt; bei Einhaltung dieser, aus der Erfahrung abgeleiteten Werte, sind Aussprengungen durch nachlöschende Bestandteile des Kalkes nahezu ausgeschlossen.

Schüttdichte sowie **Ergiebigkeit** – für CL fordert die Norm für je 10 kg eine Ergiebigkeit von ≥ 26 dm^3 – geben Auskunft über die Feinkörnigkeit des Kalkhydrats bzw. des gewonnenen Kalkteigs und sind für die Beurteilung der Wirtschaftlichkeit wesentlich. Da die Geschmeidigkeit eines Kalkmörtels mit der Feinkörnigkeit wächst, lassen sich Schlüsse auf die Verarbeitungseigenschaften ziehen. Aussagen über die Verarbeitungsfähigkeit geben auch die Bestimmung des **Eindringmaßes**, des **Luftgehaltes** sowie der **Erstarrungszeit**.

7.1.3.4 Lieferung, Kennzeichnung, Überwachung

Die Lieferung der Baukalke erfolgt in Säcken oder lose in Silofahrzeugen unter Angabe der Handelsform.

Baukalke sind nach dieser Norm durch das Kurzzeichen für die Baukalkart, Luftkalke zusätzlich durch die Handelsform (ungelöschter Kalk [Q] oder Kalkhydrat [S]) zu bezeichnen:

Beispiel 1:	ungelöschter Weißkalk 90 :	EN 459-1 CL 90 – Q
Beispiel 2:	Weißkalkhydrat 80:	EN 459-1 CL 80 – S
Beispiel 3:	Dolomitkalk 85 als halbgelöschter Kalk:	EN 459-1 DL 85 – S1
Beispiel 4:	Hydraulischer Kalk 5:	EN 459-1 HL 5
Beispiel 5:	Natürlicher hydraulischer Kalk 3,5 mit puzzolanischen Zusätzen:	EN 459-1 NHL 3,5 – Z

Die Lieferwerke sind gehalten gegebenenfalls Angaben über die Verarbeitungsanweisung wie folgt zu machen:

○ **für ungelöschte Kalke:**
„Frühestens nach *t* Stunden Einsumpfdauer bzw. Mörtelliegezeit zu verarbeiten."
Einsumpfdauer = Zeit, die der Kalk nach dem Löschen oder Anrühren mit Wasse mindestens eingesumpft sein muss, bevor er mit Sand zu sofort verarbeitbarem Mörtel angemacht werden darf
Mörtelliegezeit = Zeit, die der nach Wasserzugabe angemachte Mörtel vor seiner Verarbeitung liegen muss

○ **für gelöschte Kalke:**
„Im Anlieferungszustand verarbeitbar."

○ **bei hydraulischem Kalk 3,5 und 5:**
„Im Anlieferungszustand verarbeitbar. Der angemachte Mörtel muss spätestens nach *t* Stunden verarbeitet sein."

Die Konformität von Baukalk mit den Normanforderungen ist fortlaufend auf der Grundlage von Stichprobenprüfungen durch den Hersteller zu überprüfen, der auch für die Anbringung der CE-Kennzeichnung (*siehe Abbildung 7.4*) zuständig ist.

Darüber hinaus tragen Produkte der Werke, die der Gütegemeinschaft der Deutschen Kalkindus-trie e.V. Köln angehören, das – in die Zeichenrolle des Deutschen Patentamtes eingetragene – Baukalkgütezeichen DIN 1060. (siehe *Abbildung 7.5*)

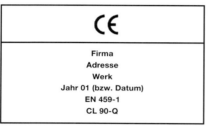

Abbildung 7.4
EG-Konformitätskennzeichnung

Abbildung 7.5
Baukalk-Gütezeichen der Gütegemeinschaft der Deutschen Kalkindustrie e.V.

7.1.3.5   Lagerung der Baukalke auf der Baustelle

Zum Schutz der Bindemittel gegen Feuchtigkeit eignen sich Schuppen mit regendichtem Dach, schlagregensicheren Wänden und Bretterfußboden auf Kanthölzern. Die Feinkalke sind möglichst bald nach der Anlieferung abzulöschen. Kalkhydrat, hydraulische Kalke 3,5 bzw. 5 sind trocken aufbewahrt praktisch unbegrenzt lagerfähig. Es empfiehlt sich, jede Lieferung getrennt zu lagern und die älteste Lieferung zuerst zu verarbeiten.

7.1.4   Zement

Zement ist ein feingemahlenes hydraulisches Bindemittel für Mörtel und Beton, das im wesentlichen aus Verbindungen von Calciumoxid mit Siliciumdioxid, Aluminiumoxid und Eisenoxid besteht, die durch Sintern oder Schmelzen entstanden sind. Zement erhärtet, mit Wasser angemacht, sowohl an der Luft als auch unter Wasser und bleibt unter Wasser fest; er muss raumbeständig sein und nach 28 Tagen eine Druckfestigkeit von mindestens 32,5 N/mm^2 erreichen. Durch diese Festigkeitsanforderung unterscheidet er sich von anderen hydraulischen Bindemitteln.

Abhängig von der Art des Zementes sind Rohstoffe, Herstellungsverfahren, Zusammensetzung und Eigenschaften unterschiedlich. Die folgenden Ausführungen beziehen sich zunächst nur auf die wichtigste Zementart, den **Portlandzement**. Die anderen Zementarten werden im Kapitel 7.1.4.8 und 7.1.4.12 – 7.1.4.14 mit ihren abweichenden Punkten behandelt.

7.1.4.1 Rohstoffe

Die wichtigsten Rohstoffe für die Zementherstellung sind Kalkstein oder Kreide, Ton und ihr natürliches Gemisch, der Kalkmergel. Nur in seltenen Fällen steht ein Mergel mit entsprechender Zusammensetzung (75 – 97 M.-% $CaCO_3$) zur Verfügung, aus dem man einen "Naturzement" herstellen kann; in den meisten Fällen müssen geeignete Mischungen aus Kalkstein und Ton erst hergestellt werden.

7.1.4.2 Herstellung

Zur Erzielung homogener Zusammensetzung werden die Rohstoffe sehr fein aufgemahlen. Die Rohstoffmischung wird dann im Drehrohrofen (in der BRD ca. 98 % der Zementproduktion) oder im Schachtofen bei einer Temperatur von ca. 1450 °C bis zur Sinterung gebrannt. Das anfallende Brennprodukt ist ein grobkörniges Material ohne nennenswertes Reaktionsvermögen mit H_2O; es ist sogar längere Zeit – auch im Freien – lagerfähig. Zur Entfaltung seiner Bindemitteleigenschaften muss das Brennprodukt nach dem Kühlen auf hohe Feinheit gemahlen werden (< 10^{-3} mm).

Zur Regelung der Abbindezeit wird dem Mahlgut beim Mahlen Gipsstein und/oder Anhydrit zugesetzt; ohne diesen Gipszusatz entsteht ein sogenannter Schnellbinder. Der maximal zulässige Gehalt an SO_3 ist wegen der Gefahr des Sulfattreibens (siehe unter Abschnitt 7.1.4.7.2) je nach Zementart und Aufmahlungsgrad auf 3,5 bis 4,5 M.-% begrenzt.

7.1.4.3 Chemische Zusammensetzung und Eigenschaften des Zementes

Das entstandene Brennprodukt wird als *„Klinker"* bezeichnet; er besteht in der Hauptsache aus vier Phasen:

○ Tricalciumsilicat
○ Tricalciumaluminat
○ β-Dicalciumsilicat
○ Tetracalcium-aluminatferrit

Portlandzementklinker besteht zu mind. 2/3 aus den silicatischen Phasen, der Rest besteht aus den Aluminiumoxid und Eisenoxid enthaltenden Klinkerphasen und anderen Verbindungen. Das Massenverhältnis $CaO:SiO_2$ muss mindestens 2,0 betragen, der Gehalt an MgO 5,0 M.-% nicht überschreiten. Die Massenanteile der Klinkerphasen sowie ihre wichtigsten zementtechnischen Eigenschaften sind in der *Tabelle 7.7* zusammengestellt.

Klinkerphase	Chemische Formel	Kurz-bezeich-nung *	Zementtechnische Eigenschaften	Hydrata-tionswärme [J/g]	Mittl. Gehalt [M.-%]
Tricalciumsilikat	$3\,CaO \cdot SiO_2$	C_3S	Schnelle Erhärtung, hohe Hydratationswärme	500	63
Dicalciumsilikat	$2\,CaO \cdot SiO_2$	C_2S	Langsame, stetige Erhärtung, niedrige Hydratationswärme	250	16
Tricalcium-aluminat	$3\,CaO \cdot Al_2O_3$	C_3A	In größerer Menge schnelles Erstarren, schnelle Anfangs-erhärtung, anfällig gegen Sulfatwässer, erhöht das Schwinden	1340**	11
Calciumaluminat-ferrit	$2\,CaO\,(Al_2O_3,$ $Fe_2O_3)$	$C_2(A,F)$	Langsame Erhärtung, wider-standsfähig gegen Sulfatwässer	420	8
Freier Kalk	CaO	–	In größerer Menge: Kalktreiben	1150	1
Freie Magnesia	MgO	–	In größerer Menge: Magnesiatreiben	840	1,5

* In der Zementchemie bedeuten C = CaO, S = SiO_2, A = Al_2O_3 und F = Fe_2O_3
** bei Anwesenheit von $CaSO_4$, sonst 870

Tabelle 7.7
Phasen des Zementklinkers und ihre zementtechnischen Eigenschaften

Vom Zusammenwirken der Klinkerphasen hängt die Vielfalt der Zementeigenschaften ab. Bereits geringe Verschiebungen in der chemischen Zusammensetzung eines Zementes bewirken eine sehr starke Verschiebung des Verhältnisses der Klinker-phasen und damit starke Eigenschaftsveränderungen.

Die chemische Zusammensetzung der in Deutschland bisher hauptsächlich herge-stellten DIN-Zemente ist in der *Tabelle 7.8* zusammengestellt.

	Portland-zement	Portland-hütten-zement	Hochofen-zement
CaO	61–69	52–66	43–60
SiO_2	18–24	19–26	23–32
$Al_2O_3 + TiO_2$[1)]	4–8	4–10	6–14
Fe_2O_3 (FeO)	1–4	1–4	0,5–3
Mn_2O_3 (MnO)	0,0–0,5	0,0–1	0,1–2,5
MgO	0,5–4,0	0,5–5,0	1,0–9,5
SO_3	2,0–3,5	2,0–4,0	1,0–4,0

[1)] Der mittlere TiO_2-Gehalt beträgt bei Portlandzement etwa 0,25 M.-%, bei Portlandhüttenzement 0,35 M.-%, bei Hochofenzement 0,45 M.-%.

Tabelle 7.8
Chemische Zusammen-setzung der 3 in Deutschland hauptsächlich hergestellten Zemente

Die Anforderungen an die chemische Zusammensetzung der Zemente gemäß DIN EN 197-1 sind in der *Tabelle 7.9* zusammengestellt.

Neben dem $CaSO_4$ darf der Zement zur Verbesserung der physikalischen Eigenschaften, insbesondere seiner Verarbeitbarkeit, Zusätze bis zu 1 M.-%, bezogen auf den Zement (ausgenommen Pigmente) enthalten. Dadurch wird u.a. eine Verbesserung der rheologischen Eigenschaften des angemachten Zementes erreicht. Organische Zusatzmittel (z. B. zur Verbesserung des Wasserrückhaltevermögens) dürfen einen Massenanteil von 0,5 %, bezogen auf den Zement, nicht überschreiten.

Diese Zusätze dürfen die Korrosion der Bewehrung nicht fördern oder die Eigenschaften des Zements oder damit hergestellter Produkte beeinträchtigen.

Nicht genormte Eigenschaften der Zemente

Von diesen haben für die Baupraxis Bedeutung die Dichte, Farbe und Helligkeit der Zemente. Abhängig von der chemischen Zusammensetzung der Zemente ist die

Tabelle 7.9
Chemische Anforderungen an Zemente gemäß DIN EN 197, Teil1

1	2	3	4	5
Eigenschaft	**Prüfung nach**	**Zementart**	**Festigkeitsklasse**	**Anforderungen**[1]
Glühverlust	EN 196-2	CEM I CEM III	alle	≤ 5,0 %
Unlöslicher Rückstand	EN 196-2[2]	CEM I CEM III	alle	≤ 5,0 %
Sulfatgehalt (als SO3)	EN 196-2	CEM I CEM II[3]	32,5 N 32,5 R 42,5 N	≤ 3,5 %
		CEM IV CEM V	42,5 R 52,5 N 52,5 R	≤ 4,0 %
		CEM III[4]	alle	
Chloridgehalt	EN 196-21	alle[5]	alle	≤ 0,10 %[6]
Puzzolanität	EN 196-5	CEM IV	alle	erfüllt die Prüfung

[1]) Anforderungen sind als Massenanteil in Prozent des Zementes angegeben.
[2]) Bestimmung des in Salzsäure und Natriumcarbonat unlöslichen Rückstands.
[3]) Zementart CEM II/B-T darf bis 4,5 % Sulfatgehalt (als SO3) für alle Festigkeitsklassen enthalten.
[4]) Zementart CEM III/C darf bis 4,5 % Sulfatgehalt (als SO3) enthalten.
[5]) Zementart CEM III darf mehr als 0,10 % Chlorid enthalten, aber in dem Fall muss der tatsächliche Chloridgehalt auf der Verpackung oder dem Lieferschein angegeben werden.
[6]) Für Spannbetonanwendungen können Zemente nach einer niedrigeren Anforderung hergestellt werden. In diesem Fall ist der Wert von 0,10 % durch den niedrigeren Wert zu ersetzen, der auf dem Lieferschein anzugeben ist.

Zementart Zementbestandteile	Dichte in kg/dm³	Schüttdichte in kg/dm³ (Litergewicht) lose eingelaufen
Portlandzement	3,11	
Portlandzement – HS	3,20	
Portlandhüttenzement	3,05	0,9–1,2
Hochofenzement	2,99	meist 1,0–1,1 (eingerüttelt
Portlandpuzzolanzement	2,90	1,6–1,9)
Portlandschieferzement	3,00	
Flugaschezement	2,95	
Portlandzementklinker	2,95–3,15	
Hüttensand	2,85	0,6–1,4
Trass	2,4–2,7	0,7–1,0
Steinkohlenflugasche	2,3–2,6	0,7–1,2

*Tabelle 7.10
Dichten der
Zemente und deren
Hauptbestandteile
in kg/dm³*

Dichte unterschiedlich. Sie wird benötigt für die Berechnung von Betonmischungen. Als Richtwerte kann man von folgenden in der *Tabelle 7.10* angegebenen Werten ausgehen.

Die Schüttdichte von Zement hat keine große Bedeutung, da eine raummäßige Zugabe von losem Zement nicht mehr erfolgen darf. Sie schwankt sehr stark und ist abhängig von dem Luftgehalt, der sich zwischen den einzelnen Zementkörnchen befindet; lose eingefüllter Zement hat eine Schüttdichte zwischen 0,9 und 1,2 kg/dm³. Wird der Zement eingerüttelt, so steigt die Schüttdichte auf 1,6 bis 1,9 kg/dm³ an.

Helligkeit und Farbe der Zemente sollen – insbesondere bei Sichtbeton – möglichst gleichmäßig sein. Die Farbe des Zementes ist abhängig von der Farbe der Rohstoffe, von dem Fertigungsverfahren und der Mahlfeinheit; normale Zemente weisen einen hellen bis dunkleren Grauton auf; gewisse Schwankungen im Grauton sind unvermeidlich. Feingemahlene Zemente desselben Herstellerwerkes sind in der Regel heller als gröbere Zemente. Ein Wechsel in der Zementsorte kann eine Änderung des Farbtons des Bauteils zur Folge haben. Die Farbe hat jedoch nichts zu tun mit der Qualität des Zementes und gibt auch keinen Aufschluss über die Verwendbarkeit und die Festigkeit.

Alle Normzemente können miteinander vermischt werden, ohne dass Schäden zu befürchten sind. Da jedoch die Zemente unterschiedliche Eigenschaften haben, sollte man ein Vermischen der Zemente vermeiden.

Zemente enthalten in geringen Mengen allergisch wirkende Chromate, durch die es zusammen mit der Basizität des angemachten Zementes bei der unsachgemäßen Verarbeitung von Hand zu Hautproblemen kommen kann. Diese Chromate haben bautechnisch keine Bedeutung, sind aber der Auslöser der sog. „Maurerkrätze". Das Risiko an einer Maurerkrätze zu erkranken nimmt mit steigendem Chromatgehalt zu.

Entsprechend der TRGS 613 (Technische Regeln für Gefahrstoffe) ist der Einsatz chromatarmer Zemente zu empfehlen, da sie weniger als 2 ppm Chromat enthalten. Die Zementhersteller in Deutschland bieten inzwischen chromatarme Norm-zemente als Sackware an. Dieser Zement ist mit dem Aufdruck „Chromatarm gemäß TRGS 613" gekennzeichnet und entspricht in der Qualität den Anforderungen der DIN EN 197.

7.1.4.4   Erhärtungsvorgang

Alle im Zementklinker vorliegenden Komponenten haben die Fähigkeit, mit Wasser chemische Reaktionen unter Bildung neuer Verbindungen einzugehen. Bei diesem sogenannten *„Hydratationsvorgang"* wird Anmachwasser als Kristallwasser in die wasserfreien Klinkerphasen eingebunden. Da die Reaktionsprodukte aus den silicati-schen Phasen (CSH-Phasen) kalkärmer sind als die wasserfreien Ausgangsverbin-dungen, wird bei diesem Prozess Calciumhydroxid freigesetzt. Das stark basische Calciumhydroxid, das für die Festigkeit unwesentlich ist, erhöht den p_H-Wert des Porenwassers (p_H-Wert ≈12,6) und stellt dadurch den Korrosionsschutz der Stahlein-lagen bewehrten Betons sicher.

Die im Verlauf der Hydratation neu gebildeten faserförmigen, mikrokristallinen Hydrat-phasen bilden unter Aufnahme von Wasser eine *kolloidale Verteilung fest in flüssig*, die nach außen fest erscheint, also ein **Gel** darstellt.

Sofort nach Zugabe des Anmachwassers beginnt der Zement an der Korngrenze zu hydratisieren, und das Zementkorn wird schließlich vollständig in die Reaktions-produkte umgewandelt. Das Zementkorn wird also von außen nach innen fortschrei-tend in das Zementgel umgewandelt, wobei das Gel durch osmotische Vorgänge aufquillt und nach vollständiger Hydratation etwas mehr als doppelt so viel Raum einnimmt, wie das ursprüngliche Zementkorn (bei unbehinderter Ausdehnung – bei Behinderung der Ausdehnung, z. B. im Beton, führt es zu einer Verdichtung der Gelmasse). Die *Abbildung 7.6* zeigt diesen Ablauf schematisch.

Abbildung 7.6
Schematische Darstellung der Hydratation des einzelnen Zementkorns

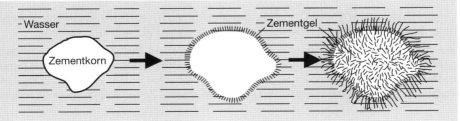

Nach abgeschlossener Hydratation liegt also eine von feinen Poren (Gelporen) durchsetzte Gelmasse vor, in die feine kristalline Neubildungen in der Größenordnung $\leq 10^{-6}$ m eingebettet sind.

Sehr feine Zementkörner können bereits in wenigen Stunden vollständig hydratisiert sein, grobe Teilchen sind erst nach Monaten oder gar Jahren vollständig umgewandelt.

Hinsichtlich der chemischen Reaktion der einzelnen Klinkerbestandteile mit Wasser kann man grundsätzlich ein gegensätzliches Verhalten feststellen. Während die silicatischen Materialien der protolytischen Spaltung (Hydrolyse) unterliegen und unter Abspaltung von Kalkhydrat in kalkärmere Silicathydrate übergehen, besitzen die aluminatischen und ferritischen Verbindungen die Tendenz, bei der Hydratation kalkreichere Verbindungen zu bilden.

Da die Reaktionen sehr komplex verlaufen und sehr stark von den Randbedingungen (Temperatur, Konzentrationsverhältnisse, etc.) abhängen ist ihre exakte Formulierung sehr schwierig. Ausgehend von gewissen Annahmen lassen sich aber für die einzelnen Klinkerphasen vereinfachend folgende Reaktionsgleichungen aufstellen:

$$2 \, (3CaO \cdot 2SiO_2) \; + \; 6H_2O \; \rightarrow \; 3CaO \cdot 2SiO_2 \cdot 3H_2O \; + \; 3Ca(OH)_2$$

$$2 \, (2CaO \cdot 2SiO_2) \; + \; 4H_2O \; \rightarrow \; 3CaO \cdot 2SiO_2 \cdot 3H_2O \; + \; Ca(OH)_2$$

$$3CaO \cdot Al_2O_3 \; + \; Ca(OH)_2 \; + \; 18H_2O \; \rightarrow \; 4CaO \cdot Al_2O_3 \cdot 19H_2O$$

$$\text{trocknen} \quad \downarrow \quad - 6 \, H_2O$$

$$4CaO \cdot Al_2O_3 \cdot 13H_2O$$

Das $C_2(A,F)$ reagiert ähnlich dem Tricalciumaluminat unter Bildung entsprechender Aluminat- und sehr ähnlich zusammengesetzter Ferrithydrate.

Zusammenfassend lässt sich für die chemische Reaktion der Klinkerbestandteile mit Wasser folgendes feststellen:

Für Portlandzement beträgt die zur vollständigen Hydratation erforderliche Wassermenge, die sich anteilig aus dem **Wasserbedarf** der einzelnen Klinkerphasen zusammensetzt, ca. 21 – 25 M.-% des Zementgewichts. Diese Wassermenge wird **chemisch gebunden**, wobei sogenannte CSH-Phasen – wegen der dem Mineral Tobermorit ähnlichen Kristallstruktur bezeichnet man sie manchmal auch als „tobermoritähnliche Phasen" – und Calciumhydroxid [$Ca(OH)_2$] sowie in untergeordneter Menge Calcium-Aluminat- und Calcium-Ferrithydrate gebildet werden.

Zur Ausbildung des Zementgels ist über die im Verlauf der Hydratation chemisch gebundene Wassermenge hinaus eine bestimmte **Wassermenge als Dispersionsmittel** der feinen, gebildeten Hydratationspartikel erforderlich. Zur Gelbildung bei vollständiger Hydratation sind hierfür etwa **15 M.-%** des Zementgewichts erforderlich.

Zur **vollständigen, ordnungsgemäßen Hydratation** eines Zementes ist also mindestens die Summe aus Hydrat- und Gelwasser, d. h. beim Portlandzement rund **40 M.-% des Zementgewichts**, entsprechend einem **Wasser-Zement-Wert von 0,4**, erforderlich.

Aber selbst bei einem *w/z*-Wert von 0,4 enthält kapillarporenfreier, voll hydratisierter Zement rund 27 Vol.-% wassergefüllte Gelporen, so dass es in keinem Fall möglich ist, einen absolut porenfreien Zementstein herzustellen. Dieses Gelwasser, das als Wasserfilm von nur noch molekularer Dicke (sog. *„pseudofestes Wasser")* die feinen, kristallinen Neubildung umhüllt, bewirkt durch Adhäsionskräfte eine starke Verfestigung des Gels; es lässt sich daher auch erst durch Erwärmen auf ca. 150° C austreiben. Bei Überschreiten des *w/z*-Wertes von 0,4 bleibt überschüssiges Wasser in Kapillarporen zurück, die im Durchschnitt 1000-mal größer als die Gelporen sind und die mit der Zeit austrocknen.

Maßgebend für den Aufbau und auch die Eigenschaften des Zementsteins ist vor allem der Wasser-Zement-Wert.

7.1.4.4.1 Hydratationswärme

Da es sich bei der Hydratation der Klinkerkomponenten um den Übergang eines energiereichen in ein energieärmeres System handelt, ist der Vorgang stets von Wärmeentwicklung begleitet (exotherm).

Aus den unterschiedlichen Hydratationswärmen der einzelnen Klinkerphasen (siehe *Tabelle 7.7*) ist leicht zu ersehen, dass die Hydratationswärme eines Zementes durch seine Phasenzusammensetzung bestimmt wird. Bei vollständiger Hydratation werden von den verschiedenen Zementarten insgesamt folgende Wärmemengen abgegeben:

○ Portlandzement   375 bis 525 J/g
○ Portlandhütten- und Hochofenzement   355 bis 440 J/g
○ Portlandpuzzolanzement   315 bis 420 J/g
○ Portlandschieferzement   360 bis 480 J/g
○ Tonerdezement   545 bis 585 J/g

Für die Praxis ist aber vor allem der *zeitliche Verlauf der Wärmeentwicklung* von Interesse. Zemente, die bezogen auf ihre Festigkeit eine insgesamt niedrige Hydratationswärme aufweisen und die diese Wärme auch noch vergleichsweise langsam abgeben, sind bei massigen Bauteilen vorteilhaft, weil dann geringere Spannungen infolge von Erwärmung und Temperaturunterschieden entstehen.

Die Geschwindigkeit der Wärmeentwicklung hängt von der Reaktionsfähigkeit des Zementes ab. Diese wird außer von der Phasenzusammensetzung sehr stark vom Aufmahlungsgrad des Zementes bestimmt; je größer die Mahlfeinheit, um so größer ist die Reaktionsfähigkeit. Zemente mit hoher Anfangsfestigkeit und zugleich niedriger Hydratationswärme lassen sich wegen dieser Zusammenhänge nicht herstellen.

Zement-festigkeitsklasse	Hydratationswärme in J/g nach Tagen			
	1	3	7	28
Z 32,5 N	60...175	125...250	150...300	200...375
Z 32,5 R; Z 42,5 N	125...200	200...235	275...375	300...425
Z 42,5R; Z 52,5 N; Z 52,5R	200...275	300...350	325...375	375...425

Tabelle 7.11
Hydratationswärme
deutscher Zemente
bestimmt als
Lösungswärme
gemäß DIN EN 196-8

In der *Tabelle 7.11* ist die Hydratationswärme einiger unterschiedlicher Zemente in Abhängigkeit von der Zeit angegeben.

Zement mit niedriger Hydratationswärme trägt als Zusatzbezeichnung in der DIN-gerechten Bezeichnung die Kennbuchstaben **NW**; er darf in den ersten 7 Tagen eine Wärmemenge (bestimmt nach dem Lösungswärmeverfahren gem. DIN EN 196-8) von höchstens 270 J je g Zement entwickeln.

7.1.4.5   Festigkeitsentwicklung und Einflussfaktoren

7.1.4.5.1   Ansteifen und Erstarren

Nach dem Anmachen entsteht aus dem Gemisch von Zement und Wasser der sogenannte *Zementleim*, der langsam vom flüssigen, breiigen Zustand in den festen *Zementstein* übergeht.

Diesen Vorgang kann man in drei Hydratationsstufen einteilen:

Stufe I:

Sofort nach Zugabe des Anmachwassers beginnen Teile des Zementes (Sulfatträger Gips, Tricalciumaluminat) an der Korngrenze in Lösung zu gehen und miteinander unter Bildung eines feinen Gels auf der Zementkornoberfläche zu reagieren (Ansteifen). Das C_3A besitzt die größte Reaktivität aller Klinkermineralien und zeigt infolgedessen die höchste Reaktionsgeschwindigkeit beim Kontakt mit dem Anmachwasser, wodurch es zur Bildung eines Gerüstes zwischen den CAH-Kristallen kommt, was zum sofortigen Ansteifen und somit zum Verlust der Verarbeitungsfähigkeit führen würde. Durch den Zusatz des Sulfatträgers (Gips, Anhydrit) bei der Zementherstellung wird diese Reaktion jedoch verhindert, weil sich auf der Oberfläche des C_3A-Korns primär sulfatreiche Komplexsalze, z.B. das nadelförmige Ettringit, bilden und damit das Ansteifen verzögert wird. Zu der Erscheinung des Sulfattreibens kommt es im vorliegenden Fall nicht, da die mit beträchtlicher Volumenvergrößerung verbundene Ettringitbildung spontan einsetzt und bereits vor Erhärtungsbeginn des Zementes abgeschlossen ist. Durch das sich auf der Oberfläche des Zementkorns bildende feine Gel kann das Wasser nicht mehr unmittelbar mit dem Zementklinker reagieren, die Reaktion kommt zum Stillstand, sogenannte „Ruheperiode". Die auf der Zementkornoberfläche gebildeten feinen, säulenförmigen Kristalle sind noch zu klein, um den Raum zwischen den Zementpartikeln zu überbrücken und ein festes Gefüge aufzubauen. Die Zementpartikel sind daher noch gegeneinander beweglich, der Zementleim ist noch weich und einbaufähig. Gegen Ende der Ruheperiode bilden sich durch Umkristallisation längere Kristallfasern, die zum Erstarren der Masse führen.

Stufe II:

In der nach rund 4 Stunden verstärkt einsetzenden Reaktion der Silicatphasen entstehen langfaserige Calciumsilicathydrate. Die faserigen CSH-Kristalle durchwachsen den mit Wasser gefüllten Porenraum zwischen den Zementkörnern und bilden unter Verzahnung mit den Produkten des Nachbarkorns ein Netzwerk. Dadurch entsteht ein Grundgefüge relativ geringer Festigkeit. In dieser Phase ist der Zementstein empfindlich gegen Abkühlung und Austrocknung (Rissgefahr – Nachbehandlung!).

Stufe III:

In der dritten Hydratationsstufe werden die noch vorhandenen Poren zwischen den langfaserigen Kristallen durch feinkristallines, kurzfaseriges Calciumsilicathydrat und -aluminat ausgefüllt oder verkleinert. Dadurch wird das Grundgefüge verdichtet und es entsteht ein stabiles Gefüge mit höherer Festigkeit, welches Zementstein genannt wird. Dieser Vorgang ist nur möglich, wenn Wasser vorhanden ist. Im Kern eines Betonbauteils ist das immer der Fall, an der Oberfläche ist durch entsprechende Maßnahmen dafür zu sorgen, dass das Wasser nicht verdunstet (Nachbehandlung).

Schematisch ist dieses in der folgenden *Abbildung 7.7* dargestellt.

Aussagen über den zeitlichen Ablauf des Ansteifens, Erstarrens und Erhärtens erhält man, indem man die „*Viskosität*" als Funktion der Zeit verfolgt. Die graphische Darstellung dieser Veränderung in *Abbildung 7.8* gibt schematisch die Definition von Ansteifen, Erstarren und Erhärten von Zement wieder.

Man bezeichnet die Zeit vom Anmachen bis zum Erreichen der Viskosität V_A (Eindringtiefe der Vicat-Nadel bis 4 ±1 mm über dem Boden) als *Erstarrungsbeginn* und die Zeit vom Anmachen bis zum Erreichen der Viskosität V_E (Eindringtiefe der Vicat-Nadel in die untere Fläche des umgedrehten, erstarrten Zementleim-Probekörpers maximal 0,5 mm) als *Erstarrungsende*. Zu diesem Zeitpunkt sind ca. 15 % des Zements hydratisiert. Die Viskositätsänderung von V_0 bis V_A, die zeitlich vor dem Erstarrungsbeginn liegt, bezeichnet man als *Ansteifen* und die nach dem Erstarrungsende über V_E hinausgehende Viskositätsänderung als *Erhärten*.

Die DIN EN 197-1 legt für den Erstarrungsbeginn folgende Mindestzeiten fest:
Festigkeitsklassen 32,5 N und 32,5 R: ≥ 75 Minuten
Festigkeitsklassen 42,5 N und 42,5 R: ≥ 60 Minuten
Festigkeitsklassen 52,5 N und 52,5 R: ≥ 45 Minuten

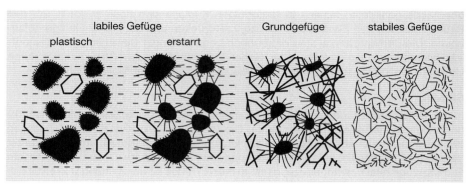

Abbildung 7.7
Schematische Darstellung der Bildung der Hydratphasen und der Gefügeentwicklung bei der Hydratation des Zementes [7.41]

Abbildung 7.8
Definition von Ansteifen, Erstarren und Erhärten von Zement bei einer Prüfung der Erstarrungszeiten nach DIN EN 196, Teil 3

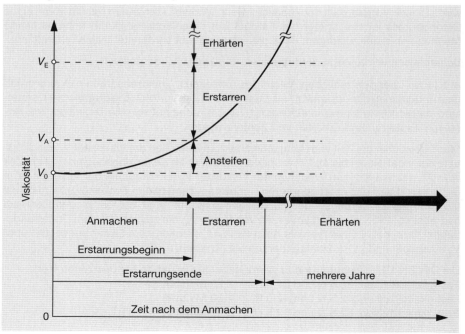

Besonderheit beim Zementgel

Wegen der in der Anfangsphase noch vorhandenen großen Menge adsorbierten Wassers zeigt Zementgel **thixotrope Eigenschaften**. Man kann durch mechanische Einwirkung eine Verflüssigung des Gels erreichen, d. h. die sich bildende Netzstruktur kann mechanisch wieder zerstört werden, bildet sich aber danach in Ruhe sofort wieder und die Masse steift wieder an.

Durch diese Erscheinung ist eine Verarbeitung des Zementes trotz Ansteifen der Masse noch möglich!

Der Zeitpunkt, bis zu dem sich die Masse deutlich thixotrop verhält, deckt sich ziemlich genau mit dem Erstarrungsbeginn. Der Erstarrungsbeginn liegt für Portlandzemente zwischen 2 und 4 Stunden, für Hochofenzemente zwischen 3 und 5 Stunden, was im allgemeinen eine für die Praxis ausreichende Verarbeitungszeit bedeutet. Die Bestimmung des Erstarrungsendes hat nur wenig praktische Bedeutung, Anforderungen an das Erstarrungsende werden deshalb nicht mehr gestellt.

Diese charakteristischen Zeitpunkte sind von mehreren Einflüssen abhängig, besonders von der Temperatur, vom *w/z*-Wert, von der Art des Zementes und anderen. Die unter Laborbedingungen an wasserarmen Purzementpasten ermittelten Normwerte dürfen deshalb nicht direkt auf die Praxis übertragen werden.

Bei der Lagerung kann sich das Erstarrungsverhalten verändern, insbesondere durch Reaktionen mit dem CO_2-Gehalt der Luft. Es empfiehlt sich daher, länger gelagerten Zement vor dem Verarbeiten auf sein Erstarren – insbesondere auf eine Verkürzung des Erstarrungsbeginns – zu überprüfen.

7.1.4.5.2 Chemische Zusammensetzung

Der wesentliche Festigkeitsbeitrag wird von den Calciumsilicaten geliefert, denen gegenüber der Beitrag der aluminatischen und ferritischen Phasen sehr gering ist. Von den beiden silicatischen Phasen, die letztlich ca. die gleiche Endfestigkeit erreichen, ist das Tricalciumsilicat für die hohe Frühfestigkeit verantwortlich, wogegen die Druckfestigkeit des Dicalciumsilicates erst langsam ansteigt; sein Beitrag für die hydraulische Erhärtung liegt also vorwiegend im Bereich der sogenannten Nacherhärtung, d. h. der Festigkeitszunahme nach 28 Tagen.

7.1.4.5.3 Mahlfeinheit

Den Einfluss der Mahlfeinheit kann man etwa wie folgt charakterisieren: *Je größer die Oberfläche* (desto mehr Zementgel wird zunächst entstehen und) um so *höhere Anfangsfestigkeit wird erreicht*. Anschließend wird jedoch eine Verzögerung in der Festigkeitsentwicklung festzustellen sein, da die Gelschicht diffusionshemmend wirkt.

Die Mahlfeinheit des Zementes wird nach seiner spezifischen Oberfläche beurteilt; (nach DIN EN 196, Teil 6, an Hand von Luftdurchlässigkeitsmessungen in cm^2/g

Feinheits-standard	Spezifische Oberfläche [cm²/g]	z. B. Zement
grob	< 2800	CEM I 32,5
mittel	2800 – 4000	CEM III 32,5
fein	> 4000	CEM I 52,5
sehr fein	5000 – 7000	

Tabelle 7.12
Spezifische Oberfläche des Zements

berechnet). Angaben über die durchschnittlichen Mahlfeinheitsgrade enthält die *Tabelle 7.12*.

7.1.4.5.4　Feuchtigkeit

Feuchthaltung – insbesondere in der ersten Erhärtungsphase – ist zu beachten. Zu frühzeitiges Austrocknen beeinträchtigt zumindest die Oberflächenfestigkeit (z. B. Absanden durch „*Verdursten*" des Betons) und kann zur Bildung von Schrumpf- und Schwindrissen führen.

7.1.4.5.5　Temperatur

Höhere Temperatur beschleunigt, niedrige Temperatur verzögert den Erhärtungsvorgang; das gilt besonders in jungem Alter, d. h. bei der sogenannten Frühfestigkeit. Der kritische Temperaturbereich liegt < +8° C; darunter gehen die Festigkeiten mit sinkender Temperatur stark zurück. Bei Temperaturen unter –5° C kommen die Hydratationsreaktionen vollständig zum Erliegen.

Wird die Erhärtung verzögert, z. B. durch Lagerung bei tieferen Temperaturen oder durch Zusatz von Fremdstoffen, so entstehen mehr langfaserige Calciumsilicathydrate und die Endfestigkeit ist dadurch vermutlich geringfügig höher als bei normaler Erhärtung. Wird die Reaktion beschleunigt, so ist zwar die Anfangsfestigkeit höher, die Endfestigkeit aber meist niedriger, da weniger langfaserige Calciumsilicathydrate entstehen.

7.1.4.6　Eigenschaften des Zementsteins

7.1.4.6.1　Festigkeit

Zement wird in verschiedenen Festigkeitsklassen hergestellt und geliefert (siehe *Tabelle 7.13*). Bei der Bestimmung der Zement-Normdruckfestigkeit nach DIN EN 196, Teil 1, wird die Druckfestigkeit eines definierten Normmörtels nach 2- bzw. 7- und 28-tägigem Erhärten unter Wasser von 20 ±1 °C bestimmt.

Das Mischungsverhältnis Zement : Normsand im Normmörtel beträgt 1 : 3 nach Gewichtsteilen (GT), der Wasserzementwert 0,50.

Festig-keits-klasse	Druckfestigkeit in N/mm² nach				Entwicklung der		Nach-erhärtung
	2 Tagen mind.	7 Tagen mind.	28 Tagen mind.	28 Tagen höchst.	Hydrat.-Wärme	Festig-keit	
Z 32,5 N	–	≥ 16	≥ 32,5	≤ 52,5	langsam	langsam	stark
R	≥ 10	–			normal	normal	normal
Z 42,5 N	≥ 10	–	≥ 42,5	≤ 62,5	normal	normal	normal
R	≥ 20	–			schnell	schnell	gering
Z 52,5 N	≥ 20	–	≥ 52,5	–	sehr schnell	sehr schnell	sehr gering
R	≥ 30	–			sehr schnell	sehr schnell	minimal

Tabelle 7.13
Festigkeitsklassen und Eigenschaften der Normzemente

Da im allgemeinen die 28-Tage-Druckfestigkeit des Betons für die Bemessung und Sicherheitsbetrachtungen von Betonbauwerken maßgebend ist, wird auch der Zement zunächst nach seiner 28-Tage-Normdruckfestigkeit beurteilt und in Festigkeitsklassen eingeteilt. Die Zementnorm DIN EN 197-1 geht von **Zielwerten** für die 28-Tage-Normdruckfestigkeit aus, die für alle Zemente einer Klasse – *unabhängig von ihrer Art* – anzustreben sind und die nur maximal um die Toleranz von ±10 N/mm² unter- bzw. überschritten werden dürfen. Diese obere Grenze gilt nicht für die höchste Festigkeitsklasse.

Die **Bezeichnung der Festigkeitsklasse** erfolgt durch Angabe der **Mindestdruckfestigkeit nach 28 Tagen**, gemessen am Normprisma 4 cm x 4 cm x 16 cm, in **N/mm²**.

Da es für gewisse Bauzwecke wichtig ist, den Festigkeitsverlauf zu kennen, enthält die Norm zur Kennzeichnung der frühen Festigkeitsentwicklung neben der 28-Tage-Festigkeit auch Anforderungen über Mindestfestigkeiten zu einem weiteren charakteristischen Zeitpunkt; nach 2 Tagen, und für den langsamer erhärtenden Zement der Klasse Z 32,5 N nach 7 Tagen.

Der unterschiedliche Erhärtungsverlauf der verschiedenen Zementarten wird berücksichtigt durch eine Aufteilung dieser Festigkeitsklassen (gleiche 28-Tage-Festigkeit) in Zemente mit üblicher Anfangserhärtung, die mit N gekennzeichnet wird, und solche mit hoher Anfangsfestigkeit, gekennzeichnet mit R.

Nach der Zementart werden in den Klassen
- ◯ Z 32,5 N; Z 42,5 N   überwiegend Hochofenzement
- ◯ Z 32,5 R; Z 42,5 R   überwiegend Portland- und Portlandhüttenzement
- ◯ Z 52,5 N; Z 52,5 R   nur Portlandzement

geliefert.

Zement	Anwendungsbeispiele
Z 32,5 N	Massige Bauteile, Betonieren bei warmer Witterung
Z 32,5 R	Alle üblichen Bauteile bei normalen Anforderungen im Hoch- und Tiefbau
Z 42,5 N	Massige Bauteile mit höheren Endfestigkeiten
Z 42,5 R	Bauteile mit kurzen Ausschalfristen, Fertigteile, Betonieren bei niedrigen Temperaturen
Z 52,5 N Z 52,5 R	Bauteile mit extrem kurzen Ausschalfristen, Spannbeton-Fertigteile

Tabelle 7.14
Anwendungs-
möglichkeiten
der Zemente

Die Verwendung der Festigkeitsklassen ist recht unterschiedlich; in der *Tabelle 7.14* sind für die Zementgüteklassen einige typische Anwendungsmöglichkeiten zusammengestellt.

Bezogen auf die 28-Tage-Druckfestigkeit kann man bei sehr schnell erhärtenden Zementen bis zur vollständigen Aushärtung mit einem Festigkeitszuwachs bis zu 10 %, bei normal erhärtenden Zementen mit 10 bis 25 % und bei langsam erhärtenden Zementen mit 25 bis 40 %, in Einzelfällen sogar bis 50 % rechnen.

Abbildung 7.9
Beziehung zwischen Druckfestigkeit und Wasser-Zement-Wert bzw. Zementstein-Porenraum [7.20]

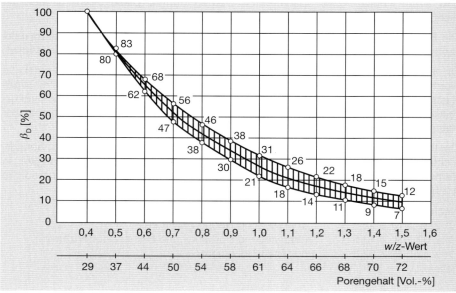

Einfluss der Lagerung auf die Festigkeit

Als Faustregel kann man annehmen, dass bei einer *sachgemäßen Lagerung* nach 3 Monaten eine Festigkeitsminderung von größenordnungsmäßig etwas über 10 % auftritt. Daher sollte im allgemeinen die Lagerung von Z 52,5 einen Monat, die von anderen Zementen 2 Monate nicht wesentlich überschreiten.

7.1.4.6.1.1 Einfluss des w/z-Wertes auf die Festigkeit

Die Festigkeit des erhärteten Zementsteins hängt von der Kapillarporosität ab, und zwar nimmt die Festigkeit mit zunehmender Porosität überproportional ab (*Abbildung 7.9*).

Erhöhung der Porosität bedeutet Festigkeitsminderung!

Den Einfluss des Wasser-Zement-Wertes auf den Porenraum zeigt schematisch die *Abbildung 7.10*.

Bei Überschreiten des *w/z*-Wertes von 0,4 kommt es durch Wasserüberschuss zu weiterer Porenbildung, den sogenannten Kapillarporen.

Die Endfestigkeit eines Zementsteins hängt fast ausschließlich vom *w/z*-Wert ab!

Abbildung 7.10
Schematische Darstellung der Hydratation des Zementes bei unterschiedlichem Wasser-Zement-Wert

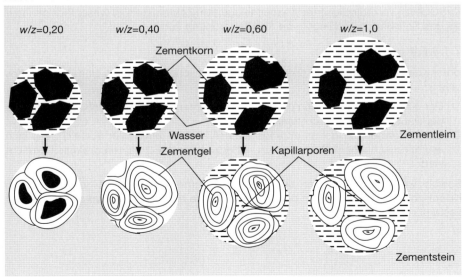

7.1.4.6.2   Elastizitätsmodul

Zementstein ist ein viskoelastischer Stoff, da die elastischen Formänderungen von Beginn an mit plastischen Verformungen überlagert werden. Da die elastischen Form-änderungen mit der Spannung überproportional ansteigen, gilt das Hook'sche Gesetz nicht. Zu Vergleichszwecken wird deshalb für die Berechnung des E-Moduls meist diejenige elastische Verformung herangezogen, die sich nach einer mehrfachen Be- und Entlastung einstellt. Dieser Wert liegt zwischen 6.000 und 30.000 N/mm^2. Er nimmt mit steigender Porosität stark ab.

7.1.4.6.3   Volumenänderungen bei Austrocknung und Durchfeuchtung

Zementstein neigt bei Austrocknung bzw. Durchfeuchtung zum **Schwinden** und **Quellen**.

Beim erstmalig scharfen Trocknen kann das Schwindmaß des Zementsteins bis 10 mm/m betragen. Die danach durch Wiederbefeuchten und erneutes Trocknen hervorgerufenen Längenänderungen sind **reversibel** und liegen im Bereich zwischen **3 und 4 mm/m**.

Möglichst lange Feuchthaltung ist die wirksamste Methode, die Schwindung entscheidend zu verringern. Das Schwinden steigt mit zunehmender Kapillar-porosität, d. h. mit größer werdendem w/z-Wert an. Einen großen Einfluss auf das Schwindverhalten hat die Mahlfeinheit des Zementes; feiner gemahlene Zemente neigen etwas stärker zum Schwinden als gröbere Zemente.

Das Quellen von ständig unter Wasser gelagertem Zementstein ist wesentlich geringer als das Schwinden und liegt in der Größenordnung von 1 mm/m.

7.1.4.6.4   Kriechen

Unter Kriechen versteht man die zusätzliche plastische Verformung eines Werkstoffes unter dauernder Belastung.

○ Das Kriechen ist unter den praktisch vorkommenden Gebrauchslasten der Höhe der Dauerlast etwa proportional
○ Die Verformungen gehen anfangs schnell, später langsamer vor sich, um sich asymptotisch einem Grenzwert zu nähern, der in 1 – 2 Jahren praktisch erreicht wird

Sowohl wassersatt als auch sehr trockener Zementstein kriecht nur sehr wenig. **Kriechen ist im allgemeinen um so niedriger, je höher die Festigkeit** zur Zeit der Lastaufbringung **ist**

7.1.4.6.5 Wärmedehnung

Die Wärmedehnung des Zementsteins hängt in starkem Maße von seinem Feuchtigkeitsgehalt ab; bei trockenem Zementstein beträgt der lineare Wärmeausdehnungskoeffizient $\alpha_{trocken} \sim 10^{-5}$ K^{-1}. Bei einem Feuchtigkeitsgehalt entsprechend einer relativen Luftfeuchtigkeit von 70 % in der umgebenden Luft kann er jedoch mehr als doppelt so groß sein.

7.1.4.6.6 Treiben

Zement muss raumbeständig sein, d. h. er darf sein Volumen nach erfolgter Verfestigung nicht mehr verändern, da sonst Spannungen entstehen würden, die zu Rissen führen.

Zu nennen sind hier:

Kalk- und Magnesiatreiben

durch verspätete Hydratation von ungebundenem freiem gebranntem CaO und freiem gebranntem MgO. Überprüfung durch die Kochprobe gemäß DIN EN 196, Teil 3; max. zulässige Dehnung 10 mm.

Sulfattreiben

durch Bildung von *Ettringit* bei zu hohem Gipszusatz.

Alkalitreiben

Ursache ist die Verwendung von Zuschlägen, die einen höheren Gehalt an besonders reaktionsfähigem, opalhaltigem Sandstein oder Flint aufweisen, wie sie in einigen Bereichen Nord-Niedersachsens, Hamburgs und Schleswig-Holsteins, Mecklenburg-Vorpommerns und Nord-Brandenburgs vorkommen (Elbe-Urstromtal), z.T auch in Sachsen.

Diese alkaliempfindlichen Zuschläge, reagieren chemisch mit Alkalihydroxidlösungen. Durch osmotische Vorgänge quillt das Reaktionsprodukt auf und es führt schließlich zur Bildung von Rissen. Voraussetzung ist jedoch Vorhandensein von Feuchtigkeit.

Eine wirkungsvolle vorbeugende Maßnahme stellt die Verwendung eines Zementes mit niedrigem wirksamen Alkaligehalt dar. Diese Zemente sind z.Zt. nach wie vor in der DIN 1164 genormt und erhalten gem. DIN die Zusatzkennzeichnung: **– NA**.

Nach der Norm gelten als NA-Zemente:
○ CEM I bis V mit einem Gesamtalkaligehalt von höchstens 0,60 M.-% Na_2O-Äquivalent
○ CEM II/B-S mit einem Hüttensandanteil ≥ 21 M.-% und einem Gesamtalkaligehalt von höchstens 0,70 M.-% Na_2O-Äquivalent
○ Hochofenzement CEM III/A mit mindestens 36–49 M.-% Hüttensand und einem Gesamtalkaligehalt von ≤ 0,95 M.-% Na_2O-Äquivalent

○ Hochofenzement CEM III/A mit 50 - 65 M.-% Hüttensand und einem Gesamtalkaligehalt von ≤ 1,10 M.-% Na_2O-Äquivalent
○ Hochofenzement CEM III/B mit einem Gesamtalkaligehalt von höchstens 2,00 M.-% Na_2O-Äquivalent
○ Hochofenzement CEM III/C mit einem Gesamtalkaligehalt von höchstens 2,00 M.-% Na_2O-Äquivalent

7.1.4.6.7   Wasserdurchlässigkeit

Erhärteter Zementstein erreicht etwa die Dichtigkeit von Naturstein. Das Zementgel ist praktisch undurchlässig, da das Wasser auch unter hohem Druck die sehr feinen Gelporen – wenn überhaupt – nur außerordentlich langsam durchdringen kann.

Vorzeitige Austrocknung erhöht die Durchlässigkeit.

Deshalb: wasserundurchlässigen Beton möglichst lange feucht halten!

Die Wasserdurchlässigkeit des Zementsteins hängt also ausschließlich von seinem Gehalt an Kapillarporen ab. **Bei einem _w/z_-Wert von 0,4 ist er praktisch wasserundurchlässig**, erst bei _w/z_-Werten ≥ 0,5 tritt eine Wasserdurchlässigkeit deutlich in Erscheinung, da das Kapillarporensystem dann zusammenhängend wird.

7.1.4.6.8   Frost- und Hitzebeständigkeit

Der **Frostangriff** beruht im wesentlichen auf der Volumenvergrößerung von gefrierendem Wasser um 10 – 11 Vol.-%. **Zementstein**, der kein Kapillarwasser enthält, z. B. bei einem **_w/z_-Wert von ≤ 0,4, ist praktisch frostbeständig.** Der Widerstand von Beton gegen Frost ist also in erster Linie eine Frage betontechnologischer Maßnahmen.

Hinsichtlich der Hitzebeständigkeit ist festzustellen, dass Portlandzement bis ca. 300 °C beständig ist. Bei Temperaturen > 400 °C fällt die Druckfestigkeit des Portlandzementes sehr stark ab.

7.1.4.7   Angriffe auf den erhärteten Zementstein

Zementgebundene Baustoffe sind häufig chemischen Angriffen ausgesetzt. Nach den chemischen Reaktionen lassen sich zwei Arten der Einwirkung unterscheiden:

○ Lösen des Zementsteins: verursacht durch leichtlösliche Neubildungen auf der Zementsteinoberfläche, die abgetragen werden; zu erkennen am Absanden der Oberfläche
○ Treiben: verursacht durch voluminöse Neubildungen im Zementsteininneren, die sprengend wirken können

7.1.4.7.1 Lösungsvorgänge

Weiches Wasser

Wasser mit einer Härte von c (Ca^{2+}+ Mg^{2+}) $\leq$ 0,5 mmol/l vermag die Verbindungen des Zementsteins in geringem Umfang zu lösen; fließende Wässer sind dabei stärker aggressiv als stehende. Bei sehr dichtem Zementstein ist ein solcher Angriff aber relativ unbedeutend; d. h. weiche Wässer sind **relativ ungefährlich.**

Säuren, Basen, Salzlösungen

Fast alle Säuren lösen den Zementstein, lediglich Säuren, die schwerlösliche Calciumsalze bilden, sind unschädlich (z. B. Phosphorsäure, Flusssäure, Kieselfluorwasserstoffsäure; letztere wird z. B. sogar verwendet, um die Oberfläche zementgebundener Baustoffe durch „*Fluatieren*" resistenter gegen Umwelteinflüsse zu machen).

Die starken *anorganischen Säuren* lösen alle Bestandteile des Zementsteins; schwache Säuren reagieren dagegen vor allem mit dem Calciumhydroxidanteil des Zementes, können aber auch die anderen Hydratphasen mehr oder weniger langsam angreifen. *Basische Wässer* greifen Zementstein im allgemeinen nicht an. Verschiedene *Salzlösungen* (*insbesondere NH_4^-- und Mg-Salze*) können durch sogenannte Austauschreaktionen mit Kalkanteilen leichtlösliche Verbindungen bilden und so den Zementstein angreifen und zerstören.

Organische Substanzen

Von den organischen Säuren greifen Ameisensäure, Essigsäure und Milchsäure den Zementstein stärker an; auch „*Huminsäuren*" (Moorböden und -wässer) zersetzen den Zementstein langsam; auslaugend wirken auch Zuckerlösungen und Glycerin. Mineralöle, wie z. B. Heizöl, Motorenöle usw. sind nicht als schädlich einzustufen; Altöle können jedoch aggressiv wirken, da sie unter Umständen Oxidationsprodukte (*Säuren*) enthalten.

Pflanzliche und tierische Öle und Fette greifen an; sie bestehen aus Glycerinestern, die durch „*Verseifung*" das Zementsteingefüge aufweichen.

Folgen des lösenden Angriffs auf den Zementstein ist meist das Auftreten von **Ausblühungen** oder **Aussinterungen**.

7.1.4.7.2 Treiben

Bei dem treibenden Angriff auf Zementstein ist vor allem der Sulfatangriff zu nennen („*Gipstreiben*"). In die Zementsteinmatrix eindringende Sulfatlösungen bilden bei Berührung mit den tonerdehaltigen Verbindungen des erhärteten Zements als neue Verbindung vor allem das sehr voluminöse sogenannte „*Ettringit*". Infolge seines großen Raumbedarfs verursacht es Treiben (Rissbildung, schalenförmige Abplatzungen).

Durch Herabsetzen des C_3A-Gehaltes kann man den Zement sulfatbeständiger machen, da die Möglichkeit der Bildung von Ettringit herabgesetzt ist.

Zemente, die einen hohen Sulfatwiderstand aufweisen, werden gemäß DIN 1164 mit den Kennbuchstaben: **– HS** zusätzlich gekennzeichnet.

Als HS-Zemente gelten gemäß DIN 1164:

○ Portlandzement CEM I mit einem rechnerischen Gehalt an C_3A von höchstens 3 M.-% und mit einem Gehalt an Al_2O_3 von höchstens 5 M.-%

○ Hochofenzement CEM III/B und CEM III/C mit mindestens 66 M.-% Hüttensand und höchstens 34 M.-% Portlandzementklinker

7.1.4.8   Zement nach DIN EN 197

Unterschiedliche Rohmaterialvorkommen, unterschiedliche klimatische Bedingungen, unterschiedliches sozio-kulturelles Verhalten sowie unterschiedliche Bautechniken in den einzelnen Regionen Westeuropas führten zu einer großen Vielfalt von Zementarten. Im Hinblick auf die große Zahl der in Europa verwendeten Zementarten, wurde es als notwendig erachtet, „Normalzemente" von solchen mit zusätzlichen oder besonderen Eigenschaften getrennt zu behandeln. Die DIN EN 197 erfasst daher alle Normalzemente, die von den einzelnen Ländern als traditionell und bewährt eingestuft worden sind und über die ausreichende, langjährige Erfahrungen vorlagen. Es wurden Zementarten aufgrund ihrer Zusammensetzung und eine Klassifizierung aufgrund der Festigkeit eingeführt, um die aufgenommenen unterschiedlichen Zemente zu berücksichtigen. Die Erhärtung dieser Zemente hängt hauptsächlich von der Hydratation von Calciumsilicaten ab. Normalzemente mit besonderen Eigenschaften sowie Zemente mit anderen Erhärtungsmechanismen werden weiterhin in nationalen Normen behandelt.

Die DIN EN 197-1 enthält Anforderungen an die Eigenschaften von Bestandteilen der Zemente sowie Angaben über die Zusammensetzung der Anteile zur Herstellung entsprechender Zementarten und -klassen. Sie behandelt ferner Festlegungen der mechanischen, physikalischen und chemischen Anforderungen sowie Konformitätskriterien.

Die in der Norm enthaltenen Zementarten, die in die folgenden fünf Hauptgruppen unterschieden werden:

○ CEM I   Portlandzement
○ CEM II   Portlandkompositzement
○ CEM III   Hochofenzement
○ CEM IV   Puzzolanzement
○ CEM V   Kompositzement

sind in der *Tabelle* 7.15, die Anforderungen in der *Tabelle* 7.16 zusammengestellt.

Hauptzementarten	Bezeichnung der 27 Produkte (Normalzementarten)		Zusammensetzung (Massenanteile in Prozent)[1]										
			Hauptbestandteile										Nebenbestandteile
			Portlandzementklinker	Hüttensand	Silicastaub	Puzzolane		Flugasche		Gebrannter Schiefer	Kalkstein		
						natürlich	natürlich getempert	kieselsäurereich	kalkreich				
			K	S	D[2]	P	Q	V	W	T	L	LL	
CEM I	Portlandzement	CEM I	95–100	–	–	–	–	–	–	–	–	–	0–5
CEM II	Portlandhüttenzement	CEM II/A-S	80–94	6–20	–	–	–	–	–	–	–	–	0–5
		CEM II/B-S	65–79	21–35	–	–	–	–	–	–	–	–	0–5
	Portlandsilicastaubzement	CEM II/A-D	90–94	–	6–10	–	–	–	–	–	–	–	0–5
	Portlandpuzzolanzement	CEM II/A-P	80–94	–	–	6–20	–	–	–	–	–	–	0–5
		CEM II/B-P	65–79	–	–	21–35	–	–	–	–	–	–	0–5
		CEM II/A-Q	80–94	–	–	–	6–20	–	–	–	–	–	0–5
		CEM II/B-Q	65–79	–	–	–	21–35	–	–	–	–	–	0–5
	Portlandflugaschezement	CEM II/A-V	80–94	–	–	–	–	6–20	–	–	–	–	0–5
		CEM II/B-V	65–79	–	–	–	–	21–35	–	–	–	–	0–5
		CEM II/A-W	80–94	–	–	–	–	–	6–20	–	–	–	0–5
		CEM II/B-W	65–79	–	–	–	–	–	21–35	–	–	–	0–5
	Portlandschieferzement	CEM II/A-T	80–94	–	–	–	–	–	–	6–20	–	–	0–5
		CEM II/B-T	65–79	–	–	–	–	–	–	21–35	–	–	0–5
	Portlandkalksteinzement	CEM II/A-L	80–94	–	–	–	–	–	–	–	6–20	–	0–5
		CEM II/B-L	65–79	–	–	–	–	–	–	–	21–35	–	0–5
		CEM II/A-LL	80–94	–	–	–	–	–	–	–	–	6–20	0–5
		CEM II/B-LL	65–79	–	–	–	–	–	–	–	–	21–35	0–5

Tabelle 7.15
Normzemente und ihre Zusammensetzung gemäß DIN EN 197, Teil 1 (Fortsetzung sh. nächste Seite)

Haupt-zement-arten	Bezeichnung der 27 Produkte (Normalzementarten)	Zusammensetzung (Massenanteile in Prozent)[1]										
		Hauptbestandteile										Neben-bestand-teile
		Port-land-zement-klinker	Hütten-sand	Silica-staub	Puzzolane		Flugasche		Gebrann-ter Schiefer	Kalkstein		
					natürlich	natürlich getempert	kiesel-säurereich	kalkreich				
		K	S	D[2]	P	Q	V	W	T	L	LL	
CEM II	Portland-komposit-zement[3] CEM II/A-M	80–94	←———————————————— 6–20 ————————————————→									0–5
	CEM II/B-M	65–79	←——————————————— 21–35 ———————————————→									0–5
CEM III	Hoch-ofen-zement CEM III/A	35–64	36–65	–	–	–	–	–	–	–	–	0–5
	CEM III/B	20–34	66–80	–	–	–	–	–	–	–	–	0–5
	CEM III/C	5–19	81–95	–	–	–	–	–	–	–	–	0–5
CEM IV	Puzzolan-zement[3] CEM IV/A	65–89	←——————— 11–35 ———————→					–	–	–	–	0–5
	CEM IV/B	45–64	←——————— 36–55 ———————→					–	–	–	–	0–5
CEM V	Komposit-zement[3] CEM V/A	40–64	18–30	–	←——— 18–30 ———→			–	–	–	–	0–5
	CEM V/B	20–38	31–50	–	←——— 31–50 ———→			–	–	–	–	0–5

1) Die Werte in der Tabelle beziehen sich auf die Summe der Haupt- und Nebenbestandteile.

2) Der Anteil von Silicastaub ist auf 10 % begrenzt.

3) In den Portlandkompositzementen CEM II/A-M und CEM II/B-M, in den Puzzolanzementen CEM IV/A und CEM IV/B und in den Kompositzementen CEM V/A und CEM V/B müssen die Hauptbestandteile außer Portlandzementklinker durch die Bezeichnung des Zementes angegeben werden (Beispiel: siehe Abschnitt 8).

Tabelle 7.15
Fortsetzung

Festigkeits-klasse	Druckfestigkeit MPa		Erstarrungs-beginn	Raumbeständigkeit (Dehnungsmaß)
	Anfangsfestigkeit	Normfestigkeit	min	
	2 Tage	7 Tage	28 Tage		mm
32,5 N	–	≥ 16,0	≥ 32,5	≤ 52,5	≥ 75	
32,5 R	≥ 10,0	–				
42,5 N	≥ 10,0	–	≥ 42,5	≤ 62,5	≥ 60	≤ 10
42,5 R	≥ 20,0	–				
52,5 N	≥ 20,0	–	≥ 52,5	–	≥ 45	
52,5 R	≥ 30,0	–				

Tabelle 7.16
Mechanische und physikalische Anforderungen an Normzemente gemäß DIN EN 197, Teil1

7.1.4.8.1 „Zumahlstoffzemente" gemäß DIN EN 197

Hierunter versteht man Mischungen aus Portlandzementklinker, Gips- und/oder Anhydritstein und einem Zumahlstoff, die gemeinsam vermahlen werden. Zu den bedeutendsten Zumahlstoffen gehören die basische *Hochofenschlacke*, mit hohem latent hydraulischen Erhärtungsvermögen, besonders aufbereiteter, gebrannter *Ölschiefer* sowie die natürlichen und künstlichen *Puzzolane*, Flugasche, gebrannter Schiefer, Kalksteinmehl, sowie Silicastaub.

Die Sorte A enthält den geringsten Anteil an Zumahlstoff, die Sorten B und C jeweils höhere Anteile (*siehe Tabelle 7.15*)

Je nach Einsatzmenge und hydraulischer Aktivität des Zumahlstoffes werden die Grundeigenschaften des Portlandzementklinkers mehr oder weniger stark beeinflusst. Gegenüber reinem Portlandzement verändern die Zumahlstoffe die Eigenschaften wie folgt:

○ Abnahme der Hydratationsgeschwindigkeit; mit steigender Mahlfeinheit des Zumahlstoffes kann diese jedoch deutlich gesteigert werden
○ niedrigere Hydratationswärme durch den geringeren Anteil an den stark exotherm reagierenden Klinkerphasen C_3A und C_3S; diese geringere Hydratationswärme wird außerdem in einem relativ größeren Zeitraum frei, so dass nur mäßige Temperaturerhöhungen auftreten
○ bessere Beständigkeit gegen aggressive Medien, da weniger $Ca(OH)_2$ und C_3A (höhere Sulfatbeständigkeit) enthalten sind

7.1.4.8.1.1 Hüttenzemente

Die bei der Eisengewinnung im Hochofen anfallende, durch Abschreckung des Schmelzflusses granulierte, basische Hochofenschlacke ist ein latent hydraulischer

Stoff. Die Zusammensetzung dieser Hochofenschlacke ist ähnlich der des Portlandzements, sie ist aber wesentlich kalkärmer. Das hydraulische Erhärtungsvermögen wird durch Kalk [Ca(OH)$_2$] angeregt, der bei der Hydratation von Portlandzementklinker freigesetzt wird. Die Hydratationsprodukte entsprechen denen des Portlandzementes, wobei jedoch freies Ca(OH)$_2$ praktisch fehlt.

Bei den Hüttenzementen, die durch Mischen von granulierter Hochofenschlacke – sogenanntem „Hüttensand“ – mit Portlandzementklinker und anschließend gemeinsamem Aufmahlen hergestellt werden, unterscheidet die DIN zwei Sorten, Portlandhüttenzement und Hochofenzement, die sich in ihrem Mischungsverhältnis PZ : Hüttensand unterscheiden (siehe *Tabelle 7.15*).

Wesentliche Merkmale der Hüttenzemente sind:
○ langsamere Erhärtung bei praktisch gleicher Endfestigkeit wie beim PZ
○ trägere Anfangserhärtung
○ mit steigendem Hüttensandgehalt feinere Porenstruktur → Erhöhung des Diffusionswiderstands
○ Bildung von weniger Kalkhydrat bei der Hydratation
○ niedrigere Hydratationswärme, daher besonders geeignet für massige Bauteile
○ Verbesserung der Sulfatbeständigkeit durch geringeren C$_3$A-Gehalt (Hochofenschlacke enthält praktisch kein C$_3$A). Ab einem Hüttensandanteil von ≥ 66 M.-% gelten sie als hochsulfatbeständig (HS-Zement)

7.1.4.8.1.2 Portlandpuzzolanzement

wird hergestellt durch Mischung und werkmäßiges Feinmahlen von 6 bis 35 M.-% eines Puzzolans und entsprechend 65 bis 94 M.-% PZ-Klinker. Als Zumahlstoffe können natürliche Puzzolane (z.B. normgerechter Trass, DIN 51 043 (siehe Kapitel 7.1.3.2.2 Puzzolankalke) oder durch Tempern bei ca. 400° C thermisch aktiviertes vulkanisches Gestein (z.B. Phonolith, Lavamehl) eingesetzt werden.

Vorteile bei Trasszement CEM II/A-P oder CEM II/B-P:
○ erhöhte Dichtigkeit des Zementsteins, da besonders feine Aufmahlung → allgemeine Steigerung der Widerstandsfähigkeit gegen aggressive Wässer
○ Verringerung des Kalkhydratanteils, der durch das reaktionsfähige SiO$_2$ zu CSH gebunden wird. Die zusätzlich entstehenden, gelartigen CSH-Massen lagern sich in den Kapillarporen ab und erhöhen dadurch die Dichtigkeit des Zementsteins
○ Verringerung des „Zementblutens“ und verbesserte *Plastizität* des Zementmörtels (vorteilhaft für Pumpbeton)
○ Streckung und Senkung der Hydratationswärme
Durch Verminderung der Abbindetemperatur (= Verzögerung des Erhärtungsvorganges) sind u.U. die Ausschalungsfristen – insbesondere bei Winterbauten – zu verlängern. Ausreichend lange Feuchthalten.
○ für Spannbeton *nicht* zugelassen (da Trasszement nicht in Güteklassen ≥ Z 32,5 geliefert wird)

Anwendungsgebiete für den Trasszement sind speziell der Wasserbau, sowie allgemein bei massigen Bauteilen.

Phonolithzement, Vulkanzement CEM II/A-Q oder CEM II/B-Q

Phonolithzement erhärtet langsam und erreicht nur eine geringe Frühfestigkeit. Phonolithzement CEM II/A-Q 32,5 R darf für Beton nach DIN 1045 unter den gleichen Bedingungen wie Trasszement verwendet werden. Für Spannbeton ist er nicht zugelassen.

Da die Eigenschaften des Vulkanzementes denen des Trasszementes sehr ähnlich sind, kann er wie Trasszement eingesetzt werden.

7.1.4.8.1.3 Portlandflugaschezement

Portlandflugaschezement CEM II/A- V oder CEM II/B-V bzw. CEM II/A-W oder CEM II/B-W enthält außer Zementklinker zwischen 6 und 35 M.-% kieselsäurereiche oder kalkreiche Flugasche. Flugasche entsteht beim Verbrennen von Steinkohlenstaub in Kraftwerken und wird aus den Rauchgasen in mechanischen Filtern oder Elektrofiltern abgeschieden; Asche aus anderen Verfahren darf nicht verwendet werden. Der Anteil an reaktionsfähigem Siliciumdioxid muss mindestens 25,0 M.-% betragen.

Kieselsäurereiche Flugasche (V) ist ein feinkörniger, hauptsächlich aus kugeligen glasigen Partikeln bestehender Staub mit puzzolanischen Eigenschaften. Der Massenanteil an reaktionsfähigem Calciumoxid muss unter 10,0 M.-% liegen. Bei Flugascheanteilen > 20 M.-% sind hinsichtlich der Dauerhaftigkeit für einige Umweltbedingungen Bedenken anzumelden.

Kalkreiche Flugasche (W) ist ein feinkörniger Staub mit hydraulischen und/oder puzzolanischen Eigenschaften. Der Massenanteil an reaktionsfähigem Calciumoxid darf 10,0 M.-% nicht unterschreiten.

Zur Herstellung von Beton nach DIN 1045 bei Korrosions- oder Angriffsrisiko ist Zement mit Zusatz von kalkreicher Flugasche nicht zugelassen.

Die wesentlichen Eigenschaften des Flugaschezementes sind:
- langsamere Erhärtung mit geringerer Frühfestigkeit
- geringere Hydratationswärme
- bei entsprechender Nachbehandlung (*länger als bei PZ*) mittlere Nacherhärtung
- längere Verarbeitbarkeitszeit
- bei niedrigerer Temperatur stärkere Erhärtungsverzögerung
- geringerer Wasseranspruch
- Verbesserung der Pumpfähigkeit von Beton

Einsatzgebiete sind insbesondere im Wasserbau und Tunnelbau.

7.1.4.8.1.4   Portlandschieferzement

Portlandschieferzement (Mahlfeinheit > 4000 cm^2/g) enthält außer Portlandzement-klinker 6 bis 35 M.-% Ölschiefer, der zuvor in einer besonderen Ofenanlage gebrannt wird. Das Brennprodukt enthält Klinkerphasen, vor allem C_2S und CA sowie größere Anteile puzzolanisch reagierender Oxide, insbesondere SiO_2.

Der sehr fein aufgemahlene, gebrannte Ölschiefer ist ein selbständig hydraulisch erhärtender Zumahlstoff. Die Hydratationsprodukte des Ölschiefers entsprechen denen des Portlandzementes. Er ist auch für Spannbeton zugelassen, nicht jedoch für Einpressmörtel.

7.1.4.8.1.5   Portlandkalksteinzement

Bei diesem Zementtyp werden dem Portlandzementklinker 6 - 35 M.-% Kalksteinmehl zugemahlen, wodurch die Mahlbarkeit verbessert wird und eine größere Mahlfeinheit als beim Portlandzement erreicht wird. Der Gesamtgehalt an enthaltenem organischen Kohlenstoff (TOC) wird durch die Buchstaben L (Massenanteil TOC $\leq$ 0,5 M.-%) bzw. LL (Massenanteil TOC $\leq$ 0,20 M.-%) gekennzeichnet. Die deutschen Portland-kalksteinzemente erfüllen die Bedingungen für LL. Aus Gründen der Dauerhaftigkeit darf CEM II/B-LL zur Betonherstellung nach DIN 1045 – außer für die Expositions-klasse X0 – nicht eingesetzt werden.

Er erhärtet sehr schnell, erreicht hohe Frühfestigkeit und hat fast keine Nacherhärtung; die Erhärtungsverzögerung durch niedrige Temperatur ist nur minimal. Die Hydrata-tionswärme wie auch der Wasseranspruch ist etwas geringer als bei CEM I; die Verarbeitbarkeit etwas verbessert; bei LP-Beton erzielt man mit ihm einen relativ hohen Frost-Tausalz-Widerstand; in diesen Eigenschaften ähnelt er dem CEM II/A-P.

7.1.4.8.1.6   Sonstige Zemente nach DIN EN 197

Der Marktanteil dieser Zemente ist in Deutschland relativ gering.

Portlandkompositzement

Portlandkompositzement (früher Portlandflugaschezement) CEM II/A-M und CEM II/B-M besteht aus 65 – 79 M.-% (A) bzw. aus 80 – 94 M.-% (B) Portlandzementklinker und entsprechend 21 – 35 bzw. 6 – 20 M.-% mehrerer Zumahlstoffe nach DIN EN 197-1.

Kompositzement

Kompositzement (früher Trasshochofenzement (TrHOZ)) besteht aus 20 – 64 M.-% Zementklinker, 18 – 50 M.-% Hüttensand sowie 18 – 50 M.-% Puzzolanen und/oder kieselsäurereicher Flugasche. Die Mahlfeinheit beträgt 4000 bis 5000 cm^2/g; der Zement ist also relativ fein gemahlen. Die Dichte liegt bei 2,8 bis 2,9 kg/dm^3. Er hat eine sehr langsame Festigkeitsentwicklung und entsprechend eine gute Nachhärtung; die Hydratationswärme ist relativ niedrig; der Frostwiderstand ist etwas geringer. Verwen-dung findet TrHOZ vor allem bei massigen Bauwerken und im Wasserbau.

7.1.4.9   Bezeichnung der DIN-Zemente

Zemente gemäß DIN EN 197 sind unter Verwendung von Kurzzeichen in folgender Reihenfolge zu bezeichnen: Zementart, Normbezug, Kurzzeichen der Zementart und weiterer neben Portlandzementklinker vorhandener Hauptbestandteile (siehe *Tabelle 7.15*), Festigkeitsklasse. Als Hinweis auf die Festigkeitsentwicklung ist entweder der Buchstabe N oder R anzuhängen. Bei Komposit- und Portlandkompositzement sind zusätzlich die Hauptbestandteile mit ihren Kurzzeichen in Klammern anzugeben.

Beispiele:

○ Portlandzement EN 197-1 – CEM I 42,5 R
○ Portlandhüttenzement EN 197-1 – CEM II/A-S 32,5 N
○ Hochofenzement EN 197-1 – CEM III/B 32,5 N
○ Portlandkompositzement EN 197-1 – CEM II/A-M(S-V-L) 32,5 R

7.1.4.10   Lieferung

Die DIN EN 197-1 enthält für Normalzemente keine Regelungen zum Sackgewicht sowie zu den Kennfarben der Verpackung, des Sackaufdrucks sowie für das bisher geforderte witterungsfeste Blatt zum Anheften am Silo. Die deutschen Zementhersteller haben sich jedoch darauf geeinigt, die Regelungen zum Sackgewicht (25 kg) sowie die farbliche Unterscheidung der Verpackung (siehe *Tabelle 7.17*) beizubehalten, da zumal für die Zemente mit besonderen Eigenschaften gem. DIN 1164 die früheren Regelungen weiterhin gelten.

Festigkeitsklassen der Zemente	Kennfarbe	Farbe des Aufdrucks
32,5 N	hellbraun	schwarz
32,5 R		rot
42,5 N	grün	schwarz
42,5 R		rot
52,5 N	rot	schwarz
52,5 R		weiß

Tabelle 7.17
Kennfarben für die
Festigkeitsklassen

7.1.4.11   Güteüberwachung

Die Zementhersteller sind verpflichtet durch eine Eigenüberwachung im Werk die Konformität der Produkte mit der DIN EN 197-1 auf der Grundlage von Stichprobenprüfungen fortlaufend zu bewerten. Die Zertifizierung der Konformität erfolgt entsprechend der DIN EN 197-2 durch eine anerkannte Zertifizierungsstelle. Zemente, die den Normanforderungen entsprechen, werden auf der Verpackung bzw. bei loser Lieferung (in Deutschland z.Zt. ca. 80 %) auf dem Lieferschein durch das einheitliche

Abbildung 7.11
EG-Konformitätszeichen, Übereinstimmungszeichen und Zeichen der Überwachungsgemeinschaft Verein Deutscher Zementwerke e.V.

EG-Konformitätszeichen sowie Angabe der Kennnummer der Zertifizierungsstelle dauerhaft gekennzeichnet (siehe *Abbildung 7.11*). Zur Zeit ist als Zertifizierungsstelle der Verein Deutscher Zementwerke e.V. in Düsseldorf anerkannt (Überwachungszeichen VDZ).

Sofern bei der Zementherstellung ein Zusatzmittel nach der Normreihe EN 934 verwendet wird, ist dieses zusätzlich anzugeben.

Prüfungen auf der Baustelle oder in Betonwerken sind für den Gütenachweis der Zemente nicht erforderlich. Zur Wahrung etwaiger Gewährleistungsansprüche wird jedoch empfohlen (z. B. für Großbaustellen), durch den Käufer bei Übernahme des Zementes eine Rückstellprobe von mindestens 5 kg sicherzustellen. Bei losem Zement muss die Probe vor der Übergabe aus der oberen Öffnung des Silofahrzeugs entnommen werden. Die Probe aus Zementsäcken muss sich aus Teilproben von 1 bis 2 kg zusammensetzen, die aus der Mitte der Sackfüllung von mindestens fünf unversehrten Säcken entnommen und durch sorgfältiges Mischen zu einer Durchschnittsprobe vereinigt werden. Die Probe ist luftdicht verschlossen aufzubewahren und beweiskräftig durch folgende Angaben zu kennzeichnen: Lieferwerk, Tag und Stunde der Anlieferung, Zementart, Festigkeitsklasse, gegebenenfalls Zusatzbezeichnung für besondere Eigenschaften, Tag und Stunde der Probenahme, Ort und Art der Lagerung und zusätzlich bei losem Zement Nummer des Zementlieferscheins.

7.1.4.12 Normzemente mit besonderen Eigenschaften nach DIN 1164

Zement mit besonderen Eigenschaften nach dieser Norm muss die Anforderungen für allgemeine Eigenschaften nach DIN EN 197-1 erfüllen

Abbildung 7.11a
Gütezeichen und Zeichen der Überwachungsgemeinschaft Verein Deutscher Zementwerke e.V. (VDZ)

Die in dieser Norm erfassten Zemente sind die bereits in den vorhergehenden Kapiteln behandelten Zemente mit hohem Sulfatwiderstand (Kapitel 7.1.4.7.2), Zemente mit niedriger Hydratationswärme (Kapitel 7.1.4.4.1), Zemente mit niedrigem wirksamen Alkaligehalt (Kapitel 7.1.4.6.6).

Als HS-Zemente werden im allgemeinen geliefert Portlandzement CEM I der Festigkeitsklassen 32,5 R und 42,5 R sowie Hochofenzement CEM III/B der

Festigkeitsklasse 32,5. Zemente NW sind meistens hüttensandreiche Hochofenzemente CEM III/B der Festigkeitsklasse 32,5. NA-Zemente können sowohl Portlandzemente CEM I der Festigkeitsklassen 32,5 R und 42,5 R als auch Hochofenzemente CEM III der Festigkeitsklasse 32,5 sein.

Zemente nach DIN 1164 erhalten weiterhin das Ü-Zeichen und das Bildzeichen der Zertifizierungsstelle (z.B. VDZ) (siehe *Abbildung 7.11a*)

7.1.4.13   Sonderzemente

Bei Sonderzementen sollte beachtet werden, dass verschiedene Gruppen zu unterscheiden sind. Die genormten und auch die bauaufsichtlich zugelassenen Zemente dürfen entsprechend ihren besonderen Eigenschaften für Beton und Stahlbeton verwendet werden. Nichtzugelassene Zemente dürfen für tragende Bauteile nicht verwendet werden. In besonderen Fällen kann eine auf den Einzelfall bezogene Zulassung beantragt werden.

Weißzement

Weißzement ist ein praktisch eisenfreier Zement, hergestellt aus eisenfreien Rohstoffen. Er wird als Portlandzement CEM I 42,5 R entsprechend der DIN EN 197-1 hergestellt und unter der Bezeichnung Dyckerhoff-Weiß geliefert. Weißzement ist also ein Normzement und hat die gleichen betontechnologischen Eigenschaften (z. B. Festigkeit, Erstarrungsverhalten, Verarbeitbarkeit, Korrosionsschutz, Schwind- und Kriechverhalten) wie entsprechender grauer Portlandzement.

Weißzement wird vorwiegend für Sichtbeton verwendet, für hellfarbigen Vorsatzbeton, außerdem für Putze, wetterfeste Anstriche, Fugen, Terrazzo usw..

Zement mit hydrophoben Eigenschaften

Hydrophobierter Zement ist in der Regel ein Zement DIN EN 197-1– CEM I 32,5 R. Es handelt sich hierbei um mit wasserabweisenden Stoffen umhüllte Zementpartikel, wodurch eine vorzeitige Hydratation verhindert wird. Solcher Zement, wie z. B. *Pectacrete*, reagiert auch im ausgebreiteten Zustand noch nicht auf Bodenfeuchtigkeit, hohe Luftfeuchte oder Regen. Er kann bei jedem Wetter ungeschützt auf der Baustelle praktisch unbegrenzt lange gelagert werden. Erst beim Mischvorgang wird die hydrophobe Umhüllung zerstört und die Oberfläche des Zementkorns für die Reaktion mit dem Anmachwasser freigesetzt, so dass dann volle Festigkeitsentwicklung einsetzt. Einsatz speziell zur Bodenverfestigung.

Zement für den Straßenbau

Zemente für den Bau von Fahrbahndecken aus Beton müssen den "ZTV Beton-StB" – *Zusätzliche Technische Vertragsbedingungen und Richtlinien für den Bau von Fahrbahndecken aus Beton* – entsprechen.

Für die Herstellung der Fahrbahndecken sind Portland-, Portlandhütten-, Hochofen- oder Portlandschieferzement nach DIN EN 197-1 zu verwenden. Die Zemente müssen mindestens der Festigkeitsklasse 32,5, Hochofenzement mindestens der Festigkeitsklasse 42,5 entsprechen. Für die Herstellung dürfen auch vom Institut für Bautechnik (IfBt), Berlin, als gleichwertig zugelassene Zemente verwendet werden. In der Regel sollte Zement der Festigkeitsklasse 32,5 verwendet werden.

Wegen der Besonderheiten beim Bau von Fahrbahndecken aus Beton (großflächige, verhältnismäßig dünne Betonteile, hohe Anforderungen an die Oberfläche, längere Transportwege, höhere Einbautemperaturen) werden über die Anforderungen der DIN EN 197-1 hinaus für Zemente der Festigkeitsklassen 32,5 und 42,5 drei zusätzliche Anforderungen erhoben:

I　So soll die Mahlfeinheit (ausgedrückt durch die spezifische Oberfläche nach Blaine) 3.500 cm^2/g nicht überschreiten. Sehr fein aufgemahlener Zement fördert die Schwindneigung des Betons (Rissbildungsgefahr) besonders in jungem Alter und setzt die Widerstandsfähigkeit gegen Frost-Tausalz-Beanspruchung herab.

II　Das Erstarren bei 20 °C darf bei der Prüfung nach DIN EN 196, Teil 3, frühestens 2 Stunden nach dem Anmachen beginnen.

III　Wasseranspruch $\leq$ 28 M.-%

Die übliche Güteüberwachung gemäß DIN EN 196 muss auch die Prüfung der vorstehenden zusätzlichen Anforderungen einschließen.

Für die Herstellung von Decken aus frühhochfestem Straßenbeton mit Fließmittel (FM) ist ein Zement der Festigkeitsklasse 42,5 R zu verwenden.

7.1.4.14　Nichtgenormte Zemente

Tonerdezement

Tonerdezement besteht im wesentlichen aus Calciumaluminaten (ca. 70 – 80 M.-%), jedoch nicht aus Tricalciumaluminat, sondern aus kalkärmeren Tonerdeverbindungen. Rohstoffe für die Tonerdezementherstellung sind Kalkstein und Bauxit [Al_2O_3 + Oxidhydrate]. Die Herstellung erfolgt im Schmelzfluss bei 1500 °C – 1600 °C in elektrischen Lichtbogenöfen (Lafarge-Zement, Frankreich) oder im Hochofen bei der Gewinnung von Spezialroheisen; das entstehende Produkt heißt deshalb auch „**Tonerdeschmelzzement**" (TSZ).

Die Hydratation des Tonerdezementes verläuft wesentlich schneller als beim PZ, so dass bereits sehr früh die Endfestigkeit erreicht wird; er erreicht nach ca. 12 Stunden die 28-Tage-Festigkeit eines CEM I 42,5 R, nach 28 Tagen hat er etwa das 1 1/2-fache der Festigkeit erreicht. Tonerdezement ist zwar ein schnell erhärtender jedoch ein normal erstarrender Zement. Der Tonerdezement bindet bei der Hydratation ca. 50 M.-% Wasser chemisch und liefert dadurch auch bei hohem *w/z*-Wert sehr hohe Festigkeiten.

Da die entstehenden Hydratationsprodukte kalkärmer als die Klinkerphasen sind, wird bei der Hydratation Tonerdehydrat [Al(OH)$_3$] abgespalten, das sich kolloidal in den Poren ablagert und so die Dichtigkeit des Zementsteins erhöht.

Bei Temperaturen > 23 °C und Feuchtigkeit können sich die primär entstehenden instabilen Hydratationsprodukte in stabilere Verbindungen mit größerer Dichte umwandeln. Die Folge ist eine Erhöhung der Porosität des Zementsteins und Festigkeitsabnahme, sowie Herabsetzung der Sulfat- und Frostwiderstandsfähigkeit. Beim Tonerdezement sind daher *Kühlmaßnahmen* im Erhärtungsstadium erforderlich, mit denen man etwa 4 – 5 Stunden nach Anmachwasserzugabe beginnen soll; der erhärtende Beton ist dann ca. 15 Stunden lang feucht und kalt zu halten.

Die chemische Widerstandsfähigkeit ist in erster Linie darauf zurückzuführen, dass im hydratisierten Zementstein *kein Calciumhydroxid* vorhanden ist; dadurch besteht aber auch kein Korrosionsschutz für Stahlbewehrungen. Im Gegensatz zu Säuren wirken Laugen zerstörend auf den Tonerdezementstein.

Die gesamte Hydratationswärme von Tonerdezement ist von gleicher Größenordnung wie beim PZ, die Wärme wird jedoch in erheblich kürzerer Zeit freigesetzt.

Beim Vermischen von Tonerdezement mit anderen kalkhaltigen Bindemitteln (CEM I, CEM II/-S, CEM III oder Kalk) erhält man sogenannte **Schnellbinder**, allerdings mit verminderter Festigkeit. Von dem Versuch, derartige Schnellbinder auf der Baustelle selbst herzustellen ist unbedingt abzuraten; eine homogene Vermischung wird nicht zu erreichen sein und damit geraten die Erstarrungsreaktionen außer Kontrolle.

Seit 1962 ist TSZ für bewehrte (tragende) Bauteile nicht mehr zugelassen.
Tonerdezement wird wegen seines hoch liegenden Schmelzpunktes auch als feuerfester Baustoff verwendet.

Tiefbohrzement

Tiefbohrzemente (Bohrlochzemente) dienen zum Auskleiden von tiefen Bohrlöchern für die Erdöl- und Erdgasgewinnung. Es sind Portland- und Puzzolanzemente, die mit stark verzögernden Zusätzen auch bei höheren Temperaturen (bis 150 °C) und unter hohem Druck (bis 1000 bar) erst nach längerer Zeit ansteifen und erstarren. Sie weisen eine hohe Sulfatbeständigkeit sowie geringe Neigung zu Wasserabsonderung (*Bluten*) auf. Tiefbohrzemente sind nicht genormt.

Schnellzement

Bauaufsichtlich zugelassener Schnellzement Z 32,5 R (Regulated Set Cement oder Jet-Cement) erstarrt und erhärtet sehr schnell und erreicht hohe Anfangsfestigkeit. (Verarbeitungszeit bei +20 °C ca.15 min.; β_D nach 5 min ca. 5 N/mm^2, nach 2 Tagen etwa 40 N/mm^2). Es ist ein kalkreicher Portlandzement mit erhöhtem Gehalt an Aluminat und zusätzlichem Fluorgehalt. Schnellzement kann für schnell auszuführende Reparaturen verwendet werden. Er ist nur für nicht tragende, untergeordnete Bauteile zugelassen und darf nicht bei Warmbehandlung verwendet werden. Ein Mischen mit

Normzementen ist nicht zulässig. Eine werkseitige Mischung aus CEM I, TSZ und Zusätzen wird in der BRD hergestellt als „*Wittener Schnellzement Z 32,5*-SF".

Quellzement

sind Mischungen aus CEM I, schwefelaluminiumhaltigem Zement (z. B. TSZ) und Hochofenschlacke. Sie dehnen sich durch vermehrte Ettringitbildung nach dem Abbinden mehr oder weniger stark aus (bis 17 mm/m).das Maß der Ausdehnung wird jedoch so gesteuert, dass es zu keiner Rissbildung kommt. In den ersten 8 – 14 Tagen müssen sie gut feucht gehalten werden. Anwendung speziell für Bauteile im gewachsenen Boden (z. B. Ortpfähle) und eventuell zum Ausbessern beschädigter Bauwerke. Quellzemente werden in Deutschland nicht mehr hergestellt.

Sonstige Zemente

Alle anderen Zemente, die in den vorstehenden Abschnitten nicht genannt wurden, haben derzeit kaum eine Bedeutung oder werden in der BRD nicht mehr hergestellt (z. B. Erz- oder Ferrarizement, Sulfathüttenzement, Thuramentzement).

Abschließend sei darauf hingewiesen, dass die nachstehend aufgeführten Bindemittel nicht hydraulisch erhärten oder nicht die in der DIN geforderte Mindestfestigkeit erreichen und folglich *keine Zemente* sind; sie wurden früher fälschlich auch als Zemente bezeichnet:

○ Magnesiabinder (früher Magnesiazement, Magnesitzement, Sorelzement)
○ Phosphatbinder (früher Phosphatzement, der unter anderem in der Zahnmedizin verwendet wird)
○ Marmorgips (früher Marmorzement, englischer Zement, Keenezement)
○ hochhydraulischer Kalk, Romankalk (früher Romanzement, Zementkalk)
○ Dämmer, Blitz-, Fix-, Kraterzement und anderer sogenannter feuerfester Zement

7.1.5   Sonstige kalk- oder zementhaltige Bindemittel

7.1.5.1   *Putz- und Mauerbinder (MC)*

Putz- und Mauerbinder ist ein werkmäßig hergestelltes fein gemahlenes mineralisches, hydraulisches Bindemittel für Mauer- und Putzmörtel. Seine Hauptbestandteile sind Zement nach DIN EN 197 und Gesteinsmehl; er darf Kalkhydrat nach DIN EN 459 und Zusätze zur Verbesserung der Verarbeitbarkeit enthalten. Putz- und Mauerbinder erhärtet mit Wasser angemacht sowohl an der Luft als auch unter Wasser und bleibt auch unter Wasser fest.

Die DIN EN 413 unterscheidet nach der Mindestdruckfestigkeit im Alter von 28 Tagen 2 Festigkeitsklassen: MC 5 und MC 12,5. Der Putz- und Mauerbinder MC 5 besteht zu mindestens 25 M.-% aus Portlandzementklinker und enthält zur Verbesserung der Verarbeitbarkeit und Dauerhaftigkeit luftporenbildende Zusatzmittel, die Güteklasse MC 12,5 enthält mindestens 40 M.-% Portlandzementklinker. Die Festigkeitsklasse

12,5 wird unterteilt in Putz- und Mauerbinder ohne Zusatz von Luftporenbildnern (MC 12,5 X) und solche mit Zusatz luftporenbildender Stoffe (MC 12,5).

Der Siebrückstand auf dem Sieb mit der Maschenweite von 90 µm darf nicht mehr als 15 M.-% betragen, das Erstarren bei der Prüfung mit dem Nadelgerät (Prüfung nach DIN EN 196, Teil 3) darf frühestens eine Stunde nach dem Anmischen beginnen und muss spätestens 15 Stunden nach dem Anmischen beendet sein; ein mit PM-Binder angemachter Mörtel ist etwa 3 – 4 Stunden verarbeitbar. Hinweise auf die Verarbeitbarkeit erhält man durch Messung der Fließzeit (DIN EN 413-2). Für die Rohdichte des PM-Binders wird der Wert von 2,85 kg/dm^3 angenommen. Die Säcke für Putz- und Mauerbinder bzw. bei loser Lieferung ein wetterfestes DIN-A5-Blatt zum Anheften am Silo müssen gelb, der Aufdruck muss blau sein.

7.1.5.2 Hydraulische Tragschichtbinder (HRB)

Als Tragschichtbinder gemäß DIN 18 506 werden kalkähnliche oder zementähnliche Bindemittel bezeichnet, die ausschließlich zur Herstellung von hydraulisch gebundenen Tragschichten, Bodenverfestigungen oder -verbesserungen unter Verkehrsflächen aller Art, z. B. nach den technischen Regelwerken für das Straßenwesen, angewendet werden dürfen. Sie bestehen hauptsächlich aus einem Gemisch von CEM I und/oder Luftkalk und/oder hydraulischem Kalk 5, gegebenenfalls unter Zugabe von Hüttensand, Trass, Ölschiefer oder Flugasche. HRB erhärtet sowohl an der Luft als auch unter Wasser und bleibt unter Wasser fest.

Die DIN unterscheidet bei den Tragschichtbindern die Festigkeitsklassen HRB 12,5, HRB 12,5 E und HRB 32,5 E (Zahlenangabe = Mindestdruckfestigkeit in N/mm^2 nach 28 Tagen).

Mindestens 85 % müssen feiner als 0,09 mm aufgemahlen sein, der Erstarrungsbeginn darf frühestens nach 120 min erreicht sein, die Erstarrung nach spätestens 12 Std. abgeschlossen sein.

7.2 Mörtel mit mineralischen Bindemitteln

7.2.1 Allgemeines

Mörtel wird verwendet zum Mauern (Verbinden von Mauersteinen), zum Verputzen und zum Herstellen von Estrichen.

7.2.1.1 Bestandteile

Mörtel sind Mischungen aus Bindemittel, Zuschlag mit einem Größtkorn im allgemeinen bis 4 mm (Sand) und Anmachwasser; in besonderen Fällen erfolgt eine Zugabe von Zusatzstoffen oder -mitteln. Die Komponenten des Mörtels werden im Gegensatz zum Beton auf der Baustelle meist nach Raumteilen zusammengesetzt; Wasser wird nicht abgemessen, sondern solange zugesetzt, bis die gewünschte Verarbeitungs-konsistenz erreicht ist. Die Zuschläge, z. B. Quarzsand, bilden das mineralische Gerüst des Mörtels, das sich nicht verändert. Sie haben ferner (gemeinsam mit einem später verdunstenden Wasserüberschuss) die Aufgabe, den Mörtel porös zu machen, um z. B. bei einem Luftkalkmörtel den Zutritt von CO_2 und somit vollständige Erhärtung möglich zu machen. Weiterhin sorgen die Zuschläge dafür, dass der Mörtel beim Erhärten nicht zu sehr schwindet und nicht reißt, d. h. raumbeständig bleibt.

Als Sand für Baumörtel werden vorwiegend mineralische Sande im Sinne der DIN 4226 verwendet. In den meisten Fällen verwendet man rundkörnigen Natursand, aber auch der Einsatz von Brechsand ist möglich; Brechsande liefern aber wegen ihrer scharf-kantigen Körner weniger gut verarbeitbare Mörtel. Vorsicht ist bei Verwendung von Schlackensand geboten, da dieser desöfteren mörtelschädliche Bestandteile enthal-ten kann, die später Ausblühungen verursachen können. Gemischtkörnige Sande sind vorzuziehen. Besonders geeignet sind Sandmischungen aus rundem oder gedrunge-nem Korn, bei denen der Anteil mit einem Korndurchmesser von 0 bis 0,25 mm im Bereich zwischen 10 und 25 M.-%, der Anteil 0,25 bis 1 mm zwischen 30 bis 40 M.-% liegt. Sind weniger als 10 M.-% Feinsand (0 bis 0,25 mm Ø) im Zuschlag enthalten, besteht die Gefahr, dass, um den Mörtel besser verarbeiten zu können, mehr Binde-mittel zugegeben wird; ein solcher Bindemittelüberschuss führt jedoch immer zu Schwindrissen.

Um die *Wärmedämmung* zu verbessern, können dem Mörtel Leichtzuschläge zugege-ben werden, und zwar sowohl bei Putz- als auch bei Mauermörteln (Leichtmörtel).

Das Bindemittel, mit Wasser angemacht, umhüllt als Leim die einzelnen Sandkörner und füllt die (möglichst geringen) Zwischenräume zwischen den umhüllten Sandkör-nern des Zuschlags aus. Beim Erhärten schrumpft das Bindemittel überall etwas; auf diese Weise entstehen kleine Hohlräume und dadurch die so notwendige Porigkeit (Porosität) des Mörtels.

Das Mischungsverhältnis Bindemittel : Sand – die Angabe erfolgt im allgemeinen in Raumteilen und zwar der Zuschlaganteil als ein Vielfaches vom Bindemittel – ist für die Festigkeit und die Raumbeständigkeit eines Mörtels von Bedeutung. Es ist abhängig vom Verwendungszweck des Mörtels, von der Bindemittelart und der Hohlräumigkeit des Sandes. Bindemittelarme (*magere*) Mörtel sind wenig fest, sie sanden leicht ab, bindemittelreiche (*fette*) Mörtel schwinden stark und können unter Umständen Schwindrisse bilden. Eine Ausnahme bilden hier die Mörtel mit gipshaltigen Bindemit-teln, diese sind raumbeständig oder können teilweise sogar geringfügig quellen.

Bewährte Mischungsverhältnisse für die verschiedenen Mörtel sind in den entspre-chenden Normen enthalten.

Das **Anmachwasser** (*Mörtelwasser*) soll frei von Salzen, Ölen, Fetten und Zucker sein. Geeignet sind im allgemeinen Regenwasser, Leitungswasser und Süßwasser aus Seen, Flüssen, Bächen, Brunnen und Quellen, sofern diese nicht durch Abwässer von chemischen Fabriken, Kokereien usw. verunreinigt sind. Meerwasser darf nur mit einem Salzgehalt von maximal 3 M.-% verwendet werden; Ausblühungen sind sonst möglich. In Zweifelsfällen werden Würfelproben mit dem verdächtigen Wasser gemacht.

Zusätze

Zusatzstoffe und Zusatzmittel können dem Mörtel ähnlich wie beim Beton zugesetzt werden. Allgemein dürfen Zusätze keinen schädigenden Einfluss auf den Mörtel ausüben, d. h. sie dürfen das Erhärten des Bindemittels, die Festigkeit und die Beständigkeit des Mörtels sowie gegebenenfalls den Korrosionsschutz von Bewehrungen oder stählernen Verankerungen im Mörtel nicht beeinträchtigen.

Zusatzstoffe sind fein aufgeteilte Zusätze, die die Mörteleigenschaften beeinflussen und im Gegensatz zu den Zusatzmitteln in größerer Menge zugegeben werden.

Zusatzmittel sind Zusätze, die die Mörteleigenschaften durch chemische und/oder physikalische Wirkungen verändern und in geringerer Menge zugegeben werden. Es handelt sich dabei hauptsächlich um:

- Dichtungsmittel, die den Mörtel wasserabweisend machen sollen
- Stoffe zum Verlängern bzw. Verkürzen der Erstarrungszeit
- Stoffe, welche die Verarbeitungseigenschaften des Mörtels verbessern
- Farbstoffe
- Frostschutzmittel
- Haftvermittler, die den Haftverbund zwischen Mörtel und Stein günstig beeinflussen

Alle diese Zusatzmittel sind mit Vorsicht, d. h. nur unter genauer Beachtung der Verarbeitungsvorschriften, zu verwenden; im Zweifelsfall muss man Vorversuche (Mörteleignungsprüfung) machen, um schädliche Wirkungen zu vermeiden.

7.2.1.1.1 Mörtelherstellung

Der Mörtel kann auf der Baustelle oder in einem Mörtelwerk hergestellt werden. Der Anteil des Baustellenmörtels ist sehr gering geworden, heutzutage wird überwiegend Werkmörtel verwendet.

7.2.1.1.1.1 Baustellenmörtel

Bei der Herstellung des Mörtels auf der Baustelle müssen Maßnahmen für die trockene und witterungsgeschützte Lagerung der Bindemittel, Zusatzstoffe und Zusatzmittel und eine saubere Lagerung des Zuschlags getroffen werden. In der Regel wird der Mörtel auf der Baustelle noch nach Raumteilen zusammengesetzt. Baustellenfeuchter (erdfeuchter) Sand enthält etwa 2 bis 4 M.-% Feuchtigkeit und ist leichter als trockener oder nasser Sand. Den in den Normen angegebenen Mischungsverhältnissen liegt deshalb ein Feuchtegehalt des Sandes von im Mittel 3 M.-% zugrunde. Besonders trockene sowie auch sehr nasse Sande nehmen infolge ihrer dichteren Lagerung weniger Raum ein als die gleiche Gewichtseinheit baufeuchten Sandes. Beim Zumessen solcher Sande müssen deshalb die vorgeschriebenen Sandmengen ihrem Feuchtegehalt entsprechend verringert werden. Das Zumessen mit der Schaufel ist daher ungenau und unter allen Umständen abzulehnen. Das in der Ausschreibung vorgeschriebene Mischungsverhältnis ist nur dann mit Sicherheit gleichmäßig einzuhalten, wenn Sand und Bindemittel mit Messgefäßen (Waagen oder Zumessbehälter mit volumetrischer Einteilung) zugegeben werden. Die Ausgangsstoffe müssen solange gemischt werden, bis ein gleichmäßiges Gemisch entstanden ist. Eine Mischanweisung ist deutlich sichtbar am Mischer anzubringen.

Die angegebenen Mischungsverhältnisse liefern dann gut verarbeitbare Mörtel mit ausreichenden Festmörteleigenschaften. Ungleichmäßige Mörtelmischungen verursachen Mängel und Schäden, so z. B. fleckige und streifige Putzflächen. Das Mischen in der Maschine ist besser als das Mischen von Hand; ist letzteres nicht zu vermeiden, sollte das Mischen der Mörtelstoffe von Hand mit sehr großer Sorgfalt und niemals auf gewachsenem Boden, sondern stets auf einer festen Unterlage (Bohlenbelag oder Blechtafel) erfolgen.

Zu empfehlen ist folgender Mischvorgang: Zunächst wird ungefähr die Hälfte der erforderlichen Wassermenge in die Maschine gegeben und dann die halbe Sandmenge. Nach gründlicher Durchmischung werden Bindemittel und der restliche Sand hinzugefügt. Erst nach weiterem Mischen und Steifwerden der Masse wird der letzte Rest des Anmachwassers beigegeben. Um ein gleichmäßiges Mörtelgemisch zu erzielen, ist ausreichend lange zu mischen; der Mischvorgang sollte mindestens 3 min dauern, wenn die Gesamtmenge an Bindemittel und Sand im Mischer enthalten ist. Als Gesamtmischdauer ist eine Mindestzeit von 5 min empfehlenswert [5.1].

7.2.1.1.1.2 *Werkmörtel*

Mörtel nach Eignungsprüfungen werden heute fast ausschließlich als Werkmörtel nach DIN 18 557 hergestellt. Werkmörtel ist in einem Werk genau dosiert zusammengesetzter Mörtel.

Werkmörtel nach der Norm wird geliefert als:

○ **Werk-Trockenmörtel** ist ein Gemisch der Ausgangsstoffe Bindemittel und ofentrockener Sand, dem auf der Baustelle nur Wasser laut Anweisung der Herstellervorschrift zugegeben wird (Zugabe anderer Stoffe ist unzulässig!). Trockenmörtel wird als Sack- oder Siloware geliefert; bei trockener Lagerung muss er mindestens 4 Wochen verwendungsfähig sein
○ **Werk-Vormörtel** (Werk-Nassmörtel) wird als Gemisch aus Luftkalk oder hydraulischem Kalk 2 und Zuschlägen (eventuell mit Zusätzen) angeliefert, dem auf der Baustelle nur noch Wasser und gegebenenfalls zusätzliche Bindemittel – z. B. Zement, um Kalkzementmörtel zu erhalten – zugegeben werden. Ein entsprechen-

der Verarbeitungshinweis über Art und Menge der Bindemittelzugabe muss auf dem Lieferschein, einem Begleitzettel oder dem mitzuliefernden technischen Merkblatt angegeben sein. Bei der Verwendung von Luftkalk als Bindemittel ist der Vormörtel auf der Baustelle mehrere Tage lagerfähig, wenn er einigermaßen vor vorzeitiger Carbonatisierung, z. B. durch Abdecken mit Folie, geschützt wird

○ **Werk-Frischmörtel** ist ein gebrauchsfertiger Mörtel, der wie Transportbeton in verarbeitbarer Konsistenz auf die Baustelle geliefert wird. Werk-Frischmörtel wird in den Mörtelgruppen II, II a und III hergestellt. Diesem Mörtel sind abbindeverzögernde Zusatzmittel (VZ) zugesetzt, die den gelieferten Mörtel für bis zu 36 Stunden verarbeitbar halten. Nach dem Verarbeiten, d. h. in der Mörtelfuge oder an der Wand, erhärtet der Mörtel sehr viel rascher

○ Beim **Mehrkammer-Silomörtel** wird ein Silo werkmäßig mit den Ausgangsstoffen in getrennten Kammern befüllt. Auf der Baustelle werden sie unter Wasserzugabe nach einem vom Lieferwerk eingestellten, auf der Baustelle nicht zu verändernden Programm gemischt und am Mischerauslauf als verarbeitungsfähiger Mörtel entnommen.

Werk-Vormörtel, dem auf der Baustelle Zement zugegeben werden soll, und Trockenmörtel müssen auf der Baustelle grundsätzlich in einem Mischer gemischt werden. Werkmörteln dürfen auf der Baustelle keine Zuschläge und Zusätze zugegeben werden.

Für Werkmörtel gemäß DIN 18 557 gelten für die Herstellung (personelle Voraussetzungen, maschinelle Ausstattung, Eignungsprüfung, Mischanweisung), Überwachung (Eigen- und Fremdüberwachung) und Lieferung ähnliche Vorschriften wie für Transportbeton.

Fertigputzgips, Haftputzgips und Maschinenputzgips sowie andere Gipse mit Zusätzen gelten nicht als Werkmörtel nach DIN 18 557, ebenso nicht die Kunstharzputze.

7.2.1.1.2   Mörtelprüfung

Für die Prüfung von Mörteln mit mineralischen Bindemitteln gilt die DIN 18 555, Teil 1 – 8. Die für die einzelnen Prüfungen zu entnehmende Mindestprobemenge beträgt jeweils 5000 g Mörtel, für die Untersuchungen am Festmörtel sind 3 Probekörper je Prüfung herzustellen oder 2000 g Mörtel zu entnehmen. Die Untersuchungen am Frischmörtel bzw. die Herstellung der Probekörper zur Überprüfung der Festmörteleigenschaften sind möglichst unmittelbar nach der Probenahme durchzuführen.

Geprüft werden Konsistenz, Rohdichte und Luftgehalt von Frischmörteln sowie Biegezug- und Druckfestigkeit und Rohdichte von Festmörteln. Neben diesen Kenngrößen werden je nach Anwendungszweck ferner geprüft: Längs- und Querdehnung sowie E-Modul von Mauermörtel im statischen Druckversuch, Haftscher- und Haftzugfestigkeit, Wasserrückhaltevermögen. Bei Dünnbettmörtel und Estrich gegebenenfalls weitere Prüfungen!

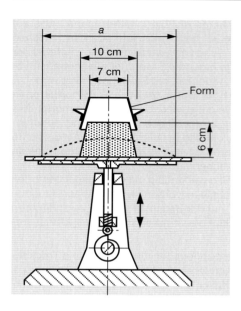

Abbildung 7.12
Ausbreittisch zur Bestimmung des
Ausbreitmaßes von Mörtel

Tabelle 7.18
Konsistenzbereiche von Frischmörteln

Konsistenzbereich		Ausbreitmaß [cm]
K_M 1	steif	< 14
K_M 2	plastisch	14 bis 20
K_M 3	weich	> 20

7.2.1.1.2.1 Konsistenz

Die Konsistenz von Frischmörtel wird in Abhängigkeit vom Ausbreitmaß gemäß *Tabelle 7.18* in 3 Bereiche eingeteilt. Die Konsistenzbestimmung erfolgt mit dem Ausbreittisch nach DIN EN 459-2 (siehe *Abbildung 7.12*).

Zur Bestimmung des Ausbreitmaßes wird der zu untersuchende Mörtel in zwei Schichten, die jeweils leicht mit einem Stampfer zu verdichten sind, in einen auf einer Glasplatte stehenden Setztrichter eingefüllt. Der überstehende Mörtel wird abgestrichen und der Setztrichter nach ca. 30 s langsam senkrecht nach oben abgezogen. Der Mörtel wird dann auf der Glasplatte mit 15 Hubstößen ausgebreitet und der Durchmesser des ausgebreiteten Mörtels gemessen.

Andere Verfahren [wie z. B. mit dem Ausbreittisch nach DIN 1048 (Frischbetonprüfung), mit einem speziellen Verdichtungsversuch oder dem Eindringgerät nach DIN 272] können angewendet werden, wenn sie hinreichend genaue, mit den Ergebnissen des Ausbreitversuches nach DIN EN 459-2 vergleichbare Ergebnisse liefern.

7.2.1.1.2.2 Rohdichte

Entsprechend den unterschiedlichen Konsistenzen der Mörtel wird die Rohdichte in einem zylindrischen Messgefäß von 1 dm^3 Fassungsvermögen bei unterschiedlicher Verdichtungsart bestimmt.

Bei Konsistenz K_M 1   Verdichten durch Vibration
            K_M 2   Schockverfahren
            K_M 3   Einfüllverfahren

7.2.1.1.2.3 Luftgehalt

Der Luftgehalt eines Frischmörtels wird mit einem Prüfgerät von 1 dm³ Inhalt nach dem Druckausgleichsverfahren bestimmt (siehe Kapitel 7.3.3.5).

7.2.1.1.2.4 Biegezug- und Druckfestigkeit

Die Ermittlung der Biegezug- und Druckfestigkeit erfolgt an Probekörpern der Größe 4 cm x 4 cm x 16 cm wie bei der Zementprüfung nach DIN EN 196, Teil 1. Der zur Herstellung der Probekörper verwendete Frischmörtel soll in weitgehend anwendungsgerechter Konsistenz vorliegen; für Mauer- und Putzmörtel ist möglichst ein Ausbreitmaß von 17 cm, für Estrichmörtel ein Ausbreitmaß von 13 cm einzustellen. Die Verdichtung des Mörtels in der Probekörperform erfolgt im allgemeinen nach dem Schockverfahren. Bei steifen Mörteln kann auch die Verdichtung durch Stampfen zweckmäßig sein. Estrichmörtel sind in Abhängigkeit der Konsistenz durch Schockverfahren oder auf dem Vibrationstisch zu verdichten; Fließmörtel wird nicht verdichtet.

Bis zur Prüfung sind die Probekörper DIN-gerecht zu lagern (siehe *Tabelle 7.19*).

Mörtelart	Lagerungsdauer in Tagen im Klima		
	20/95[1]		Normalklima
	in der Form	entschalt	DIN 50 014-20/65
Baukalkmörtel Zementmörtel andere Mörtel mit hydraulischen Bindemitteln	2[2]	5	21
gipshaltige Mörtel anhydrithaltige Mörtel	2	–	26
Magnesiamörtel	–	–	28[3]

Tabelle 7.19 Lagerungsbedingungen für Mörtelprobekörper gemäß DIN 18 555

[1] Lagerungstemperatur: (20 ± 1) °C und relative Luftfeuchte ≥ 95 %
[2] Bei Mörteln mit Verzögerern darf die angegebene Lagerungsdauer in der Form angemessen überschritten werden, die gesamte Lagerungsdauer beträgt stets 28 Tage
[3] Die Probekörper werden nach 24 h entschalt

7.2.1.2   Mörtelarten

Je nach Verwendungszweck werden an die Mörtel ganz verschiedene Ansprüche gestellt. Aus diesem Grunde gibt es keinen allgemeinen, überall verwendbaren Mörtel, sondern eine Reihe von Mörtelarten für die unterschiedlichsten Beanspruchungen.

Je nach Art des verwendeten Bindemittels unterscheidet man Gipsmörtel, Anhydritmörtel, Gipskalkmörtel, Kalkmörtel, Kalkzementmörtel, Zementmörtel usw. (siehe *Tabelle 7.20*).

Art der Erhärtung	nichthydraul. Mörtel	hydraul. Mörtel
physikalisch	Lehmmörtel	–
physikalisch-chemisch	Gipsmörtel Anhydritmörtel Luftkalkmörtel	Kalkmörtel[1] Kalkzementmörtel Zementmörtel

[1] Hydraulischer Kalk 2, Hydraulischer Kalk 3,5; Hydraulischer Kalk 5

Tabelle 7.20
Übersicht über die Mörtelarten

Nach dem Erhärtungsvorgang unterscheidet man zwischen nichthydraulischen Mörteln, die an der Luft erhärten, und hydraulischen Mörteln, die – gegebenenfalls nach einer kurzen Vorerhärtungszeit an der Luft – auch unter Wasser erhärten.

Nach der Art der Verwendung unterscheidet man z. B. Mauermörtel, Putzmörtel, Fugenmörtel, Estrichmörtel, Einpressmörtel, feuerfeste Mörtel usw..

7.2.2   Mauermörtel

7.2.2.1   Allgemeines

Die DIN 1053 „Mauerwerk" unterscheidet im Anhang A zu Teil 1, Berechnung und Ausführung, zwischen folgenden Mörtelarten:

○ Normalmörtel (NM)
○ Leichtmörtel und (LM)
○ Dünnbettmörtel (DM)

Normalmörtel sind baustellengefertigte Mörtel oder Werkmörtel mit Zuschlagarten nach DIN 4226, Teil 1 mit einer Trockenrohdichte $\geq 1,5$ kg/dm^3. Diese Eigenschaft ist für Mörtel nach der *Tabelle 7.21* gegeben; für Mörtel nach Eignungsprüfung ist sie nachzuweisen.

Leichtmörtel sind Werk-Trocken- oder Werk-Frischmörtel mit einer Trockenrohdichte $\leq 1,5$ kg/dm^3 mit Leichtzuschlägen nach DIN 4226 Teil 1 und Teil 2 und/oder Luftporen. Bei einer Trockenrohdichte $\leq 1,0$ kg/dm^3 werden die Mörtel als Wärmedämm-Mörtel eingestuft.

Mörtel-gruppe	Luft- und Hydraul. Kalk 2		Hydraul. Kalk 3,5	Hydraul. Kalk 5 Putz- und Mauerbinder	Zement	Sand [1] aus natürl. Gestein
	Kalkteig	Kalkhydrat				
I	1	–	–	–	–	4
	–	1	–	–	–	3
	–	–	1	–	–	3
	–	–	–	1	–	4,5
II	1,5	–	–	–	1	8
	–	2	–	–	1	8
	–	–	2	–	1	8
	–	–	–	1	–	3
II a	–	1	–	–	1	6
	–	–	–	2	1	8
III	–	–	–	–	1	4
III a [2]	–	–	–	–	1	4

[1] Die Werte des Sandanteils beziehen sich auf lagerfeuchten Zustand
[2] Eignungsprüfung grundsätzlich erforderlich

Tabelle 7.21
Mischungsverhältnisse für Normal-Mauermörtel in Raumteilen

Dünnbettmörtel sind werkmäßig vorgefertigte Trockenmörtel zur Errichtung von Mauerwerk mit Lager- und Stoßfugendicken von etwa 1 – 3 mm. Sie bestehen aus mineralischen Feinzuschlägen gemäß DIN 4226-1 mit einem Größtkorn von 1 mm, Zement nach DIN EN 197, eventuell auch anorganischen Füllstoffen und geringen Anteilen von organischen Zusätzen (plastifizierende und verzögernde Wirkung, verbessertes Wasserrückhaltevermögen). Die organischen Bestandteile dürfen einen Massenanteil von 2 % nicht überschreiten. Wegen des unterschiedlichen Saugverhaltens der Mauersteine muss die Mörtelsorte auf die Steine abgestimmt werden.

Der Mauermörtel hat folgende Aufgaben zu erfüllen:

I   eine kraftschlüssige Verbindung zwischen den Mauersteinen so herzustellen, dass Druck-, Zug-, Scher- und Biegebeanspruchungen aufgenommen werden können, so dass ein zusammenhängender Baustoff „*Mauerwerk*" entsteht;

II die Zwischenräume zwischen den Mauersteinen vollfugig zu verfüllen, um folgende Punkte zu gewährleisten:
   ○ eine Druckausgleichsschicht zur gleichmäßigen Kraftübertragung
   ○ den Feuchtigkeitsschutz
   ○ den Wärmeschutz
   ○ den Schallschutz
   ○ den Brandschutz;

III die Maßabweichungen der Steine auszugleichen, d. h. durch 1 – 2 cm dicke Fugen, bei üblichem Mauerwerk, größere Toleranzen in den Abmessungen der Mauersteine zu ermöglichen.

Die Verwendung von Baustoffen, die nicht den in der DIN 1053 genannten Normen entsprechen, bedarf eines besonderen Nachweises der Brauchbarkeit, z. B. durch eine allgemeine bauaufsichtliche Zulassung.

Es dürfen nur Bindemittel nach DIN EN 459, DIN EN 197, sowie DIN 4211 verwendet werden.

Sand muss mineralischen Ursprungs und gemischtkörnig sein; er muss den Anforderungen der DIN 4226 entsprechen und darf keine Bestandteile enthalten, die zu Schäden am Mörtel oder Mauerwerk führen. Der Anteil an abschlämmbaren Bestandteilen ist auf maximal 8 M.-% beschränkt, bei Überschreitung dieses Wertes ist eine Eignungsprüfung erforderlich. Geeignet ist im allgemeinen Sand 0/4; das Größtkorn sollte $< 1/3$ aber möglichst $\geq 1/5$ der Fugendicke sein, damit der Mörtel später nicht zu stark schwindet.

Als Zusatzstoffe können Baukalke (DIN EN 459), Trass (DIN 51 043), Gesteinsmehle (DIN 4226-1), Flugaschen (DIN EN 450 oder Prüfzeichen des IfBT) und gegebenenfalls auch Farbpigmente (DIN EN 12 878) zugegeben werden. Sie dürfen nicht auf den Bindemittelgehalt angerechnet werden, wenn die Zusammensetzung nach der *Tabelle 7.21* festgelegt wird. Ihr Volumenanteil darf höchstens 15 % vom Sandgehalt betragen.

Als Zusatzmittel können eingesetzt werden: Luftporenbildner, Plastifizierer, Erstarrungsverzögerer, Dichtungsmittel, Verflüssiger, Erstarrungsbeschleuniger, Haftungsmittel, Stabilisierer. Luftporenbildner dürfen nur in solcher Menge zugesetzt werden, dass bei Normal- und Leichtmörtel die Trockenrohdichte um maximal 0,3 kg/dm³ vermindert wird.

Mörtelzusatzmittel unterliegen im Gegensatz zu Betonzusatzmitteln keiner Überwachung. Sofern die Zusatzmittel kein Prüfzeichen des IfBT für Betonzusatzmittel haben, ist die Unschädlichkeit nach den Prüfrichtlinien des IfBT für Betonzusatzmittel durch Prüfung des Halogengehaltes und durch elektrochemische Prüfung nachzuweisen. Zwei Arten von Zusatzmitteln, Erstarrungsverzögerer für langzeitverzögerte Mauermörtel und für Luftporenbildner/Betonverflüssiger, sind inzwischen in der Norm DIN EN 934-3 erfasst; ihre Prüfung erfolgt nach den Prüfvorschriften der DIN EN 480. Bei Verwendung von Zusatzmitteln ist stets eine Mörteleignungsprüfung erforderlich.

7.2.2.2   Anforderungen

7.2.2.2.1   Verarbeitbarkeit

Alle Mauermörtel müssen eine verarbeitungsgerechte Konsistenz aufweisen. Voraussetzung für eine gute Verarbeitbarkeit, d. h. für leichtes und kellengerechtes Aufbringen, gute Haftung und Verformungswilligkeit des Mörtels zur Erzielung dichter Fugen, sind Geschmeidigkeit, Plastizität und Wasserrückhaltevermögen des Frischmörtels. Dazu ist eine plastische Konsistenz ($K_M 2$) erforderlich.

Das Wasserrückhaltevermögen ist auf das Saugverhalten der Steine abzustimmen. Durch das Wassersaugen der Steine wird zwar die sogenannte *Grünstandfestigkeit* („Festigkeit" des Frischmörtels, ermöglicht durch Kohäsion und innere Reibung) verbessert (ein gemischtkörniger Aufbau des Zuschlags begünstigt dieses), aber bei Verwendung eines hydraulischen Mörtels muss gegebenenfalls das Wasserrückhaltevermögen des Frischmörtels erhöht werden (damit kein „Verdursten" des Mörtels eintritt), was z. B. durch Zugabe von Traß erreicht werden kann.

7.2.2.2.2 Zusammensetzung

7.2.2.2.2.1 Normalmörtel

Nach der DIN 1053, Teil 1 wird Normal-Mauermörtel in 5 Gruppen eingeteilt, die sich hinsichtlich Zusammensetzung, Eigenschaften und Anwendung voneinander unterscheiden. Der Mauermörtel muss so zusammengesetzt werden, dass er den Anforderungen an die Druckfestigkeit und die Haftscherfestigkeit der DIN 1053 entspricht.

Bei Einhaltung der in der *Tabelle 7.21* angegebenen, in der Praxis erprobten Mischungsverhältnisse gelten alle Anforderungen an die Verarbeitbarkeit des Frischmörtels sowie an die Druckfestigkeit des erhärteten Mörtels als erfüllt; Eignungsprüfungen sind nicht erforderlich. Es genügt, in der Ausschreibung die gewünschte Mörtelgruppe anzugeben. Das Bindemittel kann dann – von Sonderfällen abgesehen – durch die Bauausführenden ausgewählt werden.

Mörtelgruppe III a ist wie MG III ein Zementmörtel (*1 : 4 nach Raumteilen (RT)*); er muss aber bei der Eignungsprüfung eine Druckfestigkeit von mindestens 25 N/mm² erreichen. Die höhere Druckfestigkeit soll in der Regel durch eine günstige Zusammensetzung des Sandes erreicht werden. Bei Mörtel der Gruppe III a ist stets eine Eignungs- und Güteprüfung durchzuführen. Falls die Zusammensetzung eines Mauermörtels der Gruppe II, II a und III nicht der Zusammensetzung nach *Tabelle 7.21* entspricht, muss stets eine Eignungsprüfung durchgeführt werden, bei der die in der *Tabelle 7.22*

Tabelle 7.22
Anforderungen an Normalmörtel

Mörtelgruppe	Mindest-Druckfestigkeit nach 28 Tagen bei		Mindesthaftscherfestigkeit nach 28 Tagen bei
	Eignungsprfg. [N/mm²]	Güteprfg. [N/mm²]	Eignungsprfg. [N/mm²]
I	–	–	–
II	3,5	2,5	0,10
II a	7	5	0,20
III	14	10	0,25
III a	25	20	0,30

angeführten Anforderungen erfüllt werden müssen. Desgleichen sind Eignungs- und Güteprüfungen für alle Mörtel vorgeschrieben für Gebäude mit mehr als 6 gemauerten Vollgeschossen. Neben der Druckfestigkeit ist in diesen Fällen zusätzlich die Haftscherfestigkeit zu überprüfen.

Güteprüfungen an 3 Probekörpern sind im allgemeinen je 10 m³ verarbeiteten Mörtels, mindestens aber je Geschoss vorzunehmen. Bei Werkmörtel, außer Werk-Vormörtel, genügt die Kontrolle des Lieferscheins. Bei MG II a und MG III kann die Güteprüfung bei Gebäuden bis zu 6 gemauerten Vollgeschossen und Sicherheitsklasse B entfallen.

7.2.2.2.2.2 Leichtmörtel

Die Wärmedämmeigenschaften eines Mauerwerks hängen nicht nur von den verwendeten Steinen ab, sondern auch vom Mörtel. Der Normalmörtel mit seiner höheren Dichte und damit besseren Wärmeleitfähigkeit bildet in einem mit wärmedämmenden Steinen gemauerten Mauerwerk stets eine Wärmebrücke. Deshalb werden Mörtel mit geringerer Rohdichte und erhöhter Wärmedämmung verwendet.

Leichtmörtel enthält statt Natursand leichtere Zuschläge, wie z. B. Blähton, Blähschiefer, Hütten- oder Naturbims, Blähglimmer, Perlite, oder künstliche organische Zuschläge, wie z. B. Polystyrolschaumkugeln. Für Zuschläge, die nicht den Anforderungen der DIN 4226, Teil 1 und Teil 2 entsprechen, muss deren Brauchbarkeit nach den bauaufsichtlichen Vorschriften nachgewiesen werden.

Für Leichtmörtel ist die Zusammensetzung aufgrund einer Eignungsprüfung festzulegen; die Regelzusammensetzungen für Normalmörtel dürfen nicht verwendet werden. Es handelt sich in der Regel um einen Zementmörtel mit organischen Zusätzen mit plastifizierender und verzögernder Wirkung. Er wird für die Mörtelgruppen II a und III meist als Werk-Trockenmörtel geliefert. Außer den Anforderungen an die Druckfestigkeit müssen zusätzliche Anforderungen an den Quer- und Längsdehnungsmodul sowie an die Haftscherfestigkeit und die Rohdichte erfüllt werden.

Nach ihrer Wärmeleitfähigkeit unterscheidet man beim Leichtmörtel die zwei Gruppen LM 21 und LM 36 [Wärmeleitfähigkeit $\leq 0{,}18$ W/(m · K) bzw. $\leq 0{,}27$ W/(m · K)].

Die Trockenrohdichte soll für einen LM 21 den Wert von 0,7 kg/dm³, für einen LM 36 den Wert von 1,0 kg/dm³ bei der Eignungsprüfung nicht überschreiten. Bei Einhaltung dieser Grenzwerte gilt die Anforderung an die Wärmeleitfähigkeit als erfüllt; bei Überschreitung dieser Rohdichtewerte sowie bei Verwendung von Quarzzuschlag sind die Anforderungen nachzuweisen.

Die Werte für die Trockenrohdichte und die Leichtmörtelgruppen sind auf dem Sack oder Lieferschein anzugeben.

Die Druckfestigkeit für Leichtmauermörtel muss ≥ 5 N/mm² betragen (≥ 7 N/mm² bei der Eignungsprüfung). Das entspricht der Mörtelgruppe II a bei Normalmörtel. Bei Verwendung von Leichtmauermörtel sind jedoch die Grundwerte der zulässigen

Druckspannungen für Mauerwerk zu reduzieren, da bei gleicher Belastung trotz gleicher Festigkeit aufgrund des niedrigeren E-Moduls die Verformungen eines Leichtmörtels gegenüber einem Normalmörtel größer sind und dadurch größere Zugspannungen in den Wandbausteinen auftreten. Daher ist gemäß DIN auch die Druckfestigkeit des Mörtels in der Fuge nach der vorläufigen Richtlinie zur Ergänzung der Eignungsprüfung vom Mauermörtel zu ermitteln.

7.2.2.2.2.3 Dünnbettmörtel

Um den Wärmedurchgang durch ein gemauertes Bauteil zu vermindern, kann man bei besonders planen Bausteinen den Fugenanteil durch Verwendung eines Dünnbettmörtels um ca. 40 % verringern; es entsteht dann ein praktisch fugenloses Mauerwerk, Wärmebrücken und Fugenabzeichnungen treten nicht auf. Von Vorteil ist auch die niedrigere Baufeuchtigkeit durch den geringeren Mörtelanteil.

Für Dünnbettmörtel ist die Zusammensetzung stets aufgrund einer Eignungsprüfung festzulegen. Dünnbettmörtel ist ein werkmäßig vorgefertigter Zementmörtel, dem auf der Baustelle nur noch Wasser zugegeben werden darf. Die Druckfestigkeit muss mindestens 10 N/mm^2 betragen ($\geq$ 14 N/mm^2 bei der Eignungsprüfung). Dünnbettmörtel entsprechen somit mindestens der Mörtelgruppe III. Nachteilig ist, dass bei hohen Anteilen der zur Verbesserung der Verarbeitbarkeit zugegebenen organischen Zusätze und längerer Durchfeuchtung unter Umständen die Festigkeit stark herabgesetzt werden kann. Deshalb wird für Dünnbettmörtel auch eine Festigkeitsanforderung nach Feuchtlagerung gestellt;

Festigkeitsabfall $\leq$ 30 % nach Feuchtlagerung
(1 Woche 20 °C/95 % relative Luftfeuchte, 1 Woche Normalklima, 2 Wochen Wasserlagerung)

Zusätzlich zu den Festigkeitsanforderungen wird verlangt:
○ **Verarbeitbarkeitszeit $\geq$ 4 Stunden**
   (= Zeit vom Beginn des Anmachens bis zu merklicher Änderung der Konsistenz)
○ **Korrigierbarkeitszeit $\geq$ 7 Minuten**
   (= Zeit, die bleibt, die Lage des vermauerten Steines noch zu korrigieren, ohne dass die Mörtelhaftung beeinträchtigt wird)

Negative Auswirkungen auf die Mauerwerksfestigkeit wie beim LM sind nicht zu erwarten.

Im Gegenteil: Die zulässigen Mauerwerksdruckspannungen sind hier sogar am größten wegen der Maßhaltigkeit der Plansteine (= dünne Fugen) und der hohen Verbundfestigkeit zwischen Stein und Mörtel. Dünnbettmörtel ist daher vorteilhaft für hochbelastetes Mauerwerk.

7.2.2.3   Anwendung

Mörtel unterschiedlicher Arten und Gruppen dürfen auf einer Baustelle nur dann gemeinsam verwendet werden, wenn sichergestellt ist, dass keine Verwechslung möglich ist.

7.2.2.3.1   Mörtelgruppe I

Mörtel der Mörtelgruppe I sind geschmeidige, gut zu verarbeitende Mörtel. Die Mörtelgruppe I umfasst Kalkmörtel ohne bestimmte Anforderungen an die Festigkeit. Die mittlere Druckfestigkeit der Mörtel nach 28 Tagen beträgt etwa 0,5 bis 1 N/mm^2. Mauerwerk aus Mörtelgruppe I kann praktisch nur Druckspannungen aufnehmen. Hinsichtlich der Anwendung gelten daher folgende Einschränkungen:

○ Sie ist **nicht zulässig** für Gewölbe, Kellermauerwerk (Ausnahme bei der Instandsetzung von altem MW, das mit MG I gemauert worden ist), Mauerwerk nach Eignungsprüfung gemäß DIN 1053, Teil 2 und bewehrtes Mauerwerk gemäß DIN 1053, Teil 3

○ Sie ist **nicht zulässig** bei mehr als 2 Vollgeschossen bei Wanddicken ≤ 24 cm, wobei bei zweischaligen Wänden als Wanddicke die Dicke der inneren Wandschale gilt

○ Sie ist **nicht zulässig** für das Vermauern der Außenschale bei zweischaligem Mauerwerk

Bei ungünstigen Witterungsverhältnissen (starker Nässe, vor allem in der kalten Jahreszeit) sollte die MG I nicht verwendet werden; besser ist in diesen Fällen der Einsatz von MG II, da bei den hydraulischen Mörteln die Festigkeitsentwicklung im Mörtel schneller verläuft (siehe *Abbildung 7.13*).

7.2.2.3.2   Mörtelgruppe II und II a

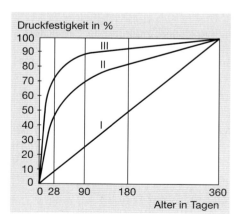

Die Mörtelgruppen II und II a umfassen hochhydraulische Kalkmörtel, Mörtel mit Putz- und Mauerbinder und Kalkzementmörtel mit einer mittleren Druckfestigkeit von 2,5 bis 5 N/mm^2.

Mörtel der MG II und II a sind die vorherrschenden Mörtel. Sie haben in der Regel ausreichende Festigkeit und infolge ihres

Abbildung 7.13
Festigkeitsentwicklung der
Mörtelgruppen I bis III [7.22]

Kalkgehaltes die erforderliche Verarbeitbarkeit. Die MG II a ist hinsichtlich der Festigkeitsentwicklung zwischen MG II und MG III einzuordnen. Für Normalmörtel gibt es keine Einschränkungen; sie sind geeignet für alle belasteten Wände auch im Kellergeschoss. MG II bzw. II a sollten stets dann eingesetzt werden, wenn das Mauerwerk frühzeitig belastet werden soll. Wegen des hydraulischen Erhärtungsvermögens muss der Mörtel vor Erstarrungsbeginn verarbeitet sein. Normalmörtel der MG II und II a dürfen nicht zusammen auf einer Baustelle verarbeitet werden (Verwechslungsgefahr!).

Für **Leichtmörtel** gilt folgende Einschränkung: **nicht zulässig** für Gewölbe und der Witterung ausgesetztes Sichtmauerwerk (Verblendschalen).

Die gleichzeitige Verwendung von Normalmörtel der MG II und von Leichtmauermörtel II a auf einer Baustelle ist zulässig, da beide Mörtel so gut optisch zu unterscheiden sind, dass Verwechslungsgefahr nicht besteht.

Werden bei zweischaligen Außenwänden Drahtanker in Leichtmörtel eingebettet, so ist dafür LM 36 erforderlich.

7.2.2.3.3 Mörtelgruppe III und III a

Auch dieser Mörtel muss – wie MG II und II a – vor Erstarrungsbeginn verarbeitet sein. Die Verarbeitungseigenschaften (Geschmeidigkeit, Fugenausfüllung) dieser reinen Zementmörtel mit einer mittleren Druckfestigkeit von 10 N/mm² sind meist schlechter als bei den Mörteln der anderen Gruppen. Deshalb enthalten sie meist Zusatzstoffe oder -mittel, wie z.b. Kalkhydrat, Trass, und andere, ohne dass das Regel-Mischungsverhältnis verändert wird. Für seine Anwendung gibt es keine Beschränkungen, ausgenommen bei Mauerwerk für freistehende Schornsteine (geforderte Mörtelfestigkeit 2,5 bis 8 N/mm²) und für Verblendschalen von zweischaligem Mauerwerk ohne Luftschicht; hier muss die Außenschale (ausgenommen nachträgliches Verfugen) und die Schalenfuge aus Mörtel der MG II oder II a ausgeführt werden. Abweichend von dieser Einschränkung darf MG III auch für diejenigen Bereiche von Außenschalen verwendet werden, die als bewehrtes Mauerwerk ausgeführt werden.

Für **Dünnbettmörtel** gelten folgende Einschränkungen: **nicht zulässig** für Gewölbe und für Mauersteine mit Maßabweichungen in der Höhe von mehr als 1,0 mm (Anforderungen an Plansteine).

7.2.2.3.4 Mauermörtel für Mauerwerksklassen auf Grund von Eignungsprüfungen

Beim Mauerwerk nach Eignungsprüfung gemäß DIN 1053, Teil 2, können Mauerwerksfestigkeiten bis zu zwei Festigkeitsklassen höher liegen. Durch die Eignungsprüfung werden Reserven ausgenutzt, andererseits aber durch die Prüfung der Haftscherfestigkeit zusätzliche Sicherheiten geschaffen. Abweichend von DIN 1053-1 darf nur Zuschlag mit dichtem Gefüge gem. DIN 4226-1 verwendet werden. Für die Mauermörtel gilt DIN 1053-1, jedoch dürfen Mörtel der MG I nicht verwendet werden.

7.2.2.3.5 Mauermörtel für bewehrtes Mauerwerk

Werden die zulässigen Spannungen in normalen Mauerwerkskörpern, die auf Biegung beansprucht sind, überschritten, so darf in den Fugen gerippter Betonstahl nach DIN 488, Teil 1, als Bewehrung eingelegt werden. Die Bewehrung darf nur in Normalmörtel der MG III oder der MG IIIa eingebettet werden. Zur Herstellung der unbewehrten Teile des Mauerwerks dürfen auch alle anderen Mörtel nach DIN 1053-1 außer Normalmörtel der MG I verwendet werden.

7.2.2.4 Sonstige Mauermörtel

Fugenmörtel

Um regendichtes Sichtmauerwerk herzustellen, ist zu beachten, dass die Fuge ebenso dicht sein muss wie der Stein. Zu bevorzugen ist die Verfugung durch Glattstrich – Mauern und Verfugen in einem Arbeitsgang – des Mauermörtels MG II oder MG II a. Die nachträgliche Verfugung nach ca. 1,5 cm tiefem Auskratzen des Mauermörtels erfolgt mit einem Mörtel der MG II oder II a, gegebenenfalls auch der MG III, reinem Zementmörtel mit dem MV von 1 : 4 nach RT. Bei Verwendung eines gemischtkörnigen Sandes 0/2 mit einem Kornanteil 0/0,25 mm von 15 bis 25 M.-% erfordert dieser Mörtel keinen Zusatz eines Dichtungsmittels. Ein solcher Mörtel ist nicht nur sehr dicht, sondern auch außerordentlich fest und wenig elastisch. Zur Erhöhung der Geschmeidigkeit kann dem Fugenmörtel bis zu 20 M.-% Kalkhydratpulver zugesetzt werden; der Zementgehalt darf dabei nicht vermindert werden. Schwach plastische Mörtelkonsistenz gewährleistet einen fugendichten Gefügeschluss und verbesserte Wasserdichtigkeit. Fehlendes Feinstkorn kann durch Zugabe von Gesteinsmehl oder Trass ersetzt werden.

Durch Einsatz von Gießmörtel bei Stoßfugen ist die erforderliche vollfugige Vermauerung sicher zu erreichen.

Für schlagregenbeanspruchtes Verblendmauerwerk hat sich trasshaltiger Mörtel besonders bewährt, der durch den sehr feinkörnigen Trass eine besonders geschmeidige Verarbeitungskonsistenz aufweist und den erhärteten Mörtel elastischer macht. Die Trassanteile setzen durch vermehrte Gelbildung die Porosität des Mörtels herab und wirken außerdem Kalkausblühungen entgegen, da sie einen Teil des freien Kalkes $[Ca(OH)_2]$ binden, der bei der Hydratation des Zementes frei wird (siehe Kapitel 7.1.4.2).

Folgende Mischungsverhältnisse (in RT) werden bei trasshaltigen Mörteln empfohlen: [5.1]

○ hochhydraulischer Trasskalk (HL 5, fabrikfertig) : Sand = 1 : 2,5 (MG II)
○ PZ : hochhydraulischer Trasskalk (HL 5) : Sand = 1 : 2 : 8 (MG II a)
○ PZ : Trasspulver: Sand = 1 : 1 : 4 – 6 (MG III)
○ PZ : Trasspulver: Kalkhydrat : Sand = 0,5 : 1 : 1 : 7 (MG III)

Für Fugen bei Betonfertigteilen und Zwischenbauteilen muss der Zementmörtel folgende Bedingungen erfüllen:

- ○ Zementfestigkeitsklasse $\geq$ 32,5 R
- ○ Zementgehalt $\geq$ 400 kg/m³
- ○ gemischtkörniger Sand   0/4

Anderweitige Zusammensetzung nur bei Nachweis einer Würfelfestigkeit des Mörtels an 10 cm-Würfeln von mindestens 15 N/mm² nach 28 Tagen.

Schornsteinmörtel

Mauermörtel für Schornsteine müssen gegen die Einwirkung von Temperatur sowie von Rauch- und Abgasen beständig sein. Sie müssen nicht nur druckfest, sondern auch gut verformbar sein, um die durch ungleiche Wärmedehnung auftretenden größeren Temperaturspannungen zu vermeiden. Für Heiß- und Warmschornsteine eignen sich Mörtel der MG II oder MG IIa und Kalk-Zement-Mörtel aus 3-4 RT Luftkalkhydrat, 1 RT Zement (meist CEM III), und 10–12 RT Mauersand (Quarzsand $\leq$ 1mm). Andere Kalk-Zement-Mörtel dürfen verwendet werden, wenn ihre Druckfestigkeit β_{28} zwischen 2,5 und 8 N/mm² liegt. Die Zusammensetzung des Mörtels für Kaltschornsteine richtet sich nach der erforderlichen Festigkeit und der gegebenenfalls erforderlichen chemischen Widerstandsfähigkeit gegen Säureangriff.

Für spezielle Einsatzgebiete können bzw. müssen Sondermörtel verwendet werden; z. B.: Mörtel für Glasbausteinwände, Mörtel für Betonformsteine, Gieß- oder Kolloidalmörtel, Klebemörtel, Mörtel für Gärfuttersilos usw.

7.2.2.5   *Ausblühungen und Kalkauslaugungen*

An der Oberfläche von Mauerwerk oder Putz treten gelegentlich Verfärbungen auf, die auf sichtbare Ablagerungen meist weißer, seltener auch farbiger Substanzen zurückzuführen sind.

Bei den Ausblühungen handelt es sich in den meisten Fällen um Sulfate oder Chloride. Nitrate (der sogenannte hygroskopische Mauersalpeter) sind heute kaum noch anzutreffen. Sie bilden sich durch Eindringen von Jauche, Urin, Kunstdünger und anderen nitrathaltigen Wässern und führen zur völligen Zerstörung des Mauerwerks.

Neben den Ausblühungen, die auf bleibend wasserlösliche Verbindungen zurückgehen, gibt es Verfärbungen, die zwar nach dem gleichen Prinzip entstehen, aber an der Oberfläche schnell wasserunlöslich werden, die Kalkauslaugungen (eigentlich Ausschwemmungen von Kalkanteilen, überwiegend an Neubauten) und Kalkaussinterungen. Sie entstehen durch Lösung kalkhaltiger Anteile und nachträglicher Wiederausfällung auf der Bauteiloberfläche. Allen Arten ist gemeinsam, dass sie nur durch (erhöhte) Wassereinwirkung entstehen und um so stärker und nachhaltiger in Erscheinung treten, je höher und länger die Feuchtigkeitseinwirkung ist.

7.2.2.5.1   Herkunft

Die ausblühenden Stoffe können aus dem Mörtel, aus den Ziegeln oder aus anderen Baustoffen herausgelöst sein. Die in den Rohstoffen enthaltenen, mit Wasser herauslösbaren Anteile, werden bei der Herstellung keramischer Produkte während des Brennens zum größten Teil ausgetrieben oder in unlösliche bzw. schwerlösliche Verbindungen überführt. Beim Vermauern können aber von den Ziegeln aus dem Mörtelanmachwasser mehr oder weniger große Anteile leichtlöslicher Verbindungen, vorzugsweise Alkalisulfate, aufgesogen werden, wenn die Ziegel vor dem Vermauern nicht genässt wurden.

7.2.2.5.2   Ursachen

In größerem Ausmaß können diese Bindemittelsalze aber vor allem dann in die Ziegel gelangen, wenn im Mauerwerk ein Wasserdurchfluss gegeben ist, was ein späteres Auslaugen des Mörtels zur Folge haben kann. Kann sich die entstehende Lösung durch den porösen Baustoff zu dessen Oberfläche bewegen, so scheiden sich beim Verdunsten des Wassers die gelösten Stoffe dort ab. Das Entstehen der Ausblühungen hat damit folgende wesentliche Voraussetzungen:

○ die Anwesenheit löslicher Stoffe
○ die Einwirkung von Wasser
○ Porosität der Bauteile
○ witterungs- und konstruktionsbedingte Einflüsse, die Lösen und Transportieren der Salze erlauben

Nur das flüssige Wasser kann ausblühfähige Stoffe lösen und transportieren, weshalb die gelösten Substanzen stets an der Stelle abgeschieden werden, wo das Wasser verdunstet.

Steigt die Verdunstungsgeschwindigkeit oder wird die Kapillarleitung des Bauteils behindert, so kommt es in steigendem Maße zur Verdunstung des Wassers innerhalb der Poren, und die Salze scheiden sich unter der Oberfläche des Bauteils ab, was auf Grund des Kristallisationsdrucks oft zu Absprengungen der Bauteiloberfläche führen kann. Die Ausblühneigung an der Oberfläche ist bei den genannten Voraussetzungen um so größer, je langsamer die Verdunstungsgeschwindigkeit ist. Diese Tatsache erklärt auch, warum Ausblühungen besonders im Frühjahr auftreten.

Zum Unterschied von den Ausblühungen entstehen die Kalkauslaugungen überwiegend an Neubauten, wenn das noch nicht carbonatisierte Calciumhydroxid aus den Mörtelfugen, manchmal auch nur aus dem Fugenmörtel, ausgelaugt wird. Bei Austritt des sich durch undichte Stellen des Fugennetzes bewegenden Wassers an der Bauteiloberfläche entstehen die typischen Formen der „Kalkfahnen".

Aussinterungen entstehen dagegen vor allem bei älterem Mauerwerk, wenn kohlensäurehaltiges Regenwasser über längere Zeit das Mörtelgitter durchsickern kann.

Hierbei wird der bereits als Calciumcarbonat abgebundene Kalk [$CaCO_3$] in leichtlösliches Calciumhydrogencarbonat [$Ca(HCO_3)_2$] überführt und gelöst, das nach Austritt an der Wand wieder als unlösliches Carbonat ausgefällt wird (Tropfsteinhöhleneffekt).

Die Ursache der Kalkauslaugungen und -aussinterungen sind also Undichtigkeiten im Mauerwerk, wie unvermörtelte oder nicht haftschlüssig ausgefüllte Fugen usw. Beide Erscheinungen sind daher als Beweis für Vermauerungsfehler anzusehen.

7.2.2.5.3   Feuchtigkeitsquellen

In neu erstelltem Mauerwerk ist stets Feuchtigkeit (Mörtelanmachwasser, Neubaufeuchte) vorhanden (siehe Erhärtung von Luftkalk). Bei sorgfältiger Ausführung kann diese in das Mauerwerk eingebrachte Feuchtigkeit nur dann Ausblühungen hervorrufen, wenn überhöhte Salzanteile vorliegen. In solchen Fällen verschwinden die Ausblühungen jedoch schnell, da der Wasser- und Salznachschub rasch nachlässt.

Die bedeutsamste Feuchtequelle für die Entstehung von Ausblühungen, Auslaugungen und Aussinterungen ist aber der Regenanfall an Wetterseiten. Bei nicht vollfugiger Vermauerung entstehen in Hohlräumen des Mörtels regelrechte Wasserdurchflüsse, die sowohl Wanddurchfeuchtungen als auch Ausblühungen, Auslaugungen und -sinterungen zur Folge haben können.

Lang anhaltende Feuchtigkeitsquellen sind weiter alle fehlerhaft ausgeführten oder falsch geplanten Anschlüsse und Abdichtungen, die Regenwasser oder Bodenfeuchtigkeit ungehindertes Eindringen in das Mauerwerk erlauben. Auch im Bauteilinneren entstehendes Kondensat durch falsch angeordnete Wärmedämmungen und Dampfsperren kann zu verstärkter Feuchtigkeitsbildung führen.

7.2.2.5.4   Vermeidung

Die wichtigste Maßnahme zur Vermeidung all dieser Erscheinungen ist in der Schaffung eines möglichst regendichten Mauerwerks zu sehen. Dazu gehören die wirklich vollfugige und haftschlüssige Vermörtelung und Verfugung des Mauerwerks und ein richtig aufgebauter, in seiner Konsistenz der Ziegelart angepasster Mörtel.

7.2.2.5.5   Beseitigung

Die meisten Ausblühungen verschwinden unter Witterungseinwirkung nach verhältnismäßig kurzer Zeit von allein. Dieser Vorgang lässt sich durch mehrmaliges trockenes Abbürsten beschleunigen. Das trockene Beseitigen ausgeblühter Stoffe stellt die bei weitem wirksamste Maßnahme zur Entfernung von Ausblühungen dar. Das Abwaschen mit Wasser hat den Nachteil der Feuchteanreicherung im Mauerwerk, wobei ein großer Teil der Salze von den Ziegeln und dem Fugenmörtel eventuell wieder aufgesogen wird und beim Austrocknen des Mauerwerks erneut an der Oberfläche ausblühen kann.

Das seit einiger Zeit eingesetzte Dampfstrahlverfahren hat den Vorteil, dass dabei nur wenig Feuchtigkeit in das Mauerwerk gelangt, dieses auch infolge der Erwärmung sehr schnell wieder abtrocknet, so dass ggf. vorgesehene Imprägnierungen unmittelbar nach dem Dampfstrahlen vorgenommen werden können.

Zum Entfernen von Kalkauslaugungen und Kalkaussinterungen können nur Säuren zum Lösen der schwerlöslichen Carbonate eingesetzt werden. Bei Verwendung von Salzsäure entsteht dabei das stark hygroskopische Calciumchlorid, das, wenn es in die Fugen eindiffundieren kann, zu einer ständigen Durchfeuchtung des Mauerwerks führt. Um dieses zu vermeiden, muss das Mauerwerk gut vorgenässt und nach der Säurebehandlung sofort gründlich mit klarem Wasser abgespült werden. Besser bewährt haben sich daher Präparate, die auf Phosphorsäurebasis aufgebaut sind. Selbstverständlich sind derartige Reinigungsmittel unter genauer Beachtung der Verarbeitungsvorschriften anzuwenden.

7.2.3   Putzmörtel

7.2.3.1   *Allgemeines*

Putz ist gemäß DIN 18 550 ein an Wänden und Decken ein- oder mehrlagig in bestimmter Dicke aufgetragener Mörtelbelag mit mineralischen Bindemitteln (bei Gips und Anhydrit auch ohne Zuschläge), der seine endgültigen Eigenschaften erst durch Verfestigung am Baukörper erreicht. Er hat je nach Verwendungszweck verschiedene Aufgaben zu erfüllen, die durch entsprechende Zusammensetzung des Mörtels und der Ausbildung des Putzsystems gewährleistet werden.

Putzmörtel werden gemäß DIN 18 550 nach der Art des verwendeten Bindemittels in die Putzmörtelgruppen P I bis P V eingeteilt (*siehe Tabelle 7.23*).

Die DIN 18 550 erfasst auch Putze mit organischen Bindemitteln (Kunstharzputze), die Beschichtungen mit putzähnlichem Aussehen ergeben. Die für die Herstellung dieser Putze verwendeten Bindemittel sind Polymerisatharze in Form von Dispersionen oder als Lösungen.

Die Norm unterscheidet die in der *Tabelle 7.24* angegebenen zwei Beschichtungsstoff-Typen.

Putzmörtel müssen eine gute Haftung am Putzgrund sowie zwischen den einzelnen Putzlagen aufweisen und genügend fest sein, sie dürfen keine Risse, Flecken oder Ausblühungen zeigen. Zur Erhöhung der Putzhaftung auf dem Untergrund ist bei wenig saugfähigem Putzgrund ein, Spritzbewurf aus feinkörnigem, dünnflüssigem Zementmörtel notwendig. Innerhalb der einzelnen Lagen soll der Mörtel ein gleichmäßiges Gefüge besitzen; Festigkeit bzw. Widerstand gegen Abrieb und Oberflächenbeschaffenheit sind dem jeweiligen Putzgrund bzw. der Putzanwendung anzupassen. Dabei sind die Gegebenheiten der Putzweise (z. B. einlagig, mehrlagig, Kratzputz, Kellenputz, Waschputz, geglätteter Putz und anderes) zu berücksichtigen.

Die Wasserdampfdurchlässigkeit der Putze (Innen- und Außenputz) muss auf den Wandaufbau abgestimmt sein, damit kein Feuchtigkeitsstau in der Wand durch innere Kondensation auftritt. Die wasserdampfdiffusionsäquivalente Luftschichtdicke (früher Diffusionswiderstand) darf bei Außenputzen bei keiner Putzlage den Wert von 2,0 m überschreiten.

Über die allgemeinen Anforderungen hinaus ergeben sich für Putze, die je nach örtlicher Lage im Bauwerk und sich daraus ergebenden unterschiedlichen Beanspruchungen als Außen- bzw. Innenputz unterschieden werden, weitere Anforderungen:

Außenputze müssen
O witterungsbeständig sein, sie müssen Regenschutz aufweisen, d. h. sie müssen entweder wasserabweisend oder zumindest wasserhemmend sein
O einwirkendem Frost widerstehen
O wechselnden Temperaturen standhalten (dunklere Putze werden durch Sonneneinstrahlung thermisch stärker beansprucht als helle Putze)
O wasserdampfdurchlässig sein
O auf den Wandbaustoff hinsichtlich Dehnverhalten, Wasserdampfdurchlässigkeit und chemischer Verträglichkeit abgestimmt sein

Bei normalen klimatischen Bedingungen erfüllt ein poriger, saugfähiger Putz diese Anforderungen; als Bindemittel verwendet man Kalkhydrat (MG P I, MG P II). Bei ungünstigen klimatischen Bedingungen (Schlagregen) werden wasserabweisende Putze eingesetzt. Dies kann durch eine entsprechende Wahl der Mörtelgruppe (MG P II) sowie durch Zusätze oder Dünnbeschichtungen erreicht werden.

Als Sockelputz und Außenputz unter der Erdoberfläche müssen wassersperrende Putze eingesetzt werden. Sie bestehen aus Zementmörtel (MG P III); sie haben bei hoher Festigkeit (mittlere Druckfestigkeit $\geq$ 10 N/mm^2) sehr niedrige Saugfähigkeit.

Innenputze sollen
O eben sein
O wasserdampfdurchlässig sein

Putzmörtelgruppe[1]	Art der Bindemittel
P I	Luftkalke[2], hydraulische Kalke 2, hydraulische Kalke 3,5
P II	hydraulische Kalke 5, Putz- u. Mauerbinder, Kalk-Zement-Gemische
P III	Zemente
P IV	Baugipse ohne und mit Anteilen an Baukalk
P V	Anhydritbinder ohne u. mit Anteilen an Baukalk

[1] Weitergehende Aufgliederung der Putzmörtelgruppen gemäß DIN 18 550, Teil 2, s. Tab. 7.26
[2] Ein begrenzter Zementzusatz ist zulässig

Tabelle 7.23
Putzmörtelgruppen

Beschichtungsstoff-Typ	Für Kunstharzputz als
P Org 1	Außen- und Innenputz
P Org 2	Innenputz

Tabelle 7.24
Beschichtungsstoff-Typen für Kunstharzputze

○ kapillar saugend sein
○ als Untergrund für Anstriche und Tapeten geeignet sein (als Untergrund für schwere Tapeten, Kunststoffbeschichtungen und Schallschluckplatten ist eine besondere Zusammensetzung zu fordern: $b_D \geq 2,5$ N/mm²)
○ für Feuchträume Beständigkeit gegen langzeitig einwirkende Feuchtigkeit aufweisen (keine Gipsbaustoffe!)

Für Treppenhäuser, Flure in Schulen sowie andere Wandflächen, die mechanischer Beanspruchung ausgesetzt sind, ist Putz mit erhöhter Abriebfestigkeit und einer mittleren Druckfestigkeit von $\geq 2,5$ N/mm² vorzusehen.

Wärmedämmputz

Zur Verbesserung der Wärmedämmung von Außenwänden können Wärmedämmputzsysteme aus aufeinander abgestimmtem wasserhemmendem, wärmedämmendem Unterputz und wasserabweisendem Oberputz hergestellt werden. Die Forderung nach Wasserabweisung (Wasseraufnahmekoeffizient $w \leq 0,5$ kg/(m² · h^{0,5})) des Oberputzes stellt sicher, dass die Wärmedämmung auch bei Feuchtigkeitseinfluss – z.B. bei Schlagregen – nicht gemindert wird. Die als Unterputz einzubauenden Wärmedämmputze sind nach DIN 18550, Teil 1, Putze, deren Rechenwert der Wärmeleitfähigkeit $\leq 0,2$ W/(m · K) beträgt. Diese Anforderung gilt als erfüllt, wenn die Trockenrohdichte des erhärteten Mörtels $\leq 0,6$ kg/dm³ beträgt.

Die im Teil 3 der DIN 18 550 genormten Werk-Trockenmörtel aus mineralischen Bindemitteln und mindestens 75 Vol.-% expandiertem Polystyrol (EPS) als Zuschlag erfüllen diese Anforderung. Die Trockenrohdichte des Festmörtels muss mindestens 0,20 kg/dm³, die Druckfestigkeit mindestens 0,4 N/mm² betragen. Die Wärmeleitfähigkeit darf die folgenden für die jeweilige Wärmeleitfähigkeitsgruppe festgelegten Werte nicht überschreiten:

Gruppe	060	070	080	090	100
Wärmeleitfähigkeit [W/(m · K)]	0,057	0,066	0,075	0,085	0,094

Der Oberputz für diese Wärmedämmputzsysteme muss ausschließlich mineralischen Zuschlag enthalten, eine Mörtelfestigkeit von mindestens 0,8 N/mm² aufweisen und darf den Wert von 3,0 N/mm² nicht überschreiten.

Die allgemeine Putzregel, dass der Oberputz keinesfalls eine höhere Festigkeit als der Unterputz haben darf (siehe Kap. 7.2.3.3), gilt für die Putzsysteme nicht.

Wärmedämmputze nach dieser Norm sind schwer entflammbar.

Wärmeddämmputze aus Mörteln mit mineralischen Bindemitteln und anderen Leichtzuschlägen als EPS bedürfen auch weiterhin eines bauaufsichtlichen Brauchbarkeitsnachweises.

Leichtputz

Leichtputze im Sinne der DIN 18 550, Teil 4, sind mineralisch gebundene Putze, die aus Mörtel mit einer Trockenrohdichte von mindestens 0,6 kg/dm^3 und höchstens 1,3 kg/dm^3 hergestellt sind. Sie sind der Mörtelgruppe P I bzw. P II zuzuordnen. Leichtputze, sowie die dazugehörenden Oberputze, müssen aus Werkmörtel nach DIN 18 557 hergestellt werden. Die Mörtel enthalten Anteile an mineralischen und/oder organischen Zuschlägen mit porigem Gefüge; ihre Druckfestigkeit sollte den Wert von 5 N/mm^2 nicht überschreiten. Soll der bei einem Innenputzsystem verwendete Leichtputz mit organischen Zuschlägen eine Farbbeschichtung erhalten, so sind ausschließlich wässrige Systeme zu verwenden, um ein Auflösen der Zuschläge durch Lösungsmittel zu vermeiden. Leichtputze mit organischem Zuschlag mit porigem Gefüge dürfen außen nur als Unterputz verwendet werden.

Enthält der Mörtel einen Gesamtgehalt an organischen Stoffen von $\leq$ 1,0 M.-%, so wird er gemäß DIN 4102 als nicht brennbarer Baustoff eingestuft.

Leichtputze sind keine Wärmedämmputze, sondern lediglich Putze mit niedriger Rohdichte.

Sanierputz

Sanierputze sind nicht genormte Putzmörtel mit geringem Saugvermögen, guter Wasserdampfdurchlässigkeit und hohem Anteil an Luftporen (> 40 Vol.-%). Sie werden auf durchfeuchtetem Mauerwerk aufgebracht. Durch den hohen Porengehalt wird die Verdunstung der Feuchtigkeit bereits in der Putzschicht ermöglicht; eventuell vorhandene Salze kristallisieren dann ebenfalls in der Putzschicht aus, so dass Ausblühungen verhindert werden. Der Festmörtel soll eine 28-Tage-Druckfestigkeit von $\leq$ 6 N/mm^2 und eine Rohdichte < 1,4 kg/dm^3 aufweisen, die Wasserdampfdiffusionswiderstandszahl ist $\leq$ 12.

Putze für Sonderzwecke: Brandschutz, erhöhte Strahlenadsorption, usw.. Einfache Oberflächenbehandlungen wie gespachtelte Glätt- und Ausgleichsschichten, Wischputz, Schlämmputz, Bestich, Rappputz oder ähnliches sind keine Putze im Sinne der DIN 18 550. Auch Imprägnierungen und Dünnbeschichtungen oder Bekleidungen, z. B. mit Gipskartonplatten, gehören nicht hierher.

7.2.3.2   Anforderungen an Putzmörtel

7.2.3.2.1   Druckfestigkeit

Die Mörtel müssen je nach Putzart und Putzanwendung die Erfüllung der an den Putz zu stellenden Anforderungen ermöglichen. So werden für die einzelnen Mörtelgruppen folgende Mindestfestigkeiten von der Norm gefordert (*siehe Tabelle 7.25*).

Putzmörtel- gruppe	Mindestdruck- festigkeit [N/mm²]
P I a, b	keine Anforderungen
P I c	1,0
P II	2,5
P III	10
P IV a, b, c	2,0
P IV d	keine Anforderungen
P V	2,0

Tabelle 7.25
Druckfestigkeit von Putzmörteln

7.2.3.2.2   Zusammensetzung

Werden Baustellenmörtel entsprechend den in der DIN 18 550, Teil 2, Tabelle 3, angegebenen – auf Erfahrung gründenden – Mischungsverhältnissen (*siehe Tabelle 7.26*) zusammengesetzt (sogenannte Rezeptmörtel) so gelten die Anforderungen an die Druckfestigkeit als erfüllt. Hierbei wird vorausgesetzt, dass mineralische Zuschläge mit dichtem Gefüge verwendet werden und die Empfehlungen hinsichtlich Kornzusammensetzung und -form beachtet werden. Solche Mörtel können ohne weitere Nachweise für die in der DIN 18 550, Teil 1, aufgeführten Putzsysteme verwendet werden. Weicht die Zusammensetzung von den Angaben der Tabelle ab, ist eine Eignungsprüfung vorzunehmen.

Die Mischungsverhältnisse sind unter Berücksichtigung des Mischverfahrens dem jeweiligen Kornaufbau des Sandes anzupassen und müssen dabei innerhalb der angegebenen Grenzen liegen. Die niedrigen Werte des Sandanteils gelten beim Mischen von Hand, die höheren beim intensiven Mischen mit der Maschine.

Eine besondere Bedeutung kommt der Kornzusammensetzung der Mörtelsande für Putzmörtel zu. Die Zuschläge für Putzmörtel gleichen im großen und ganzen denen der Mauermörtel.

Die wesentlichen Unterschiede sind:
O Zuschlag aus organischen und/oder anorganischen Faserstoffen ist möglich (als zusätzlicher Schutz gegen Rissbildung)
O der Gehalt mehlfeiner Bestandteile (d. h. Korn-Ø < 0,063 mm) sollte 5 M.-% nicht überschreiten
O der Feinstanteil < 0,25 mm soll möglichst zwischen 10 und 30 M.-% betragen
O zur Verbesserung der Wärmedämmung des Putzes können vor allem die gröberen Kornanteile durch geeignete Leichtzuschläge ersetzt werden

Der Durchmesser und Anteil des Größtkorns richtet sich nach dem Verwendungszweck. Spritzbewurf und Unterputz dürfen nicht zu feinkörnig sein; die DIN empfiehlt Korngruppe 0/4, für Spritzbewurf bei Außenputz sogar 0/8, der Anteil an Grobkorn soll möglichst groß sein. Die Sandkörnung für den Oberputz wird durch die gewünschte Putzweise bestimmt.

Stark wasseraufnehmende und dabei quellende Körner (z. B. Braunkohle, Raseneisenerz [$Fe_2O_3 \cdot xH_2O$], Mergel, Ton- oder Kreideknollen) dürfen nicht enthalten sein, weil sie im Putz zu Treiberscheinungen oder Verfärbungen führen können. Geringe

Tabelle 7.26
Mischungsverhältnisse für Normal-Putzmörtel in Raumteilen

Mörtelgruppe	Zeile	Mörtelart	Baukalke DIN EN 459 — Luftkalk / Hydr. Kalk 2 — Kalkteig	Luftkalk / Hydr. Kalk 2 — Kalkhydrat	Hydraulischer Kalk 3,5	Hydraulischer Kalk 5	Putz- und Mauerbinder DIN 4211	Zement DIN 1164 Teil 1	Baugipse ohne werkseitig beigegebene Zusätze DIN 1168 Teil 1 (Stuckgips / Putzgips)	Anhydritbinder DIN 4208	Sand[1]
P I	1	a Luftkalkmörtel	1,0[2]								3,5–4,5
	2			1,0							3,0–4,0
	3	b Mörtel mit hydraulischem Kalk 2	1,0								3,5–4,5
	4			1,0							3,0–4,0
	5	c Mörtel mit hydraulischem Kalk 3,5			1,0						3,0–4,0
P II	6	a Mörtel mit hydraulischem Kalk 5 oder Mörtel mit Putz- und Mauerbinder				1,0 oder 1,0					3,0–4,0
	7	b Kalkzementmörtel	1,5 oder 2,0					1,0			9,0–11,0
P III	8	a Zementmörtel mit Zusatz von Kalkhydrat		≤ 0,5				2,0			6,0–8,0
	9	b Zementmörtel						1,0			3,0–4,0
P IV	10	a Gipsmörtel							1,0[3] oder 1,0[3]		–
	11	b Gipssandmörtel							1,0[3]		1,0–3,0
	12	c Gipskalkmörtel	1,0 oder 1,0						0,5–1,0 oder 1,0–2,0		3,0–4,0
	13	d Kalkgipsmörtel	1,0 oder 1,0						0,1–0,2 oder 0,2–0,5		3,0–4,0
P V	14	a Anhydritmörtel								1,0	≤ 2,5
	15	b Anhydritkalkmörtel	1,0 oder 1,5							3,0	12,0

1) Die Werte dieser Tabelle gelten nur für mineralische Zuschläge mit dichtem Gefüge.
2) Ein begrenzter Zementzusatz ist zulässig.
3) Um die Geschmeidigkeit zu verbessern, kann Weißkalk in geringen Mengen, zur Regelung der Versteifungszeiten können Verzögerer zugesetzt werden.

Gehalte feinverteilter Bestandteile organischen Ursprungs (Nachweis mit 3 M.-%iger Natronlauge: Farblos bis tiefgelbe Verfärbung) gelten als unbedenklich. Eventuell vorhandene größere Anteile (braunrote Verfärbung der Natronlauge) erfordern eine Eignungsprüfung.

Sand kann wasserlösliche Salze enthalten, die, wenn sie in größerer Menge vorhanden sind, unter Umständen zu Schäden am Putz wie Ausblühungen oder Gefüge-zerstörungen führen können. Ihr maximal zulässiger Anteil ist also entsprechend zu begrenzen; so darf z. B. für MG P II und P III der Sulfatgehalt einen Anteil von 1 M.-% nicht überschreiten.

Frostschutzmittel sind **nicht** zu verwenden.

Zur Herstellung durchgefärbter Putzmörtel dürfen nur lichtechte, kalk- und zement-verträgliche Pigmente zugesetzt werden.

Die Beschichtungsstoffe für Kunstharzputze enthalten Füllstoffe/Zuschläge mit über-wiegendem Kornanteil > 0,25 mm und gegebenenfalls Pigmente und Zusatzmittel. Sie werden ausschließlich im Werk gefertigt und verarbeitungsfähig geliefert (siehe DIN 18 558).

Der Bindemittelgehalt muss $\geq$ 7 M.-% (für Innenputz $\geq$ 4 M.-%) Polymerisatharz-Fest-gehalt, bezogen auf den Festkörper, betragen Bei einem Größtkorn von 1 mm im Beschichtungsstoff sind diese Werte um 1 M.-% zu erhöhen.

Für Werkmörtel ist grundsätzlich seitens des Herstellers ein Eignungsnachweis zu führen (bei Luftkalk- und Wasserkalkmörtel nur dann, sofern die Zusammensetzung von der Rezepttabelle abweicht).

7.2.3.2.3 *Spezifische Eigenschaften der Mörtelgruppen*

Mörtelgruppe P I:

- ○ sehr gute Verarbeitbarkeit, geschmeidig
- ○ geringe Festigkeit (~ 1 N/mm^2), sehr elastisch
- ○ gute Porosität
- ○ daher große kapillare Saugkraft
- ○ bei Luftkalkmörtel kann man durch Gipszusatz eine Festigkeitssteigerung auf das 2- bis 3fache erreichen
- ○ $\lambda \approx 0,87$ W/(m · K)

Mörtelgruppe P II:

- ○ höhere Festigkeit als bei MG P I bei noch ausreichender Dehnfähigkeit, weniger elastisch als P I, aber gut widerstandsfähig gegen Schlag- und Stoßbean-spruchung
- ○ schnellere Erhärtung
- ○ gute Verarbeitbarkeit

○ kleinere Poren und Kapillaren als bei MG P I, daher weniger gute Wasseraufnahmefähigkeit als bei MG P I, aber bessere Wasserdampfadsorptionsfähigkeit
○ $\lambda \approx 0,87$ W/(m · K)

Mörtelgruppe P III:

○ sehr hohe Festigkeit
○ geringe Dehnfähigkeit, nicht elastisch
○ schlechte Verarbeitbarkeit
○ hohe Dichte, daher kaum Porosität, wenig saugend
○ guter Verschleißwiderstand
○ sehr wetterbeständig
○ $\lambda \approx 1,4$ W/(m · K)

Mörtelgruppe P IV, P V:

○ schnelle Erhärtung bei geringer Volumenausdehnung
○ glatte Oberfläche, hart, stoßfest
○ gute Wasserdampfadsorptionsfähigkeit
○ nicht wetterbeständig, nur für Innenputze
○ feuerhemmend
○ geringe Saugfähigkeit
○ gute Haftfähigkeit
○ $\lambda \approx 0,7$ W/(m · K), Gipsmörtel ohne Zuschlag $\lambda \approx 0,35$ W/(m · K)

Kunstharzputze P Org 1, P Org 2

Vorteile:

○ sehr gute Haftung auf dem Untergrund,
○ sehr hohe Elastizität, besseres Dehnungsvermögen als mineralische Putze

Nachteile:

○ Dampfdurchlässigkeit u.U. kritisch, schlechter als bei mineralischen Putzen
○ Beständigkeit auf basischen Untergrund: u.U. Verseifung möglich, insbesondere auf frischem Beton oder Mörtel

Übliche Verwendung:

○ bei außenliegenden Wärmedämmsystemen („*Thermohaut*")
○ bei Fertigteilen (z.B. Fertiggaragen)
○ bei Holzspanplatten (z.B. bei Fertighäusern wie „Okal", „Zenker", u.a.)

7.2.3.3   Putzsysteme

Das Putzsystem und die Wahl der Putzmörtelart richten sich nach den Anforderungen an den Putz, nach Festigkeit, Verformungsvermögen, Saugfähigkeit und Oberflächenbeschaffenheit des Putzgrundes und bei Außenputzen nach den witterungsbedingten Einwirkungen. Die zu stellenden Anforderungen sind stets vom Putzsystem in seiner

Zeile	Anforderungen bzw. Putzanwendung	Mörtelgruppe bzw. Beschichtungsstoff-Typ für Unterputz	Oberputz[1]	Zusatzmittel[2]
1		–	P I	
2		P I	P I	
3		–	P II	
4	ohne besondere	P II	P I	
5	Anforderungen	P II	P II	
6		P II	P Org 1	
7		–	P Org 1[3]	
8		–	P III	
9		P I	P I	erforderlich
10		–	P I c	erforderlich
11		–	P II	
12		P II	P I	
13	wasserhemmend	P II	P II	
14		P II	P Org 1	
15		–	P Org 1[3]	
16		–	P III[3]	
17		P I c	P I	erforderlich
18		P II	P I	erforderlich
19		–	P I c[4]	erforderlich[2]
20		–	P II[4]	
21	wasserabweisend[5]	P II	P II	erforderlich
22		P II	P Org 1	
23		–	P Org 1[3]	
24		–	P III[3]	
25		–	P III	
26		P II	P II	
27	erhöhte Festigkeit	P II	P Org 1	
28		–	P Org 1[3]	
29		–	P III	
30	Kellerwand-Außenputz	–	P III	
31		–	P III	
32	Außensockelputz	P III	P III	
33		P III	P Org 1	
34		–	P Org 1[3]	

[1] Oberputze können mit abschließender Oberflächengestaltung oder ohne diese ausgeführte werden (z.B. bei zu beschichtenden Flächen).
[2] Eignungsnachweis erforderlich (siehe DIN 18550 Teil 2, Ausgabe Januar 1985, Abschnitt 3.4).
[3] Nur bei Beton mit geschlossenem Gefüge als Putzgrund.
[4] Nur mit Eignungsnachweis am Putzsystem zulässig.
[5] Oberputze mit geriebener Struktur können besondere Maßnahmen erforderlich machen.

Tabelle 7.27
Putzsysteme für Außenputze

Zeile	Mörtelgruppe bzw. Beschichtungsstoff-Typ bei Decken ohne bzw. mit Putzträger		
	Einbettung d. Putzträgers	Unterputz	Oberputz[1]
1	–	P II	P I
2	P II	P II	P I
3	–	P II	P II
4	P II	P II	P II
5	–	P II	P IV[2]
6	P II	P II	P IV[2]
7	–	P II	P Org 1
8	P II	P II	P Org 1
9	–	–	P III
10	–	P III	P III
11	P III	P III	P II
12	P III	P II	P II
13	–	P III	P Org 1
14	P III	P III	P Org 1
15	P III	P II	P Org 1
16	–	–	P IV[2]
17	P IV[2]	–	P IV[2]
18	–	P IV[2]	P IV[2]
19	P IV[2]	P IV[2]	P IV[2]
20	–	–	P Org 1[3]

[1] Oberputze können mit abschließender Oberflächengestaltung oder ohne diese ausgeführte werden (z.B. bei zu beschichtenden Flächen).
[2] Nur an feuchtigkeitsgeschützten Flächen.
[3] Nur bei Beton mit geschlossenem Gefüge als Putzgrund.

Tabelle 7.28
Putzsysteme für
Außendeckenputze

Gesamtheit zu erfüllen, wobei der Nachweis der Eigenschaften durch Bewährung oder anhand von Eignungsprüfungen erfolgen kann. Die Eigenschaften der verschiedenen Putzlagen eines Systems sollen dabei so aufeinander abgestimmt sein, dass die in den Berührungsflächen der einzelnen Putzlagen und des Putzgrundes z. B. durch Schwinden oder Temperaturausdehnungen auftretenden Spannungen aufgenommen werden können. Dadurch wird die Gefahr des Abscherens der äußeren Putzschale und der Rissbildung im Oberputz gemindert. Diese Forderung kann bei Putzen mit mineralischen Bindemitteln im allgemeinen dann als erfüllt angesehen werden, wenn die Festigkeit des Oberputzes geringer als die Festigkeit des Unterputzes ist oder beide Lagen gleich fest sind. **Keinesfalls darf der Oberputz eine höhere Festigkeit als der Unterputz haben!**

Ausnahmen bilden nur Kellerwandaußenputz und Sockelputz

Kellerwandaußenputz: Wenn nicht MG III muss $\beta_D \geq 10$ N/mm², bei Mauerwerk aus Steinen der Druckfestigkeitsklasse ≤ 6 jedoch nicht wesentlich höher.

Sockelputz: Wenn nicht MG III muss $\beta_D \geq 10$ N/mm², bei Mauerwerk aus Steinen der Druckfestigkeitsklasse ≤ 6 können Mörtel mit hydraulischen Bindemitteln verwendet werden, deren Druckfestigkeit ≥ 5 N/mm² beträgt.

Festigkeitsunterschiede der Putze ergeben sich nur aus der Wahl der Mörtelgruppe nicht aus geringen Mischungsdifferenzen einer Mörtelgruppe.

Tabelle 7.29
Putzsysteme für Innenwandputze

Zeile	Anforderungen bzw. Putzanwendung	Mörtelgruppe bzw. Beschichtungsstoff-Typ für	
		Unterputz	Oberputz[1] [2]
1		–	P I a, b
2	nur geringe	P I a,b	P I a, b
3	Beanspruchung	P II	P I a, b, P IV d
4		P IV	P I a, b, P IV d
5		–	P I c
6		P I c	P I c
7		–	P II
8		P II	P I c, P II, P IV a, b, c, P V, P Org 1, P Org 2
9		–	P III
10	übliche	P III	P I c, P II, PIII, P Org 1, P Org 2
11	Beanspruchung[3]	–	P IV a, b, c
12		P IV a, b, c	P IV a, b, c, P Org 1, P Org 2
13		–	P V
14		P V	P V, P Org 1, P Org 2
15		–	P Org 1, P Org 2[4]
16		–	P I
17		P I	P I
18		–	P II
19	Feuchträume[5]	P II	P I, P II, P Org 1
20		–	P III
21		P III	P II, P III, P Org 1
22		–	P Org 1[4]

[1] Bei mehreren genannten Mörtelgruppen ist jeweils nur eine als Oberputz zu verwenden.
[2] Oberputze können mit abschließender Oberflächengestaltung oder ohne diese ausgeführt werden (z.B. bei zu beschichtenden Flächen).
[3] Schließt die Anwendung bei geringer Beanspruchung ein.
[4] Nur bei Beton mit geschlossenem Gefüge als Putzgrund.
[5] Hierzu zählen nicht häusliche Küchen und Bäder (siehe DIN 18 550, Teil 1, Ausgabe Januar 1985, Abschnitt 4.2.3.3).

Der Unterputz bildet die tragende Schicht für den Oberputz; besteht der Putzgrund aus einem wenig festen oder elastischen Material, so muss die Festigkeit des Unterputzes diesen Eigenschaften angepasst werden.

Der Oberputz übernimmt ästhetische Aufgaben und ist Träger für Tapeten, Anstriche, Beschichtungen. Er soll dünn aufgetragen werden, um durch ein Netz feinster Risse Spannungen (aus Temperatur-, Feuchtigkeitsänderungen) abbauen zu können.

Bei Außenputzen übernimmt der Unterputz die Aufgabe des Wetterschutzes, der durch Zusätze so eingestellt werden kann, dass das Eindringen der Niederschlagsfeuchtigkeit gehemmt wird.

Tabelle 7.30
Putzsysteme für Innendeckenputze [1]

Zeile	Anforderungen bzw. Putzanwendung	Mörtelgruppe bzw. Beschichtungsstoff-Typ für	
		Unterputz	Oberputz[2] [3]
1	nur geringe Beanspruchung	–	P I a, b
2		P I a,b	P I a, b
3		P II	P I a, b, P IV d
4		P IV	P I a, b, P IV d
5	übliche Beanspruchung[4]	–	P I c
6		P I c	P I c
7		–	P II
8		P II	P I c, P II, P IV a, b, c, P Org 1, P Org 2
9		–	P IV a, b, c
10		P IV a, b, c	P IV a, b, c, P Org 1, P Org 2
11		–	P V
12		P V	P V, P Org 1, P Org 2
13		–	P Org 1[5], P Org 2[5]
14	Feuchträume[6]	–	P I
15		P I	P I
16		–	P II
17		P II	P I, P II, P Org 1
18		–	P III
19		P III	P II, P III, P Org 1
20		–	P Org 1[5]

[1] Bei Innendeckenputzen auf Putzträgern ist gegebenenfalls der Putzträger vor dem Aufbringen des Unterputzes in Mörtel einzubetten. Als Mörtel ist Mörtel mindestens gleicher Festigkeit wie für den Unterputz zu verwenden.
[2] Bei mehreren genannten Mörtelgruppen ist jeweils nur eine als Oberputz zu verwenden.
[3] Oberputze können mit abschließender Oberflächengestaltung oder ohne diese ausgeführt werden (z.B. bei zu beschichtenden Flächen).
[4] Schließt die Anwendung bei geringer Beanspruchung ein.
[5] Nur bei Beton mit geschlossenem Gefüge als Putzgrund.
[6] Hierzu zählen nicht häusliche Küchen und Bäder (siehe DIN 18 550, Teil 1, Ausgabe Januar 1985, Abschnitt 4.2.3.3).

Die Dichtigkeit muss von innen nach außen abnehmen, damit eingedrungene Feuchtigkeit wieder ausdiffundieren kann. Umgekehrt würde sie nach innen ins Mauerwerk ziehen. Außerdem bestünde die Gefahr von Frostschädigung, da wegen der geringen Wasserdampfdurchlässigkeit von innen kommende Feuchtigkeit sich hinter der Putzschale staut.

Der Außenputz muss also in der Richtung innen → außen wie ein Sieb, in der Richtung von außen → innen wasserabweisend wirken.

Kunstharzputze werden auf einem Unterputz aus Mörteln mit mineralischen Bindemitteln oder auf Beton aufgebracht, auf die vorher ein Grundanstrich aufgetragen worden ist. Bis auf die Mörtelgruppe P I sind als Unterputz alle anderen Mörtelgruppen geeignet, die Mörtelgruppen P IV und P V jedoch nur bei Innenputzen.

In den *Tabellen 7.27 bis 7.30* sind bewährte Putzsysteme für verschiedene Anwendungsbereiche angegeben.

Bei Anwendung dieser Putzsysteme und entsprechend fachgerechter Ausführung können die genannten Anforderungen an den Putz ohne weiteren Nachweis als erfüllt angesehen werden.

Sollen andere Putzsysteme angewendet werden, so sind Eignungsprüfungen für das vorgesehene Putzsystem durchzuführen. Hiermit sind die für den speziellen Anwendungsbereich geforderten Eigenschaften nachzuweisen.

7.2.4   Estrichmörtel

7.2.4.1   Estricharten

Gemäß DIN 18 560 „Estriche im Bauwesen" sind Estriche dünne Fußbodenschichten aus Mörtel, die in steifer oder plastischer Form auf einem tragenden Untergrund aufgebracht werden. Sie werden teilweise durch die Nutzung direkt beansprucht oder dienen als Unterlage für weitere Bodenbeläge, die dann die Nutzfläche darstellen.

Ein einschichtiger Estrich ist ein Estrich, der in einem Arbeitsgang in der erforderlichen Dicke hergestellt wird.

Ein mehrschichtiger Estrich ist ein in mehreren Schichten hergestellter Estrich. Die einzelnen Schichten werden im Verbund, gegebenenfalls frisch in frisch, hergestellt. Wird die Oberschicht unmittelbar genutzt, wird sie auch Nutzschicht genannt. Mehrschichtige Estriche (mit Unter- oder Übergangsschichten und Ober- oder Nutzschicht) werden angewendet, wenn an die Oberfläche besondere Anforderungen gestellt werden und die entsprechenden Eigenschaften nicht für den gesamten Estrichquerschnitt gefordert werden. Die Dicke eines Estrichs sowie – bei mehrschichtigem Estrich – die Dicke der Ober-(Nutz)-Schicht müssen auf die jeweilige Estrichart und den jeweiligen Verwendungszweck des Estrichs abgestimmt sein. Im allgemeinen bewegt sich die Estrichnenndicke zwischen 10 mm und 80 mm, die Nenndicke der Oberschicht mehrschichtiger Estriche zwischen 4 mm und 20 mm.

Nach der Konstruktion des Estrichs auf dem tragenden Untergrund unterscheidet man:

○ Verbundestriche
○ Estriche auf Trennschicht
○ Schwimmende Estriche (Estriche auf Dämmschicht)

Verbundestriche (DIN 18 560, Teil 3) sind mit dem tragenden Untergrund fest verbundene Estriche. Sie sollten nur dann ausgeführt werden, wenn die endgültige Fertigstellung der Oberfläche der tragenden Decke nicht möglich ist. Die Mindestdicke sollte aus fertigungstechnischen Gründen wenigstens dreimal größer als das Größtkorn des Zuschlags sein. Die Nenndicke bei einschichtiger Ausführung soll 50 mm bei Anhydrit-, Magnesia- oder Zementestrich nicht überschreiten. Durch den festen Verbund zwischen Estrich und tragendem Untergrund ist die Übertragung aller statischen und dynamischen Kräfte sichergestellt, so dass die Estrichdicke bei Verbundestrichen für die Beanspruchbarkeit nicht die entscheidende Rolle spielt.

Wenn der tragende Untergrund größere Unebenheiten aufweist oder wenn Rohrleitungen, Kabel usw. darauf verlegt sind, ist ein Ausgleichsestrich erforderlich, der die Unebenheiten so überdeckt, dass er seinerseits als tragender Untergrund geeignet ist.

Die beim Erhärten des Verbundestrichs auftretenden Spannungen erfordern eine einwandfreie und feste Verbindung zwischen Estrich und dem lastabtragenden Untergrund, um Rissbildungen oder ein Ablösen des Estrichs vom Untergrund (erkennbar am Hohlklingen) zu vermeiden. Voraussetzung ist eine gute Reinigung der Unterkonstruktion und gegebenenfalls eine Aufrauung. Eine gute Verbundwirkung erreicht man, wenn der Estrich auf einen noch nicht erstarrten, aufgerauhten Beton aufgebracht wird („frisch auf frisch") – nicht möglich bei einem Anhydrid- oder Magnesiaestrich. Auch durch haftverbessernde Zusätze oder durch das Aufbringen einer Haftbrücke aus einer Kunststoffdispersion oder -emulsion erzielt man eine Verbesserung des Haftverbundes. Auch eine entsprechend sorgfältige Nachbehandlung – Vermeidung von Schwindspannungen durch zu schnelle Austrocknung, Vermeidung von Temperaturspannungen – wirkt der Rissbildung entgegen.

Dient der Verbundestrich als Unterlage für weitere Bodenbeläge, die dann die Nutzfläche darstellen, so müssen folgende Druckfestigkeiten (Serienfestigkeit) erreicht werden:

○ bei Anhydritestrich, Zementestrich ≥ 15 N/mm^2
○ bei Magnesiaestrich ≥ 8 N/mm^2

Bei direkter Nutzung der Oberfläche (z. B. durch unmittelbares Begehen oder Befahren) müssen alle drei Estricharten mindestens der Festigkeitsklasse 20 entsprechen.

Nach der DIN 18 560 werden Verbundestriche mit dem Kurzzeichen für die Estrichart, der Festigkeitsklasse und der Nenndicke in mm mit einem vorgesetzten V für Verbund bezeichnet; z. B.: Estrich DIN 18 560 – ZE 20 – V 35.

Ein **Estrich auf Trennschicht** (DIN 18 560, Teil 4) wird durch eine dünne Zwischenlage (PE-Folien $\geq$ 0,1 mm Dicke, Ölpapier, Rohglasvlies von $\geq$ 50 g/m^2, bitumengetränkte Pappen mit $\geq$ 100 g/m^2) vom tragenden Untergrund getrennt. Die Trennschichten sind in der Regel zweilagig, bei Calciumsulfatestrich einlagig, auszuführen; Abdichtungen und Dampfsperren dürfen als eine Lage der Trennschicht gelten. Ein solcher Estrich wird eingesetzt, wenn in der Tragkonstruktion starke Biegebeanspruchungen zu erwarten sind oder der Tragbeton wasserabweisend ist.

Die Mindestdicke sollte aus fertigungstechnischen Gründen nicht weniger als etwa das Dreifache des Größtkorns des Zuschlags betragen. Die Nenndicke des Estrichs soll folgende Werte nicht unterschreiten:
○ 30 mm bei Anhydrit- und Magnesiaestrich
○ 35 mm bei Zementestrich

Die Praxis zeigt, dass die Gesamtdicke bei Zementstrich 50 $\geq$ 50 mm und bei einem Zementestrich 65 $\geq$ 90 mm betragen sollte.

Die Estriche müssen mindestens der Festigkeitsklasse 20 entsprechen; für eine Nutzung mit Belag wird für den Magnesiaestrich lediglich die Festigkeitsklasse $\geq$ 7 gefordert.

Nach der DIN 18 560 werden Estriche auf Trennschicht mit dem Kurzzeichen für die Estrichart, der Festigkeitsklasse und der Nenndicke in mm mit einem vorgesetzten T für Trennschicht bezeichnet; z. B.: Estrich DIN 18 560 – AE 30 –T 35.

Ein **schwimmender Estrich** (DIN 18 560. Teil 2) wird – um die Anforderungen an den Wärme- und Tritt-Schallschutz zu erfüllen – auf einer als lastverteilende Platte wirkenden Dämmschicht aufgebracht. Er hat keine direkte Verbindung mit der Unterlage und angrenzenden, aufgehenden Bauteilen, so dass er sich bei Formänderungen oder mechanischer Einwirkung weitestgehend ungehindert bewegen kann. Die Dämmschicht, die meist aus Dämmatten oder -platten aus mineralischen oder organischen Fasern oder aus Kunstschaum besteht, muss sorgfältig und lückenlos auf die ausreichend trockene und saubere Rohdecke vollflächig verlegt werden. An der Wand wird sie durch hochgestellte Dämmstreifen weitergeführt. Die Dämmschichten sind in der Regel durch geeignete Maßnahmen vor Feuchtigkeit, z.B. durch Dampfsperren zu schützen. Nach dem Verlegen wird die Dämmschicht zweckmäßigerweise mit einer wasserundurchlässigen Folie abgedeckt, die Schallbrücken und ein Durchfeuchten der Dämmschicht beim Einbringen des Estrichs verhindern soll.

Beim Einbringen des Estrichs ist besonders darauf zu achten, dass die Dämmschicht nicht verschoben oder beschädigt wird. Schubkarren müssen deshalb auf einer Bretterbahn gefahren werden, gelegentlich werden auch Förderbänder eingesetzt. Das Entleeren darf nicht unmittelbar auf die Dämmschicht, sondern nur auf eine Holz- oder Blechunterlage oder ähnliches erfolgen.

Ein schwimmender Estrich kann auch beheizt werden. Er wird dann als Heizestrich bezeichnet.

Schwimmender Estrich sollte – mit Ausnahme der Bauart C (Heizelemente in einem Ausgleichsestrich, auf dem der Estrich mit einer zweilagigen Trennschicht aufgebracht wird) – stets einschichtig eingebaut werden.

Für unbeheizbare Estriche im Wohnungsbau bei gleichmäßig verteilten Verkehrslasten bis 1,5 kN/m^2 müssen Anhydrit- und Zementestriche der Festigkeitsklasse 20, Magnesiaestrich der Festigkeitsklasse 7 entsprechen. Die Nenndicke beträgt je nach Dicke der Dämmschichten mindestens 35 mm (bei Dämmschichten $\leq$ 30 mm) bzw. mindestens 40 mm (bei Dämmschichten > 30 mm). Bei einer Zusammendrückbarkeit der Dämmstoffe unter Belastung über 5 mm (zulässig sind maximal 10 mm) ist die Estrichnenndicke um 5 mm zu erhöhen. Unter Stein- und keramischen Belägen muss die Estrichdicke mindestens 45 mm betragen. Bei anderen Festigkeitsklassen sind abweichende Dicken möglich, die jedoch stets $\geq$ 30 mm sein müssen.

Bei höheren Verkehrslasten als 1,5 kN/m^2 müssen im allgemeinen größere Dicken festgelegt werden.

Heizestriche werden in der Regel als Anhydrit- oder Zementestriche der Festigkeitsklasse 20 ausgeführt. (Magnesiagebundene Estriche sind nicht möglich, siehe Kapitel 7.2.4.2.4). Die Estrichnenndicke von Heizestrichen für Verkehrslasten bis 1,5 kN/m^2 hängt von der gewählten Bauart ab; sie beträgt mindestens 45 mm (Bauart A2 $\geq$ 50 mm) zuzüglich dem äußeren Durchmesser der Heizelemente. Die Überdeckungshöhe der Heizelemente soll aus fertigungstechnischen Gründen nicht weniger als etwa das Dreifache des Größtkorndurchmessers des Zuschlags, mindestens aber 25 mm betragen. Werden Zusatzmittel verwendet, ist darauf zu achten, dass der Luftporengehalt des Mörtels um nicht mehr als 5 Vol.-% erhöht wird. Die Zusammendrückbarkeit der Dämmschicht darf bei Heizestrichen höchstens 5 mm betragen.

Bei anderen Festigkeitsklassen ist eine abweichende Dicke möglich; dabei muss jedoch in einer Eignungsprüfung nachgewiesen werden, dass der Estrich hinsichtlich seiner Tragfähigkeit einem Zementestrich ZE 20 mit einer Dicke von 45 mm entspricht.

Eine Bewehrung von Estrichen auf Dämmschicht ist grundsätzlich nicht erforderlich, kann jedoch – insbesondere bei Zementestrichen zu Aufnahme von Stein- oder keramischen Belägen – zweckmäßig sein, weil dadurch eine Verbreiterung eventuell auftretender Risse und Höhenversatz der Risskanten vermieden wird. Das Entstehen von Rissen kann dadurch jedoch nicht verhindert werden.

Da die Verdichtung von schwimmendem Estrich unter Umständen problematisch ist, wird die Konsistenz des Mörtels weich bis fließfähig eingestellt. Beim Einbau als Fließestrich sind abweichende Festigkeitsklassen möglich. In diesem Fall wird jedoch der Nachweis der Biegezugfestigkeit gefordert, die $\geq$ 2,5 N/mm^2 betragen muss.

Schwimmende Estriche sind mit dem Kurzzeichen für Estrichart und Festigkeitsklasse nach DIN 18 560, Teil 1, und darüber hinaus mit dem Buchstaben S (für schwimmend) sowie der Nenndicke der Estrichschicht in mm zu bezeichnen;

z. B.: Estrich DIN 18 560 – ZE 40 – S 40.

Heizestriche sind ferner mit dem Buchstaben H und der Überdeckung der Heizelemente in mm zu bezeichnen;

z. B.: Estrich DIN 18 560 – AE 20 – S 70 H 45

Estriche, die hohen Belastungen unterliegen, werden als sogenannte **Industrieestriche** gemäß DIN 18 560, Teil 7, ausgeführt. Diese sogenannten Hartstoffestriche sind Estriche mit Zuschlägen, die ganz oder teilweise aus Hartstoffen (DIN 1100) bestehen, die einen besonders hohen Widerstand gegen Verschleiß und eine besonders hohe Festigkeit haben. Sie werden eingesetzt bei besonders hohen Beanspruchungen. Man unterscheidet leichte, mittlere und schwere Beanspruchungen, wofür Dichte und Häufigkeit des Verkehrs sowie Schwere der Güter und Fahrzeuge maßgebend sind.

Sie werden in der Regel als einschichtiger Verbundestrich, als Magnesia- oder zementgebundener Hartstoffestrich hergestellt. Soll der Estrich in Sonderfällen auf einer Trenn- oder Dämmschicht hergestellt werden, ist er zweischichtig auszuführen.

Die Nenndicke von einschichtigem Magnesiaestrich soll 25 mm nicht überschreiten; die zu wählende Festigkeitsklasse hängt von der Beanspruchungsgruppe ab und muss mindestens ME 30 entsprechen. Die Dicke des einschichtigen zementgebundenen Hartstoffestrichs hängt ebenfalls von der Beanspruchungsgruppe aber auch von der Festigkeitsklasse ab und liegt zwischen ≥ 4 mm (leichte Beanspruchung, ZE 65 K) und ≥ 15 mm (schwere Beanspruchung, ZE 65 A).

Zweischichtige Hartstoffestriche bestehen aus einer Übergangsschicht und der Hartstoffschicht. Die Übergangsschicht muss bei Verbundestrichen beim Magnesiaestrich mindestens 15 mm und beim Zementestrich mindestens 25 mm dick sein und mindestens der Festigkeitsklasse ME 10 bzw. ZE 30 entsprechen. Bei Magnesiaestrichen auf Dämmschichten muss die Dicke der Übergangsschicht mindestens 80 mm bei Ausführung auf Trennschicht mindestens 30 mm betragen. Bei zementgebundenem Hartstoffestrich auf Trennschicht oder Dämmschicht muss die Übergangsschicht eine Dicke von mindestens 80 mm aufweisen.

In der Bezeichnung der Industrieestriche wird in der DIN-Bezeichnung der Estriche an die Nenndicke noch der Kennbuchstabe F angehängt;

z.B.: Magnesiaestrich DIN 18 560 – ME 50 – V 15 F

Estrichmörtel ist maschinell zu verarbeiten, um eine innige Durchmischung und hohe Gleichmäßigkeit zu erreichen, sowie maschinell zu verdichten, z. B. mit: Rüttelbohle, Flächenrüttler, Estrichglättmaschine mit Rüttelvorrichtung, oder andere. Die Estrichtemperatur soll beim Verlegen und während der ersten 2 Tage (bei Zementestrich 3 Tage) +5 °C nicht unterschreiten. Ferner ist der Estrich mindestens während dieser Zeit vor schädlichen Einwirkungen (wie z. B. Schlagregen, Wärme, Zugluft) zu schützen.

Estriche sind wegen ihrer geringen Dicke und großen freien Oberfläche austrocknungsgefährdet (→ unter Umständen: Festigkeitsminderung, erhöhtes Schwinden, Verkrümmen oder Aufwölben der Ecken und Ränder infolge unterschiedlichen Feuchtigkeitsgehaltes über die Dicke).

7.2.4.2 Mörtelarten

7.2.4.2.1 Allgemeines

Estriche werden nach der Art des für den Mörtel verwendeten mineralischen Bindemittels gemäß DIN 18 560, Teil 1, unterschieden in:
- Zementestrich DIN-Kürzel ZE
- Anhydritestrich DIN-Kürzel AE
- Magnesiaestrich DIN-Kürzel ME

7.2.4.2.2 Zementestrich

Trotz einiger Nachteile (längere Erhärtungszeiten, Schwinden, d. h. Rissgefahr – Dehnfugen!) hat der Zementestrich einen Marktanteil von ca. 80 %. Er kann in allen angeführten Ausführungsarten hergestellt werden, z.B. als

Verbundestrich

für mittelschwere Belastungen, d.h. für leichten bis mittelschweren Fahrverkehr, Absetzen und Kollern leichter Güter bei geringer Beanspruchung durch Stoß und Schlag.

Schwimmender Estrich

vorwiegend für den Wohnungsbau aus schallschutztechnischen Gründen.

ZE 12 ist nur für Verbundestriche als Unterlage für weitere Bodenbeläge zulässig. Er zeichnet sich aus durch:
- hohe Festigkeit
- hohen Abnutzungswiderstand
- gute Griffigkeit und Trittsicherheit
- Wasserundurchlässigkeit
- Beständigkeit gegen säurefreie Fette und Öle, z. B. Mineralöle, Benzol, Benzin (Verfärbungen sind möglich)

Er ist ohne Oberflächenschutz nicht säurebeständig. Auch gegen Salze – insbesondere Sulfate – sind Zementestriche sorgfältig zu schützen.

Der **Zuschlag** sollte gemischtkörnig und so grobkörnig wie möglich sein. Bei Estrichdicken bis 4 cm sollte das Größtkorn 8 mm, bei größeren Dicken (maximal) 16 mm betragen. Günstig sind Gemische aus 50 M.-% Sand 0/2 und 50 M.-% Kiessand 2/8 bzw. aus 35 M.-% Sand 0/2, 35 M.-% Kiessand 2/8 und 30 M.-% Kies 8/16 (Sieblinien im günstigen Bereich, obere Hälfte zwischen A und B nach DIN 1045). Durch Zusatz von Flugasche (für Fließestrich empfohlen) kann eine bessere Verarbeitungskonsistenz erreicht werden. Der Anteil an abschlämmbaren Bestandteilen soll 3 bis 4 M.-% nicht überschreiten (sonst erhöhter Wasseranspruch, Schwindgefahr, Festigkeitsminderung).

Es werden Zemente gemäß DIN EN 197 verwendet, vorwiegend der Festigkeitsklasse 32,5 R, für hohe und frühe Festigkeit 42,5 R, in besonderen Fällen (z. B. kühle Witterung) auch 52,5N.

Die Festigkeit des Estrichs sollte in erster Linie durch einen günstigen Kornaufbau und nicht durch hohe Zementzugabe erreicht werden (starkes Schwinden, Risse). Der Zementgehalt ist auf das notwendige Maß zu beschränken; je nach verlangter Festigkeitsklasse und Größtkorn des Zuschlags, liegt er meist zwischen 340 und 450 kg/m³ fertigen Estrichs, bei schwimmend verlegten Estrichen soll er 400 kg/m³ nicht überschreiten (Schwindgefahr).

Zementestriche werden in die in der *Tabelle 7.31* angegebenen Festigkeitsklassen eingeteilt.

Zementestriche der beiden höchsten Festigkeitsklassen ZE 55 und ZE 65 werden in der Regel als besonders *verschleißfeste Hartstoffestriche* hergestellt.

Der Estrich sollte mit möglichst kleinem *w/z*-Wert und Wassergehalt hergestellt werden. Dadurch ergibt sich in der Regel ein Mörtel mit erdfeuchter bis schwach-plastischer Konsistenz.

Mit verflüssigenden Zusatzmitteln lässt sich eine Verbesserung der Verarbeitbarkeit erreichen. Fließestrich ist ein Mörtel, der durch einfaches Verteilen mit geringem Verdichtungsaufwand eingebaut werden kann. Damit die Wirksamkeit des Fließmittels voll zur Geltung kommt, muss der Estrichmörtel eine Mindestmenge von Zementleim enthalten, die bei ca. 330 l /m³ liegt; das bedeutet z. B. bei einem Wasser-Zement-Wert von 0,5 für den Zementgehalt ≥ 400 kg/m³. Der Zementgehalt sollte außerdem den des tragenden Untergrundes um nicht mehr als 50 % übersteigen.

Um eine Anreicherung von Wasser oder Feinmörtel an der Oberfläche zu verhindern, sollte das Glätten auf das notwendige Maß beschränkt bleiben. Pudern mit Zement, Aufbringen von Feinmörtel oder das Aufsprühen von Wasser um eine geschlossene Oberfläche zu erreichen, sind nicht zulässig. Eine Verbesserung der Beanspruchbarkeit kann durch eine Oberflächenbehandlung der Estrichschicht erreicht werden (Fluatierung, Imprägnierung, Versiegelung, Beschichtung).

Zement-Estrich soll frühestens im Alter von 2 bis 3 Tagen begangen werden. Er soll bei Verwendung von Zementen der Festigkeitsklasse

42,5 R	nicht vor 10 Tagen
42,5 R und 52,5 N	nicht vor 7 Tagen

voll belastet werden.

Erstarrungsbeschleuniger ermöglichen eine frühere Nutzung der Estrichoberfläche.

Festigkeits-klasse	Güteprüfung			Eignungs-prüfung	Verwendung
	Druckfestigkeit		Biegezug-festigkeit	Druck-festigkeit[3)]	
Kurz-zeichen	Nenn-festigkeit[1)]	Serien-festigkeit[2)]	Serien-festigkeit[2)]		
	[N/mm^2]	[N/mm^2]	[N/mm^2]	[N/mm^2]	
ZE 12	≥ 12	≥ 15	≥ 3	18	$-$ Unterlage für Beläge
ZE 20	≥ 20	≥ 25	≥ 4	30	$-$ schwimmender Estrich
ZE 30	≥ 30	≥ 35	≥ 5	40	⎱ Lagerung leichter Güter,
ZE 40[4)]	≥ 40	≥ 45	≥ 6	50	⎰ leichtes Befahren
ZE 50[4)]	≥ 50	≥ 55	≥ 7	60	
ZE 55 M[4) 5)]	≥ 55	≥ 70	≥ 11	80	
ZE 65 A[4) 5)]					Hartstoffestriche
ZE 65 KS[4) 5)]	≥ 65	≥ 75	≥ 9	80	

[1)] Kleinster Einzelwert
[2)] Mittelwert jeder Serie
[3)] Richtwert
[4)] Eignungsprüfung erforderlich

[5)] Hartstoffzuschlag aus: M Metallen
A Naturstein und/oder dichter Schlacke
KS Elektrokorund und/oder Siliciumcarbid

Tabelle 7.31
Zementestriche, Festigkeitsklassen

Zementestriche sollten mindestens 3 besser 7 bis 10 Tage (z. B. bei niedrigen Temperaturen oder langsam erhärtenden Zementen) feuchtgehalten und danach 10 bis 14 Tage vor zu schnellem Austrocknen und schädlichen Einwirkungen (Zugluft, Hitze, Kälte) durch
○ Abdecken mit Matten oder Sand, die dauernd feucht zu halten sind
○ Abdecken mit Kunststofffolien
○ Aufsprühen eines flüssigen Nachbehandlungsmittels

geschützt werden.

Je länger der Estrich feucht gehalten wird, um so günstiger ist sein Schwindverhalten. Um den Estrich gegen zu schnelles Austrocknen zu schützen, können geeignete Kunstharz-Dispersionen, wie z.B. Polyvinylacetate, -propionate oder Polymethyl-methacrylate, bis zu 30 M.-% vom Zementgewicht zugegeben werden. U.U. kann dadurch gleichzeitig die Verarbeitbarkeit sowie die Haftung am Untergrund verbessert, eine höhere Biegezugfestigkeit und eine Erniedrigung des E-Moduls erzielt werden, d.h. Herabsetzung der Rissneigung und Sprödigkeit. Bei Flächen im Freien, die einer Gefährdung durch Frost- oder Tausalzeinwirkung ausgesetzt sind, muss der Estrich in der Regel einen hohen Frost-Tausalz-Widerstand haben (Herstellung in Anlehnung an DIN 1045). In diesem Fall muss ein auf das Größtkorn abgestimmter Gehalt an Mikroluftporen durch Zugabe eines luftporenbildenden Zusatzmittels erreicht werden. Auf Grund der sich zum Teil einstellenden Nachteile ist bei Verwendung von Zusatzmitteln stets eine Eignungsprüfung erforderlich.

Durch Zugabe von weißen oder farbigen, polierfähigen Gesteinskörnungen kann ein Spezialestrich, der *Terrazzo*, hergestellt werden, meist unter Verwendung von weißem Zement. Die Oberfläche des in 1-2 cm Dicke eingebrachten Estrichs wird nach dem Erhärten geschliffen.

7.2.4.2.3   Anhydritestrich

Anhydritestriche sind für Feuchträume sowie für Estriche im Freien **nicht** geeignet. Sie werden im allgemeinen als schwimmender Estrich, sonst als Estrich auf Trennschicht (Bitu-Bahn, Kunststofffolie) für Innenräume hergestellt, AE 12 nur als Unterlage für weitere Bodenbeläge. Muss mit Feuchtigkeitsanreicherung durch Dampfdiffusion gerechnet werden, ist eine *Dampfsperre* anzuordnen.

Es dürfen nur Anhydritbinder nach DIN 4208, Güteklasse AB 20, verwendet werden. Je nach Anhydritart werden von den Anhydritherstellern unterschiedliche Mischungsverhältnisse zur Magerung vorgeschrieben, in der Regel 1 RT Anhydritbinder, 2 bis maximal 2,5 RT Zuschlag; der Gehalt an Anhydritbinder sollte 450 kg/m^3 Estrich nicht unterschreiten. Gegebenenfalls können Zusätze zugegeben werden.

Der Mörtel wird mit Wasser und Anregerflüssigkeit (Wasser und Anregerzusatz) angemacht und soll erdfeucht bis weich sein; Wasser/Bindemittel-Wert 0,35 bis 0,40. Falls erforderlich, ist die Oberfläche abzureiben und zu glätten; Pudern oder Aufsprühen von Wasser ist jedoch nicht zulässig. Nachbehandlung ist nicht erforderlich, der Estrich kann nach 2 Tagen begangen werden, höhere Belastungen (z. B. Baustellenverkehr) nicht vor Ablauf von 5 Tagen. Nach ca. 10 Tagen ist der Estrich im allgemeinen soweit ausgetrocknet (Restfeuchte: $\leq$ 1 M.-%), dass ohne Bedenken bereits ein Belag

Festigkeits-klasse	Güteprüfung			Eignungs-prüfung
	Druckfestigkeit		Biegezug-festigkeit	Druck-festigkeit[3]
Kurz-zeichen	Nenn-festigkeit[1]	Serien-festigkeit[2]	Serien-festigkeit[2]	
	[N/mm^2]	[N/mm^2]	[N/mm^2]	[N/mm^2]
AE 12	$\geq$ 12	$\geq$ 15	$\geq$ 3	18
AE 20	$\geq$ 20	$\geq$ 25	$\geq$ 4	30
AE 30[4]	$\geq$ 30	$\geq$ 35	$\geq$ 6	40
AE 40[4]	$\geq$ 40	$\geq$ 45	$\geq$ 7	50

[1] Kleinster Einzelwert
[2] Mittelwert jeder Serie
[3] Richtwert
[4] Eignungsprüfung erforderlich

Tabelle 7.32
Anhydritestriche,
Festigkeitsklassen

aufgebracht werden kann. Bei dampfundurchlässigen Belägen sollte die Restfeuchtigkeit jedoch möglichst nicht über 0,6 M.-%, bei Heizestrichen ≤ 0,3 M.-%, liegen. Lösungsmittelhaltige Kleber für den Oberbelag sind wasserhaltigen vorzuziehen.

Anhydritestrich wird entsprechend den bei der Güteprüfung zu erzielenden Druckfestigkeiten in 4 Festigkeitsklassen eingeteilt; (siehe Tabelle 7.32).

Die Wärmeleitfähigkeit von Anhydritestrich ist im Vergleich zu Zementestrich relativ niedrig, sie liegt bei 1,2 W/(m · K) [bei Zementestrich 1,4 bis 2,03 W/(m · K)].

7.2.4.2.4 Magnesiaestrich

Magnesiaestriche werden in allen drei Konstruktionsarten ein- oder mehrschichtig hergestellt. Für Verbundestrich mit Belag ≥ ME 5, für Estrich mit Trennschicht mit Belag ≥ ME 7, für alle anderen Anwendungen ≥ ME 10. Eine Verwendung im Freien oder in Feuchträumen sowie über Heizräumen (Schwindrissgefahr durch starke Austrocknung) ist nicht zulässig.

Magnesiaestrich wird aus kaustischer Magnesia [MgO] und einer wässrigen Magnesiumsalzlösung [$MgCl_2$, $MgSO_4$] sowie anorganischen oder organischen Füllstoffen – gegebenenfalls weiteren Zusätzen (z. B. Pigmentstoffe) – hergestellt. Das Mischungsverhältnis nach Gewichtsteilen (GT) von wasserfreiem Magnesiumchlorid zu Magnesiumoxid soll für Unterschichten bei 1 : 2,0 bis 3,5 und für Nutzschichten bei 1 : 2,5 bis 3,5 liegen. **Keinesfalls weniger als 2 GT MgO.** Bei ungünstigen klimatischen Verhältnissen (z. B. hohe Luftfeuchtigkeit im Bau, niedrige Temperatur) werden die MgO-reicheren Mischungen empfohlen.

Magnesiaestrich kann bei $MgCl_2$-Überschuss bei feuchtem Wetter Feuchtigkeit aufnehmen und quellen ($MgCl_2$ ist stark hygroskopisch!). Vorsicht in nicht unterkellerten Räumen – aufsteigende Feuchtigkeit! Beim Eindiffundieren von $MgCl_2$-haltigem Mörtelanmachwasser in die Wände können sich später hier nasse Flecken zeigen. Bereiche im Estrich, in denen mit Feuchtigkeitsanreicherung zu rechnen ist, müssen durch eine Dampfsperre davor geschützt werden. Durch Ölen mit säurefreien Ölen oder mit Bohnerwachs kann man den Estrich gegen Nässeeinwirkung von oben schützen.

Durch die Art der Füllstoffe lassen sich die Eigenschaften besonders hinsichtlich Härte und Verschleißverhalten sehr unterschiedlich beeinflussen. Als Füllstoffe kommen in Frage: Quarzmehl, -sand, Bims, Talkum, Korund, Siliciumcarbid (für die Ober-, d. h. Verschleißschicht), Sägemehl, Sägespäne, Korkmehl, Textilfasern, Lederabfälle, Gummifasern (meist für Unterschicht) u. a. Bei einem entsprechenden Gehalt an harten mineralischen Zuschlägen ist Magnesiaestrich z. B. auch als widerstandsfähiger Industriebelag bis zu sehr hohen mechanischen Beanspruchungen geeignet.

Der Estrich ist nach 2 Tagen begehbar, höhere Belastung erst nach 5 Tagen.

Festigkeits-klasse	Güteprüfung Druckfestigkeit		Biegezug-festigkeit	Eignungs-prüfung Druck-festigkeit[3]
Kurz-zeichen	Nenn-festigkeit[1] [N/mm²]	Serien-festigkeit[2] [N/mm²]	Serien-festigkeit[2] [N/mm²]	[N/mm²]
ME 5	≥ 5	≥ 8	≥ 3	12
ME 7	≥ 7	≥ 10	≥ 4	15
ME 10	≥ 10	≥ 15	≥ 5	20
ME 20	≥ 20	≥ 25	≥ 7	30
ME 30	≥ 30	≥ 35	≥ 8	40
ME 40[4]	≥ 40	≥ 45	≥ 10	50
ME 50[4]	≥ 50	≥ 55	≥ 11	60

[1] Kleinster Einzelwert
[2] Mittelwert jeder Serie
[3] Richtwert
[4] Eignungsprüfung erforderlich

*Tabelle 7.33
Magnesiaestriche,
Festigkeitsklassen*

Magnesiaestriche werden nach der bei der Güteprüfung geforderten Druckfestigkeit in die in der *Tabelle 7.33* angegebenen Festigkeitsklassen eingeteilt. Sie haben bei einer Rohdichte von 2,3 kg/dm³ eine Wärmeleitfähigkeit von $\lambda = 0,7$ W/(m · K).

Magnesiaestriche mit einer Rohdichte bis 1,6 kg/dm³ (bei Verwendung von organischen Füllstoffen) wird als Steinholz oder Steinholzestrich bezeichnet (heute nur noch selten verwendet). Steinholz ist elastisch und fußwarm, die Wärmeleitfähigkeit beträgt bei einer Rohdichte von 1,4 kg/dm³ $\lambda = 0,47$ W/(m · K). Bei mehrschichtigen Steinholzestrichen wird die Unterschicht mit grobem Sägemehl in magerer Mischung (MgO : Füllstoff ≈ 1 : 4 nach Raumteilen) hergestellt während man für die Nutzschicht feineres Sägemehl mit einer fetteren Mischung (MgO : Füllstoff ≈ 1 : 2 nach Raumteilen) bevorzugt.

Anforderungen an die Rohdichte werden aber nur gestellt, wenn dies wegen der Wärmeleitfähigkeit und/oder der Eigenlast erforderlich ist; Einteilung dann in Rohdichteklassen von 0,40 bis 2,20 nach der mittleren Rohdichte in kg/dm³, Unterschiede jeweils 0,20 kg/dm³.

Wird der Magnesiaestrich direkt auf eine Betontragschicht aufgebracht, ist zu beachten, dass durch in den Beton eindringende $MgCl_2$-Lösung Schäden durch Magnesiatreiben des Zementes auftreten können. Deshalb sollte man Magnesiaestriche auf eine Betondecke erst dann aufbringen, wenn diese eine Festigkeit erreicht hat, die in der Lage ist, die durch die Volumenzunahme auftretenden Spannungen aufzunehmen; Betonalter ca. 4 Wochen. Um Chloridkorrosion der Bewehrung zu unterbinden muss man verhindern, dass Mörtelfeuchtigkeit bis an die Stahleinlagen vordringen kann; auf ausreichende Betonüberdeckung und ein dichtes Betongefüge ist zu achten. Alle mit dem Belag in Berührung kommenden Metallteile sind nachhaltig, gegebenenfalls durch Absperren mittels bituminösem Anstrich oder ähnlichem, vor dem Zutritt der stark korrosionsfördernden Chloridlösung zu schützen. Nach dem Erhärten greift der Mörtel Metalle nicht mehr an. Er wird aber erneut aggressiv, wenn er wieder feucht wird.

Über Spannbetondecken sind Magnesiaestriche wegen der Korrosionsgefahr unzulässig!

7.3 Beton

Beton ist neben Stahl einer der wichtigsten Konstruktionsbaustoffe unserer Tage; weit über 50 % aller Bauwerke bestehen heute aus Beton. Beton ist ein künstlicher Baustoff, der dadurch entsteht, dass zerkleinerte Stoffe – Zuschläge – durch ein anorganisches Bindemittel zu einem künstlichen Konglomerat verkittet werden. Unter Zuschlag versteht man im allgemeinen Sand und Kies oder Splitt, als Bindemittel wird Zement verwendet. Darüber hinaus kann dem Beton zur Verbesserung der Frisch- oder Festbetoneigenschaften ein Zusatzstoff oder Zusatzmittel beigegeben werden.

Zur Vermeidung von Bauschäden ist eine gute Betonqualität erforderlich. Dazu ist nicht nur die Auswahl der einzelnen Stoffe und deren Zusammensetzung von Bedeutung, sondern genauso wichtig ist eine fachgerechte Herstellung, Verarbeitung und Nachbehandlung des Betons. Umfassende Stoffkenntnisse sind wegen des sehr komplex zusammengesetzten Baustoffes Beton auf kaum einem Gebiet der Baustoffkunde so nötig wie hier. Zielbewusste Forschung führte zu einer Weiterentwicklung und damit zur heutigen Bedeutung des Baustoffes Beton und des Stahlbetons.

Nach Aufbau und Verwendung grundsätzlich zu unterscheiden sind der Normal- und Schwerbeton sowie der Leichtbeton. Während beim Normalbeton gute Festigkeit und Dichtigkeit die Hauptforderungen sind, steht bei Leichtbeton die Porigkeit, die Wärmedämmfähigkeit im Vordergrund. Die Regeln für den Aufbau eines guten Normalbetons müssen naturgemäß anders sein, als die für einen Leichtbeton. Im Kapitel 7.3 wird deshalb zunächst der Normalbeton, im folgenden Teil 7.4 dann der Konstruktionsleichtbeton behandelt.

7.3.1 Begriffsbestimmungen

7.3.1.1 Einteilung des Betons

Die Einteilung des Betons kann nach sehr verschiedenen Gesichtspunkten erfolgen, die sich aus der Zusammensetzung, der Verarbeitung, den Eigenschaften und der Verwendung ergeben (siehe *Tabelle 7.34*).

Einteilungsmerkmal	Begriff	Erläuterung
Trockenrohdichte	Leichtbeton Normalbeton Schwerbeton	Trockenrohdichte $\begin{cases} \leq 2{,}0 \ t/m^3 \\ 2{,}0\text{--}2{,}8 \ t/m^3 \\ \geq 2{,}8 \ t/m^3 \end{cases}$
Bewehrung	unbewehrter Beton Stahlbet.: schlaff bewehrt Spannbeton	gem. DIN 1045
Ort d. Herstellung	Baustellenbeton	Beton, dessen Bestandteile auf der Baustelle zugegeben und gemischt werden
	Transportbeton	Beton, dessen Bestandteile außerhalb der Baustelle zugemessen werden, und der an der Baustelle in einbaufertigem Zustand übergeben wird.
Ort. d. Einbringens	Ortbeton	Beton, der als Frischbeton in Bauteile in ihrer endgültigen Lage eingebracht wird und dort erhärtet
	Fertigteilbeton	Betonfertigteile, Betonwaren, Betonwerkstein
Erhärtungszustand	Frischbeton	Beton, solange er verarbeitet werden kann
	Grüner Beton (nur bei Betonwaren)	Beton unmittelbar nach dem Verarbeiten, ohne daß Erhärtung eingesetzt hat (vor dem Erstarren)
	Junger Beton	Erhärtender Beton, der nicht mehr verarbeitbar ist (nach dem Erstarren)
	Festbeton	Beton, sobald er erhärtet ist
	Massenbeton	i. a. Beton für Bauteile mit Dicken > 1 m, Zuschläge $\geq$ 63 mm oder $\geq$ 100 mm

Tabelle 7.34
Begriffsbestimmungen von Beton

Die wichtigste Einteilung des Betons ist die nach Betonfestigkeitsklassen (siehe *Tabelle 7.35*). Gegenüber der vorherigen Normfassung wurde der Anwendungsbereich der DIN 1045 um hochfeste Betongüten erweitert, so dass nunmehr 16 Festigkeitsklassen (Güteklassen) unterschieden werden. Ermittelt wird die Druckfestigkeit im Alter von 28 Tagen an Zylindern mit 150 mm Durchmesser und 300mm Höhe ($f_{(ck,cycl)}$) oder an Würfeln mit einer Kantenlänge von 150 mm ($f_{(ck,cube)}$).

Die Bezeichnung der Festigkeitsklasse erfolgt für Normal- und Schwerbeton durch den Großbuchstaben C gefolgt von den Festigkeitsangaben.

Die unterschiedliche Probekörpergeometrie (siehe Kap. 7.3.6.1.2.1) wird dadurch berücksichtigt, indem für die Festigkeitsklassen zwei durch einen Schrägstrich getrennten Werte angegeben werden: Die erste Zahl gibt den Wert der Zylinderdruckfestigkeit, die zweite Zahl den entsprechenden Wert der Würfeldruckfestigkeit an.

Druck-festigkeits-klasse	Charakteristische Mindest-druckfestigkeit von Zylindern $f_{ck, cyl}$ N/mm^2	Charakteristische Mindest-druckfestigkeit von Würfeln $f_{ck, cube}$ N/mm^2
C8/10	8	10
C12/15	12	15
C16/20	16	20
C20/25	20	25
C25/30	25	30
C30/37	30	37
C35/45	35	45
C40/50	40	50
C45/55	45	55
C50/60	50	60
C55/67	55	67
C60/75	60	75
C70/85	70	85
C80/95	80	95
C90/105	90	105
C100/115	100	115

Tabelle 7.35
Druckfestigkeitsklassen für Normal- und Schwerbeton

Die charakteristische Festigkeit f_{ck} ist als der Festigkeitswert definiert, der mit hoher Wahrscheinlichkeit nur von 5 % aller möglichen Festigkeitsmesswerte (Grundgesamtheit) unterschritten wird (5 % Fraktile).

Dieser Wert entspricht im Grundsatz dem Nennwert der alten DIN-Fassung von 1988 (Wegen veränderter Lagerungs- und Prüfbedingungen ist eine direkte Zuordnung nicht möglich).

Durch Umweltbedingungen werden Bauteile aus Beton immer stärker beansprucht. Neben der statisch erforderlichen Festigkeit spielt deshalb die Dauerhaftigkeit von Beton eine wichtige Rolle; Standsicherheit und Dauerhaftigkeit sind gleichrangige Kriterien. Die Dauerhaftigkeit des Betons ist definiert als die geforderte Eigenschaft des Betons während der vorgesehenen Lebensdauer des Bauwerks

○ den Bewehrungsstahl vor Korrosion zu schützen
○ den Umwelt- und Arbeitsbedingungen zufriedenstellend

ohne wesentlichen Verlust der Nutzungseigenschaften standzuhalten.

Klasse	Beschreibung der Umgebung	Beispiele für die Zuordnung von Expositionsklassen
1 Kein Korrosions- oder Angriffsrisiko		
Für Bauteile ohne Bewehrung oder eingebettetes Metall in nicht betonangreifender Umgebung kann die Expositionsklasse X0 zugeordnet werden		
X0	Für Beton ohne Bewehrung oder eingebettetes Metall: alle Umgebungsbedingungen, ausgenommen Frostangriff, Verschleiß oder chemischer Angriff	Fundamente ohne Bewehrung ohne Frost Innenbauteile ohne Bewehrung
2 Bewehrungskorrosion, ausgelöst durch Karbonatisierung		
Wenn Beton, der Bewehrung oder anderes eingebettetes Metall enthält, Luft und Feuchte ausgesetzt ist, muss die Expositionsklasse wie folgt zugeordnet werden: Anmerkung 1: Die Feuchtebedingung bezieht sich auf den Zustand innerhalb der Betondeckung der Bewehrung oder anderen eingebetteten Metalls; in vielen Fällen kann jedoch angenommen werden, dass die Bedingungen in der Betondeckung den Umgebungsbedingungen entsprechen. In diesen Fällen darf die Klasseneinteilung nach der Umgebungsbedingung als gleichwertig angenommen werden. Dies braucht nicht der Fall zu sein, wenn sich zwischen dem Beton und seiner Umgebung eine Sperrschicht befindet.		
XC1	trocken oder ständig nass	Bauteile in Innenräumen mit üblicher Luftfeuchte (einschließlich Küche, Bad und Waschküche in Wohngebäuden); Beton, der ständig in Wasser getaucht ist
XC2	nass, selten trocken	Teile von Wasserbehältern; Gründungsbauteile
XC3	mäßige Feuchte	Bauteile, zu denen die Außenluft häufig oder ständig Zugang hat, z.B. offene Hallen, Innenräume mit hoher Luftfeuchtigkeit z.B. in gewerblichen Küchen, Bädern, Wäschereien, in Feuchträumen von Hallenbädern und in Viehställen
XC4	wechselnd nass und trocken	Außenbauteile mit direkter Beregnung
3 Bewehrungskorrosion, verursacht durch Chloride, ausgenommen Meerwasser		
Wenn Beton, der Bewehrung oder anderes eingebettetes Metall enthält, chloridhaltigem Wasser, einschließlich Taumittel, ausgenommen Meerwasser, ausgesetzt ist, muss die Expositionsklasse wie folgt zugeordnet werden:		
XD1	mäßige Feuchte	Bauteile im Sprühnebelbereich von Verkehrsflächen; Einzelgaragen
XD2	nass, selten trocken	Solebäder: Bauteile, die chloridhaltigen Industrieabwässern ausgesetzt sind
XD3	wechselnd nass und trocken	Teile von Brücken mit häufiger Spritzwasserbeanspruchung; Fahrbahndecken; Parkdecks

Tabelle 7.36
Expositionsklassen (Fortsetzung siehe nächste Seite)

Klasse	Beschreibung der Umgebung	Beispiele für die Zuordnung von Expositionsklassen
4 Bewehrungskorrosion, verursacht durch Chloride aus Meerwasser Wenn Beton, der Bewehrung oder anderes eingebettetes Metall enthält, Chloriden aus Meerwasser oder salzhaltiger Seeluft ausgesetzt ist, muss die Expositionsklasse wie folgt zugeordnet werden:		
XS1	salzhaltige Luft, aber kein unmittelbarer Kontakt mit Meerwasser	Außenbauteile in Küstennähe
XS2	unter Wasser	Bauteile in Hafenanlagen, die ständig unter Wasser liegen
XS3	Tidebereiche, Spritzwasser- und Sprühnebelbereiche	Kaimauern in Hafenanlagen
5 Frostangriff mit und ohne Taumittel Wenn durchfeuchteter Beton erheblichem Angriff durch Frost-Tau-Wechsel ausgesetzt ist, muss die Expositionsklasse wie folgt zugeordnet werden:		
XF1	mäßige Wassersättigung, ohne Taumittel	Außenbauteile
XF2	mäßige Wassersättigung, mit Taumittel	Bauteile im Sprühnebel- oder Spritzwasserbereich von taumittelbehandelten Verkehrsflächen, soweit nicht XF4; Betonbauteile im Sprühnebelbereich von Meerwasser
XF3	hohe Wassersättigung, ohne Taumittel	offene Wasserbehälter; Bauteile in der Wasserwechselzone von Süßwasser
XF4	hohe Wassersättigung, mit Taumittel	Verkehrsflächen, die mit Taumitteln behandelt werden; Überwiegend horizontale Bauteile im Spritzwasserbereich von taumittelbehandelten Verkehrsflächen; Räumerlaufbahnen von Kläranlagen; Meerwasserbauteile in der Wasserwechselzone

Fortsetzung Tabelle 7.36
Expositionsklassen (Fortsetzung siehe nächste Seite)

Dazu müssen geeignete Annahmen für die zu erwartenden Umwelteinwirkungen getroffen werden. In der DIN 1045 sind die Anforderungen an den Beton in Abhängigkeit von den möglichen Einwirkungen durch 7 Expositionsklassen festgelegt (*siehe Tabelle 7.36*).

Die detaillierte Festlegung der Eigenschaften, die ein Beton zur Erfüllung seiner Aufgaben im Bauwerk benötigt, beginnt mit der Einstufung in die Expositionsklassen in Abhängigkeit Umgebungsbedingungen.

Klasse	Beschreibung der Umgebung	Beispiele für die Zuordnung von Expositionsklassen
6 Betonkorrosion durch chemischen Angriff		
Wenn Beton, chemischem Angriff durch natürliche Böden, Grundwasser, Meerwasser nach DIN EN 206-1:2001-07, Tabelle 2, und Abwasser ausgesetzt ist, muss die Expositionsklasse wie folgt zugeordnet werden: Anmerkung 2: Bei XA3 und unter Umgebungsbedingungen außerhalb der Grenzen von DIN EN 206-1:2001-07, Tabelle 2, bei Anwesenheit anderer angreifender Chemikalien, chemisch verunreinigtem Boden oder Wasser, bei hoher Fließgeschwindigkeit von Wasser und Einwirkung von Chemikalien nach DIN EN 206-1:2001-07, Tabelle 2, sind Anforderungen an den Beton oder Schutzmaßnahmen in diesen Anwendungsregeln nach 5.3.2 vorgegeben.		
XA1	chemisch schwach angreifende Umgebung nach DIN EN 206-1:2001-07, Tabelle 2	Behälter von Kläranlagen; Güllebehälter
XA2	chemisch mäßig angreifende Umgebung nach DIN EN 206-1:2001-07, Tabelle 2, und Meeresbauwerke	Betonbauteile, die mit Meerwasser in Berührung kommen; Bauteile in betonangreifenden Böden
XA3	chemisch stark angreifende Umgebung nach DIN EN 206-1:2001-07, Tabelle 2	Industrieabwasseranlagen mit chemisch angreifenden Abwässern; Gärfuttersilos und Futtertische der Landwirtschaft; Kühltürme mit Rauchgasableitung
7 Betonkorrosion durch Verschleißbeanspruchung		
Wenn Beton einer erheblichen mechanischen Beanspruchung ausgesetzt ist, muss die Expositionsklasse wie folgt zugeordnet werden:		
XM1	mäßige Verschleißbeanspruchung	Tragende oder aussteifende Industrieböden mit Beanspruchung durch luftbereifte Fahrzeuge
XM2	starke Verschleißbeanspruchung	Tragende oder aussteifende Industrieböden mit Beanspruchung durch luft- oder vollgummibereifte Gabelstapler
XM3	sehr starke Verschleißbeanspruchung	Tragende oder aussteifende Industrieböden mit Beanspruchung durch elastomer- oder stahlrollenbereifte Gabelstapler; Oberflächen, die häufig mit Kettenfahrzeugen befahren werden; Wasserbauwerke in geschiebebelasteten Gewässern, z.B. Tosbecken

Fortsetzung Tabelle 7.36
Expositionsklassen

Unter Umgebung werden in diesem Zusammenhang die chemischen und physikalischen Einwirkungen verstanden, denen der Beton ausgesetzt ist und die zu Wirkungen auf den Beton oder die Bewehrung führen, die bei der statischen Berechnung des Bauwerks nicht als Lasten in Ansatz gebracht werden. Diese Einwirkungen werden nach *Tabelle 7.36* klassifiziert. Grundsätzlich werden drei Gruppen unterschieden:

○ Kein Angriffsrisiko
○ Bewehrungskorrosion
○ Betonangriff

Mit den Expositionsklassen kann man die Einwirkung der Umgebung auf den Beton in bezug auf mögliche Schädigung genauer als früher differenzieren. Der für die jeweilige Expositionsklasse erforderliche Widerstand des Betons wird dann durch die Anforderungen an die Ausgangsstoffe und die Betonzusammensetzung sozusagen maßgeschneidert (*Die Wahl dieser Expositionsklassen schließt die Berücksichtigung besonderer Bedingungen, die am Ort der Verwendung des Betons gelten, oder die Anwendung von Schutzmaßnahmen, wie die Verwendung rostfreien Stahls oder anderer korrosionsbeständiger Metalle oder die Verwendung von Schutzschichten für den Beton oder die Bewehrung, nicht aus*). Ist der Beton mehr als einer der in der Tabelle genannten Einwirkungen ausgesetzt, müssen diese als Kombination von Expositionsklassen ausgedrückt werden. Aus der Kombination der Expositionsklassen muss die Betonzusammensetzung so gewählt werden, dass die Anforderungen aller Expositionsklassen der Kombination erfüllt werden.

7.3.1.2 Qualitätssicherung

Zur Sicherstellung einer einwandfreien guten Betonqualität sind die Ausgangsstoffe, Frisch- und Festbeton durch ständige Prüfungen zu überwachen. Grundsätzlich wurde das Prinzip der Eigen- und Fremdüberwachung in der neuen Normvorschrift beibehalten.

Die Betonüberwachung umfasst die Produktionskontrolle und die Konformitätskontrolle durch den Betonhersteller und die Überwachungsprüfung durch das Bauunternehmen. Jeder Beton ist unter der Verantwortung des Herstellers, heutzutage i.d.R. das Transportbetonwerk, einer werkseigenen Produktionskontrolle zu unterziehen. Sie ist für alle Betone – ausgenommen Standardbeton – mindestens alle 2 Jahre durch eine anerkannte Überwachungsstelle in Form einer Fremdüberwachung zu kontrollieren und zu bewerten. Der Nachweis wird durch ein Übereinstimmungszertifikat erteilt, das durch eine anerkannte Zertifizierungsstelle ausgestellt wird. Für Standardbeton ist die Erfüllung der Normanforderungen durch eine Herstellererklärung nachzuweisen.

Die Produktionskontrolle umfasst alle Maßnahmen, die für die Aufrechterhaltung der Konformität (Übereinstimmung) des Betons mit den festgelegten Anforderungen erforderlich sind. Sie enthalten:
○ Baustoffauswahl
○ Betonentwurf
○ Betonherstellung
○ Überwachung und Prüfung
○ Verwendung der Prüfergebnisse im Hinblick auf Ausgangsstoffe, Frisch- und Festbeton und Einrichtungen

○ Falls zutreffend, Überprüfung der für den Transport des Frischbetons verwendeten Einrichtungen

○ Konformitätskontrolle

Im Rahmen der Produktionskontrolle wird zwischen der Konformitäts- und der Identitätskontrolle unterschieden. Die Konformitätskontrolle ist die eigentliche Kontrolle zur Einstufung in eine Festigkeitsklasse.

Der Nachweis der Identität soll vom Verwender durchgeführt werden. Diese Prüfung, mit der lediglich nachgewiesen wird, ob der jeweilige Beton den Anforderungen entspricht, soll besonders dann erfolgen, wenn Zweifel an der Qualität bestehen. Da die Identitätskriterien für die Druckfestigkeit denen der Überwachungsprüfung durch das Bauunternehmen auf der Baustelle nach DIN 1045-3 entsprechen, werden diese beiden Prüfungen miteinander verschmelzen.

Konformitätsprüfung

Um die Übereinstimmung des Betons mit den Festlegungen nachzuprüfen, wird eine Konformitätskontrolle durchgeführt. Für die Beurteilung der Konformität dürfen Prüfungen der Produktionskontrolle herangezogen werden, wenn sie dieselben wie bei der Konformitätskontrolle sind. Die Betoneigenschaften, die bei der Konformitätskontrolle berücksichtigt werden, sind die mit genormten Prüfverfahren (DIN 1048) gemessenen Eigenschaften.

Bei Beton nach Eigenschaften muss die Prüfung für Normalbeton und Schwerbeton der Festigkeitsklassen von C8/10 bis C55/67 oder Leichtbeton der Festigkeitsklassen von LC8/9 bis LC55/60 an einzelnen Betonzusammensetzungen durchgeführt werden.

Für Beton nach Zusammensetzung einschließlich Standardbeton muss für jede Charge eines vorgeschriebenen Betons die Konformität mit dem Zementgehalt, mit dem Nennwert des Größtkorns, mit der Kornverteilung der Gesteinskörnung (falls zutreffend), sowie mit dem Wasserzementwert und dem Gehalt an Zusatzmitteln oder Zusatzstoffen, falls maßgebend, nachgewiesen werden.

Die Erstprüfung als Bestandteil der Konformitätskontrolle wird bei Beton nach Eigenschaften durchgeführt.

Unterschieden wird zwischen der Erstherstellung und der stetigen Herstellung während der Produktion.

Für jede Betonzusammensetzung ist eine Erstprüfung (früher Eignungsprüfung) durchzuführen.

Die Prüfung soll nachweisen, dass die von der Betonmischung für das Bauvorhaben angestrebten Eigenschaften (z. B. Festigkeit oder auch der Luftporengehalt im Frischbeton, usw.) mit einem ausreichenden Vorhaltemaß mit Sicherheit erreicht werden, ob die Mischung also geeignet ist. Das bedingt, dass die Eignungsprüfung **rechtzeitig**

vor Baubeginn (28-Tage-Festigkeit!) durchgeführt wird. Die Verhältnisse der betreffenden Baustelle sind bei den Prüfungen zu berücksichtigen. Das Vorhaltemaß sollte ungefähr das Doppelte der erwarteten Standardabweichung sein, d.h. mindestens ein Vorhaltemaß von 6 N/mm^2 bis 12 N/mm^2 in Abhängigkeit von der Herstellungseinrichtung, den Ausgangsstoffen und den verfügbaren Angaben über die Schwankungen.

Die Konsistenz des Betons muss zum Zeitpunkt, zu dem der Beton voraussichtlich eingebracht wird, oder bei Transportbeton zum Zeitpunkt der Übergabe, innerhalb der Grenzen der Konsistenzklasse liegen.

Neue Erstprüfungen sind erforderlich, wenn sich die Ausgangsstoffe des Betons oder die Verhältnisse auf der Baustelle, die bei der Eignungsprüfung zugrunde gelegt wurden, wesentlich geändert haben. Für jede bei der Erstprüfung angesetzte Mischung sind mindestens drei Probekörper herzustellen.

Während der Produktion hat der Betonhersteller eine statistische Produktionskontrolle durchzuführen, um die Konformität mit der Festlegung nachzuprüfen.

Die Konformitätskontrolle kann an jeder einzelnen Betonsorte oder an Betonfamilien durchgeführt werden. Durch Zusammenfassung ähnlicher Betonsorten zu sogenannten Betonfamilien lässt sich der Überwachungsaufwand verringern. Bei einer Betonfamilie handelt es sich um eine Gruppe von Betonzusammensetzungen, für die ein verlässlicher Zusammenhang zwischen maßgebenden Eigenschaften festgelegt und dokumentiert ist. Folgende Voraussetzungen müssen für eine Betonfamilie erfüllt sein:

○ Gleiche Zementart, Festigkeitsklasse und gleicher Ursprung der Ausgangsstoffe
○ Nachweisbar ähnliche Zuschläge und Zusatzstoffe des Typs I (gleiche geologische Herkunft, dieselbe Art bzw. gleiche Leistungsfähigkeit im Beton)
○ Betone mit einem begrenzten Bereich der Festigkeitsklassen

Beim Einsatz von Zusatzstoffen des Typs II und bei Zusatzmitteln, welche die Druckfestigkeit beeinflussen, sind auf jeden Fall getrennte Betonfamilien zu wählen.

Betone der Druckfestigkeitsklassen C8/10 bis C50/60 sind in mindestens zwei Betonfamilien einzuteilen.

Das Prinzip der Betonfamilien ist nicht auf hochfeste Betone anwendbar.

Grundsätzlich kann man festhalten, dass die Probenhäufigkeit bei der Konformitätskontrolle in Vergleich zur alten DIN 1045: 1988 geringer geworden ist.

Identitätsprüfung

Anstelle der Identitätsprüfung auf der Baustelle ist eine Überwachungsprüfung gem. DIN 1045, Teil 3 durchzuführen.

Erhärtungsprüfung

Da die Bedingungen am Bauwerk im allgemeinen nicht den genormten Herstell- und Lagerungsbedingungen der Güteprüfung entsprechen, kann die Festigkeit des Betons im Bauwerk von der der Probekörper abweichen. Um hierüber eine Aussage zu bekommen, wird eine Erhärtungsprüfung durchgeführt.

Sie dient dazu, nach dem Betonieren zu einem bestimmten Zeitpunkt einen Anhalt über die erzielte Festigkeit des Betons im Bauwerk zu erhalten – z. B. zur Bestimmung des Zeitpunktes für das Ausschalen, Vorspannen, usw.

Um Rückschlüsse auf die tatsächliche Bauwerksfestigkeit ziehen zu können, müssen selbstverständlich die Probewürfel den gleichen Erhärtungs- und Nachbehandlungsbedingungen unterliegen, wie das Bauwerk selbst. Bei der Beurteilung der Ergebnisse ist außerdem zu beachten, dass Bauteile, deren Abmessungen von denen der Probekörper wesentlich abweichen, unter Umständen einen anderen Erhärtungsgrad aufweisen als die Probewürfel – z. B. auf Grund unterschiedlicher Wärmeentwicklung im Bauteil.

Es sind mindestens 3 Probekörper herzustellen; mehr sind zu empfehlen, um bei unbefriedigendem Ausfall der Festigkeitsprüfung diese zu einem späteren Zeitpunkt zu wiederholen.

In Sonderfällen kann es nötig werden, die Betondruckfestigkeit am fertigen Bauteil durch zerstörungsfreie Prüfung oder durch Entnahme von Probekörpern zu bestimmen.

7.3.1.3   Güteüberwachung

Zur Qualitätssicherung bei der Verarbeitung von Beton gehört die Überwachung des Betonierens   durch das Bauunternehmen mit der Überprüfung der maßgebenden Frisch- und Festbetoneigenschaften. Maßgebend für die Güteüberwachung sind die Vorschriften der DIN 1045, Teil 3. Für diese Überprüfung wird der Beton in drei Überwachungsklassen eingeteilt (siehe *Tabelle 7.37*), wobei für die Einordnung des Betons bei mehreren Überwachungsklassen die höchste maßgebend ist.

Für Beton nach Eigenschaften sind die in der *Tabelle 7.38* aufgeführten Prüfungen durchzuführen.

Bei Beton nach Zusammensetzung sind zusätzlich folgende Prüfungen erforderlich:

○ Konsistenzmessung ist auch bei Überwachungsklasse 1 und bei Prüfung des Luftgehaltes durchzuführen
○ Rohdichte ist auch von erhärtetem Beton an jedem Probekörper für die Festigkeitsprüfung sowie in Zweifelsfällen zu überprüfen
○ Druckfestigkeitsprüfung: für Beton der Druckfestigkeitsklasse $\geq$ C55/67 ist bei Erstherstellung je 100 m^3 oder je Produktionstag , bei stetiger Herstellung je 400 m^3 oder Produktionswoche je eine Prüfung durchzuführen.

Spalte	1	2	3	4
Zeile	Gegenstand	Überwachungs-klasse 1	Überwachungs-klasse 2	Überwachungs-klasse 3
1	Druckfestigkeits-klasse für Normal- und Schwerbeton nach DIN EN 206-1 und DIN 1045-2	$\leq$ C25/30[1]	$\geq$ C30/37 und $\leq$ C50/60	$\geq$ C55/67
2	Druckfestigkeits-klasse für Leicht-beton nach DIN EN 206-1 und DIN 1045-2 der Rohdichteklassen			
	D1,0 bis D1,4	nicht anwendbar	$\leq$ LC25/28	$\geq$ LC30/33
3	D1,6 bis D2,0	nicht anwendbar	$\leq$ LC35/38	$\geq$ LC40/44
4	Expositionsklasse nach DIN 1045-2	X0, XC, XF1	XC, XD, XA, XM[2] $\geq$ XF2	–
5	Besondere Beton-eigenschaften[4]		- Beton für wasserundurch-lässige Baukörper (z.B. weiße Wannen)[3] – Unterwasserbeton – Beton für hohe Gebrauchs-temperaturen T $\leq$ 250 °C – Strahlenschutzbeton (außer-halb des Kernkraftwerk-baus) – Für besondere Anwendungs-fälle (z.B. verzögerter Beton, Fließbeton, Betonbau beim Umgang mit wassergefähr-denden Stoffen) sind die jeweiligen DAfStb-Richtlinien anzuwenden	

1 Spannbeton der Festigkeitsklasse C25/30 ist stets in Überwachungsklasse 2 einzuordnen.
2 Gilt nicht für übliche Industrieböden.
3 Beton mit hohem Wassereindringwiderstand darf in die Überwachungsklase 1 eingeordnet werden, wenn der Baukörper nur zeitweilig aufstauendem Sickerwasser ausgesetzt ist und wenn in der Projekt-beschreibung nichts anderes festgelegt ist.
4 Wird Beton der Überwachungsklassen 2 und 3 eingebaut, muss die Überwachung durch das Bauunter-nehmen zusätzlich die Anforderungen von Anhang B erfüllen und eine Überwachung durch eine dafür anerkannte Überwachungsstelle nach Anhang C durchgeführt werden.

Tabelle 7.37
Überwachungsklassen für Beton gemäß DIN 1045, Teil 3

Prüf-gegenstand	Mindestprüfhäufigkeit für Überwachungsklasse		
	1	2	3
Lieferschein	jedes Lieferfahrzeug		
Konsistenz-messung[1]	in Zweifels-fällen	beim ersten Einbringen jeder Betonzusammensetzung; bei Herstellung von Probekörpern für die Festigkeitsprüfung; in Zweifelsfällen	
Frischbeton-rohdichte von Leicht- und Schwerbeton	bei Herstellung von Probekörpern für die Festigkeitsprüfung; in Zweifelsfällen		
Gleichmäßigkeit des Betons Augenschein-prüfung)	Stichprobe	jedes Lieferfahrzeug	
Druckfestigkeit an in Formen hergestellten Probekörpern[2]	in Zweifels-fällen	3 Proben je 300 m³ oder je 3 Betoniertage[3]	3 Proben je 50 m³ oder je Betoniertag[3]
Luftgehalt von Luftporenbeton	nicht zutreffend	zu Beginn jedes Betonierabschnitts; in Zweifelsfällen	

[1] Zusätzlich Augenscheinprüfung der Konsistenz als Stichprobe für die Überwachungsklasse 1 an jeder Mischung bzw. an jedem Lieferfahrzeug für Überwachungsklassen 2 und 3.
[2] Prüfung muss für jeden verwendeten Beton erfolgen. Betone mit gleichen Ausgangsstoffen und gleichem Wasserzementwert aber anderem Größtkorn gelten als ein Beton.
[3] Maßgebend, welche Forderung die größte Anzahl Proben ergibt.

Tabelle 7.38
Umfang und Häufigkeit der Prüfungen von Beton

Bei Baustellenbeton ist sowohl bei Beton nach Eigenschaften wie bei Beton nach Zusammensetzung zusätzlich eine Funktionskontrolle der Verdichtungsgeräte durchzuführen.

Für Standardbeton ist der Lieferschein jedes Lieferfahrzeugs zu überprüfen, sowie stichprobenweise per Augenschein die Gleichmäßigkeit des Betons und die Konsistenz zu beurteilen und in Zweifelsfällen eine Konsistenzprüfung durchzuführen.

Sofern nichts anderes vereinbart ist, kann das Prinzip der Betonfamilien angewendet werden, wodurch der Prüfumfang verschiedener Prüfungen verringert werden kann.

Wird Beton der Überwachungsklasse 2 oder 3 eingebaut, so hat das Unternehmen eine ständige Betonprüfstelle (firmeneigen oder nicht unternehmenseigene Prüfstelle, mit der langfristige Prüfverträge mit einer Mindestlaufzeit von 1 Jahr abgeschlossen werden müssen!) für die Eigenüberwachung zu unterhalten, die unter der Leitung eines erfahrenen Betonfachmannes (Betoningenieur; Bescheinigung einer hierfür anerkannten Stelle muss vorliegen [*E*-Schein]) stehen muss. Das Unternehmen darf jedoch keine Prüfstelle beauftragen, die auch den Hersteller des Betons überwacht. Darüber hinaus hat das Unternehmen eine Fremdüberwachung durch eine anerkannte Überwachungsstelle zu veranlassen. Die Übereinstimmung mit den techn. Regeln (DIN EN 206-1, DIN 1045-2) wird durch das Übereinstimmungszeichen (siehe *Abbildung 7.14*) dokumentiert.

Bei Verwendung von hochfestem Beton (ab C55/67) dürfen auf Baustellen nur solche Führungskräfte eingesetzt werden, die bereits an der Verarbeitung und Nachbehandlung von Beton mindestens der Festigkeitsklasse C30/37 verantwortlich beteiligt gewesen sind. Das Personal ist hierfür vor jedem Bauvorhaben besonders zu schulen.

Beim Einbau von Beton der Überwachungsklasse 2 oder 3 sind folgende Angaben aufzuzeichnen (z.B. im Bautagebuch):

○ Zeitpunkt und Dauer der einzelnen Betoniervorgänge
○ Lufttemperatur und Witterungsverhältnisse zurzeit der Ausführung einzelner Bauabschnitte oder Bauteile bis zum Ausschalen und Ausrüsten
○ Art und Dauer der Nachbehandlung
○ Bei Lufttemperaturen < +5 °C und > +30 °C: Messen und Aufzeichnen der Frischbetontemperatur
○ Namen der Lieferwerke und Nummern der Lieferscheine, das Betonsortenverzeichnis mit Angaben der entsprechend einschlägigen Normen und Regelwerke und dem zugehörigen Bauabschnitt oder Bauteil
○ Aufzeichnungen sowie Ergebnisse der Prüfungen.

Die Aufzeichnungen sind mindestens 5 Jahre aufzubewahren und nach Beendigung der Bauarbeiten der bauüberwachenden Behörde und der Überwachungsstelle zu übergeben. Als Kennzeichen der Güteüberwachung muss an der Baustelle die Angabe „DIN 1045-3" und die Überwachungsstelle deutlich sichtbar angebracht sein.

Abbildung 7.14
Übereinstimmungszeichen

Materialprüfungs-	Bund Güteschutz	Bundesüberwachungs-
anstalten	Beton- und Stahl-	verband Transport-
	betonfertigteile e.V.	beton e.V.

7.3.2   Betonkomponenten

Beton ist ein Gemisch aus drei Stoffen: Zement, Zuschlag, Wasser. Daraus kann man steifen oder weichen Frischbeton herstellen, kann aber je nach Mischungsverhältnis der einzelnen Ausgangsstoffe auch ganz unterschiedliche Festbetoneigenschaften erzielen.

Nach der neueren Betontechnologie wird der Beton nicht mehr als ein Gemisch aus drei Bestandteilen, sondern als Zweistoffsystem angesehen, indem man die Komponenten Zement und Wasser als sogenannten Zementleim, im erhärteten Zustand als Zementstein bezeichnet, als neuen Betonbestandteil zusammenfasst. Der Zementleim umhüllt die Zuschläge im Frischbeton und ermöglicht je nach Menge des Zementleims die gewünschte Verarbeitbarkeit des Frischbetons. Je nach Qualität und Menge des Zementleims entsteht nach der Erhärtung ein mehr oder minder guter Zementstein, der die Zuschläge zu Beton verkittet.

Auf Grund der Erkenntnis, dass die Druckfestigkeit eines Betons fast ausschließlich von der Festigkeit der Zementsteinmatrix als der schwächsten Komponente abhängt (die Druckfestigkeit der normalen Betonzuschläge liegt im allgemeinen wesentlich höher), kann man die Aufgabe, einen Beton bestimmter Festigkeit zusammenzusetzen, somit auf das viel leichter zu lösende Problem zurückführen, eine bestimmte Zementsteinfestigkeit zu erreichen. Ein Zweistoffsystem ist leichter zu erfassen und der Beton somit zielsicherer herzustellen. Die zwei Komponenten sind also Zementstein und Zuschlag.

7.3.2.1   *Zementstein*

7.3.2.1.1   *Wasser*

Als Anmachwasser sind fast alle in der Natur vorkommenden, nicht verunreinigten Wässer geeignet. Normales Leitungswasser ist immer geeignet. Für die Herstellung von Spannbeton muss das Wasser trinkwasserrein sein. Selbst ein Wasser, welches bei dauernder Einwirkung auf den erhärteten Beton als aggressiv einzustufen ist, kann als Zugabewasser geeignet sein. Ungünstigenfalls verursacht das Zugabewasser einen einmaligen chemischen Angriff im Frischbeton, der aber auf Grund des Überschusses an Bindemittelanteilen meist als ungefährlich angesehen werden kann. Bei einer Eignungsprüfung an zwei Parallelversuchen mit Leitungswasser und dem in Frage kommenden Wasser kann man nach dem Erhärten des Betons bei der Druckfestigkeitsprüfung eine eventuelle Festigkeitsminderung erkennen. Durch höhere Zementzugabe kann meistens ein Ausgleich erfolgen.

Um die Trinkwasserressourcen zu schonen, wird künftig zunehmend auch Brauchwasser zur Betonherstellung eingesetzt werden. Die Verwendung von sogenanntem Restwasser (z.B. Spülwasser für die Reinigung von Mischern und Pumpen; Wasser, das aus nicht verwendeten Restbetonmengen wiedergewonnen wird; u.a.) für Betone bis

Festigkeitsklasse C50/60 insbesondere in der Transportbetonindustrie regelt eine Richtlinie des DAfStb[1] : *Richtlinie für die Herstellung von Beton unter Verwendung von Restwasser, Restbeton und Restmörtel.* Für die Herstellung von hochfestem Beton sowie bei Verwendung von luftporenbildenden Zusatzmitteln ist jedoch der Einsatz von Restwasser nicht zulässig.

Wässer, die Stoffe enthalten, die den Zementleim in seiner Erhärtung beeinträchtigen – z. B. zuckerhaltige Wässer, Moorwässer, usw. – oder andere Eigenschaften des Betons ungünstig beeinflussen, sind nicht geeignet. Bei bewehrten Bauteilen ist außerdem der Korrosionsschutz der Bewehrung zu beachten (z. B. zu hoher Chloridgehalt: > 300 mg/l). In Zweifelsfällen sind eingehende Laboruntersuchungen, gegebenenfalls in einzelnen Fällen zusätzlich betontechnologische Prüfungen erforderlich.

7.3.2.1.2 Zement

Alle Normzemente sind für Beton zugelassen; sie entsprechen den Festlegungen der DIN EN 197-1 und DIN 1164 und werden regelmäßig überwacht. Nicht genormte Zemente dürfen nur dann verwendet werden, wenn sie bauaufsichtlich zugelassen sind. Bei der Auswahl der Zementarten sind die Anwendungsbereiche in Abhängigkeit der Expositionsklassen zu berücksichtigen (*Tabelle 7.39*)

Die Festigkeitseigenschaften eines Betons stehen – sofern alle anderen Parameter konstant gehalten werden (Mischungsverhältnis, Kornzusammensetzung, w/z-Wert, Lagerungsbedingungen, usw.) – im direkten Verhältnis zur Normdruckfestigkeit des Zementes. Je höher die Normdruckfestigkeit eines Zementes ist, um so höher sind unter sonst gleichen Voraussetzungen die Zementstein- und somit auch die Betondruckfestigkeit.

Da es in der Praxis nahezu unmöglich ist, die tatsächliche Normdruckfestigkeit eines angelieferten Zementes sofort anzugeben, andererseits eine Prüfung einen Zeitraum von 28 Tagen erfordert, kommt man nicht umhin, eine Annahme über die Normdruckfestigkeit zu machen, sich also sogenannter **Rechenwerte** zu bedienen, die man beim Entwurf einer Betonmischung zugrunde legen kann.

Betrachtet man einmal die Tabelle der Normdruckfestigkeit der Zemente (siehe *Tabelle 7.40*), so kann man feststellen, dass neben den Mindestfestigkeiten auch maximal zulässige obere Grenzwerte festgelegt sind, die jeweils um 20 N/mm² höher liegen. Aus verfahrenstechnischen Gründen werden nun die Zemente so hergestellt, dass man versucht, jeweils den Mittelwert, den sogenannten **Zielwert**, zwischen diesen Grenzen einzustellen. Diese Zielwerte decken sich mit den Rechenwerten, die man für den Entwurf von Betonmischungen zugrunde legen kann.

---

[1] Deutscher Ausschuss für Stahlbeton

Expositionsklassen nach DIN EN 206

■ = gültiger Anwendungsbereich
□ = Anwendung ausgeschlossen bzw. nur durch allgem. bauaufsichtliche Zulassung möglich

	kein Korrosions- oder Angriffsrisiko	durch Karbonatisierung verursachte Korrosion			andere Chloride als Meerwasser			Chloride aus Meerwasser			Frostangriff				aggressive chemische Umgebung			Verschleiß			Spannstahl-verträglichkeit
	X0	XC1	XC2	XC3, XC4	XD1	XD2	XD3	XS1	XS2	XS3	XF1	XF2	XF3	XF4	XA1	XA2[1]	XA3[1]	XM1	XM2	XM3	[2]
CEM I																					
CEM II S A/B																					
CEM II D A																					
CEM II P/Q A/B																					
CEM II V A																					
CEM II V B																					
CEM II W A																					
CEM II W B																					
CEM II T A/B																					
CEM II LL A																					
CEM II LL B																					
CEM II L A																					
CEM II L B																					
CEM II M[3] A																					
CEM II M[3] B																					
CEM III A															[4]						
CEM III B															[5]						
CEM III C																					
CEM IV[3] A																					
CEM IV[3] B																					
CEM V[3] A																					
CEM V[3] B																					

1) Bei chemischem Angriff durch Sulfat (ausgenommen bei Meerwasser) muss bei den Expositionsklassen XA2 und XA3 Zement mit hohem Sulfatwiderstand (HS-Zement) verwendet werden. Bei einem Sulfatgehalt des angreifenden Wassers von $SO_4^{2-} \leq 1500$ mg/l darf anstelle von HS-Zement eine Mischung von Zement und Flugasche verwendet werden.

2) Silicastaub nach Zulassungsrichtlinien DIBt bzgl. Gehalt an elementarem Silicium (Si).

3) Spezielle Kombinationen können günstiger sein.

4) Festigkeitsklasse ≥ 42,5 N oder Festigkeitsklasse ≥ 32,5 R mit einem Hüttensand-Massenanteil von ≤ 50%.

5) CEM III/B darf nur für die folgenden Anwendungsfälle verwendet werden (auf Luftporen kann in beiden Fällen verzichtet werden):
a) Meerwasserbauteile: $w/z \leq 0{,}45$; Mindestfestigkeitsklasse C35/45 und $z \geq 340$ kg/m³;
b) Räumerlaufbahnen: $w/z \leq 0{,}35$; Mindestfestigkeitsklasse C40/50 und $z \geq 360$ kg/m³; Beachtung von DIN 19 569-1, „Kläranlagen – Baugrundsätze für Bauwerke und technische Ausrüstungen. Allgemeine Grundsätze".

Tabelle 7.39
Anwendungsbereiche für Zemente nach DIN EN 197-1 und DIN 1164 zur Herstellung von Beton gemäß DIN 1045

Festigkeits- klasse	Druckfestigkeit MPa		
	Anfangsfestigkeit		Normfestigkeit
	2 Tage	7 Tage	28 Tage
32,5 N	–	≥ 16,0	≥ 32,5 ≤ 52,5
32,5 R	≥ 10,0	–	
42,5 N	≥ 10,0	–	≥ 42,5 ≤ 62,5
42,5 R	≥ 20,0	–	
52,5 N	≥ 20,0	–	≥ 52,5 –
52,5 R	≥ 30,0	–	

Tabelle 7.40
Festigkeitsklassen
der Normzemente

7.3.2.1.3   Wasser-Zement-Wert

Der Wasser-Zement-Wert (einschließlich der Oberflächenfeuchte) ist bestimmend für die Porosität des Zementsteins; daher beeinflusst er entscheidend dessen Festigkeitswerte. Da der Zementstein die Verkittung zwischen den einzelnen Zuschlagkörnern herstellt, deren Festigkeit im Normalbeton wesentlich höher ist als die des Zementsteins, ist die Festigkeit eines Betons abhängig vom Wasser-Zement-Wert und von der Zementfestigkeitsklasse (*1. Grundgesetz der Betontechnologie*). Dabei werden gute Zuschläge beliebiger Zusammensetzung und eine einwandfreie Verarbeitung und Nachbehandlung des Betons vorausgesetzt.

Bei der Hydratation werden ungefähr 40 % des Zementgewichts an Wasser chemisch und physikalisch gebunden. Dies entspricht einem Wasser-Zement-Wert von 0,4; man nennt ihn auch den „idealen" Wasser-Zement-Wert. In der Betonpraxis liegen die Wasser-Zement-Werte zwischen 0,42 und 0,75. Das über 40 M.-% hinaus im Leim befindliche Wasser ist Überschusswasser und bildet im erhärteten Zementstein verästelte Poren und Kapillaren mit Durchmessern von 1/100 bis 1/1000 mm. Je größer ihre Anzahl und ihr Durchmesser ist, um so schlechter ist die Festigkeit des Betons; dabei spielt es für die Festigkeit keine Rolle, ob die Poren noch wassergefüllt sind oder inzwischen ausgetrocknet sind und als Luftporen vorliegen. Ein hoher Wasser-Zement-Wert verschlechtert alle Eigenschaften des Betons, ein geringer verbessert sie. Deshalb werden die Eigenschaften eines Betons durch die Einhaltung eines bestimmten, maximal zulässigen Wasser-Zement-Wertes erreicht, der abhängig ist von den zu erwartenden Beanspruchungen; z. B.

Wasserundurchlässigkeit	$w/z \leq 0{,}60$
Frostwiderstand	$w/z \leq 0{,}60$
Widerstand gegen starken chemischen Angriff	$w/z \leq 0{,}50$

Den relativen Festigkeitsabfall eines beliebig zusammengesetzten Betons in Abhängigkeit vom *w/z*-Wert zeigt die *Abbildung 7.15*.

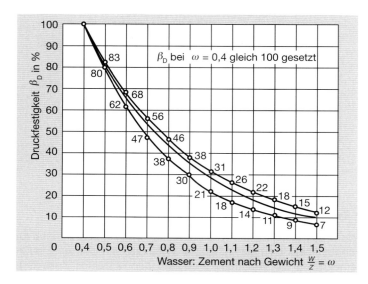

Abbildung 7.15
Beziehung zwischen
Wasser-Zement-
Wert ω und Druck-
festigkeit in %

Aus der Kurve lassen sich zugleich Schlüsse auf die Veränderung der Betonfestigkeit ziehen, z.B.:

Für einen Beton mit einem w/z-Wert von 0,5 wird eine mittlere Würfeldruckfestigkeit f_{cm} von 52 N/mm² (= 80 – 83% der Festigkeit bei einem w/z = 0,4) ermittelt; es handelt sich also um einen Beton C35/45. Wird durch erhöhte Wasserzugabe der w/z-Wert auf 0,8 erhöht, erzielt man nur noch 38 – 46% der Festigkeit mit einem w/z-Wert von 0,4. Die Druckfestigkeit verringert sich also im Verhältnis der Ordinaten 42 : 81 auf f_{cm} = 27 N/mm², entsprechend einem C16/20!

Die Normdruckfestigkeit des Betons ist also abhängig vom Wasser-Zement-Wert, gleichzeitig aber auch von der Normdruckfestigkeit des Zementes. Zwar lässt die Zementfestigkeit keine Umrechnung auf die zu erwartenden absoluten Betonfestigkeiten zu, es gibt aber Erfahrungszahlen, mit deren Hilfe man aus der Normdruckfestigkeit eines Zementes auf die zu erzielende Festigkeit des Betons schließen kann. Die in der *Abbildung 7.16* dargestellten Kurven geben diesen Zusammenhang wieder. Sie ermöglichen eine bestimmte Betonfestigkeit in Abhängigkeit vom Wasser-Zement-Wert und von der Zementfestigkeit zielsicher zu erreichen.

Aus den Beispielen ist ersichtlich, dass man zum Erreichen einer bestimmten Festigkeit zwei Wege gehen kann:

Ein niedriger Wasser-Zement-Wert mit einem Zement der Festigkeitsklasse Z 32,5 ergibt die gleiche Festigkeit wie ein im Rahmen der Bestimmungen höherer Wasser-Zement-Wert mit einem Zement einer höheren Festigkeitsklasse, z. B. einem Z 52,5.

Für die Entscheidung, welche Zementfestigkeitsklasse mit welchem Wasser-Zement-Wert genommen werden muss, sind vor allem folgende Gesichtspunkte maßgebend: Verarbeitungseigenschaften, Erhärtungsgeschwindigkeit und Hydratationswärme-entwicklung, Schwindverhalten.

Als Faustregel für durchschnittlich zusammengesetzte Betone gilt:

○ für Betonfestigkeitsklassen bis einschließlich C20/25 ist ein Z 32,5 zweckmäßig
○ für die Betonfestigkeitsklassen C30/37 und C35/45 ein Z 42,5
○ für Betone der Festigkeitsklasse ≥ C50/60 kommen praktisch nur Z 42,5 und Z 52,5 in Frage, wobei letztere insbesondere dann vorzuziehen sind, wenn gleich-zeitig eine hohe Anfangsfestigkeit gefordert wird

Auf die Regel vom w/z-Wert und die daraus für die Baupraxis zu ziehenden Erkennt-nisse wird im Kapitel Entwerfen von Betonmischungen noch ausführlich eingegangen.

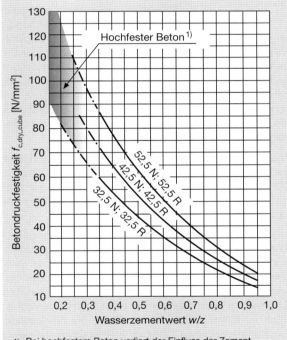

Abbildung 7.16
Abhängigkeit der Würfel-druckfestigkeit $f_{c,dry,cube}$ des Betons vom Wasser-Zement-Wert ω und von der Festig-keitsklasse des Zements (in Anlehnung an Zement-Taschenbuch 2002)

1) Bei hochfestem Beton verliert der Einfluss der Zement-druckfestigkeit an Bedeutung

$f_{c,dry,cube}$: mittlere 28-Tage-Betondruckfestigkeit von 150 mm-Probewürfeln; Lagerung nach DIN EN 12390-2, Nationaler Anhang (1 Tag in Form, 6 Tage in Wasser, 21 Tage an der Luft)

7.3.2.2   Gesteinskörnungen

Die DIN-Vorschriften fordern, dass nur gütegesicherte Baustoffe an einer Baustelle angeliefert werden. Gesteinskörnungen für Beton müssen den Anforderungen der DIN 4226 entsprechen. Da die Eigenschaften der Gesteinskörnungen als Naturprodukt größeren Schwankungen unterliegen, sind sie besonders sorgfältig auszuwählen und zu überwachen. Die DIN 4226 fordert daher eine Eigen- und Fremdüberwachung. Die Fremdüberwachung des Zuschlaglieferanten muss auf dem Lieferschein durch das Überwachungszeichen (siehe *Abbildung 7.17*) ausgewiesen sein.

Bundesüberwachungs-
verband Kies und Sand e.V.

Abbildung 7.17
Überwachungszeichen
Kies und Sand

Wenn einleitend im Abschnitt 7.3.2 davon gesprochen wird, dass die Druckfestigkeit eines Betons von den Zuschlägen, sofern sie ausreichend fest und sauber sind, praktisch nicht beeinflusst wird, so ist man versucht die Frage zu stellen, warum denn nun bei der Verwendung der Zuschläge so viel zu beachten ist (z. B. getrennte Anlieferung nach Korngruppen bei höheren Betongüten, Sieblinie im günstigen Bereich und anderes mehr). Dem muss entgegengehalten werden, dass die Kornform, und insbesondere die Korngrößenverteilung eines Zuschlaggemisches, bestimmend ist für den Zementleimbedarf, und somit für den Zementgehalt – *mehr Zementleim bedeutet aber z. B. größeres Schwindmaß* – und für verarbeitungstechnische Maßnahmen. Allein aus diesen beiden wichtigen Punkten ist also schon zu erkennen, dass man auf eine Erörterung dieser Probleme nicht ganz verzichten kann.

Anstelle der früher üblichen Unterteilung in Zuschlag mit Regelanforderungen, verminderten und erhöhten Anforderungen erfolgt nach der neuen DIN 4226, Ausgabe 7/2001, eine Einteilung nach Kategorien, wodurch eine bessere Abstufung möglich wird. In der *Tabelle 7.41* sind die Regelanforderungen für Gesteinskörnungen für Normalbeton noch einmal zusammengestellt.

Allgemein müssen Gesteinskörnungen für Normalbeton die Regelanforderungen erfüllen. Erfordert Beton aufgrund seiner Beanspruchung durch Gebrauchs- oder Umweltbedingungen die Einhaltung zusätzlicher Anforderungen an die Gesteinskörnungen, z. B. bei Betonfahrbahndecken oder bei Bauteilen des Wasserbaus, so sind diese durch den Betonhersteller unter Berücksichtigung der Forderungen der Baustelle mit dem Herstellwerk der Gesteinskörnung zu vereinbaren und von diesem sicherzustellen. Gesteinskörnungen, die hinsichtlich bestimmter Eigenschaften die Regelanforderungen nicht erfüllen, dürfen für gewisse Anwendungen des Betons verwendet werden, wenn der Betonhersteller unter Berücksichtigung der Forderungen des Betonverarbeiters die Eignung des mit solchen Gesteinskörnungen hergestellten Betons durch eine Erstprüfung nachweist.

Eigenschaft	Regelanforderung
Bezeichnung der Korngruppen (Lieferkörnungen)	Grundsiebsatz + Ergänzungssiebsatz 1
Kornzusammensetzung	
grobe Gesteinskörnungen mit $D/d \leq 2$ oder $D \leq 11,2$	G_{D85}
feine Gesteinskörnungen	Toleranzen nach Tabelle 4 DIN 4226-1
Korngemische	G_{D90}
Kornform	Fl_{50} oder Sl_{55}
Feinanteile	
feine Gesteinskörnung	f_4
natürlich zusammengesetzte Gesteinskörnung 0/8	f_3
Korngemisch	f_2
grobe Gesteinskörnung	$f_{1,0}$
Widerstand gegen Zertrümmerung	keine Anforderung
Widerstand gegen Verschleiß von groben Gesteinskörnungen	keine Anforderung
Widerstand gegen Polieren	keine Anforderung
Widerstand gegen Abrieb	keine Anforderung
Widerstand gegen Abrieb durch Spikereifen	keine Anforderung
Frostwiderstand	F_4
Frost-Tausalz-Widerstand	keine Anforderung
Raumbeständigkeit	keine Anforderung
Chloride	$Cl_{0,04}$
säurelösliches Sulfat für alle Gesteinskörnungen außer Hochofenstückschlacken	$AS_{0,8}$
leichtgewichtige organische Verunreinigungen	
feine Gesteinskörnung (Sand)	$Q_{0,50}$
grobe Gesteinskörnung, natürlich zusammengesetzte Gesteinskörnung 0/8 und Korngemisch	$Q_{0,10}$

Tabelle 7.41 Regelanforderungen

Die Kornzusammensetzung beeinflusst den Zementbedarf, den Wasseranspruch, die Verarbeitbarkeit und die Verdichtungswilligkeit des Betons. Im Anhang L der DIN 1045 sind informativ für Korngemische mit einem Größtkorn von 8 mm, 16 mm, 32 mm und 63 mm Regelsieblinien angegeben (siehe *Abbildung 7.18 bis 7.21*). Unabhängig vom

Größtkorn wird einheitlich die untere Grenzsieblinie mit A, die mittlere mit B und die obere mit C bezeichnet. Ausfallkörnungen werden mit U gekennzeichnet. Die einzelnen Bereiche in den Bildern sind wie folgt gekennzeichnet:

① grobkörnig
② Ausfallkörnung
③ grob- bis mittelkörnig
④ mittel- bis feinkörnig
⑤ feinkörnig

Der Bereich zwischen den Grenzsieblinien A und B ist als günstig, der zwischen den Sieblinien B und C als brauchbar einzustufen.

Grundsätzlich ist eine Sieblinie entsprechend den Erfordernissen der Baustelle – Bewehrungsdichte, Bauteilabmessung, Geräte zur Betonförderung, Kornbeschaffenheit – vorzugeben. Mit der vorgegebenen Sieblinie werden dann Eignungsversuche gemacht und die Brauchbarkeit der Betonzusammensetzung überprüft.

Zur Herstellung von Beton soll das Körnungsgemisch möglichst grobkörnig und hohlraumarm sein (*gemischtkörnig!*). Das **Größtkorn** ist so zu wählen, wie Mischen, Fördern, Einbringen und Verarbeiten des Betons dies zulassen; seine **Nenngröße darf 1/3** (besser 1/5) der **kleinsten Bauteilabmessung** nicht überschreiten. Bei eng liegender Bewehrung oder geringer Betondeckung soll der überwiegende Teil der Gesteinskörnung kleiner als der Abstand der Bewehrungsstähle untereinander und von der Schalung sein.

Bei der Bestellung und Lieferung ist die Gesteinskörnung anhand folgender Merkmale zu bezeichnen:

a) Herkunft – falls das Material über ein Lager ausgeliefert worden ist, muss dieses zusätzlich angegeben werden
b) Art der Gesteinskörnung (natürlich, industriell hergestellt, normal, schwer)
c) Einfacher Hinweis auf den petrographischen Typ
d) Korngruppe
e) Anforderungskategorien, soweit diese von den Regelanforderungen abweichen
f) zusätzliche Angaben, die zur Identifikation der jeweiligen Gesteinskörnung benötigt werden
g) Sorten- oder Codenummer zur Kennzeichnung auf dem Lieferschein

Bei getrennt anzuliefernden Korngruppen muss die Lagerung so erfolgen, dass auch an den Randzonen eine Vermischung ausgeschlossen ist. Um eine ausreichende Entwässerung sicherzustellen, sind die Lagerflächen mit Gefälle anzulegen und zu befestigen. Die Trennwände der Lagerboxen müssen standfest und in ausreichender Höhe errichtet werden.

Natürlich zusammengesetzte Gesteinskörnung darf nur für Beton der Druckfestigkeitsklasse $\leq$ C12/15 verwendet werden.

Regelsieblinien für
Betonzuschlag
Gesteinskörnungen
für Beton gemäß
DIN 1045, Teil 2
(Abb. 7.18 -7.21)

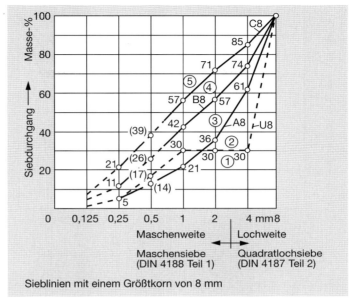

Sieblinien mit einem Größtkorn von 8 mm

Abbildung 7.18

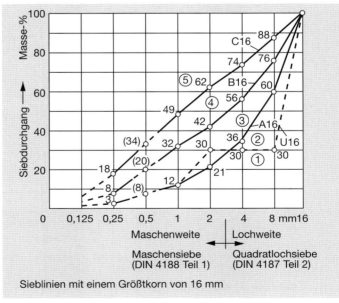

Sieblinien mit einem Größtkorn von 16 mm

Abbildung 7.19

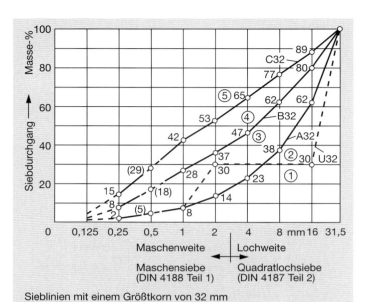

Abbildung 7.20

Sieblinien mit einem Größtkorn von 32 mm

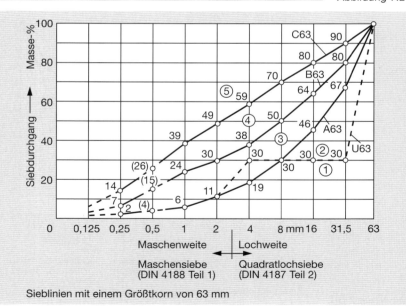

Abbildung 7.21

Sieblinien mit einem Größtkorn von 63 mm

Hinsichtlich der Reinheit sind von der DIN 4226 für die einzelnen Korngruppen Grenzwerte für den höchstzulässigen Gehalt an abschlämmbaren Bestandteilen (< 0,063 mm) angegeben, die im Herstellwerk des Zuschlags nicht überschritten werden dürfen (*Kapitel 4.9*), es sei denn, die Brauchbarkeit des hieraus hergestellten Betons wird durch eine Erstprüfung nachgewiesen.

Für die nach DIN EN 1744-1 zu bestimmenden Gehalte an Chloriden sowie säurelösliche Sulfate legt die DIN 4226-1 maximale Werte für die einzelnen Kategorien fest (siehe *Tabelle 7.42a und b*).

Maximaler Chloridgehalt wasserlöslicher Chlorid-Ionen Massenanteil in Prozent	Kategorie Cl
0,02	$Cl_{0,02}$
0,04	$Cl_{0,04}$
0,15	$Cl_{0,15}$

Tabelle 7.42a Höchstwerte an wasserlöslichen Chloriden

Gesteinskörnung	Säurelöslicher Sulfatgehalt SO_3 %	Kategorie AS
Alle Gesteinskörnungen außer Hochofenstückschlacken	≤ 0,2	$AS_{0,2}$
	≤ 0,8	$AS_{0,8}$
Hochofenstückschlacken	≤ 1,0	$AS_{1,0}$

Tabelle 7.42b Höchstwerte säurelöslicher Sulfate

Der Gesamtschwefelgehalt darf den Wert von 1 M.-% nicht überschreiten.

Gesteinskörnungen mit alkalilöslicher Kieselsäure (z. B. Opalsandstein und poröser Flint) – wie sie in bestimmten Teilen Norddeutschlands nördlich der Linie Bodenteich – Berlin – Frankfurt/Oder vorkommen – können in feuchter Umgebung mit den Alkalien im Beton reagieren, was unter ungünstigen Umständen zu einer Volumenzunahme und dadurch zu Rissen im Beton führen kann (Alkalitreiben).

Ablauf und Ausmaß der Alkalireaktion hängen von mehreren Faktoren ab:
○ Art und Menge der alkaliempfindlichen Bestandteile des Zuschlags
○ Korngröße und -verteilung der gefährlichen Körnungsbestandteile
○ Alkalihydroxidgehalt im Porenwasser des Betons
○ Umweltbedingungen des erhärteten Betons.

Verdächtige Gesteinskörnungen sind unter Berücksichtigung der in Frage kommenden Beton- und Bauwerksverhältnisse durch ein fachkundiges Institut nach der Richtlinie „Vorbeugende Maßnahmen gegen schädigende Alkalireaktionen im Beton" (DAfStb) zu prüfen.

Verwend-barkeit der Gesteins-körnung	Alkali-empfind-lichkeits-klasse	Zulässiger Gehalt an reaktionsfähigen Bestandteilen je Fraktion [M.-%]			Präkambrische Grauwacke	
		Opalsand-stein[1] einschl. Kieselkreide > 1 mm	Reaktions-fähiger Flint > 4 mm	5 x Opal-sandstein + reaktions-fähiger Flint	Dehnung[2] mm/m	Riss-bildung
unbe-denklich	EI-O	≤ 0,5				
	EI-OF	≤ 0,5	≤ 3,0	≤ 4,0		
	EI-G				≤0,6	Keine
bedint brauchbar	EII-O	≤ 2,0				
	EII-OF	≤ 2,0	≤ 10,0	≤ 15,0		
	EII-G[3]					
bedenklich	EIII-O	≤ 2,0				
	EIII-OF	≤ 2,0	≤ 10,0	≤ 15,0		
	EIII-G				≤ 0,6	Stark[4]

[1] In den Prüfkornklassen 1 bis 4 mm einschließlich reaktionsfähigem Flint.
[2] Nach 9 Monaten Nebelkammerlagerung einschließlich Wärme- und Feuchtedehnung.
[3] Die Alkaliempfindlichkeitsklasse EII-G ist vorläufig nicht definiert, weil die bisherigen Untersuchungs-ergebnisse eine so weitgehende Differenzierung nicht zulassen.
[4] Mit Rissbreiten w ≤ 0,2 mm.

Tabelle 7.43
Grenzwerte für alkaliempfindliche Bestandteile der Gesteinskörnung

Die Einteilung der Gesteinskörnungen erfolgt nach Grenzwerten in die Gruppen: unbedenklich – bedingt brauchbar – bedenklich (siehe *Tabelle 7.43*).

Welche vorbeugenden Maßnahmen gegebenenfalls zu ergreifen sind, ergibt sich in Abhängigkeit der Eingruppierung der Gesteinskörnung und der Umweltbedingungen (siehe *Tabelle 7.44*).

Für die Herstellung von hochfestem Beton sind hinsichtlich Alkalireaktion unbedenk-liche Gesteinskörnungen zu verwenden.

Nach der *Richtlinie für die Herstellung von Beton unter Verwendung von Restwasser, Restbeton und Restmörtel des DAfStb* ist in Betonwerken auch die Verwendung von Restbetonzuschlag (Zuschlag aus nicht verwendetem oder beim Reinigen des Beton-werkes oder der Betonpumpen anfallenden Restbetons, i.d.R. mit einer Korngröße > 0,25 mm) zulässig, sofern er aus derselben Betriebsstätte stammt, in der auch die ursprünglichen Ausgangsstoffe verarbeitet wurden. Der Restbetonzuschlag muss dazu soweit ausgewaschen sein, dass keine Kornbindung eintritt.

Nach der Betonnorm werden neben der augenscheinlichen Beurteilung hinsichtlich Reinheit im wesentlichen nur Siebversuche gefordert und zwar jeweils bei der

1. Lieferung und bei Wechsel der Lieferfirma. Darüber hinaus ist eine Siebanalyse in angemessenen Zeitabständen erforderlich, wenn Standardbeton mit einer Körnungsverteilung im günstigen Bereich gewählt worden ist oder wenn die Betonzusammensetzung auf Grund einer Erstprüfung festgelegt worden ist.

Zusätzliche Anforderungen an künstliche Zuschläge

Neben einer umweltschonenden Produktion wird immer mehr Wert darauf gelegt, dass Baustoffe wiederverwendet werden können, da sowohl Deponieräume als auch Rohstoffe knapper werden.

Hochofenschlacke gemäß DIN 4301

Die sogenannte „saure" Hochofenschlacke ist als Zuschlag für Stahlbeton gut geeignet, wenn sie ein gleichbleibend dichtes, kristallines Gefüge aufweist. Ihre Schüttdichte, gemessen an der Kornklasse 16/32, muss $\geq 0,9$ kg/dm^3 betragen. Schaumige und glasige Schlackenstücke vermindern die Druckfestigkeit des Betons. Ihr Gehalt darf daher 5 M.-% nicht überschreiten.

Hochofenschlacke (HOS) muss die zusätzlichen Prüfungen zur Bestimmung der Raumbeständigkeit (Prüfung auf Kalk- und Eisenzerfall) bestehen. *Kalkzerfall* (Umwandlung von β $C_2S \rightarrow \gamma$ C_2S): erkennbar an frischen Bruchflächen unter UV-Licht durch zahlreiche hell leuchtende, bronze- und zimtfarbige Flecken auf violettem Untergrund. *Eisenzerfall:* Bei 2-tägiger Lagerung unter Wasser tritt ein Zerfall der Schlackenstücke durch Umwandlung von eisenhaltigen Verbindungen ein. (Vorsicht insbesondere bei alten Haldenschlacken!)

Tabelle 7.44
Vorbeugende Maßnahmen gegen schädigende Alkalireaktionen im Beton

für Betone mit einem Zementgehalt $z \leq 330$ kg/m^3				für Betone mit einem Zementgehalt $z > 330$ kg/m^3			
Alkali-empfind-lichkeits-klasse der Gesteins-körnung	Erforderliche Maßnahmen für die Feuchtigkeitsklasse			Alkali-empfind-lichkeits-klasse der Gesteins-körnung	Erforderliche Maßnahmen für die Feuchtigkeitsklasse		
	WO	WF	WA		WO	WF	WA
EI-O	Keine	Keine	Keine	EI-OF	Keine	Keine	Keine
EII-O	Keine	Keine	NA-Zement	EII-OF	Keine	NA-Zement	NA-Zement
EIII-O	Keine	NA-Zement	Austausch des Zuschlags	EIII-OF	Keine	NA-Zement	Austausch des Zuschlags

Schmelzkammergranulat

Schmelzkammergranulat ist ein Kraftwerksnebenprodukt, im Wasserbad abgeschreckte, glasartig erstarrte Ascheschmelze. Es wird bei der Verbrennung von Steinkohle in sogenannten Schmelzkammerfeuerungen gewonnen. Besonderes Merkmal ist das geringe Schüttgewicht von 1,05 – 1,40 kg/dm^3. Es enthält keine relevanten Mengen an Schadstoffen, Beton und Stahl werden nicht angegriffen.

Für den Einsatz als Zuschlag mit einem Größtkorndurchmesser bis 4 mm für Beton nach DIN 1045 gilt die DIN 4226-1

Recycling-Beton

Der Einsatz von Betonsplitt und -brechsand aus Altbeton für die Herstellung von Beton gemäß DIN 1045 ist möglich. Recyclierte Gesteinskörnungen müssen die Anforderungen nach DIN 4226, Teil 100, erfüllen.

Entsprechend der stofflichen Zusammensetzung recyclierter Gesteinskörnungen nach der *Tabelle 7.45* werden 4 Liefertypen unterschieden:
- Typ 1: Betonsplitt/Betonbrechsand
- Typ 2: Bauwerksplitt/Bauwerkbrechsand
- Typ 3: Mauerwerksplitt/Mauerwerkbrechsand
- Typ 4: Mischsplitt/Mischbrechsand

Neben den allgemeinen Anforderungen nach DIN 4226-1 bestehen zusätzliche Kriterien für die Kornrohdichte, säurelösliche Chloride und Wasseraufnahme (siehe *Tabelle 7.46*). Bei der Herstellung der Betone, muss das erhöhte Wassersaugvermögen des Recyclingmaterials berücksichtigt werden, was zu einem schnelleren Ansteifen führen kann (Splitt vornässen!).

Tabelle 7.45
Liefertypen recyclierter Gesteinskörnungen

Bestandteile	Zusammensetzung Massenanteil in Prozent			
	Typ 1	Typ 2	Typ 3	Typ 4
Beton und Gesteinskörnungen nach DIN 4226-1	≥ 90	≥ 70	≥ 20	
Klinker, nicht porosierter Ziegel	≤ 10	≤ 30	≥ 80	≥ 80
Kalksandstein			≤ 5	
Andere mineralische Bestandteile[1]	≤ 2	≤ 3	≤ 5	≤ 20
Asphalt	≤ 1	≤ 1	≤ 1	
Fremdbestandteile[2]	≤ 0,2	≤ 0,5	≤ 0,5	≤ 1

[1] Andere mineralische Bestandteile sind zum Beispiel: porosierter Ziegel, Leichtbeton, Porenbeton, haufwerksporiger Beton, Putz, Mörtel, poröse Schlacke, Bimsstein.

[2] Fremdbestandteile sind zum Beispiel: Glas, Keramik, NE-Metallschlacke, Stückgips, Gummi, Kunststoff, Metall, Holz, Pflanzenreste, Papier, sonstige Stoffe

	Rezyklierte Gesteinskörnung			
	Typ 1	Typ 2	Typ 3	Typ 4
Minimale Kornrohdichte [kg/m³]	2000		1800	1500
Schwankungsbreite Kornrohdichte [kg/m³]	± 150			Keine Anforderung
Maximale Wasseraufnahme nach 10 min Massenanteil in Prozent	10	15	20	Keine Anforderung
Maximal zulässiger Chloridgehalt [M.-%]	0,04 (Kategorie ACl$_{0,04}$)			0,15 (Kategorie ACl$_{0,15}$)

Tabelle 7.46
Kornrohdichte, Wasseraufnahme und Höchstwerte an säurelöslichern Chloriden recyclierter Gesteinskörnungen

Besonderes Augenmerk ist auf die Verunreinigung des Recyclingmaterials zu richten, dem durch gezielten Rückbau von Betonbauwerken Rechnung getragen werden kann, eine Verfahrensweise, die heutzutage noch zu wenig beachtet wird.

7.3.3 Güteeigenschaften des Frischbetons

Die Zusammensetzung eines Betons ist neben seiner Verdichtung und Nachbehandlung von ausschlaggebender Bedeutung für alle Betoneigenschaften. Während die Betonzusammensetzung früher überwiegend durch die gewünschten Festbetoneigenschaften bestimmt wurde, haben in jüngerer Zeit die Frischbetoneigenschaften zunehmend an Bedeutung gewonnen. Betontechnologisch und bautechnisch wichtige Eigenschaften und Daten des Frischbetons sind das *Mischungsverhältnis* der Betonkomponenten Zement, Zuschlag, Wasser, die *Konsistenz* und die *Verarbeitbarkeit* des losen Frischbetons, die *Rohdichte* sowie der *Porenraum* bzw. Dichtigkeitsgrad des verdichteten Frischbetons.

7.3.3.1 Mischungsverhältnis

Das Betonmischungsverhältnis, welches das Verhältnis Zement : Zuschlag : Wasser angibt, wird – da die wechselnde Eigenfeuchte des Zuschlags Schüttdichteschwankungen ergibt – immer in Massenteilen (Gewichtsanteilen) angegeben, und zwar Zuschlag und Wasser jeweils als Vielfaches von Zement, z. B.: MV = 1 : 6,5 : 0,6 n. GT.

Um bei bewehrtem Beton den Korrosionsschutz der Stahleinlagen sicherzustellen, wird in der Mehrzahl der amtlichen Vorschriften – so auch in der DIN 1045 – die Betonzusammensetzung durch Angaben über den Mindestzementgehalt je m³ verdichteten Betons **und** den *w/z*-Wert festgelegt.

7.3.3.1.1   Zementgehalt

Der für einen Beton erforderliche Zementgehalt ergibt sich aus dem Haufwerks-Porenraum, der mit Zementleim gefüllt werden muss und dem für die Verarbeitung notwendigen Anteil Leim zwischen den Körnern.

Bei Stahlbeton ist ein ausreichend hoher Zementgehalt außerdem notwendig, um eine sichere Umhüllung des Stahls mit Zementleim und damit den Korrosionsschutz der Bewehrung zu gewährleisten.

Die Ermittlung des Zementgehaltes/m^3 Beton erfolgt rechnerisch aus den abgewogenen Bestandteilen der Mischerfüllung und der ermittelten Betonrohdichte, oder experimentell durch Einfüllen einer Mischerfüllung mit genau bekanntem Zementgehalt in einen Kasten mit bekannten Abmessungen, in dem der Beton wie im Bauwerk verdichtet wird und anschließend sein Rauminhalt festgestellt wird; Umrechnung auf 1 m^3 ergibt den zugehörigen Zementgehalt.

7.3.3.1.2   Wassergehalt, Wasser-Zement-Wert

Der Wassergehalt setzt sich aus dem Zugabewasser und der Eigenfeuchte des Zuschlags zusammen. Der für einen Beton notwendige Wassergehalt ist abhängig von der Art des Zements, von den Zuschlägen und deren Zusammensetzung, von der gewünschten oder erforderlichen Verarbeitbarkeit bzw. der Verdichtbarkeit, sowie den geforderten Festbetoneigenschaften. Das für die Hydratation des Zementes notwendige Wasser ist dadurch im allgemeinen ausreichend vorhanden.

Die Überprüfung des Wassergehaltes von Frischbeton erfolgt wie bei den Zuschlägen für die Baustellenpraxis bevorzugt durch die Darrprobe oder den Thaulow-Versuch. Hat man den Zementgehalt und den Wassergehalt in 1 m^3 Beton ermittelt, so lässt sich in einfacher Weise der w/z-Wert ω errechnen.

Bei gegebenem Zementgehalt bestimmt der Wassergehalt den w/z-Wert und damit die Dichtigkeit des Zementsteins. Daher ist für den Korrosionsschutz die Festlegung des w/z-Wertes sinnvoller als die der Mindestzementgehalte; bei einem großen w/z-Wert ist selbst bei einem hohen Zementgehalt der Korrosionsschutz der Bewehrung nicht gewährleistet.

Die DIN 1045 legt deshalb für den w/z-Wert bei Stahlbeton (Expositionsklassen XC, XD und XS) sowie bei Beton, auf den aggressive Einwirkungen zu erwarten sind (Expositionsklassen XF, XA und XM) Obergrenzen fest, die nicht überschritten werden dürfen und die als zusätzliche Bedingungen bei der Betonherstellung zu beachten sind.

7.3.3.2   Betonkonsistenz

Unter der Konsistenz versteht man die äußere Beschaffenheit des Frischbetons, mit deren Hilfe die komplexe, nicht genau definierbare Eigenschaft der Verarbeitbarkeit eines Betons charakterisiert werden kann. Welche Konsistenz man für eine Konstruktion wählt, hängt von den praktischen Gegebenheiten ab: von der Arbeitsweise des Mischers, der Art der Förderung des Betons, von den Verdichtungsmöglichkeiten ebenso wie von den Abmessungen des Bauteils und dessen Bewehrung. In jedem Fall ist die Konsistenz eines Frischbetons so zu wählen, dass sich der Beton mit den vorhandenen Geräten fehlerfrei einbauen und vollständig verdichten lässt.

Die Frischbetonkonsistenz wird durch mehrere Faktoren bestimmt: den Zementleimgehalt der Mischung, durch die Kornzusammensetzung insbesondere den Mehlkorngehalt, die Kornform sowie etwaige Betonzusatzmittel.

Ob man nun einen weichen oder steifen Frischbeton erzielt, ist – bei einer bestimmten Gesteinskörnung – allein von der Menge des Zementleims abhängig. Ist viel Leim vorhanden, d. h. wird jedes Korn mit einer dicken Leimschicht umhüllt, ist der Beton weich. Ist nur soviel Leim vorhanden, dass die einzelnen Zuschlagkörner gerade mit einer dünnen Schicht umhüllt werden, dann ist der Beton steif.

Die Konsistenz eines Betons ist also abhängig von der Leimmenge, und diese wiederum hängt von der zu umhüllenden Oberfläche der Zuschlagkörner, also von der Kornzusammensetzung des Zuschlags ab (*2. Grundgesetz der Betontechnologie*). Grobe Kornzusammensetzungen benötigen weniger Leim als feine Körner, da die spezifische Oberfläche der Gesteinskörnung mit kleiner werdendem Korndurchmesser zunimmt.

Die Frage ist nur, wie groß ist für eine vorgegebene Gesteinskörnung und für eine bestimmte Konsistenz der Zementleimbedarf?

Wenn nun in der Betonpraxis im allgemeinen keine Angaben über den Zementleimbedarf gemacht werden, sondern – *scheinbar inkonsequent* – nur vom Wasseranspruch die Rede ist, so hat das unter anderem folgenden Grund: Zahlreiche Untersuchungen haben nämlich ergeben, dass die Zementmenge über einen größeren Bereich mittlerer Zementgehalte die Verarbeitbarkeit nur unwesentlich beeinflusst. Man kann die Verarbeitbarkeit eines Frischbetons – extreme Fälle einmal ausgeschlossen – also allein über die Wassermenge regeln. Betone mit einem bestimmten Zuschlaggemisch haben beispielsweise bei gleicher Wassermenge auch etwa die gleiche Konsistenz, und zwar unabhängig davon, wie viel Zement sie enthalten.

Hin und wieder wird die Behauptung aufgestellt, dass die Konsistenz vom *w/z*-Wert abhängig sei; **diese Kopplung von Konsistenz und *w/z*-Wert ist nicht richtig!**

Zweifellos hat ein niedriger Wasser-Zement-Wert eine steifere „Viskosität" des Zementleims zur Folge, die Konsistenz des Betons wird davon jedoch nur unwesentlich beeinflusst. Dafür ist in jedem Fall die Leimmenge und nicht die „Viskosität" des Leims maßgebend.

Man kann einen Beton bestimmter Konsistenz also mit hohem wie mit niedrigem *w/z*-Wert herstellen. *Unterschiedlich ist dabei nur die Zementleimmenge* und somit also auch der Zementgehalt. Der weiche Beton hat unter sonst gleichen Bedingungen einen höheren Zementgehalt als der steife Beton. Im Schnitt tritt eine Erhöhung von Konsistenzbereich zu Konsistenzbereich um ca. 10 % ein.

Hat man für einen Frischbeton also eine ganz bestimmte Konsistenz vorgeschrieben, dann richtet sich der Wasseranspruch nach der Zusammensetzung der Gesteinskörnung: eine überwiegend feinkörnige Gesteinskörnung erfordert einen höheren Wasserzusatz als eine grobkörnigere. Da aber die Wassermenge von einschneidender Bedeutung für die Betonfestigkeit ist, so ist die *Kornzusammensetzung auch unmittelbar über den Wasseranspruch von großem Einfluss auf die Betonfestigkeit.*

Mit Hilfe der Kennziffern einer Gesteinskörnung (diese kennzeichnen ja die Größe der Oberfläche, siehe Kapitel 4.2.2.5.2) lässt sich nun der Wasseranspruch aus Kurvenbildern (siehe *Abbildung 7.22*) oder Tabellen (siehe *Tabelle 7.47*) leicht ermitteln.

In Abhängigkeit vom Mehlkorngehalt, Zuschlagart und Zusatzmittel müssen diese Wasserrichtwerte, die *empirisch ermittelt* wurden, jedoch korrigiert werden. Vor allem Art und Herkunft des Zuschlags kann sich so stark auf den Wasseranspruch auswirken, dass deren Einfluss für ein genaueres Abschätzen unbedingt berücksichtigt werden muss. In einigen Fällen unterscheidet sich der Wasseranspruch deutlich von den angegebenen Richtwerten. Die über die Kornzusammensetzung ermittelten Richtwerte für den Wasserbedarf einer Betonmischung sind daher stets durch eine Erstprüfung (Eignungsversuche) zu überprüfen.

Abbildung 7.22
Abhängigkeit zwischen Körnungsziffer k der Gesteinskörnung und Wasseranspruch w des Frischbetons

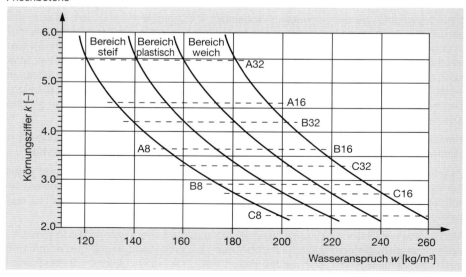

Alle diese Werte sind also nur **Richtwerte**; sie gelten nur für rundes Korn und Zementgehalte zwischen 240 und 400 kg/m³ Beton. Allgemein sind Frischbetone aus rundlichen Gesteinskörnungen verdichtungswilliger als solche aus gebrochenen, kantigen, splittrigen Gesteinskörnungen, die sich als sperrig und widerspenstig erweisen und für die sich der Wasseranspruch erhöht. Bei Verwendung von Splitt ab 8 mm erhöht sich der Wasseranspruch um ca. 5 %, bei Splitt ab 4 mm ist der aus der Tabelle oder den Kurven entnommene Wert um 10 % zu erhöhen. Auch eine Erhöhung des Mehlkornanteils über 350 kg/m³ Beton hinaus erhöht den Wasseranspruch (als Richtwert ca. um 1 kg/m³ pro 10 kg Mehrgehalt an Mehlkorn/m³ Beton).

Sieb-linie	Körnungs-ziffer	Konsistenzbereich		
		steif	plastisch	weich
A 32	5,48	130	150	170
B 32	4,20	150	170	190
C 32	3,30	170	190	210
A 16	4,60	140	160	180
B 16	3,66	160	180	200
C 16	2,75	190	210	230
A 8	3,64	161	183	205
B 8	2,89	185	205	224
C 8	2,27	208	227	245

Tabelle 7.47
Abschätzung des Gesamtwasseranspruchs w [kg/m³] von Frischbeton für verschiedene Konsistenzbereiche und Regelsieblinien der Gesteinskörnungen für Beton (nach Walz)

Zu berücksichtigen ist aber, dass die abgelesenen Werte für **trockene** Gesteinskörnungen gelten. Es muss also daher die Oberflächenfeuchte der Gesteinskörnungen berücksichtigt werden. Aus dem Verlauf der Kurven ist klar zu erkennen, dass mit steigender Körnungsziffer, d. h. mit zunehmendem Anteil größer werdender Gesteinskörnung, und steifer werdender Konsistenz der Wasseranspruch kleiner wird. Der Wasserbedarf steigt dagegen, wenn die Konsistenz weicher und das Korn feiner wird, d. h. eine kleinere Körnungsziffer vorliegt.

Die Frischbetonkonsistenz ist von eindeutigem und direktem Einfluss **nur** auf die Verarbeitungs- und Verdichtungsart des Frischbetons sowie auf die Art und Gleichmäßigkeit des Betongefüges! Je steifer ein Beton ist, desto größer ist jedoch sein Verdichtungsaufwand, um eine vollkommene Betonverdichtung zu erzielen.

Bei der Betonüberwachung an der Baustelle kann also die Konsistenzmessung lediglich den Sinn haben, die gewünschte Verarbeitbarkeit und Verdichtbarkeit des Frischbetons sicherzustellen. Die spätere Festigkeit des Betons ist nur durch die zusätzliche Überwachung des w/z-Wertes zu verbürgen.

Die Konsistenz ist kein Maßstab für die Betongüte. Konsistenzänderungen geben jedoch Hinweise auf Mischungsänderungen. Die DIN 1045 schreibt deshalb bei der Güteüberwachung grundsätzlich eine laufende Konsistenzüberprüfung vor.

Die Beurteilung der Verarbeitbarkeit kann nach unterschiedlichen Konsistenzmessverfahren erfolgen. Nach den in der DIN 1045 aufgeführten Verfahren

○ Setzmaß (DIN EN 12 350-2)
○ Setzzeitmaß (Vébé) (DIN EN 12 350-3)
○ Verdichtungsmaß (DIN EN 12 350-4)
○ Ausbreitmaß (DIN EN 12 350-5)

wird der Beton in Konsistenzklassen (siehe *Tabelle 7.48a* und *b*) eingeteilt.

In Deutschland wird die Prüfung des Ausbreitmaßes und für steifere Betone die Bestimmung des Verdichtungsmaßes bevorzugt ausgeführt. Bei Ausbreitmaßen > 700 mm ist die Richtlinie „Selbstverdichtender Beton" des DAfStb zu beachten. Hochfester Beton muss eine Konsistenzklasse F 3 oder weicher haben.

Die Konsistenzklassen sind nicht direkt vergleichbar.

Die Konsistenzmessung muss zum Zeitpunkt der Verwendung des Betons oder – bei Transportbeton – zum Zeitpunkt der Lieferung des Betons erfolgen.

Wegen des geringeren Zeitaufwandes sowie der Möglichkeit, auch steife Frischbetone, Splittbeton, Leichtbeton, Schwerbeton oder mehlkornreichen Beton zu prüfen, ist die Ermittlung des Verdichtungsmaßes für die Baustelle sehr gut geeignet.

○ Im Übergangsbereich zwischen steifem und plastischem Beton kann im Einzelfall je nach Zusammenhaltevermögen des Frischbetons die Anwendung des Verdichtungsmaßes oder des Ausbreitmaßes zweckmäßiger sein.

Tabelle 7.48a
Abgrenzung der Konsistenzklassen für Ausbreitmaß und Verdichtungsmaß

Konsistenz-klasse	(C0)	(F1) C1	F2 C2	F3 C3	F4	F5	(F6)
Ausbreitmaß [cm]	–	≤ 34	34–41	42–48	49–55	56–62	≥ 63
Verdichtungs-maß c [-]	≥ 1,46	1,45–1,26	1,25–1,11	1,10–1,04	–	–	–
Konsistenz-beschreibung	sehr steif	steif	plastisch	weich	sehr weich	fließfähig	sehr fließfähig
Eigenschaften des Feinmörtels	erdfeucht	erdfeucht und etwas nasser	weich	flüssig	sehr flüssig		
Eigenschaften des Frisch-betons beim Schütten	lose	lose/ schollig	schollig bis zusammen-hängend	schwach fließend	fließend		
Verdichtungs-art	kräftig wirkende Rüttler und/oder kräftiges Stampfen bei dünner Schüttlage		Rütteln	Stochern oder leichtes Rütteln	„Entlüften" durch Stochern leichtes Rütteln		

Setzmaß nach DIN EN 12 350-2		Setzzeit (Vébé) nach DIN EN 12 350-3	
Klasse	Setzmaß in mm	Klasse	Setzzeit in s
S1	10–40	V0	≥ 31
S2	50–90	V1	30–21
S3	100–150	V2	20–11
S4	160–210	V3	10–6
S5	≥ 220	V4	5–3

Tabelle 7.48b
Konsistenzklassen
für Setzmaß und
Setzzeitmaß

○ In den Konsistenzbereichen F2 und F3 kann bei Verwendung von Splittbeton, sehr mehlkornreichem Beton, Leicht- oder Schwerbeton das Verdichtungsmaß zweckmäßiger sein.

In den beiden vorgenannten Fällen sind gemäß DIN 1045 Vereinbarungen über das anzuwendende Prüfverfahren und die einzuhaltenden Konsistenzmaße zu treffen. Für die Erst- und Güteprüfung ist das gleiche Verfahren anzuwenden.

Weicht die Verarbeitbarkeit von der erforderlichen nach der trockneren Seite hin ab (in Richtung F1 oder C1), so können unter Umständen die Förderaggregate verstopfen und im allgemeinen ist mit der vorgesehenen Verdichtungsart keine vollständige Verdichtung mehr möglich bzw. es muss die Verdichtungsenergie erhöht werden. Bei sehr weichen Betonen, die mit erhöhtem Wassergehalt hergestellt worden sind, besteht die Gefahr der Entmischung. Für Betone ≥ F4 muss deshalb die nötige Konsistenz durch die Zugabe von Fließmitteln erreicht werden.

7.3.3.2.1 Verdichtungsmaß

Das Verdichtungsmaß ergibt sich aus dem Setzmaß einer 40 cm hohen, lose geschütteten Betonsäule von 20 cm x 20 cm (siehe *Abbildung 7.23*).

Der Beton wird dazu in einen 40 cm hohen feucht ausgewischten Blechkasten (oder in eine 20-cm-Würfelform mit 20 cm hohem, dicht aufsitzendem Aufsatzrahmen) mit einer trapezförmigen Kelle (180 mm lang, vorn 95 mm, hinten 125 mm breit) reihum von den einzelnen Behälterkanten aus durch Abkippen über eine Längsseite der Kelle lose eingefüllt. Danach wird zunächst der überstehende Beton ohne Verdichtungseinwirkung bündig abgestrichen und der Beton dann mit einem Innenrüttler oder auf dem Rütteltisch möglichst vollkommen verdichtet, d. h. bis er nicht mehr weiter zusammensackt. Jeweils in der Mitte der Seitenflächen des Kastens wird der Abstich von oben bis zur Betonoberfläche gemessen und daraus das mittlere Abstichmaß errechnet. Das Verdichtungsmaß ergibt sich, indem man die ursprüngliche Höhe der Betonsäule (= 40 cm) durch die Höhe nach dem Verdichtungsvorgang dividiert:

$$v = \frac{h + s}{h} = \frac{40}{40 - s}$$

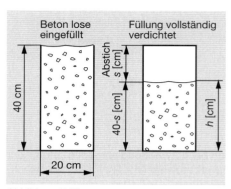

Abbildung 7.23
Bestimmung des Verdichtungsmaßes

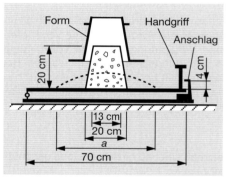

Abbildung 7.24
Bestimmung des Ausbreitmaßes

7.3.3.2.2 Ausbreitmaß

Die Bestimmung des Ausbreitmaßes (siehe *Abbildung 7.24*), das die innere Beweglichkeit und Verformungswilligkeit der frischen, nicht erstarrten Betonmasse kennzeichnet, kann nur bei plastischem bis sehr fließfähigem Beton erfolgen.

Vor Beginn des Versuches ist die Plattenoberfläche sowie die Innenfläche der Aufsetzform feucht auszuwischen.

Der auf dem 70 cm x 70 cm großen, waagerecht und standfest aufgestellten Ausbreittisch mittig aufgesetzte Setztrichter wird dann lose mit Beton in 2 Schichten gefüllt, die jeweils mit Hilfe eines Holzstabes ohne Verdichtungswirkung etwa horizontal geebnet werden. Danach wird die Oberfläche mit einem Stahllineal bündig abgezogen und der Trichter nach Säubern der Platte senkrecht hochgezogen. Zur Bestimmung des Ausbreitmaßes hebt man die Platte am Handgriff 15 mal innerhalb 15 s langsam ruckfrei bis zum Anschlag an (= 4 cm) und lässt sie frei wieder fallen. Dabei breitet sich der Beton aus. Der mittlere Durchmesser (zwei Messungen parallel zu den Tischkanten) des Betonkuchens ergibt nun das Ausbreitmaß.

Tritt beim Ausbreitvorgang eine Entmischung oder ein Auseinanderfallen ein (meist bei zu steifer Konsistenz) so ist die Messung unzulässig.

7.3.3.2.3   Kennzeichnung der Konsistenzbereiche; Einsatzbereiche

Nach der Art der Verdichtung und nach den Anwendungsgebieten ist folgende grobe Kennzeichnung der drei Konsistenzbereiche möglich:

○ Beton der **Konsistenzklassen C0 und C1** (sog. *steifer Beton*) wird auch als Stampfbeton bezeichnet. Er wird verwendet für Fundamente im Wohnungsbau, als Ausgleichs- und Sauberkeitsschichten. Bei massigen Bauteilen mit schwacher Bewehrung kann er unter Umständen eingesetzt werden, da er sich durch kräftige

Innenrüttler noch verdichten lässt. Zur Vermeidung von Fehlstellen ist wegen der relativ starken Verdichtungsunwilligkeit auf sachgemäßes Rütteln unbedingt zu achten.

○ Beton im **Konsistenzbereich F2** (*plastischer Beton*) lässt sich durch Rütteln leicht verdichten – auch durch Stochern oder Stampfen von Hand ist er zuverlässig zu verdichten –, selbst in enger Schalung oder bei dichter Bewehrung, die das Rütteln erschweren; auch auf geneigten Flächen kann er gut durch Rütteln verdichtet werden. Er ist mit der Schaufel zu bewegen!

○ Der *weiche Beton* der **Konsistenzklassen F3 und F4** erfordert keine größere Verdichtungsarbeit. Er lässt sich meist schon durch Stochern oder leichtes Rütteln verdichten und findet überall dort Verwendung, wo entweder keine Verdichtungsgeräte zur Verfügung stehen, oder aber die dichte Bewehrung ein Arbeiten mit Rüttlern erschwert. Feingliedrige Querschnitte und dicht bewehrte Bauteile erfordern in der Regel einen weichen Beton in der Mitte des Konsistenzbereiches F3 (Ausbreitmaß a = 45 ±3 cm).
Bei dieser Betonart ist aber unbedingt auf eine gute Betonzusammensetzung zu achten, da es sonst sehr leicht zu Entmischungserscheinungen kommen kann.
Für Standardbeton, der als Ortbeton eingebaut wird, ist vorzugsweise weicher Beton F3 oder fließfähiger Beton F4 zu verwenden.

○ Für einen *fließfähigen Beton*, **Konsistenzklasse F5 und F6**, der überhaupt nicht verdichtet werden muss (er muss nur entlüftet werden), ergibt sich ein Verdichtungsmaß von $v \approx 1$. Dieser gießfähige Beton darf nur als Fließbeton entsprechend der *„Richtlinie für Beton mit Fließmittel und für Fließbeton; Herstellung, Verarbeitung und Prüfung"* des DAfStb unter Zugabe eines Fließmittels (*FM*) verwendet werden.

7.3.3.3 Mehlkorn- und Feinstsandgehalt

Wesentlichen Einfluss auf die Verarbeitungseigenschaften des Frischbetons hat auch der Mehlkorn- und Feinstsandgehalt. Ein optimaler Mehlkorngehalt verbessert durch seine plastifizierende Wirkung die Verarbeitbarkeit des Betons, wirkt einer Neigung des Frischbetons zum Entmischen entgegen, erhöht die Dichtigkeit (wichtig für wasserundurchlässigen Beton) und garantiert eine einwandfreie Oberflächenbeschaffenheit (wichtig für Sichtbeton). Besonders wichtig ist der Mehlkorn- und Feinstsandgehalt für Beton, der in Rohrleitungen gefördert wird (Pumpbeton) sowie bei dünnwandigen eng bewehrten Bauteilen.

Der Mehlkorngehalt setzt sich zusammen aus dem Zement, dem in der Gesteinskörnung enthaltenen Kornanteil 0 bis 0,125 mm und gegebenenfalls dem Betonzusatzstoff. Nach DIN 1045 gilt als allgemeine Obergrenze für den Mehlkorngehalt eines Betons ein Wert von 550 kg/m^3. Für folgende Betone wurden abweichende, vom Zementgehalt abhängige maximal zulässige Werte festgelegt (siehe *Tabelle 7.49a* und *7.49b*).

Betonfestigkeitsklassen bis C50/60 bei den Expositionsklassen XF und XM		Betonfestigkeitsklassen ≥ C55/67 bei allen Expositionsklassen	
Zementgehalt [1] [kg/m³]	Höchstzulässiger Mehlkorngehalt [kg/m³]	Zementgehalt [1] [kg/m³]	Höchstzulässiger Mehlkorngehalt [3] [kg/m³]
≤ 300	400 [2]	≤ 400	500
≥ 350	450 [2]	450	550
		≥ 500	600

[1] Für Zwischenwerte ist der Mehlkorngehalt geradlinig zu interpolieren.
[2] Die Werte dürfen insgesamt um 50 kg/m³ erhöht werden, wenn
 – der Zementgehalt 350 kg/m³ übersteigt, um den über 350 kg/m³ hinausgehenden Zementgehalt
 – ein puzzolanischer Zusatzstoff Typ II (z.B. Flugasche, Silicat) verwendet wird, um dessen Gehalt
[3] Bei 8 mm Größtkorn darf der Mehlkorngehalt um zusätzlich 50 kg/m³ erhöht werden.

Tabelle 7.49 a, b
Höchstzulässiger Mehlkorngehalt für Beton mit einem Größtkorn der Gesteinskörnung von 16 bis 63 mm

Der Mehlkorngehalt sollte auf das für die Verarbeitung notwendige Maß beschränkt bleiben, da durch zu hohen Anteil nachteilige Beeinflussung erfolgen kann; Erhöhung des Wasseranspruchs und Zementbedarfs für gleiche Konsistenz, schädlicher Schlempeüberschuß (Feinmörtelschicht) auf der Oberfläche, Erhöhung der Schwind- und Kriechmaße, Verminderung des Frost- und Tausalzwiderstandes sowie des mechanischen Abnutzungswiderstandes.

7.3.3.4 Rohdichte

Die Rohdichte des verdichteten Frischbetons bildet die Grundlage für eine Ermittlung des genauen Baustoffbedarfs zur Herstellung von 1 m³ verdichteten Betons. Daneben kann man aus der Rohdichte Rückschlüsse auf die Güte der Kornzusammensetzung und die Verdichtung des Betons sowie auf die später zu erwartende Druckfestigkeit ziehen. Die Frischbetonrohdichte wird sehr stark vom w/z-Wert und vom Luftgehalt beeinflusst; steigender w/z-Wert und zunehmender Porengehalt ergeben eine Verringerung der Rohdichte. Bei gleicher Zement- und Zuschlagmenge bringt eine höhere Rohdichte im allgemeinen eine höhere Druckfestigkeit. Zusammen mit der Konsistenz ermöglicht die Rohdichte eine gute Kontrolle der Betongüte. Bei Verwendung von normalen Gesteinkörnungen mit günstiger Körnungsverteilung liegt die Frischbetonrohdichte > 3,5 kg/dm³.

Vergleiche mit der Soll-Rohdichte, des gemäß Stoffraumrechnung vorgegebenen oder sich aus der Erstprüfung ergebenden Wertes, gibt Hinweise auf mögliche Fehler bei der Betonherstellung:

Ist-Rohdichte = Soll-Rohdichte: der Beton ist vollkommen verdichtet

Ist-Rohdichte < Soll-Rohdichte: der Beton enthält noch Luftporen oder überhöhten Wassergehalt

Ist-Rohdichte > Soll-Rohdichte: der Beton ist überverdichtet, er muss seine Zusammensetzung durch Entmischen verändert haben; Wasser und wasserreicher Zementleim steigt nach oben, er wird abgestrichen, d. h. der Anteil leichterer Bestandteile wird geringer.

Die Rohdichte wird im 8-l-Topf des Luftporenprüfgerätes oder meistens bei der Würfelherstellung ermittelt, indem man jeweils das mit verdichtetem Beton gefüllte Gefäß (LP-Topf oder Würfelform) wägt. Das nach Abzug des Gefäßgewichtes ermittelte Betongewicht wird dann durch das Gefäßvolumen dividiert und liefert so die Rohdichte. In Zweifelsfällen ist das erstgenannte Verfahren maßgebend.

7.3.3.5   Luftporengehalt

In jedem frisch verdichteten Beton verbleiben trotz sorgfältiger Verdichtung noch Poren, die aus unterschiedlicher Ursache (mangelhafte Zusammensetzung der Gesteinskörnung, unzureichende Verdichtung und anderes) entstehen und verschiedene Auswirkungen auf die Festbetoneigenschaften haben.

Ein gut verdichteter Frischbeton mit 32 mm Größtkorn hat im allgemeinen noch einen Luftporengehalt von 1 – 2 Vol.-% (feinkörnige, sandreiche Korngemische haben einen höheren Luftporengehalt als grobkörnige; er kann bis zu 6 Vol.-% ansteigen). Da ein absolut porenfreier Frischbeton unter praktischen Bedingungen nur schwer erzielt werden kann, spricht man bei diesem Porengehalt trotzdem von vollständiger Verdichtung. Diese in sich abgeschlossenen Poren haben im allgemeinen noch keine allzu großen nachteiligen Einflüsse auf die Betoneigenschaften. Jeder über diesen Gehalt hinausgehende Porengehalt aber hat nachteilige Auswirkungen auf die Dichtigkeit und Festigkeit. Mit jedem Vol.-% weiterer Luftporen fällt die Druckfestigkeit um etwa 7 – 8 % ab. Dieser starke Einfluss zeigt, dass eigentlich bei jeder Eignungsprüfung – unabhängig davon, ob luftporenbildende Zusatzmittel verwendet wurden oder nicht – der Luftporengehalt einer Frischbetonmischung geprüft werden sollte. (Im Straßenbau ist eine stündliche Überprüfung des LP-Gehaltes vorgeschrieben).

Der LP-Gehalt (eine exakte Bestimmung ist nur nachträglich an einer erhärteten, geschliffenen Betonfläche durch Auszählen und Ausmessen unter dem Mikroskop möglich) wird in Deutschland meistens nach dem Druckausgleichsverfahren bestimmt, das auf dem Gesetz von Boyle-Mariotte beruht, wonach das Produkt aus Druck · Volumen bei gleicher Temperatur konstant ist.

Verfahrensweise: Der in den 8-l-Behälter eingebrachte Frischbeton wird auf dem Rütteltisch (niemals mit Innenrüttlern!) vollständig verdichtet. Nach Aufsetzen des dicht schließenden Oberteils und Ausfüllen des verbliebenen Hohlraumes unter dem

Deckel mit Wasser wird das Ventil einer auf dem Gerät befindlichen unter Überdruck stehenden Luftdruckkammer bestimmten Volumens geöffnet. Der durch Zusammendrücken der Luftporen im Beton entstehende Druckverlust gibt an einem justierten Druckmanometer den LP-Gehalt des Betons in Vol.-% an (siehe *Abbildung 7.25*).

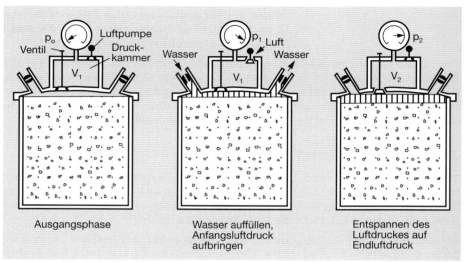

| Ausgangsphase | Wasser auffüllen, Anfangsluftdruck aufbringen | Entspannen des Luftdruckes auf Endluftdruck |

Abbildung 7.25
Druckausgleichsverfahren zur Bestimmung des Luftporengehaltes

7.3.3.6   Frischbetontemperatur

In manchen Fällen, d. h. bei „extremen" Außentemperaturen, kann die Ermittlung der Frischbetontemperatur wichtig sein, denn die Frischbetontemperatur beeinflusst das Erstarrungsverhalten und damit die Verarbeitbarkeit.

Höhere Temperaturen bewirken ein schnelles Ansteifen und Erstarren, schlechtere Verarbeitbarkeit, höhere Früh- aber geringere Endfestigkeiten und unter Umständen durch Feuchtigkeitsentzug größeres Schwinden. Durch niedrige Temperatur werden das Erstarren und Erhärten verzögert. Wenn keine Austrocknung oder Gefügezerstörung durch Frost eintritt, liegen die Festigkeiten im Alter sogar etwas höher als bei Normaltemperatur.

Alle Einflüsse, die sich ungünstig auf das Ansteifen und Erstarren auswirken, steigern meist auch den Wasseranspruch. So bewirken höhere Frischbetontemperaturen nicht nur ein früheres Ansteifen und Erstarren, sondern ebenso einen deutlich höheren Wasseranspruch zur Erzielung gleicher Verarbeitungskonsistenz, was in der Praxis beim Entwurf von Betonmischungen oft nicht hinreichend berücksichtigt wird.

Die Frischbetontemperatur muss zum Zeitpunkt der Lieferung gemäß DIN 1045, Abschnitt 5.2.8, mindestens +5 °C und darf höchstens +30 °C betragen.

Für das Betonieren bei kühler Witterung fordert die DIN 1045 die in der *Tabelle 7*.50 angegebenen Mindesttemperaturen beim Einbau.

Tabelle 7.50
Frischbetontempe-
ratur bei kühler
Witterung

Lufttemperatur [°C]		Frischbeton-temperatur [°C]
+5 bis -3	Allgemeiner Stahlbetonbau	≥ + 5
	Einsatz von NW-Zementen	≥ +10
	Zementgehalt < 240 kg/m³	≥ +10
< -3	Allgemeiner Stahlbetonbau	≥ +10[1]
[1] diese Temperatur soll wenigstens 3 Tage gehalten werden		

Eine Temperaturveränderung des Frischbetons lässt sich am einfachsten durch Erwärmen oder Abkühlen des Zugabewassers erreichen.

Faustregel:
○ Veränderung der Wassertemperatur um 40 K bewirkt eine Temperaturänderung des Frischbetons um ca. 10 K.
○ Veränderung der Temperatur des Zuschlags um 20 K bewirkt eine Temperaturänderung des Frischbetons um ca. 10 K.

Zum Kühlen des Frischbetons in der warmen Jahreszeit durch Einsatz von Eiswasser ist zusätzlich zu der Temperatur von 0 °C noch die Schmelzwärme des Eises besonders wirksam.

Jede Anforderung hinsichtlich künstlichen Kühlens oder Erwärmens des Betons vor der Lieferung muss zwischen Hersteller und Verwender vereinbart werden.

7.3.4   Zusammensetzen von Beton

Die Grundforderung für das Zusammensetzen von Beton lautet:
○ Der Beton muss so zusammengesetzt werden, dass er als Frischbeton verarbeitbar ist.
○ Er muss soviel Zement enthalten, dass die geforderte Druckfestigkeit und bei bewehrtem Beton ein ausreichender Korrosionsschutz der Stahleinlagen erreicht werden kann.
○ Die Dauerhaftigkeit der daraus hergestellten Betonbauwerke muss sichergestellt sein.

Nach DIN 1045 gibt es drei verschiedene Möglichkeiten, die Zusammensetzung des Betons festzulegen:

○ als Standardbeton
○ als Beton nach Zusammensetzung
○ als Beton nach Eigenschaften

Standardbeton ist ein Beton, dessen Zusammensetzung von der Norm vorgegeben ist. Bei diesem Beton ist keine Erstprüfung durch den Betonhersteller erforderlich. Der Überwachungsaufwand ist gering, der Anwendungsbereich allerdings auch sehr eingeschränkt.

Beim **Beton nach Zusammensetzung** werden dem Hersteller die Zusammensetzung und die Ausgangsstoffe, die verwendet werden müssen, vorgegeben. Der Hersteller ist für die Zusammensetzung und die Produktionskontrolle verantwortlich während der Verfasser der Festlegung für die Eigenschaften des Betons die Erstprüfung durchzuführen oder zu veranlassen hat

Beim **Beton nach Eigenschaften** ist der Verfasser der Festlegung verantwortlich für die vollständige Angabe der Anforderungen an die erforderlichen Betoneigenschaften. Der Hersteller des Betons wählt dann eine Zusammensetzung aus, mit der die geforderten Eigenschaften erfüllt werden können. Er ist für die Auswahl der Betonausgangsstoffe, die Betonzusammensetzung, die Erstprüfung, die Eigenschaften des Frisch- und Festbetons sowie die Produktionskontrolle verantwortlich.

7.3.4.1   *Festlegung des Betons (Leistungsbeschreibung)*

7.3.4.1.1   *Standardbeton*

Für Standardbeton sind in der Leistungsbeschreibung als Grundanforderungen die Druckfestigkeitsklasse, die Expositionsklasse, der Nennwert des Größtkorns der Gesteinskörnung, die Konsistenzklasse und – falls erforderlich – die Festigkeitsentwicklung festzulegen. Standardbeton darf nur als Normalbeton für unbewehrte und bewehrte Betonbauwerke verwendet werden.

Beim Standardbeton handelt es sich um Betone der Festigkeitsklassen $\leq C16/20$, die mit von der Norm vorgeschriebenen Mindestzementgehalten (siehe *Tabelle 7.51*) nur für die Expositionsklassen X0, XC1 und XC2 hergestellt werden.

Druckfestigkeits-klasse	Mindestzementgehalt in kg/m³ für Konsistenzbezeichnung		
	steif	plastisch	weich
C8/10	210	230	260
C12/15	270	300	330
C16/20	290	320	360

Tabelle 7.51
Mindestzementgehalt für
Standardbeton mit einem
Größtkorn von 32 mm und
Zement der Festigkeitsklasse
32,5 nach DIN EN 197-1

Diese Zementgehalte sind so hoch angesetzt, dass die angestrebte Betonfestigkeit mit Sicherheit erreicht wird und der Korrosionsschutz der Bewehrung sichergestellt ist.

Die Zementgehalte dürfen bei Verwendung eines Z 42,5 bis maximal 10 % verringert werden. Für 16 mm Größtkorn sind sie um 10 %, bei einem Größtkorn von 8 mm um 20 % zu erhöhen! Bei einem Größtkorn von 63 mm darf der Zementgehalt um maximal 10 % verringert werden. Die Vergrößerungen des Zementgehaltes *müssen*, die Verringerungen dürfen zusammengezählt werden; der jeweils höhere Wert ist maßgebend!

Es dürfen nur normale natürliche Gesteinskörnungen nach DIN 4226-1 eingesetzt werden.

Zusatzstoffe und Zusatzmittel dürfen nicht zugegeben werden.

Durch diese Festlegungen sind die Einsatzmöglichkeiten für Standardbeton stark eingeschränkt.

7.3.4.1.2 Beton nach Zusammensetzung

Die Leistungsbeschreibung für diese Betonart muss folgende Angaben enthalten: Zementgehalt, Zementart und Festigkeitsklasse, Wasserzementwert oder Konsistenz, Art und Kategorie der Gesteinskörnung, Nennwert des Größtkorns und gegebenenfalls Beschränkungen der Körnungsverteilung, Art und Menge der Zusatzstoffe oder -mittel.

7.3.4.1.3 Beton nach Eigenschaften

Folgende Grundangaben müssen in der Leistungsbeschreibung gemacht werden: Druckfestigkeits- und Expositionsklasse, Festigkeitsentwicklung, Nennwert des Größtkorns der Gesteinskörnung, Angaben über die Verwendung des Betons (unbewehrter Beton, Stahl- oder Spannbeton), Konsistenzklasse oder Zielwert der Konsistenz, Rohdichteklasse. Weitere zusätzliche Angaben sind erforderlich für besondere Bedingungen.

7.3.4.2 Entwerfen von Betonmischungen

Auf Grund der Leistungsbeschreibung für Beton nach Eigenschaften, in der alle Anforderungen festgelegt sind, kann eine Betonrezeptur entworfen werden. Aufbauend auf der Klasseneinteilung werden für die verschiedenen Expositionsklassen in der DIN 1045 Grenzwerte für die Eigenschaft des Betons und seiner Zusammensetzung festgelegt, die der Betonhersteller auf Grund der festgelegten Einstufung in die Expositionsklasse zu beachten hat.(*siehe Tabelle 7.52*)

Im wesentlichen sind folgende Anforderungen zu erfüllen:
- ○ Maximaler Wasser-Zement-Wert
- ○ Mindestzementgehalt
- ○ Mindestdruckfestigkeitsklasse des Betons

In einzelnen Fällen sind zusätzliche Anforderungen an die Ausgangsstoffe oder den Luftporengehalt des Frischbetons zu beachten.

Bei der Auswahl der Zementsorte ist zu berücksichtigen, dass auf Grund nicht ausreichender Erfahrung über die Dauerhaftigkeit für einige Zementsorten Anwendungsbeschränkungen bestehen. (siehe *Tabelle 7.39*)

Ist ein Bauteil mehreren unterschiedlichen Umwelteinwirkungen ausgesetzt, müssen diese als Kombination der entsprechenden Expositionsklassen alle angegeben werden da sich aus den einzelnen Klassen unter Unständen unterschiedliche Grenzwertfestlegungen für die einzelnen Anforderungen ergeben; maßgebend sind jeweils die höchsten Anforderungen.

Unter Berücksichtigung der Eigenschaften der Ausgangsstoffe Zement, Wasser, Gesteinskörnung und gegebenenfalls Zusatzstoffe und -mittel und ihrer gegenseitigen Wechselwirkung wird beim Betonentwurf die Rezeptur für einen Beton mit dem geforderten Verarbeitbarkeitsgrad und der zu erreichenden Druckfestigkeit sowie der Expositionsklasse näherungsweise ermittelt. Die **Erstprüfung muss dann beweisen**, dass der Beton die gewünschten Eigenschaften auch erreicht.

Zu dem bisherigen 3-Phasen-System der klassischen Betonausgangsstoffe Zement/Gesteinkörnung/Wasser kommt das Mitwirken von Zusatzstoffen und -mitteln hinzu, die heutzutage bei den meisten industriell hergestellten Betonen aber auch schon beim Baustellenbeton zunehmend verwendet werden. Beim Entwurf von Betonmischungen muss deshalb in Zukunft vom 5-Stoff-System Zement/Gesteinskörnung/Wasser/Zusatzstoff/Zusatzmittel ausgegangen werden, wodurch der Entwurf wesentlich komplizierter wird und nur noch rechnergestützt möglich ist (CAM-Beton; *CAM = computer aided manufactoring)*

Da hierzu die Forschungen noch nicht abgeschlossen sind, Basis für die neuen Ansätze aber nach wie vor der klassische Entwurf auf der Grundlage der Walz-Kurven ist, wird in diesem Buch bis auf weiteres nur der klassische Betonentwurf behandelt, der die Zementfestigkeit, den Wasser-Zement-Wert und den Wasseranspruch der Ausgangsstoffe berücksichtigt und der für baustellengemischte Betone nach wie vor Gültigkeit besitzt.

Beim Mischungsentwurf müssen zunächst folgende Daten festgelegt werden bzw. durch Vorversuche bekannt sein:

Tabelle 7.52
Grenzwerte für Zusammensetzung und Eigenschaften von Beton gemäß DIN 1045 (Fortsetzung siehe nächste Seite)

Nr.	Expositionsklassen	kein Angriffsrisiko durch Korrosion	Bewehrungskorrosion									
			durch Karbonatisierung verursachte Korrosion				durch Chloride verursachte Korrosion					
							Chloride außer aus Meerwasser			Chloride aus Meerwasser		
		XO^1	XC1	XC2	XC3	XC4	XD1	XD2	XD3	XS1	XS2	XS3
1	Höchstzulässiger w/z	–	0,75	0,75	0,65	0,60	0,55	0,50	0,45			
2	Mindestdruckfestigkeitsklasse[3]	C8/10	C16/20	C16/20	C20/25	C25/30	C30/37[5]	C35/45[5]	C35/45[5]			
3	Mindestzementgehalt[4] in kg/m³	–	240	240	260	280	300	320[2]	320[2]	siehe XD1	siehe XD2	siehe XD3
4	Mindestzementgehalt[4] bei Anrechnung von Zusatzstoffen in kg/m³	–	240	240	240	270	270	270	270			
5	Mindestluftgehalt in %	–	–	–	–	–	–	–	–			
6	Andere Anforderungen	–				–	–					

[1] Nur für Beton ohne Bewehrung oder eingebettetes Metall.
[2] Für massige Bauteile (kleinste Bauteilabmessung 80 cm) gilt der Mindestzementgehalt von 300 kg/m³.
[3] Gilt nicht für Leichtbeton.
[4] Bei einem Größtkorn der Gesteinskörnung von 63 mm darf der Zementgehalt um 30 kg/m³ reduziert werden. In diesem Fall darf[2] nicht angewendet werden.
[5] Bei Verwendung von Luftporenbeton, z.B. aufgrund gleichzeitiger Anforderungen aus der Expositionsklasse XF, eine Festigkeitsklasse niedriger.

Nr.	Expositionsklassen	Frostangriff				Betonangriff — Aggressive chemische Umgebung			Verschleißangriff[8]		
		XF1	XF2	XF3	XF4	XA1	XA2	XA3	XM1	XM2	XM3
1	Höchstzulässiger w/z	0,60	0,55[7]	0,50	0,50[7]	0,60	0,50	0,45	0,55	0,55	0,45
2	Mindestdruckfestigkeitsklasse[3]	C25/30	C25/30	C35/45	C30/37	C25/30	C35/45[5]	C35/45[5]	C30/37[5]	C30/37[5]	C35/45[5]
3	Mindestzementgehalt[4] in kg/m³	280	300	320	320	280	320	320	300[9]	300[9]	320[9]
4	Mindestzementgehalt[4] bei Anrechnung von Zusatzstoffen in kg/m³	270	[7]	270	[7]	270	270	270	270	270	270
5	Mindestluftgehalt in %	–	[6]	[6]	[6] [10]	–	–	–	–	–	–
6	Andere Anforderungen	F_4	MS_{25}	F_2	MS_{18}	–	–	[11]	Oberflächenbehandlung des Betons[12]		Hartstoffe nach DIN 1100

Zu Nr. 6 (XF1–XF4): Gesteinskörnungen mit Regelanforderungen und zusätzlich Widerstand gegen Frost bzw. Frost und Taumittel (siehe DIN 4226-1).

3 Gilt nicht für Leichtbeton.

4 Bei einem Größtkorn der Gesteinskörnung von 63 mm darf der Zementgehalt um 30 kg/m³ reduziert werden. In diesem Fall darf[2] nicht angewendet werden.

5 Bei Verwendung von Luftporenbeton, z.B. aufgrund gleichzeitiger Anforderungen aus der Expositionsklasse XF, eine Festigkeitsklasse niedriger.

6 Der mittlere Luftgehalt im Frischbeton unmittelbar vor oder dem Einbau muss bei einem Größtkorn der Gesteinskörnung von 8 mm ≥ 5,5 % Volumenanteil, 16 mm ≥ 4,5% Volumenanteil, 32 mm ≥ 4,0% Volumenanteil und 63 mm ≥ 3,5% Volumenanteil betragen. Einzelwerte dürfen diese Anforderungen um höchstens 0,5% Volumenanteil unterschreiten.

7 Zusatzstoffe des Typs II dürfen zugesetzt, aber nicht auf den Zementgehalt oder den w/z angerechnet werden.

8 Die Gesteinskörnungen bis 4 mm Größtkorn müssen überwiegend aus Quarz oder aus Stoffen mindestens gleicher Härte bestehen, das gröbere Korn aus Gestein oder künstlichen Stoffen mit hohem Verschleißwiderstand. Die Körner aller Gesteinskörnungen sollen mäßig raue Oberfläche und gedrungene Gestalt haben. Das Gesteinskorngemisch soll möglichst grobkörnig sein.

9 Höchstzementgehalt 360 kg/m³, jedoch nicht bei hochfesten Betonen.

10 Erdfeuchter Beton mit w/z ≤ 0,40 darf ohne Luftporen hergestellt werden.

11 z.B. Vakuumieren und Flügelglätten des Betons.

12 Schutzmaßnahmen siehe 5.3.2 der DIN 1045-2.

Tabelle 7.52
Fortsetzung

○ **von der Gesteinskörnung :**
  - Sieblinie
  - Größtkorn (abhängig von der Bauteilabmessung und vom Abstand der Bewehrungsstäbe)
  - Kornrohdichte
○ **vom Zement:**
  - Zementart
  - Normdruckfestigkeit
  - Dichte
○ **vom Beton:**
  - Betonfestigkeitsklasse; eventuell Vorhaltemaß
  - Konsistenz
  - Expositionsklasse

Für die Aufgabe des Entwerfens sind viele Verfahren entwickelt worden. Besonders genau und zielsicher ist eine Mischungsberechnung, bei der die Anteile der verschiedenen Komponenten nach der Stoffraumrechnung ermittelt werden. Zur Vereinfachung des gesamten Rechenganges verwendet man in der Praxis entsprechend hergestellte Formblätter.

7.3.4.2.1 Entwerfen einer Betonmischung mit Hilfe der Stoffraumrechnung

Die Berechnung des Mischungsverhältnisses wird zweckmäßig in folgender Reihenfolge durchgeführt:

1. *Ermittlung des w/z-Wertes ω* entsprechend der geforderten Druckfestigkeit
2. *Ermittlung des Wasserbedarfs w:* entsprechend der geforderten Konsistenz und der Kornzusammensetzung
3. *Errechnung des Zementbedarfs z:* prüfen, ob der Zementgehalt den Anforderungen der DIN 1045 entspricht
4. *Festlegung des Frischbetonporengehaltes p:* abschätzen nach Erfahrung; ohne LP-Zusatzmittel etwa 1,5 Vol.-% = 15 dm^3/m^3
5. *Errechnung des Zuschlagbedarfs g*
6. *Berechnung des Mischungsverhältnisses z : g : w = 1 : g/z : ω*

Bei Arbeiten auf der Baustelle folgt dann:
Berechnen der Mischerfüllung mit Aufteilen der Zuschlagmenge auf die einzelnen Korngruppen (gegebenenfalls unter Berücksichtigung unterschiedlicher Kornrohdichten) und Berücksichtigung der Eigenfeuchte bei der Errechnung der Wasserzugabe.

7.3.4.2.1.1 Betonfestigkeit, Wasser-Zement-Wert

Der Wasser-Zement-Wert ω wird aus der *Abbildung 7.16* entsprechend der geforderten Betonfestigkeitsklasse und der gewählten Zementfestigkeitsklasse entnommen.

Die Kurvendarstellungen sind für einen natürlichen Luftporengehalt des Betons von 1,5 Vol.-% ausgelegt. Falls der Luftporengehalt durch Zusatz von luftporenbildenden Zusatzmitteln höher liegt, ist die dadurch bedingte Festigkeitsminderung durch entsprechende Korrektur, d. h. Verringerung des Wassergehaltes zu berücksichtigen. Da die zusätzlichen Luftporen annähernd den gleichen festigkeitsmindernden Einfluss haben wie die volumengleiche Menge Wasser, fasst man den zusätzlichen Luftporengehalt und den Wassergehalt zu einem $[(w + p)/z]$-Wert zusammen und kann daraus dann den „äquivalenten w/z-Wert" (ω_{eq}) errechnen.

Damit die geforderte Druckfestigkeit bei der Güteprüfung des Betons mit Sicherheit erreicht wird, muss bei der Erstprüfung die unvermeidliche Streuung berücksichtigt werden. Für die Erstprüfung muss deshalb die mittlere Druckfestigkeit einer Würfelserie um das **Vorhaltemaß** über der charakteristischen Festigkeit f_{ck} festgelegt werden (= Nachweisfestigkeit). Das Vorhaltemaß sollte ungefähr das Doppelte der erwarteten Standardabweichung sein, d.h. mindestens ein Vorhaltemaß von 6 N/mm² bis 12 N/mm² in Abhängigkeit von der Herstellungseinrichtung, den Ausgangsstoffen und den verfügbaren Angaben über die Schwankungen. Die Konsistenz des Betons muss zum Zeitpunkt, zu dem der Beton voraussichtlich eingebracht wird, oder bei Transportbeton zum Zeitpunkt der Übergabe, innerhalb der Grenzen der Konsistenzklasse liegen.

Erweist sich der Beton mit dieser Konsistenz für einzelne schwierige Betonierabschnitte als nicht ausreichend verarbeitbar und soll daher der Wassergehalt erhöht werden, so muss auch der Zementanteil entsprechend vergrößert werden. Der Beton darf mit keinem größeren Wasser-Zement-Wert hergestellt werden, als es durch die Eignungsprüfung festgelegt worden ist.

Da der Wasser-Zement-Wert neben der Festigkeit auch die anderen Festbetoneigenschaften beeinflusst, dürfen in Abhängigkeit von weiteren Anforderungen (z. B. Wasserundurchlässigkeit, erhöhter Widerstand gegen Frosteinwirkung oder Einwirkung aggressiver Wässer) sowie zur Sicherstellung des Korrosionsschutzes bei Stahlbeton obere Grenzwerte nicht überschritten werden. Die aus der *Abbildung 7.16* ermittelten Wasser-Zement-Werte sind also mit den maximal zulässigen Werten aus *Tabelle 7.52* zu vergleichen und gegebenenfalls zu korrigieren. Maßgebend für den Mischungsentwurf ist jeweils der kleinste Wasser-Zement-Wert, auch wenn sich dadurch höhere Festigkeiten als gefordert ergeben. Um diese Überdimensionierung zu vermeiden, ist es in einem solchen Fall im allgemeinen wirtschaftlicher, möglichst Zemente geringerer Festigkeitsklasse zu verwenden, wobei dann w/z-Wert, Betonfestigkeit und besondere Anforderungen besser aufeinander abgestimmt werden können.

Zu beachten ist, dass bei Verwendung bestimmter Zementarten die Zusatzstoffe des Typs II (Flugasche, Silcastaub) über den k-Wert-Ansatz auf den Wasser-Zement-Wert und den Mindestzementgehalt (außer bei den Expositionsklassen XF2 und XF4) ange-

Beton 7.3

rechnet werden können. Für diesen Fall ist dann mit dem äquivalenten Wasser-Zement-Wert zu rechnen. Er errechnet sich nach den Formeln

$$(w/z)_{eq} = w/(z + k_f \cdot f), \quad (w/z)_{eq} = w/(z + k_s \cdot s) \quad \text{oder} \quad (w/z)_{eq} = w/(z + k_f \cdot f + k_s \cdot s)$$

7.3.4.2.1.2 Wasseranspruch

Die für die Konsistenzbereiche steif bis weich je m³ verdichteten Frischbetons erforderliche Gesamt-Wassermenge lässt sich in erster Näherung nach der Kornzusammensetzung des Zuschlags abschätzen und kann aus entsprechenden Kurven, *Abbildung 7.22* oder Tabellen, *Tabelle 7.47* entnommen werden.

7.3.4.2.1.3 Zementgehalt

Ausgehend vom so ermittelten Wasserbedarf w und dem Wasser-Zement-Wert ω errechnet sich der Zementgehalt z nach der Formel:

$$z = \frac{w}{\omega} \quad \left[\frac{kg}{m^3}\right]$$

d. h., durch den w/z-Wert und der Wasseranspruch ist der geforderte Zementgehalt bereits festgelegt.

Zu beachten ist, dass der für die Umweltbedingungen und die Korrosionssicherheit der Stahleinlagen erforderliche Mindestgehalt (siehe *Tabelle 7.52*) nicht unterschritten sowie der aus wirtschaftlichen und technologischen Gründen maximale Gehalt an Zement nicht überschritten wird. Betontechnologisch ist ein Beton um so besser, je weniger Zementleim für eine einwandfreie Verdichtung erforderlich ist. Weniger Zementleim bedeutet bei konstantem w/z-Wert auch geringerer Zementgehalt bei gleicher Festigkeit. Mit sinkendem Zementgehalt werden aber andere wichtige Betoneigenschaften, wie z. B. Schwinden, Kriechen, E-Modul, Widerstandsfähigkeit gegen Frost und aggressive Wässer positiv beeinflusst.

Eventuell anzurechnender Zusatzstoff ist zu berücksichtigen.

7.3.4.2.1.4 Anteil der Gesteinskörnung

Die Stoffraumrechnung beruht auf der Überlegung, dass die Bestandteile des Betons, Zement, Wasser, Gesteinskörnung und Luft, das Volumen von 1 m³ ausfüllen. Somit ergibt sich für die Stoffraumrechnung folgende Berechnungsgrundlage:

$$V_z + V_w + V_g + V_p = 1\,m^3 \qquad \frac{z}{\rho_z} + \frac{w}{\rho_w} + \frac{g}{\rho_{Rg}} + p = 1\,000 \quad [dm^3]$$

Mit Hilfe dieser Formel lässt sich nun die Masse der trockenen Gesteinskörnung g je m³ Beton errechnen, sofern die Dichten der einzelnen Stoffe bekannt sind (siehe *Tabelle 7.10*).

447

Weiterhin muss der Restluftporengehalt im verdichteten Frischbeton von im Mittel 1,5 Vol.-% (= 15 l/m^3) berücksichtigt werden.

Die Gesamtmasse der Gesteinskörnung ist dann entsprechend der geforderten Sieblinie in die einzelnen Korngruppen aufzuteilen.

7.3.4.2.1.5 Mischungsverhältnis

Aus den ermittelten Baustoffmengen lässt sich nun auch das MV nach Massenteilen (Gewichtsteilen) errechnen. Mischungsverhältnis $z : g : w = 1: g/z : \omega$.

7.3.4.2.2 Zementleimdosierung

Dieses Verfahren, das etwas aufwendiger ist als die Stoffraumrechnung, wird bevorzugt dann angewendet, wenn man eine zuverlässige Aussage über die Verarbeitbarkeit der angestrebten Betonmischung erhalten will. Das Verfahren arbeitet im Prinzip so, dass man im Labor zu einer vorgegebenen Menge Gesteinskörnung, die einerseits *trocken* und zum anderen natürlich genauso zusammengesetzt sein muss, wie sie später verarbeitet werden soll, soviel Zementleim zusetzt, bis die geforderte bzw. gewünschte Konsistenz erreicht ist.

Aus den Baustoffmengen, die zur Herstellung der Probemischung verbraucht werden, lässt sich nun das Mischungsverhältnis ermitteln. Die Masse der Gesteinskörnung war vorgegeben. Aus der verbrauchten Zementleimmasse sowie dem genau wie bei der Stoffraumrechnung ermittelten w/z-Wert ω errechnet sich der Zement- und Wasseranteil nach den Formeln:

$$z = \frac{\text{Zementleimmasse}}{1 + \omega} \quad [\text{kg}] \qquad\qquad w = \text{Zementleimmasse} - z \quad [\text{kg}]$$

Aus der Rohdichte des Betons, die an der Probemischung zu ermitteln ist, und dem Mischungsverhältnis lassen sich die Anteile der einzelnen Komponenten nun leicht nach den folgenden Formeln errechnen:

$$z = \frac{\rho_{Rb,h}}{1 + \dfrac{g}{z} + \omega} \quad \left[\frac{\text{kg}}{\text{m}^3}\right]$$

$$g = \frac{g}{z} \cdot z \quad \left[\frac{\text{kg}}{\text{m}^3}\right]$$

$$w = \omega \cdot z \quad \left[\frac{\text{kg}}{\text{m}^3}\right]$$

Beispiel 1.1:

Beton C12/15 mit einer Gesteinskörnung A 16/B 16 und Zement CEM I 32,5N; Konsistenzklasse F3. Wegen Größtkorn der Gesteinskörnung von 16 mm, Erhöhung des Zementgehaltes um 10 %: Mindestzementgehalt nach *Tabelle 7.51* 360kg/m^3 + 10 % = 396 kg/m^3 Beton.

Beispiel 1.2:

Beton C16/20 mit einer Gesteinskörnung B 8/C 8 und Zement CEM I 42,5N; Konsistenzklasse F2. Wegen Größtkorn der Gesteinskörnung von 8 mm, Erhöhung des Zementgehaltes um 20 %, wegen Verwendung eines CEM I 42,5N Verminderung des Zementgehaltes um 10 %: Mindestzementgehalt nach *Tabelle 7.51* 320 kg/m^3 + (20 % − 10 %) = 352 kg/m^3 Beton.

Beispiel 2:

Für einen Beton C30/37 für eine 30 cm dicke Kelleraußenwand sind die einzelnen Bestandteile zu bestimmen. Vorgesehen ist die Konsistenzklasse C2 mit einem Ausbreitmaß von 38 cm, Kornzusammensetzung der Gesteinskörnung im günstigen Bereich ③ zwischen den Grenzsieblinien A und B, Hochofenzement DIN EN 197-1 − CEM III/A 32,5N mit einer Dichte von 3,00 kg/dm^3. Die Gesteinskörnung wird aus folgenden 4 Korngruppen mit unterschiedlichen Kornrohdichten zusammengesetzt (wegen der verschiedenen Rohdichten sind die Sieblinien nicht auf Massenanteile, sondern auf Volumenanteile zu beziehen):

40 Vol.-% Korngruppe	0/2,	Kornrohdichte 2,64 kg/dm^3
11 Vol.-% Korngruppe	2/8,	Kornrohdichte 2,63 kg/dm^3
24 Vol.-% Korngruppe	8/16,	Kornrohdichte 2,62 kg/dm^3
25 Vol.-% Korngruppe	16/32,	Kornrohdichte 2,62 kg/dm^3

Für das Korngemisch mit der Körnungsziffer k = 4,53 ergibt sich nach *Abbildung 7.22* bzw. *Tabelle 7.47* für die Konsistenzklasse C2 im mittleren Bereich ein Wasseranspruch von w = 162 kg/m^3.

Mit dem gewählten Vorhaltemaß von 7 N/mm^2 wird für die Erstprüfung eine Druckfestigkeit von $f_{cm,cube}$ = $f_{ck,cube}$ + 7 N/mm^2 = 44 N/mm^2 angestrebt. Damit ergibt sich aus der *Abbildung 7.16* für Zement CEM 32,5N ein erforderlicher Wasser-Zement-Wert von ω ≤ 0,48. Der maximal zulässige ω-Wert für die Expositionsklasse XC4 beträgt 0,60. Maßgebend für die Betonrezeptur ist jeweils der kleinere der beiden Wasser-Zement-Werte, in diesem Fall ω ≤ 0,48.

(Fortsetzung siehe nächste Seite)

(Beispiel 2, Fortsetzung)

Der Zementgehalt errechnet sich damit zu $z = 162$ kg/m^3 : $0,48 = 338$ kg/m^3. Die Forderung für den Mindestzementgehalt von 280 kg/m^3 ist somit erfüllt.

Mit einem angenommenen Luftporengehalt von $p = 1,5$ Vol.-% $= 15$ l/m^3 kann die Stoffraumrechnung zur Bestimmung des Gehaltes der Gesteinskörnung g durchgeführt werden. Da die einzelnen Korngruppen unterschiedliche Kornrohdichten aufweisen, muss der Volumenanteil des Zuschlags von 710 dm^3/m^3 entsprechend der Vol.-%-Anteile der einzelnen Korngruppen aufgeteilt werden. Der Stoffraumanteil der einzelnen Korngruppen wird dann mit Hilfe der entsprechenden Kornrohdichte auf die Massenanteile umgerechnet.

(Haben die einzelnen Kornfraktionen die gleiche Rohdichte, so bezieht sich die prozentuale Aufteilung auf Massenanteile. In diesem Fall kann man den gesamten Volumenanteil des Zuschlags mit der einheitlichen Rohdichte umrechnen; die Gesamtmasse der Gesteinskörnung wird dann entsprechend den M.-%-Anteile für die einzelnen Korngruppen aufgeteilt.) Damit kann nun die Zusammensetzung für 1 m^3 verdichteten Beton angegeben werden. Die Frischbetonrohdichte errechnet sich dann zu $\rho_{Rb,h} = 2,366$ kg/dm^3.

Der Mehlkorngehalt ist zu ermitteln und zu überprüfen, ob der maximal zulässige Gehalt nach *Tabelle 7.49 a oder b* nicht überschritten wird.

Mit dem rechnerisch ermittelten Mischungsverhältnis der einzelnen Betonbestandteile wird zunächst eine Erstprüfung durchgeführt. Wenn dabei hinsichtlich Verarbeitung und Eigenschaften die Eignung des Betons nachgewiesen wurde, kann mit der Betonherstellung begonnen werden. Für die Baustelle ist dann die Rezeptur für eine Mischerfüllung entsprechend der Mischergröße zu errechnen. Da die Gesteinskörnung auf der Baustelle nicht trocken abgewogen wird, sondern eine bestimmte Oberflächenfeuchte besitzt, ist das Gewicht der Oberflächenfeuchte beim Abwägen der Gesteinskörnung zu berücksichtigen. Um die gleiche Menge ist auch die Wasserzugabe zu verringern. Die Ermittlung der Oberflächenfeuchte ergab folgende Werte:

5,5 M.-% Feuchte beim Sand 0/2   0,6 M.-% Feuchte beim Kies 8/16

1,5 M.-% Feuchte beim Kiessand 2/8   0,3 M.-% Feuchte beim Kies 16/32

Beispiel 3:

Zu ermitteln sind die Stoffmengen für 1 m³ Beton C20/25 für eine Stahlbetonwand mit einer Konsistenz C2, angestrebtes Ausbreitmaß a ≈ 40 cm. Als Bindemittel wird ein Portlandzement DIN EN 197-1 – CEM I 32,5 R eingesetzt.

Die Ermittlung des höchstzulässigen Wasser-Zement-Wertes erfolgt wie in Beispiel 2. Mit dem gewählten Vorhaltemaß von 8 N/mm² ergibt sich aus der *Abbildung 7.16* für einen CEM 32,5 ein Wasser-Zement-Wert von $\omega \le 0,60$. Der Beton ist in die Expositionsklassen XC4 und XF1 einzuordnen: der maximal zulässige ω-Wert für XC4 und XF1 beträgt 0,60. Aus 10 kg Zement und dem mit Hilfe des Wasser-Zement-Wertes errechneten erforderlichen Wassergehalt von $w = 6,0$ kg wird Zementleim angerührt. Zu 40 kg des oberflächentrockenen fertigen Korngemischs wird unter ständigem Mischen solange Zementleim zugegeben, bis die gewünschte Konsistenz erreicht ist. Durch Zurückwägen der Restmenge wird der Zementleimverbrauch zu 9,6 kg ermittelt. Aus dem Zementleimverbrauch wird der Zement- und Wassergehalt sowie das Mischungsverhältnis in Gew.-Teilen zu 1 : 6,66 : 0,6 errechnet. Mit dem so hergestellten Frischbeton wird die Frischbetonrohdichte ermittelt zu $\rho_{Rb,h}$ = 2,294 kg/dm³. Aus der Frischbetonrohdichte und dem Mischungsverhältnis errechnen sich dann die Stoffmengenanteile für 1 m³ Beton. Die Ermittlung der Zusammensetzung für eine Mischerfüllung mit einem bestimmten Nenninhalt sowie die Berücksichtigung der Eigenfeuchte der Gesteinskörnung erfolgt wie in Beispiel 2.

7.3.4.3   Baustoffmengen für eine Mischerfüllung

Wenn man die Betonzusammensetzung ermittelt, werden die Baustoffmengen für einen Kubikmeter (1 m³) verdichteten Frischbeton angegeben. In den meisten Fällen ist nun der Mischer nicht so groß, dass diese Mengen aufgenommen werden können. Um die Rezeptur für eine Mischerfüllung zu erhalten, sind die ermittelten Stoffmengen daher entsprechend umzurechnen.

Gemäß DIN 459 wird der Nenninhalt eines chargenweise arbeitenden Mischers definiert als das Volumen des *verdichteten* Frischbetons in m³, das der Mischer in der vorgeschriebenen Mischzeit gleichmäßig durchzumischen vermag. Der Nenninhalt wird mit einem steifen Beton, mit einem Verdichtungsmaß von $v = 1,45$ festgestellt. Das Volumen der Trockenfüllung ist für Kiesbeton mit dem 1,5-fachen und für Splittbeton mit dem 1,62-fachen des Nenninhaltes anzunehmen.

Entsprechend dem kleineren Verdichtungsmaß ist der nutzbare Inhalt eines Mischers beim Betonieren von Betonen mit plastischer Konsistenz (Konsistenzklasse F2 oder C2) um etwa 15% und bei weicher Konsistenz (Konsistenzklasse F3 oder C3) um etwa

		Beton		Vordruck 6
		Mischungsberechnung		Blatt Nr. *14*

~~Niederlassung/Werk/~~ Baustelle:	*Hauptschule Burgdorf*	
Bauteil:	*Kelleraußenwand*	*Dicke = 30 cm*

Anforderungen			Expositionsklasse		*XC4, XF1*	
X	Wasserundurchlässigkeit	hoher Frostwiderstand	Festigkeitsklasse		*C30/37*	
	Hoher Frost-/Tausalzwiderstand		Konsistenzbereich		*C2*	
	Hoher Widerstand gegen chem. Angriff schwach stark sehr stark		Zementgehalt		*>= 280*	kg/m³
	Sichtbeton	niedrige Wärmeentwicklung	Sieblinienbereich/Größtkorn		*A/B - 32*	
X	Pumpbeton	Frühfestigkeit	Luftgehalt			Vol.-%
			Erforderliche Verarbeitungszeit			Stunden

Ausgangsstoffe						
Zement Herstellwerk	*Müller, Deckenthal*	Dichte	Zuschlag		Art/ Lieferwerk [1] / Lieferant [1]	
Art / Festigkeitsklasse	*CEM III/A 32,5*	*3,00*	0/2	mm	*Rheinsand / Schulz*	
Zusatzstoff Herstellwerk		Dichte	2/8	mm	*Rheinsand / Schulz*	
Art/ Bezeichnung			8/16	mm	*Rheinkies / Schulz*	
Zusatzmittel Herstellwerk			16/32	mm	*Rheinkies / Schulz*	
Art/ Bezeichnung			Sieblinie Nr. [3]	Blatt Nr. *7*	Kennwert [3]:	*k = 4,53*

Stoffraumrechnung						
Angestrebte Druckfestigkeit	Bw = *44*	N/mm²; Erforderlicher Wasserzementwert für Festigkeit	<=	*0,48*	
Erforderlicher Wasserzementwert für besondere Eigenschaften einschließlich Vorhaltemaß			<=	*0,60*	
Gewählter Wasserzementwert, w/(z+k*f) (k=)		*0,48*	Dichte kg/dm³		Stoffraum dm³/dm³	
Erforderlicher Wassergehalt, w	*162*	kg/m³	*1,00*	▶	*162*	*1000*
Erforderlicher Zementgehalt, z	*338*	kg/m³	*3,00*	▶	*113*	
Zusatzstoffgehalt, f		kg/m³		▶		
Luftgehalt, p	*1,5*	Vol.-%	(. 10)	▶	*15*	*290*
Erforderlicher Zuschlaggehalt, g		kg/m³		◀		◀ *710*
				1000		
Zusammensetzung für 1m³			Zusammensetzung für		*0,50*	m³

Stoffe Zuschlag	Volumen-Anteil [2] %	Stoffraum dm³/m³	Kornrohdichte kg/m³	Masse/Gewicht Zuschlag trocken mg,d - kg/m³	Masse/Gewicht Zuschlag trocken $m_{t,d}$ kg	Oberflächenfeuchte M.-%	Oberflächenfeuchte kg	Masse (Gewicht) Zuschlag feucht kg
0/2 mm	40	284	2,64	750	375	5,5	21	396
2/8 mm	11	78	2,63	205	103	1,5	2	105
8/16 mm	24	170	2,62	445	222	0,6	1	223
16/32 mm	25	178	2,62	446	233	0,3	1	234

Summe	100	710		1866	933			958
Zusatzstoff								
Zement		338			169			169
Wasser		162			81	—	25	= 56
Sollgewicht Frischbetonmasse (-gewicht)		2366						1183
Zusatzmittel (M.-% des Zementes)								
Mehlkorngehalt	338	kg/m³ Zement+	37	kg/m³	Zuschlag<0,125mm +		kg/m³ Zusatzstoff=	375 kg/m³
Mehlkorn- und Feinstsandgehalt	338	kg/m³ Zement+	75	kg/m³	Zuschlag<0,25mm +		g/m³ Zusatzstoff=	413 kg/m³
Mörtelstoffraum		Wasser+			Zement +	Luftgehalt+	Zuschlag<2mm =	dm³/dm³

[1] Nichtzutreffendes streichen
[2] Zutreffendes ankreuzen

[3] Aus Vordruck 4

A-Dorf   *21.04.2004*   *Meyer*
(Ort)   (Datum)   (Unterschrift)

Abbildung zu Beispiel 2
Betonzusammensetzung Stoffraumrechnung

Betonzusammensetzung

Stoffraumermittlung (Zementleimdosierung)

1. Allgemeines und Ausgangswerte

Bauwerk: _Stahlbetonwand_   Expositionsklasse: _XC4, XF1_

Betonfestigkeitsklasse : _C20/25_   Konsistenz: _F2_

Zuschlag, Art: _0/32 Leimehics_

Körnung	0/2	2/8	8/32		mm
Anteil	28	15	57		%

Zement, Art, Festigkeitsklasse / Werk: _Portlandzement CEM I 32,5 R_

Zement-Normenfestigkeit (Rechenwert) : N_{28} = _42,5_ N/mm^2

Höchstzulässiger Wasserzementwert (siehe Arbeitsblatt 2/1): $w = \dfrac{W}{Z} = $ _0,60_

2. Versuchsdurchführung   (Arbeitsgang siehe Merkblatt M 3)

2.1 Herstellen des Zementleims

Gewählte Wassermenge   W' = _6_ kg

erforderliche Zementmenge $Z' = \dfrac{W'}{w} = \dfrac{6}{0,60} = Z' = $ _10_ kg

Zementleimgewicht (Kontrolle durch Wiegen!)   Zl' = _16_ kg

2.2 Herstellen des Betons

Gewählte Zuschlagmenge (oberflächentrocken)   G = _40,0_ kg

Gewicht Zementleim + Gefäß (Tara)   Zl'+T = _17,5_ kg

Gewicht Zementleimrest + Gefäß (Tara)   Zl'$_R$+T = _7,9_ kg

Zementleim-Verbrauch   Zl = _9,6_ kg

Konsistenz (gemessen) :   a = _39_ cm;   v = _1,10_

2.3 Mischungsverhältnis in Gew.-Teilen

Zement in der Mischung: $Z = \dfrac{Zl}{1+w} = \dfrac{9,6}{1,6} = Z = $ _6,0_ kg

Wasser in der Mischung: $W = Z \cdot w = 6,0 \cdot 0,6 = W = $ _3,6_ kg

Zuschlag in der Mischung : (siehe Ziff. 2.2)   G = _40,0_ kg

Mischungsverhältnis in Gew.-T. = 1 : $\left(\dfrac{G}{Z}\right)$: $\left(\dfrac{W}{Z}\right)$ = 1 : $\dfrac{40,0}{6,0}$: $\dfrac{3,6}{6,0}$ = $\boxed{1 : 6,67 : 0,6}$

3. Stoffmengen für 1 m^3 Beton

Gewicht der verdichteten Betonprobe in der Form   = _9,4_ kg

Gewicht der leeren Form   = _1,6_ kg

Betongewicht B$_{1f}$ = _7,8_ kg

Frischbetonrohdichte $= \dfrac{B_{1f} \cdot 1000}{\text{Volumen d. Form}} = \dfrac{7,8 \cdot 1000}{3,4} = \varrho_{B,o} = $ _2.294_ kg/m^3

Zementgehalt $Z = \dfrac{\varrho_{B,o}}{\sum MV\,(GT)} = \dfrac{2.294}{1+6,67+0,60} = $ _277_ kg/m^3

Zuschlaggehalt $G = Z \cdot \left(\dfrac{G}{Z}\right) = $ _277_ . _6,67_ = _1.849_ kg/m^3

Gesamtwassergehalt $W = Z \cdot \left(\dfrac{W}{Z}\right) = $ _277_ . _0,6_ = _166_ l/m^3

ZLB ZEMLABOR   D-4720 Beckum   Tel. (02521) 2197   Fax (02521) 7318   Telex 89456

Ausgabe: Januar 1988

Abbildung zu Beispiel 3
Betonzusammensetzung Zementleimdosierung

Nenninhalt des Mischers nach DIN 459 [m³]		0,15	0,25	0,33	0,50	0,75	1,00
Nutz-inhalt [m³] für	steif	0,15	0,25	0,33	0,50	0,75	1,00
	plastisch	0,17	0,29	0,38	0,57	0,86	1,15
	weich	0,19	0,31	0,41	0,62	0,94	1,25

Tabelle 7.53
Nutzinhalt von
Betonmischern

25 % größer (siehe *Tabelle 7.53*). Bei einem stetig arbeitenden Betonmischer ist die Mischergröße durch den theoretischen Mischerdurchsatz der unverdichteten Frisch-betonmenge in m³/h gekennzeichnet.

Bei sackweiser Zugabe von Zement ist die Zementmenge auf ein vielfaches von 25 kg aufzurunden.

Bei der Mischerbeschickung ist der Feuchteanteil der Zuschläge zu berücksichtigen, da sonst die Wassermenge im Beton unzulässig erhöht würde, was beträchtliche Festigkeitsverluste zur Folge hätte (siehe *Abbildung 7.15*). Das Zugabewasser errech-net sich als Differenz aus der berechneten Wassermenge abzüglich der Oberflächen-feuchte der Zuschläge.

7.3.5   Herstellen und Verarbeiten des Betons

Zur Herstellung von Bauteilen und Bauwerken aus Beton gehört nicht nur das Ermit-teln der richtigen Betonrezeptur aus geeigneten Baustoffen. Es gehören auch dazu das Erstellen der Schalung, das Verlegen der Bewehrung, das richtige Mischen der Komponenten, das ordnungsgemäße Einbauen, Verdichten und Nachbehandeln des Betons sowie das Ausschalen zum richtigen Zeitpunkt. Erst durch eine fachgerechte Ausführung aller dieser Arbeiten ist eine einwandfreie Qualität der Betonbauteile zu erzielen. Diese Arbeiten liegen in der Verantwortung des Bauausführenden und sind in der DIN 1045, Teil 3, geregelt.

7.3.5.1   Bemessung und Mischen der Ausgangsstoffe

7.3.5.1.1   Bemessung der Betonkomponenten

Die für eine Mischerfüllung ermittelte Zusammensetzung ist an der Mischstelle deut-lich lesbar anzuschlagen; sie muss folgende Angaben enthalten:

○ Festigkeitsklasse des Betons
○ Expositionsklasse
○ Konsistenzmaß des Frischbetons mit der Angabe von Verdichtungs- bzw. Aus-breitmaß
○ Art und Festigkeitsklasse des Zements sowie der Zementgehalt je m³ verdichteten Betons

○ die Mengen je Mischerfüllung für Zement, Zugabewasser und Kerngruppen-Anteile des *feuchten* Zuschlags

○ gegebenenfalls Art und Menge der Betonzusatzstoffe und -mittel

außerdem

○ *w/z*-Wert und

○ Gesamtwassergehalt

Die DIN 1045 schreibt vor, dass alle Ausgangsstoffe mit einer Genauigkeit von ± 3 % dosiert werden müssen. Zement, Gesteinskörnungen und pulverförmige Zusatzstoffe müssen nach Masse zugegeben werden. Die Dosierung nach Raumteilen ist – insbesondere im Sandbereich – sehr empfindlich gegen Schwankungen der Oberflächenfeuchte! (= unterschiedliche Schüttdichte!)

Andere Dosierungsverfahren sind zulässig, falls die geforderte Dosiergenauigkeit erreicht werden kann.

Bei der Dosierung des Zugabewassers ist die Oberflächenfeuchte des Zuschlaggemisches zu berücksichtigen. Neuere Einrichtungen zielen darauf hin, den Wassergehalt in der Mischmaschine elektrisch zu messen und zu regeln.

Alle Abmessvorrichtungen sollten öfter überprüft werden.

7.3.5.1.2 *Mischen des Betons*

Die Reihenfolge bei der Dosierung der Komponenten soll eine Vermischung begünstigen. Keinesfalls soll zuerst Zement in den Mischer gegeben werden, weil sich sonst leicht Krusten an der Gefäßwandung bilden. Zusatzmittel müssen während des Hauptmischgangs zugegeben werden. Die Zusammensetzung des Frischbetons darf nach Verlassen des Mischers nicht verändert werden. Eine Ausnahme bilden Fließmittel (FM) und Verzögerer (VZ), die auch zu einem späteren Zeitpunkt zugegeben werden dürfen, wenn dieses im Entwurf vorgesehen ist.

7.3.5.1.2.1 *Baustellenbeton*

Eine gute Durchmischung und eine gleichmäßige Verteilung der Betonkomponenten ist nur durch Maschinenmischung zu erreichen.

Die Mischart – Freifallmischer oder Mischer mit besonders guter Mischwirkung (früher: Zwangsmischer) – ist auf das Mischgut abzustimmen. Für Betone ≥ C20/25, für zementreiche Mischungen mit Kalk- oder Trasszusatz, für sehr steife Betone mit hohem Mehlkorngehalt, sperrige Kornformen und Leichtbeton sollten Mischer mit besonders guter Mischwirkung verwendet werden. Die zur Erzielung einer gleichmäßigen Betonkonsistenz erforderlichen Mischzeiten betragen erfahrungsgemäß bei Mischern mit besonders guter Mischwirkung mindestens 30 s, in allen übrigen Mischern mindestens 60 s. Bei der Herstellung von Betonen mit besonderen Anforderungen, wie z.B. selbstverdichtenden Betonen, Sichtbeton oder bei Einsatz von Luftporenbildnern, können längere Mischzeiten erforderlich sein.

7.3.5.1.2.2 Transportbeton

Etwa 95 % der insgesamt auf Baustellen verarbeiteten Betonmenge ist heutzutage Transportbeton. Hierbei handelt es sich um Beton, dessen Bestandteile außerhalb der Baustelle gemischt werden und der in einbaufertigem Zustand angeliefert wird. Bei Transportbeton unterscheidet man zwischen werkgemischtem Beton und fahrzeuggemischtem Beton. Bei letzterem ist es möglich, zunächst nur Zement und Zuschlag zentral zu dosieren und das Wasser erst nach Eintreffen auf der Baustelle zuzuführen. Dadurch lässt sich die Transportzeit verlängern, weil die Begrenzung durch das beginnende Ansteifen praktisch ausgeschaltet wird.

Der Beton soll dabei mit Mischgeschwindigkeit (= 4 – 12 Umdr./min) durch mindestens 50 Umdrehungen gemischt werden; werkgemischter Beton ist unmittelbar vor Entleeren des Mischfahrzeugs nochmals durchzumischen. In einem Fahrmischer darf die Mischdauer nach Zugabe eines Zusatzmittels nicht weniger als 1 min/m^3 und nicht kürzer als 5 min sein. Wenn Fließmittel nach dem Hauptmischgang zugegeben werden, muss der Beton nochmals so lange durchgemischt werden, bis sich das Fließmittel vollkommen in der Mischung verteilt hat und voll wirksam ist.

Grundsätzlich gelten für die Herstellung von Transportbeton dieselben Festlegungen wie für Baustellenbeton.

Jede Betonsorte eines Transportbetonwerkes muss in einem Sortenverzeichnis geführt werden. Sofern ein gewünschter Beton nicht im Betonsortenverzeichnis aufgeführt ist, muss die Bestellung mindestens 5 Wochen vor der Lieferung erfolgen, damit die erforderliche Erstprüfung vom Werk noch durchgeführt werden kann.

Bei der Bestellung von Transportbeton müssen alle erforderlichen Festlegungen (Leistungsbeschreibungen) angegeben werden. Außerdem ist mit dem Hersteller Lieferdatum, Uhrzeit, Menge und Abnahmegeschwindigkeit zu vereinbaren.

Der Abnehmer ist bei Verwendung von Transportbeton von der Durchführung einer Erstprüfung entbunden. Transportbeton (Beton nach Eigenschaften) ist ein zertifiziertes Produkt. Die Übereinstimmung mit der DIN 1045-2 wird durch das Übereinstimmungszeichen dokumentiert, für das Kennzeichnungspflicht besteht und der Hersteller verantwortlich ist. Auf der Baustelle sind Prüfungen am Beton in Abhängigkeit von der Überwachungsklasse gemäß DIN 1045-3 durchzuführen.

7.3.5.2   Befördern

Die DIN 1045-3 unterscheidet begrifflich zwischen dem Befördern und dem Fördern des Frischbetons. Unter Befördern wird der Transport von der Mischstelle zur Baustelle verstanden; das kann auch die Auslieferung des Betons von einer benachbarten Baustelle sein (als benachbart gelten Baustellen mit einer Luftlinienentfernung bis zu 5 km von der Mischstelle). Fördern ist der Transport auf der Baustelle. Während des Beförderns muss – unabhängig von der Beförderungsart – Sorge dafür getragen werden, dass ein Entmischen nicht eintreten kann und keine Bestandteile, insbesondere kein Zementleim, verloren gehen; ferner ist der Beton während des Beförderns vor schädlichen Witterungseinflüssen zu schützen.

Steifer Beton kann mit Fahrzeugen ohne Mischer oder Rührwerk transportiert werden. Frischbetone mit plastischer bis fließfähiger Konsistenz dürfen nur in Fahrmischen oder Fahrzeugen mit Rührwerk zur Verwendungsstelle transportiert werden. Während des Beförderns ist dieser Beton mit Rührgeschwindigkeit (= 2 – 6 Umdr./min) zu bewegen, es sei denn, er wird unmittelbar vor dem Entladen nochmals so durchgemischt, dass er auf der Baustelle gleichmäßig durchmischt übergeben wird.

Bei der Übergabe des Betons **muss** (!) die vereinbarte Konsistenz vorhanden sein und durch den Ausbreit- oder den Verdichtungsversuch kontrolliert werden (Die Aussage beider Verfahren kann verschieden sein, deshalb Messverfahren vorher vereinbaren.) Auf **keinen Fall** ist es zulässig, den Beton nach Abschluss des Mischvorganges noch in irgend einer Weise zu verändern, z. B. durch nachträgliche Wasserzugabe zur Konsistenzveränderung, es sei denn, diese ist in besonderen Fällen planmäßig vorgesehen. In diesem Fall gelten folgende Bedingungen:

○ die Gesamtwassermenge und die nachträglich noch zugebbare Wassermenge nach Erstprüfung müssen auf dem Lieferschein angegeben werden
○ der Fahrmischer muss mit einer geeigneten Dosiereinrichtung ausgestattet sein
○ die Dosiergenauigkeit ist einzuhalten
○ die Proben für die Produktionskontrolle sind nach der letzten Wasserzugabe zu entnehmen
○ die Grenzwerte der Betonzusammensetzung sind einzuhalten.

Falls dem Beton im Fahrmischer auf der Baustelle mehr Wasser oder Zusatzmittel zugegeben werden, als nach der Festlegung zulässig, sollt die Betoncharge im Lieferschein als „nicht konform" bezeichnet werden. Derjenige, der diese Zugabe veranlasst hat, ist auch für die Konsequenzen verantwortlich und sollt deshalb im Lieferschein vermerkt werden.

Ausgenommen vom Verbot nachträglicher Zugabe ist auch der Ausgangsbeton von Fließbeton entsprechend den Richtlinien des DAfStb für die Herstellung und Verarbeitung von Fließbeton.

Bei zu langen Misch- oder Rührzeiten kann eine Versteifung des Frischbetons eintreten. Aus diesem Grunde sind maximale Zeiten festgelegt, bis zu denen das Transportfahrzeug entleert sein muss.

Mischfahrzeuge und Fahrzeuge mit Rührwerk sollen spätestens 90 min, Fahrzeuge ohne Rührwerk für die Beförderung von Beton der Konsistenz KS spätestens 45 min nach der ersten Wasserzugabe vollständig entladen sein. Warme Witterung oder starke Sonneneinstrahlung können kürzere Zeiten erforderlich machen. Wenn durch Zugabe von Zusatzmitteln die Verarbeitbarkeitszeit des Betons um mindestens 3 h verlängert wurde, gilt die „Richtlinie für Beton mit verlängerter Verarbeitbarkeitszeit (Verzögerter Beton)" des DAfStb.

Mit dem Entleeren des Fahrzeugs endet der Verantwortungsbereich des Transportbetonwerkes und der des Abnehmers beginnt.

7.3.5.3   *Fördern und Einbauen des Betons*

7.3.5.3.1   *Fördern*

Das Fördern des Frischbetons beginnt mit der Übergabe des Transportbetons auf der Baustelle bzw. bei Baustellenbeton mit der Entleerung des Mischers; es endet an der jeweiligen Einbaustelle.

Förderart und Frischbetonkonsistenz sind so aufeinander abzustimmen, dass Entmischungen zuverlässig verhindert werden und der Beton vor schädlichen Witterungseinflüssen geschützt ist.

Krankübel

Plastischer Beton oder weicher Beton eignet sich für das Fördern in Kran- oder Aufzugkübeln. Eine Entmischung ist bei dieser Förderart nicht zu befürchten, solange die Verschlussklappen der Kübel dicht schließen und somit kein Zementleim auslaufen kann.

Förderband

Mit Förderbändern (nicht profiliert!) sollte nur plastischer Beton gefördert werden. Bei der Beförderung von steifem oder weichem Beton ist wegen der Entmischungsgefahr Vorsicht geboten. Um Entmischungen am Bandende zu vermeiden, ist es erforderlich, an der oberen Umlenkrolle des Förderbandes ein Prallblech und zum Entfernen des Zementleims vom Band einen Abstreifer anzuordnen (siehe *Abbildung 7.26*). Förderbänder sollten möglichst in einen Falltrichter entleeren.

Abbildung 7.26
Fördern und Einbringen von Beton

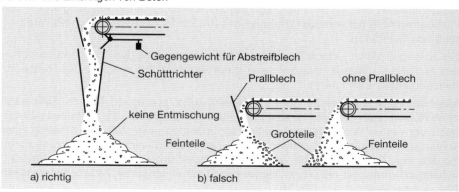

a) richtig   b) falsch

Pumpen

Das Fördern des Frischbetons in *Rohrleitungen (keine Leichtmetallrohre verwenden)*, insbesondere der Pumpbeton (siehe Kapitel 7.3.8.10), hat in den letzten Jahren zunehmend an Bedeutung gewonnen, denn bei größeren Betonmengen je Betonierabschnitt lässt sich der Beton am wirtschaftlichsten durch Betonpumpen einbringen (Fördermengen bis 120 m^3 Beton je Stunde sind möglich). Voraussetzung dafür ist die Anpassung der Betonzusammensetzung an die Art der Pumpe. Die Konsistenz des Frischbetons sollte wenigstens plastisch sein, mit einem Verdichtungsmaß von v = 1,19 bis 1,08 oder einem Ausbreitmaß a bis 41 cm.

Um Störungen beim Pumpen zu vermeiden, sollten bei der Verlegung der Rohrleitungen einige Punkte beachtet werden:

○ Die ersten 6 – 8 m Rohrleitung sind möglichst geradlinig und waagerecht zu verlegen. Waagerechte Leitungen sind ausreichend zu unterstützen, um ein Abknicken zu vermeiden.

○ Keine unnötigen Bögen einbauen; die Rohrleitungen sollen nur die unbedingt erforderlichen Richtungsänderungen aufweisen.

○ Bei einer Hochförderung sollte die Rohrleitung nicht schräg, sondern senkrecht verlegt werden; sie ist gut zu befestigen. Die Entfernung Betonpumpe – Steigleitung ist möglichst groß zu wählen, damit die Reibung des Betons in der waagerechten Leitung den Druck der Betonsäule aufnehmen kann. Ein Verhältnis Länge der Steigleitung zur unteren horizontalen Leitungslänge von etwa 2 : 1 hat sich als zweckmäßig ergeben. Auch der Einbau eines Absperrschiebers in die horizontale Leitung hat sich bewährt. Das ist vor allem dann vorteilhaft, wenn wegen eines Verstopfers im Übergangsstück an der Pumpe die Leitung geöffnet werden muss.

○ Bei einer Abwärtsförderung darf die Betonsäule im Rohr nicht abreißen. Um dieses zu vermeiden, sind Widerstände in Form von Rohrkrümmern (Staubögen) einzubauen, vor allem dann, wenn keine längere horizontale Leitung anschließt.

○ Es ist zweckmäßig, die Rohrleitung so zu verlegen, dass zunächst über die größte Entfernung gepumpt wird und die Leitung dann im Verlauf der Betonierarbeiten verkürzt wird.

○ Falls keine Verteilerschläuche angeschlossen sind, ist an der Einbaustelle die Rohrleitung so hoch zu legen, dass der Beton ohne häufiges Umlegen der Rohrleitung oder Abnehmen einzelner Rohrstücke über Rutschen verteilt werden kann.

7.3.5.3.2   Einbringen

Bei trockenem und warmem Wetter sollte Baustellenbeton im allgemeinen *innerhalb 1/2 Stunde* – bei kühler und feuchter Witterung innerhalb 1 Stunde – eingebracht und verdichtet sein. Bei Zusatz von Verzögerern kann der Zeitpunkt entsprechend verschoben werden. In diesem Fall ist die „Richtlinie für Beton mit verlängerter Verarbeitbarkeitszeit (Verzögerter Beton)" zu beachten Grundsätzlich muss gewährleistet sein, dass der Beton verarbeitet ist, bevor das Erstarren einsetzt. Auch beim Einbringen des Betons in die Schalung ist Vorsorge gegen ein Entmischen zu treffen: bei Fallhöhen > 1 m (*bei hohem Sandgehalt > 2 m*) sollte der Beton durch Fallrohre zusammengehalten werden, die bis kurz über den bereits eingebrachten Beton führen (gegebenenfalls Fallpolster, 10 – 20 cm hoch, aus weichem, feinen Beton vorweg einbauen). Als Richtmaß für die Schütthöhe des Betons gelten maximal 50 cm, die möglichst gleichmäßig mit waagerechter Oberfläche zu schütten sind. Die Steiggeschwindigkeit des Betons in der Schalung muss der Schalungskonstruktion angepasst werden; die Regelungen der DIN 18 218 „Frischbetondruck auf lotrechte Schalungen" sind zu berücksichtigen. Bei Fließbeton ist zu beachten, dass sich ein höherer Druck auf die Schalung ergibt als bei normalem weichem Beton. Auch bei Einsatz von Betonverzögerern bis 15 h tritt eine erhebliche Erhöhung des Schalungsdrucks auf. Unterbrechungen des Betoniervorgangs – insbesondere bei Sichtbeton – sind zu vermeiden, da sich sonst Absätze abzeichnen können. Ein Schütten des Betons gegen die Schalung ist tunlichst zu vermeiden, da es leicht zu Nesterbildung führen kann – vor allem bei Wänden und Säulen. Die Verschmutzung von Bewehrung, Einbauteilen und Schalungsflächen später zu betonierender Abschnitte ist zu vermeiden.

7.3.5.3.3 Betondeckung

Beim Einbringen von Beton ist bei der Herstellung von bewehrten Bauteilen vor allem auch darauf zu achten, dass eine ausreichende Betondeckung der Stahleinlagen zum Schutz gegen Korrosion und zur Übertragung von Verbundkräften sichergestellt ist. Ein wirksamer Korrosionsschutz ist garantiert, wenn die Stähle vollständig mit basischem Zementleim umhüllt sind.

Der stark basische Zustand des Betons kann jedoch im Laufe der Zeit durch Einwirkung des Kohlendioxidgehaltes und Feuchtigkeit der Luft abgebaut werden (Carbonatisierung); die Randzone des Betons wird mehr und mehr neutralisiert. Dringt die Carbonatisierungsfront bis zur Bewehrung vor, kann es zu Korrosionsschäden kommen. Für das Auftreten von Korrosion sind drei Voraussetzungen erforderlich:

○ Aufhebung der Passivierung des Stahls durch Abbau der Basizität (pH-Wert < 9),
○ Sauerstoffzutritt
○ Feuchtigkeit

Stets trockener Beton oder stets wassersatter Beton bietet keine Voraussetzungen für eine Stahlkorrosion. Die zwischen trocken und nass wechselnden Verhältnisse bei unseren Klimabedingungen ermöglichen jedoch eine Korrosion, wenn kein ausreichender Schutz des Stahls vorhanden ist. Die Bewehrung muss also durch eine ausreichende Betondeckung geschützt werden, die

○ dicht genug ist, um das Eindringen von CO_2 möglichst zu verhindern
○ dicker ist als die während der Nutzungsdauer eines Bauteils eintretende Carbonatisierungstiefe

Die Mindestmaße für die Betondeckung sind abhängig vom Stabdurchmesser der Bewehrung und von den Umweltbedingungen (siehe *Tabelle 7.54*). Festgelegt sind diese Maße in der DIN 1045-1, Abschnitt 6.3. Die Betondeckung jedes Bewehrungsstabes, auch der Bügel, darf an allen Seiten das Mindestmaß c_{min} nicht unterschreiten. Um diese Maße einzuhalten, sind die Verlegemaße hinsichtlich der Betondeckung um einen Sicherheitszuschlag Δc zu vergrößern. Das sich so ergebende Nennmaß c_{nom} = $c_{min} + \Delta c$ der Betondeckung ist bei der Planung und Ausführung zugrunde zu legen, es ist auf den Bewehrungszeichnungen anzugeben. Zur Sicherstellung des Verbundes darf aber die Mindestbetondeckung c_{min} nicht kleiner sein als:

○ der Stabdurchmesser d_s der Betonstahlbewehrung oder der Vergleichsdurchmesser eines Stabbündels d_{sV},
○ der 2,5-fache Nenndurchmesser d_p einer Litze oder der 3-fache Nenndurchmesser d_p eines gerippten Drahtes mit sofortigem Verbund
○ der äußere Hülldurchmesser eines Spanngliedes im nachträglichen Verbund.

Bei Verschleißbeanspruchung kann alternativ zur Veränderung der Betonzuschläge auch eine Vergrößerung der Betondeckung berücksichtigt werden, bei XM1 um 5 mm, bei XM2 um 10 mm und bei XM3 um 15 mm.

Schichten aus natürlichen oder künstlichen Steinen, Holz oder Beton mit haufwerkporigem Gefüge dürfen nicht auf die Betondeckung angerechnet werden.

Für einen ausreichenden Feuerwiderstand kann die von der DIN 1045 geforderte Betondeckung möglicherweise nicht ausreichend sein (siehe hierzu DIN 4102-2 und 4102-4).

Bei Verwendung von Betonzuschlag mit einem Größtkorn > 32 mm sind die Mindest- und Nennmaße der Betondeckung um 0,5 cm zu vergrößern. Eine angemessene Vergrößerung der Überdeckungsmaße ist auch erforderlich bei besonders dicken Bauteilen, bei Betonflächen aus Waschbeton oder bei Flächen, die z. B. gesandstrahlt, steinmetzmäßig bearbeitet oder durch Verschleiß stark abgenutzt werden.

Die Lage der Bewehrung im Bauteil muss den Bewehrungszeichnungen entsprechen und ist während des Einbaus durch Abstandhalter (siehe *Merkblatt über Anforderungen an Abstandhalter*) nach allen Seiten gegen die Schalung so zu sichern, dass Verschiebungen beim Einbringen und Verdichten des Betons nicht möglich sind. Bei dichter, obenliegender Bewehrung, z. B. über Stützen, sind zum Einbringen des Betons Lücken vorzusehen, ebenso sind bei engliegender Bewehrung und Verdichtung mit dem Innenrüttler Rüttellücken anzuordnen.

7.3.5.3.4 Verdichten

Der eingebrachte Frischbeton ist eine lose Schüttung, die je nach Zusammensetzung und Konsistenz einen erheblichen Luftgehalt aufweist. Voraussetzung für die Erreichung guter Festigkeit und Dichtigkeit ist eine gute Verdichtung des Betons. Grund-

Zeile	Spalte	1	2	3
		Mindestbetondeckung c_{min} mm[1, 2]		Vorhaltemaß Δc [mm]
	Klasse	Betonstahl	Spannglieder im sofortigen Verbund und im nachträglichen Verbund[3]	
1	XC1	10	20	10
2	XC2	20	30	
	XC3	20	30	
	XC4	25	35	
3	XD1	40	50	15
	XD2			
	XD3[4]			
4	XS1	40	50	
	XS2			
	XS3			

[1] Die Werte dürfen für Bauteile, deren Betonfestigkeit um 2 Festigkeitsklassen höher liegt als nach Tabelle 7.52 mindestens erforderlich ist, um 5 mm vermindert werden. Für Bauteile der Expositionsklasse XC1 ist diese Abminderung nicht zulässig.

[2] Wird Ortbeton kraftschlüssig mit einem Fertigteil verbunden, dürfen die Werte an der der Fuge zugewandten Rändern auf 5 mm im Fertigteil und auf 10 mm im Ortbeton verringert werden. Die Bedingungen zur Sicherstellung des Verbundes müssen jedoch eingehalten werden, sofern die Bewehrung im Bauzustand ausgenutzt wird.

[3] Die Mindestbetondeckung bezieht sich bei Spanngliedern im nachträglichen Verbund auf die Oberfläche des Hüllrohrs.

[4] Im Einzelfall können besondere Maßnahmen zum Korrosionsschutz der Bewehrung nötig sein.

Tabelle 7.54
Mindestbetondeckung c_{min} zum Schutz gegen Korrosion und Vorhaltemaß Δc in Anhängigkeit von der Expositionsklasse

sätzlich ist jeder Beton zu verdichten, da bei allen Entwurfsgrundlagen eine vollständige Frischbetonverdichtung, d. h. unter Praxisbedingungen ein Restluftporengehalt von 1 bis 2 Vol.-%, vorausgesetzt wird. Besondere Sorgfalt auf die Verdichtung ist insbesondere bei dichter Bewehrung und in den Schalungsecken zu legen.

Die Bedeutung der Verdichtungsarbeit für die Betongüte lässt sich nach Hummel in folgender Regel zusammenfassen: Je steifer ein Beton verarbeitet wird, desto mehr werden Betondichtigkeit und -festigkeit durch eine erhöhte Verdichtungsarbeit verbessert. Je weicher ein Frischbeton verarbeitet wird, desto mehr tritt der Einfluss der Verdichtungsarbeit zurück. Bei sehr weichem Beton kann eine Verdichtung, insbesondere durch zu langes Rütteln, sogar zu Nachteilen, nämlich zu Entmischungen führen.

Verdichtungsart		Konsistenz des Betons			
		steif	plastisch	weich	fließfähig
Stampfen[1]		x			
Oberflächenrüttler	Platte	x			
	Bohle	x	x	x	x
Innenrüttler		x	x	x	x
Außenrüttler (Schalungsrüttler)			x	x	x
Stochern bzw. mehrmaliges Abziehen				x	x
zusätzliches Klopfen an der Schalung			x	x	x

[1] nur für untergeordnete Bauteile, z. B. Fundamentstreifen o. ä.

Tabelle 7.55
Wahl der Verdichtungsart in Abhängigkeit von der Konsistenz

Nach der Art der Verdichtungsarbeit unterscheidet man: Stampfen, Stochern, Rütteln. Die Wahl des Verfahrens richtet sich nach der Verarbeitbarkeit des Betons (siehe *Tabelle 7.55*).

Die heutzutage überwiegend angewandte Vibrationsverdichtung (Rütteln) (DIN 4235, Teil 1 – 5) setzt einen Schwingungserreger voraus, der je nach Bauteil und Art des Betons unterschiedlich angeordnet werden kann (siehe *Abbildung 7.27*).

Durch die Vibration erhält der Frischbeton eine stark verbesserte Fließfähigkeit, was die Verdichtung auch steifer Gemische ermöglicht. Die Rüttelenergie und der Zeitaufwand müssen der Konsistenz angepasst werden. Um wirtschaftlich zu arbeiten, muss mit einem Minimum an Zeit die beste Verdichtung erreicht werden; dafür sind höhere Frequenzen zweckmäßig. Diese erhöhen aber den Schalungsdruck, weshalb die Schalung dann stabiler ausgeführt werden muss.

Abbildung 7.27
Prinzipien der Vibrationsverdichtung

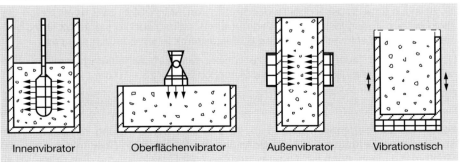

Innenvibrator   Oberflächenvibrator   Außenvibrator   Vibrationstisch

Die heute auf Baustellen am häufigsten anzutreffenden Rüttler sind *Innenrüttler*, sogenannte **Tauchrüttler** oder **Rüttelflaschen**. Die Rüttelflasche ist in möglichst gleichen
Abständen rasch in den Beton einzuführen und im Zuge der nach oben fortschreitenden Verdichtung langsam (ca. 8 cm/s) herauszuziehen, so dass sich die Rüttelgasse
schließen kann. Schließt sich die Oberfläche des Betons nicht mehr, war entweder die
Rütteldauer nicht ausreichend, die Konsistenz für den verwendeten Rüttler zu steif
oder das Erstarren des Zements hatte bereits begonnen. Bei schichtweisem Betonieren (Schichthöhe im allgemeinen 30 – 100 cm) frisch auf frisch ist zur Verbesserung
des Anschlusses die Rüttelflasche etwa 10 – 15 cm in die darunterliegende, noch nicht
völlig erstarrte Betonschicht einzutauchen („Vernähen!") (siehe *Abbildung 7.28*).

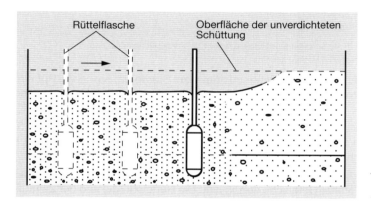

Abbildung 7.28
Richtiges Einsetzen
des Innenrüttlers

Da dann die oberste Zone der zuletzt geschütteten Schicht noch nicht verdichtet ist,
kann die Luft beim langsamen Ziehen des Rüttlers nach oben entweichen. Ein Verteilen des Betons durch Innenrüttler ist nicht erwünscht. (Entmischungsgefahr – Nesterbildung!); eine Ausnahme kann die Unterfüllung von Einbauten sein. Eine Alternative
für derartige Fälle ist der Einsatz von Fließbeton oder „Selbstverdichtendem Beton"
(SVB) (siehe Entwurf der Richtlinie des DAfStb vom März 2003). SVB ist ein Beton, der
allein unter dem Einfluss der Schwerkraft die Schalung auch ohne Verdichtung vollständig ausfüllt; schwer zugängliche Rüttelgassen können dadurch entfallen.

Der Abstand der Tauchstellen ist so zu wählen, dass sich die Wirkungsbereiche überschneiden – je nach Rüttlergröße und Betonkonsistenz 25 – 70 cm.

Faustregel: Abstand gleich dem 10fachen Durchmesser des Innenrüttlers

Ferner ist ausreichender Abstand (> 10 cm) von der Schalung einzuhalten, um
Schwingungsübertragung auf die Schalung zu vermeiden – Beeinträchtigung von
Sichtbetonflächen. Auch ein längeres Berühren der Bewehrung mit dem Rüttler ist zu

vermeiden; anderenfalls reichert sich wasserreiche Schlämme unter den Bewehrungsstählen an und vermindert den Verbund zwischen Stahl und Beton. Außerdem kann sich die Bewehrung an der Betonoberfläche abzeichnen.

Der Beton ist so lange zu verdichten, bis das Aufsteigen von Luftblasen merklich nachlässt und sich an der Oberfläche eine dünne Schicht zäher Schlempe (*Feinmörtel*) bildet.

Hochfrequente Schalungsrüttler werden vor allem bei großflächigen, dünnwandigen Platten oder Wänden eingesetzt; außerdem können sie die Arbeit des Innenrüttlers unterstützen. Da diese Rüttlart (Außenrüttler) die Schalung sehr stark beansprucht, muss diese besonders stabil konstruiert sein und die Schalungsfugen müssen eine gute Dichtigkeit aufweisen. Außerdem werden die Rüttler auf die Schalungsversteifungen, nicht auf die Schalhaut gesetzt; für diese Verdichtungsart werden deshalb vorzugsweise Stahlschalungen eingesetzt. Sie sollten bei Sichtbeton nicht zu lange rütteln, da dadurch die Feinstanteile nach außen gepumpt werden, was zu Netzrissen an der Betonoberfläche führen kann; Schalungsklopfer eignen sich bei Sichtbeton besser.

Bei waagerechten oder schwach geneigten Betonflächen wie Deckenbeton steifer Konsistenz, bei Betonfußböden und Betonfahrbahnen sowie Estrichen eignen sich hochfrequente Oberflächenrüttler. Je nach Stärke des Rüttlers lassen sich dadurch mehr oder weniger dicke Betonschichten verdichten. Handgeführte Oberflächenrüttler sollte man nur bis maximal 15 cm Schichtdicke nach erfolgter Verdichtung verwenden, Straßenfertiger haben je nach Vortriebsgeschwindigkeit eine Verdichtungswirkung bis zu 30 cm Tiefe. Eine ausreichende Verdichtung kann dann angenommen werden, wenn hinter dem Oberflächenrüttler der Beton mitschwingt und nur noch wenige Luftblasen austreten.

Auch eine Vakuumbehandlung weicher bis plastischer Betone – insbesondere horizontaler Betonflächen – kann zu den Verdichtungsverfahren gerechnet werden. Durch das Absaugen von Überschusswasser entsteht in den Poren ein starker Unterdruck, der u.a. zu einer erhöhten Dichtigkeit der oberflächennahen Bereiche und durch die Verringerung des w/z-Wertes zu einer Festigkeitssteigerung und größerer Wasserundurchlässigkeit führt.

Wegen der großen Bedeutung, die der Verdichtung hinsichtlich der Betongüte zukommt, sollte die erreichte bzw. die zu erreichende Verdichtung möglichst regelmäßig kontrolliert werden.

7.3.5.4   Nachbehandlung

Unter Nachbehandlung des Betons werden Maßnahmen verstanden, die den jungen Beton bis zur ausreichenden Erhärtung gegen schädliche Einflüsse schützen. Hierzu gehören insbesondere Maßnahmen gegen vorzeitiges Austrocknen. Hell werdende

Betonflächen sind soweit ausgetrocknet, dass in Oberflächennähe keine weitere Erhärtung mehr stattfinden kann: der Beton ist „verdurstet".

Eine mangelhafte oder unsachgemäße Nachbehandlung führt auch bei gutem Beton zu Schädigungen des Betons, wie z. B. Rissbildung oder zu geringen Festigkeiten. Das Austrocknen sollte erst dann beginnen, wenn der Beton eine Festigkeit erreicht hat, bei der er die Schwindspannungen ohne Rissbildung aufnehmen kann.

Die Folgen zu frühen Wasserentzugs sind:
geringere Festigkeit, Neigung zum Absanden, geringere Wasserundurchlässigkeit, verminderte Witterungsbeständigkeit, geringere Widerstandsfähigkeit gegen chemische Angriffe, erhöhte Gefahr der Schwindrissbildung.

Liegt die relative Luftfeuchte > 85 % und die Luftgeschwindigkeit < 10 km/h sind besondere Schutzmaßnahmen in der Regel nicht erforderlich.

Der Schutz ist um so erforderlicher, je exponierter das Bauteil liegt, und je ungünstiger die Verdunstungsbedingungen sind. Beton trocknet um so schneller aus, je geringer die relative Luftfeuchtigkeit, je größer die Luftgeschwindigkeit und je höher der Temperaturunterschied zwischen Beton- und Umgebungstemperatur ist.

Bei Umweltbedingungen, die den Expositionsklassen außer X0, XC1 und XM entsprechen, muss die Nachbehandlung so lange aufrecht erhalten werden, bis die Festigkeit

Tabelle 7.56
Mindestdauer der Nachbehandlung von Beton bei den Expositionsklassen nach DIN 1045-2 außer X0, XC1 und XM

Nr.	1	2	3	4	5
	Oberflächen-temperatur ϑ **in** $°C^5$	**Mindestdauer der Nachbehandlung in Tagen**[1]			
		Festigkeitsentwicklung des Betons[3] $r = f_{cm2}/f_{cm28}$[4]			
		$r \geq 0{,}50$	$r \geq 0{,}30$	$r \geq 0{,}15$	$r < 0{,}15$
1	$\vartheta \geq 25$	1	2	2	3
2	$25 > \vartheta \geq 15$	1	2	4	5
3	$15 > \vartheta \geq 10$	2	4	7	10
4	$10 > \vartheta \geq 5^2$	3	6	10	15

[1] Bei mehr als 5 h Verarbeitungszeit ist die Nachbehandlungsdauer angemessen zu verlängern
[2] Bei Temperaturen unter 5 °C ist die Nachbehandlungsdauer um die Zeit zu verlängern, während derer die Temperatur unter 5 °C lag.
[3] Die Festigkeitsentwicklung des Betons wird durch das Verhältnis der Mittelwerte der Druckfestigkeiten nach 2 Tagen und nach 28 Tagen (ermittelt nach DIN 1048-5) beschrieben, das bei der Eignungsprüfung oder auf der Grundlage eines bekannten Verhältnisses von Beton vergleichbarer Zusammensetzung (d.h. gleicher Zement, gleicher w/z-Wert) ermittelt wurde.
[4] Zwischenwerte dürfen eingeschaltet werden.
[5] Anstelle der Oberflächentemperatur des Betons darf die Lufttemperatur angesetzt werden.

des Betons in der Oberfläche 50 % der charakteristischen Festigkeit erreicht ist. Dazu ist die in der *Tabelle 7.56* angegebene Mindestdauer einzuhalten. Bei Umweltbedingungen, die den Expositionsklassen X0 und XC1 entsprechen, muss der Beton mindestens 1/2 Tag nachbehandelt werden. Bei Betonoberflächen, die einem Verschleiß entsprechend der Expositionsklasse XM ausgesetzt sind, muss der Beton so lange nachbehandelt werden, bis im oberflächennahen Bereich mindestens 70 % der charakteristischen Festigkeit erreicht sind. Ohne genauen Nachweis sind die Werte der *Tabelle 7.56* zu verdoppeln.

Die in der Tabelle angegebenen Nachbehandlungszeiten sind zu verlängern
- bei verzögertem Beton um die Verzögerungszeit
- bei Temperaturen < +5 °C um die Zeit, während der die Temperatur < 5 °C lag
- bei Temperaturen der Betonoberfläche unter 0 °C um die Frostdauer
- bei Beton mit Flugasche unter gleichzeitiger Abminderung des Mindestzement-gehaltes und/oder Erhöhung des Höchst-Wasser-Zement-Wertes um 2 Tage
- bei allen Bauteilen, an die besondere Anforderungen gestellt werden, wie z. B. hoher Widerstand gegen Frost- und Tausalzeinwirkung, gegen chemischen An-griff, gegen Verschleiß oder gegen das Eindringen von Flüssigkeiten und Gasen.

Soll die im Regelfall mindestens erforderliche Nachbehandlungsdauer verkürzt wer-den, so ist nachzuweisen, dass der Beton im oberflächennahen Bereich am Ende der Nachbehandlungsdauer mindestens 50 % der charakteristischen Festigkeit hat.

Gebräuchliche Schutzmaßnahmen gegen vorzeitiges Austrocknen sind:
- Bauteile in der Schalung belassen
- Betonflächen mit Folien abdecken
- wasserhaltende Abdeckungen aufbringen
- flüssige Nachbehandlungsmittel (Curing-Mittel) aufsprühen
- kontinuierliches Besprühen mit Wasser
- oder eine Kombination aus diesen Maßnahmen.

Solange der Beton in der Schalung ist, ist er im allgemeinen gegen zu schnelles Austrocknen geschützt; ausgenommen sind Stahlschalungen, die durch Sonnenein-strahlung im Sommer stark aufgeheizt werden und somit auch bei eingeschaltem Beton zu vorzeitiger Wasserverdunstung führen können. Saugende Holzschalung ist möglichst feucht zu halten.

Die gebräuchlichste Methode bei freien Oberflächen ist die Abdeckung mit Folien; bei direkt anliegender Folie kann es durch Kondenswasser zu Ausblühungen kommen (Luftzug zwischen Beton und Folie – Kaminwirkung – ist jedoch zu vermeiden). Beim Abdecken mit feuchten Matten, feuchtem Sand oder Sägemehl ist darauf zu achten, dass die Abdeckung ständig feucht zu halten ist, gegebenenfalls ist sie zusätzlich durch eine Folie vor Austrocknung zu schützen. Bei Verwendung von filmbildenden Aufsprühmitteln ist darauf zu achten, dass stets ein geschlossener Film entsteht (unter Umständen mehrmaliger Auftrag erforderlich). Um den gleichmäßigen flächendeckenden Auftrag besser kontrollieren zu können, ist diesen Mitteln meist ein heller Farbstoff beigemischt. Die zur Zeit verfügbaren Nachbehandlungsmittel unterscheiden sich hinsichtlich der Zusammensetzung, der Verwendungsmöglichkeit, z. B. auf trockenen oder feuchten Betonoberflächen, und der Wirksamkeit. Soweit mit dem vorgesehenen Mittel keine ausreichenden Erfahrungen vorliegen, ist seine Eignung für den vorgesehenen Verwendungszweck zu überprüfen. Für spätere Oberflächenbehandlung (Anstriche, Beschichtungen, Beläge) ist eine eventuelle Haftungsbeeinträchtigung zu beachten.

Zur Vermeidung vorzeitiger Austrocknung ist auch ein Feuchthalten durch Benetzen der Betonoberflächen möglich. Diese Maßnahme darf jedoch nur angewendet werden, wenn die Betonoberfläche kontinuierlich feucht gehalten wird; wechselweises Anfeuchten und Austrocknen führt zu Spannungen und Rissen. **Ein direktes Bespritzen des Betons mit Wasser ist zu vermeiden**, da infolge Abkühlung der Betonoberfläche – insbesondere bei sonnenbestrahltem Beton – durch die Wassertemperatur und die Verdunstungskälte Spannungen und Risse entstehen können. Als Hilfsmittel sind Düsen oder perforierte Schläuche, wie sie zum Rasensprengen benutzt werden, geeignet, am besten in Kombination mit wasserhaltenden Abdeckungen. Die Nachbehandlung mit Wasser ist bei Frost nicht erlaubt.

Bei niedrigen Temperaturen reicht die Verhinderung des Wasserverlustes an der Betonoberfläche allein nicht aus. Es sind zusätzliche Maßnahmen gegen Auskühlung durch Wärmedämmung rechtzeitig vorzubereiten.

Bei kühler Witterung muss unbedingt ein Gefrieren des frischen Betons vermieden werden, da die Ausdehnung des gefrierenden Wassers das entstehende Festigkeitsgefüge stören würde. Beton ist im allgemeinen gefrierbeständig, wenn seine Druckfestigkeit größenordnungsmäßig wenigstens 5 N/mm^2 beträgt. Voraussetzung für die Gefrierbeständigkeit bei einer so niedrigen Festigkeit ist aber, dass der junge Beton gegen Zutritt von Fremdwasser geschützt ist. Durch Einsatz von Zusatzmitteln (Erstarrungsbeschleuniger, Betonverflüssiger) kann die Gefrierbeständigkeit positiv beeinflusst werden. Luftporenbildner verbessern allerdings die Gefrierbeständigkeit nicht, sondern nur die Frostbeständigkeit (*siehe Kap. 7.3.8.2*).

Wird ein entsprechender Erhärtungsnachweis nicht geführt, so darf nach DIN 1045, Abschnitt 11.1 junger Beton mit einem Zementgehalt von ≥ 270 kg/m^3 und einem *w/z*-Wert von $\leq 0,6$ erst dann durchfrieren, wenn bei Verwendung von rasch erhärtendem Zement (Z 32,5R, Z 42,5N, Z 42,5R, Z 52,5N, Z 52,5R) die Betontemperatur vor der Frosteinwirkung mindestens 3 Tage lang wenigstens +10 °C betragen hat. Ein mehrmaliges Gefrieren und Auftauen übersteht Beton, der lediglich *gefrierbeständig* ist, meist nicht ohne Schäden; hierfür muss der Beton frostbeständig sein.

Bei zu frühzeitigem Ausschalen und Entfernen wärmedämmender Abdeckung treten Temperaturunterschiede und damit Spannungen im Bauteil auf, die bei Überschreiten der Zugfestigkeit zu Rissen führen. Die Bauteile sind daher durch Wärmedämmung und entsprechende Schalungsfristen oder andere Maßnahmen (z. B. Zuführen von Wärme) möglichst lange vor Auskühlung zu schützen.

Auch die *Nachverdichtung* des Betons kann man zur Nachbehandlung rechnen. Frühschwindrisse oder feine Hohlräume – entstanden durch Wasserabsondern oder durch Absetzen im Bereich von Bewehrung oder Verankerungen, insbesondere im oberen Bereich höherer Bauteile; durch Wasseraufsaugen der Zuschläge oder der Schalung – werden hierdurch geschlossen. Nachverdichten ist stets beim Betonieren mit hoher Steiggeschwindigkeit > 2 m/h im oberen Bereich hoher Bauteile erforderlich.

Dem Nachverdichten des Betons kommt wegen der Qualitätsverbesserung bei Sichtbeton und wasserundurchlässigem Beton besondere Bedeutung zu. Das Nachrütteln bringt jedoch nur Vorteile, solange der Beton unter dem Einfluss der Rüttelschwingungen noch beweglich wird und sich die Rüttelgasse beim langsamen Herausziehen des Innenrüttlers wieder schließt; ein zu spätes Nachrütteln schädigt den Beton!

7.3.5.5   *Ausschalfristen*

Kein Bauteil darf ausgerüstet oder ausgeschalt werden, bevor der Beton ausreichend erhärtet ist. Die Ausschalfristen des Betons sind einmal von der Beton- und Zementqualität, ferner von den Belastungsbedingungen des Bauwerks sowie wesentlich von den Witterungsverhältnissen abhängig.

Die DIN 1045-3 enthält keine Zahlenangaben für die Ausschalfristen. Sofern nicht durch Erhärtungsprüfungen oder Reifegradprüfungen (siehe Kapitel 7.3.6.1.1.2) andere Gesichtspunkte maßgebend sind, kann man sich an Erfahrungswerten orientieren, die in der früheren Ausgabe der DIN 1045 angegeben wurden (siehe *Tabelle 7.57*).

Liegen die Temperaturen während der Erhärtungszeit überwiegend unter + 5 °C, so sind die Ausschalfristen entsprechend (unter Umständen 2mal) größer. Bei Frostanfall sind für ungeschützten Beton die Schalfristen mindestens um die Anzahl der Frosttage zu verlängern. Die **endgültige Entscheidung gibt der Bauleiter**, wenn er sich von der ausreichenden Festigkeit des Betons überzeugt hat.

Tabelle 7.57
Ausschalfristen (Anhaltswerte)

Zement-festigkeits-klasse	Für die seitliche Schalung der Balken und für die Schalung der Wände und Stützen [Tage]	Für die Schalung der Deckenplatten [Tage]	Für die Rüstung (Stützung) der Balken, Rahmen und weitgespannten Platten [Tage]
Z 32,5 N	3	8	20
Z 32,5 R; Z 42,5 N	2	5	10
Z 42,5 R; Z 52,5 N; Z 52,5 R	1	3	6

Nach dem Ausschalen sind Hilfsstützen möglichst lange unter den Bauteilen zu belassen oder aufzustellen, besonders bei Bauteilen, die schon kurz nach dem Ausschalen einen großen Teil ihrer rechnungsmäßigen Last erhalten. Bei Platten und Balken mit Stützweiten < 3 m sind Hilfsstützen in der Regel entbehrlich, bis 8 m Stützweite genügt eine mittige Hilfsstütze, bei Stützweiten > 8 m sind mehr Hilfsstützen zu stellen. Sie sollen in den einzelnen Stockwerken übereinander stehen.

7.3.6　Eigenschaften des erhärteten Betons

7.3.6.1　Festigkeit

7.3.6.1.1　Festigkeitsentwicklung des Betons

Beeinflusst wird die Entwicklung der Betonfestigkeit vornehmlich durch die Eigenschaften des Zements, die Zusammensetzung des Betons und die Umweltbedingungen, denen der Beton während der Herstellung und Erhärtung ausgesetzt ist. Wegen der Vielzahl der Einflussgrößen, die sich zum Teil auch noch gegenseitig beeinflussen, ist eine hinreichend genaue und allgemein gültige Darstellung der Festigkeitsentwicklung durch ein einfaches Gesetz oder eine Formel nicht möglich.

7.3.6.1.1.1　Einfluss des Alters

Je älter der Beton wird, desto höher wird auch seine Festigkeit. Bei der Beurteilung der Festigkeitsentwicklung in Abhängigkeit des Alters unterscheidet man zwischen der sogenannten Frühfestigkeit und der Festigkeit im späteren Alter.

Frühfestigkeit

Unter Frühfestigkeit versteht man im allgemeinen die Betonfestigkeit im Alter von einigen Stunden oder Tagen. Meist verbindet man damit die Vorstellung einer über der normalen Entwicklung liegenden Festigkeit.

Bei gleicher 28-Tage-Druckfestigkeit liefern Zemente mit der Zusatzbezeichnung R, z. B. Z 32,5 R, eine höhere Frühfestigkeit als Zemente der gleichen Festigkeitsklasse ohne Zusatzbezeichnung. Besonders ausgeprägt ist der festigkeitssteigernde Einfluss des Zements im frühen Alter, wenn eine höhere Festigkeitsklasse gewählt wird, also z. B. statt Z 32,5 R etwa Z 42,5 R oder gar Z 52,5 R. Man kann davon ausgehen, dass Zemente mit hoher Normdruckfestigkeit eine größere Erhärtungsgeschwindigkeit haben als Zemente mit einer niedrigeren Normdruckfestigkeit.

Auf die Festigkeit in jungem Alter haben auch der Wasser-Zement-Wert und die Konsistenz Einfluss. Je niedriger der Wasser-Zement-Wert ist, um so größer ist unter sonst gleichen Bedingungen die Frühfestigkeit, und zwar sowohl absolut als auch bezogen auf die 28-Tage-Festigkeit. Steifere Betone, d. h. Betone mit im allgemeinen dünneren Zementsteinschichten, erbringen eine höhere Frühfestigkeit.

Festigkeit in späterem Alter (Nacherhärtung)

Auch nach dem 28. Tag erhärtet Beton weiter und wird dadurch immer fester, sofern er nicht vollständig austrocknet. Das Maß dieser Nacherhärtung ist je nach Zement, Betonzusammensetzung und weiteren Einflussgrößen recht unterschiedlich.

Bezogen auf die 28-Tage-Druckfestigkeit ist mit einer umso größeren Nacherhärtung zu rechnen, je langsamer der Zement erhärtet, je höher der w/z-Wert ist und je niedriger die Lagerungstemperatur ist.

Die Nacherhärtung von Betonen aus sehr schnell erhärtenden Zementen Z 52,5N, Z 52,5R und Z 42,5R ist klein und übersteigt in diesem Zeitraum 10 % praktisch nicht, zumal mit diesen Zementen zum Erreichen einer sehr hohen Frühfestigkeit meist zugleich niedrige w/z-Werte gewählt werden. Demgegenüber weisen Betone aus dem langsam erhärtenden Zement Z 32,5N beträchtliche Nacherhärtungen auf, die in einzelnen Fällen 50 % erreichen oder überschreiten können.

Bei gleicher Betonzusammensetzung ist der Einfluss der Zementfestigkeitsklasse auf die Druckfestigkeit des Betons in jungem Alter sehr ausgeprägt. Sofern die für eine weitere Hydratation erforderliche Feuchtigkeit ständig vorhanden ist, gleichen sich die zementbedingten Unterschiede durch die unterschiedliche Nacherhärtung immer mehr aus, so dass bereits in einem Alter von 180 Tagen alle Betone gleicher Zusammensetzung – unabhängig von der Zementgüteklasse – größenordnungsmäßig die gleiche Druckfestigkeit aufweisen.

7.3.6.1.1.2 *Temperatureinfluss*

Als allgemeine Formulierung für den Temperatureinfluss gilt: höhere Temperaturen beschleunigen, tiefere Temperaturen verzögern den Erhärtungsverlauf. Die Grenztemperatur, bei der die Festigkeitsentwicklung zum Stillstand kommt (*zementabhängig*), liegt in der Größenordnung von –10 °C (unterschiedliche Auffassungen verschiedener Wissenschaftler).

Ist die Festigkeitsentwicklung eines Betons bei Normallagerung von +20 °C bekannt, so kann die Festigkeitsentwicklung bei einer davon abweichenden Temperatur über die sogenannte *Saulsche Reifeformel* abgeschätzt werden.

$$R = \sum a_i \cdot (\delta_i + 10)$$

a_i = Erhärtungszeit in d bei der Temperatur δ_i

δ_i = Erhärtungstemperatur in °C

Wobei Saul davon ausgeht, dass bis –10 °C noch eine Erhärtung des Betons möglich ist. (Andere Forscher haben die Formel im konstanten Glied verändert.)

Betone gleicher Zusammensetzung haben bei gleicher Reife auch die gleiche Festigkeit. Anders ausgedrückt: Bei welcher Temperatur und wie lange ein Beton auch erhärtet, sobald er eine bestimmte Reife erreicht hat, ist damit auch eine bestimmte Festigkeit verbunden.

Beispiel:

7 Tage bei 20 °C erhärtet → R = 7 (20 + 10) = 210 [K · d];
die gleiche Reife erreicht der Beton auch bei 5 °C nach 14 Tagen
R = 14 (5 + 10) = 210 [K · d]

In beiden Fällen hat der Beton die gleiche Reife und damit auch die gleiche Druckfestigkeit. Ein Beton muss zur Erzielung der gleichen Druckfestigkeit bei +5 °C also etwa doppelt so lange erhärten wie bei +20 °C.

Die Saulsche Regel gilt jedoch exakt nur für CEM I 32,5R und CEM I 42,5R (im Temperaturbereich von −10 bis +20 °C). Bei höherwertigem CEM I 52,5 sowie bei CEM III ist mit Abweichungen zu rechnen, da diese Zemente temperaturempfindlicher sind.

Eine Ausnutzung dieser Art der Erhärtungsbeschleunigung findet man bei der Dampfhärtung von Betonwaren in der Betonstein- und Fertigteilindustrie. Die Beschleunigung des Erhärtungsvorganges geht jedoch im allgemeinen auf Kosten der Endfestigkeit, die etwas geringer ausfällt. Die höhere Endfestigkeit bei dauernd niedrigen Temperaturen ist auf die Bildung langfaseriger CSH-Kristalle zurückzuführen.

Aus Gründen der Dauerhaftigkeit müssen bei der Wärmebehandlung Temperaturgrenzwerte in Abhängigkeit der Nutzungsbedingungen der Bauteile (trockene oder feuchte Umgebung) eingehalten werden, um Gefügestörungen infolge Wärmedehnung zu vermeiden (siehe „Richtlinie zur Wärmebehandlung von Beton" des DAfStb)

Eine ohne zusätzliche Energiezufuhr mögliche „Wärmebehandlung" in Betonwerken ist die Ausnutzung der Hydratationswärme, z.B. durch wärmedämmende Abdeckung der Bauteile.

7.3.6.1.1.3 Feuchtigkeitseinfluss

Ein zu frühes Austrocknen des Betons stört den Erhärtungsverlauf. Dauernd feucht gelagerte Betone erreichen höhere Druckfestigkeiten als trocken gelagerte; im Vergleich zur normgemäßen Wechsellagerung (7 Tage unter Wasser, dann 21 Tage an Luft) ergeben sich jedoch kleinere Werte.

7.3.6.1.2　Festigkeitsprüfung

7.3.6.1.2.1　Druckfestigkeit

Wenn nichts anderes vereinbart ist, wird gemäß DIN 1045-2 in Deutschland die Druckfestigkeit an Probewürfeln mit einer Kantenlänge von 150 mm im Alter von 28 Tagen bestimmt. Daneben können Druckfestigkeitsprüfungen an zylindrischen Probekörpern durchgeführt werden.

In Sonderfällen kann es nötig werden, die Betondruckfestigkeit am fertigen Bauteil durch Entnahme von Probekörpern aus dem Bauwerk (Bohrkerne oder ausgestemmte, würfelig geschnittene Betonteile) oder mit zerstörungsfreien Prüfverfahren zu bestimmen. Dabei sind Alter und Erhärtungsbedingungen (Temperatur, Feuchtigkeit) des Bauwerkbetons zu berücksichtigen.

O Festigkeitsprüfung an Probekörpern
O Zerstörungsfreie Prüfverfahren

Festigkeitsprüfung an Probekörpern

Probekörperherstellung: Voraussetzungen für einwandfreie Prüfungsergebnisse sind völlig planebene (Ebenflächigkeit $\leq 0{,}1$ mm) und planparallele Druckflächen der Prüfkörper, die je nach Korngröße des Zuschlags in entsprechenden Formen hergestellt werden (Regelgrößen – Würfel: 100 mm; 150 mm; 200 mm; 250 mm; 300 mm – Zylinder: Ø 100 mm; 113 mm[1]; 150 mm; 200 mm; 250 mm; 300 mm; $h = 2 \cdot d$).

Die kleinsten Abmessungen des Probekörpers sollen $\geq 3{,}5$-fachen der Größtkornabmessungen sein.

Da die Probekörper die gleiche Konsistenz und den gleichen Verdichtungsgrad aufweisen müssen wie der Baustellenbeton, erfolgt deren Verdichtung in entsprechender Weise (Stampfen, Stochern, Rütteln). Beton mit luftporenbildenden Zusatzmitteln wie auch Leichtbeton darf nicht mit Innenrüttlern verdichtet werden; hierfür und für steifen Beton ist das Verdichten auf dem Rütteltisch zu empfehlen (eventuell mit Auflast).

Sofort nach dem Verdichten des Betons ist der über die Form überstehende Beton mit zwei Glättkellen abzustreichen und die Betonoberfläche bündig mit der Formoberkante so abzuziehen, dass sie möglichst eben und glatt wird. Unmittelbar nach der Herstellung sind die Probekörper dauerhaft zu bezeichnen und anschließend erschütterungs- und zugluftfrei bei +15 bis +22 °C zu lagern (Zylinder stehend). Die Kennzeichnung soll das Datum des Herstellungstages enthalten.

Nach genügender Erhärtung – in der Regel nach etwa 24 Stunden – werden die Körper vorsichtig entformt. Für die Erst- und Überwachungsprüfung sind die Proben dann bis zum 7. Tag auf Lattenrosten unter Wasser bzw. in nassem Sand oder Sägemehl und daran anschließend bis zum Prüftermin bei +15 bis +22 °C ebenfalls auf einem Lattenrost trocken zu lagern (*oder Klimakiste!*).

Für die Erhärtungsprüfung sind die Probekörper zunächst in der Form und dann entformt so zu lagern und nachzubehandeln, dass ihr Wärme- und Feuchtigkeitsaustausch möglichst dem des Bauwerksbetons entspricht, für den sie maßgebend sein sollen.

Prüfung: Die Prüfung erfolgt gemäß DIN 1048, Blatt 1.

Der Probekörper ist genau mittig auf die untere Druckplatte der Druckprüfmaschine nach DIN EN 12 390-4 zu stellen.

---

[1] Dies ergibt eine Lasteintragungsfläche von 10 000 mm^2

Die Lastaufbringung erfolgt im allgemeinen bei Würfeln senkrecht zur Einfüllrichtung, bei Zylindern auf die Stirnflächen des Zylinders, d. h. in Einfüllrichtung des Betons. Da die abgestrichene Oberfläche wegen kleiner Unebenheiten nicht als Druckfläche verwendbar ist, ist bei Zylinderproben zur Erzielung einer gleichmäßigen Druckverteilung eine Ausgleichsschicht aus Zementmörtel aufzubringen (bei Proben für die Eigen- und Güteüberwachung möglichst sofort nach dem Abstreichen bei der Herstellung) oder die Oberfläche abzuschleifen. Zwischenlagen aus Blei, Pappe, Filz, Kunststoff oder ähnlichem zwischen der Druckplatte und dem Probekörper sind unzulässig. Die Last ist stetig mit vorgeschriebener Belastungsgeschwindigkeit [Spannungszunahme $(0,5 \pm 0,2)$ N/(mm$^2 \cdot$ s)] zu steigern bis die Höchstlast erreicht ist. Aus der erreichten Höchstlast in kN errechnet sich die Druckfestigkeit.

Die in Deutschland üblichen Lagerungsbedingungen weichen von den Vorschriften der DIN EN 12 390-2 ab. Sie sind aber von der Norm zugelassen und im nationalen Anhang der Norm beschrieben.

Lagerungsbedingungen nach DIN EN 12 390-2:

○ In der Form 16 h bis maximal 3 Tage bei (20±5) °C
○ Nach dem Entformen bis zum Prüftermin in Wasser bei (20±2) °C oder im Feuchtraum bei (20±2) °C und ≥ 95 % rel. Luftfeuchte.

Die Druckfestigkeit bei Lagerung nach dem Referenzverfahren nach DIN EN 12 390-2 ($f_{c,cube}$) darf aus der Druckfestigkeit nach Lagerung nach dem nationalen Anhang ($f_{c,dry}$) nach folgender Beziehung berechnet werden:

○ Normalbeton bis einschließlich C59/60: $f_{c,cube} = 0,92 \cdot f_{c,dry}$
○ Hochfester Normalbeton ab C55/67: $f_{c,cube} = 0,95 \cdot f_{c,dry}$

Diese Beziehung gilt nur für die Umrechnung von Würfeldruckfestigkeiten und berücksichtigt ausschließlich die unterschiedlichen Lagerungsbedingungen. Im Streitfall ist die Wasserlagerung das Referenzverfahren.

Einflussfaktoren auf das Prüfergebnis: Die bei der Prüfung ermittelte Druckfestigkeit ist kein absoluter Wert, sondern ein von zahlreichen Einflüssen abhängiger Kennwert. So haben vor allem Größe, Form und Schlankheit der Prüfkörper – darunter versteht man das Verhältnis von Höhe zu Durchmesser bzw. Seitenlänge des Prüfkörpers – Einfluss auf das Messergebnis.

So kann man feststellen, dass die Druckfestigkeit von Prüfkörpern gleicher Schlankheit unter sonst gleichen Bedingungen mit wachsender Körpergröße abnimmt.

Werden anstelle von Würfeln mit 150 mm Kantenlänge solche mit 100 mm Kantenlänge verwendet, dann dürfen die Werte nach folgender Beziehung umgerechnet werden:

$f_{c,dry\,(150\,mm)} = 0,97 \cdot f_{c,dry\,(100\,mm)}$

Für die Umrechnungen vom Würfel mit 200 mm bzw. 300 mm Kantenlänge auf den Würfel mit 150 mm Kantenlänge muss das Druckfestigkeitsverhältnis zum 150er Würfel durch ausreichende Vergleichsprüfungen gesondert nachgewiesen werden. Auch in jüngerem oder höherem Alter als 28 Tage können die Verhältnisse völlig anders sein; in diesen Fällen sind ebenfalls Vergleichsprüfungen zur Ermittlung der Umrechnungsfaktoren erforderlich!

Ein weiterer Einflussfaktor ist die Prüfkörpergestalt.

Der Einfluss der Probekörperform beruht darauf, dass im allgemeinen ohne Zwischenschicht zwischen Probekörper und Druckplatten der Prüfmaschine geprüft wird. Dadurch wird im Bereich der Druckplatten die Querdehnung behindert und gegenüber einer unbehinderten Querdehnung die Belastbarkeit erhöht.

Der Einfluss der Behinderung wird mit abnehmender Schlankheit h/d größer und damit auch die bis zum Bruch aufzubringende maximale Kraft F, so dass sich eine scheinbar höhere Druckfestigkeit errechnet. Eine entsprechende Umrechnung ist also zur Ermittlung der tatsächlichen Druckfestigkeit erforderlich (siehe *Abbildung 7.29*).

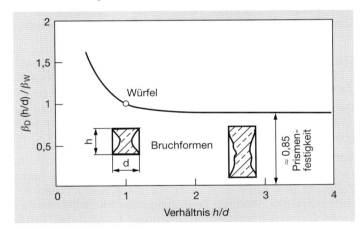

Abbildung 7.29 Einfluss der Probekörperschlankheit auf die Betondruckfestigkeit

Aus diesen Zusammenhängen ergeben sich auch die typischen Bruchbilder der auf Druck beanspruchten Probekörper. Beim Würfel zwei mit der Spitze aufeinanderstehende Pyramiden, beim Prisma das mittige Aufspalten (siehe Kapitel 1.2.3.1.5).

Da für die Beurteilung der Betongüte die 28-Tage-Würfeldruckfestigkeit zugrunde gelegt wurde, ist es erforderlich, die zu einem anderen Zeitpunkt gemessenen Werte auf diese Druckfestigkeit (28 Tage) umzurechnen. Für diesen Fall kann man die in der *Tabelle 7.58* angegebenen Anhaltswerte als Grundlage verwenden.

Bei verschiedenen Zementarten können sich spürbare Abweichungen ergeben! Bei der Beurteilung der Prüfergebnisse älteren Betons kann man aber auch den Zeitfaktor

Zementfestig-keitsklasse	Betonfestigkeit in % der 28-Tage-Druckfestigkeit nach				
	3 Tagen	7 Tagen	28 Tagen	90 Tagen	180 Tagen
32,5 N	30–40	50–65	100	110–125	115–130
32,5 R; 42,5 N	50–60	65–80	100	105–115	110–120
42,5 R; 52,5 N; 52,5 R	70–80	80–90	100	100–105	105–110

Tabelle 7.58
Richtwerte für die Festigkeitsentwicklung von Beton mit verschiedenen Zementfestigkeitsklassen bei einer ständigen Lagerung von +20 °C

Prüfalter in Tagen	Zeitbeiwert z
60	1,00
120	0,94
180	0,90
360 und mehr	0,85

Tabelle 7.59
Zeitbeiwerte zur Umrechnung auf die 28-Tage-Druckfestigkeit

(Zeitbeiwert) aus der ZTV Beton – STB, Abschnitt 2.6.4.4.1, heranziehen (siehe *Tabelle 7.59*) (*Die Werte gelten für normal erhärtende Zemente bei trockener Lagerung*). Zwischenwerte sind geradlinig zu interpolieren.

Gemäß ZTV Beton wird die Würfelfestigkeit im Alter von 28 Tagen mit der Festigkeit eines Bohrkerns von 15 cm Durchmesser und 30 cm Höhe im Alter von 60 Tagen gleichgesetzt.

Zerstörungsfreie Prüfverfahren

Um einen Anhalt über die Festigkeit des Betons in einem Bauteil zu einem beliebigen Zeitpunkt und damit z. B. auch für die Ausschalfristen zu erhalten, genügt die zerstörungsfreie Prüfung. Zerstörungsfreie Prüfungen sind im allgemeinen nur als Ergänzung zu den zerstörenden Prüfungen anzuwenden. Von Bedeutung sind folgende Verfahren, die in *Abbildung 7.30* in ihrer Wirkungsweise schematisch dargestellt sind:

○ Messung des Rückpralls *R* mit dem Rückprallhammer (Schmidt)
○ Messung des Kugeleindrucks mit dem Kugelschlaghammer (Baumann-Steinrück)
○ Messung der Schallaufzeit mit dem Ultraschallgerät und daraus die Berechnung der Schallgeschwindigkeit (Schallgeschw. im Beton 3500 – 4500 m/s)

Die beiden ersten Verfahren sind Schlagprüfungen. Dabei treffen am vorderen Ende leicht gerundete Schlagbolzen, die unter der Wirkung von Federn beschleunigt werden, auf die Oberfläche des Betons. Die Schlagenergie wird zum Teil durch einen Rücksprung des Schlaggewichtes, zum Teil durch Erzeugung eines bleibenden Ein-

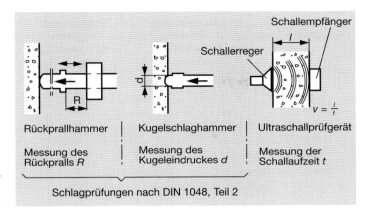

Rückprallhammer	Kugelschlaghammer	Ultraschallprüfgerät

Abbildung 7.30 Wirkungsweise zerstörungsfreier Prüfverfahren (schematisch)

Messung des Rückpralls *R*	Messung des Kugeleindruckes *d*	Messung der Schallaufzeit *t*

Schlagprüfungen nach DIN 1048, Teil 2

drucks in der Betonoberfläche verbraucht. Durch diese beiden Verfahren wird ein Kennwert für das elastische bzw. plastische Verhalten des Betons in oberflächennahen Schichten ermittelt. Vor der Prüfung muss daher gegebenenfalls die Schlempeschicht an der Oberfläche (*sowie auch durch besondere Einwirkungen wie z. B. Feuer, Frost oder chemischen Angriff geschädigte Oberflächenbereiche*) – von Hand oder mit Hilfe einer Schleifscheibe – entfernt werden. Stellen mit erkennbar größeren Gesteinskörnern sind zu meiden.

Aus den ermittelten Kennwerten kann unter bestimmten Voraussetzungen auf die Druckfestigkeit des Betons geschlossen werden; **es sind jedoch nur Schätzungen der Betondruckfestigkeit möglich!**

Bei der *Schallprüfung* wird ein Schallimpuls durch den Beton geschickt und die Schallaufzeit zwischen Sender und Empfänger gemessen. Dieses Verfahren erfordert umfangreiche messtechnische Kenntnisse und kann daher nur von Fachleuten mit entsprechender Erfahrung angewendet werden.

Bei der Schlagprüfung mit dem *Kugelschlaghammer* (Baumann-Steinrück) wird der Durchmesser des erzeugten Eindrucks als Maß für die Druckfestigkeit herangezogen. (Ablesung mit einer Messlupe auf 0,1 mm genau.) Je größer die Druckfestigkeit des Betons ist, desto kleiner ist der in bleibende Verformung der Betonoberfläche umgewandelte Anteil der Schlagenergie, d. h. desto kleiner wird der Eindruck in die Betonoberfläche.

Bei dem auf Baustellen am häufigsten durchgeführten zerstörungsfreien Prüfverfahren, der Schlagprüfung mit dem *Rückprallhammer* (Schmidt), genormt in DIN 1048, Teil 2, wird der Rückprallweg eines Schlagbolzens gemessen und aus diesen Werten auf die Druckfestigkeit geschlossen. Mit zunehmender Betondruckfestigkeit wird die am Rückprallhammer in Skalenteilen (Skt) ablesbare Rückprallstrecke *R* größer (siehe *Tabelle 7.60*).

Beton-festigkeitsklasse	Mindestwert für jede Messstelle R_m Skalenteile	Mindestwert für jeden Prüfbereich $\bar{R}_m$[1] Skalenteile
C8/10	26	30
C12/25	30	33
C20/25	35	38
C30/37	40	43
C35/45	44	47
C45/55	48	51

[1] Mittelwert aus 3 Meßstellen R_m (= 3 * 10 Rückprallwerte)

Tabelle 7.60
Mittlere Rückprall-strecken und vergleichbare Betonfestigkeits-klassen nach DIN 1045

Die Messstellenwerte R_m müssen bei waagerechtem Schlag mindestens 20 Skalen-teile aufweisen, anderenfalls kann die Druckfestigkeit wegen der erheblichen Streuun-gen der Ergebnisse nicht beurteilt werden. Bei sehr dünnen Betonteilen, wie z. B. Platten von weniger als 120 mm Dicke, kann die Prüfung falsche Ergebnisse liefern. Die Prüfstellen sollen von Kanten einen Abstand von mindestens 30 mm haben.

Bei der Prüfung mit dem Rückprallhammer ist der errechnete Messstellenwert R_m (arithmetisches Mittel aus 10 R-Werten pro Messstelle) bei Abweichen der Schlag-richtung von der Waagerechten gemäß *Tabelle 7.61* zu korrigieren (bei Schlag nach oben wird der Winkel + gerechnet):

Messstellen-wert R_m Skt	Korrekturwerte in Skt bei Abweichen der Schlagrichtung von der Waagerechten um			
	+90°	+45°	-45°	-90°
20	-6	-4	+2	+3
30	-5	-3	+2	+3
40	-4	-3	+2	+2
50	-3	-2	+1	+2
60	-2	-2	+1	+2

Tabelle 7.61
Korrekturwerte (Skalenteile) für nicht waagerechte Schläge

Die Auswertung der Prüfergebnisse gemäß DIN 1048, Teil 2, gestattet nur eine Aussage über die Druckfestigkeit zur Zeit der Prüfung. Eine Umrechnung auf ein anderes Alter ist im allgemeinen nicht möglich!

Gemeinsames Merkmal aller zerstörungsfreien Prüfverfahren ist, dass die Festigkeit indirekt bestimmt wird, dass nämlich von einer gemessenen Verformungseigenschaft des Betons auf eine andere Eigenschaft, die Druckfestigkeit, geschlossen wird, ein Vorgehen, das mit besonderen Schwierigkeiten verbunden ist.

Die Ergebnisse der Schlagverfahren werden außerdem von Kornzusammensetzung, Größtkorn und Zementsteingehalt des Betons beeinflusst; weiterhin messen die Schlagverfahren nur die Oberflächenhärte und zwar beim Kugelschlaghammer auf wenige Millimeter, beim Rückprallhammer auf wenige Zentimeter Tiefe.

Die Prüfung von gesondert hergestellten Prüfkörpern kann durch eine zerstörungsfreie Prüfung nicht ersetzt werden. **Zerstörungsfreie Prüfungen allein sind daher nur in Ausnahmefällen zulässig!** Im Falle einer nicht oder nicht ordnungsgemäß durchgeführten Güteprüfung an Probekörpern genügen z. B. Rückprallprüfungen allein nur dann, wenn folgende Bedingungen erfüllt sind:

der eingebaute Beton ist Normalbeton mittlerer Zusammensetzung, der Zementgehalt beträgt wahrscheinlich 250 bis 350 kg/m^3, Einbau und Verdichtung erfolgte in üblicher Weise, das Alter zum Zeitpunkt der Prüfung liegt zwischen 28 und 90 Tagen, die Dicke des zu untersuchenden Betons in Schlagrichtung beträgt $\geq$ 120 mm.

Mit Vergleichswerten aus zerstörenden Prüfungen ist eine häufigere Anwendung möglich. Die Möglichkeiten des Einsatzes regelt DIN 1048, Teil 2.

Mit den zerstörungsfreien Prüfungen können Festigkeitsänderungen in einem Bauteil oder Bauwerk sehr gut festgestellt werden, wenn die Art des Zementes und des Zuschlags gleich sind und sich die Zusammensetzung nicht zu stark ändert. Vor allem können gute und schlechte Betonbereiche ziemlich genau abgeschätzt werden. Auf diesem Gebiet liegt eigentlich die hauptsächliche Bedeutung der zerstörungsfreien Prüfung.

7.3.6.1.2.2 *Andere Festigkeiten*

Der Nachweis weiterer Festigkeiten des Betons wird nur bei besonderen Anforderungen notwendig. Vor allem bei Straßenbeton und bei Betonbauteilen, die auf Biegung beansprucht werden, spielt die Biegezugfestigkeit eine wichtige Rolle. Bei dünnwandigen Betonkonstruktionen, wie z. B. im Behälterbau, ist die Kenntnis der Zugfestigkeit von Wichtigkeit. Die Bestimmung der zentrischen Zugfestigkeit ist aber mit größeren versuchstechnischen Schwierigkeiten verbunden (Gefahr der exzentrischen Einleitung der Kraft). Kennwerte für das Verhalten des Betons unter Zugbeanspruchung werden daher meist durch die Bestimmung der Spaltzugfestigkeit ermittelt.

Die Biegezugfestigkeit wird sehr stark vom Feuchtigkeitsgehalt des Prüfkörpers beeinflusst. Die Bestimmung erfolgt deshalb an balkenförmigen Probekörpern, die bis zum Prüftermin unter Wasser gelagert werden müssen. Die bei vorzeitiger Austrocknung auftretenden Schwindzugspannungen würden die Prüfergebnisse verschlechtern. Die Last ist so auf den Balken zu übertragen, dass die Biegedruckzone von der Balkenseite gebildet wird, die beim Betonieren des Balkens oben lag.

Die Spaltzugfestigkeit kann an zylindrischen Prüfkörpern oder an solchen mit rechtwinkligem Querschnitt ermittelt werden. Der Vorteil dieser Prüfung liegt darin, dass

die Spaltzugfestigkeit weitgehend unabhängig von den Abmessungen üblicher Probekörper ist, und der Austrocknungsgrad der Probekörper den Messwert weniger beeinflusst als bei den anderen Festigkeitsprüfungen. Da bei der Prüfung der Spaltzugfestigkeit der größte Teil der Belastungsebene auf Zug und nur ein kleiner Teil im
Bereich der Lasteintragung auf Druck beansprucht wird, kommt die Spaltzugfestigkeit
der Zugfestigkeit näher als die Biegezugfestigkeit [7.38; 7.47]:

Nach DIN 1045-1 darf die zentrische Zugfestigkeit aus der Spaltzugfestigkeit nach der
Formel

$$f_{ct} = 0,9 \cdot f_{ct,sp}$$

berechnet werden.

Alle Festigkeitskenngrößen stehen generell in Beziehung zur Druckfestigkeit. Aus
experimentellen Ergebnissen lassen sich folgende Relationen ableiten [7.38]:

Biegezugfestigkeit: $\beta_{BZ} = 0,35 \cdot \beta_D{}^n$ bis $0,56 \cdot \beta_D{}^n$

Spaltzugfestigkeit: $\beta_{SZ} = 0,22 \cdot \beta_D{}^n$ bis $0,32 \cdot \beta_D{}^n$

Der Exponent ist von der Kornform und -oberfläche abhängig. So erhöht die Zugabe
von Splitt anstelle von Kies als Zuschlag die Zug-, Biegezug- und Spaltzugfestigkeit.

Für rundliches Korn gilt: $n \approx 0,66 - 0,72$
Für gebrochenes Korn: $n \approx 0,60 - 0,66$

Die Zugfestigkeit lässt sich gemäß DIN 1045-1 aus der Druckfestigkeit wie folgt
berechnen:

für Betone bis C50/60: $f_{ctm} = 0,3 \cdot f_{ck}^{(2/3)}$

für Betone $\geq$ C55/67: $f_{ctm} = 2,12 \cdot \ln(1 + f_m/10)$

7.3.6.2   Formänderungsverhalten von Beton

Bei Beton können im wesentlichen zwei Arten von Formänderungen auftreten; neben
den Formänderungen durch Lasteinwirkungen, deren Anteil am Gesamtwert der Verformung ca. 2/3 ausmacht, ergeben sich Formänderungen durch Veränderung des
Feuchtigkeitsgehaltes von Beton sowie durch Temperaturänderungen.

Die Gesamtverformung kann also in einzelne Verformungsanteile aufgeteilt werden:

$$\varepsilon_{ges} = \varepsilon_{el} + \varepsilon_k + \varepsilon_S + \varepsilon_\vartheta$$

Da die einzelnen Formänderungen sich zum Teil überlagern, ist eine getrennte Erfassung sehr schwierig.

7.3.6.2.1   Elastische Formänderung

Schon im Kurzzeitversuch und auch bei geringen Belastungen zeigen sich bei Beton
außer elastischen auch bereits plastische Verformungsanteile. Der Beton gehorcht

also nicht dem Hookschen Gesetz. Der Zusammenhang zwischen Spannung und Verformung ist nicht linear, die Spannungs-Verformungs-Kurve stellt eine mehr oder weniger gekrümmte Linie dar. Beton wird daher oft als sogenannter *viskoelastischer* Stoff bezeichnet.

Streng genommen bedeutet dies, dass man die Elastizitätstheorie bei Beton nicht anwenden kann. Zur Bestimmung der elastischen Bauwerksverformungen im Stahlbetonbau – vor allem beim Spannbetonbau – benötigt man aber den E-Modul. Um trotz dieses nicht reinelastischen Verformungsverhaltens einen Elastizitätsmodul zu erhalten, definiert man bestimmte Größen im Spannungs-Verformungs-Diagramm.

Nur bei kurzzeitiger einachsiger Druckbelastung bis ca. 40 % seiner Druckfestigkeit kann man in grober Näherung von einer linearen Beziehung zwischen Spannung und Stauchung ausgehen. Gemäß DIN 1045-1 wird der E-Modul künftig als Sekantenmodul bei $\sigma \approx 0,4 \cdot f_{cm}$ ermittelt.

Nach der DIN 1048 gilt als statischer Druck-Elastizitäts-Modul der als Sehnenmodul ermittelte Verhältniswert zwischen einer Druckspannungsdifferenz und der ihr entsprechenden elastischen Verformung bei der 3. Belastung. Die obere Prüfspannung sollte etwa 1/3 der zu erwartenden Druckfestigkeit des Probekörpers, die untere Prüfspannung $\approx 0,5$ N/mm² betragen (siehe *Abbildung 7.31*).

Abbildung 7.31
Ablauf der Prüfung des E-Moduls nach DIN 1048, Teil 5

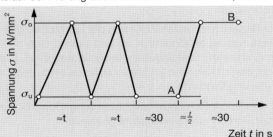

$$E_b = \frac{\Delta \sigma}{\Delta \varepsilon} = \frac{\sigma_o - \sigma_u}{\varepsilon_o - \varepsilon_u}$$

Hierbei bedeuten:

E_b Elastizitätsmodul

σ_o Die obere Prüfspannung in N/mm² bei der 3. Belastung.

σ_u Die untere Prüfspannung in N/mm² bei der 3. Belastung.

ε_o Die bei σ_o am Punkt B gemessene bzw. aus den Messwerten errechnete Dehnung.

ε_u Die bei σ_u am Punkt A gemessene bzw. aus den Messwerten errechnete Dehnung.

A Ablesung bzw. Registrierung der unteren Spannung σ_u sowie der zugehörigen Dehnung ε_u bzw. der Messlänge l_u.

B Ablesung bzw. Registrierung der oberen Spannung σ_o sowie der zugehörigen Dehnung ε_o bzw. der Messlänge l_o.

t Be- und Entlastungszeit, die sich aus der Be- und Entlastungsgeschwindigkeit ergibt.

Der E-Modul hängt von vielen Einflussgrößen ab und nimmt vor allem mit der Roh-dichte und der Druckfestigkeit des Betons zu. Für den Normalbeton mit seiner näherungsweise gleichen Rohdichte sind – mit einer im allgemeinen für die Praxis ausreichenden Genauigkeit – in der DIN 1045 in Abhängigkeit der Betonfestigkeits-klassen Rechenwerte für den E-Modul festgelegt worden; die Werte liegen zwischen $E = 25\,800$ N/mm² für einen C12/15 und $E = 45\,200$ N/mm² für einen C100/115.

Er lässt sich gemäß DIN 1045-1 aus der Druckfestigkeit berechnen nach der Formel:

$$E_{cm} = 9500\,(f_{ck} + 8)^{(1/3)}$$

Bei höheren Temperaturen fällt der E-Modul des Betons – im Gegensatz zur Druckfe-stigkeit – von Beginn der Erwärmung an stark ab, was zu größeren Verformungen im Brandfall führen kann.

7.3.6.2.2   Kriechen des Betons

Unter Kriechen versteht man die zeitabhängige plastische Verformung des Betons unter konstanter Dauerlast. Das Kriechen, das sich nur im Zementstein abspielt, wird auf Feuchtewanderung aus den Spannungszonen und damit verbundene Verformung des Gels zurückgeführt.

Das Kriechen des Betons hängt daher vor allem von der Feuchte der umgebenden Luft und dem Wasser- und Zementgehalt des Betons ab. Es wird außerdem von dem Erhärtungsgrad des Betons beim Belastungsbeginn und von der Art, Dauer und Höhe der Beanspruchung des Betons beeinflusst.

Die Kriechgeschwindigkeit ist in der Regel in der ersten Zeit nach der Lastaufbringung groß, klingt mit zunehmender Belastungsdauer allmählich ab und nähert sich nach 1 bis 4 Jahren asymptotisch einem Grenzwert, dem sogenannten Endkriechmaß. Das spezifische Endkriechmaß für Beton, der im Alter von 28 Tagen belastet wird, liegt im allgemeinen zwischen 0,1 bis 0,4 (mm/m)/(N/mm²).

Das Kriechen ist insbesondere für den Spannbetonbau von Bedeutung (Spannungs-abbau) und muss konstruktiv bei der Berechnung berücksichtigt werden.

7.3.6.2.3   Schwinden und Quellen des Betons

Als Schwinden und Quellen des Betons bezeichnet man die zeitabhängigen, überwie-gend reversiblen, teilweise auch irreversiblen Volumenveränderungen, die durch Ent-zug bzw. Aufnahme des Kapillar- bzw. Gelwassers bei der Austrocknung und Wie-derdurchfeuchtung des unbelasteten Betons auftreten. Insbesondere das Schwinden ist zu beachten, wohingegen sich das Quellen nur wenig auswirkt und im allgemeinen vernachlässigt werden kann. Diese Formänderungen sind aus den Eigenschaften des Zementsteins abzuleiten; der Zuschlag selbst ist diesem Vorgang nicht unterworfen. Maßgebend für das Schwind- und Quellmaß sind also die Eigenschaften des Zementsteins sowie das Zementsteinvolumen im Beton. Hoher Wasser-Zement-Wert und hoher Zementgehalt erhöhen in Abhängigkeit der Luftfeuchte das Schwinden.

Der Schwindverlauf wird maßgeblich durch die Austrocknungsbedingungen beeinflusst. Da im Beton zunächst die Außenflächen abtrocknen, während der Kern noch feucht ist, entstehen in äußeren Bereichen Zugspannungen, die unter Umständen die Gefügefestigkeit überschreiten und zu Schwindrissen führen. Aus diesem Grunde kommt der sorgfältigen Betonnachbehandlung besondere Bedeutung zu.

Wie das Kriechen strebt auch das Schwinden einem Grenzwert, dem Endschwindmaß zu. Das Endschwindmaß ist bei dünnen Bauteilen schon nach 1 bis 2 Jahren, bei dickeren Bauteilen erst nach wesentlich längerer Zeit erreicht.

7.3.6.2.4 *Wärmedehnung*

Wie alle anderen Baustoffe dehnt sich der Beton bei Temperaturerhöhung aus und zieht sich beim Abkühlen zusammen. Diese reversiblen Volumenänderungen, die recht schnell erfolgen und bei Behinderung zu beträchtlichen Spannungen führen können, sind abhängig von den Wärmedehnzahlen des Zuschlags, des Zementsteins, deren anteiligem Volumen und vor allem vom Feuchtigkeitsgehalt des Betons. Die Wärmedehnzahl α beträgt für lufttrockenen Beton im Mittel $1 \cdot 10^{-5}$ K^{-1}; für vollständig trockenen sowie wassersatten Beton liegt der Wert niedriger.

Wärmedehnung und Schwindung überlagern sich; bei Betonherstellung im Frühjahr subtrahiert sich die Wirkung, beim Betonieren im Herbst addiert sie sich jedoch und führt zu einer größeren Rissgefahr.

Besonders bei Verbundbaustoffen müssen die Formänderungen durch Temperatureinwirkung berücksichtigt werden. Bei unterschiedlichen thermischen Ausdehnungskoeffizienten können unzulässige Zug- und Ablösespannungen auftreten, die zu Schäden im Verbundsystem führen. Die gute Verbundwirkung von Beton und Stahl beruht auf der annähernd gleichen Wärmedehnzahl.

Die Wärmeleitfähigkeit von Stahl ist jedoch ca. 30-mal größer als die von Beton, d.h. die Temperatur und die Dehnung des Stahls verändern sich schneller, was bei schnell ablaufenden Temperaturänderungen, z.B. im Brandfall, zu hohen Zwangsspannungen führen kann. Auch bei Verbindung von Stahl und Beton außerhalb der Stahlbetonkonstruktion, z.B. bei Brückengeländern, kann dies zu Schäden führen. Diese Gefahr kann man abmindern, wenn man das Geländer verschiebbar anordnet und zwischen Geländerpfosten und Beton Aussparungen vorsieht.

7.3.6.3 *Weitere Eigenschaften des Festbetons*

7.3.6.3.1 *Porosität*

Die Gesamtporosität des Festbetons ist die dominierende Kenngröße, weil sich aus ihr prinzipiell alle technischen Eigenschaften direkt oder indirekt ableiten lassen. Sie setzt sich zusammen aus der „Haufwerksporosität" und der „Zementsteinporosität". Die geringe Porosität des Zuschlags von Normalbeton übt keinen Einfluss auf die Eigenschaften aus und kann daher unberücksichtigt bleiben.

Der Haufwerksporenraum ist der verbleibende Raum zwischen den Zuschlagkörnern, der nicht von der Zementleimmatrix ausgefüllt wird. Bei guter Verdichtung und ausreichender Leimmenge beträgt er bei Normalbeton ca. 1 bis 2 Vol.-% des Betons. Die Zementsteinporosität ist sehr stark abhängig vom Wasser-Zement-Wert und liegt zwischen ca. 30 Vol.-% bei $\omega = 0{,}4$ und ca. 70 Vol.-% bei $\omega = 1{,}5$. Für Normalbetone ergibt sich daraus je nach Mischungsverhältnis, d. h. Zementleimgehalt, und Wasser-Zement-Wert im getrockneten Zustand ein Porenvolumen von ca. 9 bis 25 Vol.-%.

7.3.6.3.2 Dichtigkeit gegenüber Flüssigkeiten und Gasen

Man muss zwischen der absoluten Dichtheit des Betons und der Undurchlässigkeit eines Bauteils unterscheiden, bei der das Medium zwar in den Beton eindringen, aber nicht hindurchdringen kann. Für die meisten Fälle, ausgenommen bei chemischen Angriffen, ist die Undurchlässigkeit des Betons ausreichend. Die Undurchlässigkeit des Festbetons gegenüber Flüssigkeiten und Gasen ist von der Gesamtporosität des Betons, insbesondere von der Größe und Verteilung der Poren, sowie dem Druck der anstehenden Medien abhängig. Alle Maßnahmen, welche die Porosität des Betons herabsetzen, erhöhen somit auch seine Undurchlässigkeit.

Wasserundurchlässige Betone sind z. B. im Behälterbau, beim Bau von Sperrmauern, Kühltürmen, Betonrohren, im Grund- und Tunnelbau usw. erforderlich. Die Prüfung auf **Wasserundurchlässigkeit** erfolgt gemäß DIN EN 12 390-8, bis zu einem Größtkorn von 32 mm vorzugsweise an plattenförmigen Probekörpern von 200 mm x 200 mm x 120 mm Kantenlänge (bei einem Größtkorn > 32 mm sind Platten von 300 mm Kantenlänge zu verwenden; die Dicke muss mindestens das Vierfache des Größtkorndurchmessers betragen). Bei der Prüfung wirkt über 3 Tage ein konstanter Wasserdruck von 0,5 N/mm² senkrecht zur Einfüllrichtung des Betons ein. Unmittelbar nach Ende des Versuchs werden die Probekörper gespalten, die Durchfeuchtung festgestellt und die größte Wassereindringtiefe in mm gemessen. Ein Beton gilt dann als wasserundurchlässig, wenn die Eindringtiefe des Wassers nach diesem Prüfverfahren im Mittel ≤ 5 cm ist. Zu beachten ist in diesem Zusammenhang, dass trotz Wasserundurchlässigkeit sehr feinporige, feinsandreiche Betone Wasser durch kapillares Saugen aufnehmen können. Aus der Wasserdichtigkeit und dem Wassersaugvermögen ist der Frostwiderstand abzuleiten.

Öldichtheit: Wasserundurchlässiger Beton braucht nicht unbedingt gegen leichtflüchtige Öle, Benzin, Petroleum usw. dicht zu sein; diese organischen Flüssigkeiten verursachen kein Quellen des Zementsteins und haben außerdem eine niedrigere Oberflächenspannung als Wasser, so dass sie leichter in die Poren eindringen können. Öle mit einer kinematischen Viskosität $v \leq 15$ mm²/s, z. B. Heizöle EL und Heizöle L, dringen in trockenen Beton ein. Bei Ölbehältern ist daher im allgemeinen eine Schutzbeschichtung erforderlich.

Gasdichtheit: Die Gasdichtigkeit von Beton wird im Behälter-, Schornstein- und Senkkastenbau gefordert, aber auch für die Überdeckung der Bewehrung im Stahlbetonbau, um die Carbonatisierungsgeschwindigkeit herabzusetzen und den Korrosionsschutz der Stahleinlagen langfristig sicherzustellen. Wenn Beton feucht oder nass ist, ist wasserundurchlässiger Beton im allgemeinen auch gasdicht.

7.3.6.3.3 Wärmeleitung, Wärmedämmung

Die Wärmeleitfähigkeit des Betons ist abhängig:
- vom Porengehalt und von der Porenart
- von der Zuschlagart
- vom Feuchtegehalt

Als Rechenwerte für die Wärmeleitfähigkeit können für Normalbeton in Abhängigkeit von der Rohdichte gemäß DIN EN 12 524 zugrundegelegt werden

Rohdichte $2,2 \text{ kg/dm}^3$: $\lambda = 1,6 \text{ W/(m} \cdot \text{K)}$
Rohdichte $2,4 \text{ kg/dm}^3$: $\lambda = 2,1 \text{ W/(m} \cdot \text{K)}$

Da Stahl eine ca. 30mal höhere Leitfähigkeit hat als Beton, liegt die Wärmeleitfähigkeit bei Stahlbeton in Abhängigkeit vom Bewehrungsgrad erheblich höher:

armiert mit 1 % Stahl: 2,3 W/(m · K)
armiert mit 2 % Stahl: 2,5 W/(m · K).

Normalbeton allein kann also bei normalen Wanddicken nicht die Anforderungen des Wärmeschutzes erfüllen, sondern muss mit Wärmedämmschichten zu Sandwichplatten kombiniert werden.

Eine Erhöhung der Wärmedämmung d/λ lässt sich erreichen durch:
- höheres Porenvolumen
- geringeren Feuchtigkeitsgehalt
- geringere Wärmeleitzahl der Zuschläge (kristalline Gefüge, z. B. Quarzsand, leiten besser als glasige Gefüge, z. B. Hochofenschlacke).

7.3.7   Betonzusätze

Das Anwendungsgebiet für Beton wurde durch die vielfältigen Aufgaben im Bauwesen in den letzten Jahren so erweitert, dass zusätzliche Eigenschaften gefordert werden mussten, die sich ohne Zusätze nicht zufriedenstellend lösen lassen. Bei Verwendung von Zusätzen muss aber beachtet werden, dass neben den gewünschten Eigenschaften oft auch unerwünschte Nebenwirkungen auftreten können.

Bei den Betonzusätzen ist zu unterscheiden zwischen
○ Betonzusatzmitteln
○ Betonzusatzstoffen

Unter *Betonzusatzmitteln* versteht man flüssige oder pulverförmige Stoffe, die dem Beton zugesetzt werden und die durch chemische und/oder physikalische Wirkung die Betoneigenschaften des Frisch- oder Festbetons verändern, wie z. B. die Verarbeitbarkeit, das Erstarren oder das Erhärten. Der Volumenanteil der Zusatzmittel im Beton ist von untergeordneter Bedeutung, da die Zugabe in relativ geringen Mengen erfolgt (i.d.R. < 5 M.-% des Zementanteils); sie bleiben daher – ausgenommen die durch sie erzeugten Luftporen im Beton – bei der Stoffraumrechnung des Beton unberücksichtigt.

Andere Zusätze, deren Anteil im Beton relativ groß sein kann, und deren Volumenanteile dementsprechend zu berücksichtigen sind, werden zur Unterscheidung als Zusatzstoffe bezeichnet. *Betonzusatzstoffe* sind nach DIN 1045 fein aufgeteilte Betonzusätze, die bestimmte Betoneigenschaften beeinflussen.

7.3.7.1 *Betonzusatzmittel*

Für Beton nach DIN 1045 dürfen nur Zusatzmittel zugesetzt werden, welche die Anforderungen der DIN EN 934-2 erfüllen. Durch Anbringung des CE-Kennzeichens bescheinigt der Hersteller die durch die notifizierte Stelle zertifizierte Übereinstimmung mit den Anforderungen dieser Norm. Die Norm enthält keine Bestimmungen für die praktische Anwendung von Zusatzmitteln bei der Betonherstellung, d.h. Anforde-

Anwendungs-bereich[1]	Zugabemengen[6] in ml (cm³) bzw. g je kg Zement		
	Mindest-zugabe[2]	Höchstzugabe[3]	
		eines Mittels	mehrerer Mittel
Beton-, Stahlbeton und Spannbeton		50	60
Beton mit alkali-empfindlichem Zuschlag	2	20[5] oder 50[5]	[5]
Hochfester Beton		70[4]	80

1) Bei Beton mit alkaliempfindlichem Zuschlag, bei VZ und bei Spritzbeton Zulassungsgrundsätze des DIBT beachten.
2) < 2 möglich, wenn in Teil des Zugabewassers enthalten.
3) Maßgebend sind die Angaben des Zulassungsbescheids.
4) Eines verflüssigenden Zusatzmittels
5) Abhängig vom Alkaligehalt des Zusatzmittels; Angaben im Prüfbescheid
6) Mit besonderem Nachweis sind – außer bei hochfestem Beton – auch größere Mengen möglich.

Tabelle 7.62
Zugabemengen für
Betonzusatzmittel

rungen bezüglich der Betonzusammensetzung, der Mischung, der Verarbeitung und Nachbehandlung usw. sind nicht Gegenstand dieser Norm. Da die Wirkung der Mittel von der Zugabemenge, von der Temperatur, zum Teil auch von der Betonzusammensetzung und insbesondere der verwendeten Zementsorte abhängen kann, ist für jeden Fall, bei dem der Einsatz von Betonzusatzmitteln vorgesehen ist, mit der geplanten Betonzusammensetzung eine Erstprüfung durchzuführen. Die in der Gebrauchsanweisung angegebenen maximal zulässigen und die empfohlenen Zusatzmengen sind zu beachten; insbesondere Überdosierungen können mitunter zu einem Umschlagen in der Wirkung führen. Die zulässigen Zugabemengen sind in der *Tabelle 7.62* angegeben. Verträglichkeit und Wirksamkeit muss vom Lieferanten nachgewiesen werden. Werden von Zusatzmitteln in flüssiger Form dem Beton mehr als 3 l/m³ zugegeben, so ist deren Menge auf den Wasser-Zement-Wert anzurechnen. Zu beachten ist, dass ein Mittel gleichzeitig mehrere Wirkungen haben kann, unter Umständen auch eine nachteilige Beeinflussung einer anderen Betoneigenschaft. Nicht alle Zusatzmittel sind unbegrenzt lagerfähig; älteres Material ist daher vor seiner (Wieder-)Verwendung auf etwaiges Absetzen, Entmischungen usw. zu überprüfen.

Für Stahl- und Spannbetonarbeiten dürfen grundsätzlich nur chloridfreie Zusatzmittel verarbeitet werden.

Betonzusatzmittel werden in folgende Wirkungsgruppen eingeteilt, die durch bestimmte Farben auf den Gebinden zu kennzeichnen sind (siehe *Tabelle 7.63*). Die in Deutschland eingeführten Farbkennzeichen werden von der Euronorm nicht vorgeschrieben.

7.3.7.1.1 Betonverflüssiger

Durch Zugabe eines Verflüssigers erreicht man eine Verminderung der Oberflächenspannung des Anmachwassers, wodurch Zement und Zuschlag intensiver mit Wasser benetzt werden. Der Beton wird geschmeidiger und verdichtungswilliger. Dadurch kann man unter Beibehaltung der Konsistenz einen niedrigeren Wasser-Zement-Wert einhalten (mögliche Wassereinsparungen zwischen 5 und 10 %) und somit die Betongüte erhöhen bzw. bei unverändertem Wassergehalt die Verarbeitbarkeit des Frischbetons verbessern, was z. B. bei gleicher Verdichtungsarbeit ebenfalls die Festigkeit erhöht.

Tabelle 7.63
Wirkungsgruppen und Kennzeichnung der Betonzusatzmittel

	Kurz-zeichen	Farbkennzeichen
Betonverflüssiger	BV	gelb
Fließmittel	FM	grau
Luftporenbildner	LP	blau
Verzögerer[1]	VZ	rot
Beschleuniger	BE	grün
Stabilisierer	ST	violett
Dichtungsmittel	DM	braun
Einpresshilfen	EH	weiß
Chromatreduzierer[2]	CR	rosa
Recyclinghilfe für Waschwasser[2]	RH	schwarz
Schaumbildner[2]	SB	orange

1) Bei einer um mindestens 3 Stunden verlängerten Verarbeitbarkeitszeit Richtlinie Verzögerter Beton beachten.
2) Von der DIN EN 934-2 nicht erfasst.

Nachteilige Wirkungen des Betonverflüssigers können sein: Einführung von Luftporen, die dann die erwartete Festigkeitssteigerung unter Umständen verhindern, erhöhtes Schwinden, Erstarrungsverzögerung.

Einsatzbereiche: Pumpbeton, wasserundurchlässiger Beton, Sichtbeton, feingliedrige Bauteile.

7.3.7.1.2   Fließmittel

Fließmittel („*Superverflüssiger*") ermöglichen die Herstellung von Frischbeton mit vergleichsweise niedrigem Wassergehalt in sehr weicher bis fließfähiger Konsistenz, so dass nur eine geringe Verdichtungsenergie aufgewendet werden muss. Trotz zu erreichender Ausbreitmaße bis zu 60 cm neigt der Beton nicht zur Entmischung. Die Wirkungsdauer der Fließmittel ist zeitlich sehr begrenzt; sie kann zwischen 15 bis 45 min nach Zumischen zum Beton liegen. Sie sind daher in der Regel bei Transportbeton erst auf der Baustelle dem Mischer kurz vor dessen Entleerung zuzusetzen. Bei Verwendung von Fließmitteln ist die „Richtlinie für Beton mit Fließmittel und für Fließbeton" des DAfStb zu beachten.

Beton der Konsistenzklassen F4 bis F6 ist mit Zugabe von Fließmitteln herzustellen.

Als Nebenwirkung werden gelegentlich Abbindeverzögerungen, Festigkeitsminderung, erhöhtes Schwinden sowie Luftporenbildung beobachtet.

Einsatzbereiche: Industriefußböden, Straßen, schmale, hohe, dichtbewehrte Bauteile, frühhochfester Beton mit niedrigem Wasser-Zement-Wert.

Durch Zugabe bestimmter Fließmittel ist es möglich einen selbstverdichtenden Beton (SVB) herzustellen. (siehe Richtlinie für „Selbstverdichtender Beton" des DAfStb)

7.3.7.1.3   Luftporenbildner

LP-Mittel bewirken beim Mischen das Entstehen von vielen kleinen, kugelförmigen Luftporen mit einem Durchmesser < 0,3 mm. Durch Einführung dieser gleichmäßig verteilten Luftporen in den Beton, die sich bei Durchfeuchtung nicht mit Wasser füllen, wird dessen Frost- und Tausalzwiderstand erhöht. Feinste Luftporen wirken ähnlich wie Wasser oder Feinsand günstig auf die Konsistenz und Verarbeitbarkeit des Betons. Sie wirken wie kleine Kugellager im Beton und setzen den Scherwiderstand der Frischbetonmasse herab.

> Faustregel: 1 % zusätzlich eingeführter Luftporen ermöglicht eine Wassereinsparung von etwa 5 l je m³ Frischbeton und erzielt im Hinblick auf die Verarbeitbarkeit die gleiche Wirkung wie etwa 10 bis 15 kg Mehlkorn.

Die Wirkung der Luftporenbildner hängt sehr stark von der Frischbeton-Konsistenz und der -Temperatur ab: Bei weichem Beton sowie bei niedriger Temperatur wird bei gleicher Dosiermenge des LP-Mittels ein höherer Luftgehalt erzielt. Erstprüfungen müssen deshalb unbedingt unter den zu erwartenden Baustellenbedingungen durchgeführt werden.

Mögliche Nebenwirkungen: Minderung der Betonfestigkeit (dadurch Begrenzung des maximalen Luftporengehaltes), erhöhtes Schwinden und Kriechen, Erstarrungsverzögerung, unter Umständen Minderung der Pumpfähigkeit.

Einsatzbereiche: Straßenbau, Flugplatzbau, Wasserbau.

7.3.7.1.4 *Dichtungsmittel*

Betondichtungsmittel haben meist eine hydrophobierende (wasserabweisende) Wirkung und sollen die Wasseraufnahme eines sachgemäß hergestellten Betons bzw. das Eindringen von Wasser in den Beton vermindern. Ihre Wirksamkeit wird jedoch im allgemeinen weit überschätzt. Die Betonzusammensetzung, die Verarbeitung und Nachbehandlung des Betons haben einen wesentlich größeren Einfluss auf die Wasserundurchlässigkeit eines Betons als die Dichtungsmittel. Zahlreiche DM erwiesen sich insbesondere nach längerer Einwirkungszeit als nicht mehr wirksam. Nach DIN 1045 ist die Herstellung eines wasserundurchlässigen Betons ohne Dichtungsmittel vorgesehen. Ein schlecht zusammengesetzter Beton kann auch trotz Zugabe eines Betondichtungsmittels nicht „wasserdicht" gemacht werden.

Mögliche Nebenwirkungen können sein: starke Einführung von Luftporen in den Beton, dadurch Verringerung der Festigkeit, verflüssigende Wirkung, erhöhtes Schwindmaß.

Einsatzbereiche: Behälterbau, Absperrung gegen aufsteigende Bodenfeuchtigkeit.

7.3.7.1.5 *Verzögerer*

Verzögerer bewirken eine deutliche Verlängerung der Erstarrungszeit des Zementleims und damit eine langsamere Wärmeentwicklung im Beton (Verminderung der Gefahr von Temperaturspannungen). Die Erstarrungsverzögerer behindern die Einleitung der Hydratation des Zementes; somit ist ihre Wirkung sehr stark von dem verwendeten Zement und vor allem von der Temperatur abhängig und es sind besonders sorgfältige Erstprüfungen unter Beachtung der späteren Verarbeitungstemperatur erforderlich. Die Abbindezeiten des Betons können mit Hilfe dieser Mittel um ca. 2 bis 12 Stunden, teilweise auch mehr, verzögert und damit die Verarbeitungszeiten verlängert werden. Der Frischbeton ist stark der Gefahr des Austrocknens ausgesetzt; gute Nachbehandlung ist daher wichtig. Die Festigkeit nach 28 Tagen ist in der Regel ebenso hoch oder sogar geringfügig höher als ohne Verzögerer. Wenn die Verarbeitbarkeit um mehr als 3 Stunden verlängert wird, ist die „Vorläufige Richtlinie für Beton mit verlängerter Verarbeitbarkeit (Verzögerter Beton)" des DAfStb zu beachten.

Mögliche Nebenwirkungen: „Umschlagen" der Wirkung bei überhöhter Dosierung, erhöhtes Schwinden, verflüssigende Wirkung, stärkere Ausblühungen, Farbunterschiede bei glattem Sichtbeton.

Einsatzbereiche: massige Bauteile, die ohne Arbeitsfugen betoniert werden müssen, bei heißem Wetter, oder bei Frischbeton, der weit transportiert werden muss.

7.3.7.1.6　Beschleuniger

Beschleuniger bewirken eine beschleunigte Hydratation des Zements. Da sie, wie die Verzögerer, in den chemischen Vorgang der Hydratation eingreifen, ist ihre Wirkung sehr stark vom verwendeten Zement sowie von der Temperatur abhängig. Aus diesem Grunde sind auch hier sehr sorgfältige Erstprüfungen erforderlich.

Mit diesen Mitteln erzielt man eine erhebliche Verkürzung der Erstarrungs- und/oder der Erhärtungszeit. Die DIN EN 934-2 unterscheidet zwischen Erstarrungs- und Erhärtungsbeschleunigern. Mit den Erstarrungsbeschleunigern verkürzt man die Zeit vom Beginn des Übergangs der Betonmischung vom plastischen in den festen Zustand. Erhärtungsbeschleuniger werden dann eingesetzt, wenn eine erhöhte Frühfestigkeit gefordert wird, ohne Einfluss auf das Erstarrungsverhalten. Der Beton soll bei 20 °C nach 24 h $\geq$120 % der Druckfestigkeit des Referenzbetons aufweisen, bei 5 °C nach 48 h $\geq$ 130 %. Die Endfestigkeit kann u.U. deutlich niedriger ausfallen. Die Beschleunigung ist verknüpft mit einer schnelleren Wärmeentwicklung. Der Einsatz von Beschleunigern erfolgt nur in außergewöhnlichen Fällen; für „normale" Betonarbeiten kommt eine Zugabe aus wirtschaftlichen Gründen im allgemeinen nicht in Frage. Zu den Beschleunigern werden auch die sogenannten Frostschutzmittel gerechnet. Bei Verwendung als Frostschutzmittel im Winter sind die „klassischen" Winterbaumaßnahmen (Verwendung eines Zementes höherer Festigkeitsklasse, Erwärmen des Betons und Wärmedämmmaßnahmen nach dem Einbau) meistens außerdem notwendig.

Mögliche Nebenwirkungen: Minderung der Betonfestigkeit, geringere Nacherhärtung, geringere Wasserundurchlässigkeit, Umschlagen in der Wirkung.

Einsatzbereiche: Spritzbeton, Fertigteile (Verkürzung der Ausschalfristen), beim Einsetzen von Ankern und Steinschrauben, bei Abdichtungen gegen Wassereinbrüche im Tiefbau, Arbeiten bei tiefen Temperaturen. Für Stahl- und Spannbeton sind nur wenige Beschleuniger zugelassen.

7.3.7.1.7　Einpresshilfen

Diese Mittel sollten *eigentlich als Mörtelzusatzmittel* bezeichnet werden. Einpresshilfen für Einpressmörtel werden nur zum Verpressen von Spannkanälen im Spannbetonbau mit nachträglichem Verbund verwendet. Sie machen den Einpressmörtel geschmeidig, verbessern das Fließvermögen und wirken dem Absetzen des Zementmörtels im Spannkanal entgegen. Durch den Gehalt eines Treibmittels wird der frische Mörtel geringfügig aufgetrieben, so dass eine hohlraumfreie Füllung des Spannkanals und einwandfreie Umhüllung der Spannstähle ermöglicht wird. Eine verzögernde Komponente stellt eine ausreichend lange Verarbeitungszeit sicher. DIN EN 447 „Einpressmörtel für Spannglieder" ist zu beachten.

Mögliche Nebenwirkungen: zu lange Erstarrungsverzögerung, Minderung der Mörtelfestigkeit.

7.3.7.1.8 Stabilisierer

Durch Stabilisierer wird der innere Zusammenhalt des Betons vergrößert. Die Betonmischung wird sämiger und gleitfähiger, seine Verarbeitbarkeit verbessert und das Wasserabsondern („Bluten") vermindert. Stabilisierer werden überwiegend bei sehr flüssigen Betonen, z.B. SVB, eingesetzt.

Mögliche Nebenwirkungen: bei Überdosierung Einführung von Luftporen, -Kleben des Feinmörtels.

Einsatzbereiche: Pumpbeton, Spritzbeton (weniger Rückprall), Unterwasserbeton, Sichtbeton, Betonwaren, Leichtbeton (Aufschwimmneigung der Zuschläge wird herabgesetzt).

7.3.7.1.9 Chromatreduzierer

Die chromatreduzierenden Zusätze sollen den Gehalt an wasserlöslichen Chrom(VI)-Verbindungen herabsetzen (Umwandlung in Chrom(II)-Verbindungen), die Auslöser von allergischen Hauterkrankungen („Maurerkrätze") sein können.

7.3.7.1.10 Recyclinghilfen

sollen die Wiederverwendung des Reinigungswassers der Mischgeräte ermöglichen, indem sie die Hydratation des im Waschwasser enthaltenen Zements verzögern. Zusätzlich vermögen sie die Hydratation des Frischbetons bis zu 3 Tagen zu unterbinden.

7.3.7.1.11 Schaumbildner

sollen einen sehr feinen stabilen Schaum im Frischbeton erzeugen. Sie werden eingesetzt zur Herstellung von Beton mit sehr hohem Gehalt an Luftporen, wie z.B. Schaumbeton, Porenleichtbeton, Leichtmauermörtel u.ä.

7.3.7.1.12 Multifunktionale Zusatzmittel

beeinflussen mehrere Eigenschaften von Frisch- und/oder Festbeton. Von der Norm werden folgende Kombinationen erfasst:

- O Betonverzögerer / Betonverflüssiger
- O Betonverzögerer / Fließmittel
- O Erstarrungsbeschleuniger / Betonverflüssiger

7.3.7.2   Betonzusatzstoffe

Zu den Betonzusatzstoffen gehören inerte oder nahezu inerte Stoffe, wie z.b. Gesteinsmehle, Pigmente (Zusatzstoffe Typ I) und latent hydraulische oder auch puzzolanische Stoffe, wie z.b. Flugasche und Silicastaub (Zusatzstoffe Typ II). Sie können entsprechend ihrer Partikelgröße kleinste Hohlräume ausfüllen und, wenn sie puzzolanisch sind, zusätzlich zur Bildung von Hydratationsprodukten beitragen, die ebenfalls eine Hohlraumausfüllung und somit noch eine intensivere Verklebung der Zuschläge im Beton zur Folge haben.

Reaktive Betonzusatzstoffe des Typs II dürfen bei nachgewiesener Eignung auf den Wasser-Zement-Wert und auf den Mindestzementgehalt angerechnet werden. Für Steinkohlenflugasche und Silicastaub ist die Eignung nachgewiesen. Ihre Wirkung wird pauschal durch einen k-Wert-Ansatz gemäß DIN 1045-2 berücksichtigt. Der nach DIN 1045 maximal zulässige Wasser-Zement-Wert ist dann durch den äquivalenten Wasser-Zement-Wert ω_{eq} zu ersetzen. Der äquivalente Wasser-Zement-Wert errechnet sich nach den Formeln:

$$(w/z)_{eq} = \omega_{eq} = w \, / \, (z + k_f \cdot f), \quad (w/z)_{eq} = \omega_{eq} = w \, / \, (z + k_s \cdot s) \quad \text{oder}$$

$$(w/z)_{eq} = \omega_{eq} = w \, / \, (z + k_f \cdot f + k_s \cdot s)$$

Der tatsächliche k-Wert hängt vom jeweiligen Rohstoff ab.

Nach DIN 1045 sind Betonzusatzstoffe fein aufgeteilte Stoffe, durch die sich bestimmte Betoneigenschaften beeinflussen lassen. Sie können Einfluss nehmen auf den Mehlkorngehalt des Betons, auf bestimmte Eigenschaften des Frischbetons, z. B. die Konsistenz und die Verarbeitbarkeit, auf bestimmte Eigenschaften des Festbetons, z. B. die Festigkeit, die Dichte und Beständigkeit, die Farbe des Betons. Sie dürfen dem Beton zugesetzt werden, wenn sie das Erhärten des Zements, die Festigkeit und die Beständigkeit des Betons sowie den Korrosionsschutz der Bewehrung nicht beeinträchtigen. Deshalb dürfen nur Betonzusatzstoffe verwendet werden, die der Zuschlagnorm DIN 4226 oder einer dafür vorgesehenen Norm (z. B. Trass DIN 51043, Flugasche für Beton DIN EN 450, Farbpigmente DIN EN 12 878) entsprechen. Anderenfalls muss eine allgemeine bauaufsichtliche Zulassung vorliegen oder es muss ein Prüfzeichen vom IfBT erteilt sein. Für die Herstellung von Spannbeton, bei dem die Spannstähle im direkten Kontakt zu dem Beton stehen, dürfen als Betonzusatzstoffe nur Flugasche und Silicastaub oder inerte Gesteinsmehle nach DIN 4226-1 und Pigmente mit nachgewiesener Unschädlichkeit auf Spannstahl verwendet werden. Für andere Zusatzstoffe muss der Nachweis im Rahmen einer allgemeinen bauaufsichtlichen Zulassung erbracht werden.

Da die Zusatzstoffe dem Beton im Gegensatz zu den Zusatzmitteln in deutlich größerer Menge zugesetzt werden, ist ihr Volumenanteil zu berücksichtigen.

Da einige Betonzusatzstoffe gleichzeitig andere Betoneigenschaften nachteilig beeinflussen können, ist die Betonzusammensetzung bei Verwendung von Zusatzstoffen, die nicht mineralisch sind oder die auf den Bindemittelgehalt angerechnet werden sollen, nach DIN 1045 ausschließlich aufgrund von Erstprüfungen festzulegen.

7.3.7.2.1 Mineralische Betonzusatzstoffe

In der *Tabelle 7.64* sind einige Kennwerte für mineralische Zusatzstoffe zusammengestellt.

Gesteinsmehle

Mineralische Feinststoffe, z. B. als inert geltendes Gesteinsmehl aus geeignetem Gestein, verwendet man z. B. zur Ergänzung des erforderlichen Mehlkorngehaltes, zur Verbesserung der Sieblinie, zur Erhöhung der Wasserundurchlässigkeit oder zur Verbesserung der Verarbeitbarkeit des Frischbetons. Solches Gesteinsmehl erfüllt im allgemeinen die Bedingungen der DIN 4226 und kann ohne zusätzliche Prüfungen eingesetzt werden.

Zu den mehlkornartigen, inerten Zusatzstoffen zählt auch der Bentonit, ein Ton aus Verwitterungsprodukten saurer, vulkanischer Glastuffe, der durch Windverblasung weiter entfernter Vulkane als Ablagerung in Seen und Flüssen entstanden ist. Bentonit

Tabelle 7.64
Kennwerte für mineralische Zusatzstoffe

Technische Daten	Silicastaub Pulver	Silicastaub Suspension	Flugasche DIN EN 450	Trass DIN 51 043	Gesteinsmehle DIN 4226 Kalkstein	Gesteinsmehle DIN 4226 Quarz
Mahlfeinheit Rückstand [M.-%] auf dem						
0,02 mm Sieb	–	–	≤ 70,0	–	–	–
0,04 mm Sieb	< 15	< 15	≤ 50,0	–	–	–
spezif. Oberfläche (nach Blaine) [cm^2/g]	≥ 180.000	≥ 250.000	≥ 2.000	≥ 5.000	≥ 3.500	≥ 1.000
Dichte [kg/dm^3]	ca. 2,2	ca. 1,4	2,2–2,6	2,4–2,6	2,6–2,7	2,65
Schüttdichte [kg/dm^3]	0,3–0,6	–	1,0–1,1	0,7–1,0	1,0–1,1	1,35
Glühverlust [M.-%]	≤ 3,0	≤ 3,0	≤ 5,0	≤ 12	ca. 40	0,2
SO$_3$-Gehalt [M.-%]	≤ 2,0	≤ 2,0	≤ 3,0	≤ 1,0	≤ 1,0	≤ 1,0
Cl-Gehalt [M.-%]	≤ 0,10	≤ 0,10	≤ 0,1	≤ 0,1	≤ 0,02	≤ 0,02

enthält außer dem Hauptmineral Montmorillonit weitere Begleit-mineralien wie Quarz, Glimmer, Feldspat, Kalk und andere.

Außer in Form von Suspensionen als stabilisierende Flüssigkeit für die Herstellung unverrohrter Bohrungen, für Rohrdurchpressungen und für Schlitzwandbauweise kann Bentonit auch als Betonzusatzstoff verwendet werden. Ein Zusatz von 0,5 M.-% bis maximal 3 M.-% des Zementgewichts zu Beton macht ihn geschmeidiger. Dadurch wird die Transportierbarkeit von weichem Beton verbessert, er wird besser pumpbar und neigt weniger zu Entmischungen. Bei höherer Dosierung ist mit Festigkeitsabfall zu rechnen; außerdem nehmen der Frost- und Tausalzwiderstand ab.

Bei Zementinjektionen führt die Zugabe von Bentonit (2 – 3 M.-% vom Zementgewicht) zu einer starken Erhöhung der Fließgrenze und Viskosität der Schlämme. Dadurch ist es möglich, auch größere Hohlräume schneller und wirksamer zu schließen.

Hochofenschlacke

Betonzusatzstoffe auf der Basis von Hochofenschlacke entsprechen in der Regel DIN 4226 oder DIN 1164. Sie bestehen aus gekörnter (granulierter) basischer, latent hydraulischer Hochofenschlacke, die fein gemahlen wird. Durch Feinmahlung werden die latent hydraulischen Eigenschaften aufgeschlossen.

Eine Anrechnung von Hochofenschlacke auf den Wasser-Zement-Wert ist bei tragenden Bauteilen aus Stahlbeton nicht zugelassen.

Anwendung findet dieser Zusatzstoff z. B. bei:

○ massigen Bauteilen, die länger feucht gehalten werden können, wie Fundamente, Widerlager, Pfeiler, Talsperren, Wehre

○ Beton in betonschädlichen Wässern und Böden im Sinne der DIN 4030

Trass

Trass ist feingemahlener Tuffstein (Trachyttuff), der vulkanischen Auswurfmassen entstammt. Er ist ein mehlfeiner Zusatzstoff, der die Anforderungen der DIN 51 043 erfüllen muss. Er besteht überwiegend aus Kieselsäure [SiO_2], Tonerde [Al_3O_2] sowie chemisch und physikalisch gebundenem Wasser. Trass ist ein natürliches Puzzolan, d. h., dass er bei normalen Temperaturen in Gegenwart von Wasser und freiem Kalk unter Bildung von beständigen CSH-Verbindungen reagiert (siehe Kapitel 7.1.4 Zement). Durch die Bindung von Kalk wird die Entstehung von Ausblühungen verhindert und durch die zusätzliche Gelbildung erhält man einen dichteren Beton. Ohne Anrechnung auf den Wasser-Zement-Wert darf Trass als Ergänzung des Mehlkorngehaltes dem Beton zugesetzt werden. Eine Anrechnung auf den Zementgehalt ist unter bestimmten Bedingungen zulässig (Zulassungsbescheid des IfBT).

Trass darf bei Bauteilen aus Beton und Stahlbeton, die zum Schutz gegen vorzeitiges Austrocknen länger feucht gehalten werden können und müssen, zugesetzt werden.

Durch die große spezifische Oberfläche besitzt Trass ein gutes Wasserrückhaltevermögen, verbessert dadurch die Verarbeitbarkeit bei gleichem Wassergehalt und verhindert das durch Sedimentation auftretende Bluten. Durch Trass wird der statische Elastizitätsmodul verringert, d. h. die Elastizität erhöht; der Beton ist dadurch weniger rissgefährdet.

Anwendungsgebiete für den Trasszusatz sind: Massenbeton, wasserundurchlässiger Beton, Beton in angreifenden Wässern, Pumpbeton, Sichtbeton.

Steinkohlenflugasche

Die größte Bedeutung als Zusatzstoff hat die Steinkohlenflugasche; knapp 2/3 der in Deutschland anfallenden Steinkohlenflugasche wird im Betonbau eingesetzt, etwa 65% im Transportbetonbereich und die restlichen 35% im Betonwerkbereich.

Elektrofilter-Flugasche (EFA) ist ein Betonzusatzstoff, der aus nichtbrennbaren Bestandteilen der Steinkohle besteht. Diese vom Elektrofilter eines Kraftwerkes abgezogene Flugasche, ein feinkörniges, graues, annähernd kugelförmiges mineralisches Korngemenge, ist kein selbständiges Bindemittel mit puzzolanischen Eigenschaften, kann aber unter Umständen auch latent hydraulische Eigenschaften haben, die nach basischer Anregung sehr langsam zur Bildung von Hydratationsprodukten führen. Zu beachten ist, dass die gebildeten Hydratationsprodukte die Porenstruktur des Zementsteins verändern und sich teils günstig, teils ungünstig auf die verschiedenen Dauerhaftigkeitseigenschaften des Betons auswirken können. Als Betonzusatzstoff sind jedoch nur bestimmte Flugaschen geeignet, die überwiegend aus glasigen Bestandteilen bestehen. Chemischer Hauptbestandteil dieser Flugaschen ist Siliciumdioxid [SiO_2] ($\geq$ 25 M.-%) und Aluminiumoxid.

Die Anforderungen für chemische und physikalische Eigenschaften sowie für die Güteüberwachung von Flugasche, die unbedenklich als puzzolanischer Zusatzstoff bei der Herstellung von Ortbeton oder Beton für Fertigteile verwendet werden darf, sind in der DIN EN 450 enthalten.

Bei Verwendung dieser normgerechten Flugasche sollte jedoch beachtet werden, dass unter Umständen – unabhängig von den puzzolanischen Eigenschaften – Eigenschaften des Frischbetons sowie des erhärtenden Betons beeinflusst werden können, wie z. B. der Wasserbedarf (i.a. geringer), die Erstarrungszeit (normalerweise verlängert) oder die Frühfestigkeit (Verringerung).

Festlegungen für die praktische Verwendung von Flugasche bei der Betonherstellung, z. B. Anforderungen an die Zusammensetzung, das Mischen, die Verarbeitung, die Nachbehandlung von Beton sind nicht Gegenstand dieser Norm; hierfür sind die diesbezüglichen Betonvorschriften am Verwendung Verwendungsort, z. B. die DIN 1045, maßgebend.

Eine Anwendung ist dort zweckmäßig, wo außer einer Erhöhung des Mehlkorngehaltes im Beton eine Verringerung des Wasseranspruchs, Verbesserung der Verarbeitbarkeit, Verhinderung der Entmischung, Herabsetzung der Wärmeentwicklung und Erhöhung der Wasserundurchlässigkeit erreicht werden soll. Bezüglich der Frostbeständigkeit haben Untersuchungen jedoch ergeben, dass der Frostwiderstand flugaschehaltiger Betone unter dem reiner Zementbetone liegt. Bei Sichtbeton sollten die Helligkeitsunterschiede der Flugaschen berücksichtigt werden.

Bei Verwendung von zugelassener Steinkohlenflugasche darf unter bestimmten Voraussetzungen der Mindestzementgehalt verringert werden. Die Nachbehandlungszeit ist dann um 2 Tage zu verlängern.

Außer bei den Expositionsklassen XF2 und XF4 darf der Flugascheanteil auf den Mindestzementgehalt angerechnet werden, wenn folgende Zementarten verwendet werden:

CEM I; CEM II/A-D; CEM II/A-S oder CEM II/B-S; CEM II/A-T oder CEM II/B-T; CEM II/A-LL; CEM III/A; CEM III/B bis 70 M.-% Hüttensandanteil

Dabei darf der in der *Tabelle 7.52* angegebene Mindestgehalt an Zement und Flugasche ($z + f$) nicht unterschritten werden.

Anstelle des höchstzulässigen Wasser-Zement-Wertes ω darf für alle Expositionsklassen außer XF2 und XF4 der nach der o.a. Formel berechnete äquivalente Wasser-Zement-Wert ω_{eq} mit $k_f = 0{,}4$ verwendet werden. Die Höchstmenge des anrechenbaren Flugascheanteils f beträgt $0{,}33 \cdot z$.

Für die Herstellung von Beton mit hohem Sulfatwiderstand darf anstelle von HS-Zement nach DIN 1164 eine Mischung aus Zement und Flugasche verwendet werden, wenn folgende Bedingungen eingehalten werden:
○ Sulfatgehalt des angreifenden Wassers $SO_4^{2-} \leq 1.500$ mg/l
○ Zementart CEM I; CEM II/A-S; CEM II/B-S; CEM II/A-T; CEM II/B-T; CEM II/A-LL oder CEM III/A
○ Der Flugascheanteil bezogen auf den Gesamtgehalt an Zement und Flugasche ($z + f$) muss bei den Zementarten CEM I; CEM II/A-S, CEM II/B-S und CEM II/A-LL mindestens 20 M.-%, bei den Zementarten CEM II/A-T, CEM II/B-T und CEM III/A mindesten 10 M.-% betragen.
○ Flugasche, deren Gesamtalkaligehalt 4,0 M.-% nicht überschreitet, darf auch mit Gesteinkörnungen der Alkaliempfindlichkeitsklasse E II und E III und für Feuchteklassen WF und WA nach der Alkalirichtlinie des DAfStb verwendet werden.

Silicastaub SF

Insbesondere zur Steigerung der Festigkeit wird zunehmend Silicastaub eingesetzt, ein bei der Herstellung von Silicium und Silicium-Legierungen anfallender Stoff, der pulverförmig oder in wässriger Suspension mit > 50 M.-% Feststoffanteil geliefert wird. Bei Verwendung von Suspensionen ist der Wasseranteil auf den Wassergehalt des Betons anzurechnen. Silicastaub (silica fume) ist ein weitgehend mineralischer Betonzusatzstoff, der zu über 90 M.-% aus amorphem SiO_2 besteht und der etwa 100 mal feiner ist als Zement. Durch die langsam fortschreitende puzzolanische Reaktion sowie durch Verbesserung der Mikrostruktur in der Kontaktzone des Zementsteins zum Zuschlag wird eine zusätzliche Festigkeitssteigerung erreicht bei gleichzeitiger Erhöhung der Dichtigkeit des Betons. Außerdem wird ein verbesserter Frost- und Tausalzwiderstand und eine Erhöhung des Widerstandes gegen chemische Angriffe erreicht.

Für Silcastaub für Beton liegt z.Zt. ein Normentwurf (DIN EN 13 263, Ausgabe Oktober 2002) vor.

Die übliche Dosierung liegt bei 3 – 5 M.-%, bezogen auf die Zementmasse.

Wegen der rel. hohen Materialkosten wird Silicastaub bevorzugt bei Spezialanwendungen eingesetzt. In erster Linie wird SF heute für hochfeste Betone (Druckfestigkeiten >100 N/mm^2) sowie Faserbeton verwendet, ferner für Spritzbeton im Stollen- und Tunnelbau, insbesondere zur Minderung des Rückpralls und Verbesserung der Haftung.

Aufgrund der großen Feinheit von Silicastaub – die Partikelgröße liegt im Mittel bei ca. 0,1 μm – hat dieser einen recht hohen Wasseranspruch und erfordert daher üblicherweise eine hohe Fließmitteldosierung zur Erreichung einer günstigen Verarbeitungskonsistenz. Wegen einer gewissen Klebwirkung ist auf eine gute Durchmischung (erhöhte Mischenergie) zu achten.

Über den k-Wert-Ansatz kann auch SF auf den Zementgehalt und den Wasser-Zement-Wert angerechnet werden, wobei der Gehalt an Zement und Silcastaub ($z + s$) den in der *Tabelle 7.52* angegebenen Grenzwert nicht unterschreiten darf. Der Gehalt an Silicastaub darf einen Anteil von 11 M.-%, bezogen auf den Zementgehalt nicht überschreiten. Die Minderung des Zementgehaltes darf für alle Expositionsklassen mit Ausnahme von XF2 und XF4 durchgeführt werden, wenn folgende Zementarten eingesetzt werden:
CEM I; CEM II/A-S oder CEM II/B-S; CEM II/A-P oder CEM II/B-P, CEM II/A-V, CEM II/A-T oder CEM II/B-T; CEM II/A-LL; CEM II/B-M(S-V), CEM III/A oder CEM III/B.

Anstelle des höchstzulässigen Wasser-Zement-Wertes ω darf für alle Expositionsklassen außer XF2 und XF4 der nach der o.a. Formel berechnete äquivalente Wasser-Zement-Wert ω_{eq} mit $k_s = 1,0$ verwendet werden.

Gleichzeitige Verwendung von Flugasche und Silicastaub

Bei gleichzeitiger Verwendung von Flugasche und Silicastaub darf der Gehalt an Silicastaub 11% Massenanteil, bezogen auf den Zementgehalt, nicht überschreiten.

Der Mindestzementgehalt darf bei gleichzeitiger Anrechnung von Silicastaub und Flugasche für alle Expositionsklassen außer XF2 und XF4 auf die in der *Tabelle 7.52*, *Zeile 4*, angegebenen Mindestzementgehalte bei Anrechnung von Zusatzstoffen reduziert werden. Dabei darf der Gehalt an Zement, Flugasche und Silicastaub *(z+f+s)* die in der *Tabelle 7.52*, Zeile 3, angegebenen Mindestzementgehalte nicht unterschreiten.

Um eine ausreichende Alkalität der Porenlösung sicherzustellen, muss bei gleichzeitiger Verwendung von CEM I, Flugasche und Silicastaub die Höchstmenge Flugasche der Bedingung

$f/z \leq 3 \, (0,22 - s/z)$

in Massenanteilen genügen.

Für die Zemente CEM II-S, CEM II/A-D, CEM II-T, CEM II/A-LL und für CEM III/A gilt:

$f/z \leq 3 \, (0,15 - s/z)$

in Massenanteilen.

Mit allen anderen Zementen ist keine gemeinsame Verwendung von Flugasche und Silicastaub zulässig.

Wegen der Sicherstellung der Alkalitätsreserve der Porenlösung ist bei gemeinsamer Verwendung eines Zementes CEM II/A-D mit Flugasche der Silicastaub des Zementes mit $s = 10$ M.-%, bezogen auf den Zementgehalt, zu berücksichtigen.

Für alle Expositionsklassen außer XF2 und XF4 darf anstelle des Wasserzementwertes der äquivalente Wasserzementwert $\omega_{eq} = w/(z + 0,4 \cdot f + 1,0 \cdot s)$ verwendet werden. Dabei müssen die Höchstmengen der beiden Zusatzstoffe, die auf den Wasserzementwert angerechnet werden dürfen, den Bedingungen

$f/z \leq 0,33$ in Massenanteilen

und

$s/z \leq 0,11$ in Massenanteilen

genügen.

7.3.7.2.2   Organische Betonzusatzstoffe

Als Zusatzstoffe mit organischen Bestandteilen sind bisher nur Kunstharzdispersionen von einem gewissen Interesse. Wichtige Voraussetzung ist, dass die Kunststoffe verseifungsbeständig sind. Sie erfordern eine allgemeine bauaufsichtliche Zulassung. Die Anwendung der Dispersionen erfolgt wegen des relativ hohen Preises jedoch vorwiegend für Mörtel und weniger für Beton; bei letzterem liegt das Haupteinsatzgebiet zur Zeit bei Ausbesserungsarbeiten.

Einheitliche Eigenschaften der Kunstharzdispersionen können nicht angegeben werden, da eine sehr große Typenvielfalt vorhanden ist. Außerdem werden die Kunststoffe zum Teil modifiziert durch Zugabe von Stabilisierungs- oder Verdickungsmitteln. Auf Grund der Zugabemenge – sie liegt zwischen 5 bis 15 M.-% des Zementgewichts, entsprechend $\approx 1,5$ M.-% des Betongewichts – sind sie als Zusatzstoffe zu betrachten. Zur Einhaltung des Wasser-Zement-Wertes sollte die Kunststoffdispersion vollständig bei der Menge des Zugabewassers berücksichtigt werden. Ihre Wirkung beruht darauf, dass die einzelnen Kunststoffpartikel beim Austrocknen „verkleben" und einen räumlich vernetzten Film mit guten Adhäsionseigenschaften zum Zementstein bilden.

Folgende Eigenschaften können durch die Zugabe von Kunstharzdispersionen eventuell verändert werden:

Verbesserung der Verarbeitbarkeit des Frischbetons; Erhöhung der Zug- und Biegezugfestigkeit sowie vor allem der Haftung auf vorhandenem Altbeton; Erhöhung der Elastizität, der Abriebfestigkeit und des Porengehaltes im Beton; Verringerung der Druckfestigkeit, der Nassfestigkeit und des Schrumpfens; Erhöhung des Schwindens und des Kriechens.

7.3.7.2.3   Pigmente

Farbmittel sind ebenfalls Betonzusatzstoffe im Sinne der DIN 1045. Sie werden dem Beton zur Erzielung einer bestimmten dauerhaften Farbwirkung zugegeben. Als Pigment gem. DIN 12 878 bezeichnet man ein Farbpulver, das durch und durch aus Farbstoff besteht; Farben auf einem Farbträger sind für Beton nicht brauchbar. Pigmente sind relativ feinkörnig mit einer Korngröße von meist 0,1 bis 1,0 μm. Sie müssen gegenüber Licht beständig und zementecht, d. h. im basischen Milieu des Betons beständig sein. Daher werden überwiegend Pigmente aus Metalloxiden angewendet, organische Pigmente erfüllen diese Anforderungen meist nicht.

Die Dosierung erfolgt im allgemeinen zwischen 0,5 und 5,0 M.-% des Zementgewichts, sie sind auf den Mehlkorngehalt des Betons anzurechnen. Die mechanischen Betoneigenschaften werden meist nicht beeinflusst. Eine Zugabe über 6 M.-% hinaus erhöht die Farbwirkung kaum, es kann jedoch u.U., wie auch bei Farbstoffen mit sehr hoher Feinheit, der Wasserbedarf so stark erhöht werden, dass nicht alle Zemet- und Pigmentteilchen benetzt werden oder der Frischbeton gummiartig wird und nicht ausreichend verdichtet werden kann. Die Zugabemenge sollte daher unbedingt auf das notwendige Maß beschränkt bleiben.

Um Farbschwankungen zu vermeiden ist eine gleichmäßige Zugabe sowie genaue Einhaltung einer ausreichend langen Mischzeit sehr wichtig. Die Farbwirkung hängt auch von der Betonzusammensetzung ab und steigt mit der Feinheit und Zugabemenge der Pigmente. Eignungsprüfungen sind zur sicheren Erzielung der gewünschten Farbwirkung (grundsätzlich ist sie am ausgetrockneten Beton zu beurteilen) immer erforderlich.

Als Zementfarben kommen hauptsächlich folgende Pigmente in Frage: Eisenoxidrot, -braun, -schwarz, -gelb, ferner Chromoxidgrün, Spinellblau und Titandioxidweiß, außerdem Ruß.

Nicht verwendbar sind: Bleimennige, Cadmiumrot, Chromgelb, Bleiweiß, Zinkweiß, Chromgrün, Berliner- und Preußischblau.

Besonders reine und leuchtende Farben werden erzielt, wenn für die Betonherstellung als Bindemittel weißer Zement verwendet wird.

7.3.8   Betone mit besonderen Eigenschaften

7.3.8.1   Beton mit hohem Wassereindringwiderstand; FD-Beton

Beton mit geringer Wassereindringtiefe (früher wasserundurchlässiger Beton) entspricht mindestens der Festigkeitsklasse C25/35. Einsatzgebiete für einen derartigen Beton sind: Wasserbehälter, Wassertürme, Badebecken, Kläranlagen, Wannen im Grundwasser (sogenannte *„weiße Wanne"*), Rohrleitungen, Staumauern, Uferbefestigungen usw.

Jeder nicht wassergesättigte Beton – auch der dichteste – nimmt eine geringe Menge Wasser auf. Als wasserundurchlässig gilt nach der DIN 1045 ein Beton, bei dem die größte Wassereindringtiefe bei der Prüfung nach DIN 1048 bzw. DIN EN 12 390-8 5 cm nicht überschreitet.

7.3.8.1.1   Zusammensetzung des Betons

Bestimmend für die Wasserundurchlässigkeit ist in erster Linie die Dichtigkeit des Zementsteins. Damit ist das entscheidende Kriterium der Wasser-Zement-Wert; ein wasserundurchlässiger Beton sollte nur mit soviel Wasser hergestellt werden, wie zu seiner einwandfreien Verarbeitung unbedingt erforderlich ist. Bei Bauteilen bis 40 cm Dicke darf der w/z-Wert ω 0,60, bei dickeren Bauteilen 0,70 nicht überschreiten; zur Berücksichtigung der unvermeidlichen Streuungen auf der Baustelle empfiehlt es sich, den w/z-Wert bei der Bauausführung um 0,05 niedriger anzusetzen. Zur Erzielung einer ausreichenden Verarbeitbarkeit ist eine Konsistenz in der Mitte des plastischen Bereiches (Verdichtungsmaß v = 1,15 bis 1,11) anzustreben. Aus den Forderungen an die Konsistenz und den w/z-Wert ergeben sich Zementgehalte zwischen 300 bis 350 kg/m^3. Nach DIN 1045-2 wird ein Mindestzementgehalt von 280 kg/m^3, bei Anrechnung von Zusatzstoffen 270 kg/m^3 gefordert. Die Anforderungen entsprechen mindestens der Expositionsklasse XC4. Bei nicht betonangreifenden Wässern sind alle Normzemente und solche, die amtlich zugelassen sind, verwendbar. Bevorzugt werden Zemente, die einen sämigen (nicht „kurzen") Feinmörtel ergeben.

Die Kornzusammensetzung ist so zu wählen, dass der Feinstsand 0/0,25 mm höchstens 4 M.-%, die Korngruppe 0/2 mm etwa 30 bis 33 M.-% beträgt. Um gute Verarbeitbarkeit und ein geschlossenes Gefüge zu erhalten, muss eine bestimmte Menge an Mehlkorn enthalten sein; Richtwerte für den Mehlkorngehalt: bei 16 mm Größtkorn ca. 450 kg/m^3, bei 32 mm Größtkorn ca. 400 kg/m^3. Die Sieblinie des Zuschlaggemischs sollte möglichst stetig im günstigen Bereich, zweckmäßig dicht unter der Grenzsieblinie B verlaufen; Ausfallkörnungen können jedoch auch eingesetzt werden. Das Größtkorn richtet sich nach Bewehrung und Bauteildicke, gedrungene Kornform ist von Vorteil, da der Beton dann verdichtungswilliger ist.

Zusatzmittel können lediglich Hilfen bei der Herstellung des wasserundurchlässigen Betons sein. Einen schlecht zusammengesetzten Beton können sie nicht verbessern.

Betonverflüssiger (BV) und Dichtungsmittel (DM) können den Wasserbedarf ermäßigen und erhöhen damit die Dichte und die Festigkeit des Betons. Verzögerer (VZ) ermöglichen, eventuell ohne Arbeitsfugen auszukommen. Für Betonbauwerke, die ohne Oberflächenabdichtung gegen flüssige oder pastöse wassergefährdende Stoffe dicht sein sollen (z.b. Tankstellenbefestigungen), reicht die Herstellung eines wasserundurchlässigen Betons nicht aus. In diesem Fall ist der Beton als flüssigkeitsdichter Beton (FD-Beton) oder als flüssigkeitsdichter Beton nach Eindringprüfung (FDE-Beton) nach der DAfStb-Richtlinie „Betonbau beim Umgang mit wassergefährdenden Stoffen" herzustellen. Es ist eine dichte Gesteinskörnung 0/16 oder 0/32 mit einer Sieblinie im grob- bis mittelkörnigen Bereich (Bereich 3) zu verwenden (für FDE-Beton Gesteinskörnung 0/16 oder auch porige Gesteinskörnung gemäß DIN 4226-2). Der Wasser-Zement-Wert soll zwischen 0,45 und 0,5 (für FDE-Beton < 0,45) liegen; ein Flugaschezusatz kann auf den Wasser-Zement-Wert angerechnet werden. Um die Gefahr der Schwindrissbildung gering zu halten, darf der Zementleimgehalt 290 l/m^3 nicht überschreiten. Es ist eine weiche Konsistenz anzustreben (F3). Für FD-Beton ist der Einsatz von Restwasser nach der DAfStb-Richtlinie erlaubt. FD-Beton kann auch als LP-Beton, FDE-Beton auch unter Verwendung von Kunststoffzusätzen oder Fasern hergestellt werden.

7.3.8.1.2 Verarbeiten des Betons

Grundsätzlich muss der Beton mit großer Sorgfalt gleichmäßig hergestellt und eingebracht werden. Es muss ein dichtes Gefüge und eine geschlossene Betonoberfläche entstehen. Die Schichthöhe beim Einbringen soll bei Verwendung von Innenrüttlern 50 cm, von Schalungsrüttlern 30 cm nicht überschreiten. Bei Schütthöhen > 2 m sind Falltrichter und Schüttrohre oder ähnliches zu verwenden. Eine gleichmäßige Verdichtung mit Innenrüttlern ist erforderlich. Sandreicher und zu weicher Beton entmischt sich bei zu langem Rütteln. Dadurch kann schichtweise eine Konzentration von Feinstteilen auftreten. Bei Becken ist es zweckmäßig, die Sohle und Wände in einem Arbeitsgang herzustellen.

Um wasserundurchlässigen Beton zu erhalten, ist eine sehr sorgfältige Nachbehandlung erforderlich; das Vernachlässigen der Nachbehandlung stellt die Güte des Betons in Frage, selbst wenn alle anderen Regeln für die Zusammensetzung und Herstellung des Betons beachtet wurden. Die Wasserundurchlässigkeit kann durch Nachrütteln des Betons (je nach Temperatur des Frischbetons 1 bis 5 Stunden nach dem ersten Verdichten) wesentlich verbessert werden.

Der Beton ist grundsätzlich vor vorzeitigem Austrocknen zu schützen, um Schrumpf- oder Schwindrisse zu vermeiden. Er muss 7 Tage, besser 14 Tage, nass nachbehandelt werden. Bei massigen Bauteilen muss der Zementgehalt möglichst niedrig sein (vorteilhaft ist auch ein Zement NW), um die Hydratationswärme niedrig zu halten und der Gefahr von Temperaturrissen vorzubeugen. Der junge Beton ist vor Erschütterungen zu schützen.

7.3.8.1.3   *Konstruktive Hinweise*

Die Verwendung von wasserundurchlässigem Beton hat nur dann Sinn, wenn auch in statischer Hinsicht die Risssicherheit gewährleistet ist. Bei großer Belastung der Bauteile sollte nach Zustand I (nicht gerissene Zugzone) bemessen werden. Dabei ist zu berücksichtigen, dass Risse nicht nur infolge von Lastwirkungen, sondern auch durch Temperaturspannungen aus abfließender Hydratationswärme und durch Schwinden des Betons entstehen können. Aufteilen der Bewehrung in kleinere Querschnitte ist zweckmäßig; große Fugenabstände erhöhen die Rissgefahr. Gegebenenfalls ist auch die Anordnung eines engmaschigen Gewebes auf der statischen Bewehrung von Vorteil. Die Anzahl der Arbeitsfugen ist so gering wie möglich zu halten, am besten in einem Arbeitsgang betonieren (eventuell unter Einsatz eines Betonverzögerers). Die unvermeidlichen Arbeitsfugen sind gemeinsam mit dem Statiker schon bei der Konstruktion festzulegen. Sie sind durch Arbeitsfugenbänder wasserundurchlässig auszubilden.

Die Betonüberdeckung der Bewehrung ist entsprechend den Umweltbedingungen festzulegen. Um das Auslaufen von Zementleim aus dem Beton zu verhindern, ist eine steife und fugendichte Schalung zu verwenden. Besondere Schalungsanker (mit Konen und Mittelscheibe) verhindern eine Durchlässigkeit im Bereich der Anker; ihre Anzahl ist durch den Einsatz von Schalungsträgern so gering wie möglich zu halten. Kunststoffröhrchen mit Rödeldrähten sowie Abstandhalter aus Kunststoff sollten nicht verwendet werden, da zwischen dem Beton und dem Kunststoff keine Verbindung möglich ist und das Wasser an diesen Abstandhaltern entlang durchsickern kann.

7.3.8.2   *Beton mit hohem Frost- und Frost-Tausalz-Widerstand*

Beton, der im durchfeuchteten Zustand häufigen und schroffen Frost-Tau-Wechseln ausgesetzt wird, muss mit hohem Frostwiderstand hergestellt werden, Expositionsklasse XF1 bis XF3. Diese Aufgabe stellt sich z. B. bei der Herstellung von Beton für Uferschutzbauten, Hafenmolen, Staustufen und ähnlichem.

Eine Schädigung des Betons erfolgt durch die beim Gefrieren des eingedrungenen Wassers eintretende Volumenvergrößerung um ca. 9 Vol.-%. Die oberflächliche Eisbildung dichtet die Oberfläche nach außen ab. Durch die Ausdehnung des in den Kapillarporen gefrierenden Wassers reißen die Porenwandungen auseinander, das Gefüge wird gelockert und dadurch die Oberfläche des Betons zerstört. Die wirksamste Maßnahme gegen Frostschäden ist daher, den Beton so dicht wie möglich herzustellen und, wenn nötig, durch besondere Schutzanstriche vor einer Durchfeuchtung zu schützen.

7.3.8.2.1   *Zusammensetzung des Betons*

Da ein Beton mit einem hohen Frostwiderstand grundsätzlich ein wasserundurchlässiger Beton sein muss, gilt hinsichtlich der Zusammensetzung des Betons auch hier Abschnitt 7.3.8.1.1. Er muss mindestens der Festigkeitsklasse C25/30 entsprechen, bei XF2 und XF3 ohne luftporenbildende Zusätze mindestens C35/45.

Zu beachten ist aber, dass für diesen Beton Zuschläge mit erhöhten Anforderungen an den Frostwiderstand eingesetzt werden müssen (siehe *Tabelle 7.52*). Ein zu hoher Mehlkorngehalt kann sich ungünstig auf den Frost- und Tausalzwiderstand auswirken, so dass die Menge zu begrenzen ist. Der Wasser-Zement-Wert darf bei XF1 0,60 nicht überschreiten und reduziert sich bei den Expositionsklassen XF2 und XF3 weiter bis auf maximal 0,5 (siehe *Tabelle 7.52*). Die Zugabe von luftporenbildenden Zusatzmitteln ist in Abhängigkeit von den Expositionsklassen (mit Ausnahme von XF1) und dem verwendeten Größtkorn erforderlich (siehe Tabelle 7.52). Der mittlere Luftporengehallt im

Größtkorn des Zuschlaggemischs [mm]	mittlerer Luftgehalt [Vol.-%][1]
8	$\geq 5,5$
16	$\geq 4,5$
32	$\geq 4,0$
63	$\geq 3,5$

[1] Einzelwerte dürfen diese Anforderungen um höchstens 0,5 Vol.-% unterschreiten.

Tabelle 7.65
Luftgehalte im Frischbeton

Frischbeton unmittelbar vor dem Einbau muss den Werten der *Tabelle 7.65* entsprechen. Zusatzstoffe des Typs II dürfen zugesetzt werden, bei den Expositionsklassen XF2 und XF4 aber nicht auf den Zementgehalt oder den Wasser-Zement-Wert angerechnet werden.

Zur Berücksichtigung der unvermeidlichen Streuungen auf der Baustelle empfiehlt es sich, den w/z-Wert bei der Bauausführung um 0,05 niedriger anzusetzen. Der Luftporengehalt sollte aber 6 Vol.-% möglichst nicht überschreiten, da sonst die Druckfestigkeit zu stark abnimmt. Zu beachten ist, dass durch Transport, Einbau und Verdichtung etwa 20 – 25 % des Luftporengehaltes verloren gehen.

Bei zusätzlicher *Einwirkung von Tausalzen* tritt eine wesentlich erhöhte Beanspruchung auf, Expositionsklasse XF4. Zum einen tritt eine schockartige Abkühlung der Betonoberfläche durch den Entzug der Schmelzwärme auf, zum anderen wird der Gefrierpunkt der in die Betonporen eindiffundierenden Salzlösung je nach Salzkonzentration herabgesetzt. Dadurch gefriert das Wasser zuerst nur an der Oberfläche und in einer tiefer gelegenen, salzärmeren Schicht. Erst bei weiterer Abkühlung kommt es in der dazwischen liegenden Schicht zur Eisbildung. Da sich dieses nicht in die bereits verschlossenen Nachbarporen ausdehnen kann, kommt es also zu Absprengungen der äußeren Betonschicht. Solche Frost-Tausalz-Angriffe sind wegen der Streusalzverwendung vor allem bei Verkehrsflächen aus Beton zu erwarten, aber auch bei nur mittelbar mit Salzlösung in Berührung kommenden Bauteilen, wie Schrammborde, Gehwegkappen von Brücken, Pfeiler und Widerlager neben der Fahrbahn usw.

Beton, auf den außer Frost auch Tausalze einwirken, muss nach den Anforderungen der Expositionsklasse XF4 hergestellt werden und mindestens der Festigkeitsklasse

C30/37 entsprechen. Der Wasser-Zement-Wert darf 0,50 nicht überschreiten. Gesteinskörnungen müssen neben den Regelanforderungen zusätzlich die Anforderungen für einen erhöhten Widerstand gegen Frost- und Tausalzbeanspruchung erfüllen (siehe Tabelle 7.52). Für die Auswahl der Zemente sind die Anwendungseinschränkungen (siehe Tabelle 7.14) zu beachten. Des weiteren **muss** dem Beton ein LP-Mittel zugegeben werden, um Mikroluftporen in gleichmäßiger Verteilung im Beton zu erzeugen. Zur Erhöhung des Tausalzwiderstands ist anzuraten, die Mindestluftporengehalte um etwa 1 Vol.-% gegenüber der reinen Frostbeanspruchung zu erhöhen.

7.3.8.2.2 Verarbeiten des Betons

Für das Verarbeiten eines Betons mit hohem Frost- und hohem Frost-Tausalzwiderstand gilt das gleiche wie für wasserundurchlässigen Beton in Abschnitt 7.3.8.1.2.

Stahlbeton erfordert besondere Maßnahmen, um die Bewehrung dauerhaft gegen Korrosion durch die in den Tausalzen enthaltenen Chloride zu schützen (siehe Mindestbetondeckung für die Expositionsklassen XD1 bis XD3, *Tabelle 7.54*).

7.3.8.3 Beton mit hohem Widerstand gegen chemische Angriffe

7.3.8.3.1 Ermittlung der Angriffsgrade nach DIN 4030 bzw. DIN 1045-2

Durch gewisse Chemikalien in Wässern, Böden oder auch Dämpfen kann Beton angegriffen werden. Feste trockene Stoffe und Gase greifen trockenen Beton im allgemeinen nicht merkbar an; die Voraussetzung zur chemischen Betonkorrosion ist die Gegenwart von allgemeiner Feuchtigkeit oder Baugrundwasser. Für die Beurteilung des betonangreifenden Charakters des Baugrundes genügt daher im allgemeinen die Entnahme und Überprüfung von Wasserproben. Angreifende Wässer kann man oft schon an äußeren Merkmalen erkennen: charakteristische dunkle Färbung, ausgeschiedene Salze, fauliger Geruch, Aufsteigen von Gasblasen oder ähnliches. Mit Sicherheit sind die angreifenden Bestandteile jedoch nur durch eine chemische Analyse festzustellen. Für diesen Zweck sollte sich die Untersuchung von Wässern vorwiegend natürlicher Zusammensetzung auf folgende Bestimmungen erstrecken:

○ pH-Wert
○ Geruch
○ Kaliumpermanganatverbrauch
○ Härte
○ Härtehydrogencarbonat
○ Differenz zwischen Härte und Härtehydrogencarbonat

○ Magnesium
○ Ammonium
○ Sulfat
○ Chlorid
○ Kalklösende Kohlensäure

Bei einem höheren Kaliumpermanganatverbrauch (> 50 mg/l) ist eine weitere Untersuchung (z. B. auf Sulfide und anderes) erforderlich.

			Angriffsgrade nach DIN 1045-2		
			XA1 schwach	XA2 mäßig	XA3 stark
			Angriffsgrade nach DIN 4030		
Untersuchung			schwach angreifend	stark angreifend	sehr stark angreifend
pH-Wert			6,5 … 5,5	5,5 … 4,5	< 4,5
Kalklösende Kohlensäure (Marmorversuch nach Heyer)	$[CO_2]$	mg/l	15 … 40	40 … 100	> 100
Ammonium	$[NH_4^+]$	mg/l	15 … 30	30 … 60	> 60
Magnesium	$[Mg^{2+}]$	mg/l	300 … 1000	1000 … 3000	> 3000
Sulfat	$[SO_4^{2-}]$	mg/l	200 … 600	600 … 3000	> 3000

Tabelle 7.66
Grenzwerte zur Beurteilung des Angriffsgrades von Wässern vorwiegend natürlicher
Zusammensetzung

Die DIN 4030 bzw. die DIN 1045-2, die Anhaltswerte für die Beurteilung des Angriffsvermögens von solchen Wässern angeben, die betonangreifende Stoffe enthalten und auf erhärteten Beton aller Art chemisch einwirken, unterscheiden die Angriffsgrade schwach, stark und sehr stark bzw. die Expositionsklassen XA1 (schwach), XA2 (mäßig) und XA3 (stark) (siehe *Tabelle 7.66*). Eine genaue Beurteilung ist nur durch einen Fachmann durchzuführen.

Maßgebend für die Beurteilung des Wassers ist der jeweils höchste Angriffsgrad nach der Tabelle, auch wenn er nur von einem Wert der Zeilen 1 bis 5 erreicht wird. Liegen zwei oder mehrere Werte im oberen Viertel eines Bereichs (beim pH-Wert im unteren Viertel), so erhöht sich der Angriffsgrad um eine Stufe. Diese Erhöhung gilt nicht für Meerwasser, da dichter Beton dem Meerwasser trotz seines sehr hohen Mg^{2+}- und SO_4^{2-}-Gehaltes widersteht. Wegen des hohen Chloridgehaltes muss zum Korrosionsschutz der Bewehrung jedoch die Betondeckung auf wenigstens 5 cm erhöht werden.

Bei der Beurteilung von natürlichen Wässern auf ihre angreifende Wirkung sind neben den Grenzwerten der Tabelle die Bodenverhältnisse, die Temperatur und die Strömungsverhältnisse des Wassers zu berücksichtigen.

So **erniedrigt** sich der Angriffsgrad:
○ mit abnehmender Durchlässigkeit des Bodens,
○ mit niedrigerer Wassertemperatur,
○ bei geringerer Wassermenge, die sich praktisch nicht bewegt.

Mit einem **verstärkten** Angriff ist zu rechnen:
○ bei erhöhter Temperatur
○ bei höherem Druck
○ bei mechanischem Abrieb durch schnell strömendes Wasser.

7.3.8.3.2　Zusammensetzung des Betons

Die bei den verschiedenen Angriffsgraden zu ergreifenden betontechnologischen Maßnahmen sind in der DIN 1045 angegeben. Die Widerstandsfähigkeit des Betons gegen chemische Angriffe hängt weitgehend von seiner Dichtigkeit sowie gegebenenfalls der stofflichen Auswahl der Betonkomponenten ab. Beton mit hohem Widerstand gegen chemische Angriffe ist stets als wasserundurchlässiger Beton herzustellen; Zugaben von Flugasche oder Mikrosilica erhöhen die Dichtigkeit.

Das Zuschlaggemisch sollte nicht zu sandreich sein, sondern so zusammengesetzt werden, dass sich ein geringer Wasseranspruch ergibt. Zur Erzielung einer guten Verarbeitbarkeit sowie eines geschlossenen Gefüges ist eine bestimmte Menge an Mehlkorn erforderlich; der Gehalt ist jedoch auf das notwendige Maß zu beschränken. Sowohl ein zu niedriger als auch ein zu hoher Mehlkorngehalt beeinflusst den Widerstand des Betons gegen chemische Angriffe ungünstig. Die maximal zulässigen Gehalte an Feinkorn sind in der *Tabelle 7.49 a, b* (siehe Abschnitt 7.3.3.3) zusammengestellt.

Bei *schwachem Angriff* ist bei der Herstellung als Beton der Expositionsklasse XA1 zu beachten, dass der Wasser-Zement-Wert $\omega \leq 0{,}60$ betragen muss. Der Beton muss mit einem Mindestzementgehalt von 280 kg/m^3 (bei Anrechnung von Zusatzstoffen 270 kg/m^3) hergestellt werden und mindestens der Druckfestigkeitsklasse C25/35 entsprechen. Der Beton ist so dicht herzustellen, dass die größte Wassereindringtiefe bei der Prüfung nach DIN 1048 5 cm nicht überschreitet. Bei Sulfatangriffen mit einem SO_4^{2-}-Gehalt über 400 mg/l ist die Verwendung von Zement mit hohem Sulfatwiderstand (HS) zu empfehlen.

Bei *starkem Angriff* darf die größte Wassereindringtiefe, geprüft nach DIN 1048, 3 cm nicht überschreiten. Der Beton ist nach Expositionsklasse XA2 und der Druckfestigkeitsklasse $\geq$ C35/45 herzustellen. Der Wasser-Zement-Wert sollte höchstens 0,50 betragen. Bei Sulfatangriffen mit einem SO_4^{2-}-Gehalt über 600 mg/l sind stets Zemente mit hohem Sulfatwiderstand (HS) zu verwenden. Bei reinem Gipswasser ist ein Wasser-Zement-Wert bis 0,55 zulässig. Die Betonüberdeckung sollte mindestens 4 cm betragen.

Zur Berücksichtigung der Streuungen auf der Baustelle ist bei der Bauausführung der Wasser-Zement-Wert jeweils um 0,05 niedriger einzustellen.

Bei *sehr stark angreifenden* Stoffen muss der Beton die Anforderungen der Expositionsklasse XA3 erfüllen. Das erfordert die Festigkeitsklasse $\geq$ C35/45 mit einem Mindestzementgehalt von 340 kg/m^3 (bei Anrechnung von Zusatzstoffen 270 kg/m^3) und einen Wasser-Zement-Wert von $\leq 0{,}45$ (siehe *Tabelle 7.52*). Außerdem muss der Beton durch besondere Schutzschichten (*siehe: Merkblätter des DAfStb, sowie Kapitel 11.5.4*) vor der Zerstörung bewahrt werden; die erforderliche Dicke der Schutzschichten hängt ab von der Art und Stärke des Angriffs und von der Art der Aufgaben und Ausführung des Bauteils. Als Schutzschichten kommen Beschichtungen, Dichtungsbahnen aus Kunststofffolien oder aus getränkten und beschichteten Pappen und Plattenverkleidungen in Frage. Ein Optimum hinsichtlich Schutzwirkung und Kosten kann durch Verbundausführungen wie z. B. Kunststoff + Glasfaservlies + Kunstharzbeschichtung erzielt werden.

7.3.8.3.3 Verarbeiten des Betons

Für Beton mit hohem Widerstand gegen chemische Angriffe sind ebenfalls die Maßnahmen für die Herstellung eines wasserundurchlässigen Betons anzuwenden (siehe 7.3.8.1.2). Zu berücksichtigen ist, dass die Betondeckung der Bewehrung auf die Umweltbedingungen abzustimmen ist. Bei angreifenden Wässern sind die von der DIN 1045 geforderten Mindestmaße gegebenenfalls zu erhöhen.

7.3.8.3.4 Schutzmaßnahmen für den Beton

Die Konstruktionsteile sollten so entworfen werden, dass die dem Angriff ausgesetzten Flächen möglichst klein sind, Ecken und Kanten gut ausgerundet werden. Junger Beton ist bei chemischem Angriff besonders gefährdet. Da jeder Beton mit zunehmendem Alter dichter wird, die Hydratation also fortschreitet und die Kapillarporen mit dem entstehenden Zementgel „zuwachsen", sollte man jeden Beton so spät wie möglich dem angreifenden Wasser aussetzen. Dieses kann durch verschiedene Maßnahmen erreicht werden. Ist eine Grundwasserhaltung vorhanden, so sollte man diese so lange wie möglich laufen lassen. Bei kleineren Bauteilen kann man den Schutz durch eine Folie auf der Unterseite des Baukörpers oder durch einen Sperranstrich auf den streichbaren Flächen erreichen. Auch ein Ausfüllen des Arbeitsraumes mit einem wasserundurchlässigen Material (z. B. Ton oder Lehm) verhindert eine Berührung des angreifenden Wassers mit dem Beton.

Im Falle saurer Angriffe kann man das Fundament oder das Bauteil mit einer Kalksteinschüttung umgeben, um so dem sauren Angriff durch reichliches Kalkangebot zu begegnen. Der billigste Schutz ist häufig die Vergrößerung der Abmessungen der Bauteile um wenige Zentimeter. Diese Maßnahmen haben aber nur dann Erfolg, wenn es sich bei dem angreifenden Grundwasser um stehendes Wasser handelt und die aggressiven Bestandteile nicht ständig erneuert werden. Da die meisten Grundwässer aber zumindest schwach fließend sind, sind diese Maßnahmen nur mit äußerster Vorsicht als ausreichende Schutzmaßnahmen anzusprechen.

7.3.8.4 Beton mit hohem Abnutzungswiderstand

Beton, der besonders starker mechanischer Beanspruchung ausgesetzt wird, muss einen hohen Abnutzungswiderstand aufweisen und mindestens der Festigkeitsklasse C30/37 entsprechen. Starke mechanische Beanspruchungen entstehen z. B. durch starken Verkehr, durch rutschendes Schüttgut, durch häufige Stöße oder durch Bewegen von schweren Gegenständen, durch stark strömendes und Feststoffe führendes Wasser und anderes mehr. Je nach Beanspruchungsgrad unterscheidet die DIN 1045-2 die drei Expositionsklassen XM1, XM2 und XM3.

7.3.8.4.1   Zusammensetzung des Betons

Da der Abnutzungswiderstand des Zementsteins und des Feinmörtels geringer ist als der von abnutzungsfestem Zuschlag, sollte die Zementleimmenge nicht größer gewählt werden, als für gute Verarbeitbarkeit unbedingt erforderlich. Der Zementgehalt sollte deshalb den Wert von 300 kg/m^3 Beton (ausgenommen bei hochfestem Beton) nicht überschreiten (bei Anrechnung von Betonzusatzstoffen max. 270 kg/m^3). Mindestens erforderliche Festigkeitsklasse des Betons und max. zulässige Wasser-Zement-Werte siehe *Tabelle 7.52*.

Beton, der beim Verarbeiten Wasser absondert, ist ungeeignet für diese Beanspruchung. Der Zuschlag bis 4 mm Korngröße muss überwiegend aus Quarz oder aus Stoffen mindestens gleicher Härte bestehen, das gröbere Korn aus Gestein oder künstlichen Stoffen mit hohem Verschleißwiderstand. Bei besonders hoher Beanspruchung sind Hartstoffe nach DIN 1100 zu verwenden. Die Körner aller Zuschlagarten sollten mäßig raue Oberfläche und gedrungene Gestalt haben. Das Zuschlaggemisch soll möglichst grobkörnig sowie sand- und hohlraumarm sein (Sieblinie nahe der Sieblinie A oder bei Ausfallkörnungen zwischen den Sieblinien B und U).

7.3.8.4.2   Verarbeiten des Betons

Für hohen Abnutzungswiderstand ist ein möglichst steifer Beton herzustellen, damit sich beim Rütteln die obere Schicht nicht mit Zementschlempe oder Wasser anreichert. Der steife Beton erfordert naturgemäß eine wesentlich stärkere Rüttelverdichtung, als es bei weichem Beton der Fall ist. Da unter Umständen gebrochener Zuschlag verwendet wird, erschwert auch dieses die Verdichtungsarbeit. Das sollte bei der Bemessung der Verdichtungsgeräte berücksichtigt werden. Der Beton muss nach der Herstellung mindestens doppelt so lange nachbehandelt werden, wie in der „Richtlinie zu Nachbehandlung von Beton" des DAfStb (siehe Kapitel 7.3.5.4) gefordert.

7.3.8.5   Beton mit ausreichendem Widerstand gegen Hitze

Beton darf Gebrauchstemperaturen von > 250 °C über längere Zeit nicht ausgesetzt werden. Für Beton, der Temperaturen bis 250 °C ausgesetzt werden soll, ist ein Zuschlag zu verwenden, der eine möglichst kleine Wärmedehnung besitzt (z. B. bestimmte Kalksteine, Basalt oder Hochofenschlacke); quarzhaltige Zuschläge sollten nicht verarbeitet werden, da sie eine höhere Wärmedehnung aufweisen. Es ist ein nicht zu grobkörniges Zuschlaggemisch mit stetiger Sieblinie und einem Größtkorn von maximal 32 mm vorzusehen.

Nach dem Verdichten ist der Beton mindestens doppelt so lange nachzubehandeln wie nach der „Richtlinie zur Nachbehandlung von Beton" des DAfStb (siehe Kapitel 7.3.5.4) für Umgebungsbedingungen III gefordert und danach bis zur ersten Erhitzung im Betrieb langsam auszutrocknen. Beim ersten Erhitzen ist die Temperatur langsam zu steigern, um Gefügespannungen zwischen Oberfläche und Kernbeton möglichst niedrig zu halten. Wenn häufige, schroffe Temperaturwechsel auftreten, sind besondere Maßnahmen zu ergreifen (z. B. Verkleidung mit feuerfestem Mauerwerk, Anordnung von Wärmedämmschichten). Dieser Beton findet fast ausschließlich Verwendung im Industriebau.

Bei ständig einwirkenden Temperaturen > 80 °C sind Rechenwerte für die Druckfestigkeit und den E-Modul aus Versuchen abzuleiten. Wirken derartige Temperaturen nur kurzzeitig (bis etwa 24 Stunden) ein, so sind die in der DIN 1045 angegebenen Rechenwerte für Druckfestigkeit und E-Modul abzumindern; ohne experimentellen Nachweis bei einer Temperatur von 250 °C bei der Druckfestigkeit um 30 %, beim E-Modul um 40 % (Rechenwerte für Temperaturen zwischen 80 und 250 °C sind linear zu interpolieren).

Die Herstellung von feuerfestem Beton ist bei Verwendung von Tonerdeschmelzzement und geeigneten Zuschlägen aus Schamottesteinen möglich.

7.3.8.6 Beton für Unterwasserschüttung

In besonderen Fällen muss ein Beton auch unter Wasser eingebracht werden. Unterwasserbeton bietet sich überall dort an, wo die Trockenlegung von Baugruben aus technischen und/oder wirtschaftlichen Erwägungen unvorteilhaft ist. Dieser Beton kommt in der Regel nur für unbewehrte Bauteile in Betracht.

7.3.8.6.1 Zusammensetzung des Betons

Beton für Unterwasserschüttung muss, da er sich unter Wasser ausbreiten und auch ohne Verdichtung ein geschlossenes Gefüge erhalten soll, im allgemeinen ein Ausbreitmaß von $a = 45$ bis 50 cm haben; es darf jedoch auch Fließbeton gemäß der „Richtlinie für Beton mit Fließmittel und für Fließbeton" des DAfStb verwendet werden. Der Wasser-Zement-Wert darf 0,60 nicht überschreiten; er muss kleiner sein, wenn die Betongüte oder chemische Angriffe es erfordern. Der Zementgehalt, i.a. $\leq$ Z 42,5 R, muss bei Zuschlaggemischen 0/32 mindestens 350 kg/m^3 Beton betragen. Sofern der Beton keinem chemischen Angriff ausgesetzt ist und da kein Frostangriff zu erwarten ist, kann der Zementanteil bis zu 33 % durch Flugasche ersetzt werden. Es ist nach Möglichkeit rundes, gedrungenes Kiesmaterial zu verwenden. Zu bevorzugen sind Korngemische mit stetigem Sieblinienverlauf, etwa in der oberen Hälfte des günstigen Bereichs, für den Sandbereich bis 4 mm zweckmäßig nahe der Grenzsieblinie B. Um den Zusammenhalt des Betons sicherzustellen, ist ein ausreichend großer Mehlkorngehalt (ca. 400 kg/m^3 bei Größtkorn 32 mm) erforderlich; die höchstzulässigen Grenzwerte sind zu beachten; auch durch Zugabe von Bentonit oder Kunststoffdispersionen kann der Zusammenhalt verbessert werden.

7.3.8.6.2   Verarbeiten des Betons

Der Beton für Unterwasserschüttungen muss beim Einbringen als zusammenhängende Masse fließen, damit er ohne Verdichtung ein geschlossenes Gefüge bekommt. Er darf i.a. erst dann mit dem Wasser in Berührung kommen, wenn er seine endgültige Lage erreicht hat. Bei Wassertiefen bis 1 m darf der Beton durch vorsichtiges Vortreiben mit natürlicher Böschung eingebracht werden; er muss hierbei über dem Wasserspiegel aufgeschüttet werden. Bei Wassertiefen über 1 m muss der Beton durch Trichter oder Rohre geschüttet oder als Pumpbeton eingebracht werden. Der Beton darf niemals durch das Wasser geschüttet werden. Trichterrohre bzw. das Ende der Schlauchleitung müssen stets ausreichend tief in den Frischbeton eintauchen, so dass der nachdringende Beton den zuvor eingebrachten seitlich und aufwärts verdrängt, ohne dass er mit Wasser in Berührung kommt. Es gibt jedoch heute Zusatzmittel, die die Entmischungsneigung von Mörtel und Beton so verringern, dass ein freier Fall möglich wird (erosionsfester Beton, z. B. Hydrocrete-Verfahren). Mit diesem Verfahren kann auch bewehrter Beton hergestellt werden. Außerdem ist dafür zu sorgen, dass nie in fließendes Wasser betoniert wird, da sich dabei ein Auswaschen des Zementes nicht vermeiden lässt.

Unterwasserbeton darf auch dadurch hergestellt werden, dass ein gut zusammenhaltender Mörtel von unten her in ein vorgepacktes Zuschlaggerüst mit geeignetem Kornaufbau (z. B. ohne Fein- und Mittelkorn) eingepresst wird, sogenannte Mörtelinjektionsverfahren, z. B. Prepact-, Colcrete-, Tectocrete-Verfahren. Die Mörteloberfläche soll dabei gleichmäßig hochsteigen. Wegen der Gefahr von Rissbildung durch entstehende Schwindspannungen kann bei diesem Verfahren die Zugabe von quellenden Betonzusatzmitteln oder -stoffen von Vorteil sein. Hauptanwendungsgebiete sind neben dem üblichen Unterwasserbeton (z.B. für Brückenpfeiler, Schleusensohlen) die Sanierung (z.B. Kaimauern, Flusssohlen), Dükerummantelungen (z. B. für Gas- und Ölleitungen) und der Reaktorbau.

7.3.8.7   Massenbeton

Unter Massenbeton versteht man einen Beton für massige Bauteile, wie z. B. Stützmauern, Gründungssohlen, Staumauern, Brückenpfeiler und Schleusenkammerwände. Im allgemeinen werden hierzu Bauteile gezählt, deren kleinste Abmessung 1 m übersteigt. Aber auch bei Bauteilen mit kleineren Abmessungen sind unter Umständen die Besonderheiten des Massenbetons zu berücksichtigen.

Die Betondruckfestigkeit spielt hier – von einigen Ausnahmen abgesehen – meistens eine geringere Rolle, wichtig dagegen sind der Widerstand gegen Witterungseinflüsse (besonders Frost) und andere physikalische und chemische Angriffe. Größere Bedeutung bei der Herstellung von Massenbeton kommt dem über den Betonquerschnitt unterschiedlichen Wärmeverlauf und dem unterschiedlichen Schwindverhalten zu. Während die Oberfläche eines Betonbauteils durch den Temperaturausgleich mit der Umgebungsluft sich relativ schnell abkühlt und auch verhältnismäßig schnell austrocknet, und dadurch einer Volumenkontraktion unterliegt, bleiben die Temperaturen und der Feuchtigkeitsgehalt im Kern relativ hoch. Die Temperaturunterschiede sowie das Schwinden führen innerhalb des Querschnitts im Kern zu Druck- und in den Randzonen zu Zugspannungen. Werden die Zugspannungen aus einer dieser Beanspruchungen (Temperatur, Schwinden) zu groß, so reißt der Beton. Durch zu große Temperatur- oder Feuchtigkeitsunterschiede zwischen dem Kern und der Schale eines Betonkörpers kann es zu sogenannten *Schalenrissen* kommen. Sie sind im allgemeinen nur wenige cm tief und schließen sich nach wenigen Wochen wieder. Als Faustregel gilt: Schalenrisse treten häufig auf, wenn der Temperaturunterschied zwischen Kern und Schale $\geq$ 20 K wird. *Spaltrisse* können entstehen, wenn z. B. ein aufgehendes Bauteil auf ein bereits erhärtetes Fundament betoniert wird. Das aufgehende Bauteil erwärmt sich. Beim späteren Abkühlen will sich der nunmehr auch ausgehärtete Beton des neu betonierten Bauteils zusammenziehen, wird aber durch den Verbund mit dem Fundament daran gehindert. Hier kann es nun zu meist senkrechten und durch die gesamte Konstruktion hindurchgehenden Rissen kommen. Die Risse beginnen kurz über dem Fundament und enden je nach Höhe des Bauteils oben oder im oberen Bereich.

Neben einer entsprechenden konstruktiven Gestaltung der Bauteile (Unterteilung durch Fugen) kann das Rissrisiko durch betontechnologische und bautechnische Maßnahmen wie Betonzusammensetzung, Betoneinbau und sorgfältige Nachbehandlung weiter verringert werden.

7.3.8.7.1 *Zusammensetzung des Betons*

Die Wärmeentwicklung hängt vor allem von der Hydratationswärme des Zements und der Zementmenge je m³ verdichteten Betons ab. Die Temperaturerhöhung $\Delta\vartheta_{Beton}$ im Kern ($\sim$ adiabatische Bedingungen) lässt sich mit folgender Formel abschätzen:

$$\Delta\vartheta_{Beton} = \frac{z \cdot HW}{\rho_b \cdot c_b}$$

z = Zementgehalt in kg/m³
HW = Hydratationswärme des Zements in kJ/kg
ρ_b = Betonrohdichte in kg/m³
c_b = spezifische Wärme des Betons kJ/(kg · K)

Für Normalbeton mit $\rho_b \approx$ 2.300 kg/m³ und $c_b \approx$ 1,1 kJ/(kg· K) ist der Nenner nahezu konstant, so dass die Temperatur nur vom Zementgehalt und dessen Hydratationswärme abhängt.

Somit ergeben sich für die Betonzusammensetzung folgende Forderungen:

○ Zemente mit langsamer und niedriger Wärmeentwicklung, d. h. im allgemeinen Verwendung eines NW-Zementes

○ Kornaufbau des Zuschlaggemischs so wählen, dass ein möglichst geringer Zementleimbedarf entsteht, d. h.: gedrungenes Korn mit nicht zu rauer Oberfläche, Sieblinie im günstigen Bereich zwischen den Grenzsieblinien A und B oder Ausfallkörnung

○ möglichst großes Größtkorn

○ möglichst niedriger Wasser-Zement-Wert

○ zur Erzielung einer trotzdem ausreichenden Verarbeitungskonsistenz unter Umständen Zugabe eines Betonzusatzmittels (Verflüssiger, Fließmittel)

Bei allen Maßnahmen zur Senkung des Zementgehaltes ist jedoch darauf zu achten, dass die sonstigen Forderungen (Wasserundurchlässigkeit, Frostwiderstand, usw.) zuverlässig erfüllt werden.

Ein Beton mit geringer Schwindneigung ergibt sich mit einem möglichst niedrigen Wasser-Zement-Wert bei gleichzeitig niedrigem Wassergehalt, sowie Verwendung eines Zements mit nicht zu großer Mahlfeinheit.

7.3.8.7.2   Verarbeiten des Betons

Um keine zu starke Aufheizung des Betons im Kern zu bekommen, sollte die Temperatur des Frischbetons beim Einbau möglichst niedrig sein. Eine niedrige Frischbetontemperatur kann durch Kühlen des Wassers und der Zuschläge oder Zugabe von Eis erreicht werden. (Auch der Zusatz eines Verzögerers kann sich vorteilhaft auswirken.) Zur schnelleren Wärmeabführung bei der Betonerhärtung sollte in kleinen Betonierabschnitten oder in Blöcken mit Zwischenraum gearbeitet werden. Eine weitere, wirksame, aber teure Maßnahme ist die Rohrinnenkühlung. Das Schwindmaß lässt sich vor allem durch eine vollständige Betonverdichtung, durch eine zusätzliche Nachverdichtung und eine besonders sorgfältige Nachbehandlung niedrig halten. Eine Verlängerung der Ausschalfrist vermindert die Bildung von Schalenrissen; auf Spaltrisse hat sie dagegen keinen nennenswerten Einfluss. Gegen Spaltrisse schützen nur starke Flächenbewehrungen sowie eine ausreichende Fugenzahl.

7.3.8.8   Spritzbeton

Für bewehrten sowie unbewehrten Beton im Stollen- oder Tunnelbau, zum Ausbessern von Betonoberflächen oder zum Bau von Behältern und Schalen bis zu ca. 30 cm Dicke verwendet man den Spritzbeton gemäß DIN 18 551. Diese Norm gilt für Bauteile aus bewehrtem oder unbewehrtem Normal- oder Leichtbeton mit geschlossenem Gefüge, der im Spritzverfahren aufgetragen und dabei verdichtet wird, sowie für Bauteile, die im Spritzverfahren verstärkt oder instandgesetzt werden.

Sie gilt auch für Spritzbeton für die Gebirgssicherung und die Auskleidung von Hohlraumbauten des konstruktiven Ingenieurbaus.

Für Spritzbeton mit Stahlfasern wird auf das DBV-Merkblatt[1]) Stahlfaserspritzbeton verwiesen.

7.3.8.8.1 Zusammensetzung des Betons

Als Zement hat sich CEM I 42,5R besonders bewährt. Der Zementgehalt für einen Spritzbeton sollte mindestens 240 kg/m³ Beton betragen. Rundkörniger Zuschlag (Größtkorn D_{max} 8 mm) mit stetiger Kornabstufung ist zu bevorzugen. Für Ausbesserungs- und Verstärkungsmaßnahmen eignet sich ein Korngemisch entsprechend der Sieblinie B_8. Zur Verbesserung der Pumpbarkeit empfiehlt sich bei Gesteinskörnungen mit geringem Feinanteil oder bei mehlkornarmen Mischungen ein Zusatz von Flugasche. Die Konsistenz wird beim Dünnstromverfahren zwischen steif und plastisch eingestellt, für das Dichtstromverfahren wählt man plastisch bis weich. Beim Trockenspritzverfahren wird an der Spritzdüse der zudosierte Wasseranteil so eingestellt, dass ein Beton mit der Konsistenz steif entsteht.

Kornabstufung im Zuschlaggemisch und der Wassergehalt sind sehr eng zu begrenzen. Wenn zwischen Hersteller und Abnehmer keine abweichenden Festlegungen getroffen werden, so ist für das Bereitstellungsgemisch ein Wasser-Zement-Wert von 0,6 zugrunde zu legen. Zur Erzielung rascher Erhärtungsvorgänge werden Beschleuniger als Zusatzmittel beigegeben (max. 700 ml/kg Zement).

7.3.8.8.2 Verarbeiten des Betons

Man unterscheidet zwischen Nassspritzbeton (z. B. *Colgunite-, Moser-Verfahren*) und Trockenspritzbeton (z. B. *Torkret-Verfahren*). Die Wasserzugabe erfolgt bei ersterem im Mischer, beim Trockenspritzverfahren an der Spritzdüse. Die Betonmasse wird durch Schlauchleitungen der Dicke von 25 bis 35 mm gefördert und mittels Druckluft gegen die Schalung oder Wand geschleudert und dabei gleichzeitig verdichtet. Die Förderweite liegt zwischen 60 und 250 m und die Förderhöhe bis zu 100 m, dabei lassen sich Leistungen zwischen 0,3 bis 0,8 m³/h erreichen. Je nach der Förderart unterscheidet man zwischen Dünnstrom- und Dichtstromförderung. Bei der Dünnstromförderung „schwimmt" das Betongemisch in einem Druckluftstrom, bei der Dichtstromförderung wird das Nassgemisch durch Pumpen zur Spritzdüse gefördert und erst dort durch Zuführung von Druckluft auf die nötige Geschwindigkeit zum Aufspritzen gebracht.

Der Beton haftet durch den Schleuderdruck; bis sich eine Feinmörtelschicht auf der Spritzfläche ausgebildet hat, ist der Rückprallanteil sehr groß. Um den Rückprall möglichst niedrig zu halten, darf das Größtkorn nicht zu groß gewählt werden. Eine Verbesserung der Eigenschaften sowohl des Frisch- als auch des Festbetons kann durch Zugabe von Silicastaub erreicht werden. Das erhöhte Klebevermögen des

---

[1]) Deutscher Beton-Verein e.V.

Frischbetons durch diesen Zusatzstoff hat eine verbesserte Haftung und eine Einsparung von Erstarrungsbeschleunigern zur Folge.

Wegen des Rückpralls ist die Zusammensetzung der Ausgangsmischung (Bereitstellungsgemisch) anders als die des aufgespritzten Betons. Verfahrensbedingt ist der Wasser-Zement-Wert nicht messbar; er liegt in der Regel beim Herstellen von lotrechten oder über Kopf gespritzten Flächen im Trockenspritzverfahren unter 0,5. Beim Nachweis der für Beton mit besonderen Eigenschaften festgelegten Höchstwerte für ω darf daher für Spritzbeton ein Wert, der geringer als 0,5 ist, angenommen werden. Eine Aussage über die Güte des Betons ist erst durch die Prüfung am Frisch- und Festbeton möglich. Abweichend von der DIN 1045 sind daher einige Besonderheiten zu beachten. Um eine Aussage über die Eignung und Güte des Betons zu bekommen, müssen Prüfkörper verwendet werden, die wie bei der Bauausführung in der überwiegend vorkommenden Spritzrichtung und in der vorgesehenen Bauteildicke (mindestens jedoch 12 cm dick) gespritzt werden.

7.3.8.9   Faserbeton

Faserbewehrter Beton ist ein Mischgut aus Zement und Gesteinszuschlägen, das mit Fasern aus Stahl, Glas oder Kunststoff, neuerdings auch Carbonfasern angereichert wurde. Durch das Einbringen der Fasern soll ein besseres Verhalten des Betons bei Zugbelastung erzielt werden. Ein Bauteil aus Faserbeton wird im allgemeinen wesentlich dünner ausgeführt werden können als ein normales Betonbauteil. Die hohe Zugfestigkeit der Fasern kann zwar im allgemeinen nicht voll ausgenutzt werden, da die Einbindelängen zu kurz sind (erforderlich wäre ein Verhältnis $l : d = f_{c,t} : 2\tau$ $f_{c,t}$ = Zugfestigkeit; τ = Haftfestigkeit der Faser in der Zementmatrix), doch erhält der Beton eine verbesserte Zugfestigkeit über den gesamten Querschnitt. Faserbeton unterscheidet sich vom Normalbeton durch eine erhöhte Zug- und Biegezugfestigkeit, eine wesentlich verbesserte Schlagzähigkeit und Bruchdehnung (Normalbeton $\approx$ 0,02 bis 0,03 %; Beton mit Kunststofffasern bis 20 %) sowie eine stark verringerte Neigung zur Rissbildung und zum Sprödbruch. Diese veränderten Eigenschaften bewirken, dass Faserbeton solange Lasten aufnehmen kann, bis in ihm Risse in einer Breite der Faserlänge entstanden sind; erst dann zerbricht das Faserbetonbauteil.

7.3.8.9.1   Zusammensetzung des Betons

Faserbetone unterscheiden sich vom Normalbeton in ihrer Zusammensetzung durch einen höheren Zementgehalt, geringeren Grobkornanteil und ein kleineres Größtkorn. Der Zementanteil muss je nach Faserart, Menge und Länge um bis zu 20 % erhöht werden. Der Wasser-Zement-Wert liegt über 0,4. Das Größtkorn des Zuschlags sollte ein Drittel der Faserlänge nicht übersteigen; es liegt im allgemeinen bei 8 mm, selten bei 16 mm. Der Faseranteil liegt bei Stahlfasern bei ca. 1 – 2 Vol.-%, bei Glasfasern bei

2 bis max 15 Vol.-%, bei Kunststofffasern bei etwa 1,5 Vol.-% je m³ verdichteten Betons. Bei Verwendung von Glas- und Kunststofffasern müssen diese der hohen Basizität des Betons widerstehen können.

7.3.8.9.2 Verarbeiten des Betons

Eine große Schwierigkeit beim Herstellen von Faserbeton stellt das Untermischen der Fasern dar. Die Fasern können dem weichen Beton im Mischer zugegeben werden, wonach der Beton mit den üblichen Verfahren zu verarbeiten ist. Beim gleichmäßigen Einmischen der Fasern in den Frischbeton steigen die Verarbeitungsschwierigkeiten mit der Menge, der Länge und dem abnehmenden Durchmesser der Fasern. Bei Stahlfasern (Dicke: 30 – 500 µm; Länge 12 – 50 mm) besteht die Gefahr, dass sich beim Mischen 3 – 5 cm große, mit Stahlfasern angereicherte Mörtelklumpen bilden (sogenannte Stahligel). Glasfasern (Dicke 5 – 20 µm; Länge 10 – 60 mm) können durch den Mischvorgang zerbrochen werden. Deshalb werden Glasfasern seltener im Mischer eingemischt sondern in die Mörtelmatrix eingerieselt oder eingespritzt. Kunststofffasern (Dicke: 10 – 15 µm; Länge: bis 40 mm) können sich zu Ketten und Seilen verknäulen. Wegen dieser Probleme wird Faserbeton häufig gespritzt, da hierbei höhere Faserzugaben und eine Ausrichtung der Fasern in einer Ebene erreicht werden können. Durch entsprechende Ausbildung der Schalung ist es gegebenenfalls möglich, durch Absaugung von Überschusswasser sehr niedrige Wasser-Zement-Werte von $\omega \approx 0{,}2$ bis 0,3 zu erzielen.

Stahlfaserbeton ähnelt in seiner Zusammensetzung am meisten dem üblichen Beton. Er kann gegenüber dem üblichen Stahlbeton wirtschaftliche Vorteile besitzen, da die arbeitsintensiven Bewehrungsarbeiten entweder wegfallen oder aber auf wenige Bereiche beschränkt bleiben. Einsatzgebiete sind z. B. Platten mit kurzer Spannweite, Fahrbahnplatten, Industriefußböden, Kellerwände, Bodenplatten im Industrie- und Wohnbereich, dünne Schalen, Reaktordruckbehälter, Tunnel- und Stollenauskleidungen, Hangsicherung, Rammpfähle, feuerbeanspruchte Bauteile (Auskleidung von Stahlgießformen, Feuerschutzummantelung von Stahlstützen und ähnliches).

Glasfaserbeton wird eingesetzt zur Herstellung von Fertigteilen wie z. B. dünnwandige Fassadenplatten, Nasszellen, Schalen und Faltwerke, Rohre, aber auch für faserverstärkte Putze, Estriche und ähnliches.

Kunststofffasern werden vor allem bei der Herstellung von Putzen zur Rissüberbrückung, bei der Herstellung von Betonwaren zur Steigerung der Grünstandfestigkeit und zur Verbesserung des Verhaltens der Betonbauteile nach einem Bruch eingesetzt, weil – auf Grund des gegenüber Zementstein kleineren E-Moduls – eine „Tragwirkung" sich erst nach dem Bruch der Zementsteinmatrix einstellt. Zur Erhöhung der Zugfestigkeit des Betons sind Kunststofffasern daher nicht geeignet. Kunststofffasern werden heute unter anderem als Ersatz für Asbestfasern eingesetzt.

7.3.8.10   Pumpbeton

Ein Beton, der auf der Baustelle vom Ort der Herstellung zur Einbaustelle über Rohrleitungen gepumpt wird, muss eine gute Gleitfähigkeit aufweisen. Außerdem muss der Beton einen guten Zusammenhalt haben und darf kein Wasser absondern, denn ein entmischter Beton kann zu einer Verstopfung der Rohrleitung führen. Außerdem muss Pumpbeton sich gut verformen lassen; das trifft insbesondere dann zu, wenn der Querschnitt der Förderleitung erheblich kleiner ist als der Pumpenzylinder. Zusätzlich zu den allgemeinen Anforderungen an die Betonzusammensetzung im Hinblick auf Festigkeit und eventuelle besondere Eigenschaften, sind daher zur Erzielung einer guten Pumpfähigkeit einige Besonderheiten bei der Betonzusammensetzung zu beachten.

7.3.8.10.1   Zusammensetzung des Betons

Der verwendete Zement sollte ein gutes Wasserrückhaltevermögen besitzen; Zemente mittlerer Mahlfeinheit sind vorzuziehen.

Störungsfreies Fördern setzt das Entstehen einer Schmierschicht aus Feinstsand < 0,25 mm, Zement und Wasser an der Rohrwandung voraus. Zur Bildung einer ausreichenden Menge von Zementleim nicht zu weicher Konsistenz sollte der Zementgehalt möglichst 300 kg/m^3 nicht unterschreiten. Dieser Feinmörtel umhüllt die gröberen Zuschläge und füllt die Hohlräume zwischen ihnen aus, so dass der ausgeübte Pumpendruck nicht auf das Korngerüst wirkt; letzteres könnte leicht zu Verstopfungen führen.

Gedrungene Kornform sowie ein etwas erhöhter Mehlkorngehalt begünstigen die Pumpfähigkeit. Bruchflächiges Zuschlagkorn erfordert auf Grund der größeren Oberfläche mehr Zementleim für die Umhüllung; rundkörniger Zuschlag ist daher vorzuziehen. Die Kornzusammensetzung des Zuschlags soll möglichst nahe der Sieblinie B sein, aber auch Ausfallkörnungen sind einsetzbar. Bei Verwendung von Rohrleitungen mit einem Durchmesser von 100 mm ist darauf zu achten, dass nicht zuviel Überkorn über 32 mm im Zuschlaggemisch vorhanden ist.

Der Mehlkorngehalt sollte möglichst betragen:
- bei 16 mm Größtkorn etwa 450 kg/m^3 verdichteten Betons
- bei 32 mm Größtkorn etwa 400 kg/m^3 verdichteten Betons.

Der Mehlkorngehalt muss erhöht werden, wenn der Zement Wasser abstößt oder splittriger Zuschlag verarbeitet wird. Ein zu großer Gehalt an Mehlkorn erschwert andererseits die Förderung, der Beton kann dadurch zähklebrig und gummiartig werden. Außerdem werden das Schwinden, die Frost- und Tausalzwiderstandsfähigkeit, die Abriebfestigkeit und andere Eigenschaften nachteilig beeinflusst.

Die Zugabe von Betonverflüssigern (BV) oder Fließmitteln (FM) kann die Pumpfähigkeit des Betons verbessern, so dass Förderweiten bis 600 m und Förderhöhen über 300 m erreicht werden können. Auch Luftporenbildner (LP) werden vereinzelt zur Verbesserung der Verarbeitbarkeit verwendet. Hierbei ist aber zu beachten, dass die Luftporen sich als „Stoßdämpfer" auswirken können; dadurch kann, insbesondere bei längerer Leitung, die Förderleistung stark beeinträchtigt werden.

7.3.8.10.2 Verarbeiten des Betons

Die Konsistenz des Frischbetons sollte wenigstens plastisch sein, mit einem Verdichtungsmaß von v = 1,19 bis 1,08. Beim Fördern durch Rohre mit einem Durchmesser von 100 mm empfiehlt sich eine etwas weichere Konsistenz, die durch Erhöhung des Leimgehaltes erreicht wird. Die Forderung nach besonders weichem, wasserreichem Beton ist im allgemeinen falsch, da dieser sich unter dem Pumpendruck leichter entmischen kann.

Zum Vermeiden von Verstopfern ist vor allem wichtig, dass der Beton über die Betonierzeit hinweg möglichst gleichmäßig zusammengesetzt wird. Besonders Schwankungen im Wassergehalt, die die Konsistenz des Betons beeinflussen, wirken sich ungünstig aus. Deswegen kommt beim Pumpen dem guten und ausreichenden Mischen des Betons und einer gleichmäßigen Konsistenz besondere Bedeutung zu.

7.3.8.11 Sichtbeton

Sichtbeton (DIN 18 217: Betonflächen und Schalungshaut; Merkblatt für Ausschreibung, Herstellung und Abnahme von Beton mit gestalteten Ansichtsflächen; Hrsg. DBV und Bauberatung Zement) ist ein Beton, dessen Oberfläche als gestalterisches Element ein weitgehend vorbestimmtes Aussehen haben soll. Das erfordert eine sehr sorgfältige, sauber ausgeführte Schalung und einwandfreies Einbringen des Betons. Konstruktive Details müssen so gelöst werden, dass auch nach jahrelanger Bewitterung keine ungewollten Wasserfahnen, Kalkaussinterungen oder ähnliches auftreten, die das gute Aussehen beeinträchtigen.

Unter dem Sammelbegriff „Sichtbeton" werden Betone mit recht unterschiedlich hergestellten, sichtbar bleibenden Oberflächen zusammengefasst:
○ Betonoberflächen ohne Bearbeitung, die die Struktur der Schalung zeigen
○ Beton mit steinmetzmäßig bearbeiteten oder auch sandgestrahlten Oberflächen
○ Waschbeton

Grundsätzlich sollte immer eine Eignungsprüfung durchgeführt werden; außerdem empfiehlt sich ein Betonierversuch an einem ausreichend groß gewählten Bauteil.

7.3.8.11.1 Zusammensetzung des Betons

Das Bild einer Sichtbetonfläche wird im wesentlichen von den Ausgangsstoffen, der Betonzusammensetzung, Schalung, Herstellung und Witterung beeinflusst. Geringste Ungleichmäßigkeiten beeinträchtigen das Erscheinungsbild des Sichtbetons. Es sind also auch hier einige Besonderheiten zu beachten.

Die Zusammensetzung muss so genau wie möglich eingehalten werden. Für ein Bauteil sind stets die gleichen Ausgangsstoffe zu verwenden. Die Farbe einer nichtbearbeiteten Sichtbetonfläche wird im wesentlichen durch die Eigenfarbe des Zements, der Feinststoffe und den Wasser-Zement-Wert bestimmt. Weißzement hat praktisch keine Farbstreuung. Bewährt haben sich mittelfeine Zemente. Der Zementgehalt soll im allgemeinen mindestens 300 kg/m^3 Beton betragen.

Das Zuschlaggemisch sollte aus möglichst gedrungenen, nicht saugenden, frostbeständigen Körnern aus ein und demselben Vorkommen bestehen. Der Zuschlag darf keine auswaschbaren Anteile enthalten. Das Größtkorn ist unbedingt sehr genau auf die Betonüberdeckung der Bewehrung und die Querschnittsabmessungen abzustimmen. Die Gleichmäßigkeit des Zuschlaggemischs, insbesondere im Bereich < 0,25 mm, muss sichergestellt sein. Der Mehlkorngehalt sollte in ausreichender Menge vorhanden sein; als Erfahrungswerte gelten: für D_{max} = 32 mm: 500 l/m^3, für D_{max} = 16 mm: 550 l/m^3

Der Wasser-Zement-Wert ist für den Farbton und die Porenstruktur von Sichtbeton von großer Bedeutung. Er muss möglichst gleichbleibend und im allgemeinen ≤ 0,55 sein.

7.3.8.11.2 Verarbeiten des Betons

Die Mischzeiten sind wegen der angestrebten Farbgleichheit des Betons gegenüber Normalbeton im allgemeinen auf etwa das Doppelte zu verlängern; sie sollen möglichst gleichmäßig für alle Mischungen sein. Sichtbeton sollte möglichst mit weicher Konsistenz (Konsistenzklasse F3 bis F6) verarbeitet werden. Beim Betonieren ist vor allem auf gleichbleibende Konsistenz zu achten. Der Betoniervorgang ist möglichst nicht zu unterbrechen; jede Unterbrechung bedeutet bei nicht stark saugender Schalung stets einen Farbunterschied. Unterbrechungen bei der Anlieferung von Transportbeton führen ebenfalls zu Fehlstellen und Farbunterschieden.

Bei Sichtbeton ist ein steiferer Schalungsaufbau als sonst üblich zu wählen. Die verschiedenen Schalungsmaterialien geben der Ansichtsfläche ein jeweils charakteristisches Aussehen. Gleichmäßig wasseraufsaugende Schalungen wirken Farbabweichungen entgegen (dunklere Flecken durch stärkere, hellere Flecken bei geringerer Wasserabsaugung). Je nach Material der Schalung wird das Trennmittel auf Grund von Vorversuchen ausgewählt; abtrocknende Trennmittel sind Schalölen vorzuziehen.

Sorgfältige, besonders gleichmäßige Verdichtung ergibt eine einwandfreie Ansichtsfläche. Nicht alle Nachbehandlungsverfahren sind für Sichtbeton geeignet. Wasser auf jungen Betonflächen verursacht Ausblühungen. Deshalb muss um Sichtbetonflächen ein Feuchtraum geschaffen werden, in dem keine Luft bewegt wird und in dem sich kein Kondenswasser an der Betonoberfläche sammeln kann. Vor oder bei stärkeren Regenfällen sollten Bauteile aus Sichtbeton nicht ausgeschalt werden. Arbeitsfugen sollten bei Sichtbetonflächen möglichst vermieden werden. Ist das nicht möglich, werden diese Fugen in die Gestaltung der Oberfläche mit einbezogen. Bewährt haben sich Schalungsleisten, die eine größere Ansichtsfläche gliedern, ohne ihre Einheitlichkeit zu stören. Auf diese Weise werden auch mögliche Farbunterschiede einzelner Betonierabschnitte optisch getrennt.

Waschbeton ist ein – meist werkmäßig als Fertigteile oder Betonwaren hergestellter – Beton, dessen äußere Zementmörtelschicht vor dem völligen Erhärten entfernt („ausgewaschen") worden ist, um die groben Zuschlagkörner (höchstens bis zu einem Drittel der Korndicke) freizulegen. Durch die Verwendung farbiger, in Kornform und -größe unterschiedlicher Zuschläge sowie durch Einfärbung des Bindemittels sind zahlreiche farbliche und strukturelle Kombinationen möglich. Zur Herstellung von Waschbeton werden meist chemische Hilfsmittel auf die Schalung aufgetragen, die das Erstarren des Zementes verzögern oder unterbinden. Bewährt hat sich die Verwendung von Ausfallkörnungen folgender Zusammensetzung: 25 M.-% Körnung 0/2 und 75 M.-% Körnung 0/8, 8/16 bzw. 16/32.

7.3.8.12 Selbstverdichtender Beton (SVB)

Beim Selbstverdichtenden Beton handelt es sich um einen sehr fließfähigen Beton, der keine zusätzliche Verdichtung erfordert, sondern der allein auf Grund der Schwerkraft entlüftet und den Raum zwischen der Bewehrung und kompliziert geformter Schalungen vollständig ausfüllt. Bein Einbau ist zu beachten, dass die Selbstentlüftung jedoch mit zunehmender Tiefe abnimmt. Trotz seines guten Fließvermögens muss sichergestellt sein, dass es zu keiner Entmischung infolge Sedimentation kommt, was durch Zugabe von Zusatzmitteln (z.B. Stabilisierer) erreicht wird.

Auf Grund seiner Konsistenz (Ausbreitmaß $\geq$ 700 mm; zu erreichen durch Einsatz eines hochwirksamen Fließmittels) und des sehr hohen Melkornanteils von 450 – 600 kg/m^3 entspricht SVB nicht den geltenden Betonnormen, sondern erfordert Zustimmung im Einzelfall oder allgemeine bauaufsichtliche Zulassung. Selbst geringe Veränderungen der über eine Erstprüfung ermittelten Betonzusammensetzung *(für den Entwurf sind einige Besonderheiten zu beachten; siehe hierzu den Entwurf der „Richtlinie selbstverdichtender Beton" des DAfStb)* sind zu vermeiden, da dadurch starke Veränderungen der Betoneigenschaften eintreten können.

Mit SVB kann problemlos die Oberflächenqualität eines Sichtbetons erreicht werden.

7.3.8.13 Schwerbeton

Tresorbeton

Für Wände, Sohle und Decken von Tresorräumen wird i.a. Beton mit einer Druckfestigkeit von 60 N/mm^2 im Alter von 180 Tagen (ist nachzuweisen) in einer Gesamtdicke von 80 cm, in Sonderfällen von 100 cm eingebaut.

Der Zementgehalt beträgt mindestens 350 kg/m^3, als Zementgüteklasse wird ein Z 32,5, möglichst als NW-Zement eingesetzt; der Wasser-Zement-Wert muss $\leq$ 0,45 sein. Zur Erzielung einer plastischen Einbaukonsistenz wird Betonverflüssiger oder Fließmittel zugegeben. Als Zuschlag wird Kiessand, doppelt gebrochenes Hartgestein (Basalt, dichter Kalkstein oder Hochofenschlacke) sowie Leichtzuschlag (Blähton, Blähschiefer) eingesetzt. Frühestens nach 7 Tagen, in denen der Beton kontinuierlich feucht gehalten werden muss, darf ausgeschalt werden, sofern der Temperaturunterschied zwischen Kern- und Außentemperatur ≤ 20 K beträgt.

Strahlenschutzbeton

Strahlenschutzbeton wird i.a. als Schwerbeton mit Rohdichten zwischen 2,3 und 6,0 kg/dm³ ausgeführt.

Der Nachweis der Strahlenschwächung ist keine Aufgabe des Betoningenieurs; die erforderlichen Kennwerte für den Entwurf hat ein Strahlenschutzspezialist bereitzustellen. Vor Verwendung teurer Schwerzuschläge sollte stets geprüft werden, ob die erforderliche Abschirmwirkung nicht auch durch einen dickeren Betonquerschnitt mit Normalbeton zu erreichen ist.

Die Bemessung auf Strahlenabsorption ergibt i.a. recht beträchtliche Betonquerschnitte, so dass die für Massenbeton geltenden Regeln zu beachten sind.

Da auf Rissfreiheit besonderer Wert gelegt wird, ist ein günstiges Verhältnis von Zug- zu Druckfestigkeit anzustreben. Eine Zugfestigkeit unter 3 N/mm² sollte nicht zugelassen werden.

Durch Strahlenabsorption kann die Betontemperatur stark ansteigen (z.B. in Reaktordruckbehältern), wodurch es neben der Entwässerung der Zuschläge (= Verschlechterung der Abschirmwirkung gegen Neutronen) auch zu Festigkeitsverlusten kommen kann.

7.3.8.13.1 Zusammensetzung des Betons

Zur Herstellung werden natürliche oder künstliche Schwerzuschläge mit Rohdichten > 4 kg/dm³. (Schwerspat, Magnetit, Hämatit, Sintererze, Ferrosilicium, Schwermetallschlacken, u.a.) eingesetzt, die eine Mindestdruckfestigkeit von 80 N/mm² aufweisen sollten. Zu bevorzugen sind gedrungene Kornformen und eine Körnungsverteilung im Sieblinienbereich A/B mit vermindertem Mehlkornanteil. Verwendung von Zuschlägen mit erhöhtem Kristallwassergehalt (Limonit, Serpentin) oder borhaltigen Zusatzstoffen (Borocalcit, Colemanit, Borcarbid) verbessern die Abschirmwirkung gegen Neutronenstrahlung.

Als Zemente werden meist NW-Zemente der Festigkeitsklasse 32,5 mit Zementgehalten von 250 – 300 kg/m³ verwendet, der Wasser-Zement-Wert sollte $\leq 0,60$ gewählt werden. Da insbesondere bei Verwendung künstlicher Zuschläge der Luftporengehalt auf > 3 Vol.-% ansteigen kann, ist der sog. äquivalente Wasser-Zement-Wert ω_{eq} zugrunde zu legen. Der Wassergehalt sollte möglichst gering gehalten werden, da sonst die Rohdichte des Betons herabgesetzt wird, das Schwinden vergrößert und die Rissbildung gefördert wird (= Verringerung der Absorptionswirkung).

Wegen des großen Unterschieds in der Rohdichte zwischen Feinmörtel und grobem Zuschlag entmischt sich Schwerbeton leichter als Normalbeton; er sollte daher nur als steifer bis schwach plastischer Rüttelbeton mit möglichst stetigem Kornaufbau verwendet werden.

Hinsichtlich der Konformitätskriterien gelten die gleichen Grundsätze wie bei Normalbeton.

7.3.8.13.2 Verarbeiten des Betons

Durch die erhöhte Frischbetonrohdichte sind Schalung und Rüstung entsprechend zu bemessen. Ebenso ist die höhere Dichte bei der Füllung von Mischern (Füllungsgrad ca. 1/4 bis 1/2) und Transportgefäßen zu berücksichtigen. Die erforderliche Mischzeit ist gegenüber Normalbeton i.a. zu verlängern.

Schwerbeton wird am häufigsten mit Kübeln gefördert; bei Nutzung von Betonpumpen können Probleme auftreten. Um Entmischungen zu vermeiden, ist die freie Fallhöhe so klein wie möglich zu halten. Eine Alternative ist der Einsatz von Ausgussbeton (z. B. Prepact-Verfahren: dicht gepacktes Zuschlaggerüst $\geq$ 32 mm, Injektionsmörtel < 4 mm), insbesondere bei Bauteilen mit unregelmäßigen Abmessungen, Rohrdurchführungen oder Aussparungen.

Der Verdichtungsaufwand ist bei Schwerbeton erhöht; Rüttelzeiten, Rüttelabstände und Eintauchtiefen sind aber so gering wie möglich zu halten, vorrangig sollten Innenrüttler mit hoher Fliehkraft eingesetzt werden.

Strahlenschutzbeton ist zur Vermeidung von Rissen besonders sorgfältig und ohne Unterbrechung nachzubehandeln, wobei die Nachbehandlungsdauer gegenüber Normalbeton unbedingt zu verlängern ist (Feuchthaltung mindestens 14 Tage).

Für Strahlenschutzbeton wird auf das DBV-Merkblatt „Strahlenschutzbeton" verwiesen.

7.3.8.14 Hochfester Beton

Beton der Festigkeitsklassen $\geq$ C60/75 (für Leichtbeton $\geq$ LC55/60) wird als hochfester Beton bezeichnet. Diese hohen Festigkeiten werden durch Zugabe von Silicastaub und/oder Flugasche und hochwirksame Verflüssiger und/oder Fließmittel erreicht. Er zeichnet sich durch ein dichtes, kapillarporenarmes Gefüge und extrem niedrige Wasser-Zement-Werte deutlich unter 0,4 aus. Durch die hohe Fließmittelzugabe (bis zu 20 l/m³) erreicht man selbst bei ω-Werten von 0,25 die erforderliche weiche bis fließfähige Konsistenz.

Verwendet werden Gesteinskörnungen mit hoher Kornfestigkeit, z.B. quarzitische Gesteine, Basalt, mit einer Körnungsverteilung im Bereich < 2mm nahe der Sieblinie B, im Bereich > 2 mm nahe der Sieblinie A und ein möglichst gedrungenes Korn (D_{max} 16 mm) mit mäßig rauer Oberfläche. Verwendung von Restgesteinskörnung und

Restwasser ist nicht zulässig. Als Zemente werden hauptsächlich Portlandzemente CEM I der Festigkeitsklasse 42,5R und 52,5R verwendet mit Zementgehalten von 400 bis 500 kg/m^3

Hochfeste Beton werden vorrangig dort eingesetzt, wo sich wirtschaftliche Vorteile, z.B. durch Einsparung von Druckbewehrungen bei hochbeanspruchten Druckgliedern ergeben, z. B. bei Stützen, Wänden, Verbundkonstruktionen. Auf Grund ihrer großen Dichtigkeit und dem daraus resultierenden hohen Widerstand gegen äußere Angriffe (z. B. Carbonatisierung, chemischer Angriff, Frost-Taumittel-Angriff, usw.) werden sie daher auch als Hochleistungsbetone bezeichnet.

7.3.8.15   Straßenbeton

Die Beanspruchungen der Fahrbahndecke durch rollenden Verkehr einschließlich des Verschleißes an der Oberfläche, durch Temperaturspannungen infolge unterschiedlicher Aufheizung an der Ober- und Unterseite sowie durch Einwirkungen von Frost und Tausalzen stellen an den Beton hohe Anforderungen.

So wird von dem Festbeton gefordert:
○ hohe Druck- und Biegezugfestigkeit
○ hoher Verschleißwiderstand
○ hohe Frost-Tausalz-Widerstandsfähigkeit
○ gute Griffigkeit und Ebenheit
○ gute Ableitung des Oberflächenwassers
○ möglichst leises Reifen-Fahrbahn-Geräusch

Bei Beton für Fahrbahndecken handelt es sich um Beton $\geq$ C30/37, für die Bauklassen V-VI um C20/25, der als Beton ohne Fließmittel aber auch als Beton mit Fließmittel hergestellt werden kann. Die Einhaltung der Anforderungen nach DIN 1045 ist Vorbedingung für die Erfüllung der Aufgaben eines Betons für Fahrbahndecken. Darüber hinaus sind die „Zusätzlichen Technischen Vertragsbedingungen und Richtlinien für den Bau von Fahrbahndecken aus Beton" (ZTV Beton-StB) zu beachten.

Da Deckenbeton in hohem Maße auf Biegung infolge Verkehrsbelastung und ungleichmäßiger Temperaturverteilung im Querschnitt beansprucht wird, ist die Biegezugfestigkeit ein wesentliches Merkmal des Betons. Die Anforderungen an den Beton für die erforderliche Betonfestigkeit sowie für die mindestens erforderlichen Korngruppen für die Zusammensetzung des Zuschlags in Abhängigkeit der jeweiligen Bauklasse sind in der *Tabelle 7.67* zusammengestellt. Bei der Herstellung von Fahrbahndecken aus frühhochfestem Beton mit Fließmittel werden anstelle der Druckfestigkeit nach 28 Tagen auch Anforderungen an die Druckfestigkeit im Alter von 2 Tagen erhoben.

Anforderungen an den Beton

Bauklasse	Mindestwerte des Betons im Alter von 28 Tagen		Mindestens erf. Korngruppen nach DIN 4226	Mindestwerte für den frühhochfesten Beton im Alter von 2 Tagen
	Druckfestigkeit am Würfel von 20 cm Kantenlänge [N/mm²]	Biegezug-festigkeit [N/mm²]	[mm]	Druckfestigkeit am Würfel von 20 cm Kantenlänge [N/mm²]
1	2	3	4	5	6	7
SV, I–IV	35	40	5,5	0/2, 2/8, >8 oder 0/4, 4/8, >8	25	28
V–VI	25	30	4,0	0/4, >4	18	21

Spalte 2,6: Druckfestigkeit β_{WN} [N/mm²] jedes Probekörpers
Spalte 3,7: Mittlere Druckfestigkeit β_{WS} [N/mm²] jeder Serie gemäß DIN 1045 bei der Eigenüberwachungs-prüfung bzw. mittlere Druckfestigkeit der Bauteile gleicher Fertigungsbreite bei der Kontrollprüfung

Luftgehalt des Frischbetons

1	Mindestluftgehalt des Frischbetons [1] im	
	Tagesmittel [Vol.-%]	Einzelwerte [Vol.-%]
1	2	3
Beton ohne BV oder FM	4,0	3,5
Beton mit BV und/oder FM[2]	5,0	4,5

[1] Bei Zuschlaggemischen von 16 mm Größtkorn ist der Mindestluftgehalt des Frischbetons um 0,5 Vol.-% höher.
[2] Werden bei der Erstprüfung die Luftporenkennwerte bestimmt und werden hierbei der Abstandsfaktor 0,20 mm nicht überschritten und der Mikro-Luftporengehalt L 300 von 1,8 Vol.-% nicht unterschritten, ist ein Mindestluftgehalt wie in Zeile 1 ausreichend.

Tabelle 7.67
Anforderungen an Straßenbeton nach ZTV Beton-StB

7.3.8.15.1 Zusammensetzung des Betons

Für die Herstellung von Fahrbahndecken werden Zemente nach DIN EN 197-1 ver-wendet. Sie müssen mindestens der Festigkeitsklasse 32,5, Hochofenzement III/A mindestens der Festigkeitsklasse 42,5 entsprechen. Bei zweischichtigen Decken müssen Ober- und Unterbeton mit Zement der gleichen Art und Festigkeitsklasse hergestellt werden. Um die Schwindneigung des Betons herabzusetzen und ausrei-chend lange Verarbeitbarkeit sicherzustellen, darf der Erstarrungsbeginn bei Zementen für den Betondeckenbau – ausgenommen für Zemente für frühhochfesten Straßenbeton mit Fließmittel – bei 20 °C nicht früher als zwei Stunden nach dem Anmachen liegen. Portlandzement CEM I 32,5 und 32,5 R darf eine Mahlfeinheit von 3.500 cm²/g nicht überschreiten und eine 2-Tage-Festigkeit von höchstens 29,0 N/mm² aufweisen.

Unter Berücksichtigung des maßgebenden Wasser-Zement-Wertes, der möglichst auf $\leq 0{,}45$ eingestellt werden sollte, ergeben sich Zementgehalte von 320 kg/m³ bis 340 kg/m³ Festbeton. Im Hinblick auf die Qualität des Betons wurde jedoch festgelegt, dass der Zementgehalt bei Decken der Bauklassen SV, I bis III einen Mindestwert von 350 kg/m³ verdichteten Frischbetons nicht unterschreiten darf. Für nicht frühhochfeste Betone sind Zementgehalte > 350 kg/m³ jedoch nach Möglichkeit zu vermeiden (Festlegung des Zementgehaltes auf Grund einer Erstprüfung).

Neben Kornzusammensetzungen 0/16, 0/32 oder 0/22 – für dünne Oberschichten und einige lärmmindernde Oberflächen wird auch kleineres Größtkorn von 8 mm verwendet – mit stetigem Sieblinienverlauf können auch Ausfallkörnungen mit hohem Grobkornanteil gewählt werden. Der Zuschlag muss die erhöhten Anforderungen an den Widerstand gegen Frost und Taumittel gemäß DIN 4226 entsprechen (Kategorie F_1 bzw. MS_{18}). Darüber hinaus sind die „Technischen Lieferbedingungen für Mineralstoffe im Straßenbau – TL Min StB" sowie die „ZTV-Beton-StB" zu beachten (verschärfte Anforderungen an die Frostbeständigkeit beim Oberbeton: zulässige Absplitterung bei Frostprüfung $\leq 1{,}0$ M.-%). Werden bei zweischichtiger Herstellung der Betondecke für den Ober- und Unterbeton verschiedene Zuschläge eingesetzt, sollten die Wärmedehnungskoeffizienten der Gesteine möglichst wenig voneinander abweichen. Für die Bauklassen SV, I bis III muss im Beton, bei mehrschichtiger Herstellung im Oberbeton, der Zuschlag > 8 mm zu mindestens 50 M.-% aus gebrochenem Gestein bestehen (Edelsplitt); außerdem soll der Anteil an gebrochenem Korn bezogen auf den Gesamtzuschlag mindestens 35 M.-% betragen. Das Gestein muss im feuchten Zustand eine Druckfestigkeit $\beta_D \geq 150$ N/mm² aufweisen, wetterfest sein und die erhöhte Anforderung an die Kornform gemäß DIN 4226 erfüllen. Zur Sicherstellung der Oberflächenrauheit muss die Gesteinskörnung möglichst wenig polierfähig sein. Für Decken der Bauklassen SV, I bis II und III mit besonderer Beanspruchung wird eine Polierresistenz der Kategorie $\geq PSV_{50}$, für Decken der Bauklassen III bis IV die Kategorie $\geq PSV_{44}$ gefordert. Bei Decken der Bauklassen SV, I bis IV ist für den Beton, bei zweischichtiger Herstellung für den Oberbeton, der Sandanteil so zu begrenzen, dass der Siebdurchgang durch das 1-mm-Sieb 27 M.-% und durch das 2-mm-Sieb 30 M.-% nicht überschreitet. Ein scharfer Sand ist hinsichtlich einer hohen Griffigkeit vorteilhaft. Der Gesamtgehalt an Mehlkorn + Feinstsand 0/0,25 ist auf das erforderliche Maß zu beschränken: Er darf 450 kg/m³ Festbeton nicht überschreiten (für Beton mit Fließmittel ≤ 500/kg/m³).

Für den Unterbeton bei zweischichtiger Herstellung wird für die Gesteinskörnung die Frostwiderstandsklasse $\geq F_2$ gefordert.

Um die Frost- und Tausalz-Widerstandsfähigkeit zu erhöhen, ist durch einen Zusatz von Luftporenbildnern der in der *Tabelle 7.67* geforderte Mindestluftporengehalt sicherzustellen („Merkblatt für die Herstellung und Verarbeitung von Luftporenbeton"). (Bei Bauklassen I bis III ist der LP-Gehalt 1 mal stündlich, bei Bauklassen IV und V mindestens 1 mal täglich zu überprüfen.) Für einen hohen Frost-Tausalz-Widerstand ist im verdichteten Beton ein ausreichender Gehalt an Mikroluftporen (L 300) sowie ein Mindestabstandsfaktor AF erforderlich *(siehe Tabelle 7.67, Fußnote 2). Diese Luftporengehalte müssen nicht eingehalten werden bei sehr steifem Beton mit niedrigen Wasser-Zement-Werten, wie z.B. bei Walzbeton und Beton für Pflastersteine.* Neuerdings wird versucht, die künstlich durch Luftporenbildner erzeugten Mikroporen durch Kunststoff-Hohlkugeln (MHK) zu ersetzen.

Andere Zusatzmittel als Luftporenbildner dürfen im Betondeckenbau nur nach Vereinbarung und nur bei Vorliegen einer entsprechenden Eignungsprüfung verwendet werden.

Zusatzstoffe dürfen nicht auf den Zementgehalt angerechnet werden.

7.3.8.15.2   Verarbeiten des Betons

Straßenbeton wird in der Regel – von Beton mit Fließmittel abgesehen – als steifer Beton F1 eingebaut, um Schlempebildung an der Oberfläche zu unterbinden, da diese weniger widerstandsfähig ist. Bei Anwendung von Gleitschalungsfertigern tendiert man eher zu einem weicheren Beton der Konsistenz F2. Beton mit Fließmittel (FM) ist ein leicht verarbeitbarer Beton. Je nach Zusammensetzung werden unterschieden:

○ frühhochfester Straßenbeton mit FM (Ausgangskonsistenz F1 oder F2)
○ „weicher" Straßenbeton mit FM (Ausgangskonsistenz F3)

Wichtig ist die Einhaltung eines sehr engen Konsistenzbereiches; da jede Betonkonsistenz eine bestimmte Höheneinstellung der Einbaugeräte erfordert, können Konsistenzschwankungen den Fertigungsablauf stören und Unebenheiten verursachen.

Der Einbau erfolgt mit schienengeführten Betonfertigern mit integrierter Rüttel- oder Glättbohle oder mit Gleitschalungsfertigern. Bei Einbau von sogenanntem Walzbeton kann die Straße bereits sehr früh befahren werden. Die Verdichtung erfolgt mit Oberflächenrüttlern (Rüttelbohle) oder durch Innenrüttler. Wichtig ist nach dem Glätten eine Strukturierung der Oberfläche zur Erzielung ausreichender Griffigkeit durch Erzeugung einer Längstextur mittels darübergezogener Textilmatten oder Freilegung von Kornspitzen.

Aus Lärmschutzgründen kann auch ein sogenannter Drainbeton (Flüsterbeton) eingebaut werden. Drainbeton ist ein hohlraumreicher Beton. Der hohe Hohlraumanteil (≥ 20 Vol.-%) bewirkt eine sehr schnelle Entwässerung der Fahrbahn und reduziert deutlich die Bildung von Sprühnebeln und die Gefahr des Aquaplaning. Drainbeton wird hergestellt unter Verwendung von Edelsplitt 5/8 mit niedrigen Wasser-Zement-Werten. Die Einzelkörner sind nur durch eine dünne Zementsteinschicht an den

Kontaktstellen verbunden (haufwerksporiger Beton), die Druckfestigkeit liegt bei 20 N/mm² bis 30 N/mm².

Der Straßenbeton erfordert während und nach der Herstellung der Decke einen besonderen Schutz und eine sehr sorgfältige Nachbehandlung. Wirkungsvollste Methode ist die ununterbrochene Feuchthaltung. Gebräuchlich ist auch das Aufbringen eines flüssigen Nachbehandlungsmittels („Technische Lieferbedingungen für flüssige Beton-Nachbehandlungsmittel – TL NBM-StB"). Insbesondere bevor der Beton mit Tausalz in Berührung kommt, sollte er wenigstens einmal austrocknen, weil dadurch die anschließende Wasseraufnahmefähigkeit geringer wird. Sofern dieses nicht möglich ist, sind andere Schutzmaßnahmen zu ergreifen. [7.38; 7.40]. Nach dem „Merkblatt für die Herstellung und Verarbeitung von Luftporenbeton" sind die Mindestnachbehandlungszeiten der „Richtlinie zur Nachbehandlung von Beton" um 2 Tage zu verlängern.

Imprägnierungen verhindern das Eindringen und damit das Gefrieren des Wassers innerhalb des Betons und schützen ihn somit vor Schädigungen. Das „Merkblatt für die Erhaltung von Betonstraßen (MEB), Teil: Imprägnierungen" (Hrsg.: Forschungsgesellschaft für das Straßen- und Verkehrswesen e.V., Köln) ist zu beachten. Imprägnierarbeiten sollen nur bei trockenem Wetter mit sichtbar trockenen Betonoberflächen bei Oberflächentemperaturen von > +5 °C durchgeführt werden, da Beton, dessen Poren mit Wasser gefüllt sind, kein oder nur wenig Imprägniermittel aufnehmen kann. Die aufzubringende Menge an Imprägnierflüssigkeit ist so abzustimmen, dass keine überschüssige Imprägnierflüssigkeit ungebunden auf der Oberfläche des Betons verbleibt.

Imprägnierflüssigkeit auf der Basis von Leinölen ist gewöhnlich zweimal im Abstand von 24 Stunden aufzutragen. Als Grundierung wird ein durch Schwerbenzin, Lackbenzin oder Terpentinöl im Verhältnis 1 : 1 verdünntes Gemisch aufgetragen. Beim zweiten Anstrich verwendet man reinen Leinölfirnis für den jungen Beton und verdünnten Leinölfirnis für den alten Beton.

Imprägnierflüssigkeiten auf der Basis von Epoxidharz und Polyurethanharz können auf den noch jungen Beton aufgebracht werden. Sie werden gewöhnlich in mehreren Arbeitsgängen in Abständen von 15 bis 30 min aufgebracht.

Imprägnierflüssigkeiten auf der Basis von Alkyl-Alkoxy-Silanen (auch für Waschbetonflächen gut geeignet) werden in der Regel in ein oder zwei Arbeitsgängen aufgebracht.

7.4   Leichtbeton

Unter dem Begriff Leichtbeton (LB) werden strukturell unterschiedliche Betone zusammengefasst. Gemeinsames Merkmal ist die infolge größerer Porosität gegenüber dem Normalbeton verminderte Rohdichte, wobei die Grenze zum Normalbeton im allgemeinen bei einer Trockenrohdichte von 2,0 kg/dm³ angenommen wird. Mit der

Verminderung der Rohdichte, d. h. Erhöhung der Porigkeit, sinkt aber im allgemeinen die Druckfestigkeit und der E-Modul.

7.4.1 Allgemeines

Nachteile des Normalbetons sind unter anderem das hohe Eigengewicht im Verhältnis zu den Nutzlasten und die relativ hohe Wärmeleitfähigkeit. Eine Lösung dieser Probleme ergibt sich durch die Verringerung der Betonrohdichte.

Eine Verringerung der Rohdichte des Betons – bei gleichzeitiger Steigerung der Wärmedämmfähigkeit – lässt sich nur erreichen, wenn gezielt Poren eingebaut werden. Die Porigkeit kann auf verschiedene Weise erzielt werden:

Haufwerksporigkeit

Haufwerksporige Leichtbetone entstehen durch Verwendung von Zuschlägen aus dichtem Gestein infolge Reduzierung oder Wegfall von Fein- und/oder Mittelkornfraktionen bei gleichzeitiger Beschränkung des Zementleimzusatzes, so dass zwischen den Körnern der Gesteinskörnung möglichst viel Hohlräume erhalten bleiben (*Einkornbeton*). Die Grobzuschläge sind dann praktisch nur punktweise an den Berührungsstellen miteinander verkittet (siehe *Abbildung 7.32*).

Obwohl der Zementgehalt bis auf etwa 100 kg/m³ gesenkt werden kann, wird Leichtbeton mit reiner Haufwerksporigkeit nur selten hergestellt, da bei verhältnismäßig niedrigen Druckfestigkeiten eine Senkung der Rohdichte unter 1,5 kg/dm³ nur schwer möglich ist.

Abbildung 7.32
Leichtbeton mit Haufwerksporen

Anwendung: Herstellung von Leichtbetonsteinen; Nachteile: Bewehrungsstahl nicht ausreichend korrosionsgeschützt, da der Baustoff gasdurchlässig ist.

Kornporigkeit

Eine weitere Möglichkeit zur Herabsetzung der Betonrohdichte ist die Verwendung von Zuschlägen aus porigem Gestein (Bims, Blähton, Blähschiefer und ähnliches). Bei dieser Leichtbetonart werden die Zuschläge von Zementleim vollständig umhüllt, so dass zwischen den Körnern keine Haufwerksporigkeit entsteht (*Leichtbeton mit Kornporen*) (siehe *Abbildung 7.33*); das geschlossene Gefüge des Normalbetons bleibt dabei erhalten. Kornabstufung und Bindemittelgehalt entsprechen dem Normalbeton.

Abbildung 7.33
Leichtbeton mit Kornporen

Da die Mineralstoffdichte dieser Leichtzuschläge etwa der der üblichen Normalzuschläge entspricht ($\rho \approx 2,3$ bis $2,8$ kg/dm³) und auch der Zementleimgehalt bei beiden

Betonarten etwa gleich ist, ist die Betonrohdichte praktisch nur von der Kornporigkeit abhängig. Für die Betonrohdichte von ρ_{Rb} = 1,6 kg/dm³ sind etwa 30 bis 50 Vol.-% Kornporen erforderlich.

Gefügedichte Leichtbetone können Druckfestigkeiten bis 60 N/mm² erreichen und finden Verwendung als Konstruktionsleichtbeton im Hoch- und Ingenieurbau.

In Sonderfällen werden organische Zuschläge (Holz, Kunststoffschaumkugeln oder ähnliches) verwendet. Die niedrigsten Betonrohdichten, die mit Kornporigkeit erreicht werden können, sind:

ρ_{Rb} ≈ 0,8 kg/dm³ für anorganische Zuschläge und

ρ_{Rb} ≈ 0,5 kg/dm³ für organische Zuschläge.

Blähporigkeit

Die sogenannten *Porenbetone* entstehen durch Einbringung von feinen Poren in das Bindemittel. Die Porosierung entsteht, wenn Mörtel durch Treibmittel oder Schaum-

bildner aufgebläht oder aufgeschäumt werden (siehe *Abbildung 7.34*) oder in den Frischmörtel ein gesondert aufbereiteter Kunststoffschaum in Spezialmischern eingearbeitet wird (*Schaumbeton*). Poren- und Schaumbeton ist im eigentlichen Sinne kein Beton, da bei seiner Herstellung keine groben Zuschläge verwendet werden. Es ist genau genommen also ein Porenmörtel! (Bauteile aus Porenbeton siehe Kapitel 7.5.1).

Die angeführten Möglichkeiten zur Vergrößerung der Poren-räume können kombiniert eingesetzt werden. Einsatzgebiete für den gemischtporigen Beton sind z. B. die Herstellung von Wandbausteinen, Deckenplatten und Schüttbeton (gemäß DIN 4232).

*Abbildung 7.34
Leichtbeton mit
Blähporen (Poren-
oder Schaumbeton)*

Den unterschiedlichen Betonstrukturen entsprechen stark diffe-renzierte Eigenschaften. Aus stofflicher Sicht erweist sich eine anwendungsbezogene Unterteilung in konstruktive, konstruktiv-wärmedämmende sowie ausschließlich wärmedämmende Betone am günstigsten. Die Einteilung und Haupteinsatzbereiche gebräuchlicher Leichtbetone zeigt die *Tabelle 7.68*.

7.4.2   Konstruktionsleichtbeton

Bei Konstruktions-Leichtbeton gemäß DIN 1045 handelt es sich immer um einen Beton mit geschlossenem Gefüge, d. h. um einen Beton mit Kornporigkeit. Durch die Entwicklung kornfester Leichtzuschläge – deren Kornrohdichte erheblich unter der der Normalzuschläge liegt – ist es möglich, Konstruktions-Leichtbeton mit gleichen Druckfestigkeiten wie beim Normalbeton bei Rohdichten um ca. 1,6 kg/dm³ herzustel-len.

Tabelle 7.68
Einteilung und Anwendungsbereiche von Leichtbeton [7.41]

Bezeichnung	Trocken-rohdichte [kg/dm³]	Gefüge-struktur	gebräuchl. Zuschläge	Druck-festigkeit [N/mm²]	Wärme-leitfähigkeit [W/(m · K)]	hauptsächl. Einsatzgebiet
leichter Leichtbeton (Wärme-dämmender Beton)	0,2 ... 0,6	schaum-stoffhaltig, korn- u. haufwerks-porig	Polystyrol, Schaum-glas, Blähperlite, -glimmer	0,2 ... 2,5	0,05 ... 0,2	hochwärme-dämmende Aufgaben: Kühlhäuser, Flachdächer
mittel-schwerer Leichtbeton	0,6 ... 1,2	schaum-stoffhaltig, kornporig, haufwerks-porig	Naturbims, Lava, Blähton	2,5 ... 15	0,2 ... 0,5	wärmedämmende u. tragende Aufgaben; wärmedämmender Konstruktionsbeton; Außenwände im Hochhaus
gefüge-dichter Leichtbeton	1,2 ... 2,0	kornporig	Blähton, -schiefer, Hütten- u. Sinterbims	15 ... 60	0,5 ... 1,2	vorwiegend tragende Auf-gaben; Stahl-leichtbeton, Spann-leichtbeton

7.4.2.1   Leichtzuschläge

7.4.2.1.1   Zuschlagarten

Als Zuschläge für Leichtbeton stehen Gesteine, „gebrannte" Produkte aus Gesteinen (Blähton, Blähschiefer) sowie industrielle Nebenprodukte zur Verfügung. Nach ihrer Herkunft bzw. Herstellung werden unterschieden:

Natürlicher Leichtzuschlag

wie Lavaschlacken, Naturbims, Kalktuffe. Sie weisen einen großen Rohdichtebereich auf (0,5 bis 2,5 kg/dm³) mit Porenanteilen bis zu 80 Vol.-%. Da sie zum größten Teil in Brecheranlagen aufbereitet werden müssen, entstehen Körner mit unregelmäßiger, kantiger, rauer, nicht geschlossener Oberfläche.

Künstlicher Leichtzuschlag

Künstliche Leichtzuschläge werden vorwiegend aus Naturstein wie Ton, Tonschiefer, Schieferton, Schiefer, durch Blähen auf dem Sinterband bei ca. 1.200 °C hergestellt. Durch diesen Prozess bildet sich um das Korn eine Sinterhaut, die dem Korn eine hohe Festigkeit verleiht, das Korn aber auch schwerer macht; umso mehr, je größer der Anteil dieser Sinterhaut ist. Kleine, gesinterte Körner sind daher schwerer aber auch fester. Sie haben gegenüber Kiessand aber wegen ihrer durch das Blähen entstandenen Kornporigkeit eine geringere Kornrohdichte und Schüttdichte. In Abhängigkeit von Rohstoff und Herstellungsverfahren werden unterschiedliche Produkte hergestellt, von gut wärmedämmenden (Porenanteil bis zu 70 Vol.-%, Rohdichten bis herab zu 0,4 kg/dm³) bis zu hochfesten (Porenanteil bis herab zu 30 Vol.-%, Rohdichten bis zu 1,9 kg/dm³). Bei diesen Prozessen entsteht meist kein Blähmaterial < 1 mm, so dass es durch Brechen von Überkorn (> 25 mm) gewonnen werden muss. Künstliche anorganische Leichtzuschläge können auch durch Sintern, Schäumen oder Brechen aus industriellen Nebenprodukten oder Abfallstoffen gewonnen werden, z. B. einige (Elektro-)Filteraschen, Hüttenbims und Müllverbrennungsaschen (Sinterbims); (Porenanteil bis zu 60 Vol.-%, Rohdichten zwischen 0,5 bis 1,8 kg/dm³).

7.4.2.1.2   Eigenschaften

Leichtzuschläge für die Herstellung von Leichtbeton müssen ähnliche Anforderungen erfüllen wie Zuschläge für Normalbeton, z. B. bezüglich des Verhaltens gegen Wasser (kein Erweichen oder Zersetzen), des Frostwiderstandes, des Gehaltes an schädlichen Bestandteilen usw. Der Leichtzuschlag muss daher DIN 4226, Teil 2 entsprechen. Wichtige Kenngrößen sind die Schüttdichte und Kornrohdichte, die je nach Korngrößen unterschiedlich sein können.

Die *Tabelle 7.69* gibt einen Überblick über die kennzeichnenden Eigenschaften der wichtigsten Leichtzuschläge für einen Leichtbeton mit geschlossenem Gefüge.

Stoffgruppe	Korn-rohdichte [kg/dm³]	Schütt-dichte (lose eingefüllt) [kg/dm³]	Fest stoff-dichte [kg/dm³]	Kornfestigkeit
Leichtzuschläge nach DIN 4226 Teil 2				
Naturbims	0,4 ··· 0,7	0,3 ··· 0,5	rd. 2,5	niedrig
Schaumlava	0,7 ··· 1,5	0,5 ··· 1,3	rd. 3,0	mittel
Hüttenbims	0,5 ··· 1,5	0,4 ··· 1,3	2,9 ··· 3,0	niedrig ··· mittel
Sinterbims	0,5 ··· 1,8	0,4 ··· 1,4	2,6 ··· 3,0	niedrig ··· mittel
Ziegelsplitt	1,2 ··· 1,8	1,0 ··· 1,5	2,5 ··· 2,8	mittel
Blähton, Blähschiefer	0,4 ··· 1,9	0,3 ··· 1,5	2,5 ··· 2,7	niedrig ··· hoch
Hochwärmedämmende, anorganische Leicht-zuschläge				
Kieselgur	0,2 ··· 0,4	0,2 ··· 0,3	2,6 ··· 2,7	sehr niedrig
Blähperlit	0,1 ··· 0,2	0,1 ··· 0,2	2,3 ··· 2,5	sehr niedrig
Blähglimmer	0,1 ··· 0,3	0,1 ··· 0,3	2,5 ··· 2,7	sehr niedrig
Schaumsand, Schaumkies	0,1 ··· 0,3	0,1 ··· 0,3	2,5 ··· 2,7	sehr niedrig
Organische Leichtzuschläge				
Holzwolle, Holz-späne, Holzmehl	0,4 ··· 1,0	0,2 ··· 0,3	1,5 ··· 1,8	niedrig
Geschäumter Kunst-stoffzuschlag	< 0,1	< 0,1	rd. 1,0	sehr niedrig

Tabelle 7.69
Übersicht über die wichtigsten Leichtzuschläge und ihre kennzeichnenden Eigenschaften
[7.41]

7.4.2.1.2.1 Kornfestigkeit

Während die Druckfestigkeiten des Zuschlags von Normalbeton (120 bis 430 N/mm²) im allgemeinen weit über der Zementsteinfestigkeit liegen, die damit als schwächere Phase die Betonfestigkeit allein bestimmt, überschneiden sich die Werte bei Leicht-betonzuschlag, so dass hier neben der Zementsteinfestigkeit auch die Kornfestigkeit für die Betonfestigkeit maßgebend ist. Die Kornfestigkeiten einzelner Leichtzuschläge unterscheiden sich zum Teil sehr stark voneinander (2 bis 35 N/mm²).

7.4.2.1.2.2 Wassersaugvermögen

Alle Leichtzuschläge zeigen eine sehr starke Wasseraufnahme durch Saugen; das Wassersaugvermögen der verschiedenen Zuschlagarten ist jedoch recht unterschiedlich. Diese Wasseraufnahme bedingt, dass dem Leichtbeton, um den vorgesehenen wirksamen Wasser-Zement-Wert ef ω in verhältnismäßig engen Grenzen einzuhalten, außer dem Anmachwasser zusätzlich Wasser zugegeben werden muss.

Im allgemeinen wird der größte Teil des *Sättigungswassers* (= Kernfeuchte) in den ersten 30 min Wasserlagerung aufgesogen. Die Wasseraufnahme von Leichtzuschlag wird daher zweckmäßig nach 30-minütiger Wasserlagerung für jede Korngruppe bestimmt; bis auf die Korngruppe 0/1 sind die Wasseraufnahmen verschiedener Korngruppen eines Zuschlags meist nahezu gleich. Die Wasseraufnahme in 30 min wird in M.-% bezogen auf die Trockenmasse angegeben: w_{30}. Da handwarme Leichtzuschläge mehr Wasser aufsaugen als abgekühlte Zuschläge, ist unbedingt auf die Einhaltung der Prüftemperatur zu achten.

Wegen des Wassersaugvermögens haben wechselnde Zuschlagfeuchten in viel stärkerem Maße als beim Normalbeton das Auftreten von Fehlmischungen zur Folge.

7.4.2.2   *Eigenschaften von Konstruktions-Leichtbeton*

7.4.2.2.1   *Besonderheiten der Herstellung*

Kornzusammensetzung

Da beim Leichtzuschlag die Kornrohdichte im allgemeinen mit der Zunahme der Korngröße fällt, muss die Sieblinie nach dem eingenommenen Stoffraum gebildet werden, wobei für die Auswahl die Sieblinien der DIN 1045 genommen werden können. Aus Gründen ausreichender Verdichtbarkeit werden weniger grobkornreiche Zuschlaggemische als beim Normalbeton angewendet. Anstelle der Korngruppe 0/32 ist für Leichtzuschlag die Korngruppe 0/25 eingeführt. Größtkorndurchmesser für LB: 25 mm (neuerdings maximal 16 mm).

Bezüglich des Mehlkorngehaltes gilt, dass dieser wegen der schlechten Verdichtbarkeit etwas höher gewählt werden soll als beim Normalbeton.

Es ist zu beachten, dass Leichtzuschläge je nach Rohstoff, Herstellverfahren und Wasserangebot unterschiedliche Feuchtegehalte annehmen können. Voraussetzung für eine gleichmäßige Betonherstellung ist die ofentrockene Anlieferung der Zuschläge, ihre Lagerung in überdachten Boxen, ihre lückenlose Überprüfung bei der Anlieferung.

Betonzusammensetzung

Der Zementgehalt bei Leichtbeton beträgt 300 bis 450 kg/m^3 verdichteten Betons. $z \geq 300$ kg/m^3 ist wegen des Korrosionsschutzes der Bewehrung erforderlich. $z \leq 450$ kg/m^3 ist wegen der Hydratationswärmeentwicklung begrenzt.

Eine Erhöhung des Zementgehaltes wirkt festigkeitssteigernd, aber nicht in dem Maße wie bei Normalbeton.

Der Gesamtwassergehalt des verdichteten Leichtbetons umfasst das Wasser, das zur Zementleimbildung benötigt wird (entspricht etwa dem Wasserbedarf wie bei Normalbeton), und das Wasser, das von den Leichtzuschlägen aufgenommen wird, w_{30}. Als wirksamer Wasser-Zement-Wert ω_{eq} wird das Massenverhältnis des wirksamen Wassers, also Gesamtwasser abzüglich w_{30} zum Zementgehalt bezeichnet. Ein Senken des wirksamen Wasser-Zement-Wertes wirkt auch bei Leichtbeton festigkeitssteigernd, jedoch im allgemeinen nicht in gleichem Maße wie bei Normalbeton. Betonzusätze haben vergleichbare Wirkung wie beim Normalbeton.

Abmessen und Mischen

Die Dosierung der Leichtzuschläge kann nach Gewicht oder nach Volumenteilen erfolgen. Da die Schüttdichte in Abhängigkeit der Oberflächen- und Kernfeuchte starken Schwankungen unterliegt, ist die Zugabe nach Raumteilen vorzuziehen. Zement und Zusatzstoffe bzw. Mehlkorn sind stets abzuwiegen. Reihenfolge der Dosierung: Zuschlag + 2/3 Wasser + Zement + Restwassermenge.

Mischen im Mischer mit guter Mischwirkung ist gegenüber dem Freifallmischer vorzuziehen. Zu langes Mischen (Erfahrungswert $\geq$ 1,5 min) kann bei wenig kornfestem Zuschlag zu Abrieb und Zerstörung des groben Zuschlags führen.

Einbau und Verdichtung

erfolgen wie bei Normalbeton, es sind aber einige Besonderheiten zu beachten.

Wegen der geringeren Betonrohdichte des Leichtbetons ist bei der Beurteilung der Konsistenz das Verdichtungsmaß gegenüber dem Ausbreitmaß vorzuziehen. Dabei ist zu beachten, dass Leichtbeton gleicher Verdichtbarkeit ein größeres Verdichtungsmaß und ein um ca. 2 cm kleineres Ausbreitmaß als entsprechender Normalbeton aufweist.

Um Entmischungen durch Aufschwimmen der größeren Körner beim Verdichten zu vermeiden, soll der Beton so steif wie möglich verarbeitet werden – vorteilhaft ist eine Konsistenz im mittleren Bereich von F2. Bei einem längeren Zeitraum zwischen Mischen und Einbau kann der Leichtbeton durch Wasseraufnahme der Zuschläge ansteifen; das ist vor allem bei Transportbeton zu beachten. Für derartige Fälle ist es zweckmäßig, die Konsistenz am Mischer etwas weicher einzustellen. Bei der Erstprüfung ist daher der praktische Ablauf bis zum Einbau des Leichtbetons zu berücksichtigen.

Der Verdichtungsaufwand ist im Vergleich mit Normalbeton bei gleicher Konsistenz jedoch größer (da Leichtbeton die Rüttelschwingungen stärker dämpft!); deshalb sind die Abstände der Rüttelstellen kleiner zu wählen. Ein zu langes Rütteln ist zu vermeiden, da es zur Entmischung (Aufschwimmen der groben Körnung) führen kann. Die Frischbetonrohdichte ist bei gleichem Beton vom Wassersättigungsgrad der Zuschläge abhängig. Zur Überwachung des Wasser-Zement-Wertes oder der Mischungszusammensetzung des Frischbetons auf der Baustelle ist die Rohdichte daher nur bedingt zu benutzen.

Hydratationswärme, Nachbehandlung

Die Hydratationswärme bewirkt beim Leichtbeton, der geringeren Masse (und damit geringeren Wärmekapazität) und der schlechteren Wärmeableitung wegen, eine höhere Aufheizung als beim Normalbeton. Die sich daraus ergebende größere Gefahr der Temperaturrissbildung wird jedoch durch den deutlich geringeren E-Modul gemindert. Die Anordnung von Bauwerksfugen kann daher wie bei Normalbeton gewählt werden.

Der junge Leichtbeton muss im Hinblick auf die größere Schwindgefahr vor Feuchtigkeitsabgabe geschützt werden. Sonst gelten für die Nachbehandlung die gleichen Regeln wie für Normalbeton. Das vom Leichtzuschlag aufgesaugte Wasser steht jedoch noch längere Zeit für die Hydratation des Zementes zur Verfügung (*„innere Nachbehandlung“*) und beeinflusst damit Schwinden und Kriechen. Die Gleichgewichtsfeuchte wird unter Umständen erst nach Monaten erreicht.

7.4.2.2.2   Festbetoneigenschaften

Die entscheidende Eigenschaft des Leichtbetons ist seine geringere Trockenrohdichte, was sich im Vergleich zum Normalbeton durch eine bessere Wärmedämmung und durch ein günstigeres Brandverhalten ausdrückt. Gegenüber Normalbeton zeigen Leichtbetone auch veränderte Festbetoneigenschaften, z. B. haben Leichtbetone gleicher Druckfestigkeit niedrigere E-Moduln (LC: 5 000 bis 23 000 N/mm²; C: 22 000 bis 39 000 N/mm²) und oft auch geringere Zugfestigkeiten als Normalbeton.

Für die Betondruckfestigkeit von Konstruktions-Leichtbeton gilt die in der *Tabelle 7.70* angegebene Festigkeitsklassen-Einteilung.

7.4.2.2.2.1   Druckfestigkeit und Rohdichte

Wie bereits angesprochen, fehlt bei Leichtbeton ein eindeutiger Zusammenhang zwischen Zementsteinfestigkeit und Betonfestigkeit, da sich beim Leichtbeton Art und Mengenanteil der verwendeten Zuschläge entscheidend auswirken. Solange die Festigkeit der Zementsteinmatrix deutlich unter der Zuschlagfestigkeit bleibt, gelten dieselben Zusammenhänge wie bei Normalbeton. Liegt die Zuschlagfestigkeit aber unter der Matrixfestigkeit, müssen beim Leichtbeton die Zuschlageigenschaften berücksichtigt werden. Die vom Normalbeton bekannte Gesetzmäßigkeit, dass die Betondruckfestigkeit praktisch mit der Matrixfestigkeit gleichgesetzt werden kann, die wiederum durch den Wasser-Zement-Wert und die Normdruckfestigkeit des Zementes bestimmt ist, gilt beim Leichtbeton nur bis zur sogenannten *Grenzfestigkeit* c_g. Ab c_g werden die Zuschlagkörner zerdrückt.

Im Gegensatz zum Normalbeton, bei dem die Kornrohdichte des Zuschlags und dessen Festigkeit bzw. Verformungsmodul die Druckfestigkeit und die Betonroh-

Druckfestigkeitsklasse	Charakteristische Mindestdruckfestigkeit von Zylindern $f_{ck, cyl}$ [N/mm²]	Charakteristische Mindestdruckfestigkeit von Würfeln[1] $f_{ck, cube}$ [N/mm²]
LC8/9	8	9
LC12/13	12	13
LC16/18	16	18
LC20/22	20	22
LC25/28	25	28
LC30/33	30	33
LC35/38	35	38
LC40/44	40	44
LC45/50	45	50
LC50/55	50	55
LC55/60[2]	55	60
LC60/66[2]	60	66
LC70/77[2] [3]	70	77
LC80/88[2] [3]	80	88

[1] Es dürfen andere Werte verwendet werden, wenn das Verhältnis zwischen diesen Werten und der Referenzfestigkeit von Zylindern mit genügender Genauigkeit festgestellt und dokumentiert worden ist.
[2] Hochfester Leichtbeton.
[3] Für LC70/77 und LC80/88 ist eine allgemeine bauaufsichtliche Zulassung oder eine Zustimmung im Einzelfall erforderlich.

Tabelle 7.70
Druckfestigkeitsklassen für Leichtbeton

dichte kaum beeinflussen, wirken sich beim Leichtbeton Art und Menge der verwendeten Zuschläge also entscheidend aus.

Für jeden Zuschlag gibt es eine maximal erreichbare Betondruckfestigkeit (siehe *Abbildung 7.35*), die durch die Kornfestigkeit des Zuschlags gegeben ist und die auch durch Steigerung der Matrixfestigkeit praktisch nicht weiter erhöht werden kann, da in diesem Bereich nur noch ein tragendes Mörtelgerüst mit einem so großen Hohlraumgehalt vorhanden ist, dass sich eine Änderung der Matrixfestigkeit kaum mehr auswirken kann.

Zu beachten ist, dass zur Errechnung der Matrixfestigkeit nicht der übliche Wasser-Zement-Wert, der sich aus dem Gesamtwasser ergibt, sondern nur der **äquivalente Wasser-Zement-Wert** ω_{eq} eingesetzt werden darf, bei dem die Aufsaugung eines Teils des Wassers im Zementleim durch die Zuschläge berücksichtigt wird.

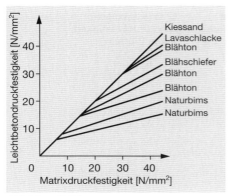

Abbildung 7.35
Leichtbetondruckfestigkeit in Abhängigkeit
von der zugehörigen Matrixdruckfestigkeit
bei verschiedenen Zuschlagarten [7.38]

Eine sichere Voraussage der Druckfestigkeit von Leichtbeton ist damit noch weniger möglich als bei Normalbeton. Daher sind **grundsätzlich** Erstprüfungen erforderlich.

Die Druckfestigkeitsentwicklung von Leichtbeton entspricht in den ersten Tagen der des Normalbetons, da in diesem Zeitraum die Zuschlagfestigkeit noch über der Mörtelfestigkeit liegt. Danach ist die Steigerung deutlich langsamer, vor allem bei nieder- oder mittelfestem Korn. Im Verhältnis zur 28-Tage-Festigkeit weisen Leichtbetone in jüngerem Alter daher eine relativ höhere Festigkeit auf als Normalbetone.

Da man im allgemeinen den Erhärtungsverlauf nicht kennt bzw. nicht weiß, ob die Druckfestigkeit zum Zeitpunkt der Prüfung über oder unter der Grenzfestigkeit liegt, kann man bei Leichtbeton eine Umrechnung der zu anderen Zeitpunkten ermittelten Festigkeitswerte auf die 28-Tage-Festigkeit nicht benutzen. Will man in diesem Falle mit der Auswertung von Eignungs- und Güteprüfungen nicht bis zum Alter von 28 Tagen warten, so muss nach 7 Tagen bereits die 28-Tage-Festigkeit erreicht sein.

Neben der Druckfestigkeit ist die Trockenrohdichte ein weiteres wichtiges Gütemerkmal. Deshalb unterteilt man die gefügedichten, kornporigen Leichtbetone neben der Druckfestigkeit als weitere Zielgröße auch nach *Rohdichteklassen* (*Tabelle 7.71*).

Tabelle 7.71
Rohdichteklassen, Elastizitätsmodul und Wärmeleitzahlen von Konstruktions-Leichtbeton

Rohdichte-klasse	D1,0	D1,2	D1,4	D1,6	D1,8	D2,0
Rohdichte-bereich [kg/m³]	≥ 800 und ≤ 1 000	>1 000 und ≤ 1 200	>1 200 und ≤ 1 400	>1 400 und ≤ 1 600	>1 600 und ≤ 1 800	>1 800 und ≤ 2 000
Elastizitätsmodul [N/mm²]	5 000	8 000	11 000	15 000	19 000	23 000
Bemessungswerte für die Wärmeleitfähigkeit[1] [W/m · K]	0,39 bis 0,49	0,49 bis 0,62	0,62 bis 0,79	0,79 bis 1,0	1,0 bis 1,3	1,3 bis 1,6

[1] Bei Quarzsandzusatz erhöhen sich die Bemessungswerte um 20%.

Die Festbetonrohdichte hängt von der Zuschlagart und -menge ab und steigt im allgemeinen mit steigender Druckfestigkeit an. Es ist daher nicht möglich Rohdichte- und Festigkeitsklassen beliebig miteinander zu kombinieren. Da man bestrebt ist, bei bestimmter Festigkeit die Rohdichte möglichst niedrig zu halten, zwingt das dazu, die Sollfestigkeit mit einem möglichst geringen Vorhaltemaß zu erreichen.

7.4.2.2.2.2 Wärmedehnung, -leitfähigkeit

Da die Temperaturdehnzahl α_T der Leichtzuschläge Blähton und Blähschiefer nur rund $4 \cdot 10^{-5}$ bis $6 \cdot 10^{-5}$ K^{-1} beträgt, ist α_T von Leichtbeton ebenfalls niedriger: $6 \cdot 10^{-6}$ bis $10 \cdot 10^{-6}$ K^{-1} (Mittel laut DIN 4219: $\alpha_T \approx 8 \cdot 10^{-6}$ K^{-1}; Normalbeton: $\approx 10^{-5}$ K^{-1}), d. h. nur das 0,6 – 0,8-fache von Kiesbeton.

Durch die Kornporigkeit ist die Wärmeleitfähigkeit λ stark vermindert, wodurch die Wärmedämmfähigkeit gesteigert wird: LC ist jedoch nur begrenzt als ausgesprochen wärmedämmend zu bezeichnen! λ hängt von der Zuschlagart und -menge, also von der Betontrockenrohdichte ab. Hohe Restkernfeuchte und Natursandzusatz erhöhen λ. Rechenwerte für λ laut DIN 4108, Teil 4 sind in der *Tabelle 7.70* angegeben.

Die höhere Wärmedämmung bewirkt eine Verbesserung der Feuerwiderstandsfähigkeit und einen besseren Schutz der Stahleinlagen gegen vorzeitige, kritische Erwärmung.

7.4.2.2.2.3 Verhalten gegen Feuchtigkeit, Frost- und Tausalzwiderstand

Da die Porosität der Zementsteinmatrix der des Normalbetons entspricht, ist bei gut gesinterter Oberfläche der Zuschlagkörner Wasseraufnahme und Wassereindringtiefe praktisch gleich der von vergleichbarem Normalbeton. Auch die Wasserdampfdurchlässigkeit entspricht ebenfalls der von Normalbeton.

Bei Verwendung frostbeständigen Zuschlags gemäß DIN 4226 und Beachtung der allgemeinen betontechnologischen Verarbeitungsvorschriften ist auch Leichtbeton, insbesondere bei Einsatz von LP-Zusatzmitteln, wie Normalbeton mit einem ausreichenden Frost- und Tausalzwiderstand herzustellen. Günstig wirkt sich der Einsatz von Zuschlägen aus, die möglichst wenig Wasser aufgenommen haben.

7.4.2.2.2.4 Korrosionsschutz der Bewehrung

Durch die meist größere Gasdurchlässigkeit der Leichtzuschläge kann die Carbonatisierungstiefe gegenüber Normalbeton gegebenenfalls wesentlich vergrößert werden. Die Betonüberdeckung muss daher außer für die Expositionsklasse XC1 mindestens 5 mm größer als der Größtkorndurchmesser sein.

7.4.2.2.2.5 Kriechen und Schwinden

Die Rechenwerte für Kriechen und Schwinden von LC unterscheiden sich von vergleichbarem Normalbeton im allgemeinen nicht wesentlich, weil der niedrigere

E-Modul und die größere Zementleimmenge des Leichtbetons durch den geringen äquivalenten *w/z*-Wert ω_{eq} im allgemeinen ausgeglichen werden. Der zeitliche Verlauf des Schwindens wird stark durch die Kernfeuchte beeinflusst. Bei größerem Wassergehalt in den Kornporen muss insbesondere bei dünnwandigen Bauteilen wegen der dann sehr intensiven Austrocknung mit erhöhten Schwindmaßen gerechnet werden.

7.4.2.3 Hochfester Konstruktions-Leichtbeton

Festigkeitsklassen ≥ LC55/60 bezeichnet man allgemein als hochfesten Leichtbeton Die Steigerung der Festigkeit wird wie beim Normalbeton durch Zugabe von Mikrosilica und/oder Flugasche, Einsatz eines Fließmittels und einen niedrigen Wasser-Zement-Wert erreicht. Außerdem werden leichte Gesteinskörnungen mit höherer Kornfestigkeit eingesetzt. Einhergehend mit der Steigerung der Festigkeit und verbesserter Dauerhaftigkeit wegen der größeren Dichtigkeit ist jedoch eine Erhöhung der Sprödigkeit zu verzeichnen.

7.4.2.4 Anwendung, Wirtschaftlichkeit von Konstruktions-Leichtbeton

Da die Leichtzuschläge besonders hergestellt werden müssen, ist Konstruktions-Leichtbeton im Mittel teurer als Normalbeton. Die Mehrkosten können jedoch durch die direkten und indirekten Vorteile des Leichtbetons ausgeglichen werden. Bei günstigen Verhältnissen können sogar Kosten gespart werden. Für die Prüfung der Wirtschaftlichkeit ist daher die *Betrachtung des gesamten Bauvorhabens* notwendig.

Für den Konstrukteur sind vor allem folgende Anwendungsvorteile des Leichtbetons von Bedeutung, aus denen sich eine Vielzahl besonders günstiger Einsatzgebiete ergeben:

○ Geringes Eigengewicht, und dadurch mögliche größere Spannweiten, einfachere Gründungen, sowie kleinere Fundamentabmessungen
○ bei Fertigteilen niedrigere Transport- und Montage-Lasten
○ geringere Bauhöhe, wenn Bewehrungsanteil beibehalten wird
○ bessere Wärmedämmung und günstigerer Feuerwiderstand
○ durch den langsameren Wärmeabfluss günstig beim Betonieren in der kalten Jahreszeit
○ gute Dämpfung bei Schwingungen und Erdbeben durch den niedrigeren E-Modul

7.4.3   Wärmedämmender Leichtbeton

Die ausschließlich oder überwiegend wärmedämmenden Leichtbetone mit haufwerksporigen oder quasi dichtem Gefüge sind auch mit den Arbeitsbegriffen „*leichte Leichtbetone*" oder „*sehr leichte Betone*" bekannt geworden. Ihr wesentliches Gütemerkmal ist das sehr große Wärmedämmvermögen, weniger die erzielbare Druckfestigkeit. Hierzu zählen alle Leichtbetone aus geblähtem Glimmer (z. B. mit dem Handelsnamen Vermiculit) oder geblähtem Obsidian (z. B. mit dem Handelsnamen Perlite), die überwiegend für Mörtel, Putze und Dämmplatten Verwendung finden.

Zuschlag für Wärmedämmbeton

Glimmerreiche Tonminerale und saures Gesteinsglas (Perlit) mit hohem Gehalt an chemisch gebundenem Wasser werden bei hohen Temperaturen auf ein 20- bis 30-faches Volumen zu Blähglimmer (Vermiculite) bzw. Blähperlit (Perlite) gebläht. Neuerdings werden auch kugelförmige geschäumte Kunststoffe aus Polystyrol (Styropor, Hostapor) verwendet; sogenannter EPS-Beton (EPS: expandierter Polystyrolschaum). EPS-Leichtbeton findet nicht nur im Hochbau, sondern auch als Frostschutzschicht im Straßenbau und Eisenbahnoberbau Verwendung.

Isolierbetone für hochwärmedämmende Aufgaben lassen sich mit Rohdichten bis hinunter auf 0,2 kg/dm^3 herstellen, die dann eine Wärmeleitzahl zwischen 0,05 und 0,10 W/(m · K) aufweisen. Allerdings haben solche Mörtel und Betone eine niedrige Druckfestigkeit von nur 0,2 bis 1,0 N/mm^2, so dass sie sich im wesentlichen nur selbst tragen.

Häufig werden daher für hochwärmedämmende Aufgaben etwas festere Betone mit 1,0 bis 2,5 N/mm^2 Druckfestigkeit bevorzugt, deren Trockenrohdichte bei 0,3 bis 0,5 kg/dm^3 liegt und deren Wärmeleitfähigkeit dann mit 0,1 bis 0,25 W/(m · K) immer noch eine außergewöhnlich gute Wärmedämmung sicherstellt. Neben EPS-Leichtbeton lassen sich auch Porenbetone (Kapitel 7.5.1) bis hinunter auf 0,3 kg/dm^3 herstellen. Den größten Marktanteil weisen Leichtbetone auf, die eine gute Wärmedämmung mit einer für viele tragende Bauteile ausreichenden Festigkeit verbinden. Hierzu zählen insbesondere die weit verbreiteten Hohlblock- und Vollsteine aus Naturbims und Blähton (Kapitel 7.5.4).

7.5   Mineralisch gebundene Bausteine und -platten

Diese geformten Baustoffe werden industriell in modernen Anlagen, die weitgehend automatisiert sind, hergestellt und nach der Erhärtung auf die Baustelle geliefert. Um die Bauteile möglichst schnell entformen und einbauen zu können, wird die Erhärtung vor allem durch Einsatz von Bindemitteln mit hoher Frühfestigkeit sowie durch Wärme beschleunigt. Die Ausgangsstoffe beeinflussen in Verbindung mit dem Herstellverfahren die Festigkeit, das Bauteilgewicht und die Materialstruktur. Das Stückgewicht bestimmt das maximal hantierbare und das optimal wirtschaftliche Format, das Raumgewicht ist maßgebend für die bauphysikalischen Eigenschaften. Von allen Baustoffen wird eine hohe Maßhaltigkeit verlangt.

7.5.1   Porenbeton

7.5.1.1   Allgemeines, Herstellung

Porenbeton wird im allgemeinen zur Gruppe der Leichtbetone gerechnet, obwohl es richtigerweise ein **Porenmörtel** ist, da die groben Zuschläge fehlen. Dampfgehärteter

Porenbeton ist ein feinporiger Beton mit einem Porenvolumen bis zu 80 Vol.-%. Er wird aus Zement und/oder Kalk und feingemahlenen oder feinkörnigen, kieselsäurehaltigen Stoffen (Quarzsand, Flugasche, Hochofenschlacke, Ölschieferasche) unter Verwendung von porenbildenden Zusätzen als Treibmittel (z. B. Aluminiumpulver oder Aluminiumpaste), Wasser und gegebenenfalls Zusatzmitteln hergestellt und in gespanntem Dampf gehärtet.

Die Herstellung erfolgt ausschließlich in Betonwerken. Die nach intensivem Mischen der Rohstoffe erhaltene wässrige Suspension wird in große Gießformen gefüllt. Durch die Reaktion des Aluminiums mit dem durch das Bindemittel basischen Wasser entsteht Wasserstoff, der den Mörtelbrei auftreibt und ohne Rückstände entweicht. Dadurch entstehen zahlreiche Kugelporen (maximal 2 – 3 mm Durchmesser). Der standfeste Rohblock („Kuchen") wird nach dem Entformen maschinell (z. B. mit Stahldrähten) zu Blöcken, Platten oder großen Elementen geschnitten.

Da Porenbeton bei der Erhärtung bei Normaltemperatur nur eine geringe Festigkeit und ein sehr großes Schwindmaß besitzen würde, wird er in Härtekesseln (Autoklaven) bei 180 bis 200 °C unter Dampfdruck von 8 bis 12 bar in ca. 6 bis 12 Stunden gehärtet. Der Porenbeton hat nach dieser Dampfhärtung seine endgültigen Eigenschaften. Durch diese Autoklavhärtung wird eine höhere Druckfestigkeit erreicht und das Restschwindmaß des Porenbetons unter 0,1 mm/m gedrückt [7.45].

7.5.1.2 Eigenschaften

Die Vorteile des Porenbetons liegen vor allem darin, dass sich mit ihm leichte massive monolithische Konstruktionen ausführen lassen, welche gleichzeitig die Anforderungen an die Tragfähigkeit, den Wärmeschutz, den Schallschutz und den Brandschutz erfüllen. Die Rohdichte des Porenbetons, die durch die Dosierung von Treib- und Bindemittel gesteuert wird, liegt zwischen 0,30 und 1,00 kg/dm^3. **Die Kombination von niedriger Rohdichte und relativ guter Festigkeit ist das hervorstechendste Merkmal von Porenbeton.**

Die Mittelwerte der Druckfestigkeit liegen zwischen 2,5 und 10 N/mm^2. Dadurch wird es möglich, Porenbetonbauteile auch mit tragender Funktion bis zu neungeschossigen Gebäuden einzusetzen.

Porenbetonbauteile werden mit Rohdichten von 0,30 bis 1,00 kg/dm^3 hergestellt, die bestimmten Festigkeitsklassen zugeordnet werden.

Der E-Modul für Porenbeton ist abhängig von der jeweiligen Rohdichte und liegt bei Werten zwischen 1200 und 2500 N/mm^2. Die Zugfestigkeit beträgt ca. 1/10, die Biegezugfestigkeit ca. 1/5 der Würfeldruckfestigkeit.

Die Wärmeleitfähigkeit von Porenbeton liegt sehr niedrig – zwischen den Werten $\lambda = 0,10$ bis $\lambda = 0,31$ W/(m · K), so dass schon mit Wanddicken ≤ 175 mm ausreichender Wärmeschutz erzielt werden kann.

Die spezifische Wärmekapazität beträgt bei Ausgleichsfeuchte 1,00 kJ/(kg · K). Die thermische Ausdehnung beträgt im Temperaturbereich zwischen 20 und 100 °C ca. 8 · 10^{-6} k^{-1} und ist damit etwas geringer als bei Normalbeton. Die Wärmespeicherung des Porenbetons liegt mit ca. 90 kJ/(m^2 · K) zwischen den Extremen des Leichtbaus (Holztafelbauweise mit ca. 50 kJ/(m^2 · K) und des Massivbaus (Mauerwerk oder Stahlbeton mit ca. 250 kJ/(m^2 · K), wodurch der Porenbeton gute temperaturstabilisierende Eigenschaften aufweist.

Die Mikroporen sorgen für die Wasserdampfadsorption, d. h. den Feuchtigkeitsausgleich im Wechselspiel mit der jeweils in der Luft vorhandenen Feuchtigkeit. Die Gleichgewichtsfeuchte bei Porenbeton liegt sehr niedrig; bei Porenbeton mit einer Rohdichte von ca. 0,55 kg/dm^3 bei 3,5 Vol.- % – wie derzeit in DIN 4108, Teil 4 festgelegt (lt. DIN V 4108-4 vom Februar 2002: 6,5 M.-%) – für Porenbeton der Rohdichte 0,40 kg/dm^3 wären jedoch ca. 2,5 Vol.-% zutreffend. [7.45]

Durch das untereinander verbundene Kapillarporensystem ist der Baustoff in der Lage an der Oberfläche schnell Wasser aufzusaugen und durch Kapillarwirkung weiterzuleiten. Unterhalb des kritischen Feuchtegehaltes von 15 bis 20 Vol.-% ist jedoch kein nennenswerter Feuchtetransport durch Kapillarleitung mehr möglich. Hier erfolgt der Feuchtetransport nur durch Wasserdampfdiffusion (m-Werte sind sehr niedrig und liegen zwischen 5 und 10) und damit entsprechend langsamer, so dass nur eine langsame Austrocknung möglich ist. Bei außergewöhnlicher hoher Durchfeuchtung sind daher Frostschäden möglich: Porenbeton muss deshalb bei Lagerung durch Abdeckung, im eingebauten Zustand durch Putz oder Anstrich gegen Eindringen von Feuchtigkeit geschützt werden. [7.45]

Porenbetonerzeugnisse sind außerdem feuerbeständig und für alle Feuerwiderstandsklassen einsetzbar. Die zahlreichen Poren und die daraus resultierende hohe Wärmedämmung, d.h. niedrige Wärmeleitzahl, verhindert bei Brandbeanspruchung eine schnelle Temperaturübertragung. Eine Temperaturerhöhung auf der dem Feuer abgewandten Seite ist bei einer Brandwand aus Porenbeton-Plansteinen bei der zulässigen Dicke von 240 mm praktisch nicht feststellbar. Die Festigkeit des Porenbetons selbst wird bei Brandbeanspruchung in den oberflächennahen Zonen gemindert. Die Tragfähigkeit der einzelnen Bauteile bleibt aber in der Regel erhalten; dies ist im Einzelfall zu prüfen.

Bezüglich der schallschutztechnischen Eigenschaften haben Messungen ergeben, dass sich Porenbeton bei der Schalldämmung günstiger verhält als vergleichbare Baustoffe. Durch die Herstellung auf Sägemaschinen ist die Oberfläche durch die angeschnittenen Poren rau. Dadurch liegt der Schallabsorptionsgrad einer Porenbetonoberfläche, die nicht behandelt oder mit einem porösen Anstrich versehen ist, um das 5- bis 10-fache höher als der einer glatten Wand. Dies hat besonders in gewerblich genutzten Räumen eine große Bedeutung [7.35].

Übliche Handelsbezeichnungen sind: Ytong, Durox, Hebel, Siporex, Turrit, Celonit, Iporit.

7.5.1.3   Bauteile aus Porenbeton

7.5.1.3.1   Unbewehrte Bauteile

Blocksteine, Plansteine

Blocksteine (PB) und Plansteine (PP) mit einer Steinhöhe ≤ 249 mm nach DIN 4165 sind Mauersteine für tragendes und nichttragendes Mauerwerk. Plansteine werden aus demselben Material wie Blocksteine hergestellt, haben aber durch ein spezielles Produktionsverfahren eine besonders plane Oberfläche und eine gesteigerte Maßgenauigkeit.

Blocksteine werden nur noch selten verwendet und sind durch die Plansteine und Planbauplatten praktisch vom Markt verdrängt worden. In der z.Zt. vorliegenden Vornorm der DIN 4165 (Ausgabe Juli 2003) wurden die Porenbeton-Blocksteine (PB) bereits gestrichen und dafür Planelemente (PPE) mit einer Höhe > 249 mm und einer Länge ≥499 mm neu aufgenommen. Die Porenbeton-Blocksteine werden deshalb hier nicht mehr behandelt.

Bei den Plansteinen und Planelementen werden 11 Rohdichteklassen unterschieden, die 4 Festigkeitsklassen zugeordnet werden (siehe *Tabelle 7.72*), von denen die Festigkeitsklassen 2 und 4 die häufigste Verwendung finden.

Festig-keitsklasse	Druckfestigkeit Mittelwert N/mm² min.	kleinster Einzelwert N/mm²	Rohdichte-klasse	Mittlere Rohdichte[1]) kg/dm³
2	2,5	2,0	0,35	≥ 0,30 bis 0,35
			0,40	> 0,35 bis 0,40
			0,45	> 0,40 bis 0,45
			0,50	> 0,45 bis 0,50
4	5,0	4,0	0,55	> 0,50 bis 0,55
			0,60	> 0,55 bis 0,60
			0,65	> 0,60 bis 0,65
			0,70	> 0,65 bis 0,70
			0,80	> 0,70 bis 0,80
6	7,5	6,0	0,65	> 0,60 bis 0,65
			0,70	> 0,65 bis 0,70
			0,80	> 0,70 bis 0,80
8	10,0	8,0	0,80	> 0,70 bis 0,80
			0,90	> 0,80 bis 0,90
			1,00	> 0,90 bis 1,00

[1]) Einzelwerte dürfen die Klassengrenzen bei den Rohdichteklassen < 0,70 um nicht mehr als 0,03 kg/dm³, bei den Rohdichteklassen ≥ 0,70 um nicht mehr als 0,05 kg/dm³ über- oder unterschreiten.

Tabelle 7.72 Festigkeitsklasse, Druckfestigkeit, Rohdichteklasse, Rohdichte

Porenbeton-Plansteine und -Planelemente müssen die Gestalt eines von Rechtecken begrenzten Körpers haben. Die Lagerflächen müssen eben und planparallel sein. Die Stirnflächen der Porenbeton-Plansteine und -Planelemente dürfen ebenflächig ausgeführt oder mit Nut- und Federausbildung versehen werden. An den Stirnseiten der Porenbeton-Plansteine dürfen Grifföffnungen oder Grifftaschen, an den Stirnseiten der Porenbeton-Planelemente Greifnute angeordnet werden.

Die Maße der Plansteine und Planelemente sind in den *Tabellen 7.73* und *7.73a* angegeben. Ergänzungssteine mit abweichenden Maßen sind zulässig.

Steinlänge[1,2] ± 1,5	Steinbreite ± 1,5	Steinhöhe[3] ± 1,0
249	115	124
299	120	
	125	149
312	150	
332	175	164
	200	
374	240	174
399	250	
	300	186
499	365	
599	375	199
	400	
624	500	249

1 Bei Steinen mit Nut-Federausbildungen gelten die Maße als Abstand der Stirnflächen ohne Berücksichtigung von Nut und Feder.
2 Zwischenlängen sind möglich.
3 Die Nennmaße dürfen innerhalb eines Herstellwerkes auch um 1 mm reduziert werden.

Maße in mm

Tabelle 7.73
Maße und Grenzabmaße der Porenbeton-Plansteine

Element-länge[1] ± 1,5	Element-breite ± 1,5	Element-höhe[2] ± 1,0
	115	
499	125	
599	150	374
624	175	
749	200	499
999	240	
1124	250	599
	300	
1249	365	
1374	375	624
1499	400	
	500	

1 Bei Elementen mit Nut-Federausbildungen gelten die Maße als Abstand der Stirnflächen ohne Berücksichtigung von Nut und Feder.
2 Die Nennmaße dürfen innerhalb eines Herstellwerkes auch um 1 mm reduziert werden.

Maße in mm

Tabelle 7.73a
Maße und Grenzabmaße der Porenbeton-Planelemente

Die Bezeichnung erfolgt in der Reihenfolge: Benennung, DIN-Hauptnummer, Kurzzeichen für Steinart (PB oder PP) und Festigkeitsklasse, Rohdichteklasse und Maße (Länge x Breite x Höhe), z. B.
○ Porenbeton-Planstein DIN 4165 – PP2 – 0,5 – 499x 300 x 249
○ Porenbeton-Planelement DIN 4165 – PPE4 – 0,60 – 999 x 300 x 499

Auf mindestens jedem 10. Stein sind Steinart, Festigkeitsklasse, Rohdichteklasse und das Herstellerkennzeichen anzugeben, entweder durch

○ Stempelung mit schwarzer Farbe oder Prägung

○ Farbstempelung von Steinart und Rohdichteklasse in der für die Festigkeitsklasse festgelegten Farbe:

Festigkeitsklasse 2: grün

Festigkeitsklasse 4: blau

Festigkeitsklasse 6: rot

Festigkeitsklasse 8: keine Farbkennzeichnung, aufdrucken der Festigkeits- und Rohdichteklasse in schwarzer Farbe

Werden die Steine paketiert, genügt es, wenn die Verpackung oder ein im Paket außenliegender Stein gekennzeichnet wird oder die Kennzeichnung auf einem beigefügten Beipackzettel vorgenommen wird.

Porenbeton-Bauplatten, -Planbauplatten

Bauplatten und Planbauplatten nach DIN 4166 sind für nichttragende, leichte Trennwände vorgesehen. Bauplatten werden mit normaler Fugendicke, Planbauplatten in Dünnbettechnik versetzt.

Die Stirnflächen oder Stirnseiten dürfen ebenflächig ausgebildet, mit Aussparungen (z. B. Mörteltaschen) und/oder mit Nut- und Federausbildung versehen sein. Nut- und Federausbildungen dürfen auch in der Lagerfugenfläche von Planbauplatten vorgenommen werden.

Die Einteilung in Rohdichteklassen entspricht denen der Plansteine und Planelemente (siehe *Tabelle 7.72*). Druckfestigkeitsanforderungen werden nicht gestellt. Für die Bauplatten fordert die DIN eine Biegezugfestigkeit bei mittig aufgebrachter Last (Stützweite $\geq$ 4-fache Plattenbreite) von mindestens 0,4 N/mm^2.

Die Maße der Platten sind in den *Tabellen und 7.74* und *7.74a* zusammengestellt.

Bauplatten sind wie folgt zu bezeichnen: Benennung, DIN-Hauptnummer, Kurzzeichen für Plattenart (Ppl bzw. PPpl), Rohdichteklasse und Maße (Länge x Dicke x Höhe). Platten mit Nuten werden zusätzlich mit dem Kurzzeichen N, mit Nut und Feder mit dem Kurzzeichen NF bezeichnet:

z. B. Porenbeton-Planbauplatte DIN 4166 – PPpl – 0,5 – 499 x 100 x 249 NF.

Mindestens jede 10. Platte ist mit der Plattenart, der Rohdichteklasse und dem Herstellerkennzeichen durch Stempelung oder Prägung zu kennzeichnen. Bei Paketierung siehe Porenbetonsteine.

Neben den genormten kleinen Bauteilen liefert die Porenbetonindustrie auch bauaufsichtlich zugelassene großformatige Planelemente und geschosshohe Wandtafeln, die nur mit einer Transportbewehrung versehen sind. Sie können für tragende Wände eingesetzt werden und sind entsprechend der bauaufsichtlichen Zulassung belastbar.

Länge [1] ± 3 [2]	Breite ± 3 [2]	Höhe ± 3 [2]
	25	
	30	
365	50	
390	75	190
490	100	240
590	115	390
615	120	
740	125	
990	150	
	175	
	200	

[1] Für Platten mit Mörteltaschen darf und für Platten mit Nut- und Federausbildung muss die Länge der Platte um 9 mm erhöht werden.
[2] Grenzabmaße von den Sollmaßen für den Einzel- und Mittelwert.

Maße in mm

Länge ± 1,5 [1]	Breite ± 1,5 [1]	Höhe ± 1 [1]
	25	
	30	
374	50	
399	75	199
499	100	249
599	115	399
624	120	499
749	125	624
999	150	
	175	
	200	

[1] Grenzabmaße von den Sollmaßen für den Einzel- und Mittelwert.

Maße in mm

Tabelle 7.74
Maße von in Normal- oder Leichtmauermörtel zu verlegenden Porenbeton-Bauplatten

Tabelle 7.74a
Maße von in Dünnbettmörtel zu verlegenden Porenbeton-Planbauplatten

Müssen zusätzlich horizontale Lasten aufgenommen werden, so sind die Bauteile den statischen Erfordernissen entsprechend zu bewehren. Ergänzend werden noch Sonderbauteile (z. B. U-Schalen, Verblendschalen usw.) hergestellt mit dem Ziel, für das gesamte Gebäude gleichbleibende bauphysikalische Eigenschaften zu schaffen.

7.5.1.3.2   *Bewehrte Bauteile*

Auf Biegung beanspruchte Bauteile müssen in der Lage sein, Zugkräfte aufzunehmen. Hierzu werden Porenbetonbauteile mit einer aus punktgeschweißten Betonstahl-matten, Körben aus Betonstahl oder nichtrostendem Stahl hergestellten Bewehrung versehen. Je nach Funktion der Bauteile wird zwischen statisch anrechenbarer oder statisch nicht anrechenbarer Bewehrung unterschieden. Zu beachten ist, dass Poren-beton keinen ausreichenden Korrosionsschutz für Stahleinlagen bietet, so dass zu-sätzliche Schutzmaßnahmen erforderlich sind.

Vorgefertigte bewehrte Bauteile aus dampfgehärtetem Porenbeton gemäß DIN 4223 sind:

BA   Balken
DA   Dachbauteile
DE   Deckenbauteile

LW   liegend angeordnetes Wandbauteil mit statisch nicht anrechenbarer Bewehrung
WL   liegend angeordnetes Wandbauteil mit statisch anrechenbarer Bewehrung
WS   stehend angeordnetes Wandbauteil mit statisch anrechenbarer Bewehrung
SW   geschosshohes stehend angeordnetes Wandbauteil mit statisch nicht anrechenbarer Bewehrung

Bei Dachbauteilen (DA) und bei Wandbauteilen (WL und WS), die nach DIN 4223-4 mit Dünnbettmörtel an den ebenen Verbindungsflächen verbunden werden, ist der Bauteilbezeichnung ein „D" anzufügen (z.B. DA–D)

Die Bauteile werden künftig genormt nach der DIN EN 12 602[1], mit deren Erscheinen die Normen der Reihe DIN 4223, Teil 1 bis 5, zurückgezogen werden.

Rohdichteklasse	Trockenrohdichte ρ kg/dm³ Grenzen des 95%-Quantils		Druckfestig-keits-klassen P
	unterer Grenzwert	oberer Grenzwert	
0,40	> 0,35	0,40	2,2
0,45	> 0,40	0,45	2,2 oder 3,3
0,50	> 0,45	0,50	2,2 oder 3,3
0,55	> 0,50	0,55	3,3 oder 4,4
0,60	> 0,55	0,60	3,3 oder 4,4
0,65	> 0,60	0,65	4,4
0,70	> 0,65	0,70	4,4
0,75	> 0,70	0,75	4,4
0,80	> 0,75	0,80	4,4

Tabelle 7.75 Rohdichteklassen und Rohdichte-Druckfestigkeits-klassen-Kombinationen für Bauteile mit statisch anrechenbarer Bewehrung

Rohdichteklasse	Mittlere Trockenrohdichte ρ kg/dm³	Druckfestigkeits-klassen PP
0,35	≥ 0,30 bis 0,35	2
0,40	> 0,35 bis 0,40	2
0,45	> 0,40 bis 0,45	2
0,50	> 0,45 bis 0,50	2
0,55	> 0,50 bis 0,55	2 oder 4
0,60	> 0,55 bis 0,60	4
0,65	> 0,60 bis 0,65	4 oder 6
0,70	> 0,65 bis 0,70	4 oder 6
0,80	> 0,70 bis 0,80	4 bis 8
0,90	> 0,80 bis 0,90	4 bis 8
1,00	> 0,90 bis 1,00	4 bis 8

Tabelle 7.75a Rohdichteklassen und Rohdichte-Druckfestigkeits-klassen-Kombinationen für Bauteile mit statisch nicht anrechenbarer Bewehrung

[1] z.Zt. als Entwurf Jan. 97

Die Bauteile werden in Rohdichte- und Druckfestigkeitsklassen eingeteilt (siehe *Tabelle 7.75* und *7.75a*).

Die Wärmeleitfähigkeit im trockenen Zustand liegt zwischen 0,08 W/(m · K) bei einer Rohdichte von 300 kg/m³ und 0,28 W/(m · K) bei einer Trockenrohdichte von 1000 kg/m³.

Die wesentlichen Maße (Länge, Dicke, Breite) werden nicht mehr von der Norm festgeschrieben sondern sind vom Hersteller zu deklarieren. Die Norm schreibt lediglich folgende Grenzabmaße vor:
Länge: ≤ 8.000 mm (für DA–D ≤ 7.000 mm); Breite: ≥ 500 mm;
Dicke: ≥ 100 mm (für DA–D ≥ 200 mm)

Gebräuchliche Abmessungen: Länge bis 7500 mm, Breite 625 und 750 mm, Dicke bis 300 mm. Die horizontalen Fugen sind entweder als glatter Stoß oder aber mit Nut und Feder ausgebildet, die Stirnseiten können ebenfalls einen glatten Stoß erhalten, mit Nut- und Feder-Verbindung oder aber mit einer Nut zum späteren Verguss mit Zementmörtel ausgestattet sein; auch Kombinationen aus beiden Verbindungstechniken sind möglich.

Die Bauteile dürfen nur bei vorwiegend ruhender und gleichmäßig verteilter Verkehrslast verwendet werden.

Bewehrte Sonderbauteile ergänzen die Palette der genormten Porenbetonbauteile.

7.5.1.4   *Verarbeitung*

Porenbeton-Erzeugnisse werden aufgrund ihrer hohen Wärmedämmfähigkeit und ihrer leichten Bearbeitbarkeit (*sie können gesägt, behauen, gebohrt und genagelt werden*) je nach Güteklasse und Dicke für nichttragende und tragende Wände gemäß DIN 1053, Teil 1 bis 3 sowie für nichttragende innere Trennwände gemäß DIN 4103-1 verwendet.

Plansteine, Planelemente und Planbauplatten sind in Dünnbettmörtel zu versetzen. Dadurch entsteht ein praktisch fugenloses Mauerwerk mit verbesserter Wärmedämmung (siehe *Tabelle 7.76*). Außerdem ist die Druckfestigkeit von Plansteinmauerwerk höher als die von anderem Mauerwerk aus Steinen gleicher Festigkeitsklasse. Sie können im Wohnungsbau bis zu neungeschossigen Gebäuden eingesetzt werden. Mauerwerk mit Dünnbettmörtel spart an Mörtelmenge und führt zu wirtschaftlicheren Arbeitsverfahren.

Für Mauerwerk mit Dünnbettmörtel ist die Fugendicke mit 1 bis 3 mm auszuführen. Zur Verarbeitung wird ein besonderer Fertigmörtel der Mörtelgruppe III geliefert. Er ist mit der Zahnkelle aufzutragen; es erübrigt sich, die Planblöcke vor dem Verarbeiten anzufeuchten. Höhendifferenzen können nicht mehr mit dem Mörtelbett ausgeglichen werden. Der versetzte Stein wird durch ein Schleifbrett (Hobel) bearbeitet und abgeglichen.

Trocken-rohdichte kg/dm³	Bemessungswerte für die Wärmeleitfähigkeit W/(m · K)	
	Porenbeton-Blocksteine (PB) und Porenbeton-Bauplatten (Ppl) mit normaler Fugendichte und Mauermörtel nach DIN 1053-1 verlegt	Porenbeton-Plansteine (PP) und Porenbeton-Planbauplatten (Pppl), dünnfugig verlegt
0,30		0,10
0,35		0,11
0,40	0,20	0,13
0,45	0,21	0,15
0,50	0,22	0,16
0,55	0,23	0,18
0,60	0,24	0,19
0,65	0,25	0,21
0,70	0,27	0,22
0,75		0,24
0,80	0,29	0,25

*Tabelle 7.76
Wärmeleitfähigkeit von Mauerwerk aus Porenbeton-Blocksteinen und -Plansteinen, Porenbeton-Bauplatten und Porenbeton-Planbauplatten*

Liegend oder stehend angeordnete Wandplatten werden in der Regel zur Ausfachung von Skelettbauten aus Stahl, Stahlbeton oder auch Holz eingesetzt. Sie dürfen nur zur Abtragung des Eigengewichts und zur Aufnahme von senkrecht zur Platte wirkenden Windlasten und Horizontallasten zur Sturzabsicherung von Personen verwendet werden.

Stehend bewehrte Wandtafeln übernehmen neben den vertikalen zusätzlich auch Biegebeanspruchungen senkrecht zur Wandebene z. B. aus Erddruck.

Porenbeton-Dach- und -Deckenplatten können durch konstruktive Maßnahmen bei der Bauausführung zu Dach- und Deckenscheiben zusammengefasst werden. Sie können dadurch auf das Gebäude wirkende Horizontalkräfte, z. B. aus Wind, aufnehmen.

Beim Verputzen von Wänden aus Porenbeton reicht ein Anwässern nicht aus. Bei normalem Putz nach DIN 18 550 ist ein Spritzbewurf aufzubringen, danach zwei Putzlagen. Für Außen- und Innenputze werden abgestimmte Feinputze angeboten, die zum Teil als Einlagenputz mit 10 mm Dicke außen aufgebracht werden. Da Planblock-Wände bei guter Ausführung besonders eben sind, kann man für innere Wandflächen auch Putzverfahren mit dünnen Putzschichten verwenden (Hersteller-Vorschrift beachten). Solche Dünnputze – Dicken bis etwa 5 mm – werden ohne Vorspritzen und Grundieren einlagig aufgetragen und ermöglichen einen schnellen Arbeitsfortschritt sowie Kosteneinsparungen.

7.5.2   Kalksandsteine

Kalksandsteine nach DIN 106 sind Mauersteine, die aus den natürlichen Rohstoffen Kalk (als Bindemittel) und quarzhaltigen Zuschlägen (Feinsand) unter Zugabe von Wasser hergestellt werden. Die verwendeten Zuschläge sollen DIN 4226, Teil 1 entsprechen; soweit die Eigenschaften nicht ungünstig beeinflusst werden sind auch Leichtzuschläge gemäß DIN 4226, Teil 2 zugelassen. Bei der Herstellung von Kalksandsteinen werden keine chemischen Zusätze verwendet.

7.5.2.1   Herstellung

Zu dem im Gewichtsverhältnis 1 : 12 in den Reaktionsbehälter dosierten Kalk-Sand-Gemisch wird Wasser zugegeben, um den gebrannten Kalk abzulöschen. Durch die Wärmeentwicklung des ablöschenden Kalkes erhitzt sich das Gemisch auf 70 – 90 °C.

Die abgelöschte, erdfeuchte heiße Kalk-Sand-Masse wird nach ca. 2 bis 3 Stunden den Pressen zugeführt, wo unter einem Pressdruck von 10 bis 25 MN/m^2 die Rohlinge geformt werden. Sie erhalten dabei ihre endgültigen Formen und Abmessungen, die sich bei dem nachfolgenden Erhärtungsvorgang nicht mehr verändern. Wegen dieser im allgemeinen besseren Maßhaltigkeit als bei Mauerziegeln enthält die Norm auch engere Maßtoleranzen.

Nach dem Ausformen der Rohlinge erfolgt dann unter geringem Energieaufwand bei Temperaturen von 160 bis 220 °C unter Sattdampfdruck in einem Härtekessel (Autoklaven) das Härten.

Durch den hochgespannten Dampf erfolgt bei Anwesenheit von Kalkhydrat ein Aufschließen der an sich reaktionsträgen Kieselsäure an der Oberfläche der Sandkörnchen. Diese Kieselsäure reagiert nun mit dem Kalk und es entsteht auf der Oberfläche der Zuschläge eine kristalline Kalk-Kieselsäure-Verbindung (Calciumsilicathydrat: CSH-Phase), die die Zuschlagkörner untereinander fest verkittet und damit die hohe Steinfestigkeit bewirkt. Dieser durch Druck und Wärme beschleunigte Vorgang ist nach ca. 4 bis 8 Stunden, d. h. nach Verlassen des Autoklaven, beendet. Nach dem Härten und Abkühlen sind die Kalksandsteine gebrauchsfertig.

7.5.2.2   Steinarten und Formate

Der Kalksandstein ist ein Mauerstein und den Ziegeln ähnlich. Er wird in mehreren Arten mit entsprechend unterschiedlichen Eigenschaften hergestellt. Kalksandsteine werden für tragendes und nichttragendes Mauerwerk vorwiegend zur Erstellung von Außen- und Innenwänden verwendet.

Gemäß DIN 106 unterscheidet man nach
- ◯ Teil 1   Vollsteine, Lochsteine, Blocksteine und Hohlblocksteine
- ◯ Teil 2   Vormauersteine und Verblender

Die nach Teil 1 der DIN 106 genormten normalen Kalksandsteine sind für die Ausführung von nicht witterungsbeanspruchtem Hintermauerwerk vorgesehen; sie sind nicht auf Frostbeständigkeit geprüft.

Kalksandvormauersteine (KS Vm) und Kalksandsteinverblender (KS Vb) sind frostbeständig und für Sichtmauerwerk für Innen- sowie Außenwände geeignet. Zusätzlich werden an KS-Verblender Anforderungen hinsichtlich ihrer optischen Beschaffenheit gestellt. (*Die Beigabe von Wirkstoffen und Farbstoffen ist zulässig!*)

KS-Vormauersteine sind Kalksandsteine mindestens der Druckfestigkeitsklasse 12, die in den sonstigen Anforderungen den Steinen nach Teil 1 entsprechen. KS-Verblender sind Kalksandsteine mindestens der Druckfestigkeitsklasse 20; an sie werden höhere Anforderungen hinsichtlich Maßabweichungen und Frostbeständigkeit (50-fache Frost-Tau-Wechselbeanspruchung) als an Vormauersteine (25-fache Frost-Tau-Wechselbeanspruchung) gestellt. Sie haben mindestens *eine* kantensaubere Kopf- und Läuferseite. Für die Herstellung werden ausgewählte Rohstoffe verwendet. Sie müssen frei sein von schädlichen Einschlüssen aus organischen Stoffen oder Ton, die durch Abblätterungen, Ausblühungen oder Verfärbungen das Aussehen der unverputzten Wände beeinträchtigen könnten.

Zur Erzielung einer besonders strukturierten, bruchrauen Oberfläche bei Sichtmauerwerk werden Kalksandsteine unter dem Sammelbegriff „KS-Struktur" in unterschiedlichen Abmessungen und Sorten angeboten (*Tabelle 7.77* und *Abbildung 7.36*).

Nach der DIN werden folgende Steinarten und Formen unterschieden:

m **Vollsteine**, Mauersteine mit einer Steinhöhe von ≤ 113 mm. Sie werden ungelocht bzw. zur Gewichtsersparnis senkrecht zur Lagerfläche gelocht (maximal 15 % der Lagerfläche).

○ **Lochsteine**, Steine ≤ 113 mm Höhe. Es sind Mauersteine, deren Querschnitt durch Lochung senkrecht zur Lagerfläche um mehr als 15 % der Fläche gemindert sein darf.

○ **Blocksteine**, Steine über 113 mm Höhe, mit Lochung senkrecht zur Lagerfläche bis zu maximal 15 % der Fläche.

○ **Hohlblocksteine**, Steine über 113 mm Höhe, mit Lochung senkrecht zur Lagerfläche von mehr als 15 % der Fläche.

Die „klassischen" klein- und mittelformatigen Kalksandsteine werden als Einhandsteine bezeichnet. Griffhilfen sollen bei allen Steinen ≥ 2 DF angebracht werden, bei Formaten ≥ 5 DF sind mindestens 2 Griffhilfen im Abstand ≥ 70 mm erforderlich (Zweihandsteine).

An den Stirnseiten dürfen ein- oder beidseitig Mörteltaschen (*15 bzw. 30 mm tief*) angebracht sein, in denen die Stoßfugen nach dem Versetzen der Steine vermörtelt werden können (siehe *Abbildung 7.37*).

Tabelle 7.77
Namen und Kurzzeichen für Kalksandsteine, Anwendungsbereiche [7.16]

Kalksandsteine DIN 106	Festig-keits-klasse	Rohdichte-klasse	Wanddicken [cm]	Mauerwerk				DIN 1053		Anwendungs-bereich
				tra-gend	nicht tra-gend	Mör-tel[1]	Ausfüh-rung der Stoßfugen	Teil 1	Teil 2 (RM)	
KS Vollsteine	12-20-28	1,6-1,8-2,0	11,5-17,5-24 -30-36,5	x	x	N	vermörtelt	x	x	Außen- und Innenwände – hohes Tragvermögen – hoher Schallschutz – hoher Brandschutz – hoher Wärmeschutz in Verbindung mit Wärmedämmplatten – rationelle Bauweise – Sichtmauerwerk (KS Vb/KS Vb L, KS-Struktur)
KS L Lochsteine	12-20	1,2-1,4-1,6	11,5-17,5-24 -30-36,5	x	x	N		x	x	
KS-R Blocksteine	12-20	1,8-2,0	11,5-17,5-24 -30-36,5	x	x	N		x	x	
KS-R (P) Planblocksteine	12-20	1,6-1,8-2,0	11,5-17,5-24 -30-36,5	x	x	D	vorzugs-weise	x	x	
KS-PE Planelemente	20	1,8-2,0	11,5-15-17,5 -20-24-30	x	x	D	mörtelfrei verzahnt	x	x	
KS L-R Hohlblocksteine	6-12	1,2-1,4-1,6	11,5-17,5-24 -30-36,5	x	x	N		x	x	
KS L-R (P) Planhohlblocksteine	6-12	1,2-1,4-1,6	11,5-17,5-24 -30-36,5	x	x	D		x	x	
KS-P 7 Bauplatten	–	2,0	7	–	x	D	vermörtelt	–	–	nichttragende[2] leichte Innenw.

Klein-, Mittelformate, Schichthöhe ≤ 12,5 cm / Großformate Schichthöhe ≥ 25 cm

1) Mörtel: N = Normalmörtel　D = Dünnbettmörtel　　2) Die Ausführung von nichttragenden, leichten Trennwänden ist in DIN 4103 geregelt.

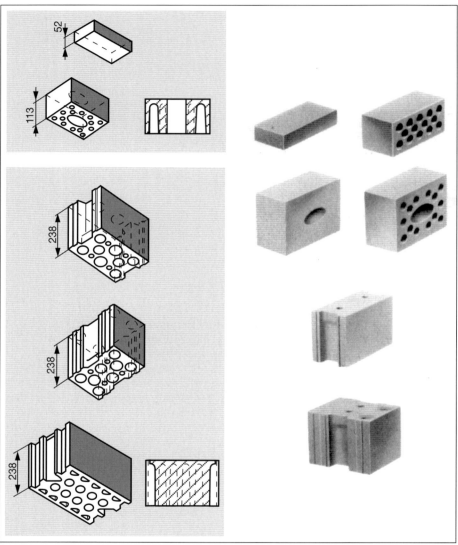

Abbildung 7.36
Kalksandstein-Formate (Beispiele)

Block-, Loch- und Hohlblocksteine sind, abgesehen von durchgehenden Griff- öffnungen, fünfseitig geschlossene Mau- ersteine: die Löcher sind auf der Oberseite geschlossen. Die Löcher sollen gleichmä- ßig über die Lagerfläche verteilt sein. Bei Loch- und Hohlblocksteinen sollen sie in den Lochachsen gegeneinander versetzt sein, um den Wärmedurchgang durch die Stege möglichst gering zu halten (siehe *Tabelle 7.78*).

Da die DIN 1053 nunmehr auch die Ver- mauerung ohne Stoßfugenvermörtelung zulässt, wurde die bestehende DIN 106, Ausgabe 9.80, durch eine A 1-Fassung (E September 89) ergänzt und angepasst. Danach sind neben den bisherigen Kalk- sandsteinformaten großformatige KS- R(Ratio)-Steine (Block- und Hohlblock- steine) und KS-Planelemente (KS-PE) auf- genommen worden.

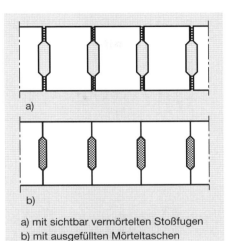

a) mit sichtbar vermörtelten Stoßfugen
b) mit ausgefüllten Mörteltaschen

Abbildung 7.37
Konventionelle Ausführung der Vermörtelung

○ **R(Ratio)-Steine** (siehe *Abbildung 7.38*):
KS-R-Steine und KS L-R-Steine sind für 12 mm dicke Lagerfugen aus Normal- mörtel; KS-R(P)-Steine und KS L-R(P)-Steine sind für Lagerfugen mit 1 – 3 mm Dicke aus Dünnbettmörtel.
An den Stirnflächen können Nut-Feder-Systeme angeordnet sein, bei den KS L-R- Steinen zusätzlich Grifftaschen, die in besonderen Fällen mit Mörtel ausgefüllt werden können (siehe *Abbildung 7.39*). KS-R-Steine sind vorzugsweise geeignet für das Mauern mit Versetzgerät, KS L-R-Steine alternativ für das Mauern von Hand oder mit Versetzgerät.

○ **KS-Planelemente (KS-PE)** (siehe *Abbildung 7.40*):
für Mauerwerk in Dünnbettmörtel mit oder ohne Stoßfugenvermörtelung. Die Plan- elemente werden mit einem Versetzgerät nach einem vom KS-Werk mitgelieferten Verlegeplan verarbeitet. KS-PE können in den Rohdichteklassen 1,8, 2,0 und 2,2 jeweils in den Festigkeitsklassen 20 und 28 hergestellt werden.

○ **KS-P7-Bauplatten:**
Die 7 cm dicken Bauplatten mit umlaufendem Nut- und Feder-System werden in Dünnbettmörtel versetzt, die Stoß- und Lagerfugen sind zu vermörteln. Es entsteht ein flächenebenes Mauerwerk, das direkt gefliest werden kann. Hohe Rohdichte (Rohdichteklasse 2,0) und Festigkeit zeichnen dieses Produkt aus. Mauerwerk aus KS-P7 ist feuerwiderstandsfähig (F 60 A), feuchteunempfindlich und hat sehr günstige Schalldämmwerte (siehe *Abbildung 7.41*).

Spalte	1	2	3	4	5	6	7		
Zeile	Steinart	Grifföffnung[1)2] (≤ 50 cm²) (Deckelseite) Allseitiger Abstand vom Rand[4] ≥ 50 mm	Gesamtquerschnitt der Grifföffnung(en) und Lochung	Querschnitt der Einzellöcher (Bodenseite)[3]	Dicke der Abdeckung über den Löchern und Fläche des Durchstoßes	Anordnung der Löcher	Anordnung der Lochreihen senkrecht zur Wandebene bei Loch- und Hohlblocksteinen nach Zeile 2 und 4		
							Steinbreite gleich Wanddicke [mm]		Loch-reihen
1	Vollstein	Format ≤ 2 DF: keine Anforderung	≤ 15 % der Lagerfläche	≤ 20 cm²	keine Anforderung	Für Zeile 1 u. 3: Gleichmäßig über die Lagerfläche verteilt	≤ 17,5		≥ 3
2	Lochstein	Format > 2 DF: mindestens 1 Grifföffnung	> 15 % der Lagerfläche[6]	Die Löcher können sich zur Deckelseite hin schwach konisch verjüngen	Deckeldicke: ≤ 5 mm, Fläche d. zulässigen Durchstoßes von Löchern ≤ 2,5 cm²/ Loch	Für Zeile 2 u. 4: Gleichmäßig über die Lagerfläche verteilt und in den Lochachsen gegeneinander versetzt	24,0		≥ 4
3	Blockstein	Format ≥ 5 DF: mindestens 2 Grifföffnungen[5]	≤ 15 % der Lagerfläche				30,0		≥ 5
4	Hohlblockstein		> 15 % der Lagerfläche[6]				36,5		≥ 6
							49,0		≥ 7

1) Anstelle der Grifföffnungen dürfen auch Grifftaschen angebracht werden, siehe DIN 160, Abschnitt 4.1.6
2) Für besondere Zwecke dürfen die Steine auch ohne Grifföffnungen oder Grifftaschen hergestellt werden.
3) Querschnitt der Löcher, einschließlich Grifföffnungen, ausschließlich evtl. Mörteltaschen
4) Bei 2 DF Vollsteinen der Rohdichteklassen 1,6 und größer Randabstand ≥ 40 mm
5) Bei zwei Grifföffnungen: Abstand der Grifföffnungen untereinander ≥ 70 mm
6) Beträgt bei Loch- und Hohlblocksteinen der Nettoquerschnitt weniger als 50 % der Lagerflächen, so dürfen die durchschnittlichen Innenstegdicken, gemessen an den engsten Stellen, 7 mm und einzelne abweichende Innenstegdicken 5 mm sowie die Außenstegdicken an keiner Stelle 10 mm unterschreiten.

Tabelle 7.78
Bemessung von Grifföffnungen und Löchern bei Voll-, Loch-/Block- und Hohlblocksteinen

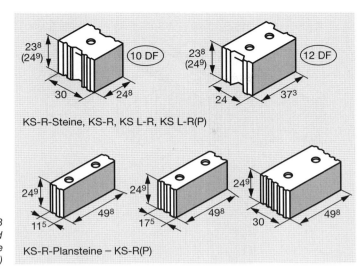

Abbildung 7.38
KS-R-Steine und
KS-R-Plansteine
(Beispiele)

○ **KS-YALI**: ist ein regional in der Bundesrepublik angebotener Kalksand-Leichtstein mit einer niedrigen Steinrohdichte (0,7 bis 0,8 kg/dm³), dessen Zuschlag aus natürlich porosiertem, rein mineralischem Silikatsand gemäß DIN 4226, Teil 2 besteht. Er wird in den Festigkeitsklassen 4 und 6 angeboten. Auf Grund der besonders gestalteten Schlitzlochung (siehe *Abbildung 7.42*) und der porösen Struktur hat der KS-YALI eine sehr hohe Wärmedämmfähigkeit [λ_R = 0,18 W/(m · K)]. Wegen der hohen Maßgenauigkeit ist die Verlegung in Dünnbettmörtel möglich. Das Nut- und Federsystem an den Stirnseiten macht das Vermörteln der Stoßfugen überflüssig.

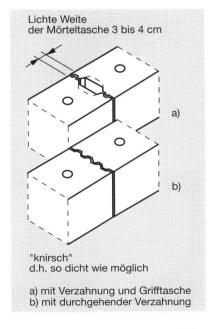

Abbildung 7.39
Vermörtelung von KS-R-Blöcken

555

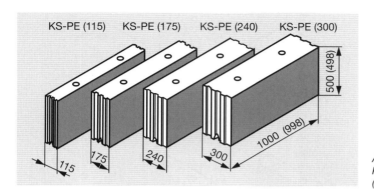

Abbildung 7.40
KS-Planelemente
(KS-PE) (Beispiele)

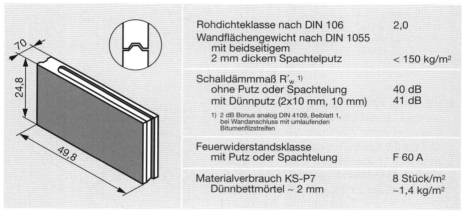

Rohdichteklasse nach DIN 106	2,0
Wandflächengewicht nach DIN 1055 mit beidseitigem 2 mm dickem Spachtelputz	< 150 kg/m²
Schalldämmmaß R'ᵥᵥ [1] ohne Putz oder Spachtelung mit Dünnputz (2x10 mm, 10 mm)	40 dB 41 dB

[1] 2 dB Bonus analog DIN 4109, Beiblatt 1, bei Wandanschluss mit umlaufenden Bitumenfilzstreifen

Feuerwiderstandsklasse mit Putz oder Spachtelung	F 60 A
Materialverbrauch KS-P7 Dünnbettmörtel ~ 2 mm	8 Stück/m² ~1,4 kg/m²

Abbildung 7.41
KS-P7-Bauplatten (technische Angaben)

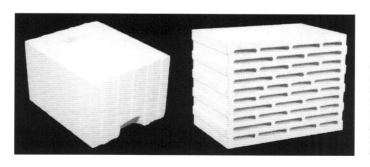

Abbildung 7.42
KS-YALI
links: optimiert
für das Versetzen
von Hand
rechts: optimiert
für das Versetzen
mit Mini-Kran

Stein-format: [1]	Länge [cm] [3]	Breite [cm] [2]	Höhe [cm]	l x b x h in am (1/8 m) [4]
KS-Voll- und Lochsteine				
DF	24	11,5	5,2	2 x1 x1/2
NF	24	11,5	7,1	2 x1 x2/3
2 DF	24	11,5	11,3	2 x1 x1
3 DF	24	17,5	11,3	2 x1 1/2 x1
4 DF	24	24	11,3	2 x2 x1
5 DF	30	24	11,3	2 1/2 x2 x1
6 DF	36,5	24	11,3	3 x2 x1
KS-Block- und Hohlblocksteine [5]				
5 DF (115)	30	11,5	23,8	2 1/2 x1 x2
6 DF (115)	36,5	11,5	23,8	3 x1 x2
8 DF (115)	49	11,5	23,8	4 x1 x2
7,5 DF (175)	30	17,5	23,8	2 1/2 x1 1/2 x2
9 DF (175)	36,5	17,5	23,8	3 x1 1/2 x2
12 DF (175)	49	17,5	23,8	4 x1 1/2 x2
10 DF (240)	30	24	23,8	2 1/2 x2 x2
12 DF (240)	36,5	24	23,8	3 x2 x2
16 DF (240)	49	24	23,8	4 x2 x2
10 DF (300)	24	30	23,8	2 x2 1/2 x2
20 DF (300)	49	30	23,8	4 x2 1/2 x2
12 DF (365)	24	36,5	23,8	2 x3 x2
24 DF (365)	49	36,5	23,8	4 x3 x2
KS-Bauplatten KS-P 7	49,8	7	24,8	
KS-Planelemente				
KS-PE (115)	100	11,5	49,8	8 x1 x4
KS-PE (175)	100	17,5	49,8	8 x1 1/2 x4
KS-PE (240)	100	24	49,8	8 x2 x4
KS-PE (300)	100	30	49,8	8 x2 1/2 x4

1) Das Steinformat wird als Vielfaches vom Dünnformat angegeben. Bei Block- und Hohlblocksteinen mit Mörteltasche ist die gewünschte Wanddicke in mm hinter das Format-Kurzzeichen zu schreiben, z.B. 10 DF (240) für eine Wanddicke von 24 cm.

2) Als Breite sollte immer das Steinmaß angegeben werden, welches die Wanddicke bestimmt.

3) Bei Steinen mit Mörteltaschen kann das Steinmaß in Wandrichtung um 8 mm größer als das in der Tabelle angegebene sein.

4) Die „am"(Achtelmeter)-Maße ergeben sich aus den Steinmaßen durch Hinzuzählen der Fugendicken. Z.B. misst ein 16 DF in mm: 490 x 240 x 238 in cm: 49 x 24 x 23,8 in cm mit Fugen: 50 x 25 x 25 in m mit Fugen: 4/8 x 2/8 x 2/8 in am (Achtel-m): 4 x 2 x 2 Das Produkt der „am"-Maße ergibt das jeweilige Vielfache vom Dünnformat: 4 x 2 x 2 = 16 DF.

5) KS-Blöcke mit rationeller Stoßfugenverzahnung für unvermörtelte Stoßfugen werden „Ratioblöcke" genannt und führen im Kurzzeichen, z.B.: KS-R oder KS L-R.

Tabelle 7.79
Steinformate und Abmessungen (Beispiele)

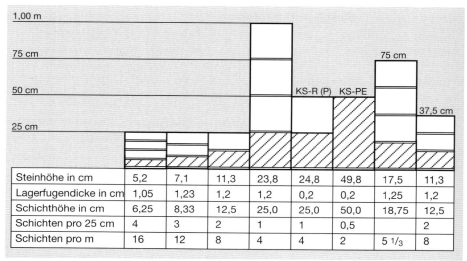

Steinhöhe in cm	5,2	7,1	11,3	23,8	24,8	49,8	17,5	11,3
Lagerfugendicke in cm	1,05	1,23	1,2	1,2	0,2	0,2	1,25	1,2
Schichthöhe in cm	6,25	8,33	12,5	25,0	25,0	50,0	18,75	12,5
Schichten pro 25 cm	4	3	2	1	1	0,5		2
Schichten pro m	16	12	8	4	4	2	5 1/3	8

Abbildung 7.43
Gegenseitige Abhängigkeit der Steinhöhen

Tabelle 7.80
Zulässige Maßabweichungen

Zulässige Maß-abweichungen an 6 geprüften KS-Steinen	KS-Hinter-mauer-steine	KS-Vor-mauer-steine	KS-Ver-blen-der
Einzelwerte	± 3	± 3	± 2
Mittelwerte	± 2	± 2	± 1
Ausnahmen			
Höhenmaß bei Steinen ≥2 DF			
Einzelwerte	± 4	± 4	–
Mittelwerte	± 3	± 3	–
Bei Steinen mit strukturierter(n) Ober-fläche(n)*) senkrecht zu dieser(n)			
Einzelwerte	–	– 5	– 5
Mittelwerte	–	– 4	– 4

*) KS-Struktursteine haben eine gebrochene oder bossierte Sichtfläche, sie dürfen bis zu 5 mm schmaler als das Sollmaß sein. Sie werden mit regional unterschiedlichen Bezeichnungen und Abmessungen im Markt gehandelt, deshalb entsprechendem Lieferprogramm entnehmen.

7.5.2.3   Steinmaße

Beispiele für die Abmessungen der verschiedenen Steinformate enthält die *Tabelle 7.79*. Die Maße aller hergestellten KS-Mauersteine entsprechen der DIN 4172 „Maßordnung im Hochbau".

In der *Abbildung 7.43* ist die gegenseitige Abhängigkeit der Steinhöhenmaße von Kalksandsteinen nach DIN 106 bei der Vermauerung nach DIN 1053, Teil 1, dargestellt. Ergänzungswerte mit abweichenden Maßen, z. B. für Ergänzungssteine, sind zulässig, wenn sie DIN 4172 entsprechen. Für die meistgebräuchlichen Formatkombinationen gibt es Kurzzeichen; sie werden als Vielfaches vom Dünnformat angegeben. Hinter dem Kurzzeichen ist, soweit es sich um Steine für Einsteinmauerwerk (Steinbreite = Wanddicke) handelt, die gewünschte

Wanddicke anzugeben. Wegen der fertigungsbedingten hohen Maßgenauigkeit von KS-Steinen können die zulässigen Maßtoleranzen sehr niedrig angesetzt werden. Die zulässigen Abweichungen sind in der *Tabelle 7.80* zusammengestellt.

Bei Plansteinen (unter anderem KS-R(P), KS L-R(P), KS-PE) sind die zulässigen Maßabweichungen für den Mittelwert auf ±1 mm festgelegt.

7.5.2.4 *Stein-Rohdichte, Druckfestigkeit*

Die einzelnen KS-Arten werden nach Rohdichte- (siehe *Tabelle 7.81*) und Festigkeitsklassen (siehe *Tabelle 7.82*) unterteilt.

Vollsteine gehören meist den Rohdichte-Klassen 1,6 bis 2,0 an, Lochsteine den Klassen 1,2 bis 1,4. Hohlblocksteine werden in der Regel in den Klassen 1,0 bis 1,4

					auch als Vm und Vb						
Rohdichte-klasse	0,6	0,7	0,8	0,9	1,0	1,2	1,4	1,6	1,8	2,0	2,2
Mittelwerte [kg/dm³] (Klassen-grenzen)	0,51 bis 0,60	0,61 bis 0,70	0,71 bis 0,80	0,81 bis 0,90	0,91 bis 1,00	1,01 bis 1,20	1,21 bis 1,40	1,41 bis 1,60	1,61 bis 1,80	1,81 bis 2,00	2,01 bis 2,20
Kenn-zeich-nung	ja	ja	ja	ja	ja*	ja	nur bei Voll-steinen	nein	nur bei Block- und Hohl-blocksteinen		nur bei Voll-steinen

* Bei KS nach DIN 106, Teil 2 ist bei den Vollsteinen der Rohdichteklasse 1,0 eine Kennzeichnung nicht erforderlich.

Tabelle 7.81
Rohdichteklassen

Tabelle 7.82
Druckfestigkeitsklassen

				als Vm	als Vb				
Steindruckfestig-keitsklasse	4	6	8	12	20	28	36	48	60
Mittelwerte der Druck-festigkeit [N/mm²]	5,0	7,5	10,0	15,0	25,0	35,0	45,0	60,0	75,0
Farbkennzeichnung:	blau	rot		ohne	gelb	braun	violett	2 schwarze Streifen	3 schwarze Streifen

geliefert. KS-Vormauersteine und KS-Verblender werden nur in den Rohdichteklassen ≥ 1,0 hergestellt. KS-Vormauersteine müssen mindestens der Festigkeitsklasse 12, KS-Verblender mindestens der Festigkeitsklasse 20 angehören.

7.5.2.5   Bezeichnung, Kennzeichnung

Kalksandsteine werden nach Angabe der DIN-Nummer in Verbindung mit den Buchstaben KS durch Kurzzeichen, Angabe von Druckfestigkeits- und Rohdichteklasse sowie Formatkennzeichen bezeichnet. Bei Block- und Hohlblocksteinen ≥ 8 DF ist bei der Bestellung die gewünschte Mauerwerksdicke hinter das Formatkurzzeichen zu setzen (siehe *Tabelle 7.83*).

KS-Vollsteine	KS–12–1,8–2 DF
KS-Lochsteine	KS L–12–1,2–3 DF
KS-Ratio-Steine	KS–R–12–1,8–10 DF (240) KS L–R–12–1,2–12 DF (240)
KS-Ratio-Plansteine	KS–R (P)–12–1,8–10 DF (240) KS L–R (P)–12–1,2–12 DF (240)
KS-Vormauerstein	KS VmL–12–1,2–3 DF
KS-Verblender	KS Vb–20–1,8–DF KS VbL–20–1,4–2 DF

Tabelle 7.83
KS-Steine
Bezeichnung
(Beispiele)

Die Kennzeichnung von Kalksandsteinen erfolgt mindestens an jedem 200. Stein auf einer Stirn- oder Läuferfläche durch Stempelung, Farbmarkierung oder durch Beschriftung der Verpackung in der Reihenfolge Werkkennzeichen/Druckfestigkeitsklasse/Rohdichteklasse. Nicht gekennzeichnet zu werden braucht die Druckfestigkeitsklasse 12 und die Rohdichteklasse 1,6. Werden KS-Steine paketiert, sind alle Rohdichte- und Druckfestigkeitsklassen zu kennzeichnen.

7.5.2.6   Verarbeitungshinweise

Bei der Erstellung von Sichtmauerwerk ist darauf zu achten, dass die Steine eine kantensaubere Kopf- und Läuferseite besitzen. KS-Mauerwerk kann meist unverputzt bleiben, weil es wegen der hohen Maßgenauigkeit der KS-Steine sehr ebenflächig ist. Ein wichtiges Einsatzgebiet für Kalksandsteine ist der Kellerbau. Der KS ist hell und freundlich in der Farbe, an den Kanten exakt ausgebildet.

Kalksandsteine sind ausblühungsfrei!

Kalksandsteine sind empfindlich gegen Säuren – daher möglichst nicht in chemischen Betrieben und für Fundamente in aggressiven Grundwässern – und mechanische Beschädigung. Beim Mauern sollte darauf geachtet werden, dass die Sichtflächen der

Steine nicht mit Mörtel oder Mörtelwasser verschmutzt werden, da die Steine durch absäuern nicht wieder gereinigt werden können; schützen, z. B. durch Folienabdeckungen während der Bauarbeiten.

KS-Verblender und KS-Struktursteine sind ohne Anstriche und Imprägnierungen frost- und witterungsbeständig. Deckende Anstriche und farblose Imprägnierungen haben – neben einer ästhetischen Wirkung – die Aufgabe, die Feuchtigkeitsaufnahme von Sichtmauerwerk bei Schlagregen zu vermindern und einer stärkeren Verschmutzung entgegenzuwirken. Sie sind nicht in der Lage, Konstruktions- und Ausführungsmängel zu überdecken. Imprägnierungen sind nur sinnvoll, wenn keine deutlich sichtbaren Risse vorhanden und möglichst auch später nicht zu erwarten sind, z. B. durch Schwinden oder Setzen des Mauerwerks. Es sind verschiedene Systeme geeignet, für die der Hersteller jedoch folgende Eigenschaften garantieren sollte:

- ○ hohe Haftfestigkeit auf dem Untergrund
- ○ hohe Wasserdampfdurchlässigkeit, $s_d \leq 0,4$ m
- ○ geringe Wasserdurchlässigkeit
- ○ Alterungs- und UV-Beständigkeit
- ○ Beständigkeit gegen hohe Basizität (z. B. pH-Wert von 12,5 bei Mörtelwasser)
- ○ Widerstandsfähigkeit gegen Pilz- und Algenbefall

Eine farblose Imprägnierung sollte kurzfristig, d. h. ca. 4 Wochen nach Fertigstellung des Bauteils aufgebracht werden. Der Untergrund muss „handtrocken" und genügend saugfähig sein, die Eindringtiefe soll 3 mm betragen. Geeignet sind Kieselsäure-, Siliconharz-, Silan- und Siloxan-Imprägnierungen. Deckende Anstriche sollten frühestens 3 Monate nach Fertigstellung des Bauteils aufgebracht werden, wenn das Mauerwerk genügend ausgetrocknet ist. Anstriche mit hydrophoben Grundierungen haben sich in der Praxis besonders gut bewährt. Vorzugsweise sollten Silicatanstriche (wasserabweisend eingestellt) verwendet werden. Folgende Mittel sind geeignet: Dispersions-Silicatfarben, Siliconharz-Emulsionsfarben, Kunststoff-Dispersionsfarben, Siloxanfarben.

KS-Mauerwerk ist ein bewährter Putzgrund, sowohl innen als auch außen. Die planebenen KS-Flächen erfordern nur geringe Putzdicken. Allgemein ist festzustellen, dass Kalksandsteine stark saugfähig sind. Vor dem Putzen sollte daher ausreichend vorgenässt werden, besonders bei warmem und trockenem Wetter. Das Anbringen eines Zementspritzbewurfs im Mischungsverhältnis 1 : 3 zur Sicherung ausreichender Haftung ist um so mehr zu empfehlen, je größer die Steine und je voller die Fugen sind. (Zu empfehlen ist ein Auskratzen der Fugen.) Der Spritzbewurf muss warzenförmig über die Gesamtfläche verteilt sein, um eine ausreichende Oberflächenvergrößerung und somit eine gute Putzhaftung zu erzielen; Unterputz kann nach ca. 12 Stunden aufgebracht werden. Beim Vorspritzen in geschlossener, etwa 3 bis 5 mm dicker Lage, wie es in Süddeutschland üblich ist, muss mit dem Aufbringen des Putzes gewartet werden, bis der Vorspritzmörtel gerissen ist, sich also entspannt hat; das kann unter Umständen mehrere Wochen bis Monate dauern.

7.5.3   Hüttensteine

Hüttensteine gemäß DIN 398 werden aus Hütten- bzw. Schlackensand, einer durch Wasser- oder Luftstrahl schnell gekühlten und dadurch granulierten, d. h. gekörnten Hochofenschlacke, unter Zugabe von Zement oder Baukalk hergestellt und nach der Formgebung durch Pressen an der Luft, unter Dampf oder kohlensäurehaltigen Abgasen gehärtet. Hüttensteine sind gekennzeichnet durch ein gleichmäßiges Feingefüge mit scharfkantigen Splitteilchen. In ihren Formen und Eigenschaften entsprechen sie in etwa den Kalksandsteinen. Die Wärmeleitfähigkeit ist jedoch bei gleicher Dichte geringer als bei Kalksandsteinen, weil bei den Hüttensteinen anstatt eines kristallinen Gefüges wie bei den Kalksandsteinen ein glasiges Gefüge vorliegt.

Hüttensteine werden als Hütten-Vollsteine (HSV) ungelocht und gelocht ($\leq$ 25 % der Lagerfläche), sowie als Hütten-Lochsteine (HSL) und als großformatige Hütten-Hohlblocksteine (HHbl) hergestellt. Wie bei Kalksandsteinen handelt es sich um fünfseitig geschlossene Steine (ausgenommen Griffschlitze).

Die DIN unterscheidet 6 Rohdichteklassen von 1,0 bis 2,0 sowie die Druckfestigkeitsklassen 7,5 bis 35. Hüttensteine werden in Druckfestigkeitsklassen geliefert wie in *Tabelle 7.84* aufgelistet.

Frostbeständigkeit wird gefordert von Hüttensteinen mit den Druckfestigkeiten 35 N/mm², 25 N/mm² und 15 N/mm², wenn diese als Vormauersteine (V) verwendet werden sollen.

Festigkeitsklasse (mittlere Druckfestigkeit [N/mm²])			
HSV	–	15	25	35
HSL	7,5	15	–	–
HHbl	7,5	15	–	–
Farbkennzeichen	rot	schwarz	weiß	braun

Tabelle 7.84 Druckfestigkeitsklassen von Hüttensteinen

7.5.4   Betonwaren und -Fertigteile

7.5.4.1   Betonbausteine

Einen Überblick über die gebräuchlichsten Mauer- und Wandbausteine aus Beton und deren wichtigste Daten gibt die *Tabelle 7.85*.

Zur Kennzeichnung der einzelnen Erzeugnisse werden folgende Kurzbezeichnungen verwendet:

Mauersteine aus Normalbeton		Bausteine aus Leichtbeton	
○ Vn	Vollsteine	○ V	Vollsteine
○ Vbn	Vollblöcke	○ Vbl	Vollblöcke
○ Hbn	Hohlblöcke	○ Hbl	Hohlblöcke
○ Tbn	T-Hohlblöcke	○ Wpl	Wandbauplatten
○ Vm	Vormauersteine	○ Hpl	Hohlwandplatten
○ Vmb	Vormauerblöcke		

Bei Betonsteinen handelt es sich in der Regel um Beton mit vorwiegend geschlossenem oder haufwerksporigen Gefüge, der aus Zuschlägen gemäß DIN 4226, Teil 1 oder Teil 2 und hydraulischem Bindemittel, in der Regel Zement nach DIN EN 197-1, in Betonsteinwerken hergestellt wird. Die industriellen Herstellungsverfahren bewirken eine sehr hohe Maßhaltigkeit und Gleichmäßigkeit der Außenabmessungen, so dass die zulässigen Abweichungen von den Sollwerten relativ gering sind.

Für die Beurteilung der Eignung eines Mauersteins sind vor allem seine Rohdichte – sie bestimmt vor allem dessen bauphysikalische Eigenschaften wie Wärme- und Schalldämmung – und seine Festigkeit ausschlaggebend. Die Betonsteinbausteine werden deshalb sowohl in Rohdichteklassen als auch in Festigkeitsklassen unterteilt. Die Festigkeitsangabe bezieht sich auf die Mindestdruckfestigkeit im Alter von 28 Tagen. Frostbeständigkeit wird bis auf Vormauersteine und Vormauerblöcke aus Normalbeton im allgemeinen nicht erwartet.

Mauersteine aus Beton haben die Form eines von Rechtecken begrenzten Körpers, wobei die Stirnseiten ebenflächig, mit Aussparungen (Stirnseitennuten) und/oder mit Nut- und Federausbildung versehen sein können. Bei Vmb sind Nut- und Federausbildungen an den Stirnseiten unzulässig. Bei Hbn, Vbn und Vmb sind Griffhilfen, bei Vn und Vm durchgehende Grifflöcher zulässig.

Eine Verringerung der Rohdichte erreicht man durch
○ Verwendung von Zuschlägen hoher Kornporigkeit wie Naturbims, Hüttenbims, Steinkohlenschlacke, Tuff, gebrochene porige Lavaschlacke, Blähton, Blähschiefer und porig gesinterte Flugaschen.
○ Ausbildung von Hohlkammern, Schlitzen und Löchern im Stein bei der Fertigung; Hohlkammern und Schlitze haben in der Regel einen rechteckigen Querschnitt, meist mit ausgerundeten Ecken; Löcher sind rund oder auch mit unregelmäßig eckigem Profil üblich.
○ gesteuerten Aufbau der Zuschläge (zum Beispiel ohne Feinanteil in Ausfallkörnung, Haufwerksporen im Beton).

Hohlblöcke aus Normalbeton (Hbn) sowie aus Leichtbeton (Hbl) sind großformatige fünfseitig geschlossene Mauersteine mit Kammern senkrecht zur Lagerfläche. Die Kammern der Steine müssen gleichmäßig verteilt angeordnet sein. Nach der Anzahl der Luftkammern in Steinbreiterichtung (Wanddickerichtung) werden die Hohlblocksteine mit 1 K bis 6 K bezeichnet. Die Zahl der Kammern, die nebeneinander liegen und durch die Steinbreite bestimmt werden, führt zu Bezeichnungen wie *Einkammerstein*

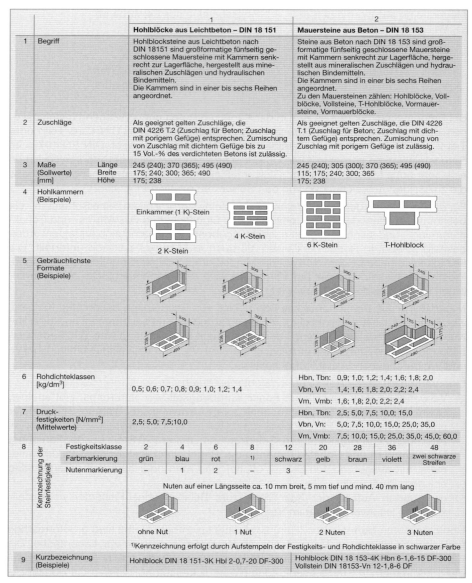

		1 Hohlblöcke aus Leichtbeton – DIN 18 151	2 Mauersteine aus Beton – DIN 18 153
1	Begriff	Hohlblocksteine aus Leichtbeton nach DIN 18151 sind großformatige fünfseitig geschlossene Mauersteine mit Kammern senkrecht zur Lagerfläche, hergestellt aus mineralischen Zuschlägen und hydraulischen Bindemitteln. Die Kammern sind in einer bis sechs Reihen angeordnet.	Steine aus Beton nach DIN 18 153 sind großformatige fünfseitig geschlossene Mauersteine mit Kammern senkrecht zur Lagerfläche, hergestellt aus mineralischen Zuschlägen und hydraulischen Bindemitteln. Die Kammern sind in einer bis sechs Reihen angeordnet. Zu den Mauersteinen zählen: Hohlblöcke, Vollblöcke, Vollsteine, T-Hohlblöcke, Vormauersteine, Vormauerblöcke.
2	Zuschläge	Als geeignet gelten Zuschläge, die DIN 4226 T.2 (Zuschlag für Beton; Zuschlag mit porigem Gefüge) entsprechen. Zumischung von Zuschlag mit dichtem Gefüge bis zu 15 Vol.-% des verdichteten Betons ist zulässig.	Als geeignet gelten Zuschläge, die DIN 4226 T.1 (Zuschlag für Beton; Zuschlag mit dichtem Gefüge) entsprechen. Zumischung von Zuschlag mit porigem Gefüge ist zulässig.
3	Maße (Sollwerte) [mm] Länge Breite Höhe	245 (240); 370 (365); 495 (490) 175; 240; 300; 365; 490 175; 238	245 (240); 305 (300); 370 (365); 495 (490) 115; 175; 240; 300; 365 175; 238
4	Hohlkammern (Beispiele)	Einkammer (1 K)-Stein 2 K-Stein 4 K-Stein	6 K-Stein T-Hohlblock
5	Gebräuchlichste Formate (Beispiele)		
6	Rohdichteklassen [kg/dm³]	0,5; 0,6; 0,7; 0,8; 0,9; 1,0; 1,2; 1,4	Hbn, Tbn: 0,9; 1,0; 1,2; 1,4; 1,6; 1,8; 2,0 Vbn, Vn: 1,4; 1,6; 1,8; 2,0; 2,2; 2,4 Vm, Vmb: 1,6; 1,8; 2,0; 2,2; 2,4
7	Druckfestigkeiten [N/mm²] (Mittelwerte)	2,5; 5,0; 7,5;10,0	Hbn, Tbn: 2,5; 5,0; 7,5; 10,0; 15,0 Vbn, Vn: 5,0; 7,5; 10,0; 15,0; 25,0; 35,0 Vm, Vmb: 7,5; 10,0; 15,0; 25,0; 35,0; 45,0; 60,0

8	Kennzeichnung der Steinfestigkeit										
	Festigkeitsklasse	2	4	6	8	12	20	28	36	48	
	Farbmarkierung	grün	blau	rot	1)	schwarz	gelb	braun	violett	zwei schwarze Streifen	
	Nutenmarkierung	–	1	2	–	3	–	–	–	–	

Nuten auf einer Längsseite ca. 10 mm breit, 5 mm tief und mind. 40 mm lang

ohne Nut   1 Nut   2 Nuten   3 Nuten

1)Kennzeichnung erfolgt durch Aufstempeln der Festigkeits- und Rohdichteklasse in schwarzer Farbe

| 9 | Kurzbezeichnung (Beispiele) | Hohlblock DIN 18 151-3K Hbl 2-0,7-20 DF-300 | Hohlblock DIN 18 153-4K Hbn 6-1,6-15 DF-300
Vollstein DIN 18153-Vn 12-1,8-6 DF |

Tabelle 7.85
Angebot an genormten Beton-Bausteinen [7.46]

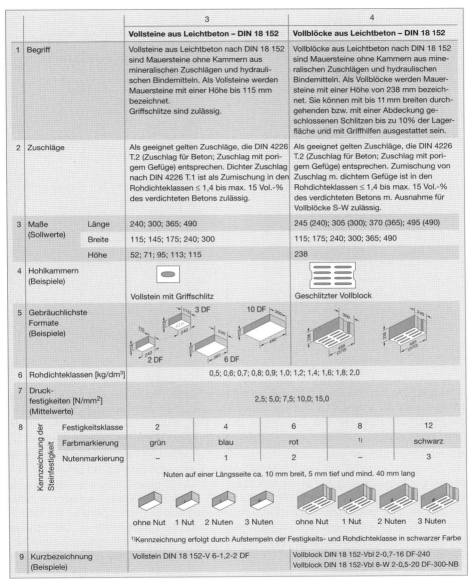

		3	4
		Vollsteine aus Leichtbeton – DIN 18 152	**Vollblöcke aus Leichtbeton – DIN 18 152**
1	Begriff	Vollsteine aus Leichtbeton nach DIN 18 152 sind Mauersteine ohne Kammern aus mineralischen Zuschlägen und hydraulischen Bindemitteln. Als Vollsteine werden Mauersteine mit einer Höhe bis 115 mm bezeichnet. Griffschlitze sind zulässig.	Vollblöcke aus Leichtbeton nach DIN 18 152 sind Mauersteine ohne Kammern aus mineralischen Zuschlägen und hydraulischen Bindemitteln. Als Vollblöcke werden Mauersteine mit einer Höhe von 238 mm bezeichnet. Sie können mit bis 11 mm breiten durchgehenden bzw. mit einer Abdeckung geschlossenen Schlitzen bis zu 10% der Lagerfläche und mit Griffhilfen ausgestattet sein.
2	Zuschläge	Als geeignet gelten Zuschläge, die DIN 4226 T.2 (Zuschlag für Beton; Zuschlag mit porigem Gefüge) entsprechen. Dichter Zuschlag nach DIN 4226 T.1 ist als Zumischung in den Rohdichteklassen $\leq$ 1,4 bis max. 15 Vol.-% des verdichteten Betons zulässig.	Als geeignet gelten Zuschläge, die DIN 4226 T.2 (Zuschlag für Beton; Zuschlag mit porigem Gefüge) entsprechen. Zumischung von Zuschlag m. dichtem Gefüge ist in den Rohdichteklassen $\leq$ 1,4 bis max. 15 Vol.-% des verdichteten Betons m. Ausnahme für Vollblöcke S-W zulässig.
3	Maße (Sollwerte) Länge		240; 300; 365; 490	245 (240); 305 (300); 370 (365); 495 (490)
	Breite	115; 145; 175; 240; 300	115; 175; 240; 300; 365; 490
	Höhe	52; 71; 95; 113; 115	238
4	Hohlkammern (Beispiele)	Vollstein mit Griffschlitz	Geschlitzter Vollblock
5	Gebräuchlichste Formate (Beispiele)	3 DF / 10 DF / 2 DF / 6 DF	
6	Rohdichteklassen [kg/dm³]	0,5; 0,6; 0,7; 0,8; 0,9; 1,0; 1,2; 1,4; 1,6; 1,8; 2,0	
7	Druckfestigkeiten [N/mm²] (Mittelwerte)	2,5; 5,0; 7,5; 10,0; 15,0	

8	Kennzeichnung der Steinfestigkeit	Festigkeitsklasse	2	4	6	8	12
		Farbmarkierung	grün	blau	rot	1)	schwarz
		Nutenmarkierung	–	1	2	–	3

Nuten auf einer Längsseite ca. 10 mm breit, 5 mm tief und mind. 40 mm lang

ohne Nut   1 Nut   2 Nuten   3 Nuten   ohne Nut   1 Nut   2 Nuten   3 Nuten

1)Kennzeichnung erfolgt durch Aufstempeln der Festigkeits- und Rohdichteklasse in schwarzer Farbe

| 9 | Kurzbezeichnung (Beispiele) | Vollstein DIN 18 152-V 6-1,2-2 DF | Vollblock DIN 18 152-Vbl 2-0,7-16 DF-240 Vollblock DIN 18 152-Vbl 8-W 2-0,5-20 DF-300-NB |

Tabelle 7.85 (Fortsetzung)
Angebot an genormten Beton-Bausteinen [7.46]

			5	6
			Hohlwandplatten aus Leichtbeton – **DIN 18 148**	**Wandbauplatten aus Leichtbeton –** **DIN 18 162**
1	Begriff		Hohlwandplatten aus Leichtbeton nach DIN 18 148 sind fünfseitig geschlossene Mauersteine mit Kammern senkrecht zur Lagerfläche, hergestellt aus mineralischen Zuschlägen und hydraulischen Bindemitteln. Die Kammern sind parallel zur Längsseite in einer Reihe angeordnet.	Wandbauplatten aus Leichtbeton nach DIN 18 162 sind Bauplatten ohne Hohlräume, hergestellt aus minderalischen Zuschlägen und hydraulischen Bindemitteln.
2	Zuschlag		Als geeignet gelten Zuschläge, die DIN 4226 Teil 2 (Zuschlag für Beton; Zuschlag mit porigem Gefüge) entsprechen. Zumischung von Zuschlag mit dichtem Gefüge nach DIN 4226 Teil 1 ist zulässig; abweichend sind abschlämmbare Anteile auf max. 7 M.-%, brennbare Anteile auf max. 20 M.-% zu begrenzen.	
3	Maße [mm]	Länge	490	990; 490
		Breite (Dicke)	100; 115	50; 60; 70; 100
		Höhe	175; 238	240; 320
4	Rohdichteklassen [kg/dm³]		0,6; 0,7; 0,8; 0,9; 1,0; 1,2; 1,4	0,8; 0,9; 1,0; 1,2; 1,4
5	Festigkeiten [N/mm²]	Mittelwert ≥	Druckfestigkeit 2,5	Biegezugfestigkeit 1,0
		Einzelwert ≥	2,0	0,8
		Bezeichnung	Hpl	Wpl
6	Kurzbezeichnung (Beispiele)		Rohdichteklasse/Format/Norm: z.B. Hohlwandplatte Hpl–0,8–11,5 DIN 18 148	Rohdichteklasse/Format/Norm/ Plattenlänge: z.B. Wandbauplatte Wpl–0,9–6–990 DIN 18 162

Tabelle 7.85 (Fortsetzung)
Angebot an genormten Beton-Bausteinen [7.46]

(1 K) oder *Vierkammerstein* (4 K) und so weiter. Die kleinste Stegbreite ist 30 mm, die Mindestzahl der inneren Querstege hängt von der Steinbreite ab. Die inneren Querstege von 370 mm und 495 mm langen Drei-, Vier-, Fünf- und Sechskammer-Hohlblöcken sind gegeneinander zu versetzen, damit keine Wärmebrücken entstehen.

Bei Hohlblocksteinen aus Leichtbeton beträgt der Anteil an Hohlräumen im Stein im Durchschnitt 68 bis 72 Vol.-%, bei Hohlblocksteinen aus Beton ca. 60 bis 65 Vol.-%. Neben der Verringerung des Steingewichts wird dadurch gleichzeitig eine bemerkenswerte Verbesserung der Wärmedämmung erzielt. In ähnlicher Weise versucht man bei Vollsteinen aus Leichtbeton (Vbl) durch Anordnung von Schlitzen parallel zur Wandoberfläche eine weiter verbesserte Wärmedämmung zu erzielen (Vbl-S). Die Schlitze dürfen von Lagerfläche zu Lagerfläche durchgehend beziehungsweise mit einer Abdeckung abgeschlossen sein und müssen mit gleichem Abstand gleichmäßig über den Querschnitt verteilt sein.

Leichtbeton-Vollblöcke nach DIN 18 152 der Rohdichteklassen 0,5 bis 0,8 aus Bimsbeton oder Blähtonbeton ohne andere Zuschlaganteile, die mit Schlitzen ausgestattet sind, weisen besondere Wärmedämmeigenschaften auf; sie werden als „Vollblöcke S-W" (Vbl S-W) bezeichnet; sie sind stets nach dem verwendeten Zuschlag zu benennen. Für sie gelten dann besonders niedrige Rechenwerte der Wärmeleitfähigkeit. Die Schlitze von Vbl S-W müssen stets mit einer Abdeckung geschlossen sein.

Den größten Marktanteil weisen Leichtbetonsteine auf, die eine gute Wärmedämmung mit einer für viele tragende Bauteile ausreichenden Festigkeit verbinden. Hierzu zählen insbesondere die weit verbreiteten Hohlblock- und Vollsteine aus Naturbims und Blähton. Mit Nenndruckfestigkeiten zwischen 2,0 und 6,0 N/mm², die für die Errichtung von ein- bis mehrgeschossigen, tragenden Wänden geeignet sind, können bei Wärmeleitfähigkeiten zwischen 0,15 und 0,40 W/(m · K) Wände üblicher Dicke mit ausreichender Wärmedämmung für alle Wärmeschutzgebiete erstellt werden. Die Eigenschaften der verschiedenen Leichtbetonsteine sind in der *Tabelle 7.86* zusammengestellt.

		V 2	V 4	V 6	Vbl 2 S-W	Vbl 4 S-W	Hbl 2	Hbl 4	Hbl 6
Kleinster Einzelwert der Druckfestigkeit	[N/mm²]	2,0	4,0	6,0	2,0	4,0	2,0	4,0	6,0
Mittelwert der Druckfestigkeit	[N/mm²]	2,5	5,0	7,5	2,5	5,0	2,5	5,0	7,5
Steinrohdichte	[kg/dm³]	0,7 bis 1,2	0,8 bis 1,4	1,0 bis 1,8	0,5 bis 0,7	0,7 bis 0,8	0,5 bis 1,2	0,8 bis 1,4	1,0 bis 1,4
Wärmeleit-fähigkeiten	[W/(m·K)]	0,31 bis 0,54	0,34 bis 0,63	0,40 bis 0,87	0,15 bis 0,27	0,20 bis 0,31	0,23 bis 0,76	0,33 bis 0,90	0,43 bis 0,90

Tabelle 7.86
Eigenschaften von Leichtbetonbausteinen

Die Angaben für die Wärmleitfähigkeit von Mauerwerk aus Leichtbetonbausteinen in der Tabelle 7.86 sind DIN 4108, Teil 4 *„Wärmeschutz im Hochbau; wärme- und feuchteschutztechnische Kennwerte"* entnommen.

Benennung und Kennzeichnung

Hohlblöcke werden bezeichnet nach DIN-Nummer, Anzahl der Kammerreihen, Kurzzeichen der Steinart, Festigkeits- und Rohdichteklasse sowie durch das Format-Kurzzeichen.

Vollsteine, Vollblöcke, Vormauersteine und *Vormauerblöcke* werden bezeichnet nach DIN-Nummer, Kurzzeichen der Steinart, Steinfestigkeits- und Rohdichteklasse sowie durch das Format-Kurzzeichen, bei Leichtbetonsteinen gegebenenfalls zusätzlich durch das Kurzzeichen für die verwendete Zuschlagart.

Bei Mauersteinen mit Außenmaßen, die nicht DIN 4172 entsprechen, sind anstelle des Format-Kurzzeichens die Maße (Länge x Breite x Höhe) einzusetzen, falls unterschiedliche Breiten bei gleichem Format-Kurzzeichen möglich sind, zusätzlich mit der Breite des Steines.

Hohlwand- und Wandbauplatten aus Leichtbeton werden bezeichnet durch Angabe der Plattenart, DIN–Nummer, Kurzzeichen der Plattenart, Plattenrohdichte, Formatkurzzeichen (nach den Abmessungen der Wandbauplatten festgelegt) und Plattenlänge.

Jede Liefereinheit (zum Beispiel Steinpaket) oder mindestens jeder 50. Stein – ausgenommen die Festigkeitsklasse 2 – ist gemäß *Tabelle 7.85* auf einer Längsseite durch Nuten (10 mm breit, 5 mm tief und mindestens 40 mm lang) oder durch eine Farbmarkierung auf der Längs- oder Stirnseite zu kennzeichnen. Dazu treten Angabe der Rohdichteklasse, Format und ein Kennzeichen des Herstellerwerks und gegebenenfalls ein Kurzzeichen für die Zuschlagart. Bei den Platten ist mindestens jede 50. Platte mit einem Herstellerzeichen zu versehen.

Verwendung

Betonbausteine werden überwiegend für einschaliges Außen- und Innenmauerwerk in tragenden, aussteifenden oder nichttragenden Wänden eingesetzt: dabei entspricht die Steinbreite gewöhnlich der Wanddicke.

Bei der Erstellung von Mauerwerks-Wänden aus Leichtbetonsteinen wird eine weitere Verbesserung des Wärmeschutzes erzielt durch den Einsatz von wärmedämmendem Leichtmauermörtel [in der Regel um 0,06 W/(m · K)]. Dadurch werden in den Fugen die sogenannten Kälte- oder Wärmebrücken von gewöhnlichem Mörtel vermieden.

Hohlblocksteine und T-Hohlsteine aus Beton gemäß DIN 18 153 sind insbesondere für Mauerwerk geeignet, an das bezüglich des Wärmeschutzes keine Anforderungen gestellt werden, zum Beispiel Kellermauerwerk. Bei Verwendung von T-Steinen fallen durchgehende Stoßfugen im Mauerwerk weg.

Bei den T-Hohlsteinen darf die Steinrohdichte maximal 1,6 kg/dm^3 betragen, das Gewicht der Steine darf 30 kg nicht überschreiten. Sie werden in den Druckfestigkeitsklassen Tbn 4 und Tbn 6 geliefert.

Neben diesen genormten Betonbausteinen bietet der Markt eine Vielzahl weiterer Arten an, für die bauaufsichtliche Zulassungen erteilt sind. Zu nennen sind hier insbesondere Steine mit integrierter Wärmedämmung sowie Steine, deren Hohlräume mit Mörtel oder Beton ausgegossen werden können, so dass sie zusätzliche Tragfunktionen übernehmen können.

7.5.4.2 Deckensteine

Deckensteine oder Deckenhohlkörper aus Leichtbeton werden nach DIN 4158 als Zwischenbauteile in unterschiedlichsten Formen und Abmessungen (ähnlich Deckenziegel, s. Kapitel 5.3) aus Beton für Stahlbeton- und Spannbetondecken hergestellt. Die DIN 4158 gilt für Zwischenbauteile aus Normal- und Leichtbeton, die

○ als statisch nicht mitwirkend für Balken- und Rippendecken
○ als statisch mitwirkend für Rippendecken mit Rippen aus Ortbeton oder mit teilweise vorgefertigten Stahlbetonrippen

verwendet werden. Vergleiche auch Kapitel 5.3 Deckenziegel.

7.5.4.3 Dachsteine

Betondachsteine nach DIN EN 490 werden aus Quarzsand und Normzement im Strangpressverfahren ohne Kopffalz hergestellt. Die Aushärtung der durch Presswalzen verdichteten Rohlinge erfolgt durch Sattdampfhärtung in temperaturgesteuerten Härtekammern. Das natürliche Zementgrau kann durch farbige Überzüge oder durchgehende Färbung abgewandelt werden, wobei nur zementechte Pigmente verwendet werden dürfen. Der Farbton darf sich im Laufe der Jahre nicht wesentlich verändern. Sie werden für Dachneigungen ≥ 20° eingesetzt.

Neben den kleinformatigen Beton-Dachsteinen mit Deckbreiten bis 200 mm werden in sehr bedeutendem Umfange auch großformatige Dachsteine mit 300 bis 400 mm Deckbreite hergestellt, von denen für 1 m² Dachfläche nur 9 bis 10 Steine benötigt werden. Je nach der Form unterscheidet man (siehe *Abbildung 7.44*):

○ ebene Formen wie: Tegalit, Biberdachstein
○ Konturformen wie: Frankfurter Pfanne, Römerpfanne, Doppel-S-Pfanne u. a.

Abbildung 7.44
Betondachsteine (Beispiele)

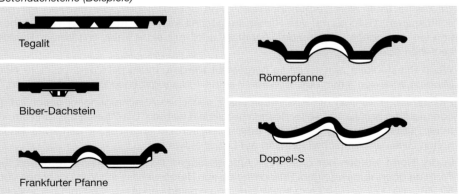

Tegalit

Biber-Dachstein

Frankfurter Pfanne

Römerpfanne

Doppel-S

7.5.4.4   Gehwegplatten, Pflastersteine, Bordsteine

Gehwegplatten, Pflastersteine und Bordsteine aus Beton werden aus Beton mit oder ohne Vorsatzbeton (*zweischichtig* bzw. *einschichtig*) hergestellt aus mineralischen Zuschlägen gemäß DIN 4226, Teil 1 und Zement nach DIN EN 197-1 sowie gegebenenfalls Zusätzen, die die Frost-Tausalz-Widerstandsfähigkeit nicht nachteilig beeinflussen dürfen. Zusätze von zementechten Pigmenten zur farblichen Gestaltung, insbesondere der Nutzschicht sind möglich.

Durch Verwendung von gebrochenen, besonders harten Zuschlägen in dem Vorsatzbeton wird die Nutzfläche besonders rau, griffig und verschleißfest.

Gehwegplatten (DIN EN 1339)

Bei zweischichtig hergestellten Gehwegplatten muss der Vorsatzbeton eine Dicke von ≥ 10 mm aufweisen. Gehwegplatten müssen gegen Frost und Tausalz widerstandsfähig sein und eine Biegezugfestigkeit von ≥ 6 N/mm^2 im Mittel aufweisen.

Sie werden vorzugsweise als quadratische Platten nach Vorzugsmaßen hergestellt (30 cm x 30 cm x 4 cm, 35 cm x 35 cm x 5 cm, 40 cm x 40 cm x 5 cm, 50 cm x 50 cm x 6 cm). Gehwegplatten mit anderen Formen und Maßen sind so zu bemessen, dass die den Vorzugsmaßen entsprechenden Bruchlasten erreicht werden.

Pflastersteine (DIN EN 1338)

Die Norm gilt für Pflastersteine und Ergänzungssteine aus Beton im Fußgänger- und Verkehrsbereich und auf Dächern, z.B. Fußwege, Fußgängerzonen, Radwege, Parkplätze, Straßen, Autobahnen, Industriebereiche (einschließlich Docks und Häfen), Rollbahnen auf Flughäfen, Busbahnhöfe und Tankstellen.

Bei regelmäßiger Verwendung von Spikereifen sind manchmal zusätzliche Anforderungen notwendig.

Nach der Form werden z. B. Quadrat-, Rechteck- und Sechseckpflastersteine sowie zahlreiche Arten von Verbundpflastersteinen unterschieden. Sie müssen mit geschlossenem Gefüge, frei von Rissen hergestellt sein. Die Kanten der Nutzflächen können gebrochen, abgerundet, ungefast oder mit einer Fase, mit einem Radius versehen oder abgeschrägt sein.

Wenn Pflasterstein zweischichtig hergestellt werden, muss die Vorsatzschicht eine Mindestdicke von 4 mm über den vom Hersteller angegebenen Bereich aufweisen.

Pflastersteine können mit Abstandshaltern, seitlichen Abschrägungen, geschlitzten oder nutartig profilierten Seitenflächen hergestellt werden. Die Oberfläche kann strukturiert, steinmetzmäßig bearbeitet oder chemisch behandelt sein, damit sie einen hohen Gleit- und Rutschwiderstand auf Dauer aufweist.

In der Norm werden nur qualitative Anforderungen festgelegt, keine Vorgaben für Formate oder Abmessungen. Pflastersteine aus Beton werden mit Vorzugshöhen von 60, 80, 100, 120 und 140 mm sowie einer maximalen Länge von 280 mm hergestellt.

Pflastersteine müssen gegen Frost und Tausalz widerstandsfähig sein (Klasse 3: Masseverlust nach Frost-Tausalzprüfung ≤ 1,0 M.-%) und eine charakteristische mittlere Spaltzugfestigkeit von ≥ 3,6 MPa aufweisen.

Von der Norm erfasst werden auch Pflastersteine, die auf Grund ihres Gefüges den Wasserdurchgang durch den Stein ermöglichen.

Bordsteine (DIN 483)

Genormte Betonbordsteine werden nach der Querschnittsform als Hochbord-, Tiefbord-, Rundbord- oder Flachbordstein bezeichnet. Kurvensteine für Außen- und Innenbogen von Straßenkurven haben die gleichen Querschnittsformen und -maße wie gerade Bordsteine und ermöglichen Kurvenradien von 0,5 bis 12,0 m; Übergangssteine sind Steine, deren Querschnittsform einen allmählichen Übergang vom Rundbord- auf den Hochbordstein ermöglicht. In Kombination mit nicht genormten Formaten und Absenksteinen lassen sich alle Bordrinnen und Randfeinfassungen herstellen. Die Dicke der Vorsatzbetonschicht an Tritt- und Anlaufflächen darf an keiner Stelle weniger als 10 mm betragen.

Betonbordsteine müssen gegen Frost und Tausalz widerstandsfähig sein und im Mittel eine Biegezugfestigkeit von ≥ 6 N/mm^2 aufweisen.

Betonbordsteine werden auf einem Betonunterbau versetzt.

7.5.5 Gipsbaustoffelemente

Die leichte Formbarkeit und die kurze Versteifungs- und Erhärtungszeit von gipsgebundenen Baustoffen stellen günstige Voraussetzungen für die Produktion von Bauteilen dar. Dazu kommt, dass die Festigkeiten, welche diese Bauelemente sowohl mit als auch ohne Zuschläge oder Füllstoffe erreichen, den Bedürfnissen der Praxis gut entsprechen.

Gipsbauplatten werden aus rasch versteifendem Gips (z. B. Stuckgips) hergestellt. Das Bindemittel wird dabei maschinell mit Wasser angemacht; dabei können gegebenenfalls besondere Zusätze zur Abbindezeitregulierung sowie zur Erzielung besonderer Platteneigenschaften (z. B. Porenbildner, Fasern usw.) zugemischt werden. Darauf wird die Masse einem Formgebungsprozess zugeführt und anschließend – meist künstlich – getrocknet. Der Trockenvorgang, bei dem das überschüssige Anmachwasser des Gipsbreis langsam aus dem Gipskern ausgetrieben wird, ist für die Qualität der Platten von ausschlaggebender Bedeutung. Beim Abbinden bildet sich dann eine chemisch dem natürlichen Gipsstein entsprechende feste Masse.

Gipsbauplatten dürfen – wie alle Gipsbaustoffe – einem länger währenden Angriff von Wasser nicht ausgesetzt werden, weil dadurch ihr Gefüge zerstört werden würde. Damit sind diese Bauelemente im wesentlichen der Verwendung im Innenausbau zugewiesen; beim Einsatz im Freien muss man sie durch geeignete Maßnahmen – Putz, Bekleidung, Anstrich oder ähnliches – gegen Wassereinwirkung schützen. Eine nachteilige Beeinflussung der Gipsbauplatten durch hohe Luftfeuchtigkeit tritt ebenso wenig ein wie eine Durchfeuchtung, solange diese Einwirkungen nur vorübergehend bestehen und die Gipsbauteile immer wieder die Gelegenheit haben, zu trocknen. Dauernder hoher Feuchtigkeit, wie sie etwa in gewerblichen Feuchträumen (Wäschereien, Flaschenabfüllräumen usw.) herrscht, sollten Gipsprodukte nicht ausgesetzt werden.

7.5.5.1   Arten der Gipsbauplatten

7.5.5.1.1   Gipskartonplatten

Gipskartonplatten nach DIN 18 180 sind werkmäßig als 1250 mm breites endloses Band gefertigte, danach auf gewünschte Länge und gegebenenfalls Breite geschnittene dünne Platten, deren Kern im wesentlichen aus Gips besteht und deren Flächen und Längskanten mit einem festhaftenden dem Verwendungszweck entsprechenden Karton ummantelt sind.

Die besonderen Merkmale der Gipskartonplatten sind:
○ geringes Gewicht
○ große Elastizität
○ gute Festigkeit
○ gute Wärmedämmung [Wärmeleitfähigkeit 0,21 W/(m·K)]
○ günstige Biegeweichheit
○ idealer Anstrichuntergrund
○ leicht zu bearbeiten durch Sägen, Schneiden, Fräsen, Bohren und durch Nageln, Schrauben und Leimen gut auf dem Untergrund zu befestigen.

Festigkeit und Elastizität sind parallel zur Kartonfaser höher als quer zur Faser.

Gipskartonplatten stehen dem Verbraucher in mehreren Plattenarten und Lieferformen, auf den jeweiligen Verwendungszweck abgestimmt, zur Verfügung.

7.5.5.1.1.1   Bandgefertigte Gipskartonplatten

Bandgefertigte Gipskartonplatten haben rechteckig geschlossene Flächen. Die Sichtflächen sind glatt (eben) und ohne Strukturflächen (d. h. ohne Erhebungen oder Vertiefungen). Die *Tabelle 7.*87 enthält Angaben über Maße und Gewichte der genormten bandgefertigten Plattenarten.

Die Längskanten sind kartonummantelt, die Querkanten sind maschinenschnittrau oder scharfkantig geschnitten und lassen den Gipskern sichtbar. In der *Abbildung 7.45* sind die üblichen Kantenausbildungen der Gipskartonplatten dargestellt.

Jede Gipskartonplatte ist auf der Rückseite in Längsrichtung des Platten- und des Kartonfaserverlaufs mit dem Firmen- oder Markennamen, der DIN-Nummer, dem Kurzzeichen der Plattenart sowie der Baustoffklasse nach DIN 4102, Teil 1 zu kenn-

Dicke	Regelbreite	Regellänge ± 10	Gewicht (flächenbezogene Masse) [kg/m²]			
[mm]	[mm]	[mm]	GKB	GKF	GKBI GKFI	GKP
9,5 ± 0,5		2000 2250 2500 2750	≤ 9,5	8 ... 10	–	–
12,5 ± 0,5		3000 3250 3500 3750 4000	≤ 12,5	10 ... 13	10 ... 13	–
15 ± 0,5	1250 ± 3	2000 2250 2500 2750 3000	≤ 15	13 ... 16	13 ... 16	–
18 ± 0,5		2000 2250 2500	≤ 18	15 ... 19	15 ... 19	–
25 ± 1,0	600 ± 5	2500 2750 3000 3250 3500	≤ 25	20 ... 26	–	–
9,5 ± 0,5	400 ± 3	1500 2000	–	–	–	≤ 9,5

Tabelle 7.87
Maße und Gewichte von bandgefertigten Gipskartonplatten

zeichnen, ferner mit dem Prüfzeichen gemäß Prüfbescheid des IfBT sowie einem Hinweis auf die fremdüberwachende Stelle.

Gipskarton-Bauplatten B (GKB)

dienen zum Befestigen auf flächiger Unterlage, zum Ansetzen als Wand-Trockenputz nach DIN 18 181 (Vorteil: keine Wandfeuchtigkeit) und zur Herstellung von Gipskarton-Verbundplatten nach DIN 18 184 (siehe Kapitel 7.5.5.1.4). Von 12,5 mm Dicke an bei baustellenmäßiger Verarbeitung auch für Wand- und Deckenbekleidungen auf Unter-

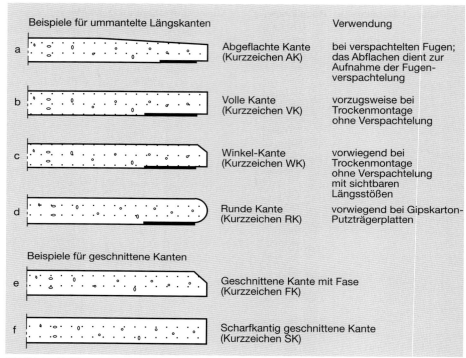

Abbildung 7.45
Kantenausbildung von Gipskartonplatten

konstruktion nach DIN 18 181, für leichte hängende Decken sowie für Montagewände nach DIN 18 183. Der Ansichtsseiten-Karton ist gelb-bräunlich; der kennzeichnende rückseitige Aufdruck hat blaue Farbe.

Gipskarton-Bauplatten B – imprägniert (GKBI)

besitzen infolge Vergütung von Gipskern und Karton eine verzögerte Wasseraufnahme. Ihr Einsatzgebiet entspricht dem der Bauplatten GKB mit Plattendicken ≥ 12,5 mm. Der fungizid ausgerüstete Karton ist grünlich; der kennzeichnende rückseitige Aufdruck hat blaue Farbe.

Gipskarton-Bauplatte F (GKF)

sogenannte Feuerschutzplatten für Anwendungsbereiche der Gipskarton-Bauplatten B für Plattendicken ≥ 12,5 mm mit Anforderungen an die Feuerwiderstandsdauer der Bauteile (nach DIN 4102, Teil A) sowie für die Beplankung aussteifender

Wände. Der Gipskern enthält Glasseidenrovings; er darf keine brennbaren Zuschläge enthalten. Der Ansichtsseiten-Karton ist gelb-bräunlich; der kennzeichnende rückseitige Aufdruck hat rote Farbe.

Gipskarton-Bauplatten F – imprägniert (GKFI)

sind gekennzeichnet durch eine verzögerte Wasseraufnahme infolge Vergütung des mit Glasseidenrovings bewehrten Gipskerns und des Kartons und können für die Anwendungsbereiche der Gipskarton-Bauplatten F mit Plattendicken $\geq$ 12,5 mm Verwendung finden. Der fungizid ausgerüstete Karton ist grünlich; der kennzeichnende rückseitige Aufdruck hat rote Farbe.

Gipskarton-Putzträgerplatten (GKP)

Diese Platten werden vorwiegend als Putzträger auf Unterkonstruktionen verwendet. Die kartonummantelten Längskanten sind abgerundet. Der Ansichtsseiten-Karton mit geschlossener oder gelochter saugfähiger Oberfläche, der eine innige Verbindung eines an der Baustelle aufgebrachten Gipsglättputzes mit dem Gipskern ermöglicht, ist grau; der kennzeichnende rückseitige Aufdruck hat blaue Farbe.

7.5.5.1.1.2 Werksmäßig bearbeitete Arten von Gipskartonplatten

Die bandgefertigten Gipskartonplatten können für bestimmte Anwendungszwecke werkmäßig weiterbearbeitet werden. Hierzu gehören:

Gipskarton-Zuschnittplatten

sind im Regelfall rechteckig zugeschnittene Platten mit geschlossener Oberfläche für Wand- oder Deckenbekleidung wie GKB, deren Maße von den Angaben der *Tabelle 7.87* abweichen dürfen. Die Kanten können allseitig scharfkantig (SK) oder gefast (FK) ausgebildet sein. Quadratische Gipskarton-Zuschnittplatten werden als Gipskarton-Kassetten bezeichnet.

Gipskarton-Lochplatten

sind Gipskartonplatten mit durchgehenden Löchern verschiedener Form oder Schlitzen für dekorative und schallschluckende Wand- und Deckenbekleidungen. Die Löcher können in Lochfeldern oder Mustern angeordnet sein. Die Längsseiten dieser Platten sind kartonummantelt oder werksmäßig beschnitten. Quadratische Gipskarton-Lochplatten werden als Gipskarton-Lochkassetten bezeichnet. Rückseitig mit Glasfaservlies beschichtete Gipskarton-Lochplatten werden als Gipskarton-Schallschluckplatten bezeichnet.

Sonstige Ausführungsformen

Weitere werkmäßig bearbeitete Gipskartonplatten können zur Dekoration oder für andere Zwecke durch festes Beschichten oder Kaschieren mit verschiedenen plastischen Massen, Faservlies und/oder Folien hergestellt werden. Die Art der Beschichtung hängt vom Verwendungszweck der Platten ab, z. B. PVC-Folien für Dekor-Zwecke, Aluminium-Folie für dampfsperrende oder reflektierende Zwecke, Bleifolie zum Schutz gegen elektromagnetische Strahlen.

Hierzu gehören auch die werkmäßig gefertigten, stockwerkhohen Gipskarton-Wandbautafeln, die aus einer Kernschicht (z. B. Wabenkörper oder Hartschaum) oder einem mit Dämmstoffen ausgefüllten Rahmen- oder Ständerwerk mit beidseitiger Beplankung mit Gipskartonplatten bestehen. Sie weisen an den Verbindungsstellen Vorrichtungen auf, die ein leichtes Versetzen, vielfach auch eine einfache spätere Demontage und anschließenden Wiederaufbau ermöglichen.

7.5.5.1.2   Wandbauplatten aus Gips

Als Wandbaustoffe dienen leichte Wandbauplatten nach DIN EN 12 859, die aus Gips mit oder ohne Zusatz von anorganischen Füllstoffen oder Fasern hergestellt werden. Platten, die zur Verbesserung der Wärmedämmung oder zur Gewichtsverminderung mit porenbildenden Zusätzen hergestellt werden, bezeichnet man als Porengipsplatten. Entsprechend ihrer Rohdichte werden die in der *Tabelle 7.88* genannten Plattenarten unterschieden. Zur Erzielung besserer Schalldämmwerte werden auch mit Sandfüllung versehene Platten mit höherer Rohdichte angeboten.

Die Rechenwerte für die Wärmeleitfähigkeit nach DIN 4108, Teil 4 sind in der *Tabelle 7.89* zusammengestellt.

Plattenart	Platten-Rohdichte[1] [kg/dm^3]
Porengips-Wandbauplatte PW	> 0,6 ... 0,7
Gips-Wandbauplatte GW	> 0,7 ... 0,9
Gips-Wandbauplatte SW	> 0,9 ... 1,2

[1] bei (40 ± 2) °C bis zur Gewichtskonstanz getrocknet

Tabelle 7.88
Arten von Wandbauplatten aus Gips

Platten-Rohdichte [kg/dm^3]	Wärmeleitfähigkeit [W/(m·K)]
0,6	0,29
0,75	0,35
0,9	0,41
1,0	0,47
1,2	0,58

Tabelle 7.89
Rechenwerte der Wärmeleitfähigkeit für Wandbauplatten aus Gips

Tabelle 7.90
Bruchlasten für Gips-Wandbauplatten

Massive Platten (mittlere Rohdichte) Dicke in mm	Mindestwert der mittleren Bruchlast [kN]
50	1,7
60	1,9
70	2,3
80	2,7
100	4,0
Platten mit Hohlräumen, Platten mit niedriger Rohdichte	> 1,7

Bei Platten mit einer Länge < 650 mm und/oder einer von 500 mm abweichenden Höhe sind die Werte in der zweiten Spalte entsprechend dem Verhältnis der Auflagerabstände und/oder Breiten zu berichtigen.

Wandbauplatten aus Gips haben glatte, ebene Flächen. Die Stoß- und Lagerflächen sind meist an je zwei Seiten mit Nuten bzw. Federn ausgestattet (es können aber auch nur Nuten angeordnet sein), wodurch das Versetzen erleichtert und die Standsicherheit der errichteten Wand erhöht wird. Die Gipsbauplatten müssen eine für ihren Verwendungszweck ausreichende Biegezufestigkeit haben. Die Norm fordert dafür die in der *Tabelle 7.90* angegebenen Mindestbruchlasten.

Die Platten werden mit folgenden Vorzugsgrößen hergestellt:
○ Dicke:
    50 mm, 60 mm, 70 mm, 80 mm, 100 mm; 150 mm dürfen nicht überschritten werden.
○ Länge:
    666 mm; maximal zulässig 1.000 mm.

Wandbauplatten aus Gips werden insbesondere für leichte, nicht tragende Trennwände verwendet, daneben für Ummantelungen, Vorsatzschalen, Ausfachungen und ähnliches. Für die Verbindung der Einzelplatten werden vornehmlich Fugen- und Spachtelgips verwendet. Nach dem Verspachteln der Fugen sind die Wände im allgemeinen malerfertig; nur wenn eine absolut schattenfreie Wandfläche verlangt wird, ist der Auftrag einer 1 bis 3 mm dicken Gipsglättschicht erforderlich.

In Räumen mit vorübergehend starkem Feuchtigkeitsanfall (z. B. Küchen, Bäder) empfiehlt sich der Einsatz von hydrophobierten Gips-Wandbauplatten, die durch entsprechende Zusätze eine verzögerte Wasseraufnahme aufweisen (blaue Farbkennzeichnung: < 5 M.-%, grüne Farbkennzeichnung:< 2,5 M.-% Wasseraufnahme). Diese Platten werden von den Herstellern unter dem Begriff *„Hydro-Platten"* angeboten; sie sind durch ihre grünliche Einfärbung zu erkennen.

Gipsplattenwände bieten im Hinblick auf ihr verhältnismäßig niedriges Gewicht und ihre geringe Dicke einen äußerst wirksamen Brandschutz. Nach DIN 4102, Teil 4 sind Wände aus Gips- und Porengips-Wandbauplatten nach DIN 18 163 ohne Putz bereits ab 8 cm Dicke den Feuerwiderstandsklassen F 60-A, F 90-A und F 120-A zugeordnet und sind damit „feuerbeständig". Ab 10 cm Dicke erfüllen diese Wände bis 7 m Höhe bei entsprechender Ausführung sogar die Anforderungen der Feuerwiderstandsklasse F 180-A und sind somit „hochfeuerbeständig" im Sinne der Bauordnung. Wände in 6 cm Dicke sind F 30-A (feuerhemmend) zugeordnet.

Wegen der korrosionsfördernden Wirkung der SO_4^{2-}-Ionen sind eingebaute Metallteile gut gegen Korrosion zu schützen.

7.5.5.1.3 *Deckenplatten aus Gips*

Deckenplatten aus Gips sind in der DIN 18 169 genormt. Es handelt sich hierbei um vorgefertigte, trocken verlegbare Platten aus Gips mit einem Randwulst an der Rückseite. In der wannenartigen rückseitigen Vertiefung können zusätzlich Verstärkungsrippen angeordnet sein. Der Gipskörper der Platten kann geschlossen oder mit durchgehenden Öffnungen versehen sein. An der Sichtseite sind die Platten geschlossen oder gelocht und glatt bzw. mit rillenartigen Profilen versehen. Daneben gibt es auch Platten, deren Sichtflächen mit einem in zahlreichen Mustern wählbaren Dekor versehen sind. Die Platten dienen zur Herstellung von Unterdecken und Deckenbekleidungen. Nach Verwendung und Aufbau sind gemäß DIN folgende Plattenarten zu unterscheiden:

○ Dekorplatten (Kennbuchstabe: D)
○ Schallschluckplatten (Kennbuchstabe: S)
○ Lüftungsplatten (Kennbuchstabe: L)
○ Feuerschutzplatten

I   Dekor-Feuerschutzplatten Typ 3 (Kennbuchstabe: DF 3), in den Platten ist ein Glasgittergewebe eingegossen

II   Dekor-Feuerschutzplatten Typ 9 (Kennbuchstabe: DF 9), wie Typ 3, jedoch mit einer in die wannenartige Vertiefung eingebauten Einlage aus Mineralfaserdämmstoff. An der Plattenrückseite Abdeckung aus Alu-Folie.

III Schallschluck-Feuerschutzplatten Typ 3 (Kennbuchstabe: SF 3) mit Einlage aus Mineralfaserdämmstoff Rohdichte ≥ 50 kg/m^3

IV   Schallschluck-Feuerschutzplatten Typ 9 (Kennbuchstabe: SF 9), wie Typ 3, jedoch Mineralfaserdämmstoff Rohdichte ≥ 100 kg/m^3, im Randbereich der Platten ist ein verzinktes Drahtgewebe eingegossen, Rückseite mit Abdeckung aus Alu-Folie.

Die Platten müssen rechtwinklig und in der Regel möglichst quadratisch sein. Die Kantenlänge beträgt 625 mm, 600 mm oder 500 mm, die Dicke am Rand im allgemeinen 28 mm. Deckenplatten mit anderen Formaten und Abmessungen werden nicht von der DIN 18 169 erfasst.

Infolge der Abweichungen in der Oberflächengestaltung, der unterschiedlichen Anzahl und Größe der Löcher und der Verschiedenheit in den Abmessungen weisen die einzelnen Plattensorten voneinander abweichende Flächengewichte auf; meist liegt das Gewicht zwischen 15 und 25 kg/m^2 Unterdeckenfläche; 26 kg/m^2 dürfen nach der Norm nicht überschritten werden.

Die Schallschluckplatten besitzen einen beachtlichen Schallschluckgrad mit besonderer Wirksamkeit im Hauptstörungsbereich. Durch entsprechende Anordnung von Schallschluckplatten mit unterschiedlichen Schallabsorptionsgraden kann eine Beeinflussung und Lenkung der Raumakustik in vielfältiger Weise erfolgen.

Deckenplatten aus Gips sind nicht brennbar und tragen wegen der allen Gipsbaustoffen eigenen mikroporigen Struktur des abgebundenen Gipses trotz ihrer augenscheinlich glatten und dichten Oberfläche zur Regulierung der Raumluftfeuchtigkeit bei. Zur Verwendung in Räumen mit ständig hoher Luftfeuchtigkeit werden Spezialplatten hergestellt.

7.5.5.1.4 Gipskarton-Verbundplatten

Gipskarton-Verbundplatten (VB) nach DIN 18 184 bestehen aus 9,5 mm bzw. 12,5 mm dicken Gipskarton-Bauplatten nach DIN 18 180 und damit werksmäßig verbundenen Dämmstoffplatten aus Polystyrol-Hartschaum (PS), Polyurethan-Hartschaum (PUR) oder Mineralfasern. Die Gipskarton-Verbundplatten mit 20 bis 60 mm dicken Schaumkunststoffplatten müssen mindestens der Baustoffklasse B 2 nach DIN 4102, Teil 1 entsprechen. Zwischen den Gipskarton-Bauplatten GKB und den Dämmstoffplatten können dampfbremsende Schichten angeordnet werden (siehe *Abbildung 7.46*).

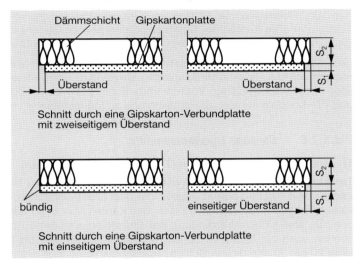

Abbildung 7.46 Schnitt durch Gipskarton-Verbundplatte mit beidseitigem und einseitigem Überstand

Gipskarton-Verbundplatten sind in der Regel großformatig und rechtwinklig; dabei gelten 1250 mm Breite und 2500 mm Länge als Regelmaße.

Gipskarton-Verbundplatten werden als Wand- und Deckenbekleidungen verwendet. Verbundplatten mit Mineralfaserplatten werden sowohl für Schallschutz- als auch für Wärmedämm-Zwecke eingesetzt, mit Schaumkunststoffen hergestellte Verbundplatten sind allein für Aufgaben des Wärmeschutzes bestimmt. (Siehe auch Kapitel 12 Dämmstoffe).

7.5.5.1.5 Gipsfaserplatten

Gipsfaserplatten sind zur Zeit noch nicht genormte Gipsbauplatten, die aus einem Gemisch aus Gips und Zellulosefasern hergestellt werden. Bei der Herstellung werden Gips und Zellulosefasern innig miteinander vermischt. Durch Zugabe von Wasser sowie anschließende Verpressung unter hohem Druck entsteht eine homogene Platte.

Das bauphysikalische Verhalten der Gipsfaserplatten wird im wesentlichen durch das bei der Herstellung der Platten verwendete Gemisch aus Gips und Zellulosefasern bestimmt. Die Zellulosefasern bewehren die Platten vollständig. Dieses Gefüge verleiht dem Produkt gute Festigkeit und Zähigkeit und dennoch gute Elastizität. Die Platten sind zudem formbeständig und weisen – wie alle Gipsbaustoffe – gute Wasserdamfdiffusionsfähigkeit auf. Sie bieten außerdem einen guten Brandschutz: nach DIN 4102 werden sie in die Baustoffklassen A 2 bzw. B 1 eingestuft.

Im Gegensatz zu Gipskarton-Bauplatten können Gipsfaserplatten in jeder gewünschten Dicke hergestellt oder durch Schleifen auf jede gewünschte Dicke gebracht werden. Die Rohdichte der Platten liegt im allgemeinen zwischen 1120 kg/m^3 und 1200 kg/m^3. Die Kanten der Gipsfaserplatten sind im Gegensatz zu den Gipskarton-Bauplatten im allgemeinen stumpf und nicht besonders profiliert ausgebildet.

Gipsfaserplatten werden grundsätzlich im Innenausbau in denselben Anwendungsbereichen wie die Gipskarton-Bauplatten verwendet. Ein weiteres Anwendungsgebiet liegt in der werksmäßigen Weiterverarbeitung, z. B. zu Trockenunterboden-Platten und -Verbundelementen, zu Paneelen und zu Industrieplatten für Beschichtungen.

7.5.5.1.6   Sonstige Gipsbauelemente

Trockenunterboden-Elemente (Trocken-Estrichelemente)

Trockenunterboden-Elemente bestehen aus zwei oder drei miteinander verklebten Lagen von 8 – 10 mm dicken Gipskarton- oder Gipsfaserplatten, die so gegeneinander versetzt angeordnet werden, dass an den Kanten Nut- und Feder-Stufenfalze entstehen, die eine sichere Verbindung der Einzelelemente ermöglichen. Diese Elemente können auch zur besseren Schall- und Wärmedämmung als Verbundelemente mit einer 20 bis 30 mm dicken Schicht aus Schaumkunststoff oder verdichteter Mineralwolle kaschiert geliefert werden. Es gibt auch Elemente für Fußbodenheizungen.

Gips-Deckenkörper

sind Bauelemente in Doppeltrapez-, Keil- oder Sechseckform mit glatten geschlossenen oder durchlochten Sichtflächen für stark profilierte Deckenbekleidungen: das Gewicht liegt bei etwa 20 kg/m^2.

Gips-Paneel-Elemente

bestehen aus flächig miteinander verklebten 9,5 mm dicken Gipskartonplatten mit leicht versetztem Kantenstoß in 600 mm Breite und 2000 mm bzw. 2600 mm Länge. Sie werden für Trennwände sowie für Decken- und Dachschrägenbekleidungen verwendet.

7.5.6 Holzwolle-Leichtbauplatten

Holzwolle-Leichtbauplatten gemäß DIN 1101 (HWL-Platten) werden aus einem Gemisch aus langfaseriger Holzwolle und mineralischen Bindemitteln (Zement, Gips, Magnesiabinder) hergestellt und unter geringem Druck verpresst. Um die Bindemittelhaftung zu verbessern, wird die Holzwolle im allgemeinen mit Kalkmilch vorbehandelt (mineralisiert); bei Magnesiabinder ist dieses nicht erforderlich.

Mit ihrer niedrigen Rohdichte von 0,35 bis 0,57 kg/dm^3 weisen Holzwolle-Leichtbauplatten eine geringe Wärmeleitfähigkeit auf; sie werden daher gern als Wärmedämmstoffe verwendet. Was die Holzwolle-Leichtbauplatte zu einem guten Wärmedämmstoff macht, das macht sie auch zu einem hervorragenden „Hitzeschild", der das Vordringen der Brandhitze zum tragenden Bauteil entscheidend verzögert. Wesentlich sind dabei zwei Dinge: die grobporige, dämmende Struktur, die die Hitze abschirmt, und die Tatsache, dass diese Struktur auch unter der Einwirkung des Feuers über lange Zeit erhalten bleibt, weil sie von den mineralischen Bestandteilen der Platte geschützt wird.

Unverputzte Holzwolle-Leichtbauplatten erhöhen aber nicht nur den Feuerschutz, sie wirken auch „schallschluckend" und vermindern als „biegeweiche Schale" im verputzten Zustand den Schalldurchgang. (Siehe Kapitel 12 – Dämmstoffe).

Holzwolle-Leichtbauplatten mit erhöhter Rohdichte finden vielfach bei der sogenannten Mantelbetonbauweise Verwendung. Hierbei werden die Leichtbauplatten einfach in die Schalung gelegt und als verlorene Schalung anbetoniert.

7.6 Fachliteratur

7.6.1 Normen, Richtlinien

DIN 106	Kalksandsteine; Teil 1 – 2
DIN 272	Prüfung von Magnesiaestrich
DIN 278	Tonhohlplatten (Hourdis) und Hohlziegel
DIN 398	Hüttensteine
DIN 459	Mischer für Beton und Mörtel
DIN 483	Bordsteine aus Beton
DIN 487	Grenzsteine, Nummernsteine: Beton
DIN 488	Betonstahl; Teil 1 – 7
DIN 1045	Tragwerke aus Beton, Stahlbeton und Spannbeton; Teil 1 – 4, Teil 100 [1]
DIN 1048	Prüfverfahren für Beton; Teil 1 – 2; Teil 4 – 5
DIN 1053	Mauerwerk; Teil 1 – 4

---

[1] z. Zt. als Entwurf Juni 2003

DIN 1100	Hartstoffe für zementgebundene Hartstoffestriche
DIN 1101 – DIN 1102	Holzwolle-Leichtbauplatten und Mehrschicht-Leichtbauplatten als Dämmstoffe für das Bauwesen
DIN 1164	Zement mit besonderen Eigenschaften
DIN 1168	Baugipse; Teil 1 – 2
DIN 4026	Rammpfähle
DIN 4028	Stahlbeton-Hohldielen
DIN 4030	Beurteilung betonangreifender Wässer, Böden und Gase; Teil 1 – 2
DIN 4034	Schächte aus Beton und Stahlbetonfertigteilen, Teil 1; 2; 10
DIN 4040	Fettabscheider, Teil 1 –3, Teil 100
DIN 4052	Straßenabläufe; Blatt 1 – 4
DIN 4102	Brandverhalten von Baustoffen und Bauteilen; Teil 1 – 18
DIN 4103	Nichttragende innere Trennwände; Teil 2 – Trennwände aus Gips-Wandbauplatten
DIN 4108	Wärmeschutz im Hochbau; Teil 1 – 7
DIN 4109	Schallschutz im Hochbau; Teil 1 und Bbl. 1 – 3
DIN 4158	Zwischenbauteile aus Beton für Stahlbeton- und Spannbetondecken
DIN 4164	Gas- und Schaumbeton
DIN 4165 [1]	Porenbeton-Blocksteine und Porenbeton-Plansteine
DIN 4166	Porenbeton-Bauplatten und Porenbeton-Planbauplatten
DIN 7172	Maßordnung im Hochbau
DIN 4208	Anhydridbinder
DIN 4219	Leichtbeton und Stahlleichtbeton mit geschlossenem Gefüge; Teil 1 und 2
DIN 4223	Vorgefertigte bewehrte Bauteile aus dampfgehärtetem Porenbeton; Teil 1 – 5
DIN 4226	Gesteinskörnungen für Beton und Mörtel; Teil 1 – 2, Teil 100
DIN 4227	Spannbeton; Teil 1; 2; 4
DIN 4228	Werkmäßig hergestellte Betonmaste
DIN 4232	Wände aus Leichtbeton mit haufwerksporigem Gefüge
DIN 4235	Verdichten von Beton durch Rütteln; Teil 1 – 5
DIN 4281	Beton für Entwässerungsgegenstände
DIN 11 622	Gärfuttersilos und Güllebehälter; Teil 1 – 4
DIN 18 148	Hohlwandplatten aus Leichtbeton
DIN 18 150	Hausschornsteine: Formstücke aus Leichtbeton; Teil 1 – 2
DIN 18 151	Hohlblöcke aus Leichtbeton
DIN 18 152	Vollsteine und Vollblöcke aus Leichtbeton
DIN 18 153	Mauersteine aus Beton (Normalbeton)
DIN 18 162	Wandbauplatten aus Leichtbeton, unbewehrt
DIN 18 169	Deckenplatten aus Gips
DIN 18 178	Haubenkanäle aus Beton und Stahlbeton; Abdeckhauben und Kanalsohle

---

[1] z. Zt. als Vornorm Juni 2003: Porenbetonstein, Plansteine und Planelemente

DIN 18 180	Gipskartonplatten
DIN 18 181	–; im Hochbau
DIN 18 183	Montagewände aus Gipskartonplatten
DIN 18 184	Gipskarton-Verbundplatten mit Polystyrol- oder Polyurethan-Hartschaum als Dämmstoff
DIN 18 217	Betonoberflächen und Schalungshaut
DIN 18 331	VOB Teil C: Beton und Stahlbetonarbeiten
DIN 18 333	–; Betonwerksteinarbeiten
DIN 18 350	–; Putz- und Stuckarbeiten
DIN 18 500	Betonwerkstein
DIN 18 506	Hydraulische Boden- und Tragschichtbinder
DIN 18 550	Putz; Teil 1 – 3
DIN 18 551	Spritzbeton
DIN 18 555	Prüfung von Mörteln mit mineralischen Bindemitteln; Teil 1 – 9
DIN 18 558	Kunstharzputze
DIN 18 560	Estriche im Bauwesen; Teil 1 – 7
DIN 18 908	Fußböden für Stallanlagen, Spaltenböden aus Stahlbetonfertigteilen oder aus Holz
DIN 48 353	Stahlbetonmaste und -querträger; Teil 1 – 2
DIN 51 043	Trass
DIN 51 229 [1]	Formen für würfelförmige und zylindrische Probekörper aus Beton
DIN 52 100	Naturstein und Gesteinskörnungen – Gesteinskundliche Untersuchungen; Teil 1 – 2
DIN 52 102	Prüfung von Naturstein und Gesteinskörnungen – Bestimmung von Dichte, Trockenrohdichte, Dichtigkeitsgrad und Gesamtporosität
DIN 52 104	Prüfung von Naturstein – Frost-Tau-Wechsel-Versuch; Teil 1 – 2
DIN 52 106	Prüfung von Gesteinskörnungen – Untersuchungsverfahren zur Beurteilung der Verwitterungsbeständigkeit
DIN 52 108	Prüfung anorganischer und nichtmetallischer Werkstoffe – Verschleißprüfung mit der Schleifscheibe nach Böhme
DIN 52 113	Prüfung von Naturstein – Bestimmung des Sättigungswertes
DIN 52 115	Prüfung von Gesteinskörnungen – Schlagversuch; Teil 1 – 2
DIN 52 170	Bestimmung der Zusammensetzung von erhärtetem Beton; Teil 1 – 4
DIN 53 804	Statistische Auswertungen, Teil 1 – 4, Teil 13
DIN 55 303	Statistische Auswertung von Daten; Teil 2 und 5
DIN EN 196 [2]	Prüfverfahren für Zement; Teil 1 – 9, Teil 21
DIN EN 197 [3]	Zement; Teil 1 – 3
DIN EN 206–1	Beton; Teil 1: Festlegung, Eigenschaften, Herstellung und Konformität

---

[1] z. Zt. als Entwurf März 1986
[2] Teil 4 als Vornorm November 1993
[3] Teil 3 z. Zt. als Entwurf September 2001

DIN EN 413	Putz- und Mauerbinder; Teil 1 – 2
DIN EN 447	Einpressmörtel für Spannglieder
DIN EN 450	Flugasche für Beton
DIN EN 459	Baukalk; Teil 1 – 3
DIN EN 490	Dach- und Formsteine aus Beton
DIN EN 512	Faserzementprodukte – Druckrohre und Verbindungen
DIN EN 639-641	Druckrohre aus Beton und Stahlbeton
DIN EN 642	Spannbetondruckrohre
DIN EN 933	Prüfverfahren für geometrische Eigenschaften von Gesteinskörnungen, Teil 1 – 10
DIN EN 934	Zusatzmittel für Beton, Mörtel und Einpressmörtel; Teil 1 – 6
DIN EN 1008	Zugabewasser für Beton; Festlegung für die Probenahme, Prüfung und Beurteilung der Eignung von Wasser, einschließlich bei der Betonherstellung anfallendem Wasser, als Zugabewasser für Beton
DIN EN 1015	Prüfverfahren für Mörtel für Mauerwerk; Teil 3 – Bestimmung der Konsistenz von Frischmörtel
DIN EN 1097	Prüfverfahren für mechanische und physikalische Eigenschaften von Gesteinskörnungen; Teil 1 –10
DIN EN 1339	Platten aus Beton
DIN EN 1925	Prüfverfahren für Naturstein – Bestimmung des Wasseraufnahmekoeffizienten infolge Kapillarwirkung
DIN EN 12 390	Prüfung von Festbeton; Teil 1 – 8
DIN EN 12 504-2	Prüfung von Beton in Bauwerken – Teil 2: Zerstörungsfreie Prüfung, Bestimmung der Rückprallzahl
DIN EN 12 524	Wärme- und feuchteschutztechnische Eigenschaften – Tabellierte Bemessungswerte
DIN EN 12 602[1]	Vorgefertigte bewehrte Bauteile aus dampfgehärtetem Porenbeton
DIN EN 12 843[2]	Vorgefertigte Betonmaste
DIN EN 12 859	Gips-Wandbauplatten – Definitionen, Anforderungen und Prüfverfahren
DIN EN 12 878	Pigmente zum Einfärben von zement- und kalkgebundenen Baustoffen
DIN EN 13 318	Estrichmörtel und Estriche – Begriffe
DIN EN 13 755	Prüfung von Naturstein– Bestimmung der Wasseraufnahme unter atmosphärischem Druck
DIN EN 13 813	Estrichmörtel, Estrichmassen und Estriche – Estrichmörtel und Estrichmassen
DIN EN 13 915[3]	Gipsplatten-Wandbaufertigtafeln
DIN EN 14 016	Bindemittel für Magnesiaestriche; Teil 1–2

---

[1] z. Zt. als Entwurf Januar 1997
[2] z. Zt. als Entwurf Juli 1997
[3] z. Zt. als Entwurf Januar 2001

DIN EN ISO 12 572
Wärme- und feuchtetechnisches Verhalten von Baustoffen und Bauprodukten
– Bestimmung der Wasserdampfdurchlässigkeit

Zusätzliche Technische Vertragsbedingungen und Richtlinien für den Bau von
Fahrbahndecken aus Beton (ZTV Beton-StB), Forschungsgesellschaft für das
Straßenwesen e.v., Köln

Stahlfaserbeton für Dicht- und Verschleißschichten auf Betonkonstruktionen,
1996, DAfStb Heft 468

Richtlinie Alkalireaktion im Beton: Vorbeugende Maßnahmen gegen schädigende Alkalireaktion im Beton, 2001, DAfStb

Richtlinie für Herstellung von Beton unter Verwendung von Restwasser,
Restbeton und Restmörtel, 1995, DAfStb

Richtlinie für Fließbeton – Herstellung, Verarbeitung, Prüfung, 1995, DAfStb

Richtlinie für hochfesten Beton, Technische Baubestimmungen, 1997, DAfStb

Richtlinie zur Nachbehandlung von Beton, 1984, DAfStb

Richtlinie für Beton mit verlängerter Verarbeitbarkeitszeit (Verzögerter Beton),
1995, DAfStb

Richtlinie – Beton mit rezykliertem Zuschlag – Teil 1: Betontechnik; Teil 2:
Betonzuschlag aus Betonsplitt und Betonbrechsand, 1998, DAfStb

Richtlinie – Betonbau beim Umgang mit wassergefährdenden Stoffen, 1996,
DAfStb

Richtlinie – Verwendung von Flugasche nach DIN EN 450 im Betonbau, 1997,
DAfStb

Richtlinie (Entwurf) – Selbstverdichtender Beton, 2003, DAfStb

Richtlinie für Schutz und Instandsetzung von Betonbauteilen, 2001, DAfStb

Merkblatt Schutzüberzüge auf Beton bei sehr starken Angriffen nach
DIN 4030, Verein Deutscher Zementwerke e.V., Düsseldorf

Merkblatt Betondeckung und Bewehrung, 1997, DBV

Merkblatt Stahlfaserbeton, 2001, DBV

Merkblatt Sichtbeton, 1997, DBV

Merkblatt Hochfester Beton, 2002, DBV

Merkblatt Unterwasserbeton, 1999, DBV

Merkblatt Beton für massige Bauteile, 1996, DBV

Anweisung für die Abdichtung von Ingenieurbauwerken (AIB), Drucksache
835,1999, Deutsche Bahn

7.6.2 Bücher und Veröffentlichungen

[7.1]   *AGI-Arbeitsblätter* der Arbeitsgemeinschaft Industriebau e.V., Hannover,
        Callwey Verlag, Lindau

[7.2]   *W. Albrecht, U. Mannherz:*
        Zusatzmittel, Anstrichstoffe, Hilfsstoffe für Beton und Mörtel,
        8. Aufl., 1968, Bauverlag GmbH, Wiesbaden – Berlin

[7.3]   *H. Aurich:*
Kleine Leichtbetonkunde, 1971, Bauverlag GmbH, Wiesbaden – Berlin

[7.4]   *A. Basalla:*
Baupraktische Betontechnologie, 4. Auflage, 1980, Bauverlag GmbH,
Wiesbaden – Berlin

[7.5]   *K. Ebeling, W. Knopp, R. Pickhardt:*
Beton – Herstellung nach Norm; Schriftenreihe der Bauberatung Zement,
Hrsg. Bundesverband der Deutschen Zementindustrie, Köln, 15. Auflage 2003,
Verlag Bau + Technik GmbH, Düsseldorf

[7.6]   *E. Bayer, u.a.:*
Beton-Praxis – Ein Leitfaden für die Baustelle, 8. Auflage, 1999, Hrsg.
Bundesverband der Deutschen Zementindustrie e.V., Köln, Verlag Bau +
Technik GmbH, Düsseldorf

[7.7]   *W. Belz, u.a.:*
Mauerwerk-Atlas, 2. Auflage 1986, Hrsg. Deutsche Gesellschaft für
Mauerwerksbau, Bonn

[7.8]   *Betram, u.a.:*
Praktische Betontechnik – Ein Ratgeber für Architekten und Ingenieure, 1977,
Betonverlag, Düsseldorf

[7.9]   *Beton-Kalender:* Verlag W. Ernst & Sohn, Berlin-München-Düsseldorf

[7.10]   *Beton-Handbuch:*
Leitsätze für die Bauüberwachung und Bauausführung, 3. Auflage 1995,
Hrsg. Deutscher Betonverein e.V., Bauverlag GmbH, Wiesbaden - Berlin

[7.11]   *Betonwerksteinhandbuch:*
4. Auflage, 2001, Hrsg. Bundesverband Deutsche Beton- und Fertigteilindustrie e.V., Verlag Bau + Technik GmbH, Düsseldorf

[7.12]   *Betontechnische Berichte:*
Hrsg. Forschungsinst. der Zementindustrie, Beton-Verlag GmbH, Düsseldorf

[7.13]   *Betontechnische Daten:*
18. Auflage 2002, Readymix Transportbeton GmbH, Ratingen

[7.14]   *I. Biczok:*
Betonkorrosion - Betonschutz. 1968, Bauverlag GmbH, Wiesbaden – Berlin

[7.15]   *J. Bonzel, u.a.:*
Fließmittel im Betonbau, 1979, Betonverlag GmbH, Düsseldorf

[7.16]   *H. Brechner, u.a.:*
Kalksandstein – Planung, Konstruktion, Ausführung, 2. Auflage 1989, Hrsg.
Kalksandstein-Information GmbH & Co. KG, Hannover, Betonverlag GmbH,
Düsseldorf

[7.17]   *G. Brux, u.a.:*
Spritzbeton – Spritzputz – Spritzmörtel, 1981, Verlagsges. R. Müller, Köln

[7.18]   *W. Czernin:*
Zementchemie für Bauingenieure, 3. Auflage 1977, Bauverlag GmbH,
Wiesbaden – Berlin

[7.19]   *S. Härig, u.a.:*
Bauen mit Splittbeton, 2. Auflage 1984, Hrsg. Bundesverband
Naturstein-Industrie e.V., Bonn

[7.20]	A. Hummel:
	Das Beton-ABC, 12. Auflage 1959, Verlag W. Ernst & Sohn, Berlin
[7.21]	H. Iken, R.R. Lackner, U.P. Zimmer, U. Wöhnl:
	Handbuch der Betonprüfung, 3. 5. Auflage 1987 2003, Verlag Bau + Technik GmbH, Düsseldorf
[7.22]	K. Kirtschig:
	Zur Prüfung von Mauermörtel, Forschungsbericht T 154, 1976. Informationszentrum Raum und Bau, Stuttgart
[7.23]	D. Knöfel:
	Stichwort Baustoffkorrosion, 2. Auflage 1982, Bauverlag GmbH, Wiesbaden – Berlin
[7.24]	D. Knöfel:
	Bautenschutz mineralischer Baustoffe, 1979, Bauverlag GmbH, Wiesbaden – Berlin
[7.25]	H.-O. Lamprecht:
	Betonprüfungen auf der Baustelle und im Labor, 1971. Betonverlag, Düsseldorf
[7.26]	H. Liesche, K.H. Paschke:
	Beton in aggressiven Wässern, 2. Auflage 1964, Verlag W. Ernst & Sohn, Berlin
[7.27]	G. Lohmeyer:
	Stahlbetonbau - Bemessung, Konstruktion, Ausführung; 4. Auflage 1990, Verlag B.G. Teubner, Stuttgart
[7.28]	G. Lohmeyer:
	Betonverarbeitung auf Baustellen, Bauzentralblatt. Heft 6 und 7 – 8, 1990.
[7.29]	G. Rapp:
	Technik des Sichtbetons. 1969, Betonverlag GmbH, Düsseldorf
[7.30]	W. Piepenburg:
	Mörtel – Mauerwerk – Putz, 6. Auflage, 1970, Bauverlag GmbH, Wiesbaden – Berlin
[7.31]	G. Rothfuchs u.a.:
	Betonfibel, 5. Auflage 1973, Bauverlag GmbH, Wiesbaden – Berlin
[7.32]	Straßenbau von A bis Z:
	Hrsg. Forschungsgesellschaft für das Straßenwesen e.V. Köln, E. Schmidt Verlag, Bielefeld
[7.33]	Gips Datenbuch, 2003, Hrsg. Bundesverband der Gipsindustrie e.V., Darmstadt
[7.34]	K. Walz:
	Anleitung für die Zusammensetzung und Herstellung von Beton mit bestimmten Eigenschaften. 2. Auflage 1963, Verlag W. Ernst & Sohn, Berlin
[7.35]	H. Weber, H. Hullmann:
	Das Porenbeton Handbuch, 4. Auflage, 1999, Verlag Bau + Technik GmbH, Düsseldorf
[7.36]	R. Weber, R. Tegelaar:
	Guter Beton nach neuer Norm, 20. Auflage 2001, Verlag Bau + Technik GmbH, Düsseldorf

[7.37]   *H. Weigler, S. Karl:*
Stahlleichtbeton, 1972, Bauverlag GmbH, Wiesbaden – Berlin

[7.38]   *K. Wesche:*
Baustoffe für tragende Bauteile, Bd. 2. 3. Auflage 1993,
Bauverlag GmbH, Wiesbaden – Berlin

[7.39]   *J. Wessig, u.a.:*
KS-Mauerfibel, 6. Auflage 1998, Hrsg. Kalksandstein-Information GmbH + Co.
KG, Hannover, Betonverlag GmbH, Düsseldorf

[7.40]   *Zement-Merkblätter*; Hrsg. Bundesverband der
Deutschen Zementindustrie e.V., Köln

[7.41]   *Zement-Taschenbuch*; Hrsg. Verein Deutscher Zementwerke e.V.,
Köln, 50. Auflage 2002, Verlag Bau + Technik GmbH, Düsseldorf

[7.42]   *Estriche im Hochbau:*
Verlagsgesellschaft Rudolf Müller, Köln

[7.43]   *Estriche im Industriebau:*
1976, Veröffentlichung der FG Bauen und Wohnen, Heft 101,
Verlagsgesellschaft Rudolf Müller, Köln

Kapitel 8: Bitumenhaltige Baustoffe

8 Bitumenhaltige Baustoffe

8.1 Bitumen

Mit der Herausgabe der DIN EN 12 597 als Ersatz für die DIN 55 946 wurden einige Begriffe für Kohlenwasserstoff-Bindemittel, die auf Mineralöl basieren, neu definiert. Der Teil 2 der DIN 55 946 „Begriffe für Steinkohlenteer-Spezialpech und Zubereitungen aus Steinkohlenteer-Spezialpech" wurde ersatzlos gestrichen. Da pechhaltige Baustoffe u.a. wegen der enthaltenen cancerogenen polycyclischen aromatischen Kohlenwasserstoffe (PAK) praktisch nicht mehr verwendet werden, wird auf eine Erörterung dieser Stoffe verzichtet und nur auf Spezialliteratur verwiesen.

Die neuen Begriffe sind in der *Tabelle 8.1* zusammengestellt.

Nr.	Benennung	Definiton
1	Bitumen	Nahezu nichtflüchtiges, klebriges und abdichtendes erdölstämmiges Produkt, das auch in Naturasphalt vorkommt und das in Toluen vollständig oder nahezu vollständig löslich ist. Bei Umgebungstemperatur ist es hochviskos oder nahezu fest.
2	Bitumenhaltiges Bindemittel	Bindemittel, das Bitumen enthält. Anmerkung: Ein bitumenhaltiges Bindemittel kann in folgenden Formen vorliegen: rein; modifiziert; oxidiert; verschnitten; gefluxt; emulgiert. Zur Klarstellung ist möglichst immer der Begriff zu verwenden, der das betreffende Bindemittel genau beschreibt.
3	Asphalt	Mischung von Gesteinskörnung mit einem bitumenhaltigen Bindemittel.
4	Naturasphalt	Relativ hartes, in natürlichen Lagerstätten vorkommendes Bitumen, das häufig mit feinen oder sehr feinen Mineralstoffanteilen gemischt ist und welches bei 25 °C praktisch fest, bei 175 °C jedoch eine viskose Flüssigkeit ist.

Tabelle 8.1 (Auszug aus DIN EN 12 597, Ausgabe Januar 2001)
Bitumen und bitumenhaltige Bindemittel – Terminologie

8.1.1 Gewinnung von Bitumen

Bitumen gewinnt man technisch aus Erdölen durch Destillation, indem man die leichter siedenden Bestandteile entfernt, die zu Treibstoffen und Ölen weiterverarbeitet werden. Der nicht verdampfbare Destillationsrückstand ist das Bitumen. Bei zunehmender Aufbereitung von Ölschiefer fallen auch dort Bitumengrundstoffe an; zur Zeit sind diese jedoch technisch noch ohne Bedeutung.

8.1.2 Bitumen-Zusammensetzung

Bitumen sind kompliziert aufgebaute Naturprodukte, die aus einer sehr großen Anzahl verschiedener Kohlenwasserstoffe und Kohlenwasserstoffderivate zusammengesetzt sind. Je nach geographischer Herkunft des Rohöls können Bitumen nach Art und Menge der Substanzen sehr unterschiedlich zusammengesetzt sein. Wegen der großen Anzahl der sie aufbauenden Stoffe haben sie aber dennoch nahezu gleiche Gebrauchseigenschaften. Diese hängen viel mehr von der Struktur als von der chemischen Zusammensetzung ab.

8.1.3 Bitumen-Struktur

Bitumen sind sogenannte **kolloidale Systeme**, die mit Hilfe geeigneter Trennungsverfahren (Lösung und Filtration) in einzelne Stoffgruppen deutlich verschiedener Molekültypen aufgetrennt werden können. Zahl und Bezeichnung der isolierten Gruppen schwanken je nach Methode, aber zumindest kann man grundsätzlich doch drei verschiedene Molekültypen feststellen:

I   das Dispersionsmittel: ölige, niedermolekulare, im Lösungsmittel lösliche Anteile, mit molaren Massen von 500 bis 1500 g/mol, sowie die dispergierten Anteile:

II   die aus qualitativ gleichen Stoffen wie das Dispersionsmittel bestehenden, schmelzbaren, löslichen, rotbraunen **Erdölharze** mit besonders guter Klebefähigkeit; es handelt sich hierbei um mittelgroße Moleküle mit einer Teilchenmasse von 1000 bis 1500 u[1] sowie einem Teilchendurchmesser von 1 bis 5 nm.

III   die im Lösungsmittel unlöslichen, schwarzbraunen, unschmelzbaren Bestandteile mit Teilchenmassen von 5000 bis 9000 u, die sogenannten **Asphaltene**: Teilchendurchmesser 5–10 nm. Auch die Asphaltene sind keine einheitliche Stoffgruppe; sie bilden die höhermolekularen, relativ polaren Anteile im Bitumen.

Dispersionsmittel und Erdölharze faßt man des öfteren unter dem Begriff **Maltene** zusammen. Die Asphaltene und die Erdölharze sind stabil in der öligen Phase, dem Dispersionsmittel, kolloidal dispergiert. Jedes dispergierte Kolloidteilchen besteht aus mehreren, meist verschiedenen niedermolekularen Bestandteilen. Diese kugelförmigen oder nahezu kugelförmigen Assoziate bezeichnet man als sogenannte **Micellen**. Normalerweise sind diese Kolloidsysteme, niederviskos, d. h. das System erscheint wie eine viskose Flüssigkeit: ein **Sol**. Mit steigendem Asphaltengehalt treten deutlich ausgeprägte elastische Eigenschaften auf: es liegt also nicht mehr ein Sol sondern ein **Gel** vor.

8.1.4 Eigenschaften des Bitumens

Die für Bitumen typischen Eigenschaften beruhen auf dem kolloiden System und der chemischen Zusammensetzung des Bitumens.

---

[1] atomare Masseneinheit

8.1.4.1 Konsistenz

Bei hinreichend tiefer Temperatur erscheint Bitumen äußerlich spröde und hart. Beim Erwärmen wird Bitumen langsam weicher, bis es schließlich zwischen 150 und 200 °C flüssig wird. Diese Erscheinung ist reversibel und verleiht dem Bitumen den Charakter eines **thermoplastischen Werkstoffes**. Die Temperaturempfindlichkeit

$$A = \frac{d\log Pen}{d\,\vartheta}$$

lässt sich mit Hilfe des sogenannten Penetrationsindexes I_p berechnen:

$$A = \frac{20 - I_p}{10 + I_p} \cdot \frac{1}{50}$$

Den Penetrationsindex kann man mittels eines Nomogramms (siehe *Abbildung 8.1*) aus den Kennwerten Penetration und Erweichungspunkt$_{RuK}$ des Bitumens ermitteln oder nach folgender Formel berechnen:

$$I_p = \frac{20 \cdot \vartheta_{EP} + 500 \cdot \lg P - 1952}{\vartheta_{EP} - 50 \cdot \lg P + 120}$$

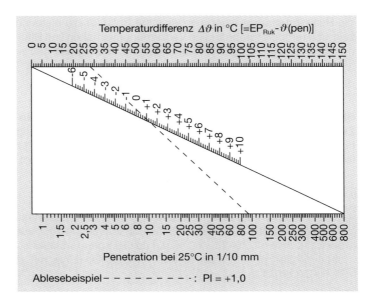

Abbildung 8.1
Nomogramm zur
Bestimmung des
Penetrationsindex
(PI)

593

Dabei ist:

ϑ_{EP} der Erweichungspunkt nach Ring und Kugel, in Grad Celsius
P die Penetration bei 25 °C, in 0,1 mm

Je höher der PI, um so weniger temperaturempfindlich ist das Bitumen. Handelsübliche Straßenbaubitumen haben PI-Wert von −1,5 bis +0,5; Oxidationsbitumen liegen höher, z. B. ein B 85/40 etwa bei +4,5.

8.1.4.2 Rheologie

Bei höheren Temperaturen zeigt Bitumen rein viskoses Fließen; die Verformungen sind nicht reversibel; die Viskosität ist eine von der Schubspannung bzw. dem Geschwindigkeitsgefälle unabhängige Stoffkonstante, die lediglich von der Temperatur abhängt. Die zur Erreichung einer bestimmten Viskosität erforderlichen Temperaturen werden als *„Äquiviskositäts-Temperatur"* („EVT") bezeichnet.

Bei extrem tiefer Temperatur tritt dagegen rein elastische, reversible Verformung des Bitumens auf. Zwischen diesen beiden idealisierten Zuständen liegt der gebrauchsrelevante Temperaturbereich für Bitumen. In diesem Bereich ist die Viskosität keine nur temperaturabhängige Kenngröße; sie wird auch von der Schubspannung beeinflußt. Hier überlappen sich Anteile beider Verhaltensweisen. Bitumen verhält sich hier strukturviskos, es zeigt sowohl viskose als auch elastische Eigenschaften. Es ist also sinnvoll, das Bitumen als sogenannten **viskoelastischen Körper** zu betrachten. Bei Zuschalten viskoser Verformungsanteile zu dem rein-elastischen Verhalten gewinnt die Beanspruchungs*dauer* eine wichtige Rolle für die bleibende Formänderung. Das zeit- und temperaturabhängige Verformungsverhalten von Bitumen wird gekennzeichnet durch einen Steifigkeitsmodul, kurz als **„Steifigkeit"** bezeichnet.

$$S_{(t,\vartheta)} = \frac{\sigma}{\varepsilon_{(t,\vartheta)}} \quad \left[\frac{N}{mm^2}\right]$$

Steifigkeit des Bitumens und Steifigkeit von Asphalten stehen in direktem Zusammenhang. Zur direkten Bestimmung der Bitumensteifigkeit aus dem Penetrationsindex, dem Erweichungspunkt$_{Ruk}$ und der Belastungszeit hat VAN DER POEL ein Nomogramm entwickelt, das von HEUKELOM weiterentwickelt und modifiziert wurde. Die *Abbildung 8.2* zeigt das Nomogramm und ein Anwendungsbeispiel.

> *Beispiel:*
>
> Für ein Bitumen mit PI = + 2,2 und J_{Ruk} = 75 °C. Zur Ermittlung des Steifigkeitsmoduls bei J = 15 °C und einer Belastungsdauer von 10^2 s verbindet man 10^2 s auf der Zeitachse mit 75−15 = 60 °C auf der Temperaturskala. Im Schnittpunkt dieser über die Temperaturskala hinaus verlängerten Linie mit der Horizontalen bei PI = +2,2 erhält man $S = 10^5$ N/mm².

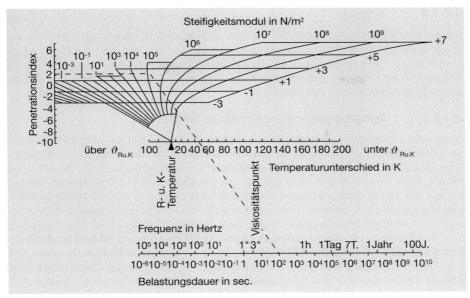

Abbildung 8.2
Viskositäts-Temperatur-Diagramm für einige Bitumen (gemäß DIN 52 007)

Das Nomogramm dient der Lösung von Fragen nach geeigneten Bitumensorten beim Bekanntsein bestimmter Spannungszustände und der zu erwartenden Verformung oder umgekehrt zur Bestimmung der Steifigkeit unter bestimmten Zeit- und Temperaturbedingungen, wenn die Bitumensorte vorgegeben ist.

8.1.4.3   Haftverhalten (Adhäsion)

In fast allen Anwendungsgebieten hat Bitumen die Funktion eines „Binde"- bzw. „Klebe"mittels. Die Neigung zu haften ist damit offenbar eine entscheidende Einflussgröße. Voraussetzung für eine gute Haftung ist immer eine einwandfreie Benetzung. Im dünnflüssigen, heißen Zustand benetzt Bitumen organische Fasern, Metalle und Mineralstoffe gut. Nach dem Erkalten sind die mit heißflüssigem Bitumen umhüllten Stoffe fest miteinander „verbunden" (*besser wohl „verklebt"!*). **Kritisch** wird dieser Vorgang, wenn die zu verklebenden Oberflächen feucht sind oder später **Feuchtigkeit** hinzutritt. Da Wasser immer eine größere Affinität zum Gestein hat als Bitumen, kann auch bei zunächst einwandfreier Haftung ein späterer Wasserzutritt zur Ablösung des Bitumenfilms, d. h. also zum Verlust der Klebefähigkeit, führen.

8.1.4.4   Alterung

Bitumen ist gegen die Einwirkung von Luftsauerstoff nicht ganz unempfindlich, vor allem, wenn gleichzeitig kurzwellige UV-Strahlung (Sonnenlicht) einwirkt. Durch beide Einwirkungen kann das Bitumen **an der Oberfläche verspröden** (= Altern) sowie das Adhäsionsverhalten sich verschlechtern. Bei erhöhter Temperatur treten diese Effekte verstärkt auf (*thermische Alterung*).

8.1.4.5   Verhalten gegenüber chemischen Einflüssen

Gegen die Einwirkung von organischen und anorganischen Salzen, aggressiven Wässern, Kohlensäure und anderen schwachen Säuren jeder Konzentration und gegenüber Basen (auch wenn diese in konzentrierter Form vorliegen), ist Bitumen bei Raumtemperatur im großen und ganzen gut beständig. Stark oxydierende Medien setzen die Konzentrationsgrenze der Beständigkeit herab (Chlor, Königswasser, Bleichlauge usw.). Abgesehen von unterschiedlicher Kreidungsneigung sind Bitumen auch hervorragend witterungsbeständig. **Je weicher** – z. B. durch erhöhte Temperatur – **das Bitumen ist, desto geringer ist im allgemeinen seine Widerstandsfähigkeit gegenüber chemischen Einflüssen.** Bitumen ist aber **in Erdölfraktionen**, wie z. B. Benzin, Öl usw., aber auch in vielen anderen organischen **Lösungsmitteln**, wie Benzol, Tetrachlorkohlenstoff, Schwefelkohlenstoff, Trichlorethen usw., **löslich**.

Verhalten gegen Wasser und Wasserdampf: Die Wasseraufnahme ist außerordentlich gering; Bitumen ist praktisch wasserundurchlässig. Von Bedeutung für die praktische Verwendung von Bitumen ist auch seine Durchlässigkeit für Wasserdampf. Der Wert der Diffusionswiderstandszahl μ liegt relativ hoch bei $\approx$ 50.000 (= Dampfsperre).

8.1.4.6   Toxikologie

Bitumen wird leider immer noch mit Straßenpech (früher Teer) verwechselt. Bitumen hat zwar ein ähnliches Aussehen und eine ähnliche Konsistenz wie Teerpeche, findet zum Teil auch ähnliche Verwendung; **Bitumen enthält aber im Gegensatz zu Steinkohlenteerpech keine (!) cancerogenen, polycyclischen Kohlenwasserstoffe.** Bitumen ist biologisch unschädlich und kann daher ohne Bedenken im Trinkwasserbereich für Abdichtungskonstruktionen eingesetzt werden.

8.1.4.7   Weitere Eigenschaften

Die Wärmeleitfähigkeit des Bitumens – Wärmeleitzahl λ = 0,17 W/(m $\cdot$ K) – ist im Vergleich mit der anderer Stoffe niedrig. Bitumen wirkt deshalb **wärmedämmend**. Auf Grund seiner geringen elektrischen Leitfähigkeit – bei 80 °C: 50 bis 100 S/cm – eignet sich Bitumen gut als Isolierungsmittel in der elektrotechnischen Industrie und in der Kabelindustrie. Das spezifische Gewicht der normalen Bitumensorten liegt bei 25 °C zwischen 1,01 und 1,07 g/cm^3. Der thermische Ausdehnungskoeffizient ist praktisch für alle Bitumen in der Temperaturspanne von 15 – 200 °C gleich und konstant; er beträgt $\beta \approx 6 \cdot 10^{-4}\,K^{-1}$. Da alle Bitumen aus chemisch sehr ähnlichen Stoffen aufgebaut sind, sind sie untereinander in jedem Verhältnis mischbar. Sehr wichtig ist, daß keinesfalls eine beliebige Verträglichkeit zwischen Bitumen und Pechen bzw. Zubereitungen aus Teerpechen besteht. Ganz im Gegenteil können beim Zusammentreffen beider Arten – sowohl in heißflüssiger Schmelze wie auch in Lösungen als Anstriche und unter Umständen sogar bei anhaltender Berührung im festen Zustand, z. B. Heißbitumen auf Pechgrundierung oder umgekehrt – irreversible Schädigungen durch Fällung oder Öl (= Weichmacher)-wanderung eintreten. Es kann daher nicht genug davor gewarnt werden, unbekannte *„schwarze"* Stoffe jedweder Art beliebig zu mischen oder in anderer Weise zu kombinieren.

8.1.5 Verwendungsformen des Bitumens

In der *Abbildung 8.3* sind die Begriffe für die verschiedenen Anwendungsformen von Bitumen und Zubereitungen aus Bitumen tabellarisch dargestellt. Da reine Bitumen alle vor ihrer Verarbeitung auf ca. 150 – 200 °C erhitzt werden müssen, kann man sie auch als *„Heißbitumen"* bezeichnen. Diese Verarbeitungsform des Bitumens erreicht unmittelbar nach dem Abkühlen die Zähigkeit für den Dauergebrauch; es ist kein Abbinden erforderlich.

Abbildung 8.3
Terminologie der Kohlenwasserstoff-Bindemittel

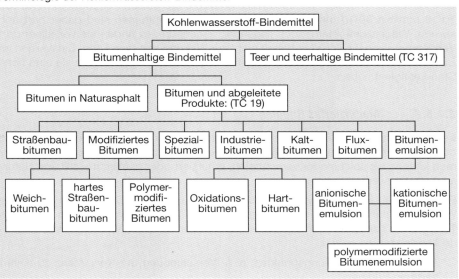

8.1.5.1 Straßenbaubitumen

Als Straßenbaubitumen bezeichnet man die Bitumensorten, die zur Herstellung von Asphalt für den Bau und die Erhaltung von Verkehrsflächen eingesetzt werden. Sie werden als Bitumen vom *Soltyp* eingestuft. Die Werte für die Nadelpenetration liegen zwischen 20/10 mm bis 300/10 mm. In Deutschland werden im Straßenbau hauptsächlich die harten bis mittelharten Sorten (30/45 bis 70/100) eingesetzt. Die Temperaturspanne zwischen Erweichen und Verspröden, die sogenannte *„Plastizitätsspanne"*, liegt um 70 K, verschiebt sich bei den härteren Sorten in höhere Temperaturbereiche.

8.1.5.1.1 Weichbitumen

Dieses sind die bei der gewöhnlichen Destillation des Erdöls unter geringem Vakuum gewonnenen weichen Sorten mit Penetrationswerten zwischen 250/10 mm bis 900/10 mm oder mit kinematischen Viskositäten bei 60° C von 1.000 mm^2/s bis 16.000 mm^2/s . Diese niedrigen Viskositäten erreicht man jedoch nur durch Zumischen von langsam verdunstenden Fluxölen auf Mineralölbasis (siehe Fluxbitumen).

8.1.5.1.2 Hartes Straßenbaubitumen

Eine Untergruppe der Destillationsbitumen sind die harten Straßenbaubitumen (früher Hochvakuumbitumen), bei denen durch Anwendung eines besonders hohen Vakuums weitere Schwerölanteile abdestilliert werden. Sie weisen Penetrationswerte von 10/10 mm bis 30/10 mm auf. Die harten Straßenbaubitumen sind daher hart und spröde. Wegen des relativ hoch liegenden Brechpunktes finden sie vor allem dort Verwendung, wo ihr Sprödverhalten nicht zur Wirkung kommen kann. Sie werden im Bauwesen bevorzugt für Gussasphalte in Innenräumen eingesetzt, da sie eine hohe Standfestigkeit haben.

8.1.5.2 Modifiziertes Bitumen

Es handelt sich um Bitumen, dessen rheologische Eigenschaften bei der Herstellung durch Verwendung chemischer Zusätze modifiziert worden sind. Modifizierte Bitumen können als solche oder verschnitten, emulgiert oder gemischt – z.B. mit Naturasphalt – verwendet werden.

Ein Sonderfall ist das polymermodifizierte Bitumen (PmB). Die Zugabe polymerer Werkstoffe (vorwiegend Thermoplaste, ca. 3 – 5 M.-%) beeinflusst vor allem das Temperatur-Viskositäts-Verhalten von Bitumen. Durch die Zusätze lassen sich folgende **Tendenzen** erkennen:

○ Anstieg des Erweichungspunktes: d. h. Verschiebung der Konsistenz zu einem härteren Bitumen

○ ausgeprägter Anstieg des Penetrationsindex (PI): Erhöhungen des PI lassen einen tieferen Brechpunkt sowie eine erweiterte Plastizitätsspanne und somit ein gegenüber herkömmlichem Straßenbaubitumen verbessertes Tieftemperaturverhalten sowie eine geringere Temperaturempfindlichkeit erwarten.

8.1.5.3 Industriebitumen

Als Industriebitumen bezeichnet man ein Bitumen, das für andere Zwecke als zum Bau oder zur Erhaltung von Verkehrsflächen eingesetzt wird. Die Einsatzgebiete überschneiden sich jedoch; so werden einige Bitumensorten sowohl im Straßenbau als auch bei industriellen Anwendungen eingesetzt, wie z.b. zur Herstellung von Dach und anderen Dichtungsbahnen.

8.1 5.3.1 Oxidationsbitumen

Oxidationsbitumen sind die durch Einblasen von Luft in geschmolzenes, weiches Bitumen hergestellten, hochschmelzenden Bitumensorten (alte Bezeichnung: geblasene Bitumen) mit veränderten rheologischen Eigenschaften. Die Oxidationsbitumen zeigen deutlich ausgeprägte elastische Effekte; sie werden dem Geltyp zugerechnet. Die *Plastizitätsspanne* ist gegenüber den Straßenbaubitumen auf 100 K und teilweise darüber hinaus ausgeweitet. Es entsteht aber auch durch diesen primären Oxidationsschub eine gewisse chemische Instabilität, die sich in leichterer Weiteroxidation an der Luft (*Kreidung, Versprödung*) und Nachdickung in Lösung (*Lacke*) sowie Empfindlichkeit gegen Überhitzung kundtut, so daß mehr Kenntnisse und Vorsicht für die Verarbeitung notwendig sind. Bevorzugtes Einsatzgebiet für Oxidationsbitumen ist dort, wo sowohl extrem hohe als auch tiefe Temperaturen zu erwarten sind, z. B. der Bereich der Dachdeckungen, und zwar sowohl als Beschichtungs- als auch als Verklebungsmittel.

8.1.5.3.2 Hartbitumen

Als Untergruppe bei den Oxidationsbitumen sind die Hartbitumen zu nennen, Oxidationsbitumen mit der Konsistenz von hartem Straßenbaubitumen.

8.1.5.4 Bitumenhaltige Bindemittel

Ein bitumenhaltiges Bindemittel kann in folgenden Formen vorliegen: rein, modifiziert, oxidiert, verschnitten, gefluxt, emulgiert. Zur Klarstellung ist möglichst immer der Begriff zu verwenden, der das betreffende Bindemittel genau beschreibt.

Hierunter versteht man aber vor allem Bindemittel, die durch Zusätze in ihrer Konsistenz so verändert werden, daß sie bei geringen Temperaturen teilweise ohne jede Erwärmung verarbeitungsfähig sind. Anders als bei den „*Heißbitumen*" ist bei diesen Verwendungsformen ein Abbindevorgang – Abdunsten der Verarbeitungshilfen – erforderlich.

8.1.5.4.1 Fluxbitumen

Unter *Fluxbitumen* versteht man ein weiches Bitumen, das mit schwerflüchtigen Fluxölen auf Mineralölbasis (früher mit Teerölen) „verschnitten" wird, wodurch die Viskosität herabgesetzt wird. Fluxbitumen braucht zur Verarbeitung nur noch auf Temperaturen bis maximal 90 °C erwärmt zu werden. Das große Anwendungsgebiet des FB wurde der Bau von Straßendecken, die ihre endgültige Verdichtung erst unter dem späteren Verkehr erhalten, den sogenannten Kompressionsdecken. Durch die zunächst hohlraumreichen Bauweisen ist eine Verdunstung der Fluxöle möglich. In Deutschland wird nur noch das hochviskose FB hergestellt, das einen Fluxölanteil von ca. 5 M.-% enthält.

8.1.5.4.2 Kaltbitumen

Kaltbitumen besteht aus mit leichtflüchtigen Lösungsmitteln – wie Testbenzin, Kerosin, Benzol, Ethylenchlorid, usw. – verschnittenem weichen bis mittelharten Bitumen, so dass die Verarbeitung im unerwärmten Zustand möglich ist. Der Bitumengehalt beträgt bei den meisten Sorten ca. 80 M.-%. Verwendung für Ausbesserungszwecke, als Vorspritzmittel und zur Bodenverfestigung. Wie Heiß- und Fluxbitumen ist auch das Kaltbitumen ein ausgesprochen thermoplastisches Bindemittel.

Bitumenanstrichstoff

Hierbei handelt es sich um eine Bitumenlösung, die aus hartem Straßenbaubitumen, Hochvakuumbitumen oder Oxidationsbitumen besteht, dessen Viskosität durch Zusatz von leichtflüchtigen Lösemitteln herabgesetzt ist. Bitumenanstrichstoffe werden vorwiegend im Hoch- und Ingenieurbau eingesetzt, z. B. für Dichtungszwecke (*„Schwarzanstriche"*).

8.1.5.4.3 Bitumenemulsion

Bitumenemulsionen stellen feine Aufteilungen (Dispersionen) eines weichen Destillationsbitumens (Bitumensorten 70/100, 100/150 oder 160/220) in einem wässrigen Medium dar; im allgemeinen ist der Einsatz von „Emulgatoren" und gegebenenfalls auch „Stabilisatoren" erforderlich. Die Bitumenemulsionen sind dünnflüssig genug, um sie ohne Erhitzung verarbeiten zu können. Sie besitzen gegenüber Mineralstoffen ein hervorragendes Benetzungsvermögen, auch für feuchte Mineralstoffe und feuchte Straßenflächen. Die Verwendung der Bitumenemulsion geht praktisch geruchsfrei vor sich. Der Flüssigkeitsgrad von Bitumenemulsionen wird durch die Temperatur nur wenig verändert. Es sind also **keine thermoplastischen Bindemittel!** Durch Einsatz sogenannter Froststabilisatoren hat die Industrie zwischenzeitlich F-Emulsionen entwickelt, die ein Einfrieren bis auf −8 °C und ein anschließendes langsames Wiederauftauen, ohne zu agglomerieren, vertragen. Die Kleb- und Bindefähigkeit, tritt bei der Bitumenemulsion erst nach der Trennung von Bitumen und Wasser, dem sogenannten

"Brechen" der Emulsion ein. Das frei gewordene Bitumen erlangt jedoch erst dann seine Funktion als Bindemittel, wenn das Emulsionswasser, einschließlich eventuell vorhandener Untergrundfeuchtigkeit, verdunstet ist; dieses wird als Abbinden bezeichnet. Je nach Ladungscharakter der Bitumenteilchen – hervorgerufen durch den Emulgator – unterscheidet man zwei Emulsionstypen:

○ **Anionische** Emulsionen
Die anionische Emulsion weist eine **basische Reaktion** auf! Die negativ geladenen Bitumenteilchen ergeben eine optimale Haftung nur bei basischem Gestein (z. B. *Kalkstein*)

○ **Kationische** Emulsionen
Diese Emulsionen **reagieren sauer**, d. h. ihr pH-Wert liegt unter 7,0. Die mit positiver Oberflächenladung versehenen Bitumenteilchen erzielen bei Berührung mit quarzhaltigen (*sauren*) Gesteinen eine unmittelbare Haftung. Sie sind, wegen der sofortigen Verdrängung des Wassers, daher auch bei ungünstigen Witterungsverhältnissen gut einsetzbar.

Beim Vermischen beider Emulsionstypen kommt es zum Ladungsausgleich. Dies führt zum sofortigen Brechen, Verlust der Verarbeitungsmöglichkeit und zum Verstopfen des verwendeten Arbeitsgerätes.

Ein weiteres Unterscheidungsmerkmal der Emulsionen ist ihr Brechverhalten. Man unterscheidet:

○ **unstabile Emulsionen** – Kennbuchstabe U –, die sofort bei Berührung mit Gestein brechen. Sie können also nur verspritzt oder vergossen werden

○ **stabile Emulsionen** – Kennbuchstabe S –, die erst durch das Verdunsten des Wassers brechen und daher mit jeder Art von Mineral vermischt werden können

○ **halbstabile Emulsionen**: die durch Zusatz besonderer Stabilisatoren mittelschnell brechen.

Haftkleber sind lösemittelhaltige Bitumenemulsionen, die nur zum Ankleben von bituminösen Schichten auf der Unterlage dienen.

Polymermodifizierte Bitumenemulsionen sind Emulsionen, in denen die dispergierte Phase ein polymermodifiziertes Bitumen oder eine Bitumenemulsion, die mit Latex modifiziert wurde, ist,

8.1.6 Prüfverfahren für Bindemittel

Die Anforderungen für Straßenbaubitumen sind in der DIN EN 12 591 festgelegt. Bei den von den Normen und Beschaffenheitsvorschriften vorgeschriebenen – vorzugsweise mechanischen – Prüfungen sogenannter „äußerer Merkmale" handelt es sich meist um empirische Konventions-Verfahren. Ihre Messergebnisse sind nur bei den speziellen Prüfbedingungen zutreffend und können meist nicht in physikalischen Größen angegeben werden. Der Aussageschwerpunkt der Prüfergebnisse liegt vorwiegend auf dem Gebiet der Sortenabgrenzung und Reinheit. Die direkte Übertragung

---

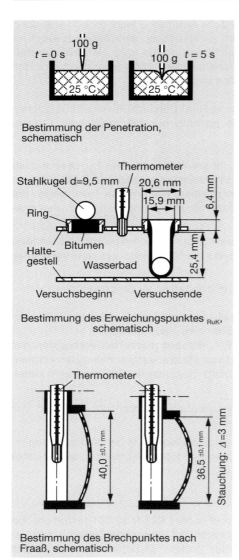

Bestimmung der Penetration, schematisch

Bestimmung des Erweichungspunktes RuK, schematisch

Bestimmung des Brechpunktes nach Fraaß, schematisch

Abbildung 8.4
Messprinzipien für Nadelpenetration,
Erweichungspunkt RuK, Brechpunkt nach
Fraaß

auf die Praxis ist meist nicht möglich und nur in Verbindung mit Erfahrungswerten läßt sich das Verarbeitungs- und Gebrauchsverhalten einigermaßen sicher beurteilen. Die Merkmale und Prüfmethoden für die wichtigsten gebrauchsrelevanten Eigenschaften werden im folgenden kurz behandelt.

Grundunterscheidungsmerkmal der Bitumensorten ist ihre unterschiedliche „Weichheit", die Konsistenz. Die drei wichtigsten Konsistenzprüfungen sind schematisch in der *Abbildung 8.4* dargestellt.

8.1.6.1   Penetration DIN EN 1426

Das plastische Verhalten eines Bitumens lässt sich durch das mehr oder weniger tiefe Eindringen einer Nadel in die Bitumenprobe charakterisieren. Die Angabe der Einsinktiefe = Penetration erfolgt in 1/10 mm.

8.1.6.2   Erweichungspunkt

Ring-Kugel-Methode (RuK) DIN EN 1427

Bei dieser international gebräuchlichen Methode wird die Temperatur bestimmt, bei der eine Bitumenschicht unter festgelegten Bedingungen bei gleichmäßiger Erwärmung in einem Flüssigkeitsbad eine Verformung von 25,0 ± 0,4 mm durch eine aufge-legte Stahlkugel erfährt. Die bei Erreichen dieser Verformung in dem Flüssigkeitsbad gemessene Temperatur wird als Erweichungspunkt in °C angegeben.

Methode nach Kraemer + Sarnow DIN 52 025

Die Durchführung des Versuches erfolgt analog der Methode RuK, als Auflast dienen jedoch 5 g Quecksilber. Als Erweichungspunkt gilt die Temperatur, bei der das Quecksilber die Bindemittelschicht durchbricht, angegeben in °C.. Das Verfahren ist nur anwendbar bei Bindemitteln mit einem EP > 30 °C.

Mit steigender „Weichheit" des Bitumens nimmt die Nadelpenetration überproportional zu.

Je niedriger der EP$_{RuK}$ liegt, desto höhere Pen-Werte werden im allgemeinen ermittelt.

Oxidationsbitumen zeigen keinen solchen eindeutigen Zusammenhang zwischen EP$_{RuK}$ und Pen 25 °C.

8.1.6.3   Brechpunkt DIN 52 012

Die Lage des Brechpunktes nach Fraaß gibt einen Anhalt über das Verhalten des Bitumens bei niedrigen Temperaturen. Die auf das Prüfblech mit definierter Schichtdicke aufgebrachte Bitumenschicht wird unter konstanter Abkühlgeschwindigkeit wiederholter Biegung unterworfen , bis ein Riss in der Bitumenschicht auftritt. Die zu diesem Zeitpunkt im Prüfgefäß gemessene Temperatur wird als Brechpunkt definiert. Die Angabe des Brechpunktes erfolgt in °C. Der Brechpunkt gibt die Temperaturgrenze an, bei der das plastische Verhalten des Bitumens in ein starr-elastisches Verhalten übergeht.

Plastizitätsspanne

Brechpunkt oder Erweichungspunkt sind Temperaturpunkte, bei denen die Bitumen jeweils etwa vergleichbare Zähigkeiten aufweisen. Zwischen beiden Übergängen liegt ein Zustand zähplastischen Verhaltens; der Temperatur-Abstand Brechpunkt bis Erweichungspunkt$_{RuK}$ wird oft als *„Plastizitäts-Spanne"* bezeichnet. Plastizitätsspanne und Dauergebrauchstemperatur-Spanne sollen möglichst aufeinander liegen. **Je größer die Plastizitätsspanne ist, desto weitere Anwendungsbereiche werden dem Bindemittel erschlossen und desto weniger reagiert es auf Temperaturveränderungen.**

8.1.6.4   Elastische Rückstellung DIN 52 021

Die Duktilität (Streckbarkeit) gibt eine Aussage über die Dehnfähigkeit von Bitumen bei 25° C. Die Länge, auf die sich ein Bitumenfaden – ohne zu reißen – ausziehen lässt, wird als Duktilität in cm angegeben. Da die Aussagekraft dieser Prüfung für die Praxis sehr umstritten ist, wurde sie nicht mehr als Anforderung in die neue Norm DIN EN 12 591 aufgenommen.

Um die hervorragenden elastischen Eigenschaften – insbesondere der polymermodifizierten Bitumen – zu prüfen, wurde ein abgeändertes Duktilitäts-Verfahren, die

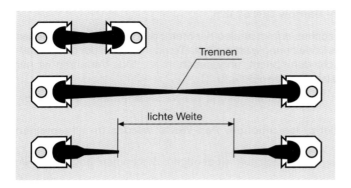

Abbildung 8.5
Messprinzip für die
elastische Rückstellung
von polymer-
modifiziertem Bitumen

Prüfung der sogenannten elastischen Rückstellfähigkeit eingeführt (DIN 52 021). Hierbei wird der im Duktilometer auf 200 mm Länge gedehnte Bitumenfaden in der Mitte mit einer Schere durchtrennt und nach einer Wartezeit von 60 min die lichte Weite zwischen den Fadenenden nach der elastischen Rückstellung gemessen (siehe *Abbildung 8.5*). Prozentual auf die Ausgangslänge (200 mm) bezogen ergibt sich der Wert der elastischen Rückstellung in %.

8.17 Kennzeichnung von Bitumen

Die Straßenbaubitumen werden durch Angabe der Grenzwerte der Penetration gekennzeichnet:

z.B.:   Bitumen 40/60 (Penetration zwischen 40/10 mm und 60/10 mm)

Bei den weichen Bitumen wird die Sorte durch die Angabe der mittleren Viskosität (Prüfung nach DIN EN 12 959) gekennzeichnet:

z.B.:   Bitumen V 3.000 (kinematische Viskosität 2.000 mm^2/s bis 4.000 mm^2/s)

Fluxbitumen – DIN 1995, Teil 2 – wird gekennzeichnet mit FB und der Nadelpenetration in 1/10 mm. In der DIN ist nur das FB 500 aufgeführt.

Bitumen-Emulsionen und **Bitumen-Haftkleber** sind in Teil 3 der DIN 1995 genormt. Unstabile Bitumenemulsionen (U) werden nach dem Bitumengehalt bezeichnet, außerdem gegebenenfalls mit der kationischen Ladungsart (K):

z. B. Bitumenemulsion DIN 1995 – U 70 K

Das Kurzzeichen zur Bezeichnung des Bitumen-Haftklebers ist HK.

Kaltbitumen nach DIN 1995, Teil 4, wird mit dem Kürzel KB gekennzeichnet.

Für alle anderenauf der Basis Bitumen hergestellten Bindemittel existieren Technische Lieferbedingungen.

8.1.8 Verarbeitung von Bitumen

Sehr wertvolle Hinweise zu den verschiedenen Formen der Verarbeitung – *heiß, kalt* – findet man in Teil 3 der DIN 18 195. Auch die AIB der Deutschen Bahn enthält beachtenswerte Passagen zum Thema Verarbeitung. Bitumen kann heiß, d. h. schmelzflüssig, ebenso wie kalt in gelöster oder dispergierter Form verarbeitet werden.

8.1.8.1 Heißverarbeitung

Je höher die Heißmasse erhitzt wird, desto dünnflüssiger wird sie; eine starke Verleitung für den Verarbeiter zum Überhitzen! Aber gleichzeitig steigt der Dampfdruck der Öle, die Masse riecht und versprödet, und in gewissen Fällen kann sogar bereits wie bei der Herstellung der Oxidationsbitumen eine Crackung und gänzliche Veränderung eintreten. Dabei ist es bei gefüllten oder gar kunststoffhaltigen Massen sehr schwer, die vorhandene Temperatur ohne Thermometer abzuschätzen. Es ist daher unverantwortlich, wenn bei der Verarbeitung von Heißmassen keine einwandfreie Temperaturkontrolle durchgeführt wird. Als – *jedoch nur ganz grobe* – Anhaltswerte können folgende Verarbeitungstemperaturen, gelten:

○ ungefüllte Bitumen   ca. 150 bis 210 °C
○ gefüllte oder anders präparierte Bitumenmassen   ca. 170 bis 220 °C

Die in den einzelnen Bereichen anzuwendenden Typen entnimmt man zweckmäßig den einschlägigen Vorschriften bzw. lässt sich von erfahrenen Verarbeitern beraten, wenn es in Normen und anderen offiziellen Unterlagen keine Hinweise gibt. Beim Auftragen von Heißmassen insbesondere auf saugfähigem Untergrund ist immer eine Grundierung mit einem dünnflüssigen, gut penetrierenden und daher ungefüllten Anstrich anzuwenden, damit Reste von Staub und Feuchtigkeit gebunden werden und eine Haftung auch an den Kapillareingängen erfolgt. Heißmassen sollen zwar nicht überhitzt, aber auch nicht zu kalt verarbeitet werden, weil dann durch den zusätzlichen Abschreckungseffekt an dem noch kälteren Untergrund eine Haftung kaum möglich ist. Die Heißverarbeitung wird neben Straßen- und Wasserbau vor allem im Tiefbau für Abdichtungen und Verklebungen sowie im Hochbau für Schutzspachtelungen (*Säurebau*) und Fugenverguss eingesetzt. Dacheindeckungen zählen dabei selbstverständlich zur Gruppe der Abdichtung oder Verklebung, je nach Arbeitsweise. Schließlich gibt es noch die Imprägnierung (*Folie, Gewebe usw.*) und die Folienherstellung. Arbeitsmäßig kommen Bürste und Besen („Teerbesen") wie auch Vergießen und anschließendes Verziehen mit dem Rakel oder direktes Einrollen von z. B. Schweißbahnen vor, im Straßenbau auch Spritzen. Beim Spachteln wird mit Kelle und Traufel gearbeitet; die Fugen werden regelrecht aus kleinen Kännchen oder maschinell unter Druck aus Düsen vergossen.

8.1.8.2 Kaltverarbeitung

Kalt verarbeitbar sind Lösungen und Emulsionen von Bitumen und die daraus abgeleiteten stark verdickten Spachtelmassen (*früher als Kaltkitte bekannt*). Lösungen und

Emulsionen dienen als sehr untergeordnete Dichtungsmittel gegen nicht drückende Feuchtigkeit in Form mehrfacher Anstriche, vorwiegend aber als Schutz für Metalle, Holz und zementgebundene Baustoffe gegen chemische Einwirkungen. In beiden Fällen können auch in diese kaltflüssigen Schutzstoffe noch feine Mehlstoffe (*Quarzmehl, Schiefermehl, Talkum und dergleichen*) eingearbeitet werden, wodurch die Dichtigkeit und Wetterbeständigkeit verbessert wird, wenn nicht der Anteil gegenüber dem Bindemittel zu hoch liegt, wodurch das Gegenteil bewirkt wird. In den Lösungen liegen im Grunde nicht die einzelnen Moleküle getrennt vor, sondern die Micellen bleiben erhalten, und nur die ölige Phase befindet sich in echter Lösung. Bei den Emulsionen sind die dispergierten Teilchen noch wesentlich größer als die Micellen in der Lösung; sie haben Durchmesser von einigen tausendstel bis hundertstel Millimeter und sind nur unter dem Mikroskop deutlich unterscheidbar. Lösungen sind oft **feuergefährlich** (Kennzeichnung und Sicherheitsvorschriften beachten!), ihre Lösemittel sind unter Umständen gesundheitsgefährdend (solche Typen müssen deutlich außen nach der Arbeitsstoff-Verordnung gekennzeichnet und mit Sicherheitshinweisen versehen sein) oder können durch ihren starken Geruch bei der Verarbeitung stören. Es sind daher beim Umgang mit ihnen einige Vorsichtsmaßnahmen zu beachten:

○ Beim Abfüllen von Bitumenlösungen und beim Mischen in offenen Mischern sind Feuer und offenes Licht fernzuhalten – Rauchen ist verboten
○ in geschlossenen Räumen kann eine Beeinträchtigung der Atmung infolge Sauerstoffverdrängung durch Lösungsmitteldämpfe eintreten – für gute Durchlüftung sorgen
○ Behälter bei Sonnenbestrahlung wegen Überdrucks vorsichtig öffnen.

Für Emulsionen trifft dieses alles nicht zu, sie sind aber im allgemeinen frostempfindlich – bei Lagerung und Verarbeitung – (ausgenommen die F-Emulsionen) und brauchen eine Mindesttemperatur von ca. +5 bis +10 °C, um einen dichten und beständigen Schutzfilm zu bilden.

Bei der Applikation von Lösungen soll der Untergrund im allgemeinen trocken sein (*es gibt aber Zusätze, die das Aufstreichen auf mäßig feuchten Grund ermöglichen*); Emulsionen erfordern umgekehrt ein Vornässen saugfähiger Flächen vor dem Auftragen. Der Dispersionsfilm muss aber auch einmal völlig durchtrocknen, um stabil zu werden, vorher bleibt er re-emulgierbar, kann also beispielsweise von Regen abgewaschen werden. Die Verarbeitung der Lacke und Emulsionen erfolgt mit Pinsel, Rolle oder dem Spritzgerät, wobei selbstverständlich Airless-Verfahren oder Flammspritzen (z. B. Korel-Methode) einbezogen sind. Bei den Emulsionen verfilmen die stabilen Sorten nur durch Verdunstung; sie sind dann wasserfest. Sie werden heute zur Versiegelung alter Straßendecken und für Schlämmen bevorzugt. Die halbstabilen dienen zur Herstellung von lagerfähigem Kaltmischgut, während die instabilen vor allem zur Oberflächenbehandlung und zu diversen Formen der klein- und großflächigen Ausbesserung verwendet werden. Der Vorteil gerade der unstabilen liegt im momentanen Brechvorgang mit sofortiger Regenbeständigkeit, wozu bei den kationischen noch die

Haftung auch auf inaktiven (*sauren*) Splittarten hinzukommt. Mit dem Pinsel oder dergleichen lassen sie sich nicht verarbeiten und kommen daher in anderen Bereichen nicht vor. Die verdickten Typen werden entweder als dickschichtige Spachtelungen (z. B. *Dachkitt*) oder als Verfüllungen für Fugen und vergleichbare Hohlräume eingesetzt (Kaltfugenkitte und neuartige Muffendichtungen, teilweise auch mit Zement verstärkt).

8.2 Asphalt

Asphalt ist ein Gemisch aus Bitumen oder bitumenhaltigen Bindemitteln und Mineralstoffen (Bitumen-Beton). Sie haben die mit Steinkohlenteer-Spezialpech gebundenen Mineralstoffgemische weitestgehend verdrängt. Überwiegend werden die aus Handelskörnungen und Bitumen differenziert zusammengesetzten technischen Asphalte als sogenanntes Asphaltmischgut zur Befestigung von Straßen und anderen Verkehrsflächen (Radwege, Parkflächen, Flugplätze, usw.) in großen stationären Mischwerken hergestellt. Asphalte zeichnen sich durch einen hohen Gesteinsanteil aus; Asphalte für den Straßenbau bestehen zu etwa 95 M.-% aus Mineralstoffen. Sie haben die auftretenden Druckkräfte aufzunehmen und auf untere Schichten abzuleiten. In der Straßenoberfläche sind sie der Teil der Asphaltmischung, welcher dem Verschleiß entgegenwirkt und eine dauerhafte Griffigkeit des Belages gewährleistet. Folglich werden die Eigenschaften einer Straßenbefestigung ganz entscheidend von der Beschaffenheit und Zusammensetzung dieser Mineralstoffe beeinflusst.

8.2.1 Mineralstoffe

Die Anforderungen an die Mineralstoffe sind in den „Technischen Lieferbedingungen für Mineralstoffe im Straßenbau" (TL Min-StB) geregelt, die sowohl für natürliche (Kies, Sand, Schotter, Splitt) als auch künstliche Mineralstoffe (Hochofen-, Metallhüttenschlacke und andere durch Aufschmelzen, Brennen oder Sintern hergestellte Mineralstoffe) gelten.

Für weitere industrielle Nebenprodukte und für Recycling-Baustoffe, die als Mineralstoffe für den Straßenbau verwendet werden, bestehen ergänzende Technische Lieferbedingungen.

8.2.1.1 Stoffliche Eigenschaften

Im Hinblick auf die harte Beanspruchung unter Verkehr sind an die stofflichen Eigenschaften der Mineralstoffe hohe Qualitätsanforderungen zu stellen; das gilt besonders bezüglich ihrer
○ Wetter-, Frost- und Tausalzbeständigkeit, mit verschärften Anforderungen beim Einsatz in Deckschichten
○ Schlag- und Druckfestigkeit, vor allem auf hoch beanspruchten Straßen

○ Widerstand gegen Hitzebeanspruchung, wenn sie zur Herstellung von Heißmisch-
gut eingesetzt werden
○ Widerstandsfähigkeit gegen Polieren sowie ausreichende Lichtreflexion, bei Ver-
wendung in oberflächennahen Schichten, um ausreichende Verkehrssicherheit
(Griffigkeit und Helligkeit) sicherzustellen
○ Affinität zum Bindemittel

8.2.1.2   Körnungen

Gehandelt werden die Mineralstoffe in Lieferkörnungen (Korngruppen einschließlich
etwaiger Über- und Unterkornanteile), für die in den TL Min-StB Anforderungen hinsichtlich der Korngröße, Kornform, Über- und Unterkorn sowie Reinheit der Korngemische festgelegt sind. Man trifft ferner folgende Unterscheidungen:

Füller: Unter der Lieferkörnung „Füller", die TL Min-StB unterscheiden zwischen
Eigenfüller, Fremdfüller und Rückgewinnungsfüller, versteht man Gesteinsmehle oder
andere feinstkörnige Mineralstoffe, welche zu mindestens 80 M.-% aus Kornanteilen
0 bis 0,09 mm bestehen und einen Überkornanteil bis 2 mm Korngröße aufweisen
dürfen.

Man unterscheidet: **Edelbrechsand** und **Edelsplitt** von **Brechsand** und **Splitt**. Für
Edelbrechsand und Edelsplitt gelten verschärfte Anforderungen hinsichtlich Korngröße – sie sollten nur aus einer Kornklasse bestehen – hinsichtlich Kornform, Frostbeständigkeit, Gehalt an Über- und Unterkorn. Insbesondere bei gebrochenen Mineralstoffen, die aus Kies hergestellt werden, ist eine Anforderung an die Bruchflächig-
keit von Bedeutung. Die TL Min-StB fordert für Schotter, Splitt und Edelsplitt, dass
mindestens 90 M.-% der Lieferkörnungen aus bruchflächigen Körnern bestehen. Ein
Korn ist bruchflächig, wenn augenscheinlich mehr als die Hälfte seiner Oberfläche
durch Bruch entstanden ist. Darüber hinaus darf der Anteil an Körnern, die gar keine
gebrochenen Flächen aufweisen, höchstens 2 M.-% betragen. Für die Herstellung von
Asphalt sind Mineralstoffe mit einer ungünstigen Kornform schlecht geeignet, da sie
das Verdichten erschweren. Die TL fordern deshalb, dass der Anteil der Körner, deren
Verhältnis Länge : Dicke größer als 3 : 1 ist, in der Lieferkörnung höchstens betragen
darf:
○ bei Kies und Splitt ab 4 mm bzw. 5 mm:
50 M.-% des Anteils über 4 mm bzw. 5 mm der Lieferkörnungen
○ bei Edelsplitt ab 5 mm:
20 M.-% der Lieferkörnung

Die Mineralstoffe dürfen keine Feinstanteile in schädlichen Mengen enthalten, die die
Haftung des Bindemittels an der Kornoberfläche beeinträchtigen. Ferner dürfen keine
Bestandteile in für die Raumbeständigkeit schädlichen Mengen enthalten sein, die
quellen, zerfallen, sich lösen oder chemisch umsetzen (z. B. organische, mergelige
oder tonige Anteile).

8.2.2 Einteilung und Merkmale von Asphalten

Die zahlreichen handelsüblichen Mischgutarten lassen sich im wesentlichen nach dem Hohlraumgehalt der fertig eingebauten Schicht in zwei grundsätzlich verschiedene Mischguttypen unterscheiden. Aus diesem andersartigen Aufbau ergeben sich nicht nur unterschiedliche mechanische Eigenschaften, sondern die verschiedenen Typen erfordern auch andere Einbautechniken und andere Prüfmethoden zur Bestimmung von Kennwerten für die Standfestigkeit.
Ein weiteres Unterscheidungsmerkmal ist der Temperaturbereich für die Verarbeitung.

8.2.2.1 Walzasphalt

Walzasphalt besitzt einen abgestimmten Bindemittelanteil, welcher den Haufwerks-hohlraum im verdichteten Zustand bis auf einen geringen verbleibenden Restporen-raum ausfüllt. Er besitzt somit 3 Phasen: Gestein – Bindemittel – Luft. Als Zuschlagge-misch werden dichte und feste Haufwerke mit einer durch stetige Größenabstufungen zu erzielenden guten Verarbeitbarkeit eingesetzt. Das Mischgut liegt beim Einbau anfangs relativ locker und muss daher verdichtet werden; Vorverdichtung durch auf dem Mischgut „schwimmende" im allgemeinen beheizte Einbaubohle und nachfol-gende Endverdichtung durch Walzen. Danach stellt es vom Typ her ein fest verspann-tes, mit einem aus dem Feinkornanteil und dem Bindemittel gebildeten Mörtel (Füller/ Bitumen-Verhältnis 1:1 bis 1,5:1) verklebtes Korngerüst dar. Der Verformungswider-stand dieses Systems beruht auf der Viskosität des Mörtels und auf der inneren Reibung des Mineralstoffgerüstes und erreicht sein Maximum, wenn beim Verdichten die optimale Raumdichte erzielt wird. Da in diesem Material das Korngerüst einen wesentlichen Teil der Spannungsverteilung übernehmen soll, kann man ein relativ weiches Bindemittel wählen, wodurch der Verdichtungsvorgang erleichtert wird. Zu diesem Mischguttyp zählen folgende handelsübliche Mischgutarten: Asphaltbeton, Asphaltbinder, Splittmastixasphalt, Mischgut für Asphalttragdeckschichten und Asphalttragschichten.

8.2.2.2 Gussasphalt, Asphaltmastix

Gussasphalt besitzt einen Bindemittelanteil, welcher den Haufwerkshohlraum ge-ringfügig übersteigt – Bindemittelüberschuss. Er besitzt damit nur 2 Phasen: Gestein – Bindemittel. Vom Typ her handelt es sich hierbei um eine mit Mineralstoffen versteifte Flüssigkeit (Bitumen). Zu diesem Asphaltmischguttyp ohne Hohlräume gehört auch der Asphaltmastix, eine im heißen Zustand gießbare Masse aus Bitumen und feinkör-nigen Mineralstoffen im Kornbereich 0/2 mm. Er unterscheidet sich vom Gussasphalt durch die extrem feine Körnung und den hohen Gehalt an relativ weichem Bitumen. Heißes Mischgut verhält sich auf Grund des Bindemittelüberschusses flüssigkeits-ähnlich, es kann und braucht daher nicht mit Walzen verdichtet werden. Der Einbau erfolgt durch Verstreichen mittels einer beheizten starren Einbaubohle (nicht auf dem Mischgut schwimmend). Typisch für den Gussasphalt und Asphaltmastix ist eine gewisse Mörtelanreicherung an der Oberfläche einer fertig eingebauten Schicht. Durch nachgeführte Splittstreugeräte ist die Oberfläche aufzurauen; der aufgestreute, leicht mit Bindemittel umhüllte Edelsplitt wird mittels Walzen eingedrückt. Stabilität entsteht nur soweit, wie das Bindemittel diese hervorbringen kann (*fehlende Kornabstützung*). Zur Erzielung ausreichender Stabilität wäre also ein außerordentlich hartes Bindemittel erforderlich, dass sich jedoch bei tiefer Temperatur und Kurzzeitbelastung ausgesprochen spröde verhalten würde. Deswegen ist es notwendig ein Bindemittel geringerer Härte zu wählen und durch starke Füllerung einen sehr steifen Mörtel (Füller/Bitumen-Verhältnis 3,0 : 1 bis 3,5 : 1) zu erzeugen, der bei höheren Temperaturen noch genügend Stabilität bringt, auf der anderen Seite aber bei tiefen Temperaturen doch nicht zu spröde wird.

8.2.2.3 Mischgut für den Warm- und Kalteinbau

In Sonderfällen kann es zweckmäßig sein, die zur Benetzung der Mineralstoffe erforderliche Verflüssigung des Bitumens nicht durch Erhitzen sondern durch Verdünnen oder Emulgieren zu erreichen. Damit werden auch die Anforderungen an Temperatur und Trockenheit der Mineralstoffe herabgesetzt. Je nach Art und Menge des verwendeten Dispersionsmittels kann man warm- oder kalteinbaubares Mischgut herstellen. Das Mischgut ist anfangs sehr temperaturempfindlich und hat nur geringe Standfestigkeit. Die Verarbeitungsfrist unterliegt den Einflüssen der Temperatur und der Geschwindigkeit, mit der die Dispersionsmittel wieder aus dem Mischgut herausdunsten: Sie tun es um so schneller, je leichtflüchtiger sie sind und je hohlraumreicher das Mischgut eingebaut wird. Die warm- oder kalteinbaufähigen Asphaltgemische müssen daher zunächst recht hohlraumreich eingebaut werden. Da diese Zusammenhänge nicht nur die Verarbeitungsfrist beeinflussen, sondern in nicht unerheblichem Maße auch das Nacherhärten des eingebauten Mischgutes und damit die Zeitspanne bis zum Erreichen der Endfestigkeit, müssen Art und Menge der Dispersionsmittel sowie der Hohlraumgehalt des Mischgutes dem jeweiligen Verwendungszweck angepasst werden. Warmeinbauweisen werden nur noch selten bei kleinen Flächen für Unterhaltungs- und Instandsetzungsarbeiten angewendet. Die Anwendung von kalteinbaufähigem Asphaltmischgut ist auf besondere Einsatzgebiete oder Bauverfahren begrenzt. Die Anwendungsgebiete liegen bei dünnen Beschichtungen im Rahmen der Instandsetzung und Profilverbesserung, bei Spurrinnenverfüllungen, Ausbessern von Frostaufbrüchen, Schlaglöchern und dergleichen.

8.2.3 Mischguteigenschaften

Einer der größten Vorteile von Asphaltmischgut ist darin zu sehen, dass sich die Eigenschaften durch eine breite Variation der Zusammensetzung steuern lassen, so dass eine gezielte Anpassung an jeden Verwendungszweck möglich ist. Dabei ist eine Beeinflussung sowohl der Verarbeitbarkeit als auch der späteren Gebrauchseigenschaften möglich, wobei letztere im allgemeinen Vorrang haben. Einige für die Praxis wichtige Eigenschaften sollen im folgenden kurz angesprochen werden.

8.2.3.1 Verarbeitbarkeit

Der in der Praxis immer wieder auftauchende Begriff der Verarbeitbarkeit von Asphaltmischungen ist nicht eindeutig definiert. Im allgemeinen beschreibt man damit das Verhalten des Mischgutes beim Einbau, ob es sich z. B. gut und einwandfrei verteilen und verdichten lässt. Diese Eigenschaften hängen von der Zusammensetzung und vor allem von der Temperatur des Mischgutes ab. Die Temperaturempfindlichkeit nimmt Einfluss auf die Verarbeitungsfrist, die Zeitspanne, in der das Mischgut von der Herstellungstemperatur bis auf die Grenztemperatur abgekühlt ist, bei der eine einwandfreie Verarbeitung gerade noch möglich ist. Dieser Zeitraum ist abhängig von der Mischgutzusammensetzung (z. B. der Bindemittelsorte), den Witterungsbedingungen und der Einbaudicke.

8.2.3.2 Verdichtbarkeit

Die Verdichtbarkeit ist eine Eigenschaft des Walzasphaltes. Während des Verdichtungsvorganges nimmt der Hohlraumgehalt des eingebauten Mischgutes ab und nähert sich – je nach Verwendungszweck und Asphaltmaterial – einem Optimalwert. Während dieses Arbeitsvorganges muss ein materialtypischer Verformungswiderstand überwunden werden, der von der Zusammensetzung und der Temperatur des Mischgutes abhängt. Je größer dieser Verformungswiderstand ist, desto „verdichtungsunwilliger" ist das einzubauende Mischgut, und um so mehr Verdichtungsarbeit muss geleistet werden. Je leichter verdichtbar ein Mischgut ist, desto schneller wird die sogenannte Enddichte erreicht. Je verdichtungsunwilliger aber ein Asphaltmischgut ist, desto geringer sind auch die Formänderungen, die durch die Lastwechsel des Schwerverkehrs hervorgerufen werden, man erreicht also eine höhere Verformungsbeständigkeit oder Standfestigkeit. In der Praxis werden verdichtungswillige Asphaltmischungen vor allem dort eingesetzt, wo die Anforderungen an die Dichtigkeit wichtiger sind als das Erzielen einer besonders hohen Standfestigkeit (z. B. Asphaltwasserbau, ländlicher Wegebau). Verdichtungsunwilligere, d. h. also mehr Verdichtungsarbeit erfordernde, damit aber standfestere Asphaltmischungen werden vor allem auf hochbeanspruchten Straßen oder Straßenabschnitten eingebaut.

8.2.3.3 Hohlraumgehalt

Das Langzeitverhalten von Asphaltgemischen in Straßenbefestigungen ist in hohem Maße von ihrem Verdichtungszustand abhängig. Asphalt im eingebauten Zustand soll möglichst dicht sein, damit
○ kein Wasser eindringen kann (Sprengwirkung bei Frost)
○ keine Luft eindringen kann (Verhärtung des Bindemittels)
○ kein Schmutz eindringen kann (innere Ausmagerung durch den Bindemittelanspruch)

Für die Wasserdurchlässigkeit gelten nach den Erfahrungen etwa folgende Richtwerte für den Hohlraumgehalt:

< 3 Vol.-%   = Asphalt ist undurchlässig
3 – 5 Vol.-%   = Asphalt ist praktisch dicht
5 – 8 Vol.-%   = Asphalt ist gering durchlässig
≥ 8 Vol.-%   = Asphalt ist durchlässig

Ein sehr niedriger Hohlraumgehalt verhindert das Eindringen von Feuchtigkeit, Schmutz und Luftsauerstoff und ist deshalb günstig im Sinne der Witterungsbeständigkeit, Verschleißfestigkeit und langfristigen Erhaltung der anfänglichen Flexibilität. Dichte Asphaltschichten haben eine lange Haltbarkeit. Für die Standfestigkeit der üblichen Walzasphalte ist es jedoch sehr wichtig, dass der Hohlraumgehalt niemals unter 2 Vol.-% absinkt. Durch starke Verkehrseinwirkungen können unter Umständen Nachverdichtungen stattfinden mit der Folge einer Verminderung des Hohlraumgehaltes im Mineralstoffgemisch. Wären alle anfangs vorhandenen Hohlräume bereits voll mit Bindemittel ausgefüllt, entstünde zwangsläufig ein schädlicher Bindemittelüberschuss – eine sogenannte Überfettung. Die Mineralstoffkörner würden nur noch im Bindemittel „schwimmen". Es entstünde ein „quasi-hydraulisches System", in dem sich die Spannungen wie in einer Flüssigkeit ausbreiten würden; es fände dann kein Kraftfluss mehr durch die Körner statt, die innere Reibung ginge fast ganz verloren; es käme zum „Schieben" der Asphaltschicht unter Verkehr. Der gleiche Effekt würde bei starker Erwärmung des mit zu geringem Hohlraumgehalt eingebauten Asphaltes entstehen. Da sich das Bitumen bei Erwärmung etwa 20mal so stark ausdehnt wie die Mineralstoffe, würden die Mineralstoffkörner auseinandergedrückt, die Abstützung von Kornkante zu Kornkante ginge verloren. Die innere Reibung der Gesteinsmischung würde derart herabgesetzt werden (*quasihydraulisches System s.o.*), dass kein ausreichender Verformungswiderstand mehr vorhanden ist, was sich in einer starken „Erweichung" äußert. Halten die hohen Temperaturen über längere Zeiten an, tritt das überschüssige Bindemittel unter Umständen sogar nach oben aus dem Belag heraus; er beginnt zu **„schwitzen"**.

8.2.3.4   Standfestigkeit

Unter der Standfestigkeit oder Stabilität von Asphaltmassen versteht man die Formbeständigkeit bei Einwirkung von Kräften oder die Widerstandskraft gegen zwangsweise aufgebrachte plastische Verformung. Hohe Widerstandskraft bei geringer Verformung weist auf hartes, im Extrem auf sprödes Material, geringe Widerstandskraft und große Verformung ohne Zerstörungserscheinungen auf weiches, anpassungsfähiges, im Extrem auf fließendes Material hin. Welches Maß an Standfestigkeit jeweils zweckmäßig ist, hängt neben der Verkehrsbelastung auch von der Fahrbahnkonstruktion ab. Im allgemeinen ist ein hoher Verformungswiderstand günstig, denn je stabiler das Material ist, desto besser ist die Lastverteilung. Solche Konstruktionen neigen aber bei weniger standfester Unterlage wegen der häufigen starken Durchbiegungen leicht zur Rissbildung infolge Ermüdung. In diesem Fall ist es besser, ein leichter verformbares Material einzusetzen. Die größere Flexibilität ermöglicht dann z. B. auch eine Anpassung an langsame Bewegungen der Unterlage, ohne dass dies zu Gefügelockerungen oder Rissbildung in der Asphaltschicht führt.

Günstig für hohe Standfestigkeit wirken:
○ hoher Anteil an bruchflächigem Korn mit guter Kantenfestigkeit und rauer Oberfläche
○ großes Größtkorn in Relation zur Einbaudicke
○ hoher Verdichtungsgrad unter Beachtung des erforderlichen Resthohlraumgehaltes, um die Entstehung eines quasi-hydraulischen Systems zu vermeiden
○ härteres, durch Füller versteiftes oder polymermodifiziertes Bitumen
○ sparsame Bitumendosierung

8.2.3.5 Verschleißfestigkeit

Unter Verschleiß versteht man den Substanzverlust infolge Abrieb durch Verkehrsbeanspruchung. Verschleißfestigkeit bleibt auch nach dem Verbot von Spikesreifen eine wichtige Mischguteigenschaft von direkt befahrenen Asphaltschichten und unabdingbare Voraussetzung für den Erhalt des Gebrauchswertes. Untersuchungen haben ergeben, dass eine hohe Verschleißfestigkeit durch folgende Faktoren erreicht werden kann:
○ schlagfestes, witterungs- und frostbeständiges gebrochenes Gestein (Splitt)
○ viel grobes Korn von gedrungener Kornform
○ bitumenreicher, steifer Mörtel, in den die Splittkörnung tief eingebunden wird
○ möglichst niedriger Hohlraumgehalt

8.2.3.6 Sonstige

Griffigkeit ist der von der Fahrbahn herrührende Beitrag zum Kraftschluss zwischen Reifen und Fahrbahn. Der Kraftschluss ist abhängig von der Rauigkeit der Fahrbahnoberfläche (Grobrauheit = Rautiefen zwischen den einzelnen Gesteinskörnern) und der Schärfe des im Kontakt mit dem Reifen befindlichen Materials (Feinrauheit). Eine gute Griffigkeit erzielt man mit Asphalten, bei denen scharfkantige Splittkörner 5/8 oder 8/11 deutlich aus dem Mörtelbett der Schicht herausragen und auch noch die freiliegenden Kornspitzen des Brechsandes Kontakt mit den Fahrzeugreifen bekommen. Der Erhalt der Griffigkeit hängt wesentlich, wenn auch nicht ausschließlich, von dem Widerstand der Mineralstoffe gegen Poliertwerden ab. Mit stark polierbaren Gesteinen können keine griffigen Fahrbahnoberflächen erzielt werden. Mischungen stärker polierbarer und wenig polierbarer Gesteine lassen ein mittleres Griffigkeitsverhalten erwarten. Die **Helligkeit** einer Fahrbahnoberfläche entspricht der Leuchtdichte des reflektierten Lichtes und steht im Zusammenhang mit der Rautiefe und der verwendeten Gesteinsart. Sie ist zusammen mit der Griffigkeit eine wichtige Eigenschaft für die Verkehrssicherheit der Asphaltstraßen und lässt sich über die Oberflächenrauhigkeit (raue Oberflächen ergeben hellere Decken) sowie über die verwendeten Mineralstoffe beeinflussen. Hellere Oberflächen absorbieren weniger Wärme, bleiben daher im Sommer infolge verzögerter Erwärmung standfester, werden aber im Winter aus demselben Grund nicht so schnell eisfrei wie dunklere Fahrbahnoberflächen. Der fugenlose Einbau von Asphaltschichten ergibt vergleichsweise **geräuscharme** Fahrbahndecken, selbst bei sehr rauen, griffigen Oberflächen. Auf Grund des elastoviskosen Verhaltens von Bitumen vermögen Asphaltfahrbahnbeläge Verkehrsstöße zu dämpfen. Die **stoßdämpfende** Wirkung von Asphalt verringert das Übertragen von Erschütterungen auf angrenzende Gebäude.

8.2.4   Einflussfaktoren

8.2.4.1   *Mineralstoffe*

Es gehört zu den Vorzügen der Asphaltschichten, dass sich ihre angestrebten Gebrauchseigenschaften mit Hilfe sehr unterschiedlicher Mineralstoffe erreichen lassen: ungebrochen als Kies und Natursand, gebrochen als Splitt, Brechsand und Füller. Die Verformungsbeständigkeit beruht überwiegend auf der von Temperatur und Belastungsdauer unabhängigen inneren Reibung des Mineralstoffgemisches, die mit zunehmender Lagerungsdichte ansteigt. Auch ein hoher Anteil an gebrochenem Korn führt in der Regel zu einer höheren Verformungsbeständigkeit als bei Verwendung von Rundkorn. Der Verformungswiderstand steigt auch mit der Größe des Maximalkorns und dem Anteil an Grobkorn in der Mischung. Untersuchungen über den Einfluss der Kornverteilung haben gezeigt, dass eine leichte Tendenz zugunsten diskontinuierlicher Kornabstufung sich günstig für eine hohe Standfestigkeit auswirkt [8.3]. Der Neigung zur Kornzerkleinerung unter starker Verkehrsbelastung muss jedoch durch Verwendung eines betont steifen Mörtels in ausreichender Menge entgegen gewirkt werden. Natursand macht das Asphaltmischgut verdichtungswilliger, aber wegen des geringeren Hohlraumgehaltes auch empfindlicher gegen Schwankungen im Bindemittelgehalt (Gefahr der Überfettung). Füller beeinflusst die Mischguteigenschaften ganz erheblich. Seine Mitwirkung im Asphalt ist nicht nur auf das Ausfüllen der Hohlräume im Korngerüst beschränkt, sondern er spielt eine wichtige Rolle bei der Bildung eines steifen Mörtels, der sogenannten **Füllerung** (*eine Art „Armierung" des Bindemittels*, siehe Kapitel 8.2.4.2.2).

Durch Verwendung heller Naturgesteine, wie Diabas, Moräne, Granit, Gabbro, Labradorit, Quarzit und anderen oder auch künstlicher Gesteine mit den Handelsbezeichnungen *Luxovite* (gesinterter Flint), *Synopal* (getempertes Gemisch aus Quarzsand, Kreide, Dolomit) und anderen, können auch bei Asphaltbauweisen nicht unbeträchtliche Aufhellungen erreicht werden. Zugabe von Pigmenten ermöglichen das Einfärben von Asphalten und damit die farbliche Abgrenzung von besonderen Verkehrsflächen. Zufriedenstellende und wirtschaftliche Einfärbungen wurden mit Eisenoxidrot, Chromoxidgrün und Aluminiumpulver erreicht; andere Pigmente übertönen die dunklen Asphaltene ungenügend.

8.2.4.2 Bindemittel

8.2.4.2.1 Bitumensorte

Die Bitumensorte beeinflusst die Verdichtbarkeit des Mischgutes sowie die Verformungsbeständigkeit und das Ermüdungsverhalten der fertigen Asphaltschicht. Für die Verdichtbarkeit und das Ermüdungsverhalten (vor allem bei Asphaltbefestigungen geringer Gesamtdicke) ist in der Tendenz ein weicheres Bitumen vorteilhafter. Die Verformungsbeständigkeit wird von der Bitumensorte nur wenig beeinflusst. Aus diesen Gründen ist Straßenbaubitumen 70/100 insgesamt als besonders günstig und zweckmäßig anzusehen. Lediglich bei Mischungen mit geringer innerer Reibung (viel Rundkorn) und fehlendem Stützkorn (feinkörnige, sandreiche Mischungen, wie z. B. auch bei Gussasphalt) sowie für besonders verformungsbeständige Mischungen ist die härtere Bitumensorte 50/70 oder sogar 40/60 (bei Gussasphalt auch 20/30) zweckmäßiger.

8.2.4.2.2 Bitumengehalt

Bei bituminösem Mischgut ist nicht nur ein unter, sondern auch ein über dem Sollwert liegender Bindemittelanteil abträglich, ja ein zu hoher Bindemittelgehalt ist in der Regel schädlicher als ein zu niedriger, da Bitumen – auch bei tiefen Temperaturen – im physikalischen Sinne eine zähe Flüssigkeit bleibt. Daraus folgt, dass die Festigkeit eines Asphaltes stark abnimmt, wenn der *Flüssigkeitsanteil* zu groß wird. Um einen hohen Verformungswiderstand zu erzielen, muss des weiteren das Bindemittel innerhalb des Mischgutes sehr gleichmäßig verteilt sein; zwischen den Berührungspunkten der einzelnen Mineralstoffkörner werden sehr dünne Bindemittelschichten angestrebt, die eine ausreichende Verklebung sicherstellen, ohne allerdings zwischen den Mineralstoffkörnern als *Schmiermittel* zu wirken. Dicke Bitumenfilme ertragen andererseits größere und häufigere Dehnungen schadlos, was das Ermüden verzögert und die Nutzungsdauer von Asphaltbefestigungen entscheidend verlängert. Außerdem schützen sie die Mineralstoffe besser vor schädlichen Witterungseinflüssen. Die verwendete Bindemittelmenge muss also so bemessen werden, dass alle Kornoberflächen gleichmäßig umhüllt sind, möglichst viele Punkte verklebt werden und dass für Einbau und Verdichtung genügend Schmiermittel vorhanden ist, andererseits die Bitumenfilme aber so dünn bleiben, dass nur kleinste Verformungsmöglichkeiten bestehen (*d. h. Spannungen über kleinste Wege – von Korn zu Korn – übertragen werden*). Hier liegt auch die außerordentlich große Bedeutung des Füllers. Durch die Aufspaltung des Bindemittels durch die Füllerpartikel entstehen dünne, widerstandsfähige Bindemittelfilme, die zur Erhöhung der Festigkeit und der Verringerung des Verformungsweges (*Fließwert*) führen. Mit zunehmendem Füller-Bitumen-Verhältnis steigt die Viskosität des aus Bitumen und Füller gebildeten Mörtels an (je nach Füllersorte unterschiedlich stark); entsprechend wird der Verformungswiderstand erhöht. Besitzt man ein Haufwerk gut abgestufter Zusammensetzung, also mit einem hohen Betrag innerer Reibung, und wählt den Bindemittelanteil so, dass sich im fertig eingebauten Material eine maximale einachsige Druckfestigkeit des Gemisches, also ein hoher Betrag an Kohäsion ergibt, so wird ein Optimum an Asphaltfestigkeit erreicht. Der optimale Bitumengehalt wird durch Eignungsprüfungen im Labor ermittelt. Nach Festlegung eines bestimmten Kornaufbaus werden Probemischungen mit variierendem Bitumengehalt hergestellt und die mechanischen Eigenschaften des Mischgutes anhand von Probekörpern überprüft. Aus dem Gesamtbild der ermittelten Kennwerte für Raumdichte, Hohlraumgehalt, Stabilität und Fließwert werden dann in Anlehnung an die Verkehrsbelastung, Standfestigkeit der Unterlage, Konstruktionsdicke und Klima, Mineralstoffgemisch, Bitumensorte und Bitumengehalt so aufeinander angestimmt, dass die für den jeweiligen Anwendungszweck gewünschten Eigenschaften sichergestellt werden.

8.2.4.3 Herstellung

In der fertigen eingebauten Asphaltmasse soll das Bitumen die einzelnen Mineralstoffkörner miteinander verkleben. Voraussetzung für eine gute Haftung des Bitumens an der Gesteinsoberfläche ist eine einwandfreie Benetzung. Das Umhüllen und Verkleben ist solange kein Problem, wie die zu benetzenden Oberflächen nicht nur staubfrei, sondern auch trocken sind. Das Mischgut wird deshalb überwiegend im Heißmischverfahren hergestellt. Eine Überhitzung ist zu vermeiden, da sonst eine thermische Schädigung des Bitumens (Alterung und Versprödung) eintritt, die die Haftung nachteilig beeinflusst. Der gleiche Effekt kann eintreten, wenn Luftsauerstoff bei höheren Temperaturen auf dünne Bitumenfilme einwirkt. Lange Mischzeiten bei hohen Temperaturen sowie längere Silierung des heißen Materials insbesondere in nur teilgefüllten und/oder offenen Silos (Kaminwirkung) ist möglichst zu vermeiden.

8.2.4.4 Transport und Einbau

Das heute weltweit in den Industrieländern überwiegend zur Anwendung kommende Verfahren ist der Heißeinbau. Der in der zentralen Mischanlage hergestellte Asphalt wird heiß zur Einbaustelle transportiert und dort in heißem Zustand eingebaut. Nach dem Auskühlen des eingebauten Mischgutes ist die hergestellte Asphaltschicht sofort voll belastbar. Es ist überall dort zweckmäßig, wo auf ein sofortiges Verlegen der Fahrbahndecke zur Vermeidung weiterer Verkehrssperrungen Wert gelegt wird. Bei vorgegebener Mischgutzusammensetzung wird die Verarbeitbarkeit des Mischgutes im wesentlichen durch seine Temperatur bestimmt. Während des Lagerns und Beförderns muss deshalb ein Auskühlen des Mischgutes vermieden werden. Alle Mischgutarten mit körniger Struktur, die nach dem Einbau noch verdichtet werden müssen (Walzasphalt), können auf normalen LKW-Pritschen oder in offenen Kippern transportiert werden. Dabei ist es unerlässlich, das Material mit Planen abzudecken, um ein Auskühlen durch den Fahrtwind sowie Verhärtungen der Bitumenfilme im noch locker gelagerten Mischgut durch Sauerstoffeinfluss zu vermeiden. Gussasphalt und

Asphaltmastix sind, um ein Entmischen zu vermeiden, in fahrbaren Kochern ständig zu rühren. Der sehr steife Mörtel erfordert wesentlich höhere Verarbeitungstemperaturen als beim Walzasphalt. Bei langen Verweilzeiten – die möglichst zu vermeiden sind – ist darauf zu achten, dass die Temperaturen nicht zu hoch ansteigen (thermische Schädigung des Bindemittels). Die Verarbeitbarkeit von Asphaltgemischen ist in hohem Maße von der Viskosität des Asphaltmörtels abhängig; diese wird im wesentlichen von der Temperatur bestimmt. Dies ist speziell für den Walzasphalt von Bedeutung, bei dem das eingebaute Mischgut noch durch Walzen verdichtet werden muss. Die Einbautemperaturen betragen:

○ für Walzasphaltmischgut 120 bis 180 °C
○ für Gussasphaltmischgut 200 bis 250 °C
○ für Asphaltmastix 180 bis 220 °C

Bei der Abkühlung einer Asphaltschicht spielt die Schichtdicke eine sehr wichtige Rolle, weil damit die eingebrachte Wärmemenge je Flächeneinheit signifikant verändert wird. Dünnere Schichten kühlen schneller aus, in dickeren Lagen bleibt das Mischgut länger verdichtbar und lässt sich deshalb bei gleichem Verdichtungsaufwand höher verdichten. Als Faustregel gilt, dass die Abkühlungszeit auf das dreifache wächst, wenn die Schichtdicke verdoppelt wird [8.11].

8.2.5 Prüfverfahren für Asphalt

Neben der Zerlegung des Asphalts zur Überprüfung der Einzelkomponenten sowie zur Ermittlung des Mischungsverhältnisses, sind vor allem Untersuchungen zur Bestimmung des Hohlraumgehaltes und der Standfestigkeit der verdichteten Asphaltmasse von Bedeutung, die an genormten Probekörpern (Marshall-Probekörper bzw. Probewürfel) durchgeführt werden. Die Bestimmung des **Hohlraumgehalts** verdichteten Walzasphaltes kann auf zwei Wegen erfolgen:

I   auf rechnerischem Wege aus der Roh- und Raumdichte gemäß DIN 1996, Teil 7
II durch die Bestimmung der Wasseraufnahme unter Anwendung von Vakuum gemäß DIN 1996, Teil 8.

Die bekannten Verfahren zur Prüfung der **Festigkeit** verdichteter Walzasphalte sind im wesentlichen solche, bei denen ein Probekörper unter festgelegten Bedingungen bis zu seiner maximalen Lastaufnahmefähigkeit durch Druck beansprucht wird. Gemeinsam ist allen Verfahren, dass sie nicht die praktische Beanspruchung des Baustoffes unter Verkehrsbedingungen vollkommen nachzuahmen vermögen. Der Marshall-Test gemäß DIN 1996, Teil 11, ist die wahrscheinlich am weitesten verbreitete, mechanische Prüfung für hochwertige Asphaltgemische. Als relatives Maß für die Festigkeit oder Belastbarkeit einer verdichteten Walzasphaltmischung ermittelt man die Marshall-Stabilität und den -Fließwert. Unter der **Marshall-Stabilität** versteht man die Maximallast in kN, die ein Probekörper bei teilweise behinderter Seitenausdehnung bis zum Zerfließen aufnehmen kann, die bis zum Erreichen der Höchstkraft eingetretene Verformung des Probekörpers wird als **Fließwert** in 1/10 mm angegeben (siehe *Abbildung 8.6*).

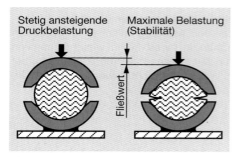

Stetig ansteigende Druckbelastung

Maximale Belastung (Stabilität)

Fließwert

Abbildung 8.6
Messprinzip zur Bestimmung von Marshall-Stabilität und -Fließwert

Beim Gussasphalt sind die für Walzasphalt üblichen Prüfmethoden aufgrund des Bindemittelüberschusses nicht anwendbar. Hier wird als relatives Maß für die Standfestigkeit die Eindringtiefe eines Metallstempels in mm gemessen (DIN 1996, Teil 13).

8.2.6   Asphalte für den Straßenbau

Die auf Grund der Verkehrsbelastung in einer Asphaltbefestigung auftretenden typischen Spannungen sind in der *Abbildung 8.7* dargestellt.

Daraus lässt sich ableiten, dass die Festigkeitsanforderungen in den oberen Schichten am größten sein müssen und mit zunehmender Tiefe entsprechend geringer werden können. Auf Grund des schichtweisen Aufbaus der Asphaltbefestigung ist es möglich, durch die Verwendung unterschiedlicher Mischgutsorten in den einzelnen Schichten, die Materialeigenschaften weitgehend optimal den jeweiligen Anforderungen anzupassen. Dies ist nicht nur technologisch vorteilhaft, sondern auch wirtschaftlich, weil dadurch auch örtlich anstehende Mineralstoffe, die gegebenenfalls qualitativ nicht so hochwertig sind, in den geringer beanspruchten Bereichen eingesetzt werden können. An den Bereich der Fahrbahnoberfläche müssen noch weitere Anforderungen gestellt werden, die sich

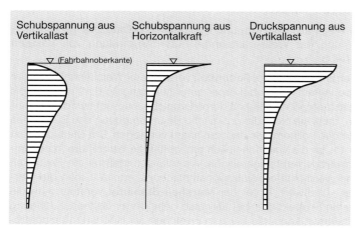

Schubspannung aus Vertikallast

Schubspannung aus Horizontalkraft

Druckspannung aus Vertikallast

▽ (Fahrbahnoberkante)

Abbildung 8.7
Typischer Spannungsverlauf in Asphalt-Fahrbahn-befestigungen

neben der Haltbarkeit vor allem an der Verkehrssicherheit orientieren. Das Gesamtbild der erforderlichen Eigenschaften der einzelnen Schichten einer Fahrbahnbefestigung ist in der *Abbildung 8.8* dargestellt.

Entsprechend diesen Anforderungen unterscheidet man in der Praxis bei den Asphalt-befestigungen im Prinzip drei Schichten: Tragschichten, Binderschichten und Deck-schichten. Die Asphaltbauweise kennt viele Variationsmöglichkeiten. In der Praxis haben sich in Anlehnung an den konstruktiven Aufbau einer Asphaltbefestigung einige Mischgutsorten entwickelt, die im folgenden mit ihren wesentlichen technologischen Eigenschaften kurz vorgestellt werden sollen.

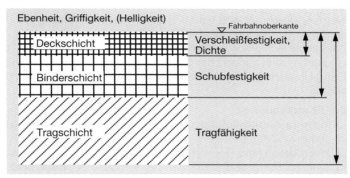

Abbildung 8.8
Wichtige Anforde-
rungen an die
einzelnen Schichten
einer Fahrbahn-
befestigung

8.2.6.1 Mischgut für Asphalttragschichten

Bei der Zusammensetzung des Mischguts sind die Verkehrsbelastungen (Bauklasse), die Mischgutart und die Mischgutsorte, die Dicke der Schicht bzw. Lage sowie örtliche, klimatische und topografische Verhältnisse zu berücksichtigen.

Asphalttragschichten werden im Heißeinbau hergestellt. Die bitumengebundenen Tragschichten gemäß ZTVT-StB werden in Abhängigkeit vom Kornanteil > 2 mm im Mineralstoffgemisch nach Mischgutart AO, A, B, C und CS unterteilt (siehe *Tabelle 8.2*), wovon die Mischgutart AO nur für den unteren Bereich einer Asphaltbefestigung vorgesehen ist, die Mischgutart CS für Straßen mit besonderen Belastungen vor allem in den oberen Tragschichtlagen eingesetzt wird. Diese Mischgutart muss im Mineral-stoffgemisch > 2 mm aus gebrochenem Korn bestehen und ein Verhältnis Brech-sand : Natursand von ≥ 1 : 1 aufweisen. Das Größtkorn der Tragschichten beträgt im allgemeinen 32 mm. Der Anteil der gröbsten Kornklasse einschließlich Überkornanteil muss mindestens 10 M.-% betragen.

Da Asphalttragschichten nicht den direkten Verkehrs- und Witterungsbeanspru-chungen ausgesetzt sind, können die Anforderungen an die Qualität der Mineralstoffe für bituminös gebundene Tragschichten geringer sein als an Mineralstoffe für Fahr-bahndecken. Als Bindemittel kommen laut ZTVT Straßenbaubitumen 70/100 oder

50/70 zur Anwendung; lediglich beim Mischguttyp AO für die untere Schicht darf die härtere Bitumensorte 30/45 verwendet werden, da in diesem tiefergelegenen Bereich die Temperaturschwankungen und damit die Anforderungen an das Relaxationsvermögen geringer sind. Für Asphalttragschichten unter Betondecken ist die Mischgutzusammensetzung so zu wählen, dass der Hohlraumgehalt am Marshall-Probekörper < 6,0 Vol.-% beträgt, für Asphalttragschichten unter Pflasterdecken oder Plattenbelägen so, dass der Hohlraumgehalt am Marshall-Probekörper an der oberen Grenze der Werte der *Tabelle 8.2* liegt.

Asphalttragschichten haben vorwiegend eine tragende, lastverteilende Funktion in der Straßenbefestigung und müssen im Hinblick auf eine hohe Standfestigkeit aufgebaut werden. Durch gezielte Variation der Zusammensetzung lassen sich sowohl ausgesprochen verformungsbeständige als auch betont flexible und leichter verformbare Asphalttragschichten herstellen. Dabei ermöglicht die Flexibilität eine Anpassung an langsame Bewegungen der Unterlage, z. B. Bodensenkungen, ohne dass dieses zu Gefügelockerungen und Rissbildung führt. Folgende Maßnahmen führen zur Verbesserung

der Standfestigkeit
- bessere Kornabstufung
- mehr Grobkorn
- mehr Brechsand
- weniger Rundsand
- mehr Füller
- härteres Bitumen

der Dichte
- bessere Kornabstufung
- weniger Brechsand
- mehr Rundsand
- mehr Füller
- mehr Bitumen.

Je feinkörniger das Mineralstoffgemisch ist
- desto höher der erforderliche Bitumengehalt
- desto größer die Spannweite des Hohlraumgehaltes
- desto niedriger die erreichbare Marshall-Stabilität.

8.2.6.2 Mischgut für Asphaltfundationsschichten

Die nach Schweizer Muster entwickelten Asphaltfundationsschichten – die im großen und ganzen etwa dem Typ AO der Asphalttragschichten entsprechen – können unterhalb der eigentlichen Asphalttragschichten eingebaut werden und ersetzen ganz oder teilweise die ungebundenen unteren Trag- bzw. Frostschutzschichten. Sie werden wie die Asphalttragschichten im Heißeinbau hergestellt. In diesem tiefer gelegenen Bereich sind die Beanspruchungen geringer, so dass die Anforderungen – auch an die

Rechte Seite:
Tabelle 8.2
Zusammensetzung und Eigenschaften der wichtigsten Mischgutsorten

Mischgut-art	Mineral-gemisch [mm]	Körnung > 2 mm i. Mineralgemisch [M.-%]	Körnung < 0,09 mm i. Mineralgemisch [M.-%]	gröbste Körnung [M.-%]	Überkorn [M.-%]	Bindemittel Sorte	Bindemittel [M.-%]	Hohlraumgehalt am Marshall-Probekörper [Vol.-%]	Marshall-Stabilität [kN]	Fließwert [mm]
Tragschichten										
AO	0/2 bis 0/32	0–80	2–20	≥ 10	≤ 20		≥ 3,3	4,0–20,0	≥ 2,0	1,5–4,0
A	0/2 bis 0/32	0–35	4–20	≥ 10	≤ 10		≥ 4,3	4,0–14,0	≥ 3,0	1,5–4,0
B	0/22 bis 0/32(0/16)[1]	≥ 35–60	3–12	≥ 10	≤ 10	70/100 50/70	≥ 3,9	4,0–12,0	≥ 4,0	1,5–4,0
C	0/22 bis 0/32(0/16)[1]	≥ 60–80	3–10	≥ 10	≤ 10		≥ 3,6	4,0–10,0	≥ 5,0	1,5–4,0
CS	0/22 bis 0/32(0/16)[1]	≥ 60–80	3–10	≥ 10	≤ 10		≥ 3,6	5,0–10,0	≥ 8,0	1,5–5,0
Tragdeckschichten										
0/16	50–70	7–12	10–20	≤ 10	70/100 160/220	≥ 5,2	1,0–3,0	≥ 4,0	2,0–5,0
Asphaltbinder[1]										
0/22 S	71–80	4–8	≥ 25	≤ 10	30/45, PmB 45 (50/70)[3]	3,8–5,5	4,0–8,0	–	–	–
0/16 S	70–75	4–8	≥ 25	≤ 10	30/45, PmB 45 (50/70)[3]	4,2–5,5	4,0–8,0	–	–	–
0/16 [2]	60–75	3–9	≥ 20	≤ 10	50/70, 70/100 (30/45)[3]	4,0–6,0	3,0–7,0	–	–	–
0/11 [2]	50–70	3–9	≥ 20	≤ 10	50/70, 70/100	4,6–6,5	3,0–7,0	–	–	–

Mischgut-art	Mineral-gemisch [mm]	Körnung > 2 mm i. Mineralgemisch [M.-%]	Körnung < 0,09 mm i. Mineralgemisch [M.-%]	gröbste Körnung [M.-%]	Über-korn [M.-%]	Bindemittel Sorte	Bindemittel [M.-%]	Hohlraum-gehalt am Marshall-Probekörper [Vol.-%]	Marshall-Stabilität [kN]	Marshall-Fließwert [mm]
Asphaltbeton										
0/16 S [1]	55–65	6–10	25–40	≤ 10	50/70 (70/100)[1]	5,2–6,5	3,0–5,0[4]	–	–
0/11 S [1]	50–80	6–10	15–30	≤ 10	50/70 (70/100)[1]	5,9–7,2	3,0–5,0[4]	–	–
0/11 [1,7]	40–60	7–13	≥ 15	≤ 10	70/100 (50/70)[1]	6,2–7,5	2,0–4,0[5] 1,0–3,0[6]	–	–
0/8 [1,7]	35–60	7–13	≥ 15	≤ 10	70/100 (50/70)[1]	6,4–7,7	2,0–4,0[5] 1,0–3,0[6]	–	–
0/5	30–50	8–15	–	≤ 10	70/100 (160/220)[1]	6,8–8,0	1,0–3,0[6]	–	–
Splittmastixasphalt[1]										
0/11 S	73–80	9–13	≥ 40	≤ 10	50/70 (PmB 45)[1]	≥ 6,5	3,0–4,0	–	–
0/8 S	73–80	10–13	55–70	≤ 10	50/70 (PmB 45)[1]	≥ 7,0	3,0–4,0	–	–
0/8 [2]	70–80	8–13	45–70	≤ 10	70/100	≥ 7,0	2,0–4,0	–	–
0/5 [2]	60–70	8–13	–	≤ 10	70/100 (160/220)[1]	≥ 7,2	2,0–4,0	–	–
Gussasphalt									Eindringtiefe am Probewürfel nach 30 min [mm]	
0/11 S [8]	45–55	20–30	≥ 15	≤ 10	30/45 (20/30)[1]	6,5–8,0	4,0–8,0	1,0–3,5	
0/11	45–55	20–30	≥ 15	≤ 10	30/45	6,5–8,0	4,0–8,0	1,0–5,0	
0/8	40–50	22–32	≥ 15	≤ 10	30/45 (50/70)[1]	6,8–8,0	3,0–7,0	1,0–5,0	
0/5	35/45	24–34	–	≤ 10	30/45 (50/70)[1]	7,0–8,5	3,0–7,0	1,0–5,0[9]	
Asphaltmastix										
0/2	≤ 15	30–60	–	–	50/70, 70/100 (30/45, 160/220)[1]	13,0–18,0	–	–	–

Gleichmäßigkeit des Mischgutes – gegenüber den Asphalttragschichten verringert werden können. Als Mineralstoffe können qualitativ nicht so hochwertige Stoffe, wie z. B. nicht frostsicher zusammengesetzte Sande oder Kiese (bis Körnung 0/40) mit höheren Feinstkornanteilen aber auch schadstoffbelastete Altbaustoffe oder industrielle Nebenprodukte, die z. B. in ungebundenen Tragschichten nicht ohne weiteres zugelassen werden können, eingesetzt werden. Die dauerhafte, wasserfeste Umhüllung mit Bitumen verhindert das Auslaugen der schädlichen Bestandteile und lässt es in diesem Bereich der Fahrbahnbefestigung zu, die Anforderungen an die Sauberkeit und insbesondere die Frostbeständigkeit herabzusetzen. Außerdem lassen sich in Asphaltfundationsschichten große Mengen Altbauasphalt (bis zu etwa 2/3 der Gesamtmischung) – auch unsortiert – einbauen, ohne dass dieses den Gebrauchswert der Fahrbahnbefestigung beeinträchtigen würde.

8.2.6.3 Mischgut für Asphalttragdeckschichten

Tragdeckschichten nach den ZTV Asphalt-StB (siehe *Tabelle 8.2*) haben sich aus dem landwirtschaftlichen Wegebau entwickelt und kombinieren die Eigenschaften von Trag- und Deckschichten.

Asphalttragdeckschichten müssen daher zum einen so dicht und witterungsbeständig wie Deckschichten sein, zum anderen aber auch eine ausreichende Tragfähigkeit und Flexibilität aufweisen. Das Mischgut wurde aus der Asphalttragschichttype C entwickelt, ist aber dichter zusammengesetzt und feinkörniger (Größtkorn 16 mm). Es wird im heißen Zustand eingebaut und verdichtet. Da diese Schichten direkt befahren werden, müssen Splitte und Kiese hinsichtlich der Frostbeständigkeit den erhöhten Anforderungen für Edelsplitte genügen. Neben dem landwirtschaftlichen Wegebau werden sie heute unter anderem eingesetzt:
○ auf Parkplätzen
○ zur Befestigung von Startbahnschultern im Flugplatzbau
○ zur preisgünstigen Sanierung von klassifizierten Straßen mit schwachem bis mittlerem Verkehr
○ als vorläufige Fahrbahndecke (1. Ausbaustufe).

Linke Seite:
Tabelle 8.2 (Fortsetzung)
Zusammensetzung und Eigenschaften der wichtigsten Mischgutsorten

Legende zu Tabelle 8.2

[1] nur für Ausgleichsschichten
[2] nur in besonderen Fällen
[3] Brechsand : Natursand $\geq$ 1:1
[4] Baukl. II, III (Verkehrsflächen m. bes. Beanspruchung), u. St SL W
[5] Baukl. III und IV
[6] Baukl. V, VI, St LLW u. Wege
[7] nur bei Baukl. III Brechsand : Natursand $\geq$ 1:1
[8] Brechsand : Natursand $\geq$ 2:1
[9] Bei Rad- und Gehwegen $\leq$ 10 mm

8.2.6.4 Mischgut für Asphaltbinder

Der Asphaltbinder gemäß ZTV Asphalt-StB wird heute zum Deckschichtmischgut gerechnet. Das Mischgut wird im heißen Zustand eingebaut und verdichtet. Da er in der Straßenkonstruktion in dem besonders durch Schubspannungen hoch beanspruchten Bereich zwischen Trag- und Deckschicht eingebaut wird, muss die Zusammensetzung so gewählt werden, dass eine möglichst hohe Standfestigkeit und Ermüdungsbeständigkeit erzielt wird (siehe *Tabelle 8.2*).

Das Mischgut ist aber weniger hochwertig als Asphaltbetonmischgut; es enthält etwas weniger Füller, weniger Sand und statt dessen etwas mehr vor allem groben Splitt (Größtkorn 22 mm), was einen etwas geringeren Bindemittelanspruch und einen mittleren Hohlraumgehalt ($\geq$ 3 Vol.-%) ergibt. Als Bindemittel werden vornehmlich Straßenbaubitumen 70/100 oder 50/70 eingesetzt.

8.2.6.5 Mischgut für Asphaltbeton

Das heute überwiegend für den Deckschichtbau eingesetzte Mischgut ist der Asphaltbeton gemäß ZTV Asphalt-StB (siehe *Tabelle 8.2*). Das Mischgut wird im heißen Zustand eingebaut und verdichtet.

Die gleichzeitige Sicherung gegen Verschleiß und Verformung erfordert einen Kompromiss in den Eigenschaften und damit in der Mischungszusammensetzung. Je hohlraumärmer und bitumenreicher die Asphaltdeckschicht ist, desto geringer ist der Verschleiß. Andererseits haben zu dichte Mischungen vielfach keine ausreichende Griffigkeit und einen geringen Widerstand gegen Verformungen. Für die Beschaffenheit der Fahrbahnoberfläche sind bei Deckschichtmaterial die Eigenschaften und die Zusammensetzung des Splittanteils von besonderer Bedeutung; man wählt daher viel Splitt für die gröberen Körnungen, insbesondere auf Straßen mit besonderen Beanspruchungen (Asphaltbeton 0/11 S und 0/16 S), weniger Splitt für die feineren Körnungen auf schwächer belasteten Straßen. Der Hohlraumgehalt kann vor allem über die Kornform des Sandanteils beeinflusst werden (mehr scharfkantiger Brechsand = mehr Hohlraum). In der Praxis werden im allgemeinen Mischungen aus Brech- und Natursand im Verhältnis 1:1 bis 2:1 gewählt; für Asphaltbeton 0/16S und 0/11S bei Verkehrsflächen mit besonderen Beanspruchungen wird die ausschließliche Verwendung von Edelbrechsand empfohlen. Zu beachten ist, dass die Erhöhung der Standfestigkeit durch den hohen Splittanteil aber gleichzeitig eine Verringerung der Flexibilität und der Ermüdungsfestigkeit bewirkt. Je schwächer der Verkehr und damit eine eventuelle Nachverdichtung, desto bitumenreicher und hohlraumärmer muss das Mischgut zusammengesetzt werden, um eine geschlossene, wasserabweisende Oberfläche zu erhalten. Die gleiche Empfehlung gilt für ungünstige klimatische Verhältnisse, z. B. Waldabschnitte ohne Sonneneinstrahlung oder Gegenden mit nasskaltem Klima. Für die meisten Anwendungsfälle gilt der Einsatz von Straßenbaubitumen 70/100 als optimal, für Asphaltbeton 0/16S und 0/11S die Bitumensorte 50/70. In besonderen

Fällen kann bei den Bauklassen II und III und bei Verkehrsflächen mit besonderen Beanspruchungen für Asphaltbeton 0/16S und 0/11S Polymerbitumen entsprechender Viskosität eingesetzt werden.

8.2.6.6 Mischgut für Splittmastixasphalt

Splittmastixasphalt gemäß ZTV Asphalt-StB besteht aus einem Mineralstoffgemisch mit Ausfallkörnung (siehe *Tabelle 8.2*), das im heißen Zustand eingebaut und verdichtet wird.

Um eine Entmischung des mit relativ hohem Bitumengehalt hergestellten Mischgutes während Herstellung, Transport, Einbau und Verdichtung zu verhindern, ist die Zugabe von stabilisierenden Zusätzen (z. B. organische und mineralische Faserstoffe, Kieselsäure, Polymere in Pulver- und Granulatform) sowie der Einsatz eines relativ harten Bindemittels (z. B. 50/70, für Splittmastixasphalt 0/8 oder 0/5 auch Bitumen 70/100) zur Bildung eines steifen Mörtels erforderlich. Vom Asphaltbeton unterscheidet ihn vor allem ein hoher Splittgehalt sowie die ausschließliche Verwendung von Edelsplitt und Edelbrechsand; das führt im eingebauten, verdichteten Zustand zu einem in sich abgestützten Splittgerüst, dessen Hohlräume mit Asphaltmastix weitgehend ausgefüllt sind. Voraussetzung für ein verspanntes Korngerüst hoher Standfestigkeit ist eine hohe Qualität des verwendeten Splittes hinsichtlich Kornform, Kantenfestigkeit und Frostbeständigkeit. Infolge des hohen Mörtelanteils sind Deckschichten aus Splittmastixasphalt ausgesprochen witterungs- und ermüdungsbeständig. Zur Erzielung einer angemessenen Oberflächenrauheit insbesondere der Anfangsgriffigkeit sind Abstumpfungsmaßnahmen vorzusehen, z.B. durch Abstreuen und Einwalzen von rohem oder bindemittelumhülltem Brechsand und/oder Edelsplitt.

8.2.6.7 Mischgut für Gussasphalt und Asphaltmastix

Gussasphalt ist der verschleißfesteste, technisch hochwertigste Fahrbahnbelag. Gussasphalt gemäß ZTV Asphalt-StB ist eine dichte bituminöse Masse aus Edelsplitt, Sand, Füller und Straßenbaubitumen oder Straßenbaubitumen und Naturasphalt (siehe *Tabelle 8.2*).

Durch den Bindemittelüberschuss stellt der Gussasphalt kein stabiles, mit Bitumen verklebtes Korngerüst mehr dar, sondern entspricht im Prinzip einem mit Splitt versteiften Mörtel. Im Vergleich zum Asphaltbeton werden deshalb wesentlich härtere Bitumensorten (30/45 oder sogar 20/30) und etwa der 2,5- bis 3-fache Füllergehalt verwendet. Durch Erhöhung des Splittanteils auf 50 bis 55 M.-% sowie Zugabe größerer Brechsandanteile lässt sich ein besonders schubfester Gussasphalt herstellen, wie er z. B. für Steigungsstrecken, Ampelbereiche oder Bushaltestellen erforderlich ist. Ein derart steifer Gussasphalt muss jedoch mit Vibrationsbohlen eingebaut werden. Durch die heute vielfach angewandte Technik des Einwalzens von Splitt 2/5 oder 5/8 mittels Gummiradwalzen in den heißen Gussasphalt (*„gewalzter Gussasphalt"*) lässt sich die Standfestigkeit erheblich steigern.

Beim **Asphaltmastix** handelt es sich um eine sehr feinkörnige Abwandlung des Gussasphaltes mit einem sehr hohen Anteil (allgemein 14 bis 18 M.-%) an relativ weichem Bitumen (50/70, 70/100). Asphaltmastix ist in heißem Zustand gieß- und streichbar. Die Konsistenz wird weitgehend über die Bitumensorte und den Bitumengehalt gesteuert. Wegen des fehlenden Splittgehaltes sind weder Standfestigkeit noch Griffigkeit von Mastixschichten für den Verkehr ausreichend. Im Straßenbau findet er bevorzugt für Ausbesserungszwecke (z. B. Spurrinnen) als dünner Überzug auf höhengebundenen Fahrbahndecken oder zur Herstellung von dünnen Brückenabdichtungen (etwa 8 mm Asphaltmastix auf Dampfdruckentspannungsschichten) Verwendung. Höhere Standfestigkeit und Griffigkeit kann wie beim Gussasphalt durch nachträgliches Einwalzen von mit Bitumen umhülltem Splitt erzielt werden. Der Splitt muss unmittelbar nach dem Aufbringen mit ausreichend schwerer Walze bis zur Unterlage in den Asphaltmastix eingedrückt werden. Mastixschichten zeichnen sich dadurch aus, dass sie ebenso wasserundurchlässig sind wie Gussasphalt. Trotz des Einbaus in sehr dünnen Schichten von weniger als 2 cm haben sie sich als außerordentlich haltbar erwiesen.

8.2.6.8 Sondermischgut

Über den Rahmen der ZTVT-StB und ZTV Asphalt-StB hinaus sind in den letzten Jahren eine Reihe von Mischgutarten entwickelt worden, die mit besonderen Baustoffen oder Bauverfahren verbesserte Eigenschaften anstreben und die – häufig unter geschützten Handelsnamen – insbesondere zur Herstellung von Sonderschichten auf Straßen mit besonderen Beanspruchungen angeboten werden. Zu nennen sind hier unter anderen:

- ○ Drainasphalt
- ○ Leichtasphalt
- ○ kaltverarbeitbares Mischgut
- ○ Mikrobeton
- ○ halbstarre Beläge, usw.

- ○ Mischgut für lärmmindernde Fahrbahndecken
- ○ eishemmende Deckschichten
- ○ aufgehellte oder farbige Fahrbahndecken
- ○ elastomer- und polymermodifizierte Decken

Eine detaillierte Behandlung dieser Sondermischgutarten ist im Rahmen dieses Lehrbuches nicht möglich; hierfür ist auf Spezialliteratur zu verweisen [8.16, 8.22 u. a.].

8.2.6.9 Oberflächenschutzschichten

Oberflächenschutzschichten sind dünne bitumengebundene Schichten auf Verkehrsflächen. Sie werden ausgeführt als Oberflächenbehandlungen oder Bitumenschlämmen nach ZTV Asphalt-StB. Oberflächenschutzschichten werden angewendet, um die Verkehrsfläche vor Zerstörungen infolge Eindringens von Feuchtigkeit oder sonstiger Einflüsse aus Witterung und Verkehr zu schützen. Darüber hinaus können Oberflächenbehandlungen sowohl die Griffigkeit als auch die Sichtbedingungen bei Nacht und Nässe verbessern.

8.2.6.9.1 Bitumenschlämmen

Bitumenschlämmen gemäß ZTV Asphalt-StB sind kaltverarbeitbare, gießbare Gemische aus korngestuften feinkörnigen Mineralstoffen und Bitumenemulsionen, die – von Ausnahmen abgesehen – maschinell aufbereitet und verlegt werden. Dabei unterscheidet man in Anlehnung an die Emulsionsart anionische und kationische Schlämmen. Sie dienen der Versiegelung und Beschichtung von Verkehrsflächen, insbesondere zum Auffrischen oder Aufrauen alter Decken bei schwachem bis mittlerem Verkehr (Stadtstraßen) und werden in ein oder zwei Arbeitsgängen ausgeführt. Zum Verbessern der Standfestigkeit und der Rauhigkeit können der oberen Lage bis zu 25 M.-% Sand beigemischt werden. Bitumenschlämmen, die auf vorausgegangener Oberflächenbehandlung hergestellt werden, ergeben dickere Schutzschichten, bei denen das Splittgerüst der Oberflächenbehandlung durch einen bituminösen Mörtel verfüllt und gebunden wird. Der Bindemittelgehalt ist auf die Art und Zusammensetzung des Mineralstoffgemisches, Art des Bindemittels und die zu erwartende Verkehrsbeanspruchung abzustimmen. Für treibstoffresistente Schlämmen wird als Bindemittel eine stabile Pechemulsion eingesetzt. Mit derartigen Schlämmen können Asphaltdecken vor dem schädlichen Einwirken von Benzin und Mineralölen geschützt werden (Parkplätze, Garagenhöfe und anderes).

8.2.6.9.2 Oberflächenbehandlungen

Oberflächenbehandlungen sind keine selbständige Deckenbauweise und gehören streng genommen nicht zu den Mischgutsorten, können aber im weiten Sinne als Bitumen-Mineralstoff-Gemische angesehen werden, die **auf** der Straßenoberfläche hergestellt werden. Als Oberflächenbehandlung wird das Anspritzen der Unterlage mit Bindemittel und das sofort anschließende Abstreuen und Einwalzen mit rohem oder bindemittelumhülltem Edelsplitt 2/5 bis 8/11 sowie die so hergestellte Schicht verstanden. Die verwendeten Splitte müssen einen hohen Widerstand gegen Polieren besitzen. Je gröber der Abdecksplitt, desto mehr Bindemittel muss aufgespritzt werden und desto dickflüssiger muss das Bindemittel sein. Eine genaue Bindemitteldosierung ist stets zu beachten, um eine Überfettung zu vermeiden. Die Körnung muss bis 2/3 der Korngröße in das Bindemittel eingebettet sein. Oberflächenbehandlungen sind bei einwandfreier Ausführung sehr griffig. Oberflächenschutzschichten werden vorwiegend auf Straßen der Bauklassen IV bis VI angewendet. Bei stärkerer Verkehrsbeanspruchung werden härtere Bindemittel sowie polymermodifizierte Bindemittel vorgesehen. Oberflächenbehandlungen sind hinhaltende Maßnahmen im Rahmen der Straßenerhaltung und dort angebracht, wo eine poröse und deshalb gefährdete Fahrbahndecke nicht sofort mit einer Deckschicht überbaut werden kann, aber vorbeugend gegenüber den Einflüssen der Witterung und des Verkehrs geschützt werden soll.

8.2.7   Asphalte für den Wasserbau

Da Bitumen und somit auch der Asphalt keine wasserlöslichen und toxischen Stoffe enthält, kann er in allen Bereichen des Wasserbaus – Deichbefestigungen, Küstenschutz, Böschungs- und Sohlbefestigungen im Fluss- und Kanalbau, beim Speicherbecken- oder Talsperrenbau, auch im Trinkwassereinzugsbereich – eingesetzt werden. Die Eignung des Asphaltes für den Wasserbau beruht auf folgenden Überlegungen: Bauwerke am und im Wasser müssen flexibel sein, da Untergrundbewegungen aus Nachverdichtungen und Volumenänderungen des Erdkörpers durch Wasseraufnahme oder -entzug immer gegeben sind. Asphaltschichten können wegen ihrer Plastizität auftretende Spannungen wieder abbauen und damit langsamen Setzungen folgen, ohne dass es zu Rissbildung und Verlust der Wasserdichtheit kommt. Der Asphaltwasserbau grenzt auf der einen Seite mit dünnen Belägen, die im allgemeinen eines Trägers und oft eines mechanischen Schutzes bedürfen, an die Abdichtungstechnik, auf der anderen Seite, z. B. mit dicken Kerndichtungen bei Talsperren oder dicken Deckwerken auf Deichen, ähneln die Bauweisen mehr dem Straßenbau. Eingesetzt wird vor allem der Asphaltbeton, daneben der hohlraumfreie Gussasphalt und der hohlraumarme Sandasphalt, die aber nur noch geringe technische Bedeutung haben. Von der Zusammensetzung her entsprechen sie weitgehend den Asphalten für den Straßenbau. Da im allgemeinen die dichtende Wirkung im Vordergrund steht, hat das Mischgut einen feineren Kornaufbau mit höherem Füller- und Bitumenanteil, wodurch die Verarbeitbarkeit erleichtert und der Hohlraumgehalt verringert wird. Als Variante zwischen der flächendeckenden Abdichtung mit einer Asphaltbetonschicht und dem Vergießen von Fugen zwischen einzelnen Bauelementen sind die Verfahren des Asphaltvergusses großer von Hand versetzter Steine (Setzsteinverguss) oder geschütteter Grobsteinlagen (Schüttsteinverguss) zu nennen. In beiden Fällen verbindet ein Mastixverguss die Einzelelemente der Natursteine oder auch Betonblöcke zu einem geschlossenen Körper dichtender Natur (Raugussdeckwerke). Diese Bauweise hat sich vor allem im Schutz gegen Meerwasser gut bewährt, weil sie den Wellenauflauf stark bremst. Auch Unterwasserverguss von groben Schüttungen für Seebuhnen und Molen, Böschungs- und Sohlendichtungen von Kanälen sowie im Fluss- und Deichbau ist möglich, denn der heiße Mastix bleibt gießfähig und verdrängt, da er spezifisch schwerer ist, das Wasser aus den Hohlräumen der Gesteinsschüttung. Müssen Beläge aber durchlässig sein, weil sie Wasser drainieren oder kurz- oder längerfristig hinter dem Deckwerk auftretende Wasserdrücke abbauen sollen, können keine undurchlässigen Vergussbauweisen eingesetzt werden. In einem solchen Fall werden *offene Beläge* aus grobkörnigem Gesteinsmaterial ohne Feinkorn hergestellt.

8.2.8   Asphalte für den Hochbau

Die geringe Wärmeleitfähigkeit sowie eine gewisse schalldämpfende Wirkung der Asphalte empfehlen sie auch zur Verwendung im Hochbau.

8.2.8.1 Gussasphaltestriche

Asphaltestriche sind Bodenbeläge, die in Form von Gussasphalt auf die Rohdecken von Gebäuden im Hochbau eingebracht werden. Der Gussasphaltestrich ist der einzige Trockenestrich. Im Grundsatz wird der Gussasphalt für den Hochbau ähnlich zusammengesetzt wie im Straßenbau. Da im allgemeinen ein Einbau von Hand erfolgt, wird jedoch, um eine gute Verarbeitungswilligkeit zu erreichen, der Splittgehalt mit ca. 25 bis 35 M.-% und einem Größtkorn von 5 mm relativ gering eingestellt. Die Körnungsverteilung in der Sandfraktion sollte möglichst stetig verlaufen, ein Verhältnis von Feinsand : Mittelsand : Grobsand in der Größenordnung 1 : 2 : 2 hat sich in der Praxis gut bewährt. Als Bindemittel kommen für Beläge in Innenräumen die sehr harten Bitumensorten 15/25 oder sogar 10/20, in unbeheizten Hallen oder im Freien (Terrassen) die harten Sorten 20/30 oder 15/25 in Frage. Bei hohen Flächendrücken, z. B. Langzeitbelastungen auf punktförmigen Flächen durch Möbel, Fahrverkehr auf Industriefußbodenbelägen durch Gabelstapler oder ähnlichem, ist es vorteilhaft zur Erhöhung der Standfestigkeit nur gebrochene Mineralstoffe zu verwenden und den Splittanteil (bis zu 50 M.-%) sowie das Größtkorn (bis 11 mm) zu erhöhen. Der Gussasphalt setzt sich durch Kontraktion auf Grund des Abkühlungsvorgangs etwas von den Wänden ab und bildet dadurch einen natürlichen Schalldämmraum. Da Gussasphalt hohlraumfrei ist, ist er wasserdicht und auch unempfindlich gegen aufsteigende Feuchtigkeit. Er ist daher für den Einsatz bei schlecht gegen Feuchtigkeit aus dem Erdreich geschützten Kellerräumen und in Nassräumen mit großem Wasseranfall, selbst bei aggressiven Wässern, gut geeignet, z. B. Waschräume, Markthallen, Viehställe, Laboratorien, chemischen Betrieben usw. Für Warmwasser-Fußbodenheizungen ist ein Spezialgussasphalt entwickelt worden, der bis zu Vorlauftemperaturen von 45 °C eingesetzt werden kann.

8.2.8.2 Asphaltplatten

Asphaltplatten sind unter Druck in der Wärme gepresste Platten aus Naturasphalt-Rohmehl oder zerkleinertem Naturgestein und Bitumen. Der Bindemittelgehalt liegt zwischen 8 bis 10 M.-%. Sie können auch als Verbundplatten hergestellt werden, bei denen die Unterschicht aus Asphaltmaterial und die Oberschicht aus gegebenenfalls gefärbtem Betonwerkstein besteht; diese Platten sind jedoch nicht für Fahrverkehr geeignet. Asphaltplatten sind strapazierfähig und in hohem Maße abriebfest; sie können mit schweren Maschinen belastet werden und halten auch Gabelstaplerverkehr aus. Sie werden durch die Verkehrsbelastung nachverdichtet, so dass Hohlräume, zumindest im oberen Bereich, bald verschwinden; durch die thermoplastische Eigenschaft des Bindemittels schließen sich die Zwischenräume zwischen den einzelnen Platten, so dass ein zusammenhängender Belag entsteht. Temperaturbelastungen > 50 °C sind zu vermeiden. Durch Verwendung von Steinkohlenteer-Spezialpech als Bindemittel können die Platten auch mineralölfest hergestellt werden. Bei Verwendung säurefester Mineralstoffe sind die Platten säurefest. Die Platten werden in einem erdfeuchten bis leicht plastischen Mörtel verlegt, der keine Kalkzusätze enthalten darf. Zur Verlegung im Freien sind nur besonders gekennzeichnete Platten zugelassen.

8.3 Bitumenhaltige Baustoffe im Bautenschutz

Bautenschutzmaßnahmen mit bitumenhaltigen Baustoffen umfassen das Gebiet der Bauwerksabdichtungen und der Dachabdichtungen. Abdichtungen sollen Bauwerke bzw. Bauteile gegen Wasser in allen seinen auftretenden Formen schützen, wobei im Rahmen der Behälterabdichtungen und vergleichbarer Aufgaben auch wässrige Lösungen einschließlich Säurelösungen und Laugen erfasst werden, soweit die Beständigkeit der Rohstoffe ausreicht. Daher kommt eine Abdichtung gegen organische Flüssigkeiten nicht in Frage, für die allenfalls Kunststoffe Verwendung finden. Das Wasser kann dabei in sehr verschiedenen Formen und mit differenzierter Wirkung auftreten. Man unterscheidet einerseits zwischen ober- und unterirdischem Wasser, andererseits zwischen Druck- (Stau- oder Grundwasser) und drucklosem Wasser (Niederschläge, nichtstauendes Sicker- und Brauchwasser) sowie Luft- und Bodenfeuchtigkeit. Zum drucklosen Wasser zählt auch das periodische Auftreten von kondensierter Feuchtigkeit in Innen-, sogenannten Nassräumen. Bei der Verwendung von Bitumen in der Dichtungstechnik sind die spezifischen Eigenschaften wie insbesondere die Viskoelastizität und die thermoplastische Natur zu berücksichtigen. Bitumen braucht stets einen Träger. Dies kann entweder das zu schützende Bauwerk selber sein oder aber eine entsprechende Einlage. In diesen mit einer Einlage versehenen Dichtungsschichten werden die Anforderungen nach Dichtheit und Festigkeit auf die zwei Komponenten, Bitumen und eingebettete Trägermasse, verteilt. Die Dichtheit wird vom Bindemittel und die Festigkeit von dem eingebetteten Trägermaterial übernommen; diese Trägereinlage wirkt dann gewissermaßen als Bewehrung. Im ersten Fall ist die Oberflächenbeschaffenheit wichtig: nachträgliche und sich bewegende Risse können sehr schnell zu Schäden in der Dichtung führen. Ähnlich können Hohlstellen Durchbrüche verursachen und sind deshalb zu vermeiden. Andererseits ist die Dicke zumindest trägerloser Schichten wegen der Fließneigung begrenzt, wodurch sich auch der stärkere Trend zu Bahnen aller Art erklärt.

8.3.1 Abdichtungsbahnen

Für die Abdichtung der Bauwerke oder Bauteile unter Geländeoberkante, d. h. gegen Bodenfeuchtigkeit, nichtdrückendes und von außen drückendes Wasser haben sich mit Bitumen verklebte Bahnen langzeitig bewährt. Bitumenbahnen sind im Grundsatz so aufgebaut, dass sie eine Trägerbahn haben, die in der Regel mit Bitumen getränkt und auf beiden Seiten bitumenbeschichtet ist. Nichtbeschichtete Bahnen finden nur in Form der sogenannten „nackten Pappen" Anwendung. Mit Ausnahme der nackten Pappen werden die Bahnen beidseitig abgestreut (mit Feinsand oder Talkum), um in den Rollen ein Zusammenkleben zu vermeiden bzw. nach dem Verlegen an der

Oberfläche die Hitzebeständigkeit zu verbessern. Heute werden neben den bekannten beschichteten Bitumenbahnen aus Rohfilz (Kennbuchstabe R) auch solche mit Einlagen aus Jute (J), Glasfaservlies (V) und Glasfasergewebe (G) sowie Kunststoff-Folien verarbeitet, ferner auch unbeschichtete Metallbahnen aus Aluminium, Kupfer und sogar Edelstahl. Die Bezeichnung der Bahnen erfolgt mit dem Kennbuchstaben für die Trägereinlage sowie der Angabe des Flächengewichtes der Trägerbahn in g/m² bzw. mit Angabe der Dicke der Metallbandeinlage in mm. Alle diese mit Bitumen getränkten und/oder beschichteten Bahnenmaterialien sind in der DIN 18 195 – Bauwerksabdichtungen – Teil 2– erfasst.

Eine der wesentlichsten Voraussetzungen für die sachgerechte Ausbildung von Abdichtungen ist die Anordnung an jeweils der Feuchtigkeit zugewandten Seite: bei Grund- und Sickerwasser also von außen, bei Nassräumen oder Behältern usw. dagegen von innen. Muss in besonderen Fällen von diesem Prinzip abgewichen werden, sind aufwendige zusätzliche Maßnahmen erforderlich.

Im einzelnen unterscheidet man folgende Bahnentypen für die Bauwerksabdichtung:
- Nackte Bitumenbahnen
- Dichtungsbahnen
- Bitumenschweißbahnen
- Polymerbitumen-Schweißbahnen
- Dachbahnen und Dachdichtungsbahnen
- kaltselbstklebende Bitumendichtungsbahnen

8.3.1.1 Nackte Bitumenbahnen

Nackte Bitumenbahnen gemäß DIN 52 129 sind mit Destillationsbitumen (EP$_{Ruk}$: 32 bis 67 °C) oder Naturasphalt getränkte Rohfilzpappen (Flächengewicht 500 g/m²: R 500 N) ohne Deckschicht. Die nackten Bahnen haben selbst keine dichtende Wirkung sondern dienen als Träger für die Dichtungsbeschichtungen aus Bitumen.

8.3.1.2 Dichtungsbahnen

Dichtungsbahnen gemäß DIN 18 190, Teil 4, für Abdichtungen gegen nichtdrückendes Wasser bestehen aus beidseitig mit einer stärkeren Bitumenschicht beschichteten Metallbandeinlagen aus Cu- oder Al-Metallband und sind beidseitig mit Feinsand ≤ 1 mm bestreut.

8.3.1.3 Bitumenschweißbahnen

Diese 4 bis 5,2 mm dicken Schweißbahnen gemäß DIN 52 131 mit Trägereinlagen aus Jutegewebe (J 300), Textilglasgewebe (G 200), Glasvlies (V 60) oder Polyestervliesen (PV 200) haben den Vorteil, dass die Klebemasse bereits auf einer Seite aufgebracht ist, so dass das gefährliche Hantieren mit heißem, flüssigem Bitumen entfällt. Sie

werden durch Erhitzen der unterseitigen Bitumendeckmasse ohne zusätzliche Klebemasse mit der Unterlage bzw. bei mehrlagiger Ausführung untereinander verbunden
(„verschweißt"). Im Vergleich mit Bitumen-Dachdichtungsbahnen weisen die
Schweißbahnen dickere Deckschichten auf, die die Verarbeitung durch Schweißen
ermöglichen. Die Bahnen sind im allgemeinen mit Talkum (beidseitig) oder Schiefermehl (oberseitig) abgestreut. Anstelle der unterseitigen Talkumbestreuung darf die
Schweißbahn auch mit einer leicht ablösbaren oder abschmelzbaren Trennfolie versehen sein.

8.3.1.4   Polymerbitumen-Schweißbahnen

Bei diesen für Abdichtungen im Bauwesen eingesetzten Schweißbahnen gemäß
DIN 52 133 werden polymermodifizierte Bitumen als Tränk- und Deckmasse der
talkumierten oder beschieferten Bahnen eingesetzt. Im Vergleich zu polymermodifizierten Bitumen-Dachdichtungsbahnen weisen sie dickere Deckschichten auf,
die die Verarbeitung durch Schweißen ermöglichen. Durch die größere Plastizitätsspanne der PmB wird z. B. das Verformungsverhalten in der Kälte und die Wärme-
standfestigkeit verbessert. Neben den üblichen Trägereinlagen aus Jute- (J 300) oder
Textilglasgewebe (G 200) werden auch Bahnen mit Polyestervlies (PV 200) hergestellt,
wodurch auch eine höhere Zugfestigkeit erzielt wird.

8.3.1.5   Dachbahnen und Dachdichtungsbahnen

Nach Art der Beschichtung unterscheidet man zwischen besandeten Bitumen-Dachdichtungsbahnen, die auf beiden Seiten gleichmäßig mit mineralischen Stoffen aus
vorwiegend gedrungenem Korn ≤ 1 mm bestreut sind, und beschieferten Bitumen-
Dachdichtungsbahnen, die oberseitig mit mineralischen Stoffen aus vorwiegend
schuppenförmigem Korn 1 – 4 mm und auf der Unterseite mit vorwiegend gedrunge-
nem Korn ≤ 1 mm abgestreut sind.

Die Dachabdichtung ist eine Form der Abdichtung gegen Feuchtigkeit, die auf Grund
der besonderen Verhältnisse von den zuvor besprochenen teilweise abweicht. Während Bauwerksabdichtungen unter Geländeoberfläche nach Fertigstellung des Bauteils im allgemeinen nicht mehr oder nur schwer zugänglich sind und auf ihren Zustand
nicht überprüft werden können, liegen Dachabdichtungen frei und können regelmäßig unterhalten werden. Dachabdichtungsstoffe haben zwar keinen großen Wasser-
drücken standzuhalten, sind aber besonders weit gespannten Temperaturdifferenzen
ausgesetzt, was bei der Baustoffauswahl entsprechend zu berücksichtigen ist. Man
unterscheidet grundsätzlich zwischen wasserableitenden (nur für geneigte Dächer,
Schiefer, Ziegel und dergleichen) und wasserabweisenden Eindeckungen (Dachbahnen, Kunststoff-Dachbahnen, Spachtelungen), die vor allem für Flachdächer oder
schwach geneigte Dächer eine bedeutende Rolle spielen; sie lassen sich aber auch auf
steileren Dächern einsetzen. Bei den Dachbahnen unterscheidet man zwischen Dachbahnen mit Rohfilzeinlage gemäß DIN 52 128 und den Dachbahnen mit Glas-

vlieseinlage gemäß DIN 52 143. Davon zu unterscheiden sind die Dachdichtungsbahnen gemäß DIN 52 130 sowie Polymerbitumen-Dachdichtungsbahnen gemäß DIN 52 132 mit beidseitig verstärkten Deckschichten. Sie werden mit Trägereinlagen aus Jutegewebe (J 300), Textilglasgewebe (G 200) oder Polyestervlies (PV 200) hergestellt. Auch bei den Bahnen für die Dachabdichtung haben sich in den letzten Jahren Bitumen- und Polymerbitumen-Schweißbahnen immer mehr durchgesetzt. Diese 4 bis 5 mm dicken, mit Einlagen aus Jutegewebe oder Textilglas- bzw. Polyestervlies hergestellten Bahnen, werden im Flammschmelz-Klebeverfahren vollflächig verschweißt. Zur Tränkung der Trägereinlagen werden Destillationsbitumen verwendet. Tränk- und Deckmassen dürfen plastizitätsverbessernde Stoffe, Deckmassen auch stabilisierende Stoffe enthalten. Bei den Bahnen gemäß DIN 52 130 bzw. DIN 52 132 darf eine Zugabe von mineralischen Füllstoffen erfolgen, um die Widerstandsfähigkeit der Deckmasse gegen höhere Temperaturen zu steigern. Zum Schutz gegen Beschädigung, zur farbigen Belebung oder auch zur besseren Wärmereflexion wird die Oberseite der Deckschicht im allgemeinen mit Talkum, Feinsand, Schiefer oder sonstigen Mineralien abgestreut. Ein Sonderfall des Einsatzes von Dachbahnen ist die Abdichtung gegen aufsteigende Feuchtigkeit in Wänden, für die im allgemeinen eine genügend hoch über der Erdoberkante eingelegte einlagige Abdichtung mit einer 500er Bitumen-Dachbahn genügt; andere und dünnere Bahnen müssen zweilagig verlegt werden.

8.3.1.5 Kaltselbstklebende Bitumendichtungsbahnen

Diese neuentwickelten Klebebahnen gemäß DIN 18 195-2 (KSK) sind auf der Unterseite werkseitig mit einer Klebemasse beschichtet, die eine vollflächige Verklebung im kalten Zustand ohne jegliche Erwärmung ermöglicht.

8.3.2 Anstrichmassen (Sperrstoffe)

Für den einfachsten Bereich der Abdichtungsskala gegen Luft- und Bodenfeuchtigkeit, d. h. gegen **nichtdrückendes** Wasser, kommen neben den verschiedenen Bahnentypen auch folgende bitumenhaltige Produkte in Frage:
○ Voranstriche (nur kalt zu verarbeiten)
○ Deckaufstriche (heiß zu verarbeiten)
○ Klebemassen (nur heiß zu verarbeiten)
○ Spachtelmassen (kalt oder heiß zu verarbeiten)

Für die Anwendung dieser Stoffe als Abdichtungsmittel sind folgende Punkte zu beachten:
○ Sie müssen in mehreren Schichten aufgebracht werden, denn eine Anstrich- oder Spachtelschicht ist nie porenfrei
○ Sie erfordern eine Bitumengrundierung (Voranstrich)

○ Anschlüsse an Durchdringungen, Risse im Untergrund – auch später auftretende – sind Schwach- oder Versagensstellen. Sollen Beschichtungsmassen über Rissen wirksam bleiben, ist eine Armierung erforderlich, die die Zugspannungen aufnimmt und somit Verformungen der Beschichtungsmasse weitgehend verhindert.

Voranstrichmittel sind dünnflüssige Lösungs- oder Emulsionsanstriche auf der Bindemittelbasis Bitumen zum Teil mit einem Zusatz eines Haftmittels. Sie sind zur Erzielung einer sicheren Verbindung der Deckaufstriche mit dem Bauteil vorwiegend für senkrechte oder stark geneigte Wandflächen erforderlich und müssen deshalb gut in die Poren eindringen können. Bitumenlösungen eignen sich im allgemeinen nur bei trockenem Untergrund, stabile Emulsionen können auch auf feuchtem Untergrund aufgetragen werden. Der Bindemittelgehalt der Bitumenlösung beträgt 30 bis 50 M.-%, Bitumenemulsionen enthalten $\geq$ 30 M.-% Bitumen. Der eigentliche Dichtungsanstrich ist ein nach der Abtrocknung des Voranstrichs aufzutragender, in sich geschlossener mehrlagiger Aufstrich aus heiß (2lagig) oder kalt (3lagig) zu verarbeitenden **Deckaufstrichmitteln**, die gefüllt oder ungefüllt verarbeitet werden können. *Heiß zu verarbeitende Deckaufstrichmittel* enthalten als Bindemittel harte Bitumensorten (20/30 bis 30/45) oder entsprechende Oxidationsbitumen sowie gegebenenfalls als Füllstoffe nicht quellfähige mineralische Gesteinsmehle und/oder mineralische Faserstoffe. Durch die Füllstoffe, höchstzulässiger Anteil bis zu 50 M.-%, kann die Temperaturempfindlichkeit vermindert, die Witterungsbeständigkeit und die Stabilität verbessert werden.

Klebemassen entsprechen in der Zusammensetzung und in den Anforderungen den heiß zu verarbeitenden Deckaufstrichmitteln. Sie dienen dazu, die einzelnen Lagen von Dichtungsbahnen untereinander und mit dem Untergrund vollflächig zu verkleben. Die Auswahl der Klebemassen richtet sich nach der Temperaturbeanspruchung und der Neigung der Unterlage; überwiegend werden Oxidationsbitumen verwendet.

Spachtelmassen sind durch einen höheren Füllergehalt gekennzeichnet. Sie können als *heiß* oder *kalt* zu verarbeitende Massen eingesetzt werden. Die heiß zu verarbeitenden Spachtelmassen entsprechen in ihrer Zusammensetzung im wesentlichen dem Asphaltmastix (siehe Kapitel 8.2.6.7). Kalt zu verarbeitende Spachtelmassen werden als gefüllte Bitumenlösungen mit einem Bitumengehalt von 25 bis 70 M.-% oder als Bitumenemulsionen mit > 35 M.-% Bitumengehalt hergestellt. Der Gehalt an Füllstoffen beträgt bei den Bitumenlösungen maximal 65 M.-%, bei den Bitumenemulsionen maximal 40 M.-%. Neu entwickelte kaltverarbeitbare Spachtelmassen sind kunststoffmodifizierte Bitumendickbeschichtungen gemäß DIN 18 195-2 (KMB) auf der Basis von Bitumenemulsionen mit einem Bindemittelgehalt von $\geq$ 3,5 M.-%. Sie können neben Kunststoffen auch Fasern als Füllstoff enthalten.

Zu den Bauwerksabdichtungen zählt man im allgemeinen auch die **Fugenvergussmassen**. An diese Materialien werden besonders hohe Anforderungen hinsichtlich Dehnbarkeit bei tiefen und Stabilität bei hohen Temperaturen gestellt. Sie müssen sich leicht vergießen lassen und eine sehr gute Haftung zum Untergrund aufweisen, damit sie an den Fugenflanken nicht abreißen. Als Bindemittel werden im allgemeinen Oxidationsbitumen verwendet. Da Bitumen allein alle diese Anforderungen oft nicht erfüllen können, werden je nach Verwendungszweck neben Füller noch Kunststoffe, Gummi oder Fasern beigegeben.

8.4 Fachliteratur

8.4.1 Normen, Richtlinien

DIN 1995	Bitumen und Steinkohlenteerpech; Teil 3 bis 5
DIN 1996	Prüfung bituminöser Massen für den Straßenbau und verwandte Gebiete; Teil 1 bis 20 (Ausgaben ab 1984 „Prüfung von Asphalt")
DIN 16 729	Kunststoff-Dachbahnen und –Dichtungsbahnen aus Ethylencopolymerisat-Bitumen (ECB)
DIN 16 935	Kunststoff-Dichtungsbahnen aus Polyisobutylen (PIB)
DIN 16 937	Kunststoff-Dichtungsbahnen aus weichmacherhaltigem Polyvinylchlorid (PVC-P), bitumenverträglich
DIN 16 938	Kunststoff-Dichtungsbahnen aus weichmacherhaltigem Polyvinylchlorid (PVC-P), nicht bitumenverträglich
DIN 18 190	Dichtungsbahnen für Bauwerksabdichtungen; Teil 4
DIN 18 192	Verfestigtes Polyestervlies als Einlage für Bitumen- und Polymerbitumenbahnen
DIN 18 195	Bauwerksabdichtungen, Teil 1 bis 10
DIN 18 317	VOB Verdingungsordnung für Bauleistungen - Teil C: Allgemeine Technische Vertragsbedingungen für Bauleistungen (ATV); Verkehrswegebauarbeiten, Oberbauschichten aus Asphalt
DIN 18 336	VOB Vergabe- und Vertragsordnung für Bauleistungen - Teil C: Allgemeine Technische Vertragsbedingungen für Bauleistungen (ATV); Abdichtungsarbeiten
DIN 18 338	VOB Vergabe- und Vertragsordnung für Bauleistungen - Teil C: Allgemeine Technische Vertragsbedingungen für Bauleistungen (ATV); Dachdeckungs- und Dachabdichtungsarbeiten
DIN 18 354	VOB Vergabe- und Vertragsordnung für Bauleistungen - Teil C: Allgemeine Technische Vertragsbedingungen für Bauleistungen (ATV); Gussasphaltarbeiten
DIN 52 007	Prüfung bituminöser Bindemittel – Bestimmung der Viskosität, Teil 1–2
DIN 52 021 E[1]	*Bitumen und bitumenhaltige Bindemittel – Halbfaden-Verfahren zur Bestimmung der elastischen Rückstellung – Teil 2, Polymermodifizierte Bindemittel für Oberflächenbehandlungen*
DIN 52 025	Prüfung von Kohlenstoffmaterialien – Bestimmung des Erweichungspunktes nach Kraemer-Sarnow

---

1) z.Zt. als Entwurf Mai 2004

DIN 52 117	Rohfilzpappe; Begriff, Bezeichnung, Anforderungen
DIN 52 123	Bitumen- und Polymerbitumenbahnen, Prüfverfahren
DIN 52 128	Bitumendachbahnen mit Rohfilzeinlage
DIN 52 129	Nackte Bitumenbahnen
DIN 52 130	Bitumen-Dachdichtungsbahnen
DIN 52 131	Bitumen-Schweißbahnen
DIN 52 132	Polymerbitumen-Dachdichtungsbahnen
DIN 52 133	Polymerbitumen-Schweißbahnen
DIN 52 141	Glasvlies als Einlage für Dach- und Dichtungsbahnen; Begriff, Bezeichnung, Anforderungen
DIN 52 143	Glasvlies-Bitumendachbahnen
DIN EN 1426	Bitumen und bitumenhaltige Bindemittel – Bestimmung der Nadelpenetration
DIN EN 1427	Bitumen und bitumenhaltige Bindemittel – Bestimmung des Erweichungspunktes, Ring- und Kugel-Verfahren
DIN EN 12 591	Bitumen und bitumenhaltige Bindemittel – Anforderungen an Straßenbaubitumen
DIN EN 12 593	Bitumen und bitumenhaltige Bindemittel – Bestimmung des Brechpunktes nach Fraaß
DIN EN 12 595	Bitumen und bitumenhaltige Bindemittel – Bestimmung der kinematischen Viskosität
DIN EN 12 596	Bitumen und bitumenhaltige Bindemittel – Bestimmung der dynamischen Viskosität mit Vakuum-Kapillaren
DIN EN 12 597	Bitumen und bitumenhaltige Bindemittel – Terminologie

Zahlreiche zusätzliche Technische Vorschriften, Richtlinien und Merkblätter der Forschungsgesellschaft für das Straßenwesen e.V. Köln, wie z.B.:

Technische Lieferbedingungen für Bindemittel auf Bitumen- und Teerbasis, Loseblattsammlung der Forschungsgesellschaft für das Straßenwesen e.V., Köln

Technische Lieferbedingungen für Mineralstoffe im Straßenbau (TL Min-StB); Hrsg. Forschungsgesellschaft für das Straßenwesen e.V., Köln

Technische Prüfvorschriften für Mineralstoffe im Straßenbau (TP Min-StB); Hrsg. Forschungsgesellschaft für das Straßenwesen e.V., Köln

ZTV Asphalt-StB: „Zusätzliche Technische Vertragsbedingungen und Richtlinien für den Bau von Fahrbahndecken aus Asphalt"

ZTV-BEL-B: „Zusätzliche Technische Vertragsbedingungen und Richtlinien für die Herstellung von Brückenbelägen auf Beton", Teil 1 bis 3

ZTV-BEL- ST: „Zusätzliche Technische Vertragsbedingungen und Richtlinien für die Herstellung von Brückenbelägen auf Stahl"

ZTV-LW: „Zusätzliche Technische Vorschriften und Richtlinien für die Befestigung ländlicher Wege"

ZTVT-StB: „Zusätzliche Technische Vorschriften und Richtlinien für Tragschichten im Straßenbau"

RStO: „Richtlinien für die Standardisierung des Oberbaus von Verkehrsflächen"

ABC der Dachbahnen und Flachdach-Richtlinien, zu beziehen über Zentralverband des Deutschen Dachdeckerhandwerks, Köln

AIB – Hinweise für die Abdichtung von Ingenieurbauten, Drucksache 835 1999, Loseblattsammlung, Hrsg. Hauptverwaltung der Deutschen Bahn

8.4.2 Bücher und Veröffentlichungen

[8.1] *Depke:*
Bitumen- und Teerlacke, 1970, Verlag Colomb

[8.2] *Fuhrmann, W.:*
„Bitumen und Asphalt", Taschenbuch, 5. Auflage 1976, Hrsg. i.A. der Arbeitsgemeinschaft der Bitumen-Industrie e.V., Hamburg, Bauverlag GmbH, Wiesbaden – Berlin

[8.3] *Fuhrmann, W.:*
Verformungswiderstand von Asphaltfahrbahnbefestigungen, Dia-Reihe Nr. 4, 1977, Hrsg. Arbeitsgemeinschaft der Bitumenindustrie e.V., Hamburg

[8.4] *Georgy, W.:*
Die Baustoffe Bitumen und Teer, 1963, Verlagsgesellschaft R. Müller, Köln

[8.5] *Holl, A.:*
Bituminöse Straßen, 1971, Bauverlag GmbH, Wiesbaden – Berlin

[8.6] *Holl, A.:*
Stichwort: Straßenbau (bit), 1974, Bauverlag GmbH, Wiesbaden – Berlin

[8.7] *E. Cziesielski:*
Lufsky Bauwerksabdichtung, 5. Auflage, 2001, Verlag B.G. Teubner, Wiesbaden

[8.8] *Moritz:*
Flachdachhandbuch, 1975, Bauverlag GmbH, Wiesbaden – Berlin

[8.9] *Neumann, H.-J. u.a.:*
Bitumen und seine Anwendung, 1981, expert verlag, Grafenau

[8.10] *Velske, S., H. Mentlein, P. Eymann:*
Straßenbautechnik, 5. Auflage, 2002, Werner Verlag, Düsseldorf

[8.11] *Vizi, L.; Büttner, C.:*
Verdichten von Asphalt im Straßenbau, Ein Handbuch für die Praxis, 1981, Werner Verlag, Düsseldorf

[8.12] *Wagner:*
Taschenbuch des chemischen Bautenschutzes, 1956, Wissenschaftliche Verlagsgesellschaft, Stuttgart

[8.13] *Wehner, B. u.a.:*
Handbuch des Straßenbaus, Bd. 2 Baustoffe, Bauweisen, Baudurchführung, 1977, Springer-Verlag, Berlin – Heidelberg – New York

[8.14] *Industrieverband Bitumen-Dach- und Dichtungsbahnen e.V. (Hrsg.):*
ABC der Bitumen-Bahnen, Frankfurt/Main

[8.15] *Abdichtung von Ingenieurbauwerken:*
Schriftenreihe der Bundesfachabteilung Abdichtung gegen Feuchtigkeit, Wiesbaden

[8.16] *Arbeitsgemeinschaft der Bitumen-Industrie e.V. (Hrsg):*
ARBIT-Schriftenreihe „Bitumen", Hamburg

[8.17] „Der Elsner", Handbuch für Straßen- und Verkehrswesen, jährlich neu,
O. Elsner Verlagsgesellschaft, mbH & Co. KG; Darmstadt

[8.18] *Deutsche Gesellschaft für Erd- und Grundbau (Hrsg.):*
„Empfehlungen für die Ausführung von Asphaltarbeiten im Wasserbau",
1983, Essen

[8.19] *Gussasphalt-Informationen:*
Beratungsstelle für Gussasphaltanwendungen e.V., Bonn

[8.20] *Die Straße von A bis Z:*
Forschungsgesellschaft für das Straßenwesen e.V., Köln

[8.21] *Beratungsstelle für Naturasphalt (Hrsg):*
„Verwendung von Asphalt im Hochbau" und Naturasphalt-Merkblätter,
Braunschweig

[8.22] *Kreiß, B.:*
Straßenbau und Straßenunterhaltung, Ein Handbuch für Studium und Praxis,
1982, E. Schmidt Verlag GmbH, Bielefeld

[8.23] Asphaltkalender, Bitumenwerkstoffe und ihre Anwendungen, jährlich neu,
Verlag Ernst & Sohn GmbH, Berlin

[8.24] *H. Natzschka*
Straßenbau, Entwurf und Bautechnik, 2. Auflage, 2003, Teubner Verlag,
Wiesbaden

[8.25] *Hutzschenreuther, J., Wörner, Th.:*
Asphalt im Straßenbau, 1. Auflage, 1998, Verlag für Bauwesen, Berlin

Kapitel 9: Holz und Holzwerkstoffe

9 Holz und Holzwerkstoffe

9.1 Holz

Holz ist neben Stein und Erde der älteste Baustoff. Kirchen, Fachwerkhäuser und andere historische Gebäude bezeugen die große Bedeutung und Bewährung des Holzes über Jahrhunderte. Wegen seines natürlichen biologischen Entstehens, seines vielfältigen Aussehens, seiner günstigen Bearbeitbarkeit und der problemlosen Entsorgung ist Holz ein einzigartiger Bau- und Werkstoff.

Von den auf der Erde geschätzten etwa 25000 Holzarten werden etwa 300 Arten gewerblich genutzt. Um sich international verständigen zu können, ist eine allgemein anerkannte Namensgebung (Nomenklatur) erforderlich (*Tabelle 9.1*). Die einfache Benennung einer Holzart erfolgt durch Angabe der Gattung und der dazugehörigen Art.

Tabelle 9.1   Nomenklatur einiger Holzarten

Holzart, DIN 4076 (Handelsname)	Familie	Gattung	Art
Fichte	Pinaceae	Picea	abies
Sitkafichte	Pinaceae	Picea	sitchensis
Douglasie	Pinaceae	Pseudotsuga	menziesii
Hemlock	Pinaceae	Tsuga	heterophylla
Tanne	Pinaceae	Abies	alba
Kiefer	Pinaceae	Pinus	silvestris
Zirbelkiefer	Pinaceae	Pinus	cembra
Lärche, europ.	Pinaceae	Larix	decidua
Lärche, sibir.	Pinaceae	Larix	sibirica
Ahorn, Berg	Aceraceae	Acer	pseudoplatanus
Ahorn, Zucker (Vogelaugen)	Aceraceae	Acer	saccharum
Buche, Rot	Fagaceae	Fagus	sylvatica
Buche, Weiß-/Hain-	Betulaceae	Carpinus	betulus
Birke	Betulaceae	Betula	verrucosa
Eiche, Stiel-/Sommer-	Fagaceae	Quercus	robur
Eiche, Trauben-/Winter-	Fagaceae	Quercus	petraea
Haselnuss	Corylaceae	Corylus	
Walnuss	Juglandaceae	Juglans	regia
Mahagoni, Echtes/Ameri.	Meliaceae	Swietenia	macrophylla
Mahagoni, Khaya/Afrik.	Meliceae	Khaya	ivorensis
Mahagoni, Sipo	Melaceae	Entandrophragma	utile

Das Holz besteht aus Millionen einzelner Zellen unterschiedlicher Form, Funktion und Verteilung. Zusammengefasst bilden sie das pflanzliche Gewebe, das unterteilt wird in Bildungsgewebe (Bildung neuer Zellen durch Zellteilung, Meristeme) und Dauergewebe (ausdifferenziertes Gewebe).

Der größte Teil der Holzzellen ist in Längsrichtung ausgerichtet (Faserrichtung, axial bzw. longitudinal). Im rechten Winkel hierzu und radial ausgerichtet verlaufen Zellbänder, die Holzstrahlen.

Abbildung 9.1
Assimilation [9.5]

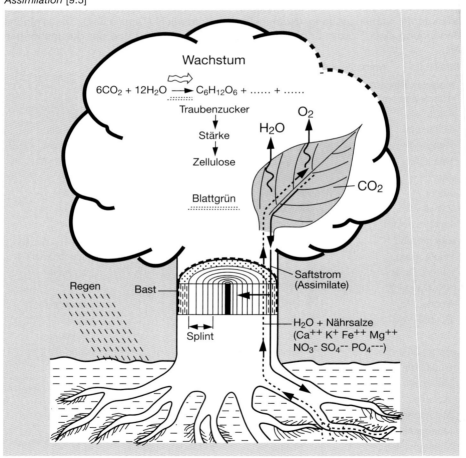

Das Wachstum des Holzes erfolgt durch Teilung von Meristemzellen. Meristeme werden je nach Lage im Holz unterschieden:

Scheitelmeristeme: an der Spross- und Wurzelspitze (Vegetationskegel oder Vegetationspunkt); verantwortlich für das Längen- und primäre Dickenwachstum einiger unserer Bäume.

Kambium: zwischen Holz (Xylem) und Rinde (Phloem). Kambiumzellen geben nach innen und außen neue Zellen ab. Diese sorgen für das sekundäre Dickenwachstum der Bäume und somit für das Entstehen langlebiger Sprossachsen.

Grundlage für die Entstehung des Holzes als organische Masse ist die Kohlenstoff-Assimilation:

Assimilation ist die Umwandlung von Wasser und Kohlendioxid in Zucker und Sauerstoff durch grüne Pflanzen unter Aufnahme von Sonnenenergie

Sie findet in allen grünen Pflanzen statt (*Abbildung 9.1*), also auch in den Blättern und Nadeln der Bäume. Da sie nur mit Lichtenergie abläuft, wird sie auch als Photosynthese bezeichnet. Die sehr komplexe chemische Reaktion kann in der folgenden Reaktionsgleichung zusammengefaßt werden:

$$6\ CO_2 + 6\ H_2O \xrightarrow[\text{Blattgrün}]{\text{Lichtenergie}} C_6H_{12}O_6 + 6\ O_2$$

Von 100% assimilierter Substanz der Bäume
- werden 44% veratmet
- gehen 25% in den Holzzuwachs
- gehen 31% in Wurzeln, Blätter, Rinde usw.

Das heißt: ca. 56 % der gebildeten Zucker werden in die chemischen Bestandteile des Baumes umgewandelt.

9.1.1 Zusammensetzung und Beschaffenheit der Holzbestandteile

Die chemische Zusammensetzung des Holzes zeigt *Abbildung 9.2*.

Bei den einheimischen Hölzern *(Tabelle 9.2)* liegt der Anteil der Zellwandsubstanzen in der Regel bei 97% – 99%. Die Extraktstoffe (Nebenbestandteile) sind überwiegend Zellinhaltsstoffe, teilweise befinden sie sich auch in der Zellwand.

Obwohl Holz ein aus verschiedenen organischen Verbindungen zusammengesetzter komplexer Stoff ist, ist die elementare Zusammensetzung der einzelnen Holzarten weitgehend gleich:

Elementarzusammensetzung:
C : 50%, O : 43,4%, H : 6,1%, N : 0,2%, Asche : 0,3%.

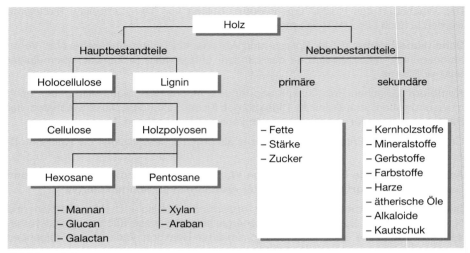

Abbildung 9.2
Chemische Zusammensetzung des Holzes (6). (Holzpolyosen = Hemicellulose)

	Nadelhölzer	Laubhölzer
Cellulose	42–49%	42–51%
Hemicellulose	24–30%	27–40%
Lignin	25–30%	18–24%
Extraktstoffe	2–9%	1–10%
Asche	0,2–0,8%	0,2–0,8%

Tabelle 9.2
Chemische Zusammensetzung von Nadel- und Laubhölzern der gemäßigten Zone [9.1]

9.1.1.1 Cellulose

Die Cellulose ist mit Abstand der verbreitetste Naturstoff auf der Erde: 10^{11}t. Davon entfallen 80% auf die Wälder. Jährlich werden 7 Mrd. t neu gebildet.

Aufbau

Cellulose ist ein linearer Polymer, der aus Glucoseeinheiten (Traubenzucker) aufgebaut ist. In einem solchen Riesenmolekül sind durchschnittlich etwa 3.000 – 8.000 Glucosemoleküle gebunden (DP = Durchschnittspolymerisationsgrad).

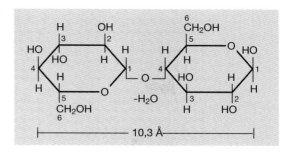

Abbildung 9.3
Ausschnitt aus einer Cellulose-Kette
(Cellobioseeinheit).

Übermolekulare Struktur der Cellulose

Im Gegensatz zum Lignin und zur Hemicellulose lagern sich die Celluloseketten zu einer „übermolekularen Struktur" zusammen (siehe *Abbildung 9.4*). Diese hat für die Holzeigenschaften größte Bedeutung.

Teilkristalline Struktur

Die Fadenmoleküle der Cellulose liegen in einer teilkristallinen Struktur mit hohem Kristallisationsgrad (50 – 80 %) vor. In den Kristalliten der Cellulose tritt als kleinste Ordnungseinheit eine Elementarzelle auf.

Diese wird durch vier entlang der Kanten verlaufende Celluloseketten sowie eine durch ihre Mitte gehende Cellulosekette gebildet. Die mittlere Kette ist gegenläufig zu den beiden anderen und um 1/4 Periode versetzt. Die kleinste Einheit der Cellulosekette ist eine Cellobiose (= 2 Glucosemoleküle).

Fibrillenstruktur

Die Elementarzellen lagern sich wieder zu größeren Einheiten zusammen, die wegen ihrer faserartigen Struktur Fibrillen heißen. Von deren Aufbau bestehen heute hauptsächlich folgende Vorstellungen:

Abbildung 9.4
Schematischer Aufbau der Elementarfibrille
L= Länge des kristallinen Bereiches   A, B= Kettenenden [9.7]

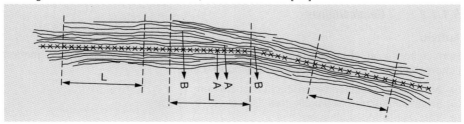

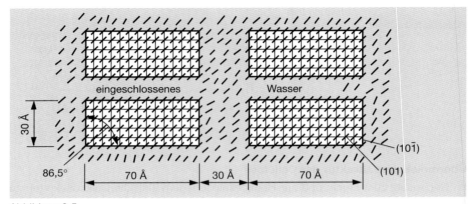

Abbildung 9.5
Querschnittschema einer Fibrille [9.7]

Die kleinsten fibrillären Einheiten sind die Elementarfibrillen (Micellen). In Längsrichtung wechseln sich amorphe und kristalline Bereiche ab. (*Abbildung 9.4*).

Mehrere Elementarfibrillen lagern sich bündelförmig zu einer Fibrille (Mikrofibrille) zusammen (*Abbildung 9.5*).

In der Wuchslängsrichtung der Fibrillen bestehen Hauptvalenzbindungen, quer dazu Nebenvalenzbindungen, z. B. Wasserstoffbrücken zwischen benachbarten OH-Gruppen. Deren Bindungsenergie beträgt etwa 10 % einer Hauptvalenz. Deshalb liegt die Längszugfestigkeit des Holzes erheblich über der Querzugfestigkeit.

Eigenschaften

Cellulose ist ein farbloser Stoff mit duromerem Charakter und anisotropen Eigenschaften. Aufgrund ihrer OH-Gruppen ist sie sehr hygroskopisch. Sie ist stets wasserhaltig, da das Wasser in die amorphen Bereiche und die Hohlräume zwischen den Fibrillen eindringen kann. Die Folgen sind Quellbewegungen und Verringerung einiger mechanischer Eigenschaften des Holzes.

9.1.1.2 Hemicellulose

Aufbau

Hemicellulose ist ebenfalls aus Zuckereinheiten aufgebaut, jedoch mit folgenden Unterschieden zur Cellulose (siehe *Abbildung 9.6*):

○ Aufbau aus verschiedenen Zuckerbausteinen
○ Erheblich kürzere Molekülketten (DP: etwa 70 – 280)
○ Verzweigte Molekülketten

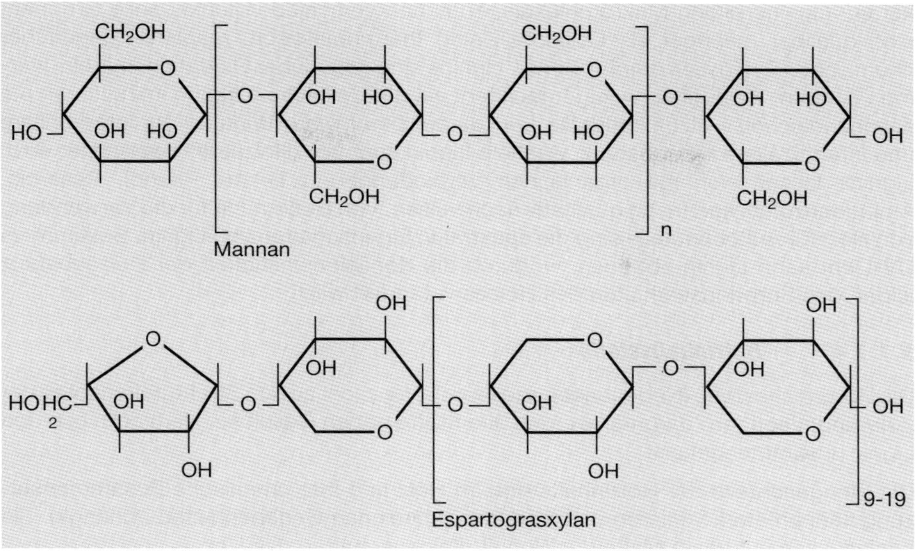

Abbildung 9.6
Strukturen der Hemicellulosen Mannan und Xylan [9.7]

Funktion

Polyosen bilden wegen der Verzweigung kaum kristalline Bereiche und liegen deshalb überwiegend amorph vor. Wegen des fehlenden Verbundes sind die Molekülketten relativ flexibel. Polyosen tragen damit zur Elastizität des Holzes bei.

Hemicellulose ist aufgrund kurzer Molekülketten, Molekülverzweigungen und vieler polarer Gruppen leicht zugänglich für Wasser. Die Polyosen beeinflussen deshalb maßgeblich das Arbeiten des Holzes.

9.1.1.3 Lignin

Im Gegensatz zur Cellulose mit ihren langen Kettenmolekülen ist das dreidimensional vernetzte Lignin unelastisch und verleiht den Zellwänden Steifigkeit und Druckfestigkeit. Da es weniger hydrophile Gruppen aufweist als der Kohlenhydratanteil ist es auch weniger hygroskopisch.

Die Gewichtsanteile an darrtrockenem Holz schwanken in sehr großen Bereichen, je nach Holzart und Baumteilen. Die Werte liegen zwischen 15−25 M.-% und können im Druckholz exponierter Nadelholzbaumteile partiell darüber liegen. Lignine sind im Kern aromatische Verbindungen mit sehr unterschiedlichen, aliphatischen Seitenketten. Lignine bilden Makromoleküle, enthalten verschieden funktionelle Gruppen, sind quellbar (geringer als Cellulose), sind thermoplastisch, reagieren gegenüber chemischen Einflüssen empfindlicher. Lignine sind gegenüber Oxidationsmitteln, warmen Laugen, Halogenen weniger resistent als die Cellulose. Lignine inkrustieren die saccharidischen Holzbestandteile und darauf beruht ihre Wirkung als interfibrillare und intermizellare Kittsubstanz, weshalb Lignin auch als „Holzstoff" bezeichnet wird. Lignine lassen sich mit organischen Verbindungen, z. B. mit Phenol, Resorcin, Aminobenzolen, kurzfristig qualitativ nachweisen. Von Bedeutung für die Verwendung von Holz für Außenbauteile sind die spektralen Eigenschaften von Lignin. Bestimmtes UV-Licht kann Lignin abbauen, wodurch die Kohäsionsfestigkeit der Holzsubstanz leidet, das Sorptionsverhalten des Holzes verändert wird.

9.1.1.4   Holzinhaltsstoffe

Die Holzinhaltsstoffe (Nebenbestandteile) gehören nicht zu den Strukturelementen der Zellwände, sondern darunter werden alle Stoffe neben Cellulose, Hemicellulose und Lignin zusammengefasst.

Die Mengenanteile der Holzinhaltsstoffe im Holz und ihre chemische Zusammensetzung können stark variieren und sind von zahlreichen Gegebenheiten abhängig. Sie beeinflussen in hohem Maße die Werkstoffeigenschaften des Holzes.

Einige wichtige Verbindungsklassen der Holzinhaltsstoffe seien hier genannt:

○ Kohlenhydrate und verwandte Verbindungen (Stärke, Zucker)
○ Proteine
○ Aromatische Verbindungen (Phenole, Lignane, Chinone)
○ Terpene und Terpenoide (Harzsäuren, Sterine)
○ Alkaloide und Fettsäuren
○ Anorganische Bestandteile.

9.1.1.4.1   Harze

Die Entstehung der Harze erfolgt aus in den Epithelzellen der Harzgänge gebildeten ätherischen Ölen. Die mit neutralen Lösungsmitteln extrahierbaren Harze setzen sich aus festen Bestandteilen und flüchtigen ätherischen Ölen zusammen. Als Aufgabe der Harze im stehenden Baum darf eine Wundheilfunktion für innere und äußere Verletzungen angenommen werden. Der Harzgehalt der verschiedenen Holzarten schwankt in sehr großen Bereichen und ist bei Nadelhölzern allgemein höher als bei Laubhölzern. Als Beispiel für harzreiche Nadelhölzer gilt z. B. Pechkiefer = Pitch pine = Pinus palustris mit bis 10 M.-% Harzgehalt, von den europäischen Arten die Föhre = Gemeine Kiefer = Pinus silvestris mit bis 6 M.-%. Als Vergleich dazu liegen die Werte für die Fichte = Picea abies gemeinhin unter 2 M.-%. Neben der vorteilhaften Wirkung der Harze, den Wasserzutritt und damit eine innere Holzbefeuchtung zu behindern, müssen mögliche Adhäsionsbeeinträchtigungen gegenüber Anstrich- und Klebstoffen oder störende Harzausflüsse aus erheblich erwärmten Bauteiloberflächen beachtet werden. Ein harzreiches Laubholz ist Pockholz. Die Harze der Laubhölzer unterscheiden sich wesentlich von denen der Nadelhölzer.

Von den Harzkanälen zu unterscheiden sind die Harzgallen. Sie entstehen durch mechanische Belastung der stehenden Bäume infolge Windeinwirkung.

9.1.1.4.2 Gerbstoffe

Gerbstoffe werden in einer Vielzahl von Pflanzen gebildet, so auch in Bäumen, wenn auch je nach Holzart in erheblichen bis vernachlässigbaren Mengen. Sie treten im Rinden- und im Holzteil auf. Sie sind komplizierte Verbindungen, in der Mehrzahl auf der Basis hydroxyl- sowie karbonylfunktioneller Phenolderivate. Sie sind in Wasser löslich, bilden teilweise nur kolloide Lösungen. Gerbstoffe fällen Eiweiße aus wässrigen Lösungen aus, daher ihre Verwendung in der Gerberei, mithin ihre Bezeichnung, jedoch auch ihre biozide Wirkung auf holzschädigende Organismen. Bei höheren Temperaturen spalten Gerbstoffe auf. Gerbstoffe bewirken bei Einwirkung von Eisensalzen eine blaue Verfärbung des Holzes, bei Einwirkung anorganischer Säuren eine rotbraune Verfärbung. Als besonders gerbstoffhaltige Holzarten gelten:

Quebracho (Holz)	$\leq$ 21 M.-%
Akazie (Rinde)	$\leq$ 20 M.-%
Eiche (Rinde)	$\leq$ 11 M.-%
Eiche (Holz)	$\leq$ 5 M.-%

Auswirkungen der Gerbstoffe
- Erhöhung der Widerstandsfähigkeit des Holzes gegen Schädlinge
- Dunkelfärbung bei der Verkernung
- Tintenbildung bei der Eisenberührung
- Grünfärbung von Linde und Rüster durch Oxidation
- Beeinflussung der Lackierung und Verklebung

9.1.1.4.3 Anorganische Bestandteile

Diese kommen in geringen Mengen in allen Teilen des Baumes vor. In Zellumina und Zellwänden finden sich manchmal schwerlösliche Kristalle (Calciumcarbonat oder -oxalat). Bei einigen tropischen Holzarten (Iroko, Afzelia, Palisander) sind die Spalten im Holz häufig mit mineralischen Ablagerungen gefüllt. Diese wirken sich negativ auf die Standzeiten von Werkzeugen aus; es kann weiterhin zu Lackschäden und Fleckenbildung führen.

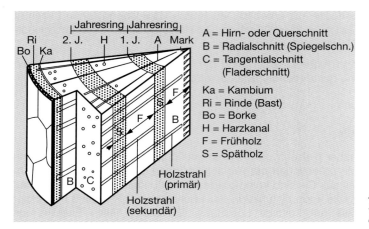

A = Hirn- oder Querschnitt
B = Radialschnitt (Spiegelschn.)
C = Tangentialschnitt
    (Fladerschnitt)

Ka = Kambium
Ri = Rinde (Bast)
Bo = Borke
H = Harzkanal
F = Frühholz
S = Spätholz

Abbildung 9.7
Strukturaufbau
eines Stammes

9.1.2   Makroskopischer Bau des Holzes

Das makroskopische Sehen erfasst die Holztextur. Seine Feinheiten liegen innerhalb des Auflösungsvermögens des menschlichen Auges: Faserverlauf, Jahrringaufbau, Verteilung der Poren oder der Holzstrahlen.

Aufgrund des anisotropen anatomischen Aufbaus des Holzes ergeben sich drei Hauptschnittrichtungen: Querschnitt, Tangentialschnitt und Radialschnitt (siehe *Abbildung 9.7*)

9.1.2.1   Querschnitt

Der Querschnitt wird rechtwinklig zur Stammachse geführt (siehe *Abbildung 9.8*). Mit bloßem Auge sind, je nach Holzart, am berindeten Stamm zu unterscheiden:

Mark

Parenchymatisches Gewebe (rundlich bis eckig) mit der Aufgabe der Wasserleitung und Speicherung im jungen Spross. Das Mark stirbt relativ früh ab; nur bei Birke, Buche und Erle behält es noch bis zu 10 Jahre seine Funktion als Speichergewebe für Fett und Stärke bei.

Jahrringe und Zuwachszonen

Zuwachszonen entstehen durch periodische Tätigkeit des Kambiums, d.h. als Folge eines durch Ruhephasen unterbrochenen Wachstums.

In allen Klimagebieten mit winterlicher Vegetationsruhe sind diese Zonen dem jährlichen, ringförmigen Zuwachs eines Baumes gleichzusetzen. Daher werden sie Jahrringe genannt. Aus ihrer Anzahl läßt sich das Alter des Baumes ablesen.

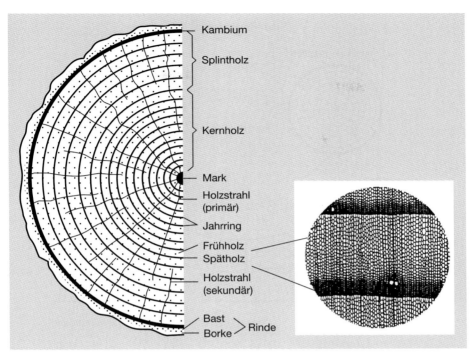

Abbildung 9.8
Querschnitt [9.8]

Laub abwerfende Bäume subtropischer und tropischer Regionen bilden in Abhängigkeit von Trocken- und Regenzeiten Zuwachszonen, die nicht jahresweise entstehen und somit keine Jahrringe darstellen. Bei Hölzern aus immergrünen Tropenwäldern mit ununterbrochener Kambiumtätigkeit fehlen häufig Zuwachszonen.

Sichtbar werden die Jahrringe dadurch, dass zu Beginn und am Ende der Vegetationsperiode Zellen unterschiedlicher Art, Größe, Anzahl und Verteilung angelegt werden. Entsprechend wird innerhalb des Jahrringes zwischen Frühholz und Spätholz unterschieden (siehe *Abbildung 9.8*).

Frühholz

Dient dem raschen Wassertransport zu Beginn der Vegetationsperiode. Die Leitelemente haben dünne Wände und ein großes Lumen. Dieser ausgeprägte Unterschied der Zellwanddicke bewirkt den typischen Farb- und Härteunterschied innerhalb des Jahrringes besonders bei Nadelholz. Durch die dünnen Zellwände erscheint das Frühholz hell.

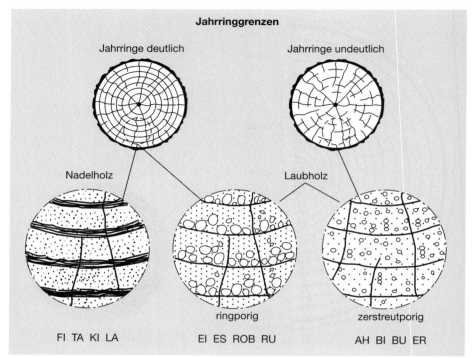

Jahrringgrenzen

Jahrringe deutlich   Jahrringe undeutlich

Nadelholz   Laubholz

ringporig   zerstreutporig

FI TA KI LA   EI ES ROB RU   AH BI BU ER

Abbildung 9.9
Jahrringe [9.8]

Spätholz

Das im Sommer angelegte Spätholz hat die Aufgabe der Festigung. Die Zellen sind dickwandig und englumig. Durch die dicken Zellwände erscheint das Spätholz dunkel.

Bei den Laubhölzern werden aufgrund der Anordnung der Poren über den Jahrring drei Gruppen unterschieden (siehe *Abbildung 9.10*): ringporige, halbringporige und zerstreutporige Hölzer.

Ringporige Hölzer: besitzen im Frühholz besonders weite und zu einem auffälligen Ring angeordnete Gefäße (Eiche, Esche, Ulme).

Zerstreutporige Hölzer: weisen über den gesamten Jahrring weitgehend gleichmäßige Gefäßverteilung auf (Buche, Birke, Pappel).

Halbringporige Hölzer: nehmen eine Zwischenstellung zwischen rp und zrp ein (Nussbaum).

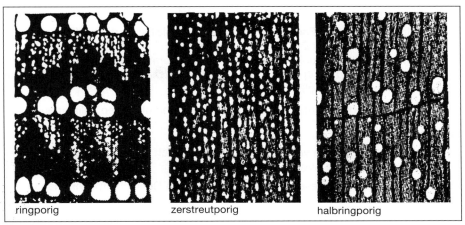

| ringporig | zerstreutporig | halbringporig |

Abbildung 9.10
Porenanordnung [9.1]

Kern-, Splint- und Reifholz (siehe *Abbildung 9.11*)

Splintholz

Unter Splintholz versteht man die äußere Holzschicht des Stammes, die lebende (also physiologisch aktive) Zellen enthält und Wasserleitfunktion hat. Die lebenden Zellen dienen zum Teil der Speicherung (Zucker usw.).

Kernholz

Der Begriff Kernholz meint das innere Holz eines Stammes, teilweise dunkler gefärbt als das Splintholz. Es enthält keine lebenden Zellen und hat keine Wasserleitfunktion.

Abbildung 9.11
Kern-, Splint- und Reifholz [9.8]

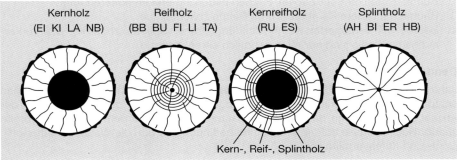

| Kernholz | Reifholz | Kernreifholz | Splintholz |
| (EI KI LA NB) | (BB BU FI LI TA) | (RU ES) | (AH BI ER HB) |

Kern-, Reif-, Splintholz

Bei der Verkernung sterben die lebenden Zellen ab und bilden dabei

a) Kernstoffe (Gerbstoffe, Farbstoffe usw.), die das Holz häufig dunkel färben (Kiefer, Eiche) und teilweise vor Zersetzung schützen.

b) Thyllen bei manchen Laubhölzern, das sind blasenförmige Auswachsungen lebender Zellen durch die Tüpfel in die Poren hinein. Die Gefäße werden dadurch verstopft (Imprägnierung!).

Die **Verkernung** ändert nicht die Struktur der Zellen und nicht den Zellaufbau.

Reifholz

Reifholz unterscheidet sich vom Kernholz hauptsächlich dadurch, dass die eingelagerten Kernstoffe für das Auge nicht sichtbar sind.

Nach den Anordnungen dieser Holzbereiche über den Querschnitt kann man unterscheiden:

1. Kernholzbäume: mit regelmäßiger Farbkernbildung, Splint feuchter als Kern, bei vielen LH Verthyllung (Lärche, Kiefer, Douglasie, Eiche, Nussbaum, Kirschbaum).
2. Reifholzbäume: mit hellem Innenholz. Kein Farbunterschied über den Querschnitt; Splint feuchter als Innenholz (Fichte, Tanne, Birnbaum, Rotbuche, Linde).
3. Splintholzbäume: ohne Farb- und Feuchteunterschied zwischen Außen- und Innenholz. (Zitterpappel, Birke, Erle, Ahorn, Weißbuche).
4. Kernreifholzbäume: zwischen Farbkern und Splint liegt eine Übergangszone (Ulme (Rüster), Esche).

Die zuvor genannte Einteilung findet sich noch in vielen Lehrbüchern, ist aber inzwischen überholt. Heute werden die Baumarten nach ihrer Kernbildung wie folgt definiert:

1. Bäume mit regelmäßiger Farbkernbildung (= Kernholzbäume): s.o.
2. Bäume mit unregelmäßiger (fakultativer) Farbkernbildung: Es handelt sich nicht um echtes Kernholz, da es nicht dauerhafter ist als Splintholz, sondern um sogenannte Falschkerne. Sie sind gekennzeichnet durch wolkige Ausbuchtungen (Rotkern der Buche, Braunkern der Esche). Eschen bilden ihn erst im höheren Alter.
3. Bäume mit hellem Kernholz (früher Reifholzbäume): s.o.
4. Bäume mit verzögerter Kernholzbildung (früher Splintholzbäume): Die Verkernungsmerkmale sind nur mikroskopisch erkennbar: s.o.

Dendrochronologie

Jahrringe entstehen im Baum aufgrund Vegetationspausen. In den gemäßigten Zonen entsprechen diese jährlich gebildeten Ringe dem Zuwachs des Baumes. Aus der Anzahl der Ringe kann das Alter des Baumes ermittelt werden. Die Jahrringbreite erlaubt Rückschlüsse auf die Wachstumsbedingungen, d.h. die Wasser-, Nährstoff-, Licht- und Klimaverhältnisse.

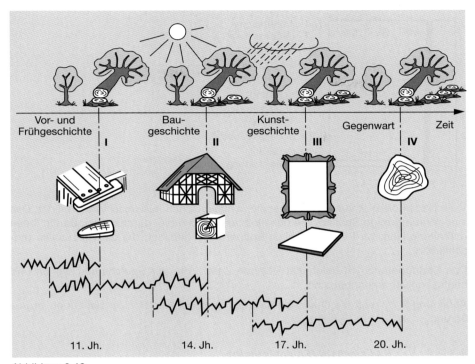

Abbildung 9.12
Dendrochronologie [9.1]

Aufgrund der regional begrenzten, relativ einheitlichen Wachstumsbedingungen können die Schwankungen der Jahrringbreite zur Altersbestimmung von Holzproben herangezogen werden. Durch Überbrückung bzw. Überschneidung chronologisch aufeinanderfolgender Proben aus der selben Region lassen sich Jahrringchronologien aufbauen, die über mehrere hundert Jahre zurückreichen (siehe *Abbildung 9.12*) und nicht an das Alter eines einzigen Baumes gebunden sind [Eckstein, bauen und holz, 1977, Heft 12].

Betrachtet man den Qerschnitt eines Laubholzes mit der Lupe, so kann man neben Früh- und Spätholz häufig die Holzstrahlen (früher Markstrahlen) und die Gefäße oder Poren als wasserleitende Zellen erkennen.

Die Holzstrahlen sind mit dem Auge nur erkennbar, wenn sie mehrschichtig sind, wie z. B. bei Buche oder Eiche. Sie verlaufen als feine, radiale Linien. Die Poren können je nach Holzart unterschiedlich angeordnet sein (*Abbildung 9.13*).

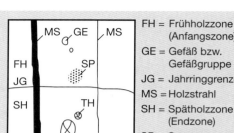

FH = Frühholzzone
(Anfangszone)

GE = Gefäß bzw.
Gefäßgruppe

JG = Jahrringgrenze

MS = Holzstrahl

SH = Spätholzzone
(Endzone)

SP = Sprangparenchym

TH = Gefäß mit
Thyllenbildung

Abbildung 9.13
Musterbild für Abb. 9.14 [9.7]

Viele Nadelhölzer enthalten Harzkanäle, einheimische Laubhölzer jedoch nicht. Das sind röhrenförmige Spalten, die das Holz axial und radial durchziehen. Das in ihnen enthaltene Harz wird von speziellen Epithelzellen gebildet, die die Harzkanäle umschließen.

Das Strangparenchym beinhaltet lebende Zellen, die der Speicherung dienen und häufig schwer erkennbar sind.

Abbildung 9.16 zeigt die Querschnittsbilder wichtiger Nadelhölzer bei Lupenvergrößerung.

9.1.2.2 Radialschnitt (Spiegelschnitt)

Die Schnittführung erfolgt parallel zur Stammachse und parallel zu den Holzstrahlen (*Abbildung 9.17*).

Holzstrahlen

Sie werden längs geschnitten. Da sie jedoch nicht in einer Geraden verlaufen, werden sie nur angeschnitten. Sie erscheinen als kurze, glänzende, radiale Bänder: die Spiegel (Eiche, Rotbuche, Platane). Scheinholzstrahlen (Erle, Weißbuche) glänzen nicht!

Jahrringe

Die rechtwinklig durchschnittenen Jahrringe erscheinen als parallel verlaufende Streifen (Streiferfurnier)

Poren

Größere Poren erscheinen als Porenrillen

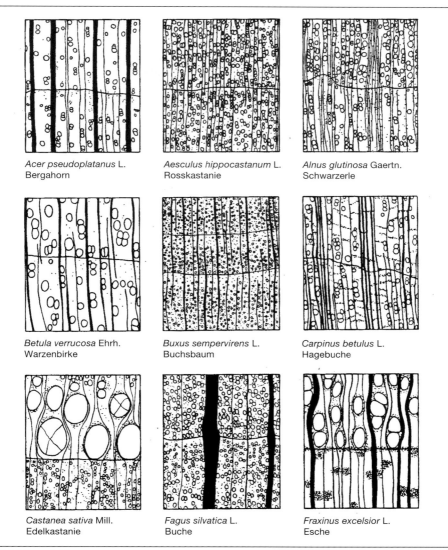

Acer pseudoplatanus L.
Bergahorn

Aesculus hippocastanum L.
Rosskastanie

Alnus glutinosa Gaertn.
Schwarzerle

Betula verrucosa Ehrh.
Warzenbirke

Buxus sempervirens L.
Buchsbaum

Carpinus betulus L.
Hagebuche

Castanea sativa Mill.
Edelkastanie

Fagus silvatica L.
Buche

Fraxinus excelsior L.
Esche

Abbildung 9.14
Querschnittbilder von Laubhölzern bei Lupenvergrößerung [9.7]

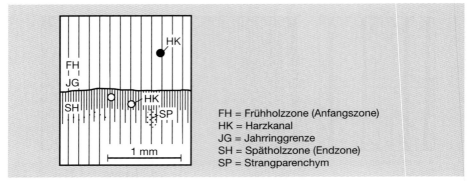

FH = Frühholzzone (Anfangszone)
HK = Harzkanal
JG = Jahrringgrenze
SH = Spätholzzone (Endzone)
SP = Strangparenchym

Abbildung 9.15
Musterbild für Abbildung 9.16 [9.7]

9.1.2.3 Tangentialschnitt (Fladerschnitt)

Die Schnittführung erfolgt parallel zur Stammachse und quer zu den Holzstrahlen (*Abbildung 9.18*).

Holzstrahlen

Sie werden quer geschnitten (Querschnitt). Die größeren sind als dunkle, senkrechte Striche zu erkennen. Manchmal sind sie stockwerkartig angeordnet.

Jahrringe

Sie treten pyramiden- oder fladerförmig in Erscheinung.

Poren

Größere Poren erscheinen als Porenrillen.

Die Vielfältigkeit der Holzarten zeigen abschließend die mikroskopischen Aufnahmen in *Abbildung 9.19*.

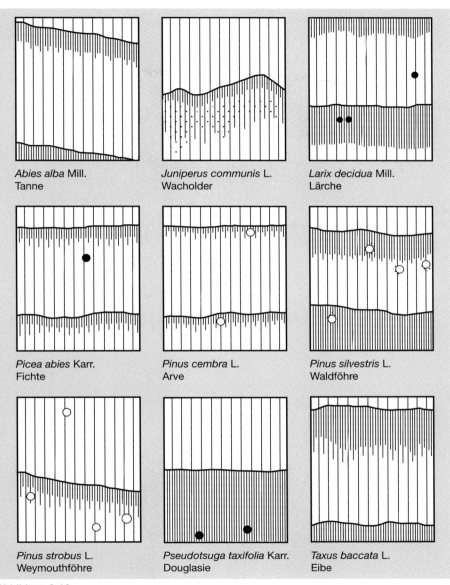

Abbildung 9.16
Querschnittsschemata von Nadelhölzern bei Lupenvergrößerung [9.7]

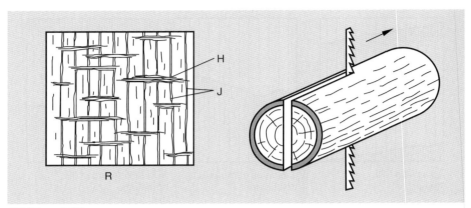

Abbildung 9.17
Radialschnitt [9.6] H = Holzstrahlen, J = Jahrringe

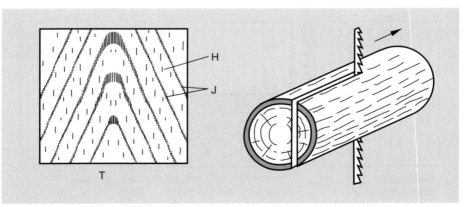

Abbildung 9.18
Tangentialschnitt [9.6] H = Holzstrahlen, J = Jahrring

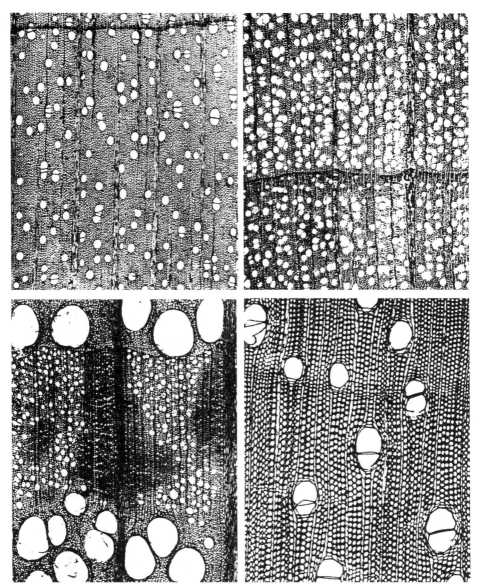

Abbildung 9.19
Mikroskopische Aufnahmen (30x) Bergahorn, Rotbuche, Stieleiche und Ramin [9.6]

9.1.3   Eigenschaften des Holzes

9.1.3.1   Dichte

Die Dichte eines Stoffes ist definiert als das Verhältnis seiner Masse m zu seinem Volumen V. Bei porösen Stoffen, wie z.b. Holz, ist zwischen Rohdichte und Reindichte zu unterscheiden.

$\rho = m / V$ [g/cm³]

m [g] Masse
V [cm³] Volumen des Körpers.

Unter der Rohdichte versteht man die Dichte des gewachsenen Holzes, bestehend aus Zellwänden und Zellhohlräumen.

Die Rohdichte ist eine der wichtigsten physikalischen Größen zur Kennzeichnung des Holzes. Folgende physikalische und technologische Eigenschaften werden von der Rohdichte beeinflusst:

○ Festigkeit
○ Härte
○ E-Modul
○ Quellung/Schwindung
○ thermische und elektrische Eigenschaften
○ Luft- und Trittschalldämmung
○ Imprägnierbarkeit
○ Trocknungszeit

Sie wird deshalb bestimmt von:

○ Zellwandsubstanz (Masse)
○ Porenraum (Zellumina, Kapillarsystem)
○ Wasser (Zellwand und Lumina)

Je nach Feuchtegehalt u [%] des Holzes ändern sich sowohl die Masse als auch das Volumen (Quellung bzw. Schwindung), so dass bei der Bestimmung der Rohdichte der entsprechende Feuchtegehalt angegeben werden muss. Um Rohdichtwerte vergleichen zu können, müssen diese bei gleicher, definierter Holzfeuchte ermittelt werden.

Normal-Rohdichte: Rohdichte nach Lagerung im Normalklima (20 °C, 65%).

$\rho_N = m_N/V_N$ [g/cm³]

m_N [g] als Masse
V_N [cm³] Volumen der klimatisierten Holzprobe

Darr-Rohdichte:Rohdichte des Holzes in absolut trockenem Zustand.

$$\rho_O = m_O/V_O \quad [g/cm^3]$$

m_O [g] Darrmasse
V_O [cm^3] Darrvolumen

Bei einer bestimmten Holzfeuchte u berechnet sich die Holzdichte wie folgt:

$$\rho_u = m_u/V_u$$

Bei einer Holzfeuchte u = 14,3% lautet die Bezeichnung dementsprechend r_{14}, da auf 1% anzugeben ist.

Die Holzbestandteile haben folgende Dichten (in [g/cm^3]):
Cellulose $\quad\quad \rho_{Cell} \approx 1,58$
Hemicellulose $\quad \rho_{Hemi} \approx 1,50$
Lignin $\quad\quad\quad \rho_{Lign} \approx 1,40$
Harz $\quad\quad\quad\quad \rho_{Harz} \approx 0,9...1,2$
Gerbstoffe $\quad\quad \rho_{Gerb} \approx 1,35$

Daraus ergibt sich eine Reindichte der Zellwand:

$$\rho_Z = 1,5 \ g/cm^3$$

Im Gegensatz zur Reindichte schwankt die Rohdichte erheblich:
○ innerhalb einer Holzart
○ zwischen zwei Holzarten

Aus physiologischen Gründen gibt es für die Rohdichte der Hölzer eine untere Grenze (Wandraumanteil $\approx$ 6%) bei etwa 0,13 g/cm^3 (Balsaholz $\rho \approx$ 0,13 g/cm^3) und eine obere Grenze (Wandraumanteil $\approx$ 93%) bei etwa 1,3 g/cm^3 (Pockholz $\rho \approx$ 1,3 g/cm^3).

Zu den leichteren einheimischen Holzarten zählen die Weymouthskiefer ($\rho_{12} \approx$ 0,37 g/cm^3), die Zitter- und die Schwarzpappel ($\rho_{12} \approx$ 0,45 g/cm^3).

Schwere Hölzer sind die Lärche ($\rho_{12} \approx$ 0,60 g/cm^3), Weiß- oder Hainbuche ($\rho_{12} \approx$ 0,80 g/cm^3) und Buchsbaum ($\rho_{12} \approx$ 0,90 g/cm^3).

Die Rohdichte verdichteter Holzwerkstoffe (z.B. Pressvollholz, Pressschichtholz, Presssperrholz) liegt je nach Verdichtungsgrad bei etwa 1,2 ... 1,45 g/cm^3.

9.1.3.2 Beziehung Holz – Wasser

Wegen der heterokapillaren Hohlraumstruktur, der damit verbundenen großen inneren Oberfläche des Holzes sowie der vielen polaren Gruppen an den polymeren Molekülen der Zellwandbestandteile ist Holz in der Lage, erhebliche Mengen Wasser aufzunehmen und unterschiedlich fest zu binden.

Der Holzfeuchtegehalt u wird wie folgt berechnet:

$$u = \frac{m_u - m_o}{m_o} \times 100\ \%$$

m_u = Masse des feuchten Holzes
m_o = Masse des darrtrockenen Holzes

Sorption

Luft ist grundsätzlich in der Lage, je nach Temperatur eine bestimmte Menge Wasserdampf aufzunehmen (siehe *Abbildung 9.20*).

Die in Gramm gemessene Menge Wasser, die in 1 m³ Luft vorhanden ist, bezeichnet man als absolute Luftfeuchte (φ_{abs}). Die relative Luftfeuchte φ_{rel} ist wie folgt definiert:

$$\varphi_{rel} = \frac{\varphi_{abs}}{\varphi_{max}} \times 100\ \%$$

Die natürliche Luft ist eine Mischung aus trockener Luft und Wasserdampf in unsichtbarer Form. Die Gas- und Wassermoleküle üben aufgrund ihrer Molekularbewegung einen Druck auf die Umgebung aus, den Gesamtdruck p. Dieser Gesamtdruck der Luft setzt sich aus den Teildrücken ihrer Bestandteile p_L (Luft) und p_D (Dampf) zusammen.

Der Teildruck p_D des Wasserdampfes in der feuchten Luft kann höchstens gleich dem der Temperatur zugehörigen Sättigungsdruck p_{DS} werden. Die Differenz zwischen der Ist-Luftfeuchte und der bei dieser Temperatur möglichen Sättigungsfeuchte kann als „Trocknungsdefizit der Luft" bezeichnet werden.

Ändert sich der Feuchtezustand der Umgebungsluft, versucht sich die Luft über der Oberfläche des Holzes dieser Änderung anzupassen und damit ein Gleichgewicht der Teildrücke herzustellen. Damit verbunden ist je nach Änderung des Luftzustandes eine Wasserdampfaufnahme oder Wasserdampfabgabe der Luft in den Zellwandhohlräumen.

Gelangt Wasserdampf in die innere Holzatmosphäre, so wird dieser an die innere Oberfläche des Holzes, d.h. Zellwandhohlräume, gebunden (Sorption). Der Verlauf der Sorption kann in drei Bereiche unterteilt werden:

Chemisorption (u = 0 – 5 %)

Durch molekulare Anziehungskräfte werden Wassermoleküle in einer einmolekularen Schicht an die innere Oberfläche des Holzes gebunden (siehe *Abbildung 9.21*).

Adsorption (u = 6 – 20%)

Durch Kohäsionskräfte lagern sich weitere Wassermolekülschichten an.

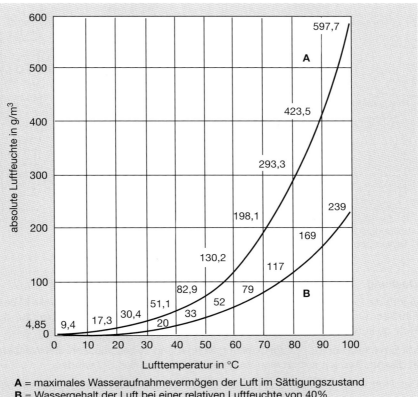

A = maximales Wasseraufnahmevermögen der Luft im Sättigungszustand
B = Wassergehalt der Luft bei einer relativen Luftfeuchte von 40 %

Abbildung 9.20
Aufnahmefähigkeit der Luft für Wasserdampf [9.9]

Kapillarkondensation (u = 21 – 30 %)

Durch Kapillarkräfte lagern sich weitere Wassermoleküle an, bis das Hohlraumsystem der Zellwände mit Wasserdampf gefüllt ist.

Das durch Sorption aufgenommene Wasser heißt gebundenes Wasser.

Ist das gesamte Hohlraumsystem der Zellwand mit Wasserdampf gefüllt, so liegt Fasersättigung vor (Fasersättigungsbereich U_{FS}). Der Fasersättigungsbereich einheimischer Holzarten variiert im Bereich von 22 – 35 %.

Bei weiterer Wasseraufnahme lagert sich dieses als frei tropfbares Wasser in den Zellhohlräumen ab.

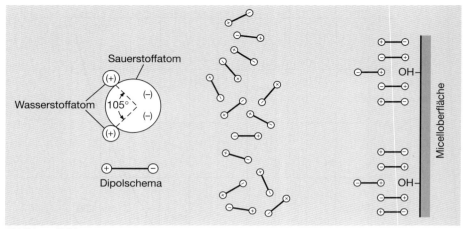

Abbildung 9.21
Chemisorption [9.7]

Quellung

Durch die Einlagerung von Wasser in die Zellwandhohlräume werden die Micellen und Fibrillen auseinandergedrückt, die Abmessungen des Holzes nehmen zu, d. h. das Holz quillt (siehe *Abbildung 9.22*).

Mit Erreichen von U_{FS} ist die Quellung weitgehend abgeschlossen. Bei Wasserabgabe in diesem Bereich erfolgt eine Volumenkontraktion, das Schwinden.

Das Holz quillt in seinen drei Richtungen unterschiedlich: Quellungsanisotropie.

Folgende Durchschnittswerte werden für die Quellung zwischen u = 0% und etwa u = 30% angegeben:

$\alpha_l \approx 0,2\ \%$
$\alpha_r \approx 4\ \%$
$\alpha_t \approx 8\ \%$

Die Ursache liegt in der Anisotropie des Holzes.

Quellungsanisotropie $A_q = q_{tang}/q_{rad} = 1{,}66$ (Mittelwert)

Diese beträgt bei Holzstrahlen 3,5 und bei Fasern 1,3; d. h., die Holzstrahlen behindern in radialer Richtung die Quellung und verstärken sie in tangentialer Richtung.

Zwischen Holzstrahlen und Fasern treten starke Spannungen auf: Rissbildung!

Infolge der Quellungsanisotropie treten beim Trocknen des Holzes Verzerrungen auf (siehe *Abbildung 9.23*).

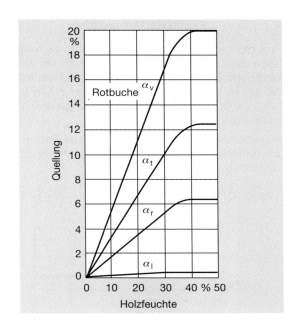

Abbildung 9.22
Quellmaß α von Rotbuchenholz in
den drei Achsrichtungen [9.3]
(l = längs, r = radial, t = tangential,
V = Volumen)

Abbildung 9.23
Verzerrung von Holzquerschnitten
[9.3]

9.1.3.3 Festigkeitseigenschaften

Festigkeit ist die Widerstandsfähigkeit eines Werkstoffes oder Bauteiles gegen Bruch. Nach der Lastaufnahme unterscheidet man zwischen statischer und dynamischer Festigkeit. Bei den genormten Festigkeitsprüfungen von Holz und Holzwerkstoffen handelt es sich um statische Prüfungen mit langsam und stetig zunehmender Belastung. Dabei werden nach der Belastungsart Zug-, Druck-, Biege-, Scher- und Torsionsfestigkeit unterschieden.

Im allgemeinen nehmen beim Holz die Festigkeiten mit zunehmender Rohdichte, abnehmender Temperatur, abnehmender Holzfeuchte und abnehmendem Faser-Lastwinkel zu.

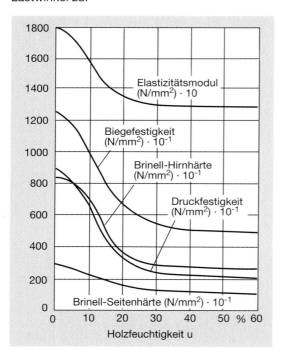

Abbildung 9.24
Abhängigkeit der Festigkeiten, des E-Moduls und der Härte von der Holzfeuchtigkeit (9.7)

Alle Festigkeitswerte des Holzes nehmen mit zunehmender Holzfeuchte bis zum Fasersättigungspunkt hin ab mit Ausnahme der Zugfestigkeit (Abbildung 9.24 und 9.26).

Von u = 0% bis u = 8% nimmt die Zugfestigkeit zu, ab u = 8% bis zum Fasersättigungspunkt nimmt sie wieder ab.

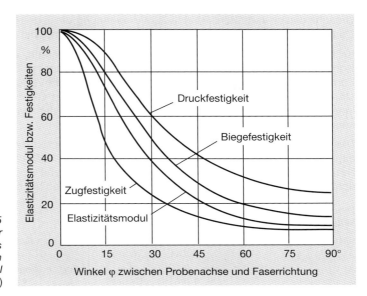

Abbildung 9.25
Abhängigkeit der
Festigkeiten und des
E-Moduls vom
Faserlastwinkel
(9.13)

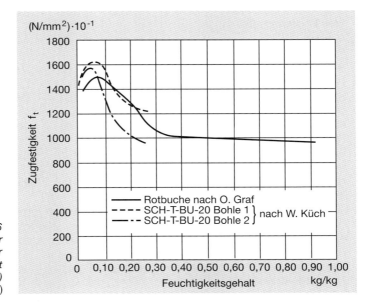

Abbildung 9.26
Abhängigkeit der
Zugfestigkeit von der
Holzfeuchtigkeit
(SCH=Schichtholz)
(9.15)

Ursache dieses Verhaltens ist eine Zugvorspannung,die in den Cellulosemolekülen im Darrzustand vorliegt. Diese wird mit der Wasseraufnahme bis u = 8% abgebaut. Kräfte oder Momente, die von außen auf das Holz wirken, beanspruchen dessen Kohäsionskräfte und führen zu Spannungen. Diese inneren Spannungen bewirken Form- und Gestaltsänderungen. Die derart verursachten Verformungen können vollständig oder nur teilweise nach Wegfall der Ursachen zurückgehen. Als Maß des inneren Widerstandes gegen Verformungen im Bereich der reversiblen Verformungen kann der Elastizitätsmodul aufgefasst werden.

Das Spezifische des Holzes beruht auf der micellaren Struktur des Stoffgefüges, d. h. alternierend Hauptvalenz- und Nebenvalenzbindungen in Wuchslängsrichtung sowie Nebenvalenzbindungen – bis auf das Holzstrahlgewebe – quer zur Wuchslängsrichtung. Die sehr verschieden starken Bindungsenergien haben zur Folge, dass eine

Tabelle 9.3
Mittlere Kennwerte von Nadelhölzern nach DIN 68 364

Nadelhölzer	Roh-dichte ρ_N g/cm³	Elastizitäts-modul E_m N/mm²	Festigkeiten N/mm²			
			Zug f_t	Biegung f_m	Druck f_c	Scher f_v
Cedar, Yellow *Chamaecyparis nootkatensis*	0,48	10 000	90	78	45	9
Douglasie, Mitteleuropa *Pseudotsuga menziesii*	0,58	13 000	105	100	54	10
Fichte *Picea abies*	0,46	11 000	95	80	45	10
Hemlock *Tsuga heterophylia*	0,49	10 000	68	75	45	7,8
Kiefer *Pinus sylvestris*	0,52	11 000	100	85	47	10
Kiefer, Weymouths-, Strobe *Pinus strobus*	0,41	9 100	90	58	34	6,2
Lärche *Larix decidua, Larix spp.*	0,60	13 800	107	99	55	10
Pine, Radiata- *Pinus radiata*	0,50	10 500	79	80	41	10
Pine, Carolina- *Pinus taeda, Pinus spp.*	0,60	13 000	110	100	50	10,5
Redcedar, Western- *Thuja plicata*	0,37	8 000	60	54	35	6
Tanne *Abies alba, Abies spp.*	0,46	11 000	95	80	45	10

	1	2	3	4	5	6	7	8
1	**Festigkeitsklasse** (Sortierklasse nach DIN 4074-1)	**C 16** (S7)	**C 18**	**C 24** (S10)	**C 27**	**C 30** (S13)	**C 35** (MS13)	**C 40** (MS17)
	Festigkeitskennwerte in N/mm²							
2	Biegung f_{mk}	16	18	24	27	30	35	40
3	Zug, parallel $f_{t,0,k}$[1]	10	11	14	16	18	21	24
4	Druck, parallel $f_{c,0,k}$	17	18	21	22	23	25	26
5	Druck, rechtwinklig $f_{c,90,k}$[2]	2,2	2,2	2,5	2,6	2,7	2,8	2,9
6	Schub und Torsion $f_{v,k}$[3]	1,8	2,0	2,5	2,8	3,0	3,4	3,8
	Steifigkeitskennwerte in N/mm²							
7	Elastizitätsmodul, parallel $E_{0,mean}$[4]	8000	9000	11000	11500	12000	13000	14000
8	Elastizitätsmodul, rechtwinklig $E_{90,mean}$[4]	270	300	370	400	400	430	470
9	Schubmodul G_{mean}[4][5]	500	560	690	750	750	810	880
	Rohdichtekennwerte in kg/m³							
10	Rohdichte ρ_k	310	320	350[6]	370	380	400	420

[1] Abweichend von DIN EN 338 ist der Rechenwert für die charakteristische Zugfestigkeit rechtwinklig zur Faserrichtung des Holzes $f_{t,90,k}$ für alle Festigkeitsklassen mit 0,4 N/mm² anzunehmen.
[2] Bei unbedenklichen Eindrückungen dürfen die Werte für $f_{c,90,k}$ um 25% erhöht werden.
[3] Als Rechenwert für die charakteristische Rollschubfestigkeit des Holzes darf für alle Festigkeitsklassen $f_{R,k}$ = 0,4 N/mm² angenommen werden.
[4] Für die charakteristischen Steifigkeitskennwerte $E_{0,05}$, $E_{90,05}$ und G_{05} gelten die Rechenwerte: $E_{0,05} = 2/3 \cdot E_{0,mean}$ $E_{90,05} = 2/3 \cdot E_{90,mean}$ $G_{05} = 2/3 \cdot G_{mean}$
[5] Der zur Rollschubbeanspruchung gehörende Schubmodul darf mit $G_{R,mean} = 0,15 \cdot G_{mean}$ angenommen werden.
[6] Für Nadelholz der Sortierklasse S 10 und MS 10 nach DIN 4074-1 darf ρ_k = 380 kg/m³ angenommen werden.

Tabelle 9.4
Rechenwerte für die charakteristischen Festigkeits-, Steifigkeits- und Rohdichtekennwerte für Nadelholz. Vorzugsklassen sind unterlegt (DIN 1052 E)

bestimmte Spannung im kristallinen Cellulosebereich innerhalb des elastischen Verhaltens, im amorphen Cellulosebereich aber bereits im plastischen Formänderungsbereich liegt. Hinzu kommt, dass durch Wasseranlagerung an Cellulose micellare Abstände vergrößert und damit die Nebenvalenzkräfte verringert werden. Die Minderung der Bindungsenergien hat auf die Festigkeitseigenschaften, den Elastizitätsmodul, sonstige physikalische Eigenschaften wie Leitwerte, Dämmwerte und erforderliche Bearbeitungskräfte erheblichen Einfluss.

Bei Angaben von Festigkeitswerten müssen deshalb in der Regel die Messbedingungen, Belastungsart, Beanspruchungsrichtung bezogen auf die Holzfaserrichtung und auch die Holzfeuchtigkeit genannt werden (siehe *Tabelle 9.3*).

Diese Werte dienen der Holzklassifizierung, dürfen jedoch nicht als zulässige Beanspruchungsgrößen für Holzbauteildimensionierungen verwendet werden (DIN 68 364). Rechenwerte für charakteristische Festigkeitskennwerte findet man in DIN 1052 E bzw. DIN EN 338 (*Tabelle 9.4*).

9.1.3.4   Thermische Eigenschaften

9.1.3.4.1   Wärmeleitfähigkeit λ

Die Wärmeleitfähigkeit des Holzes hängt von der Richtung im Holz ,der Rohdichte und der Holzfeuchte ab.Sie ist in Faserrichtung etwa doppelt so groß wie quer dazu und steigt für beide Richtungen mit zunehmender Rohdichte.

Unterhalb der Fasersättigung bewirkt eine Feuchteerhöhung um $\Delta u = 1$ % eine Zunahme der Wärmeleitung um etwa $\Delta \lambda = 1{,}25\%$.Die Abhängigkeit der Wärmeleitfähigkeit von der Holzfeuchte kann mit der Beziehung $\lambda = \lambda_1 \cdot [\, 1 - 0{,}0125 \cdot (u_1 - u_2)]$ beschrieben werden.Die Wärmeleitfähigkeit wird für den rechnerischen Nachweis des Wärmeschutzes von Gebäuden benötigt.

Nach DIN 4108 werden folgende Rechenwerte in W/(m · K) für λ angegeben:

Fichte, Kiefer, Tanne: 0,13; Buche, Eiche: 0,20; Spanplatten: 0,13; Sperrholz: 0,15; Harte Holzfaserplatten: 0,17.

Diese Werte liegen im Vergleich zu anderen tragenden Baustoffen sehr niedrig

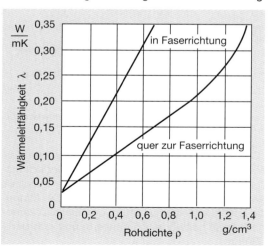

Abbildung 9.27
Abhängigkeit der
Wärmeleitfähigkeit des Holzes
von der Rohdichte bei einem
Holzfeuchtegehalt von 10% (9.1)

9.1.3.4.2 Wärmeausdehnungskoeffizient α

Wie alle anderen Baustoffe dehnt sich Holz bei Erwärmung aus und zieht sich bei Abkühlung zusammen. Diese Längenänderungen sind anisotrop. Diese Tatsache verdient Beachtung, wenn Holz mit anderen Werkstoffen schlüssig verbunden wird, was zu erheblichen Spannungen in Klebfugen oder Verwerfungen von Sandwichplatten führen kann. Als Richtwerte für Holz können gelten:

in Faserrichtung: $\quad\quad$ 2,5 ... 5,0 x 10^{-6} K^{-1}

in Radialrichtung: $\quad\quad$ 15 ... 45 x 10^{-6} K^{-1}

in Tangentialrichtung: $\quad$ 30 ... 60 x 10^{-6} K^{-1}

Da Holz bei Erwärmung zugleich trocknet,wird die thermische Ausdehnung von der Schwindung überlagert.deshalb ändern Holzträger – im Unterschied zu Metallen – im Brandfall ihre Längen kaum

9.1.3.4.3 Spezifische Wärmekapazität c

Wird einer Stoffmenge eine Wärmemenge zugeführt, so erfährt sie eine Temperaturänderung. Wie groß diese ist, richtet sich nach der spezifischen Wärmekapazität des Stoffes. Das ist die Wärmemenge in J, die nötig ist,um 1 kg eines Stoffes um 1 K (= 1 °C) zu erwärmen. Für darrtrockenes Holz liegen die Werte zwischen 1,25 – 1,5 kJ/(kg · K). Zum Vergleich: Luft ca. 1,0 kJ/(kg · K); Wasser ca. 4,18 kJ/(kg · K).

Die spez. Wärmekapazität beeinflusst die Temperaturleitfähigkeit der Baustoffe und wird deshalb für wärmetechnische Berechnungen benötigt.

9.1.3.4.4 Brandverhalten des Holzes

Die Hauptbestandteile der reinen Holzsubstanz sind Cellulose und Lignin. Beide Stoffgruppen sind in ihrer makromolekularen Struktur allein nicht brennbar. Erst wenn die Holzbestandteile thermisch zersetzt werden, entstehen brennbare Gase. Die thermische Holzzersetzung wird auch trockene Destillation genannt. Der von den Holzhauptbestandteilen gebundene Sauerstoff reicht nicht aus, um den Kohlenstoff und Wasserstoff der Holzbestandteile zu oxidieren. Das Verbrennen von Holz erfordert in jedem Falle den Zugang von zusätzlichem Sauerstoff. Damit wird deutlich, dass durch Maßnahmen, die den Zutritt von Sauerstoff an Holz verhindern, ein Brandschutz von Holzbauteilen möglich wird.

Das Brandverhalten von Holz wird durch leicht entzündbare Bestandteile wie z. B. Harze erheblich beeinflusst. Vorteilhaft für Tragkonstruktionen aus Holz in Gebäuden ist der geringe Wärmeleitwert des Holzes. So erhitzt einwirkende Brandwärme einen Holzträger bei weitem nicht so rasch wie einen Metallträger. Die Abhängigkeit der Holzfestigkeiten von der Holztemperatur ist nicht so deutlich wie bei Metallen. Eine verkohlte Holzoberfläche verringert den Sauerstoffzutritt und behindert damit den Abbrand.

Nach DIN 4102 wird Holz der Baustoffklasse B2 (normal entflammbar) zugeordnet.

9.1.3.5   Akustische Eigenschaften

Schall entsteht durch mechanische Schwingungen eines elastischen Mediums,das fest,flüssig oder gasförmig sein kann.Holz besitzt gegenüber anderen Baustoffen aufgrund seiner geringen Masse eine geringe Schalldämmung, da es leicht in Schwingungen versetzt werden kann. Bei Holzkonstruktionen ist deshalb besonders auf das Vermeiden von Schallbrücken und eine mehrschalige Bauweise zu achten. Unbedingt zu beachten ist auch DIN 4109 (Schallschutz im Hochbau).

Günstig sind die Schalleigenschaften des Holzes für den Innenausbau und den Musikinstrumentenbau

9.1.4   Gütemerkmale des Holzes und Holzschädlinge

9.1.4.1   Gütemerkmale des Holzes

Für den Holzeinsatz im Ingenieurholzbau wäre eine gleichmäßige Holzstruktur und damit gleichmäßige mechanische Eigenschaften – wenn auch richtungsabhängig – sehr vorteilhaft. Infolge verschiedenster Einflüsse auf das Baumwachstum, wie Klima- und Standortfaktoren, können erhebliche anatomische und strukturelle Abweichungen im Holz auftreten. Wenn diese Abweichungen den Nutzwert des Holzes herabsetzen, werden sie als Holzfehler bezeichnet.

Im Ingenieurholzbau wird im wesentlichen Schnittholz der Nadelholzarten Fichte, Tanne, Kiefer und Lärche verwendet, weniger der Laubholzarten Buche und Eiche. Deshalb wird hier hauptsächlich auf Nadelschnittholz Bezug genommen. In DIN 4074-1 ist die Sortierung des Nadelschnittholzes nach der Tragfähigkeit festgelegt.

Tabelle 9.5
Einige anatomische und strukturelle Abweichungen

Abweichungen der Stammform		Abweichungen der Struktur	
Abholzigkeit	(Abnahme des Stamm-durchmessers vom Stamm-fuß zum Stammzopf)	Ästigkeit	(je nach Größe, Häufigkeit, Beschaffenheit und Lage im Stamm)
Krummwuchs	(Abweichungen der Stamm-achse aus dem Lot)	Faser-verlauf	a) im Astbereich b) Drehwuchs c) gewellte Jahrringe d) Wurzelanlauf
Unrundheit	(beliebige Abweichungen des Stammquerschnittes vom Kreis)	Reaktions-holz	(Druckholz bei Nadelholz-bäumen; Zugholz bei Laub-holzbäumen)
Wulstigkeit	(partielle Auswallungen des Stammquerschnittes)	Kernbildung	(ungleiche, radiale Aus-dehnungen eines „Farbkerns")

Schnittholzart	Dicke d bzw. Höhe h	Breite b
Latte	$d \leq 40$ mm	$b < 80$ mm
Brett[1]	$d \leq 40^2$ mm	$b \geq 80$ mm
Bohle[1]	$d > 40$ mm	$b > 3\,d$
Kantholz	$b \leq h \leq 3\,b$	$b > 40$ mm
	[1] Vorwiegend hochkant biegebeanspruchte Bretter und Bohlen sind wie Kantholz zu sortieren und entsprechend zu kennzeichnen (siehe Abschnitt 4). [2] Dieser Grenzwert gilt nicht für Bretter für BS-Holz.	

Tabelle 9.6
Schnittholzeinteilung
nach DIN 4074-1

„Vorratskantholz" nach DIN 4070-1

Kantholz in cm:

6/6	6/8	6/12	
8/8	8/10	8/12	8/16
10/10	10/12		
12/12	12/14	12/16	
14/14	14/16		
16/16	16/18		

Balken in cm:

10/20	10/22
12/20	12/24
16/20	
18/22	
20/20	20/24

Maße gelten für „halbtrockenes" Bauholz in rauem Zustand.

Dachlatten nach DIN 4070-1: 24/48, 30/50, 40/60 mm
Maße gelten für „halbtrockenes" Bauholz.

Raue Bretter und Bohlen nach DIN 4071 (04.77)
Maße gelten für „trockenes" Bauholz.
Dicken:
Bohlen: 44, 48, 50, 63, 70, 75 mm, besäumt und unbesäumt
Bretter: 16, 18, 22, 24, 28, 38 mm in rauem Zustand, besäumt und unbesäumt
Für **Zoll-Abmessungen**
(z.B. nordisches Holz) gilt:
Bohlen: 38,1 (6/4"), 44,5 (7/4"), 50,8 (2"), 63,5 (2 1/2"), 76,2 (3"), 101,6 (4") mm
Bretter: 12,7 (1/2"), 15,9 (5/8"), 19,1 (3/4"), 22,2 (7/8"), 25,4 (1"), 31,8 (5/4") mm

Tabelle 9.7
Wichtige Abmessungen von Nadelschnittholz (9.14)

Nach DIN 4074-1 unterscheidet man je nach Querschnittsmaßen folgende Schnittholzarten (*siehe Tabelle 9.6*).

Man unterscheidet Querschnitte, die auf Bestellung nach Liste eingeschnitten werden (Listenware) und Vorratsware. Wichtige Abmessungen von Nadelschnittholz zeigt *Tabelle 9.7*.

Da Schnittholz fehlerhaft sein kann, sind in DIN 4074-1 Sortiermerkmale wie Äste, Risse, Baumkante, Bläue oder Insektenbefall festgelegt. Deren Ausprägung bestimmt die Zuordnung des Schnittholzes zu einer bestimmten Sortierklasse (S7, S10, S13). So ist in der Sortierklasse S10 1/3 Baumkante, in der Sortierklasse S13 nur 1/4 Baumkante bei der visuellen Sortierung von Brettern und Bohlen zulässig (*Tabelle 9.8*).

Sortiermerkmale	Sortierklassen		
	S 7	**S 10**	**S 13**

1. Äste
  – Einzellast
  – Astansammlung
  – Schmalseitenast[1]
	bis 1/2
	bis 2/3
	–
		bis 1/3
		bis 1/2
		bis 2/3
			bis 1/5
			bis 1/3
			bis 1/3

2. Faserneigung	bis 16%	bis 12%	bis 7%
3. Markröhre	zulässig	zulässig	nicht zulässig

4. Jahrringbreite
  – im Allgemeinen
  – bei Douglasie
	bis 6 mm
	bis 8 mm
		bis 6 mm
		bis 8 mm
			bis 4 mm
			bis 6 mm

5. Risse
  – Schwindrisse[2]
  – Blitzrisse
  Ringschäle
	zulässig
	nicht zulässig
		zulässig
		nicht zulässig
			zulässig
			nicht zulässig

6. Baumkante	bis 1/3	bis 1/3	bis 1/4

7. Krümmung[2]
  – Längskrümmung
  – Verdrehung
  – Querkrümmung
	bis 12 mm
	2 mm/25 mm Breite
	bis 1/20
		bis 8 mm
		1 mm/25 mm Breite
		bis 1/30
			bis 8 mm
			1 mm/25 mm Breite
			bis 1/50

8. Verfärbungen, Fäule
  – Bläue
  – nagelfeste braune
  und rote Streifen
  – Braunfäule
  Weißfäule
	zulässig
	bis 3/5
	
	nicht zulässig
		zulässig
		bis 2/5
		
		nicht zulässig
			zulässig
			bis 1/5
			
			nicht zulässig

9. Druckholz	bis 3/5	bis 2/5	bis 1/5
10. Insektenfraß durch Frischholzinsekten	Fraßgänge bis 2 mm Durchmesser zulässig		
11. sonstige Merkmale	sind in Anlehnung an die übrigen Sortiermerkmale sinngemäß zu berücksichtigen		

[1] Dieses Sortiermerkmal gilt nicht für Bretter für BS-Holz.
[2] Diese Sortiermerkmale bleiben bei nicht trocken sortierten Hölzern unberücksichtigt.

Tabelle 9.8
Sortiermerkmale für Bretter und Bohlen bei der visuellen Sortierung nach DIN 4074-1

Sortiermerkmale	Festigkeitsklassen		
	unter C 24	C 24 bis C 35	über C 35
Risse – Schwindrisse[1][2] – Blitzrisse	bis 1/2	bis 2/5	bis 1/5
Ringschäle	nicht zulässig	nicht zulässig	nicht zulässig
Baumkante	bis 1/4	bis 1/8	nicht zulässig
Krümmung[2] – Längskrümmung – Verdrehung – Querkrümmung	bis 12 mm 2 mm/25 mm Breite bis 1/20	bis 8 mm 1 mm/25 mm Breite bis 1/30	bis 8 mm 1 mm/25 mm Breite bis 1/50
Verfärbungen, Fäule – Bläue – nagelfeste braune und rote Streifen	zulässig bis 3/5	zulässig bis 2/5	zulässig bis 1/5
– Braunfäule Weißfäule	nicht zulässig	nicht zulässig	nicht zulässig
– Insektenfraß durch Frischholzinsekten	Fraßgänge bis 2 mm Durchmesser zulässig		
sonstige Merkmale	sind in Anlehnung an die übrigen Sortiermerkmale sinngemäß zu berücksichtigen		

[1] Schwindrisse in Brettern und Bohlen, sofern nicht überwiegend hochkant biegebeansprucht, sind zulässig.
[2] Diese Sortiermerkmale bleiben bei nicht trocken sortierten Hölzern unberücksichtigt.

Tabelle 9.9
Zusätzliche visuelle Sortierkriterien für Nadelschnittholz bei der maschinellen Sortierung nach DIN 4074-1

In DIN EN 338 sind Festigkeitsklassen für maschinell und visuell sortiertes Bauhholz für tragende Zwecke festgelegt nämlich C14 bis C40 für Nadelholz und D30 bis D70 für Laubholz. Die Nummern geben den Wert der jeweiligen Biegefestigkeit in N/mm^2 an. In DIN EN 338 sind die Festigkeitswerte der einzelnen Festigkeitsklassen aufgelistet (*Tab. 9.10*).

In DIN EN 1912 werden den einzelnen Festigkeitsklassen die verschiedenen Holzarten sowie die vergleichbaren Sortierklassen der europäischen Länder sowie der USA und Kanadas zugeordnet (*Tabelle 9.11*).

Bei der Entwurfsberechnung braucht der Ingenieur nur die Festigkeitsklasse festzulegen. Dann kann er aus vorliegenden Angeboten die geeignetste und wirtschaftlichste Holzart/Sortierklassenkombination auswählen.

		Pappelholz und Nadelhölzer									Laubhölzer					
		C14	C16	C18	C22	C24	C27	C30	C35	C40	D30	D35	D40	D50	D60	D70
Festigkeitseigenschaften in N/mm²																
Biegung	$f_{m,k}$	14	16	18	22	24	27	30	35	40	30	35	40	50	60	70
Zug parallel	$f_{t,0,k}$	8	10	11	13	14	18	18	21	24	18	21	24	30	36	42
Zug rechtwinklig	$f_{t,90,k}$	0,3	0,3	0,3	0,3	0,4	0,4	0,4	0,4	0,4	0,6	0,6	0,6	0,6	0,7	0,9
Druck parallel	$f_{c,0,k}$	16	17	18	20	21	22	23	25	26	23	25	26	29	32	34
Druck rechtwinklig	$f_{c,90,k}$	4,3	4,6	4,8	5,1	5,3	5,6	5,7	6,0	6,3	8,0	8,4	8,8	9,7	10,5	13,5
Schub	$f_{v,k}$	1,7	1,8	2,0	2,4	2,5	2,8	3,0	3,4	3,8	3,0	3,4	3,8	4,6	5,3	6,0
Steifigkeitseigenschaften in kN/mm²																
Mittelwert des Elastizitätsmoduls parallel	$E_{0,mean}$	7	8	9	10	11	12	12	13	14	10	10	11	14	17	20
5%-Quantile des Elastizitätsmoduls parallel	$E_{0,05}$	4,7	5,4	6,0	6,7	7,4	8,0	8,0	8,7	9,4	8,0	8,7	9,4	11,8	14,3	16,8
Mittelwert des Elastizitätsmoduls rechtwinklig	$E_{90,mean}$	0,23	0,27	0,30	0,33	0,37	0,40	0,40	0,43	0,47	0,64	0,69	0,75	0,93	1,13	1,33
Mittelwert des Schubmoduls	G_{mean}	0,44	0,50	0,56	0,63	0,69	0,75	0,75	0,81	0,88	0,60	0,65	0,70	0,88	1,06	1,25
Rohdichte in kg/m³																
Rohdichte	ρ_k	290	310	320	340	350	370	380	400	420	530	560	590	650	700	900
Mittelwert der Rohdichte	ρ_{mean}	350	370	380	410	420	450	460	480	500	640	670	700	780	840	1080

Tabelle 9.10
Festigkeitsklassen nach DIN EN 338

Land der Sortiervorschrift	Sortier-klasse	Holzart	Herkunft (s. Anm.)	Botanische Bezeichnung
Deutschland und Österreich	S 10 S 10 S 10	Fichte/Tanne Lärche Kiefer	CNE-Europa CNE-Europa CNE-Europa	Abies alba, Picea abies Larix decidua Pinus sylvestris
Frankreich	ST-II ST-II ST-II ST-II	Fichte/Tanne Douglasie Kiefer Pappel	Frankreich Frankreich Frankreich Frankreich	Abies alba, Picea abies Pseudotsuga menziesii Pinus nigra, P. pinaster, P. sylvestris Populus x euramericana cv „Robusta", cv „Dorskamp", cv „I 214", cv „I 4551"
Nordische Länder	T 2 T 2	Fichte/Tanne Kiefer (Redwood)	NNE-Europa NNE-Europa	Abies alba, Picea abies Pinus sylvestris
Niederlande	B	Fichte/Tanne	NC-Europa	Abies alba, Picea abies
Vereinigtes Königreich	SS SS SS SS	Fichte Parana Pine Pitch Pine Lärche	CNE-Europa Brasilien Karibik Verein. Königreich	Picea abies Araucaria angustifolia Pinus caribaea, P. occocarpa Larix decidua, L. eurolepis, L. kaempferi
USA und Kanada	J&P Sel	Douglasie, Lärche	USA, Kanada	Larix occidentalis, Pseudotsuga menziesii

Festigkeitsklasse C 24 nach DIN EN 1912 (1998). Alle in dieser Tabelle beispielhaft aufgeführten, in den einzelnen Ländern üblichen Sortierklassen sind bei Verwendung der den Herkunftsländern zugeordneten Holzarten gleichwertig. (Anm.: CNE = Mittel-, Nord- und Osteuropa, NNE = Nord- und Nordosteuropa, NC = Nord- und Mitteleuropa)

Tab. 9.11
Festigkeitsklasse C24 nach DIN EN 1912

Eine Sonderstellung innerhalb des Bauschnittholzes aus Nadelholz nimmt das **Konstruktionsvollholz (KVH)** ein. Dieses erfüllt zusätzlich zu den Anforderungen an Schnittholz der Sortierklasse S 10 nach DIN 4074-1 folgende Anforderungen (siehe *Tabelle 9.12*).

Die in Tabelle 9.12 aufgeführten Kriterien stellen eine wesentlich höhere Vergütung des Holzes dar und differenzieren KVH deutlich von Nadelholz S10.

Diese Anforderungen sind in einer Vereinbarung zwischen der Vereinigung Deutscher Sägewerksverbände e.V.(VDS) und dem Bund Deutscher Zimmermeister (BDZ) 1994 festgelegt worden. Dabei wird

Abbildung 9.28
Überwachungskennzeichen für Konstruktionsvollholz (9.14)

Sortiermerkmal	Zusätzliche Forderungen für KVH-Sichtbar	Zusätzliche Forderungen für KVH-Nicht sichtbar
Astzustand	Lose Äste und Durchfalläste nicht zulässig; vereinzelt angeschlagene Äste und Astteile von Ästen bis max. Ø 20 mm sind zulässig	–
Holzfeuchte	15% ± 3%	15% ± 3%
Einschnittart	herzfrei bei Querschnitten bis 100 mm herzgetrennt bei Querschnitten über 100 mm	herzgetrennt
Maßhaltigkeit	± 1 mm	± 1 mm
Rindeneinschluss	Nicht zulässig	–
Harzgallen	Breite bis 5 mm	–

Tabelle 9.12
Über DIN 4074-1 hinausgehende Anforderungen an KVH

zwischen Konstruktionsvollholz für sichtbare Teile (KVH-SI) und für nicht sichtbare Teile (KVH-NSI) unterschieden.

Neben dem amtlich vorgeschriebenen Übereinstimmungszeichen (Ü-Zeichen) kann KVH mit einem Überwachungszeichen gekennzeichnet werden (*Abbildung 9.28*).

Aufgrund seiner hohen und gleichbleibenden Qualität wird KVH zunehmend zum Standardholz im Ingenieurholzbau.

9.1.4.2   Holzschädlinge

Wie jeder organische Naturstoff unterliegt Holz den Gesetzen des Stoffkreislaufes der Natur, es entsteht durch Lebensvorgänge und wird durch diese wieder in seine Ausgangsstoffe zerlegt. Dieser Stoffkreislauf ist für das Leben auf der Erde von größter Bedeutung, die beteiligten Organismen sind aus ökologischer Sicht sehr nützlich. Leider unterscheiden diese Organismen nicht zwischen Laub und Ästen auf dem Waldboden, deren Zersetzung notwendig ist und der Holzverkleidung eines Wohnhauses, deren vorzeitige Zerstörung keinesfalls erwünscht ist. Da sie auch letztere zersetzen können, bezeichnet man diese Organismen auch als Holzschädlinge.

Voraussetzung für die Entwicklung der Holzschädlinge sind geeignete Bedingungen bezüglich Nahrung, Holzfeuchte, Sauerstoff und Temperatur. Für einen wirksamen Holzschutz muss eine der vier Lebensvoraussetzungen so verändert werden, dass die Entwicklung der Orgnismen unterbunden wird (*Tab.9.13*).

Voraussetzung	Gegenmaßnahme	Schutzprinzip
geeignete Nahrung (Holz, Holzwerkstoff)	ungenießbar machen	chemischer Holzschutz
geeigneter Feuchtigkeitsbereich	vermindern, fernhalten	Holztrocknung, baulicher Holzschutz
ausreichendes Sauerstoffangebot	fernhalten	Nasslagerung
geeigneter Temperaturbereich	erhöhen (erniedrigen)	Bekämpfung mit Heißluft (Tiefkühlung)

Tabelle 9.13
Voraussetzungen für die Entwicklung von Holzschädlingen und daraus abzuleitende Schutzprinzipien (9.13)

Tabelle 9.14
Überblick über wichtige Holzschädlinge (9.13)

Typ des Schädlings	charakteristische Vertreter	Holz-feuchtigkeit	Bemerkungen
Holz verfärbende Pilze	Bläuepilze, Schimmelpilze	$\geq 20\%$	keine Fäule
Holz zerstörende Pilze:			
Braunfäule	Echter Hausschwamm	Entstehung: $\geq 20\%$ Weiterwachsen: $< 20\%$	typisch in Altbauten
	Kellerschwamm	$\geq 20\%$	Nassfäulepilze, typisch in Neubauten
	Porenhausschwamm	$\geq 20\%$	
	Lenzites-Arten	$\geq 20\%$	Nassfäulepilze; typisch an Fenstern
Weißfäule	Schmetterlingsporling	$\geq 20\%$	typisch an Laubholz
Moderfäule	Moderfäuleerreger	$> 30\%$	typisch bei Holz mit Erdkontakt
Lagerfäule	Schichtpilze	$\geq 30\%$	Rotstreifigkeit
Frischholzinsekten	Borkenkäfer	$\geq 30\%$	nicht mehr an einmal abgetrocknetem Holz
	Holzwespen	30%	
Trockenholzinsekten	Hausbockkäfer	$\geq 10\%$	nur an Nadelsplintholz
	Anobien (Klopfkäfer)	$\geq 10\%$	an Nadel- und Laubholz
	Lyctuskäfer (Splintholzkäfer)	$\geq 7\%$	nur an Laubsplintholz

Abbildung 9.29
*Mycel (a), Fruchtkörper (b)
und Stränge (c) des echten
Hausschwamms (9.13)*

Am wichtigsten ist das Fernhalten der Feuchtigkeit vom Holz.

Die wichtigsten Holzschädlinge sind Pilze und Insekten. (*Tab. 9.14*).

Bakterien sind als Holzschädlinge im Holzbau zu vernachlässigen. Sie leben hauptsächlich von Holzinhaltsstoffen und befallen sehr feuchtes Holz: in Gewässern lagerndes oder berieseltes Holz. Es erfolgt kein Abbau der Zellwand sondern ein partieller Abbau der Tüpfelmembran. Dadurch erfolgt stellenweise eine höhere Aufnahme von Holzschutzmitteln und Farblasuren. Das kann u.a. zu fleckigen Verfärbungen führen. Es gibt jedoch auch Bakterien, die die Holzzellwand tunnelartig abbauen: tunneling bacteria.

9.1.4.2.1 Pilze

Sie bestehen aus einzelnen Zellfäden,den Hyphen, die zusammen das Mycel bilden. Die durch eine Chitinzellwand abgeschlossenen Hyphen sind quergeteilt und mehr oder weniger verzweigt. An der Oberfläche des befallenen Holzes (Substrat) bildet das Mycel watteartige bis ledrige Überzüge und gegebenenfalls auch hut-, schicht- oder konsolenförmige Fruchtkörper unterschiedlicher Farbe. Sie bilden Sporen aus, die für die Vermehrung der Pilze sorgen.

Pilze enthalten kein Blattgrün und sind deshalb nicht zur Assimilation befähigt.Die organischen Nährsubstanzen beschaffen sie sich durch den Abbau abgestorbener oder lebender Organismen.

Die Hyphen scheiden dazu Enzyme aus, wodurch die Zellwandbestandteile in ihre Grundsubstanzen, z.B. Zucker, aufgelöst werden. Diese herausgelösten Zellwandbestandteile nehmen die Hyphen mit der Substratfeuchtigkeit auf. Die Pilze benötigen also unbedingt Wasser als Lösungs- und Transportmittel zur Aufnahme der Zucker in die Hyphen und als Transportmittel für die Enzyme. Befallen werden kann deshalb nur Holz mit einer Mindestfeuchte von 20%, häufig sogar erst ab 30 ... 40%.

Bei den Holzpilzen unterscheidet man zwei Gruppen: Holzzerstörende Pilze und holzverfärbende Pilze.

Holzzerstörende Pilze

Sie bauen die Zellwand ab und verursachen eine Fäule. Je nach Schadensbild unterscheidet man:

Braunfäule: Diese Pilze bauen vorwiegend die Cellulose ab. Das Lignin bleibt zurück. Das Holz wird braun und zerfällt würfelartig. Diese Fäule tritt vorwiegend an Nadelhölzern auf; ein wichtiger Vertreter ist der Hausschwamm.

Weißfäule: Diese Pilze bauen zunächst das Lignin ab und später die Cellulose. Das befallenen Holz ist weißlich und faserig. Diese Fäule tritt hauptsächlich an Laubholz auf. Ein wichtiger Vertreter ist der Eichenporling.

Braun- und Weißfäule kommen am stehenden Stamm (Stammfäule), am lagernden Holz (Lagerfäule) und am verbauten Holz (Hausfäule) (*Tabelle 9.15*) vor.

Moderfäule: Das befallenen Holz wird nach dem Austrocknen rissig. Moderfäuleerreger befallen Holz mit ständig sehr hoher Holzfeuchtigkeit.

Abbildung 9.30
Typisches Zerstörungsbild durch Braunfäule (9.13)

Holzverfärbende Pilze

Diese Pilzgruppe lebt von Nährstoffen, die in lebenden Zellen (hauptsächlich Holzstrahlen) des Splintholzes gespeichert sind.Ein Befall von Kernholz erfolgt nicht, da hier die Nährstoffe in Kernstoffe umgewandelt worden sind. Auf Fassadenoberflächen kann es durch Verschmutzungen zu einer Oberflächenbesiedlung von Kernholz kommen.

Holzverfärbende Pilze bauen die Zellwand nicht ab und verursachen keinen nennenswerten Festigkeitsverlust der Zellwand. Der Begriff „Blaufäule" ist deshalb falsch. Das befallenen Holz erscheint dem menschlichen Auge blau. Insofern ist Bläue ein „Schönheitsfehler", der jedoch zu erheblichen Wertverlusten des Holzes führen kann. Bläue befällt bevorzugt Nadelhölzer (z.B. Kiefer), aber auch Laubhölzer (z.B. Buche, Ramin) werden befallen.

Man unterscheidet: Stammholzbläue (an stehenden oder frisch gefällten Stämmen), Schnittholzbläue (nach dem Aufschneiden des Rundholzes an nicht ausreichend getrockneten Brettern) und Anstrichbläue(an lackierten Türen, Fenstern, Gartenmöbeln).

Pilzart	Erreger (deutsche Bezeichnung)	Entwicklung	Zersetzungsbilder des Holzes	Günstige Wachstumstemperatur [°C]	Günstiger Feuchtigkeitsgrad des Holzes [M.-%]	Wachstumsgeschwindigkeit in 10 Tagen bei versch. Temperaturen [cm]	Stillstand des Zuwachses bei °C
echter Hausschwamm	echter Hausschwamm	auf vorerkranktem (und gesundem) Holz	vollständig	18–22	20	5 °C = 1,3 / 10 °C = 2,4 / 14 °C = 4,0 / 18 °C = 5,5 / 22 °C = 6,0	26
andere Hausschwammarten	kleiner Hausschwamm	auf vorerkranktem Holz	teilweise	22	etwa 20	14 °C = 1,9 – 2,1 / 18 °C = 2,55 – 3,0 / 22 °C = 6,0	26
	wilder Hausschwamm	auf vorerkranktem Holz	teilweise	24–27	etwa 22	14 °C = 3,2 / 18 °C = 4,6 / 27 °C = 6,8	34
	gelbrandiger Hausschwamm	auf vorerkranktem Holz	teilweise	26	35–40	14 °C = 2,2 / 18 °C = 3,0 / 26 °C = 4,5	etwa 30
Nassfäule, Pilze	weißer Porenschwamm	auf vorerkranktem Holz	fast vollständig	26	40	5 °C = 0,3 / 14 °C = 2,4 / 18 °C = 4,1 / 26 °C = 5,9	37
	brauner Warzenschwamm (Kellerschwamm)	auf gesundem Holz	fast vollständig	22–26	55	10 °C = etwa 4,0 / 14 °C = 8,0 / 26 °C = etwa 11,0	34
	Muschelschwamm	auf vorerkranktem Holz	örtl. Verschwammung	26	35	8 °C = 1,0 / 26 °C = 5,5	28
Lagerfäule, Pilze	Blätterschwamm	auf gesundem Holz	Innenfäule, Schwunderscheinung	28–30	38	8 °C = 1,0 / 22 °C = 4,2 / 30 °C = 5,5	36–42
	Schuppenschwamm	begünstigt den Befall durch die Pilze unter 1 und 2					
	Porenschwamm						

Tabelle 9.15
Häufige Hausfäulen

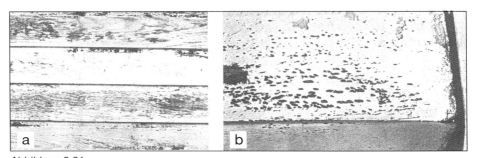

Abbildung 9.31
a) Bläuepilzbefall an Profilbrettern b) Anstrichbläue (9.13)

Auch ein Befall des Holzes durch Schimmelpilze ist nur ein optischer Fehler,der nur oberflächlich auftritt und durch Abhobeln oder Abschleifen leicht entfernt werden kann.Ein Schimmelpilzbefall wird inzwischen unter dem Aspekt der menschlichen Gesundheit bewertet und kann hier bei größeren befallenen Flächen als bedenklich eingestuft werden. Holz wird, wie fast alle organischen Stoffe (aber auch z.B. Kunststoffe und Gips), von Schimmelpilzen befallen.Insbesondere in feuchten Neubauten kommt es immer wieder zu Beschwerden über großflächigen Schimmelbefall an Balken und Plattenwerkstoffen.

9.1.4.2.2 Tierische Holzschädlinge

Die Klasse der Insekten bildet die wichtigste Gruppe der tierischen Holzzerstörer. Sie umfasst folgende Ordnungen und Familien (*siehe Tabelle 9.16*).

In unseren Breiten sind insbesondere die Larven der Käfer von Bedeutung. Insekten entwickeln sich in folgenden Lebensphasen(Metamorphose):

Ei → Larve → Puppe → Vollinsekt

Tabelle 9.16
Auszug aus der Systematik der Insekten

Hautflügler	Termiten	Schmetterlinge	Käfer
Ameisen	Bodentermiten	Holzbohrer	Bockkäfer
Holzwespen	Holztermiten	Glasflügler	Nagekäfer
			Splintholzkäfer
			Kernholzkäfer
			Borkenkäfer
			Rüsselkäfer
			Werftkäfer
			Bohrrüssler

Der eigentliche Holzzerstörer ist die Larve. Sie zerkleinert das Holz mit ihren Mundwerkzeugen und frisst es teilweise. Im Magen-Darm-Kanal wird es durch Verdauungsfermente in seine Bestandteile zerlegt.

Einige Arten sind vorwiegend auf den Eiweißgehalt des Holzes angwiesen, andere sind unmittelbar zur Celluloseverwertung befähigt.

Die Fraßgänge der Larven liegen bevorzugt im Splint-und Frühholz. Ausschlaggebend für die Entwicklung der Insektenlarven sind Temperatur (etwa 4 °C bis 40 °C) und Holzfeuchte (etwa 10% bis 50%). Unter günstigen Bedingungen können alle einheimischen Holzarten befallen werden: stehendes und lagerndes Holz, Schnittholz, Bauholz, Masten, Pfähle, Möbel, Holzgegenstände und Bücher.

Nach dem Befall unterscheidet man:
○ Frischholzinsekten
○ Trockenholzinsekten
○ Faulholzinsekten

stehende Bäume	feuchtes lagerndes Holz	trockenes verbautes Holz	pilz- befallenes Holz	faules, schon zersetztes, sehr feuchtes Holz
Frischholzinsekten		Trockenholzinsekten		Faulholzinsekten
Bau- und Werkholzschädlinge				
– holzbrütende Borkenkäfer – Kernholzkäfer – Holzwespen – Scheibenböcke		– Hausbockkäfer – Nagekäfer (Anobien) – Splintholzkäfer – Scheibenböcke		– Mulmbock – Rothalsbock

Tabelle 9.17
Einteilung der Insekten nach dem Befall

Als Holzzerstörer sind fast ausschließlich die Frisch- und Trockenholzinsekten von Bedeutung. Hiervon sind die Trockenholzinsekten die gefährlichsten Bauholzzerstörer. Bei einem Befall sind bekämpfende Holzschutzmaßnahmen häufig unumgänglich.

Die wichtigsten Holzschädlinge in Gebäuden sind der Hausbockkäfer und der gewöhnliche Nagekäfer.

Hausbockkäfer

Er befällt fast ausschließlich Nadelsplintholz und selten Laubholz. In Gebäuden findet man ihn vorwiegend im Konstruktionsholz des Dachstuhls, er kann auch an anderen Gebäudeteilen und im Freien auftreten.

Abbildung 9.32
Hausbockmännchen

Abbildung 9.34
Eier des Hausbocks

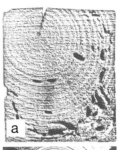

a

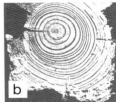

b

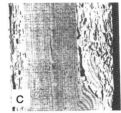

c

Abbildung 9.33
Hausbockweibchen bei der
Eiablage

Abbildung 9.35
Larve des Hausbocks

Abbildung 9.36
Befall des Splintholzes in
verschiedenen Befalls-
stadien im Querschnitt
(a, b) und Befall im Längsschnitt (c) durch die Haus-
bocklarve (9.1)

Vollinsekt braunschwarz, ca. 10 – 20 mm lang, Larve ca. 15 – 24 mm lang, Fluglöcher oval, größter Durchmesser 6 – 10 mm.

Nagekäfer

Er befällt verarbeitetes Nadel-und Laubholz,bevorzugt das Splintholz.
Vollinsekt mittelbraun, ca. 3 – 5 mm lang, Larve bis 6 mm lang, Fluglöcher rund mit ca. 2 mm Durchmesser

Termiten sind gefürchtete Holzzerstörer in tropischen und subtropischen Gebieten der Erde. Ein Befall bei uns ist stets auf das Einschleppen von Tieren zurückzuführen.

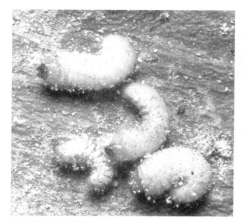

Abbildung 9.37
Larven des Nagekäfers

Abbildung 9.38
Bohrbild des Nagekäfers

Hinweise zur Bestimmung von Holzschädlingen

Das Bestimmen von Holzschädlingen erfordert langjährige Erfahrung, so dass immer der Fachmann hinzugezogen werden sollte. Bei Pilzen kann häufig nur der Fäulnistyp bestimmt werden. Bei Insekten ist anhand von Fluglöchern, Bohrgängen und vorhandener Larven und Insekten eine genaue Artbestimmung möglich. Die entsprechenden Pilz-und Insektenspezialisten findet man in der *Bundesforschungsanstalt für Forst- und Holzwirtschaft, Postfach 800209, 21002 Hamburg.*

9.1.4.2.3   Holzschutz

Unter Holzschutz im eigentlichen Sinn versteht man alle Maßnahmen gegen Zerstörung des Holzes durch Organismen und gegen Verfärbungen. Grundsätzlich sind zwei Bereiche zu unterscheiden: chemischer und baulicher (konstruktiver) Holzschutz. Aus ökologischen Gründen muss es Ziel des Ingenieurs sein, den chemischen Holzschutz durch konstruktive und planerische Maßnahmen zu minimieren oder zu ersetzen: „Holzschutz beginnt bei der Konstruktion".

9.1.4.2.3.1   Baulicher Holzschutz

Der baulicher Holzschutz muss zwei Faktoren berücksichtigen:
Die natürliche Dauerhaftigkeit des Holzes und die Bedingungen unter denen sich Holzschädlinge entwickeln können.

Unter **natürlicher Dauerhaftigkeit** versteht man u.a. die Widerstandsfähigkeit des ungeschützten Holzes gegen holzzerstörende Pilze und Insekten. Sie beruht auf der

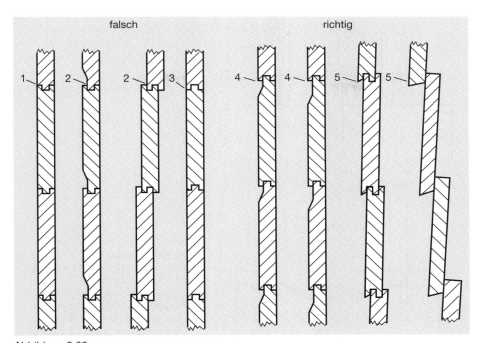

falsch   richtig

Abbildung 9.39
Falsche und richtige Anordnung von Profilbrettern (9.13)
(1) und (2): Eindringen von Regenwasser in die unten liegende Nut, (2) besonders ungünstige
Lösung. (3) Auch diese Lösung ist nicht zweckmäßig, da das Regenwasser in die Fuge
einzieht. (4) und (5): Gute Wasserabführung, bei (5) leichte Abschrägung zum Abreißen der
Tropfen (Nach Willeitner 1974)

Anwesenheit von Resistenzstoffen im Kernholz, die auf Holzschädlinge wachstums-
hemmend oder toxisch wirken.DIN 68364 unterscheidet fünf Klassen: 1 sehr dauerhaft
(z.B. Bongossi) bis 5 nicht dauerhaft (z.B. Birke).

Die gezielte Auswahl dauerhafter Holzarten für bestimmte Einsatzbereiche ist eine
wirksame Holzschutzmaßnahme und kann in bestimmten Anwendungsfällen einen
chemischen Holzschutz überflüssig machen.

Unter **Bedingungen, unter denen sich Holzschädlinge entwickeln können** ,ist
besonders eine erhöhte Holzfeuchte zu verstehen. Holzzerstörende Pilze haben einen
hohen Feuchtebedarf. Deshalb ist Feuchtigkeit grundsätzlich vom Bau fern zu halten.

Gegen einen Insektenbefall bestehen ebenfalls Möglichkeiten für bauliche Holzschutzmaßnahmen.

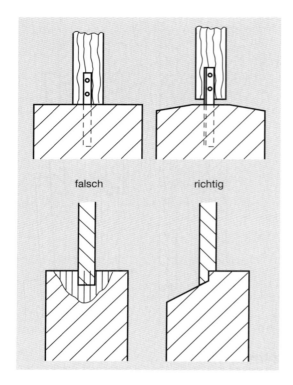

falsch   richtig

Abbildung 9.40
Falsche und richtige Anordnung
von Fußpunkten (9.13)
Oben: Holzstütze auf einem
Fundament. Unten: Verbindung
Holz mit Holz. Bildung eines
„Wassersackes" bei Einbindung
ohne ausreichende
Wasserabführung (links)
(Nach Willeitner 1974)

In DIN 68 800-2 findet man wichtige konstruktive Hinweise wie z.B.

○ Abführen von Niederschlagswasser durch geeignete Profile *(Abbildung 9.39)*
○ Geeignete Ausbildung von Fußpunkten *(Abbildung 9.40)*

9.1.4.2.3.2 Chemischer Holzschutz

Hierunter versteht man den Einsatz chemischer Holzschutzmittel.

Schutzmittel für Holz und Holzwerkstoffe mit tragender und aussteifender Funktion müssen gemäß Landesbauordnungen eine allgemeine bauaufsichtliche Zulassung (abZ), erteilt durch *das Deutsche Institut für Bautechnik (DIBt) Berlin, haben.* Damit wird sichergestellt, dass in baulichen Anlagen nur solche Mittel angewendet werden, die wirksam und toxikologisch-hygienisch unbedenklich sind. Das Insitut für Bautechnik gibt jährlich das Holzschutzmittelverzeichnis heraus, in dem alle Holzschutzmittel mit ihren Prüfprädikaten aufgeführt sind *(Abbildung 9.18).*

Bezeichnung des Holzschutzmittels	Zulassungsnummer
Basilit CFBX	**Z-58.1-1558**
Charakteristik: Wasser lösliches Salzkonzentrat	
Antragsteller	
RÜTGERS Organics GmbH, Sandhofer Straße 96, 68305 Mannheim	
Zulassungsbescheid vom	**Geltungsdauer bis**
14.06.2001	31.12.2003
Prüfprädikate	**Anwendungsbereiche**
Iv, P, W	Gefährdungsklasse (GK) 1, 2 und 3
Anwendungsverfahren	**Einbringmengen**
Trogtränkung	GK 1, 2 und 3 = 50 bis 90 g Salzkonzentrat/m^2 Holz in Abhängigkeit von der Gefährdung des Holzes und der Holzdicke
Kesseldrucktränkung	GK 1 = 3,0 kg Salzkonzentrat/m^3 Holz GK 2 = 4,0 kg Salzkonzentrat/m^3 Holz GK 3 = 8,0 kg Salzkonzentrat/m^3 Holz

Einschränkungen und Hinweise

Das mit diesem Holzschutzmittel behandelte Holz darf nur in den Bereichen verwendet werden, die nach DIN 68 800-3 der Gefährdungsklasse 1, 2 oder 3 zugeordnet sind, jedoch
– nicht, wenn das behandelte Holz bestimmungsgemäß in direkten Kontakt mit Lebens- oder Futtermitteln kommen kann.
– nicht, wenn das behandelte Holz in Aufenthaltsräumen und zugehörigen Nebenräumen großflächig eingesetzt werden soll, es sei denn, das behandelte Holz wird zu diesen Räumen hin abgedeckt.
– nicht, wenn das behandelte Holz großflächig in sonstigen Innenräumen eingesetzt werden soll, es sei denn, die Anwendung ist bautechnisch als unvermeidlich begründet, und
– nicht, wenn Menschen oder Tiere häufig in direkten Hautkontakt mit dem behandelten Holz kommen können, es sei denn, die Oberflächen der Holzbauteile werden nach abgeschlossener Behandlung und Fixierung des Holzschutzmittels gründlich abgewaschen.
Das Holzschutzmittel ist giftig für Fische und Fischnährtiere; das Holzschutzmittel darf nicht in Gewässer gelangen.

Wirkstoffe

15,2% Ammoniumbifluorid
10,9% Borsäure

Fixierungshilfsstoffe

Chromsäure

Einstufung und Kennzeichnung nach der Gefahrstoffverordnung

Gefahrenbezeichnung: T, Giftig	Gefahrenhinweise: R49, R25, R34, R43	Sicherheitsratschläge: S53, S45

Tabelle 9.18
Auszug aus dem Holzschutzmittelverzeichnis 2003: Basilit CFBX

Für nicht tragende Holzbauteile werden in DIN 68800-3 Hinweise zum vorbeugenden chemischen Holzschutz gegeben. Die dafür eingesetzten Holzschutzmittel erhalten das RAL-Gütezeichen „Holzschutzmittel", wenn sie die Gütebestimmungen des *Deutschen Instituts für Gütesicherung und Kennzeichnung e.V. (RAL)* erfüllen. Im Hinblick auf ihre Wirksamkeit werden folgende Prüfprädikate unterschieden:

P = wirksam gegen Pilze
Iv = gegen Insekten, vorbeugend
Ib = gegen Insekten, bekämpfend
W = Holz, das der Witterung ausgesetzt ist, ohne ständigen Erdkontakt
E = Holz, das extremer Beanspruchung ausgesetzt ist (ständiger Erdkontakt)
M = Schwammsperrmittel

Grundsätzlich kann man drei Grundtypen von Holzschutzmitteln unterscheiden: Wasserlösliche Holzschutzmittel, lösemittelhaltige Holzschutzmittel und Teeröl-präparate. Bei den wasserlöslichen Schutzmitteln unterscheidet man fixierende – sie werden durch Niederschläge nicht ausgewaschen – und nicht fixierende – sie werden durch Wasser ausgewaschen. In Sonderfällen werden Öl-Salz-Gemische verwendet.

Tabelle 9.19
Gefährdungsklassen des Holzes (DIN 68 800)

Gefährdungs-klasse	Beanspruchung	Gefährdung durch			
		Insekten	Pilze	Aus-waschung	Moder-fäule
0	Innen verbautes Holz, ständig trocken	nein[1]	nein	nein	nein
1		ja	nein	nein	nein
2	Holz, das weder dem Erdkontakt noch direkt der Witterung oder Auswaschung ausgesetzt ist, vorübergehende Befeuchtung möglich	ja	ja	nein	nein
3	Holz, der Witterung oder Kondensation ausgesetzt, aber nicht in Erdkontakt	ja	ja	ja	nein
4	Holz in dauerndem Erdkontakt oder ständiger starker Befeuchtung ausgesetzt[2]	ja	ja	ja	ja

1) Vergleiche Abschnitt 2.2.1
2) Besondere Bedingungen gelten für Kühltürme sowie für Holz im Meerwasser

Gefährdungs-klasse	Anwendungsbereiche
\multicolumn 2 Holzteile, die durch Niederschläge, Spritzwasser oder dergleichen nicht beansprucht werden	
0	Wie Gefährdungsklasse 1 unter Berücksichtigung von Abschnitt 2.2.1
1[1]	Innenbauteile bei einer mittleren relativen Luftfeuchte bis 70% und gleichartig beanspruchte Bauteile
2	Innenbauteile bei einer mittleren relativen Luftfeuchte über 70% und gleichartig beanspruchte Bauteile
	Innenbauteile in Nassbereichen, Holzteile wasserabweisend abgedeckt
	Außenbauteile ohne unmittelbare Wetterbeanspruchung
\multicolumn 2 Holzteile, die durch Niederschläge, Spritzwasser oder dergleichen beansprucht werden	
3	Außenbauteile mit Wetterbeanspruchung ohne ständigen Erd- und/oder Wasserkontakt
	Innenbauteile in Nassräumen
4	Holzteile mit ständigem Erd- und/oder Süßwasserkontakt [2], auch bei Ummantelung

1) Holzfeuchte u < 20% sichergestellt
2) Besondere Bedingungen gelten für Kühltürme sowie für Holz im Meerwasser

Tabelle 9.20
Zuordnung von Holzbauteilen zu den Gefährdungsklassen (DIN 68 800)

Gefährdungs-klasse	Anforderungen an das Holzschutzmittel	erforderliche Prüf-prädikate für tragende Bauteile
0	keine Holzschutzmittel erforderlich	
1	insektenvorbeugend	Iv
2	insektenvorbeugend pilzwidrig	Iv, P
3	insektenvorbeugend pilzwidrig witterungsbeständig	Iv, P, W
4	insektenvorbeugend pilzwidrig witterungsbeständig moderfäulewidrig	Iv, P, W, E

Tabelle 9.21
Anforderungen an anzuwendende Holz-schutzmittel in Abhängig-keit von der Gefährdungs-klasse (DIN 68 800)

Tabelle 9.18 zeigt am Beispiel eines wasserlöslichen Holzschutzmittels zum vorbeugenden Schutz von Holzbauteilen gegen holzzerstörende Pilze und Insekten die Angaben im Holzschutzmittelverzeichnis.

In DIN 68800-3 werden je nach Gefährdung des Holzes durch Insekten, Pilze, Auswaschung und Moderfäule die Gefährdungsklassen 0 bis 4 definiert (*Tab. 9.19*)

Diesen Gefährdungsklassen werden bestimmte Holzbauteile zugeordnet (*Tab. 9.20*).

Schließlich werden die Prüfprädikate festgelegt,die in der jeweiligen Gefährdungsklasse für tragende Holzbauteile erforderlich sind *(Tabelle 9.21)*.

Feuerschutzmittel

Diese dienen dazu, die Entflammbarkeit von Holz und Holzwerkstoffen herabzusetzen und die Feuerwiderstandsdauer zu verlängern (DIN 4102). Man unterscheidet:
Feuerschutzsalze bilden flammenerstickende Gase.
Schaumschichtbildende Feuerschutzmittel vermindern die Entflammbarkeit des Holzes durch Bildung einer wärmedämmenden Schutzschicht.

Einbringverfahren

Für die praktische Wirksamkeit eines Holzschutzmittels müssen ausreichende Mengen genügend tief und gleichmäßig verteilt in das Holz eingebracht werden. Grundsätzlich unterscheidet man zwischen drei Gruppen der Einbringverfahren:
○ Druckverfahren
○ Nichtdruckverfahren (Lang- und Kurzzeitverfahren)
○ Sonderverfahren

Eine Übersicht der wichtigsten Einbringverfahren zeigt *Tabelle 9.22*.

DIN 68800 „Holzschutz im Hochbau" enthält die wichtigsten Richtlinien für die sachgemäße Durchführung baulicher und chemischer Maßnahmen zur Erhaltung von Holz im Hochbau. Hier seien nur einige Verfahren exemplarisch erwähnt:

Bei der **Volltränkung** (Kesseldruckverfahren) wird das Holz zunächst evakuiert (entlüftet), dann das Schutzmittel unter Vakuum zugegeben und durch Überdruck in das Holz gedrückt. Dadurch erreicht man, dass die vom Schutzmittel erreichten Zellen gefüllt, also voll getränkt werden. Dieses Verfahren wird z.B. bei Salzlösungen angewendet.

Die **Trogtränkung** ist unter den Oberflächenverfahren die Methode, mit der die höchste Schutzmittelaufnahme erreicht wird. Das Holz wird für mehrere Stunden bis Tage - gegen Aufschwimmen gesichert – in Trögen in der Schutzflüssigkeit gelagert. Aufnahmemengen und Eindringtiefen hängen von der Holzart, Holzfeuchtigkeit, Schutzmittelart und Tränkdauer ab.

Streichen und Spritzen sind die einfachsten Einbringverfahren. Hier sind mindestens zwei Arbeitsgänge vorgeschrieben. Zwischen zwei Arbeitsgängen sind Trockenzeiten

Tabelle 9.22
Übersicht der wichtigsten Einbringverfahren (9.13)

Verfahrens-art		Holzfeuchtigkeit[2] bei Schutz-behandlung	übliche Tränkzeiten	Aufwand	anwendbare Holz-schutzmittel[3]			Ergebnis[4]	Bestimmung der Einbring-menge[5]
					a	b	c		
Druck-verfahren	Volltränkung	trocken bis halbtrocken	mehrere Stunden	sehr groß	X	(X)	(X)	Tief- bis Vollschutz	erfolgt stets
	Spartränkung				X	X	X		
	Wechseldruck-tränkung	frisch			X	–	–		möglich
	Vakuum-tränkung	trocken bis halbtrocken	1–2 Stunden	groß	X	(X)	X	meist Tiefschutz	möglich
Langzeit-verfahren	Trogtränkung Einstelltränkung	trocken bis halbtrocken,	Stunden bis Tage	mäßig	X	X	X	z.T. Randschutz meist Tiefschutz	bei trockenem Holz möglich
	Heiß-Kalt-Tränkung	bei Salzen auch frisch	Stunden		(X)	X	X		bei frischem Holz bedingt möglich
Kurzzeit-verfahren	Tauchen	trocken bis halbtrocken	Minuten	gering	X	X	X	meist Randschutz	bedingt möglich
	Spritztunnel Fluten		1 bis mehrere Arbeitsgänge	mäßig	X	(X)	X	z.T. Tiefschutz	möglich
	Spritzen Streichen		mindestens 2 Arbeitsgänge	sehr gering	X	X	X		bedingt möglich
Sonder-verfahren	Bohrloch-tränkung Bandagen	trocken bis halbtrocken halbtrocken bis frisch	Tage Monate	gering mäßig	X X	(X) –	X –	Tiefschutz	möglich
	Diffusion	frisch/nass	Wochen	gering	X	–	–	Tief- bis Vollschutz	bedingt möglich

1) Verändert nach Willeitner (1974) unter Berücksichtigung von Vorschlägen für die Neubearbeitung des Merkheftes 10 „Holzschutzverfahren" der DGfH.

2) Nach DIN 4074: trocken: u < 20%; halbtrocken: u = 20 – 30%; frisch: u > 30%

3) a = wasserlösliche Präparate; b = Teerölpräparate; c = lösemittelhaltige Präparate; x = anwendbar; (x) = bedingt anwendbar; – = nicht anwendbar

4) Nach DIN 52 175 bedeuten: Randschutz: Eindringtiefe in der Größenordnung von Millimetern; Tiefschutz: Eindringtiefe in der Größenordnung von Zentimetern (nicht unter 1 cm), bei Farbkernhölzern mit einer Splintholzbreite unter 10 mm mindestens Durchsetzung des Splintholzes

5) Bestimmungsmöglichkeit im praktischen Betrieb. Eine nachträgliche chemisch-analytische Bestimmung in speziell eingerichteten Laboratorien bleibt stets möglich.

von mindestens 6 Stunden erforderlich, damit die Holzoberfläche wieder genügend saugfähig wird. Die Schutzmittelverluste sind beim Spritzen mit mindestens 30 % am höchsten.

Holzschutz und Umwelt

Unsachgemäßer Umgang mit Holzschutzmitteln kann zu ernsthaften Gesundheitsschäden führen. Deshalb sind beim Einsatz chemischer Holzschutzmittel neben den anerkannten Regeln der Technik und den Vorschriften bezüglich Gesundheits-, Umwelt-, Arbeits- und Unfallschutz die „Besonderen Bestimmungen" der bauaufsichtlichen Zulassungsbescheide zu beachten. Insbesondere sind Schutzbekleidung, eventuell auch Schutzmasken, unerlässlich. Die Holzschutzmittelbehandlung darf nur von erfahrenen Unternehmen durchgeführt werden und muss nach DIN 68800-1 an einer sichtbar bleibenden Stelle des Bauwerks dauerhaft angegeben sein.

9.2 Holzwerkstoffe

„Holzwerkstoffe" ist der Sammelbegriff für verschiedene plattenförmige Werkstoffe, die durch das Zerlegen des Holzes und anschließendes Zusammenfügen entstehen. Eine Übersicht der Holzwerkstoffplatten zeigt Tabelle 9.23.

Holzwerkstoffe im engeren Sinne sind Spanplatten (incl. OSB), Faserplatten und Sperrholz sowie deren Formteile. Die wirtschaftliche Bedeutung zeigen die Produktionszahlen von 2002 (Mio. m^3) (siehe Tabelle 9.24).

Die überragende Bedeutung der Spanplatten ist klar ersichtlich. Abnehmer der Spanplatten sind: Möbelindustrie (ca.60%), Bauindustrie (ca.30%) sowie Verpackungsindustrie und Heimwerker (ca.10%). Informationen über Holzwerkstoffe:Verband der Holzwerkstoffindustrie, Gießen.

9.2.1 Holzspanplatten

Die Spanplatte ist ein „plattenförmiger Holzwerkstoff, hergestellt durch Verpressen unter Hitzeeinwirkung von im wesentlichen kleinen Teilen aus Holz und/oder anderen lignozellulosehaltigen Teilchen (Flachs, Hanf usw.) mit Klebstoffen" (DIN EN 309).

Holz ist der wert- und mengenmäßig wichtigste Rohstoff der Spanplatte. Neben Waldholz wird in großen Mengen Industrierestholz (Schwarten, Spreißeln, Späne) eingesetzt. Einjahrespflanzen (Getreidestroh, Hanf- und Flachsschäben, Bagasse) haben als Rohstoff nur regional eine geringe Bedeutung.

Nach dem Zerkleinern der Holzsortimente werden die Späne getrocknet und beleimt. Die Verleimung erfolgt mit folgenden Klebstoffen:

○ Harnstoff-Formaldehydharzleim (UF)
○ Phenol-Formaldehydharzleim (PF)
○ Melamin-Formaldehydharzleim (MF)
○ Polymethylendiisocyanat (PMDI)

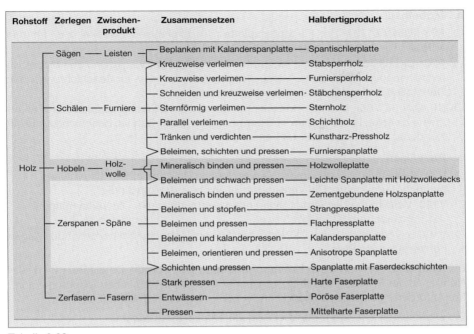

Rohstoff	Zerlegen	Zwischen-produkt	Zusammensetzen	Halbfertigprodukt
	Sägen	Leisten	Beplanken mit Kalanderspanplatte	Spantischlerplatte
			Kreuzweise verleimen	Stabsperrholz
			Kreuzweise verleimen	Furniersperrholz
			Schneiden und kreuzweise verleimen	Stäbchensperrholz
	Schälen	Furniere	Sternförmig verleimen	Sternholz
			Parallel verleimen	Schichtholz
			Tränken und verdichten	Kunstharz-Pressholz
			Beleimen, schichten und pressen	Furnierspanplatte
Holz	Hobeln	Holz-wolle	Mineralisch binden und pressen	Holzwolleplatte
			Beleimen und schwach pressen	Leichte Spanplatte mit Holzwolledecks
			Mineralisch binden und pressen	Zementgebundene Holzspanplatte
			Beleimen und stopfen	Strangpressplatte
	Zerspanen	Späne	Beleimen und pressen	Flachpressplatte
			Beleimen und kalanderpressen	Kalanderspanplatte
			Beleimen, orientieren und pressen	Anisotrope Spanplatte
			Schichten und pressen	Spanplatte mit Faserdeckschichten
			Stark pressen	Harte Faserplatte
	Zerfasern	Fasern	Entwässern	Poröse Faserplatte
			Pressen	Mittelharte Faserplatte

Tabelle 9.23
Überblick über die Holzwerkstoffplatten [9.1]

Tabelle 9.24
Produktion Holz-
werkstoffplatten
2002 (Mio. m³)

	Europa	Deutschland
Spanplatten[1]	38,00	9,13
Sperrholz	3,40	0,16
Faserplatten[2]	12,80	3,59

[1]) inclusive OSB   [2]) inclusive MDF

Spezielle Bauplatten werden mit mineralischen Bindemitteln wie Zement oder Gips hergestellt.

Nach dem Beleimen wird das Spanvlies in Takt- oder Endlospressen zu Spanplatten verpresst.

9.2.1.1   Flachpressplatten

Hier wurden bisher folgende Normtypen unterschieden:

a Möbelbau

○ FPY (DIN 68 761 T1): Flachpressplatten für allgemeine Zwecke, z.b. für den Möbel-, Tonmöbel-, Geräte- und Behälterbau

○ FPO (DIN 68 761 T4): Flachpressplatten für allgemeine Zwecke und den Möbelbau mit feinspaniger Oberfläche. Diese Platten sind besonders für Beschichtungen mit Dünnfolien und zur Direktlackierung geeignet.

○ KF (DIN 68 765): Kunststoffbeschichtete dekorative Flachpressplatten für allgemeine Zwecke. Diese Platten sind beidseitig mit Trägerbahnen beschichtet, die mit Kondensationsharzen (z.b. MF) imprägniert sind.

b Bauwesen

○ V20: Verleimung beständig bei Verwendung in Räumen mit im allgemeinen niedriger Luftfeuchte. Die Verleimung ist „nicht wetterbeständig".

○ V100: Verleimung beständig gegen hohe Luftfeuchtigkeit. Die Verleimung ist „begrenzt wetterbeständig".

○ V100 G: Verleimung wie V100, jedoch mit einem Holzschutzmittel geschützt gegen holzzerstörende Pilze.

Bis auf DIN 68 765 sind diese Normen zurückgezogen worden. Da die Begriffe dieser Normen in der Praxis noch häufig verwendet werden, seien sie hier jedoch genannt. Die Anforderungen an Spanplatten findet man jetzt in DIN EN 312 (2003).

Die allgemeinen Anforderungen bei Auslieferung zeigt *Tabelle 9.25.*

Die Anforderungen an hochbelastbare Platten für tragende Zwecke zur Verwendung im Trockenbereich zeigt *Tabelle 9.26.*

Laut DIN EN 312 werden nach den Anforderungen die Typen P1 bis P7 unterschieden:

Typ P1   Platten für allgemeine Zwecke zur Verwendung im Trockenbereich
Typ P2   Platten für Inneneinrichtungen zur Verwendung im Trockenbereich
Typ P3   Platten für nicht tragende Zwecke zur Verwendung im Feuchtbereich
Typ P4   Platten für tragende Zwecke zur Verwendung im Trockenbereich
Typ P5   Platten für tragende Zwecke zur Verwendung im Feuchtbereich
Typ P6   Hochbelastbare Platten für tragende Zwecke zur Verwendung im Trockenbereich
Typ P7   Hochbelastbare Platten für tragende Zwecke zur Verwendung im Feuchtbereich

Oriented Strand Boards (OSB)

OSB-Platten sind Flachpressplatten mit langen (ca. 75 mm), schlanken Holzspänen (Strands),die mit PF oder PMDI verleimt sind. Die Deckschichspäne liegen parallel zur Plattenlänge oder -breite.OSB-Platten haben höhere Festigkeitswerte als normale Flachpressplatten. Es werden folgende Normtypen unterschieden (DIN EN 300):

Nr.	Eigenschaft	Prüfverfahren	Anforderung
1[a]	Grenzabmaße	EN 324-1	
	– Dicke (geschliffene Platten) innerhalb und zwischen Platten		±0,3 mm
	– Dicke (ungeschliffene Platten) innerhalb und zwischen Platten		–0,3 mm +1,7 mm
	– Länge und Breite		±5 mm
2[a]	Kantengeradheitstoleranz	EN 324-2	1,5 mm je m
3[a]	Rechtwinkligkeitstoleranz	EN 324-2	2 mm je m
4	Plattenfeuchte	EN 322	5% bis 13%
5[a]	Rohdichte-Grenzabweichungen, bezogen auf die mittlere Rohdichte innerhalb der Platte	EN 323	±10%
6[b]	Formaldehydabgabe nach EN 13986		
	Klasse E 1 Perforatorwert	EN 120	Gehalt ≤ 8 mg/100 g absolut trockene Platte[d]
	Ausgleichskonzentration[c]	ENV 717-1	Abgabe ≤ 0,124 mg/m^3 Luft
	Klasse E 2 Perforatorwert	EN 120	Gehalt > 8 mg/100 g absolut trockene Platte ≤ 30 mg/100 g absolut trockene Platte
	Ausgleichskonzentration[c]	ENV 717-1	Abgabe > 0,124 mg/m^3 Luft

a Die Werte gelten für einen Feuchtegehalt, der sich im Material bei einer relativen Luftfeuchte von 65% und einer Temperatur von 20 °C einstellt.

b Die Perforatorwerte gelten für eine Materialfeuchte H von 6,5%. Bei Spanplatten mit anderen Material-feuchten (Bereich 3% ≤ H ≤ 10%) ist der Perforatorwert mit einem Faktor F zu multiplizieren, der sich aus folgender Gleichung ergibt:

$F = -0,133\,H + 1,86$

c Erforderlich für die Erstprüfung solcher Produkte, die nicht als bewährte Produkte gelten. Für bewährte Produkte darf die Erstprüfung auch auf Grund vorhandener Daten der Prüfungen nach EN 120 oder ENV 717-1 aus der werkseigenen Produktionskontrolle oder einer Fremdüberwachung vorgenommen werden.

d Bisherige Erfahrungen haben gezeigt, dass der gleitende Halbjahres-Mittelwert der im Rahmen der werkseigenen Produktionskontrolle ermittelten Werte nach EN 120 6,5 mg Formaldehyd je 100 g Plattenmasse nicht überschreiten sollte, um diesen Grenzwerteinzuhalten.

Tabelle 9.25
Allgemeine Anforderungen an Spanplatten bei Auslieferung (DIN EN 312)

Eigenschaft	Prüf-verfahren	Einheit	Anforderung					
			Dickenbereich (mm, Nennmaß)					
			6 bis 13	> 13 bis 20	> 20 bis 25	> 25 bis 32	> 32 bis 40	> 40
Biegefestigkeit	EN 310	N/mm²	20	18	16	15	14	12
Biege-Elastizitätsmodul	EN 310	N/mm²	3 150	3 000	2 550	2 400	2 200	2 050
Querzugfestigkeit	EN 319	N/mm²	0,60	0,50	0,40	0,35	0,30	0,25
Dickenquellung 24 h	EN 317	%	15	14	14	14	13	13

Wenn durch den Käufer bekannt gegeben wurde, dass die Platten für den speziellen Einsatz in Fußböden, bei Wänden oder Dachkonstruktionen verwendet werden sollen, ist auch die Leistungsnorm EN 12871 in Betracht zu ziehen. Deshalb kann gegebenenfalls die Einhaltung zusätzlicher Anforderungen verlangt werden.
Anmerkung: Die Werte gelten für einen Feuchtegehalt, der sich im Material (bei Dickenquellung vor der Wasserlagerung) bei einer relativen Luftfeuchte von 65% und einer Temperatur von 20 °C einstellt.

Tabelle 9.26
Anforderungen an hochbelastbare Platten für tragende Zwecke zur Verwendung im Trockenbereich (DIN EN 312 Typ 6)

Tabelle 9.27
Anforderungen an hochbelastbare OSB-Platten für tragende Zwecke zur Verwendung im Feuchtbereich (DIN EN 300)

Eigenschaft	Prüf-verfahren	Einheit	Anforderung		
			Dickenbereich (mm, Nennmaß)		
			6 bis 10	> 10 und < 18	18 bis 25
Biegefestigkeit – Hauptachse	EN 310	N/mm²	30	28	26
Biegefestigkeit – Nebenachse	EN 310	N/mm²	16	15	14
Biege-Elastizitätsmodul – Hauptachse	EN 310	N/mm²	4800	4800	4800
Biege-Elastizitätsmodul – Nebenachse	EN 310	N/mm²	1900	1900	1900
Querzugfestigkeit	EN 319	N/mm²	0,50	0,45	0,40
Dickenquellung – 24 h	EN 317	%	12	12	12

Anmerkung: Wenn durch den Käufer bekannt gegeben wurde, dass die Platten für den speziellen Einsatz in Fußböden, bei Wänden oder Dachkonstruktionen verwendet werden sollen, sind auch die entsprechenden Leistungsnormen in Betracht zu ziehen. Deshalb kann gegebenenfalls die Einhaltung zusätzlicher Anforderungen verlangt weden.

OSB/1: Platten für allgemeine Zwecke und für Inneneinrichtungen zur Verwendung imTrockenbereich

OSB/2: Platten für tragende Zwecke zur Verwendung im Trockenbereich

OSB/3: Platten für tragende Zwecke zur Verwendung im Feuchtbereich

OSB/4: Hochbelastbare Platten für tragende Zwecke zur Verwendung im Feuchtbereich.

Brandverhalten von Spanplatten

Der Brandschutz ist für die Verwendung von Spanplatten im Bauwesen ein wichtiger Faktor. Grundlage für die Beurteilung des baulichen Brandschutzes ist DIN 4102 „Brandverhalten von Baustoffen und Bauteilen".

Spanplatten sind „normalentflammbar" und gehören in die Baustoffklasse B2. Durch Zugabe von Feuerschutzmitteln (5...15 M.-%) werden Spanplatten schwerentflammbar und fallen in die Baustoffklasse B1.

Zementgebundene Spanplatten fallen in die Baustoffklasse B1.

Formaldehydabspaltung

Aus Spanplatten, die mit Harnstoff- oder Melamin-Formaldehydharzen verleimt worden sind, kann nachträglich Formaldehyd austreten. Dieses farblose, stechend riechende Gas kann Augen und Schleimhäute reizen. Die Wahrnehmbarkeitsgrenze liegt zwischen 0,2 und 1,0 ppm (parts per million; 1 ppm entspricht 1,2 mg Formaldehyd je m^3 Raumluft). Liegt die Konzentration über 1 ppm, so treten stärkere Belästigungen auf. Bezüglich der Gesundheitsschädigung sind die Wissenschaftler uneinheitlicher Meinung.

Um Belästigungen oder gesundheitliche Beeinträchtigung durch Formaldehydemissionen zu vermeiden, wurde 1980 die „Formaldehydrichtlinie" erlassen. Darin werden die Emissionsklassen E1, E2 und E3 definiert. Nach der „Gefahrstoffverordnung" dürfen ab 1.1.1988 Möbel und Holzwerkstoffe nur dann in den Verkehr gebracht werden, wenn sie der Emissionsklasse E1 entsprechen.

E1 = maximal zulässiger Emissionswert $\leq$ 0,1 ppm Formaldehyd.
   (entsprechend max. 10 mg Formaldehyd/100 g Spanplatte)

9.2.1.2 Strangpressplatten

In den Flachpressplatten liegen die Späne parallel zur Plattenebene. Die Strangpressplatten werden nicht in Etagenpressen, sondern in vertikalen, beheizten Kanälen hergestellt. Aufgrund dieses Verfahrens liegen die Späne rechtwinklig zur Plattenebene. Dadurch ergeben sich völlig unterschiedliche Eigenschaften. So haben die Strangpressplatten eine hohe Querzugfestigkeit und eine geringe Biegefestigkeit. Sie werden deshalb beidseitig beplankt (Hartfaserplatten, Kalanderplatten) eingesetzt.

Typ	Dickenbereich	Biegefestigkeiten [N/mm²]	
		⊥	II zur Breitfläche
SV	bis 16 mm	5	0,4
SV	über 16 bis 25 mm	4	0,35
SR	bis 30 mm	4	0,4
SR	über 30 bis 45 mm	2,5	0,3
SR	über 45 bis 70 mm	1	0,2

Tabelle 9.28
Materialkennwerte
von Strangpress-
platten

Eigenschaft	Dimension	Plattendicke 3,0 – 6,5 – 10 [mm]
Dickentoleranz	[mm]	± 0,2 mm
Rohdichte	[kg/m³]	720 ± 40 je nach Rohholz
Biegefestigkeit	[N/mm²]	FPY: 16–18; FPO: 14–16
Biege-E-Modul	[10³ · N/mm²]	FPY: 2–2,2; FPO: 1,8–2
Querzugfestigkeit	[N/mm²]	0,5–0,4
Dickenquellung q_2	[%]	14–8

Tabelle 9.29
Materialkennwerte
von Kalanderspan-
platten

Dickenbereich	[mm]	8–32
Rohdichtebereich	[kg/m³]	1000–1350
Biege-E-Modul	[N/mm²]	4500–5000
Biegefestigkeit	[N/mm²]	9–18
Querzugfestigkeit	[N/mm²]	0,4–0,6
Dickenquellung q_2	[%]	max. 1,5
Dickenquellung q_{24}	[%]	max. 2,0
Feuchtebedingte Längen-änderung 20/30 auf 20/85	[%]	0,15–0,18
Wärmeausdehnung	[K⁻¹]	muss beim Hersteller erfragt werden.

Tabelle 9.30
Materialkennwerte
für Zementspan-
platten

Dicke [mm]	Rohdichte [kg/m³]	Biegefestigkeit [N/mm²]	Wärmeleitzahl [W/m·K]
10–15	800–570	...–1,7	...–0,15
25–100	460–360	1,0–0,4	0,093

Tabelle 9.31
Materialkennwerte
von Holzwolle-
leichtbauplatten

Man unterscheidet bei Strangpressplatten die Typen SV = Strangpressvollplatte und SR = Strangpressröhrenplatte. Der Anteil der Strangpressplatten an der Gesamt-spanplattenproduktion in Deutschland ist sehr gering (Verwendung: Türen, Trennwände).

9.2.1.3 Kalanderspanplatten

Dünnspanplatten (2...10 mm dick) werden nach dem Kalanderverfahren hergestellt. Das Spanvlies wird zwischen einem Kalander (beheizte Stahltrommel, Durchmesser bis 4 m) und einem endlos umlaufenden Stahlband zu einer dünnen Spanplatte verpresst. Diese Dünnspanplatten werden z.b. für Schubkastenböden und Möbel-rückwände verwendet.

9.2.1.4 Spanplatten mit anorganischen Bindemitteln

Diese bestehen aus etwa 25 Gewichtsprozenten Holzspänen und 65 M.-% Bindemit-teln (Portlandzement, Magnesiabinder, Gips) sowie verschiedenen Zusatzstoffen. Die Mischung der Späne mit dem Bindemittel erfolgt in Trogmischern. Nach der Formung findet eine paketweise Kaltverpressung bei den zementgebundenen Spanplatten statt.

9.2.1.4.1 Zementgebundene Spanplatten

Die Rohdichte liegt bei etwa 1,2 g/cm^3. Die Biegefestigkeit (9...18 N/mm^2) liegt erheb-lich unter der kunstharzgebundener Spanplatten. Diese Platten haben ein sehr gutes Brandverhalten (Baustoffklasse B1 bzw. A2), sowie Feuchte- und Pilzresistenz. Einsatzgebiete: Fertighausbau, landwirtschaftliches Bauwesen. Die Materialkennwerte zeigt *Tabelle 9.30*.

9.2.1.4.2 Magnesiagebundene Spanplatten

Die Rohdichte ist mit 0,85 g/cm^3 geringer als die der zementgebundenen Spanplatte. Magnesiabinder härten temperaturabhängig aus. Die Presszeiten sind deshalb erheb-lich geringer als bei zementgebundenen Spanplatten (bei 180 °C und 20 mm Platten-dicke: 10 min). Nachteilig ist ihre höhere Feuchtempfindlichkeit. Einsatzgebiete: Schiffs- und Holzhausinnenausbau

9.2.1.4.3 Gipsgebundene Spanplatten

Das zunehmende Aufkommen von Industriegipsen aus der Rauchgasentschwefelung sowie die geringere werkzeugstumpfende Wirkung von Gips sind wesentliche Gründe für die Verwendung von Gips als Bindemittel für Spanwerkstoffe. Einsatzgebiete: Wand-, Decken- und Bodenverkleidungen Die Eigenschaften sind *Tabelle 9.32* zu entnehmen.

Vergleich typischer technologischer Eigenschaften verschiedener Bauplatten in einem Dickenbereich von 10–12 mm.

		Typ				
		Spanplatte	Gipsholzplatte	Gipsfaserplatte*	Gipskartonplatte	Holzcementplatte
Rohdichte	[kg/m³]	670 – 700	1100 – 1200	1100 – 1170	800 – 900	1200 – 1300
Feuchte	20° 65 % rel. [Feuchte]	8 – 10	2 – 3	2 – 3	1 – 1,5	10 – 12
Biegefestigkeit	[N/mm²]	16 – 20	9 – 12	5,5 – 6,5*	II 6 – 8 ⊥ 2,5 – 3,5	10 – 12
Elastizitätsmodul	[N/mm²]	2500 – 4000	3000 – 4000	3000 – 4000*	II 3000 – 4000 ⊥ 2000 – 3000	4500 – 5000
Zugfestigkeit	[N/mm²]	8 – 10	3 – 4	1,5 – 3*	–	5 – 6
Querzugfestigkeit	[N/mm²]	0,4 – 0,6	0,4 – 0,6	0,3 – 0,4*	0,2 – 0,3	0,4 – 0,6
Abhebefestigkeit	[N/mm²]	1,0 – 1,2	0,6 – 0,8	0,4 – 0,6*	0,2 – 0,3	0,8 – 1,0
Block Scherfestigkeit	[N/mm²]	1,5 – 2,5	1,5 – 2,5	1,0 – 1,5*	–	2,0 – 2,5
Schraubenauszieh-widerstand	[N]	600 – 800	350 – 450	350 – 450	–	600 – 800
Klimasprung 20 % 30 % / 20° 85 % [rel. Feuchte]		0,3 – 0,4	0,07 – 0,10	0,04 – 0,06	0,025 – 0,03	0,25 – 0,30
Flächenquellung – Quellung, 2 Std.	[%]	max. 6	max. 2	max. 1	–	max. 1,5
24 Std.	[%]	max. 16	–	–	–	max. 2,0
Wärmeleitfähigkeit	[W/m · K]	appr. 0,14	0,20 – 0,30	0,20 – 0,30	0,18 – 0,20	0,25 – 0,30
Wasserdampf-diffusionswiderstand	[μ]	50 – 100	10 – 20	10 – 20	8 – 10	20 – 25
Schallabsorption	[db]	22 – 25	30 – 35	30 – 35	28 – 32	35 – 40
Brandklasse – Deutschland BRD	[Klasse]	B 2	B 1 / A 2	B 1 / A 2	A 2	B 1 / A 2
England	[Klasse]	–	0	–	–	0
Norwegen	[Klasse]	–	–	–	–	–
Finnland	[Klasse]	–	I I	–	–	–

* Die Festigkeitseigenschaften können durch Zusatz geeigneter Additive um ca. 40 % gesteigert werden.

Tabelle 9.32
Gegenüberstellung verschiedener Bauplatten

9.2.1.4.4 Holzwolleleichtbauplatten

Sie werden aus den bereits genannten drei Bindemitteln hergestellt, haben jedoch eine geringere Rohdichte. Sie sind schwer entflammbar (Baustoffklasse B1) und haben gutes Wärmedämm- und Schallabsorptionsverhalten. Einsatzgebiete: Leichtwände, Bodenunterkonstruktionen, verlorene Schalung, Dämmschichten unter Dächern. Eine Gegenüberstellung verschiedener Bauplatten zeigt *Tabelle 9.32*.

9.2.2 Holzfaserplatten

Eine Holzfaserplatte ist ein plattenförmiger Holzwerkstoff, der aus Lignozellulose-fasern unter Anwendung von Druck und/oder Hitze hergestellt wird (DIN EN 316). Im Gegensatz zur Spanplatte ist bei der Faserplatte der Holzverband bis zur Holzfaser zerlegt. Die Bindung der Holzfasern kann auf synthetischen Klebstoffen oder holzeigenen Bindungskäften beruhen.

Man unterscheidet nach DIN EN 316 folgende Typen von Faserplatten:

1. Poröse Holzfaserplatte SB ($\rho \geq 230$ bis < 400 kg/m^3)

Dieser Plattentyp ist auch unter der Bezeichnung „Isolierplatte" bekannt und bleibt nach der Plattenformung ungepresst.

2. Mittelharte Holzfaserplatte MB ($\rho \geq 400$ bis < 900 kg/m^3)

Man unterscheidet: MB.L mittelharte Faserplatten geringer Dichte (400 bis < 560 kg/m^3) und mittelharte Faserplatten hoher Dichte MB.H (560 bis < 900 kg/m^3). Sie werden im Möbelbau für Leisten und Fronten eingesetzt.

3. Harte Holzfaserplatte HB ($\rho \geq 900$ kg/m^3)

Die Platten sind ein- oder beidseitig glatt und werden eingesetzt für Möbelrückwände, Schubkastenböden und im Fahrzeugbau.

Als Rohstoffe werden für diese Platten Nadel- und Laubhölzer verwendet. Als Klebstoffe dienen überwiegend PF- und UF-Harzleime. Die Oberflächen der Platten können vielgestaltig sein:

○ Flüssigbeschichtung mit Lacken
○ Festbeschichtung mit imprägnierten Papieren
○ mit Löchern als Schallschluckplatten
○ mit bestimmter Oberflächenstruktur (Holzmuster, Leinenmuster usw.)

4. Mitteldichte Faserplatten MDF ($\rho \geq 450$ kg/m^3)

Für die Herstellung von MDF-Platten wird entrindetes Nadel- und Laubholz nach dem Trockenverfahren verarbeitet. Dieses wird zu Hackschnitzeln zerkleinert und anschließend gekocht. Nach der Zerfaserung erfolgen Beleimung, Trocknung und Streuung

Eigenschaft	Prüf-verfahren	Einheit	Nenndickenbereiche (mm)		
			≤ 3,5	> 3,5 bis 5,5	> 5,5
Dickenquellung – 24 h	EN 317	%	15	13	10
Querzugfestigkeit	EN 319	N/mm²	0,80	0,70	0,65
Biegefestigkeit	EN 310	N/mm²	44	42	38
Biege-Elastizitätsmodul	EN 310	N/mm²	4500	4300	4100
Querzugfestigkeit nach Kochprüfung[1]	EN 319 EN 1087-1	N/mm²	0,50	0,42	0,35
Biegefestigkeit nach Kochprüfung[2]	EN 310 EN 1087-1	N/mm²	17	16	15

1) EN 1087-1 : 1995 gilt samt modifiziertem Verfahren in Anhang B.
2) EN 1087-1 : 1995 gilt samt modifiziertem Verfahren in Anhang C. Die Biegefestigkeit nach Kochprüfung wird aus den Maßen der Prüfkörper vor der Behandlung (Kochprüfung) berechnet.
Anmerkung: Wenn durch den Käufer bekannt gegeben wurde, dass die Platten für den speziellen Einsatz in Fußböden, bei Innenwänden oder Dachkonstruktionen verwendet werden sollen, sind auch die entsprechenden Leistungsfähigkeits-Normen in Betracht zu ziehen. Deshalb kann die Einhaltung zusätzlicher Anforderungen verlangt weden.

Tabelle 9.33
Anforderungen an hochbelastbare harte Holzfaserplatten für tragende Zwecke zur
Verwendung im Feuchtbereich nach DIN EN 622-2

der Fasern. Nach dem Durchlaufen der Vorpresse wird das Faservlies in einer Ein-etagen-Endlospresse (z.B. Contiroll) zur fertigen MDF-Platte verpresst.

Wie auch Spanplatten dürfen Faserplatten für den Möbel- und Innenausbau maximal 0,1 ppm Formaldehyd emittieren.

Der große Vorteil der MDF-Platten gegenüber den Spanplatten liegt in ihrer geschlossenen Mittelschicht. Dicke Platten erlauben eine dreidimensionale Profilierung. Das führte zu neuen Formgestaltungen, speziell bei Möbelfronten. Weiterhin können die Schmalflächen direkt lackiert werden. Wichtige Materialkennwerte zeigt Tabelle 9.34.

9.2.3 Sperrholz

Sperrholz ist der Sammelbegriff für alle Platten aus drei Holzschichten, die – vorzugsweise rechtwinklig – miteinander verleimt sind. Nach DIN EN 313 T1 unterscheidet man:
Furniersperrholz, Stabsperrholz, Stäbchensperrholz und Verbundsperrholz.

Tabelle 9.34
Anforderungen an MDF-Platten für tragende Zwecke zur Verwendung im Feuchtbereich (DIN EN 622-5)

Eigenschaft	Prüfverfahren	Einheit	Nenndickenbereiche (mm)								
			1,8 bis 2,5	>2,5 bis 4,0	>4 bis 6	>6 bis 9	>9 bis 12	>12 bis 19	>19 bis 30	>30 bis 45	>45
Dickenquellung – 24 h	EN 317	%	35	30	18	12	10	8	7	7	6
Querzugfestigkeit	EN 319	N/mm²	0,70	0,70	0,70	0,80	0,80	0,75	0,75	0,70	0,60
Biegefestigkeit	EN 310	N/mm²	34	34	34	34	32	30	28	21	19
Biege-Elastizitätsmodul	EN 310	N/mm²	3000	3000	3000	3000	2800	2700	2600	2400	2200
Option 1 Dickenquellung nach Zyklustest	EN 317 EN 321	%	50	40	25	19	16	15	15	15	15
Querzugfestigkeit nach Zyklustest	EN 319 EN 321	N/mm²	0,35	0,35	0,35	0,30	0,25	0,20	0,15	0,10	0,10
Option 2 Querzugfestigkeit nach Kochprüfung[1]	EN 319 EN 1087-1	N/mm²	0,20	0,20	0,20	0,15	0,15	0,12	0,12	0,10	0,10

1) EN 1087-1 : 1995 gilt samt modifiziertem Verfahren in Anhang B.
Anmerkung: Wenn durch den Käufer bekannt gegeben wurde, dass die Platten für den speziellen Einsatz in Fußböden, bei Innenwänden oder Dachkonstruktionen verwendet werden sollen, sind auch die entsprechenden Leistungsfähigkeits-Normen in Betracht zu ziehen. Deshalb kann die Einhaltung zusätzlicher Anforderungen verlangt weden.

9.2.3.1   Normtypen nach dem Plattenaufbau

1. Furniersperrholz FU

Sämtliche Lagen bestehen aus Furnieren, die parallel zur Plattenebene liegen. Üblicherweise sind die Platten symmetrisch aufgebaut, d.h. die Zahl der Furnierlagen ist ungerade. Die elastomechanischen Eigenschaften der Platten können je nach Furnierlagenzahl, verwendeter Holzart oder Bindemittel vielfältig beeinflusst werden.

2. Stabsperrholz ST

Die Mittellage besteht aus 7 mm bis 30 mm breiten, miteinander verklebten oder nicht verklebten Vollholzstäben. Diese werden beidseitig mit Furnier abgesperrt.

3. Stäbchensperrholz STAE

Die Mittellage besteht aus max. 7 mm breiten und hochkant angeordneten Schälfurnieren – wobei alle oder die meisten miteinander verklebt sind – die ebenfalls mit Furnieren abgesperrt sind.

4. Verbundsperrholz

Werden als Mittellage andere Werkstoffe als Holz verwendet (Spanplatten, Faserplatten, Kunststoffe usw.), so entstehen Verbundwerkstoffe mit besonderen Eigenschaften (Erhöhung der Festigkeit oder der Trittschalldämmung).

9.2.3.2   Normtypen nach der Verwendung

Nach DIN EN 636 werden folgende Verwendungen unterschieden:
1. Sperrholz zur Verwendung im Trockenbereich
2. Sperrholz zur Verwendung im Feuchtbereich
3. Sperrholz zur Verwendung im Außenbereich
Für die Anwendung dieser Norm können alle Sperrholztypen mit Hilfe eines Systems klassifiziert werden, das auf den Biegeeigenschaften beruht *(Tabelle 9.35)*.

9.2.4   Zuordnung der Bauplatten-Typen zu den Holzwerkstoffklassen

Treten in Holzwerkstoffen längerfristig Feuchtigkeiten von über 18 M.-% auf, so werden dadurch Voraussetzungen für einen Pilzbefall geschaffen.Weiterhin kann eine übermäßige Verformung durch Schwinden oder Quellen die Brauchbarkeit der Konstruktion beeinträchtigen.

Um unzuträgliche Veränderungen des Feuchtegehaltes von Holzwerkstoffen auszuschließen, sind vorbeugende konstruktive und bauphysikalische Maßnahmen erforderlich. Diese sind in DIN 68 800 T2 „Holzschutz im Hochbau" zusammengefasst.

Die Holzfeuchtehöchstwerte von Holzwerkstoffplatten zeigt *Tabelle 9.36*. Die Zuordnung der Bauplattentypen zu den Holzwerkstoffklassen findet man in *Tabelle 9.37*.

Holzwerkstoffe gemäß DIN EN 13986, die im Bauwesen verwendet werden, müssen mit einem CE-Zeichen gekennzeichnet werden.

Biegefestigkeit		
	Klasse	Mindestwert (N/mm²)
	F 3	5
	F 5	8
	F 10	15
	F 15	23
	F 20	30
$f_{m0,5}$	F 25	38
	F 30	45
	F 40	60
	F 50	75
	F 60	90
	F 70	105
	F 80	120

Tabelle 9.35
Biegefestigkeitsklassen für Sperrholz

Holzwerkstoffklasse	max u_{gl} [M.-%] [1]
20	15 [2]
100	18
100 G	21

[1] u_{gl} = Gleichgewichtsholzfeuchte
[2] Für Holzfaserplatten beträgt der Höchstwert 12 M.-%

Tabelle 9.36
Höchstwerte der Feuchte von Holzwerkstoffen (max u_{gl}) in M.-% bezogen auf das Darrgewicht im Gebrauchszustand

Tabelle 9.37
Zuordnung der Bauplattentypen zu den Holzwerkstoffklassen nach DIN 68 800 T2

Holzwerkstoff	Norm	Plattentyp für die Holzwerkstoffklasse		
		20	100	100 G
Sperrholz				
Bau-Furniersperrholz	DIN 68 705-3	BFU 20	BFU 100	BFU 100 G
Bau-Furniersperrholz aus Buche	DIN 68 705-5	– [1]	BFU-BU 100	BFU-BU 100 G
Spanplatten				
Flachpressplatten für das Bauwesen	DIN 68 763	V 20	V 100	V 100 G
Holzfaserplatten				
Harte Holzfaserplatten für das Bauwesen	DIN 68 754-1	HFH 20	– [1]	– [1]
Mittelharte Holzfaserplatten für das Bauwesen	DIN 68 754-1	HFM 20	– [1]	– [1]

[1] Hierfür besteht keine Norm.

Typ	V20	V100	V313	FP	MDF	PLW	HLB	MH	Furn	Möb.
UF	X				X	X	(X)	X	X[1]	X[1]
mUF	X[2]				X					
MF/MUF		X[3]	X		X	X	X	X		
MUPF		X			X	X				
PF/P		X		X	X	X				
RF							X			
PMDI	X	X			X		X			
PVAc								X	X	X
hist. nat. BM										X
nat. BM	X	X	X		X	X				
anorg. BM		X			X[4]					
Aktivierung					X	X				

UF:	Harnstoff-Formaldehyd-Leimharz
mUF:	melaminverstärkte UF-Leime
MF/MUF:	Melamin- bzw. Melamin-Harnstoff-Formaldehyd-Leimharz; der Einsatz von MF-Harzen ist nur bei Abmischung mit UF-Harzen gegeben
MUPF:	Melamin-Harnstoff-Phenol-Formaldehyd-Leimharz
PF/P:	Phenol-bzw. Phenol-Harnstoff-Formaldehyd-Leimharz
RF:	Resorcin-(Phenol-)Formaldehyd-Leimharz
PMDI:	Polymethylendiisocyanat
PVAc:	Polyvinylacetatleim (Weißleim)
hist. nat. BM:	historische, natürliche Bindemittel, z.B. Stärke-, Glutin- oder Kaseinleime
nat. BM:	neuere natürliche Bindemittel (Tannin, Lignin, Kohlehydrate)
anorg. BM:	anorganische Bindemittel: Zement, Gips
Aktivierung:	Aktivierung holzeigener Bindemittel

V20:	Spanplatten nach DIN 68761 (T. 1 und 4, FPY, FPO), DIN 68763 (V20) bzw. EN 312-2 bis -4 bzw. -6
V100:	Spanplatte nach DIN 68763 bzw. EN 312-5 und -7, Option 2 (Querzugprüfung nach Kochprüfung nach EN 1087-1)
V313:	Spanplatte nach EN 312-5 und -7, Option 1 (Zyklustest nach EN 321)
FP:	Hartfaserplatte nach dem Nassverfahren (EN 622-2)
MDF:	Mitteldichte Faserplatte nach EN 622 Teil 5: je nach Plattenart (Einsatz im Trocken- oder Feuchtbereich) werden unterschiedliche Bindemittel eingesetzt
PLW:	Sperrholz nach EN 636 mit unterschiedlichen Wasserfestigkeiten (plywood), danach richtet sich die Auswahl des erforderlichen Bindemittels
HLB:	konstruktiver Holzleimbau
MH:	Massivholzplatten nach ÖNORM B 3021 bis B 3023
Furnierung:	Furnierung bzw. Kaschierung von Spanplatten
Möbel:	Möbelherstellung

[1] Teilweise Pulverleime.
[2] Platten mit reduzierter Dickenquellung, z.B. für den Einsatz als Trägerplatten für Laminatfußböden.
[3] Nur als MUF + PMDI möglich.
[4] Spezielles Herstellverfahren. .

9.3 Holzklebstoffe

9.3.1 Begriffe

In der Bau-und Holz- und Möbelindustrie werden Klebstoffe in den verschiedensten Bereichen wie z.b. Holzbau, Holzwerkstoffherstellung oder Klavierbau eingesetzt. Dabei sind die organischen Klebstoffe auf der Basis von Naturprodukten in den Hintergrund getreten während synthetische Klebstoffe dem Holz neue Anwendungsgebiete erschlossen haben. Einige synthetische Klebstoffe werden auch als Kunstharzklebstoffe oder Kunstharze bezeichnet.

Ein Klebstoff ist ein nichtmetallischer Werkstoff, der Fügeteile durch Oberflächenhaftung (Adhäsion) und innere Festigkeit (Kohäsion) verbindet, ohne das Gefüge wesentlich zu ändern (DIN 16920). Nach dem Lösungs- bzw.Dispersionsmittel kann man alle Klebstoffe wie folgt einteilen:

Lösungs- oder Dispersionsmittel:	Wasser	organische Lösungsmittel	lösungsmittelfrei
Klebstoffgruppe:	**Leime**	**Lösungsmittel-klebstoffe**	**z.B. Schmelzklebstoffe**

Nach dem Abbindemechanismus unterscheidet man Reaktionsklebstoffe, die durch eine chemische Reaktion abbinden und Nichtreaktionsklebstoffe.

Der Aufbau dreidimensional hochvernetzter Makromoleküle erfolgt während des Abbindevorgangs durch Polykondensation oder Polyaddition. Der Vorgang des Klebens ist sehr komplex und wissenschaftlich nicht vollständig geklärt. Die Haftung des Klebstoffs ist auf die Wirkung chemischer und physikalischer Kräfte zwischen den Molekülen der Fügeteiloberfläche und denen des Klebstoffs zurückzuführen. Die Einsatzgebiete der einzelnen Klebstoffe zeigt Tabelle 9.38.

9.3.2 Wichtige Holzklebstoffe

9.3.2.1 Reaktionsklebstoffe

9.3.2.1.1 Harnstoff-Formaldehyd-Harz (UF)

Harnstoffformaldehydklebstoffe sind die wichigsten Klebstoffe zur Herstellung von Möbeln und Holzwerkstoffen.

Linke Seite:
Tabelle 9.38
Einsatzgebiete verschiedener Klebstoffe (9.12)

Sie weisen eine Reihe von Vorteilen auf, die wesentlich zu ihrerer großen Bedeutung beigetragen haben. (*Tab. 9.39*).

Nachteilig ist die Empfindlichkeit der UF-Klebstoffe gegen Feuchtigkeit und die Formaldehydabspaltung, wobei das Problem der Formaldehydabspaltung heute im Wesentlichen gelöst ist.

Einsatzgebiete: Spanplatten, MDF, Sperrholz, Massivholzplatten, Beschichtung von Holzwerkstoffen, Möbelherstellung

Melamin-Formaldehydklebstoffe (MF) sind den UF-Klebstoffen sehr ähnlich, sie sind jedoch feuchtebeständiger. Wegen des höheren Preises werden sie nur für spezielle

Tabelle 9.39
Eigenschaften und Vorteile der Harnstoffformaldehydklebstoffe (9.12)

– wässriges System, anfängliche Wasserlöslichkeit, keine organischen Lösungsmittel
– einfache Handhabung und Verarbeitung
– vielseitige Möglichkeiten der Anwendung und der Anpassung an die jeweiligen Aushärtungsbedingungen
– variable Einsetzbarkeit bei der Verarbeitung verschiedenster Hölzer (optimale Restholzverwertung
– Kalt- und Heißverleimung möglich (unter Variation der Leimtypen sowie der Härtertypen und -mengen)
– für Hochfrequenzhärtung geeignet
– einfacher Wechsel von Leimsystemen innerhalb der Gruppe der aminoplastischen Harze möglich
– gute Kombinierbarkeit mit anderen Bindemittelsystemen, z.B. Isocyanat oder PVAc-Leim (Weißleim)
– Kaltklebrigkeit möglich bei speziellen Leimeinstellungen
– hohe Reaktivität bei langer Gebrauchsdauer (Topfzeit) der Leimflotte
– schnelle und vollständige Aushärtung (hohe Produktivität, z.B. in der Spanplattenindustrie)
– duroplastisches Verhalten der ausgehärteten Leimfuge
– hohe Festigkeit der Verleimung
– farblose ausgehärtete Leimfuge
– hohe thermische Beständigkeit bei Ausschluss von hydrolytischem Angriff
– wenig Lagerhaltungsprobleme (zulässige Lagerdauer muss allerdings beachtet werden)
– keine besonderen Probleme bei Reinigung und Instandhaltung von Verarbeitungsgeräten
– keine besondere Abwasserproblematik
– problemarme Entsorgung nach Aushärtung
– keine besonderen Probleme bei der Schleifstaubverbrennung im Gegensatz zu z.B. Phenolharzen wegen deren Alkaligehaltes
– Unbrennbarkeit
– gute Beschichtbarkeit von UF-gebundenen Spanplatten
– weit verbreitete und gesicherte Verfügbarkeit
– niedriger Preis im Vergleich zu anderen Bindemitteln

Zwecke eingesetzt: Imprägnier-und Tränkharze (z.B. HPL), Verstärkung von UF-Klebstoffen (MUF-Klebstoffe).

9.3.2.1.2 Phenol-Formaldehyd-Harz (PF)

Phenolformaldehydklebstoffe sind nach den UF-Klebstoffen die wichtigsten Polykondensationsklebstoffe in der Holzindustrie. Wegen der C-C-Bindungen zwischen den Phenolkernen sind PF-Klebstoffe sehr hydrolysestabil und damit feuchtebeständig. Sie werden besonders für Holzwerkstoffe mit einer Beständigkeit gegen höhere Luftfeuchte (V100-Platten) oder für HPL-Platten eingesetzt.
Die wichtigsten Vor-und Nachteile der PF-Klebstoffe zeigt *Tabelle 9.40*.

9.3.2.1.3 Resorcin-Formaldehyd-Harz (RF)

Resorcin ist ein zweiwertiges Phenol und deshalb besonders reaktionsfähig. Es härtet bei Raumtemperatur im neutralen Bereich aus und wird deshalb besonders für Kaltverleimungen eingesetzt. Die ausgehärteten Leimfugen zeigen eine hohe Festigkeit und eine sehr gute Wasserbeständigkeit, RF-Klebstoff ist jedoch teurer als PF-Klebstoff. Deshalb wird RF-Klebstoff nur für Spezialzwecke oder zum Verschneiden von PF-Klebstoff (PRF) eingesetzt.
Einsatzgebiete: Ingenieurholzbau (Holzleimbau),Bootsbau

9.3.2.1.4 Polymethylendiisocyanat (PMDI)

Eine Sonderstellung unter den Reaktionsklebstoffen nimmt das Isocyanat PMDI (Polymethylendiisocyanat) ein. Es hat höhere Bindefestigkeiten als alle Kondensa-

Tabelle 9.40
Vor-und Nachteile von PF-Klebstoffen (9.12)

Vorteile
– geringe bis weitgehend fehlende Formaldehydabgabe
– hohe Feuchtigkeits- und Witterungsbeständigkeit PF-gebundener Platten
– niedrige Dickenquellung PF-gebundener Platten
Nachteile
– im Vergleich zu aminoplastischen Harzen langsamere Härtung
– Probleme bei Verarbeitung verschiedener saurer Holzarten (z.B. Eiche, Birke, Edelkastanie)
– hohe Feuchtigkeitsaufnahme bei Lagerung der Platten bei höherer relativer Luftfeuchtigkeit infolge der Hygroskopizität des eingesetzten Alkalis (NaOH)
– dunkle Farbe der Leimfuge: z.B. charakteristisches Abzeichnen der Leimfuge bei hellem AW100-Furniersperrholz, dunkle Oberfläche PF-gebundener Spanplatten

tionsklebstoffe. Als Ursache wird vermutet, dass die Isocyanatgruppen mit den OH-Gruppen des Holzes zum Teil kovalente, also chemische Bindungen eingehen. PMDI ist formaldehydfrei, bei Einsatz in der Deckschicht von Holzwerkstoffen sind spezielle Trennmittel erforderlich.

9.3.2.2   Nichtreaktionsklebstoffe

9.3.2.2.1   Polyvinylacetatleim (Weißleim)

Die PVAC-Leime sind nach den UF-Harzen die wichtigsten Klebstoffe in der Möbelindustrie.

Sie härten physikalisch aus durch Abwandern des Dispersionswassers, wobei der milchig-weiße Leim – daher der Name – transparent wird. Ihre weite Verbreitung beruht auf folgenden Eigenschaften bzw. Vorteilen:

○ unbrennbar
○ physiologisch unbedenklich
○ nahezu unbegrenzt lagerfähig
○ farbloser Klebefilm
○ wasserverdünnbar,gute Gerätereinigung
○ sehr gute Adhäsion gegenüber Holz und Holzwerkstoffen

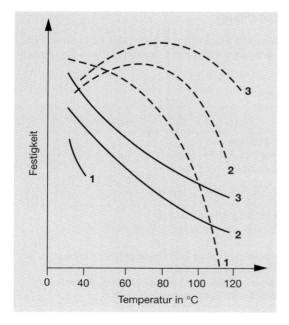

Abbildung 9.41
Wärmebeständigkeit modifizierter PVAC-Leime im Vergleich zu RF-Leimen
(1 = PVAC 2 = PVAC + Härter 3 = RF-Harz)
— — — Trockenbindefestigkeit
——— Festigkeit nach 48 h
Wasserlagerung und dann Einwirkung der Temperatur (9.11)

Nachteile der PVAC-Leime:
○ temperaturbeständig bis ca. 100 °C
○ quellen in Wasser und verlieren an Festigkeit
○ zeigen kalten Fluss
○ nur oberhalb der Mindestfilmbildungstemperatur (Kreidepunkt, Weißpunkt) zu verarbeiten
○ teilweise durch Frost unbrauchbar

Zweikomponenten PVAC-Klebstoffe (mit Härter) haben eine höherer thermische und Wasserbeständigkeit (bis Beanspruchungsgruppe D4). (*Abb. 9.41*).

9.3.2.2.2 Schmelzklebstoff

Schmelzklebstoffe sind thermoplastische Kunststoffe, die keine Lösungsmittel enthalten. Sie sind bei Raumtemperatur fest und werden als Pulver, Granulat, Patronen oder stückiges Gut verarbeitet. Durch Aufschmelzen werden sie in den flüssigen, klebeaktiven Zustand überführt. Durch das anschließende Abkühlen erstarrt die Schmelze in wenigen Sekunden.

Einsatzgebiete:
Schmalflächenverklebungen, Ummanteln, Montageverklebungen, Verpackungen

Vorteile:
○ hohe Verarbeitungsgeschwindigkeiten (bis 100 m/min)
○ unbegrenzte Lagerbeständigkeit
○ keine Topfzeit
○ enthält keine Lösungsmittel

Nachteile:
○ geringe Wärmebeständigkeit
○ Neigung zum kalten Fluss

Reaktive Schmelzklebstoffe

Die Temperatur-, Feuchtigkeits- und Alterungsbeständigkeit wird bei reaktiven Schmelzklebstoffen durch die chemische Vernetzung der Moleküle erheblich erhöht. So ist eine Wärmebeständigkeit bis 200 °C möglich. Die Aushärtung erfolgt durch die in den Fügeteilen enthaltene Feuchtigkeit. Deshalb müssen diese Klebstoffe vor Feuchtigkeit geschützt gelagert und verarbeitet werden.

Klebstoffe auf Basis nachwachsender Rohstoffe

In den vergangenen Jahren haben sich Wissenschaft und Forschung verstärkt mit natürlichen Klebstoffen auf der Basis von Tannin, Lignin, Eiweiß oder Kohlenhydraten befasst. Zu einem bedeutenden Einsatz ist es bisher aus verschiedensten Gründen jedoch nicht gekommen.

9.3.2.3   Beanspruchungsgruppen für Holzklebstoffe

Holzklebstoffe werden vielfältig im Innen- und Außenbereich eingesetzt. In DIN EN 12765 und 204 sind die Beanspruchungsgruppen für duroplastische und thermoplastische Holzklebstoffe festgelegt. Diese legen die Klimabedingungen und Anwendungsbereiche verklebter Teile fest.

Beanspruchungs-gruppe	Beispiele der Klimabedingungen und Anwendungsbereiche
C1	Innenbereich, maximale Holzfeuchte 15%
C2	Innenbereich mit gelegentlicher kurzzeitiger Einwirkung von abfließendem Wasser oder Kondenswasser und/oder gelegentlicher hoher Luftfeuchte mit einem Anstieg der Holzfeuchte bis 18%
C3	Innenbereich mit häufiger kurzzeitiger Einwirkung von abfließendem Wasser oder Kondenswasser und/oder durch Einwirkung hoher Luftfeuchte. Außenbereich, vor der Witterung geschützt
C4	Innenbereich mit häufiger langanhaltender Einwirkung von abfließendem Wasser oder Kondenswasser. Außenbereich, der Witterung ausgesetzt, jedoch mit angemessenem Oberflächenschutz

Tabelle 9.41
Beanspruchungsgruppen für duroplastische Holzverklebungen nichttragender Bauteile (DIN EN 12765)

Die Beanspruchungsgruppen für thermoplastische Holzverklebungen werden mit D1 bis D4 bezeichnet (DIN EN 204).

Die Verbindung der Anwendungsbereiche zu den Holzwerkstoffklassen zeigt *Tabelle 9.42*.

Rechte Seite:
Tabelle 9.42
Zuordnung der Anwendungsbereiche zu den Holzwerkstoffklassen nach DIN 68800 T2

Zeile	Anwendungsbereich	Holzwerkstoffklasse
1	Raumseitige Beplankung von Wänden, Decken und Dächern in Wohngebäuden sowie in Gebäuden mit vergleichbarer Nutzung [1]	
1.1	Allgemein	20
1.2	Obere Beplankung sowie tragende oder aussteifende Schalung von Decken unter nicht ausgebauten Dachgeschossen a) belüftete Decken [2] b) nicht belüftete Decken – ohne ausreichende Dämmschichtauflage [3] – mit ausreichender Dämmschichtauflage ($1/\Lambda \geq 0{,}75\ m^2 K/W$)[4]	 20 100 20
2	Außenbeplankung von Außenwänden	
2.1	Hohlraum zwischen Außenbeplankung und Vorhangschale (Wetterschutz) belüftet	100
2.2	Vorhangschale als Wetterschutz, Hohlraum nicht ausreichend belüftet, diffusionsoffene, Wasser ableitende Abdeckung der Beplankung	100
2.3	Auf der Beplankung direkt aufliegendes Wärmedämm-Verbundsystem	100
2.4	Mauerwerk-Vorsatzschale, Hohlraum nicht ausreichend belüftet, Abdeckung der Beplankung mit: a) Wasser ableitender Schicht mit $s_d \geq 1\ m$ b) Hartschaumplatte, mindestens 30 mm dick	 100
3	Obere Beplankung von Dächern, tragende oder aussteifende Dachschalung	
3.1	Beplankung oder Schalung steht mit der Raumluft in Verbindung	
3.1.1	Mit aufliegender Wärmedämmschicht (z.B. in Wohngebäuden, beheizten Hallen)	20
3.1.2	Ohne aufliegende Wärmedämmschicht (z.B. Flachdächer über unbeheizten Hallen)	100 G
3.2	Dachquerschnitt unterhalb der Beplankung oder Schalung belüftet (siehe Bild 5a)	
3.2.1	Geneigtes Dach mit Dachdeckung	100
3.2.2	Flachdach mit Dachabdichtung [3]	100 G
3.3	Dachquerschnitt unterhalb der Beplankung oder Schalung nicht belüftet (siehe Bild 5b)	
3.3.1	Belüfteter Hohlraum oberhalb der Beplankung oder Schalung, Holzwerkstoff oberseitig mit Wasser abweisender Folie oder dergleichen abgedeckt [3]	100 G
3.3.2	Keine dampfsperrenden Schichten (z.B. Folien) unterhalb der Beplankung oder Schalung, Wärmeschutz überwiegend oberhalb der Beplankung oder Schalung	100

[1] Dazu zählen auch nicht ausgebaute Dachräume von Wohngebäuden.
[2] Hohlräume gelten im Sinne dieser Norm als ausreichend belüftet, wenn die Größe der Zu- und Abluftöffnungen mindestens je 2% der zu belüftenden Fläche, bei Decken unter nicht ausgebauten Dachgeschossen mindestens jedoch 200 cm² je m Deckenbreite beträgt.
[3] Von solchen Konstruktionen wird wegen der Möglichkeit ungewollt auftretender Feuchte, z.B. Tauwasserbildung infolge Wasserdampf-Konvektion, im allgemeinen abgeraten; vergleiche jedoch Abschnitt 9, Ausbildungen b) und c).
[4] Wärmedurchlasswiderstand $1/\Lambda$; Berechnung nach DIN 4108-5

9.4   Normen, Literatur

9.4.1   Normen

Das gesamte Normenwesen auf dem Gebiet des Holzes und der Holzwerkstoffe befindet sich im Umbruch. Die bisher noch gültigen DIN-Normen werden durch DIN EN-Normen ersetzt.

Der Bauingenieur, der mit Holz oder Holzwerkstoffen arbeitet, muss diese Entwicklung kennen und die jeweils gültigen Normen für seine Arbeit heranziehen. Im folgenden sind wichtige Holz- und Holzwerkstoffnormen aufgeführt.

9.4.1.1   *Spanplatten*

DIN 52 360 bis DIN 52 367	Prüfung von Holzspanplatten (Allgemeines/Abmessungen, Rohdichte und Feuchte/ Biegefestigkeit/Dickenquellung/Zugfestigkeit/Abhebe- festigkeit/Scherfestigkeit)
DIN 68 762	Spanplatten für Sonderzwecke im Bauwesen
DIN 68 764 T1 und T2	Strangpressplatten für das Bauwesen
DIN EN 14755	Strangpressplatten
DIN 68 765	Kunststoffbeschichtete dekorative Flachpressplatten
DIN EN 300	Spanplatten aus langen, schlanken, ausgerichteten Spänen (OSB)
DIN EN309	Definition und Klassifizierung von Spanplatten
DIN EN 311	Abhebefestigkeit von Spanplatten
DIN EN 312	Anforderungen an Spanplatten (Alle Plattentypen/Platten für allgemeine Zwecke/Platten für den Trockenbereich/Platten für tragende Zwecke im Trockenbereich/Platten für tragende Zwecke im Feuch- tebereich/Hochbelastbare Platten für tragende Zwecke im Trockenbereich/Hochbelastbare Platten für tragende Zwecke im Feuchtebereich)
DIN EN 633	Zementgebundene Spanplatten, Definition
DIN EN 634 T1/T2	Zementgebundene Spanplatten, Anforderungen

9.4.1.2   *Faserplatten*

DIN 52 350 bis DIN 52 352	Prüfung von Holzfaserplatten (Probeentnahme/Feuchtegehalt/Biegefestigkeit)
DIN EN 316 bis DIN EN 321	Prüfung von Holzfaserplatten, EN 317 und EN 319 gelten für Span- und Faserplatten (Definition/Dickenquellung/Maßänderungen/Zugfestigkeit/ Schraubenausziehwiderstand/Zyklustest im Feuchtebereich)

DIN EN 382 T1 und T2   Bestimmung der Oberflächenabsorption
DIN EN 622 T1 bis T5   Anforderungen an Faserplatten

9.4.1.3 Sperrholz

DIN 4078   Sperrholz, Vorzugsmaße
DIN 52 371/72 und DIN 52 375 bis 52 377
                     Prüfung von Sperrholz (Biegefestigkeit/Plattenmaße/
                     Feuchtegehalt/Druckfestigkeit/Zugfestigkeit)
DIN 68 705 T2   Sperrholz für allgemeine Zwecke
DIN 68 705 T3   Bau-Furniersperrholz
DIN 68 705 T4   Bau-Stab und Bau-Stäbchensperrholz
DIN 68 705 T5   Bau-Furniersperrholz aus Buche
DIN EN 313 T1/T2   Klassifizierung von Sperrholz
DIN EN 314 T1/T2   Qualität der Verklebung von Sperrholz
DIN EN 315   Maßtoleranzen
DIN EN 635 T1/T2/T3/T5
DIN EN 635 E T4   Klassifizierung nach dem Aussehen der Oberfläche
DIN EN 636   Anforderungen an Sperrholz
DIN EN 1072   Beschreibung der Biegeeigenschaften von Bau-
                     Sperrholz
DIN EN 1084   Formaldehydabgabeklassen

9.4.1.4 Holzwerkstoffe

DIN EN 322   Holzwerkstoffe, Feuchtebestimmung
DIN EN 323   Holzwerkstoffe, Rohdichtebestimmung
DIN EN 324 T1/T2   Holzwerkstoffe, Bestimmung der Plattenmaße
DIN EN 325   Holzwerkstoffe, Bestimmung der Maße der Prüfkörper
DIN EN 326 T1-T3   Holzwerkstoffe, Probenahme, Zuschnitt und
                     Überwachung
DIN EN 717 T1/T2/T3 Holzwerkstoffe, Bestimmung der Formaldehydabgabe

9.4.1.5 Holz

DIN 4076 T 1   Benennungen und Kurzzeichen auf dem Holzgebiet;
                     Holzarten
DIN 68 252 T 1   Begriffe für Schnittholz; Form und Maße
DIN 68 256   Gütemerkmale von Schnittholz; Begriffe
                     Gütebedingungen und zulässige Spannungen
DIN EN 338   Bauholz für tragende Zwecke,Festigkeitsklassen

DIN EN 1912	Bauholz für tragende Zwecke - Festigkeitsklassen - Zuordnung von visuellen Sortierklassen und Holzarten
DIN 40 74 T 1	Sortierung von Holz nach der Tragfähigkeit (Nadelschnittholz)
DIN 4074 T 2	Sortierung von Holz nach der Tragfähigkeit (Nadelrundholz)
DIN 68 126 T 3	Profilbretter mit Schattennut; Sortierung für Fichte, Tanne, Kiefer
DIN 68 364	Kennwerte von Holzarten; Festigkeit, Elastizität, Resistenz
DIN 68 365	Bauholz für Zimmerarbeiten; Gütebedingungen
DIN 68 368	Laubschnittholz für Treppenbau; Gütebedingungen
DIN 52 180 T 1	Prüfung von Holz; Probenahme; Grundlagen
DIN 52 181	Bestimmung der Wuchseigenschaften von Nadelschnittholz
DIN 52 182	Prüfung von Holz; Bestimmung der Rohdichte
DIN 52 183	Prüfung von Holz; Bestimmung des Feuchtigkeitsgehaltes
DIN 52 184	Prüfung von Holz; Bestimmung der Quellung und Schwindung
DIN 52 185	Prüfung von Holz; Bestimmung der Druckfestigkeit parallel zur Faser
DIN 52 186	Prüfung von Holz; Biegeversuch
DIN 52 187	Prüfung von Holz; Bestimmung der Scherfestigkeit in Faserrichtung
DIN 52 188	Prüfung von Holz; Bestimmung der Zugfestigkeit parallel zur Faser
DIN 52 189 T 1	Prüfung von Holz; Schlagbiegeversuch; Bestimmung der Bruchschlagarbeit
DIN 52 192	Prüfung von Holz; Druckversuch von Holz; Druckversuch quer zur Faserrichtung
DIN 68 367	Bestimmung der Gütemerkmale von Laubschnittholz Maße und Profile
DIN 4070 T 1	Nadelholz; Querschnittsmaße und statische Werte für Schnittholz; Vorratskantholz und Dachlatten
DIN 4070 T 2	Nadelholz; Querschnittsmaße und statische Werte; Dimensions- und Listenware
DIN 4071 T 1	Ungehobelte Bretter und Bohlen aus Nadelholz; Maße
DIN 4072	Gespundete Bretter aus Nadelholz
DIN 4073 T 1	Gehobelte Bretter und Bohlen aus Nadelholz; Maße
DIN 68 120	Holzprofile; Grundformen
DIN 68 122	Fasebretter aus Nadelholz

DIN 68 123	Stülpschalungsbretter aus Nadelholz
DIN 68 125 T 1	Fußleisten aus europäischen (außer nordischen) Hölzern
DIN 68 125 T 2	Fußleisten aus nordischem Nadelholz
DIN 68 127	Akustikbretter
DIN 68 140	Keilzinkenverbindung von Holz
DIN 68 250	Messen von Nadelschnittholz
DIN 68 371	Messen von Laubschnittholz

9.4.2   Literatur

[9.1] Holz-Lexikon, Band 1 und Band 2, DRW-Verlag, Stuttgart 2003
[9.2] R. Albin und Mitarbeiter: Grundlagen des Möbel- und Innenausbaus, DRW-Verlag, Stuttgart 1991
[9.3] P. Niemz: Physik des Holzes und der Holzwerkstoffe, DRW-Verlag, Stuttgart 1993
[9.4] DIN und DIN EN-Normen
[9.5] Institut für Film und Bild
[9.6] R. Wagenführ: Anatomie des Holzes, Dresden 1996
[9.7] H. H. Bosshard: Holzkunde Band 1. u. 2, Stuttgart 1974
[9.8] Bau- und Möbelschreiner, Stuttgart 7/86
[9.9] R. B. Hoadley: Holz als Werkstoff, Ravensburg 1990
[9.10] R. Albin: Grundlagen des Möbel- und Innenausbaus, Stuttgart 1991
(9.11) G. Zeppenfeld: Klebstoffe in der Möbelindustrie, Fachbuchverlag, Leipzig 1991
(9.12) M. Dunky, P. Niemz: Holzwerkstoffe und Leime, Springer Verlag, Berlin 2002
(9.13) H. Willeitner, E. Schwab, Holzaußenverwendung im Hochbau, Verlagsanstalt A. Koch, Stuttgart 1981
(9.14) W. Scholz, Baustoffkenntnis, Werner Verlag, Düsseldorf 1999
(9.15) F. Kollmann, Technologie des Holzes und der Holzwerkstoffe, Springer Verlag, Berlin 1982

Kapitel 10: Kunststoffe

10 Kunststoffe

10.1 Aufbau und Einteilung

Kunststoffe sind synthetische, vorwiegend organische Werkstoffe. Sie werden durch die Verknüpfung von Kohlenstoffatomen zu Ketten und Netzen hergestellt, an deren Aufbau auch andere chemische Elemente wie Wasserstoff und Sauerstoff beteiligt sind, darüber hinaus u.a. Chlor (PVC), Stickstoff (Polyurethane, Polyamide), Fluor (PTFE (= „Teflon")) und Schwefel (Naturgummi, Polysulfide). Kunststoffe werden überwiegend vollsynthetisch aus Erdöl und in geringem Maße aus Erdgas hergestellt, z.T. aber auch halbsynthetisch durch Abwandlung makromolekularer Naturstoffe (z.B. Naturgummi, Naturharze, Zelluloid). Die für die Kunststoffe alternativ verwendeten Bezeichnungen „Polymere" (= „Vielteilige") bzw. „Polymerwerkstoffe" rühren von der oben genannten Verbindung kleiner Einzelmoleküle, der sogenannten „Monomeren" (= „Einteilige") her. Ziel der Entwicklung der synthetischen organischen Stoffe war zunächst die Imitation von erwünschten Eigenschaften der natürlichen organischen Stoffe unter Vermeidung von weniger erwünschten Eigenschaften zum Zweck des Ersatzes der natürlichen Stoffe. Sehr bald wurden die Möglichkeiten des „Maßschneiderns" von synthetischen Werkstoffen erkannt. Neben den organischen Kunststoffen werden im Bauwesen fallweise auch Spezialprodukte auf der Basis anorganisch aufgebauter Kunststoffe verwendet (z.B. Silikone im Bereich des Denkmalschutzes); bei ihnen erfolgt die Kettenbildung über die Elemente Silizium und Sauerstoff. Das Verhalten der Kunststoffe und die sich daraus ergebende Einteilung hängt weitgehend von der Struktur der erzeugten Makromoleküle ab. Grundsätzlich werden sie in drei Gruppen klassifiziert:

Thermoplaste sind Kunststoffe, die bei Temperaturerhöhung erweichen und schließlich viskos werden. Die Zustandsänderungen sind reversibel. Daher können diese Kunststoffe in der Wärme plastisch ge- oder verformt und durch Schweißen gefügt werden. Bei Gebrauchstemperatur sind Thermoplaste im Allgemeinen zäh- oder sprödhart, können durch den Einbau monomerer oder polymerer Weichmacher aber auch flexibel eingestellt werden.

Duroplaste sind bei Gebrauchstemperatur hart und durch Erhitzen nicht schmelzbar. Mit Überschreiten der Zersetzungstemperatur tritt irreversible Zersetzung ein.

Elastomere sind Kunststoffe, die bei Gebrauchstemperatur gummielastisches Verhalten zeigen. Wie die Duromere sind sie nicht schmelzbar, sondern beginnen sich bei Überschreiten der Zersetzungstemperatur irreversibel zu zersetzen.

10.1.1   Thermoplaste

Thermoplaste (auch „Plastomere" genannt) bestehen aus linearen oder verzweigten Makromolekülen, die bei Überschreiten der Erweichungstemperatur in sich und gegeneinander bis zur Fließbarkeit des Kunststoffes beweglich werden und dann als Schmelze vorliegen, bei Unterschreiten der Erweichungstemperatur sich eng verfilzt (amorph) oder teilweise gebündelt (kristallin) zusammenlagern. Die Erweichungstemperatur wird bei den amorphen Thermoplasten als Glastemperatur und bei den teilkristallinen Thermoplasten als Schmelztemperatur bezeichnet. Thermoplastische Kunststoffe können – soweit nicht der bei übermäßiger Temperaturbeanspruchung einsetzende chemische Abbau Grenzen setzt – wiederholt und kontinuierlich warmgeformt werden; die Erzeugnisse erstarren durch Abkühlen. Amorphe thermoplastische Kunststoffe durchlaufen unterhalb des Fließ-Temperaturbereiches einen gummielastischen Zustandsbereich, in dem Halbzeug (Rohre, Profile, Tafeln) mit vergleichsweise geringen Kräften, z. B. durch Biegen von Hand, maschinell durch Abkanten, Recken, Saugen (Vakuum) oder Blasen, umgeformt werden kann. Die so erzeugten Formgebungen müssen durch Abkühlen unter Aufrechterhaltung des Formzwanges fixiert werden. Die dabei erzielten und durch die Abkühlung eingefrorenen molekularen Orientierungen stellen sich beim Wiedererwärmen in den gummielastischen Zustandsbereich, also bei niedrigeren Temperaturen als die der thermoplastischen Urformung des Rohstoffes, zurück (sogenannter „Memory-Effekt"); die begleitenden Schrumpfprozesse in den umgeformten Bereichen des Werkstücks führen zur weitgehenden Rückformung und damit zu dessen Unbrauchbarkeit. Thermoplastische Kunststoffe können im geschmolzenen Zustand geschweißt werden, wobei die Makromoleküle in der Schweißzone durch äußeren Druck zur Verfilzung gebracht werden müssen. Dem Vorteil vielseitiger Verarbeitbarkeit von Thermoplasten steht als Nachteil die entsprechende Temperaturabhängigkeit des mechanischen Verhaltens gegenüber; die Temperaturgrenzen störender Versteifung oder Erweichung liegen bei den zahlreichen Kunststoffen dieser Gruppe allerdings sehr unterschiedlich und können bei der Herstellung in bestimmten Grenzen (materialabhängig) beeinflusst werden. Die einzelnen thermoplastischen Kunststoffe bieten ein breit gefächertes Eigenschaftsspektrum im Hinblick auf Härte, Zug- und Biegefestigkeit, Schlagzähigkeit und Verformbarkeit, Kurz- und Langzeitverhalten, Witterungs- und Alterungsverhalten sowie der chemischen Beständigkeit verschiedener Werkstoffe. Einige sind infolge ihres besonderen molekularen Baus bereits bei Gebrauchstemperaturen gummiartig weich oder können wie z.B. Polyvinylchlorid durch Weichmachung, d.h. durch Zusatz „monomerer Weichmacher" (meist auf Phthalsäureesterbasis wie z.B. Dioctylphthalat (DOP)) oder polymerer Weichmacher (Kunststoffgemisch (= Legierung) oder Copolymerisation) gummielastisch eingestellt werden.

In die Zwischengruppe „Thermoelaste" werden harte Kunststoffe eingereiht, die bei höherer Temperatur zwar thermoelastisch warmformbar, aber nicht viskos werden. Zu diesen gehört z. B. das gegossene, sehr hochmolekulare Acrylglas. Sogenannte

Tabelle 10.1
Im Bauwesen eingesetzte Kunststoffe mit Kurzbezeichnungen

Kurz-bezeichnung	Kunststoff	Kurz-bezeichnung	Kunststoff
ABS	Acrylnitril-Butadien-Styrol-Copolymer	PETP	Polyethylenterephthalat (lin. Polyester, gesättigt)
A/MMA	Acrylnitril-Methylmethacrylat-Copolymer	PF	Phenol-Formaldehyd
aPB	ataktisches Polybutylen	PIB	Polyisobutylen
aPP	ataktisches Polypropylen	PIR	Polyisocyanurat
ASA	Acrylnitril-Styrol-Acrylat-Copolymer	PMI	Polymethacrylimid
CA	Celluloseacetat	PMMA	Polymethylmethacrylat (Acrylglas)
CAB	Celluloseacetobutyrat	POM	Polyoxymethylen (Polyacetal)
CAP	Celluloseacetopropionat	PP	Polypropylen
CP	Cellulosepropionat	PPC	Chloriertes Polypropylen
CR	Chloropren-Kautschuk (Polychloropren)	PP-Copolymer	Polypropylen-Copolymerisat
CSM	Chlorsulfoniertes Polyethylen	PPO	Polyphenylenoxid
(DKS)	Dekorative Schichtstoffplatten (mit MF/PF)	PS	Polystyrol
ECB	Ethylen-Copolymer-Bitumen	PTFE	Polytetrafluorethylen
EP	Epoxid	PUR	Polyurethan
EP-GF	Glasfaserverstärktes Epoxid	PVAC	Polyvinylacetat
EPDM	Ethylen-Propylen-Terpolymer-Kautschuk	PVC	Polyvinylchlorid (Hart-/Weich-)
EVA	Ethylen-Vinylacetat	PVC-C	Chloriertes Polyvinylchlorid
E/VAC	Ethylen-Vinylacetat-Copolymer	PVDC	Polyvinylidenchlorid
		PVDF	Polyvinylidenfluorid
GFK	Glasfaserverstärkte Kunststoffe	PVF	Polyvinylfluorid
		PVP	Polyvinylpropionat
IIR	Butylkautschuk	SA	Styrol-Acryl-Copolymer
MF	Melaminformaldehyd	SAN	Styrol-Acrylnitril-Copolymer
		SB	Styrol-Butadien-Copolymer
NBR	Nitrilkautschuk	SBR	Styrol-Butadien-Kautschuk
PA	Polyamid	Si	Silikon-Kautschuk
PAN	Polyacrylnitril	SI	Silikon
PB	Polybuten	SR	Polysulfid-Kautschuk
PBTP	Polybutylenterephthalat	UF	Harnstoff-Formaldehyd
PC	Polycarbonat	UP	Ungesättigtes Polyester
PCD	Polycarbodiimid	UP-GF	Glasfaserverstärktes Polyester
PE	Polyethylen (Hart-/Weich-)	VAC	Vinylacetat
PE-HD	Polyethylen hoher Dichte (Hart-/Niederdruck-PE)	VC	Vinylchlorid
PE-LD	Polyethylen niederer Dichte (Weich-/Hochdruck-PE)	VE	Vinylester
PE-C	Chloriertes Polyethylen	VP	Vinylpropionat
PE-X	Vernetztes Polyethylen		

„thermoplastische Elastomere" sind Thermoplaste, die infolge anteiliger temperatur-
standfester Bindungen in der Makromolekülstruktur über einen weiten Temperaturbereich (bis etwa 100 °C) gummielastisch standfest sind. Sie ermöglichen die Einsparung des für herkömmliche Weichgummi-Erzeugnisse erforderlichen Arbeitsgangs der
chemischen Vernetzung (Vulkanisation) nach der Formung durch z. B. Spritzgießen
oder Extrudieren.

10.1.2   Duroplaste

Duroplaste (auch „Duromere" genannt), werden als noch nicht polymere, flüssige oder
schmelzbare bzw. in der Wärme fließbar erweichende Vorprodukte hergestellt. Erst
beim Formungsvorgang entstehen durch eine chemische Reaktion räumlich eng vernetzte Makromoleküle, der Kunststoff „härtet aus".

Ausgehärtete Duroplaste sind in der Regel glasig hart; ihre mechanischen Eigenschaf-
ten sind, da die räumlichen Netzbindungen nur durch chemischen Abbau zerstört
werden können, im gesamten Gebrauchsbereich wenig temperaturabhängig. Diesem
Vorteil stehen als Nachteile die beschränkten Möglichkeiten einmaliger Formung
– Duroplaste sind nicht warm umformbar und nicht schweißbar – und eine gewisse
Sprödigkeit der ausgehärteten Kunstharze gegenüber. Die Sprödigkeit kann durch
Zugabe von Füllstoffen vermindert, die Druckfestigkeit gesteigert werden. Je nach Typ
und Verarbeitungsverfahren sind dies Gesteins- oder Holzmehl, Fasern, Faserstränge,
Schnitzel oder Bahnen. Ältere Duroplaste von der Art der ersten, bereits um 1910
durch Totalsynthese aufgebauten Kunststoffe („Bakelite") brauchen als gefüllte Form-
massen zum blasenfreien Aushärten erheblichen Druck bei hoher Temperatur und
können deshalb (im Warmpressverfahren) nur zu Werkstücken beschränkter Größe
verarbeitet werden. Freizügiger lassen sich die drucklos ohne Abspaltung flüchtiger
Nebenprodukte aushärtenden „Reaktionsharze" verarbeiten (siehe Abschnitt 10.5.2).

10.1.3   Elastomere

Elastomere sind polymere Werkstoffe, die sich bei Gebrauchstemperatur im gummielastischen Zustand befinden. Die Makromoleküle sind weitmaschig, d.h. in größeren
Abständen untereinander chemisch vernetzt. Die Vernetzungen haben das Bestreben,
beim Wegfall äußerer Kräfte auch nach größeren Dehnungen ihre Ausgangslage
wieder einzunehmen, so dass keine nennenswerten Restdehnungen auftreten. Die
Lagestabilität der Vernetzungspunkte ist darüber hinaus temperaturunabhängig, was
die Nichtschmelzbarkeit der Elastomere zur Folge hat. Insofern unterscheiden sich
solche elastomeren Stoffe grundsätzlich von weich eingestellten Thermoplasten. Vul-
kanisierter Natur- und Synthesekautschuk sind Elastomere, die in der Bautechnik z. B.
für weitgehend temperaturunabhängig gummielastische Auflager von Betonbauteilen
und für Fugendichtungsprofile genutzt werden.

10.1.4 Erkennen von Kunststoffen

Das Erkennen von Kunststoffen ohne Hilfsmittel ist nur in wenigen Ausnahmefällen möglich. Einem Kenner ist das Erkennen reiner Kunststoffe mit einfachen Hilfsmitteln (Glühröhrchen, Lackmuspapier usw.) in vielen Fällen möglich. Da Kunststoffe aber nur sehr selten in reiner Form eingesetzt werden, sind alle derartigen Methoden mit erheblichen Unsicherheiten behaftet. Jede Art von Füllstoffen, Pigmenten, Weichmachern usw. verändert die Ergebnisse dieser Kurzprüfungen sehr stark. Um einen Kunststoff mit hinreichender Sicherheit zu identifizieren, müssen in der Regel mehrere physikochemische Analyseverfahren eingesetzt werden, z. B. Infrarotspektrometrie (IR), gekoppelte Gaschromatografie-Massenspektroskopie (GC-MS), Thermoanalyse (DSC, TG, TMA) und Röntgenanalyse (EDX, RFA, XRD). Selbst bei der in der Qualitätskontrolle immer häufiger angewendeten Identitätsprüfung, bei der die stoffliche Übereinstimmung von Lieferchargen zu überprüfen ist, müssen in der Regel mehrere der genannten Verfahren, oftmals zusätzlich auch mechanisch-technologische Prüfungen durchgeführt werden.

10.2 Wichtige Eigenschaften

Die Eigenschaften der im Bauwesen eingesetzten Polymerwerkstoffe sind in stärkerem Maß von der Temperatur und der Zeitdauer der Belastung abhängig als die anderer Baustoffe (siehe *Abbildung 10.1*). Darüber hinaus weisen sie ein sehr breites Eigenschaftsspektrum auf. Als Extreme seien hier Reaktionsharzbetone und Hartschaum-Dämmstoffe aufgeführt. Einen Vergleich einiger Eigenschaften der Baukunststoffe zu den entsprechenden Eigenschaften anderer Baustoffe gibt *Tabelle 10.2*.

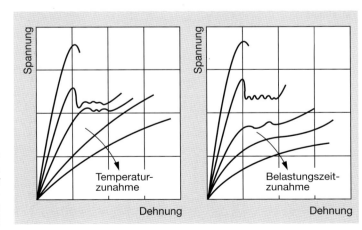

Abbildung 10.1
Einfluss von Temperatur und Zeit auf das Formänderungsverhalten von Kunststoffen [10.9]

	Rohdichte [g/cm³]	Maximale Gebrauchstemp. [°C]	E-Modul [N/mm²]	Zugversuch Zugfestigkeit [N/mm²] ¹⁾	Zugversuch Bruchdehnung [%]	Druckfestigkeit [N/mm²]	thermischer Längenausdehnungskoeffizent [10⁻⁶/K]
Baustahl	7,8 ... 7,9	400 ... 500	210000	290 ... 680	8 ... 20	2)	≈12
Beton	2,2 ... 2,8	250	22000 ... 39000	4,0 ... 6,5	< 1	35 ... 55	9 ... 12
Holz mit ca. 15 % Feuchtigkeit	0,4 ... 0,7	< 100	‖ 10000 ⊥ 500	‖ 80 ... 140	≈ 2	‖ 40 ... 70 ⊥ 6 ... 10	3 ... 5
Reaktionsharz-Massivbeton	2,0 ... 2,4	70 ... 110	10000 ... 30000	15 ... 40	< 1	70 ... 150	15 ... 20
verstärkte duroplastische Kunststoffe	1,4 ... 2,0	80 ... 150	7000 ... 60000	100 ... > 1000	≈ 1	150 ... 500	15 ... 30
unverstärkte teilkristalline Thermoplaste	0,9 ... 1,4	80 ... 150	1000 ... 4000	20 ... 80	4 ... 20	2)	60 ... 200
gummielastische Stoffe	0,9 ... 1,4	60 ... 150	1 ... 100	5 ... 50	100 ... 600	2)	100 ... 200
harte Schaumstoffe	0,02 ... 0,1	70 ... 130	1 ... 20	0,2 ... 2,0	2)	0,1 ... 1,0	100 ... 200

1) Bei Bruchdehnungen < 2% (z.B. harte Kunststoffe) sind die Streckgrenze, Zug- und Reißfestigkeit praktisch gleich.
2) Messung nicht üblich

Tabelle 10.2
Eigenschaftsrichtwerte

10.2.1 Mechanische Eigenschaften

Kunststoffe verhalten sich grundsätzlich verschieden bei kurzzeitiger und langzeitiger Belastung. Die von den Herstellern angegebenen Werkstoff-Kennwerte beziehen sich in der Regel auf Kurzzeitversuche. Für den Konstrukteur sind jedoch zumeist Messwerte aus Langzeitversuchen, sogenannte Zeitstandversuche, ausschlaggebend, die in Form von Zeitdehnlinien und Zeitspannungslinien anfallen. Mit ihrer Hilfe kann der Konstrukteur unter Zuhilfenahme von Abminderungsfaktoren, die z. B. die bewitterungsbedingte Alterung berücksichtigen, und Sicherheitsbeiwerten entweder die für die planerisch vorgesehene Lebensdauer zulässige Spannung ermitteln oder das Bauteil auf der Grundlage einer zulässigen Verformung bemessen. Aus den Zeitdehnlinien lässt sich darüber hinaus der für die Bemessung ständig belasteter Kunststoffbauteile wichtige Kriechmodul (Langzeit-Elastizitätsmodul) ermitteln. Außerdem können auf der Basis des Zeit-Temperatur-Verschiebungsgesetzes aus temperaturabhängig über nur einige Monate durchgeführten Zeitstandversuchen sehr sichere Extrapolationen des Werkstoffverhaltens über Jahrzehnte abgeleitet werden.

Unter länger andauernder Zugbeanspruchung kann es bei Überschreiten der sogenannten „kritischen Dehnung" zur Spannungsrissbildung – auch Craze- oder Fließzonenbildung genannt – kommen. Der Ort ihres Auftretens wird von Spannungsspitzen bestimmt, die aus der Überlagerung von herstellungsbedingten Zugeigenspannungen und beanspruchungsbedingten Zugspannungen, aber auch aus der Kerbwirkung von Oberflächendefekten resultieren können. Darüber hinaus begünstigt die Einwirkung oberflächenaktiver Flüssigkeiten die Spannungsrissbildung. Je nach Art des Kunststoffes kann diese Erscheinung z. B. durch Detergentien, Mineral- und Pflanzenöle, Laugen und dergleichen ausgelöst werden. Auch langzeitige Bewitterung kann an zugbeanspruchten Kunststoff-Außenbauteilen Spannungsrissbildung hervorrufen. Formteile aus Polystyrol neigen besonders zu Spannungsrissbildung; schlagzäh modifiziertes Polystyrol ist weniger anfällig. Auch Polyethylen und Polycarbonat sind, besonders bei ständiger Belastung mit Detergentien, anfällig für Spannungsrissbildung. Wichtige Kurzzeitprüfungen an Baukunststoffen sind der Zugversuch nach DIN EN ISO 527 und der Biegeversuch nach DIN EN ISO 178. Im Zugversuch werden ermittelt (siehe *Abbildungen 10.2* und *10.3*):

○ Dehnspannung (für Kunststoffe, die keine deutliche Streckspannung haben)
○ Streckspannung
○ Zugfestigkeit
○ Bruchspannung (bei gummielastischen Stoffen)

Im Biegeversuch wird die Grenzbiegespannung bei Durchbiegung des Probekörpers um das 1,5-fache seiner Höhe ermittelt. Falls der Probekörper vorher bricht, wird die Biegespannung bei Höchstlast oder bei Bruch des Probekörpers gemessen. Die Aussagekraft der Ergebnisse der erwähnten Kurzzeitversuche wird durch die Tatsache relativiert, dass eine Änderung der Prüfgeschwindigkeit innerhalb der normengemäßen Grenzen zu abweichenden Werten führt.

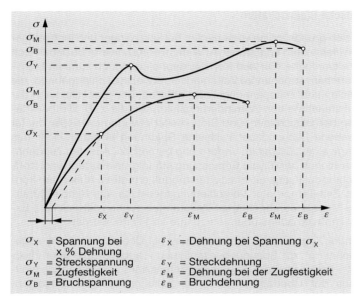

σ_X = Spannung bei x % Dehnung
σ_Y = Streckspannung
σ_M = Zugfestigkeit
σ_B = Bruchspannung

ε_X = Dehnung bei Spannung σ_X
ε_Y = Streckdehnung
ε_M = Dehnung bei der Zugfestigkeit
ε_B = Bruchdehnung

Abbildung 10.2
Spannungs-
Dehnungsdiagramme
beim Zugversuch
nach DIN 53 455

Abbildung 10.3
Spannungs-Dehnungsdiagramme von Duroplasten und Thermoplasten [10.9]

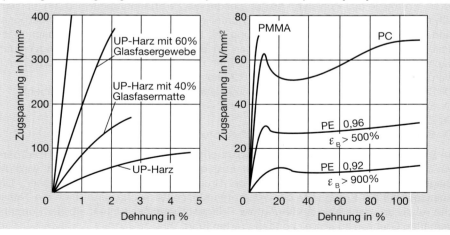

(Gebrauchstemperaturen bei kurz- und langzeitiger Belastung [°C])		
Polyethylen niedriger Dichte	PE-LD (PE weich)	90/75
Polyethylen hoher Dichte	PE-HD (PE hart)	110/95
Polyoxymethylen	POM	80/60
Polypropylen	PP	140/100
Polybuten 1	BP	100/90
Polyvinylchlorid	PVC	90/60
Polystyrol	PS	≤80/≤70
ABS-Pfropfcopolymerisat	ABS	≤100/≤85
Acrylglas	PMMA	100/90
„Teflon"	PTFE	200/150
Polyamid	PA 6	≤180
Polyamid	PA 12	80
Polycarbonat	PC	160/135
Phenolharz	PF	120...160/80...140
Melaminharz	MF	120/80
Harnstoffharz	UF	100/70
Epoxidharz	EP	130/80
Polyurethanharz (PUR) vernetzt	PUR	130/100
Polyesterharze	UP	110/80
Siliconharze	SI	200/140
Celluloseacetat	CA	80/70
Celluloseacetobutyrat	CAB	100/90

Tabelle 10.3
Grenztemperatur der
Kunststoffe [10.1]

10.2.2   Thermische Eigenschaften

Die Bedeutung der Untersuchung der Wärmeformbeständigkeit von Kunststoffen nach genormten Verfahren wird leicht überschätzt. Die bei diesen Prüfungen ermittelten Temperaturen sind nicht mit den Gebrauchs- oder Grenztemperaturen (siehe Tabelle 10.3) der Werkstoffe identisch. Sie sind nur als Vergleichsmaßstab zu sehen.

Die Wärmeformbeständigkeit von Thermoplasten wird nach dem Vicat-Verfahren (DIN EN ISO 306) bestimmt: es wird die Temperatur bestimmt, bei der ein definiert belasteter Stahlstift von 1 mm^2 zylindrischem Querschnitt 1 mm tief in den Werkstoff eindringt. Duroplaste wurden früher nach dem Martens-Verfahren geprüft. Heute wird das Verfahren nach DIN EN ISO 75 angewandt: es wird die Temperatur bestimmt, bei der eine zunehmend erwärmte Biegeprobe (als Balken auf zwei Stützen) unter mittig aufgebrachter Last um einen bestimmten Wert verformt ist. Die Wärmeformbeständigkeit harter Schaumstoffe für die Wärmedämmung schließlich wird unter Biege- und Druckbeanspruchung nach DIN 53 424 bestimmt.

Von großer Bedeutung beim Einsatz von Kunststoffen ist die thermische Längenausdehnung. Die thermischen Längenausdehnungskoeffizienten der im Bauwesen angewandten Kunststoffe liegen um ca. eine Zehnerpotenz höher als derjenige von Aluminium! Ausnahmen bilden hier glasfaserverstärkte Kunststoffe und gefüllte Reaktionsharze, deren thermische Längenausdehnungskoeffizienten ungefähr doppelt so groß sind wie derjenige von Stahl.

Bei niedrigen Temperaturen tritt vielfach eine materialabhängige Versprödung der Kunststoffe ein, die für Bauprodukte eine negative Eigenschaft darstellt. Deshalb werden einige Kunststoffe – vor allem im Außenbereich – gar nicht oder nur entsprechend modifiziert (z. B. PVC) eingesetzt, wobei zumeist zusätzliche Vorsichtsmaßnahmen im Zuge der Verarbeitung zu beachten sind; so dürfen z. B. PVC-Trinkwasserrohre bei Temperaturen unter dem Gefrierpunkt bei Entladen und Verlegung keiner stoßartigen Beanspruchung unterworfen werden.

Die Wärmeleitzahlen massiver Kunststoffe liegen in der Größenordnung von 0,15 bis 0,35 W/(m · K) und damit nahe bei den Wärmeleitzahlen verschiedener Hölzer. Diese Werte können durch Beimengungen (z. B. bestimmte Sande für Reaktionsharzmörtel) stark verändert werden. Hartschaum-Dämmstoffe weisen Wärmeleitzahlen von 0,02 bis 0,045 W/(m · K) auf.

Organische Kunststoffe sind grundsätzlich brennbar. Hierbei gibt es Unterschiede. So zählt z. B. Polyvinylchlorid (wegen seines hohen Chlorgehaltes, ca. 57 M.-%) zu den schwerentflammbaren Baustoffen, andere Kunststoffe dagegen sind normalentflammbar bzw. leichtentflammbar.

Diese Begriffe für die Entflammbarkeit sind in der bauaufsichtlich eingeführten DIN 4102, Brandverhalten von Baustoffen und Bauteilen definiert. Häufig gebrauchte Ausdrücke wie „selbstverlöschend" und dergleichen sind nicht definiert und daher zu vermeiden. Nach DIN 4102 sind nichtbrennbare Baustoffe der Baustoffklasse A1 und A2 zuzuordnen, schwerentflammbare der Klasse B1, normalentflammbare der Klasse B2, leichtentflammbare der Klasse B3.

Baustoffe der Klasse B1 sind prüfzeichen- und überwachungspflichtig. Das Prüfzeichen wird vom Deutschen Institut für Bautechnik (DIBt) in Berlin erteilt. Für Baustoffe der Klasse B2 muss ein Prüfzeugnis einer anerkannten Prüfanstalt vorgelegt werden. Der Klasse B3 zuzurechnende Stoffe kommen für die Bauausführung praktisch nicht in Frage.

In Brandlastberechnungen sind grundsätzlich alle eingebauten Kunststoffe ohne Berücksichtigung der Baustoffklasse einzusetzen.

Neben der DIN 4102 sind für den Einsatz von Kunststoffen im Bauwesen auch die Bauordnungen der Bundesländer und verschiedene brandschutztechnische Rechts- und Verwaltungsvorschriften der Bundesländer zu beachten, die von Land zu Land voneinander abweichen können.

10.2.3   Verhalten gegen Feuchtigkeit

Die Wasseraufnahme der im Bauwesen verwendeten Kunststoffe ist außerordentlich gering. Sie kann für die Baupraxis vernachlässigt werden. Ausgenommen hiervon sind die Hartschaum-Dämmstoffe. Bei offenporigen Schaumkunststoffen kann ein volumenbezogener Feuchtegehalt von 30 bis 50 % erreicht werden. Bei einem Schaumkunststoff mit geschlossenporigem Gefüge (extrudierter Polystyrol-Hartschaum) konnte in Einzelfällen ein volumenbezogener Feuchtegehalt von 3 % nachgewiesen werden, die weitaus überwiegende Zahl der Messungen ergab jedoch selbst nach einer Nutzungsdauer von 18 Jahren Werte zwischen 0 und 1 Vol.-%.

Tabelle 10.4 Praktische Rechenwerte der Wasserdampf-Diffusions-Widerstandszahlen μ von Schaumkunststoffen [10.1]

Stoff	Rohdichte [kg/m³]	μ
PS-Partikelschaum	15–20	30–50
	20–25	40–60
	25–30	50–70
PS, extrudierter Schaum		
– ohne Schäumhaut	30	100–130
– mit Schäumhaut	35–50	150–300
PUR-Hartschaum	30–40	50–100
PVC-Hartschaum	30–70	150–300
PF-Hartschaum	20–100	30–50

Tabelle 10.5 Wasserdampf-Diffusions-Widerstandszahlen μ von Dach- und Dichtungsbahnen

	Stoff	μ
Thermoplaste:	ECB	50.000 – 90.000
	EVA	3.900 – 15.000
	PE-Folie (d = 0,05 mm)	100.000
	PE-C	40.000 – 50.000
	PIB	400.000 – 1.750.000
	PVC-P (PVC weich)	10.000 – 30.000
Elastomere:	CR	30.000 – 40.000
	CSM	25.000 – 58.000
	EPDM	14.500 – 96.000
	IIR	165.000 – 400.000
	NBR	10.000

Im Bauwesen sind Wasserdampf-Diffusionsvorgänge von größter Bedeutung. Es ist daher wichtig, die Wasserdampf-Diffusionswiderstandszahl μ geschlossener Baustoffschichten zu kennen. Sie liegt bei massiven Kunststoffen ca. zwischen 10.000 und 600.000, bei Hartschaum-Dämmstoffen je nach Rohdichte und Zellstruktur zwischen 30 und 300 (siehe *Tabellen 10.4* und *10.5*). Die Wasserdampf-Diffusionswiderstandszahl ist eine Vergleichszahl, die angibt, um wieviel höher der Diffusionswiderstand einer Baustoffschicht ist als derjenige einer gleich dicken Luftschicht, wobei μ_{Luft} stets 1 ist.

10.2.4　Chemische und biologische Beständigkeit

Die Beständigkeit der meisten Kunststoffe gegen korrosive Belastungen aus Wässern aller Art und Industrieatmosphäre ist sehr gut. Duroplaste sind normalerweise gegen Mineralöle, Treibstoffe und Bitumen sowie in den meisten Fällen gegen Lösemittel gut beständig. Thermoplaste weisen unterschiedliche Charakteristiken auf. Hier kann z. B. ein bitumenbeständiger Kunststoff nicht gegen Mineralöle und Treibstoffe beständig sein, ein anderer ist dagegen nicht bitumenbeständig, kann aber gute Beständigkeit gegen Lösemittel aufweisen (siehe *Tabelle 10.6*). Im einzelnen ist die Einholung präziser produktspezifischer Auskünfte über die Beständigkeit erforderlich, wenn Kunststoffe in Kontakt mit aggressiven Medien eingesetzt werden sollen. Dies gilt insbesondere im Hinblick auf Chemikaliengemische, die selbst in einschlägigen Nachschlagewerken wie z. B. [10.7] weitgehend unberücksichtigt bleiben.

Tabelle 10.6
Chemikalienbeständigkeit einiger Thermoplaste bei Raumtemperatur [10.9]

+ = beständig o = bedingt beständig − = unbeständig	schwache Säuren	starke Säuren	oxydierende Säuren	schwache Laugen	starke Laugen	aliphatische Kohlenwasserstoffe	chlorierte Kohlenwasserstoffe	aromatische Kohlenwasserstoffe	Ketone	Fette, Öle
Polyethylen hoh. Dichte	+	+	−	+	+	+	−	o	o	+
Polypropylen	+	−	−	+	+	+	−	o	+	+
PVC-U (PVC hart)	+	o	−	+	+	+	−	−	−	+
PVC-P (PVC weich)	+	+	−	+	o	−	−	−	−	o
Polymethylmethacrylat	+	o	o	+	o	+	−	−	−	+
Polystyrol	+	o	−	+	+	o	−	−	−	+
Polytetrafluorethylen	+	+	+	+	+	+	+	+	+	+
Polyamid	−	−	−	+	o	+	o	+	+	+
Polycarbonat	+	+	o	−	−	+	−	−	−	+

Nicht weichgemachte Kunststoffe bieten aufgrund ihres chemischen Aufbaus keine Nahrung für Organismen. Ihre biologische Beständigkeit ist daher ausgezeichnet. Wenige Fälle der Zerstörung von Hartschaum-Dämmstoffen durch Nagetiere, Termiten oder Käfer sind bekannt. Im Falle weichmacherhaltiger Materialien wie Fugendichtstoffen kann es bei Anwesenheit von Feuchtigkeit zum Schimmelbefall kommen; aus diesem Grunde bedürfen z. B. Fugendichtstoffe für Sanitärräume einer fungiziden Ausrüstung. Monomer auf Phthalsäureesterbasis weichgemachte PVC-Dachdichtungsbahnen erleiden durch mikrobiellen Verzehr Weichmacherverluste. Die damit einhergehenden, vornehmlich in den siebziger Jahren des vorigen Jahrhunderts verbreitet aufgetretenen Versprödungsprobleme sind inzwischen infolge deutlich größerer Schichtdicken der Bahnen und des dadurch vergrößerten Weichmacherreservoirs eliminiert.

10.2.5 Alterung

Die Alterung von Werkstoffen findet unter dem komplexen Einfluss der Bewitterung statt. Wirksame Komponenten dieser Bewitterung sind vorrangig:

○ UV-Strahlung
○ Wasser in jeder Form
○ Temperaturwechsel

Zeitraffende Bewitterungsversuche im Labor können Näherungswerte für die Witterungsbeständigkeit der geprüften Werkstoffe erbringen, niemals jedoch die langjährige Freibewitterung ersetzen.

Für die im Außenbereich eingesetzten Kunststoffe liegen inzwischen bereits Erfahrungen über mehrere Jahrzehnte vor. Hierbei hat sich erwiesen, dass die meisten der Bewitterung ausgesetzten Kunststoffe besonders gegen UV-Strahlung und wärmeempfindlichere Polymerwerkstoffe wie PVC zusätzlich gegen Wärme stabilisiert sein müssen, um Alterungserscheinungen wie z. B. Abfall der Zugfestigkeit, Vergilben und dergleichen zu vermeiden. Die Entwicklung der Stabilisatoren hat einen sehr hohen Standard erreicht. Daher kann davon ausgegangen werden, dass die für Außenanwendung konzipierten Baukunststoffe eine gute Alterungsbeständigkeit aufweisen, wenn sie keine von den Farben schwarz oder weiß abweichende Pigmentierung besitzen. Das Schwarzpigment Ruß und das Weißpigment TiO_2 (Rutil) haben eine hervorragende UV-stabilisierende Wirkung, die den Buntpigmenten in der Regel fehlt. Daher verändern letztere im Zuge der Zeit ihre Farbe mehr oder weniger stark, was insbesondere beim späteren Austausch einzelner, schon langzeitig bewitterter Kunststoffelemente zu störenden Farbabweichungen führen kann.

10.2.6 Elektrische, optische, akustische Eigenschaften

Kunststoffe sind hervorragende Isolierstoffe. Sie weisen spezifische Durchgangswiderstände von 10^{10} bis 10^{18} Ohm · cm auf. Deshalb werden verschiedene Kunststoffe als Installations- und Isoliermaterial für Stark- und Schwachstromanlagen einge-

setzt. Andererseits kann der Durchgangswiderstand durch Zusätze, z. B. Ruß, Metall-
pulver, bis auf ca. 100 Ohm · cm herabgesetzt werden. Dieses Verfahren findet z. B.
Anwendung bei der Herstellung elektrisch leitfähiger Fußbodenbeläge, bei denen
besondere Anforderungen an den Erdableitwiderstand zu stellen sind, beispielsweise
für Computerräume und explosionsgeschützte Produktions- oder Laborräume.

Der hohe Oberflächenwiderstand verschiedener Kunststoffe kann bei geringer Luftfeuchtigkeit zu elektrostatischen Aufladungen führen. Hierdurch erklärt sich das verhältnismäßig rasche Verschmutzen mancher Kunststoff-Oberflächen. Solche Kunststoffe werden heute vielfach antistatisch ausgerüstet, wobei eine Absenkung des
Oberflächenwiderstandes auf $< 10^9$ Ohm angestrebt wird; auf jeden Fall sollten
10^{11} Ohm unterschritten werden. Bei Kunststoffen mit Oberflächenwiderständen
$< 10^{12}$ Ohm, z. B. den meisten Duroplasten, tritt diese auch als Verstaubung bezeichnete Verschmutzung im Allgemeinen nicht mehr auf.

Bei Rohren für Lüftungsanlagen kann die elektrostatische Aufladung der Oberfläche
durch die Reibung der transportierten Luft erfolgen. Deshalb werden für den Einsatz in
explosionsgefährdeten Bereichen (Tunnel- und Stollenbau, Laboranlagen) Rohre mit
Drahteinlagen zur Vermeidung der Oberflächenladung hergestellt.

Die Lichtdurchlässigkeit glasklarer und transparenter Kunststoffe ist mit derjenigen
von Silicatglas vergleichbar (siehe *Abbildung 10.4*). Alterungsbedingt können bei
Polycarbonat und Polyvinylchlorid mit der Zeit leichte Vergilbungen eintreten. Bei
Polyvinylchlorid wird dieser Erscheinung durch Zusatz von Stabilisatoren entgegengewirkt; es kann aber auch, ebenso wie Polycarbonat, mit ungleich witterungs-
stabileren Acrylaten beschichtet werden, um das Vergilben zu verhindern.

In Bezug auf akustische Eigenschaften sind an dieser Stelle nur die Kunststoffschäume zu betrachten. So werden aufgrund ihrer Porenstruktur und -größe weiche

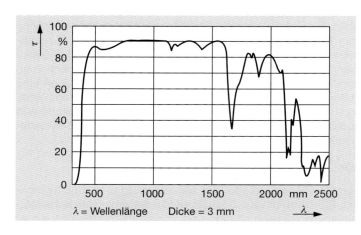

*Abbildung 10.4
Spektraler Trans-
missionsgrad im
UV-sichtbaren und
IR-Bereich von
„Makrolon"
(Polycarbonat)*
[10.24]

Polyethylen-Schaumstoffe zur Schalldämpfung am Entstehungsort der Geräusche eingesetzt, z. B. in Maschinenräumen, in Tonstudios und dergleichen. Zur Unterstützung des schalldämpfenden Effektes wird oft die Oberfläche der Schaumplatten pyramidenförmig strukturiert.

Auch zur Trittschalldämmung werden Kunststoffschäume eingesetzt (siehe Abschnitt 10.4.2.3). Hierbei handelt es sich um elastifizierten Polystyrol-Partikelschaum und Polyethylenschaummatten.

10.3 Umformen und Bearbeiten
10.3.1 Umformen

Thermoplastisches Kunststoff-Halbzeug kann unter Wärmeeinfluss umgeformt werden (siehe Abschnitt 10.1.1). Thermoplaste mit amorphem Gefüge, z. B. Polymethylmethacrylat („Acrylglas"), Polystyrol, Polyvinylchlorid, eignen sich aufgrund ihrer ausgeprägteren Viskoelastizität hierfür besser als solche mit teilkristallinem Gefüge.

10.3.2 Recken

Recken, auch Verstrecken genannt, bedeutet, das Material bei der formgebenden Verarbeitung (z. B. Extrusion) kurz vor dem Abkühlen auf die Erstarrungstemperatur in einer (= monoaxial) oder zwei (= biaxial) Richtungen um mehrere 100% zu ziehen. Dies hat eine Ausrichtung der Molekülfäden zur Folge, die der Fachmann Orientierung nennt. Sie wird durch anschließendes Abkühlen unter die Erstarrungstemperatur fixiert. In Orientierungsrichtung nehmen Festigkeit und Elastizitätsmodul erheblich zu, senkrecht dazu nehmen sie ab. Biaxial gereckte Folien und Platten haben in jeder Richtung der Folien- bzw. Plattenebene verbesserte mechanische Eigenschaften. Für im Bauwesen eingesetzte Produkte wird das Verfahren z. B. bei Platten aus Acrylglas (PMMA) und PVC-U angewendet.

10.3.3 Schweißen

Thermoplastische Kunststoffe können geschweißt werden. Hierfür sind verschiedene thermische Verfahren entwickelt worden. Von größerer Bedeutung sind hier das Heizkeil- und das Warmgasschweißen. Für den Rohrleitungs- und Anlagenbau mit Polyethylenrohren sind Elektroschweißmuffen verfügbar. In der industriellen Folienverarbeitung ist auch das Hochfrequenzschweißen von Bedeutung. Unabhängig vom angewandten Verfahren werden die zu fügenden Oberflächen zum Schmelzen gebracht, die dadurch beweglich gewordenen Makromoleküle mittels äußeren Drucks ineinander verknäuelt und die Fügung durch Abkühlung fixiert. Die Güte der Schweißung wird durch den sogenannten Schweißfaktor bewertet, der angibt, bei welchem Anteil der Grundfestigkeit der Fügeteile die Schweißnaht versagt. Bei etlichen Kunststoffen, so beim teilkristallinen Polyethylen, sind Schweißfaktoren von 1,0 erzielbar, d. h. die Schweißnaht stellt keine Schwachstelle gegenüber dem Grundwerkstoff dar.

Als „kaltes" Schweißverfahren, das bei der Verbindung von Dach- und Dichtungsbahnen aus amorphen Thermoplasten ebenso eingesetzt wird wie im Rohrleitungs- und Anlagenbau mit Rohren aus Polyvinylchlorid hart, hat das „Quellschweißen" Bedeutung gewonnen. Hierbei werden die zu verbindenden Oberflächenteile mit einem Lösemittel angelöst. Die an der mit dem Lösemittel kontaktierten Oberfläche befindlichen Makromoleküle erreichen dann eine dem geschmolzenen Zustand beim Erwärmen bis über die Erweichungstemperatur vergleichbare Beweglichkeit. Die auf diese Weise „klebrig" gewordenen Oberflächenteile werden aufeinander gepresst, wobei sich die oberflächennahen Makromoleküle ebenso wie beim Schweißen durchdringen und verknäueln. Nach dem Ausdiffundieren des Lösemittels ist auf diese Weise eine homogene, dichte Werkstoffverbindung entstanden.

10.3.4   Kleben

Haupteinsatzbereich für Verklebungen von Kunststoffen im Bauwesen sind die Verlegung und Verbindung von Dach- und Abdichtungsbahnen, die Verlegung von Wärmedämmstoffen, von Fußboden- und Wandbelägen.

Konstruktive Einsatzgebiete von Reaktionsharzklebern, meist auf der Basis von Epoxidharzen, stellen Verankerungssysteme, kraftschlüssiges Injizieren von Rissen in Stahlbeton- und Spannbetonbauteilen und das nachträgliche Verstärken solcher Bauteile mittels unterseitig angeklebter Stahl- oder CFK-Lamellen dar.

10.3.4.1   *Kleben von Dach- und Abdichtungsbahnen*

Von der vollflächigen Verklebung von Dach- und Abdichtungsbahnen aus Kunststoffen auf dem Untergrund mit Heißbitumenklebern ist man fast vollständig abgekommen. Nur bei Bahnen aus Polyisobutylen und bitumenbeständigen PVC-P-Bahnen wird diese Art der Verlegung in seltenen Fällen noch angewandt. Ansonsten werden die Bahnen punkt- oder streifenweise mechanisch fixiert und – soweit möglich – durch Schweißung der Überlappungen dicht miteinander verbunden. Bahnen, die nicht geschweißt werden können, werden mit Kontaktklebstoffen miteinander verbunden. Elastomerbahnen werden in vielen Fällen im Werk zu Dachplanen nach Maß vorkonfektioniert. Auch hier findet keine vollflächige Verklebung statt.

10.3.4.2   *Verkleben von Wärmedämmstoffen*

Fast alle Wärmedämmstoffe werden mit Kontaktklebstoffen auf Polychloroprenbasis verklebt. Eine Ausnahme bildet Polystyrol-Hartschaum, der von diesen Klebern angelöst wird. Deshalb werden Polystyrol-Hartschaum-Dämmplatten meist mit Dispersionsklebern mit Zementzusatz, in seltenen Fällen mit Reaktionsklebstoffen auf Epoxidharzbasis verklebt. Bei Wärmedämmverbundsystemen auf Außenfassaden verwendet man im Falle genügend tragfähiger Untergründe die gebördelte Verklebung nach der sogenannten Punkt-Wulst-Methode: Auf den Hartschaumplattenrückseiten wird der Kleber entlang der Plattenränder umlaufend auf einer Breite von ca. 3 bis 4 cm aufgetragen; auf der Restfläche werden einige handtellergroße Klebepunkte verteilt, wobei darauf zu achten ist, dass die von der Zulassung des Systems geforderte Mindestklebefläche von meist 40% erreicht wird.

10.3.4.3 Verkleben von Boden- und Wandbelägen

Bodenbeläge aus PVC-Fliesen oder -Bahnen verlegt man mit Dispersionsklebstoffen auf Acrylsäureester-Basis oder mit Polychloropren-Kontaktklebern. Andere Bodenbeläge werden mit einfachen Klebstoffen auf Kunstharz- oder Kunstkautschukbasis verlegt. Bei Teppichböden ist gegebenenfalls die Belastung durch Rollstühle zu beachten.

Keramikfliesen für Wand- und Bodenbeläge werden überwiegend mit Hilfe flexibler Fliesenkleber auf der Basis polymervergüteter zementgebundener Mörtel (PCC) verlegt.

10.3.5 Spanende Bearbeitung

Kunststoff-Bauteile weisen in den allermeisten Fällen einen so hohen Vorfertigungsgrad auf, dass eine Bearbeitung wie z. B. Sägen, Bohren usw. nur selten und im wesentlichen auf Halbzeug beschränkt erforderlich ist. Ungefüllte Kunststoffe können mit Werkzeugen und Maschinen für die Holzbearbeitung bearbeitet werden. Für die maschinelle Bearbeitung unverstärkter und ungefüllter Kunststoffe eignen sich Werkzeuge aus Schnellstahl. Für glasfaserverstärkte Kunststoffe allgemein und für organisch gefüllte Duroplaste werden hartmetallbestückte, für anorganisch gefüllte Duroplaste diamantbestückte Werkzeuge benötigt. Um ein Schmieren der Werkstoffe und Überhitzung der Werkzeuge zu vermeiden, sind geringer Vorschub und Kühlung wie bei der Metallbearbeitung zu empfehlen. Während bei Duroplasten Kühlung mittels Druckluft ausreicht, werden bei Thermoplasten spezielle Bohröle oder Wasser verwendet; die bei der Metallbearbeitung üblichen Bohröle lösen insbesondere an thermoplastischen Kunststoffen oftmals Spannungsrissbildung aus und sollten daher nicht verwendet werden. Des weiteren ist zu beachten, dass die Frei- und Schneidewinkel der Werkzeuge für die Kunststoffbearbeitung nicht mit denen der Werkzeuge für die Metallbearbeitung übereinstimmen.

10.4 Anwendungen von Kunststoff-Erzeugnissen

10.4.1 Abdichtungen

10.4.1.1 Hochpolymere Dichtungsbahnen

Für die Dach- und Bauwerksabdichtung kommen sowohl Bahnen aus thermoplastischen Kunststoffen als auch Elastomerbahnen zum Einsatz. Beide Gruppen werden im folgenden der Einfachheit halber unter dem Oberbegriff „Kunststoffbahnen" zusammengefasst.

Erste Erfahrungen mit Kunststoff-Dichtungsbahnen wurden bereits um 1940 gewonnen. Nachdem die insbesondere in den siebziger Jahren des vorigen Jahrhunderts bekannt gewordenen, im wesentlichen auf den unerwarteten mikrobiellen Verzehr der monomeren Phthalsäureester-Weichmacher bei PVC-P beschränkten Kinderkrankheiten durch Weiterentwicklung dieser Bahnenart überwunden waren, haben sich Kunststoffbahnen für Abdichtungszwecke als außerordentlich langlebige und zuverlässige Produkte erwiesen. Vorauszusetzen ist aber ebenso wie bei der bituminösen Abdichtung ein fach- und materialgerechte Ausführung. Zunächst lange im Schatten der traditionell weit verbreiteten bituminösen Abdichtung stehend, bei der mittlerweile mit erheblichen Kunststoffanteilen modifizierte Bitumenschweißbahnen dominieren, haben sich die Kunststoffbahnen in etlichen Punkten nicht nur als ebenbürtig, sondern als den Bitumenbahnen überlegen herausgestellt, was anhand der nachfolgenden Gründe exemplarisch aufgezeigt werden soll:

○ Kunststoffbahnen werden nach den einschlägigen Normen und Richtlinien üblicherweise einlagig verlegt. Dies stellt gegenüber der herkömmlichen, je nach Gefälle zwei- oder dreilagigen bituminösen Abdichtung einen erheblichen Wirtschaftlichkeitsfaktor dar und bietet darüber hinaus im Falle eines Brandes den Vorteil einer erheblich verminderten Brandlast.

○ Kunststoffbahnen können im Werk zu großflächigen Planen (bis zu 500 m²) vorkonfektioniert werden. Dies stellt nicht nur einen zusätzlichen Sicherheitsgewinn im Hinblick auf die Verbindungsnahtqualität dar, sondern auch eine weitere Beschleunigung – und damit Rationalisierung – des Arbeitsablaufes an der Baustelle.

○ Kunststoff-Dachbahnen müssen in den seltensten Fällen vollflächig verklebt werden. Oft ist eine lose Verlegung mit Auflast (z. B. Bekiesung) oder mit mechanischer Befestigung im Überlappnahtbereich nicht nur die werkstoffgerechteste, sondern auch die wirtschaftlich günstigste Lösung.

Nachstehend wird in Form von Kurzcharakterisierungen auf die hochpolymeren Dach- und Dichtungsbahnen eingegangen:

○ Chloropren-Kautschuk-(CR-)Bahnen sind normalerweise mit Glasvlies kaschiert, wobei ein Kleberand frei bleibt. Die Nahtverbindung erfolgt mit Polychloropren-Kleber. Die feste Verlegung mit Klebebitumen ist möglich, jedoch ist eine für diese Bahnen spezifische mechanische Befestigung mit Kunststoffdübeln und -scheiben entwickelt worden. CR-Bahnen haben einen relativ geringen Wasserdampf-Diffusionswiderstand, so dass bei Verklebung kaum die Gefahr von Blasenbildung besteht.

○ Chlorsulfonierte Polyethylen-(CSM-)Bahnen werden in den USA häufiger als in Europa eingesetzt. Dieses Material weist eine Besonderheit auf: nach der Herstellung ist es zunächst thermoplastisch, solange der Werkstoff noch nicht vernetzt ist, demzufolge können Nahtverbindungen nicht nur durch Quellschweißung, sondern auch mittels Warmgasschweißen hergestellt werden; nach Entfernung der aus Polyethylen bestehenden Verpackungsfolie beginnt unter dem Einfluss der Luftfeuchtigkeit die sich über etwa ein halbes Jahr erstreckende Vernetzung der Bahn, nach deren Abschluss sie als Elastomerbahn einzustufen und dann nur noch durch Klebe- und Vulkanisationstechniken zu fügen bzw. zu reparieren ist.

○ Ethylencopolymerisat-Bitumen-(ECB-)Bahnen enthalten 40 bis 50 M.-% Bitumen und sind demzufolge bitumenbeständig. Sie sind, den Randstreifen für die Überlappnaht ausgenommen, rückseitig zur Dimensionsstabilisierung – z. B. mit Glasvlies – vlieskaschiert. Die Nahtverbindung erfolgt homogen durch Warmgasschweißung oder ähnliche thermische Verfahren. Die Bahnen werden lose verlegt.

○ Ethylen-Propylen-Terpolymer-Kautschuk-(EPDM-)Bahnen weisen als Besonderheit eine hervorragende Kältebeständigkeit auf. Die Nahtverbindung erfolgt entweder durch Warmgasschweißen im unvernetzten Zustand oder später vorzugsweise mit Klebebändern. Gerade bei EPDM-Bahnen hat sich die Vorfertigung von Planen nach Maß stark durchgesetzt. Dadurch wird eine Vielzahl von Nahtverbindungen an der Baustelle überflüssig.

○ Ethylen-Vinylacetat-Copolymer-(EVA-)Bahnen werden ebenso wie die bei überwiegendem Vinylacetatanteil zunächst als VAE-Bahnen bekannt gewordenen Bahnen mit und ohne Vlieskaschierung hergestellt. Sie können vollflächig verklebt oder lose verlegt werden. Die Nahtverbindung dieser thermoplastischen Bahnen erfolgt vorzugsweise durch Quell-, Warmgas- oder Heizkeilschweißen. Da sich diese Bahnen mittels Quellschweißen zudem mit PVC-P-Bahnen und durch bituminöse Verklebung auch mit Bitumenbahnen verbinden lassen werden sie darüber hinaus als Einhängestreifen und dergleichen für An- und Abschlüsse angewandt. Da ein breit gefächertes Angebot an mit EVA oder VAE beschichteten An- und Abschlussblechen existiert, lassen sich EVA- und VAE-Bahnen sehr einfach und sicher an diese mittels Quell- oder Warmgasschweißen homogen anschließen.

○ Flexible Polyolefine (FPO) zählen im Marktsegment der polymeren Dichtungsbahnen zu den jüngeren Entwicklungen. Es handelt sich um Legierungen verschiedener Polyolefine, die mit sogenannten „inneren Weichmachern" flexibel eingestellt werden. Diese Form der Weichmachung bietet den Vorteil, dass die flexibilisierende Komponente durch Copolymerisation fest in die Molekülstruktur des Materials eingebunden wird. Eine Versprödung der Bahnen durch Weichmacherverlust ist daher ausgeschlossen. FPO-Bahnen sind bitumenverträglich, die Verbindung der mit Glasvlies armierten Bahnen erfolgt durch Warmgasschweißen.

○ Bei Isobutylen-Isopren-Kautschuk (IIR, das „R" steht das englische Wort *Rubber* = Gummi) handelt es sich um einen synthetischen Kautschuk. Für die Bezeichnung der Abdichtungsbahnen und anderer Produkte aus IIR hat sich der Begriff „Butyl" durchgesetzt. Butylbahnen benötigen keine Armierung und zeichnen sich durch große Elastizität auch bei extremer Kälte aus. Mit Butylbahnen kann die gesamte Abdichtung nach Zeichnungen vorkonfektioniert werden. Auf der Baustelle müssen dann nur noch die Randanschlüsse hergestellt werden, während das Verbinden der einzelnen Bahnen mittels eines speziellen Heißklebeverfahrens („Hot-bonding") unter optimalen Arbeitsbedingungen im Herstellerwerk erfolgte. Diese Verfahrensweise minimiert Fehl- und Schwachstellen bei der Verklebung der Bahnen.

○ Polyisobutylen-(PIB)-Bahnen werden oft gemeinsam mit Bitumenbahnen als Einhängestreifen usw. verarbeitet. Diese Streifen müssen mindestens 35 cm breit vollflächig mit Heißbitumen auf die oberste Bitumenbahn aufgeklebt werden. Auch PIB-Bahnen eignen sich, wie alle anderen Kunststoffbahnen, bestens für die lose Verlegung. Sollen sie trotzdem mit Heißbitumen verklebt werden, dann sollten Bahnen mit rückseitiger Kaschierung aus Synthesefaservlies gewählt werden. An den Nähten muss ein 5 cm breiter Überlappungsstreifen frei von Bitumen bleiben. Einseitig sind die Bahnen an der Unterseite mit einem Schutzstreifen versehen, der über den bitumenfreien Überlappungsstreifen zu liegen kommen muss. Dann wird der untere Bahnenrand mit Quellschweißmittel gereinigt, der Schutzstreifen vom oberen Bahnenrand abgezogen und die beiden Bahnenränder werden nun mit einer Rolle zusammengedrückt.

○ Polyvinylchlorid weich-(PVC-P-)Bahnen werden als bitumenbeständige und als nicht bitumenbeständige Bahnen hergestellt. PVC-P-Bahnen, die ohne Bekiesung als Dachdichtung verlegt werden sollen, müssen zusätzlich UV-stabilisiert sein. PVC-P-Bahnen können mit Warmgas, Heizkeil und Hochfrequenzgerät verschweißt werden. Die am häufigsten angewandte Nahtverbindung ist jedoch die Quellschweißung. Sie ermöglicht es auch, die Bahnen an Bauteile aus PVC-U homogen anzuschließen, die die Dichtung durchdringen, wie z. B. Lüfter, Dacheinläufe usw. Mit PVC-P-Bahnen lassen sich die werkstoffgerechtesten Anschlüsse herstellen, wenn sie auf PVC-beschichtete Bleche aufgeschweißt werden. Wenn PVC-P-Bahnen als Dichtung auf einer Wärmedämmung aus Polystyrol- oder auch Polyurethan-Hartschaum verlegt werden, ist zur Vermeidung der Weichmacherwanderung in den Dämmstoff hinein eine Trennlage, z. B. ein Faservlies oder etwas Vergleichbares, vorzusehen.

○ Thermoplastische Elastomere (TPE) gehören ebenfalls zu den neueren Entwicklungen der Kunststoffbahnen. Sie besitzen trotz thermoplastischer Verarbeitbarkeit in der Wärme bei Anwendungstemperatur den Elastomeren vergleichbare mechanische Eigenschaften. Ihre Thermoplastizität beruht auf dem Fehlen der elastomertypischen chemischen Vernetzungen. Die elastomeren mechanischen Eigenschaften beruhen entweder auf der (Block-)Copolymerisation von harten und weichen Blöcken, bei der die Hartsegmentdomänen als physikalische Vernetzungsstellen fungieren, oder dem Blenden (Legieren) einer thermoplastischen Matrix mit einem (teil)vernetzten oder unvernetzten Kautschuk. Die Nahtverbindung erfolgt durch Warmgas- oder Heizkeilschweißen.

○ Kunststoffdichtungsbahnen aus Polyethylen hoher Dichte (PE-HD) für die Abdichtung von Deponien und Altlasten bedürfen gemäß TA Abfall und TA Siedlungsabfall einer Zulassung für diesen Verwendungszweck. Sie wird von der Bundesanstalt für Materialforschung und -prüfung (BAM) in Berlin erteilt. Zuvor müssen die mindestens 2,5 mm dicken, glatten oder profilierten Bahnen ein breitgefächertes Prüf- und Zulassungsprogramm absolvieren, das in der dafür zuständigen BAM-"Richtlinie für die Zulassung von Kunststoffdichtungsbahnen für die Abdichtung von

Deponien und Altlasten" beschrieben und mit Kennwert-Anforderungen versehen ist. Darüber hinaus bedarf die Verarbeitung vor Ort einer sehr umfassenden, praktisch alle Schweißnähte beinhaltenden Eigen- und Fremdüberwachung. Für das Schweißen werden Heizkeil-Schweißautomaten verwendet, deren Schweißparameter für sämtliche Überlappnaht-Schweißarbeiten rechnergestützt zu erfassen und der fremdüberwachenden Prüfstelle vorzulegen sind.

Für etliche der vorgenannten Kunststoff- und Elastomerbahnen existieren Stoffnormen in Form von DIN-Normen. Nicht genormte Bahnen benötigen nach der Bauregelliste A Teil 1 und Teil 2 des DIBt einen Verwendbarkeitsnachweis in Form eines durch eine dafür anerkannte Prüfstelle ausgestellten „Allgemein bauaufsichtlichen Prüfzeugnisses".

Für den Einsatz auf begrünten Dächern sind bei etlichen Kunststoffbahnen wurzelfeste Ausführungen verfügbar. Sie erfüllen auf der Basis spezieller Prüfungen die Anforderungen nach der sogenannten Dachbegrünungsrichtlinie der Forschungsgesellschaft Landschaftsentwicklung Landschaftsbau e. V. (FLL).

Wie alle Abdichtungsarbeiten erfordert auch die Ausführung mit Kunststoffbahnen ein hohes Maß an Sorgfalt und Fachkenntnis. Sie gehört in die Hand erfahrener Fachleute, wobei oftmals das billigste Angebot nicht das preiswerteste ist.

10.4.1.2 *Beschichtungen und Flüssigabdichtungen*

Auf dem Gebiet der Beschichtungsmassen für die Bauwerksabdichtung herrscht wegen der großen Zahl der angebotenen Erzeugnisse sehr unterschiedlicher Qualität trotz zwischenzeitlich insbesondere bei der Abdichtung von Kelleraußenwänden sehr stark angestiegener Verwendung noch immer eine gewisse Unsicherheit. Dabei ist jedoch nur ein kleiner Ausschnitt aus der Angebotspalette für die Anwendung als primäre Dichtung von Bedeutung.

Im Tiefbau wurden in der Vergangenheit für Außenabdichtungen gegen nichtdrückendes Wasser überwiegend Kaltbitumen-Lösungen und -Emulsionen angewandt. Derartige Bitumenbeschichtungen erweichen bei höheren Temperaturen, bei niederen Temperaturen werden sie oft glasartig spröde. Beide Erscheinungen sind nicht besonders vorteilhaft.

In den letzten zwei Jahrzehnten haben kunststoffmodifizierte Bitumendickbeschichtungen (KMB) als ein- oder zweikomponentige Massen auf der Basis von Bitumenemulsionen in diesem Einsatzbereich aufgrund ihrer Bewährung weite Verwendung gefunden, weil sie nicht nur gegen hohe und niedere Temperaturen nahezu unempfindlich sind, sondern auch auf nahezu allen Untergründen ausgezeichnet haften. Hierbei spielt es keine Rolle, ob die abzudichtenden Flächen waagerecht, senkrecht oder schräg, trocken oder feucht sind. Risse und kleinere Spalten im Untergrund können ohne weiteres überschichtet werden. Die rissüberbrückenden Eigenschaften der KMB lassen geringfügige Rissuferbewegungen zu, wenn der Riss eine gewisse

Mindestbreite hat. Die Dickbeschichtung ist auch so elastisch, dass z. B. Verletzungen der Dichtung beim Hinterfüllen praktisch nicht zu befürchten sind. Die Witterungsbeständigkeit solcher Dichtungen ist sehr gut. Allerdings sind müssen sie bei der Verarbeitung und während ihrer Erhärtung bis zum Erreichen der Regensicherheit vor Niederschlägen geschützt werden, da sie als Emulsionen in ihrer Flüssigphase wasserlöslich sind und somit bei zu früher Schlagregenbeanspruchung vom Untergrund abgespült werden können.

Die Anforderungen für KMB sind in DIN 18195-2 geregelt und durch eine Erstprüfung einer bauaufsichtlich anerkannten Prüfstelle nachzuweisen. Für die Verarbeitung gelten die Vorgaben der DIN 18195-3. Demnach ist bei KMB bzw. Kratzspachtelungen aus diesem Werkstoff grundsätzlich ein Voranstrich auf dem Untergrund aufzubringen, der unter Umständen bei entsprechender Formulierung des Materials systembedingt entfallen kann. Die Verarbeitung hat je nach Konsistenz im Spachtel- oder im Spritzverfahren zu erfolgen. KMB sind in mindestens zwei Arbeitsgängen lastfallbedingt mit oder ohne Verstärkungseinlage auszuführen. Der Auftrag muss fehlstellenfrei, gleichmäßig und je nach Lastfall entsprechend dick gemäß Hersteller- und Prüfzeugnisangaben erfolgen. Handwerklich bedingt sind Schwankungen der Schichtdicke beim Auftragen des Materials nicht auszuschließen. Die vorgeschriebene Mindesttrockenschichtdicke darf an keiner Stelle unterschritten werden. Dazu ist die erforderliche Nassschichtdicke vom Hersteller anzugeben. Diese darf an keiner Stelle um mehr als 100% überschritten werden (z. B. in Kehlen).

Glasfaserverstärkte ungesättigte Polyesterharze (UP-GF) dienen zur Innenabdichtung von Behältern, Wannen, Tanks und dergleichen sowie von Tunneln und Schächten unterirdischer Verkehrsbauten. Voraussetzung für die Ausführung von Dichtungen mit UP-GF ist ein trockener Untergrund, der bei der Ausführung unterirdischer Verkehrsbauwerke oft nur durch die Absenkung des Grundwasserspiegels zu erhalten ist. Wo das nicht möglich ist, kann eine ausreichend dicke Zementmörtelschicht mit abdichtenden Zusätzen aufgebracht werden. Auf dieser Schicht haftet die UP-GF-Abdichtung selbst dann, wenn die Mörtelschicht, was mehr oder weniger unvermeidlich ist, später durchfeuchtet werden sollte.

UP-GF-Auskleidungen und -Abdichtungen können nach zwei verschiedenen Verfahren hergestellt werden. Beim Laminierverfahren wird zunächst das Harz von Hand aufgetragen, anschließend werden Glasseidenmatten einlaminiert, d. h. mit einer Handwalze eingewalzt, wobei beachtet werden muss, dass die Matte satt eingebettet ist und möglichst keine Lufteinschlüsse zurückbleiben. Letztere sind mittels einer Rillenwalze nach dem Auftragen des Polyesterharzes zu entfernen. Das Faserspritzverfahren erfordert einen größeren maschinellen Aufwand: Harz und Glasfasern werden aus einer Spritzpistole mit Mehrfachkopf verspritzt. Dabei werden die Glasfasern der Pistole als Strang zugeführt und in der Pistole durch eine spezielle Vorrichtung in kurze Stücke zerhackt. Diese Glasfaserstücke werden mit den Harzkomponenten auf die zu dichtenden Flächen aufgespritzt. Das aufgespritzte Gemisch wird nun mit

Handwalzen verdichtet. Anschließend wird eine glasfaserfreie Deckschicht aufgespritzt. Dadurch werden alle herausragenden Glasfasern abgedeckt, so dass an der Oberfläche der Beschichtung kein Kapillareffekt eintreten kann, der durch das Einsaugen von Wasser in Kombination mit Frosteinwirkung zur sukzessiven Zerstörung der Abdichtung führen würde. Erwähnenswert ist, dass manche UP-GF-Abdichtungen eine ausgezeichnete Dampfsperre bilden.

Abdichtungen aus chlorsulfoniertem Polyethylen (CSM) haben sich besonders dort bewährt, wo verhältnismäßig hohe Anforderungen an die Witterungsbeständigkeit oder auch an die Widerstandsfähigkeit gegen chemisch aggressive Medien gestellt werden. Hier handelt es sich um Lösungen, die mittels Spritzen oder auch mit der Bürste aufgetragen werden können. Voraussetzung für das Aufbringen einer CSM-Dichtung ist ein vollkommen trockener Untergrund, da anderenfalls die Haftung mangelhaft sein kann. Bei nicht ganz trockenem Untergrund muss ein Voranstrich mit Epoxidharz- oder Kautschuklösung ausgeführt werden. Eine Schichtdicke von 2 mm ist zur Erreichung einer einwandfreien Abdichtung mit CSM-Beschichtungsmassen ausreichend. Bei Temperaturen unter 5 °C sollten diese Massen nicht verarbeitet werden.

Auch Epoxidharze (EP) werden für die Ausführung von abdichtenden Beschichtungen angewendet. Sie werden überwiegend für Industrieestriche, also als Bindemittel für mineralische Zuschläge angewendet, die dann als praktisch wasserundurchlässig gelten, wenn die Gesamtdicke des Estrichs mindestens dem dreifachen Größtkorndurchmesser des Zuschlags entspricht. Hier ist jedoch primär nicht die dichtende Funktion ausschlaggebend, vielmehr sind es die hohe mechanische und chemische Belastbarkeit sowie Hygiene- und Reinigungseigenschaften beim Einsatz in lebensmittelverarbeitenden Betrieben, die zur Wahl der Epoxidharze führen.

Beschichtungen auf Basis von Polyurethanen (PUR) können lösemittelfrei hergestellt und verarbeitet werden. Zweikomponentige Systeme zeichnen sich durch eine sehr gute Haftung auf einer Vielzahl von Untergründen aus. Nach dem Aushärten (4 – 6 Tage) bildet sich eine Beschichtung, deren Festigkeit zwar der von EP-Harzen unterlegen ist, die aber eine zäh-elastische Beschaffenheit aufweist. Besondere Eigenschaftsprofile können durch die Zugabe geeigneter Füllstoffe erzeugt werden. Mit Quarzsand gefüllte 2-K-PUR-Systeme werden unter anderem zur Herstellung von hochbelastbaren Industriefußböden und -estrichen verwendet.

Einkomponentige PUR-Beschichtungen sind feuchtigkeitshärtend und eignen sich schon alleine aus diesem Grund zur Herstellung von Reparaturmassen für durchfeuchtetes Mauerwerk und ähnliches. Durch die Verwendung bestimmter organischer Füllstoffe können elastische Beschichtungen formuliert werden. Die Herstellung von elastischen Sportflächenbelägen durch die Zugabe von Gummigranulaten stellt eine solche Anwendung dar.

In PUR-modifizierten EP-Harzsystemen wurden die wesentlichen Vorteile beider Kunststoffe kombiniert. Durch die Rezeptur kann die hohe Festigkeit der EP-Harz-

Systeme in weitem Rahmen mit den zäh-elastischen Eigenschaften der Polyurethane gekoppelt werden.

Nach der vom Zentralverband des Deutschen Dachdeckerhandwerks und vom Hauptverband der Deutschen Bauindustrie herausgegebenen „Fachregel für Dächer mit Abdichtungen – Flachdachrichtlinien –" können Flüssigabdichtungen aus flexiblen ungesättigten Polyesterharzen (FUP), flexiblen Polyurethanharzen (PU) und flexiblen reaktiven Methylmethacrylaten (PMMA) für Dachabdichtungen verwendet werden, wenn sie für diesen Einsatzzweck nach der EOTA-Leitlinie zugelassen sind. Flüssigabdichtungen sollen nach den Flachdachrichtlinien mindestens zweischichtig mit Armierung ausgeführt werden. Das kann durch Streichen, Rollen oder Spritzen erfolgen. Als Armierung sollen Kunststofffaservliese mit einem Flächengewicht von mindestens 110 g/m² eingesetzt werden. Die Einlage ist in eine vorgelegte Menge Flüssigabdichtung einzuarbeiten und frisch in frisch abzudecken. Die Dicke der fertigen Flüssigabdichtung muss mindestens 1,5 mm, bei genutzten Dachflächen mindestens 2 mm betragen.

10.4.1.3   Fugenbänder, Fugenprofile und Fugendichtstoffe

Zu unterscheiden sind mehrere Typen von Bändern und Profilen.

○ Fugenverschluss- und Bewegungsfugenbänder dienen zum Verschließen und Abdecken bewegter Fugen in verschiedenen Bauteilen, ohne selbst größere Bewegungen aufzunehmen. Hier sind auch Profile einbegriffen, die an den Fugenflanken in LM-Profile eingespannt werden und Fugenbewegungen aufnehmen. Kennzeichen dieser Gruppe ist, im Gegensatz zu Dehnfugenbändern, das Einbringen des Kunststoffprofils nach Fertigstellung der durch die Fuge getrennten Bauteile. Sie werden meist aus PVC oder auch synthetischem Kautschuk hergestellt.

○ Arbeitsfugenbänder werden zur Überbrückung der im Ortbetonbau entstehenden Anschlussfugen eingesetzt, bei denen keine nennenswerten Bewegungen zu erwarten sind. Sie werden meist aus PVC, seltener aus synthetischem Kautschuk (Polysulfid) hergestellt.

○ Dehnfugenbänder finden Anwendung zum Verschluss und zur Abdichtung von Bewegungsfugen in Ortbetonkonstruktionen. Sie werden, ebenso wie die Arbeitsfugenbänder, fest einbetoniert. Sie sind infolgedessen nicht nur den Bauwerksbewegungen, sondern auch Schrumpfungen und Scherbewegungen ausgesetzt. Sie werden meist aus synthetischem Kautschuk, seltener aus PVC hergestellt.

○ Dichtungsfugenbänder und -profile
  – als einfache Hinterlegebänder, meist aus PVC
  – als konstruktive Fugenabdichtungen. Diese oft komplizierten Profile (sowohl aus synthetischem Kautschuk als auch aus PVC) dienen z. B. als beweglich eingebaute Regensperren bzw. als Barrieren gegen Niederschläge unter Winddruck

- als elastische Abdichtbänder und Presszwischenlagen aus Elastomeren oder weichen Kunststoffschäumen, wobei, unbeschädigte Fugenflanken vorausgesetzt, die erreichbare Dichtheit (von zugluft- bis druckwasserdicht) vom Maß der Kompression abhängt. Je nachdem, ob diese Bänder im Innen- oder Außenbereich eingesetzt werden, müssen sie verschieden (z. B. hydrophob) ausgerüstet sein. Ebenso entscheidet die Einbaumethode über die zu wählende Ausrüstung, z. B. einseitig oder beidseitig selbstklebend, vorkomprimiert usw.
- als Vakuumprofile, die als Bewegungsfugen-Abdichtung eingesetzt werden. Voraussetzung sind auch hier unbeschädigte Fugenflanken.

Außenwandfugen im Hochbau können auch mit Fugendichtstoffen abgedichtet werden. Dabei handelt es um dauerelastische Fugendichtungsmassen auf der Basis von Polysulfiden (Thiokol), Silikonen, Polyurethanen und Acrylaten. Im Handel sind überwiegend Einkomponenten-Fugendichtstoffe, aber auch mehrkomponentige Systeme. Die Anwendung für Außenwandfugen zwischen Bauteilen aus Ortbeton und/oder Betonfertigteilen mit geschlossenem Gefüge sowie aus unverputztem Mauerwerk und/oder Naturstein regelt DIN 18 540. Die Dimensionierung der Fugenbreite muss unter Würdigung der zu erwartenden Fugenflankenbewegung, in die das Schwinden der Bauteile und deren thermisch bedingten Bewegungen eingehen, auf die sogenannte praktische Dehnung des Fugendichtstoffs, also dessen zulässige Gesamtverformung abgestimmt werden. Sie liegt je nach Qualität des Fugendichtstoffs bei maximal 25%; in Kurzzeitversuchen ermittelte Reißdehnungen von meist mehreren 100%, wie sie zum Teil in Herstellermerkblättern angegeben werden, sind unbeachtlich, da das Material solchen Dauerdehnungen nicht langzeitig stand hält.

Die Applikation der Fugendichtstoffe setzt neben der richtigen Bemessung der Fugenbreite die sorgfältige Vorbereitung der Fugen voraus. So müssen die Fugenflanken sauber und von Mörtelresten befreit sein. Insbesondere Rückstände von Entschalungsmitteln können sich adhäsionbe- oder gar -verhindernd auswirken, so dass diesbezüglich unter Umständen eine Eignungsprüfung anzuraten ist. Je nach Fugendichtstoff, Fugenflankenwerkstoff und Entschalungshilfe kann die anstrichtechnische Vorbereitung der Fugenflanken durch Auftrag eines Haftvermittlers, auch Primer genannt, erforderlich sein. Dabei handelt es sich um in Lösemittel gelöste Makromoleküle, die in die Kapillarporen der Fugenflanken eindringen, sich dort verankern, aus dem geprimerten Untergrund herausragen und hierdurch eine starke Vermehrung an adhäsiv ankoppelbarer Oberfläche schaffen. Auskunft über die Notwendigkeit eines Primerauftrags geben die vom Hersteller des Fugendichtstoffs herausgegebenen Primertabellen, die meist auch Antwort auf Verträglichkeitsfragen zwischen Fugendichtstoff und Fugenflankenwerk-stoff geben. Die vom Hersteller angegebenen Ablüftzeiten für den Primer sind einzuhalten, damit zum einen das Lösemittel hinreichend verdunsten kann und zum anderen die bei dramatischer Überschreitung der Ablüftzeit eintretende Absättigung der Primermoleküle durch Atmosphärilien verhindert wird, die die haftvermittelnde Wirkung wieder eliminieren würde. Bei Temperaturen unter 5 °C und über 40 °C an den Bauteiloberflächen darf nicht verfugt werden.

Um die auf den Haftverbund einwirkenden Spannungen zu minimieren und die bei der Dehnung des Fugendichtstoffs eintretende Querkontraktion zu erleichtern, ist die geometrische Kontur des Fugendichtstoffs bikonkav einzustellen. Hierzu muss die Begrenzung der Fugentiefe durch eine Hinterfüllung konvex ausgeführt werden. Wichtig ist es dabei, einen geschlossenzelligen Weichschaum zu verwenden, an dem der Fugendichtstoff nicht haften kann, da eine Dreiflankenhaftung den Haftverbund überbeanspruchen würde; dies leisten Polyethylenweichschaum-Rundschnüre. Die äußere Formgebung des Fugendichtstoffs erfolgt durch Andrücken und Abglätten. Dieser Vorgang dient gleichzeitig dazu, durch den aufgebrachten Druck einen guten Kontakt mit den Fugenflanken sicherzustellen. Beim Abglätten ist möglichst wenig Abglättmittel zu verwenden.

Fugendichtstoffe sollen grundsätzlich nicht mit Anstrichstoffen beschichtet werden, da diese in der Regel nicht hinreichend dehnfähig sind und somit deren Reißen vorprogrammiert ist. Wenn in Ausnahmefällen Außenwände einschließlich der Oberfläche des Fugendichtstoffs beschichtet werden sollen, ist die Verträglichkeit vorab nachzuweisen. Fugendichtstoffe auf Silikonbasis sind aus Oberflächenspannungsgründen nicht überstreichbar.

10.4.2 Wärme- und Schalldämmung

Hier sollen nur die für die Wärme- und Schalldämmung im Bauwesen zum Einsatz kommenden Kunststoffe charakterisiert und einige spezielle Anwendungsmöglichkeiten dargestellt werden. Die bauphysikalischen Aspekte der Wärmedämmung werden in Kapitel 12 dargestellt.

10.4.2.1 *Hartschaum-Bahnen und -Platten für die Wärmedämmung*

Eine Güteüberwachung und entsprechende Kennzeichnung aller für die Wärmedämmung im Bauwesen eingesetzten Hartschaum-Dämmstoffe ist bauaufsichtlich vorgeschrieben. Die Schaumstoffe müssen die Anforderungen der DIN 18 164 Teil 1 „Hartschaumstoffe für das Bauwesen; Dämmstoffe für die Wärmedämmung" erfüllen. Diese Norm unterscheidet die Hartschaum-Dämmstoffe nach ihrer Belastbarkeit in drei Gruppen:

○ Gruppe W: der Dämmstoff ist nicht für Druckbelastung geeignet. Er kann in Wänden und belüfteten Dächern eingesetzt werden.
○ Gruppe WD: der Dämmstoff ist druckbelastbar. Er kann unter druckverteilenden Schichten sowie unter der Dachhaut unbelüfteter Dächer eingesetzt werden. (Er erfüllt jedoch nicht Anforderungen an Trittschall-Dämmplatten!)
○ Gruppe WS: Dämmstoff mit erhöhter Belastbarkeit für Sondereinsatzgebiete, wie z. B. Parkdecks und dergleichen.

Darüber hinaus unterteilt die Norm Hartschaum-Dämmstoffe auch in Wärmeleitfähigkeitsgruppen.

Als Kunststoffe für die Wärmedämmung werden Hartschaum-Platten vornehmlich aus Polystyrol (PS) und Polyurethan (PUR) sowie im Dachbereich Rolldämmbahnen aus Polystyrol-Hartschaum eingesetzt, die mit einer bituminösen, als erste Lage im Sinne der Flachdachrichtlinien zählenden Dachbahn kaschiert sind. Sie dürfen aufgrund der Hartschaumsegmentierung ohne Dampfdruckausgleichsschicht verlegt werden; insofern werden bei ihrer Verlegung in einem einzigen Arbeitsgang gleich drei Schichten eines herkömmlichen Warmdachaufbaus realisiert und somit erhebliche Arbeitsleistung eingespart. Der in der Norm ebenfalls aufgeführte Phenolharz-Hartschaum ist zwar temperaturstabiler, wird aber aufgrund seiner ungünstigeren Wärmeleitfähigkeit und der aus der notwendigen, vergleichsweise hohen Rohdichte resultierenden Mehrkosten nur selten eingesetzt. Der ferner genormte PVC-Hartschaum findet als Wärmedämmstoff im Bauwesen aufgrund der niedrigen Erweichungstemperatur des PVC von nur rund 75 °C praktisch keine Rolle.

PUR-Hartschaum-Dämmplatten können blockgeschäumt oder bandgeschäumt sein. Blockgeschäumte Ware wird zu Platten geschnitten, während bandgeschäumte Platten zwischen zwei laufenden Bändern mit definiertem Abstand hergestellt werden. Diese Platten haben daher ober- und unterseitig eine Schäumhaut. PUR-Dämmplatten werden nackt oder mit Bitumenpapier bzw. Alufolie kaschiert angeboten. Für dampfdicht kaschierte Platten kann ein niedrigerer Wärmeleitwert angesetzt werden als für diffusionsoffene bzw. unkaschierte Platten.

Beim PS-Hartschaum wird Partikelschaum (EPS) und extrudierter Schaum (XPS) unterschieden. Beim Partikelschaum wird das treibmittelhaltige PS-Granulat durch die Einwirkung von Dampf expandiert, wobei die expandierten Körnchen durch die Hitze gleichzeitig miteinander verschmolzen werden. Dadurch entsteht die bekannte körnige Struktur des Materials. Die Dämmstoffplatten werden zumeist aus großen Schaumstoffblöcken geschnitten. Platten können aber auch in Formen geschäumt werden (sogenannte „Automatenplatten"), wobei bei diesem technisch und kostenmäßig aufwändigeren Verfahren wesentlich kompliziertere Formgebungen möglich sind, wie z. B. die Ausbildung von Klemm- oder Hakenfalzen sowie von Dampfdruckausgleichskanälen.

Im Gegensatz zum expandierten PS-Hartschaum wird der Rohstoff für den extrudierten PS-Hartschaum beim Herstellungsprozess aufgeschmolzen und aufgeschäumt; dabei entstehen kompakte, nicht geschäumte Randschichten, die die Wasseraufnahme dieser Platten auch bei langzeitiger Wasserkontaktierung in so engen Grenzen halten, dass die damit einhergehenden Änderungen der Wärmeleitfähigkeit unterhalb des die Wärmedämmstoffe charakterisierenden Rechenwertes bleiben. Somit behalten die mit diesem Verfahren hergestellten Dämmplatten auch unter Feuchtigkeitseinfluss ihre volle Dämmwirkung. Diese Eigenschaft ermöglicht den Einsatz von XPS

○ als Perimeterdämmung
○ im Umkehrdach

Als Perimeterdämmung wird die Außendämmung von Kellern und Fundamenten bezeichnet. Die XPS-Platten werden mit einem speziellen Kaltbitumenkleber auf die Außenseite der Wand bzw. des Fundaments geklebt. Im Gegensatz zu anderen Perimeterdämmungen kann die Baugrube wegen der hervorragenden Steifigkeit des extrudierten PS-Hartschaums ohne zusätzliche Schutzmaßnahme verfüllt werden. Diese Bauweise ist bauaufsichtlich zugelassen.

Das Umkehrdach weist eine gegenüber dem konventionellen Flachdachaufbau reduzierte Schichtenfolge auf. Von unten nach oben: Rohdecke – Dachdichtung – Wärmedämmung – Bekiesung. Dieser nach seinem Erscheinen zunächst als sehr ungewöhnlich eingestufte und mit dem Argwohn einiger Planer und örtlicher Bauaufsichtsbehörden behaftete Dachaufbau bietet nicht nur die im folgenden genannten Vorteile, er hat sich auch (bei Beachtung einiger einfacher Sorgfaltsregeln bei der Herstellung) bestens bewährt. Aus diesem Grund erteilte das Deutsche Institut für Bautechnik (DIBt) im Jahr 1978 einen Zulassungsbescheid für diese Bedachungsart. Das Umkehrdach bietet folgende Vorteile:

○ Im Dachaufbau entfallen Dampfdruckausgleichsschicht(en), Dampfsperre und Trennschicht
○ Außer der Dachdichtung können alle weiteren Schichten des Dachaufbaus bei jedem Wetter aufgebracht werden
○ Die Dachhaut (ob zwei- bzw. dreilagig bituminös oder einlagig aus Kunststoff) als empfindlichste Schicht des gesamten Dachaufbaus wird von der Wärmedämmung vor Beschädigungen durch mechanische Einwirkungen und vor UV-Strahlung geschützt
○ Die Dachhaut wird auch bei intensivster sommerlicher Sonneneinstrahlung niemals auf unzuträgliche Temperaturen erhitzt, da sie unter der Wärmedämmung liegt; die ansonsten immer wiederkehrenden Wärmedehnungen und bei Abkühlung auftretenden Kontraktionen, die durch die begleitende Materialermüdung die Lebensdauer der Dachbahnen beeinträchtigen, werden auf ein Minimum beschränkt und spielen im Allgemeinen nur noch im Falle des Gewitterregens eine gewisse Rolle.

Den Vorteilen steht natürlich auch ein Nachteil gegenüber: Niederschlagswasser kann unter die Wärmedämmung dringen und die Tragdecke abkühlen. Dieser Nachteil kann ausgeglichen werden, wenn die Tragdecke ein ausreichendes Wärmespeichervermögen oder einen genügend großen Wärmedurchlasswiderstand hat und wenn die errechnete Dämmschichtdicke geringfügig vergrößert wird. Dahin gehen auch die Auflagen im Zulassungsbescheid des DIBt für das Umkehrdach, die folgendes besagen:

○ Umkehrdächer dürfen nur auf schwerer Unterkonstruktion (Massivdecken mit einem Flächengewicht von mindestens 250 kg/m²) und auf leichter Unterkonstruktion (Flächengewicht unter 250 kg/m², Wärmedurchlasswiderstand R mindestens 0,15 (m²· K)/W) verlegt werden

○ Bei der Berechnung des vorhandenen Wärmedurchgangskoeffizienten U_D ist der errechnete U-Wert um einen tabellarisch vom DIBt vorgegebenen Betrag ΔU zu erhöhen, der DIN 4108-2 entnommen ist. Die Höhe des Zuschlags hängt von der Dachkonstruktion ab und liegt zwischen 0 und 0,05 W/(m²· K).

Neuere Entwicklungen versuchen, unter Zuhilfenahme einer wasserableitenden, aber diffusionsoffenen Trennlage oberhalb der Wärmedämmung den ΔU–Zuschlag entbehrlich zu machen. Diese Variante hat bereits Eingang in das allgemein bauaufsichtliche Zulassungswesen gefunden.

Aus Gründen ausreichenden UV-Schutzes muss die Bekiesung mindestens 5 cm dick sein. Um ein Aufschwimmen der Wärmedämmung bei Niederschlägen zu verhindern wird die Bekiesungsdicke im Allgemeinen gleich der Dicke der Wärmedämmung gewählt. Im Falle der wasserableitenden Trennlage über der Wärmedämmung kann die Dicke der Kiesschicht jedoch soweit reduziert werden, dass die rechnerischen Anforderungen an den Windsog gemäß Zulassungsauflagen erfüllt sind.

10.4.2.2   Wärmedämmung mit Ortschäumen

10.4.2.2.1   Wärmedämmung beim Flachdach

Die Wärmedämmung des Flachdachs mit Polyurethan-(PUR-)Ortschaum erfolgt durch Aufsprühen des erst im Spritzkopf aus den beiden Flüssigkomponenten Polyol und Isocyanat unter gleichzeitigem Treibmittelzusatz gemischten Reaktionsharzes auf die zu dämmenden Flächen. Die Reaktivität der verwendeten Gemische ist so hoch eingestellt, dass selbst senkrechte Flächen angesprüht werden können: Noch bevor der Flüssigkunststoff nennenswert abzulaufen beginnt, reagiert er unter Aufschäumen und gleichzeitiger Verfestigung. Aufgrund der raschen Abfuhr der Reaktionswärme in der oberflächennahen Randschicht kann dort das Treibmittel seine Wirksamkeit nicht entfalten; deshalb verbleibt hier eine wasserdichte, kompakte Oberflächenschicht, so dass der PUR-Ortschaum gleichermaßen die Aufgabe der Wärmedämmung und der Abdichtung zu erfüllen vermag. Da je Sprühvorgang nur eine Schichtdicke von bis zu ca. 15 mm realisierbar ist, sind in der Praxis zur Erfüllung des planerischen Wärmeschutzes mehrere Arbeitsgänge erforderlich, die wegen der raschen Aushärtung praktisch direkt aufeinander folgend durchführbar sind. In der Regel sehen die allgemein bauaufsichtlichen Zulassungen als letzte Dämmschicht eine größere Rohdichte vor, um eine problemlosere Begehbarkeit der Dämmung zu Revisionszwecken zu gewährleisten. Sie wird zum Abschluss mit einem hellen Reflexlack versehen, der die Wärmeeinwirkung der Sonneneinstrahlung bei gleichzeitigem UV-Schutz verringert.

Dieses Verfahren ist außerordentlich wirtschaftlich, da es alle anderen sonst erforderlichen Schichten des Flachdachaufbaus überflüssig macht. Die Ausbildung komplizierter Anschlüsse entfällt weitestgehend, Durchdringungen sind problemlos, weil die aufgespritzte Dämmschicht zugleich die Dachdichtung bildet. Lediglich mehrfaches Nachspritzen an rasch wärmeabführenden Durchdringungen wie Metallrohren kann zur Herstellung einer hohlkehlenartigen Ankopplung erforderlich sein. Arbeitsfugen und Risse im Untergrund können im Allgemeinen nach Überdeckung mit einem ca. 20 cm breiten Schleppstreifen zur Dehnungsverringerung einfach überschichtet werden. Insofern hätte diese rationelle Ausführung der gleichzeitigen Flachdach-Dämmung und -Dichtung sicherlich bereits weitere Verbreitung gefunden, wenn für ihr Gelingen nicht eine Reihe von witterungsspezifischen Idealbedingungen erforderlich wären, wie sie unter den klimatischen Gegebenheiten in Mitteleuropa im Regelfall nur temporär erfüllbar sind:

- die Lufttemperatur muss mindestens 10 °C betragen
- die relative Luftfeuchtigkeit darf nicht über 80 % liegen
- es muss nahezu Windstille herrschen
- die Oberflächentemperatur des Untergrundes sollte nicht unter 15 °C liegen
- die Oberfläche des Untergrundes muss vollständig trocken sein
- der Untergrund muss vollständig staubfrei sein

Um die Beachtung der applikationstechnischen klimatischen und bauteilspezifischen Voraussetzungen ebenso sicherzustellen wie die eigentliche Verarbeitung, hat die Güteschutzgemeinschaft Hartschaum nicht nur stoffliche Anforderungen an den Dachspritzschaum gestellt, sondern auch einen "Befähigungs-Nachweis für PUR-Dachspritzschäumer" entwickelt, der von unabhängigen Prüfinstituten nach entsprechender Schulung und Prüfung erteilt wird. Bauaufsichtliche Zulassungen des DIBt für PUR-Ortschaumsysteme für die Dachabdichtung und gleichzeitige Wärmedämmung liegen vor.

10.4.2.2.2 Wärmedämmung im zweischaligen Mauerwerk

In Norddeutschland gibt es eine große Zahl von Gebäuden, die in früheren Jahren mit zweischaligen Wänden ausgeführt worden sind, zwischen denen eine Luftschicht eingeschlossen ist. Die Wärmedämmung dieser Konstruktion entspricht nicht den heutigen Anforderungen.

Eine Verbesserung der Wärmedämmung könnte nur durch eine bauphysikalisch ungünstigere Innendämmung erreicht werden, wenn nicht die Möglichkeit bestünde, den vorhandenen Hohlraum zwischen der Innen- und der Außenschale der Wand mit Wärmedämmmaterial zu versehen. Dafür kann Harnstoff-Formaldehyd-(UF-)Ortschaum oder Polyurethan-(PUR-)Ortschaum eingesetzt werden. Eine dritte Möglichkeit, die nicht zu den Ortschäumen zu rechnen ist, in der Verfahrensweise jedoch sehr ähnlich ist, besteht in der Füllung des Hohlraums mit Polystyrol-(PS-)Schaumstoffperlen.

Für alle drei Methoden ist es erforderlich, entweder in gleichmäßigen Abständen auf die Höhe der Außenschale verteilt oder an deren oberem Rand Einbringöffnungen entweder zu bohren oder Vormauersteine zu entnehmen. UF-Schaum besteht aus einer wässrigen Harnstoffharzlösung und einer wässrigen Härterlösung. Eine der Lösungen enthält ein Schäummittel. Die Schaumbildung erfolgt bereits in der Spritzpistole, wo nach der Schaumbildung die zweite Komponente zugefügt wird, die sich über den bestehenden Schaum verteilt. Dieser Schaum wird in den Hohlraum des Mauerwerks eingespritzt, wo er sich gleichmäßig verteilt. Dort muss der beträchtliche Wassergehalt des Schaums zunächst austrocknen. Die dafür benötigte Zeit hängt vom Wasserdampf-Diffusionswiderstand der den Hohlraum umgebenden Schichten ab. So können z. B. relativ diffusionsdichte Kunstharzputze auf der Wandoberfläche den Austrocknungsprozess ganz erheblich verzögern. Üblicherweise werden für die Austrocknung ca. vier bis sechs Wochen benötigt. Erst dann entfaltet der UF-Schaum seine volle wärmedämmende Wirkung.

In der Presse wurde mehrfach negativ über die Wärmedämmung mit UF-Schaum berichtet. Untersuchungen ergaben, dass die beanstandeten Fälle von Geruchsbelästigung nach dem Ausschäumen stets auf falsche Anwendung von – zudem in den meisten Fällen in der Bundesrepublik Deutschland nicht zur Anwendung zugelassenen – UF-Schäumen zurückzuführen waren. In diesem Zusammenhang muss erwähnt werden, dass in der Bundesrepublik Deutschland Wärmedämmungen mit Ortschäumen nur von Personen ausgeführt werden dürfen, die über einen Befähigungsnachweis verfügen, der nach der Absolvierung einer „Ortschäumer"-Ausbildung erteilt wird.

Ebenso wie UF-Schäume, werden PUR-Ortschäume aus zwei Komponenten hergestellt, die in einer Spritzpistole miteinander vermischt und dann in den auszuschäumenden Hohlraum eingebracht werden. Einkomponentige PUR-Schäume eignen sich nicht für Wärmedämmungen im großen Maßstab, mit ihnen können z. B. schmale Lücken und Ritzen beim Fenstereinbau – daher werden sie auch als PUR-„Montageschaum" bezeichnet – oder beim Anschluss der Wärmedämmung im Steildach an Giebelmauerwerk ausgefüllt werden. Das Aufschäumen der eingespritzten Masse erfolgt erst im Hohlraum, die Aushärtung durch Reaktion mit Feuchtigkeit. Für die Ausschäumung von zweischaligem Mauerwerk sind nur solche Ortschäume geeignet, die beim Aufschäumen einen geringen Schäumdruck entwickeln; Gemische, die einen hohen Schäumdruck entwickeln, könnten dem Mauerwerk aufgrund der bei Fassadenflächen resultierenden großen Kräfte gefährlich werden. Die Aushärtung des zweikomponentigen PUR-Ortschaums erfolgt nahezu sofort nach dem Aufschäumen. Da die Komponenten des PUR-Schaums kein Wasser enthalten, ist keine Austrocknung erforderlich, der Schaum erbringt seine wärmedämmende Wirkung sofort.

Für die Ausfüllung des Hohlraums im zweischaligen Mauerwerk mit PS-Schaumperlen sind zwei Verfahren bekannt. In der Bundesrepublik Deutschland werden 3 bis 6 mm große, kugelförmige Schaumstoffpartikel mit einem Injektorgebläse in den Hohlraum eingeblasen. In den Niederlanden wird ein Verfahren angewandt, bei dem die 2 bis 5 mm dicken Perlen mit einer Spritzpistole eingeblasen werden, in der sie mit einem

Dispersionsbindemittel befeuchtet werden, bevor sie die Pistole verlassen. Durch dieses Bindemittel verkleben die Perlen miteinander an den Berührungspunkten, nachdem sie in den Hohlraum des Mauerwerks gelangt sind. Sie können deshalb nicht durch eventuell nachträglich entstehende Öffnungen (Stemmarbeiten usw.) aus dem Hohlraum des Mauerwerks ausfließen.

10.4.2.3   Trittschalldämmung

Bis 1985 wurden für die Trittschalldämmung neben faserförmigen Dämmplatten ausschließlich solche aus PS-Partikelschaum eingesetzt. Zunächst werden die auch zur Herstellung von Wärmedämmplatten verwendeten Schaumstoffblöcke in mechanischen Pressen auf etwa ein Drittel ihrer Ausgangsdicke zusammengedrückt und dadurch elastifiziert. Die so bearbeiteten Blöcke und Platten stellen sich nach ihrer Entnahme aus der Presse weitgehend auf ihre Ausgangsdicke zurück. Die Blöcke werden dann noch zu Platten aufgeschnitten. Diese Trittschall-Dämmplatten niedriger dynamischer Steifigkeit werden hauptsächlich zur Verminderung des Trittschalls (Körperschall) unter schwimmenden Estrichen eingesetzt.

Insbesondere bei der Altbauerneuerung kam und kommt es bei Raumhöhen und Anschlüssen an Türen und aufgehenden Bauteilen oft auf jeden Zentimeter an, den man an Höhe beim Fußbodenaufbau sparen möchte. Allerdings muss der erforderliche Trittschallschutz vorhanden sein. So sind die Mindest-Einbaudicken von Mineralfaser (MF)-Dämmplatten mit 15 mm und von PS-Partikelschaum mit 20 mm häufig noch zu groß. Deshalb wurde ein Polyethylen (PE)-Schaumstoff entwickelt, der auch in einer Schichtdicke von lediglich 4,5 mm die Anforderungen als TS-Dämmstoff auf Dauer erfüllt. Dieser Werkstoff ist geschlossenzellig und deshalb feuchtigkeitsunempfindlich. Die chemische Beständigkeit gegen möglicherweise einwirkende Stoffe, wie Öle und Fette, ist ausgezeichnet. Unter den auftretenden Lasten darf die Zusammendrückung nur gering sein, was auch für rollende Lasten zutrifft. Diese Eigenschaften begünstigen den Einsatz dieses Werkstoffes auch in Nassräumen, z. B. in Küchen und Bädern.

10.4.2.4   Lärmschutzwälle

Um die Verkehrslärmbelästigung (Autobahn, Flughafen) der Anwohner zu mindern, werden Lärmschutzwälle bevorzugt zwischen den Verkehrswegen und angrenzenden Wohngebieten errichtet. Die Wälle werden aus zusammensteckbaren Elementen gebaut und anschließend mit Erde gefüllt und bepflanzt. An die Bauelemente werden keine besonderen technischen und optischen Anforderungen gestellt, so dass hier bevorzugt gemischtes Recyclat (z. B. aus Verpackungsabfall) zum Einsatz kommt.

10.4.2.5   Lärmschutzwände

An Stellen, an denen der Platz zur Errichtung von Lärmschutzwällen fehlt, beispielsweise auf Brücken, können statt dessen Lärmschutzwände gebaut werden. Wegen der guten optischen Eigenschaften (glasklar) und der ausgezeichneten Witterungsbeständigkeit werden diese Elemente im Falle transparenter oder transluzenter Ausführung bevorzugt aus PMMA hergestellt. Zum Schutz von Vögeln müssen transparente Platten mit sichtbaren Markierungen versehen werden. Eine besonders elegante Möglichkeit ist dabei das Einlassen von feinen schwarzen Polyamid-Profilen in die Elemente. Der hohe Preis dieser hochwertigen Lärmschutzwände setzt der Verbreitung Grenzen.

10.4.3 Versorgungs-, Entsorgungs- und Schutzrohrleitungen

Kunststoffrohre bieten gegenüber Rohren aus herkömmlichen Werkstoffen nicht nur Preisvorteile. Sie zeichnen sich auch durch eine Reihe anderer vorteilhafter Eigenschaften aus. Hier sind besonders ihre Korrosionsbeständigkeit, ihr geringes Gewicht, ihre leichte Handhabung und Verarbeitbarkeit sowie ihre Widerstandsfähigkeit gegen mechanische Beschädigungen bei Transport und Einbau zu nennen. Wenn auch Produktion und Anwendungen von Kunststoffrohren in großem Maßstab erst seit ca. 1965 erfolgen, bestehen doch wesentlich weiter zurückreichende Erfahrungen auf diesem Einsatzgebiet der Kunststoffe. Erste Anwendungen von Rohren aus Kunststoff sind 1936/37 nachgewiesen, also bereits vor über 60 Jahren. In diesem langen Zeitraum ist viel Entwicklungsarbeit geleistet worden, die es ermöglicht, Kunststoffrohre für jeden im Bauwesen vorkommenden Verwendungszweck einzusetzen. Insbesondere gelang es mit Hilfe des Zeit-Temperatur-Verschiebungsgesetzes durch Zeitstandinnendruckversuche schon frühzeitig, Druckrohre konstruktiv so auszulegen, dass die Rohrerzeuger den Versorgungsunternehmen eine 50-jährige Gewährleistung als Grundvoraussetzung für die Werkstoffsubstitution gegenüber den bis dato üblichen metallischen Rohren anbieten und so den Grundstein für den Siegeszug der Kunststoffrohre legen konnten.

Zur besseren Übersichtlichkeit bietet es sich an, Rohre nach ihren Einsatzgebieten im Bauwesen zu unterscheiden:

○ Rohre für die Ver- und Entsorgung; in diese Gruppe gehören Trinkwasserrohre, Heißwasserrohre, Gasrohre, Rohre für Hausabflussleitungen und Entwässerungskanäle sowie Kabelschutzrohre

○ Rohre für den Gebäude- und Bauwerksschutz; hierzu gehören nicht nur Drän- und Sickerleitungsrohre, sondern auch Dachrinnen und Regenfallrohre

○ Rohre für Heizungsanlagen; sie unterliegen aufgrund anderer Einbau- und Betriebsbedingungen anderen Belastungen als Heißwasserrohre. Den Heizungsanlagen ist deshalb ein eigener Abschnitt gewidmet (10.4.4).

Darüber hinaus werden Kunststoffrohre heute in ständig wachsendem Maße als Bestandteile von Lüftungsanlagen, in der Elektroinstallation und auch im Chemieanlagenbau eingesetzt.

Insgesamt werden im Bauwesen Rohre aus 12 verschiedenen Kunststoffen eingesetzt. Es fällt jedoch auf, dass – wegen der sehr unterschiedlichen Eigenschaften der

Die Tabelle zeigt die Handhabung in der Baupraxis. Daraus ist nicht unbedingt und in jedem Fall auf eine besondere Eignung zu schließen (siehe Text)!

	ABS	EP-GF	PB	PE-HD	PE-LD	PE-X	PP	PP-C	PVC-C	PVC-U	UP-GF	VE-GF
Hausabflussleitungen	x			x			x			x		
Entwässerungskanäle				x			x			x	x	
Gasrohre				x	x					x	x	
Trinkwasserrohre	x			x	x	x				x		
Heißwasserrohre		x			x	x		x		x	x	x
Fußbodenheizungsrohre			x		x		x					
Sonstige Heizungsrohre					x		x					
Dränleitungen				x						x		
Sickerleitungen				x						x		
Kabelschutzrohre				x	x		x			x	x	

Tabelle 10.7
Einsatz von Rohren aus verschiedenen Kunststoffen in verschiedenen Einsatzbereichen

Kunststoffe und wegen der an sie in den Anwendungen gestellten Anforderungen – in einem Einsatzbereich maximal sechs, meist jedoch nur vier oder weniger dieser Kunststoffe eingesetzt werden. Einen Überblick über diese Verteilung gibt *Tabelle 10.7*. Die hauptsächlichen Eigenschaften der acht wichtigsten Rohrwerkstoffe seien im folgenden kurz dargestellt.

Polyvinylchlorid hart (PVC-U)

Dieser Werkstoff hat einen sehr hohen Elastizitätsmodul. Sein thermischer Einsatzbereich (Dauerbelastung!) reicht bis ca. 60 °C. Beachtlich ist die hervorragende Beständigkeit von PVC-U gegen organische Säuren, Laugen, Salzlösungen, Oxidationsmittel und Kohlenwasserstoffe. Allgemein zeigt PVC-U ein gutes Zeitstandverhalten (siehe *Abbildung 10.5*), das jedoch aufgrund der Nähe des Anwendungstemperaturbereichs zu der bei nur rund 75 °C liegenden Erweichungstemperatur recht temperaturabhängig ist: die Zeitstandfestigkeit sinkt mit steigender Temperatur (wiederum bei Dauerbelastung) deutlich ab. Bei niederen Temperaturen zeigt sich eine Versprödung des Werkstoffs. In Gegenwart oberflächenaktiver Medien kann es in gleichzeitig zugbeanspruchtem PVC-U, beispielsweise in Abwasserdruckleitungen, zur Spannungsrissbildung kommen. PVC-U als Werkstoff ist auch ohne Zusatz flammhemmender Substanzen schwerentflammbar nach DIN 4102.

Chloriertes Polyvinylchlorid (PVC-C)

Dieser Werkstoff weist einen sehr kleinen thermischen Ausdehnungskoeffizienten und sehr hohe Bruchfestigkeit auf. Der thermische Einsatzbereich ist gegenüber PVC-U als

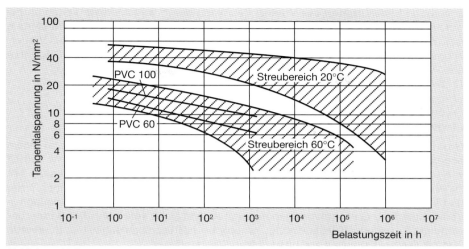

Abbildung 10.5
Innendruck-Zeitstandfestigkeit von Rohren aus PVC-U (PVC hart) [10.9]

Folge der Nachchlorierung auf bis zu 90 °C erweitert. PVC-C weist eine besonders hohe Chemikalienbeständigkeit auf. Der Werkstoff ist verhältnismäßig spröde und seine Witterungsstabilität ist geringer als z. B. die von PVC-U.

Polyethylen (PE)

Polyethylen wird sowohl als harter wie auch als weicher Rohrwerkstoff eingesetzt. Das harte Niederdruckpolyethylen, ein Werkstoff mit (verhältnismäßig) hoher Dichte wird nach der englischen Bezeichnung („high density") mit PE-HD, das weiche Hochdruckpolyethylen niederer Dichte („low density") mit PE-LD abgekürzt. Beide Varianten des Polyethylens weisen folgende Eigenschaften auf: In der Kälte sind sie sehr schlagfest. Ihre Beständigkeit gegen ultraviolette Strahlung ist nicht sehr hoch, kann aber durch Zusatz von etwa 1,5 M.-% Ruß vervielfacht werden; aus diesem Grund sind PE-Rohre im Regelfall schwarz. Gegen chemische Einflüsse ist PE jedoch sehr beständig. So werden die daraus hergestellten Rohre durch Säuren, wässrige Salzlösungen, Alkalien, Ester, Ketone und die meisten organischen Lösungsmittel kaum nachteilig beeinflusst. Die mechanischen Eigenschaften von Polyethylen sind sehr stark temperaturabhängig. Außerdem besteht eine gewisse Neigung zum „Kriechen", d. h. einer sehr langsam fortschreitenden Verformung unter dem Einfluss einer ständigen Last. Auch die Bereitschaft zur Rissbildung unter dem Einfluss ständiger hoher Last, zur „Spannungsrissbildung" ist eine Eigenart des Polyethylens.

Eine andere Variante des Polyethylens ist das vernetzte Polyethylen (PE-X). Die Vernetzung des Werkstoffs, d. h. die Schaffung von chemischen Querverbindungen zwischen den Molekülketten des Werkstoffes, kann durch verschiedene Verfahren bei oder nach der Herstellung des Rohres erreicht werden. Das Ausmaß der Veränderung ist je nach dem angewandten Vernetzungsverfahren und dem dabei erreichten Vernetzungsgrad verschieden groß. Nach DIN 16 892, der Güteanforderungsnorm für Rohre aus PE-X, müssen mindestens folgende Vernetzungsgrade erreicht werden:

○ bei Peroxidvernetzung (PE-Xa):   75 %
○ bei Silanvernetzung (PE-Xb):   65 %
○ bei Elektronenstrahlvernetzung (PE-Xc):   60 %
○ bei Azovernetzung (PE-Xd):   60 %

Grundsätzlich wird das zuvor thermoplastische PE durch die Vernetzung zu einem sogenannten „Thermoelast", der sich über weite Temperaturbereiche ebenso verhält wie ein Elastomer, also ein natürlicher oder synthetischer Kautschukwerkstoff. Mit zunehmendem Vernetzungsgrad (etwa von 80 % an) wird PE-X jedoch immer härter und verliert so – zumindest in Rohrform – seinen Vorteil der guten und einfachen Verarbeitbarkeit. Ganz hervorragende Zeitstandfestigkeit, sehr hohe Temperaturbeständigkeit, geringe Kriechneigung, erhebliche Kälteschlagfestigkeit und erhöhte Chemikalienbeständigkeit zeichnen diesen Werkstoff aus.

Polypropylen (PP)

Die Temperaturabhängigkeit der mechanischen Eigenschaften des Polypropylens ist geringer als beim Polyethylen. Auch besteht eine geringe Neigung zur Spannungsrissbildung. Die Temperaturbeständigkeit des Werkstoffs ist aufgrund seiner um rund 40 K über der des Polyethylens liegenden Schmelztemperatur gut, sein Kriechverhalten günstig, bei niederen Temperaturen ist PP verhältnismäßig spröde.

Polypropylen-Copolymer (PP-C)

PP-Copolymer weist deutlich bessere Festigkeitswerte auf als PP. Auch seine Zeitstandfestigkeit ist erheblich höher. Die mechanischen Eigenschaften von PP-Copolymer sind wesentlich weniger temperaturabhängig als die von PP, daher ist seine Temperaturbeständigkeit deutlich höher. PP-Copolymer zeigt sehr geringe Neigung zu Spannungsrissbildung.

Polybuten (PB)

Wie PE-X und PP-C ist auch PB sehr temperaturbeständig. Die Temperaturabhängigkeit seiner mechanischen Eigenschaften ist gering. Auch dieser Werkstoff zeichnet sich durch hohe Zeitstandfestigkeit und gute Spannungsrissbeständigkeit aus.

Acrylnitril-Butadien-Styrol-Copolymer (ABS)

Durch Variationen der Rezeptur kann dieser Werkstoff den jeweils geforderten Eigenschaften sehr gut angepasst werden. Grundsätzlich weist ABS hohe Festigkeitswerte und eine gute Temperaturbeständigkeit auf. Die Schlagfestigkeit des Materials bleibt auch bei niederen Temperaturen sehr gut. Der hohen Beständigkeit gegen Chemikalien steht eine etwas eingeschränkte Witterungsbeständigkeit gegenüber.

Glasfaserverstärkte Reaktionsharze (EP-GF, UP-GF, VE-GF)

Als Ausgangsmaterialien für diese Rohre werden neben Glasfasern in verschiedener Form Epoxidharze (EP), ungesättigte Polyesterharze (UP) und Vinylester (VE) eingesetzt. Da solche Rohre aufgrund des aufwändigen Herstellungsverfahrens wesentlich teurer sind als extrudierte Massenware aus den anderen genannten Rohwerkstoffen, werden sie fast nur für Sonderanwendungen eingesetzt, wie z. B. im Chemieanlagenbau, wo gleichzeitig extreme Anforderungen an die mechanischen Eigenschaften der Rohre, ihre Temperaturbeständigkeit und ihre Widerstandsfähigkeit gegen aggressive Chemikalien gestellt werden.

Sowohl für Versorgungs- als auch für Entsorgungsrohrleitungen aus Kunststoffen ist grundsätzlich festzuhalten, dass sie eines Übereinstimmungszertifikats durch eine vom Deutschen Institut für Bautechnik (DIBt) in Berlin anerkannten Zertifizierungsstelle bedürfen. Diese Aufgabe wird bei Kunststoffrohren von der Gütegemeinschaft Kunststoffrohre wahrgenommen, die Mitglied im RAL Deutsches Institut für Gütesicherung und Kennzeichnung ist. Die so eigen- und fremdüberwachten Rohre tragen das Ü-Zeichen als Nachweis für die Übereinstimmung mit der auf dem Rohr angegebenen Norm sowie das RAL-Gütezeichen. Nur solche Produkte dürfen gemäß Bauregelliste verwendet werden.

10.4.3.1   Versorgungsrohrleitungen

Kunststoffrohre werden im Bereich der Versorgung als Gasrohre, Trinkwasserrohre, Heißwasserrohre und Kabelschutzrohre eingesetzt.

Kunststoffrohre für die Gasversorgung werden fast ausschließlich im Nieder- und Mitteldruckbereich eingesetzt, d. h. die Dauer-Innendruckbeanspruchung liegt im Normalfall unter 10 bar. Sie müssen vor allem korrosionsbeständig sein, ebenso aber auch beständig gegen die zu transportierenden Medien. Selbstverständlich müssen die Rohre und die Rohrverbindungen gegen Druckeinwirkung von innen wie von außen ausreichende Festigkeit aufweisen. Als Gasrohre werden überwiegend Rohre aus Polyethylen hoher Dichte (PE-HD), in etwas geringerem Maße auch Rohre aus PVC-U eingesetzt.

PE-HD-Rohre werden entweder thermisch geschweißt oder durch Elektro-Schweißmuffen verbunden. Die Verbindung von PVC-Rohren geschieht entweder durch thermische oder durch Quellschweißung, aber auch Klebungen können durchgeführt werden.

Die Forderung, dass Gasrohre aus Kunststoffen auch gegen aggressive Böden und Wässer beständig sein sollen, spielt in der Bundesrepublik Deutschland keine allzu große Rolle. Dem erdverlegten Einsatz solcher Rohre für den Gastransport stehen keine Bestimmungen irgendwelcher Art entgegen. Erfahrungen mit dem Einsatz von Kunststoffrohren als Gasrohre reichen zurück bis ins Jahr 1950, wo sie erstmals in größeren Versuchsstrecken eingebaut wurden.

Rohre aus glasfaserverstärkten Polyesterharzen (UP-GF) werden nur selten in der Hausinstallation eingesetzt, häufiger dagegen im Chemieanlagenbau. Diese Rohre weisen Innendruckfestigkeiten und Beständigkeit gegen chemische Einflüsse in einem Maße auf, das in der Hausinstallation nicht ausgeschöpft werden kann, sind andererseits für diese auch zu teuer.

Rohre für die Trinkwasserversorgung werden hauptsächlich aus PE-HD und PVC-U hergestellt. Hierbei wird PE-HD häufig für Hausanschlussleitungen (ca. seit 1955), PVC-U für Zubringer- und Versorgungsleitungen (schon vor 1955) eingesetzt. Rohre aus PE-LD (früher: PE weich) werden als Ringbunde bis zu 300 m Länge mit Durchmessern von 10 bis 160 mm geliefert; sie dienen vorwiegend dem Anschluss kleinerer Verbrauchereinheiten, so z. B. in einsameren ländlichen Gegenden, wo eine preiswerte, rationelle Verlegetechnik Vorrang hat. Trinkwasserrohre dürfen an das Trinkwasser weder Geschmack, Geruch, Farbe noch gesundheitsgefährdende Stoffe in hygienisch bedenklichen Mengen abgeben. Ebenso dürfen Algenbildung und Bakterienwuchs nicht begünstigt werden. Diese Forderungen sind im Bundes-Lebensmittelgesetz festgelegt und werden von den eingesetzten Kunststoffrohren in hervorragender Weise erfüllt. Nicht nur im Hinblick auf ausströmendes Wasser und die daraus entstehenden Folgeschäden, sondern auch zur Wahrung der Hygiene ist die Dichtheit der Rohrleitungen, besonders an den Rohrverbindungen, eine absolute Grundforderung. PVC-U-Rohre werden beim Einsatz für die Trinkwasserversorgung heute meist durch Kleben oder Quellschweißen verbunden. Die früher häufigeren Steckmuffenverbindungen mit Gummidichtringen und Flanschverbindungen mit Losflansch und Bundbuchse sind etwas in den Hintergrund getreten. Die Verbindung der PE-HD-, aber auch der PP- und PB-Rohre geschieht – wie bei den Gasrohren – meist durch thermische Schweißung (Heizelementschweißen) oder, insbesondere bei kleineren Durchmessern, durch Elektroschweißmuffen.

Bei letzteren wird das Schweißverfahren auch „Heizwendelschweißen" genannt. Hierbei werden Rohr und Muffe bzw. Schelle oder Formstück mit Hilfe der bereits eingebauten Widerstandsdrähte durch Stromzufuhr erwärmt und verschweißt. Die Energiezufuhr erfolgt nach dem Fixieren der Schweißformstücke mit Hilfe von Schweißautomaten, die an den Elektroschweißmuffen angebrachte Strichcodierungen oder zugehörige Magnetkarten zu lesen vermögen und die Schweißparameter vollautomatisch einstellen. Toleranzen und Vorspannungen der zu verschweißenden Teile gewährleisten die Aufbringung des bei Kunststoffen stets erforderlichen Schweißdrucks. Moderne Schweißautomaten ermöglichen inzwischen die Dokumentation aller heute aus Qualitätssicherungsgründen erforderlichen Schweißparameter, so dass hier sehr sicher handhabbare und kontrollierbare Schweißverfahren zur Verfügung stehen.

Um Hauptleitungen für den Gebäudeanschluss nicht außer Betrieb nehmen zu müssen, werden für Leitungen aus PVC-U Anbohrarmaturen geliefert, die auf die PVC-U-Hauptleitung aufgeklebt oder mit Keilen bzw. Schrauben an ihr befestigt werden, für Hausanschlüsse an PE-HD-Hauptleitungen Anbohrschellen, die mittels der Heizwendelschweißverbindung adaptiert werden.

Lösbare Verbindungen werden meist mittels Vorschweißbunden mit Losflansch ausgeführt.

Kunststoffrohre für die Versorgung mit Heißwasser werden aus mehreren Werkstoffen hergestellt. Hier sind besonders nichtthermoplastische Werkstoffe zu nennen, die mit Glasfasern verstärkt angewandt werden: ungesättigte Polyesterharze, Epoxidharze und Vinylesterharze. Aber auch thermoplastische Werkstoffe mit höherer thermischer Stabilität werden für diesen Zweck eingesetzt: Polypropylen (PP), chloriertes Polyvinylchlorid (PVC-C) und vernetztes Polyethylen (PE-X). Die vorzügliche Eignung der PE-X-Rohre für den Einsatz im Heißwasserbereich hat in den letzten Jahren zur Entwicklung vollständiger Installationssysteme nach dem Rohr-in-Rohr-Prinzip geführt, die sich aufgrund rationeller Montagemöglichkeiten bereits einen beträchtlichen Marktanteil erobert haben.

Durch die ständige Zunahme, Erweiterung und die wachsende Bedeutung von Computernetzwerken, Telefon- und Kabelfernsehnetzen und anderen Telekommunikationseinrichtungen gewinnen die dafür erforderlichen Kabelnetze immer größere technische und wirtschaftliche Bedeutung. Ein wirksamer Schutz vor Beschädigung erdverlegter Kabel wird durch den Einsatz von Kabelschutzrohren erreicht. Als besonders geeignet hat sich für diese Anwendung PVC-U erwiesen. Ein Großteil der Kabelschutzrohre wird dabei aus PVC- und PE-HD-Recyclaten hergestellt, die im Rahmen des Recyclings aus zurückgenommenen Altrohren und Verschnittresten erzeugt werden.

10.4.3.2   *Entsorgungsrohrleitungen*

Bei den Hausabflussleitungen befindet sich die Normennomenklatur derzeit im Umbruch. Nach der nationalen, derzeit noch bestehenden DIN-Normung unterscheidet man zwei Rohrtypen:

○ **PVC-U-Rohre.** Sie sind für Abwassertemperaturen bis 60 °C geeignet (daher wurden sie früher auch als KA-Typen bezeichnet). Auf Weisung des Deutschen Instituts für Bautechnik (DIBt) ist die Verwendung dieses Rohrtyps auf kaltgehende Leitungen beschränkt. Insofern dürfen solche Rohre im Abwasserbereich nur noch für innenliegende Regenfalleitungen und Anschlussleitungen für Balkonentwässerungen, Klosett- und Urinalanschlussleitungen sowie Anschlussleitungen für Decken- und Bodeneinläufe ohne seitlichen Einlauf eingesetzt werden. Die Verbindung dieser Rohre erfolgt mit Steck-, Klebe- oder Schweißmuffen.

○ HT-Typen. Hierbei handelt es sich um heißwasserbeständige Abwasserleitungen. Werkstoffseitig fallen in diese Kategorie die Rohre aus PE-HD, PP, PVC-C (chloriertem Polyvinylchlorid) und – in ständig wachsendem Maße – aus Styrol-Copolymerisaten, z. B. ABS (Acrylnitril-Butadien-Styrol) oder ASA (Acrylnitril-Styrol-Acrylester). Der Einsatzbereich dieser Rohre liegt bei Abwässern mit höheren Temperaturen bis 90 °C (kurzzeitig auch bis 100 °C). Diese Rohre werden ausschließlich durch Steckmuffen miteinander verbunden. Um die Verbindung verschiedener Rohrtypen untereinander zu ermöglichen, sind die Steckmuffen und Formstücke aller Rohrtypen gleich gestaltet.

Die europäische DIN-EN-Normung unterscheidet unabhängig von den genannten Werkstoffen nur noch zwischen „Kunststoff-Rohrleitungssystemen zum Ableiten von Abwasser (niedriger und hoher Temperatur) innerhalb der Gebäudestruktur".

Um der gesteigerten Sensibilität im Hinblick auf Geräuschbelästigungen Rechnung zu tragen, hat die kunststoffrohrerzeugende Industrie mit der Entwicklung von Rohrleitungen aus mineralverstärktem PP sowie aus ABS/ASA/PVC-U-Rohren mit einer Rohraußenschicht aus mineralverstärktem und ansonsten gleichem Kunststoff wie das innenliegende Rohr oder aus mineralverstärktem PVC-U reagiert. Für diese Produkte gibt es in Ermangelung von Normen Allgemeine bauaufsichtliche Prüfzeugnisse, durch die deren Eignung bestätigt wird.

10.4.3.3   Rohre für den Gebäude- und Bauwerksschutz

In diese Gruppe sind Entwässerungskanalrohre, Regenrinnen und Regenfallrohre sowie Drän- und Sickerleitungsrohre zu rechnen. Entwässerungskanalrohre werden zu einem großen Teil aus Polyvinylchlorid hart (PVC-U), daneben aber auch aus Polyethylen hoher Dichte (PE-HD), in selteneren Fällen aus Polypropylen (PP) oder glasfaserverstärkten ungesättigten Polyesterharzen (UP-GF) hergestellt. In diesem Zusammenhang dürfen Rohre aus Kunstharzbeton nicht übersehen werden.

Entwässerungskanalrohre aus PVC-U werden in Nennweiten von 100 bis 500 mm hergestellt. Zwar sind auch größere Durchmesser auf dem Markt, hierbei handelt es sich jedoch um sogenannte Kanal-Stegrohre, die als Spiralrohre nach einem besonderen Wickelverfahren hergestellt werden. Mit diesem Verfahren können Rohre bis zu 3,5 m Durchmesser hergestellt werden. Auch diese Rohre haben vollkommen glatte Innenflächen und werden insbesondere im Tiefbausektor, für industrielle und kommunale Kanalisation und in der Lüftungstechnik eingesetzt. Die Herstellung dieser Rohre erfolgt in einem „indirekten Extrusionsverfahren", bei dem ein endloses Profilband in noch heißem Zustand spiralförmig auf einen Kern gewickelt wird. Die Bänder werden, ähnlich wie bei entsprechenden Stahlrohren, miteinander verschweißt. Standard-Nennweiten dieser Rohre sind 500, 630, 800 und 1000 mm, die Standard-Lieferlängen liegen bei 5 m, Sonderlängen bis 11 m sind möglich. Für die verschiedenen Nennweiten und auch für verschiedene Belastungsgruppen werden die Bänder für die

Kanal-Stegrohre in unterschiedlichen Dicken und Profilierungen extrudiert. Entwässerungskanalrohre aus PVC-U sind geeignet für Abwassertemperaturen bis zu 60 °C, bei Nennweiten über 200 mm für Temperaturen bis zu 40 °C. Die Verbindung der Entwässerungskanalrohre erfolgt durch angeformte Steckmuffen mit Dichtringen. Der Anschluss von Entwässerungskanälen aus Kunststoffrohren an bestehende Entwässerungssysteme aus Steinzeugrohren ist problemlos möglich, weil passende Formstücke im Handel erhältlich sind.

Entwässerungskanalrohre aus UP-GF werden hauptsächlich für die Ableitung korrosiver Abwässer eingesetzt, da sie eine sehr hohe chemische Beständigkeit aufweisen. Erste Anwendungen erfolgten in der chemischen Industrie. In diesem Einsatzbereich hat man bereits seit 1955 gute Erfahrungen mit der innenseitigen Beschichtung und der Ausbesserung von Betonkanälen mit ungesättigten Polyesterharzen gemacht. Erste Versuche zur industriellen Herstellung von UP-GF-Entwässerungskanalrohren wurden 1960 unternommen. Diese Rohre werden heute im Schleuder- oder im Wickelverfahren hergestellt, wobei Schleuderrohre bis zu 1200 mm, Wickelrohre bis zu 3500 mm Durchmesser haben können. Mit (je nach Durchmesser) 5 bis 15 mm Wanddicke sind die Rohre bei Längen zwischen 5 und 8 m relativ flexibel und leicht, was Transport und Montage sehr vereinfacht. UP-GF-Entwässerungskanalrohre werden durch Klebemuffen, Laminatverbindungen oder Flanschen miteinander verbunden.

Entwässerungskanalrohre aus Kunstharzbeton werden wegen ihrer extrem hohen Chemikalienbeständigkeit überwiegend in der chemischen Industrie eingesetzt. Wegen ihrer sehr hohen Druck- und Biegefestigkeit werden sie aber auch da eingesetzt, wo Entwässerungskanäle im hydraulischen Vorpressverfahren gebaut werden müssen. Zur Herstellung dieser Rohre werden ungesättigte Polyester-, seltener auch Epoxidharze eingesetzt. Die Rohre werden in Durchmessern von 250 bis 4000 mm hergestellt und weisen Wanddicken von 50 bis 200 mm auf. Die Längen dieser Rohre liegen bei 3500 mm. Als Ergänzung zu diesen Rohren, aber als eigenständige Bauelemente, werden Entwässerungsrinnen, Sammelschächte sowie Straßen- und Brückenabläufe mit verschiedenen Abdeckungen hergestellt.

Kunststoff-Regenrinnen werden fast nur aus Polyvinylchlorid hart (PVC-U) hergestellt. Wenige Ausnahmen aus glasfaserverstärktem ungesättigtem Polyesterharz seien erwähnt. Sie eignen sich zum Einsatz in Gebieten mit starker Industriekonzentration (chemisch aggressive Niederschläge!). Regenrinnen aus PVC-U werden in allen in der Bundesrepublik Deutschland üblichen Nennweiten zwischen 70 und 180 mm hergestellt. Hinzu kommen eine Vielzahl von Formteilen: Endstücke, Innen- und Außenecken, Ablaufstutzen, Rinnenhaken und dergleichen mehr, die die Systeme vervollständigen. Viele Hersteller fertigen neben den üblichen Halbrundrinnen auch die von Architekten aus formalen Gründen oft bevorzugten Kastenrinnen. Der Zusammenbau der Teile erfolgt, sowohl bei Halbrund- wie bei Kastenrinnen, durch Klemm-, Steck- oder Klebeverbindungen. In jedem Fall ist bei der Montage der bei Kunststoffen nicht unbedeutende lineare Wärmeausdehnungskoeffizient zu berücksichtigen.

Auch Kunststoff-Regenfallrohre werden fast ausschließlich aus PVC-U hergestellt, solche aus UP-GF sind nicht sehr gebräuchlich. Außerdem sind Regenfallrohre aus Polyethylen hoher Dichte (PE-HD) zu erwähnen. Diese können jedoch nur innen-liegend, z. B. in Verbindung mit Flachdachentwässerungen durch Dachgullys einge-setzt werden. Wie bei den Regenrinnen, so ist auch hier eine Vielzahl von Formstücken erhältlich: Kupplungen, Abzweige, Bögen, Übergangsstücke und Rohrschellen sind übliche Bestandteile des Lieferprogramms, nur wenige Hersteller liefern nicht alle diese Teile, viele jedoch auch noch andere Teile. Die übliche Verbindung der Regenfallrohre ist die Steckmuffe oder die spezielle Rohrkupplung. Oft werden fälsch-licherweise Hausentwässerungsrohre anstelle der Regenfallrohre montiert. Dies ist solange unbedenklich, wie diese Rohre im Gebäudeinneren liegen und somit praktisch keiner ultravioletten Strahlung ausgesetzt sind. Die Hausentwässerungsrohre sind aufgrund ihres Einsatzzweckes nicht gegen UV-Strahlung stabilisiert und werden sich daher, wenn sie dieser ausgesetzt werden, zunächst auffällig verfärben und schließlich vorzeitig versagen.

Dränrohre werden fast ausschließlich aus PVC-U hergestellt. Nur in wenigen Ausnah-mefällen sind Dränrohre aus PE-HD anzutreffen. Dränrohre aus PVC-U werden nicht nur zum Bauwerksschutz, sondern in großem Maßstab auch für die Flächenent-wässerung (z. B. zur Gewinnung landwirtschaftlich nutzbarer Flächen in moorigen Gebieten) eingesetzt. Sie werden als glattwandige oder auch als gewellte, flexible Rohre hergestellt. Das abzuleitende Wasser gelangt durch Wassereintrittsöffnungen von 0,6 bis 2,0 mm Breite in die Rohre. Anfänglich wurden glatte PVC-U-Muffenrohre mit glatten Wandungen und Längsschlitzen eingesetzt. Diese Rohre waren 5 m lang. Heute dagegen werden flexible Rohre mit rundum laufenden Schlitzen eingesetzt, die in Ringbunden von 50 bis 250 m geliefert werden. Sonderlängen bis 3000 mm sind möglich. Es werden Rohre mit Nennweiten von 50 bis 250 mm hergestellt. Die Rohre werden durch das Übereinanderschieben der Spiralwellung miteinander verbunden. Als Zubehör werden auch Verbindungsmuffen, daneben Reduzierstücke, Verschluss-stopfen, T-Stücke, Einführungswinkel usw. geliefert.

Sickerrohre werden normalerweise aus PVC-U, in einigen Ausnahmefällen aber auch aus PE-HD gefertigt. Sie werden einerseits zur Entwässerung von Erdplanum und Frostschutzschichten während der Bauzeit, andererseits zur Ableitung des anfallen-den Oberflächenwassers aus dem Erdreich neben Straßen, Dämmen usw. zum Zweck des Frostschutzes eingesetzt. Der Querschnitt dieser Rohre entspricht ungefähr dem eines unten abgeflachten Kreises, bei dem die Kreisfläche oben geschlitzt ist, während die ebene untere Auflagefläche als Rinne ausgebildet ist. Sickerleitungsrohre werden in Nennweiten von 80 bis 250 mm und üblicherweise 5 m Länge hergestellt. Die Verbindung der Rohre untereinander erfolgt durch Doppelsteckmuffen oder ange-formte Steckmuffen. Zur Abführung von Deponiesickerwässern direkt über der Depo-niebasisabdichtung werden in Filterkies eingebettete oder mit Filtervliesen abgedeck-te Sickerrohre aus PE-HD verwendet.

10.4.4 Heizungs- und Energiegewinnungsanlagen

10.4.4.1 Fußboden-Heizungsrohre und -Systeme

Der Einsatz von Kunststoffrohren in Heizungsanlagen erfolgt in größerem Maßstab nur in Fußbodenheizungen. Diese Anwendung hat wegen einiger spektakulärer Groß-schäden in den ersten Jahren eine traurige Berühmtheit erlangt, die immer noch Bauherren, Planer und Ausführende verunsichert. Die Schadenhäufigkeit bei solchen Anlagen ist jedoch relativ wesentlich geringer als bei „konventionellen" Heizungsanla-gen. Sie wird allgemein überschätzt, weil der einzelne Schaden wegen der Höhe der Folgeschäden weitaus mehr Publizität erlangt als Schäden besser zugänglicher Hei-zungssysteme.

Der vermehrte Einbau von Fußbodenheizungen ist eine direkte Folge der energie-wirtschaftlichen Situation der letzten Jahre, die durch die laufende Verschärfung der Wärmeschutzbestimmungen gekennzeichnet ist und schließlich in die Energieein-sparverordnung einmündete, die neu errichtete Gebäude mit normalen Innentempera-turen aus energetischer Sicht ganzheitlich, also von der Erzeugung der Primärenergie über die haustechnische Heizanlage bis hin zum Ausgleich der Transmissionsverluste durch die Gebäudehülle umfasst.

Eine Heizungsanlage muss diejenige Menge an Wärmeenergie ersetzen, die vom Gebäude an die Umgebung abgegeben wird. Durch die drastische Verringerung dieser Energiemenge als direkte Folge der verbesserten Wärmedämmung der Außen-wände ist es möglich, Fußbodenheizungen einzusetzen, ohne dass die Temperaturen der Fußbodenoberflächen zu hoch liegen, wie dies bei Altanlagen oftmals in gesundheitsabträglicher Weise der Fall war. Die heute bei Fußbodenheizungen übli-chen Oberflächentemperaturen werden hingegen zumeist als angenehm empfunden, weil sie – mit ca. 24 bis 27 °C – in einem Bereich liegen, der einerseits der Erfordernis der Wärmeabfuhr des menschlichen Körpers sehr gut entspricht, andererseits aber niemals das Gefühl der „Fußkälte" aufkommen lässt.

Hinzu kommt, dass die Wärme – im Gegensatz zu den meisten anderen Heizungs-systemen – praktisch nur durch Wärmestrahlung, nicht aber durch Konvektion abge-geben wird. Dadurch werden Zugerscheinungen weitestgehend vermieden. Schließ-lich ergibt sich im Raum eine aus physiologischer Sicht günstige Wärmeverteilung: die Raumtemperatur nimmt, ausgehend von einem Maximum am Fußboden, nach oben kontinuierlich ab. Die in Kopfhöhe herrschende Temperatur wird noch als durchaus behaglich empfunden, obgleich die über die gesamte Raumhöhe herrschende Durch-schnittstemperatur um ca. 2 °C niedriger liegt als in konventionell beheizten Räumen. So dient die Fußbodenheizung nicht nur der Steigerung des Komforts, sondern auch der Energieeinsparung.

Weitere Möglichkeiten zur Energieeinsparung bieten Fußbodenheizungen mit Kunst-stoffrohren durch die niedrigen Vorlauftemperaturen, die mindestens 30 °C, höchstens 60 °C betragen sollten und in den meisten Fällen zwischen 40 und 45 °C liegen. Dadurch sind die Fußbodenheizungen geeignet zur Koppelung mit alternativen bzw. regenerativen Wärmeerzeugersystemen: Solarkollektoren und -absorber, Wärmepumpen, industrieller Abwärme und anders nicht mehr nutzbarer Restwärme von Fernheiznetzen.

Die noch vor wenigen Jahren als aussichtsreich betrachteten und sich für Fußbodenheizungen gut eignenden Wärmepumpen haben sich aus verschiedenen Gründen (z. B. oft schlechtes Kosten-/Nutzen-Verhältnis, zu geringe Lebensdauer des Aggregates) nicht in dem erwarteten Maße durchsetzen können.

Fußbodenheizungen mit Kunststoffrohren können nach ihrer Bauart zwei verschiedenen Systemen zugeordnet werden:
○ Nassmontagesystemen
○ Trockenbausystemen.

Beide Bauarten haben grundsätzlich folgende Hauptbestandteile:
○ Rohr
○ Wärmedämmung
○ Estrich

Bei den Nassmontagesystemen kann, bei den Trockenbausystemen muss eine wärmeverteilende Schicht (ein Blech oder eine Metallfolie) hinzukommen.

Bei den Nassmontagesystemen werden die Rohre direkt in den Estrich eingebettet, bei den Trockenbausystemen liegen sie – es gibt wenige Ausnahmen – in Vertiefungen der vorgeformten Wärmedämmplatten. Beide Bauarten haben wärmetechnische und verlegetechnische Vor- und Nachteile, die einander, abhängig vom Einsatz der Heizungsanlage, die Waage halten. Neuere Forschungsergebnisse scheinen jedoch darauf hinzuweisen, dass die direkte Einbettung der Rohre in den Estrich einen zusätzlichen Sicherheitsfaktor darstellt. Als Werkstoffe für Fußboden-Heizungsrohre werden heute eingesetzt:
○ vernetztes Polyethylen (PE-X)
○ Polypropylen-Copolymerisat (PP-C)
○ Polybuten (PB)

Die früher häufig eingesetzten Werkstoffe Polyethylen hoher Dichte (PE-HD) und Polyethylen niedriger Dichte (PE-LD) haben ihre Bedeutung auf diesem Sektor verloren. Die heute angewandten Rohre aus den drei genannten Werkstoffen zeichnen sich aus durch hohe Spannungsrissbeständigkeit, hervorragende Innendruck-Zeitstandfestigkeit und Alterungsbeständigkeit, geringes Gewicht, große Rohrlängen, glatte Innenwände und die Möglichkeit, ohne großen mechanischen Aufwand Rohrbogen herzustellen.

Die Langzeiteigenschaften der Rohre sind für den Einsatz als Fußboden-Heizungsrohre von entscheidender Bedeutung. Aufgrund ihrer Molekularstruktur unterscheiden sich hier die eingesetzten Kunststoffe zwar etwas, alle speziell für den Einsatz in Fußbodenheizungsanlagen konfektionierten Rohre aus PE-X, PP-C und PB sind für diese Anwendung jedoch grundsätzlich geeignet und lassen auch unter ungünstigen Einsatzbedingungen eine Lebensdauer von über 50 Jahren erwarten. Einen zusätzlichen Sicherheitsfaktor stellt die Gütesicherung mit dem Gütezeichen für Fußboden-Heizungsrohre aus Kunststoffen dar.

Die bisher vorliegenden Erfahrungen mit Fußboden-Heizungsrohren aus PB, PP-C und PE-X haben gezeigt, dass Schäden in Anlagen wegen der strengen Werkskontrollen kaum auf Materialfehler, sondern überwiegend auf Einwirkungen bei Transport und Lagerung sowie Fehler bei Einbau und Betrieb der Anlagen zurückzuführen sind. Besonders die Gefahr der Spannungsrissbildung kann durch richtiges Verlegen (z. B. Biegen der Rohrbögen unter Einhaltung der richtigen Biegeradien und Biegetemperaturen, Vermeidung des Verdrillens beim Verlegen usw.) bis zur Vernachlässigbarkeit reduziert werden.

Den früher oft vehement geäußerten Bedenken, dass der durch das Kunststoffrohr in das Heizwasser eindiffundierende Sauerstoff an den metallischen Anlagenteilen Korrosionsschäden verursachen könne, hat die Industrie durch die Entwicklung diffusionsgeschützter Rohre Rechnung getragen. Diese Rohre sind mit einer zusätzlichen dünnen Sauerstoff-Sperrschicht entweder aus Aluminiumfolie oder aus einem sauerstoffundurchlässigen Kunststoff und einer weiteren Kunststoff-Schutzschicht ummantelt.

10.4.4.2 Solarkollektoren

In Deutschland ist das Thema „Solarenergie" spätestens seit der ersten Ölkrise 1973 in den Mittelpunkt des öffentlichen Interesses gerückt. Auf der Suche nach alternativen und vom Weltmarkt unabhängigen Energiequellen, wurden Technologien zur regenerativen Energiegewinnung (mit Wasser, Wind, Sonne, Biomasse, Abfällen, Photovoltaik usw.) erforscht und entwickelt. Anfang der achtziger Jahre flachte die Nachfrage aufgrund sinkender Ölpreise und technisch unausgereifter Anlagen ab. Seit 1987 wächst das Bewusstsein für den Umweltschutz vor allem wegen der zunehmenden Ressourcenknappheit der Energiequellen Öl, Gas, Kohle und Uran sowie der unübersehbaren Klimaveränderungen durch die Verbrennung fossiler Energieträger und der im Zuge der Weltklimakonferenzen eingegangenen Verpflichtungen der Staaten zur CO_2-Verringerung.

Die heutigen Sonnenkollektoren sind technisch ausgereift und haben eine Gebrauchsdauer von ca. 20 Jahren. Eine Erhöhung des Wirkungsgrades und somit der Wirtschaftlichkeit von Solaranlagen konnte durch die zusätzliche Nutzung der diffusen Strahlung (bei bedecktem Himmel) erreicht werden. Mittlerweile lassen sich nahezu alle Bestandteile von Kollektoren wiederverwerten. Die Anschaffung von Solaranlagen werden durch den Bund und die Länder gefördert. Auf dem Solarkollektor-Markt werden jährliche Wachstumsraten von 20 % erzielt.

Sonnenkollektoren bestehen aus einem flachen, rechteckigen Gehäuse, meist aus Aluminium oder feuerverzinktem Stahlblech, das mit schlagfestem Glas oder transluzenten Kunststoffplatten abgedeckt ist. An den Seitenwänden und unterseitig sind die Kollektorgehäuse mit einer effizienten Wärmedämmung (in vielen Fällen Polyurethan-Hartschaum) ausgekleidet. Auf dieser Wärmedämmung liegen mit einem frostsicheren Wärmetransportmedium gefüllte Rohre aus Stahl, Aluminium, Kupfer oder Polypropylen. Das Rohrregister ist mit einer Absorberplatte abgedeckt oder mit einer Absorberschicht versehen. Die einfallende Sonnenstrahlung wird in der Absorberplatte bzw. -schicht in Wärmeenergie umgewandelt. Die Absorberschicht muss im Spektralbereich von ca. 300 bis 2.500 nm hohe Absorptionsfähigkeit aufweisen. Dazu eignen sich am besten schwarze, nicht glänzende Oberflächen. Die gewonnene Wärmeenergie wird durch das Wärmetransportmedium in einem geschlossenen Kreislauf zu einem Wärmetauscher transportiert und an das zu erwärmende Wasser abgegeben.

Absorberplatten (meist aus Polypropylen) sind normalen Betriebstemperaturen von 60 bis 70 °C ausgesetzt. Im Leerlauf, d. h. wenn das Wärmeträgermedium nicht zirkuliert, können bei starker Sonneneinstrahlung am Absorber Temperaturen bis zu 190 °C auftreten.

Varianten der oben beschriebenen, üblichen Flachkollektoren sind Vakuum-Röhrenkollektoren und Speicherkollektoren. In Vakuum-Röhrenkollektoren werden die Wärmeverluste durch einen starken Unterdruck im Gehäuse reduziert. Dieser Unterdruck bedingt eine besondere Form der Röhren, die aus Glas bestehen. Vakuum-Röhrenkollektoren sind die effizientesten, aber auch teuersten Solarkollektoren.

Speicherkollektoren arbeiten ohne Absorberfläche. Der Speicher wird direkt von der Sonne erwärmt. Daher sind Speicherkollektoren weniger effizient, aber relativ preisgünstig. Durch eine transparente Wärmedämmung zwischen Abdeckung und Speicher können Wärmeverluste reduziert werden.

Pro Jahr werden in Deutschland etwa 300.000 m^2 Kollektor-Fläche verbaut. Die Preise für Solarkollektoren sind in den Jahren 1995 und 2004 um über 60 % gefallen. Ein Quadratmeter Flachkollektor-Fläche kostet um die 200,– €. Vakuum Röhrenkollektoren sind ab circa 600,– €/m^2 erhältlich. Eine 1 m^2 große Kollektorfläche kann ungefähr 62,5 l Brauchwasser (~ 73 W/h) auf durchschnittlich 60 °C erwärmen. Je nach Kollektor-Typ und Sonneneinstrahlung variieren die Ertragswerte. Für einen 4-Personen-Haushalt werden 6 bis 8 m^2 Kollektorfläche zur Warmwasseraufbereitung benötigt.

10.4.4.3 Photovoltaik (PV)

Die Photovoltaik wurde erst ab 1991 durch das „1000 Dächer-Programm" des Bundesministeriums für Bildung und Forschung (BMBF) einer breiteren Öffentlichkeit in Deutschland bekannt. In Ermangelung eines Folgeprogramms kam es 1994/1995 zu einem geringfügigen Marktrückgang. Neue Förderprogramme haben zum Ziel, die Solartechnologie weiter zu entwickeln, den Wirkungsgrad durch neue Modul-Bauweisen und bessere Halbleiter zu erhöhen, die Herstellungskosten zu senken und zur Verbreitung der Technik, besonders in den Ländern der Dritten Welt, beizutragen. PV-Anlagen sind technisch ausgereift und haben ihre Zuverlässigkeit unter Beweis gestellt. Weltweit wird mit einem PV-(Nachfrage-)Wachstum von 15 % jährlich gerechnet.

Am häufigsten wird für den Aufbau von Solarzellen als Halbleitermaterial Silizium (Si) verwendet. Dabei kommen drei verschiedene Siliziumarten zum Einsatz: monokristallines Si mit ca. 14 – 17 % (praktischem) Wirkungsgrad, polykristallines Si mit ca. 13 – 15 % Wirkungsgrad und amorphes Si mit ca. 5 – 7 % Wirkungsgrad; labormäßig festgestellte Wirkungsgrade lagen deutlich höher. Die Solarmulden sind witterungsfest mit Glas oder Acryl umschlossen. Die Modulrahmen bestehen meist aus Aluminium oder feuerverzinktem Stahl.

Neuentwickelte Solarzellen aus den USA mit einer linsenförmigen Oberfläche aus speziell gehärtetem Acryl und trichterförmigen Aluminiumreflektoren auf einem Solarzellen-Paneel ermöglichen eine 200 – 500-fache Konzentration des einfallenden Lichtes. Mit diesem System lässt sich der Wirkungsgrad auf über 40 % erhöhen.

Fällt Sonnenlicht auf den Halbleiter, werden negative und positive Ladungsträger freigesetzt. Diesen Prozess bezeichnet man als Photoeffekt. Die geladenen Teilchen werden durch ein internes elektrisches Feld getrennt. Es baut sich eine elektrische Spannung zwischen Metallkontakten auf, die an der Oberfläche der Solarzelle und an der Innenseite auf einer Metallschicht befestigt sind. Werden mehrere Module über elektrische Leitungen zusammengeschaltet, fließt ein Gleichstrom. Um die Energie im Hausnetz nutzen zu können, wird der gewonnene Ertrag durch Wechselrichter in Wechselstrom umgewandelt. Überschüssiger Strom wird in das örtliche Netz eingespeist und bei Bedarf wiederum Strom aus diesem bezogen (Netzkopplung). Die PV-Anlagen arbeiten fast verschleißfrei, vollautomatisch, ohne Lärm und Emissionen. Der Ertrag der Anlage hängt stark von der Intensität der örtlichen Sonneneinstrahlung ab, z. B. sinkt die Leistung der Anlage bei wolkenbedecktem Himmel. Wichtig für die Effizienz einer PV-Anlage ist die richtige Ausrichtung und Neigung der Module. Ertragsverluste können u.a. durch Verschattungen (Bäume, Gebäude etc.) und Verschmutzung entstehen.

Ein 1 m^2 großes multikristallines Silizium-Modul kann ungefähr 82,85 Wp produzieren (= 0,083 kWp; kWp: KiloWattpeak, peak = Spitzenleistung der Solarzelle). Der jährliche Energiebedarf eines Einfamilien-Wohnhauses kann z. B. in Deutschland durch eine 70 m^2 große Modul-Fläche gedeckt werden. Eine aus Solarziegeln bestehende PV-Anlage mit einer Leistung von 1 kWp kostet zwischen 6.000,– und 7.500,– €. 1 kWh PV-Strom kostet z. Zt. noch etwa 0,90 € und liegt damit deutlich über der derzeit gültigen Einspeisevergütung für private Kleinanlagen, die 0,574 €/kWh beträgt. Solche Kleinanlagen erreichen selbst nach 20-jähriger Laufzeit und unter Inanspruchnahme der derzeitigen staatlichen Förderungen keine Rendite. Bei Anlagen von etwa 3 kWp ist unter gleichen Fördervoraussetzungen bei 20-jähriger Laufzeit eine Rendite (interner Zinssatz) von rechnerisch rund 5% erreichbar.

PV-Module können auf Schrägdächern (Auf-Dach-Montage, im Dach integrierte rahmenlose Module, Solarziegel), auf Flachdächern (Aufständerungen als festes Tragsystem für die Module, neuerdings auch Spezial-Kunststoffdachbahnen mit integrierten Modulen) und an Fassaden (rahmenlose Module, Sonnenschutzlamellen, Glasfassaden-Elemente, structural glazing Elemente) montiert werden.

Weitere Anwendungsmöglichkeiten sind die sogenannten dezentralen Inselanlagen, die unabhängig vom Stromnetz sind. Diese Anlagen eignen sich besonders in Gebieten ohne flächendeckende Stromversorgung (Gebirgshütten, ländliche Regionen der Dritten Welt etc.) und für autarke technische Einrichtungen im öffentlichen Bereich (Parkscheinautomaten, Verkehrsschilder-Systeme etc.).

10.4.5   Fassaden- und Wandbauelemente

10.4.5.1   *Wellplatten- und bahnen*

Für untergeordnete Gebäude (Lagerhallen und dergleichen) können Kunststoffplatten und -bahnen mit Wellen-, Spundwand- oder ähnlicher Profilierung als Außenwandbekleidung eingesetzt werden. Solche Bahnen und Platten werden aus glasfaserverstärktem Reaktionskunststoff (GFK), Polycarbonat (PC), Polymethylmethacrylat (PMMA = Acrylglas) und Polyvinylchlorid hart (PVC-U) jeweils transparent oder lichtundurchlässig hergestellt. Dies ermöglicht die Einbeziehung von Belichtungsmöglichkeiten in die Außenwandbekleidung ohne Unterbrechung oder sonstigem zusätzlichen Aufwand in der Unterkonstruktion oder Wechsel des Werkstoffes.

10.4.5.2   *Lichtwandelemente*

Für die Herstellung mehrschaliger lichtdurchlässiger Bauteile werden folgende Kunststoffe eingesetzt:
- ○ glasfaserverstärktes, ungesättigtes Polyester (UP-GF)
- ○ Polycarbonat (PC)
- ○ Polymethylmethacrylat (Acrylglas) (PMMA)
- ○ Polyvinylchlorid hart (PVC-U)

Auch Kombinationen von Kunststoffen und Silicatglas werden eingesetzt. Einige wichtige Werkstoffeigenschaften von UP-GF, PC, PMMA und PVC sind in *Tabelle 10.8* den entsprechenden Eigenschaften von Silicatglas gegenübergestellt.

Hinter einer verwirrenden Vielfalt von Bezeichnungen für mehrschalige lichtdurchlässige Kunststoff-Bauteile steht eine verhältnismäßig geringe Zahl von Formen. Grundsätzlich sind zu unterscheiden:

Eigenschaft	Maßeinheit	UP-GF	PC	PMMA	PVC	Glas
Rohdichte	$\dfrac{g}{cm^3}$	1,60	1,20	1,18	1,35–1,40	2,50
Schlagzähigkeit	$\dfrac{kJ}{m^2}$	70	n. gebr. n. gebr.	12	n. gebr.	– –
Kerbschlagzähigkeit	$\dfrac{kJ}{m^2}$	22	20–30	2	2–4	–
Elastizitätsmodul	$\dfrac{N}{mm^2}$	12500 – 15000	2000– 2200	3300	2900– 3400	70000
praktische Wärmeformbeständigkeit ohne Belastung: dauernd kurzzeitig	°C	bis 140 200	100 135	70 95	60–70 70–80	
thermischer Längenausdehnungskoeffizient α_T	$\dfrac{10^{-6}}{K}$	15–20	60–70	70	70–80	8
Wärmeleitfähigkeit λ	$\dfrac{W}{m \cdot K}$	0,2	0,2	0,19	0,16	0,8
Wasseraufnahme: Normalklima 23/50 Wasserlagerung	M.-% M.-%	0 0,1	0,19 0,36	0,34	0,2 2,0	0 0
Wasserdampfdurchlässigkeit	$\dfrac{g}{m^2 \cdot d}$		2,28[*]	2,60[*]		–

*) 1mm dick

Tabelle 10.8
Eigenschaften der Werkstoffe UP-GF, PC, PMMA und PVC in Gegenüberstellung zu denen des Silicatglases

○ Hohlkammerplatten aus PMMA und PC (Bezeichnungen: Stegdoppelplatten, Stabrasterplatten, Stegdreifachplatten usw.) sind 8 – 40 mm dick. PMMA-Hohlkammerplatten haben Deckschicht- und Stegdicken von 1 – 1,5 mm; sie werden in Breiten von ca. 60 – 120 cm angeboten. Die ca. 120 – 210 cm breiten PC-Hohlkammerplatten haben Deckschicht- und Stegdicken von 0,3 bis 0,7 mm. Die Ränder der Hohlkammerplatten sind glatt, die Platten können also nicht direkt untereinander verbunden werden

○ Hohlkammerpaneele (Bezeichnungen: Lichtpaneele, Streifenprofile usw.), oft aus PVC-U, werden in Breiten von 125 – 500 mm und in Dicken von 16 – 60 mm zwei- und dreischalig geliefert. Ihre Ränder weisen Profilierungen auf, die eine dichte Klemm- oder Steckverbindung der Elemente miteinander ermöglichen. Einige dieser Profilierungen sind so gestaltet, dass thermisch bedingte Längenänderungen der Gesamtkonstruktion in den Paneelfugen aufgenommen werden können, ohne dass die Dichtheit der Fugen darunter leidet

○ Kapillarplatten nehmen eine gewisse Sonderstellung ein, da sie aus mehreren Schichten zusammengesetzt werden. Daher können dem Kapillarkern verschiedenartige Deckschichten zugeordnet werden, z. B. verschiedene Gläser (Drahtglas, Rohglas, auch Ornamentglas usw.) oder Kunststoff-Folien (z. B. Polyvinylfluorid oder dergleichen). Dadurch können die Eigenschaften dieser Elemente in einem weiten Bereich variiert werden

Bei Konstruktionen mit Kunststoff-Lichtwandelementen ist unbedingt deren thermische Längenänderung (siehe *Tabelle 10.8*) zu beachten. Hier fällt besonders UP-GF auf, dessen linearer Wärmeausdehnungskoeffizient mit ca. $20 \cdot 10^{-6}\,K^{-1}$ verhältnismäßig gering ist. Seine thermische Längenänderung entspricht damit ungefähr der von Aluminium. Der Ausdehnungskoeffizient des UP-Harzes liegt bei etwa $150 \cdot 10^{-6}/K$ bis $200 \cdot 10^{-6}\,K^{-1}$. Es zeigt sich hier deutlich die Wirkung der eingebetteten Glasfasern. Nachteil von Lichtwandelementen aus UP-GF ist zum einen ihre nicht mit Klarglas oder Acrylglas vergleichbare Transparenz, zum anderen die nach langjähriger Bewitterung und schließlich eintretender Verwitterung der Gelcoatschicht zutage tretende Freilegung der oberflächennahen Glasfasereinlage, wodurch die Transparenz dann verloren geht.

Für verschiedene Einsatzbereiche ist der UV-Transmissionsgrad der Lichtelemente von Bedeutung. Diese Eigenschaft ist weitgehend werkstoffabhängig. Farblos klare PMMA-Elemente ohne UV-Absorber weisen eine relativ hohe UV-Durchlässigkeit auf (oft höher als Glas), bei PC und PVC-U ist sie wegen der erforderlichen UV-Stabilisatoren sehr gering. Selbst wenn man PVC-U UV- und Wärmestabilisatoren beimischt, werden Transparente Teile wie z. B. Lichtkuppeln im Zuge der Zeit eine Braunverfärbung erfahren, die die Lichtdurchlässigkeit negativ beeinträchtigt. Besser in dieser Hinsicht schneidet PVC-U ab, wenn man es an seinen Oberflächen mit einer Coextrusionsschicht aus dem von Hause aus wesentlich UV-stabileren Acrylglas versieht. Weitere wichtige Eigenschaften von Klarsichtelementen sind in *Tabelle 10.9,* der spektrale Transmissionsgrad von Acrylglas unterschiedlicher Dicke in *Abbildung 10.6* dargestellt.

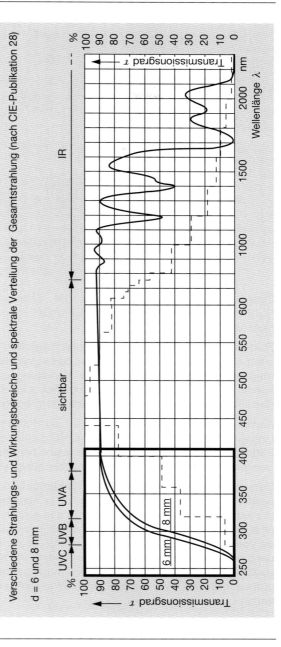

Abbildung 10.6
Spektraler Transmissionsgrad von PLEXIGLAS XT 24370 FF

Verschiedene Strahlungs- und Wirkungsbereiche und spektrale Verteilung der Gesamtstrahlung (nach CIE-Publikation 28)

d = 6 und 8 mm

		Wärmedurch-gangskoeffizient (U-Wert)	Lichtdurchlässig-keit im sichtbaren Bereich	Flächengewichte	Gesamtdicke
		$\dfrac{W}{m^2 \cdot K}$	%	$\dfrac{kg}{m^2}$	mm
zweischalig	PC-Hohlkammerplatten	2,8	77	2,7	16
	PMMA-Hohlkammerplatten	2,7	86	3,6	16
	PVC-Hohlkammerpaneele	2,5	75	5,0	20
	„Isolierglas" (2x4+12 mm)	3,0	80	20,0	20
dreischalig	PC-Hohlkammerplatten	2,2	72	2,8	16
	PMMA-Hohlkammerplatten	1,9	81	6,5	32
	PVC-Hohlkammerpaneele	1,8	70	6,0	40
	„Isolierglas" (3x4+2x8 mm)	2,1	72	30,0	28

*Tabelle 10.9
Zusammenstellung
wichtiger Element-
eigenschaften*

Eine gewisse Aufmerksamkeit muss der Verträglichkeit bzw. Unverträglichkeit der Kunststoffe mit den Werkstoffen der Unterkonstruktionen und mit den Dichtungs-materialien gewidmet werden.

Zu beachten ist z. B., dass PC nicht mit basischen Stoffen verträglich ist. Daher ist es unter allen Umständen zu vermeiden, dass Lichtelemente aus PC mit Beton in Berüh-rung kommen. Wenn eine direkte Verlegung der PC-Elemente auf Betonunter-konstruktion vorgesehen ist, dann müssen, auch wenn keine Ansprüche an Dichtheit gestellt werden, geeignete Profile oder dergleichen dazwischengelegt werden.

Ähnliches gilt für PMMA-Elemente auf mit Holzschutzmitteln behandelten hölzernen Unterkonstruktionen. Einige dieser Holzschutzmittel können bei eingespannten PMMA-Elementen Spannungsrisskorrosion hervorrufen, weshalb auch in diesem Fall geeignete Profile oder ähnliches zwischengelegt werden sollte.

Ebenso ist der Einsatz bestimmter Dichtungswerkstoffe nicht ohne Risiko. Die Aus-wanderung von Weichmachern aus früher häufiger eingesetzten PVC-P-Dichtungs-profilen kann zu deren Versprödung führen, während der kontaktierte, den Weichma-cher aufnehmende Kunststoff zu erweichen beginnt; beide Prozesse haben zumeist ein vorzeitiges Versagen der Teile zur Folge, so dass hier Trennlagen vorzusehen sind, die eine Weichmacherwanderung verhindern. Allerdings ist diese Gefahr mittlerweile durch den verstärkten Einsatz von weichmacherfreien Dichtungsprofilen aus Chloro-prenkautschuk (CR) und aus Ethylen-Propylen-Terpolymer-Kautschuk (EPDM) weit-gehend eingedämmt.

Größer geworden ist andererseits die Gefahr chemischen Angriffs durch die häufig von den Elementherstellern empfohlene Anwendung von Fugendichtstoffen als Randversiegelung für die Lichtwandelemente. Oft werden hier der Einfachheit halber einkomponentige Fugendichtstoffe eingesetzt. In diesem Fall muss nicht nur beachtet werden, dass Fugendichtstoffe mit ausreichender Bewegungsaufnahme eingesetzt werden. Die Massen müssen auch unter allen Umständen frei von migrierungsfreudigen Weichmachern und lösemittelfrei sein, um lösemittelbedingte Beschädigungen der Lichtelemente wie z. B. Spannungsrissbildung oder Blindwerden zu vermeiden.

10.4.5.3 Verbundelemente

Im Industriehallenbau haben sich Sandwichelemente bewährt, die aus einem Hartschaum-Dämmstoffkern mit beidseitigen Deckschichten bestehen. Als Deckschichten werden profilierte Stahl- oder Aluminiumbleche eingesetzt, die durch Kunstharzbeschichtungen gegen Korrosion geschützt werden. Bei solchen Sandwichelementen kann im Falle einer Kerndämmung aus PUR-Hartschaum mit einem Rechenwert der Wärmeleitfähigkeit von $\lambda_R = 0{,}025$ W/(m · K) gerechnet werden.

10.4.6 Dachelemente und -beläge

10.4.6.1 Lichtkuppeln

Lichtkuppeln werden in runder, quadratischer und rechteckiger Form gefertigt. Die früher häufig eingesetzte einschalige Ausführung hat ihre Bedeutung verloren, denn einerseits war Tauwasserbildung an der Innenseite nie ganz zu vermeiden, andererseits sind die Anforderungen an den Wärmeschutz erheblich gestiegen. Die verwendeten Werkstoffe sind meist Polymethylmethacrylat (PMMA), aber auch glasfaserverstärktes ungesättigtes Polyesterharz (UP-GF). Die früher hin und wieder zu findenden Lichtkuppeln aus Celluloseacetobutyrat (CAB) und aus Polyvinylchlorid hart (PVC-U) – letzteres wegen der Braunverfärbungsneigung von dem Sonnenlicht ausgesetztem PVC-U, das hinsichtlich des Brandverhaltens dem Acrylglas überlegen ist – werden heute praktisch nicht mehr eingesetzt. Der Einbau der Lichtkuppeln in die Dachhaut erfolgt (seltener) durch Einkleben mit einem Klebeflansch oder (häufiger) mit einem Aufsatzkranz.

Aufsatzkränze werden heute meist in Höhen von 15 und 30 cm geliefert, auch 50 cm hohe Aufsatzkränze sind erhältlich. Ebenso werden andere Höhen (in größeren Stückzahlen auf Bestellung, nur selten als Standardmaße) geliefert. Heute sind mehrschalige, wärmegedämmte Ausführungen der Regelfall. Bei diesen wird zwischen die UP-GF-Deckschichten meistens ein Kern aus Polyurethan-(PUR-) oder Polystyrol-(PS)-Hartschaum eingebaut. Auch Aufsatzkränze aus PUR-Integralschaum-Profilen haben sich bewährt.

Die Aufsatzkränze haben hauptsächlich die Aufgabe, die Kuppeln aus der Dachfläche herauszulösen und damit aus der wasserführenden Ebene anzuheben (Feuchtigkeit, Schmutz); ferner soll durch entsprechende Befestigungen auf diesen Aufsatzkränzen eine ungestörte und spannungsfreie Dehnung der Kuppeln ermöglicht werden. Bei Lichtkuppeln aus UP-GF ist eine direkte Einklebung in die Dachhaut möglich (wenn auch nicht unbedingt empfehlenswert), soweit nicht eine Lüftungsmöglichkeit vorgesehen werden muss. PMMA-Lichtkuppeln zum Einkleben in die Dachhaut entsprechen heute nicht mehr dem Stand der Technik, da einerseits die Schlagzähigkeit des PMMA geringer, andererseits die lineare Wärmedehnung höher ist als beim UP-GF. So ist die Überlegung angebracht, ob es empfehlenswert ist, am Aufsatzkranz zu „sparen".

Auch für Wellplatten- und Trapezblech-Dächer gibt es Aufsatzkranz-Konstruktionen, die mit gleicher Wellung oder ähnlichem versehen sind. Eine weitere Sonderkonstruktion sind Aufsatzkränze für „Nordlichtkuppeln", die an Stelle von Shedkonstruktionen eingesetzt werden können. Im übrigen werden Lichtkuppeln und die dazugehörigen Aufsatzkränze heute in jeder nur irgend denkbaren Form und vernünftig vertretbaren Größe (Durchmesser bis 250 cm, Rechtecke bis 350 x 500 cm Seitenlänge) hergestellt. Einzelanfertigungen bis 750 cm Durchmesser sind schon ausgeführt worden.

Das beste Langzeitverhalten hinsichtlich Transparenz und Oberflächenqualität weisen Lichtkuppeln aus PMMA auf; UP-GF-Lichtkuppeln benötigen eine UV-beständige Oberflächenschutzschicht. Lichtkuppeln aus PMMA und UP-GF werden in der Bundesrepublik Deutschland seit ca. 1960 eingesetzt und haben einen hohen Entwicklungsstand erreicht. Dennoch bestehen zum Teil erhebliche Unterschiede zwischen den Lichtkuppel-Werkstoffen, sowohl in den Eigenschaften als auch in den Preisen. Die Auswahl sollte hier unter Beachtung der von Seiten des vorgesehenen Einsatzzweckes gestellten technischen und ästhetischen Anforderungen getroffen werden.

10.4.6.2   Lichtbänder, Lichtdächer

Neben den Lichtkuppeln bietet die Kunststoffindustrie auch Lichtplatten oder, als Gesamtkonstruktionen, Lichtbänder an. Sie werden vorwiegend bei Sportstätten, Industriehallen und ähnlichen Flachdachbauten eingesetzt. Belichtungstechnisch und in Beziehung auf die Werkstoffe treffen hier im Prinzip die gleichen Ausführungen zu wie für Lichtkuppeln (siehe auch Abschnitt 10.4.6.1). Ergänzend sind Lichtplatten aus Polycarbonat (als Stegdoppelplatten) zu nennen, die in ihren Eigenschaften den gleichartigen Platten aus PMMA näherstehen als solche aus UP-GF. Das angebotene Standardprogramm ist heute sehr reichhaltig; wo es – ausnahmsweise – den gestalterischen Ansprüchen nicht gerecht werden kann, sind, da es sich meist um größere Objekte handelt, Sonderanfertigungen durchaus im Rahmen des Möglichen. Daher seien hier nur die gebräuchlichsten Formen der Lichtplatten und Lichtbänder genannt:

○ ebene einschalige oder doppelschalige Lichtplatten aus UP-GF, PMMA und PC. Die zwei- (und mehr-)schaligen Platten sind heute fast ausschließlich als Stegplatten ausgebildet. Früher übliche Konstruktionen mit Wabenkernen aus dünnem Aluminiumblech (Herkunft: Flugzeugbau) oder Stützkernen aus Polystyrol-(PS-) Kapillaren werden mittlerweile kaum noch eingesetzt.

○ einschalige gewellte oder profilierte Platten, deren Wellung der von Faserzement-Wellplatten bzw. Profilierung der von Trapezblechen entspricht. Solche Platten werden aus PMMA, UP-GF, PC und PVC-U hergestellt.

○ Lichtschalen aus räumlich verformten Platten (zum Teil auch in der Fläche profiliert), die einzeln oder als Lichtbänder montiert werden.

Bei allen genannten Ausführungen sind neben den Bestimmungen der Landesbauordnungen stets in besonderem Maße die brandschutztechnischen Rechts- und Verwaltungsvorschriften der Bundesländer zu beachten.

10.4.6.3 Rauch- und Wärmeabzugsanlagen (RWA)

Im Zusammenhang mit der Belichtung wird im Bauwesen auch stets die Belüftung betrachtet. Dies hat, von der Entwicklung des Fensters her, historische Ursachen. Doch auch die Belichtungselemente in Form von Oberlichtern und Lichtkuppeln bieten Möglichkeiten der Kombination mit der Belüftung, wenn sie mit den notwendigen Aufstellvorrichtungen für freie Lüftung oder hohen Aufsatzkränzen mit eingebauten Ventilatoren ausgestattet sind. Besonders bei den mit Aufstellvorrichtungen versehenen Lichtkuppeln (aber auch bei Sonderkonstruktionen von Oberlichtbändern) kommt hier noch der zusätzliche Aspekt des Brandschutzes ins Spiel. Untersuchungen über den Verlauf von Bränden haben ergeben, dass zu einer wirksamen Brandbekämpfung ein schneller Abzug der Rauchgase unerlässlich ist. Das führte dazu, Lichtkuppeln auch als Rauchabzugsanlagen auszubilden und einzusetzen. Inzwischen sind Rauchabzugssysteme entwickelt worden, die, durch Rauchmelder gesteuert, Lichtkuppeln oder auch, seltener, Teile von Oberlichtbändern vollautomatisch mit elektrischem oder Gasdruck-Antrieb im Brandfall öffnen.

Zu beachten sind die von Bundesland zu Bundesland unterschiedlichen brandschutztechnischen Rechts- und Verwaltungsvorschriften, die, unbeschadet etwaiger örtlicher Zusatzbestimmungen, darüber entscheiden, ob für den genannten Zweck Lichtkuppeln aus normalentflammbarem Kunststoffmaterial eingesetzt werden können oder ob in Sonderfällen solche aus schwerentflammbarem Material einzubauen sind (z. B. aus biaxial gerecktem PMMA).

10.4.6.4 Flachdach-Gefälledämmung

Es ist seit Jahren Stand der Technik, Flachdächer mit einem Gefälle auszustatten, da sich die früher ausgeführten gefällelosen Flachdächer („Nullgraddächer") nicht bewährt haben. Die Industrie ist heute in der Lage, Gefälledämmplatten aus Polystyrol-

Partikelschaum und aus Polyurethan-Hartschaum für jedes gewünschte Gefälle zu fertigen. Diese Gefälledämmplatten entsprechen voll den Anforderungen der DIN 18 164 (siehe Abschnitt 10.4.2.1). Mithin lässt sich ein Gefälle auch bei bestehenden Nullgraddächern im Nachgang auf einfache Weise in Kombination mit einem verbesserten Wärmeschutz realisieren.

Die Mindest-Dämmschichtdicke muss den Anforderungen der DIN 4108 entsprechen. Die mittlere Gesamtschichtdicke hat die Vorgaben der Energieeinsparverordnung zu erfüllen. Die Hersteller der Gefälledämmplatten bieten als Serviceleistung mit der Lieferung der Platten die Fertigung von Verlegeplänen an.

10.4.6.5   Steildach-Dämmelemente

Die Industrie bietet vorgefertigte Dämmelemente für die Steildachdämmung an. So sind z. B. schuppenförmige Dämmsysteme aus Polystyrol-Partikelschaum auf dem Markt, die in die Dachlattung eingehängt werden. Die Dämmplatten sind so geformt, dass eine zusätzliche Lattung für die Dachdeckung nicht erforderlich ist: die Dachplatten werden in entsprechende Vertiefungen der Dämmplatten eingehängt. Auch Dämmelemente aus Polyurethan-Hartschaum sind auf dem Markt. Sie sind beidseitig mit Aluminiumfolie kaschiert. Die Lattung ist bereits in diese Elemente integriert. Selbst komplette Dachelemente mit integrierten Sparren, einer unterseitigen Tragschicht aus Spanplatten und Wärmedämmung aus Polyurethan-Hartschaum sind im Handel.

10.4.6.6   Steildach-Zubehör

Die Kunststoffindustrie bietet reichhaltiges Zubehör für die Steildach-Eindeckung an. Hier sind in erster Linie Dunstrohr-Durchführungen verschiedener Art zu nennen, die fast ausschließlich aus PVC-U gefertigt werden. Ebenfalls aus PVC-U werden Firstelemente angeboten, welche die Luftzirkulation zwischen Unterspannbahn und Dacheindeckung sicherstellen, dabei aber das Eindringen von Schlagregen und Treibschnee verhindern. Die gleiche Funktion erfüllen Gratabdeckbänder aus Polyisobutylen (PIB), in die ein luftdurchlässiger Streifen aus Synthesefaservlies eingearbeitet ist.

Der Substitution der Kehlbleche dienen Kehlbänder aus PVC-P, die durch Längsrippen den seitlichen Wassereintrieb verhindern und ohne Aufwand jedem Kehlwinkel angepasst werden können.

Traufelemente aus Kunststoff sind gleichzeitig belüftete „Trauflatten" und Traufgitter gegen Vogeleinflug. Lüfterelemente, die im Überlappungsbereich der Unterspannbahnen in den Sparrenfeldern eingelegt werden, sollen durch bessere Durchlüftung den Anfall von Kondenswasser zwischen Unterspannbahn und Wärmedämmung vermeiden. Auflagekonsolen für Laufstege, Lichtziegel und Dachausstiege aus Kunststoffen gehören heute zum Standard-Steildach-Zubehör.

10.4.7 Fenster und Türen

10.4.7.1 Kunststoff-Fenster

Vor der ersten Ölkrise 1973 war der Fenstermarkt gänzlich anders strukturiert als heute: er wurde klar vom Holzfenster dominiert, die Marktverbreitung von Kunststoff- und Aluminiumfenstern klaffte nicht weit auseinander. Das ständige Ansteigen der Anforderungen, der durch die Energieeinsparbemühungen ausgelöste enorme Modernisierungsbedarf und technisch bedingte Veränderungen im Preisgefüge des Marktes sowie die konsequente Weiterentwicklung des Kunststoff-Fensters in technischer wie in formaler Hinsicht haben dazu geführt, dass sich das Kunststoff-Fenster in erstaunlichem Maße am Markt durchsetzen konnte.

Der Marktanteil von Kunststoff-Fenstern liegt heute bei über 50 %, der von Holzfenstern bei ca. 30 %. Ein weiterer Anteil von ungefähr 15 % wird durch Aluminiumfenster abgedeckt (die heute ohne Kunststoff-Hilfskonstruktionen zur thermischen Isolation im Profilinneren überhaupt keine Rolle mehr spielen könnten), der geringe Rest des Marktes besteht in ausgesprochenen Sonderkonstruktionen. Das im Zuge der steigenden Marktanteile zunächst kaum überschaubare Angebot auf dem Sektor „Kunststoff"-Fenster hat sich – vorwiegend aufgrund gestiegener Anforderungen und technischer Weiterentwicklung – bereinigt. Hilfskonstruktionen wie z. B. Holz-, Stahl- und Aluminiumfenster mit Beschichtungen aus Polyvinylchlorid weich (PVC-P) sind verschwunden. Fensterprofile aus glasfaserverstärkten ungesättigten Polyesterharzen (UP-GF) sind in ausgesprochene Randbereiche (Keller- und Garagenfenster) abgedrängt worden. Hier haben sich gestiegene Anforderungen an Wärme- und Schallschutz, Fugendichtigkeit und auch an die Wertbeständigkeit der Fenster sehr deutlich ausgewirkt.

Als Werkstoff für Kunststoff-Fensterprofile kommt fast ausschließlich PVC-U zum Einsatz, Profile aus Polyurethan-(PUR)-Integralschaum sind im unteren einstelligen Prozentbereich angesiedelt. Die Konstruktion der Kunststoff-Fensterprofile hat in den letzten drei Jahrzehnten eine sehr schnelle Entwicklung durchlaufen. Die früher üblichen Einkammerprofile sind verschwunden. Grundsätzlich haben sich wegen verschiedener Vorteile (Standfestigkeit, Wärmeschutz, indirekte Entwässerung usw.) Mehrkammerprofile durchgesetzt.

Dabei haben sich die Wanddicken der Mehrkammerprofile im Bereich von 2,5 bis 3,0 mm eingependelt. Durch diese Profildicken ist nicht nur eine sichere Verschweißung der Profile, sondern auch ausreichende Stabilität bei kleineren Fensterflügeln gewährleistet. Die grundsätzliche Aussteifung von größeren Fensterflügeln (ca. ab 1,0 m Seitenlänge aufwärts) sowie – unabhängig von der Größe – von anders als weiß eingefärbten Profilen ist heute Stand der Technik.

Ein Qualitätsmerkmal für Fenster ist der Fugendurchlasskoeffizient oder sogenannte „a-Wert", der die über die Fugen zwischen Flügel und Blendrahmen eines Fensters je Zeit, Meter Fugenlänge und Luftdruckdifferenz von 10 Pa ausgetauschte Luftmenge angibt. Einige der heute im Handel befindlichen Kunststoff-Fenster erreichen a-Werte von 0,1 bis 0,3, also Werte, wie sie zuvor äußerstenfalls Metallfenstern zueigen waren. Hier ist allerdings eine Grenze erreicht. Eine weitere Absenkung des a-Wertes ist nicht sinnvoll. In den letzten Jahren wurden bereits Kunststoff-Fenstersysteme mit in die Profile integrierten, einstellbaren Dauerlüftungsvorrichtungen auf den Markt gebracht, die so konzipiert sind, dass keine unzulässig hohen Lüftungswärmeverluste auftreten.

In wesentlich stärkerem Maße als bei Aluminiumfenstern ist bei Fenstern aus Kunststoff die thermische Längenänderung (Wärmedehnzahl von PVC-U ca. $70 \cdot 10^{-6}\,K^{-1}$) für die Bemessung der Fensteranschlussfuge zu berücksichtigen. Nach dem im Auftrag des Bundesministers für Raumordnung, Bauwesen und Städtebau vom Institut für Fenstertechnik, Rosenheim, erarbeiteten und im Jahr 1979 herausgegebenen Forschungsbericht über die Bemessung von Fensteranschlussfugen zum Baukörper [10.22] gilt für die erforderliche Mindestfugenbreite:

erf b = $\Delta b_{ges} \cdot$ 100/(zul. Gesamtverformung des Fugendichtstoffs $\cdot$ 0,5)

Hierbei ist

$\Delta b_{ges} = 2/3 \cdot l_F \cdot \Delta T \cdot (\alpha_{TF} - \alpha_{TB}) + f$

mit

l_F Fensterprofillänge
ΔT größte Temperaturdifferenz zwischen Einbautemperatur und maximal bzw. minimal zu erwartender Fensterprofiltemperatur (bei weißen PVC-Profilen: maximale Profiltemperatur 45 °C, minimale Profiltemperatur –5 °C, bei dunklen PVC-Profilen: maximale Profiltemperatur 60 °C, minimale Profiltemperatur –10 °C)
α_{TF} Wärmedehnzahl des Fensterprofils (bei PVC-U $70 \cdot 10^{-6}\,K^{-1}$)
α_{TB} Wärmedehnzahl des Baukörpers (bei Mauerziegel $6 \cdot 10^{-6}\,K^{-1}$, bei Stahlbeton $11 \cdot 10^{-6}\,K^{-1}$)
f Durchbiegung von Trägern oder Decken im Bereich der Fenster
zul. Gesamtverformung des Fugendichtstoffs je nach dessen Qualität 10 bis 25 %

Beim Einbau der Kunststofffenster ist darauf zu achten, dass deren Verlängerung und Verkürzung ungehindert, also ohne Aufbau von Zwängungsspannungen erfolgen kann, da es sonst an den Schweißnähten zwischen den Profilen zu Abrissen kommen kann.

Temperatur ist nur eine der klimatischen Einflussgrößen, die auf Fenster einwirken. Durch zahlreiche Untersuchungen und aus der Praxis früherer Jahre ist bekannt, dass die Klimafaktoren UV-Strahlung, Wasser und Luftfeuchtigkeit erheblichen Einfluss auf die Alterung von PVC-U haben. Insbesondere wurden an den Fensterprofilen der ersten Generation Verfärbungen und Versprödungen beobachtet. Diesen Erscheinungen hat die Kunststoffindustrie nunmehr seit Jahrzehnten wirksame Zusätze entgegengesetzt, durch die der Werkstoff den klimatischen Gegebenheiten des Einbauortes angepasst werden kann. In diesem Zusammenhang ist es interessant, dass südlich einer durch Südfrankreich über Mailand und Belgrad verlaufenden Linie anders modifizierte Kunststoffe für die Fensterherstellung eingesetzt werden müssen als nördlich dieser Linie.

Schließlich sind Fenster nicht nur klimatischen Einflüssen ausgesetzt. Bei Transport und Montage, aber auch nach dem Einbau sind die Profile Zug- und Druckkräften besonders im Bereich der Schweißnähte ausgesetzt. Für diese vielfältigen Beanspruchungen ist reines PVC-U, besonders bei niederen Temperaturen, wesentlich zu spröde. Diesem Problem begegnet man durch Zusatz von „Modifiern". Für den Außeneinsatz – und damit für Fensterprofile – kommt aber nur eine begrenzte Zahl von Schlagzäh-Modifiern in Frage, die keine Kohlenstoff-Doppelbindungen im Molekulargefüge aufweisen, da solche Gruppierungen eine schlechte Witterungsstabilität besitzen. Farbkonstanz und mechanisches Langzeitverhalten lassen ansonsten zu wünschen übrig. Solche Materialien verspröden und verfärben sich im Laufe der Zeit. Die heute eingesetzten Schlagzäh-Modifikatoren

○ chloriertes Polyethylen (PE-C)
○ Ethylen-Vinylacetat-Copolymer (EVA)
○ Polyacrylate

haben sich in Versuchen und im praktischen Einsatz seit ca. 30 Jahren bestens bewährt. Die Entwicklungstendenz führt aus Gründen der besseren Verarbeitbarkeit stärker als bisher zum Einsatz der EVA- und Polyacrylat-Modifikatoren. Ein weiteres Verfolgen der stofflichen Zusammenhänge würde zu tief in die Chemie hineinführen, als dass sie hier noch interessieren könnten. Es kann aber festgestellt werden, dass die Werkstoffhersteller im Laufe von ca. drei Jahrzehnten so intensive Erfahrungen gesammelt haben, dass das Vertrauen, das dem Kunststoff-Fenster heute entgegengebracht wird, vollauf gerechtfertigt ist.

Gab es vor 20 Jahren praktisch noch keine Regeln für Kunststoff-Fenster, so ist inzwischen ein umfangreiches Regelwerk entstanden. Hier ist zunächst eine Reihe von Normen und Normenentwürfen zu nennen:

○ DIN 16 830 Fensterprofile aus hochschlagzähem Polyvinylchlorid (PVC-HI), Teil 1: Prüfverfahren, Teil 2: Anforderungen (für weiße Fensterprofile), Teil 3 (Anforderungen) und Teil 4 (Prüfungen) für Fensterprofile mit beschichteten, farbigen Oberflächen

○ DIN EN 477 bis DIN EN 479 Profile aus weichmacherfreiem Polyvinylchlorid (PVC-U) zur Herstellung von Fenstern und Türen; Bestimmung verschiedener mechanischer und thermischer Eigenschaften

○ Entwurf DIN EN 513 Profile aus weichmacherfreiem Polyvinylchlorid (PVC-U) zur Herstellung von Fenstern und Türen; Bestimmung der Wetterechtheit und Wetterbeständigkeit durch künstliche Bewitterung

○ Entwurf DIN EN 514 Profile aus weichmacherfreiem Polyvinylchlorid (PVC-U) zur Herstellung von Fenstern und Türen; Bestimmung der Festigkeit verschweißter Ecken und T-Verbindungen

○ Entwurf DIN EN 12 608 Profile aus weichmacherfreiem Polyvinylchlorid (PVC-U) zur Herstellung von Fenstern und Türen – Klassifizierung, Anforderungen und Prüfverfahren

Hinzu kommen die Güterichtlinie RAL-GZ 716/1 für Kunststoff-Fenster und nicht zuletzt die Zusätzlichen Technischen Vorschriften zur Ausschreibung von Kunststoff-Fenstern aus PVC-U/weiß und aus hartem PUR-Integralschaumstoff, herausgegeben vom Institut für Fenstertechnik, Rosenheim, als Ergänzung zu den Allgemeinen Vertragsbedingungen nach VOB Teil B.

Eine wachsende Bedeutung gewinnt das Recycling von Kunststoffen. Aus vorwiegend ökologischen Gründen wird angestrebt, die Materialien nach Ablauf der Nutzungsdauer erneut einzusetzen. PVC-Fenster eignen sich besonders für die werkstoffliche Wiederverwertung, weil das Altmaterial in der Regel sauber und sortenrein vorliegt, also nicht verschiedene Kunststoffe getrennt werden müssen. Außerdem eignet sich PVC-U sehr gut für werkstoffliche Recyclingverfahren, weil sich die Materialeigenschaften durch die erneute Verarbeitung nur geringfügig ändern. Durch Coextrusion von Frisch- und Recyclingmaterial werden neue Fensterprofile so hergestellt, dass das Frischmaterial auf der sichtbaren Außenseite zum Einsatz kommt, während das Recyclat im Profilkern die stabilisierende Funktion ohne signifikante qualitative Einbußen übernimmt.

10.4.7.2   Fensterzubehör

Wichtigstes Fensterzubehör ist der Rolladen. Er hat in den letzten Jahrzehnten eine Funktionserweiterung über den Einbruchschutz hinaus zum Wärme- und Sonnenschutz erfahren und konnte sich auch im norddeutschen Raum einbürgern. Doch auch in Süddeutschland eroberte der Rolladen, den man früher nur im Erdgeschoss einbaute, nun die Obergeschosse. An dieser Entwicklung haben sowohl die Funktionserweiterung als auch eine ständige technische Weiterentwicklung erheblichen Anteil. In der Zeit seit 1960 wurden die schweren und teuren Rolladenpanzer aus Holzprofilen (die sich oft genug so verzogen, dass an ein reibungsloses Bewegen kaum mehr zu denken war und die durch ihr enormes Gewicht oft genug Gurte und Ketten zum Reißen brachten) abgelöst durch die leichten, preiswerten und weniger störungsanfälligen, dafür aber um vieles reparaturfreundlicheren Kunststoffrolläden. Als Werkstoff für die Kunststoffrolläden wird dasselbe schlagzäh modifizierte PVC-U eingesetzt wie für Fensterprofile. Teilweise werden die Rolladenprofile wegen ihres Einsatzes als temporärer Wärmeschutz auch mit PUR-Schaum ausgeschäumt.

Das schwierigste Teil des Rolladens war schon immer der Rolladenkasten. Deshalb wurden zunächst Fertig-Rolladenkästen aus zementgebundener Holzwolle entwickelt. Die nächste Stufe war der Rolladenkasten mit einem Korpus aus schwerentflammbarem Polystyrol-Hartschaum mit angeschäumten zement- oder magnesiagebundenen Holzwolle-Leichtbauplatten als Putzträger oder, in anderer Ausführung, mit glasfaserverstärktem Zementmörtel beschichtet. Auch Rolladenkästen aus Kunstharz-Leichtbeton (meist Blähton mit ungesättigten Polyesterharzen gebunden) oder Polyurethan-Hartschaum kamen auf den Markt. Diese Ausführungen haben sich bewährt und sind heute noch – geringfügig verändert – erhältlich. Die Tiefen dieser Rolladenkästen sind abgestimmt auf die üblichen Außenwanddicken im Mauerwerksbau: 24, 30 und 36,5 cm. Schon immer war der Anschluss des Rolladenkastens an den Fensterrahmen ein schwieriger Detailpunkt und so bot es sich an, solche Anschlüsse auf Kunststoff-Fensterprofile abgestimmt zu entwickeln bzw. den Rolladenkasten als festen Bestandteil eines Komplett-Fensterelementes anzubieten. Das funktioniert natürlich dann am besten, wenn der Werkstoffcharakter von Fenster und Rolladenkasten identisch ist. Dies führte zur Entwicklung einer Reihe einschaliger oder auch Hohlkammerprofile aus PVC-U. Ebenso ist eine Tendenz zu Profilen aus PVC-Integralschaum zu erkennen.

10.4.7.3   Türen und Tore

Türen mit Kunststoffbelägen werden seit ca. 40 Jahren hergestellt. Die ersten Ausführungen von Türen unter Verwendung von Kunststoffen waren normale, abgesperrte Türblätter, deren Sperrholzoberfläche mit dekorativen Schichtpressstoffplatten belegt wurden. Der an den Kanten erscheinende Holzrahmen wurde entweder angestrichen, mit einem Streifen aus dekorativen Schichtpressstoffplatten beklebt (dies besonders bei stumpf einschlagenden Türen) oder durch das Einkleben eines extrudierten Einleimers aus Polyvinylchlorid (PVC-U) abgedeckt. Solche Ausführungen sind heute kaum noch erhältlich, weil sie vom Herstellungsverfahren her sehr arbeitsaufwändig und daher teuer sind. Preisgünstiger sind die weiter verbreiteten Türblätter, die während der Herstellung mit einer Kunststoffoberfläche belegt werden. So werden anstatt mit Sperrholzplatten bereits mit dekorativen Schichtstoffplatten belegte Holzfaser-Hartplatten angewandt. Andere, verhältnismäßig preisgünstige Verfahren sind: das Bekleben der Türblätter mit PVC-Folien und das sehr gebräuchliche Beschichten mit Polyesterharz.

Eine Sonderstellung nehmen, wie oben schon angedeutet, immer noch – und wahrscheinlich auch in Zukunft – die reinen Kunststofftüren ein. Zwei grundsätzlich verschiedene Typen sind hier festzustellen. Der erste besteht aus einer senkrechten Aneinanderreihung von bis zu 120 mm breiten extrudierten Hohlkammerprofilen aus PVC-U, die mit ihren schwalbenschwanzförmigen Randprofilierungen ineinandergeschoben und durch Quellschweißung unlösbar miteinander verbunden werden. Die notwendige Festigkeit wird normalerweise durch einen umlaufenden Rahmen aus Leichtmetall oder PVC-U-Profilen erreicht und kann durch im Inneren des Türblatts angeordnete Zugbänder noch weiter gesteigert werden.

Der zweite Typ der reinen Kunststofftüren besteht aus einem wabenförmig tiefgezogenen Kern aus hochschlagfestem Polystyrol (PS). Dieser Kern wird mit einem Profilrahmen aus demselben Material thermisch verschweißt, der Verstärkungen zur

Aufnahme der Bänderschrauben sowie der Schlösser und Beschläge hat. Nach außen abgeschlossen wird die Konstruktion durch einen stumpfen oder gefalzten Kunststoff-Umleimer sowie Abdeckungen aus dekorativen Schichtstoffplatten. Diese Türen finden wegen ihrer hervorragenden hygienischen Eigenschaften hauptsächlich Anwendung in öffentlichen Badeanstalten und ähnlichen Einrichtungen, wo sie oftmals gemeinsam mit einem gleich konzipierten Trennwandsystem für Umkleide-, Dusch- und WC-Kabinen, Reihen-Schrankanlagen usw. eingesetzt werden. Da die Maße dieser Türblätter den üblichen Normmaßen entsprechen, ist ihr Einsatz z. B. in Verbindung mit Norm-Stahlzargen problemlos.

Entsprechend den kompletten Fertigtürelementen herkömmlicher Bauart und den Norm-Stahlzargen hat die Industrie auch Kunststoff-Türelemente aus Türblatt und Zarge oder Bekleidung und auch die Kunststoff-Türzarge für Normtürblätter entwickelt und – bis heute ohne sonderlichen Erfolg – auf den Markt gebracht. Es handelt sich hierbei überwiegend um Türzargen aus hochverdichteten Spanplatten, die mit dekorativen Schichtstoffplatten oder PVC-Folie belegt sind. Selten sind Baukastensysteme aus extrudierten PVC-U-Profilen; sie können meist nicht allein eingebaut werden, sondern benötigen eine hölzerne Blindzarge als Unterkonstruktion.

Tore aus Kunststoffen werden in geringer Zahl im Industriebau eingesetzt. Es handelt sich hierbei meist um Horizontal-Schnelllauftore, Vertikal-Sektionaltore und transparente Schwingtore. Die Stahlkonstruktionen dieser Tore werden in der Regel mit Beplankungen bzw. Füllungen aus Kunststoffen ausgestattet. Je nach Einsatzbereich kann es sich hierbei um Platten aus PVC-U, PVC-Integralschaumstoff, GFK usw. oder auch um Bespannungen mit Synthesefaser-Geweben handeln.

10.4.8   Ausbau-Halbzeuge

10.4.8.1   *Dekorative Schichtpressstoffplatten*

Dekorative Schichtpressstoffplatten (DKS oder auch HPL = High Pressure Laminate) bestehen in der Regel aus Kern- und Deckschichten. Die Kernschichten bestehen aus saugfähigen, nassreißfesten Spezialpapieren, die, mit Phenolharzen getränkt, in je nach gewünschter Dicke 5 bis 30 Lagen übereinander auf ein Spezialblech gelegt werden. Auf die Kernlage wird eine Sperrschicht und darüber die mit Melaminharz bestrichene Dekorschicht aufgebracht. Den Abschluss bildet ein Deckfilm. Dieses Schichtenpaket wird mit einem zweiten Spezialblech abgedeckt und unter Hitze (ca. 200 °C) und Druck (ca. 15 N/mm^2) ungefähr eine Stunde gehärtet. DKS können im Möbelbau und für Innenwandbekleidungen, bestimmte Typen auch für Außenwandbekleidungen eingesetzt werden. Die Bearbeitung der Platten kann mit Werkzeugen und Maschinen für die Holzbearbeitung erfolgen.

10.4.8.2 PVC-Integralschaumplatten

Durch ein spezielles Herstellungsverfahren wird PVC-U so aufgeschäumt, dass der Porengehalt unter der massiven Außenhaut kontinuierlich bis zur Mitte zunimmt. Die Platten werden in Dicken bis zu 50 mm hergestellt, die Dicke der massiven Außenhaut beträgt ca. 1 mm. Die Platten können in Rahmenkonstruktionen als Trennwandelemente oder ähnliches eingesetzt werden.

10.4.8.3 Strukturschaumtapeten

Vor etwa 30 Jahren wurden die Vinyltapeten in Deutschland entwickelt. Das Trägerpapier wird mit Plastisolen (PVC-Paste) beschichtet, bedruckt, geprägt und angeliert. Durch Aufdrucken eines Inhibitors kann das Aufschäumen genau gesteuert werden und so ein dreidimensionales Muster auf die Tapete gebracht werden. Auch das Einbetten von Metallflocken und ähnlichem zur Gestaltung der Optik ist möglich. PVC-Tapeten sind wischfest, lichtecht und besitzen eine gute Wärmedämmung. Sie werden bevorzugt für Nass- und Feuchträume eingesetzt.

10.4.9 Fußbodenbeläge

10.4.9.1 Platten und Bahnen

PVC-(Polyvinylchlorid-)Beläge werden aus dem thermoplastischen PVC-Pulver unter Wärme und Druck nach Zugabe von Weichmachern, Füllstoffen, Pigmenten und Stabilisatoren im Kalandrier-, Streich- oder Pressverfahren hergestellt. Ungefüllte PVC-Folien können wegen ungenügender Temperaturleitung nur in Dicken von weniger als 1 mm hergestellt werden. Die Temperaturleitfähigkeit wird durch Füllstoffe verbessert, dadurch können größere Materialdicken hergestellt werden; allerdings ist der Verschleißwiderstand dieses Materials wesentlich geringer. Einschichtig homogene Tafeln können allerdings auch ungefüllt im Pressverfahren in Dicken von 1,5 bis 3 mm hergestellt werden.

Mehrere gleich oder verschieden gefüllte Bahnen können miteinander flächig thermoverschweißt werden. Homogen, aber gering gefüllte Mehrschichten-Beläge sind ein Material, dessen Gesamtdicke die Nutzschichtdicke ist. Diese Beläge haben einen relativ sehr hohen Wärmeausdehnungskoeffizienten. Für weniger stark beanspruchte Räume wählt man daher lieber heterogen gefüllte PVC-Beläge mit einer ungefüllten Deckschicht, die gleichzeitig Nutzschicht ist.

Trägerlose PVC-Beläge werden auf die oben beschriebene Weise als ein- oder mehrschichtige Bahnen von 1 bis 2 m Breite und 15 bis 25 m Länge kalandriert, ebenso Platten von 300 x 600 mm und 600 x 600 mm; Platten von 600 x 1200 mm werden gepresst. Die Dicke beträgt in allen Fällen zwischen 1 und 3 mm. Die Beläge werden auf Kunstkautschuk- oder Kunstharz-Dispersionskleber verlegt, die Fugen können mit PVC-Schweißdraht verschweißt werden.

Bei guter Verlegung und gutem Unterboden sind qualitativ hochwertige PVC-Beläge mechanisch sehr stark belastbar. Die Dicke des Belags sagt nichts über dessen Qualität aus, hier ist der PVC-Gehalt der Gesamtschicht bei homogenen, der Oberschicht bei heterogenen Belägen entscheidend. Schall- und wärmetechnisch bringen diese Beläge keine Verbesserung.

Im Streichverfahren werden **PVC-Beläge mit Trägern** hergestellt. Als Träger dienen bitumenimprägnierte Wollfilzpappen, Korkment (grobes Korkmehl und Leinöl auf Gewebe), Korkvinyl (durch Vinyl gebundenes Korkmehl), Jutefilz und Polyester- und andere Synthesefaservliese. Bahnen sind in Breiten von 2,0 bis 2,6 m und Längen von 20 bis 30 m erhältlich, Platten in Abmessungen von 500 x 500 mm; die Dicken liegen bei 2 bis 4 mm, die PVC-Beschichtung ist ca. 1 mm dick.

Die zum Teil natürliche und nicht verrottungsbeständige Trägerschicht schließt die Anwendung dieser Beläge z. B. in Feuchträumen aus. Das Eindruckverhalten ist ungünstiger als das von trägerlosen Belägen, dagegen sind Beläge mit Trägern in bewohnten Räumen unter Umständen etwas angenehmer. Belagsfugen können verschweißt werden.

PVC-Beläge auf Unterschicht aus PVC-Schaumstoff werden hergestellt aus PVC-Belägen ohne Träger, auf deren Unterseite eine bei erhöhten Temperaturen selbstaufschäumende PVC-Paste aufgestrichen wird. Diese Beläge sind nur in Bahnen erhältlich; die Dicke liegt zwischen 2,5 und 3,5 mm. Sie werden auf Kunstkautschuk- oder Kunstharz-Dispersionsklebern verlegt.

Die Schaumstoffschicht an der Unterseite bewirkt, dass die Beläge besonders tritt- und gleitsicher und angenehm zu begehen sind. Die Trittschalldämmung kann dadurch wesentlich, die Wärmedämmung etwas verbessert werden. Durch die hohe Elastizität ist der Verschleiß der Beläge gering. Die Verrottungsfestigkeit auch der Unterschicht und die Möglichkeit, die Fugen zu verschweißen, erlauben einen Einsatz auch in Bädern, Küchen usw.

PVC-Beläge mit PVC-Strukturschaum und PVC-Trägerfolie benötigen kein stabilisierendes Gewebe. In einem verhältnismäßig komplizierten Verfahren werden Trägerfolie, farbig bedruckte Schaumstoff-Zwischenlage und transparente Nutzschicht mit strukturierter Oberfläche zu einem Verbundbelag vereint.

Die Bahnenware von 2 m Breite, 20 – 30 m Länge und ca. 2,5 mm Dicke wird auf Kunstkautschuk- oder Kunstharz-Dispersionsklebern verlegt. Die Fugen können zwar verschweißt werden; da die Belagsoberfläche jedoch strukturiert ist, ergibt sich eine optisch und auch von der Reinigung her ungünstige Wirkung. Die Eigenschaften des Belags entsprechen denen von PVC-Belägen auf Unterschicht aus PVC-Schaumstoff, jedoch können, der strukturierten Oberfläche wegen, auch geringe Unebenheiten des Unterbodens optisch kaschiert werden.

Ausgediente PVC-Böden werden zunehmend werkstofflich recycelt. Um die weichen, flexiblen Beläge mahlen zu können, wird das zur Verwertung anstehende Altmaterial mittels Flüssigstickstoff auf Temperaturen um –20 °C abgekühlt. Durch die bei dieser Temperatur eintretende Versprödung können die PVC-Bodenbeläge anschließend zu einem feinen Pulver vermahlen werden. Dieses Recyclat wird in der – nach dem Einbau der Beläge nicht sichtbaren – Unterschicht neuer PVC-Bodenbeläge eingesetzt.

Seit einiger Zeit werden auch Bodenbeläge aus einem Gemisch verschiedener Polyolefine angeboten. Das Eigenschaftsprofil dieser Polyolefin-Beläge ähnelt dem der PVC-Beläge, reicht jedoch in vielen Belangen noch nicht an diese heran.

10.4.9.2 Textile Bodenbeläge

Synthesefasern haben sich in diesem Bereich einen so beherrschenden Marktanteil erobert, weil sie nicht nur in der Teppichbodenherstellung als Endlosfasern Vorteile bringen, sondern auch ständig gleiche Qualität und außerdem Farbechtheit und Verrottungsfestigkeit bieten. Aus den folgenden vier Fasern werden heute, teils auch in Mischung, „Pol"- oder Nutzschichten textiler Bodenbeläge hergestellt:

○ Polyamid (PA) mit hoher Verschleißfestigkeit und großen Variationsmöglichkeiten in Farbe und Faserstruktur
○ Polyacrylnitril (PAN) mit großer Elastizität und wollähnlichen Berührungseigenschaften
○ Polypropylen (PP) mit guten Reinigungseigenschaften, niederem Gewicht und geringer elektrostatischer Aufladung
○ Polyethylenterephthalat (PETP) mit hoher Formbeständigkeit und Variabilität der Elastizität.

Zur Erreichung bestimmter Eigenschaften werden gelegentlich auch andere Fasern in geringen Mengen beigemischt, z. B. Metallfasern, wenn elektrische Leitfähigkeit gewünscht wird. Auch bei den Trägermaterialien haben synthetische Fasern die Naturfasern schon in beachtlichem Ausmaß ersetzt. Als Träger kommen Gewebe, Vliese, Gitter oder Bänder in Frage.

Je nach Herstellungsverfahren sind für die verschiedenen Arten der Teppichböden auch unterschiedliche Rückenbehandlungen erforderlich. Weniger dicht eingestellte Teppichböden verlangen eine Rückenappretur zur Flächenstabilisierung. Bei Tuftings muss das Polmaterial durch eine Rückenbeschichtung auf dem Träger verankert werden. Rückenkonstruktionen aus Latex- oder PVC-Schaum erhöhen außer der Trittelastizität auch Wärme- und Schallschutz, außerdem ist das höhere Eigengewicht besonders bei „selbstliegenden" Qualitäten von Vorteil.

Textile Bodenbeläge werden ausnahmslos in Endlosbahnen von 0,67 bis 5,0 m Breite hergestellt. Alle anderen erhältlichen Formate (Fliesen, abgepasste Brücken und Teppiche) werden aus Bahnen gefertigt. Teppichböden werden je nach Art und Einsatz lose verlegt, verspannt oder auf dem Untergrund verklebt (siehe hierzu Abschnitt 10.3.4.3).

10.4.10　Kunststoffe im Erd-, Landschafts-, Verkehrswege- und Wasserbau

10.4.10.1　Schaumstoffe als Frostschutz

Neben den Einsatzgebieten Perimeterdämmung und Umkehrdach (siehe 10.4.2.1) wird extrudierter Polystyrol-Hartschaum auch im Straßen- und Eisenbahnbau als Frostschutzschicht verwendet. Frostschäden an Fahrbahnbefestigungen treten bei bindigen Böden als Untergrund häufig auf. Man kann Frostsicherheit entweder durch einen kompletten Bodenaustausch oder den Einbau von Dämmschichten erreichen; Voraussetzung hierfür ist, wie bei der Perimeterdämmung und dem Umkehrdach, die extrem geringe Wasseraufnahme des Dämmstoffes bei hoher Druckfestigkeit. Für extrudierte Polystyrol-Hartschaumplatten liegen langjährige positive Erfahrungen vor, ebenso für Polystyrol-Hartschaum-Leichtbeton (Styroporbeton) und für Polyurethan-Ortschaum. In Deutschland ist eine gedämmte Straße „Regelbauweise" und von der Forschungsgesellschaft für Straßen- und Verkehrswesen anerkannt.

Ähnliche Verhältnisse wie für den Straßenbau gelten auch für den Eisenbahnbau. Auch hier muss das Eindringen von Frost in den Untergrund verhindert wird. Denn durch Frost im Untergrund wird das Gleisbett und damit auch das Fahrgleis angehoben. Ein sicheres, schnelles Fahren ist dann nicht mehr möglich. Durch den Einbau von extrudierten Polystytrol-Hartschaumplatten zwischen Schotterbett und Erdplanum kann das Eindringen von Frost in den Untergrund sicher verhindert werden. Diese Bauweise ist sowohl von der Deutschen Bahn AG als auch vom Internationalen Eisenbahnverband zugelassen. Alternativ kann auch Polystyrol-Hartschaum-Leichtbeton als Frostschutzschicht mit einer Normalbetonauflage als Ersatz für das Schotterbett verwendet werden.

Beim Polystyrol-Hartschaum-Leichtbeton ist die Gesteinskörnung des herkömmlichen Betons unter Beibehaltung des Zementanteils durch Polystyrol-Schaumstoffpartikel mit einem Durchmesser von 1,5 bis 2,5 mm substituiert. Die Mischung kann fallweise durch Zugabe von Sand abgemagert werden. Dieser Leichtbeton kann mit gleichartigen Straßenbaufertigern eingebaut werden, wie sie bei üblichem Beton verwendet werden. Infolge der rauen Oberflächenstruktur verklammern sich nachfolgende Asphalttragschichten hervorragend mit dem Polystyrol-Hartschaum-Leichtbeton, so dass hohe Schwerkräfte aufgenommen werden können.

10.4.10.2　Geotextilien

Geotextilien übernehmen im Erd-, Landschafts-, Verkehrswege- und Wasserbau verschiedene Aufgaben:
- ○ Filtern
- ○ Dränen
- ○ Trennen
- ○ Schützen
- ○ Verstärken

Voraussetzung hierfür ist, neben der erforderlichen Zugfestigkeit, besonders die Verrottungsfestigkeit des eingesetzten Werkstoffs. Deshalb kommen nur synthetische Fasern in Frage. Überwiegend werden Polyester- und Polypropylenfasern eingesetzt. Geotextilien werden in drei verschiedenen Formen eingesetzt:

○ Gewebe
○ Vliese (sogenannte „Nonwovens")
○ Beimengung von Endlosfasern zum Erdreich.

Sowohl Gewebe als auch orientierte Vliese können unidirektional oder auch in mehreren Richtungen verstärkt ausgeführt werden. Vliese werden nach verschiedenen Gesichtspunkten unterschieden:

Art der Vliesbildung:
○ mechanische
○ aerodynamische
○ hydrodynamische
○ Spinnvliese

Lage der Fasern zueinander:
○ orientierte Vliese (gleichgerichtete Fasern)
○ Kreuzlagenvliese
○ Wirrfaservliese

Art der Verfestigung (Bindung):
○ mechanisch (z. B. Vernadelung)
○ thermisch (Verschweißung oder Schrumpfung)
○ chemisch (durch Anlösen der Fasern, z. B. Quellschweißung)
○ chemisch-physikalisch (durch Bindemittel).

Die Lage der Fasern und die Art der Verfestigung sind am Vlies unschwer zu sehen und zu fühlen.

Je nach Anwendung werden Vliesdicken von 0,3–40 mm eingesetzt, die in ihrer Erscheinungsform textilartig-weich bis drahtartig-steif sein können. Da die verschiedenen Herstellungsverfahren durchweg endlose Transportbänder verwenden, können stets große Längen geliefert werden, die Breiten liegen im Bereich von 1–5 m. Die wichtigsten Anwendungsbereiche sind im

Erd- und Landschaftsbau:
○ Befestigung von Hängen und Böschungen
○ Befestigung und rasche Entwässerung von stark beanspruchten Rasenflächen, z. B. Sportplätzen

Verkehrswegebau:
○ Auflage auf weichen und lockeren Untergründen zur Festigung der Aufbauschichten
○ Trennschichten zwischen Böden unterschiedlicher Beschaffenheit (z. B. bindige und nichtbindige Lagen)

○ Frostschutz durch Wasserabführung
○ Schutz gegen die Verschmutzung von Drainageschichten
○ Stabilisierung begraster Straßenrandbankette

Wasserbau (Meer, Seen, Kanäle):
○ Erosionsschutz mit Filterwirkung an Böschungen bewegter Wasserflächen
○ Schutz vor den Folgen mechanischer Angriffe wie Eisschub und Schiffskörper-
berührung.

10.4.10.3　Sekundärkunststoffe

Durch das Inkrafttreten des Kreislaufwirtschafts- und Abfallgesetzes (KrW-/AbfG)
entstand für die Hersteller jeglicher Art von Gütern die Verpflichtung, sich auch um die
Verwertung ihrer Produkte nach Ende der Nutzungsdauer zu kümmern. Art und Umfang der aus diesem Gesetz für die einzelnen Hersteller hervorgehenden Verpflichtungen sollen entsprechende Verordnungen regeln.

Da der Vermeidung und Verwertung von Verpackungsmaterial ein besonders hoher
Stellenwert beigemessen wurde, war die Verpackungsverordnung die erste Aus-
führungsverordnung, die zum KrW-/AbfG erlassen wurde. Sie sorgte für die Gründung
der Deutschen Gesellschaft für Kunststoff-Recycling mbH (DKR), die vor allem als
Lizenzgeber für den „Grünen Punkt" bekannt sein dürfte.

Durch den Zwang zur Sammlung und werkstofflichen Verwertung (Recycling) des
Großteils der Verpackungsmaterialien entstand am Markt die „neue" Werkstoffklasse
der Sekundärkunststoffe. Es handelt sich dabei überwiegend um Kunststoffe aus
Verpackungen, die – im „gelben Sack" gesammelt – durch Reinigung, Trennung und
Aufbereitung zu Kunststoffrecyclaten verarbeitet werden. Je nach Art und Umfang der
einzelnen Schritte entstehen unterschiedlich gut einsetzbare Kunststoff-Fraktionen.
Da die Kosten für die Umwandlung des Altmaterials in Sekundärkunststoffe größtenteils in den Lizenzgebühren für den „Grünen Punkt" enthalten sind, sind die Recyclate
am Markt deutlich preiswerter als vergleichbare Neuware. Dafür müssen gewisse
Qualitätsmängel wie schwankende Eigenfarbe und geringe Anteile von Restver-
schmutzungen in Kauf genommen werden. Gerade bei großvolumigen Bauprodukten
spielen solche geringfügigen Mängel oft jedoch nur eine untergeordnete Rolle. Größere Wandstärken als bei anderen Kunststoffteilen üblich und die Einfärbung mit geeigneten Pigmenten erlauben die Herstellung hochwertiger Bauelemente aus den Sekundärkunststoffen. Die Bauprodukte aus Recycling-Kunststoffen konkurrieren vor allem
mit Bauteilen aus Holz oder Beton bzw. mineralischen Stoffen.

Gegenüber Holz besitzen die Sekundärkunststoffe eine ganze Reihe von Vorteilen:
○ Sie sind ohne Anstrich oder Beschichtung witterungsbeständig. Diese Eigenschaft
verleiht den Produkten auch bei ständiger Bewitterung trotz Wartungsfreiheit eine
hohe Lebensdauer.

○ Sie sind verrottungsbeständig und können weder verfaulen, noch Kleinlebewesen als Nahrung dienen.

○ Die Unempfindlichkeit gegen Feuchtigkeit und die geringe Wasseraufnahme der Kunststoffe erlauben den Einsatz im und am Wasser.

○ Die Bauteile aus Kunststoffrecyclat können jederzeit erneut dem Recycling zugeführt werden, während behandelte Hölzer als Sondermüll entsorgt werden müssen.

Vor allem die im Extrusionsverfahren endlos herstellbaren Profile aus Sekundärkunststoff ersetzen zunehmend den Baustoff Holz im Landschafts- und Wasserbau. Typische Bauteile sind Palisaden, Zäune, Pergolen, bepflanzbare Schallschutzwände (vgl. 10.4.2.4), Uferbefestigungen und Bootsstege. Aus den verschiedenen Rund- und Kantprofilen wird daneben eine Vielzahl von Accessoires wie Abfallbehälter, Spielplatzgeräte und Gartenmöbel hergestellt.

Vor allem beim Einsatz in öffentlichen Bereichen erweisen sich die massiven Kunststoffprofile als sehr robust. Auch Vandalismus kann den Elementen kaum etwas anhaben. Da die Profile durch und durch aus gleichem Material bestehen, können Grafittis einfach durch Abschleifen beseitigt werden, das Einritzen von Zeichen zeigt optisch praktisch keine Wirkung.

Gegenüber Mineralien und Beton weisen die Kunststoffrecyclate vor allem die folgenden Vorteile auf:

○ Das geringere Gewicht erleichtert Handling, Transport und Einbau der Elemente.

○ Die deutlich höhere Elastizität und Zähigkeit der Kunststoffe verleihen den Bauprodukten eine bessere Dämpfung und Bruchfestigkeit.

In Bauanwendungen, bei denen auf die hohe Druckfestigkeit des Betons verzichtet werden kann, zeigt der Einsatz von Kunststoffrecyclaten zunehmende Verbreitung.

Rasengitter, die Grünflächen für Einsatzfahrzeuge der Feuerwehr befahrbar machen, sind aus Kunststoff nicht nur leichter als aus Beton, sondern weisen auch eine kleinere Oberfläche als die Betonteile auf und sorgen so für eine minimale Versiegelung der Fläche.

Im Landschaftsbau eingesetzte Pflanzringe und -kübel sind dauerhaft witterungsbeständig, leicht und in vielen verschiedenen Formen und Farben lieferbar.

Verkehrsinseln und -leitsteine aus Sekundärkunststoffen vertragen den Anprall eines Autos eher unbeschadet als die spröden Betonteile.

Das umfangreiche Sortiment von Pflasterelementen umfasst verschiedene Formen von Verbundpflastern, die passenden Rand- und Ecksteine, Bordsteinprofile sowie Spezialteile wie Begrenzungselemente mit eingebauten Reflektoren und ähnliches. Die Elemente können durch den Einsatz geeigneter Farbpigmente in der „klassischen" Betonoptik hergestellt werden, es sind aber auch andere Farbgebungen möglich.

Auch das Einbringen eines Firmenlogos oder Stadtwappens in Form eines Reliefs auf der Oberfläche ist möglich. Die glatte Oberfläche der Pflaster verhindert das Eindringen von Verschmutzungen (wie Ölflecken etc.) in die Elemente.

Dieser Vorteil kommt auch bei Pfosten und Pollern aus Kunststoffen zum Tragen, bei denen Hunde- und Vogelexkremente entweder gar nicht anhaften oder sich leicht entfernen lassen.

10.5   Bauchemische Produkte

10.5.1   Beton- und Mörtelzusätze

10.5.1.1   Kunststoffdispersionen

Kunststoffdispersionen sind beständige sahneartige Aufschwemmungen von Kunststoffteilchen mit 0,0002 bis 0,002 mm Durchmesser in Wasser mit 50–70 M.-% Feststoffgehalt. Dispersionen oder Latices (Einzahl: Latex) von thermoplastischen Kunststoffen und Synthesekautschuken entstehen unmittelbar bei der Emulsionspolymerisation der in Wasser feinverteilten flüssigen Monomeren. Für Kleingebinde werden sie in Kunststoff- oder kunststoffbeschichtete Behälter abgefüllt, die dicht verschlossen und kühl zu lagern sind; Eisenfässer sind nicht geeignet. Manche Dispersionen „brechen" bei Frost: es bilden sich Ausfällungen; sie sind ebenso wie auch Verdunstungskrusten nicht wieder aufrührbar. Hingegen gibt es redispergierbare Dispersionstrockenpulver, die vorwiegend kunststoffmodifizierten Werktrockenmörteln beigemischt sind.

Dispersionen sind mit Wasser verdünnbar und daher, soweit sie gegenüber wässrigen Lösungen mit pH-Werten von 12 bis 13 verseifungsbeständig sind, auch mit mineralischen Bindemitteln für Mörtel und Beton gemischt zu verarbeiten und außerdem hoch füllbar. Da sie beim Mischen zum Schäumen neigen, werden ihnen üblicherweise Entschäumungsmittel zugesetzt, um einen betongerechten Luftporengehalt sicherzustellen. Die thermoplastischen Feststoffteilchen verschmelzen bei Wasserentzug oberhalb ihrer Erweichungstemperatur physikalisch zu Filmen, die dann innerhalb des Zementgefüges eine Kunststoff-Comatrix bilden, die quarzitischen Zuschläge (Gesteinskörnung) miteinander verkleben und somit deren Zug- und Biegezugfestigkeit deutlich erhöhen. Aufgrund dieses Filmbildeprozesses nennt man die Erweichungstemperatur (= Glastemperatur bei amorphen Thermoplasten) bei derartigen Dispersionen auch Filmbildetemperatur. Diese kann durch weichmachende Zusätze wie z. B. Lösemittel, so eingestellt werden, dass Dispersionen auch noch bei kühlem Wetter verarbeitbar sind; keinesfalls sind sie es bei Frost. Entscheidend ist, dass die weichmachenden Zusätze nach der Filmbildung wieder entweichen, damit die Erweichungstemperatur der Polymerkomponente wieder angehoben wird und ihre zugfestigkeitssteigernde Wirkung entfalten kann.

Dispersionskunststoffe, die als Polymeradditive für Betone und Außenputze eingesetzt werden sollen, müssen gegen Verseifung im basischen Milieu unter Witterungseinfluss langzeitig beständig sein. Das trifft zu z. B. für Copolymerisat-Dispersionen von Vinylchlorid mit Vinylpropionat und mit Vinyllaurat, von Ethylacrylat mit Methacrylat und Styrolacrylate, weiter für Butadien-Copolymerisate und für Polychloropren-Latex, der zum Elastifizieren von Beton dient. Die in den Anfängen des Einsatzes von Polymeradditiven wegen ihrer positiven Eigenschaftsveränderungen und ihrer guten Verarbeitbarkeit bei Außenputzen häufig verwendeten Polyvinylacetat-Dispersionen haben sich längerfristig für diesen Einsatzzweck und im sonstigen basischen Bereich wegen ihrer geringen Verseifungsbeständigkeit nicht bewährt. So kam es z. B. bei nachträglichem Ankleben von Wärmedämmverbundsystemen auf solchen Kunststoffdispersionsputzen, die im Zuge einer Oberflächenzugfestigkeitsüberprüfung einen standfesten Eindruck vermittelten, durch Einwirkung des zementhaltigen Klebemörtels zur Verseifung des Polyvinylacetats, zu Ablösungen und schließlich zu Abstürzen des Wärmedämmverbundsystems. Will man die Verseifung verhindern, aber dennoch die günstigen Eigenschaften des sehr adhäsionsfreudigen Vinylacetats nutzen, bieten sich Dispersionen aus Vinylacetat-Copolymerisaten an.

Eine ganz andere Anwendung stellt der Auftrag von Dispersionen auf PVC-Basis auf „grünem" Beton: sie verhindern das vorzeitige Austrocknen, minimieren durch den Nachbehandlungseffekt das Schwinden des jungen Betons und verzögern zudem die Carbonatisierung.

Andersartig sind Epoxidharz-Dispersionen, die vom Verarbeiter aus Epoxidharz mit Emulgator unter Beigabe der Härterkomponente selbst hergestellt werden. Unmittelbar danach beginnen sie chemisch auszuhärten, so dass sie innerhalb ihrer vom Produkthersteller anzugebenden Topfzeit verarbeitet sein müssen; danach sind, was äußerlich nicht erkennbar ist, die Dispersionen unbrauchbar. Sie werden für Anstriche und Haftbrücken auf feuchtem Beton und zur Vergütung von Zement-Beton/Mörteln verwendet.

In den ersten Tagen der Erhärtungsphase wird die Verdunstung des Wassers erkennbar vermindert (Wasserrückhaltevermögen). Dem entspricht die Anwendung des modifizierten Betons für Estrichbeläge. Konstruktionsbeton darf nur dann mit Dispersionen modifiziert werden, wenn hierfür eine Zulassung des Deutschen Instituts für Bautechnik (DIBt) oder eine Zulassung im Einzelfall vorliegt. Wasserlagerung beim Erhärten und weitere ständige Durchfeuchtung führt aufgrund der Hydrophilie der Dispersionskunststoffe meist zu Quellungen und Festigkeitsminderungen. Für Wasserbehälter, Grundwasserabdichtung und dergleichen ist deshalb Beton mit Dispersions-Zusätzen in der Regel nicht geeignet.

10.5.1.2 *Kunststoffmodifizierte Zementmörtel und -betone*

Kunststoffmodifizierte zementgebundene Mörtel und Betone – international als PCC bekannt (von **P**olymer **C**ement **C**onrete) – enthalten in der Regel bis zu 5 M.-%

Polymeradditive (als Festpolymerisat auf Zement gerechnet), in seltenen Fällen auch bis zu 10 M.-%, was *k/z*-Werten von bis zu 0,05 bzw. 0,10 entspricht. Bei der Einstellung des *k/z*- und Wasser-Zement-Wertes *w/z* nach den allgemeinen Regeln der Betontechnik ist das Dispersionswasser zu berücksichtigen, um dessen Menge das Anmachwasser zu vermindern ist. Aufgrund ihrer guten Adhäsionseigenschaften auch auf Altbeton werden PCC vorwiegend als Reparaturmörtel und -betone bei der Instandsetzung von Betonbauteilen verwendet. Ihr Einsatz ist in der für den statisch-konstruktiv relevanten Bereich vom Deutschen Institut für Bautechnik (DIBt) bauaufsichtlich eingeführten Instandsetzungs-Richtlinie des Deutschen Ausschuss für Stahlbeton (DAfStb) im DIN geregelt. Bei größeren Instandsetzungsflächen werden meist Spritz-PCC verwendet.

Werden kunststoffhaltige Baustoffe bei Betoninstandsetzungen nach der Instandsetzungs-Richtlinie des DAfStb eingesetzt, muss nach den Vorgaben dieser Richtlinie auf der Baustelle mindestens ein Fachmann des bauausführenden Unternehmens ständig anwesend sein, der über den sogenannten SIVV-Schein verfügt. Die Abkürzung umfasst die Begriffe **S**chützen, **I**nstandsetzen, **V**erbinden und **V**erstärken. Dieser Nachweis kann derzeit nur durch die Bescheinigung des Ausbildungsbeirates „Verarbeiten von Kunststoffen im Betonbau" beim Deutschen Beton- und Bautechnik-Verein e. V. geführt werden.

Auch flexible „Dünnbett"-Kleber – auch unter der Bezeichnung Flexkleber bekannt – für Fliesen und Baukeramik werden mit Dispersionstrockenpulver modifiziert, wobei hierbei je nach angestrebter Flexibilität auch höhere Kunststoffgehalte verwendet werden.

10.5.1.3   Haftbrücken

Für Haftbrücken zwischen Alt- und Neubeton werden überwiegend an Zement und Kunststoffdispersion angereicherte Einschlämm-Massen verwendet, die in die Kontaktfläche eingebürstet werden und auf die feucht, d. h. „frisch in frisch", weiterbetoniert wird. Es gibt aber auch Zweikomponenten-Epoxidharze, die als Haftbrücke eingesetzt werden.

10.5.1.4   Putzmörtel

Für Fassadenbekleidungen werden Zementmörtel als Edelputze und Waschputze mit steigenden Anteilen von Kunststoffdispersionen modifiziert. Streich- und Reibeputze mit Dispersionen als alleinigem Bindemittel bilden einen Übergang zu den Anstrichstoffen. Auch gipshaltige Innenputze werden zunehmend durch Dispersionszusatz verbessert. Dispersions-Spachtelputze sind nach den allgemeinen Handwerksregeln möglichst dünn, auf Außenwand-Dämmsysteme z. B. 4–6 mm dick, nicht in praller Sonne aufzutragen. Durch Zugabe der Polymeradditive werden Putze, die auch durch Faserfüllung verstärkt sein können, weniger schwindrissanfällig sowie wasser- und damit auch schmutzabweisend; sie bleiben aber wasserdampfdurchlässig.

10.5.2 Reaktionsharzmörtel und -betone

10.5.2.1 Reaktionsharze

Reaktionsharze sind in mehreren Komponenten angelieferte Kunstharzvorprodukte, die nach Vermischen in vorgeschriebener Menge miteinander unter Bildung des Kunstharzes reagieren. Die Reaktion beginnt langsam; das flüssige Gemisch kann innerhalb der vom Hersteller angegebenen Topfzeit verarbeitet werden. Vor dem Einsetzen der unter starker Erwärmung zum Aushärten führenden Hauptreaktion muss die Verarbeitung beendet sein.

Reaktionsharze bzw. daraus hergestellte Mörtelmassen werden auf Topfzeiten von einigen Minuten bis Stunden und dementsprechende Härtungszeiten im Bereich von Stunden eingestellt, nach denen die Erzeugnisse entformt bzw. begangen werden können. Mit dem vollständigen Ablauf der Aushärtungsreaktion wird das Erzeugnis innerhalb einiger Tage zunächst mechanisch, schließlich chemisch voll belastbar. Eine nennenswerte Nachhärtung oder Nachschwindung findet dann nicht mehr statt. Bei Temperaturerhöhung um zehn Grad können sich die Zeiten für die einzelnen Phasen des Reaktionsablaufes auf die Hälfte verkürzen, bei Temperaturverringerung entsprechend verlängern; unterhalb einer Grenztemperatur bleibt die Härtungsreaktion ganz aus. Sofern sich das Flüssigharzgemisch nicht durch Segregation oder durch kapillares Aufsagen nur einer Komponente entmischt, kann die Aushärtungsreaktion nach späterer Überschreitung dieser Grenztemperatur wieder in Gang kommen.

Kunstharzbeton – kurz PC von **P**olymer **C**onrete – mit 10 bis 15 M.-% Reaktionsharz-Bindemittel hat Kennwerte der Größenordnung:
- Druckfestigkeit 90 – 150 N/mm^2
- Biegefestigkeit 20 –   40 N/mm^2
- Abrieb 6,2 cm^3/50 cm^2
- Ausdehnungskoeffizient 20 · 10^{-6} K^{-1}

Reaktionsharze sind um ein Mehrfaches teurer als hydraulische Bindemittel. Wirtschaftlich sind sie für Zwecke, bei denen ihre besonderen Eigenschaften voll genutzt werden können. (siehe 10.5.2.2 – 10.5.2.7).

Mit Polyaminoamid-Addukten (Versamiden) erhält man elastischere, allerdings auch weniger korrosionsbeständige Produkte. Für Straßen- und Brückenbeläge sowie für Säureschutzbeschichtungen werden die Harze mit Steinkohlenteer-Spezialpech modifiziert.

Mit den mechanisch und vor allem im basischen Bereich in ihrer Korrosionsbeständigkeit höchstwertigen EP-Harzen kann man schwierigste Probleme des Ingenieurbaus und der Korrosionsschutztechnik lösen; allerdings sind sie teurer als UP-Harze. Mit EP-Harzinjektionen werden Risse in Betonbauten kraftschlüssig ausgebessert und die Steifigkeit des ungerissenen Zustands der Betonbauteile nahezu wiedererlangt. Voraussetzung ist allerdings, dass die Rissursache nicht wiederkehrender Natur ist, also die zur Rissentstehung geführten Bauteilbewegungen abgeschlossen sind. Risse dieser Art werden auch „passive Risse" genannt. Sind die Risse nach wie vor aktiv, also in Bewegung, können sie bei hinreichend begrenzter Bewegung auch mit speziellen, hohlraumbildenden, duktilen Polyurethanharzen injiziert werden. Die Rissinjektionsverfahren sind Bestandteil der Instandsetzungs-Richtlinie des DAfStb.

Unzureichend nachbehandelter und dadurch oberflächennah zu poröser und wenig abriebfester Beton kann mittels Imprägnierung mit dünnflüssigen Reaktionsharzen nachgebessert werden. Im Ergebnis spricht man dann kurz von PIC = **P**olymer **I**mpregnated **C**oncrete. Er weist ähnliche Eigenschaften auf wie ein zur Verbesserung des *w/z*-Wertes vakuumierter Beton bzw. ein Fließbeton.

Vernetzte Polyurethane (PUR) lassen sich gummielastisch einstellen, z. B. für Beläge für Sportstätten, Laufbahnen und Pferderennbahnen (Tartan, Rekortan, Elastan), und andere gefüllt mit Gummischnitzeln aus Altreifen. Einkomponentige flüssige PUR- und EP-Vorprodukte, die durch Luftfeuchtigkeit abbinden, gibt es für das „Seamless-Flooring"-Verfahren des Gießens von Bodenbelägen mit eingestreuten Farbchips.

Die einzelnen Gruppen von Reaktionsharzen haben folgende besondere Eigenschaften und Anwendungsgebiete: *Methacrylat-Zweikomponentenmassen* aus einem Pulver, das auch die mineralischen Zuschläge enthält, und flüssigem Methacrylat in abgemessenen Portionen mit 15 bis 20 Minuten Topfzeit härten auch bei Frosttemperaturen innerhalb einer Stunde voll belastbar aus. Sie dienen zur Reparatur kleinerer Oberflächen- und Kantenschäden von Autobahnen, Flughafen-Rollbahnen und Betonfertigteilen, für Straßenmarkierungen und Industrieestriche. Aus selbstverlaufend eingestellten Lösungen von Polymethacrylat in dem leichtflüssigen monomeren Methacrylat mit Füllstoffen stellt man harte Bodenbeläge, vor allem für Lebensmittelbetriebe, her. Infolge der Löslichkeit des Polymeren im Monomeren binden die Methacrylatsysteme an bereits ausgehärtetes gleichartiges Material gut an.

Die in späterhin einpolymerisierendem Styrol gelösten *ungesättigten Polyesterharze* (UP) brauchen zum Aushärten bei Raumtemperatur Polymerisationskatalysatoren und Beschleuniger (nacheinander zuzugeben, bei unmittelbarer Vermischung der Zusätze Explosionsgefahr; zuweilen werden zwei mit je einem der Zusätze vorgemischte Komponenten geliefert). UP sind die für Kunstharzbetonwaren und -bauteile überwiegend verwendeten Reaktionsharze. Nässe und basische Reaktion stören das Aushärten; deshalb sind Zuschläge scharf zu trocknen. Ungefüllt schrumpfen UP beim Aushärten um 7 bis 8%, mit Füllstoffen weniger. Ausgehärtet sind sie gegen Wasser, saure angreifende Medien, Treibstoffe und Mineralöl beständig.

Die flüssigen Epoxidharze (EP) härten bei Raumtemperatur mit Verbindungen, die reaktionsfähige Amingruppen besitzen, unter geringer Schrumpfung aus. Einfache Amine sind giftig und ätzen (Haut- und Augenschutz!); der Ablauf der Härtungsreaktion ist stark temperaturabhängig; er kann durch Wasser und Luft beeinträchtigt werden.

Modifizierte Aminhärter sind weniger unangenehm im Gebrauch; unter ihnen gibt es Spezialprodukte wie „Nullgradhärter" für tiefe Temperaturen und „maskierte" Härter, mit denen die Reaktion auch auf feuchtem Untergrund, selbst unter Wasser, abläuft.

10.5.2.2   Reaktionsharzbeton

Reaktionsharzbeton mit 5 bis 15 M.-% Bindemittel zur Schnellreparatur von Altbeton (Kantenausbrüche, Fahrbahn- und Fassadenschäden). EP- und MMA-„Sandstein" zur Restaurierung und Reproduktion von Baudenkmälern, für Betonfertigteile wie Fassadenplatten, Deckschichten von Brüstungselementen, dünnwandige Schleudergussrohre bis 3,5 m Durchmesser, Abwasserschächte, serienmäßig gefertigte Entwässerungsgegenstände (Straßengullys, Ablaufrinnen) und Kellerfenster, Maschinenfundamente.

10.5.2.3   Reaktionsharzklebemörtel

Klebemörtel mit 10 bis 20 M.-% Bindemittel zur kraftschlüssigen Verbindung von großen Betonfertigteilen für technische Bauwerke, von Beton mit Stahl und von Stahlbauteilen untereinander, als Haftbrücken zwischen Alt- und Neubeton. Die rasch abbindenden Reaktionsharzmörtel können den Baufortschritt bei Großbauten um ein Vielfaches beschleunigen; sie ermöglichen exaktes Arbeiten mit dünnen Fugen.

10.5.2.4   Reaktionsharzestriche

Reaktionsharzestriche mit 10 bis 40 M.-% Bindemittel, mörtelartig bis selbstnivellierend verfließend, mit harten Zuschlägen wie Korund, Carborundum, Quarzit, für mechanisch und chemisch höchst beanspruchbare, mehrschichtig aufgebrachte Industriebodenbeläge bis etwa 10 mm Dicke, für gleitsichere (Brücken-)Fahrbahn- und Flugplatzbeläge auf festem, erforderlichenfalls durch Sandstrahlen, Kugelstrahlen oder andere geeignete Verfahren vorbereiteten Untergrund.

10.5.2.5   Reaktionsharzbeschichtungen

Beschichtungsmassen mit 30 bis 50 M.-% Bindemittel, vergießbar oder thixotrop haftend eingestellt, für Dünnschichtbeläge von 0,5 bis 1,5 mm Dicke, für Wasserbauten, Kläranlagen, Schwimmbecken und dergleichen, als Bindemittel für dekorative Steinsplitt-Fassadenbeläge, zum Verankern von Stahl in Beton. Oberflächenschutzsysteme (OS) gemäß Instandsetzungs-Richtlinie des DAfStb für nicht oder begeh- und befahrbare Flächen ohne oder mit geringer oder erhöhter, ggf. auch dynamischer Rissüberbrückungsfähigkeit; die Mindestschichtdicken variieren je nach Anforderung zwischen 0,3 und 4,0 mm.

10.5.2.6   Reaktionsharzversiegelungen

Versiegelungsmassen mit Bindemittelgehalt über 50 M.-%, auch lösemittelhaltig, verhindern das Eindringen flüssiger Stoffe in den Untergrund (z. B. Holz- und Betonböden) und erhöhen dessen Verschleißwiderstand.

10.5.3   Kleber

10.5.3.1   Dispersionsklebstoffe

Vor allem Dispersionsklebstoffe auf der Basis von Copolymerisaten, die mehr oder weniger geschmeidige Klebfilme ergeben, sind für Verklebungen von Werkstoffen geeignet, von denen mindestens einer so porös ist, dass das Dispersionswasser aufgenommen und abdunsten kann. Sie sind umweltfreundlich und verarbeitungstechnisch (keine Lösemittel, feuchtes Arbeiten möglich) sehr angenehm.

10.5.3.2   „Baukleber"

enthalten pulverförmig vorgemischt oder als Einzelkomponenten hydraulische Bindemittel und dispergierbare bzw. dispergierte Kunstharze nach Abschnitt 10.5.1. Das Kunstharz-Bindemittel zieht rasch an; Klebkraft und Härte im Endzustand werden durch das langsamer abbindende hydraulische Bindemittel erhöht. Die Kleber binden auf den meisten (porösen) Baumaterialien gut an; gefüllt sind sie als Spachtelmassen brauchbar.

10.5.3.3   Kontaktklebstoffe

sind Lösungen von weichen Kunstharzen oder Synthesekautschuk (meist Polychloropren oder Polyisobutylen), die zum Verkleben dichter Werkstoffe miteinander beidseitig aufgestrichen werden und dann, damit es keine Blasen gibt, so lange abdunsten müssen, bis aus der Klebstoffschicht beim Betupfen mit dem Finger keine Fäden mehr gezogen werden können. Bringt man dann die beiden Klebeflächen zusammen, so haften die Klebeteile sofort unverrückbar aneinander; durch kurzes, aber kräftiges Andrücken ($p = 0{,}5$ N/mm^2) von Hand oder in der Presse werden die auf beiden Kontaktflächen verankerten Makromoleküle miteinander verknäuelt und der vollflächige Klebverbund hergestellt. Man verwendet Kontaktkleber für Fußbodenbeläge und Bauplatten auf beliebigen Untergründen. Die elastisch bleibenden Klebfilme können unterschiedliches Arbeiten verschiedener Werkstoffe in gewissem Umfang aufnehmen. Wenn Spannungen in der Verklebung zu erwarten sind, z. B. bei wechselnden Temperaturen ausgesetzten Schichtpressstoffplatten-Bekleidungen, muss dem Klebstoff ein Härter zugesetzt und sorgfältig auf ganzflächige Verklebung geachtet werden. Für langandauernde scherbeanspruchte Klebungen auf begrenzter Fläche sind diese Klebstoffe jedoch nicht geeignet.

10.5.3.4   Reaktionsharz-Klebstoffe

entsprechen in ihrem Aufbau aus gleichartigen Kunstharz-Vorprodukten den unter Abschnitt 10.5.2 behandelten Reaktionsharzerzeugnissen. In entsprechend abgewandelter Einstellung sind diese drucklos härtenden, lösemittelfreien und daher fugenfüllenden Reaktionsharz-Klebstoffe zur festen Verbindung auch nicht offenporiger Materialien untereinander geeignet. Konstruktive Verklebungen mit Reaktionsharz-Klebstoffen oder -Klebmörteln sind so hochfest, dass bei derart miteinander verklebten (Stahl)Betonbauteilen zug- bzw. biegezugbedingtes Versagen regelmäßig nicht im Bereich der Klebfuge stattfindet, sondern im angrenzenden Beton. Wesentlicher kritischer Punkt beim konstruktiven Einsatz im Bauwesen ist das rasche Nachlassen und Versagen des Haftverbundes bei Brand- oder anderer intensiver thermischer Beaufschlagung.

Reaktionsharz-Klebstoffe eignen sich auch zum Verkleben von Schaumstoffen mit geschlossenen Poren untereinander und auf dichten Untergründen. Fliesen-Kleber und -Fugenausschlämmassen aus EP-Harzen, die im Verarbeitungszustand mit Wasser emulgierbar sind, sind höchster Beanspruchung gewachsen.

10.5.4   Silicon-Bautenschutzmittel

Silicone (SI) sind eine Stoffgruppe gemischt anorganisch-organischen chemischen Aufbaus. Das Siliconmolekül enthält ein Gerüst aus SiO-Gruppen, die den Silicaten verwandt sind; im Gegensatz zu diesen sind Siliconmoleküle aber mit organischen Kohlenwasserstoffgruppen bekleidet. Bei der Hydrophobierung mineralischer Baustoffe werden SiO-Gruppen in den Porenwandungen an den mineralischen Baustoff gebunden, so dass die organischen Gruppen nach außen gerichtet sind. Durch deren wasserabstoßendes Verhalten werden senkrechte und geneigte Bauteile gegen Benetzung durch Wasser, auch gegen Schlagregen, geschützt. Sie bilden aber keinen abdichtenden Film; die Wände bleiben diffusionsaktiv.

10.5.4.1   Siliconate

sind wasserlösliche, mit Wasser verdünnbare, salzartige Vorprodukte, deren wasserabweisende Wirkung sich etwa 24 Stunden nach dem Auftrag auf die Fassade durch Reaktion des Alkalisalzes mit dem CO_2-Gehalt der Luft unter Wasserabspaltung zu unlöslichen hydrophoben Polyalkylkieselsäuren entwickelt.

Frische Siliconate reagieren basisch (nicht ins Auge oder Gesicht bringen, Fensterrahmen und Glasscheiben abdecken!). Sie erfordern einen gut saugfähigen Untergrund; Putz muss einigermaßen abgebunden sein. Die vorgeschriebenen Konzentrationen und Auftragsmengen sind einzuhalten. Zuviel Siliconat verstopft die Poren und kann, insbesondere auf weniger saugfähigem Untergrund, zu Abblätterungen und Ausblühungen führen. Deshalb ist auch mehrfacher Siliconatauftrag nicht möglich. Durch Regen innerhalb der ersten 24 Stunden kann Siliconat wieder ausgewaschen werden.

10.5.4.2   Silane und Siloxane

sind niedermolekulare bis fast makromolekulare organische Si-Verbindungen, die, in Alkohol oder Benzin gelöst, gut den Untergrund benetzen und die SiO-Gruppe durch Ester-Verseifung und Weiterpolymerisation zum Silikon im basischen Milieu verankern. Kontakt von Haut und Schleimhaut mit Silanen und Siloxanen ist zu vermeiden.

Hydrophobierende Maßnahmen mit Stoffen dieser Art – sie werden in der Instandsetzungs-Richtlinie des DAfStb als Oberflächenschutzsystem OS 1 behandelt – eignen sich zur zeitlich begrenzten Reduzierung der kapillaren Wasseraufnahme; sie stellen einen bedingten Feuchteschutz freibewitterter Bauteile dar und werden z. B. zum Schutz von Brückenkappen und Stützwänden verwendet. Infolge der zeitlich begrenzten Wirksamkeit sind solche Maßnahmen des öfteren erneuerungsbedürftig. Sie sind nicht wirksam bei drückendem Wasser.

10.5.4.3   Siliconharzlösungen

in Benzinkohlenwasserstoffen lassen sich auf allen Untergründen auch im mehrfachen Auftrag und als Nachimprägnierungen verwenden. Die wasserabweisende Wirkung setzt mit dem Verdunsten des Lösemittels ein.

Silicon-Fassadenimprägnierungen müssen gleichmäßig satt aufgetragen werden, um auffällige Schattierungen und Muster auf der Fassade zu vermeiden; dies erreicht man mit Sprühgeräten besser als mit Malerquasten. Die unterschiedliche Saugfähigkeit nebeneinander verwendeter Baustoffe, z. B. von Klinkersteinen und Fugenmörtel, muss berücksichtigt werden. Die wasserabweisende Imprägnierung ist gleichzeitig schmutzabweisend; sich ablagernder Schmutz wird nicht kapillar in die Poren eingesaugt, sondern bleibt zunächst auf der Oberfläche und wird von Niederschlägen abgewaschen. Ungleichmäßige, örtlich ungenügende Imprägnierung führt zu sich über kurz oder lang deutlich abzeichnenden hässlichen Schmutzflecken. Eine gut ausgeführte Siliconierung erfordert erfahrene Verarbeiter.

10.5.4.4   Siliconemulsionen mit -pulver

werden Putzen und Anstrichmitteln zugesetzt, um Fassaden von vornherein dauerhaft wasserabweisend zu machen.

10.5.4.5   Siliconkautschuk

wird mit hellfarbigen Füllstoffen zu Ein- oder Zweikomponenten-Fugendichtstoffen verarbeitet, die auf mineralischen Untergründen in der Regel ohne Primer haften. Nach der Vernetzung sind sie gummielastisch dehnfähig sowie witterungs- und wasserbeständig. Anwendung vor allem im Glasbau zum Eindichten von Fensterscheiben und im Sanitärbereich.

10.5.4.6　Kieselsäureester

Von den Siliconen zu unterscheiden sind die monomolekularen niedrigviskosen Kieselsäureester, die hochkonzentriert zur Konservierung von Naturstein-Bauwerken durch Tiefenimprägnierung verwendet werden. Sie scheiden unter Aufspaltung der Esterbindung im Stein primär instabile Kieselsäure ab, die in Siliciumdioxid (wasserreiche Polykieselsäure $(H_2Si_2O_5)_x$) als verfestigendes quarzitisches Zusatzbindemittel übergeht, ohne dass dabei – wie bei der Verwendung von Wasserglas – steinschädigendes Alkalicarbonat entsteht.

10.6　Fachliteratur

10.6.1　Normen, Richtlinien

DIN 1187	Dränrohre aus weichmacherfreiem Polyvinylchlorid (PVC hart), Maße, Anforderungen, Prüfungen
DIN 1910-3	Schweißen; Schweißen von Kunststoffen, Verfahren
DIN 4060	Rohrverbindungen von Abwasserkanälen und -leitungen mit Elastomerdichtungen; Anforderungen und Prüfungen an Rohrverbindungen, die Elastomerdichtungen enthalten
DIN 4102	Brandverhalten von Baustoffen und Bauteilen
DIN 4108-1	Wärmeschutz im Hochbau; Größen und Einheiten
DIN 4108-2	Wärmeschutz und Energie-Einsparung in Gebäuden; Mindestanforderungen an den Wärmeschutz
DIN 4108-3	Wärmeschutz und Energie-Einsparung in Gebäuden; Klimabedingter Feuchteschutz; Anforderungen, Berechnungsverfahren und Hinweise für Planung und Ausführung
DIN 4108-4	Wärmeschutz und Energie-Einsparung in Gebäuden; Wärme- und feuchteschutz-technische Bemessungswerte
DIN 4109	Schallschutz im Hochbau
DIN 4726	Warmwasser-Fußbodenheizungen und Heizkörperanbindungen – Rohrleitungen aus Kunststoffen
DIN 4727	Rohrleitungen aus Polybuten für Warmwasser-Fußbodenheizungen
DIN 4728	Rohrleitungen aus Polypropylen Typ 2 und Typ 3 für Warmwasser-Fußbodenheizungen
DIN 4729	Rohrleitungen aus vernetztem Polyethylen hoher Dichte für Warmwasser-Fußbodenheizungen
DIN 5034	Tageslicht in Innenräumen
DIN 6665	Rohrpost – Prüfkaliber für Fahrrohre und Fahrrohrbogen
DIN 7726	Schaumstoffe; Begriffe und Einteilung
DIN 7863	Nichtzellige Elastomer-Dichtprofile im Fenster- und Fassadenbau; Technische Lieferbedingungen
DIN 7864	Elastomer-Bahnen für Abdichtungen
DIN 7865-1	Elastomer-Fugenbänder zur Abdichtung von Fugen in Beton; Form und Maße;
DIN 7865-2	Elastomer-Fugenbänder zur Abdichtung von Fugen in Beton; Werkstoffanforderungen und Prüfung

DIN 8061	Rohre aus weichmacherfreiem Polyvinylchlorid – Allgemeine Qualitäts-anforderungen
DIN 8061 Beiblatt 1	Rohre aus weichmacherfreiem Polyvinylchlorid; Chemische Widerstands-fähigkeit von Rohren und Rohrleitungsteilen aus PVC-U
DIN 8062	Rohre aus weichmacherfreiem Polyvinylchlorid (PVC-U, PVC-HI); Maße Bezüglich Kunststoffrohren und -formstücken siehe auch die Normen DIN 8063-1 bis DIN 8063-12
DIN 8072	Rohre aus PE weich (Polyäthylen weich); Maße
DIN 8073	Rohre aus PE weich (Polyäthylen weich); Allgemeine Güteanforderungen, Prüfung
DIN 8074	Rohre aus Polyethylen (PE) – PE 63, PE 80, PE 100, PE-HD -; Maße
DIN 8075	Rohre aus Polyethylen (PE) – PE 63, PE 80, PE 100, PE-HD -; Allgemeine Güteanforderungen, Prüfungen
DIN 8075 Beiblatt 1	Rohre aus Polyethylen hoher Dichte (HDPE); Chemische Widerstandsfähigkeit von Rohren und Rohrleitungsteilen
DIN 8076-1	Druckrohrleitungen aus thermoplastischen Kunststoffen; Klemmverbinder aus Metall für Rohre aus Polyethylen (PE); Allgemeine Güteanforderungen, Prüfung
DIN 8076-3	Druckrohrleitungen aus thermoplastischen Kunststoffen; Klemmverbinder aus Kunststoffen für Rohre aus Polyethylen (PE); Allgemeine Güteanforderungen, Prüfung
DIN 8077	Rohre aus Polypropylen (PP) – PP-H 100, PP-B 80, PP-R 80, PE-HD -; Maße
DIN 8078	Rohre aus Polypropylen (PP) – PP-H (Typ 1), PP-B (Typ 2), PP-R (Typ 3) -; Allgemeine Güteanforderungen, Prüfung
DIN 8078 Beiblatt 1	Rohre aus Polypropylen (PP) Chemische Widerstandsfähigkeit von Rohren und Rohrleitungsteilen
DIN 8079	Rohre aus chloriertem Polyvinylchlorid (PVC-C) – PVC-C 250 -; Maße
DIN 8080	Rohre aus chloriertem Polyvinylchlorid (PVC-C), PVC-C 250 -: Allgemeine Güteanforderungen, Prüfung
DIN 8080 Beiblatt 1	Rohre aus chloriertem Polyvinylchlorid (PVC-C) – PVC-C 250 -; Allgemeine Güteanforderungen, Prüfung; Chemische Widerstandsfähigkeit
DIN 16 729	Kunststoff-Dachbahnen und -Dichtungsbahnen aus Ethylencopolymerisat-Bitumen (ECB)
DIN 16 730	Kunststoff-Dachbahnen aus weichmacherhaltigem Polyvinylchlorid (PVC-P), nicht bitumenverträglich; Anforderungen
DIN 16 731	Kunststoff-Dachbahnen aus Polyisobutylen (PIB), einseitig kaschiert; Anforderungen
DIN 16 734	Kunststoff-Dachbahnen aus weichmacherhaltigem Polyvinylchlorid (PVC-P) mit Verstärkung aus synthetischen Fasern, nicht bitumenverträglich
DIN 16 735	Kunststoff-Dachbahnen aus weichmacherhaltigem Polyvinylchlorid (PVC-P) mit Glasvlieseinlage, nicht bitumenverträglich
DIN 17 736	Kunststoff-Dachbahnen und Kunststoff-Dichtungsbahnen aus chloriertem Polyethylen (PE-C), einseitig kaschiert
DIN 16 737	Kunststoff-Dachbahnen und Kunststoff-Dichtungsbahnen aus chloriertem Polyethylen (PE-C), mit einer Gewebeeinlage
(Norm-Entwurf) DIN 16 738	Kunststoff-Dichtungsbahnen aus Polyethylen hoher Dichte (PE-HD); Anforderungen

(Norm-Entwurf)

DIN 16 739	Kunststoff-Dichtungsbahnen aus Polyethylen hoher Dichte (PE) für Deponieabdichtungen; Anforderungen, Prüfung
DIN 16 860	Klebstoffe für Boden-, Wand- und Deckenbeläge – Dispersionsklebstoffe und Kunstkautschukklebstoffe für Polyvinylchlorid (PVC)-Beläge ohne Träger; Anforderungen, Prüfung
DIN 16 864	Klebstoffe für Boden-, Wand- und Deckenbeläge; Dispersions-, Kunstkautschuk- und Reaktionsklebstoffe für Elastomer-Beläge; Anforderungen, Prüfung
DIN 16 869	Rohre aus glasfaserverstärktem Polyesterharz (UP-GF), geschleudert, gefüllt
DIN 16 888	Bewertung der chemischen Widerstandsfähigkeit von Rohren aus Thermoplasten
DIN 16 889	Bestimmung der chemischen Resistenzfaktoren an Rohren aus Thermoplasten; Rohre aus Polyolefinen
DIN 16 890	Rohre aus Acryl-Butadien-Styrol (ABS) oder Acryl-Styrol-Acrylester (ASA)
DIN 16 892	Rohre aus vernetztem Polyethylen hoher Dichte (PE-X)
DIN 16 920	Klebstoffe; Klebstoffverarbeitung; Begriffe
DIN 16 927	Tafeln aus weichmacherfreiem Polyvinylchlorid; Technische Lieferbedingungen
DIN 16 928	Rohrleitungen aus thermoplastischen Kunststoffen; Rohrverbindungen, Rohrleitungsteile, Verlegung, Allgemeine Richtlinien
DIN 16 935	Kunststoff-Dichtungsbahnen aus Polyisobutylen (PIB); Anforderungen
DIN 16 937	Kunststoff-Dichtungsbahnen aus weichmacherhaltigem Polyvinylchlorid (PVC-P), bitumenverträglich; Anforderungen
DIN 16 938	Kunststoff-Dichtungsbahnen aus weichmacherhaltigem Polyvinylchlorid (PVC-P), nicht bitumenverträglich; Anforderungen
DIN 16 940	Stranggepresste Schläuche aus PVC weich (Polyvinylchlorid weich); Zulässige Abweichungen für Maße ohne Toleranzangabe
DIN 16 942	Wasserschläuche aus PVC weich (Polyvinylchlorid weich); Maße
DIN 16 960-1	Schweißen von thermoplastischen Kunststoffen; Grundsätze
DIN 16 961-2	Rohre und Formstücke aus thermoplastischen Kunststoffen mit profilierter Wandung und glatter Rohrinnenfläche; Maße
DIN 16 961-1	Rohre und Formstücke aus thermoplastischen Kunststoffen mit profilierter Wandung und glatter Rohrinnenfläche; Technische Lieferbedingungen
DIN 16 964	Rohre aus glasfaserverstärkten Polyesterharzen (UP-GF), gewickelt
DIN 16 968	Rohre aus Polybuten (PB) – Allgemeine Qualitätsanforderungen und Prüfung
DIN 16 969	Rohre aus Polybuten (PB) – PB 125 - Maße
DIN 16 970	Klebstoffe zum Verbinden von Rohren und Rohrleitungsteilen aus PVC hart; Allgemeine Güteanforderungen und Prüfungen
DIN 18 055	Fenster; Fugendurchlässigkeit, Schlagregendichtheit und mechanische Beanspruchung
DIN 18 156-3	Stoffe für keramische Bekleidungen im Dünnbettverfahren; Dispersionsklebstoffe
DIN 18 156-4	Stoffe für keramische Bekleidungen im Dünnbettverfahren; Epoxidharzklebstoffe
DIN 18 159-1	Schaumkunststoffe als Ortschäume im Bauwesen; Polyurethan-Ortschaum für die Wärme- und Kältedämmung, Anwendung, Eigenschaften, Ausführung, Prüfung

DIN 18 159-2	Schaumkunststoffe als Ortschäume im Bauwesen; Harnstoff-Formaldehyd-harz-Ortschaum für die Wärmedämmung; Anwendung, Eigenschaften, Ausführung, Prüfung
DIN 18 164-1	Schaumkunststoffe als Dämmstoffe für das Bauwesen; Dämmstoffe für die Wärmedämmung
DIN 18 164-2	Schaumkunststoffe als Dämmstoffe für das Bauwesen; Dämmstoffe für die Trittschalldämmung aus expandiertem Polystyrol-Hartschaum
DIN 18 195-1	Bauwerksabdichtungen – Grundsätze, Definitionen, Zuordnung der Abdichtungsarten
DIN 18 195-2	Bauwerksabdichtungen – Stoffe
DIN 18 195-3	Bauwerksabdichtungen – Anforderungen an den Untergrund und Verarbeitung der Stoffe
DIN 18 195-4	Bauwerksabdichtungen – Abdichtung gegen Bodenfeuchte (Kapillarwasser, Haftwasser) und nichtstauendes Sickerwasser an Bodenplatten und Wänden, Bemessung und Ausführung
DIN 18 195-5	Bauwerksabdichtungen – Abdichtung gegen nichtdrückendes Wasser auf Deckenflächen und in Nassräumen; Bemessung und Ausführung
DIN 18 195-6	Bauwerksabdichtungen – Abdichtungen gegen von außen drückendes Wasser und aufstauendes Sickerwasser; Bemessung und Ausführung
DIN 18 195-7	Bauwerksabdichtungen – Abdichtungen gegen von innen drückendes Wasser; Bemessung und Ausführung
DIN 18 195-8	Bauwerksabdichtungen – Abdichtungen über Bewegungsfugen
DIN 18 195-9	Bauwerksabdichtungen – Durchdringungen, Übergänge, An- und Abschlüsse
DIN 18 195-10	Bauwerksabdichtungen – Schutzschichten und Schutzmaßnahmen
DIN 18 336	VOB Verdingungsordnung für Bauleistungen – Teil C: Allgemeine Technische Vertragsbedingungen für Bauleistungen (ATV); Abdichtungsarbeiten
DIN 18 338	VOB Verdingungsordnung für Bauleistungen – Teil C: Allgemeine Technische Vertragsbedingungen für Bauleistungen (ATV); Dachdeckungs- und Dachabdichtungsarbeiten
DIN 18 531	Dachabdichtungen; Begriffe, Anforderungen, Planungsgrundsätze
DIN 18 516	Außenwandbekleidungen, hinterlüftet
DIN 18 540	Abdichten von Außenwandfugen im Hochbau mit Fugendichtstoffen
DIN 18 541-1	Fugenbänder aus thermoplastischen Kunststoffen zur Abdichtung von Fugen in Ortbeton; Begriffe, Formen, Maße
DIN 18 541-2	Fugenbänder aus thermoplastischen Kunststoffen zur Abdichtung von Fugen in Ortbeton; Anforderungen, Prüfung, Überwachung
DIN 18 545-1	Abdichten von Verglasungen mit Dichtstoffen; Anforderungen an Glasfalze
DIN 18 545-2	Abdichten von Verglasungen mit Dichtstoffen; Dichtstoffe, Bezeichnung, Anforderungen, Prüfung
DIN 18 545-3	Abdichten von Verglasungen mit Dichtstoffen; Verglasungssysteme
DIN 18 550-3	Putz; Wärmedämmputzsysteme aus Mörteln mit mineralischen Bindemitteln und expandiertem Polystyrol (EPS) als Zuschlag
DIN 18 556	Prüfung von Beschichtungsstoffen für Kunstharzputze und von Kunstharzputzen
DIN 18 558	Kunstharzputze
DIN 19 531	Rohr und Formstücke aus weichmacherfreiem Polyvinylchlorid (PVC-U) für Abwasserleitungen innerhalb von Gebäuden

DIN 19 531-10 Rohr und Formstücke aus weichmacherfreiem Polyvinylchlorid (PVC-U) für
Abwasserleitungen innerhalb von Gebäuden – Brandverhalten, Überwachung
und Verlegehinweise

DIN 19 534-3 Rohre und Formstücke aus weichmacherfreiem Polyvinylchlorid (PVC-U)
mit Steckmuffe für Abwasserkanäle und -leitungen; Güteüberwachung und
Bauausführung

DIN 19 535-10 Rohre und Formstücke aus Polyethylen hoher Dichte (PE-HD) für
heißwasserbeständige Abwasserleitungen (HT) innerhalb von Gebäuden;
Brandverhalten, Güteüberwachung und Verlegehinweise

DIN 19 537-2 Rohre und Formstücke aus Polyethylen hoher Dichte (PE-HD) für
Abwasserkanäle und -leitungen; Technische Lieferbedingungen;
Fertigschächte; Maße, Technische Lieferbedingungen

DIN 19 537-3 Rohre, Formstücke und Schächte aus Polyethylen hoher Dichte (PE-HD) für
Abwasserkanäle und -leitungen;

DIN 19 538-10 Rohre und Formstücke aus chloriertem Polyvinylchlorid (PVC-C) für
heißwasserbeständige Abwasserleitungen (HT) innerhalb von Gebäuden;
Brandverhalten, Güteüberwachung und Verlegehinweise

DIN 19 560-10 Rohre und Formstücke aus Polypropylen (PP) für heißwasserbeständige
Abwasserleitungen (HT) innerhalb von Gebäuden; Brandverhalten,
Güteüberwachung und Verlegehinweise

DIN 19 561-10 Rohre und Formstücke aus Styrol-Copolymerisaten für heißwasserbeständige
Abwasserleitungen (HT) innerhalb von Gebäuden; Brandverhalten,
Güteüberwachung und Verlegehinweise

DIN 52 452-1 Prüfung von Dichtstoffen für das Bauwesen; Verträglichkeit der Dichtstoffe;
Verträglichkeit mit anderen Baustoffen

DIN 52 452-2 Prüfung von Dichtstoffen für das Bauwesen; Verträglichkeit der Dichtstoffe;
Verträglichkeit mit Chemikalien

DIN 52 452-3 Prüfung von Materialien für Fugen- und Glasabdichtungen im Hochbau;
Verträglichkeit der Dichtstoffe, Verträglichkeit von ausreagierten mit frischen
Duftstoffen

DIN 52 455-1 Prüfung von Dichtstoffen für das Bauwesen; Haft- und Dehnversuch;
Beanspruchung durch Normalklima, Wasser oder höhere Temperaturen

DIN 52 455-3 Prüfung von Dichtstoffen für das Bauwesen; Haft- und Dehnversuch;
Einwirkung von Licht durch Glas

DIN 52 455-4 Prüfung von Dichtstoffen für das Bauwesen; Haft- und Dehnversuch;
Dehn-Stauch-Zyklus bei Temperaturbeanspruchung

DIN 52 460 Fugen- und Glasabdichtungen – Begriffe

DIN EN 476 Allgemeine Anforderungen an Bauteile für Abwasserkanäle und -leitungen
für Schwerkraftentwässerungssysteme

DIN EN 607 Hängedachrinnen und Zubehörteile aus PVC-U - Begriffe, Anforderungen
und Prüfung

DIN EN 1013-1 Lichtdurchlässige profilierte Platten aus Kunststoff für einschalige
Dacheindeckungen

DIN EN 1329 Kunststoff-Rohrleitungssysteme zum Ableiten von Abwasser (niedriger
und hoher Temperatur) innerhalb der Gebäudestruktur - Weichmacherfreies
Polyvinylchlorid (PVC-U)

E DIN 14 01 Kunststoff-Rohrleitungssysteme für erdverlegte drucklose Abwasserkanäle
und -leitungen – Weichmacherfreies Polyvinylchlorid (PVC-U)

DIN EN 14 52   Rohrleitungen aus weichmacherfreiem Polyvinylchlorid (PVC hart, PC-U) für die Trinkwasserversorgung

DIN EN 12 201-1 Kunststoff-Rohrleitungssysteme für die Wasserversorgung - Polyethylen (PE); Allgemeines

DIN EN 12 201-2 Kunststoff-Rohrleitungssysteme für die Wasserversorgung - Polyethylen (PE); Rohre

DIN EN 12 201-3 Kunststoff-Rohrleitungssysteme für die Wasserversorgung - Polyethylen (PE); Formstücke

DIN EN 12 201-4 Kunststoff-Rohrleitungssysteme für die Wasserversorgung - Polyethylen (PE); Armaturen

DIN EN 12 201-5 Kunststoff-Rohrleitungssysteme für die Wasserversorgung - Polyethylen (PE); Gebrauchstauglichkeit des Systems

DIN EN 13 249 Geotextilien und geotextilverwandte Produkte – Geforderte Eigenschaften für die Anwendung beim Bau von Straßen und sonstigen Verkehrsflächen (mit Ausnahme von Eisenbahnbau und Asphaltoberbau)

DIN EN 13 250 Geotextilien und geotextilverwandte Produkte – Geforderte Eigenschaften für die Anwendung beim Eisenbahnbau

DIN EN 13 251 Geotextilien und geotextilverwandte Produkte – Geforderte Eigenschaften für die Anwendung in Erd- und Grundbau sowie in Stützbauwerken

DIN EN 13 252 Geotextilien und geotextilverwandte Produkte – Geforderte Eigenschaften für die Anwendung in Dränanlagen

DIN EN 13 253 Geotextilien und geotextilverwandte Produkte – Geforderte Eigenschaften für die Anwendung in Erosionsschutzanlagen (Küstenschutz und Deckwerksbau)

DIN EN 13 254 Geotextilien und geotextilverwandte Produkte – Geforderte Eigenschaften für die Anwendung beim Bau von Rückhaltebecken und Staudämmen

DIN EN 13 255 Geotextilien und geotextilverwandte Produkte – Geforderte Eigenschaften für die Anwendung beim Kanalbau

DIN EN 13 256 Geotextilien und geotextilverwandte Produkte – Geforderte Eigenschaften für die Anwendung im Tunnelbau und in Tiefbauwerken

DIN EN 13 257 Geotextilien und geotextilverwandte Produkte – Geforderte Eigenschaften für die Anwendung bei der Entsorgung fester Abfallstoffe

DIN EN 13 265 Geotextilien und geotextilverwandte Produkte – Geforderte Eigenschaften für die Anwendung in Projekten zum Einschluss flüssiger Abfallstoffe

DIN EN 26 927 Hochbau; Fugendichtstoffe; Begriffe (ISO 6927)

DIN EN 27 389 Hochbau; Fugendichtstoffe; Bestimmung des Rückstellvermögens (ISO 7389)

DIN EN 27 390 Hochbau; Fugendichtstoffe; Bestimmung des Standvermögens (ISO 7390)

DVS R 2203-1 Prüfen von Schweißverbindungen an Tafeln und Rohren aus thermoplastischen Kunststoffen – Prüfverfahren - Anforderungen

VDI 3821   Kunststoffkleben

BAM   Bundesanstalt für Materialforschung und -prüfung: Richtlinie für die Zulassung von Kunststoffdichtungsbahnen für die Abdichtung von Deponien und Altlasten

DAfStb im DIN   Richtlinie „Schutz und Instandsetzung von Betonbauteilen" (Instandsetzungs-Richtlinie); Teile 1 bis 4

ZVDH / HDB   Zentralverband des Deutschen Dachdeckerhandwerks und Hauptverband der Deutschen Bauindustrie: Fachregel für Dächer mit Abdichtungen – Flachdachrichtlinien -

10.6.2 Bücher und Veröffentlichungen

[10.1]   *K. Himmler:*
         Kunststoffe im Bauwesen, 1981 Werner-Ingenieur-Texte 62, Werner Verlag,
         Düsseldorf

[10.2]   *Hj. Saechtling:*
         Baustofflehre Kunststoffe für Bauingenieure und Architekten, 1975,
         C. Hanser Verlag, München

[10.3]   *Hj. Saechtling:*
         Bauen mit Kunststoffen, 1973, C. Hanser Verlag, München

[10.4]   *H. Schorn:*
         Betone mit Kunststoffen und andere Instandsetzungsbaustoffe, 1990,
         Verlag Ernst & Sohn, Berlin.

[10.5]   *R. P. Gieler; A. Dimmig:*
         Kunststoffe für den Bautenschutz und die Betoninstandsetzung, 2004,
         Birkhäuser Verlag, Basel.

[10.6]   *P. Seidle:*
         Kunststoffe auf der Baustelle, 1982, expert Verlag, Grafenau

[10.7]   *B. Dolezel:*
         Die Beständigkeit von Kunststoffen und Gummi, 1978,
         C. Hanser Verlag, München

[10.8]   *Chr. Krebs; M.-A. Avondet; K. W. Leu:*
         Langzeitverhalten von Thermoplasten, 1999, C. Hanser Verlag, München

[10.9]   *Arbeitsgemeinschaft der deutschen Kunststoffindustrie (Hrsg.):*
         Lehrbildsammlung Kunststofftechnik

[10.10] *K. Stoeckhert:*
         Kunststoff-Lexikon, 9. Auflage 1998, C. Hanser Verlag, München

[10.11] *H. Domininghaus:*
         Die Kunststoffe und ihre Eigenschaften, 5. Auflage 1998,
         Springer Verlag Berlin

[10.12] *G. Menges; W. Michaeli; E. Haberstroh; E. Schmachtenberg:*
         Werkstoffkunde Kunststoffe, 5. Auflage 2002, C. Hanser Verlag, München

[10.13] *G. W. Ehrenstein:*
         Polymer-Werkstoffe, 2. Auflage 1999, C. Hanser Verlag, München

[10.14] *G. W. Ehrenstein:*
         Faserverbund-Kunststoffe, 1992, C. Hanser Verlag, München

[10.15] *G. W. Ehrenstein:*
         Mit Kunststoffen konstruieren, 2. Auflage 2001, C. Hanser Verlag, München

[10.16] *G. Erhard:*
         Konstruieren mit Kunststoffen, 2. Auflage 1999, C. Hanser Verlag, München

[10.17] *D. Braun*:
         Erkennen von Kunststoffen, 4. Auflage 2003, C. Hanser Verlag, München

[10.18] *Hj. Saechtling; K. Oberbach:*
         Kunststoff-Taschenbuch, 28. Auflage, 2001, C. Hanser Verlag, München

[10.19] *B. Carlowitz:*
         Kunststoff-Tabellen, 4. Auflage 1995, C. Hanser Verlag, München

[10.20] *Schreyer, G.:*
         Konstruieren mit Kunststoffen, 1972, C. Hanser Verlag, München

[10.21]   *G. W. Becker; D. Braun; G. Oertel:*
            Kunststoff-Handbuch Bd. 7 Polyurethane, 2. Auflage 1993,
            C. Hanser Verlag, München

[10.22]   *W.-P. Ettel:*
            Kunstharze und Kunststoffdispersionen, 1998, Beton-Verlag, Düsseldorf.

[10.23]   *K. Blaschke; J. Schmid; W. Stiell:*
            Untersuchung der verschiedenen Möglichkeiten des Anschlusses der
            Fenster und Fensterelemente zum Baukörper. In: Schriftenreihe „Bau- und
            Wohnforschung" des Bundesministers für Raumordnung, Bauwesen und
            Städtebau, Heft 04.053, Bonn 1979.

[10.24]   *Röhm GmbH,*
            Darmstadt, Prospekte

Kapitel 11: Oberflächenschutz

11 Oberflächenschutz

11.1 Definition des Oberflächenschutzes

Baustoffe besitzen eine unterschiedliche, meist sogar eine unzureichende Beständigkeit gegen Witterungs- und Nutzungseinwirkungen. Versieht man deren exponierte Oberflächen mit einer Beschichtung, kann die Lebens- und Nutzungsdauer der Baustoffe und damit auch diejenige des aus den Baustoffen entstandenen Bauwerks deutlich gesteigert werden. Dieser Oberflächenschutz, oft sind es sogar Oberflächenschutzsysteme, besteht im Regelfall aus Beschichtungen, die ein- bzw. mehrlagig auf Bauteile appliziert werden. Dabei handelt es sich zunächst um flüssige Beschichtungsstoffe, dem Typ nach also Halbfertigfabrikate, die auf den Bauteiloberflächen zu Oberflächenschichten verfestigen und dann ihre Schutzwirkung entfalten. Überwiegend sind es organische Polymerbeschichtungen. Zu einem gewissen, allerdings geringen Anteil werden auch mineralisch abbindende Beschichtungsstoffe eingesetzt. Oberflächenschutzsysteme nach dieser Definition haben Schichtdicken $\leq$ 5 mm.

Zu unterscheiden sind solche Oberflächenschutzsysteme, deren Wirkung auf den Schutz des Baustoffs bzw. das Bauwerk gerichtet ist, von denjenigen Beschichtungen (auch als Anstriche bezeichnet), die ausschließlich zur Verbesserung bzw. Verschönerung des Aussehens einer Baustoff- oder Bauteiloberfläche eingesetzt werden. Deren Wirkung ist dann nicht auf den Baustoff sondern auf den Betrachter der Oberfläche gerichtet. Sie als Oberflächenschutzmaßnahmen zu bezeichnen ist deshalb nicht korrekt. Andererseits wird mit den meisten modernen Oberflächenschutzsystemen nicht nur der Schutz, sondern mittel- bis langfristig auch die Verbesserung des Aussehens bewirkt.

Bauwerksabdichtungen werden überwiegend mit Systemen vorgenommen, die vor allem Bahnen bzw. Folien enthalten. Abdichtungen zielen weniger auf den Schutz des Baustoffs als vielmehr darauf, Wasser am Durchdringen von Baukonstruktionen aus verschiedenen Baustoffen zu hindern. Für bestimmte Anwendungsbereiche werden zur Abdichtung von Bauteilen organische Beschichtungsstoffe verwendet, die nach der Verfestigung im Verbund mit dem Baustoff im Sinne einer Bauwerksabdichtung (2 bis 4 mm dick) wirken. Obwohl sie nicht zu den klassischen Oberflächenschutzsystemen zählen, werden sie wegen ihres Beschichtungscharakters in einem besonderen Kapitel behandelt.

11.2 Werkstoffe zum Oberflächenschutz

11.2.1 Komponenten und Klassifizierung der Werkstoffe

Die Herstellung eines Oberflächenschutzes auf Baustoffen/Bauteilen erfordert das Auftragen von zunächst flüssigen Werkstoffen, Beschichtungsstoffe genannt. Für diese Werkstoffe ist charakteristisch, dass sie als wichtigsten Bestandteil ein Bindemittel enthalten, das eine organische hochmolekulare Substanz ist [11-1] oder nach dem Verarbeiten zu einer solchen wird. Derartige hochmolekulare Substanzen heißen „Polymere" und sind nahe Verwandte der inzwischen im täglichen Leben weit verbreiteten Kunststoffe. Sie zeichnen sich durch Dauerhaftigkeit und chemische Widerstandsfähigkeit aus, durch Haftvermögen und eine porenfreie, jedoch quellbare, amorphe Struktur, die in vielerlei Hinsicht derjenigen von Glas ähnelt. Daher sind fast alle Polymerbindemittel auch weitgehend durchsichtig. Im Temperaturbereich von etwa $-20\ °C$ bis $+80\ °C$ ist ihr Deformationsverhalten zwischen sprödhart und plastoelastisch angesiedelt. Zement, Kalk und Wasserglas, letztere auch mit Zusatz eines organischen Bindemittels, gelangen in eingeschränktem Umfang als mineralische Bindemittel zum Einsatz [11-2]. Außer dem organischen bzw. dem anorganischen Bindemittel enthalten die hier zur Debatte stehenden Werkstoffe immer auch noch weitere Stoffkomponenten, wie Pigmente, Füllstoffe, Hilfsstoffe, Lösemittel oder Wasser (siehe *Abbildung 11.1*).

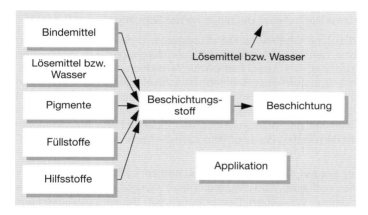

Abbildung 11.1
Die Komponenten eines Beschichtungsstoffes und der Übergang von flüssig nach fest

Pigmente sind feinkörnige Feststoffteilchen von etwa 0,1 bis 1,0 Mikrometer Korngröße [11-3]. Sie dienen in erster Linie der Farbgebung des sonst durchsichtigen Bindemittels bzw., was auf das gleiche hinausläuft, zur weitgehenden Abhaltung des Lichtes, insbesondere der UV-Strahlung, die auf Polymerbindemittel zersetzend wirkt. In Beschichtungen für den Korrosionsschutz von Stahlbauteilen werden so genannte Korrosionsschutzpigmente eingesetzt, die besondere korrosionsverhindernde bzw. korrosionsmindernde Wirkungen entfalten.

Füllstoffe werden nicht nur deswegen verwendet, um den Werkstoff preiswerter zu machen, sondern um ihm bestimmte Eigenschaften zu verleihen, z. B. um die Schichtdicke pro Auftrag zu steigern, die mechanische Widerstandsfähigkeit der Beschichtung und die Zwischenschichthaftung zu verbessern, das Schwindmaß und die thermische Längenänderung zu reduzieren usw. [11-3]. Als Füllstoffe dienen vorzugsweise mineralische Teilchen der Abmessungen zwischen etwa 1 und etwa 30 Mikrometer, wobei die obere Grenze der Teilchengröße ein Drittel der späteren Schichtdicke nicht überschreiten sollte. Neben einem günstigen Preis achtet man bei den Füllstoffen auch darauf, dass sie eine hohe chemische Widerstandsfähigkeit besitzen und mit dem Polymerbindemittel gut verträglich sind.

Hilfsstoffe werden verwendet, um spezielle Wirkungen zu erzeugen, z. B. um den flüssigen Beschichtungsstoff zu entlüften und zu entschäumen, das Benetzen des zu behandelnden Untergrundes oder den Verlauf des aufgetragenen Werkstoffes zu fördern, um dem gebrauchsfertigen Werkstoff Thixotropie zu verleihen oder um das Absetzen der Füllstoffe im flüssigen Werkstoff im Gebinde zu verhindern. Hilfsstoffe sind flüssig oder pulverförmig und werden nur in sehr geringen Mengen zugegeben. Sie beeinflussen – abgesehen von der angestrebten Wirkung – das übrige Eigenschaftsbild des Werkstoffes praktisch nicht.

Lösemittel bzw. **Wasser** sind notwendig zwecks einfacher Vermischung des Polymerbindemittels mit den übrigen Bestandteilen, zur leichteren Verarbeitbarkeit und zur Erzielung von Haftung auf dem Untergrund, wofür ein ausreichend dünnflüssiger Zustand vorliegen muss. Deshalb müssen Polymere für den hier behandelten Zweck entweder selbst flüssig (Flüssigharze) oder in Lösemittel löslich [11-4] bzw. in Wasser dispergierbar [11-5] sein.

Der flüssige Aggregatzustand der Beschichtungsstoffe ist unabdingbar, weil nur im flüssigen Zustand das Benetzen der Baustoffoberfläche und somit eine direkte Verbindung zwischen den Molekülen des Beschichtungsstoffes und dem Untergrund erreicht wird. Dazu muss der aufgetragene Werkstoff auch ausreichend lange als kontaktierende Flüssigkeit vorliegen, d. h. er darf nicht zu schnell erhärten. Der zunächst erforderliche Flüssigzustand darf aber später nicht mehr gegeben sein, weil praktisch alle Anwendungen eines Oberflächenschutzes bedingen, dass im Gebrauchszustand eine feste, trockene, klebfreie Oberfläche vorliegt. Nach dem Auftragen auf die Oberfläche muss also eine Umwandlung von flüssig nach fest eintreten, wie auf *Abbildung 11.1* gezeigt ist.

Wenn dieser Phasenübergang durch Verdunsten der Lösemittel bzw. des Wassers abläuft, bezeichnet man den Vorgang als **physikalische Trocknung**. Erfolgt der Übergang jedoch durch chemische Reaktion des Bindemittels, zum Beispiel mit Luftbestandteilen oder zwischen zwei verschiedenen Bindemittelkomponenten, so spricht man von der Härtung durch **chemische Vernetzung**. Da der Mechanismus des Phasenübergangs nicht stets genau bekannt ist und weil gelegentlich sowohl ein physikalisches Trocknen als auch ein chemisches Erhärten parallel auftritt, ist es zweckmäßiger, die Begriffe **Verfilmung** bzw. **Verfestigung** zur Beschichtung zu benutzen.

In *Abbildung 11.2* sind vier typische Zusammensetzungen, wie sie bei der Konfektionierung von Werkstoffen zum Oberflächenschutz aus den genannten Bestandteilen

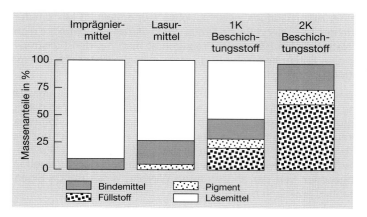

Abbildung 11.2
Typische
Zusammen-
setzung von
Imprägniermitteln
und Beschichtungs-
stoffen

gewählt werden, einander gegenübergestellt. Der Bestandteil Hilfsstoff ist wegen seines geringen Mengenanteils dabei nicht berücksichtigt.

Demnach wird ein **Imprägniermittel** aus relativ viel Lösemittel bzw. Wasser und einem geringen Anteil an Bindemittel, meist nur aus einem Wirkstoff, hergestellt. Aus diesem Grunde und weil weder Pigmente noch Füllstoffe verwendet werden, kann eine solche Flüssigkeit recht gut in einen feinporigen Baustoff eindringen. Das Imprägniermittel verfilmt, indem das Lösemittel bzw. das Wasser verdunstet. Zurück bleibt das Bindemittel (ggf. mit eingebundenem Wirkstoff), welches auf den Porenwänden in einer ganz dünnen Schicht auftrocknet.

Ein **Lasurmittel** enthält außer dem Bindemittel einen ganz geringen Pigmentanteil. Durch Variation der Pigmentmenge im Bindemittel kann die Lichtdurchlässigkeit nach dem Verfilmen zwischen völlig undurchsichtig und völlig durchsichtig variiert werden. Auf *Abbildung 11.3* ist dies anschaulich gemacht. Undurchsichtige Oberflächenschichten nennt man deckend, weil sie den Untergrund optisch bedecken.

Pigmentfreie Oberflächenfilme sind transparent, jedoch nicht immer glasklar, sondern z. B. gelblich gefärbt. Wie auf *Abbildung 11.2* dargestellt, hat eine Lasur einen größe-

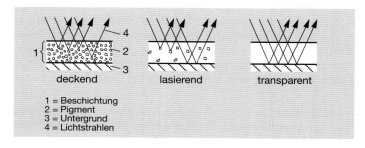

Abbildung 11.3
Die unterschiedliche Lichtdurchlässigkeit von deckenden, lasierenden und transparenten Beschichtungen

ren Bindemittelgehalt und damit eine höhere Viskosität (dickflüssiger) als ein Imprägniermittel. Die Lasur soll auf der Baustoffoberfläche verbleiben, weil die Lasurwirkung nur auf der Oberfläche eines Baustoffes erzeugt werden kann. Ein weitgehendes Eindringen des Bindemittels in die Porenräume des Baustoffs wird hier nicht angestrebt, und die Auftragsmenge wird so gewählt, dass mehr Bindemittel angeboten wird, als der Baustoff aufsaugen kann.

Der deckende **1 K-Beschichtungsstoff** (eine Komponente), der normalerweise etwa zur Hälfte oder weniger aus Lösemittel oder Wasser und zur anderen Hälfte aus Bindemittel, Pigment und Füllstoff besteht, bildet beim Verfilmen auf dem Untergrund die schützende Schicht. Es ist einleuchtend, dass bei vorgegebener Auftragsmenge die Schichtdicke umso größer ausfällt, je weniger Lösemittel bzw. Wasser im Beschichtungsstoff enthalten ist.

Ein Werkstoff mit einem Maximum an filmbildender Substanz ist auf *Abbildung 11.2* mit der Bezeichnung **2 K-Beschichtungsstoff** gezeigt. Dessen Erhärtung wird durch chemische Reaktion zweier flüssiger Bindemittelvorstufen, meist als Stammkomponente und Härter bezeichnet, herbeigeführt. Ein ganz geringer Anteil an Lösemittel wird manchmal im Werk zugegeben, damit die Viskosität bei der Konfektionierung und im Verarbeitungszustand etwas niedriger liegt, was den Verlauf und das Entweichen von Luft aus dem Baustoff bzw. dem Filmgefüge fördert.

Die beiden Möglichkeiten, Polymerbindemittel durch Dispergieren in Wasser oder durch Lösen in den flüssigen Zustand zu bringen, haben verschiedene Konsequenzen für die Eigenschaften des Werkstoffes vor und nach der Verfilmung: Durch Lösen erreicht man eine molekulare Verteilung des Bindemittels in dem als Lösemittel verwendeten Gemisch flüssiger Kohlenwasserstoffe, siehe *Abbildung 11.4.* Die Pigmente und Füllstoffe schwimmen in der Bindemittellösung. Bei der Trocknung durch Verdunsten der Lösemittel vereinigen sich die Polymermoleküle unter Einschluss der Pigmente und Füllstoffe zu einer weitgehend gleichmäßig strukturierten und hohlraumfreien Schicht. Dispergierte Polymermoleküle liegen in feinster Verteilung einer wässrigen Phase vor.

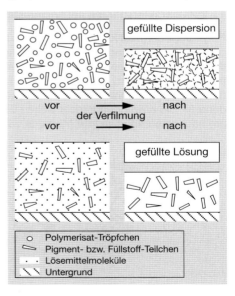

Abbildung 11.4
Schematische Gegenüberstellung
der Verfilmung von dispergierten
und gelösten Bindemitteln

Darin schweben die Pigmente und Füllstoffe als Einzelkörner. Eine Emulgatorhülle um jedes Bindemitteltröpfchen verhindert das Verkleben derselben untereinander sowie mit den Pigmenten und Füllstoffen, solange die wässrige Phase vorliegt. Die Trocknung erfolgt durch Entweichen des Wassers, einerseits durch Verdunsten, andererseits durch kapillares Absaugen in den porigen Baustoff hinein. Dabei koaleszieren, d.h. verkleben die Bindemitteltröpfchen miteinander unter Einschluss der Pigmente und Füllstoffe. Wegen der Größe der Bindemitteltröpfchen ist der entstehende Film nicht so homogen und lückenlos dicht wie der aus einer Lösung entstandene. Eingeschlossene Emulgatorbestandteile verursachen beim Dispersionstyp eine leichtere Quellbarkeit bei Wassereinwirkung und die gute Diffundierbarkeit für Wassermoleküle.

Daher ist ein Film, der durch Trocknen einer Lösung oder durch chemische Erhärtung gebildet wurde, generell und vor allem gegen Feuchteeinwirkung dichter und widerstandsfähiger als ein aus einer Dispersion erzeugter Film. Dispersionen haben jedoch den Vorteil, dass das Dispersionsmittel Wasser kostengünstiger, umweltfreundlicher und beim Verarbeiten gefahrlos ist. Ferner werden auch feuchte Untergründe relativ gut benetzt und die Werkzeuge lassen sich mit (warmem) Wasser gut reinigen, wenn dies rasch erfolgt. Dispergierte Beschichtungsstoffe ersetzen immer mehr die gelösten.

Das Ablagern der filmbildenden Substanz bei Imprägnierungen, Grundierungen/Versiegelungen und Beschichtungen nach der Applikation der Stoffe auf dem porigen Baustoff ist schematisch auf *Abbildung 11.5* dargestellt.

11.2.2 Charakterisierung der wichtigsten Bindemittelarten

Polymerbindemittel für den Oberflächenschutz von Baustoffen – fachsprachlich Filmbildner genannt - sind in vielen Arten, und jede Art wiederum in zahlreichen Modifikationen verfügbar. Die chemische Elementaranalyse ergibt als Hauptbestandteile immer Kohlenstoff und Wasserstoff nebst geringeren Anteilen weiterer Atome. Sie ist daher nicht brauchbar zur weiteren Charakterisierung dieser Filmbildner. Entscheidend für die anwendungstechnischen Eigenschaften ist die chemische Struktur. Die am häufigsten angewandte Methode zur Darstellung chemischer Molekülstrukturen

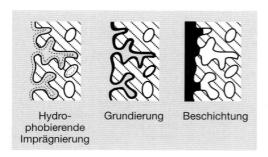

Hydro-
phobierende
Imprägnierung   Grundierung   Beschichtung

*Abbildung 11.5
Hauptsächliche Maßnahmen zum
Oberflächenschutz auf porösen
Baustoffen in schematischer
Darstellung*

von Bindemitteltypen und den daraus hergestellten Modifikationen ist die Infrarotanalyse.

Mit einem Infrarotspektrometer wird Licht des Infrarotbereichs mit wechselnder Wellenlänge auf das Polymer gelenkt. Transmission und Absorption in Abhängigkeit von der Wellenzahl führen zur Ausbildung charakteristischer Kurvenzüge, die kennzeichnende funktionelle Gruppen von Molekülen aufzeigen und einen Stoff gleich einem Fingerabdruck identifizieren. *Abbildung 11.6* zeigt die Infrarotanalyse eines Polymerbindemittels auf Basis eines Acrylsäureesters.

Neben der Polarität innerhalb einer chemischen Struktur hat die Molekülgröße einen ganz wesentlichen Einfluss auf die Rheologie eines Polymerbindemittels. Ganz allgemein gilt, dass kleine Moleküle (niedrige Molekularmassen) flüssige Polymerbindemittel ergeben, während mit zunehmender Molekülgröße (höhere Molekularmasse) dickflüssigere bis zähe oder feste Polymerbindemittel entstehen. In *Tabelle 11.1* sind in Abhängigkeit der Molekularmasse verschiedene Merkmale von nieder-, mittel- bis hochmolekularen organischen Substanzen schematisch dargestellt. Daraus erkennt man auch, dass einige Polymer-Bindemitteltypen ihren Verarbeitungszustand nur erreichen, wenn sie z.B. in Lösemitteln verflüssigt werden.

Aus der chemischen Struktur eines Polymerbindemittels ergeben sich wichtige Eigenschaften des Fertigproduktes Beschichtung wie z.B. Haftverbund zum Untergrund, Licht- und Wetterbeständigkeit, Permeabilität für Wasserdampf und Kohlendioxid, chemische Beständigkeit u.a.m.

Im Folgenden werden die kennzeichnenden Eigenschaften wichtiger Bindemitteltypen kurz erläutert [11-6].

Oxidativ trocknende pflanzliche Öle spielen heute im Bauwesen praktisch keine Rolle mehr. Sie werden jedoch in bedeutendem Umfang zur Modifikation von **Alkydharzen (AK)** eingesetzt. Diese finden im Bauwesen als so genannte Bautenlacke eine breite Anwendung insbesondere auf maßhaltigem Holz und beim Korrosionsschutz von Stahl. Auf basischen Baustoffen (Beton, Zementputz etc.) können diese Bindemittel nicht eingesetzt werden, weil sie in Gegenwart von Wasser hydrolysieren (verseifen), d.h. ihre Molekülstruktur wird zersetzt *(Tabelle 11.1)*. In der Freibewitterung neigen diese Bindemittel zur oxidativen Nachhärtung, was zu einer Versprödung der Beschichtung führt. Durch Modifikationen mit „langöligen" bzw. höheren synthetischen Fettsäuren und mit „alkydharzfremden" Komponenten lassen sich diese Schwächen z.T. kompensieren.

Der als **Chlorkautschuk (CR)** bekannte Bindemitteltyp ist früher durch Chlorieren von Naturkautschuk hergestellt worden. Heute verwendet man Synthesekautschuk und andere Polymere und wandelt diese durch Chlorieren in **Chlorierte Polymere** um. Auch durch diese Modifizierung erhält man ein chemisch sehr stabiles Bindemittel. Chlorierte Polymere haben eine hervorragende Beständigkeit gegen basische und saure Beanspruchung und zählen zu den besten Unterwasserbeschichtungen. Ge-

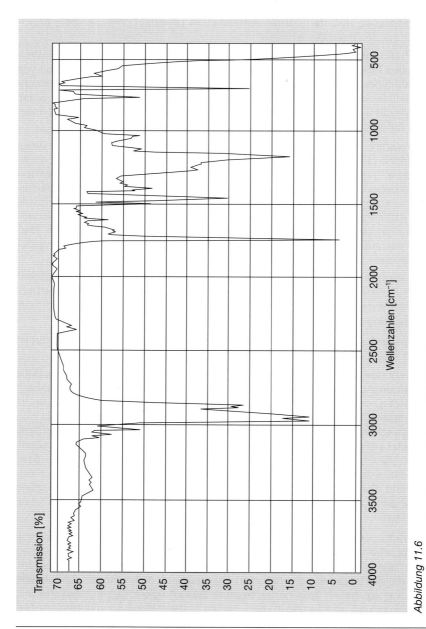

Abbildung 11.6
Infrarotanalyse zur Darstellung von Polymer-Molekülstrukturen

molare Masse [g/mol]	Molekül-Abmessung [nm]	typische Vertreter	Beschaffen-heit	Polymerisations-stufe	Änderungs-tendenz
20	ca. 0,1	Rohstoffe zur Bindemittel-synthese	gasförmig	Monomer Oligomer	Synthese
100	ca. 0,2	Lösemittel	dünnflüssig		
1.000	ca. 0,5	Flüssigharze	dickflüssig		
10.000	ca. 1	Weichmacher	klebrig plastisch	Polymer (Hochpolymer)	Alterung und Zersetzung
100.000	ca. 2	Bindemittel	zunehmend		
1.000.000	ca. 5	Festharz	zäh bis hart		

Tabelle 11.1
Einfluss der molaren Masse auf verschiedene Eigenschaften von Polymerbindemitteln

genüber der Chlorkautschukversion konnte die Witterungsbeständigkeit gesteigert und die Kreidungsneigung vermindert werden.

Acrylharze (AY) werden meist im Wege der Lösungspolymerisation hergestellt. Sie sind Ausgangsstoffe für physikalisch trocknende Acrylharzlacke, die sich durch hohe Licht- und Wetterbeständigkeit auszeichnen. Es lassen sich somit Beschichtungen mit allerhöchsten Anforderungen an dauerhafte Glanzhaltung und Farbstabilität herstellen. In Kombination mit Styrol (Styrolacrylate) leiden die visuellen Merkmale etwas, dafür werden Haftverbund, Flexibilität sowie Wasser- und Alkalibeständigkeit gesteigert. Acrylpolyole lassen sich mit aliphatischen Polyisocyanaten zu besonders wetter-, vergilbungs- und chemikalienbeständigen 2 K-Beschichtungen auf Polyurethan-Acrylatbasis modifizieren.

Acryl-Copolymere mit freien Carboxy - Gruppen sind wasserlöslich und lassen sich zu Wasserlacken weiterformulieren.

Kunststoffdispersionen sind mikroheterogene Systeme, die aus nahezu kugelförmigen Polymerteilchen (disperse innere Phase) und einem Dispersionsmittel (wässrige äußere Phase) bestehen. Die Kunststoffteilchen, die durch Emulsionspolymerisation von Monomeren synthetisiert werden, sind für die Anwendung in „Bautenfarben" stets so genannte Copolymerisate. Als wichtigste Typen seien genannt:
○ Styrol-Butadien-Copolymerisate
○ Vinylacetat-Copolymerisate
○ Reinacrylat-Copolymerisate
○ Styrol- Acrylat-Copolymerisate

Durch Wahl der Copolymerpartner und der Mengenverhältnisse der Monomere sowie durch den Polymerisationsgrad, d.h. die Größe der polymerisierten Moleküle können die Eigenschaften der Polymere in weiten Grenzen variiert werden. Styrol-Butadien-

Copolymere sind ausgeprägt alkalibeständig und hydrophob, neigen in der Freibewitterung zum Kreiden und vergilben. Vinylacetat-Copolymerisate mit verschiedenen Carbonsäureestern bzw. Ethylen können selektiv auf Flexibilität sowie Wetter- und Wasserbeständigkeit modifiziert werden. Reinacrylat-Copolymerisate lassen sich zu hochwertigen Bautenfarben verarbeiten, weil mit ihnen neben einer ausgeprägten Vergilbungsbeständigkeit praktisch alle Anforderungen freibewitterter Beschichtungen abgedeckt werden. Styrol-Acrylat-Copolymerisate sind hinsichtlich der Lichtechtheit und der Flexibilität etwas reduziert, dafür ist ihre Hydrolysebeständigkeit (unverseifbar) deutlich höher. Grundsätzlich sind alle Copolymerisate Plastomere mit entsprechend begrenzter Temperaturbeständigkeit.

Bitumen (BIT) ist ein schwarzes, hochviskoses bis festes plastomeres Oligomer, das in verschiedenen Zubereitungsformen eingesetzt wird. Es entstammt dem Rückstand der Erdöldestillation. Es lässt sich gut in Lösemitteln lösen und mit entsprechenden Hilfsstoffen auch in Wasser dispergieren. Bitumen ist physiologisch unbedenklich sowie gegen Feuchte, aggressive Wässer, Salze, schwache Säuren und Laugen beständig. In der Bewitterung kreidet Bitumen deutlich. Nicht beständig ist es gegen Lösemittel, Fette und Öle. Durch Kombination von Bitumen mit relativ geringen Mengen von Phenolharzen, Chlorkautschuk, Copolymerisaten oder Kautschuk können eine deutliche Reduzierung der Temperaturempfindlichkeit des Films (Versprödung bei Kälte, Erweichung bei Wärme) und eine Verbesserung der Widerstandsfähigkeit gegen chemische Einwirkungen oder Witterungseinflüsse erreicht werden. Durch Kombination mit Epoxiden bzw. Polyurethanen werden die Nachteile der Löslichkeit durch Öle und Fette sowie die Thermoplastizität kompensiert. Da sich die schwarze Farbe in gewissem Umfang auf den gesamten Beschichtungsstoff überträgt, sind nur gedeckte Rot-, Grün- und Silber-Töne neben Schwarz herstellbar. Beschichtungen auf Basis Bitumen werden hauptsächlich auf nicht sichtbaren Bauteilflächen, vorzugsweise an erdberührten und an wasserbenetzten Flächen verwendet.

Teerpech (CT) aus der Verkokung von Steinkohle ist schwarz wie Bitumen, ist chemisch jedoch anders aufgebaut und hat folglich auch andere Eigenschaften als Bitumen. Da es toxisch ist, sind daraus hergestellte Beschichtungen gegen Durchwurzeln und gegen Bakterien resistent. Wegen der für den Menschen physiologisch bedenklichem polycyclischen Aromaten wird Teerpech nur noch selten zum Oberflächenschutz eingesetzt. An seiner Stelle werden Kohlenwasserstoffharze vom Typ Cumaron-Inden verwendet.

Epoxidharze (EP) haben ihren Namen von der Stammkomponente (funktionelle Gruppe Epoxid) des 2 K-Systems. Pigmente, Füllstoffe, usw. sind in der Regel in die Stammkomponente eingearbeitet. Die Härterkomponente enthält als charakteristischen Bindemittelbestandteil das Amin. Unmittelbar nach dem Vermischen der beiden Ausgangskomponenten am Verarbeitungsort setzt über die funktionellen Gruppen Epoxid und Amin eine chemische Vernetzung ein. Die in einer so genannten Polyadditionsreaktion bewirkte Vergrößerung der Moleküle des Bindemittels hat eine

Viskositätserhöhung zur Folge *(siehe Tabelle 11.1)*. Damit verbunden ist die Grenze der Verarbeitbarkeit (Topfzeit) die je nach Temperatur nach 0,5 bis 8 Stunden erreicht wird. Die Erhärtung, d.h. das Erreichen des Festkörperzustandes ist nach einigen Tagen weitgehend abgeschlossen. Abgesehen von dem chemischen Härtungssystem erreichen EP-Flüssigharze (lösemittelfrei) schneller den Endzustand als gelöste EP-Festharze.

Epoxidharze haben im Bautenschutz eine große Verbreitung, vor allem für die Anwendung auf Beton [11-7] und Stahl [11-8]. Der Grund dafür ist ihre Beständigkeit unter Wasser, gegen Laugen und schwache Säuren, die hohe Festigkeit und die hervorragende Haftung auf trockenem und begrenzt feuchtem Untergrund, bei manchen Typen sogar auf Frischbeton. Generell sind eine gute Resistenz und eine gute Widerstandsfähigkeit gegen mechanische Beanspruchungen und gegen viele organische Lösemittel gegeben. Da Epoxidharze auch als Flüssigharze (lösemittelfrei) zur Verfügung stehen, und da die Volumenverminderung bei der Erhärtungsreaktionen (Schrumpfen) relativ klein ist, werden sie auch für ausgesprochen dicke Beschichtungen (erhöhte chemische und mechanische Einwirkungen) konfektioniert. Mit diesen Modifikationen werden sogar epoxidgebundene Mörtel und Betone hergestellt. Weil die beschriebene Vernetzung der beiden Ausgangskomponenten aus physikalisch-chemischer Sicht im Zusammenhang mit dem Wärmeinhalt der Bindemittelmischung steht, sollten 2 K-Epoxidbeschichtungen für höhere Nutzungsansprüche nicht bei Objekt- und Umgebungstemperaturen unter 10 °C verarbeitet werden. Diese Bedingung gilt natürlich auch für die Aushärtezeit, die einige Tage dauern kann.

Polyurethane (PUR) haben ihren Namen von der Molekül-Endstruktur des aus der Stammkomponente (Polyol) und der Härterkomponente (Isocyanat) des 2 K-Systems entstandenen Bindemittels. Gegenüber den Epoxiden haben sie im Allgemeinen eine bessere Widerstandsfähigkeit im sauren Bereich. Durch Modifikation ist ein breites Spektrum vom zäh harten (sehr verschleißfesten) bis zum elastisch flexiblen Bindemittel möglich. Letzteres hat die größte Bedeutung für den Einsatz im Bauwesen. Für die Anwendung auf zementgebundenen Baustoffen ist zu beachten, dass keine basisch hydrolysierbaren (verseifbaren) Ausgangskomponenten (z.B. Polyesterpolyole) eingesetzt werden dürfen. Mit bestimmten Polyurethanen können hohe Anforderungen an Glanzhaltung und Farbkonstanz (UV-Beständigkeit) erfüllt werden. Daher haben sie eine große Bedeutung für Deckbeschichtungen. Die Vernetzung erfordert im Prinzip vergleichbare thermische Bedingungen wie bei den Epoxiden, wenngleich die Temperaturgrenze nach unten etwas erweitert werden kann.

Die Härterkomponente Isocyanat kann auch mit Wasser reagieren. Das führt beim 2 K-Polyurethan zu einem unangenehmen Nebeneffekt, wenn z.B. auf feuchte, poröse Baustoffe beschichtet wird oder die relative Feuchte der umgebenden Luft zu hoch ist. Das dabei entstehende Reaktionsprodukt Kohlendioxid macht den Film porig oder führt an der Haftfläche zur Bläschenbildung. Zur Vermeidung von Qualitätseinbußen sollten 2K-Polyurethanbeschichtungsstoffe nur bei trockenem Klima und auf lufttrockenem Untergrund verarbeitet werden. Solche Bedingungen sind im Bauwesen nicht immer einhaltbar, was eine Einschränkung der Anwendbarkeit bedeutet.

Im Regelfall wird Polyurethan als Zweikomponenten-Bindemittel eingesetzt. Es kommt jedoch auch als Einkomponenten-Bindemittel zur Anwendung. Dabei werden Urethan Prepolymere mit freien Isocyanatgruppen eingesetzt, die als zweite Komponente Wasser aus der Luft aufnehmen und dann zu Polyharnstoffmolekülen vernetzen. Sie werden deshalb auch als **feuchtigkeitshärtende Polyurethane** bezeichnet. Auch hiermit lässt sich ein breites Spektrum von starren bis flexiblen Beschichtungen formulieren.

Durch Kombination von Epoxid- und Polyurethanharzen erhält man elastifizierte Bindemittel, die gewisse Eigenschaften der beiden Ausgangsbindemitteltypen vereinen.

Polymethylmethacrylat (PMMA) ist im Ausgangszustand ein einkomponentiges, flüssiges Monomerengemisch, welches durch Zugabe eines nicht in die Vernetzung eingehenden Beschleunigers in den polymeren Zustand (fest) übergeht. Im monomeren Zustand (MMA) hat es einen stechenden Eigengeruch. Es härtet sehr rasch aus und ist danach ein gegen schwache Laugen und Säuren, Salze und Wasser sehr beständiges, glasklares Polymer mit den allgemein bekannten Eigenschaften des Plexiglases. Es zeichnet sich durch eine hohe Lichtstabilität und eine sehr hohe Wetterbeständigkeit aus. Die ausgeprägte Dünnflüssigkeit vor dem Erhärten lässt eine sehr hohe Abmagerung mit Füllstoffen zu und begünstigt die Benetzung des Untergrundes, macht jedoch eine penetrationsbremsende Grundierung saugfähiger Baustoffe notwendig. Berücksichtigt werden muss außerdem, dass nach der Applikation des Monomerengemisches die Gefahr der Verseifung der monomeren Esterstrukturen auf basischem Untergrund besteht, woraus Haftverbundschwächen resultieren. Die Polymerisationsreaktion hat eine gewisse Empfindlichkeit gegen Sauerstoffzutritt. Des Weiteren ist der Erhärtungsschrumpf ausgeprägter als bei den Bindemitteln EP und PUR. Den Schrumpfungsspannungen kann durch Einsatz flexibler Bindemittelvarianten entgegengewirkt werden.

Der (Ungesättigte) **Polyester (UP)** hat seinen Namen vom Ausgangsprodukt, einem Monomerengemisch aus Estern und Styrol, die chemisch "ungesättigte", nämlich Doppelbindungen enthalten. Analog zum PMMA erfolgt die Polymerisation der beiden Monomeren nach Zugabe eines nicht in die Polymerstruktur eingehenden Beschleunigers und Applikation des Monomerengemisches auf dem Bauteil, z.B. auf Bodenflächen oder Rohrleitungen. Die Verhaltensweisen und Empfindlichkeiten während der Polymerisation sind vergleichbar zum PMMA, auch die dabei entstehenden Schrumpfspannungen. Auch UP verbreitet während seiner Flüssigphase einen intensiven Geruch, der durch die monomeren Ester und Styrol geprägt ist. Dies erfordert besondere Schutzmaßnahmen für das Verarbeitungspersonal (Filter, Belüftung). Bis auf Lichtstabilität und Wetterbeständigkeit liegen im Gebrauchszustand ähnliche Eigenschaften wie bei PMMA vor.

Unter dem Oberbegriff **Silicone (SI)** fasst man die nieder- bis hochmolekularen Silane (Polysiloxane) zusammen. Hochmolekulare Silane nennt man Siliconharze, oligomere Silane werden als Siloxane bezeichnet. Die Silan-Moleküle zeichnen sich durch eine besondere siliciumorganische Struktur aus. Siliconharz hat Elastomercharakter, besitzt sehr hohe chemische und thermische Widerstandsfähigkeit und ist wie alle Silicone stark wasserabweisend. Siliconharze werden z.B. bei der Herstellung von Beschichtungsstoffen verwendet, die nutzungsbedingt hohen Temperaturen ausgesetzt sind. Wegen ihrer Hydrophobie finden sie auch zunehmend Anwendung bei der Herstellung von Fassadenfarben. Die kleineren Moleküle der oligomeren und niedermolekularen Silane können in einen feinporigen Untergrund besonders gut eindringen. Deshalb, aber insbesondere wegen ihrer ausgeprägten polaren Struktur werden die Silicone als wasserabweisende Imprägniermittel eingesetzt. Sie dringen in das Porengefüge von Baustoffen ein, machen die Porenwände Wasser abstoßend und unterbinden damit den kapillaren Wassertransport. Eine Siliconimprägnierung ist nach dem Verdunsten der Lösemittel bzw. des Wassers (sie sind seit einigen Jahren auch als wässrige Systeme, so genannte Silicon-Mikroemulsionen verfügbar [11-9]) unsichtbar, d.h. das Aussehen einer Baustoffoberfläche wird nicht verändert. Die dadurch geschaffene hydrophobierende Imprägnierung grenzt man begrifflich von der Beschichtung ab, weil einerseits Größenordnungen zwischen den Schichtdicken und andererseits deutlich unterschiedliche Wirkungsmechanismen vorliegen (Hydrophobe, nicht geschlossene Oberfläche – dichte Barriere gegen eindringende Medien).

In der Anfangszeit tritt beim Benetzen einer siliconimprägnierten Oberfläche ein Abperleffekt auf, der aber im Laufe der Zeit nachlässt bzw. verschwindet. Dies liegt daran, dass durch die Einwirkung der Globalstrahlung – darin enthalten UV-Licht – die siliciumorganische Verbindung an der Oberfläche aufgebrochen wird und deshalb dort nicht mehr wirkt. Die Schutzwirkung der imprägnierten Oberflächenzone gegen kapillare Wasseraufnahme ist aber dadurch noch nicht aufgehoben, vorausgesetzt das Imprägniermittel ist tief genug in das Porensystem des Baustoffs eingedrungen. Ein tiefes Eindringen der bisher verfügbaren „wasserdünnen" siliciumorganischen Imprägniermittel ist bei Beton insbesondere mit sehr dichtem Gefüge problematisch. Mit Hilfe so genannter Imprägniercrems versucht man über die Depotwirkung das Angebot an Imprägniermittel zeitlich zu strecken [11-10] was zu einem tieferen Eindringen führt. Das Porensystem des Baustoffs wird durch eine Siliconimprägnierung nicht nennenswert eingeengt (siehe die schematische Darstellung von *Abbildung 11.5*). Dadurch ist es auch in seiner Gasdurchlässigkeit und Diffundierbarkeit für Wasserdampf aber auch für Kohlendioxid kaum verändert. Ein wichtiges Qualitätskriterium für die Anwendung auf porösen, zementgebundenen Baustoffen ist die Alkalibeständigkeit der Silicon-Imprägniermittel. Gegen Druckwasser und gegen Dauerfeuchte sind auch hydrophobierende Imprägnierungen nicht lange wirksam.

Zement, Kalk und Wasserglas sind rein anorganische Bindemittel. Sie werden – jeweils getrennt – im Bauwesen nur noch in relativ geringem Umfang als Hauptbindemittel beim Oberflächenschutz eingesetzt. Sie erhärten nicht durch Verfilmung, wie die zuvor beschriebenen Polymere, sondern durch Verfilzen der bei der Erhärtung entstehenden Kristallnadeln bzw. durch Versintern [11-2]. Wasser dient bei allen drei Bindemitteln als Lösungs- bzw. Dispersionsmittel und beim Zement zusätzlich als härtende Komponente (Hydratation).

Kalk wird in seiner gelöschten Form ($Ca(OH)_2$ als Anstrichmittel eingesetzt und erhärtet durch Aufnahme von Kohlendioxid (CO_2) aus der Luft zu Calciumcarbonat ($CaCO_3$, Kalkstein). Wasserglas in Form von Kaliwasserglas härtet nach Abgabe von Wasser und Aufnahme von Kohlendioxid aus der Luft durch Ausfällen eines Kieselsäuregels (SiO_2). Zusammen mit Pigmenten und Füllstoffen entstehen sog. Mineralfarben.

Die sich aus Zement, Kalk und Wasserglas bildenden Schichten sind feinporig und daher gasdurchlässig. Weil sie im Prinzip die gleiche Porigkeit, Sprödigkeit und die gleiche Widerstandsfähigkeit haben wie zementgebundene Baustoffe, kann durch Anstreichen, Schlämmen und Beschichten mit Zement- Kalk- und Wasserglasprodukten keine nennenswerte Schutzwirkung, jedoch eine Unregelmäßigkeiten ausgleichende, lasierende oder deckende Schicht erzeugt werden. Das heißt, man setzt sie eher zur Verschönerung als zum Schutz eines Bauwerkes ein. Beispiele dafür sind die „gekalkten" Gebäude in Mittelmeerländern. An historischen Gebäuden (Schlössern, Burgen) werden die Fassaden traditionell mit wasserglasgebundenen Anstrichen, so genannten Rein-Silikatfarben versehen.

Durch Kombination mit Acrylatdispersionen können Wasserglas- und Zementbindemittel in der Sprödigkeit reduziert, in der Dichtigkeit geringfügig, in den Verarbeitungseigenschaften und im Haftvermögen wesentlich verbessert werden. Aus der Kombination mit Kaliwsserglas entstanden daraus die Dispersionssilicat-Beschichtungen [11-11].

Die Kombination von Zement und Acrylat bewirkt durch die Basizität des Zementes für Stahl einen Korrosionsschutz. Daher werden im Zuge der Betoninstandsetzung auf Bewehrungsstählen überwiegend Korrosionsschutz-Beschichtungsstoffe aus zementhaltigen Polymerwerkstoffen eingesetzt [11-7]. Durch Steigerung des Polymeranteils, der zudem aus einer flexibilisierten Modifikation entstammt, werden Zement-Feinsandgemische mit dichtenden und rissüberbrückenden Eigenschaften hergestellt. Siehe dazu die Abschnitte 11.5.4 und 11.6.

Die im Vorstehenden wiedergegebenen Charakterisierungen der Bindemittel (Filmbildner) können auf die daraus hergestellten Beschichtungsstoffe weitgehend übertragen werden. Da aber durch die Konfektionierung der Werkstoffe mit der Verwendung von Pigmenten, Füllstoffen, Lösemitteln, Hilfsstoffen etc. und durch den im Einzelfall gewählten Bindemitteltyp aus der großen Palette der zur Verfügung stehenden Modifikationen deutliche Abweichungen vom genannten Normalverhalten auftreten können, muss sich die praktische Anwendung an der eigenen Erfahrung mit einem bestimmten Produkt oder an den Angaben des Herstellers orientieren. Letztere sind im

Bindemittelbasis	Witterung	Dauer-feuchte	Abrieb	Rissüber-brückung	Farbtreue	Öle, Fette	schwache Säuren
Chlorkautschuk	±	+++	±	-	±	-	+++
Copolymerisat	++ (++)	++ (±)	±/-)	++ (++)	++ (++)	- (-)	+ (±)
Acrylat	+++ (+++)	+ (-)	± (-)	+ (+)	+++ (+++)	- (-)	+ (±)
Silicon	+++	-	-	-	farblos	-	-
Epoxid	±	+++	+++	±	±	++	++
Polyurethan							
Esterpolyol	+++	-	+++	± bis ++	+++	± bis ++	+
Ätherpolyol	-	++	+++	± bis ++	-	± bis ++	+++
Bitumen	+ (+)	+++	-	+ (+)	± (±)	-	++ (±)
Bitumen-kombination	++	+	-	+	+	-	+
Teerpechepoxid	±	+++	++	-	-	±	++
Teerpech	±	+++	±	-	-	±	++
Wasserglas	+++	+	±	-	+++	-	-
Zement	+	+++	±	-	-	-	-

+++ sehr gut; ++ gut; + befriedigend; ausreichend; - nicht ausreichend.
Werte in Klammern gelten für Dispersionen, die anderen für lösemittelhaltige und lösemittelfreie Stoffe.

Tabelle 11.2
Überblick über die Widerstandsfähigkeit von Oberflächenschutzsystemen auf Basis von Polymer-Bindemitteln

Technischen Merkblatt enthalten, das es zu jedem Beschichtungsstoff gibt und das bei dessen Anwendung beachtet werden muss. Gelegentlich ist auch eine zusätzliche Fachberatung durch das Herstellerwerk angebracht.

Einen Überblick über die Widerstandsfähigkeit von Oberflächenschutzsystemen auf Basis der zuvor beschriebenen Bindemittel gibt *Tabelle 11.2*

11.3 Anwendungsvoraussetzungen für Oberflächenschutz

11.3.1 Grundsätzliches

Aus technischer und aus wirtschaftlicher Sicht liegt es nahe, immer dann, wenn der Oberflächenschutz eines Bauteils in Erwägung gezogen wird zu fragen, warum muss die Maßnahme ausgeführt werden und was muss das Oberflächenschutzsystem leisten. Maßgeblich dafür ist einerseits die Beanspruchung des Bauwerks durch Witterung und klimatische Einflüsse. Darüber hinaus können spezielle Umgebungs- oder Nutzungsbedingungen einen ganz gezielten Schutz gegen physikalischen, chemischen oder mechanischen Angriff oder gegen eine unerwünschte Kontamination der Oberfläche von Bauteilen erforderlich machen. Wenn das Anforderungsprofil klar ist, lässt sich aus der Palette verfügbarer Werkstoffe und unter Einhaltung fachgerechter Regeln das Oberflächenschutzsystem konzipieren und anwenden.

11.3.2   Betrachtungen zur Funktionalität von Beschichtungen

Ob ein Oberflächenschutzsystem die Leistungen erbringt, die von ihm nach dem Anforderungsprofil erwartet werden, wird im Wesentlichen durch drei Bereiche abgedeckt:

○ Das zu verwendende Produkt bzw. das Produktsystem muss nachweislich die Eignung für den vorgesehenen Zweck aufweisen. Neben generellen Eigenschaften wie Schutz gegen Witterungseinflüsse werden dabei selektiv alternative Funktionen berücksichtigt.

○ Der Oberflächenschutz muss mit dem zu schützenden Bauteil/Bauwerk einen dauerhaften Verbund eingehen.

○ Das Leistungsvermögen einer Beschichtung steht in einem direkten Zusammenhang mit der Schichtdicke der Beschichtung.

Maßgebliche Funktionen von Beschichtungen, ihre Bewertung und ihre Bemessung sollen im Folgenden dargestellt werden. Das weite Gebiet des Oberflächenschutzes beinhaltet darüber hinaus jedoch noch zahlreiche andere Funktionen.

11.3.2.1   *Die Beschichtung als Carbonatisationsbremse*

Die Bewehrungsstähle des Stahlbetons erfahren ihren Korrosionsschutz neben dem dichten Gefüge vor allem durch das basische Milieu des sie umhüllenden Betons [11-12]. Die in der Luft enthaltenen sauren Gase, insbesondere Kohlendioxid (CO_2), dringen in den Beton ein und neutralisieren (carbonatisieren) das basische Milieu in Form des bei der Zementhydratation entstandenen Calciumhydroxids $Ca(OH)_2$. Die sich einstellende Tiefe der Carbonatisation ist der Wurzel der Zeit (t) proportional [11-13]:

$$s = \sqrt{2 \cdot \frac{c_1}{c_2} \cdot \frac{D_L}{\mu} \cdot t} \qquad [cm] \qquad (1)$$

In Gleichung (1) steht s für die Tiefe der Carbonatisationsfront, c_1 für die Konzentration von CO_2 in Luft und c_2 für das benötigte Äquivalent an CO_2 zur Umsetzung der im Beton vorhandenen Hydroxide.

Der Quotient D_L/μ markiert den Diffusionswiderstand von Beton gegen CO_2, wobei die Diffusionswiderstandszahl μ als Stoffkennwert für den betrachteten Beton und der Diffusionskoeffizient D_L für CO_2 in Luft getrennt dargestellt sind.

Der Idee der Beschichtung als Carbonatisationsbremse liegt zugrunde, dass mit ihr die Permeabilität für CO_2 auf einem sehr niedrigen Niveau begrenzt werden kann. Die CO_2-Durchlässigkeit kann nach einer vom Verfasser entwickelten gravimetrischen Meßmethode [11-15] ermittelt werden. Diese Methode ist zwischenzeitlich genormt [11-16]. *Abbildung 11.7* zeigt das Kernstück des Messgerätes, die Diffusionskapsel, in welche die zu prüfende Beschichtung eingebaut ist. Aus der Stoffmengenstromdichte wird die Diffusionswiderstandszahl μ_{CO2} errechnet.

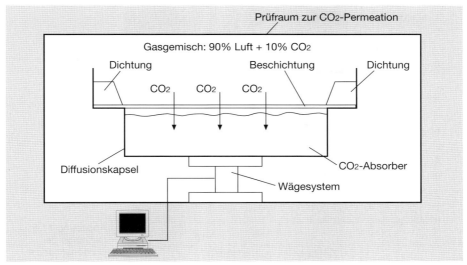

Abbildung 11.7
Gravimetrische Detektion der CO_2-Durchlässigkeit [11-15] [11-16]

Per Definition sagt die Diffusionswiderstandszahl μ_{CO2} aus, wie viel mal undurchlässiger die Beschichtung für die CO_2-Diffusion ist als Luft unter sonst gleichen Bedingungen. Eine Zusammenstellung von Diffusionswiderstandszahlen für verschiedene Baustoffe und Beschichtungen findet sich in [11-17].

Die maßgebliche Rechengröße zur Bemessung einer Carbonatisationsbremse ist die diffusionsäquivalente Luftschichtdicke $s_{D,CO2}$ (Diffusionswiderstand), die aus dem Produkt von Diffusionswiderstandszahl μ_{CO2} und Dicke s der Beschichtung gebildet wird:

$$s_{D,CO2} = \mu_{CO2} \cdot s \qquad [m] \qquad (2)$$

Wie groß der Widerstand einer Beschichtung gegen CO_2-Diffusion sein muss, damit diese als Carbonatisationsbremse wirkt, ist auf *Abbildung 11.8* graphisch dargestellt. Die Ursprungsgerade stellt den Carbonatisationsfortschritt im Beton als Funktion der Zeit dar. Diesen Vorgang drückt auch Gleichung (1) aus. Weil an der Oberfläche keine Beschichtung vorliegt, kann der s_D-Wert zu Null gesetzt werden. Würde man die Betonoberfläche zum Zeitpunkt t = 1 Jahr beschichten, würde mit zunehmendem Diffusionswiderstand die Gerade, die den Carbonatisationsverlauf wiedergibt, nach unten abknicken. Wenn ein Diffusionswiderstand $s_{D,CO2}$ = 50 m erreicht ist, wird der Carbonatisationsfortschritt so stark reduziert, dass eine ähnliche Wirkung erzielt wird, wie wenn die Betonoberfläche mit einer Diffusionssperre für CO_2 ($s_{D,CO2}$ = ∞) belegt wäre. Daraus kann die Schlussfolgerung hergeleitet werden, dass eine Beschichtung

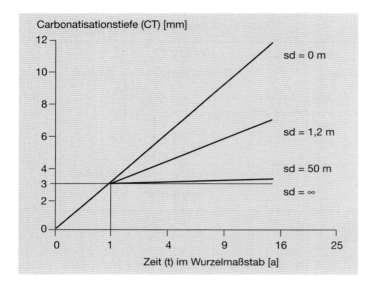

Abbildung 11.8
Definition der
Carbonatisations-
bremse [11-18]

dann als eine für Stahlbeton ausreichende Carbonatisationsbremse anzusehen ist, wenn ihre diffusionsäquivalente Luftschichtdicke $s_{D,CO_2} \geq 50$ m beträgt [11-18].

11.3.2.2   *Die Beschichtung als Feuchteregulativ*

Beschichtungen werden im Bauwesen im Zusammenhang mit der Feuchteregulierung in erster Linie zur Begrenzung der Wasseraufnahme von porösen Baustoffen eingesetzt, also um die Kapillarität an der Baustoffoberfläche zu unterbinden. Bei geschichteten Außenbauteilen beheizter Räume werden Beschichtungen gelegentlich auch als so genannte Dampfbremsen eingesetzt. Unter der Annahme stationärer Wasserdampf-Diffusionsströme kann mit dem Glaserverfahren nachgeprüft werden, ob die Gefahr der Tauwasserbildung besteht und mit welchem Diffusionswiderstand an der richtigen Stelle dies verhindert werden kann [11-19]. Ob der Diffusionswiderstand einer vorgesehenen Außenbeschichtung zulässig oder gar zu hoch ist, kann unter stationären Bedingungen aus dem Glaserdiagramm abgeleitet werden.

Im Zusammenhang mit der Beschichtung von Bauteilen wird oft die Frage diskutiert, ob und in welchem Maße Beschichtungen wasserdampfdurchlässig sein müssen, damit keine Schäden als Folge des „Dampfdrucks" auftreten. Dazu kann ganz allgemein gesagt werden, dass ein Wasserdampfdruck im Sinne der Wirkung einer Kraft pro Fläche, mit einer daraus folgenden Zerstörung der Beschichtung, im Bauwesen unter normalen Bedingungen nicht auftritt.

Der Gebrauch des Begriffs vom Dampfdruck geht in diesem Zusammenhang darauf zurück, dass man den (unglücklicherweise) als Partialdruck bezeichneten Anteil des Wassers am Gesamtanteil der Luft – dem Gesamtdruck der Atmosphäre – irrtümlich als Druck interpretiert, obwohl es sich nur um ein Konzentrationsmaß in einem sonst ausgeglichenen System handelt. Auch die in diesem Zusammenhang gelegentlich laut werdende Forderung nach der „Atmungsaktivität" von Oberflächenschutzsystemen ist ohne naturwissenschaftliche Grundlage.

In der Regel sind die Diffusionswiderstände für Wasserdampf von Betonbauteilquerschnitten deutlich größer als diejenigen der meisten Betonbeschichtungen, so dass das Diffusionsverhalten durch die Beschichtungen nicht signifikant verändert wird [11-20]. Rechnerische Abschätzungen zeigen zudem, dass ein Austrocknen von Bauteilen auch noch in Gegenwart von Beschichtungen mit nennenswertem Diffusionswiderstand möglich ist.

In einigen Ausnahmefällen kann es sich als günstig erweisen, Bauteile nur mit solchen Beschichtungen zu versehen, die als Folge von Diffusionsvorgängen eine unzulässige Anreicherung von Wasser in der Grenzfläche zwischen Bauteil und Beschichtung verhindern. Es könnte dort zu einer Quellung kommen, mit der Folge der Abminderung des Haftverbundes. Eine Wasseranreicherung könnte außerdem zu Schäden bei Frosteinwirkung führen.

Abbildung 11.9 zeigt in schematischer Darstellung ausschnittsweise die Stahlbetonschale eines Naturzugkühlturms. Im permanenten Betriebszustand stellt sich ein Diffusionsstrom von innen nach außen ein. Wenn Beschichtungen erforderlich werden, ist eine rechnerische Abschätzung notwendig [11-21] [11-22], um entscheiden zu können, mit welchen Diffusionswiderständen Schadenserscheinungen abgewendet werden können. *Abbildung 11.10* zeigt das Ergebnis einer rechnerischen Simulation der betriebsbedingten, instationären Wärme- und Feuchteeinwirkungen in Form der Wassergehaltsverteilung in der Kühlturmschale. Zwei Beschichtungsalternativen ($s_d = 0,34$ m, $s_d = 1,0$ m) können als unkritisch, eine Beschichtungsalternative ($s_d = 3,8$ m) muss unter den gewählten Randbedingungen als kritisch angesehen werden [11-23].

In den Regelwerken für die Betoninstandsetzung [11-24], [11-25] ist der

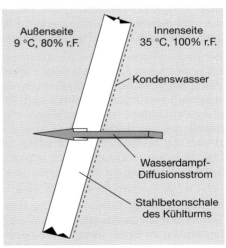

Abbildung 11.9
Schematische Darstellung der Wasserdampfdiffusion durch eine Kühlturmschale

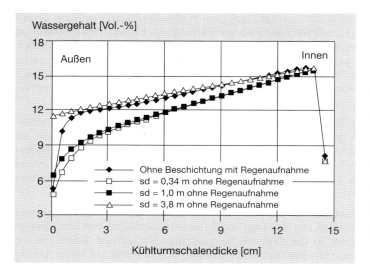

Abbildung 11.10
Mittlere Wasser-
gehaltsverteilung in
der Betonschale
eines Kühlturms,
abhängig von der
außenseitigen
Beschichtung
Betongüte: C30/37,
Innenseite ohne
Beschichtung
Lastfall: Spitzenlast,
nächtliche
Abschaltung für
6 Stunden

zulässige Grenzwert für die Wasserdampfdiffusion bei der Anwendung von Beschichtungen auf Beton generell auf $s_{D,H2O}$ = 4 m festgelegt. Dies darf nicht dazu führen, dass dieser Grenzwert auf jeden Einzelfall angewendet wird. Wie anhand des beschriebenen Falls und der Darstellung in *Abbildung 11.10* gezeigt ist, müssen bei bestimmten, insbesondere bei Wasserbauwerken (Kühltürme, Trinkwasserbehälter, Kanäle) ergänzende Betrachtungen angestellt werden, um Schäden vom Bauwerk abzuwenden.

Schäden in Form von Blasen, Abplatzungen etc. an beschichteten Baustoffoberflächen, werden all zu häufig auf die „rückwärtige Durchfeuchtung" oder auf die Wirkung des „Dampfdrucks" zurückgeführt. Im Falle der „rückwärtigen Durchfeuchtung" kann diese Argumentation berechtigt sein. Hinsichtlich des „Dampfdrucks" liegt dagegen stets ein noch weit verbreitetes Missverständnis vor. Ihre eigentlichen Ursachen liegen jedoch meist woanders, z.B. in einer ungeeigneten Stoffrezeptur, in einer gestörten Benetzung des Beschichtungsstoffs auf der Oberfläche, oder darin, dass eine unzureichende Untergrundvorbereitung erfolgt ist (siehe Abschnitt 11.3.5.), vielleicht auch an Temperaturen, die zur ordnungsgemäßen Vernetzung der 2 K-Beschichtungsstoffe zu niedrig waren (siehe Abschnitt 11.2.2).

Im Regelwerk für Schutz- und Instandsetzung von Betonbauteilen [11-25] wird im Teil 1 das Instandsetzungsprinzip W als Maßnahme zum Korrosionsschutz der Stahlbewehrung im Beton genannt. Es beinhaltet die Absenkung des Wassergehaltes im Beton, um somit elektrolytische Teilprozesse einer möglichen Stahlkorrosion zu unterdrücken. Entsprechend formulierte Polymerbeschichtungen können die Flüssigwasseraufnahme, z.B. durch Regenereignisse behindern, andererseits das Ausdiffundieren von Feuchte ermöglichen, so dass in der mittel- bis langfristigen Bilanz betrachtet, sich eine Austrocknung des Bauteils einstellt.

11.3.2.3 Die Beschichtung als rissüberbrückende Schicht

In Bauteilen aus porösen Baustoffen treten aus unterschiedlichen Gründen Risse auf. Stahlbetonbauteile bekommen sogar planmäßig Risse. Sie werden bei Biegebelastung so bemessen, dass sie im gerissenen Zustand die Anforderungen an die Tragfähigkeit erfüllen. Wenn gerissene Bauteile aus porösen Baustoffen der Freibewitterung ausgesetzt sind, kann der lösende Angriff des kapillar eindringenden stets gering sauren Regens Baustoffstrukturen auflösen, was zu einem örtlichen Festigkeitsverlust führt. Aus der Bindemittelmatrix heraus gelöste Substanzen (Kalk, Gips etc.) führen zu Versinterungen, die sich visuell unangenehm bemerkbar machen. Chloride aus maritimem Einfluss oder aus Tausalzbeaufschlagung können in wässriger Lösung in Rissen kapillar rasch transportiert werden. Das dauerhafte Verschließen von Rissen an der Oberfläche von Stahlbetonbauteilen ist zur Abwehr bestandsschädigender Folgen z.b. durch Korrosion von Bewehrungsstählen aber auch durch chemische Zersetzung des Zementsteins aufgrund von Nutzungseinflüssen usw. oft zwingend notwendig.

Bei Bauteilen im Freien sind Risse, und dies insbesondere bei Stahlbetonkonstruktionen periodischen Rissbreitenänderungen ausgesetzt, wobei die Bewegung meist eine Folge der Temperaturänderungen im Tages- aber auch im Jahreslauf ist. An Brückenbauwerken oder bei Parkdecks kann die Rissweitenänderung zusätzlich aus Lastwechseln durch den Fahrzeugverkehr resultieren. Hygrisch generierte Rissbewegungen sind dagegen kaum zu erwarten.

Weil Risse in Bauteilen und hierbei ganz besonders solche in Stahlbetonbauteilen nicht in Ruhestellung sondern in Bewegung sind, müssen aus Schutzgründen applizierte Beschichtungen zum Verschluss der Risse daher nicht nur einen stehenden Spalt füllen bzw. überdecken, sondern sie müssen die zwischen den Rissufern sich einstellenden Wegänderungen mitmachen, ohne ihre Funktion des dauerhaften Rissverschlusses zu verlieren.

Die dabei ablaufenden Rissbreitenänderungen können im Verlaufe eines geplanten Nutzungszeitraumes sehr zahlreich sein. Wechselnde Sonneneinstrahlung, Abkühlung zwischen Tag und Nacht, aber auch jahreszeitlich bedingte Temperaturwechsel können Risse in Bauteilen im Freien über einen Zeitraum von 10 Jahren ohne weiteres bis zu 10.000 mal öffnen und schließen. Die Amplituden sind dabei jedoch sehr unterschiedlich [11-26]. In unbeheizten Innenräumen sind die Amplituden geringer und die Rissbreitenänderungen langsamer. Zusätzlich sind sie auch von der Nutzung eines Bauwerkes abhängig [11-27].

Bei Rissen in Fassadenbauteilen oder bei allseits luftumspülten Bauteilen kann man mit guter Näherung Rissbreitenänderungen Δw in Abhängigkeit von der Temperaturänderung $\Delta \vartheta$ nach der Formel

$$\Delta w = \alpha_\vartheta \cdot \Delta \vartheta \cdot l_0 \cdot h \qquad \text{[mm]} \qquad (3)$$

abschätzen. Der Faktor h berücksichtigt dabei in bewehrten Bauteilen die hemmende Wirkung der den Riss kreuzenden Bewehrung auf die Rissbreitenänderung. Dieser Wert beträgt bei üblicher Bewehrung etwa 0,7, bei nicht bewehrtem Beton 1.

An einer Stahlbeton-Geschossdecke, die über die Außenwand als Balkonkragplatte ins Freie verläuft, traten im auskragenden Bereich als Folge der wechselnden Außentemperaturen Zwängungen und dann Trennrisse mit mittleren Rissbreiten von 0,3 mm auf.

Messungen über 1 Jahr haben ergeben, dass daran Rissbreitenänderungen zwischen 0,01 mm und 0,45 mm auftraten. An einigen Rissen waren an den Untersichten Rostablagerungen aufgetreten, eine Folge beginnender Bewehrungskorrosion.

Die Instandsetzungsrichtlinie [11-25] sieht für eine rissüberbrückende Bodenbeschichtung im beschriebenen Fall die Anwendung eines Beschichtungssystems der Rissüberbrückungsklasse II_{T+V} vor. Der Eignungsprüfung liegt eine Rissbreitenänderung Δw = 0,2 mm als Obergrenze zugrunde.

Einerseits zeigt der beschriebene Fall, dass in gerissenen Außenbauteilen Risse vorliegen, die in einem weiten Bereich Rissbreitenänderungen vollziehen. Andererseits erkennt man, dass mit regelwerkskonformen Beschichtungssystemen möglicherweise nicht das ganze Anforderungsprofil einer rissüberbrückenden Beschichtung abgedeckt ist. In solchen Fällen ist zur Bemessung die Kompetenz des sachkundigen Planers gefragt.

Wenn zur Rissüberbrückung Beschichtungen angewendet werden, bedarf es hinsichtlich der Rissbreitenänderungen zunächst einiger besonderer Überlegungen. Betrachtet man den Fall der homogenen Beschichtung eines Einschichtsystems, nimmt das Rissüberbrückungsvermögen Δw (entspricht der Rissbreitenänderung) linear mit der Dicke der Beschichtung zu [11-28].

Dafür gilt die einfache Beziehung:

$$\Delta w = \varepsilon_{max} \cdot s \qquad \text{[mm]} \qquad (4)$$

Aus dieser Beziehung kann direkt abgeleitet werden, dass über die Auftragsmenge und somit über den Anstieg der Schichtdicke s das Rissüberbrückungsvermögen gesteigert wird.

Bei einem Zweischichtsystem lässt sich nach der Doppelschichttheorie [11-28] über das Verhältnis der Dehnsteifigkeit einer Deckschicht und der Schubsteifigkeit einer darunter angeordneten Schwimmschicht eine Bemessungsformel für die Rissüberbrückungsfähigkeit ableiten:

$$\Delta w = \varepsilon_{max} \cdot \sqrt{\frac{E}{G}} \cdot s \cdot d \qquad [mm] \qquad (5)$$

Im rissüberbrückenden Zweischichtsystem muss die Unterschicht vor allem durch Scherung zur Rissüberbrückung beitragen. Die Deckschicht muss so ausgelegt werden, dass sie je nach Anwendungsbereich den Dehnbeanspruchungen aus

a) Druck- und Zugkräften infolge der Rissbewegung (Z_R)

b) Zugkräften infolge Schrumpfen (Alterung) und Temperaturdifferenzen ($Z_{s+\vartheta}$)

c) Zug-, Druck- und Scherkräften infolge Verkehrsbelastung (Z_V)

genügt [11-27].

Grundsätzlich kann die Rissüberbrückungsfähigkeit einer Beschichtung nur durch Verwendung organischer Hochpolymere erzielt werden. Außerdem müssen diese flexibel formuliert sein. Für Betonflächen an Fassaden und ähnlichen nicht befahrenen und nicht begangenen Bauteilen finden die plastoelastischen, meist wässrig formulierten Acrylkombinationsbindemittel, bei höheren Ansprüchen auch die elastomeren Polyurethanbindemittel Eingang. Rissüberbrückende Bodenbeschichtungen (sie müssen praktisch immer auch begeh- und befahrbar sein) werden auf Basis elastomerer, in situ weitmaschig vernetzender, organischer Hochpolymere formuliert. Die für die Rissüberbrückung am häufigsten eingesetzten Bindemittel sind hier die Polyurethane bzw. die Kombinationen mit Epoxiden. Letztere weisen neben der Flexibilität auch noch eine mechanische Widerstandsfähigkeit auf.

Wirtschaftliche Erwägungen führen dazu, bei Bodenbeschichtungen ausreichend hohe Schichtdicken durch Verwendung gebrochenen Quarzsandes zu erzielen, anstelle von weichen, eher runden Füllstoffen. Zwar werden dadurch die Anforderungen an die Rutschfestigkeit gesteigert. Die innere Verformung während einer Rissbreitenänderung führt jedoch an den Spitzen der Quarzkörner zum Weiterreißen und dann zu einem früheren Versagen des Schichtquerschnitts.

Die mit den Gleichungen (4) und (5) beschriebenen Verknüpfungen zwischen Rissbreitenbewegung und Materialkennwerten der Beschichtung gelten im Bemessungsansatz ausschließlich für das zügige, einmalige Öffnen eines Risses. Der dauerhafte Verschluss eines Bauteilrisses im Freien ist mit einem vielfachen Öffnen und Schließen eines Risses verbunden. Dass damit eine Materialermüdung, und ein Rückgang der rissüberbrückenden Eigenschaften verbunden sind, kann als gesichert gelten.

Die im Laufe der Zeit zu erwartenden Eigenschaftsänderungen können bei der Formulierung nur zum Teil berücksichtigt und gesteuert werden. Das Experiment, welches sich am Einsatzbereich der rissüberbrückenden Beschichtung orientieren muss, ist hierbei unverzichtbar. Aber auch durch eine Simulation der Rissbreitenänderungscharakteristik unter bestmöglicher Berücksichtigung der realistischen Beanspruchungsbedingungen kann ein Eignungsnachweis nur näherungsweise erfolgen.

Rissüberbrückungs-klasse		Rissart	Prüfbedingungen
I_T	gering	Vorhandene und nachträglich entstehende, oberflächennahe Risse, Rissbreite maximal 0,15 mm, Rissbewegung unter Temperaturbeanspruchung bis 0,05 mm	ϑ_P = -20 °C $w_{\vartheta,o}$ = 0,15 mm $w_{\vartheta,u}$ = 0,10 mm n = 1000 Δw_ϑ = 0,05 mm f = 0,03 Hz
II_{T+V}	erhöht	Vorhandene und nachträglich entstehende, oberflächennahe Risse und/oder Trennrisse, Rissbreite maximal 0,3 mm, Rissbewegung unter Temperaturbeanspruchung bis 0,2 mm	ϑ_P = -20 C $w_{\vartheta,o}$ = 0,30 mm $w_{\vartheta,u}$ = 0,10 mm n = 1000 Δw_ϑ = 0,20 mm f = 0,03 Hz
		Zusätzlich unter Temperatur- und Verkehrslastbeanspruchung	Δw_v = 0,05 mm n = 100000 f = 5 Hz

ϑ: Temperatur   V: Verkehrslast   w: Rissbreite   f: Frequenz der Rissänderung
ϑ_P: Prüftemperatur   n: Anzahl der Risswechsel $w_{\vartheta,o}$: obere Grenze der Rissöffnung
$w_{\vartheta,u}$: untere Grenze der Rissöffnung Δw_v: verkehrslastbedingte Rissbreitenänderung
Δw_ϑ: temperaturbedingte Rissbreitenänderung

Tabelle 11.3
Bedingungen zur periodischen Prüfung von rissüberbrückenden Beschichtungen nach [11-24] und [11-25]

Die Regelwerke [11-24] und [11-25] geben hierfür Rissüberbrückungsklassen vor. *Tabelle 11.3* zeigt die Prüfbedingungen entsprechend der temperatur- bzw. Verkehrslast-generierten periodischen Rissbreitenänderung. *Abbildung 11.11* zeigt schematisch den Aufbau der Prüfmaschine, mit der konform zu [11-24] und [11-25] u.a. auch die Rissüberbrückungsklassen gemäß *Tabelle 11.3* bestimmt werden können. Dabei wird das Verhalten der Beschichtung über einem sich periodisch bewegenden Riss auf einer genügend großen Fläche (max. 200 x 300 mm) an einem bis zu 250 mm langen Riss beobachtet. Die variierbaren Parameter sind die Prüftemperatur ϑ, der Rissbreitenänderungsbereich Δw, die Rissbreitenänderungsgeschwindigkeit f und die Anzahl n der Dehnwechsel.

Für Sonderfälle, wie z.B. die weiter oben beschriebene Kragplatte, sind zur Absicherung der Erfolgshöffigkeit einer Beschichtungsmaßnahme dringend ergänzende Eignungsversuche zu empfehlen.

11.3.2.4   *Verbund im Beschichtungssystem und zum Untergrund*

Grundsätzliche Voraussetzung dafür, dass Polymerbeschichtungen die ihnen zugedachten Funktionen erfüllen können (u.a. entsprechend den Abschnitten 11.3.2.1, 11.3.2.2 und 11.3.2.3) ist ein ausreichender Haftverbund des Beschichtungssystems zum Untergrund (Adhäsion)und ein inniger Haftverbund zwischen den Einzelschichten (Kohäsion). Der kohäsive Verbund unter den Einzelschichten ist im Wesentlichen von

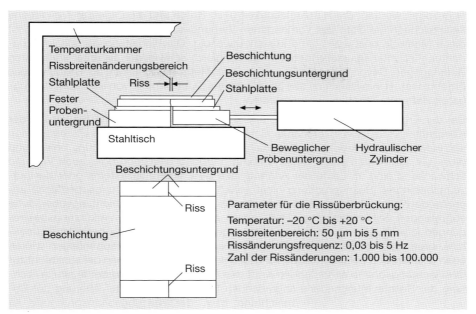

Abbildung 11.11
Schematische Darstellung der Rissüberbrückungs-Prüfmaschine

den verwendeten Stofftypen (siehe Abschnitt 11.2.2), der zeitlichen Abfolge und den klimatischen Randbedingungen während der Applikation und der Filmbildung abhängig (siehe auch Abschnitt 11.4). Darüber hinaus steht der Adhäsionsverbund zum Untergrund in einem engen Zusammenhang mit der Tragfähigkeit des Untergrundes und dessen beschichtungsgerechter Oberfläche (siehe Abschnitt 11.3.5). Eine verlässliche visuelle Verifizierung der Anforderungen zum Haftverbund ist am Bauwerk nicht möglich. Letztendlich kann dies nur durch zerstörende Meßmethoden erfolgen. Untersuchungen dazu werden deshalb bei der Erfolgskontrolle vermieden, wo immer es geht. Wenn sie angewendet werden müssen, schränkt man ihren Umfang verständlicherweise soweit wie möglich ein. Aus verschiedenen Gründen (Besonderheit des Untergrundes, der Verarbeitung, der klimatischen Bedingungen etc.) kann die Haftung örtlich deutlich verschieden ausfallen. Eine vertrauenswürdige Angabe dazu ist nur zu erwarten, wenn Stichprobenauswahl und Prüfung repräsentativ erfolgen.

Eine sehr weit verbreitete und in zahlreichen Regelwerken [11-24, 11-25, 11-29] verankerte Methode zur Prüfung des Verbundes ist der **Abreißversuch** zur Beurteilung der Haftzugfestigkeit. Unter Beachtung besonderer Randbedingungen werden hierfür kreisrunde Stempel (meist aus Stahl) auf die Beschichtung aufgeklebt, die dann nach Verfestigung des Klebers mit einer Zugvorrichtung bei stetigem Kraftanstieg abgezogen werden. Die Haftzugfestigkeit beim Bruch und die Lage der Trennebene kennzeichnen die Güte des vorhandenen Verbundes. Für die in situ Anwendung ist diese Methode relativ zeit- und kostenaufwendig. Die Einhaltung der axialen Zugrichtung ist unter Baustellenbedingungen ungleich schwieriger als unter stationären Bedingungen. Davon hängt die Genauigkeit der Methode signifikant ab. Bezüglich des Ergebnisses ist ihre Definition aus physikalischer Sicht (N/mm^2) von allen sonst verfügbaren Haftprüfmethoden am präzisesten.

Bei der Ergebnisbewertung kommt einschränkend hinzu, dass die Bewertung der Kennzahlen eines Abreißversuches nicht unproblematisch ist. Einerseits erhält man sie, indem man senkrecht zur Beschichtungsoberfläche eine Spannung anlegt und diese bis zum Bruch stetig weiter aufbaut. Verbund belastend oder auch Verbund schwächend sind im Laufe der Alterung des Beschichtungssystems oder der nutzungsbedingten Beanspruchung nicht senkrecht zur Beschichtungsoberfläche angreifende Kräfte. Relevant sind vielmehr die parallel zur Beschichtungsoberfläche auftretenden Scherspannungen z.B. durch alterungsbedingte Verkürzungsbestrebungen [11-30]. Die an Bodenbeschichtungen durch Fahrzeuge beschleunigungs- bzw. bremsbedingt parallel zur Oberfläche angreifenden Scherspannungen wirken ebenfalls Verbund belastend. Eine verlässliche Korrelation zwischen der senkrecht zur Beschichtungsebene angreifenden Kraft des Abreißversuchs und der in situ in Richtung der Beschichtungsebene angreifenden Spannungen aus der Alterung der Beschichtung bzw. der Nutzungsbeanspruchung ist nicht bekannt. Die in den Regelwerken verankerten Grenzwerte der Haftzugfestigkeit sind somit nicht an den tatsächlichen Erfordernissen ausgerichtet, sondern meist danach, was Beschichtungstyp und Untergrund „hergeben". Andererseits wäre die Anwendung einer Messmethode zur Ermittlung des Scherverhaltens und dessen Auswertung unverhältnismäßig schwierig und kostenträchtig.

Abbildung 11.12
Versuchsvorrichtung zur Durchführung des Abreißversuchs (Haftzugfestigkeit) an starren Bodenbeschichtungen,
$s_{mit} > 500 \mu m$

Die Anwendung der Verbundprüfung durch den Abreißversuch ist unabhängig der aufgezeigten Schwierigkeiten ohnehin nur dort vertretbar, wo ausreichend dickschichtige ($s_{mit} > 500 \mu m$) und starr formulierte Beschichtungen vorliegen. Die entsprechenden Messgeräte sind an senkrechten Flächen nur schwierig anwendbar. Sie sollten dort eigentlich stets angedübelt werden. Mit dem zur Ankopplung des Stempels an die Beschichtung zu verwendenden Klebstoff wird in dessen Flüssigzustand ein Anlösen bzw. Anquellen bewirkt, welches insbesondere bei physikalisch trocknenden Beschichtungen eine irreversible

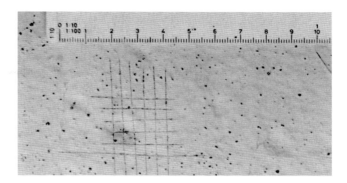

Abbildung 11.13
Gitterschnittversuch zur
Ermittlung des Haft-
verbundes von starren
Polymerbeschichtungen,
$s_{mit} < 500$ µm

Verbundänderung hinterlassen kann. Die Anwendung dieser Methode sollte – wenn überhaupt – auf horizontal liegende und auf dickschichtige, starre und chemisch vernetzte Beschichtungen beschränkt bleiben. *Abbildung 11.12* zeigt die Versuchsvorrichtung in der Anwendung auf einer horizontalen Fläche.

Bei **starr** formulierten, dünnschichtigen Beschichtungen ($s_{mit} < 500$ µm) beurteilt der Praktiker die Güte des Haftverbundes durch den so genannten Gitterschnittversuch [11-31]. *Abbildung 11.13* zeigt den Gitterschnittversuch an einer beschichteten Bauteilfläche. Nach der sechsteiligen relativen Bewertungsskala der Norm (Gt0, Gt1, Gt2, Gt3, Gt4, Gt5), kann der Haftverbund beurteilt werden. Mit dem Kennwert Gt0 wird das bestmögliche, mit Gt5 das schlechtestmögliche Ergebnis dokumentiert. Der Gitterschnittversuch stellt eine vorzügliche Korrelation zur tatsächlichen Verbundbelastung zwischen Untergrund und Beschichtung her, denn durch das Einschneiden der Raster wird die Beschichtung parallel zur Haftfläche scherend beansprucht. Ein gewisser Nachteil mag darin liegen, dass kein physikalisch definierter Kennwert wie bei der Beurteilung der Haftzugfestigkeit vorliegt. Die Aussagekraft des Untersuchungsergebnisses aus dem Gitterschnittversuch ist jedoch überzeugender.

Bei **flexiblen** Beschichtungen kann der Haftverbund zwischen den Einzelschichten und zum Untergrund sinnvoll nur in Anlehnung an den Schälversuch [11-32] im Wege des Spitzwinkelschneideversuchs [11-33] bewertet werden. *Abb. 11.14* zeigt schematisch die Anwendung dieses Haftverbundversuchs für flexible Beschichtungen.

Die Klassifizierung der Haftung wird durch 3 Kennwerte vorgenommen.
○ Sp 1, Größenordnung der abziehbaren Beschichtungsfläche: mm^2
○ Sp 2, Größenordnung der abziehbaren Beschichtungsfläche: cm^2
○ Sp 3, Größenordnung der abziehbaren Beschichtungsfläche: dm^2

Uneingeschränkt positiv ist das Ergebnis, wenn der Kennwert Sp1 erreicht wird, eingeschränkt kann der Kennwert Sp2 akzeptiert werden. Wenn der Kennwert Sp3 festgestellt wird, liegt ein Mangel, z.B. verursacht durch eine unzureichende Untergrundvorbereitung vor.

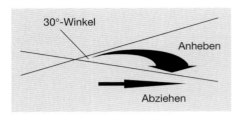

Abbildung 11.14
Schematische Darstellung des Spitzwinkelschneideversuches

Abbildung 11.15
Rissüberbrückende, flexible Betonbeschichtung, $s_{min} \geq 300$ µm. Spitzwinkelschneideversuch zeigt schlechten (tatsächlichen), Gitterschnittversuch zeigt guten (vermeintlichen) Haftverbund an

Abbildung 11.15 zeigt die praktische Anwendung dieser Messmethode. Bemerkenswert ist die vergleichende Betrachtung zwischen dem Spitzwinkelschneideversuch (für flexible Schichten geeignet) unten, und dem Gitterschnittversuch (für flexible Schichten nicht geeignet), oben. Das scheinbar gute Ergebnis des Gitterschnittversuches kommt dadurch zustande, dass beim Einschneiden in die flexible und deshalb leicht verformbare Beschichtung in der Haftzone keine scherende Belastung aufgebaut wird. Tatsächlich aber liegt ein schlechter Verbund vor – nachgewiesen durch den Spitzwinkelschneideversuch – der durch eine unzureichende Untergrundvorbereitung (siehe Abschnitt 11.3.5) verursacht worden ist.

11.3.2.5   Schichtdickendefinitionen als Grenzwerte

Die Funktion der Schutzbeschichtung, (siehe z.B. die Abschnitte 11.3.2.1, 11.3.2.2, 11.3.2.3) hängt neben dem dauerhaften Verbund (siehe Abschnitt 11.3.2.4) immer auch von derjenigen Schichtdicke ab, welche eine Quantifizierung der verfolgten Funktion maßgeblich sicherstellt. Diese Schichtdicke ist eine wichtige Voraussetzung für die Bemessung [11-14] einer Oberflächenschutzmaßnahme.

Schichtdicken von Beschichtungen müssen grundsätzlich als plurales Ereignis gesehen werden, d.h. bei der Anwendung eines Beschichtungsstoffes und der daran anschließenden Verfestigung entsteht nicht eine einheitliche Dicke, sondern eine unendlich große Anzahl von verschiedenen Einzelschichtdicken. *Abbildung 11.16* zeigt zwei Querschnitte durch ein beschichtetes Betonbauteil. Auf *Abbildung 11.16-1* ist eine Beschichtung mit nur kleinen, auf *Abbildung 11.16-2* ist dagegen eine Beschichtung mit sehr ausgeprägten Schichtdickenschwankungen gezeigt. Diese Einzelschichtdicken ordnen sich der Häufigkeit nach um eine mittlere Schichtdicke an. Statistisch gesehen entsprechen diese Anordnungen von Schichtdickenereignissen einer Gauß'schen Normalverteilung [11-14]. Diese Erkenntnis ist die Basis für die Bemessung der Schichtdicke und der damit in direktem Zusammenhang stehenden Verbrauchsmenge an Beschichtungsstoff, der auf die Oberflächen appliziert werden muss, damit die festgelegte Schichtdicke erzielt wird.

Abbildung 11.16.1

Abbildung 11.16.2

Abbildung 11.16
Darstellung von unterschiedlichen
Schichtdickenschwankungen an
beschichteten Bauteilquerschnitten

Bei der Festlegung der maßgeblichen Schichtdickengrenzwerte muss zunächst entschieden werden, welchen Zweck eine Schutzbeschichtung zu erfüllen hat. Wenn die Leistungsmerkmale

○ Witterungsbeständigkeit
○ Rissüberbrückungsfähigkeit
○ Verschleißwiderstand
○ Chemische Belastbarkeit

gefragt sind, wird der Schichtdickengrenzwert als 5% Fraktile der Normalverteilung festgelegt. Dies bedeutet, dass die vorgegebene Schichtdicke mit einer Wahrscheinlichkeit von 95% erreicht werden muss. 5% der Schichtdicke dürfen kleiner als die vorgegebene Schichtdicke sein [11-24] [11-25]. *Abbildung 11.17* veranschaulicht diese Definition graphisch.

Zur Erzielung dieser mit dem Regelwerk [11-24] [11-25] oder vom sachkundigen Planer vorgegebenen in situ Mindestschichtdicke wird der Verbrauch an flüssigem Beschichtungsstoff m", mit folgender Gleichung errechnet:

$$m'' = \frac{\rho_{fl}}{FV} \cdot (s_{min} + 1{,}64 \cdot ssa) \cdot (1 + \alpha) \cdot (1 + \beta) \qquad [g/m^2] \qquad (6)$$

Darin bedeuten:

ρ_{fl} Dichte des flüssigen Beschichtungsstoffes
FV Festkörpervolumen des Beschichtungsstoffes
ssa **S**tichproben**s**tandard**a**bweichung
α Zuschlag wegen Verlust an Beschichtungsstoff
β Zuschlag an Beschichtungsstoff wegen Rauheit des Untergrundes

Soll die Beschichtung dagegen nach ihrem Diffusionswiderstand, z.B. für CO_2 (Carbonatisationsbremse) bzw. für Wasserdampf (Feuchteregulativ) bemessen werden, ist zunächst die nach Gleichung (2) erforderliche Schichtdicke zu ermitteln. Hier darf jedoch nicht die Mindestschichtdicke angesetzt werden. Maßgeblich für die Diffusion von CO_2 und Wasserdampf ist die für Diffusionsvorgänge effektive Schichtdicke s_{diff} [11-14]. *Abbildung 11.18* zeigt die Lage des entsprechenden Schichtdickengrenzwertes innerhalb der Gauß'schen Normalverteilung. Vereinfachend und damit

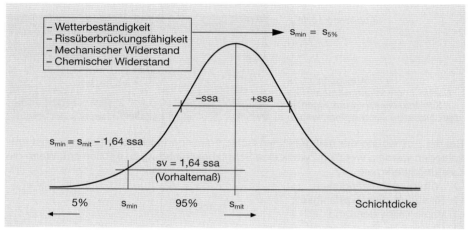

Abbildung 11.17
Definition der Mindestschichtdicke s_{min} als Grenzwert in der Gauß'schen Normalverteilung, abhängig von der Funktion der Beschichtung

immer noch genau genug kann dafür die mittlere Schichtdicke s_{mit} eingesetzt werden. Ihre Lage in der Normalverteilung ist identisch mit der größten Häufigkeit der Schichtdickenverteilung.

Die Menge an flüssigem Beschichtungsstoff, welche zur Erzielung der für Diffusionsvorgänge effektiven Schichtdicke s_{diff} bzw. der mittleren Schichtdicke s_{mit} erforderlich wird, lässt sich mit den folgenden Gleichungen errechnen:

Für s_{diff}: $m'' = \dfrac{\rho_{fl}}{FV} \cdot \left(\dfrac{s_{diff}}{2} + \sqrt{\dfrac{s_{diff}^2}{4} + ssa^2} \right) \cdot (1 + \alpha) \cdot (1 + \beta)$ $[g/m^2]$ (7)

Für s_{mit}: $m'' = \dfrac{\rho_{fl}}{FV} \cdot s_{mit} \cdot (1 + \alpha) \cdot (1 + \beta)$ $[g/m^2]$ (8)

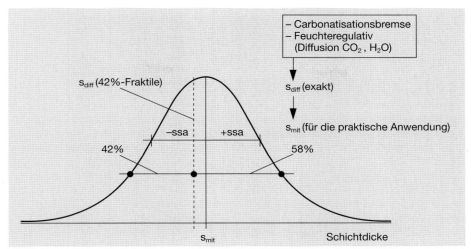

Abbildung 11.18
Definition der für Diffusionsvorgänge effektiven Schichtdicke s_{diff} als Grenzwert in der Gauß'schen Normalverteilung, abhängig von der Funktion der Beschichtung

Bei dieser Bemessung ist zu beachten, dass die Schichtdicken der Normalverteilung nicht zu stark um die mittlere Schichtdicke streuen dürfen, da sonst die Genauigkeit des eigentlichen Ziels verfehlt wird. Mit den Gleichungen (7) und (8) wird daher noch die Variationszahl verknüpft:

$$Vs_{mit} = \frac{ssa}{s_{mit}} \qquad [-] \qquad (9)$$

Die Parameter zur Ermittlung der entsprechenden Verbrauchsmengen können aus *Tabelle 11.4* entnommen werden. Sie entstammen einer wissenschaftlichen Arbeit [11-14], bei welcher an einer großen Anzahl von beschichteten Bauwerken Schichtdicken gemessen worden sind.

11.3.3　Maßnahmen im Vorfeld des Beschichtens

Ein erfolgreicher Einsatz der unter Abschnitt 11.2.2 beschriebenen Beschichtungsstoffe erfordert stets, dass die zu schützende Oberfläche zuerst einer sachkundigen Diagnose mit Beurteilung ihres Zustandes unterzogen wird. Dies ist insbesondere dann wichtig, wenn der Anlass einer Beschichtungsmaßnahme ein zuvor aufgetretener Schaden am betreffenden Bauobjekt ist [11-34], das heißt, der Ist-Zustand ermittelt und bewertet werden muss [11-35] oder wenn nach vorausgegangener witterungs- oder nutzungsbedingter partieller Erschöpfung des Leistungsvermögens eines

Untersuchte Bauobjekte	Verifizierung der Vorgabe		Errechnete Parameter				
	S_{min} [µm]	$<S_{min}$ [%]	S_{mit} [µm]	ssa [µm]	V_{Smit} [-]	S_{mit} [µm]	sdiff [µm]
(1) Fernstraßentunnel, OS B, Epoxiddispersion (R)	130	6	194	59	0,30	98	179
(2) Kühlturm (alt) außen, OS B, PVC-Copolymer (R)	200	3	254	39	0,15	190	248
(3) Kühlturm (neu) außen, OS B, PVC-Copolymer (R)	80	0	136	26	0,19	94	131
(4) Brückenüberbau, OS C, Acryldispersion (R)	95	0	271	46	0,17	195	263
(5) Schornstein, OS C, Acrylat gelöst (R)	200	2	362	97	0,27	204	335
(6) Wasserturm, OS C, Acryldispersion (R)	80	0	127	21	0,16	93	123
(7) BETOGLASS Halbzeug, OS DI, Polymer-CM (S)	1800	5	2302	349	0,15	1730	2250
(8) Sichtbetonfassade, OS DII, Acryldispersion (R)	300	4	343	33	0,09	290	340
(9) Druckwasserreaktor, OS DII, Acryldispersion (R)	400	3	482	63	0,13	379	474
(10) Autobahnkappen, OS F a), Polyurethan (Z)	1500	0	3510	1231	0,35	1491	3132
(11) Parkhauszwischendecke, OS F a), Polyurethan (Z)	1500	13	1683	210	0,12	1338	1655
(12) Parkhauszwischendecke, OS F b), Polyurethan (Z)	3700	6	4794	811	0,17	3465	4660
(13) Waschbetonfassade, OS 2, Acrylat gelöst (R)	100	1	163	36	0,22	104	155
(14) Kühlturm (alt) innen, OS 6, Epoxid gelöst (S)	160	55	156	42	0,27	87	145
(15) Kühlturm (neu) innen, OS 6, Epoxid gelöst (S)	300	2	378	44	0,12	306	373
(16) Industriefußboden, OS 8, Epoxid Lösemittelfrei (Z)	1000	7	1653	477	0,29	871	1510
(17) Schornsteinmündung, OS 9, Polyurethan (S)	1000	29	1210	336	0,28	659	1111

(R): Applikation durch Rollen → Schichtdickenmessung: Keilschnittverfahren

(S): Applikation durch Airless-Spritzen → Schichtdickenmessung: Keilschnittverfahren (Ausnahme: Objekt 17, dort Spanprobe + Mikrometerschraube

(Z): Applikation durch Zahnkelle → Schichtdickenmessung: Spanprobe + Mikrometerschraube

Tabelle 11.4
Schichtdickenparameter zur Bemessung von Beschichtungsdicken

bereits vorhandenen Schutzsystems dieses einer Bewertung bedarf. Auch wenn eine Schutzmaßnahme erstmalig auf junge Bauteile aufgebracht werden soll, sind Vorfeldbetrachtungen notwendig. Der Umfang der dazu notwendigen Erhebungen richtet sich nach der Größe des Objektes, des generellen Zustands der Oberflächen und der Besonderheit der vorliegenden Bauteilmerkmale.

Das Prüfen einer Baustoffoberfläche [11-35] [11-36] erfolgt zunächst durch Betrachten, wobei man bereits mit bloßem Auge schädliche Substanzen, mehlende und sandende Oberflächen, rissige Bereiche, grobporige Bezirke, schlecht haftende Schichten, Rost und Rostart, Bewuchs und vieles andere erkennen kann. Durch Wischen mit der Handfläche, durch Schneiden mit einer Stahlklinge, durch Bearbeiten mit Hammer und Meißel, durch Messen der Druckfestigkeit mit dem Betonprüfhammer und durch Ermittlung der Abreißfestigkeit über aufgeklebte Stahlstempel beim Beton kann festgestellt werden, ob der zu beschichtende Untergrund die erforderliche Festigkeit besitzt. Bei diesem Prüfen wird nicht eine Aussage über die Druck- oder Zugfestigkeit des eigentlichen Baustoffs angestrebt, sondern es soll festgestellt werden, ob die Oberfläche frei von losen Teilchen ist und die unmittelbare Randzone des Baustoffs diejenige qualitative Beschaffenheit aufweist, die sie braucht, um die vorgesehene Beschichtung tragen zu können. Zu beachten ist, dass mit steigender Dicke und mit zunehmender Härte der Beschichtung die Oberflächenfestigkeit des Baustoffes ebenfalls zunehmen sollte. *Abbildung 11.19* zeigt schematisch den häufig anzutreffenden Festigkeitsverlauf zementgebundener Baustoffe zwischen Oberfläche und Kernzone, wobei die Randzone eine geringere Festigkeit aufweist. Dies liegt z.B. dann vor, wenn die Witterungsbeanspruchung, ein chemischer Angriff oder Frost- Tau-Wechsel auf die Oberfläche eingewirkt haben oder wenn Beton bzw. Putz unmittelbar nach der Herstellung nicht oder nur unzureichend nachbehandelt worden sind.

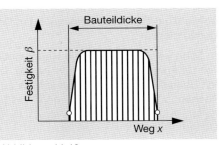

Zur Beantwortung der Frage, ob auf Betonoberflächen eine Beschichtung als Carbonatisationsbremse (siehe Abschnitt 11.3.2.1) erforderlich wird, sind messtechnisch entsprechende Daten zur Carbonatisationstiefe und zur Betondeckung der Bewehrung zu erheben [11-37]. Bei der Beurteilung von Rissen sind die Rissbreiten an der Oberfläche, die

Abbildung 11.19
Oberflächenzone geringer Festigkeit als Folge von Wettereinwirkung, gestörter Erhärtung usw.

Korrosivität des umgebenden Klimas sowie die zu erwartende Rissbreitenänderung in Betracht zu ziehen. Mit welcher Charakteristik sich Risse bewegen, ergibt sich in der Regel aus dem Temperaturverlauf der Außenluft, dem Schwinden und Kriechen des Baustoffs und dem statischen System des Bauwerks [11-38]. Auch diese Daten sind zur Bemessung einer rissüberbrückenden Beschichtung (siehe Abschnitt 11.3.2.3) von wesentlicher Bedeutung.

Sowohl bei den porösen Baustoffen [11-39] [11-40] [11-41], insbesondere aber bei geplanten Beschichtungen auf Holz [11-42] [11-43] kann im Vorfeld eine Feuchtemessung sinnvoll sein. Erfasst wird dabei meist nur die Randzone des Bauteils (mm bis cm Bereich) auf dessen Oberfläche eine Beschichtung ausgeführt werden soll.

Wenn Metalloberflächen nach vorausgegangener Witterungsbeanspruchung zum Beschichten anstehen, müssen insbesondere Oxidationsschichten beurteilt werden. Rostschichten auf Stahloberflächen stehen oft in engem Zusammenhang mit ihrem klimatischen Umfeld und bedürfen ggf. einer besonderen Analyse [11-44].

11.3.4   Konstruktive Voraussetzungen zum Beschichten

Der Oberflächenschutz witterungsbelasteter Bauteile kann durch konstruktive Maßnahmen deutlich beeinflusst werden. Wird dies bereits in der Planung berücksichtigt, können Dauerhaftigkeit und Wirtschaftlichkeit nennenswert gesteigert werden.

Bei der Gestaltung einer offenen Konstruktion oder einer Bauwerkshülle sollte z.B. durch konstruktive Maßnahmen eine Beregnung sensibler Flächen minimiert werden. Eine konsequente Abführung allen anfallenden Wassers sollte sichergestellt werden, was nicht nur für Regen und Schnee, sondern auch für Schlagregen sowie Spritzwasser gilt. Stehendes Wasser ist unbedingt zu vermeiden. *Abbildung 11.20* zeigt schematisch, wie man durch Abdeckungen, Tropfkanten, Gesimse, Aufkantungen, Dachvorsprünge, Rücksprünge den konstruktiven Schutz einer Fassade gestalten kann. Die scheinbar nutzlosen Gesimse, Felderaufteilungen, Vor- und Rücksprünge sowie die oft reichlich auskragenden Dachvorsprünge an älteren Bauwerken dienen genau diesem Zweck.

In Mitteleuropa herrscht die Hauptwindrichtung Süd-West nach Nord-Ost vor. Dies hat zur Folge, dass die überwiegende Beregnung von Fassaden und anderen vertikalen Bauteiloberflächen hauptsächlich aus Südwest auftrifft. Der Verschleiß von Oberflächen ist deshalb an Süd- und Westfassaden stets ausgeprägter als an Nordostseiten. Auch hier sollten konstruktive Rücksichtnahmen Anwendung finden um die Dauerhaftigkeit von Bauteiloberflächen zu optimieren.

Das seitliche Eindringen sowie vertikale Aufsteigen von Wasser in erdberührende bzw. eingeerdete Bauteile ist durch Abdichtungsmaßnahmen zu unterbinden. Ebenso muss das rückwärtige Eindringen von Brauchwasser oder Niederschlagswasser in die Bauteile verhindert werden. Auch Kondenswasser im Bauteilinneren als Folge eines ungeeigneten Schichtenaufbaus der Bauteile oder die häufig zu Kondenswasser führende Luftdurchlässigkeit von Außenbauteilen von der Raumseite her kann den Oberflächenschutz nachteilig beeinflussen. Diese Aspekte sind bei porösen Baustoffen, insbesondere aber bei Holz, von großer Bedeutung. Bei metallischen Bauteilen, die wasser- und wasserdampfdicht sind, spielen sie keine oder nur eine geringe Rolle.

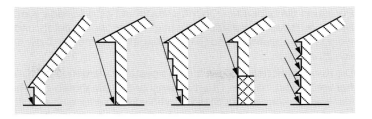

Abbildung 11.20
Fassadengestaltung
als Schutz gegen
Schlagregen-
belastung

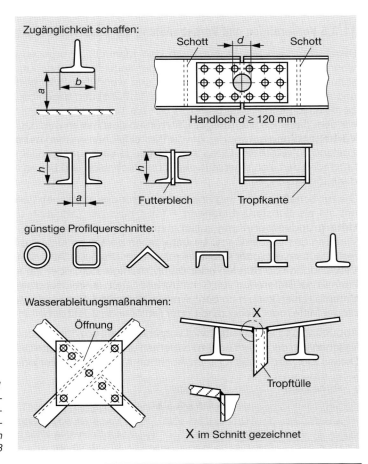

Abbildung 11.21
Korrosionschutz-
gerechte Detailaus-
bildung von Stahl-
konstruktionen nach
DIN EN ISO 12944-3

847

Für einen filmbildenden Oberflächenschutz sind scharfe Kanten oder Ecken sowie Risse im Baustoff schadensträchtig. Daher sind Kanten und Ecken auszurunden, wenigstens abzufasen und Rissbildung ist zu vermeiden bzw. die Risse sind unschädlich zu machen.

Die Konstruktionen müssen auch so gestaltet werden, dass die Oberflächen einwandfrei vorbereitet, mit den Oberflächenschutzmaßnahmen versehen und später kontrolliert werden können. Für Stahlbauwerke liegt hierfür ein sehr hilfreiches Regelwerk vor [11-45]. *Abbildung 11.21* zeigt einen Ausschnitt daraus. Zur beschichtungsgerechten Ausbildung von Oberflächen zählt auch, dass sie für die Applikation von Oberflächenschutzsystemen zugänglich sein müssen. Luftdicht verschließbare Hohlräume in Metallkonstruktionen erfordern keinen Innenschutz.

11.3.5 Vorbereitung und Vorbehandlung der Baustoffoberfläche

Beschichtungen leisten nur dann den planmäßig vorgesehenen Sachwertschutz, wenn sie mit dem Untergrund einen permanenten Haftverbund eingehen (siehe Abschnitt 11.3.2.4), diesen beibehalten und wenn ihre Schicht möglichst gleichmäßig und ausreichend dick (siehe Abschnitt 11.3.2.5) und geschlossen ist. Dazu muss der zu beschichtende Untergrund in der als notwendig erkannten Weise **vorbereitet** werden, damit ein **tragfähiger** Untergrund geschaffen wird. Ggf. wird dann noch eine **Vorbehandlung** notwendig, um die Bauteilflächen in einen **beschichtungsgerechten** Zustand zu versetzen. Diese zwei Vorgänge sind streng voneinander zu trennen. Sie unterscheiden sich einerseits verfahrenstechnisch und haben andererseits verschiedene Zielsetzungen.

Die zur Schaffung des tragfähigen Untergrundes möglichen Verfahren – man bezeichnet sie als *Substanz-abtragend* – fasst man per Definition unter dem Oberbegriff **Untergrundvorbereitung** zusammen [11.46]. *Abbildung 11.22* veranschaulicht den Vorgang des Vorbereitens. Darunter fallen bereits so einfache Verfahren wie Abkehren, Staubsaugen oder Abblasen mit ölfreier Druckluft. Auch Waschen von Hand unter Verwendung von Bürsten oder Dampfstrahlgeräten, oder ein scharfer Wasserstrahl, können zur Entfernung von Schmutz und Staub ausreichend sein. Beim Waschen und Dampfstrahlen kann man dem Wasser Netzmittel, Pilze- oder Algen- tötende (oxidierende) Mittel oder benetzende oder fettlösende Zusätze beifügen.

Abbürsten und Abschleifen wird vorgenommen, um dünne Schichten leicht haftender Teilchen von der Oberfläche zu entfernen und um ganz glatte Oberflächen aufzurauen. Dieses Ziel wird erreicht durch Abreiben mit Schleifpapier oder Schaumglas, durch

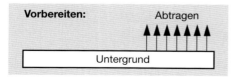

Abbildung 11.22
Vorbereitung der Bauteilfläche (abtragend) zur Schaffung eines tragfähigen Untergrundes

maschinelles Bearbeiten mit der Schleifscheibe, dem Schwingschleifer, der Drahtbürste per Hand oder der maschinell betriebenen Topfdrahtbürste.

Chemisches Reinigen von Metallen, Ziegelsteinen oder zementgebundenen Baustoffen, vorzugsweise mit Phosphorsäure, erfordert vorheriges gründliches Annässen und anschließendes gründliches Nachspülen und sollte auf Ausnahmefälle beschränkt bleiben. Bei stark verunreinigten Betonflächen ist eine Säurebehandlung in Kombination mit Netzmitteln sehr wirkungsvoll, wegen der dabei entstehenden Nebenprodukte (meist lösliche Salze) jedoch nicht unproblematisch. Manchmal sind Reinigungspasten zweckmäßig, welche auf die Oberfläche aufgetragen und nach einer bestimmten Einwirkungszeit mit den aufgenommenen Verschmutzungen wieder abgewaschen werden.

Die Verfahren: Klopfen, Stocken, Fräsen, Flammstrahlen, Trockenstrahlen, Feuchtstrahlen (beide mit festen Strahlmitteln) Hochdruck-Wasserstrahlen usw. verursachen bei mineralischen Baustoffen einen nennenswerten Substanzabtrag an der Baustoffoberfläche, und hinterlassen unterschiedliche und z.T. unerwünscht grobe Rauheiten. Bei den metallischen Baustoffen wird durch Trockenstrahlen mit festem Strahlmittel nicht nur die Oberfläche von Rost und anderen verbundschwächenden Schichten befreit, sondern auch eine für das Haften von Beschichtungen erforderliche Rauheit erzeugt [11-47] [11-48].

Um instabile Schichten größerer Dicke abzuschlagen, werden Hammer und Meißel, Stockhämmer und maschinenbetriebene Fräsen eingesetzt. Das **Fräsen** wird in der Regel auf horizontalen Flächen angewandt, ist mit entsprechenden Geräten jedoch auch an vertikalen Flächen möglich.

Flammstrahlen von Naturstein oder Beton [11-49] mit Acetylenbrennern bringt eine Oberflächenschicht relativ konstanter Dicke von max. etwa 4 mm infolge thermischer Ausdehnung zum Abplatzen [11-50]. Die Staubentwicklung ist gering, die Geräuschbelästigung hält sich in ertragbaren Grenzen. Die Oberfläche muss nach dem Flammstrahlen gründlich gebürstet werden, um Ruß, Schmelzgut, Spritzgut und gelockerte Teilchen zu entfernen. Bei Stahlflächen ist ebenfalls ein gründliches Bürsten nach dem Flammstrahlen erforderlich. Sowohl bei den mineralischen Baustoffen als auch auf Stahlflächen schafft das anschließende Trockenstrahlen mit festem Strahlmittel die besten Voraussetzungen für den erforderlichen Haftverbund mit der Beschichtung.

Beim **Hochdruckwasserstrahlen** von Bauteiloberflächen müssen die Pumpendrücke schon mehrere 100 bar betragen, damit z.B. auf Beton eine akzeptable Wirkung erzielt wird. Von Hand sind derartige Geräte dann nur schwer beherrschbar. Für größere Flächen sind seilgeführte, ferngesteuerte Anlagen unter Anwendung hoher Strahldrücke wirtschaftlich anwendbar (siehe *Abbildung 11.23*).

Abbildung 11.23
Seilgeführte, ferngesteuerte
Hochdruckwasserstrahlanlage

Das **Druckluft-Trockenstrahlen** mit festem Strahlmittel (Stahlkorn, Schlacke, Korund oder Quarzsand) ist das am meisten eingesetzte und gleichzeitig effektivste Verfahren zur Untergrundvorbereitung [11-51] [11-52] [11-47] [11-53] [11-54] [11-55] [11-56] [11-57] [11-58] [11-59]. Auch dieses Verfahren kann von Hand oder ferngesteuert angewendet werden. Die Intensität des Strahlens kann sehr weit variiert werden, und zwar vom leichten Überblasen (sweepen) bis zum gründlichen Abstrahlen, was beim Beton bis zur Erreichung einer waschbetonähnlichen Struktur führen kann. Die Intensität des Abtragens ist außerdem noch von der Härte und der Form des verwendeten Strahlmittels abhängig. Das Trockenstrahlen hat stets eine Staubentwicklung zur Folge. Deshalb wird der zu strahlende Bereich in der Regel eingehaust, um den entstehenden Staub auf den Entstehungsort begrenzt zu halten.

An Bodenflächen von Stahl und Beton hat sich seit Jahren das so genannte **Kugelstrahlverfahren** bewährt. Das Strahlmittel wird mit einem Schleuderrad und hoher kinetischer Energie auf die zu bearbeitende Oberfläche transportiert. Es zeichnet sich dadurch aus, dass es, verglichen mit dem Druckluftstrahlen unter Verwendung fester Strahlmittel, bei vergleichbarer Effizienz bezüglich des Substanzabtrages, umfeldschonend ist und das Strahlmittel recycelt werden kann. Dieses Verfahren ist analog auch für vertikale Flächen verfügbar [11-60].

Zum Schutz bzw. zur Schonung von Arbeitspersonal und Umfeld wurde das **Feuchtstrahlen** [11-61] [11-62] entwickelt. Dabei wird das feste Strahlmittel dosiert befeuchtet, so dass wenigstens 95 % der lungengängigen Stäube gebunden werden. Die abtragende Wirkung ist mit der des Trockenstrahlverfahrens vergleichbar. Bei diesen und den davon abgeleiteten, ähnlich wirkenden Kombi-Strahlverfahren „backen" die festen Strahlmittel z.T. an der vorbereiteten Fläche an. Es wird deshalb meist ein anschließendes Spülen mit reinem Wasser erforderlich. Für Stahlflächen ergibt sich daraus, dass sich in der Zeit zwischen dem Strahlen und dem Abtrocknen des Wassers eine dünne Flugrostschicht bildet, was die Erzielung des Vorbereitungsgrades Sa 2 1/2 [11.51] deshalb nicht ermöglicht.

Die umfassendste Regelung zur Untergrundvorbereitung liegt im Bereich Korrosionsschutz von Stahlbauteilen vor [11-63].

Verzinkte Stahlbauteile [11-64] werden vor dem Beschichten am wirkungsvollsten durch eine amoniakalische Wäsche (Entfernung von Fett und Zinksalzen) vorbereitet.

Die Untergrundvorbereitung muss stets auf der Basis einer Voruntersuchung erfolgen (siehe Abschnitt 11.3.3). In diesem Zusammenhang sei darauf hingewiesen, dass z.b. Sichtbeton und Putzflächen an Fassaden sowohl fertigungsbedingt, aber auch expositionsbedingt örtlich unterschiedliche Beschaffenheiten aufweisen können. *Abbildung 11.24* zeigt die Schlagregenbeanspruchung im Profil als Funktion der Höhe eines in freier Südwestlage befindlichen Gebäudes. Durch die Zunahme der Regenbeaufschlagung mit der Gebäudehöhe und gestützt durch die meist intensivere Sonneneinstrahlung in den größeren Höhen von Fassaden tritt sowohl bei beschichteten als auch bei unbeschichteten Flächen zu größeren Gebäudehöhen hin eine stärkere Verwitterung auf.

Diese Erkenntnis zeigt, dass eine Untergrundvorbereitung insbesondere dort und dann ggf. wesentlich intensiver vorzunehmen ist, wo die Tragfähigkeit für ein Oberflächenschutzsystem, z.B. durch vorausgegangene Beanspruchung am stärksten geschwächt ist. Bereits der Planer einer Oberflächenschutzmaßnahme hat dies bei der Ausschreibung zu berücksichtigen.

Hinweise für die Wahl der richtigen Vorbereitungsmaßnahmen gibt *Tabelle 11.5*.

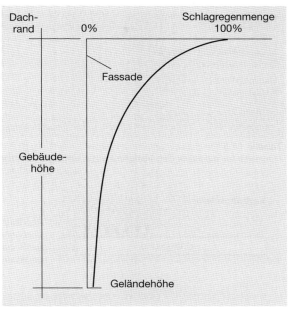

Abbildung 11.24
Schlagregenprofil an der Südwestfassade eines frei stehenden Gebäudes

Bei den porösen Baustoffen liegt in der Regel nach einer ordnungsgemäßen Untergrundvorbereitung eine feinraue bis leicht zerklüftete Struktur vor. Der für eine optimale Filmbildung (siehe auch Abschnitt 11.4) zwingend notwendige **beschichtungsgerechte Untergrund** wird vor dem Beschichten durch die Applikation egalisierender, auf die jeweiligen Untergründe abgestimmter Spachtelschichten hergestellt. Auf Betonflächen werden hierzu die in [11.25] näher beschriebenen, kunststoffvergüteten Zementmörtel/Feinspachtel eingesetzt. Diesen *Substanz-auftragenden* Vorgang bezeichnet man als **Untergrundvorbehandlung** [11-46]. *Abbildung 11.25* zeigt schema-

	Art des Untergrundes		Geometrie des Untergrundes		
Vorbereitungsmaßnahme	**Stahl**	**mineralisch**	**große geschlossene Fläche**	**filigrane Teile**	**kleine Flächen**
Trockenstrahlen mit festem Strahlmittel	+	+	+	(+)	(+)
Feucht (Wasser) strahlen	(+)	+	+	-	-
Flammstrahlen	+	+	+	-	-
Fräsen	-	+	+	-	-
Maschinelles Schleifen und Bürsten (rotierend)	+	+	+	-	+
Dampf (Wasser) strahlen	-	+	+	-	-
Drahtbürste per Hand	+	+	-	+	+
Schleifpapier per Hand	+	+	-	+	+
+ empfehlenswert; - nicht empfehlenswert, (+) mit Einschränkung empfehlenswert					

Tabelle 11.5
Hinweise für die Wahl des Verfahrens zur Untergrundvorbereitung

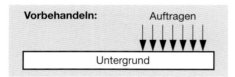

Abbildung 11.25
Vorbehandeln der Bauteilfläche (auftragend)
zur Schaffung eines beschichtungs-
gerechten Untergrundes

Abbildung 11.26
Durch Untergrund-
vorbehandlung
beschichtungsgerecht
hergestellte Beton-
bauteiloberfläche
(rechte Bildhälfte)

tisch den Vorgang des Vorbehandelns und grenzt ihn anschaulich gegen das in *Abbildung 11.22* dargestellte Vorbereiten ab.

Abbildung 11.26 veranschaulicht die Wirkung einer Vorbehandlungsmaßnahme auf einer wenige Wochen alten Betonbauteiloberfläche nach vorausgegangener Vorbereitung durch Druckluftstrahlen mit festem Strahlmittel (linke Hälfte). Nach einem Spachtelvorgang unter Verwendung eines PCC-Feinmörtels [11-25] ist der Untergrund beschichtungsgerecht hergestellt (rechte Hälfte).

11.4 Anwendung der Beschichtungswerkstoffe

Überwiegend müssen Beschichtungen im Bauwesen am Bauwerk selbst vorgenommen werden. Lediglich ein geringer Anteil erfolgt durch Vorfertigung im Werk. Dies bedingt, dass Verfahrenstechniken an die Verhältnisse der Baustelle angepasst werden müssen, wenngleich die Beschichtung werksmäßig manchmal rationeller und auch in besserer Qualität herstellbar wäre (witterungsunabhängig, besserer Organisationsgrad etc.). Für das Aufbringen, auch Applizieren der Beschichtungsstoffe auf die Baustoffoberfläche stehen einerseits einfache handwerkliche Geräte zur Verfügung, wie Pinsel und Rolle, und andererseits maschinenbetriebene Anlagen, wie Spritzgeräte, Gießmaschinen oder Flutgeräte [11-65]. Welche Geräte mit dem größten Nutzen eingesetzt werden können, wird neben den Gerätekosten vorzugsweise von den Umfeldbedingungen, dem Materialverlust, der Flächenleistung, der gleichmäßigen und ausreichend hohen Schichtdicke oder der Intensität der Benetzung der Haftfläche bestimmt. Auch erlauben manche Werkstoffe nur den Einsatz bestimmter Verarbeitungsgeräte.

Das älteste Werkzeug zum Beschichten ist der **Pinsel** bzw. die **Bürste**. Das Borstenbündel ist eine Art Vorratsbehälter für den Beschichtungsstoff, der beim Bestreichen der Oberfläche durch Scherkräfte und Kapillarkräfte das flüssige Beschichtungsmaterial an die Baustoffoberfläche abgibt. Für kleinere Flächen und für die erste Lage einer mehrlagigen Beschichtung kann der Pinselauftrag vorteilhaft sein, da die Arbeitsweise eines Pinsels eine bessere Benetzung der Baustoffoberfläche mit dem Beschichtungsstoff verspricht als z.B. der Spritz- oder Rollenauftrag. Auch werden mit dem Pinsel ungünstige Oberflächengeometrien besser erreicht. Je nach Verlaufsvermögen des Beschichtungsstoffes verbleibt an der fertigen Beschichtung ein Pinselstrichmuster.

Sehr weit verbreitet bei den manuellen Verfahren ist die **Rolle**. Auf der walzenförmigen Oberfläche ist ein Natur- bzw. Kunstfaserflor oder ein offenporiger Schaumstoff aufgespannt. Durch Eintauchen in den flüssigen Beschichtungsstoff wird darin zunächst das Beschichtungsmaterial gespeichert. Statt durch Bestreichen wird das Beschichtungsmaterial dann durch Abrollen auf die Bauteiloberfläche übertragen. Der Kraftaufwand ist beim Rollenauftrag – bezogen auf die Applikationsfläche – geringer als beim Pinselauftrag, da die Rolle wie ein Rad über die Oberfläche geführt werden kann. Für die Großflächenapplikation bietet die so genannte „Airlessrolle" mehrere Vorteile. Der Beschichtungsstoff wird dabei nicht durch Eintauchen der Rolle sondern über einen Schlauch von der „Airlesspumpe" in den Flor der Rolle transportiert. Durch das Einsparen von Muskelkraft und Zeit kann mit diesem Verfahren bei sonst weitgehend gleichbleibendem Beschichtungsergebnis eine höhere Flächenleistung erzielt werden. Das Charakteristikum der durch Rollen hergestellten Beschichtung ist der Orangenschaleneffekt an der Oberfläche, welcher durch die Art des Flors der Rolle abhängig vom Verlaufsvermögen des Beschichtungsstoffes und auch vom handwerklichen Geschick des Verarbeiters geprägt wird. Die *Abbildung 11.27* zeigt die prinzipiell unterschiedliche Oberflächenstruktur einer gestrichenen und einer gerollten Bau-

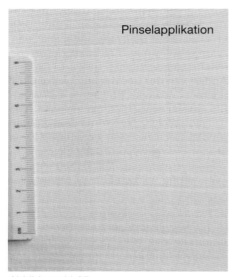
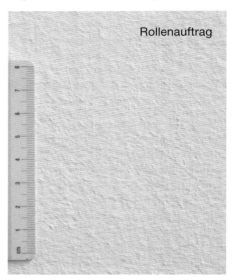

Pinselapplikation — Rollenauftrag

Abbildung 11.27
Beschichtete Bauteiloberflächen, abhängig vom Beschichtungswerkzeug
links: Pinselstriche, rechts: Orangenschalenstruktur

teiloberfläche. Die Bilder zeigen den Regelfall, dass nämlich mit Pinsel oder Bürste gleichmäßigere Schichtdicken erzielt werden als mit der Rolle, wenngleich die Struktur der Rollenapplikation ein visuell ansprechenderes Erscheinungsbild hinterlässt.

Mit Spritzgeräten wird der Beschichtungsstoff aus einer Distanz von 20 bis 40 cm auf eine Baustoffoberfläche gesprüht. Beim **Druckluftspritzen** transportiert ein von der Spritzdüse geformter Druckluftstrahl darin verteilte Tröpfchen des Beschichtungsstoffes auf das Objekt. Da die Baustoffoberfläche die Druckluft nicht aufnehmen kann, wird der Druckluftstrahl unmittelbar vor der zu beschichtenden Oberfläche seitlich abgelenkt. Der größte Teil der Tröpfchen gelangt wegen der Massenträgheit dennoch auf das Objekt und bildet dort den Beschichtungsfilm. Ein kleiner aber merklicher Anteil der Tröpfchen wird jedoch von dem abgelenkten Druckluftstrahl seitlich weggerissen. Der dadurch verursachte Spritzverlust (er kann im Freien durch Windeinwirkung noch verstärkt werden) kann zu einer unerwünschten Umfeldkontamination und zu unerwünscht hohem Materialverlust führen.

Beim so genannten **Airless-Spritzen** wird nur der Beschichtungsstoff und dieser mit sehr hohem hydraulischem Druck auf das zu beschichtende Objekt transportiert. Die Art der verwendeten Düse bestimmt die Form des Spritzbildes und die Menge des versprühten Beschichtungsmaterials. Die Spritznebelbildung ist wegen des fehlenden Druckluftstroms deutlich geringer als beim Druckluftspritzen. Ein weiterer Vorteil des Airlessverfahrens liegt in seiner größeren Flächenleistung. Daher hat sich das Airless-Spritzen gegenüber dem Druckluftspritzen weitgehend durchgesetzt. Neben dem Druckluftspritzen werden beim Airlessverfahren Beschichtungen mit den geringsten Schichtdickenschwankungen und den gleichmäßigsten Oberflächen erzielt.

Bei beiden Arten des Spritzauftrages wird – falls vorhanden – Lösemittel oder Wasser vom Beschichtungsstoff an die Luft abgegeben, wenn die Stofftröpfchen von der Düse zur Baustoffoberfläche fliegen. Spritznebel und Lösemittelanteile sollten durch Einhausungen an ihrer Ausbreitung gehindert werden. Bei der Applikation größerer, zusammenhängender Flächen kann der Vorgang aus filterbestückten, über das Objekt geführten Kabinen vorgenommen werden. Dadurch wird ein wesentlicher Beitrag zum Schutz des Arbeitspersonals und zur Schonung des Umfeldes geleistet.

Genügend kleine Stückgutteile können auch getaucht werden. Beim Eintauchen in den flüssigen Beschichtungsstoff ist ein gutes Auskleiden aller Ritzen, Spalte, Löcher usw. möglich. Man benötigt zum **Tauchen** entsprechend große Behälter mit Umwälzpumpen, damit der Beschichtungsstoff homogen bleibt. Bei diesem Verfahren muss andererseits eine relativ große Beschichtungsstoffmenge vorgehalten werden, weshalb das Tauchen nur zum Einsatz kommt, wenn große Serien gleichartiger Bauteile zu behandeln sind.

Beim sog. **Fluten** wird der Beschichtungsstoff aus einem Schlauch mit schwachem Druck auf die Baustoffoberfläche geleitet, so dass er als ein Flüssigkeitsschleier der Schwerkraft folgend über die Oberfläche abläuft. Dadurch wird der Baustoffoberfläche für eine gewisse Zeit flüssiges Beschichtungsmaterial angeboten, welches der Baustoff kapillar aufsaugen oder adhäsiv an seine Oberfläche binden kann. Das Fluten wird vor allem beim Aufbringen von niedrigviskosen hydrophobierenden Imprägniermitteln (siehe Abschnitt 11.2.2) auf Fassaden angewendet.

Bei Fußbodenflächen bietet sich wegen der horizontalen Lage das **Gießverfahren** an. Es kann manuell erfolgen, indem der Beschichtungsstoff ausgegossen und mittels Zahnkellen, Schiebern oder mit Rollen verteilt wird. *Abbildung 11.28* veranschaulicht diesen Vorgang. Das Gießen kann auch mit so genannten Einbaufertigern [11-66] erfolgen. *Abbildung 11.29* zeigt, wie der auf dem Gießfahrzeug transportierte Beschichtungsstoff über Leiteinrichtungen zu einer am Heck angeordneten Zahn-

Abbildung 11.28
Aufgießen des Beschichtungsstoffes und Verteilung mit einer Zahnkelle zur Erzielung der vorgegebenen Schichtdicke

Abbildung 11.29
Einsatz eines Einbaufertigers zur Beschichtung großer, zusammenhängender Bodenflächen

Abbildung 11.30
Elektrostatische Unterstützung der Spritzapplikation von Beschichtungsstoffen. Dadurch minimale Umfeldbelastung.

rakel geführt und dort verteilt wird. Voraussetzung für den Einsatz des Einbaufertigers ist das Vorliegen einer großen zusammenhängenden Fläche. Die im Gießverfahren zu verarbeitenden Beschichtungsstoffe müssen außerdem über besondere Verlaufseigenschaften verfügen. Bei dickschichtigem Auftrag (> 1 mm) ist im unmittelbaren Nachgang eine Entlüftung mit der Stachelwalze erforderlich, weil die Gefahr besteht, dass die beim Applizieren „eingearbeiteten" Luftbläschen von allein den Weg zur Oberfläche nicht finden.

Die Spritzapplikation mit **elektrostatischer** Unterstützung kann als besonders umfeldschonend angesehen werden. Voraussetzungen sind eine Großflächenanwendung und ein optimal vorbereiteter (egalisierter) Untergrund. *Abbildung 11.30* zeigt die Anwendung dieses Verfahrens an der Außenseite der Stahlbetonschale (ca. 30.000 m²) eines Naturzugkühlturms.

Bezüglich der Häufigkeit der Anwendung im praktischen Bautenschutz steht der Rollenauftrag an erster Stelle, gefolgt vom Airless-Spritzen und dem Pinselauftrag. Gießen, Tauchen und Fluten sind auf die speziellen Objektflächen bzw. Stoffsysteme beschränkt. Hinweise zur Wahl der optimalen Applikationsmethode enthält *Tabelle 11.6*.

Applikationsverfahren	Flächen-leistung	Material-verlust Umfeld-belastung	Benetzung der Haftfläche	Gleichmäßigkeit der Schichtdicke	Schichtdicke pro Arbeitsgang
Airless-Spritzen	++	-	+	++	++
Druckluftspritzen	+	-	(+)	+	+
Elektrostat. Spritzen	+	++	(+)	+	+
Rollen	+	+	+	-	+
Streichen	-	+	++	-	+
Fluten	+	+	±	-	
Tauchen	+	+	±	-	
Gießen + Zahnkelle	++	+	+	+	++
++ sehr positive Bewertung; - sehr negative Bewertung					

Tabelle 11.6
Hinweise für die Wahl der Applikationsmethode

11.5 Oberflächenschutz gegen Wetter- und Nutzungseinwirkung

11.5.1 Holz und Holzwerkstoffe

Für den Oberflächenschutz von wetterbelastetem Holz ist die Maßhaltigkeit des betreffenden Bauteiles ein wichtiges Kriterium: Fenster und Türen sind maßhaltig, da die betreffenden Holzquerschnitte relativ klein und allseitig schützbar sind sowie aus ausgesuchtem Holz gefertigt werden [11-67]. Daher sind Rissbildungen und merkliche Formänderungen nicht zu erwarten. Dies ist eine wichtige Voraussetzug, dass ein filmbildender Oberflächenschutz gute Aussichten für eine lange Nutzungsdauer hat. Als nicht maßhaltige Holzbauteile gelten Tragkonstruktionen wie Fachwerk, Dachstühle, Holzbinder, ferner Außenwandbekleidungen, Schalungen, Schindeln, Zäune usw. Bei solchen Bauteilen sind Trockenrisse, Schwindverkürzungen und Wölbungen zu erwarten. Dieses „Arbeiten" des Holzes bedingt immer auch, dass eine Beschichtung lückenhaft sein wird. Hier ist der Schutz vor allem durch Imprägnierungen zu erreichen. Diese können durch Holzanstriche ergänzt werden.

Ein weiteres wichtiges Kriterium ergibt sich daraus, ob tragende oder nicht tragende Bauteile vorliegen: Tragende Bauteile, die fast ausschließlich aus europäischen Nadelhölzern hergestellt werden, sind mit einem imprägnierenden Holzschutz [11-68] zu versehen, dessen Wirksamkeit und gesundheitliche Unbedenklichkeit bei bestimmungsgemäßer Anwendung nachgewiesen sein muss.

In diesem Sinne sind gegen Insektenbefall vorbeugende Schutzmittel notwendig, wenn die Holzfeuchte 10 M.-% übersteigt. Diese Materialfeuchte steht im Gleichgewicht mit etwa 60 % relativer Feuchte der Umgebungsluft. Sofern die betreffenden

Holzteile für Insekten nicht zugänglich sind, oder, wie in bewohnten Gebäuden, überall gut kontrolliert werden können, kann er entfallen.

Gegen Pilzbefall sind vorbeugende Schutzmittel notwendig, wenn die Holzfeuchte immer wieder mehrere Tage lang 20 M.-% übersteigt, und wenn Frischholz nur langsam austrocknen kann. 20 M.-% Holzfeuchte stehen im Gleichgewicht zu etwa 90 % relativer Feuchte der Umgebungsluft. Gegen Moderfäule wirksame Schutzmittel sind bei Dauerfeuchte oder ständigem Erdkontakt notwendig.

Grundsätzlich gilt jedoch, dass so viel konstruktiver Holzschutz wie möglich und so wenig chemischer Holzschutz wie eben nötig betrieben werden soll. Auch bei nicht tragenden Teilen ist chemischer Holzschutz aus Gründen der Dauerhaftigkeit oft genauso sinnvoll wie bei tragenden, er ist aber bauaufsichtlich nicht vorgeschrieben und muss vom Auftraggeber ausdrücklich verlangt werden. Im Sinne der Vermeidung chemischer Schutzmittel gewinnt eine kontrollierte und begrenzte Holzfeuchte bei Transport und Einbau sowie auf Dauer am Einsatzort von Hölzern an Bedeutung.

Wetterbelastetes, jedoch vor Regen weitgehend geschütztes, nicht oberflächen-behandeltes Holz vergilbt und vergraut und wird an der Oberfläche langsam abgebaut [11-69]. Der Dickenabtrag ist dabei so gering, dass er als unschädliche, natürliche Erscheinung angesehen werden kann. Holz ist ein relativ weiches Material (abgesehen von wenigen, selten gebrauchten Harthölzern) und sollte nur mit spannungsarmen Beschichtungen versehen werden. Als feinporiger Baustoff kann es mehr oder weni-ger Wasser enthalten. Hohe Wassergehalte sind hinderlich für das Eindringen von Imprägniermitteln und das Haften von Beschichtungen. Die heute vorherrschenden, wasserverdünnbaren Schutzmittel sind beim Applizieren aber besser feuchtever-träglich als lösemittelhaltige Produkte.

Das darf jedoch nicht dazu führen, dass die so genannte Holzfeuchte unterschätzt wird: Das Benetzungsverhalten des Beschichtungsstoffes auf der Holzoberfläche wird durch zu feuchtes Holz ebenso gestört wie die Verfilmung bzw. Verfestigung zur Beschichtung.

Der Oberflächenschutz maßhaltiger Holzbauteile wird durch lasierende und/oder de-ckende Beschichtungen bewirkt, wobei der Schichtaufbau in der Regel wie folgt aussieht:
○ Grundbeschichtung
○ 1 oder 2 Zwischenbeschichtungen
○ Deckbeschichtung

Die Grundbeschichtung soll die Saugfähigkeit des Holzuntergrundes wegnehmen und gleichzeitig den Haftverbund zu den folgenden Schichten sicherstellen. Die Zwischen- und Deckschichten bilden die Barriere, welche das Holz vor den äußeren Einwirkun-gen schützt. Aufgrund ihrer Oberflächenspannung neigen Beschichtungsstoffe zur so genannten Kantenflucht. Ecken und Kanten von Holzbauteilen sollten deshalb gerun-det sein, damit sich auch dort eine geschlossene und gleichmäßig dicke Beschichtung ausbildet. Sowohl bei den Lasuren als auch bei den deckenden Beschichtungen haben sich wässrig basierte Materialien, meist auf Acrylatbasis, gut bewährt, weil das genannte Bindemittel hervorragend wetterbeständig ist, die Beschichtung duktil bleibt und einen geringen Widerstand gegen Wasserdampfdiffusion aufweist (Feuchteregulativ). Gegenüber den klassischen, gelösten Bindemitteln ist deren Verarbeitbarkeit aufgrund der unterschiedlichen Rheologie für den Verarbeiter etwas gewöhnungsbedürftig, insbesondere hinsichtlich des vorgegebenen Schichtdickenziels (siehe dazu Abschnitt 11.3.2.5).

Tragende, in der Regel nicht maßhaltige Bauteile müssen, sofern es die Beanspruchung erfordert, mit chemischen Holzschutzmitteln [11-68] imprägniert werden, was durch Tauchen, Kesseldruck-Imprägnierung oder durch Handauftrag (Fluten, Streichen) geschieht. Es gibt hierfür ölige und wässrige Mittel, bindemittelfreie und bindemittelarme Holzschutzmittel. Dabei sind die Auftragsmengen vorgeschrieben. Eine zusätzliche Oberflächenbehandlung durch deckende oder lasierende Beschichtung ist freigestellt. Sie kann das nachteilige Quellen und Schwinden des Holzes als Folge von täglichen bis jahreszeitlichen Feuchteschwankungen der angrenzenden Umgebungsluft merklich dämpfen. Meist werden dadurch auch noch ästhetische Ansprüche erfüllt.

Es ist sinnvoll, schon vor dem Einbau von Holzbauteilen in das Bauwerk den chemischen Holzschutz komplett und bei Beschichtungssystemen wenigstens die Grundbeschichtung aufzubringen. Bei Fenstern und Türen wird heute die komplette Beschichtung meist im Herstellerwerk aufgebracht, was dann allerdings einen schonenden Transport und Rücksichtnahme bei der Montage erfordert.

Die Dauerhaftigkeit von Beschichtungen auf Holzkonstruktionen, insbesondere unter der Freibewitterungseinwirkung ist neben dem verwendeten Beschichtungstyp und seiner Modifikation vor allem auch von der Holzart abhängig. Neben dem Schnitt des Holzes sind insbesondere die Holzinhaltsstoffe und die hygrische Verhaltensweise entscheidend dafür, ob ein Beschichtungssystem auf der Holzoberfläche erfolgshöffig ist oder nicht. Des Weiteren kann man davon ausgehen, dass Holz mit niedriger natürlicher Dauerhaftigkeit [11-70] eine geringere Lebenserwartung des Oberflächenschutzes verspricht als umgekehrt.

Bei Wetterbelastung sind auch Holzwerkstoffe (Furnier-, Sperrholz-, Holzfaser- und Holzspan-Platten) nicht genügend dauerhaft, auch farblose und hell lasierende Beschichtungssysteme können nur temporären Schutz bringen.

An die große Bedeutung des konstruktiven Holzschutzes bei wetterbelasteten Bauteilen sei mit dem Hinweis erinnert, wie bei der traditionellen Bauweise Holz eingesetzt wurde: Weit überstehende Dächer, Dächer nur zum Schutz der Holzkonstruktion z. B. bei Holzbrücken; Holzverkleidungen als erneuerbare Schutzschilde; Fundamente, Ställe, Untergeschosse usw. aus Mauerwerk, das Obergeschoß aus Holz usw.

Auf die einschlägige Literatur [11-71], [11-72], [11-73] [11-74], [11-75] sei hingewiesen.

11.5.2   Kunststoffe

Kunststoffe im Bauwesen erfordern nur ausnahmsweise einen Oberflächenschutz, z.B. wenn sie nicht ausreichend lichtbeständig sind (UP, PVC), wenn ihre chemische Resistenz verbessert werden muss (einwirkungsabhängig) oder wenn durch Wettereinwirkung eine Zersetzung der polymeren Molekülstrukturen zu erwarten ist. Häufig werden Kunststoffteile auch dann beschichtet, wenn nicht der Schutz, sonder eine Verbesserung des Aussehens (siehe Abschnitt 11.1) bewirkt werden soll.

Zur Wahl der richtigen Schutzmaßnahme müssen die Art der Belastung und die Art des Kunststoffes bekannt sein. Mit baustellenüblichen Mitteln kann die Art des Kunststoffes nicht sicher bestimmt werden. Manchmal sind die Kunststoffteile durch Prägungen, Aufkleber usw. näher bezeichnet. Der Hersteller der Kunststoffteile, die Montagefirma oder auch der Auftraggeber können nach der Art des Kunststoffs befragt werden.

Im Gegensatz zu Metallen und porösen Baustoffen sind viele Kunststoffe hinsichtlich eines dauerhaften Haftverbundes mit Beschichtungen kritisch. Dies liegt z.b. daran, dass die Oberfläche keine ausreichende Affinität (Polarität, Molekülorientierung) zur verfügbaren Beschichtung hat (insbesondere bei den Kunststoffen Polyethylen (PE) und Polypropylen (PP)), dass der Kunststoff sich nicht anlösen lässt, dass keine geeignete Feinrauheit zur mechanischen Verklammerung vorliegt, oder dass sich auf der Oberfläche verbundstörende Verunreinigungen bilden. Letztere können vor allem durch elektrostatische Ladungen entstehen (Staubpartikelbildung) oder durch Migrieren von Hilfsstoffen, Weichmachern etc. an die Bauteiloberfläche.

In diesem Zusammenhang kommt der Untergrundvorbereitung (siehe Abschnitt 11.3.5) eine wichtige Bedeutung zu. Handelt es sich um eine industrielle Fertigung, können zur Erhöhung der Polarität sehr wirkungsvolle Oxidations- bzw. Fluorierungsverfahren angewandt werden. Soll das Kunststoffbauteil durch handwerkliche Ertüchtigung vorbereitet werden, verbleiben lediglich die weniger wirksamen Vorbereitungsverfahren durch Waschen mit wässrigen Reinigungslösungen, bzw. das Anschleifen mit Korrundpapier oder das Sweepen durch Anwenden eines dezenten Druckluftstrahlens mit festem, feinkörnigem Strahlmittel zur Schaffung einer feinrauen Oberfläche.

Im Wege einer Untergrundvorbehandlung (siehe Abschnitt 11.3.5) kann die Verwendung von speziell wirksamen Haftvermittlern den Verbund von Beschichtungen auf Kunststoffbauteilen fördern.

Weil polymere Filmbildner zusammen mit Pigmenten und Additiven in ihrer Affinität zu den Kunststoffen beeinflussbar sind, sollte bei einer erforderlichen Beschichtung von Kunststoffbauteilen der dafür qualifizierte Beschichtungsstoffhersteller konsultiert werden. Hinweise zum Beschichten von Kunststoffen im Hochbau findet man auch in [11-76].

11.5.3   Kalk-, Kalkzement- und Zementputze

Kalkputz erhärtet durch Carbonatisation. Dies setzt voraus, dass Kohlendioxid (CO_2) aber auch Wasser aus der Luft über Wochen und Monate möglichst ungehindert Zugang zum zuvor aufgetragenen Kalkputz haben. CO_2-dichte Anstriche behindern bzw. verhindern diesen Vorgang. Die Festigkeit nach der Carbonatisation ist niedrig, der Widerstand gegen Frost-Tauwechsel und gegen Dauerfeuchte ist gering. Kalkputze sollten diesen Belastungen nicht ausgesetzt werden. Mit Silicat-, Dispersionssilicat-, Siliconharz-, Zement- und Kalkanstrichen können sie farblich gestaltet und mit einigen von ihnen gegen den lösenden Angriff des sauren Regens (der durch CO_2 aus der Luft angesäuerte Regen hat einen pH-Wert zwischen 5 und 6) geschützt werden. Eine Hydrophobierung mit siliciumorganischen Imprägniermitteln wirkt ebenfalls gegen lösenden Angriff.

Kalkzementputz erhärtet im Wesentlichen durch die Hydratation des Zementanteils. Der relativ geringe Kalkanteil dient vorzugsweise der Verbesserung der Verarbeitungseigenschaften des Putzmörtels. Die mäßig große Festigkeit reicht aus, den Frost-, Feuchte- und mechanischen Belastungen an bewitterten Bauwerksfassaden standzuhalten. Sie dienen einer großen Palette von Beschichtungen und Kunstharzputzen als ausreichend tragfähiger Untergrund. Daher ist der Kalkzementputz die in Deutschland am meisten eingesetzte Putzart bei wetterbelasteten Flächen. Nicht beständig ist Kalkzementputz gegen dauernd hohe Luftfeuchte und gegen permanente Wassereinwirkung. Durch siliciumorganische Hydrophobierungsmittel und noch mehr durch farbgebende Beschichtungssysteme auf Dispersionsbasis kann die Nutzungsdauer der Kalkzementputze merklich verlängert werden. Außerdem wird dadurch ein befriedigendes Erscheinungsbild geschaffen, denn Putze neigen durch die Waschwirkung des Regens häufig zur Bildung einer unerwünschten *Patina* in Form von Läufern und scheckigem Aussehen. Anstrichsysteme auf Silicat-, Zement- und Kalkbasis sind zwar auch zur Farbgestaltung geeignet, doch ist eine Schutzwirkung für den Putz nur bei zusätzlicher Siliconimprägnierung gegeben. Werksgefertigte Kalkzement-Trockenmörtel, die an der Baustelle durch Wasserzugabe angemacht werden, sind oft intern hydrophobiert und ergeben dann Putze mit geringer Wasseraufnahme.

Zementputz ist dem zementgebundenen Beton nahe verwandt und erhärtet durch Hydratation des Zementes, zu der nur Wasser benötigt wird. Zementputze können schon nach kurzer Zeit beschichtet werden, unter der Voraussetzung, dass dafür Beschichtungen verwendet werden, die gegen Basen beständig sind. Bei entsprechend hohem Diffusionswiderstand wirken solche Beschichtungen wie eine Nachbehandlung (Wasserrückhaltung zur Hydratation). Unter den normalen Witterungsbedingungen ist ein Schutz durch Beschichtungen nicht zwingend notwendig. Analog zum Kalkzementputz können durch Beschichten optische Nachteile ausgeglichen werden. Liegen Sonderbeanspruchungen vor, z.B. durch Zementstein-angreifende Wässer oder soll eine abdichtende Wirkung gegen Erdfeuchte erzielt werden, können

Beschichtungsstoffe	Kalkputz	Kalk-Zementputz	Zementputz
Silicatfarben	+	+	+
Dispersions-Silicatfarben	+	+	+
Siliconharzfarben	+	+	+
Weißzementfarben	+	+	+
Dispersionsfarben, wetterbeständig	-	+	+
Kunstharzputze	-	+	+
Dispersionslackfarben	-	+	+
Polymerisatharz-Lackfarben	-	+	+
Chlorkautschukfarben			+
Reaktionsharz-lackfarben	-	-	+
Bitumen- und Teerersatzfarben			+
+ geeignet; - ungeeignet			

Tabelle 11.7
Geeignete Beschichtungsstoffe für mineralische Putze

Beschichtungen auf Basis von Bitumen, Teerersatz, Chlorkautschuk oder 2-K Epoxid angewendet werden.
Weitere Hinweise können dem Merkblatt [11-77] sowie *Tabelle 11.7* entnommen werden.

11.5.4   Beton und Stahlbeton

Beton wird nach seiner Druckfestigkeit klassifiziert. Mit steigender Festigkeit nehmen in aller Regel auch die Haftzugfestigkeit, die Abriebfestigkeit, die Dichtigkeit und die chemische Beständigkeit zu. Neben der Schärfung des Bewusstseins zur Herstellung von dauerhaften Betonbauteilen haben Fortschritte bei der Betontechnologie dazu geführt, dass Betonoberflächen im Freien heute weniger einen Schutz bedürfen, als es bei den Sichtbetonen bis in die Achtziger Jahre hinein noch erforderlich war. Gegen Säuren hat Beton dagegen immer noch merkliche Schwächen. Bei Stahlbeton muss die Fähigkeit zum Korrosionsschutz für den eingelegten Bewehrungsstahl erhalten bleiben. Daher sind u.a. die Carbonatisation (siehe Abschnitt 11.3.2.1) und die Gefahr des Eindringens von Chloriden, insbesondere über Rissen, zu bedenken. Im Einzelnen wird Beton aus folgenden Gründen beschichtet:

11.5.4.1 Trockenhaltung der Oberfläche – temporäre Wasserrückhaltung

Wenn Betonoberflächen mit viel Feuchte beaufschlagt werden, können diese nach vorausgegangener Carbonatisation der Randzone von Algen, Moosen, Pilzen usw. bewachsen werden und auch stark verschmutzen. Lässt sich die Feuchteeinwirkung anderweitig nicht abstellen, kann eine hydrophobierende Imprägnierung mit Siloxanen etc. zu einer trockenen Oberfläche führen, welche weniger verschmutzt und heller erscheint. Der Erfolg einer solchen Maßnahme hängt dann jedoch sehr stark davon ab, ob es gelingt, eine ausreichend tiefe Penetration der Imprägniermittel zu bewirken (siehe Abschnitt 11.2.2 und 11.4). Das gelingt dann nicht, wenn die Betone neuerer Generation bis an die oberflächennahe Randzone eine sehr dichte Porenstruktur mit geringem Anteil an Kapillarporen aufweisen. Auch alle übrigen Maßnahmen, welche zu einer geschlossenen Oberfläche führen, z. B. Anstriche zur farbigen Gestaltung [11-78], halten die Oberfläche trocken, sofern sie die kapillare Aufnahme des Wassers durch den Beton dauerhaft verhindern und selbst kein nennenswertes Wasserrückhaltevermögen besitzen. Bei der Anwendung von siliciumorganischen Imprägnierungen ist zu beachten, dass diese im Regelfall eine Beschleunigung der Carbonatisation des Betons bewirken [11-79]. Ob dies vertretbar ist, muss im Einzelfall geklärt werden.

In manchen Fällen empfiehlt es sich, Beton bereits unmittelbar nach dem Ausschalen mit einer die Austrocknung und das Carbonatisieren behindernden Beschichtung zu versehen. Auf ganz jungem (so genanntem grünem) Beton verankern sich z.B. Acrylharz-, Bitumen-, und Epoxidbeschichtungen besonders gut. Sie können andere Formen der Nachbehandlung weitgehend ersetzen, unter der Voraussetzung, dass sie in ausreichender Schichtdicke (siehe Abschnitt 11.3.2.5) aufgetragen werden und einen genügend hohen Wasserdampf-Diffusionswiderstand haben (siehe Abschnitt 11.3.2.2).

11.5.4.2 Visuelle Gestaltung der Oberfläche

Soll eine Betonoberfläche aus ästhetischen Gründen möglichst unauffällig behandelt werden, so bieten sich hierfür in erster Linie so genannte Betonlasuren an. Betonlasuren sind dünnschichtige, filmbildende Beschichtungsstoffe (siehe Abschnitt 11.2.2), deren Bindemittelbasis vorzugsweise Acrylcopolymerisate sind. In zunehmendem Maße werden hierfür wässrig basierte Beschichtungsstoffe eingesetzt. Zur Erhaltung des Betoncharakters wird der Werkstoff so formuliert, dass eine geringe Schichtdicke entsteht (Schichtdicke < 50 µm), welche das Oberflächenrelief z.B. eine Schalbrettstruktur nicht beseitigt, und ein dem betreffenden Sichtbeton nahe kommender Farbton sowie eine matte Oberfläche erzeugt werden. Eine carbonatisationsbremsende Wirkung (siehe Abschnitt 11.3.2.1) kann damit nicht erzielt werden.

Zur Erzielung von deckenden Anstrichen auf Beton bietet der Markt Beschichtungsstoffe an, die farblich in fast unbegrenztem Spektrum vorliegen bzw. individuell durch

Pigmentpasten variiert werden können. Hauptbindemitteltypen sind Acrylate bzw. Copolymerisate. Deren Trockenschichtdicke liegt in der Größenordnung von 100 µm. Waschbetonelemente werden wegen der Erhaltung der Struktur mit transparenten Acrylat- bzw. Copolymerisat-Beschichtungsstoffen versehen.

11.5.4.3   Beschichtungen zum Betonschutz/Betoninstandsetzung

Die hinlänglich bekannten und auch schon vor langer Zeit [11-80] erstmals wissenschaftlich dargestellten Schäden an Stahlbetonbauteilen, insbesondere wenn sie im Freien exponiert [11-37] oder einer besonderen Nutzungsbeanspruchung ausgesetzt sind [11-81] [11-82], erfordern im Zusammenhang mit der Durchführung von Schutz- und Instandsetzung von Betonbauteilen [11-24] [11-25] den Einsatz von Beschichtungen zum Korrosionsschutz von Bewehrungsstählen, wenn dieser als Folge der Schädigung des Stahlbetonbauteils verloren gegangen ist.

In den Anfängen der Entwicklung von Schutz- und Instandsetzungssystemen [11-83] sind dazu Epoxidbeschichtungen zum Einsatz gelangt, die aufgrund einer besonderen Pigmentierung einen aktiven Korrosionsschutz [11-84] leisten konnten. Ihre Wirkung ist durch spezielle Untersuchungen nachgewiesen [11-85]. Dieses Korrosionsschutzprinzip (aktive Korrosionsschutzwirkung durch spezielle Pigmente + Barrierewirkung inform des chemisch sehr beständigen und praktisch nicht diffundierbaren Polymers Epoxid) wird bei Sonderbeanspruchungen [11-81] [11-82] immer noch angewendet.

Bei der Betoninstandsetzung von Bauteilen, die der atmosphärischen Korrosionsbeanspruchung ausgesetzt sind, werden zur so genannten Repassivierung von Bewehrungsstählen kunststoffvergütete, zementgebundene Beschichtungen eingesetzt. Ihre Wirkung beruht im Wesentlichen auf der Basizität des Zementanteils. Ihr Permeationsverhalten gegen korrosionsfördernde Stoffe ist deutlich geringer als beim Typ Epoxid. Sie müssen deshalb in einer Mindestschichtdicke von 1000 µm auf die Bewehrungsstähle appliziert werden [11-25].

Wenn Bewehrungsstähle relativ dicht unter der Betonoberfläche liegen, oder der Beton relativ rasch carbonatisiert und die Bewehrung ihre Passivierung verliert mit der Gefahr, dass Betonschäden entstehen [11-15], kann durch eine gegen CO_2 gasdichte Beschichtung des Betons das Carbonatisieren des Zementsteins praktisch gestoppt werden (siehe dazu Abschnitt 11.3.2.1). Die Carbonatisationsbremsende Wirkung wird bei entsprechender Formulierung mit Beschichtungen auf Basis Acrylat – Copolymer, Epoxid, Polyurethan und auch mit Bitumen erreicht. Der Nachweis ($s_{D,CO2}$ > 50 m) muss für jeden Beschichtungstyp erbracht werden [11-86]. Bei der Anwendung muss ein besonderes Augenmerk auf die Erzielung der richtigen und ausreichenden Schichtdicke gelegt werden (siehe Abschnitt 11.3.2.5).

Neben der CO_2-bremsenden Wirkung der oben genannten Beschichtungstypen hindern diese auch andere betonschädigende und korrosionsfördernde Stoffe am Eindringen in den Beton. Dies ist jedoch nicht gewährleistet, wenn das Stahlbetonbauteil Risse hat (siehe Abschnitt 11.3.2.3).

Für den Schutz des Betons und der Bewehrungsstähle an Sichtbetonbauteilen im atmosphärischen Umfeld sehen die Regelwerke [11-24] [11-25] die zwei Beschichtungstypen OS 5 (Instandsetzungsrichtlinie DAfStb) bzw. OS D (ZTV-ING) vor. In jeder der beiden Gruppen gibt es eine Version auf Basis Polymerdispersion (OS 5a bzw. OS DII, Acryl-Copolymer) und eine zweite auf Basis kunststoffvergütete Zementschlämme (OS 5b bzw. OS DI). Mit der Polymerdispersion erzielt man bei geringerer Gesamtschichtdicke (s_{min} = 300 µm) eine visuell ansprechende Oberfläche, die farblich sehr variabel gestaltet werden kann. Außerdem ist stoffbedingt ihr Rissüberbrückungsvermögen höher (Klasse I_T und Klasse II_T). Mit der flexiblen Dichtungsschlämme, die in einer höheren Schichtdicke (s_{min} = 2000 µm) appliziert werden muss, verbleibt eine visuell weniger anspruchsvolle Oberflächenbeschaffenheit. Sie kann im Wesentlichen nur in Grautönen geliefert werden und ihr Rissüberbrückungsvermögen (Zement hydratisiert nach) ist geringer (Klasse I_T) und zeitlich nachlassend.

Für Anwendungen an atmosphärisch beanspruchten Bauteilen und besonders hohen Anforderungen an die Rissüberbrückungsfähigkeit (Rissüberbrückungsklasse II_{T+V}) beschreiben die Regelwerke [11-24] [11-25] mit dem Beschichtungstyp OS 9 bzw. OS E Beschichtungen auf Basis Polyurethan bzw. Kombinationen von Epoxid mit Polyurethan, mit besonderen Eigenschaften in Bereichen mit erhöhten periodischen und dynamischen Rissbreitenänderungen.

Abhängig von der Betriebsbeanspruchung, z.B. in Betonbecken in einer Kläranlage oder in einem Naturzugkühlturm im REA Betrieb (Rauchgasentschwefelungsanlage) eines Kraftwerkes, müssen Beschichtungen auf Beton insbesondere gegen physikalisch-chemische Beanspruchungen beständig sein. Neben organischen Bindemitteln [11-87] werden dort wegen ihrer besonderen Widerstandsfähigkeit gegen Säuren auch mineralische Bindemittel (Silikatbasis) eingesetzt.

Für den Einsatz und die Anwendung von Beschichtungen auf Polymerbasis an Stahlbetonkühltürmen im Normalbetrieb (ohne Rauchgasbeanspruchung) als auch im REA Betrieb (mit Rauchgasbeanspruchung) werden in einem eigens dafür ausgearbeiteten Regelwerk [11-88] Vorgaben für Polymerbeschichtungen und ihr Eigenschaftsprofil gemacht. Die Ausführung der Polymerbeschichtungen auf der großen Fläche einer rauchgasbeanspruchten Innenseite eines Naturzugkühlturms von bis zu 40.000 m^2 [11-89] und dies auch noch in besonderer Höhe, stellt eine besondere Herausforderung dar.

11.5.4.4 Beschichtungen zum Schutz gegen Oberflächenwasser

Normalerweise ist zum Schutz gegen Oberflächenwasser und Niederschläge eine sachgerechte Bauwerksabdichtung, z. B. mit mehrlagigen Bitumen- oder einlagigen Kunststoffbahnen [11-90] oder eine Dachdichtung oder Dachdeckung erforderlich. In bestimmten Anwendungsbereichen können Bauteile wie z. B. Garagendächer, Parkdecks, Balkone, Kuppelbauten, erdberührte Betonbauwerke etc. vor dem Eindringen von Oberflächenwasser oder betonangreifenden Wässern [11-91] auch durch Polymerbeschichtungen geschützt werden.

Derartige Polymerbeschichtungen müssen eine flüssigkeitsdichte Schicht bilden. Neben der Rezeptierung des Beschichtungsstoffes hängt die Wirkung entscheidend von der Schichtdicke ab (siehe Abschnitt 11.3.2.5), die als Mindestschichtdicke zwischen 0,5 und 2 mm liegen sollte. Im Bedarfsfall muss eine Beschichtung mit rissüberbrückenden Eigenschaften zum Einsatz gelangen. Für starr formulierte Beschichtungen werden Epoxidbindemittel am häufigsten eingesetzt. Ist die Rissüberbrückungsfähigkeit gefragt, (siehe Abschnitt 11.3.2.3), wendet man überwiegend Polyurethan bzw. Modifikationen aus Epoxid mit Polyurethan an.

Wenn keine Begehung vorgesehen ist und die Anforderungen an die Rissüberbrückungsfähigkeit gering sind, werden auch so genannte flexible Dichtungsschlämmen vom Typ OS 5b nach [11-25] bzw. OS D II nach [11-24] eingesetzt.

11.5.4.5 Beschichtungen für die Unterwasserbeanspruchung und im Gewässerschutz

In Schwimmbädern, Brunnentrögen, Zierbecken, Wasserbehältern etc. wird Beton aus ästhetischen Gründen, zum Zwecke des Betonschutzes und zur Erleichterung der Reinigung bzw. der Desinfizierung mit speziellen Beschichtungen versehen. Neben deren optischen Wirksamkeit muss vor allem eine hohe Beständigkeit gegen Dauerwassereinwirkung und eine Unempfindlichkeit gegen osmotische Blasenbildung gegeben sein [11-30]. Traditionell werden in diesen Anwendungsfällen immer noch Beschichtungen auf Basis Chlorkautschuk angewandt. Sie werden aber mehr und mehr durch spezielle wässrig basierte Acrylatbeschichtungen ersetzt. Für besondere Anforderungen bezüglich der visuellen Einflussnahme (z.B. Farbquarz-Strukturbeschichtungen) oder des mechanischen Abriebwiderstands werden Epoxid basierte Beschichtungen eingesetzt. Auf die ggf. eingeschränkte Eignung von Polymerbeschichtungen in Schwimmbecken mit gehobenen Ansprüchen an die Wasserhygiene durch Ozonieren sei hingewiesen [11-92].

In Trinkwasserbehältern wird zunehmend die klassische Chlorkautschukbeschichtung – mit ihr war es gleichermaßen möglich, optisch (blauer Farbton ließ Hygiene suggerieren) als auch bezüglich des Betonschutzes optimale Bedingungen zu schaffen – aus Gründen der verschärften Gewichtung der Trinkwasserhygiene [11-93] durch mineralische, zementgebundene Innenbeschichtungen verdrängt [11-94]. Abhängig von der Beschaffenheit des Trinkwassers, insbesondere seines pH Werts und seines Gehalts an freier Kohlensäure und seiner Carbonathärte kann dieses betonaggressiv im Sinne von [11-91] sein. Spezifische Anforderungen an die Porenbeschaffenheit (Verhältnis von Kapillarporen/Gelporen) sowie an den Hydrolysewiderstand der zum

Einsatz gelangenden mineralischen Beschichtungen sind bislang nicht geregelt. Sie haben jedoch einen signifikanten Einfluss auf die Nutzbarkeit, die Trinkwasserhygiene und auf die Dauerhaftigkeit mineralischer Beschichtungen in solchen Behältern [11-95].

Im Bundesgesetz zur Ordnung des Wasserhaushalts (WHG) [11-96] werden im ersten Teil unter § 19 zu den Wasserschutzgebieten und in § 19g, Anlagen zum Umgang mit wassergefährdenden Stoffen, Verwaltungsvorschriften erlassen, welche die Gefährlichkeit wassergefährdender Stoffe einstufen. Daraus leiten sich Gewässerschutzsysteme ab, die von Spezialunternehmen der Bauchemie hergestellt und nach den Bau- und Prüfgrundsätzen des Deutschen Instituts für Bautechnik (DIBt) zertifiziert werden (Allgemeine bauaufsichtliche Zulassung). Dabei handelt es sich um Gewässerschutzsysteme auf Basis meist mehrlagiger Polymerbeschichtungen, die gegen chemisch aggressive wässrige Lösungen, Mineralöle etc. beständig und aufgrund einer flexiblen Formulierung ggf. auch rissüberbrückend sind. Als Bindemittel werden wässrige Acryl-Copolymere sowie Epoxid- und Polyurethan-Polymere eingesetzt.

Diese Gewässerschutzsysteme werden auf Böden und Wänden von Betonwannen aufgetragen, die planmäßig – meist im Havariefall – mit wassergefährdenden Stoffen beaufschlagt werden. Ihre Funktion besteht darin, zu verhindern, dass die wassergefährdenden Stoffe in die Porenstruktur von Beton und Risse, die sich nachträglich bilden können, eindringen und dann in das Grundwasser gelangen könnten. Diese Gewässerschutzsysteme haben somit auch die Funktion einer Bauwerksabdichtung, wenngleich gegen ein anderes Medium als in der sonst üblichen Bauwerksabdichtung.

Die Anwendung der Gewässerschutzsysteme ist nach WGH § 19l auf Fachbetriebe beschränkt, die ihre Eignung zur Ausführung durch den Erwerb des dafür vorgesehenen Gütezeichens nachgewiesen haben.

11.5.4.6 Bodenbeschichtungen

Unter dem Oberbegriff Industriefußböden fasst man das weite Feld von begangenen oder befahrenen Bodenflächen zusammen. Dort werden Betonuntergründe in gewerblichen Betrieben, in Parkhäusern, auf Verkehrswegen, in Lager- und Umschlaghallen, in Ausbildungswerkstätten etc. mit Beschichtungen versehen. Aus der Funktion der Nutzung der Fußböden kann das Anforderungsprofil in drei Anforderungsbereiche unterteilt werden, wobei in zweien die Schutzfunktion und im dritten die Ästhetik zum Tragen kommt:

○ Schutz des Betons gegen die Nutzungsbeanspruchung.
   Hierbei muss die Beschichtung den Beton gegen mechanische (z.B. Abrieb [11-97], Schlagbeanspruchung), chemische (z.B. Öle, Säuren, lösliche Salze) und physikalische (z.B. Temperatur- und Feuchtewechsel) Beanspruchung schützen.

○ Ausstattung zur individuellen Nutzbarkeit.
Die Beschichtung verleiht der Betonoberfläche hierbei Eigenschaften, welche der Beton per se nicht hat, z.b. Ebenheit, Rutschsicherheit [11-98], elektrische Ableitfähigkeit [11-99], Hygiene, Reinigungs- und Dekontaminationsfähigkeit [11-100], Witterungsbeständigkeit für den Außenbereich u.a.m..

○ Ästhetische Wirkung als Gestaltungselement.
Über die Farbgestaltung wird Einfluss auf das Wohlbefinden von Menschen genommen. Arbeits-Verkehrs-Abstellflächen etc. können markiert werden. Die farblichen Flächen müssen dauerhaft sein, auch unter der besonderen Nutzungsbeanspruchung.

Abhängig von den genannten Anforderungsbereichen bieten Spezialbetriebe der Bauchemie Systemlösungen an, die im ungeregelten Bereich funktionsabhängig nach Wirtschaftlichkeits- und Dauerhaftigkeitsbetrachtungen bzw. nach ästhetischen Gesichtspunkten konzipiert sind. Somit kann ein Beschichtungssystem in einem Trockenraum mit ganz geringer Begehung zum Zwecke der „Staubbindung" aus einer einmaligen „Versiegelung" bestehen, während die mechanisch beanspruchte, durch Fahrzeuge häufig frequentierte, rissüberbrückende Bodenbeschichtung mit quantifizierter elektrischer Ableitfähigkeit sich aus einem System von fünf Einzelschichten zusammensetzen kann. Daraus resultieren für diese Beschichtungssysteme Schichtdicken zwischen 0,2 mm und 5 mm. Diese sind als Mindestschichtdicken im Sinne von Abschnitt 11.3.2.5 zu sehen.

Die für Fußbodenbeschichtungen am häufigsten zur Anwendung gelangenden Polymere sind Epoxid und Polyurethan in sehr verschiedenen Modifikationen als lösemittel- oder wässrig-basierte und als ein- oder mehrkomponentige Flüssigharze.

In geringerem Umfang werden Polyester und Polymethylmethacrylsäureester verwendet. Sie zeichnen sich wegen ihrer schnellen chemischen Vernetzung zur Verfilmung als sehr früh nutzbare Bodenbeschichtungen aus. Wegen ihres heftigen Eigengeruchs ergeben sich aber in der Verarbeitungs- und Verfilmungsphase Nachteile für Arbeitspersonal und Umfeld.

Eine Sonderrolle nehmen auf Betonböden die rissüberbrückenden Oberflächenschutzsysteme nach dem bauaufsichtlich eingeführten Regelwerk des Deutschen Ausschusses für Stahlbeton „Schutz und Instandsetzung von Betonbauteilen", genannt DAfStb-Richtlinie [11-25] und dem Regelwerk der Bundesanstalt für Straßenwesen (BASt) „Zusätzliche Technische Vertragsbedingungen und Richtlinien für Ingenieurbauten", genannt ZTV-ING [11-24] ein.

In diesen Regelwerken werden insgesamt drei Bodenbeschichtungssysteme für die Anwendung im Freien hinsichtlich ihrer stofflichen Zusammensetzung und ihres Eigenschaftsprofiles sehr eng beschrieben. Der Hintergrund liegt im Anwendungsbereich von tragenden Bauteilen von Verkehrsbauwerken, Parkhäusern etc. Bautechnisch ist es nicht möglich, begangene und befahrene Flächen rissefrei herzustellen bzw. zu vermeiden, dass nachträglich Risse entstehen. Um zu verhindern, dass chloridhaltige Auftausalze in Risse eindringen und an den Bewehrungsstählen der Tragwerke Korrosion auslösen, werden dort Bodenbeschichtungssysteme mit besonderen Rissüberbrückungseigenschaften eingesetzt (siehe auch Abschnitt 11.3.2.3).

Alle in den beiden genannten Regelwerken aufgeführten Oberflächenschutzsysteme und so auch diejenigen für die Bodenbeschichtung, nämlich mit den Systembezeichnungen OS 11 und OS 13 der Instandsetzungsrichtlinie DAfStb sowie diejenigen mit der Systembezeichnung OSF der ZTV-ING bedürfen des Verwendbarkeitsnachweises (Allgemeines bauaufsichtliches Prüfzeugnis, AbP) und des Übereinstimmungsnachweises ÜZ (Gleichbleibende Qualität bei der Produktion). Diese Nachweise dürfen nur von Institutionen erteilt werden, die vom DIBt eigens dafür zertifiziert sind. Die BASt (www.bast.de) führt eine „Zusammenstellung der geprüften und zertifizierten Stoffe und Stoffsysteme für die Anwendung an Bauwerken und Bauteilen der Bundesverkehrswege". Daraus können die nach dem aktuellen Überwachungszeitraum gültigen Oberflächenschutzsysteme OS A, OS B, OS C, OS DI, OD II, insbesondere aber auch das Bodenbeschichtungssystem OS F verschiedener Anbieter entnommen werden.

11.5.5   Porenbeton

Mauerwerk aus Porenbeton-Plansteinen und Elementen wird im Außenbereich mit einem mineralischen Leichtmörtel verputzt. Wände aus großformatigen Porenbeton-Montagebauteilen müssen auf den freibewitterten Außenseiten beschichtet werden, damit der Baukörper aus dem Werkstoff Porenbeton gegen die Einwirkung der Witterung geschützt ist [11-101].

Die Montagebauteile sollten bereits während der Bauzeit vor Feuchte geschützt werden. Bauteile, die an Erdreich grenzen, sollten z.b. durch eine zweilagige Bitumenspachtelmasse mit Glasgewebeeinlage geschützt werden. Bei längerer Rohbaustandzeit, insbesondere in der feucht-kalten Jahreszeit, ist eine hydrophobierende Imprägnierung bzw. Grundierung empfehlenswert um zu vermeiden, dass der Porenbeton zu viel „Baufeuchte" speichert. Diese Maßnahme muss auf das später aufzubringende Beschichtungssystem abgestimmt sein.

Der Baustoff Porenbeton hat besondere bauphysikalische Eigenschaften. Um diese Eigenschaften möglichst zu erhalten, müssen an eine Außenbeschichtung spezifische Anforderungen gestellt werden. Einer traditionellen Regel folgend [11-102] wird von einer Außenbeschichtung im Verbund mit Porenbeton verlangt, dass die Flüssigwasseraufnahme begrenzt und die Austrocknung nicht unzulässig behindert wird. Demnach müssen der Wasseraufnahmekoeffizient w [11-103] und die für die Wasserdampfdiffusion äquivalente Luftschichtdicke $s_d = \mu \cdot s$ [11-104] begrenzt und so aufeinander eingestellt sein, dass ihr Produkt ebenfalls einen Grenzwert nicht überschreitet. μ ist die Diffusionswiderstandszahl und s die Schichtdicke (siehe Abschnitt 11.3.2.5) der Beschichtung.

Die Festlegungen sind wie folgt quantifiziert:

○ Wasseraufnahmekoeffizient: $w \leq 0{,}5$ kg/(m$^2 \cdot$ h^{0,5})
○ Wasserdampfdiffusionsäquivalente Luftschichtdicke: $s_d \leq 2$ m
○ Produkt aus beiden: $w \cdot s_d$: $\leq 0{,}2$ kg/(m $\cdot$ h^{0,5})

Porenbeton ist hoch wärmedämmend, hat eine kleine Rohdichte und eine geringe Festigkeit. Es dürfen deshalb auf die Porenbetonoberfläche nur solche Beschichtungssysteme aufgebracht werden, die flexibel formuliert sind und sich als Folge von Temperaturänderungen und der Alterung spannungsarm verhalten. Einschlägige Beschichtungsstoffhersteller bieten anforderungsgerechte sowie eignungsgeprüfte Beschichtungsstoffe an.

Im Außenbereich werden im Wesentlichen Beschichtungssysteme auf Basis Acryl-Copolymer Dispersionen und Dispersionssilicat verwendet.

Eine Porenbetonbeschichtung auf Basis Acryl-Copolymer mit strukturierter Oberfläche hat folgenden Beschichtungsaufbau:

○ Zweimaliger Auftrag einer pigmentierten, hoch gefüllten Acryl-Copolymerdispersion in einer Gesamtauftragsmenge von ca. 1.800 g/m^2.
○ Die zweite Lage der Beschichtung wird zur Strukturgebung mit einer groben ungemusterten Schaumstoffstrukturwalze gleichmäßig abgerollt.

Eine Porenbetonbeschichtung auf Basis Acryl-Copolymer mit glatter Oberfläche ist wie folgt aufgebaut:

○ Es wird eine ganzflächige Spachtelung der Porenbeton-Montagebauteile mit einem hydraulisch erhärtenden, kunststoffmodifizierten Spachtel, dünnschichtig aber oberflächenstrukturfüllend und glättend durchgeführt.
○ Nach dem Trocknen der Spachtelung wird diese glatt geschliffen.
○ Es folgt dann eine Grundbeschichtung mit einer Acrylatdispersion.
○ Abschließend wird eine zweilagige, lackähnliche Acryl-Copolymer Dispersionsbeschichtung aufgetragen.

Eine Porenbetonbeschichtung auf Dispersionssilicatbasis mit strukturierter Oberfläche ist wie folgt aufgebaut:

○ Es wird eine hochgefüllte, strukturgebende Dispersionssilicatbeschichtung zweilagig aufgebracht. Die Grundbeschichtung wird mit Fixativ verdünnt, die Schlussbeschichtung wird unverdünnt gleichmäßig strukturierend aufgerollt.

Eine Porenbetonbeschichtung auf Dispersionssilicatbasis mit glatter Oberfläche für optisch anspruchsvolle, glatte Oberflächen kann mit folgendem Beschichtungsaufbau erreicht werden:

○ Ganzflächige Spachtelung mit einer Spachtelmasse auf Dispersionssilicatbasis.
○ Die Spachtelschicht wird nach der Trocknung planeben geschliffen.
○ Auf die so vorbehandelte Fläche wird eine Beschichtung auf Dispersionssilicatbasis appliziert.

Für den Innenbereich überwiegt die Anwendung von Anstrichen zur Verschönerung und besonderen farblichen Gestaltung der Räume. Eine Schutzbeschichtung der Porenbetonwände kann im Innenbereich dann erforderlich werden, wenn eine besondere Raumnutzung gegeben ist, z.B. wenn betriebsbedingt zumindest zyklisch eine hohe Luftfeuchte (> 70%) herrscht oder wenn gar betonaggressive Wässer, Dämpfe oder Gase den Porenbeton beaufschlagen. Ein Oberflächenschutzsystem ist dann vor allem nach zwei Gesichtspunkten auszuwählen: Es muss beständig gegen das Belastungsmedium sein und es darf (siehe oben) keine unzulässig hohen Eigenspannungen im Verhältnis zum Porenbeton aufbauen. Ggf. muss ein sachkundiger Planer eingeschaltet werden, der abhängig von der Beanspruchung ein passendes Beschichtungssystem vorschlägt.

11.5.6   Verblendmauerwerk aus Ziegeln und Kalksandsteinen

Witterungsbeanspruchtes Verblendmauerwerk soll seine Funktion eigentlich ohne weitere Behandlung voll erfüllen. Voraussetzung dafür ist, dass die Steine und der Fugenmörtel frostbeständig sind. Bei Ziegeln sind dann Vormauersteine oder Klinker, bei Kalksandsteinen Vormauersteine oder Verblender zu verwenden. Zum Vermauern wird Kalkzement- oder Zementmörtel verwendet. Die Verfugung sollte aber nur mit Zementmörtel ausgeführt werden. Der Fugenmörtel soll mit der Vorderkante der Mauersteine bündig abschließen und er muss einen lückenlosen Haftschluss zum angrenzenden Stein aufweisen. Welche Möglichkeiten der Imprägnierung und Beschichtung von Kalksandstein- und Ziegelsichtmauerwerk zum Stand der Technik zählen, wird in Merkblättern wiedergegeben [11-105] [11-106]. Sieht man davon ab, dass mit einem Fassadenanstrich das optische Erscheinungsbild günstig beeinflusst bzw. die Sichtmauerwerksfläche farbig gestaltet werden kann, wird man einen Oberflächenschutz – also zum Zwecke der Sicherung des Bestands und zur Unterdrückung der Durchfeuchtung – aus drei Gründen ausführen:

11.5.6.1   *Verhinderung von Salzausblühungen und Verschmutzungen*

Bei starker Durchfeuchtung von Ziegel- oder Kalksandsteinverblendmauerwerk in der Bauphase oder später kann es zum Ausblühen meist weißer Salze kommen, welche optisch unerwünscht und für die Dauerhaftigkeit des Mauerwerks nachteilig sind. Solche wasserlöslichen Salze erhöhen die hygroskopischen Gleichgewichtsfeuchten eines Baustoffes und üben sprengende Wirkungen aus, wenn sie bei Wasserzufuhr zunächst in Lösung gehen und beim Austrocknen wieder auskristallisieren. Man spricht dann vom Kristallisationsdruck der Ausblühsalze, welcher auf das Mauerwerk schädigend wirkt. In unmittelbarer Küstennähe kann ein solches Absprengen auch durch den Salzgehalt des windgetragenen Aerosols vom Meer her verursacht werden. *Abbildung 11.31* zeigt ein dem sog. seaspray ungeschützt ausgesetztes Ziegelmauerwerk, an welchem der Stein durch den Salzsprengdruck abgearbeitet, der Fugenmörtel dagegen aufgrund seiner höheren Resistenz länger erhalten blieb.

Abbildung 11.31
Durch den Salz-
sprengdruck des
maritimen
Küsteneinflusses
geschädigtes
Ziegelmauerwerk

Baustoff bedingte Salze stammen in der Regel nur zu einem geringen Teil aus den Mauersteinen, während sie im Mauer- und im Verfugungsmörtel meist reichlich enthalten sind. Die Bindemittelanteile Kalk und Zement des Mörtels liefern diese Salze direkt in Form von $Ca(OH)_2$, auch gelöschter Kalk genannt. An der Oberfläche versintern diese Salze nach Zutritt der Luftkohlensäure zu Kalksteinablagerungen. Durch die Mitverwendung von Trass und ähnlichem Bindemittelzusatz im Mörtel kann das Potenzial an löslichen Salzen im Mörtel reduziert werden.

Werden Ausblühsalze befürchtet, oder soll ein erneutes Auftreten von Ausblühsalzen nach dem Entfernen derselben verhindert werden, so sollten Maßnahmen zur Trockenhaltung der Verblendmauerwerksoberflächen ergriffen werden. Die hydrophobierende Wirkung von Silan- bzw. Siloxan Imprägniermittel sind hierfür sehr geeignet. Voraussetzung ist eine intensive Penetration in den porösen Baustoff des Mauerwerks durch hohes Materialangebot, z.B. durch flutende Applikation. Die Trockenhaltung wirkt sich dann auch vermindernd auf die Schmutzablagerung, die Veralgung etc. aus. Ein signifikanter Vorteil der hydrophobierenden Imprägnierung liegt darin, dass sie die Mauerwerksstruktur und die farbliche Erscheinung nicht verändert. Vor der Anwendung einer solchen Maßnahme sollten ggf. vorhandene Oberflächenporen, Lunker und andere Fehlstellen geschlossen werden.

11.5.6.2   Verbesserung des Schlagregenschutzes

Einschaliges Verblendmauerwerk und zweischaliges Mauerwerk mit Luftschicht bzw. mit Putzschicht sind nicht selten unzureichend Schlagregen-dicht. Ungünstige Bedingungen, wie starke Schlagregenbeanspruchung, fehlender konstruktiver Schlagregenschutz sowie unsorgfältige Bauausführung, insbesondere nicht vollfugiges Vermauern der Steine, sind hierbei meist ursächlich. Lokale Schwachstellen im Außenmauerwerk, wie z. B. dünnere Fensterbrüstungen oder Deckenauflagerbereiche sind bevorzugte Eindringstellen des Niederschlages. Analog zu Abschnitt 11.5.6.1 ist die hydrophobierende Imprägnierung eine wirksame Verbesserung des Schlagregen-schutzes. Mit Beschichtungssystemen auf Dispersionssilicat- oder auf Kunststoff-dispersionsbasis, ggf. mit solchen, die rissüberbrückend wirken, erzielt man den günstigsten Schlagregenschutz, weil dadurch eine Barriere geschaffen wird. Wenn das Mauerwerk zu scharfkantig oder porendurchsetzt ist, sollte im Wege einer Unter-grundvorbehandlung (siehe Abschnitt 11.3.5) zuerst ein beschichtungsgerechter Un-tergrund geschaffen werden. Eine geschlämmte Egalisierung erhält weitgehend den Mauerwerkscharakter. Beim Kalksandstein-Verblendmauerwerk sollte vor dem Auf-bringen filmbildender Beschichtungen wegen des ausgeprägten Wasseraufnahme-vermögens des Kalksandsteins eine hydrophobierende Imprägnierung vorgelegt wer-den, um die Unterwanderungsneigung zu vermeiden.

Glasig gebrannte Ziegeloberflächen sind eher ein kritischer Untergrund für den Ver-bund mit filmbildenden Beschichtungen. Die hydrophobierende Imprägnierung als alleinige Schutzmaßnahme erscheint dort sinnvoll. Auch ein Verputzen mit oder ohne Anstrich kann die Regendichtheit sehr verbessern.

11.5.6.3 Steigerung der Dauerhaftigkeit

Durch Trockenhalten eines Mauerwerks werden chemische und physikalische Schä-digungsprozesse entscheidend abgeschwächt. Auch die Weiterleitung von Feuchte an angrenzende Baustoffe kann dadurch unterbunden werden. Da die chemische Beständigkeit und die Frostbeständigkeit der im Fassadenbereich verwendeten Stei-ne in aller Regel keiner weiteren Verbesserung bedarf, bewirkt das Trockenhalten von Verblendmauerwerk einerseits eine Steigerung der Dauerhaftigkeit der Mauer- und Verfugungsmörtel. Andererseits werden angrenzende Baustoffe, die mit dem Mauer-werk in Verbindung stehen, wie z. B. Holzfachwerk, das mit Verblendmauerwerk aus-gefacht wurde, nur dann langlebig sein, wenn das angrenzende Mauerwerk selbst trocken ist.

Mit filmbildenden Beschichtungssystemen auf Acrylat-Copolymerbasis erzielt man – ggf. durch den flankierenden Einsatz einer hydrophobierenden Imprägnierung oder einer egalisierenden Untergrundvorbehandlung – die beste Dauerhaftigkeitswirkung. Kalk- oder Kalk-Weißzementanstriche, die gelegentlich propagiert werden, sind in mitteleuropäischen Klimaregionen zu wenig wetterresistent und können deshalb als Schutzmaßnahme keine Dauerhaftigkeit gewährleisten.

11.5.7 Natursteinmauerwerk

Natursteine kamen schon immer im Verblendmauerwerk, aber auch im Bruchstein-mauerwerk zum Einsatz. Das Bruchsteinmauerwerk ist regelmäßig geputzt und da-nach gelegentlich noch mit historischen Anstrichen wie Kalkfarben oder Wasserglas-farben gestrichen worden, Verblendmauerwerk aus rechtwinklig behauenen Steinen mit relativ dünnen Mörtelfugen verblieben meist ohne eine Oberflächenbehandlung. Bruchsteinmauerwerk ist an Gebäudeecken, Fenster- und Tür-Leibungen usw. häufig mit sichtbaren, sorgfältig behauenen Steinen eingefasst worden, die dann nicht verputzt wurden. Die Dauerhaftigkeit der verschiedenen Natursteinsorten ist recht unterschiedlich. In den letzten Jahrzehnten sind an verbauten Natursteinen gewisser Provenienzen Schwächen im Widerstand gegen atmosphärisch getragene, steinschädigende Emissionen aus Industrie, Hausbrand und Fahrzeugverkehr offenbar geworden. Davon betroffen sind vor allem Kalkstein, Muschelkalk und eine ganze Reihe anderer Sedimentsteinsorten. Historisch betrachtet sind Natursteine insbesondere dann zum Bauen verwendet worden, wenn sie in der Nähe verfügbar, leicht bearbeitbar und relativ homogen waren. Sehr beständig im mitteleuropäischen Klima sind dagegen Urgesteine wie Basalt, Granit und Porphyr.

Zur Prävention werden an Natursteinmauerwerk meist historischer Bauwerke seit Jahren folgende Schutzmaßnahmen angewendet:

○ Applikation hydrophobierender Imprägnierungen auf Basis siliciumorganischer Bautenschutzmittel, um die Wasseraufnahme bei Niederschlagseinwirkung und damit die Belastung durch lösenden Angriff, Frost und die sauren Gase der Atmosphäre zu reduzieren.

○ Anwendung steinfestigender Imprägnierungen auf Basis von Kieselsäureestern. Dadurch werden durch lösenden Angriff festigkeitsgeschwächte Porenstrukturen in Steinrandzonen partiell mit einem silicatischen Bindemittelgerüst ausgestattet, um deren Widerstandsfähigkeit gegen Witterung und schädigende Umwelteinflüsse zu steigern.

○ Es werden Beschichtungssysteme auf Basis Silicat-, Dispersionssilicat- und Acryl-Copolymerdispersion appliziert. Eine hydrophobierende Grundierung unter den wenigstens zwei Beschichtungslagen ist sinnvoll, um wegen des kapillaren Porengefüges der Natursteine eine Unterwanderung zu verhindern. Dadurch ist eine farbliche Gestaltung möglich und die Einwirkung von Niederschlagswasser und sauren Gasen kann wesentlich verringert werden.

○ Durch Aufschlämmen von Kalktrass- und Kalkzementfeinschlämmen können auf Bruchsteinmauerwerk anstelle von Putzen Schutzschichten mit temporärer Wirkung hergestellt werden. Damit wird eine teilweise Egalisierung der Mauerwerksoberfläche erreicht, welche jedoch die Struktur des Mauerwerks noch erkennen lässt.

Bei historischen Bauwerken, deren Erhaltung in möglichst originalem Zustand meist oberste Priorität hat, sind die nachträgliche Erzeugung konstruktiver Schutzmaßnahmen sowie die Umsetzung bauphysikalischer Erkenntnisse zur Steigerung der Dauerhaftigkeit nicht selten versperrt.

11.5.8 Korrosionsschutz von Stahlbauten

Stahl besteht aus Eisen und geringen Mengen weiterer Legierungs-Bestandteile. Bei der atmosphärischen Korrosion reagiert das Eisen mit Sauerstoff, wobei dieser Vorgang in Wasser als Medium abläuft. Korrosionsstimulatoren, wie Sulfate und Chloride beschleunigen das Rosten, indem sie die Reaktionsprodukte löslich halten und damit ihren Abtransport erleichtern [11-107].

Beschichtungen sind für Stahlbauten die wichtigsten Schutzmaßnahmen gegen Korrosion. Wasser und Sauerstoff werden durch Beschichtungen nur bedingt von der Stahloberfläche abgehalten, da deren Diffusion in polymeren Stoffen möglich ist. Die „Chemische Passivierung" und das „Fernhalten von Stimulatoren" sind jedoch die entscheidenden Schutzmechanismen bei Beschichtungen [11-108]. Die Chemische Passivierung ist nur durch die Grundbeschichtung (GB) möglich, weil nur diese Kontakt mit dem Stahl hat. Wirksam sind hierbei insbesondere die Korrosionsschutzpigmente (siehe auch Ziffer 11.2.1 und [11-84]). Als historisch gelten in diesem Zusammenhang Bleimennige aber auch Zinkchromat. Beide werden wegen ihrer physiologisch nachteiligen Wirkung auf den Menschen zwischenzeitlich nicht mehr eingesetzt. Stattdessen verwendet man Zinkstaub als sog. Opferanode (kathodisch wirkend) und Zinkphosphatpigmente (passivierende Wirkung). Das Fernhalten von Stimulatoren ist dann vor allem die Aufgabe der Zwischen- (ZB) und Deckbeschichtungen (DB). Alterungsschutz und Farbgebung werden von der Deckbeschichtung alleine übernommen.

Die Technologie des Korrosionsschutzes von Stahlbauten durch Beschichtungen ist hoch entwickelt. Eine relativ kurze, jedoch aussagekräftige Einführung in das Gebiet vermittelt [11-109]. Dank des umfassenden Normenwerkes [11-110] können Maßnahmen systematisch und zielführend konzipiert werden:

Zur Einteilung der Umgebungsbedingungen, die bei atmosphärischer Korrosion (Land-, Stadt-, Industrie-, Meeresatmosphäre) unterschiedliche Korrosionsbelastungen für Stahlbauteile bewirken, werden im Teil 2 der Norm Korrosivitäts- Kategorien (C1 = unbedeutend bis C5 = sehr stark) aufgestellt.

Bei Stahlbauten im Wasser bzw. im Feuchtmilieu wird hinsichtlich der Korrosionsbelastung unterschieden zwischen solchen
○ im Süßwasser
○ im Meer- oder Brackwasser und
○ im Erdreich

Maßgeblich ist auch noch, ob das Stahlbauteil in
○ der Unterwasserzone,
○ der Wasserwechselzone oder
○ der Spritzwasserzone

einer Korrosionsbelastung ausgesetzt ist.

Die Einhaltung der Grundregeln zur konstruktiven Gestaltung von Stahlbauteilen hat einen bedeutsamen Einfluss auf die Wirkung der Korrosionsschutzbeschichtungen (Teil 3 der Norm). Unter Abschnitt 11.3.4 wurden dazu bereits einige allgemeine Ausführungen gemacht. Abbildung 11.21 beinhaltet einige zeichnerische Hinweise zur Ausbildung von konstruktiven Details. Zu achten ist bei der Konstruktion besonders auf

○ Gute Zugänglichkeit für das Vorbereiten und Beschichten
○ Vermeidung von Spalten, Fugen etc. in denen sich Feuchte, Schmutz und sonstige Ablagerungen sammeln können. Flächen sollten geneigt sein, damit Wasser ablaufen kann.
○ Kanten sollten gerundet werden, damit die Filmbildung optimal verläuft.
○ Schweißnähte müssen verrundet sein, Schweißperlen sind zu entfernen.
○ Für Schrauben, Muttern etc. müssen ggf. zusätzliche Beschichtungsmaßnahmen eingeplant werden.
○ Verbindungen von Metallen mit unterschiedlichem elektrochemischem Potenzial sollten nicht zur Anwendung kommen, um Kontaktkorrosion zu vermeiden. Ggf. müssen Kontaktflächen elektrisch isoliert werden.
○ Transport und Montage müssen bei der Konstruktion dahingehend optimiert werden, Beschädigungen an werkstattmäßig ausgeführten Teilbeschichtungen zu vermeiden.

Die erforderliche Qualität des Untergrundes ist davon abhängig, welchen Korrosions- und anderen Beanspruchungen das Stahlbauteil ausgesetzt ist und welche Dauerhaftigkeitserwartung (engl. liftime to next maintenance) planmäßig vorgesehen ist.

Zunehmend fließen dabei auch wirtschaftliche Überlegungen ein. Das Normenwerk unterscheidet in Teil 4 zwischen der

○ primären Oberflächenvorbereitung,

bei welcher ein ganzflächiger Abtrag von Fremdsubstanzen bis hin zum blanken Stahl vorgenommen wird und eine

○ sekundäre Oberflächenvorbereitung,

bei welcher nur ein partieller Abtrag erfolgt und intakte Beschichtungsbereiche und Überzüge verbleiben.

Die verschiedenen, möglichen bzw. notwendigen Vorbereitungen müssen vor dem Beschichten hinsichtlich der vereinbarten Qualität (z.B. Rauheit, Vorbereitungsgrad) einer besonderen, in der Regel visuellen Beurteilung unterzogen werden.

Innerhalb des Normenwerkes nimmt der Teil 5, in welchem die Beschichtungssysteme genannt sind, die größte Bedeutung ein. In diesen Beschichtungssystemen werden je nach Korrosivitätskategorien, erwartete Schutzdauer etc. folgende Bindemittel eingesetzt:

○ Alkydharz (AK)
○ Chlorkautschuk (CR)
○ Acrylharz (AY)
○ Polyvinylharz (PVC)
○ Epoxidharz (EP)
○ Ethylsilicat (ESI)
○ Polyurethan (PUR)
○ Bitumen (BIT)

Hierbei können die Bindemittel AK, AY und EP auch in wässrig basierter Form zum Einsatz gelangen. Als Schutzdauer definiert das Normenwerk 3 Zeitspannen:

○ Kurz (K):   2 bis 5 Jahre
○ Mittel (M):   5 bis 15 Jahre
○ Lang (L):   über 15 Jahre

Dabei muss beachtet werden, dass die Schutzdauer nicht mit der Gewährleistung für Bauleistungen gleichgesetzt werden darf. Vielmehr werden damit Zeitabstände mit bestimmten Schwankungsbreiten genannt, für die nach vorliegenden Erfahrungen die Funktion eines normgemäß angewandten Beschichtungssystems erhalten bleibt.

Neben dem erforderlichen Untergrundvorbereitungsgrad (z.B. St 2, Sa 2 1/2) werden Art und Anzahl der Grund-, bzw. Zwischen- und Deckbeschichtungen angegeben und vor allem wird die zu erzielende Schichtdicke in der Definition der Sollschichtdicke genannt. Diese so genannte Sollschichtdicke ist als NDFT (**N**ominal **D**ry **F**ilm **T**hickness) wie folgt definiert:

> Falls nicht anders vereinbart, sind Einzelwerte der Trockenschichtdicke, die 80% der Sollschichtdicke unterschreiten, nicht zulässig. Einzelwerte zwischen 80% und 100% der Sollschichtdicke sind zulässig, vorausgesetzt, dass der Mittelwert aller Messergebnisse gleich der Sollschichtdicke oder größer ist und keine andere Vereinbarung getroffen wird.

Die mit dieser Definition verbundene Problematik wird anhand von *Abbildung 11.32* verdeutlicht. NDFT und Sollschichtdicke können identisch sein. Sie haben dann einen arithmetischen Mittelwert einer Gauß'schen Normalverteilung. Basierend auf den Beschreibungen in Abschnitt 11.3.2.5 (siehe auch [11-14]) ist auf *Abbildung 11.32* das Schichtdickenergebnis einer Beschichtung auf einem Stahlbauteil dargestellt. Geht man davon aus, dass die mittlere Schichtdicke 300 µm beträgt und mit der Sollschichtdicke identisch ist, dann sind 80% der Sollschichtdicke 240 µm. Nach der auf *Abbildung 11.32* gezeigten und unter günstigen Bedingungen zustande gekommenen Schichtdickenverteilung liegen wenigstens 10% der realen Schichtdicken am Stahlbauteil unterhalb des in der Norm vorgegebenen Grenzwertes. Nach Meinung des Verfassers ist die 80% Regelung in DIN EN ISO 12944-5 eine stringente Vorgabe, die unter baupraktischen Bedingungen nur schwer einhaltbar ist.

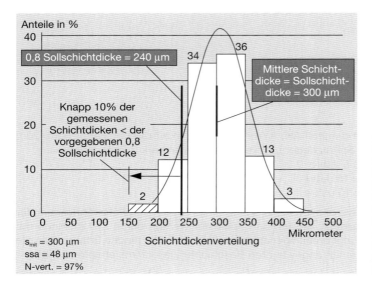

Abbildung 11.32
Schichtdicken-
definition nach
DIN EN ISO 12944-5,
Korrosionsschutz
von Stahlbauten
durch Beschich-
tungssysteme,
NDFT = Sollschicht-
dicke, gleichwertig
zur mittleren
Schichtdicke

In *Tabelle 11.8* ist dargestellt, mit welchen Sollschichtdicken entsprechend zusammengestellter Beschichtungssysteme, welche Zeitspannen der Funktionserfüllung bei Annahme der fünf dort genannten Korrosivitätskategorien zu erwarten sind.

Zur Qualitätssicherung des Korrosionsschutzes von Stahlbauten durch Beschichtungssysteme gibt DIN EN ISO 12944 in Teil 6 noch besondere Hinweise über Laborversuche zur Bewertung der einzusetzenden Beschichtungssysteme. Im Teil 7 werden schließlich noch Angaben zur Ausführung und Überwachung der Beschichtungsarbeiten gemacht. Hier werden sowohl die Anforderungen zur Qualifikation des Verarbeitungspersonals als auch zu den Bedingungen bei der Anwendung sowie der Eigenüberwachung durch den Auftragnehmer und einer ggf. vorzunehmenden Fremdüberwachung im Auftrag des Auftraggebers genannt.

Für den Zuständigkeitsbereich der obersten Straßenbaubehörden der Länder (Bundesfernstraßen) hat die Bundesanstalt für Straßenwesen (Bast) Zusätzliche Technische Vertragsbedingungen und Richtlinien für den Korrosionsschutz von Stahlbauten (ZTV-KOR-Stahlbauten) erstellt [11-111]. Im Technischen Bereich lehnt sich dieses Regelwerk sehr eng an DIN EN ISO 12944 an. Hinsichtlich der einzusetzenden Beschichtungsstoffe müssen diese den „TL/TP-KOR-Stahlbauten" (Lieferbedingungen und Prüfvorschriften für die Beschichtungsstoffe) entsprechen. Die zur Anwendung zugelassenen Stoffsysteme müssen in der „Zusammenstellung der zertifizierten Beschichtungsstoffe nach den „TL/TP-KOR-Stahlbauten" für die Anwendung an Bauwerken und Bauteilen der Bundesverkehrswege „(www.bast.de)" aufgeführt sein.

Schichtdicke [µm]	Korrosivitätskategorien und Korrosionsbelastung														
	C2 gering			C3 mäßig			C4 stark			C5-I sehr stark (Industrie)			C5-M sehr stark (Meer)		
	K	M	L	K	M	L	K	M	L	K	M	L	K	M	L
80															
120															
160															
200															
240															
280															
320															

Zu erwartende Schutzdauer:
(K) kurz: 2...5 Jahre, (M) mittel: 6...15 Jahre, (L) lang: über 15 Jahre

Tabelle 11.8
Schutzdauer einer Beschichtung auf Stahl unter bestimmter Korrosionsbelastung abhängig von der Schichtdicke eines Beschichtungssystems

Diese „ZTV-KOR-Stahlbauten" ersetzt u.a. die bislang weit verbreiteten „Technischen Lieferbedingungen der Deutschen Bahn" (TL 918300, Teil 2) und die „Planungshilfen zur Anwendung der TL 918300, Teil 2 für den Korrosionsschutz von Stahlbauten" der Deutschen Bahn.

11.5.9 Zink, verzinkter Stahl und Aluminium

Nur wenige Bauteile werden aus massivem Zinkblech (Titanzink als Legierung) gefertigt, z. B. Regenrinnen, Fallrohre, Dächer und Abdeckungen. Deren Lebensdauer ist bei Wetterbelastung in aller Regel so groß, dass Schutzmaßnahmen unnötig sind. Nur bei sehr korrosiven Belastungen, wie Säuren, Laugen, Salzlösungen usw., ist eine Beschichtung von massivem Zinkblech angebracht.

Bei verzinktem Stahl muss die Verzinkungsart, insbesondere wegen der dabei aufgebrachten Schichtdicken des Zinküberzuges beachtet werden:
○ Stückverzinkung (Feuerverzinkung)   50 bis 100 µm
○ Bandverzinkung   15 bis 40 µm
○ Spritzverzinkung   80 bis 150 µm
○ Galvanische Verzinkung   3 bis 15 µm

Die Schutzdauer der Zinkschicht ist proportional zu ihrer Dicke, da sich die Zinkschicht unter korrosiven Belastungen langsam abbaut. Ein Dickenverlust von etwa 10 µm tritt in folgenden Zeiten ein:

- ⭘ Landatmosphäre: 5 Jahre
- ⭘ Stadtatmosphäre: 3 Jahre
- ⭘ Meeresatmosphäre: 2 Jahre
- ⭘ Industrieatmosphäre: 1 Jahr

Daraus ergibt sich, dass bandverzinktes Blech binnen weniger Jahre und galvanisch verzinkte Kleinteile binnen eines einzigen Jahres ihre schützende Zinkschicht verlieren können.

Bei der Stückverzinkung werden die betreffenden Stahlbauteile in ein Bad aus flüssigem Zink eingetaucht. Gewisse Konstruktionsregeln müssen dabei eingehalten werden, damit es nicht zu Oberflächenstörungen wie Gasblasen, behinderter Abfluss etc. kommt.

Seit vielen Jahren hat sich ein besonderes Korrosionsschutzsystem für verzinkten Stahl sehr gut bewährt, welches die Bezeichnung Duplex System (Feuerverzinken + Beschichten) hat [11-112].

Die Wirkungsmechanismen von Duplex-Systemen beruhen auf einem gegenseitigen Schutz beider Partner. Der Zinküberzug wird durch die darüberliegende Beschichtung vor atmosphärischen und chemischen Einflüssen geschützt. Ein Abtrag des metallischen Zinks wird vermieden, der Zinküberzug bleibt lange Zeit in neuwertigem Zustand unter der Beschichtung erhalten. Die Wirkungsdauer der Feuerverzinkung als „Opferanode" wird dadurch deutlich verlängert.

Beschädigungen an der Beschichtung haben in der Regel keine nachteiligen Auswirkungen zur Folge, da die hohe Widerstandsfähigkeit und Abriebfestigkeit des darunterliegenden Zinküberzuges auch hohen Belastungen standhält. Es kommt zu keinen Unterrostungen, der Stahl bleibt auch an Stellen, an denen die Beschichtung Schwächen oder Fehlstellen aufweist, geschützt. Das wiederum verlängert die Schutzzeit der Beschichtung.

Geeignete Beschichtungen für Duplex-Systeme sind Beschichtungen mit unterschiedlicher Bindemittelbasis. Die Zusammensetzung der Beschichtungsstoffe hat einen erheblichen Einfluss, wobei daraus wieder unterschiedliche Dauerhaftigkeitszeiträume resultieren.

PVC, PVC-Acryl und Acryl sind die wichtigsten physikalisch trocknenden Beschichtungen, zeitigen dann aber im Duplex-System eine hohe Widerstandsfähigkeit gegen korrosive Einwirkungen. Zweikomponenten-Beschichtungen auf Basis von Epoxid- oder Polyurethanharz erfordern eine sehr sorgfältige und intensive Untergrundvorbereitung.

Tabelle 11.9 zeigt, mit welchen Bindemitteltypen bei welchen Schichtdicken der Beschichtungssysteme und bei welchen Korrosionsbelastungen welche Schutzdauer erwartet werden kann.

Korrosivitätskategorien und Korrosionsbelastung																
Binde-mittel-basis	Schicht-dicke [µm]	C2 gering			C3 mäßig			C4 stark			C5-I sehr stark (Industrie)			C5-M sehr stark (Meer)		
		K	M	L	K	M	L	K	M	L	K	M	L	K	M	L
PVC bzw. Acrylat	120															
	160															
	200															
Epoxid od. Poly-urethan	160															
	240															
Zu erwartende Schutzdauer: (K) kurz: > 5 Jahre,		(M) mittel: > 15 Jahre,						(L) lang: > 25 Jahre								

Tabelle 11.9
Schutzdauer eines Duplex-Systems abhängig von der Korrosionsbelastung, dem Beschichtungstyp und der Schichtdicke der Beschichtung

Eine einwandfreie Untergrundvorbereitung der verzinkten Bauteiloberfläche ist die Grundvoraussetzung für ein funktionierendes Duplex-System. Je nach Alter und Vorbelastung des Zinküberzuges trifft man auf verschiedene Zustände.

Die bereits frische, noch unbewitterte Feuerverzinkung überzieht sich unmittelbar nach dem Verzinkungsvorgang mit einer sehr dünnen Oxidschicht. Diese ist praktisch nicht sichtbar. Ihre Dicke liegt bei wenigen Nanometern. Kommen keine weiteren, erschwerenden Bedingungen hinzu (Kontamination mit Stimulatoren oder später eine starke Korrosionsbelastung), ist eine Beschichtung kurz nach dem Verzinkungsvorgang vielfach ohne weitere Vorbereitungsmaßnahmen möglich. Normalerweise liegt zwischen dem Feuerverzinken und dem Beschichten ein längerer Zeitraum. Unter diesen Umständen erfordert auch eine frische Feuerverzinkung eine entsprechende Untergrundvorbereitung [11-113]. Diese wird bevorzugt durchgeführt durch

O Abbürsten bzw. Abwaschen mit speziellen Reinigungsmitteln (z.B. amoniakalische Wäsche)

O Mechanisches Schleifen

O Heißwasser-, Druckwasser-, Dampfstrahlen

O Sweepen mit feinem, festem Strahlmittel

Auf längere Zeit schon bewitterten Zinkoberflächen können sich außer Oberflächenverschmutzungen auch Korrosionsprodukte des Zinküberzuges von unterschiedlicher Art und Dicke gebildet haben. Mitunter müssen dann die genannten Untergrundvorbereitungsverfahren mit größerer Intensität ausgeführt werden.

Aluminium-Bauteile können mit metallblanken, oder anodisch-oxidierten (eloxierten), oder klarlackierten oder deckend einbrennlackierten Oberflächen ausgestattet sein.

Lackierte bzw. beschichtete Aluminiumoberflächen müssen auf die Haftung der vorhandenen Lackierung bzw. der Beschichtung geprüft werden, bevor sie als Untergrund für eine zusätzliche Beschichtung akzeptiert werden können [11-114].

Die Haftung von Beschichtungen auf metallblankem und noch mehr auf eloxiertem Aluminium, ist nicht ohne weiteres zu erreichen. Leichtes Sweepen ist die sicherste Methode der Vorbereitung, Schleifen und anschließendes Spülen sowie Reinigen mit speziellen Lösemitteln oder Reinigungsmitteln sind die Alternativen.

Die Beschichtung muss in zwei oder drei Lagen aufgebracht werden, wobei die verwendeten Stoffe und die Vorbereitung der Aluminiumoberfläche vom Hersteller der Beschichtungsstoffe empfohlen sein müssen.

11.6   Polymerbeschichtungen zur Abdichtung gegen Wasser

Bauwerksabdichtungen gegen Wasser müssen außer der Beständigkeit gegen alle im Bauwesen vorkommenden chemischen und physikalischen Belastungen vor allem folgende Eigenschaften haben:
- Dichtigkeit gegen flüssiges Wasser
- Rissüberbrückungsfähigkeit

Diese beiden Forderungen bedingen ein so dichtes Materialgefüge, dass ein Strömen von Wasser darin nicht möglich ist, sowie eine Flexibilität des Werkstoffes, um auch über sich bewegenden Rissen die Dichtigkeit gewährleisten zu können (siehe Abschnitt 11.3.2.3). Der Diffusionswiderstand gegenüber Wassermolekülen unterliegt keinen Bedingungen. Im Gegensatz zur klassischen Bauwerksabdichtung mit Dichtungsbahnen, welche werksmäßig vorgefertigt werden, entstehen abdichtende Beschichtungen erst vor Ort aus dem flüssigen Beschichtungsstoff (siehe auch Abschnitt 11.2.1). Dies schränkt die Anwendung von Beschichtungen bei der Bauwerksabdichtung gelegentlich etwas ein. Denn um eine mit Bahnenabdichtungen vergleichbare Sicherheit für die Undurchlässigkeit zu erreichen, müssen bei Beschichtungen sehr hohe Anforderungen an die Planung, insbesondere aber an die handwerkliche Herstellung von gesicherten Mindestschichtdicken an jeder Stelle, an eine ausreichende Verfestigung in situ und an die Fehlstellenfreiheit gestellt werden. Gelingt die Herstellung einer ordnungsgemäßen Beschichtung, können die Vorteile gegenüber Dichtungsbahnen genützt werden:
- Verarbeitung ohne offene Flamme oder der Verwendung von Lösemittel,
- Anpassung an unebene Untergründe,
- Lokale Variationen wie erhöhte Dicke und Verstärkung durch Gewebeeinlagen,
- Kraftübertragung von Schutzschichten an den Untergrund.

Wegen ihrer flexiblen Beschaffenheit müssen abdichtende Beschichtungen mit Schutzschichten versehen werden, wenn sie begangen, befahren oder sonst wie mechanisch beansprucht werden.

11.6.1   Abdichtungen im Verbund mit Fliesen und Platten

Boden- und Wandflächen in Küchen, Bädern, WC usw. im konventionellen Wohnungs- und Bürobau sind Feuchträume. Sie werden in der Regel gegen die nutzungsbedingte Feuchtebelastung nicht abgedichtet, wenn dort nur erhöhte Luftfeuchten, kurzfristiger Wasseranfall und gelegentlicher Tauwasseranfall auftreten. Einzelne Bereiche in diesen Räumen, welche eine nennenswerte Beaufschlagung mit flüssigem Wasser erfahren, z.B. die Duschen, müssen einen erhöhten Schutz erhalten. Fliesenbekleidungen an Wänden und Böden sind dabei als pflegeleichte und wasserabweisende Oberflächenschichten anzusehen. Wegen ihres Fugenanteils bieten sie keinen zuverlässigen Schutz gegen Wassereinwirkung.

Abdichtungen in Nassräumen werden an Wand-, und Bodenflächen zunehmend mit sog. Verbundabdichtungen ausgeführt: Wenn man die abdichtende Schicht als haftende Beschichtung auf die Oberfläche des zu schützenden Bauteils aufbringt und die Schutzschicht ebenfalls durch Haftverbund auf der Abdichtung befestigt, spricht man von der Abdichtung im Verbund. *Abbildung 11.33* veranschaulicht dieses Abdichtungsprinzip. Durch die vollflächige Verbindung zwischen Schutzschicht, Dichtschicht und tragendem Untergrund entsteht eine hohe Sicherheit gegen Undichtigkeit. Eine lokale Undichtigkeit würde eine Durchlässigkeit aller drei beteiligten Schichten an der gleichen Stelle bedingen, um zum Versagen zu führen. Dieser Fall ist sehr unwahrscheinlich. Stützende Hilfskonstruktionen für die Schutzschicht an Wänden sind bei dieser Abdichtungsvariante nicht erforderlich.

Die Methodik und die Anforderungen an die Abdichtungsschicht, Hinweise an die Ausführung der Verbundabdichtung bei Kombination mit Deckschichten aus Fliesen

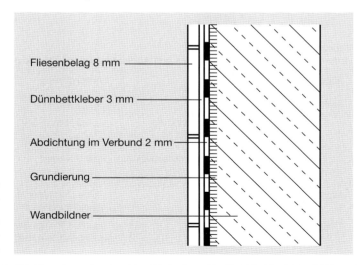

Fliesenbelag 8 mm

Dünnbettkleber 3 mm

Abdichtung im Verbund 2 mm

Grundierung

Wandbildner

*Abbildung 11.33
Typische Schichtenfolge einer Abdichtung im Verbund mit Fliesen in einem Nassraum*

und Platten bei Wand- und Bodenflächen sind in einem Merkblatt [11-115] beschrieben. Es werden dort vier Kategorien unterschieden:

Beanspruchungsklasse I:
Die Beanspruchung wirkt nur zeitweise und kurzzeitig als Spritzwasser.
Anwendungsbeispiele: Bäder ohne Bodenablauf, Duschtassen, Badewannen

Beanspruchungsklasse II
Wasserbeaufschlagung sehr häufig bzw. permanent, jedoch nicht stauend.
Anwendungsbeispiele: Duschen ohne Duschtassen, Sanitärräume im öffentlichen und gewerblichen Bereich mit Bodenabläufen.

Beanspruchungsklasse III
Bauteile im Außenbereich
Anwendungsbeispiele: Balkone und Terrassen ohne Dämmschichten sowie angrenzende Gebäudesockel.

Beanspruchungsklasse IV
Wasserbeaufschlagung sehr häufig bzw. permanent, jedoch nicht stauend. Ferner bei Einwirkung von aggressiven Medien, aggressiven Reinigungsmitteln und/oder hoher mechanischer Belastung.
Anwendungsbeispiele: Gewerbliche Küchen, Spülräume und Nasstherapien, industrielle Bereiche, z.B. Lebensmittelbereich, Brauereien, Molkereien, Schlachtereien, Fischverarbeitung etc. (jedoch nicht Anlagen im Sinne § 19 Wasserhaushaltsgesetz).
Als Beschichtungsstoffe zur Verbundabdichtung sind vorgesehen:
- Flexible Kunststoffdispersionen
- Kunststoffdispersionsmodifizierte Zement-Feinsandmörtel
  (**flexible Dichtungsschlämmen**, siehe Abschnitt 11.2.2)
- Flexibel formulierte Reaktionsharze auf Basis Epoxid oder Polyurethan, auch kombiniert.

Tabelle 11.10
Anforderungen an die Eigenschaften von Abdichtungen im Verbund gemäß Merkblatt

Eigenschaft	Anforderung
Haftzugfestigkeit, unbelastet	$\geq 0,5$ N/mm^2
nach Frosteinwirkung	$\geq 0,5$ N/mm^2
nach Wärmebelastung	$\geq 0,5$ N/mm^2
nach Chlorwassereinwirkung	$\geq 0,5$ N/mm^2
nach Kalkwassereinwirkung	$\geq 0,5$ N/mm^2
Wasserundurchlässigkeit	keine Durchfeuchtung unter der Abdichtung nach 7 Tagen bei 1,5 bar
Rissüberbrückung	a) bis 0,75 mm Breite b) bis 0,4 mm Breite

Die im Merkblatt [11-115] aufgestellten Anforderungen findet man in *Tabelle 11.10*. Welche Prüfungen zur Feststellung der Anforderungen an den Abdichtstoffen und Abdichtsystemen durchzuführen sind, wird in einem weiteren Merkblatt [11-116] beschrieben.

Bei Schwimmbädern (drückendes Wasser) wird die Dichtheit durch die Kombination der Verbundabdichtung mit einem wasserundurchlässigen Stahlbetonbecken mit rissweitenbeschränkender Bewehrung sichergestellt: Wird die Rissbreite auf Werte $\leq 0,1$ mm beschränkt, dann ist eine sichere Rissüberbrückung mit einer Verbundabdichtung unproblematisch.

11.6.2 Mineralische Dichtungsschlämmen, Kunststoffmodifizierte Bitumendickbeschichtungen (KMB)

Mineralische Dichtungsschlämmen sind zementgebunden und werden entweder als starre oder als flexibel formulierte Beschichtungen eingesetzt. **Starre Dichtungsschlämmen** nach der Richtlinie [11-117] können naturgemäß keine Risse überbrücken und bilden streng genommen keine Abdichtung. Auch erfordern sie wegen ihrer Eigenspannungen eine relativ große Festigkeit des Untergrundes. Ihr Einsatzgebiet ist daher beschränkt. Nach der genannten Richtlinie werden sie vorzugsweise an erdberührten Bauteilen gegen Bodenfeuchte, Sickerwasser und drückendes (!) Wasser eingesetzt. Zusätzlich sollen sie bei aufsteigender Feuchte, gegen Spritzwasser sowie in Behältern zum Einsatz kommen. In der Richtlinie werden neben planerischen Hinweisen auch Anforderungen und Informationen zur Beurteilung der Anwendung genannt.

Flexible Dichtungsschlämmen werden nach der Richtlinie [11-118] vor der Verarbeitung auf der Baustelle aus einer Pulverkomponente und einer Flüssigkomponente gemischt. Die Kunststoffdispersion in der Flüssigkomponente verfügt aufgrund ihrer Modifikation über besondere flexible Eigenschaften und verleiht dem Produkt eine Dehnbarkeit, welche die Rissüberbrückung der Beschichtung von mindestens 0,4 mm (einmalige zügige Rissaufweitung) einer mindestens 2 mm dicken Schlämmeschicht sichert. Die Richtlinie weist der flexiblen Dichtungsschlämme darüber hinaus gleiche Einsatzorte und Abdichtungswirkungen zu wie den starren Dichtungsschlämmen.

Da mineralische Dichtungsschlämmen ein zementhaltiges Bindemittel haben, muss ein trockener Untergrund vorgenässt und ein zu frühzeitiges Austrocknen verhindert werden. Etwa 3 Stunden nach dem Verarbeiten (bei Raumklima!) sollte die Schlämmeschicht regensicher sein, bei tieferen Temperaturen dauert es entsprechend länger. Aufgrund der Eigenschaften starrer und flexibler Dichtungschlämmen sollte das Anwendungsgebiet auf die Lastfälle Bodenfeuchtigkeit nichtdrückendes Wasser im Baugrund, Spritzwasser und kapillar aufsteigende Feuchte begrenzt bleiben.

Kunststoffmodifizierte Bitumendickbeschichtungen (KMB) auf Bitumenemulsionsbasis werden entweder aus einkomponentigen oder aus zweikomponentigen

Beschichtungsstoffen hergestellt. Bei den ein- und zweikomponentigen Stoffen ist die Flüssigkomponente im Wesentlichen eine Bitumen-Kunststoff-Emulsion. Die zweite Komponente ist ein unmittelbar vor der Verarbeitung beizumischendes Pulver, das hauptsächlich Zement enthält. Dieser reagiert mit dem Wasser der Flüssigkomponente und trägt damit zur schnelleren Verfestigung bei. Diese Variante hat dann eine steifere Dichtungsschicht, die unempfindlicher gegen mechanische Einwirkungen ist.

Die Anwendung von kunststoffmodifizierten Bitumendickbeschichtungen wird in der Norm für Bauwerksabdichtungen [11-119] eingegrenzt. Ihr Einsatz ist demnach möglich:

O gegen Bodenfeuchte und nicht stauendes Sickerwasser, Teil 4
O gegen nichtdrückendes Wasser auf Deckenflächen und in Nassräumen bei mäßiger Beanspruchung, Teil 5
O gegen aufstauendes Sickerwasser, Teil 6

In Teil 2 von [11-119] werden in Tabelle 9 Eigenschaften, Prüfanforderungen und Prüfverfahren für KMB genannt. Im Normenentwurf [11-120] werden weitere Anforderungen zur

O Beständigkeit gegen Wasser
O Regenfestigkeit
O Wasserdampfdiffusionswiderstand
O Brandverhalten
O Schichtdickenabnahme bei Durchtrocknung

genannt, wobei davon ausgegangen werden kann, dass sie in Teil 2 von [11-119] aufgenommen werden.

Die Verfestigungszeit von KMB mit Mindestschichtdicken bis 4 mm kann unter ungünstigen Luftfeuchte- und Temperaturbedingungen sowie bei geringer Saugfähigkeit des Untergrundes relativ groß sein. Bei der Verarbeitung ist weder eine offene Flamme notwendig, noch müssen hoch erhitzte oder lösemittelhaltige Stoffe zur Anwendung kommen. Im Mauerwerksbau sind KMB zur bevorzugten Abdichtung gegen Bodenfeuchte und nicht drückendes Wasser geworden.

Mit der Richtlinie [11-121] werden über das maßgebliche Normenwerk [11-119] hinausgehend Hilfestellungen für die Planung und die Ausführung von KMB gegeben.

11.7   Fachliteratur

[11-1]   *Wagner, H.; Sarx, H.-F.*: Lackkunstharze, Carl Hanser Verlag, München 1971
[11-2]   *Krenkler, K.*: Chemie des Bauwesens, Band 1, Anorganische Chemie, Springer Verlag Heidelberg-Berlin-New York, 1980
[11-3]   *Kittel, H.*: Lehrbuch der Lacke und Beschichtungen, Band 5, Pigmente, Füllstoffe und Farbmetrik, Hirzel Verlag GmbH, Stuttgart 2003
[11-4]   *Kittel, H.*: Lehrbuch der Lacke und Beschichtungen, Bd. 2, Bindemittel für lösemittelhaltige und lösemittelfreie Systeme, Hirzel Verlag GmbH Stuttgart 1998

[11-5]	*Kittel, H.*: Lehrbuch der Lacke und Beschichtungen, Band 3, Bindemittel für wasserverdünnbare Systeme, Hirzel Verlag GmbH Stuttgart 2001
[11-6]	*Brock, Th.; Groteklaes, M.; Mischke, P.*: Lehrbuch der Lacktechnologie, Vincentz Verlag Hannover, 1998
[11-7]	*Schröder, M. et al.*: Schutz und Instandsetzung von Stahlbeton, Kontakt und Studium, Band 552, expert verlag Renningen-Malmsheim 1999
[11-8]	DIN EN ISO 12944-5, Korrosionsschutz von Stahlbauten durch Beschichtungssysteme, Beschichtungssysteme, Beuth Verlag Berlin, 1998
[11-9]	*Mayer, H.*: Wässrige Silicon-Mikroemulsionen als Fassadenimprägniermittel, farbe + lack, 97. Jahrgang, 4/1991
[11-10]	*Hager, R.; Hausberger, A.*: Imprägniercreme – die Revolution im Betonschutz, farbe & Lack, 104. Jahrgang, 12/1998
[11-11]	DIN 18363, VOB Teil C, Maler- und Lackierarbeiten, Abschnitt 2.4.1, Beuth Verlag Berlin, 1996
[11-12]	Ergänzende Bestimmungen zur DIN 1045, Aufgaben der Betondeckung, Lage der Bewehrung, Beuth Verlag GmbH Berlin, 1988
[11-13]	*Nishi, T.*: Untersuchungen über die Abminderung der alkalischen Reaktion (Karbonatisierung) im Beton in Japan, RILEM Symposium, Prag, 1961
[11-14]	*Engelfried, R.*: Über den Einfluss der Schichtdicke und der Alterung auf die Wirksamkeit von Oberflächenschutzsystemen für Betonbauteile, Shaker Verlag, Aachen 2001
[11-15]	*Engelfried, R.*: Carbonatisation von Beton, ihre Bedeutung und ihre Beeinflussung durch Beschichtungen, defazet, Heft 9, (1997)
[11-16]	DIN EN 1062-6, Bestimmung der Kohlenstoffdioxid-Durchlässigkeit, Beuth Verlag GmbH Berlin, 2002
[11-17]	*Engelfried, R.*: Diffusionswiderstandszahlen für Kohlendioxid und Wasser und deren praktische Anwendung, farbe + lack, Nr. 7/1983
[11-18]	*Klopfer, H.*: Bauphysikalische Aspekte der Betonsanierung, Bautenschutz und Bausanierung Nr. 4, 1980
[11-19]	*Klopfer, H,*: Kapitel Feuchte aus Lehrbuch der Bauphysik, 4. Auflage 1997, B.G. Teubner Verlag Stuttgart
[11-20]	*Klopfer, H.*: Bauphysikalische Betrachtung der Schutz- und Instandsetzungsmaßnahmen für Betonoberflächen, DAB 1/90
[11-21]	*Künzel, H.M. et. al.*: Praktische Beurteilung des Feuchteverhaltens von Bauteilen durch moderne Rechenverfahren, WTA-Schriftenreihe, Heft 18, AEDIFICATIO Verlag , 1999
[11-22]	*Worch, A.*: Computergestützte Simulationsrechnungen zum Einfluss von Beschichtungen auf den Wassertransport in Betonbauteilen, Seminarhandbuch Oberflächenschutz von Beton, Technische Akademie Esslingen, 29.11.1999
[11-23]	*Engelfried, R.*: Permissible diffusion resistance of polymer coatings against water vapour and its diffusion effective film thickness, Proceedings of the 5th International Symposium on natural Draught cooling towers 2004, A.A. Balkema Publishers, Rotterdam 2004
[11-24]	ZTV-ING, Zusätzliche Technische Vertragsbedingungen und Richtlinien für Schutz und Instandsetzung von Betonbauteilen, 2000, BMVBW, Verkehrsblatt Verlag Dortmund
[11-25]	DAfStb-Richtlinie Schutz- und Instandsetzung von Betonbauteilen, Teile 1 bis 4, Oktober 2001, Beuth-Verlag GmbH Berlin

[11-26]   *Gieler, R.P.*: Überlegungen und Versuche zur Rissüberbrückungsfähigkeit spezieller Beschichtungssysteme an Fassaden, Dissertation, Universität Dortmund, 1989.

[11-27]   *Homann, M.*: Überlegungen und Versuche zur Rissüberbrückungsfähigkeit und Bemessung von Beschichtungssystemen für Industriefußböden, Dissertation, Universität Dortmund, 1997.

[11-28]   *Klopfer, H.*: Eine Theorie der Rissüberbrückung durch Beschichtungen, Bautenschutz und Bausanierung 1982, Teil 1 Heft 2, Teil 2 Heft 3

[11-29]   DIN EN 24624, Abreißversuch zur Beurteilung der Haftfestigkeit, Beuth Verlag Berlin, 1992

[11-30]   *Engelfried, R.*: Schäden an polymeren Beschichtungen, Fachbuchreihe Schadenfreies Bauen, Fraunhofer IRB Verlag Stuttgart, 2001, Band 26

[11-31]   DIN EN ISO 2409, Lacke und Anstrichstoffe, Gitterschnittprüfung, Beuth Verlag GmbH Berlin, 1994

[11-32]   DIN 16864, Dispersions-, Kunstkautschuk- und Reaktionsklebstoffe für Elastomer-Beläge, Anforderungen und Prüfung, Beuth Verlag GmbH Berlin, 07/1989

[11-33]   *Engelfried, R., Paul, G.*: Oberflächenschutzmaßnahmen am Reaktorgebäude (Sekundärabschirmung) eines Druckwasserreaktors, Bautechnik 76 (1999) Heft 7

[11-34]   *Engelfried, R.*: Schadensdiagnose und Berechnungen als Entscheidungshilfen für Betonsaniermaßnahmen, Teil 1 und Teil 2, ZSW, 9. Jahrgang Heft 1 und 2, 1988

[11-35]   DAfStb-Richtlinie Schutz- und Instandsetzung von Betonbauteilen, Teil 2, Oktober 2001, Beuth-Verlag GmbH Berlin

[11-36]   WTA Merkblatt 5-8-93, Untergrund – Anforderung, Vorbereitung und Prüfung, Wissenschaftlich Technische Arbeitsgemeinschaft für Bauwerkserhaltung und Denkmalpflege, München

[11-37]   *Engelfried, R.*: Stahlbetonskelett eines Kirchturms, Instandsetzung und vorbeugender Schutz mit zeitgemäßen Stoffsystemen, DAB 11/99

[11-38]   *Klopfer, H.*: Schäden an Sichtbetonflächen, Schadenfreies Bauen, IRB Verlag, Band 3, 1993

[11-39]   Feuchtebestimmung durch Calciumcarbidmethode (CM), Firmenschrift Riedel-de Häen, Honeywell Seelze GmbH

[11-40]   Feuchtebestimmung durch Darrmethode, WTA e.V. Merkblatt: „Messen der Feuchte von mineralischen Baustoffen", Oktober 2003

[11-41]   *Klopfer, H.*: Praxisorientierte Vorschläge zur Messung und Bewertung von Baustoffeuchte, Bautenschutz und Bausanierung, Heft Nr. 7, Oktober 2003

[11-42]   Holzfeuchtemessung, Firmenschrift Gann Mess- und Regeltechnik, Gerlingen

[11-43]   Feuchtemessung durch Mikrowellentechnik, Firmenschrift hf sensor GmbH, Leipzig

[11-44]   DIN EN ISO 12944-2, Korrosionsschutz von Stahlbauten durch Beschichtungssysteme, Teil 2 Einteilung der Umgebungsbedingungen, Beuth Verlag Berlin, 07/1998

[11-45]   DIN EN ISO 12944-3, Korrosionsschutz von Stahlbauten durch Beschichtungssysteme, Teil 3 Grundregeln der Gestaltung, Beuth Verlag Berlin, 07/1998

[11-46]	*Engelfried, R.*: Qualitätssicherung bei Oberflächenschutzsystemen auf Beton, Seminarhandbuch Betonangriff-Betonschutz-Betoninstandsetzung, Haus der Technik Essen, 1997
[11-47]	DIN EN ISO 8503, Vorbereiten von Stahloberflächen vor dem Auftragen von Beschichtungsstoffen - Reinheitskenngrößen von gestrahlten Stahloberflächen, Beuth Verlag GmbH Berlin, 1995
[11-48]	DIN EN ISO 12944-4, Korrosionsschutz von Stahlbauten durch Beschichtungssysteme, Teil 4, Arten von Oberflächen und Oberflächenvorbereitung, Beuth Verlag GmbH Berlin, 07/1998
[11-49]	DIN 32539, Flammstrahlen von Stahl-, und Betonoberflächen, Beuth Verlag GmbH Berlin, 07/1998
[11-50]	*Schulz, R.-R.; Heinrich, P.*: Neue Erkenntnisse über das Flammstrahlen von Beton, Bautenschutz und Bausanierung, 12 (1998)
[11-51]	DIN EN ISO 8501, Vorbereitung von Stahloberflächen vor dem Auftragen von Beschichtungsstoffen – Visuelle Beurteilung der Oberflächenreinheit, Beuth Verlag GmbH, 1994
[11-52]	DIN EN ISO 8502, Vorbereitung von Stahloberflächen vor dem Auftragen von Beschichtungsstoffen – Prüfungen zum Beurteilen der Oberflächenreinheit, Beuth Verlag GmbH, 1999
[11-53]	DIN EN ISO 8504, Vorbereitung von Stahloberflächen vor dem Auftragen von Beschichtungsstoffen – Verfahren für die Oberflächenvorbereitung, Beuth Verlag GmbH, 2000
[11-54]	DIN EN ISO 8200, Strahlverfahrenstechnik, Begriffe, Einordnung der Strahlverfahren, Beuth Verlag GmbH, 1982
[11-55]	DIN EN ISO 8201, Feste Strahlmittel, Beuth Verlag GmbH, Berlin 1985
[11-56]	DIN EN ISO 11124, Vorbereitung von Stahloberflächen vor dem Auftragen von Beschichtungsstoffen – Anforderungen an metallische Strahlmittel, Beuth Verlag GmbH, 1997
[11-57]	DIN EN ISO 11125, Vorbereitung von Stahloberflächen vor dem Auftragen von Beschichtungsstoffen – Prüfverfahren für metallische Strahlmittel, Beuth Verlag GmbH, 1997
[11-58]	DIN EN ISO 11126, Vorbereitung von Stahloberflächen vor dem Auftragen von Beschichtungsstoffen – Anforderungen an nichtmetallische Strahlmittel, Beuth Verlag GmbH, 1997 … 1999
[11-59]	DIN EN ISO 11127, Vorbereitung von Stahloberflächen vor dem Auftragen von Beschichtungsstoffen – Prüfverfahren für nichtmetallische Strahlmittel, Beuth Verlag GmbH, 1997
[11-60]	*Schwab, J.*: Kugelstrahltechnologie an Wandflächen, Bautenschutz + Bausanierung, 6/1996
[11-61]	Peiniger Stiftung: Feuchtstrahlen (Pat.) auf Stahl, Leverkusen 1983
[11-62]	Peiniger Stiftung: Feuchtstrahlen (Pat.) auf Beton, Leverkusen 1986
[11-63]	DIN EN ISO 12944, Korrosionsschutz von Stahlbauten durch Beschichtungssysteme, Teile 1–8, Beuth Verlag GmbH Berlin, 07/1998
[11-64]	Merkblatt 329, Feuerverzinken + Beschichten = Duplex, Stahlberatungsstelle Düsseldorf, 6. Auflage (1981)
[11-65]	*Edelmann, A.; Eichele, O.; Guckenberger, O.*: Maler, Lackierer und verwandte berufe, Grundwissen des Berufsfeldes, Ernst Klett Verlag Stuttgart, 1974

[11-66]   *Schäper, M.*: Eigenschaften von Fertiger-Beschichtungen, Tagungsband
            Internationales Kolloquium 10. – 12. Januar 1995, Industriefußboden 95,
            Technische Akademie Esslingen, Seiten 429 bis 435

[11-67]   DIN 68800, Holzschutz Teil 2, Vorbeugende bauliche Maßnahmen im
            Hochbau, Beuth Verlag GmbH Berlin,

[11-68]   DIN 68800, Holzschutz im Hochbau Teil 3, Vorbeugender chemischer
            Holzschutz, Beuth Verlag GmbH Berlin,

[11-69]   *Kollmann, F.*: Technologie des Holzes und der Holzwerkstoffe,
            Springer Verlag Berlin-Heidelberg-New York, 1982

[11-70]   DIN EN 350-1, Natürliche Dauerhaftigkeit von Vollholz, Teil 1: Grundsätze für
            die Prüfung der Klassifikation der natürlichen Dauerhaftigkeit von Holz,
            Beuth Verlag GmbH Berlin, Oktober 1994

[11-71]   BFS – Bundesausschuss für Farbe und Sachwertschutz,
            Merkblatt 3: „Lasierende Behandlung von Außenverkleidungen, Fenster und
            Außentüren aus Holz", 1980
            „Beschichtungen auf nicht maßhaltigen Außenbauteilen aus Holz", 1996

[11-72]   BFS – Bundesausschuss für Farbe und Sachwertschutz,
            Merkblatt 18: „Beschichtungen auf Fenstern und Außentüren sowie Fenster-
            wartung", 1989
            „Beschichtungen auf maßhaltigen Außenbauteilen aus Holz", insbesondere
            Fenstern und Außentüren, 1996

[11-73]   Deutsche Bauchemie e.V.,
            Merkblatt: „Umgang mit Holzschutzmitteln", Nov. 1997

[11-74]   Deutsche Bauchemie e.V.,
            Broschüre: „Holz im Freien", Sept. 2002

[11-75]   Deutsche Bauchemie e.V.,
            Druckschrift: „Schutz von Holz im Freien", April 1997

[11-76]   BFS – Bundesausschuss für Farbe und Sachwertschutz,
            Merkblatt 22: „Beschichtungen auf Kunststoff im Hochbau", 1998

[11-77]   BFS – Bundesausschuss für Farbe und Sachwertschutz,
            Merkblatt 9: „Beschichtungen auf Außenputzen", 1997

[11-78]   BFS – Bundesausschuss für Farbe und Sachwertschutz,
            Merkblatt 1: „Außenanstriche auf Beton und Betonfertigteilen mit geschlosse-
            nem Gefüge", 1970

[11-79]   *Engelfried, R.; Tölle, A.*: Einfluss der Feuchte und des Schwefeldioxidgehaltes
            der Luft auf die Carbonatisation des Betons, Betonwerk + Fertigteil-Technik,
            Heft 11/85, D + E

[11-80]   *Zschokke, B.*: Über das Rosten der Stahleinlagen im Eisenbeton,
            Schweizerische Bauzeitung, Bd. 67, Jahrgang 1916

[11-81]   *Engelfried, R.*: Instandsetzung und Ertüchtigung von Stahlbetonkühltürmen.
            VGB KraftwerksTechnik 71 (1991), H.12

[11-82]   *Engelfried, R.*: Gezielter Schutz für die Stahlbeton-Schornsteinmündung,
            VGB Kraftwerktechnik 72 (1992) Heft 5

[11-83]   *Engelfried, R.*: Betonsanierungsmaßnahmen – Überlegungen zur Konzeption,
            Bautenschutz und Bausanierung, 6. Jahrgang, 04-1983

[11-84]   *Ruf, J.*: Korrosion, Schutz durch Lacke und Pigmente, Verlag W. A. Colomb,
            Stuttgart-Berlin, 1971

[11-85]   *Engelfried, R.*: Anforderungsprofile und Eignungsprüfungen für Werkstoffe zur
            Betonsanierung, Internationales Kolloquium Werkstoffwissenschaften und
            Bausanierung, 02. - 04. September 1086, Technische Akademie Esslingen

[11-86]   DAfStb-Richtlinie Schutz- und Instandsetzung von Betonbauteilen, Teil 1
            Oktober 2001, Beuth-Verlag GmbH Berlin

[11-87]   DIN 28052-3, Chemischer Apparatebau; Oberflächenschutz mit nicht
            metallischen Werkstoffen für Bauteile aus Beton in verfahrenstechnischen
            Anlagen, Teil 3: Beschichtungen mit organischen Bindemitteln,
            Beuth Verlag GmbH, Dezember 1994

[11-88]   VGB PowerTech, Maßnahmen an Stahlbetonkühltürmen zum Schutz gegen
            Betriebs- und Umgebungseinwirkungen, VGB Kraftwerkstechnik GmbH,
            Essen,1999

[11-89]   *Engelfried, R.; Titze, B.*: Planung, Bemessung und Ausführung von
            Oberflächenschutzmaßnahmen an den Kühlturmneubauten mit Rauchgas-
            einleitung im Kraftwerk Lippendorf, VGB Kraftwerkstechnik 79, Heft 12, 1999

[11-90]   *Cziesielski, E.*: Lufsky Bauwerksabdichtung, B.G. Teubner Verlag Stuttgart,
            5. Auflage, Oktober 2001

[11-91]   DIN 4030, Beurteilung betonangreifender Wässer, Böden und Gase, Teil 1,
            Beuth Verlag GmbH, Juni 1991

[11-92]   *Engelfried, R.*: Schwimmbecken mit Chlor – Ozon – Wasseraufbereitung,
            Schleimiger Abbau der Wand- und Bodenbeschichtung, Bauschadensfälle
            Band 4, Fraunhofer IRB Verlag, Stuttgart, 2003

[11-93]   DVGW-Arbeitsblatt W347 „Hygienische Anforderungen an zementgebundene
            Werkstoffe im Trinkwasserbereich", Deutscher Verein des Gas- und Wasser-
            fachs, Bonn, Ausgabe 1999-10

[11-94]   Deutsche Bauchemie e.V.,
            Merkblatt: „Zementgebundene Innenbeschichtungen in Trinkwasser-
            behältern", Januar 2001

[11-95]   *Engelfried, R.*: Trinkwasser – Vorratsbehälter, Zersetzung und Absandung
            der mineralischen Auskleidung, Bauschadensfälle Band 5,
            Fraunhofer IRB Verlag Stuttgart, 2004

[11-96]   Bundesgesetz zur Ordnung des Wasserhaushalts, Wasserhaushaltsgesetz
            (WHG), BGBl. I Nr. 58 vom 18.11.1996, S. 1695

[11-97]   DIN 53109, Bestimmung des Abriebs nach dem Reibradverfahren,
            Beuth Verlag GmbH Berlin, September 1993

[11-98]   Deutsche Bauchemie e.V.,
            Merkblatt: „Hinweise zur Ausführung rutschhemmender Bodenbeschich-
            tungen mit Reaktionsharzen", Juni 2003

[11-99]   DIN IEC 61340-4-1, Festgelegte Untersuchungsverfahren für spezielle
            Anwendungen, Elektrostatischer Widerstand von Bodenbelägen und von
            verlegten Fußböden, Beuth Verlag GmbH Berlin, August 2001

[11-100]   DIN 25415, Dekontamination von radioaktiv kontaminierten Oberflächen,
            Verfahren, Prüfung und Bewertung der Dekontaminierbarkeit,
            Beuth Verlag GmbH Berlin, August 1988

[11-101]   Bundesverband Porenbeton,
            Bericht 7: „Oberflächenbehandlung Putz, Beschichtungen, Bekleidungen"
            Juni 2002

[11-102]   *Künzel, H.*: Gasbeton, Wärme- und Feuchtigkeitsverhalten, Bauverlag GmbH Wiesbaden und Berlin 1971

[11-103]   DIN EN ISO 15148, Bestimmung des Wasseraufnahmekoeffizienten bei teilweisem Eintauchen, Beuth Verlag Berlin GmbH, März 2003

[11-104]   DIN EN ISO 12572, Bestimmung der Wasserdampfdurchlässigkeit, Beuth Verlag GmbH Berlin, September 2001

[11-105]   BFS – Bundesausschuss für Farbe und Sachwertschutz, Merkblatt 2: „Imprägnierungen und Beschichtungen auf Kalksandstein-Sichtmauerwerk", 2003

[11-106]   BFS – Bundesausschuss für Farbe und Sachwertschutz, Merkblatt 13: „Beschichtungen auf Ziegelsichtmauerwerk", 2000

[11-107]   *Evans, U.R.*: Einführung in die Korrosion der Metalle, Verlag Chemie GmbH, Weinheim/Bergstraße, 1965

[11-108]   *Ruf, J.*: Organischer Metallschutz, Entwicklung und Anwendung von Beschichtungsstoffen, Vincentz Verlag Hannover, 1993

[11-109]   *Klopfer, H.*: Korrosionsschutz von Stahlbauten, Stahlbauhandbuch, Band 1 Teil B, Stahlbau-Verlagsgesellschaft mbH, 1996

[11-110]   DIN EN ISO 12944, Korrosionsschutz von Stahlbauten durch Beschichtungssysteme, Teil 1 bis 8, Beuth Verlag GmbH, Berlin, 1998

[11-111]   ZTV-KOR-Stahlbauten, Zusätzliche Technische Vertragsbedingungen und Richtlinien für den Korrosionsschutz von Stahlbauten, BMVBW, Verkehrsblatt Verlag Dortmund, 2002

[11-112]   Institut Feuerverzinken GmbH, Arbeitsblätter Feuerverzinken 4.3 Feuerverzinken + Beschichten = Duplex-System

[11-113]   BFS – Bundesausschuss für Farbe und Sachwertschutz, Merkblatt 5: „Beschichtungen auf Zink und verzinkten Stahl", 1998

[11-114]   BFS – Bundesausschuss für Farbe und Sachwertschutz, Merkblatt 6: „Anstriche auf Bauteilen aus Aluminium", 1994

[11-115]   Fachverband Deutsches Fliesengewerbe im Zentralverband des Baugewerbes, Merkblatt: „Hinweise für die Ausführung von Abdichtungen im Verbund mit Beschich-tungen und Belägen aus Fliesen und Platten für Innen- und Außenbereiche", August 2001

[11-116]   Fachverband Deutsches Fliesengewerbe im Zentralverband des Baugewerbes, Merkblatt: „Prüfungen von Abdichtstoffen und Abdichtsystemen", September 2001

[11-117]   Deutsche Bauchemie e.V. „Richtlinie für die Planung und Ausführung von Abdichtungen von Bauteilen mit mineralischen Dichtschlämmen", Mai 2002

[11-118]   Deutsche Bauchemie e.V. „Richtlinie für die Planung und Ausführung von Abdichtungen erdberührter Bauteile mit flexiblen Dichtungsschlämmen", Januar 1999

[11-119]   DIN 18195, Bauwerksabdichtungen, Beuth Verlag GmbH Berlin, 2000

[11-120]   DIN 18195-100, Bauwerksabdichtungen, Vorgesehene Änderungen zu den Normen 18195 Teile 1 bis 6, Beuth Verlag GmbH Berlin, Juni 2003

[11-121]   Deutsche Bauchemie e.V. „Richtlinie für die Planung und Ausführung von Abdichtungen mit kunststoffmodifizierten Bitumendickbeschichtungen (KMB) - erdberührte Bauteile", November 2001

Kapitel 12: Dämmstoffe für das Bauwesen

12 Dämmstoffe für das Bauwesen

Der Begriff Dämmen ist im Bauwesen im wesentlichen für die Bereiche Wärmeschutz und Schallschutz reserviert. Die früher auch gebräuchliche Bezeichnung „Isolierung" sollte dem Elektrobereich und anderen Bereichen vorbehalten bleiben. Trotzdem gibt es einige Begriffe auch im Wärmedämmbereich, die noch den Wortanteil *isolieren* tragen, z. B. Isolierglas. Der Begriff des Dämmens beinhaltet eine Verringerung von Energieabfluss/Energiedurchfluss, nicht die Undurchdringlichkeit, wie sie die Begriffe „isolieren" und „sperren" für sich in Anspruch nehmen. Da die Energie immer vom höheren zum niederen Niveau fließt, gibt es keine „Kältebrücken", sondern nur Wärmebrücken. Dämmstoffe werden im Bauwesen vorwiegend eingesetzt um Wärmeverluste in Flächen und Rohrleitungen zu reduzieren, an Wärmebrücken zu minimieren, den Schalldurchgang zu bremsen oder die Akustik zu verbessern. Nach Art des Einsatzzweckes unterscheidet man in:

○ Dämmstoffe für den Wärmeschutz,
○ Dämmstoffe für den Schallschutz und/oder die Schallenkung
○ Dämmstoffe für Wärme- und Schallschutz
○ Dämmstoffe für den Hausinstallationsbereich
○ Dämmstoffe für Wärmeschutz und für gleichzeitigen Solarenergiegewinn
○ und ganz neu, bestimmte Verglasungsarten, die Dämmstoffe ersetzen und übertreffen, weil sie nicht nur dämmen, sondern zugleich Solarenergie gewinnen

12.1 Dämmstoffe für den Wärmeschutz

Als Dämmstoffe für den Wärmeschutz werden alle diejenigen Materialien aufgeführt, deren Wärmeleitzahl $\lambda < 0,1$ [W/(m K)] ist. Die Wärmeleitzahlangabe nach DIN 4108 gilt für den mittleren Temperaturbereich, der durch normale klimatische Verhältnisse gekennzeichnet wird. Im Bereich höherer Temperaturen (Heizungsbau, Schornsteinbau) und im Bereich extrem niedriger Temperaturen müssen die λ-Werte in [W/(m K)] für die Baustoffe korrigiert werden. Die Wirkung der Dämmstoffe für den Wärmeschutz beruht auf ihrer Eigenschaft des Einschlusses von Luft oder technischen Gasen. Wärmeschutz kann auch verbessert werden durch Austausch von Luft gegen Edelgase in Zwischenräumen (z. B. zwischen zwei Glasscheiben) sowie durch metallische Strahlungsbremsen für die Wärmeenergiestrahlung (z. B. metallische Beschichtung von Gläsern). Eine Neuentwicklung ist die VIP-Dämmung, die eine Teilevakuierung zwischen luft- und dampfdichten Folien ermöglicht und bis zum zehnfachen der bisherigen Dämmwerte erzielt. Durch Erhöhung der Forderungen an den Wärmeschutz sind einige Baustoffe, z. B. die Natursteine, künstlich hergestellte Betonsteine, Kalksandsteine usw. nicht in der Lage, einen ausreichenden Wärmeschutz gemäß den Anforderungen in der Wärmeschutzverordnung in wirtschaftlichen Wanddicken zu gewähren. In der Konstruktion wendet man daher einen Verbund verschiedener Baustoffe an, deren einzelne Schichten getrennte Funktionen erfüllen. Bei so hergestellten

„Sandwichbauteilen" wird z. B. die statische Tragfähigkeit vom massiven Stein, der Wärmeschutz von dem außen liegenden Dämmstoff und der Wetterschutz von einer vorgesetzten Schale aus Stein, natürlichen Gesteinsschuppen oder künstlich hergestellten Schuppen erfüllt.

Dämmstoffe für den Wärmeschutz werden teils aus organischen, teils aus anorganischen Stoffen hergestellt. Die Verwendung von Dämmstoffen organischer Grundsubstanz wird in einigen Fällen vom Brandschutz nicht toleriert. Andererseits können einige anorganische Dämmstoffe neben ihrer Aufgabe als Wärmedämmstoff gleichzeitig den Brandschutz verbessern. Vor der Wahl des Dämmstoffes ist also abzuklären, welche übergreifenden Forderungen an den zu verwendenden Dämmstoff gestellt werden können (*Tabelle 12.1*). Aus ökologischen Gründen werden zuweilen Dämmstoffe aus Fasern (Flachs, Hanf und Gräser) oder Baumrinde (Kork), aus tieri-

Konstruktion	Wärme-schutz	Schall-schutz	Brand-schutz
Industriedach	ja	nein	ja
Geschossdecke zum Dachraum	ja	ja	nein
Geschosstrenndecke	nein	ja	nein (ja)

Tabelle 12.1
Einige Beispiele

scher Wolle (vorwiegend Schafwolle) aber auch aus Recyclingprodukten wie Altpapier verwendet. Dämmstoffe aus Baumrinde und tierischer Wolle haben z.Zt. einen geringen Anteil an der Dämmstoffproduktion, da sie entweder nur in begrenztem Umfang zur Verfügung stehen, schwer zu verarbeiten sind, einen hohen Preis haben oder gegen Schädlinge behandelt werden müssen, was wiederum dem ökologischen Konzept entgegen stehen kann.

12.2   Entstehung der Dämmwirkung

Luft ist, wenn sie in einen Raum eingeschlossen ist, ein guter Dämmstoff. Es muss allerdings verhindert werden, dass die Luft sich bewegt und Wärme durch Konvektion „wegträgt". Daher schließt man Luft in möglichst kleinen Kammern ein. Künstliche Dämmstoffe werden durch Luftblasenbildung oder durch Auflockerung eines Basismaterials erzeugt. Heute werden in den meisten Fällen künstlich hergestellte Dämmstoffe verwendet, deren Struktur natürlichen Dämmstoffen nachgeahmt wurde. So ist z. B. das Schaumglas dem Naturbimsstein, die mineralische porosierte Dämmplatte, ebenfalls dem Naturbimsstein nachempfunden, einige Schaumkunststoffe dem Naturschwamm, der Dämmstoff Steinwolle dem Naturgespinst Wolle usw..

Natürliche Dämmstoffe sind z. B. Kork, Kokosfasergespinste, Holzfasern, Torf, Stroh, Flachs, Schafwolle, Baumwolle, Zellulosefaser und anderes mehr. Allen Dämmstoffen gemeinsam ist, dass ihre Struktur erhalten bleiben muss, der Luft- oder Gaseinschluss nicht mit Fremdstoffen angefüllt werden darf, insbesondere ist der Einschluss von Wasser zu unterbinden. Vergleicht man die Wärmeleitzahl von Wasser, $\lambda = 0{,}598$ [W/(m K)] (bei 15 °C), mit der Wärmeleitzahl von Luft, die $\lambda = 0{,}0243$ [W/(m K)] hat, so ist die Luft rund 25 mal so wärmedämmend wie Wasser. Der Einschluss von Wasser mindert also in erheblichem Maße die Wärmedämmfähigkeit des Baustoffs und muss unterbunden werden. Auch das Eindringen von Kaltluft in die Dämmstoffschicht, z. B. bei hinterlüfteten und überlüfteten Konstruktionen und das Durchströmen des Dämmstoffes (bei Gespinsten möglich) führt zur Minderung des Dämmvermögens. Ein Unterströmen der Dämmstoffschichten durch Kaltluft auf der Warmseite, d.h. in der Berührungsebene des außen liegenden Dämmstoffes und der angrenzenden Materialschicht macht die Dämmung wirkungslos und ist durch geeignete konstruktive Maßnahmen zu unterbinden. Insbesondere bei zweischaligem Mauerwerk nach DIN 1053 mit Dämmstofflage in Form einer belüfteten Spaltschicht ist die ungewollte Durchlüftung durch geeignete Maßnahmen zu vermeiden.

Vor Bauteilen, die einen geheizten Raum von kalter Außenluft trennen, baut sich im Berührungsbereich mit der Luft ein Wärmeübergangswiderstand R_{se} [(m²K)/W] auf der Kaltseite und R_{si} [(m²K)/W] auf der Warmseite auf. Der Wärmeübergangswiderstand bei stehender Luft auf der Warmseite ist erheblich größer als derjenige auf der windigen Kaltseite. Beide Wärmeübergangswiderstände tragen teils erheblich zur Verbesserung der Wärmedämmung bei. Insbesondere bei sehr dünnen Bauteilschichten, z. B. einfaches Fensterglas, ist die gesamte Dämmwirkung nahezu ausnahmslos auf die Wärmeübergangswiderstände R_{si} [(m²K)/W] und R_{se} [(m²K)/W] zurückzuführen. Neben der Dämmwirkung durch Dämmstoffe besteht noch eine wärmedämmende Wirkung durch Rückhaltung der Strahlungswärme an Reflexionsschichten. Eine besondere Art der Wärmedämmung stellt die „transparente Wärmedämmung" dar. Sie lässt, ähnlich wie Glas, Lichtstrahlen durch, die auf einer Absorberfläche in langwelligere Wärmestrahlen umgewandelt und in der kontaktierten Masse gespeichert werden. Transparente Wärmedämmung besteht aus Kunststoffen, die in Kapillarform hergestellt werden und deren Röhren, ähnlich Strohhalmen, so eng sind, dass sich eine liegende Luftsäule bildet, die sich nicht bewegt. Dadurch entsteht die Wärmedämmung.

Alle genannten Dämmstoffe haben eine Struktur, die es erlaubt, sie in Platten oder Bahnen zu verarbeiten. Daneben gibt es Schüttdämmstoffe, die vorwiegend für horizontale Schüttungen, z. B. Perlite für Trittschalldämmung verwendet werden. Die Verwendung von Schüttdämmstoffen in senkrechter Schalung verlangt einen besonders sorgfältigen Einbau, damit keine Hohlstellen ohne Dämmstoff entstehen. Schüttdämmstoffe für horizontalen Einbau müssen seitlich gestützt und gegen Masseverlust an angrenzenden Wänden geschützt werden. Durch spezielle Einblasverfahren können elastische Faserdämmstoffe wie Hanffaser und Wollfasern beim Einbringen die Hohlräume gut ausfüllen und sind weniger empfindlich gegen „Absacken" bei Erschütterung.

12.3   Dämmstoffe für den Schallschutz

Für den Schallschutz werden Dämmstoffe mit elastischen Eigenschaften aber auch mit porösen Eigenschaften eingesetzt. In einigen konstruktiven Bereichen lässt sich der gleiche Dämmstoff für beide Zwecke gleichermaßen einsetzen. Es wird unterschieden in Dämmstoffe für den Trittschallschutz und Dämmstoffe für den Luftschallschutz. Dämmstoffe für den Trittschallschutz sind immer elastisch und federn die über ihnen liegende Lastverteilungsplatte (Estrich und Fußbodenbelag) gegenüber der Unterlage (z. B. Massivdecke) ab. Sie besitzen eine sogenannte „dynamische Steifigkeit", die klassifiziert wird und zu unterschiedlich hohen Dämmwerten führen kann.

Für den Einsatz im Luftschallschutz bei der Konstruktion von Leichtwandkonstruktionen werden meist weiche Dämmstoffe (wie Mineralfaser und Haarfilz) in Kombination mit Ständerwänden verwendet. Für die Regulierung des Nachhalls werden unter anderem Materialien wie Mineralfasern und Haarfilz als Hinterfüllung für gelochte Hartfaserplatten, gelochte Bleche eingesetzt, ferner Weichfaserplatten, Gipskartonplatten und anderes mehr. Die Freisetzung von Fasern muss durch geeignete Trennschichten verhindert werden.

Bei der Trennung der Wände von Doppelhäusern und Reihenhäusern wird eine Fuge von ≥ 3 cm gelassen, die mit elastischem Dämmstoff (wie bei dem Trittschall) ausgefüllt wird um den Schallschutz zu erhöhen.

12.4   Die Wirkungsweise der Dämmstoffe für den Schallschutz

Die Wirkung der Dämmstoffe für den Schallschutz beruht vorwiegend auf der Energieumwandlung von Schallenergie (Luftdruckschwankung) in Bewegungsenergie. Bei der Luftschalldämpfung wird so das Dämmmaterial wie auch seine umgebenden, vom Schall getroffenen Schichten von der Luftschallwelle in Bewegung umgesetzt. Weiche Dämmstoffe wie Mineralfaser fangen besonders die hohen Frequenzen ab, da die Luftschallwellen beim Durchgang durch die Fasern Energie verlieren. Schwingende Massen, z. B. federnd angebrachte Spanplatten setzen auch tiefe Frequenzen in mechanische Schwingungen um und reduzieren so die Schallenergie. Ganz anders wirken Dämmstoffe bei der Trittschalldämpfung. Die in die begehbare Schicht, Bodenbelag und Estrich, eingeleitete Stoßenergie wird von der elastischen Dämmschicht abgefangen und nicht oder nur in begrenztem Umfang in die massive Unterkonstruktion weitergegeben. Als Nebeneffekt wird gleichzeitig der Luftschalldurchgang vermindert (weiterer Nebeneffekt ist die Wärmedämmung). An Stelle elastisch federnder Dämmstoffplatten aus Schaumkunststoffen, Mineralfasern oder Kokosfasern können auch Schüttdämmstoffe „abfedernde" Eigenschaften haben und „Trittschalldämmung" bewirken. Materialien hierfür sind z. B. Korkschrot, Blähglimmer, Blähschiefer, Blähton und ähnliche Stoffe. Nicht zuletzt sind alle textilen Beläge wie Teppiche geeignet, den Trittschall direkt im Einleitungsbereich durch den Fuß/Schuh zu mindern.

12.5   Verhalten der Dämmstoffe bei Feuchtigkeit

Dämmstoffe haben einen großen Hohlraumanteil. In die Hohlräume kann Wasser gelangen oder infolge Dampfdiffusion und Kondensation Wasser eingeschlossen werden. Das ist in mehrfacher Hinsicht schädlich. Zum einen verschlechtert sich die Dämmwirkung, zum anderen trägt das Wasser zur Zerstörung insbesondere organischer Dämmstoffe bei. Dämmstoffe, die gegen Wasser unempfindlich zu sein scheinen, werden jedoch vom Wasserdampf geschädigt, weil Dampf unter Druck eindringen kann und im Dämmstoff kondensiertes Wasser nicht ohne weiteres wieder ausdiffundieren kann. Organische Dämmstoffe können bei Wassereinschluss „verfaulen" bzw. sich zersetzen. Aber auch anorganische Dämmstoffe wie z. B. Glasfasern sind gefährdet. Wenn sich Kondenswasser ansammelt, verändert sich die Struktur des Dämmstoffs (sackt zusammen) oder das Wasser läuft in Schichten ab und ruft Bauteildurchfeuchtungen im Sammelbereich des ablaufenden Wassers hervor. Aus diesen Gründen muss die Kondensatmenge und Kondensatdauer durch geeignete Maßnahmen begrenzt werden.

Mit dem Glaserverfahren (DIN 4108 Teil 5) lässt sich ermitteln, welche Mengen an Wasser ein- und ausdiffundieren werden und ob Dämmstoffe gefährdet sind. Berechnungen der Dampfdiffusionsvorgänge können die Feuchtewanderung in Bauteilen nachweisen. Mit geeigneten Computerprogrammen kann man verschiedene Zustände simulieren. Durch Innen- und Außenklimavorgaben einerseits und Grenzbelastungen an Kondensat im Baustoff andererseits, kann das Risiko eines Schadenseintritts minimiert werden. Dämmstoffe mit einer kleinen Wasserdampfdiffusionswiderstandszahl μ wie z. B. Mineralwolle mit $\mu = 1$ sind besonders gefährdet. Sie lassen den Wasserdampf ungehindert eindringen, gleichzeitig wird durch die Dämmwirkung der Taupunkt/Kondensatpunkt im Dämmstoff erreicht, es schlägt sich Kondenswasser direkt im Dämmstoff nieder. Wenn der Dämmstoff in der Konstruktion eingeschlossen ist und dort verbleibt, so dass die Ableitung des Kondenswassers nicht über die Außenluft gewährleistet ist, nimmt die Konstruktion Schaden. Neben der Dampfdiffusion gefährdet die durch Konvektion eingebrachte Feuchte den Dämmstoff selbst und die von ihm berührten Flächen.

Konvektion entsteht im Bereich von Anschlüssen, an „Fehlstellen" und Ritzen. Austrocknung von Holzteilen, Schrumpfung von Dämmstoffen, Missachtung der Regeln der Technik, insbesondere der DIN 4108-7, lassen Konvektion der Luft von innen nach außen aber auch umgekehrt zu. Die heutigen Vorschriften zur Herstellung einer luftdichten Hüllfläche für beheizte Bauten, erlauben keine Luftleckagen und Infiltrationen mehr. Es gibt ausreichend geeignetes und zugelassenes Abdichtungsmaterial in Form von Dichtungsbändern und Dichtungsklebern um Fügefugen abzudichten.

Nicht nur bei Windanfall, sondern auch bei thermischen Unterschieden entstehen Luftdruckunterschiede, die die Konvektion begünstigen. Der Konvektionsfeuchte wurde in der Vergangenheit leider zu wenig Aufmerksamkeit geschenkt. Die Energieeinsparverordnung EnEV verlangt eine Begrenzung der Luftdurchlässigkeit des Gebäudes aus energetischen Gründen. Mit der Dichtheit des Gebäudes wird nicht nur der Feuchtetransport verhindert, sondern gleichzeitig der unkontrollierte Luftaustausch unterbunden. Bei der Forderung immer größerer Dämmung zur Minimierung der Transmissionswärmeverluste muss die bisher vernachlässigte Undichtigkeit des Gebäudes reduziert werden, um den „Lüftungswärmebedarf" in den Griff zu bekommen, d.h. die Gebäude müssen eine definierte Dichte von 3,0 bzw. 1,5 h^{-1} Luftwechsel pro Stunde durch Undichtigkeiten aufweisen. Diese „Dichtheit" kann der Dämmstoff nicht erbringen. Neben der innenseitigen Luftdichtung, die vielfach als Dampfbremse oder Dampfsperre fungieren muss, ist zusätzlich eine Windsperre auf der Außenseite einzubauen. Damit bewirkt die geforderte „Dichtheit" des Gebäudes eine Verringerung des Schadensrisikos durch Konvektionsfeuchte. Gegen wetterbedingte Feuchtigkeitsanfall wie Regen und Nebel sowie gegen aufsteigende Feuchte in Bauteilen, gegen starke Verstaubung usw. müssen Dämmstoffe geschützt werden. Hierfür gelten die Normen DIN 18 195 Bauwerksabdichtung sowie die Vorgängernormen DIN 4117 und DIN 4122. Aber auch im Bauzustand muss z. B. die Wärmedämmeinlage bei „kerngedämmtem" Mauerwerk nach DIN 1053 Rezeptmauerwerk, vor Regennässe geschützt werden. Im Rahmen von Dichtheitsmessungen hat sich herausgestellt, dass Faserdämmstoffe trotz Einbau einer innen liegenden Winddichtung von Kaltluft durchflutet werden können und Wärmelecks aufweisen. Konstruktionsüberlegungen gehen dahin, eine Winddichtung auch auf der Kaltseite der Wärmedämmung anzubringen mit ähnlicher Wirkung wie sie eine Windjacke über einem Wollpullover hat. Die Konfektionierung der Wärmedämmstoffe geschieht in Folienverpackung oder in Kartons, in vielen Fällen mit der Aufschrift, dass sie vor Nässe zu schützen sind, bereits vom Einbaubeginn an.

12.6　　Dämmstoffe und ihr Brandverhalten

Einen wesentlichen Einfluss auf die Art und die Anbringung eines Dämmstoffs hat der vorbeugende Brandschutz. Die Verwendung brennbarer Dämmstoffe scheidet bei einigen brandgefährdeten Konstruktionen aus. Dämmstoffe werden in der DIN 4102 den Baustoffklassen A (nicht brennbar) oder B (brennbar) zugeordnet. Dämmstoffe der Baustoffklasse A sind aus anorganischen Stoffen und werden vorwiegend technisch hergestellt aus Silikatglas, aus Eruptivgestein oder aus Ton. Dämmstoffe der Baustoffklasse B sind Produkte aus organischen Schäumen, organischen Fasern oder aus organischen Gewächsen. Sie sind teils Naturprodukte, teils künstlich hergestellt. Siehe hierzu Stoffgruppe in Kapitel 12.7.

12.7 Stoffgruppen, Dämmstoffarten, Verbundbauplatten

Stoffgruppen

◯ anorganische, in der Natur vorkommende Dämmstoffe sind:
Bims
◯ anorganische, künstlich hergestellte Dämmstoffe sind:
Blähton (z. B. Leca), Blähschiefer, Blähglimmer, Schaumlava, Schaumglas, Steinwolle, Glasfasergespinst, VIP-Dämmung
◯ organische, in der Natur vorkommende Dämmstoffe sind:
Kork, Kokosfaser, Flachs, Hanf, Stroh, Holzfaser, Schafwolle, Baumwolle, Torf
◯ organische, künstlich hergestellte Dämmstoffe sind:
Polyurethanschaum, Polystyrolschaum, Phenolharzschaum, Holzfaserdämmstoffe, Holzwolle, Altpapierdämmstoffe, transparente Dämmstoffe (TWD)

12.8 Bezeichnungen, DIN Normen, Gütekontrolle

Die wichtigsten Dämmstoffarten im Überblick *(siehe Tabelle 12.2)*

Die Bezeichnung der Dämmstoffe geschieht nach den genannten DIN-Normen. Bei güteüberwachten Dämmstoffen wird ein einheitliches Etikett verwendet, das detaillierte Auskunft über den Dämmstoff, seine Leitfähigkeit, seinen Einsatzart seinen Hersteller und die Überwachung gibt *(siehe Abbildung 12.1)*.

In DIN-Vorschriften wird jeder Dämmstoff erschöpfend beschrieben und eingeordnet. Für Dämmstoffe gelten unter anderem die folgenden Normen:

DIN 1101 2000-06   Holzwolle-Leichtbauplatten und Mehrschicht-Leichtbauplatten
DIN 18159 1991-12   Schaumkunststoffe als Ortschäume im Bauwesen
DIN 18164   Schaumkunststoffe als Dämmstoffe für das Bauwesen
DIN V 18165-1 2002-01 Faserdämmstoffe für das Bauwesen Bereich Wärmedämmung
DIN 18165-2 2001-09 Faserdämmstoffe für das Bauwesen Bereich Trittschalldämmung
DIN 18174 1981-01   Schaumglas als Dämmstoff für das Bauwesen (Wärmedämmung)
Weitere Normen siehe Anhang.

Gütekontrolle

Es gibt zwei Verfahren zur Überwachung von Baustoffen. Das erste Verfahren ist das Zulassungsverfahren, es ist die Eignungsprüfung. Nach erfolgter Eignungsprüfung wird der Baustoff für die verschiedenen Verwendungszwecke zugelassen, hergestellt und vertrieben. Damit die Qualität auch dauerhaft dem Produkt entspricht, das in der Eignungsprüfung vorlag, gibt es die so genannte <u>Güteüberwachung</u>. Güteüber-

Oberbegriff	Rohstoffe Genaue Bezeichnung	Handelsnamen (Beispiele)	gültige DIN-Norm	Farbe	Kurzbeschreibung
Schaumkunststoffe	Polystyrol (Partikelschaum)	Algostat Poresta Styropor	18 164	weiß	weiße Partikel, aufgebläht durch Expansion, thermisch verschweißt
	Polystyrolhartschaum (extrudiert)	Styrodur Roofmate	18 164	grün blau	harter Kunststoff, wenig biegsam, bricht leicht
	Polyurethanhartschaum		18 164	gelblich	feinporiger Kunststoff, hart, wenig biegsam, bricht leicht
	Phenolharzhartschaum		18 164	rötlich	feinporiger Kunststoff, sehr hart, bricht leicht, selbstlöschend
	Extrudiertes Polyethylen			weiß	feinporiger Kunststoff, weich, zusammendrückbar
Ortschaum	Polyurethan		18 159 Teil 1	gelblich	
	Harnstoff-Formaldehyd		18 159 Teil 2	weiß	
Mineralfaser	Glasfaser	Glaswolle	18 165	gelblich o. glasklar	feine gerade Faser meist gelblich aber auch glasklar
	Steinwolle Schlackenwolle	Steinwolle	18 165	hellgrau	feine Faser, leicht gekräuselt, Farbe weiß/grau
Schaumglas	Silicatschaumglas	Foamglas Coriglas	18 174	schwarz	porige harte Platte, sehr spröde, bricht leicht, bei Reibung Geruch nach H$_2$S
Transparente Wärmedämmung		Okalux Kapipane		glasklar	Röhrenstruktur thermisch verschweißt zu Platten
		BASF Aerogel		glasklar bis milchig	Granulat
		Arel		glasklar bläulich	Honeycomb, Rechteckstruktur wird in Platten geliefert
Pflanzenfaser	Kokosfaser		18 165	braun	lange Faserstruktur, als lose Wolle oder als verleimte Platte zu beziehen
	Torffaser		18 165	braun	kurze Faserstruktur
	Baumwolle			weiß grau	natürlich gewachsene Faser
Holzfaser	Holzwolle-leichtbauplatten	Sauerkrautplatten	1 101	grau	Holzwolle gebunden mit Zement oder Anhydrit
	poröse Holzfaserplatten	Weichfaserplatten	68 750	hellbraun	weiche Faserplatte (oft als Pinwanduntergrund verwendet)
	Bitumen-Holzfaserplatten		68 752		
Kork	(expandierte) Korkplatte		18 161	schwarzbraun	durch Wärme expandiertes Korkschrot, mit eig. Harz o. m. Bitumen gebunden
Verbundbauplatten	Mehrschichtleichtbauplatte		1 104	außen grau innen weiß	
	Gipskartonverbundplatte		1 104 o. Werksnorm 18 184	weiß	

Tabelle 12.2
Die wichtigsten Dämmstoffarten

Anschluss auf Folgeseite

Fortsetzung Tabelle 12.2

Oberbegriff	Rohstoffe		Handels-namen (Beispiele)	gültige DIN-Norm	Farbe	Kurzbeschreibung
	Genaue Bezeichnung					
Schüttgüter	Korkschrot				braun	
	Mineralfaser-granulat					
	geblähtes Eruptivgestein		Blähschiefer Perlite			weiß-graue Körnung mit Feinanteilen
	geblähter Ton		Blähton Leca		braun	Granulat gemischter Körnung, bekannt als Granulat für Hydrokultur
Altpapier, Papier	Zellulosefaser		Isofloc	Einzelzulassung	hellgrau	zerspantes Altpapier mit Borsalz-behandlung, Struktur flockig
Tierhaar	Schafwolle				graubraun	natürlich gewachsenes Haar mit Wollfettanteil

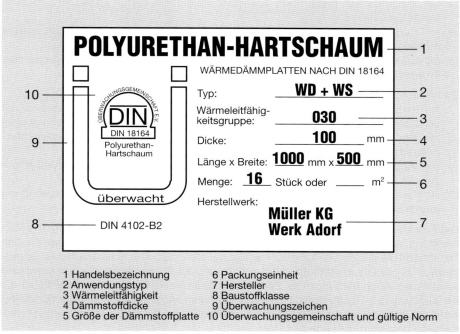

1 Handelsbezeichnung
2 Anwendungstyp
3 Wärmeleitfähigkeit
4 Dämmstoffdicke
5 Größe der Dämmstoffplatte
6 Packungseinheit
7 Hersteller
8 Baustoffklasse
9 Überwachungszeichen
10 Überwachungsgemeinschaft und gültige Norm

Abbildung 12.1
Kennzeichnungsetikett für güteüberwachte Dämmplatten

wachungsinstitute nehmen Proben aus der Produktion und stellen fest, ob der Baustoff noch den Güteanforderungen der Eignungsprüfung entspricht.

Lieferformen

Die Lieferformen der Dämmstoffe sind unterschiedlich. Sie können entsprechend ihrer Beschaffenheit als Rollenware, Plattenware oder in Säcken als Schüttgut angeliefert werden.

12.9 Der Einsatz der Dämmstoffe

Der Einsatz der Dämmstoffe zur Wärmedämmung erfolgt im Hochbau
- an Bauteilen wie Wände, Decken, Fußböden und Dachschrägen, an Bauteilen, die Wärmebrücken darstellen, wie Betonstürze, Deckenauflager, Stahlbetonstützen, Stahlstützen, Schlitzen, im Bereich von Giebelscheiben, als Auskleidung in Rollladenkästen, zur Dämmung erdberührter Bauteile usw.
- an Wandflächen (vorwiegend Außenwände), die zur Erfüllung anderer Aufgaben wie z. B. Statik geeignet sind, aber nur geringe Wärmedämmung bringen
- an Deckenflächen (nach oben oder nach unten), die gegen kalte Luft gedämmt werden müssen
- an Dachflächen, die gegen Außenluft (Winter kalt, Sommer heiß) gedämmt werden müssen
- an Außenwänden und Fußböden unter Terrain, die beheizte Räume gegen das Erdreich abgrenzen.

Dämmstoffe finden Anwendung:
- zur Verbesserung des Wärmeschutzes bei Konstruktionen im Schichtaufbau mit verteilten Aufgaben für die einzelnen verwendeten Baustoffe (Sandwichbauweise)
- zur Erhöhung der (thermischen) Behaglichkeit, Verringerung der Temperaturdifferenz zwischen Raumluft und Umfassungsfläche
- zur Angleichung der Bauteiloberflächentemperaturen an die Lufttemperatur zwecks Vermeidung von Oberflächenkondensat
- zur Verringerung von Temperaturspannungen in Bauteilen mit Wechselbelastung (durch stark variierende Außentemperaturen).

Der Einsatz der Dämmstoffe ist von der Verwendungsmöglichkeit abhängig. Die Verwendung auf der Außenseite eines Bauteils stellt andere Anforderungen an den Dämmstoff als die Verwendung auf der Raumseite/Innenseite eines Bauteiles. Grundsätzlich ist die Dämmstofflage auf der Kaltseite der Konstruktion die problemlosere Anordnung. Auch die Frage der Speicherfähigkeit einer Konstruktion beeinflusst die Verwendung des Dämmstoffs. Dämmstoffe sind im allgemeinen nicht oder nur gering wärmespeicherfähig, die Konstruktion muss daher dem Einsatzzweck angepasst werden und bestimmt die Lage des Dämmstoffs in der Schichtung.

Dämmstoffe finden auch Anwendung im Trittschallschutz. Zwei grundsätzlich verschiedene Konstruktionen des Trittschallschutzes verwenden unterschiedliche Dämmstoffe. Die häufigste Konstruktion des Trittschallschutzes geschieht in Sandwichbauweise als schwimmender Estrich auf Unterlage aus Schaumkunststoffen oder mineralischen Faserstoffen mit einer dynamischen Steifigkeit (Angabe von 2 Dicken z. B. 22/18 mm). Aber auch Schüttgüter aus geblähtem Gestein sowie Korkschrot können als Trittschallschutzschicht eingesetzt werden. Letztendlich kann ein Fußbodenbelag den Trittschallschutz wesentlich beeinflussen. Es handelt sich dann um einen Trittschallschutz ohne schwimmende Konstruktion nur mit einer Auflage aus dämpfendem Material (dickvolumigem Teppich, möglicherweise mit Schaumrücken) usw.

Die derzeitige Energieeinsparverordnung EnEV stellt Anforderungen, die eine wesentlich erhöhte und gezielt einzusetzende Dämmung von Gebäuden und deren Bauteile bedingen. Eine Reihe neuer Normen und Verordnungen ist veröffentlicht, die die Durchführung der EnEV detaillieren und auch in Beispielkonstruktionen beschreiben.

Hierzu gehören:
○ DIN EN 832
○ DIN 4108-1 1981-08
○ DIN 4108-2 2002-07
○ DIN 4108-3 2001-07
○ DIN V4108-4 2002-02
○ DIN 4108-6 2003-06
○ DIN V 4108-6 2003-06
○ DIN 4108 Beiblatt 2 2004-01
○ ISO 9972

Verordnungen, wie
○ EnEV
○ Richtlinie 2002/91/EG
○ Energiebedarfsausweis für beheizte Gebäude,
○ zukünftig Gesamtenergieeffizienz eines Gebäudes mit Gebäudeenergiepass
○ die Prüfpflicht über Luftdichtheit der Gebäude im Bedarfsfall mit dem Blower-Door-Verfahren
○ der Wärmebrückennachweis
○ der Nachweis über die Tauwasserfreiheit von Wärmebrücken.

Zur Zeit des Erscheinens dieses Buches werden bereits die Vorschriften zu neuen Verordnungen auf der Basis der Richtlinie 2002/91/EG vorliegen, die Nachweise über die Gesamtenergieeffizienz aller beheizter Gebäude, auch jener über 1000 m² Grundfläche unter ihren effektiven Temperaturbedingungen berücksichtigen.

Im Bereich der Verbesserung der Energieeffizienz werden bereits heute das
○ Energiesparhaus 60
○ Energiesparhaus 40 und das
○ Passivhaus

mit öffentlichen Mitteln gefördert

Transparente Bauteile sind Verglasungen für Fenster, deren Dämmfähigkeit weiter verbessert wurde und wird, aber auch transparente Wärmedämmstoffe. Transparente Wärmedämmstoffe werden in besonderen Sandwichkonstruktionen eingeschlossen, sie dämmen den Transmissionswärmeverlust und heizen gleichzeitig die dahinter befindlichen Speicherbauteile auf. So gedämmte Wände werden zu Heizwänden mit einem negativen U-Wert. Neben Sandwichkonstruktionen mit Rahmen, Verglasung und eingelegten transparenten Wärmedämmstoffen ist eine neue Bauteilkonstruktion „Transparenter Wärmedämmputz" seit 1995 auf dem Markt.

In einem nicht für möglich gehaltenen Tempo hat die Glasindustrie die Dämmfähigkeit von Verglasungsarten in kürzester Zeit verbessert. Das führt dazu, dass Glasbauteile besser als alle Wärmedämmungen sein können, weil sie mehr Solarenergie gewinnbringend „einfahren" können, als sie Wärmeverluste haben. Der „negative U-Wert" ist zu einer festen Berechnungsgröße geworden. Es verbleibt die Aufgabe, den Sonnenschutz zur Vermeidung von Überhitzungen im Sommer zu schaffen.

Die Auswahl der Dämmstoffe wird zunehmend unter ökologischen und gesundheitlichen Gesichtspunkten vorgenommen. In Zukunft wird bei allen Baustoffen, so auch bei den Wärmedämmstoffen, zu berücksichtigen und zu vergleichen sein:

- die Energiemenge, die zur Herstellung des Dämmstoffes benötigt wurde
- die Einsatzzeit des Materials gemessen in Jahren nach Einbau
- die Wiederverwendbarkeit (Recycling)
- die Deponiefähigkeit
- die Umweltfreundlichkeit bei der Herstellung
- eine möglicherweise gesundheitliche Gefährdung beim Einbau
- eine möglicherweise gesundheitliche Gefährdung im Gebrauch, auch bis zum Ende der Nutzungszeit.

Kombinationsaufgabe:

Da die meisten Trittschalldämmstoffe auch wärmedämmende Eigenschaften haben, wird besonders bei schwimmenden Estrichen die Dämmstoffdicke und die Dämmstoffart von beiden Forderungen diktiert und entsprechend gewählt. Die Kombination eines festen Dämmstoffs als untere Schicht und eines „dynamisch steifen" Dämmstoffs als obere Schicht dient der Erfüllung beider Aufgaben.

Wärmebrückenminimierung:

Im Rahmen der weiteren Reduzierung der CO_2-Emission wird die Thematik der Wärmebrücke für die Berechnungen in den Vordergrund rücken. Hierfür werden diverse Wärmebrückenatlanten veröffentlicht und die neue DIN 4108 Beiblatt 2, Januar 2004 listet auf 86 Seiten typische Wärmebrücken auf. Die Wärmebrücken müssen als lineare Werte mit dem dazugehörigen ψ-Wert multipliziert werden und aufgelistet werden. Hierbei spielt die Art, die Lage und die Dimension des Wärmedämmstoffes eine entscheidende Rolle.

Angesichts der bereits bestehenden Berechnungsmodalität für die Randdämmung im Fundamentbereich, wie sie bereits in der EnEV verlustmindernd berücksichtigt wird, werden die Auflistungen weiterer Wärmebrückenbereiche bedeutenden Einfluss auf die Gesamtwärmeverlustberechnung haben.

12.10 Dämmstoffe im Installationsbereich

Im Bereich der Hausinstallation werden neben den bereits genannten Dämmstoffen auch solche zur Dämpfung von Schwingungen, zur Vermeidung von Leitungs-geräuschen usw. verwendet. Diese Dämmstoffe sind aus Kunstkautschuk oder Filz. Sie federn die schwingenden Massen ab.

Alle relevanten neuen Normen über Dämmstoffe und die entsprechenden Verordnungen erwähnen die pflichtgemäße Dämmung von Heizrohren, Warmwasserleitungen und Dämmung der Kaltwasserleitungen gegen Tauwasserausfall.

12.11 Literatur

Die aktuellste Literatur ist im Internet zu finden. Hier werden einige Quellen genannt

www.inaro.de
www.inaro.de /Deutsch/Rohstoff/Baustoffe/Perspektiven_Daemmstoffe.htm

www.heimwerker-webverzeichnis.de
www.heimwerker-webverzeichnis.de /003,001,032.htm

www.nabu.de/
http://www.nabu.de/downloads/studien/leitfadendaemm.pdf

www.kunststoffweb.de
http://www.kunststoffweb.de/verbaende/detail.asp?fid=83928

12.11.1 Normen, Richtlinien

Dämmstoffe, genormt

DIN 1101	Holzwolle-Leichtbauplatten und Mehrschicht-Leichtbauplatten als Dämmstoffe für das Bauwesen; Anforderungen, Prüfung
DIN 1102	Holzwolle-Leichtbauplatten und Mehrschicht-Leichtbauplatten nach DIN 1101 als Dämmstoffe für das Bauwesen; Verwendung, Verarbeitung
DIN 18147-5	Baustoffe und Bauteile für dreischalige Hausschornsteine: Dämmstoffe, Anforderungen und Prüfungen
DIN 18 159	Schaumkunststoffe als Ortschäume im Bauwesen; Polyurethan-Ortschaum für die Wärme- und Kältedämmung, Anwendung, Eigenschaften, Ausführung, Prüfung; Teil 1
DIN 18 159	Schaumkunststoffe als Ortschäume im Bauwesen; Harnstoff-Formaldehyd-harz-Ortschaum für die Wärmedämmung, Anwendung, Eigenschaften, Ausführung, Prüfung; Teil 2

DIN 18 161	Korkerzeugnisse als Dämmstoffe für das Bauwesen; Dämmstoffe für die Wärme- und Kältedämmung; Teil 1
DIN 18 164	Schaumkunststoffe als Dämmstoffe für das Bauwesen; Dämmstoffe für die Wärme- und Kältedämmung; Teil 1
DIN 18 164	Schaumkunststoffe als Dämmstoffe für das Bauwesen; Dämmstoffe für die Trittschalldämmung; Polystyrol-Partikelschaumstoffe; Teil 2
DIN 18 165	Faserdämmstoffe für das Bauwesen; Dämmstoffe für die Wärmedämmung; Teil 1
DIN 18 165	Faserdämmstoffe für das Bauwesen; Dämmstoffe für die Trittschalldämmung; Teil 2
DIN 18 174	Schaumglas als Dämmstoff für das Bauwesen; Dämmstoffe für die Wärmedämmung
DIN V 18559	Wärmedämm-Verbundsysteme, Begriffe, Allgemeine Angaben
DIN 52 214	Bauakustische Prüfungen; Bestimmung der dynamischen Steifigkeit von Dämmstoffen für schwimmende Estriche
DIN 52271	Prüfung von Mineralfaser-Dämmstoffen; Verhalten bei höheren Temperaturen
DIN 52 620	Wärmeschutztechnische Prüfungen; Bestimmung des Bezugsfeuchtegehalts von Baustoffen; Ausgleichsfeuchtegehalt bei 23 °C und 80 % relative Luftfeuchte

Dämmstoffe mit Zulassungsbescheid (noch nicht genormte Dämmstoffe)

z. B.:

Zellulosefaser-Dämmstoff „isofloc"

VIP – Dämmstoff „Vakuum Insulated Panels", ein Dämmstoff, der rund 10-mal so gut dämmt wie Standard Dämmstoffe. VIP hat λ = 0,004 W/m·K, noch keine amtliche Zulassung

Richtlinien für das Bauwesen, Dämmstoffe betreffend

ETB-Ri-UF-Ortschaum Richtlinie zur Begrenzung der Formaldehydemission in die Raumluft bei Verwendung von Harnstoff-Formaldehydharz-Ortschaum

Richtlinien für die Zulassung und Überwachung von Dämmstoffen zur Herstellung der Dämmstoffschicht für dreischalige Hausschornsteine

Die Bedeutung des Dämmstoffes bei Häusern, die weniger Energiebedarf haben, als die gültige EnEV zulässt. Die Häuser werden bezeichnet mit Energiesparhaus 60, Energiesparhaus 40 und Passivhaus.

Die neue Energieeinsparverordnung EnEV 2002 schreibt einen Dämmstandard vor, der mit Niedrig-Energie-Haus Standard (NEH) bezeichnet wird. Diese Häuser erhalten (wenige Ausnahmen sind möglich), eine geschlossene „Hüllfläche" der nicht transparenten Bauteile und transparenten Bauteile mit Mindest-U-Werten. Die Hülle ist „luftdicht" herzustellen, wozu bei Verwendung von Dämmstoffen bei verschiedenen Konstruktionen eine luftdichte Folie einzubauen ist. Zur Vermeidung des Einflusses von Wärmebrücken wird der Dämmstoff an allen Materialwechselstellen, an Knickpunkten und Durchstoßpunkten absolut lückenlos eingebaut. Das bedeutet, dass auch im erdberührten Bereich der Außenwände (Wände beheizter Untergeschosse) Fundamentplatten, Streifenfundamenten usw. die „Außendämmung" vorgezogen wird. Damit entstehen neue Konstruktionen, bei denen sogar die Last der gesamten Baumasse auf Dämmstoffen ruhen kann. Die Dämmstoffe liegen dann im Bereich der Erdfeuchte und müssen dagegen unempfindlich sein.

Sowohl der als „Perimeterdämmstoff" im Handel befindliche speziell ausgebildete Polystyrolhartschaum wie auch das Schaumglas sind für den Einbau im erdberührten Bereich und unter dem Fundament geeignet.

Zur Vermeidung von Tauwasserschäden und Schimmelpilzbildung, die bei großer Luftdichte des Gebäudes wegen unzureichender „Handlüftung" auftreten, werden zukünftig mechanische Lüftungsanlagen während der Heizperiode eingesetzt werden. Sie haben den Vorteil, die Luftfeuchte und die Luftqualität auf einen vorher gewählten Wert konstant halten zu können. Gleichzeitig können Aggregate zur Luftwärmerückgewinnung eingesetzt werden. Die Übergänge von Bereichen ungestörter Dämmung zu anderen Bauteilen, die Wärmebrücken darstellen, werden zukünftig nach genauer Wärmebrückenberechnung so konstruiert, dass die Isothermen, die zur Tauwasserbildung führen, prinzipiell nicht aus der Konstruktion herauswandern dürfen.

Neben der Tauwasserfreiheit muss seit einigen Jahren auch die Temperatur für Schimmelpilzfreiheit eingehalten werden. Es ist diejenige Temperatur, bei der die Raumluftfeuchte am Berührungspunkt mit dem kälteren Bauteil bei 80% erreicht. Liegt z.B. die Norm-Innentemperatur von 20 °C und 50 % rel. Luftfeuchte vor, so ist der Taupunkt bei 9,3 °C und die Temperatur für den Schimmelpilzbeginn bei 12,6 °C

Ganz besonderer Wert wird auf die Luftdichtung des Gebäudes gelegt (EnEV, DIN 4108-7) und das bedeutet, dass die Luftdichtungsmaterialien in Verbindung mit dem gewählten Dämmstoff besonders klassifiziert werden. Die Dauerbeständigkeit der Folien bei Temperaturen von -30°C bis ca. 80 °C muss gewährleistet werden, die Verklebung muss mit zugelassenen Klebebändern erfolgen. Auch die Klebebänder müssen den Temperaturen standhalten und eine große Lebensdauer haben. Letztendlich ist die Dampfdiffusionsfähigkeit zu reduzieren, in einigen Fällen lt. rechnerischen Nachweis bis hin zur „Dampfdichte".

Der Fachverband Luftdichtigkeit im Bauwesen e.V. "FLiB" www.flib.de prüft Materialien, insbesondere Klebebänder, die für den Einbau geeignet sind.

Index